FAUNE

DES

VERTÉBRÉS

DE

LA SUISSE

PAR

VICTOR FATIO, Dr Phil.

VOLUME IV

HISTOIRE NATURELLE

DES

POISSONS

1re PARTIE

I. ANARTHROPTÉRYGIENS
II. PHYSOSTOMES
CYPRINIDES

Avec 5 planches, dont 2 en couleur, comprenant 178 figures originales.

GENÈVE ET BALE

H. GEORG, LIBRAIRE-ÉDITEUR

1882

Au présent volume sont joints des suppléments aux vol. I et III.

FAUNE

DES

VERTÉBRÉS DE LA SUISSE

FAUNE

DES

VERTÉBRÉS

DE

LA SUISSE

PAR

VICTOR FATIO, Dr Phil.

VOLUME IV

HISTOIRE NATURELLE

DES

POISSONS

1re PARTIE

I. ANARTHROPTÉRYGIENS
II. PHYSOSTOMES
CYPRINIDÉS

Avec 5 planches, dont 2 en couleur, comprenant 178 figures originales.

GENÈVE ET BALE
H. GEORG, LIBRAIRE-ÉDITEUR
1882

GENÈVE. — IMPRIMERIE CHARLES SCHUCHARDT

AVANT-PROPOS

Empêché jusqu'ici, par diverses circonstances, de mettre la dernière main à la partie ichthyologique de ma Faune suisse, presque terminée depuis 1875, je ne veux pas publier aujourd'hui ce résultat de longues et consciencieuses recherches, sans m'excuser auprès de mes souscripteurs d'un retard complètement indépendant de ma volonté et sans leur donner l'assurance que les années écoulées, bien que consacrées en grande partie à d'autres occupations, sont loin cependant d'avoir été perdues pour le perfectionnement de ce travail.

En effet, après avoir dû séparer d'abord les POISSONS des Reptiles et des Batraciens qui ne devaient primitivement former avec ceux-ci qu'un seul et même volume, j'ai encore été amené petit à petit, en considération des conditions hydrauliques tout à fait particulières de la Suisse et par l'abondance des matériaux, à étendre forcément les proportions premières de cette étude et à la partager en deux volumes à peu près d'égale importance.

Une *faune locale* n'ayant de valeur, à mes yeux, qu'autant qu'elle représente, sous leur aspect local, les espèces d'un pays, telles qu'elles résultent des conditions diverses de milieu de celui-ci, pour permettre des comparaisons utiles avec des études analogues faites dans d'autres régions, j'ai voulu que mes descriptions et discussions de caractères reposassent toujours sur l'examen minutieux de types vraiment suisses et sur la comparaison de sujets pris, à divers âges, dans différentes conditions.

La Suisse, source de plusieurs des grands fleuves de l'Europe, comprend, à divers titres, sur une petite surface, quatre bassins principaux dépendant de quatre mers différentes ; je néglige à dessein l'Adige qui ne touche que par un très petit point à notre sol. Nous avons les bassins du Rhin (mer du Nord), du Rhône (mer Méditerranée), du Pô (mer Adriatique) et du Danube (mer Noire), dont il importait d'étudier et comparer les faunes ichthyologiques dans les lacs et rivières tributaires de chacun, ainsi qu'au sud et au nord des Alpes et à différents niveaux.

 - Comptant revenir plus tard sur les questions de distribution géographique et d'influence des milieux, je me bornerai à dessiner ici sommairement les principaux fractionnements du champ dans lequel a été faite cette première partie de mon travail comprenant 26 (ou 27 [1]) espèces, réparties dans 19 genres : 5 *Anarthroptérigiens* de quatre familles et 21 *Cyprinidés*, avec trois *sous-espèces*, trois *hybrides* et bon nombre de *variétés*. Treize autres espèces et six hybrides ne sont décrits brièvement dans ce volume que comme se trouvant non loin de nos frontières et ayant peut-être quelque chance de se rencontrer un jour dans nos eaux, ou pour avoir été cités à tort dans les limites du pays.

---

[1] 27, si l'on conserve le rang d'espèce à l'*Alburnus alborella*.

Le *bassin du Rhin*, en Suisse, de beaucoup le plus important et le plus riche, embrasse à la fois la grande majorité des lacs et des rivières du pays au nord des Alpes et le plus grand nombre des poissons décrits dans ce volume. Sur les 24 espèces (5 Anarthroptérygiens et 19 Cyprinides) qui habitent le Rhin ou ses affluents, en Europe moyenne, nous en trouvons encore 20 dans les limites de notre pays, parmi lesquelles trois ne se montrent guère en dehors du fleuve lui-même ou de ses environs immédiats ; tandis que les 17 autres sont assez répandues dans les divers sous-bassins de ce premier réseau de lacs et de rivières, dans le centre, le nord et l'est du pays. A l'exception d'un échange sur une espèce, le Rhin au-dessus de Schaffhouse et le lac de Constance possèdent les mêmes poissons et le même total que les tributaires de ce fleuve au-dessous de sa chute.

Le *bassin du Rhône* suisse, qui arrose la partie occidentale du pays, est relativement bien plus pauvre que le précédent, puisqu'il ne compte plus que 11 espèces seulement sur les 24 (7 Anarthroptérygiens et 17 Cyprinides) qui se rencontrent communément dans le Rhône et ses principaux tributaires en France. En effet, la perte du Rhône à Bellegarde prive le bassin du Léman de bon nombre de poissons qui autrement remontent par la Saône jusque sur nos frontières jurassiennes, dans le *Doubs*, rivière que j'ai, bien que limitrophe, considérée comme appartenant plutôt à un bassin étranger, et dont je n'ai traité subsidiairement que pour montrer jusqu'à quel point cet accident du fleuve contribue à la pauvreté en espèces du bassin du Léman.

Il est intéressant de comparer dans leurs représentants les faunes ichthyologiques du bassin du Rhin au-dessus

de la chute et du bassin du Rhône au-dessus de la perte,
plus spécialement celles des lacs de Constance et du Léman
de régimes hydrauliques différents et également isolés
depuis des siècles.

Le *bassin du Pô*, représenté en Suisse, au sud des Alpes,
par les lacs et rivières du Tessin, nous fait participer en
partie à la faune italienne. Nous comptons ici 15 espèces
sur les 23 (8 Anarthroptérygiens et 15 Cyprinides) qui
habitent la Lombardie; et, parmi ces 15 espèces tessinoises, nous ne trouvons plus que 9 des poissons qui vivent
dans le Rhin, tandis que nous y recueillons un nouveau
contingent de 6 espèces entièrement étrangères au reste
de la Suisse, contingent qui vient porter à 26 le total des
espèces indigènes sur le sol helvétique. Trois des neuf
espèces du Tessin que je rapproche comme races méridionales de celles du Rhin, bien qu'elles soient considérées
encore comme spécifiquement différentes par la majorité
des ichthyologistes, sont ici décrites séparément, avec un
numéro d'ordre répété, pour bien accuser à la fois les rapports et les différences qu'elles peuvent présenter, dans ces
conditions, avec les formes analogues ou plus ou moins
parallèles qui vivent, au nord, de l'autre côté des Alpes.

Le *bassin du Danube*, représenté seulement, en Suisse,
par l'Inn et quelques petits lacs en Engadine, ne compte
enfin plus, grâce à son niveau très élevé, que trois espèces,
dont l'une probablement importée, sur les 30 (7 Anarthroptérygiens et 23 Cyprinides) qui habitent le Danube et ses
principaux affluents.

Deux poissons, sur nos 26 espèces dans ces deux groupes, remontent jusqu'à 2400 mètres environ dans nos
courants alpestres; la grande majorité des autres demeure,
par contre, au-dessous de 900 mètres.

Nous aurons maintes fois l'occasion de constater, quant
à la distribution géographique de nos espèces et à leurs
formes locales à différents niveaux, l'influence, soit de l'inclinaison de nos divers courants plus ou moins accidentés
et de l'absence ou de la présence de lacs étagés sur le
parcours de ceux-ci, soit de la température et de la pauvreté relatives des eaux de nos divers lacs, eux-mêmes
plus ou moins voisins de leurs sources glaciaires.

Mais ce ne sont pas seulement ces conditions de milieu
et d'alimentation qui peuvent faire varier nos poissons et
compliquer leur étude. J'ai remarqué que certaines disproportions dépendant de l'*âge* ou du *sexe* dans diverses
parties de la tête, du corps ou des nageoires, ont contribué
aussi fort souvent à charger la synonymie d'une foule de
noms spécifiques peu justifiés, et à entraîner maintes contradictions et confusions dans les descriptions de bien des
auteurs.

J'ai donc cherché, dans l'étude de certaines parties
moins facilement influençables que les formes et proportions extérieures, de nouveaux caractères qui pussent me
servir de critères pour peser la valeur de diverses modifications qui, au premier abord, peuvent paraître à tort d'une
importance spécifique. Bien que rappelant parfois la cou-
stance de quelques-uns dans les espèces d'un même genre
que j'ai eu l'occasion d'étudier, je n'ai pas voulu cependant faire usage de ces nouveaux traits caractéristiques
dans la détermination de mes coupes génériques, aussi longtemps que ceux-ci n'ont pas été étudiés chez tous les représentants d'un même groupe. Je citerai, en particulier,
l'examen détaillé du *maxillaire*, des *sous-orbitaires*, de
l'appareil masticateur, *meule* et *os pharyngiens*, et des
écailles en diverses places, comme m'ayant été d'une

grande utilité, non seulement pour la distinction de nos différentes espèces de Cyprinides, mais encore pour reconnaître les liens qui rattachent aux types ou aux espèces mères, tant les *variétés* et *races locales* que les *produits hybrides* mélanges d'espèces ou de genres voisins.

Au lieu d'introduire ou de conserver dans la nomenclature, comme tous les auteurs jusqu'ici, des noms spéciaux pour les divers bâtards reconnus, noms qui ont le grand tort de donner à des formes mixtes une importance spécifique et même générique, j'ai cherché plutôt à construire avec les noms des espèces mères, des noms composés qui rappelassent à la fois l'origine et les tendances de ces bâtards.

Je ne dois pas négliger, à propos de ces derniers, de signaler que les hybrides m'ont paru moins fréquents dans les eaux généralement froides de nos rivières rapides et plus ou moins encaissées, que dans les cours d'eau plus lents, plus riches et plus réchauffés d'autres pays, de la France et de l'Allemagne en particulier, où beaucoup d'espèces se trouvent souvent réunies temporairement dans de petits bassins latéraux, calmes et volontiers peu profonds, *eaux mortes*, *altwässer*, etc., relativement rares dans nos vallées.

Si je n'ai pas voulu créer de nouvelles espèces avec quelques-unes des variétés assez constantes que j'ai rencontrées dans cette étude, c'est que, bien placé pour peser la valeur de celles-ci, il m'a paru plus utile de montrer les liens qui les unissent à la souche que d'attacher mon nom à quelques formes plus ou moins discutables, alors que je m'efforçais, d'un autre côté, de réduire autant que possible le catalogue des titres censés spécifiques de nos poissons indigènes.

Comme précédemment, j'ai cité, chemin faisant, les groupes et les *espèces d'Europe qui manquent à la Suisse*, donnant çà et là une description sommaire de celles de ces dernières qui ont été citées à tort dans le pays, ou qui, comme je l'ai dit, se trouvant non loin de nos frontières, ont peut-être quelque chance de se montrer un jour dans nos eaux.

Quant aux *poissons véritablement indigènes* auxquels j'attribue un numéro d'ordre particulier, j'ai tenu, je le répète, à les étudier et comparer en détail dans nos diverses conditions, et, quand je n'ai pu trancher complètement la question d'espèce entre deux formes, j'ai répété le même numéro en tête des descriptions, considérant jusqu'à nouvel ordre les poissons en question, ou comme espèces très voisines ou comme races locales d'un type unique.

Avant tout, j'ai voulu qu'une description très circonstanciée, presque une discussion de tous les caractères, pût permettre, pour chaque espèce, d'apprécier la *variabilité* dans diverses conditions et différents états ; puis, basé sur cette première étude, j'ai cherché, soit à résumer en tête de mes descriptions, dans des diagnoses un peu étendues et des formules, les quelques traits caractéristiques plus ou moins apparents qui m'ont semblé les plus capables de guider sûrement dans les déterminations, soit à discuter, plus loin, quant à leur origine et à leur importance, tant les diverses variétés que les espèces les plus voisines. Enfin, j'ai fait suivre ces descriptions et discussions des observations que j'ai pu faire et des données exactes que j'ai pu recueillir sur la distribution, les *mœurs*, la reproduction et les *parasites* de nos divers poissons.

Comme résumé de cette série de monographies et pour

en faciliter l'usage, j'ai groupé, à la fin de ce volume : d'abord les diagnoses comparées et réduites à leur plus simple expression de nos divers genres et de nos différentes espèces, dans quatre *tableaux synoptiques*, puis, dans trois autres tableaux successifs, l'*extrait schématique* de mes connaissances et observations sur nos poissons, quant à leur distribution dans nos principaux bassins et sous-bassins, à l'élévation à laquelle ils peuvent atteindre, et aux époques de frai de chacun d'eux. Quoique nos diverses espèces ne s'élèvent pas toujours et partout à un niveau parfaitement semblable dans nos divers courants, il sera aisé néanmoins de déduire, avec assez d'exactitude, la composition de la faune particulière de telle ou telle localité, à tel ou tel niveau, de la comparaison des deux tableaux de distribution horizontale et verticale que je donne ici pour nos premiers poissons.

Cinq *planches originales* accompagnent cette première partie de la Faune ichthyologique suisse : deux, en couleur, représentent dans leur belle livrée quatre espèces peu ou mal connues dans le pays (le n° 2 de la pl. V appartient au volume suivant) ; trois, en noir, comprennent 172 figures de détails en grande partie nouveaux qui sont toutes exécutées avec soin d'après nature. Des lettres initiales placées, à côté de chaque numéro, dans les explications, sont destinées à indiquer la place approximative de chacun de ceux-ci, et à guider ainsi dans la recherche des diverses figures sur ces planches un peu chargées. Remarquons en passant, à propos des figures de dentitions, que, les pharyngiens étant ici représentés dans leur position normale, le poisson de face et sur le ventre, l'os gauche se trouve naturellement à droite et le droit à gauche ; tandis que c'est l'inverse dans les formules, où les dents de l'os gauche et celles de l'os droit sont alors, pour faciliter la lecture, inscrites toujours à gauche et à droite d'une barre médiane séparatrice.

Plus loin, un *index alphabétique général* très détaillé est destiné encore à faciliter la consultation de ces pages à différents points de vue. On y trouvera, non seulement la citation de tous les groupes et de tous les poissons décrits ou signalés, et les titres des différents sujets traités ou abordés ; mais encore les noms synonymes des espèces étudiées, les parasites de celles-ci et les nombreux noms vulgaires usités en Suisse dans diverses localités.

J'ai désiré que le lecteur pût toujours trouver aisément et à son gré, tantôt des données étendues sur les caractères, la variabilité et les mœurs de nos poissons, ou des renseignements sur quelque point particulier, tantôt des diagnoses qui, appuyées sur des figures de détail et des tableaux d'ensemble, puissent permettre des déterminations à la fois sûres et rapides.

Afin de pouvoir tenir compte, dans l'entrée en matière de la partie ichthyologique de cette Faune suisse, des différentes données générales et des conclusions diverses qui peuvent ressortir d'un coup d'œil sur l'ensemble de cette étude, j'ai cru devoir renvoyer à la seconde partie la publication d'une introduction qui, avec une pagination spéciale, pourra facilement être ramenée en tête de ce travail, en place de ce petit avant-propos.

L'INTRODUCTION contiendra quelques données générales sur la classification et la littérature, sur le régime hydraulique et les conditions climatériques du pays, sur les caractères de séxes et d'âges, sur les influences des milieux au nord et au sud des Alpes ainsi qu'à différents niveaux, sur les diverses pêches en Suisse et la législation y relative, sur la pisciculture, sur les diverses questions, en un mot, qui s'imposent, comme conclusions, dans le cours d'une étude comme celle-ci. Enfin, je prie les personnes qui, de manière ou d'autre, ont contribué obligeamment à m'aider dans la récolte des nombreux matériaux nécessaires à ce travail, de bien vouloir, dès aujourd'hui, agréer mes sincères remerciements, en attendant que je puisse, à la fin de cette publication, leur exprimer plus personnellement ma gratitude.

La seconde partie de cette Faune ichthyologique suisse, comprendra l'étude de 20 à 21 espèces dans les genres ALOSA, THYMALLUS, COREGONUS, SALMO, ESOX, COBITIS, NEMACHILUS, MISGURNUS, LOTA, SILURUS, ANGUILLA, ACIPENSER et PETROMYZON. Je m'efforcerai, en particulier, de débrouiller autant que possible l'écheveau jusqu'ici inextricable des nombreuses variétés de nos *Truites* et de nos *Corégones* gratifiées de noms spéciaux dans chaque localité.

Enfin, je donne, à la fin de ce volume, avec pagination spéciale permettant de les rapporter chacun à leur place: d'abord une brève *addition* au vol. Ier (Mammifères), avec la citation d'une espèce nouvelle pour la Suisse; ensuite, un petit *supplément* au vol. III (Reptiles et Batraciens), avec la description sommaire d'une espèce également reconnue sur sol suisse, aux frontières nord de notre pays, depuis la publication du dit volume.

VICTOR FATIO

Genève, juin 1882.

SOUS-CLASSE

DES

TÉLÉOSTIENS

TELEOSTEI

Un squelette osseux et des vertèbres bien distinctes; l'extrémité de la colonne vertébrale complètement ossifiée, ou au moins recouverte de pièces osseuses. Branchies libres et protégées par un appareil extérieur particulier; une seule fente branchiale. Nerfs optiques entre-croisés. Bulbe aortique simple et muni a l'origine de deux valvules opposées.

Les Poissons, de beaucoup les plus nombreux, qui accusent ces quelques principaux caractères, sont abondamment répandus dans les eaux, tant douces que salées, des diverses parties du globe.

Les types variés de cette immense sous-classe peuvent être divisés en : Anarthroptérygiens, Pharyngognathes, Physostomes, Anacanthiens, Plectognathes et Lophobranches. Le second et les deux derniers de ces six ordres comprennent des poissons de formes souvent assez bizarres, en grande majorité marins et tous égalementment étrangers à nos eaux [1]; les trois autres renferment la presque totalité de nos poissons suisses.

Depuis la classification de Cuvier [2] qui reposait principalement sur la structure des rayons des nageoires, bien des systèmes ont été proposés pour la subdivision des poissons osseux. Plusieurs caractères d'importances variées ont été successivement mis en avant. Bien que l'on ait cru, au premier abord, pouvoir trouver facilement des traits distinctifs plus profonds que l'aspect du rayon, on n'a pu cependant jusqu'ici s'affranchir complètement de la direction première donnée par l'illustre auteur du *Règne animal*. Souvent, les nouvelles classifications n'ont réussi qu'à rompre des affinités en apparence légitimes et naturelles, et à mettre en opposition des caractères dont la prépondérance est encore fort discutable.

En montrant, dans la structure intime des rayons de diverses sortes, comme un parallélisme entre les formes de ceux-ci dans les différents groupes et les degrés du développement plus ou moins parfait de ces organes, Kner [3] a, en même temps, accusé la valeur du rayon et réduit, semble-t-il, l'importance des coupes établies sur ce seul caractère, dans une série de formes, par le fait, plus ou moins reliées par les degrés transitoires d'un développement graduel. La plupart des autres traits distinctifs, formes extérieures, pharyngiens, écailles, vessie, etc., qui pourraient servir de base à une nouvelle classification, semblent, comme je l'ai dit, amener forcément à leur suite, en tant que caractères exclusifs, soit bon nombre d'exceptions, soit des contradictions difficiles à faire disparaître sans un remaniement complet de la sous-classe [4]; remaniement long et délicat qui pour-

[1] Par exemple : les Labres, Belones, Exocets, Diodons, Coffres, Balistes, Hypocampes, Pégases, etc.

[2] *Règne animal*, II, 1817.

[3] *Ueber den Flossenbau der Fische*; Sitzb. der K. Acad. der Wissenschaften, XLI, XLII, XLIII et XLIV.

[4] Qu'il me suffise de rappeler, en passant, l'exemple des Scomberesocidés qui font exception par la charpente molle de leurs nageoires dans l'ordre des Pharyngognathes, les Percopsidés qui s'écartent par la structure de leurs écailles du type ordinaire des Physostomes, les Gadopsidés

rait paraître bien déplacé dans un champ d'étude aussi restreint que celui-ci.

Je préfère donc, dans cette phase d'indécision et de tâtonnement, accepter pour le moment une série de six ordres basés simplement sur un ensemble d'analogies plus ou moins constantes. J'admets ici une classification générale très voisine de celle du célèbre J. Muller[1], quitte à revenir plus tard, dans mon introduction[2], sur les défectuosités, tant du classement que j'emploie que de bien d'autres plus recents[3].

qui, dans les Anacantiens se font remarquer par le développement en épines de leurs premiers rayons dorsaux et anaux, et bien d'autres qu'il serait superflu de citer ici.

[1] *Ueber den Bau und die Grenzen der Ganoïden, und über das natürliche System der Fische;* Abhandl. der Berliner Akademie, 1846.

[2] Qui paraîtra avec le second volume de Poissons.

[3] Le Dr Fitzinger (*Versuch einer natürlichen Classification der Fische;* Sitzb. der K. Acad. der Wissensch., 1. Abth., 1873) a eu le courage de rompre franchement avec les idées généralement reçues et de bouleverser l'ordre jusqu'ici consacré. Bien que basé principalement sur le parallélisme des formes, fait réel et utile à constater dans toutes les classes, le système de cet auteur me parait encore trop confus et trop discutable sur bien des points, pour être l'expression de l'exacte vérité et guider sûrement dans une voie nouvelle.

Ordre I. ANARTHROPTÉRYGIENS

ANARTHROPTERYGII [1]

Les représentants de ce premier ordre ont la partie antérieure de la nageoire dorsale composée, ou, quand il y a
deux dorsales, la première de ces nageoires, formée entièrement de rayons non articulés, rigides ou flexibles et plus
ou moins acuminés. Les branchies sont, chez eux, en forme
de peigne. Les os maxillaires supérieurs sont séparés de
l'intermaxillaire. La vessie natatoire, quand elle existe,
est généralement dépourvue de communication avec l'extérieur. Les nageoires ventrales sont généralement antérieures. Les écailles sont, dans la majorité des cas, cténoïdes ou garnies d'aspérités sur le bord.

Enfin, ce qui distingue surtout les Anarthroptérygiens
des Pharyngognathes, avec lesquels ils ont plusieurs caractères communs, c'est que les premiers portent toujours
des pharyngiens inférieurs franchement séparés, tandis
que les seconds ont, au contraire, ces os constamment
réunis.

---

[1] J'adopte le mot *Anarthroptérygien*, qui signifie à rayons des nageoires
non articulés, comme plus propre que celui d'*Acanthoptérygien*, et cela
pour deux raisons : premièrement, par le fait qu'il peut embrasser à aussi
juste titre les rayons non articulés rigides, soit véritablement épineux, et
les rayons non articulés mous, soit pseudo-épineux ; secondement, parce
que le nom d'Acanthoptérygien, dans le sens de Cuvier, pourrait s'appliquer tout aussi bien à la grande majorité des Pharyngognathes qu'aux
poissons de notre premier ordre.

Les Anarthroptérygiens sont excessivement nombreux, de formes très variées, fort répandus dans les diverses parties du globe et, pour la plupart, exclusivement marins. Bien que rarement de très grande taille, ils sont cependant généralement, grâce à leur solide charpente et à leur régime carnivore, de terribles rapaces.

Des nombreuses familles représentées dans les mers de l'Europe, sept seulement, celles des *Percidés*, des *Mugilidés*, des *Athérinidés*, des *Gasterosteidés*, des *Cottidés*, des *Gobiidés* et des *Blenniidés*, figurent dans les eaux douces de notre continent. Quatre, parmi celles-ci, les PERCIDÉS, GASTÉROSTEIDÉS, COTTIDÉS et GOBIIDÉS, comptent seules quelques membres dans les lacs et rivières de notre pays.

Plusieurs ichthyologistes subdivisent maintenant nos Anarthroptérygiens en véritables *Acanthoptérygiens* et Pseudo-Acanthoptérygiens, soit *Haploptérygiens*, d'après la structure et le mode d'insertion des rayons non articulés. Bien que cette distinction paraisse, au premier abord, naturelle et en partie justifiée par les observations de Canestrini[1] et de Kner[2], il me semble difficile d'attribuer aux différences signalées le poids que leur ont dernièrement accordé, dans la classification, soit Canestrini, soit Harting[3], Troschel[4] et quelques autres. L'importance des caractères différentiels invoqués me paraît manquer souvent de constance et d'équilibre dans les deux groupes.

Les rayons non articulés en question, antérieurs de la dorsale et de l'anale, se distingueraient, selon Kner qui a poussé le plus loin l'étude de cette question, en vrais piquants, *wahre Stacheln*

---

[1] *Ueber die Stellung der Helmichthyiden in Systema*; Verhandl. der K. K. Zool. Bot. Gesells., 1859, et (dans ses Zool. Mittheilungen) même année, *Ueber die Aulostomiden.*

[2] *Flossenbau*, etc., l. c.

[3] *Leerboeck der Dierkunde*, II Deel, IV Stuk, 1864. — La classification de Harting est, parmi les plus récentes, peut-être la plus naturelle.

[4] *Handbuch der Zoologie*; 7. Auflage, 1871.

(*aculei*) et en rayons simples, faux piquants ou épines, souples ou rigides, falsche Stacheln ou Dornen (*radii simplices vel spinæ*). Chez les premiers existerait, dans le centre, un canal longitudinal compris entre les deux tiges latérales solidement unies et une ou deux pièces plus petites accolées à la face antérieure de celles-ci; puis lesdites tiges latérales entoureraient complètement par la base le ligament articulaire, dans un cercle fermé. Chez les seconds, les deux tiges latérales, souvent moins solidement unies, n'embrasseraient point de canal interne, et l'ouverture articulaire serait généralement imparfaitement fermée dans le bas.

Troschel, qui a récemment voulu mettre en pratique ces données, distingue ses *Acanthopteri* de ses *Haplopteri*, par le fait de la présence ou de l'absence d'un canal intérieur dans le rayon. Mais, à ce compte, il faudrait renvoyer plusieurs Percidés, les *Aspro* et *Lucioperca* entre autres, dans les Pseudo-acanthoptérygiens, sortir même notre Perche de sa famille, puisque ses rayons ne renferment pas non plus de canal et que, de l'aveu même de Kner, ce poisson n'est qu'un Acanthoptérygien imparfait.

Canestrini, quelques années auparavant, avait déjà proposé une division à peu près semblable; toutefois, pour lui, la présence ou l'absence d'un rayon épineux non articulé aux ventrales devait servir de principal critère entre les deux groupes. Encore ici, ce caractère différentiel, qui devrait appuyer les précédents, me semble varier d'importance, selon que l'on s'attache à telle ou telle partie de la structure du rayon; je n'en citerai qu'un seul exemple, sans sortir de notre faune. En effet, notre Chabot (*Cottus gobio*), que Canestrini et Kner renvoient tous deux dans les Pseudo-acanthoptérygiens, au mépris d'autres considérations qui semblent le rapprocher plutôt des Trigles et autres Acanthoptérygiens à joue cuirassée, porte cependant, comme l'*Aspidophorus*, dans la gaine qui enveloppe le premier rayon articulé de ses ventrales, une véritable épine méconnue par ces deux auteurs, épine sans canal il est vrai, mais tout aussi développée et fermée à la base que la correspondante chez la Perche que Canestrini maintient pourtant avec raison dans ses véritables Acanthoptérygiens.

En un mot, bien que, dans un grand nombre de cas, très rationnelle en apparence, cette subdivision me paraît cependant rompre trop fréquemment des affinités reconnues naturelles, et nécessiter en même temps dans l'ordre des Anarthroptérygiens un bouleversement beaucoup plus grand que ne l'ont opéré jusqu'ici ses partisans [1].

Famille I. PERCIDÉS

PERCIDÆ

Les Poissons de cette famille ont le corps généralement oblong et des écailles pour la plupart cténoïdes, soit âpres au toucher [2]. Ils portent sur les mâchoires et, selon les espèces, aussi sur le vomer, les palatins ou les pharyngiens, des dents tantôt toutes également petites et serrées,

[1] Bien que beaucoup de véritables Acanthoptérygiens présentent aux nageoires, pectorales et ventrales surtout, des rayons divisés beaucoup plus profondément multifurqués et plus rameux au sommet, avec des articulations plus saillantes, que chez la majorité de nos Physostomes (Malacoptérygiens de Cuvier) et que chez plusieurs des Haploptérygiens (censés faux Acanthoptérygiens), cette différence, assez frappante dans beaucoup de genres, ne peut cependant pas non plus être invoquée comme toujours caractéristique, car elle souffre d'assez nombreuses exceptions ; le Gobie, par exemple, se rapproche sous ce rapport beaucoup plus de la Perche que de la Blennie ou du Chabot.

[2] J'ai dit, pour la plupart *cténoïdes*, parce que, depuis les études d'Agassiz sur les écailles au point de vue de la classification (*Recherches sur les poissons fossiles*, 1833-1843), il a été prouvé que les distinctions établies par cet auteur, bien que précieuses et assez justes en général, ne sont cependant pas toujours aussi constantes et importantes qu'on le croyait d'abord. On peut trouver, en effet, sur le même poisson, des écailles de deux formes opposées. J'avais déjà constaté la chose, en examinant l'écaillure de nos Percidés, de notre *Perca* en particulier, quand, dernièrement, le professeur Baudelot a signalé le même fait dans ses intéressantes *Recherches sur la structure et le développement des écailles des poissons osseux* (Archiv. de Zool. expérimentale et générale, 1873).

tantôt au contraire inégales et plus séparées. Diverses
pièces operculaires sont, chez eux, plus ou moins dentelées
sur le bord. La joue n'est pas cuirassée. Les ouïes sont
largement ouvertes et soutenues par des rayons branchiostèges en nombre variable de cinq à sept. L'œil est plus ou
moins latéral. La bouche s'ouvre en avant et est plutôt
grande, soit assez profondément fendue et toujours dépourvue de barbillons. Les nageoires sont, le plus souvent, au
nombre de huit, ou quelquefois de sept seulement, par la
réunion des deux dorsales; ces dernières et l'anale sont
composées d'une partie antérieure épineuse, ou au moins
formée de rayons non articulés et plus ou moins rigides, et
d'une partie postérieure molle à rayons articulés et divisés.
Les ventrales sont thoraciques, c'est-à-dire situées presque au-dessous des pectorales ou un peu en arrière, et
armées d'une épine à l'avant. La vessie natatoire, quand
elle existe, est simple et close, soit dépourvue de communication avec l'extérieur. L'estomac affecte la forme d'un
sac et porte des appendices pyloriques généralement peu
nombreux. L'intestin est assez court et faiblement replié.

Bien que surtout marine, cette première famille, riche
en genres et en espèces, compte cependant des représentants dans les eaux douces, comme dans les eaux salées
des diverses parties du globe; tous ses membres sont
presque exclusivement carnivores, beaucoup sont parés de
brillantes couleurs. Les Percidés de notre continent vivent
indifféremment dans les lacs et les rivières.

Les nombreuses espèces de Percidés ont été réparties
par l'auteur du Catalogue of Fishes [1], dans six groupes
assez distincts, basés principalement sur des différences

---

[1] Günther, Catalogue of the Fishes of the British Museum, vol. I, 1859,
p. 51-56.

de forme, d'écaillure, d'armature des pièces operculaires
et de développement des nageoires dorsales. La première
de ces subdivisions, celle des *Percina*, doit seule nous occuper, comme comprenant tous les Percidés d'eau douce de
notre continent.

TRIBU DES PERCINES

PERCINA

Les Percines ont un corps oblong, plus ou moins élevé
ou comprimé et toujours assez atténué dans la partie postérieure. Les écailles qui les recouvrent sont généralement
assez âpres au toucher et petites ou de moyenne dimension. Diverses pièces operculaires sont fortement dentelées
ou armées. La fente buccale est horizontale ou faiblement
oblique. La grande majorité porte deux dorsales plus ou
moins distinctes. Rarement l'on trouve chez les Percines
plus de dix appendices pyloriques.

La plupart sont, sinon des Poissons exclusivement d'eau
douce, du moins des espèces qui remontent de la mer dans
les fleuves et les rivières.

Sur six genres habitant les eaux douces de notre continent, deux seulement, lesdits *Perca* et *Acerina*, sont représentés en Suisse[1]. Toutefois, j'aurai à dire, plus loin,
quelques mots de certains autres membres de la tribu, qui

[1] Sur dix-huit genres reconnus par Günther, dans cette tribu, les six
suivants figurent dans les eaux douces de l'Europe : *Perca*, Europe entière; *Labrax*, Midi; *Acerina*, Europe moyenne, N. et E.; *Percarina*,
Dniester; *Lucioperca*, Europe moyenne, N. et E.; *Aspro*, Danube et
Rhône. Les genres Labrax et Percarina, dont nous n'aurons pas à parler,
ne comptent dans les eaux douces d'Europe que deux espèces, les *Labrax
lupus* et *Percarina Demidoffii*.

ont été signalés à tort dans notre pays ou qui se montrent non loin de nos frontières. Je veux parler des *Lucioperca Sandra* (Cuv. et Val.), *Aspro Streber* (Siebold) et *As. Apron* (Siebold), que je décrirai très succinctement, à leur place, pour les désigner à l'attention et relever quelques erreurs de citations.

Genre 1. PERCHE

PERCA, Linné

Deux dorsales toujours distinctes ; les rayons de la première tous épineux. Deux épines antérieures à l'anale et une à l'avant des ventrales. Dents en velours, soit petites, égales et serrées, sur la mâchoire inférieure, l'intermaxillaire, le vomer, les palatins et les pharyngiens ; pas de canines. Corps oblong, sensiblement élevé, un peu comprimé et atténué dans la partie postérieure. Le tronc entièrement recouvert d'écailles généralement cténoïdes, solides et relativement petites ; la ligne latérale complète, élevée et convexe. Tête plutôt forte, subconique, nue en dessus et un peu écailleuse sur les côtés. Oeil franchement latéral. Opercule terminé en pointe en arrière ; les autres pièces operculaires plus ou moins dentelées sur le bord. Le premier sous-orbitaire marqué de petites dépressions. Sept rayons branchiostèges. Des pseudo-branchies assez développées [1].

Ce genre, pauvre en espèces, ne compte, en Suisse et

---

[1] Les rayons divisés des nageoires pectorales et ventrales sont ici, comme chez beaucoup de Percidés, profondément quadrifurqués, très rameux au sommet et pourvus d'articulations serrées bien apparentes.

en Europe, qu'un seul représentant, la Perche, dite fluviatile ou commune, que l'on trouve dans presque toutes les
eaux douces de notre continent, ainsi que dans une grande
partie de l'Asie [1].

1. LA PERCHE COMMUNE

DER FLUSSBARSCH. — PESCE PERSICO.

PERCA FLUVIATILIS, Linné.

*D'un vert doré, en dessus; d'un blanc mat, en dessous; des
bandes noirâtres transverses, plus ou moins apparentes, sur le
dos et les flancs. Nageoires dorsales grises, avec une tache noire
à la partie postérieure de la première; ventrales et anale d'un
orangé rougeâtre. Corps subovale, ramassé en avant, médiocrement comprimé et assez atténué en arrière. Tête subconique.
Des écailles sur toutes les faces du tronc; quelques squames plus
petites sur les côtés de la tête, sur les joues, sur l'opercule et sur
le sous-opercule. Bord inférieur de l'opercule entier ou légèrement ondulé. Préopercule armé de nombreux denticules; les
inférieurs, les plus forts, aigus et dirigés obliquement en avant.
Seconde dorsale naissant à peu près au-dessus de l'anus. Anale
ayant son origine au-dessous du quart ou du tiers antérieur de
la précédente et s'étendant, rabattue, presque aussi loin que celle-ci du côté de la caudale. Ligne latérale à peu près parallèle à
la courbe du dos et très élevée. (Taille moyenne de vieux sujets:
400 à 500ᵐᵐ)[2].*

[1] Gunther (Catal. of Fishes) conserve, comme espèces distinctes, deux
des Perches de Cuvier et Valenciennes, les *Perca flavescens* et *Perca gra-
cilis*, des États-Unis et du Canada, qui paraissent se rapprocher beaucoup
de notre Perche d'Europe.
[2] Bien qu'il soit difficile de fixer une limite à la taille de la plupart des
poissons, je crois cependant devoir inscrire, à la fin de mes diagnoses,
quelques chiffres, pour donner une idée approximative des dimensions auxquelles chaque espèce parvient généralement dans nos eaux.

I D. 13—16, II D. 1—2/13—15, A. 2/(7) 8—9. V. 1/5—6, P. (14)-16—17,
C. 17 maj.

$$\text{Squ. (54). } 60 \ \frac{7-9}{13-18} \ 72. \text{ Vert. } 41-43 \, [1].$$

PERCA FLUVIATILIS, *Linné*, Syst. Nat. ed. XII, 1766, I, p. 481, et ed. XIII, *cur.*
Gmel. 1788, I, III, p. 1306.— *Bloch*, Fische Deutschlands, 1782-84,
II, p. 66. — *Razoumòwsky*, Hist. Nat. du Jorat, 1789, I, p. 126.
— *Lacepède*, Hist. Nat. des Poissons, 1798-1803, IV, p. 187. —
Cuvier, Règne Animal, II, p. 293. — *Jurine*, Poissons du Léman ;
Mém. Soc. Phys. Sc. Nat., 1825, III, part. 1, p. 152, pl. 3. — *Hart-
mann*, Helvet. Ichthyol., 1827, p. 61. — *Steinmüller*, Fische im
Wallensee; N. Alpina, 1827, II, p. 335. — *Cuvier et Valenc*, Hist.
Nat. des Poissons, 1828-1849. II, p. 20. — *Fleming*, Hist. of Brit.
Anim., 1828, p. 213. — *Bonaparte*, Faunà italica, 1832-41, III,
fasc. XIV, tab. fig. 1, et Catal. met. dei Pesci europei; Atti, etc.,
1845, p. 55, n° 476. — *Nenning*, Fische des Bodensees, 1834, p. 11.
— *Holandre*, Faune de la Moselle, Vert. 1836, p. 235. — *Schinz*,
Fauna Helvetica, 1837, p. 151, et, Europ. Fauna, 1840, II, p. 86.
— *Franscini*, la Svizzera italiana, 1837-40, I, p. 159. — *De Selys*,
Faune Belge, 1842, p. 187. — *De Filippi*, Cenni sui pesci d'acqua
dolce di Lombardia, 1844, p. 392. — *Yarrell*, Brit. Fishes, 2me édit.,
1851, I, p. 1. — *Günther*, Fische des Neckar, 1853, p. 10. — *Rapp*,
Fische des Bodensees, 1854, p. 4. — *Boniforti*, Il Lago Maggiore e
dintorni, Corog. e Guida, 1857, p. 34. — *Heckel et Kner*, Süsswasserfische der Œstreisch. Monarchie, 1858, p. 3, fig. 1. — *Günther*, Catal. of Fishes of Brit. Mus., I, 1859, p. 58. — *Fritsch*,
Fische Böhmens, 1859, p. 3; Ceeske Ryby, p. 44. — *De-Beita*,
Ittiologia Veronese, 1862, p. 41. — *Siebold*, Süsswasserfische von
Mitteleuropa, 1863, p. 44. — *Jeitteles*, Fische der March, 1863,
p. 5. — *Monti*, Notizie dei Pesci delle prov. di Como e Sondrio e
del Cant. Ticino, 1864, p. 17. — *Jäckel*, Die Fische Bayerns, 1864,
p. 6. — *Canestrini*, Prospetto critico dei Pesci d'acqua dolce
d'Italia, 1865, p. 11. — *Blanchard*, Poissons des eaux douces de
la France, 1866, p. 130, fig. 8-12. — *De la Fontaine*, Faune du
Luxembourg, Poissons, 1872, p. 3. — *Lunel*, Hist. Nat. des Poissons du bassin du Léman, 1868-73, p. 3, pl. 1. — *Fric*, Arb. der
zool. Sect. der Landesdurchforschung von Böhmen, 1872, p. 117.
— *Pavesi*, I Pesci e la Pesca del Cant. Ticino, 1871-72, p. 17.

[1] Je rappelerai ici, d'une manière succincte, la valeur des lettres, des
signes et des chiffres généralement employés dans les formules de nageoires
et d'écailles ; I D. et II D. signifient première et seconde dorsales, A. signifie
anale, V. ventrales, P. pectorales et C. caudale. Deux nombres réunis
par un trait horizontal donnent les chiffres limites de la variabilité des

PERCA VULGARIS, *Schœffer*, Pisc. Bavar. Ratisb. Pentas., 1759, p. 1, Tab. 1,
    fig. 1. — *Agassiz*, Isis, 1828, p. 1047. — *Bonaparte*, Cat. Met.,
    Atti, 1845, p. 55, n° 477.
   » VULGARIS ET HELVETICA, *Gronovius*, Mus. Ichthyol., éd. *Gray*, 1854,
    p. 113 et 114.
   » ITALICA, *Cuv.* et *Val.*, Hist. Nat. des Poissons, 1828, II, p. 45 [1].

NOMS VULGAIRES, EN SUISSE [2] : S. F., jeune : *Perchette, Milcanton* (Genève,

rayons de même apparence dans une nageoire, que ces rayons soient épineux, pseudo-épineux, osseux ou articulés, ou encore non divisés ou rameux. Des nombres séparés par un trait oblique représentent : ceux de gauche, des rayons non articulés, épineux ou pseudo-épineux, chez les Anarthroptérygiens, ou des rayons plus ou moins ossifiés et plus ou moins articulés, mais non divisés, chez les Physostomes; ceux de droite, des rayons toujours articulés et divisés. Je crois devoir négliger, dans les formules, les petits rayons décroissants, assez variables et souvent de peu d'importance, qui appuyent en haut et en bas, la base de la caudale.

Les chiffres en seconde ligne ont rapport à l'écaillure et aux vertèbres. Les nombres inscrits à gauche et à droite de la barre horizontale sont les limites de quantités des écailles sur la ligne latérale du poisson; les chiffres au-dessus représentent les écailles distribuées, en série oblique, au-dessus de ladite ligne latérale et jusqu'au dos, vers la plus grande hauteur du corps; ceux en dessous indiquent le nombre d'écailles situées au-dessous de la même ligne et également en série oblique, jusqu'au niveau de la base des ventrales ou de l'écaille axillaire. Ces dernières données comparées peuvent fournir une idée, non seulement des dimensions relatives des écailles et du corps, mais encore de la position approximative, sur les flancs, de la ligne latérale.

Je mets souvent entre parenthèses, dans mes formules et mes descriptions, des nombres extrêmes de rayons ou d'écailles indiqués par des auteurs étrangers et que je n'ai pas encore eu l'occasion d'observer dans notre pays.

Enfin, *maj.* à la caudale signifie rayons majeurs; *Squ.* veut dire squame ou écaille, et *Vert.* est l'abréviation de vertèbre.

[1] Pour abréger et éviter de continuelles répétitions, je ne donnerai plus, dans les synonymies prochaines, qu'une courte indication des auteurs et de leurs ouvrages, m'en remettant aux citations précédentes et à cette première liste synonymique pour une plus complète indication des noms, des titres et des dates. Je ne citerai donc plus en entier, dans les synonymies futures, que les travaux dont il n'aura point encore été fait mention.

[2] J'écrirai quelquefois, par abréviation, Suisse française S. F., Suisse allemande S. A., Grisons G. et Tessin T.; *j.* signifiera, comme toujours, jeune, *ad.* adulte, ♂ mâle et ♀ femelle.

- Vaud, Neuchâtel), *Jolerie, Viva* [1] (Vevey) ; *Brandemaille* (Savoie) ;
adulte : *Perche* (Léman, Neuchâtel) ; *Boïlla* (Léman), — S. A.,
jeune : *Euerlich, Hürling* ou *Hürlig, Traäli*, plus tard, *Eglin,
Frenderling, Kretzer, Barschling, Stichling, Schaubfisch, Rau-
hegel* (surtout Constance et Zurich) ; adulte : *Barsch, Flussbarsch, Rehrling* ou *Rehlig, Bersich, Raubfisch, Egli* [2] (lacs de
l'est surtout) ; *Egli, Trichteregli, Lendegli, Rohregli, Kräbegli*
(Thoune, Brienz, Lucerne, Bienne); *Lutz, Bunz, Butz* ou *Butzen*
(Saint-Gall et Glaris). — Tessin, jeune : *Centin, Cent-in-bôcca,
Bandiròlu, Bèrtonscello, Gheubb ;* adulte : *Pesce persico, Pèss-
pèrsigg, Persighin, Rattéll, Bèrtôn.*

Corps [3] subovale, plutôt ramassé, élevé en avant, sensiblement
comprimé dans toute sa longueur et notablement atténué
dans la partie postérieure. Le profil supérieur fortement
ascendant du museau aux premiers rayons de la dorsale antérieure, puis, de ce point, décrivant jusqu'au bout de la
seconde dorsale une courbe descendante légèrement convexe
et assez constante; le profil inférieur régulièrement mais
faiblement convexe du museau à l'anale, un peu relevé le
long de cette dernière, puis légèrement concave jusqu'à la
caudale.

La hauteur maximale, vers la naissance de la première
dorsale ou un peu plus en arrière, suivant les individus et
leur état, parfois même au septième rayon, comparée à la
longueur totale du poisson, comme 1 est à $3\,^1/_3 - 5\,^1/_4$, sui-

---

[1] Le nom de *Vive* ou plutôt *Viva*, censément nom vulgaire de la Perche
jeune dans le bassin du Léman, n'est guère employé que dans les environs
de Vevey ou sur les côtes de La Vaud; encore s'applique-t-il souvent à
toute espèce de petit poisson, et aussi bien à la Loche, par exemple, qu'à la
Perchette.

[2] Le nom d'*Egli* est de beaucoup le plus repandu et le plus connu dans
toute la Suisse allemande.

[3] J'entends toujours par *longueur du corps*, l'espace compris entre le
bout du museau et le milieu de la base de la caudale ; la *longueur totale*
sera, par contre, comptée jusqu'au bout du lobe le plus grand de cette
nageoire. Ici, je dois faire remarquer en passant, que la longueur du corps
est assez généralement un peu plus forte que la longueur totale moins la
vraie longueur de la caudale, par le fait que l'étendue maximale de cette
nageoire doit être prise sur le côté de la base du plus grand rayon, tandis
que la base de la caudale en entier décrit volontiers une courbe plus ou
moins convexe.

vant les individus ou les conditions d'existence, et surtout
selon l'âge plus ou moins avancé[1] ; cette même élévation, à
là longueur du corps jusqu'à la base de la caudale, à peu près
comme $1 : 2\,^6/_7$—$4\,^1/_2$[2]. La hauteur minimale, sur le pédicule caudal, à la hauteur maximale, le plus souvent, comme
$1 : 3$—$3\,^1/_2$—$4\,^1/_4$. L'épaisseur la plus forte, volontiers vers
le milieu des pectorales et un peu au-dessous du centre de
l'élévation, variant entre la $^1/_2$ et les $^2/_3$ de cette dernière ;
de là la forme ovoïde, un peu conique dans le haut, d'une
section transverse verticale en ce point.

Anus situé à peu près au-dessous de l'origine de là seconde
dorsale, soit un peu en arrière du milieu de la longueur totale,
souvent d'un tiers de la tête environ, et toujours assez distant de l'ouverture urogénitale[3].

Tronc recouvert d'écailles sur toutes les faces.

Tête plutôt forte, assez haute en arrière, subconique vue de profil, bien qu'un peu arrondie en avant, sensiblement déprimée
sur le front et un peu relevée vers la nuque.

La longueur comprise entre le bout du museau et l'angle
postérieur de l'opercule, d'ordinaire, à peu près égale à la
hauteur maximale du corps, chez les individus de taille
moyenne ; mais volontiers de $^1/_6$ à $^1/_5$ plus forte chez les jeunes
ou même chez certains adultes élancés, ou, par contre, de $^1/_6$
à $^1/_4$ plus courte chez de vieux sujets ramassés.

Cette dimension céphalique latérale, comparée à la longueur totale du poisson, comme $1 : 3\,^1/_2$—$4\,^3/_5$. L'étendue
supérieure de la tête, à l'occiput[4], à la longueur céphalique

---

[1] Heckel et Kner (Süsswasserfische, p. 4) disent que la hauteur maximale
varie entre 1/4 et 1/3 de la longueur totale. Je n'ai pas, jusqu'ici, rencontré le rapport 1 : 3 sur les Perches de notre pays que j'ai eu l'occasion
d'examiner ; peut-être se trouverait-il chez de très vieux sujets ramassés.

[2] Je signale généralement les rapports avec les deux longueurs, du corps
et totale, pour faciliter la comparaison de mes données avec celles de
divers auteurs qui ont pris, les uns l'un, les autres l'autre de ces points de
comparaison.

[3] La distance qui sépare ces deux ouvertures est, en effet, chez cette
espèce un peu plus forte que chez beaucoup de nos autres poissons.

[4] Je mesure ici cette longueur céphalique supérieure jusqu'à l'origine

latérale, assez généralement, comme 1 : 1 $^2/_5$—1 $^1/_2$. La hauteur, vers l'occiput, le plus souvent à peu près égale à la longueur au même point. L'épaisseur sur l'opercule, un peu moindre que celle du tronc chez l'adulte, mesurant d'ordinaire entre les $^2/_5$ et la $^1/_2$ de la hauteur du corps et égale, le plus souvent, à la hauteur céphalique vers le bord antérieur de l'orbite oculaire.

Le sommet de la tête entièrement nu; de petites écailles, par contre, distribuées de chaque côté de l'occiput, sur la région pariétale, sur les joues, sur l'opercule et sur le sous-opercule.

La ligne mucoso-nerveuse latérale se continuant, comme chez la plupart de nos poissons, sur les côtés de la tête, à partir du haut du préopercule : vers le bas, au moyen de petits canalicules cerclant l'œil, sur les sous-orbitaires, et gagnant les narines; vers le haut, par une série de pores assez apparents, rangés au-dessus de l'orbite et distribués jusque sur le museau. D'autres pores assez espacés sous le maxillaire inférieur.

Le museau plus ou moins allongé suivant les individus, et subarrondi en avant.

Bouche assez grande, légèrement oblique, passablement protractile et fendue jusqu'au-dessous du bord antérieur de l'orbite; la mâchoire inférieure dépassant un peu la supérieure, lorsqu'elle est abaissée. — Menton légèrement saillant. — Lèvres très minces. — Langue lisse, détachée et bien développée.

Deux orifices nasaux assez distants, de chaque côté : un antérieur arrondi, plutôt petit, bordé d'une valvule et situé à peu près à égale distance de l'œil et du museau; un postérieur, légèrement plus grand et plutôt subovale, mais non bordé, s'ouvrant plus haut, assez près de l'orbite.

Œil de moyenne dimension, subovale, un peu recouvert en avant et en haut, situé très près du profil frontal, mais toujours franchement latéral, et d'un diamètre, à la longueur latérale

---

de l'écaillure, à droite ou à gauche de l'arête occipitale et non à l'extrémité de celle-ci.

de la tête, comme 1 : 3 $^1/_2$—5, selon les individus jeunes ou vieux.

L'intervalle compris entre le bord de l'orbite et le bout du museau, ou l'espace préorbitaire, égal, le plus souvent, à $^1/_4$ de la longueur céphalique, soit de même longueur ou un peu plus court que le diamètre oculaire, chez les jeunes, mais relativement bien plus fort que celui-ci, souvent même de $^1/_3$ à $^1/_2$, chez les adultes.

L'espace postorbitaire mesurant à peu près la $^1/_2$ de la longueur latérale de la tête, soit suivant l'âge plus ou moins avancé, variant de 2 $^1/_2$ à 1 $^2/_3$ fois le diamètre oculaire.

L'espace interorbitaire mesurant de $^1/_5$ à $^1/_4$ de la longueur céphalique latérale ; mais variant, avec l'âge plus ou moins avancé et par rapport à l'œil, à peu près dans les mêmes proportions que l'espace préorbitaire, soit passablement plus grand ou, au contraire, légèrement plus petit que l'orbite [1].

Opercule subtrapézoïdal : le côté supérieur le plus court ; le bord inférieur oblique, droit ou légèrement ondulé et de $^1/_3$ à $^2/_5$ plus long que le précédent, mesuré jusqu'au bas de l'épine. Le côté inférieur formant, à sa réunion avec le bord postérieur, une pointe ou épine plus ou moins aiguë, à laquelle amène un large sillon horizontal situé à peu près aux deux tiers de l'élévation de l'opercule. Quelques fines stries

---

[1] Nous aurons l'occasion de voir plus loin comment les proportions de l'œil, souvent très différentes à des âges divers, ont trompé beaucoup d'auteurs et favorisé, dans plusieurs familles, la création de bien des fausses espèces. Le diamètre oculaire, dans la plupart des poissons, relativement beaucoup plus fort chez les jeunes que chez les adultes, fait paraître, en effet, dans les premiers, le museau plus court et le front plus étroit. Ces deux parties, quoique en réalité variables aussi avec l'âge, présentent cependant de moins grandes différences, par rapport à la tête que par rapport à l'œil. Je me suis donc attaché à relever toujours les limites de variabilité de l'œil vis-à-vis des parties environnantes, depuis le jeune âge jusqu'à l'état adulte, pour montrer comment, en tenant compte à la fois des proportions de l'œil et de la taille de l'individu, on peut souvent expliquer des différences qui, au premier abord, ont paru spécifiques. On peut faire la même observation quant aux rapports de proportions que l'œil soutient, à différents âges, soit avec les dimensions du premier sous-orbitaire, soit avec le diamètre des écailles.

rayonnantes. Une bordure membraneuse assez mince ; enfin, de petites écailles dans la partie supérieure.

Sous-opercule d'une largeur assez constante, allongé jusque sous la pointe de l'opercule, plus ou moins couvert de petites écailles et finement dentelé vers le bas, dans la partie antérieure.

Interopercule largement apparent en arrière et tout le long au-dessous du préopercule, généralement nu et pourvu de légères dentelures dans la partie postérieure du bord inférieur.

Préopercule formant, par ses bords libres, un angle à peu près droit, bien que toujours plus ou moins arrondi, et garni, sur la tranche, de nombreux denticules, les uns plus serrés et plus petits, sur le côté postérieur, les autres plus forts, plus aigus et dirigés obliquement en avant, sur le côté inférieur.

Joue assez charnue et finement écailleuse, dans les parties postérieure et supérieure surtout.

Scapulaires et huméral armés aussi, sur le bord, de dentelures irrégulières.

Premier sous-orbitaire subtriangulaire et très développé, soit occupant tout l'espace compris entre le milieu de l'orbite et le bord du maxillaire ; l'angle le plus aigu situé au-dessous de l'œil, l'angle le plus ouvert devant le coin antérieur de l'orbite. Cette pièce creusée, au-dessous du milieu, de quatre à cinq petites fossettes ou légers festons rayonnants, plus ou moins accentués selon l'âge et les individus.

Maxillaire supérieur assez étroit par le haut et s'élargissant graduellement vers le bas, de manière à former à peu près un triangle isocèle allongé et suspendu par le sommet.

Dents en velours, soit petites, serrées et égales, distribuées sur le pourtour de l'intermaxillaire et du maxillaire inférieur, le long des palatins et sur le vomer, et jusque sur les pharyngiens où elles forment trois groupes, à droite et à gauche ; le plus souvent aussi un dernier groupe denté beaucoup plus petit, en dehors de ceux-ci, sur la base du troisième arc branchial. Enfin de petites dents aiguës distribuées encore sur le côté et à l'extrémité des tubercules allongés de la face antérieure du premier arc branchial, ainsi que sur les tubercules plus courts des autres arcs au sommet desquels elles forment comme autant de petites brosses (Voy. Pl. II, fig. 1).

Première dorsale relativement grande, en forme de demi-croissant, assez élevée dans la moitié antérieure, arrondie et décroissante dans la partie postérieure, naissant au-dessus de l'angle de l'opercule et s'étendant presque jusqu'au-dessus de l'anus, sur une longueur, à la longueur totale du poisson, comme 1 : 3 $^1/_4$—3 $^5/_6$. La hauteur maximale de cette nageoire égale, suivant les individus et l'âge plus ou moins avancé, à la $^1/_2$ ou aux $^2/_3$, parfois même aux $^3/_4$ de l'élévation du tronc, et, comparée à l'étendue sur le dos ou à longueur basilaire [1] comme 1 : 1 $^2/_3$—2 $^3/_5$.

Treize à seize rayons, tous épineux, soit non articulés, rigides et aigus, à peu près droits ou légèrement arqués et dépassant un peu la membrane natatoire. Le premier rayon mesurant entre les $^2/_3$ et les $^3/_4$ du plus long, soit du 4me, du 5me ou du 6me, et assez généralement égal au 11me ou au 12me; le dernier variant entre $^1/_4$ et $^1/_5$ du plus grand [2] (Voy. Pl. II, fig. 4).

Seconde dorsale plus ou moins séparée de la première, bien que toujours très voisine et souvent même unie à elle par une très petite crête membraneuse. Cette dorsale postérieure naissant à peu près au-dessus de l'anus et occupant un espace à peu près égal à la moitié de la longueur de la précédente ou un peu plus, avec une hauteur d'un cinquième à un tiers moindre que l'élévation de celle-ci. La hauteur maximale parfois égale à la base, chez cette seconde dorsale, plus sou-

---

[1] Pour les nageoires impaires verticales, soit pour les dorsales et l'anale, on entend toujours par *longueur* l'étendue de la base, et par *hauteur* la longueur du plus grand rayon. Il n'en est pas de même pour les nageoires paires, horizontales et à base relativement très réduite; pour les pectorales et les ventrales, la *longueur* sera toujours, comme pour la caudale, l'étendue du plus grand rayon.

[2] Je signale d'ordinaire la position du plus grand rayon, ainsi que les dimensions comparées du premier et du dernier, pour donner une idée de la forme des nageoires, suivant les poissons, plus ou moins arrondies, acuminées, droites, convexes, concaves ou décroissantes.

vent un peu moindre, quelquefois ne mesurant même que
les deux tiers de ladite longueur basilaire. Quant à la forme,
plutôt anguleuse, un peu carrée, oblique et presque droite
ou rectiligne sur la tranche.

Un ou deux rayons épineux, suivis de treize à quinze
rayons articulés, à l'exception du premier parfois non divisé,
tous divisés ou rameux. Le rayon épineux majeur variant,
suivant les individus, entre $^1/_5$ et $^2/_5$ du plus grand divisé;
s'il y a deux épines, la première surnuméraire toujours très
courte. Le 3me ou le 4me articulé le plus long; le dernier généralement un peu plus faible que la moitié du plus grand.

Anale ayant son origine au-dessous du quart antérieur ou du
tiers de la seconde dorsale et s'étendant, repliée, à peu près
aussi loin que celle-ci rabattue, soit laissant, entre son extrémité et la caudale, un intervalle à peu près égal à sa base.
Cette nageoire occupant un espace de $^1/_3$ à la $^1/_2$ moindre
que la longueur de celle qui lui est directement opposée,
coupée carrément en arrière et d'une hauteur maximale à
peu près égale à celle de la seconde dorsale ou légèrement
plus forte.

Deux rayons épineux, suivis de huit à neuf rayons divisés,
quelquefois de sept seulement, comme l'a fait remarquer
Canestrini[1]. La seconde épine, selon les individus, de $^1/_7$ à $^1/_4$
plus longue que la première et généralement égale environ
aux $^2/_3$ ou aux $^3/_4$ du plus grand divisé. Le premier, ou plus
souvent le second rayon divisé, le plus grand; le dernier égal
à la moitié de celui-ci ou un peu plus court.

Ventrales implantées un peu en arrière de la base des pectorales,
soit, à peu près à égale distance du museau et de l'anus, et,
rabattues, demeurant à une distance de ce dernier variant,
suivant les individus, entre les $^2/_3$ et les $^3/_4$ de leur longueur.
Cette dite longueur des ventrales à peu près égale à la base
de la seconde dorsale, ou à la longueur de la caudale, ou
encore à la tête en dessus. Quant à la forme, légèrement
convexes au bord postérieur.

Un seul rayon épineux, suivi de cinq à six rayons divisés.

----

[1] Prospetto critico, p. 11.

L'épine presque égale au $^2/_3$ du grand rameux. Le second
divisé ou rameux le plus grand; le dernier d'un tiers ou d'un
quart plus court que celui-ci (Voy. Pl. II, fig. 3 et 5).

Pectorales naissant au-dessous de l'angle de l'opercule, assez larges, arrondies au sommet, généralement un peu plus courtes
ou, au plus, de mêmes dimensions que les ventrales, et rabattues, atteignant, selon les individus, aux $^2/_3$ ou aux $^3/_4$ de la
longueur de celles-ci.

Le plus souvent seize rayons articulés, quelquefois dix-
sept; plus rarement quinze seulement. La grande majorité
des ichthyologistes n'ont donné, jusqu'ici, que quatorze
rayons à ces nageoires; mais, je crois fortement qu'ils ont
négligé de compter les derniers petits rayons décroissants.
J'ai, en effet, presque toujours trouvé, au côté inférieur,
un seizième petit rayon et souvent même reconnu, à la loupe,
au-dessous de celui-ci, un dix-septième rayon rudimentaire.

La plus grande longueur variant, suivant les individus,
entre les 5me et 8me rayons. Le premier, ou plus souvent les deux
premiers décroissants supérieurs, bien développés et franchement articulés, mais non rameux; l'antérieur égal, généralement, à $^1/_3$ ou aux $^2/_5$ du plus grand. Les trois ou quatre
derniers, soit inférieurs, généralement aussi non divisés; le
ou les deux plus petits, souvent encore sans articulations
apparentes. (Quelques auteurs, Jeitteles [1] et Canestrini [2]
entre autres, donnent, à tort je crois, 1/13—14, pour formule
de ces nageoires; il me semble qu'il ne faut pas, dans la
formule des Anarthroptérygiens, mettre au même niveau
une épine et un premier rayon non divisé, il est vrai, mais
parfaitement articulé.)

Caudale sensiblement échancrée ou bilobée, un peu épaisse et
écailleuse à l'insertion, avec une longueur au plus grand
rayon, comparée à la longueur totale du poisson, comme
1 : 5 $^1/_2$—6 $^1/_4$, même 6 $^2/_3$ chez de grands sujets [3], et, à la lon-

---

[1] Fische der March, p. 5.

[2] Prospetto critico, p. 11.

[3] Le rapport 1 : 7, attribué par Heckel et Kner aux Perches des rivières
d'Allemagne, me paraît devoir être assez rare chez les représentants de
cette espèce qui habitent nos lacs.

gueur du corps, à la base de ses rayons médians, comme
1 : 4 $\frac{1}{2}$—5 $\frac{1}{2}$; les dimensions comparées de cette nageoire
généralement plus fortes chez les jeunes que chez les vieux.
Les lobes égaux et subarrondis à l'extrémité; les rayons médians mesurant entre la moitié et les deux tiers au plus des
plus longs, le plus souvent, les $\frac{4}{7}$ ou les $\frac{3}{5}$.

Dix-sept rayons articulés principaux, dont généralement
quinze divisés, et, en haut comme en bas, quelques petits
rayons basilaires décroissants en nombres assez variables
des deux côtés, parfois cinq sur six visibles seulement, quelquefois, au contraire, jusqu'à dix sur neuf[1].

Écailles du tronc relativement petites, très adhérentes et, pour
la plupart, de forme trapézoïdale plus ou moins anguleuse.
Une médiane des flancs égale à peu près au tiers ou au quart
de la surface de l'œil, chez un adulte de taille moyenne, mais
ne mesurant guère que la moitié de la pupille, soit au plus
un huitième de l'œil, chez de jeunes Perchettes. Le bord basilaire de chaque squame marqué de quatre à dix festons
larges, bien découpés et séparés par de profonds sillons
rayonnant, sur la surface cachée, à partir d'un nœud central; en outre, de fines stries concentriques sur toute la partie couverte, à l'exception du fond des sillons. Enfin, de
nombreux denticules coniques et plus ou moins tronqués,
hérissés sur le bord libre de l'écaille et sur un petit espace
de la partie découverte, en arrière (Voy. pl. III, fig. 1).

Les écailles abdominales et pectorales beaucoup plus petites que les latérales, les secondes surtout; mais festonnées,
sillonées et âpres ou hérissées comme elles. Les écailles céphaliques très petites, subarrondies et striées concentrique-
ment, les unes sans festons, les autres, au contraire, pro-
fondement festonnées; beaucoup sans denticules au bord
libre, soit à peu près cycloïdes.

Sept à neuf écailles sur une ligne transverse oblique, au-

---

[1] Je répète que j'attache, d'ordinaire, peu d'importance au chiffré de
ces petits rayons décroissants, dans les déterminations spécifiques. Ces
rayons basilaires et rudimentaires de la caudale, plus ou moins enfouis
dans la musculature, apparaissent, en effet, en nombre variable suivant
l'âge et l'état des individus.

dessus de la ligne latérale, vers la plus grande hauteur du
corps, et treize à seize, parfois même dix-huit [1], au-dessous
de la même ligne, jusqu'à la base des ventrales [2].
Ligne latérale prenant naissance vers l'angle supérieur de l'opercule et décrivant, jusqu'au centre de la base de la caudale,
une courbe convexe, à peu près parallèle à celle du dos,
cela au quart supérieur environ de la hauteur maximale du
tronc, ou près du cinquième chez les femelles pleines.

Cette ligne composée, le plus souvent, de cinquante-huit
à septante-deux écailles âpres au toucher, généralement de
dimensions assez semblables à celles de leurs voisines, bien
que, parfois et par places, un peu plus grandes ou un peu plus
petites et plus profondément festonnées, avec une forme plus
ou moins triangulaire ou trapézoïdale. (Je n'ai jamais trouvé,
chez les Perches de notre pays, le minimum de cinquante-
quatre écailles latérales signalé par Jeitteles, dans son étude
des Poissons de la March, et par Canestrini, après celui-ci,
dans son Prospectus des poissons d'Italie.) Le tubule excré-
teur du mucus s'ouvrant au travers de l'écaille, généralement assez large et saillant, fusiforme et horizontal, pour
les squames moyennes, et toujours bien ouvert aux deux
extrémités ; l'orifice le plus grand disposé sur les sillons de
la partie couverte, le bout le plus étroit débouchant, par
contre, un peu en arrière des denticules, sur la partie libre,
tantôt échancrée à cet endroit, tantôt parfaitement intacte
(Voy. pl. III, fig. 2).
Coloration des faces supérieures, d'un vert parfois bleuâtre,
mais le plus souvent jaunâtre ou doré, et se fondant sur les
flancs dans une teinte blanchâtre, argentée ou dorée, à reflets

---

[1] Cette grande limite de variabilité s'explique par l'irrégularité de l'écaillure dans le voisinage des ventrales.

[2] En comptant trois ou quatre écailles de plus, pour aller jusqu'au milieu du ventre et en ajoutant l'écaille de la ligne latérale, d'ordinaire non
comprise dans la formule, on aurait un total de vingt-quatre à trente, parfois même de trente-deux squames sur une ligne transverse complète ou
sur la demi-circonférence, à la hauteur maximale. Toutefois, on ne compte
généralement, comme je l'ai dit, que jusqu'à la base des nageoires ventrales, les squames abdominales étant souvent trop irrégulières.

verdâtres. Les côtés de la tête volontiers un peu irisés, ou d'un vert pâle, avec des reflets mélangés bleuâtres et jaunâtres. Les faces inférieures d'un blanc à peu près mat.

De larges bandes transverses noirâtres, plus ou moins apparentes, volontiers alternantes, soit souvent disposées par bandes et demi-bandes, s'étendant, en nombre variable de six à neuf, sur le dos et les faces latérales et, selon les individus, plus ou moins bas du côté du ventre. Iris argenté jaunâtre ou rougeâtre, parfois un peu violacé, et plus ou moins mâchuré.

Les nageoires dorsales d'un gris enfumé; la première marquée d'une large tache noire à la partie postérieure, chez les adultes, ou seulement bordée de noir dans le haut, chez les très jeunes individus. Anale et ventrales d'un orangé plus ou moins rouge et vif, suivant les conditions, l'âge et les saisons; le plus souvent, les trois ou quatre derniers rayons de la première de ces nageoires et les un ou deux derniers des secondes d'un blanc pur tranchant agréablement avec le rouge de la partie antérieure. Pectorales jaunâtres. Caudale grisâtre et plus ou moins lavée d'un mélange de tons verdâtres et orangés ; souvent aussi, jaune vers le centre et plutôt d'un brun rougeâtre près des bords.

Dimensions variant assez à âge égal, avec les conditions d'existence plus ou moins favorables. Le poids de cette espèce ne s'élève guère, dans nos eaux, au-dessus de 2 à 2 $\frac{1}{2}$ kilog. soit 4 à 5 livres, avec une longueur totale de 50 à 55 centimètres environ; passé une certaine taille, l'augmentation de poids se traduit plutôt par un élargissement ou par une élévation plus grande que par un allongement bien sensible du corps. Une moyenne de trois livres, est déjà élevée pour plusieurs de nos lacs, tant au nord qu'au sud des Alpes; des individus ayant atteint, dans des conditions tout particulièrement propices, le poids énorme de six livres [1], sont généralement considérés, dans notre pays comme de rares exceptions [2].

[1] J'entends toujours par livre, la livre de seize onces, soit celle de deux au kilogramme.

[2] Hartmann, Nenning et Rapp s'accordent pour attribuer à la Perche,

Les Perches qui vivent exclusivement dans les rivières deviennent, en général, moins grandes que celles qui se développent dans les lacs ; enfin, celles qui ont été importées dans un ou deux de nos petits bassins alpestres demeurent toujours dans des dimensions beaucoup moindres que leurs congénères de la plaine.

Mâles, volontiers de formes un peu plus trapues que les femelles.

Jeunes, de formes généralement plus élancées que les adultes, avec un œil relativement bien plus grand. Les faces supérieures volontiers plus pâles ou plus bleuâtres ; les flancs, comme l'iris, plutôt argentés. Les bandes transverses plus ou moins franchement accentuées, ou remplacées souvent, dans le très bas âge, par un léger pointillé noirâtre. La première dorsale finement bordée de noir ; l'anale et les ventrales jaunes, jaunâtres ou seulement grisâtres.

Vertèbres généralement au nombre de 41 à 43 [1].

Vessie aérienne, close, simple, attachée aux côtes et aux vertèbres et occupant toute l'étendue de la cavité viscérale. — Un rang de pseudo-branchies pectiniformes et assez grandes, au sommet de la cavité branchiale. — Tube digestif un peu plus court que la longueur totale du poisson et décrivant deux petits replis ; l'estomac en forme de sac et pourvu de trois appendices pyloriques assez épais et médiocrement allongés, soit généralement un peu plus courts que le cul-de-sac de l'estomac vide. — Ovaire très grand et simple ; testicule double.

---

dans le lac de Constance, une moyenne élevée de poids entre une et demie et trois livres au plus. Steinmüller donne même un poids de une à deux livres comme limite extrême de cette espèce dans le lac de Wallenstadt. Par contre, j'ai trouvé des maxima généralement bien supérieurs, soit au-dessus de trois et jusqu'à cinq livres et demie, dans plusieurs de nos lacs centraux et occidentaux, dans ceux de Lucerne, Zug, Thun, Bienne, Neuchâtel, Joux et Genève entre autres. Au reste, des contradictions ou des différences très notables entre les données de poids et de taille de certains auteurs, traitant cependant de localités à conditions en apparence analogues, doivent être bien souvent attribuées, les unes à un défaut d'observations, les autres à une amplification hasardée des chiffres recueillis.

[1] Hartmann (Helvet. Ichthyol.) n'en compte que 39.

La Perche se trouvant, en Suisse, dans des conditions assez variées, j'ai cru devoir étudier, plus minutieusement peut-être que ne semblait le comporter une espèce aussi connue, les diverses parties appelées, chez elle, à servir de caractères spécifiques. L'étendue de la variabilité que j'ai pu ainsi constater dans la plupart des traits distinctifs s'explique facilement par des différences d'âge, d'époques, de conditions ou d'alimentation. Beaucoup de variantes sont purement individuelles, d'autres semblent tenir uniquement à l'influence du milieu ; il n'y en a pas d'assez importantes ou d'assez constantes pour mériter une désignation particulière.

Les individus qui vivent dans les eaux courantes sont, comme je l'ai dit, généralement moins grands et souvent plus trapus que ceux qui habitent les lacs ; ceux que l'on trouve dans les eaux relativement pauvres et froides de quelques localités élevées sont à la fois plus petits et plus élancés que les hôtes plus favorisés de milieux plus propices.

Les Perches qui ont été, sur quelques points, implantées dans la région alpine semblent souffrir un ralentissement dans leur développement. Non seulement, elles demeurent relativement très petites, mais encore elles conservent plus ou moins les formes du jeune âge, un corps plus effilé et un dos moins voûté. Avec cela, elles portent, dans ce nouveau milieu, grâce peut-être à la pureté ou à la température des eaux, une livrée beaucoup plus brillante que leurs sœurs de la plaine ; les faces supérieures sont chez elles d'un vert foncé, les bandes transverses sont d'un noir assez profond et très apparentes, enfin, les nageoires inférieures sont d'un rouge très vif. Blanchard désigne et décrit, sous le nom de *Perches des Vosges*[1], des Perches de montagnes qui rappellent beaucoup celles-ci.

Schæffer, en 1759[2], a distingué, sous le nom de *Perca vulgaris,* une forme danubienne, contrairement à la précédente, plus trapue et plus bossue que la moyenne. Plus tard, Cuvier et Valenciennes[3] ont aussi séparé de notre *Perca fluviatilis,* sous

<hr>

[1] Poissons des eaux douces de la France, p. 140.
[2] Pisc. Bavar., p. 1, Taf. 1, fig. 1.
[3] Hist. nat. des Poissons, 1828, II, p. 45.

le nom de *Perca italica,* une Perche à teintes pâles et sans
bandes transversès. Les caractères de proportions que ces auteurs ont invoqués pour distinguer spécifiquement ces deux formes, sont trop variables dans l'espèce pour avoir l'importance
qu'on leur a accordée. Bonaparte, dans sa Faune d'Italie[1], signale,
comme principal caractère distinctif des *Perca fluviatilis* et *Perca
vulgaris,* le fait que la dorsale antérieure serait, avec deux rayons
de plus, un peu plus haute que la moitié de sa longueur, chez
la première ; tandis que la même nageoire serait, chez la seconde,
avec deux rayons de moins, un peu plus haute seulement que le
tiers de sa base. Cuvier et Valenciennes donnent, à leur tour,
comme trait distinctif de la *Perca italica,* l'égalité en hauteur
et en longueur de la seconde dorsale. Sur ces points, comme sur
tant d'autres, j'ai constaté chez nos Perches, incontestablement
de même espèce, une assez grande variabilité. J'ai reconnu, en
particulier, que la première dorsale peut varier, quant à la hauteur
comparée à la longueur, comme $1 : 1\,^2/_3 - 2\,^3/_5$, et que la hauteur
de la seconde de ces nageoires oscille continuellement entre les
deux tiers et la parfaite égalité de sa longueur. On rencontre,
du reste, quelquefois dans nos eaux basses, des Perches d'un
jaune pâle et plus ou moins complètement dépourvues de bandes
transverses qui représentent assez bien, dans notre pays, au
nord des Alpes, la forme méridionale appelée italienne. On
trouve, également assez souvent, des individus trapus et fortement voûtés, comme la prétendue espèce danubienne.

J'ai vu, en mai 1874, sur le marché de Genève, une Perche plus
franchement et plus généralement jaune que les précédentes,
qui m'a paru se rapprocher beaucoup de celle que de Siebold[2]
dit avoir trouvée sur le marché de Munich, colorée en jaune citron
jusque sous le ventre. Il me semble, comme à cet auteur, que
cette dernière forme de notre Perche d'Europe rappelle singu-
lièrement la *Perca flavescens* (Cuv. et Val.) du nord de l'Amérique[3].

Quelques pêcheurs des lacs de la Suisse allemande distinguent
deux sortes de Perches : celle qui reste dans les profondeurs,

[1] Iconografia della Fauna italica, III, fasc. XIV.
[2] Süsswasser-Fische von Mitteleuropa, p. 48.
[3] Cuv. et Val., Hist. nat. des Poissons, II, p. 46.

Trichter-Egli, qui est, disent-ils, plus grosse, plus sombre de couleur et volontiers sans taches, et celle, *Land-Egli,* sensément préférable au goût, qui se tient plus près des rives, qui est plus petite et plus brillamment colorée, avec des bandes bien voyantes. Enfin, comme Lunel l'a déjà fait remarquer [1], on voit, de temps à autres, des individus accidentellement ornés de taches noirâtres irrégulières, dont la livrée mouchetée rappelle assez la robe de certains chats.

La Perche commune ou fluviatile est répandue dans presque tous les lacs, les fleuves et les rivières de l'Europe, ainsi que dans une grande partie des eaux douces de l'Asie. A l'exception de l'Inn supérieur, en Haute-Engadine, elle habite tous les bassins de la Suisse [2]; toujours, cependant, plus abondamment dans les lacs, ou les eaux relativement tranquilles, que dans nos rivières à courant souvent très accidenté. La même espèce se trouve dans plusieurs de nos petits lacs de la région montagneuse; elle a même été importée et se reproduit dans quelques-uns de nos bassins, plus élevés et plus réduits encore, de la région alpine.

Ainsi, la Perche qui habite tous nos lacs inférieurs [3], vit et prospère aussi dans les lacs de Lungern, à 659 mètres au-dessus du niveau de la mer, de Bret, à 670 mètres, d'Égeri, à 726 mètres, du Klönthal, à 804 mètres, de Joux, à 1009 mètres, et de Ter, à 1023 mètres, ainsi que dans quelques autres de niveaux à peu près semblables. On m'a envoyé la même espèce de la Lenk, à 1075 mètres, dans le Simmenthal, et on me l'a signalée également, presque à la même hauteur, dans le Maderaner Thal, au canton d'Uri. Je l'ai observée moi-même, en 1860 et 1861, à 1160 mètres dans le Seewli du Brünig, où elle avait été apportée de Lungern, vers le milieu du siècle dernier, en même temps que le Gardon ou Vengeron (*Leuciscus rutilus*), où elle était devenue, ainsi que son compagnon, une pomme de discorde

[1] Poissons du bassin du Léman, p. 6.

[2] Rütimeyer (Fauna der Pfahlbauten in der Schweiz, 1861, p. 114) signale des débris de la Perche dans les restes des Palafittes de la Suisse.

[3] J'appelle généralement *inférieurs* les lacs qui sont à un niveau inférieur à 600 mètres au-dessus de la mer.

entre les pêcheurs obwaldiens et bernois, et où elle a vécu, de plus en plus décimée, jusqu'au desséchement de ce petit lac, trop souvent, à son propos, le théâtre de rixes nocturnes.

Je l'ai rencontrée également, avec étonnement, en 1861, bien plus haut encore, mais seule cette fois, à 1350 mètres, dans l'Hinterburger See, presque en face de Brienz, de l'autre côté de la vallée du Hasli. Le niveau supérieur de ce point et le fait que les eaux de ce bassin n'ont pas, comme c'est le cas pour beaucoup de petits lacs de nos Alpes, d'écoulement visible, me poussèrent à prendre des informations sur cette nouvelle station et, après bien des questions, je finis par acquérir la quasi-certitude que ce poisson a été porté au lac d'Hinterburg, dans la seconde moitié du siècle dernier, par l'arrière-grand-père des frères Platter actuels, du village d'Eisenbolgen, près de Meiringen.

Enfin, Hartmann [1] a signalé la Perche dans le lac de Spanneg, à 1458 mètres, dans le canton de Glaris, et Heer [2] nous apprend que ce poisson doit avoir, en effet, été porté en 1750, dans ce lac et son voisin peu inférieur, le Thalsee de la Platten-Alp, par le pasteur Schmidt qui l'introduisit dans ces localités, de nouveau en compagnie d'un herbivore, avec des Cyprins dits, dans le pays, *Laupele*, nom synonyme de *Laugeli* qui, dans une grande partie de la Suisse allemande, signifie Ablette (*Cyprinus alburnus* de Hartmann, soit *Alburnus lucidus* de Heckel). Tschudi [3], tout récemment, rappelle encore cette donnée et confirme la présence actuelle de ces deux poissons dans le plus grand et le plus élevé de ces lacs.

Les recherches que M. le pasteur Zwicky, d'Obstalden, a bien voulu faire, sur ma demande, durant l'été de 1874, dans le lac de Spanneg, m'ont appris qu'il n'existerait plus dans ledit endroit

[1] Helvetische Icthyologie, 1827, p. 64.

[2] Gemälde der Schweiz: der Canton Glarus, von O. Heer und J. J. Blumer-Heer, 1846, p. 181.

[3] Thierleben der Alpenwelt, 9me édit. allem., 1872, p. 228. Le mot *Lauben* qui signifie Ablette (*Alb. lucidus*) y est employé en place de *Laupele*. Bourrit ayant cru pouvoir traduire le mot *Lauben* par celui de Gardon (*Leuc. rutilus*) dans la 2me édit. franç., p. 328, j'ai écrit à de Tschudi pour savoir quel nom était le vrai, et il me fut répondu que *Lauben* devait subsister.

ni Perche *Egli*, ni Ablette *Laupele*; le seul poisson qui se trouverait encore et abonderait dans les eaux peu profondes du Spanneg est le *Bämeli* (*Phoxinus laevis*) qui n'y avait point été cité[1].
Le nom de *Laupele* attribué par Heer au Cyprin apporté avec
la Perche dans le lac en question est-il erroné, et ne serait-ce
pas plutôt le Véron, *Bämeli*, qui fut alors destiné à servir de
proie au poisson carnivore, ou peut-être le Vengeron (*Leuc. rutilus*) que nous avons vu avoir été déjà choisi ailleurs et à la même
époque pour compagnon de la Perche[2]. Ces deux dernières espèces, la première surtout, réussissent, en effet, mieux dans les
régions élevées que l'Ablette (*Alb. lucidus*) que nous ne ren-
controns nulle part, en Suisse, dans nos eaux supérieures. Ce
problème est difficile à résoudre, car le professeur Heer m'écrit
qu'il n'a pas vu les poissons qu'on lui a cité dans le lac de Spanneg, et, à côté des fortes présomptions qui font pencher la
balance du côté du Véron ou du Vengeron, le fait même de la
disparition des deux espèces signalées semble militer en faveur de
l'Ablette qui, n'ayant pu vivre dans des conditions aussi excep-
tionnelles, aurait entraîné involontairement avec elle la perte
de la Perche. Je ne me serais pas arrêté si longuement sur une
question de si petite importance, si je n'avais cru voir un certain
intérêt dans la citation des quelques tentatives faites, dans le
courant du siècle dernier, pour empoissonner avec la Perche
nos petits lacs supérieurs. Nous aurons, du reste, maintes fois
l'occasion de montrer comment le plus grand nombre de nos
lacs supérieurs habités ont été artificiellement empoissonnés, et
comment nos ancêtres, jouant le rôle de providence, ont souvent
mis côte à côte, des carnassiers de divers genres avec différents
poissons herbivores ou omnivores.

L'influence des conditions et de la nature des eaux agit,
comme je l'ai dit, constamment et profondément sur le développement de nos Perches. Il est rare, en effet, que cette espèce
atteigne au poids d'une livre, au-dessus de 1000 mètres, dans

---

[1] Je dois à l'obligeance du pasteur Zwicky plusieurs échantillons du
Phoxinus laevis du lac de Spanneg.

[2] Dans le lac de Joux, dont l'écoulement n'est pas visible et probablement peu praticable aux poissons, nous trouvons encore, comme au lac du
Brünig, le Vengeron avec la Perche.

les eaux froides et pauvres de nos Alpes. Je n'ai même pas vu un seul individu de $^1/_4$ de livre à 1350 mètres au-dessus de la mer; tandis que la chaîne du Jura, beaucoup moins élevée et dont les eaux sont par là plus riches et moins crues, nourrit, au contraire, des Perches beaucoup plus volumineuses, voir même des individus de cinq à six livres. Un autre exemple assez frappant de l'influence de la température des eaux, de la pauvreté relative de celles-ci et de la nature du fond peut se trouver dans les lacs de Brienz, de Thoune et de Goldswyl, cependant si voisins et de niveaux presque semblables. Il résulte, en effet, des nombreuses informations que j'ai prises auprès des pêcheurs de diverses stations, que, dans le premier de ces lacs, où l'Aar arrive encore toute froide et chargée de sable, la Perche ne dépasse guère un maximum, de deux à deux livres et demie, tandis que, dans le second, pourtant si proche, mais où l'eau arrive déjà plus réchauffée et plus reposée, le même poisson parvient facilement au poids de quatre livres. Le petit lac de Goldswyl, non loin d'Interlaken, bien qu'à deux pas de celui de Brienz et même d'un niveau plus élevé, n'en nourrit pas moins des Perches beaucoup plus grandes que celui-ci, grâce, probablement, à sa température supérieure, à la composition plus herbeuse de son fond et par là à la nature plus plantureuse de ses eaux. On y prendrait assez souvent, selon un vieux pêcheur de Brienz, des individus de cinq à six livres, comme au lac de Joux.

La Perche fraie ordinairement entre le milieu de mars et la mi-mai; toutefois, un abaissement de la température peut retarder quelquefois l'époque de la ponte, de même qu'il ralentit le développement des œufs et des alevins. C'est ainsi, par exemple, que j'ai vu dans les eaux de l'Hinterburger See, à 1350 mètres, beaucoup de Perches encore en train de pondre au milieu de juin. Le frai de quelques femelles pendait au bout des branches submergées d'un vieux sapin renversé [1].

La Perche de nos lacs quitte, à l'époque des amours, les pro-

---

[1] D'autres circonstances, moins facilement explicables, semblent agir aussi sur le développement des organes de la génération; ainsi, De la Blanchère (Nouv. Diction. gén. des pêches, 1868, p. 617) dit avoir trouvé dans le Rhin, à la fin de septembre, des mâles chez lesquels la laitance était parfaitement mûre.

fondeurs où elle s'est tenue durant l'hiver, pour gravir le *Mont* et venir, plus près des rives [1], opérer sa ponte sur la *Beine*, non loin du bord de celui-ci, à une profondeur moyenne de huit à dix mètres environ [2]. Pour hâter leur délivrance, les femelles se frottent alors le ventre, soit contre les pierres du fond ou les objets de diverses natures qu'elles peuvent rencontrer [3], soit, surtout, contre les plantes qui croissent généralement dans cette zone sous-lacustre. Elles cherchent à faire sortir et fixer quelque part le pesant fardeau qu'il leur tarde de déposer. Sitôt qu'une femelle s'aperçoit que son paquet ovarien adhère à quelque corps résistant, elle dévide, pour ainsi dire, son chapelet, en exécutant en avant des mouvements serpentants. Les œufs sortent alors distribués en un cordon plus ou moins long qui, atta-

[1] Perrot et Droz (Informations manuscrites sur les lacs de Neuchâtel, Bienne et Morat, 1811) semblent croire que quelques-unes des plus grosses Perches frayent dans les profondeurs, tandis que la plupart des femelles de leur espèce vont pondre plus près des rives; les premières seraient généralement, suivant eux, de huit à dix jours en retard sur les secondes.

[2] On appelle, chez nous, *Beine*, la prolongation plus ou moins plane de la grève sous l'eau ; tandis que l'on donne le nom de *Mont* à la pente assez abrupte qui, dans la plupart de nos lacs, tant au sud qu'au nord des Alpes, fait généralement suite à la beine, à une distance du bord variable suivant les points. Par suite de cette analogie de conformation, la ponte de la Perche se fait dans les mêmes conditions et de la même manière dans la plupart de nos grands lacs. Dans le Tessin, au sud les Alpes, nos deux noms de *Beine* et *Mont* sont remplacés: le premier par le mot *Corona*, le second par le mot *Brua*. Je n'ai pas trouvé jusqu'ici, dans la Suisse allemande, d'expressions généralement admises correspondant exactement à ces deux noms. Dans quelques endroits on appelle la *Beine*, *Land;* ailleurs on la nomme *Hafner* (ce dernier signifie plutôt bas-fond). Dans certains cantons, le *Mont* est désigné par le mot *Halde*, dans d'autres par le mot *Trichter*, dans d'autres encore par celui de *Höhe*. Sur quelques-uns de nos lacs, les pêcheurs n'ont même pas de mots spéciaux pour définir ces différences de pente et de profondeur. Il me semble que les noms de *Land-Egli* et *Trichter-Egli* attribués quelquefois par les pêcheurs aux Perches, suivant qu'elles se tiennent de préférence sur la *Beine* près des rives, ou contre le *Mont* dans la profondeur, doivent faire considérer comme plus généralement et vulgairement connues les expressions *Land* et *Trichter*.

[3] Les nasses et les filets dormants sont souvent couverts de frai déposé par des mères imprévoyantes.

ché par une des extrémités, demeure dans l'eau toujours mobile et flottant. La longueur du cordon varie beaucoup, car celui-ci est souvent rompu par les efforts que fait la Perche pour s'en débarrasser ; l'on trouve tantôt des bouts rattachés les uns à côté des autres, tantôt des cordons plus complets ou plus réussis de deux ou trois mètres de longueur. Quelques mâles, qui ont suivi et contemplé avec impatience les femelles ainsi occupées, fondent bientôt à l'envi sur la place qui est devenue l'objet de leurs ardentes convoitises et arrosent de leur laitance le précieux dépôt qui vient de leur être confié [1].

Les œufs, toujours très nombreux, d'un blanc jaunâtre et gros à peu près comme de la graine de pavot, sont généralement pondus en une seule séance et reliés, les uns aux autres, par un enduit transparent et mucilagineux, destiné, en même temps, à protéger ces germes délicats et à coller l'extrémité du cordon. Bloch a compté 281,000 œufs dans le chapelet d'une Perche d'une demi-livre ; de plus gros individus en portent encore bien davantage. De la Blanchère en donne, par exemple, jusqu'à 992,000 à cette espèce.

Peu de jours après la ponte [2], de myriades de petits alevins, d'une grande transparence, fourmillent déjà sur la place du frai. Toutefois, bien que la quantité des œufs ait été immense, plusieurs causes réduisent énormément le chiffre des jeunes qui arrivent à bien ; et, chose intéressante, la proportion des femelles est toujours, parmi ces derniers, notablement plus forte que celle des mâles. Non seulement beaucoup de germes périssent faute d'avoir été fécondés, ou absorbés, avant d'être développés, par les oiseaux plongeurs ou les poissons carnivores ; mais encore bon nombre de Perches en bas âge servent de pâture aux Lotes, aux Brochets, aux Truites, aux Anguilles et même aux individus plus forts de leur espèce. L'année suivante, les petits alevins qui

[1] Bien que les mâles soient, généralement, moins nombreux que les femelles, il arrive cependant souvent que le filet trainant ramène, durant l'époque du frai, une plus grande proportion des premiers que des secondes ; ce qui a fait penser que les mâles se rencontrent volontiers plusieurs ensemble à la poursuite d'une même femelle.

[2] Selon De la Blanchère (Nouv. Dict. gén. des Pêches, p. 772) 8 à 14 jours, par 8 à 12 degrés.

ont survécu sont devenus les Perchettes de 70 à 80^{mm} que nous voyons, pendant la belle saison, voyager en bancs nombreux le long de nos rivages et que les pêcheurs prennent alors en quantités énormes pour amorcer leur fils. A trois ans, les jeunes Perches sont devenues capables de reproduction, avec une taille moyenne de 150 à 160^{mm}; elles ne vivent plus alors en grandes troupes, mais toujours par plus faibles compagnies. A l'approche des froids, toutes, petites et grandes, se retirent dans les profondeurs, pour attendre, dans un repos relatif, que le retour du printemps vienne les rappeler à une vie plus active. D'après Hartmann, une Perche de six ans pèserait généralement près d'une livre et demie; cependant, nous savons que cela dépend beaucoup des circonstances. Les vieilles Perches vivent plus volontiers isolées ou en petite société.

Les Perchettes, soit les jeunes, se nourrissent presque exclusivement d'insectes, de crustacés, de vers, de mollusques et de frai de poissons; toutefois, arrivées à une taille plus respectable, elles mêlent alors volontiers à ce premier menu des proies plus volumineuses, diverses sortes de petits poissons, des Goujons, des Ablettes, les jeunes de plusieurs espèces plus grandes, des Gardons, par exemple, et même des batraciens, des grenouilles en particulier. On voit souvent les jeunes Perches chercher leur subsistance en s'élevant verticalement et lentement contre un mur ou un rocher dont elles scrutent toutes les surfaces et fouillent toutes les anfractuosités. Ailleurs, en suivant des yeux un banc d'Ablettes qui sillonnent paisiblement la surface de l'onde, il arrive quelquefois de voir, soudain, le trouble et la déroute apportés, en un instant, par de grosses Perches qui se sont tout à coup élancées comme des loups sur cette proie facile et qui répandent à l'envi autour d'elles le massacre et le carnage dans les rangs serrés de ces innocents petits poissons. Les pêcheurs du lac de Neuchâtel connaissent bien la préférence de cette espèce pour l'Ablette, quand ils se rendent, durant les premières nuits de juin et pleins d'espoir de faire belle prise de Perches, vers le *Bout-du-grain* [1]

---

[1] Les pêcheurs neuchâtelois nomment *Bout-du-grain* un bas-fond de gravier très étendu, situé entre le moulin de Bevaix et le petit Cortaillod

où *fricassent* [1] des milliers d'Ablettes en train de frayer sur le gravier.

Munie de dents sur le pourtour de la bouche, comme au palais et jusque sur le pharynx, notre Perche, à l'égal de beaucoup d'autres carnassiers, semble blesser souvent préalablement et mâcher plus ou moins les poissons qui doivent lui servir de nourriture. D'après les quelques observations que j'ai pu faire, il m'a paru que la Perche distribue souvent plus de coups de dents et fait plus de victimes qu'il n'est nécessaire à sa consommation, et qu'au lieu d'avaler toujours d'un seul coup la proie dont elle s'est assurée, elle prend quelquefois son temps pour la déguster, la comprimer et la mâcher à son aise, au fur et à mesure qu'elle avance dans sa gueule.

La Perche n'émigrant pas, ou voyageant peu, on doit la considérer comme un véritable *Rapace sédentaire* dont la trop grande multiplication pourrait devenir dangereuse, si sa chair ferme et agréable ne la faisait activement poursuivre et rechercher par les pêcheurs et les gourmets.

Il y a, au nombre des moyens licites de prendre ce poisson, bien des systèmes et des engins différents [2]. Les très jeunes individus, ou les Perchettes, sont en particulier pris, chez nous, en grand nombre, le long des rives, avec ce que l'on nomme, à Genève, le *Cerceau* [3], soit à peu près le Lanet ou Carrelet rond des Français; jeunes et vieux sont aussi pêchés à la *Ligne* ou à la *Plombée* de un ou plusieurs hameçons amorcés avec des vers. Beaucoup de Perches, des adultes surtout, sont également prises avec les *Fils;* c'est-à-dire avec un jeu ou une chaîne dormante de hameçons volontiers amorcés avec de petits poissons. On prend encore cette espèce, en assez grande quantité, dans

(Voy. Une pêche aux Perches, par Paul Vouga, dans le Rameau de Sapin, 1868, p. 2).

[1] *Fricasser* est un terme de pêche destiné à exprimer le bruit et le mouvement qu'exécutent ces petits poissons dans l'agitation extrême qui s'empare d'eux au moment des amours.

[2] J'entends par moyen illicite, l'usage de plusieurs substances qui, comme la chaux, la coque, la dynamite et autres, sont partout sévèrement défendues.

[3] Le Cerceau est prohibé sur tout le littoral vaudois du Léman.

de petites nasses dites *Berfous* ou *Berfolets*. Enfin, on pratique aussi la pêche des Perches avec diverses sortes de filets : avec l'*Étole* ou le tramail, par exemple, sorte de filet à trois mailles, comme son nom l'indique, au moyen duquel on enveloppe tantôt les herbes où frayent ces poissons, tantôt les roches ou les bouquets où ils cherchent un abri. Avec différents filets dormants ou à battues ; plus spécialement, chez nous, avec ceux que l'on nomme sur le lac Léman, les *Menis,* espèces de sennes, à volonté fixes ou traînantes, ou avec le *Grand filet* et la *Monte,* le dernier plus petit que le précédent, tous deux également formés d'un sac et de deux ailes jetées en demi-cercle.

Les Perches que le filet ramène des grandes profondeurs ont, la plupart du temps, ce que les pêcheurs appellent la *gonfle,* c'est-à-dire la vessie natatoire et volontiers avec elle l'estomac refoulés dans la bouche, souvent même partiellement projetés au dehors. Ce fait a été, depuis longtemps, expliqué par la puissante dilatation de l'air contenu dans la vessie natatoire qui, n'ayant pas de communication avec l'extérieur, se distend outre mesure et chasse du côté de la bouche les organes situés devant elle. L'on comprend, en effet, aisément que des poissons brusquement arrachés par le filet à la pression d'un fond de 50 à 60 mètres, n'ayent pas le temps de condenser suffisamment le gaz de leur vessie, avant d'être amenés à la surface, dans un tout autre milieu.

Comme tous les poissons, je devrais dire comme tous les êtres, la Perche est sujette aux maladies. Ainsi, une terrible épidémie fondit, en 1867, sur la gent percine du lac Léman et, quoique assez réduite dès l'année suivante, elle n'a pas moins, pendant longtemps encore, continué à décimer cette espèce. La cause inconnue de cette maladie n'avait même pas encore entièrement disparu six ans plus tard, car l'on m'a signalé, de divers côtés sur les bords du Léman, une nouvelle phase de mortalité insolite, durant les mois de mai, juin et juillet de l'année 1873[1].

---

[1] Une communication a été faite sur ce sujet à la Société vaudoise par le Dr F.-A. Forel, en juin 1873 (Voy. aussi le journal *La Patrie*, de Genève, du 18 juin 1873). Une mortalité assez forte m'a été signalée encore, dans le même temps, dans les environs de Genève. Le Conseil d'État du canton

Les corps de ces malheureux poissons, morts ou mourants, ont infesté, par milliers et dans bien des localités, les rives du Léman[1]. Plusieurs explications ont été proposées. pour démontrer la nature de l'épizootie en question ; toutefois, la seule qui paraisse soutenable, jusqu'ici, est la dernière avancée par le Dr Forel[2], celle d'une maladie de la classe des septicémies, se traduisant par des symptômes d'adynamie et caractérisée par la présence de Bactéries et de Vibrions dans le sang[3].

Bien que l'on ne s'explique pas facilement comment une cause, probablement inhérente au milieu ambiant, pourrait se transmettre d'un bassin dans un autre, il paraît, cependant, qu'une mortalité insolite de la Perche a été également constatée, durant ces dernières années, sur d'autres points de notre pays. Le Dr du Plessis signale, par exemple, en 1868, que les Perchettes du ruisseau des Ouates, affluant du lac de Neuchâtel par la Thièle, sont décimées par une épidémie tout à fait analogue à celle du Léman[4]. L'étude de cette épizootie que les docteurs Forel et du Plessis ont publiée, sous le titre de *Typhus des Perches*[5]. semble bien prouver que, dans les deux bassins,

de Vaud a fait faire, la même année (juillet 73), des recherches officielles sur tout le littoral, pour reconnaître la cause de ladite maladie.

[1] Principalement des individus de taille petite ou moyenne.

[2] Notes sur une maladie épizootique qui a sévi chez les Perches du Léman, en 1867, par le Dr F.-A. Forel. Bulletin de la Soc. vaudoise des Sc. Nat., vol. IX, p. 599, 620, 624 et 626, ainsi que vol. X, p. 528.

[3] Un retardement forcé dans la publication de ces notes me permet de citer ici le rapport fait par le Dr Forel au département des finances au sujet de l'enquête sur l'épizootie des Perches (Bull. de la Soc. vaudoise, vol. XIII, déc. 1874, p. 400). Ladite enquête ne jette guère de nouvelles lumières sur la question ; toutefois, elle a permis de constater que la même maladie, où un cas analogue, a affecté aussi le Vengeron, la Lote, la Truite, le Brochet, le Goujon et la Carpe, bien que sur une beaucoup moindre échelle.

Je profite de l'occasion pour signaler encore que, le 20 juin 1875, j'ai trouvé un grand nombre de jeunes Perches mortes sur la rive du lac Léman, près de Rolle.

[4] Maladie des Perches de l'Orbe, par le Dr G. du Plessis, Bull. de la Soc. vaudoise des Sc. Nat., vol. IX, mai 1868, p. 696.

[5] Étude sur le Typhus des Perches, épizooties de 1867 et 1868, par F.-A. Forel et G. du Plessis. Bull. de la Soc. médicale de la Suisse romande, 1868.

la maladie s'est traduite par une même infection du sang par les Bactéries. Au mois d'août 1872, le pêcheur J. Roth d'Unterseen, que j'accompagnais à la pêche sur le lac de Thoune, me fit remarquer comment bon nombre des Perches qu'il prenait au filet étaient atteintes d'une pâleur anormale des branchies, restes, disait-il, d'une épidémie qui aurait décimé, là encore, cette espèce, durant quelques années[1].

Enfin, notre poisson est encore affecté de plusieurs parasites d'une autre nature et de diverses sortes, qui entraînent aussi parfois la mort par leur trop grande multiplication. Les uns sont des crustacés suceurs, comme l'*Achtheres Percæ*, que le Dr Nordmann a signalé dans la bouche de cette espèce, ou des sangsues, comme l'*Ichthyobdella Percæ* signalée par Templeton sur le corps de ce poisson ; les autres, beaucoup plus nombreux, sont des vers ou des Helminthes, qui habitent les tissus cutanés et musculaires, ainsi que les cavités céphaliques, branchiales et viscérales du poisson, tantôt fixés sur quelque partie externe ou interne, ou libres dans le canal digestif et la cavité abdominale, tantôt confinés ou enkystés dans quelque organe, dans l'œil, par exemple, ou dans le foie[2].

---

[1] Je n'avais malheureusement pas alors à ma portée les moyens de constater si l'épizootie du lac de Thoune, qui se traduisait par un aspect d'anémie, était exactement de même nature que celle du lac Léman.

[2] On a reconnu, chez la Perche, les Helminthes suivants :
Ascaris truncatula (Rud.) ; dans les intestins, enkysté dans le foie et dans les muscles. *Asc. velocissima* (Dies.) = *Oxyuris velocissima* (Nordm.) ; dans le corps vitré de l'œil. — *Cucullanus elegans* (Zeder) ; dans l'estomac, les appendices pyloriques, les intestins et le mesenter. — *Filaria bicolor* (Crep.) = *Agamonema bicolor* (Dies.) ; enkysté dans le péritoine. — *Echinorhynchus tuberosus* (Zeder) ; dans les intestins. *Echin. angustatus* (Rud.) ; dans les intestins. *Echin. proteus* (Westr.) ; dans les intestins. — *Diplostomum clavatum* (Nordm.) = *Tylodelphis clavata* (Dies.) ; dans l'œil. *Dipl. volvens* (Nordm.) ; dans l'œil. — *Tetracotyle typica* (Dies.) = *Distoma tarda* (Steenstr.), *Tetrac. Cyp. Idi* (Moulinié), *Tetrac. Percæ fluviatilis* (Moul.) *Tetrac. Lymnæi* (Pagenst.) ; dans le voisinage du cœur et entre les muscles vertébraux, dans des kystes subsphériques nacrés. — *Distomum globiporum* (Rud.) ; dans les intestins. *Dist. appendiculatum* (Rud.) ; dans l'estomac et les intestins. *Dist. annuligerum* (Nordm.) ; enkysté dans le corps vitré de l'œil. *Dist. nodulosum* (Zeder) ; dans les intestins. *Dist. truncatum* (Abildg.) *Species dubia* (sec. Hartmann) — *Gasterostomum fimbria-*

Les parasites végétaux, ces sortes de mousses, ou *Byssus,* qui s'attachent aux téguments de beaucoup de poissons, semblent moins fréquents chez la Perche que chez d'autres espèces, les cyprinides entre autres, qui recherchent moins constamment les eaux claires et pures.

Genre 2. GREMILLE

ACERINA, Cuvier

Dorsales réunies, formant en apparence une seule nageoire échancrée en arrière du milieu; la partie antérieure entièrement épineuse. Deux épines à l'avant de l'anale et une aux ventrales. Dents en velours sur la mâchoire inférieure, l'intermaxillaire et les pharyngiens, plus rarement sur le palais; pas de canines. Corps oblong, plus ou moins ramassé en avant, atténué en arrière et couvert d'écailles cténoïdes, solides et plutôt petites. La poitrine nue; la ligne latérale complète, très élevée et convexe. Tête forte, épaisse, entièrement dépourvue d'écailles et creusée, sous la peau, de profondes cavités, sur la face, sur les côtés et en dessous. Œil latéral. Opercule terminé en pointe aiguë, en arrière. Préopercule armé sur le bord de quelques fortes épines. Sept rayons branchiostèges. Des pseudobranchies moyennes.

Ce genre ne compte jusqu'ici que trois espèces, toutes également propres aux fleuves et rivières de l'Europe. Une

---

tum (Siebold); dans les intestins. — *Dactylogyrus tenuis* (Dies.) = *Gyrodactylus tenuis* (Weld.); sur les branchies. *Dactyl. uncinatus* (Wagener); sur les branchies. — *Tænia ocellata* (Rud.); dans le foie. — *Ligula digramma* (Crep.) = *Lig. simplicissima* (Rud.); dans la cavité abdominale. *Lig. monogramma* (Crep.); cavité abdominale. — *Triænophorus nodulosus* (Rud.); dans les intestins, les appendices pyloriques et le foie.

seule figure en Suisse, la Gremille ordinaire. Les deux autres, très voisines et peut-être simples variétés d'une même espèce, sont : l'une l'*Acerina Schraitzer* (Cuvier), qui habite le bassin du Danube, l'autre l'*Acerina rossica* (Cuv. et Val.) propre aux tributaires de la mer Noire, dans la Russie méridionale.

Bien que les dorsales des Gremilles soient constamment et assez largement unies, il est difficile, cependant, de ne pas reconnaître, dans la nageoire composée de ces Poissons, l'analogue des deux dorsales de la Perche. En effet, après une série de rayons épineux, séparés par de notables dépressions de la membrane natatoire et décroissants vers l'échancrure moyenne, on remarque d'ordinaire une dernière épine, sensiblement plus haute que la précédente, qui paraît appartenir de droit à la seconde série et semble devoir être regardée comme premier épineux d'une seconde dorsale après celui-ci uniquement composée de rayons articulés et rameux. Malgré la peau qui les recouvre, les cavités céphaliques des Gremilles n'en sont pas moins très apparentes. Ces fossettes, dans lesquelles viennent s'épanouir de nombreuses terminaisons nerveuses et s'ouvrir divers canaux mucifères, semblent devoir jouer, chez ces Percines, et à un plus haut degré peut-être que chez beaucoup d'autres Poissons, le rôle de sens délicat, et multiplier ainsi les perceptions sensitives de l'animal [1].

2. LA GREMILLE ORDINAIRE [2]

Der Kaulbarsch

Acerina cernua Linné.

Olivâtre ou fauve, avec de petites taches brunes, en dessus;

---

[1] Les rayons divisés des pectorales et ventrales sont ici, comme dans le genre précédent, profondément quadrifurqués, très rameux au sommet et pourvus d'articulations serrées fort apparentes.

[2] Les pêcheurs attribuent à ce poisson, en France, le nom de *Perche*

d'un jaunâtre cuivré et irisé, sur les côtés; d'un blanchâtre teinté de bleu clair ou de rose pâle, en dessous. Nageoires jaunâtres et semées de taches brunes, la dorsale et la caudale surtout. Corps trapu, voûté en avant, atténué en arrière et franchement tectiforme dans la moitié supérieure. Poitrine dépourvue d'écailles. Tête massive et nue, avec un museau épais et relativement court. Préopercule armé sur le pourtour de quelques fortes épines distantes et divergentes. Les sous-orbitaires creusés de profondes et larges fossettes disposées en éventail autour de l'œil. La partie épineuse de la dorsale comptant un nombre de rayons à peu près égal à celui de la partie molle ou articulée, bien qu'occupant un espace à peu près double de la longueur de celle-ci. Ligne latérale convexe et très élevée (Taille moyenne de vieux sujets, 160^{mm}).

D. 12—14+1/11—14, A. 2/5—6, V. 1/5, P. 13—14, C. 17 maj.

$$\text{Squ. } 37 \; \frac{6-7}{10-13} \; 41. \quad \text{Vert. } 35-36\,(37).$$

PERCA CERNUA, *Linné*, Syst. Nat. ed. XII, I, p. 487, et ed. XIII, cur. *Gmel.*
    I, III, p. 1320.— *Bloch*, Fische Deutschl..II, p. 74, taf. 53, fig. 2.—
    Jenyns. Manual of Brit. Vert., 1835, p. 334. — *Gronov.* Ichth. ed.
    Gray. p. 112. — *De la Blanchère*, N. Dict. des Pêches, p. 619,
    fig. 828.

CERNUA FLUVIATILIS. *Fleming*, Brit. Anim., p. 212.

ACERINA CERNUA, *Cuvier*, Règne Anim., II, p. 283.— *Schinz*, Fauna Helvetica,
    p. 151.—*Holandre*, Faune de la Moselle, p. 236.— *Bujack*, Naturg.
    der höheren Thiere. etc., 1837, p. 356. — *De Selys*, Faune Belge,
    p. 187. — *Bonaparte*, Cat. Met., p. 56, n° 485. — *Günther*, Catal. of
    Fishes, I, p. 72.—*Siebold*, Süsswasserfische, p. 58. — *Heckel*, Fische
    Bayerns, 1864, p. 10. — *Blanchard*, Poissons de France, p. 151.

»   VULGARIS, *Cuv.* et *Val.*, Hist. Nat.. III, p. 4, pl. 41. — *Schinz*, Europ.
    Fauna, II, p. 95. — *Yarrell*, Brit. Fishes, 2me édit., I, p. 17.—*Günther*,
    Fische des Neckar, p. 14. — *Heckel* et *Kner*, Süsswasserfische, p. 19,
    fig. 6. — *Fritsch*, Fische Böhmens. p. 4, et *Ceske Ryby*, p. 46. Arb.
    zool. sect. Land. Böhmen, p. 117. — *Jeitteles*, Fische der March,
    p. 10. — *De la Fontaine*, Faune du Luxembourg. p. 5.

NOMS VULGAIRES. EN SUISSE : *Kutz* ou *Kutzen* (Bâle).

goujonnière, parce qu'ils croient, à tort, que la Gremille est un métis de la Perche et du Goujon.

Corps plutôt trapu, voûté en avant, atténué en arrière et sensiblement pincé ou tectiforme dans la moitié supérieure.
Le profil supérieur fortement busqué jusqu'aux premiers
rayons de la dorsale, ensuite très faiblement convexe jusqu'au
delà de cette nageoire, non loin de la caudale; le profil inférieur presque rectiligne ou très légèrement convexe, depuis
la mâchoire inférieure jusqu'à l'anale, un peu relevée le long
de celle-ci, puis de nouveau à peu près droit.

La hauteur maximale, au second ou au troisième rayon dorsal, à la longueur totale, généralement comme 1 : 4 $^1/_4$—4 $^3/_4$
et à la longueur jusqu'à la caudale, comme 1 : 3 $^1/_2$ à 4.
L'élévation minimale, un peu avant la caudale, égale, d'ordinaire, à $^1/_3$ de la hauteur la plus grande ou légèrement
moindre. L'épaisseur la plus forte, sur la région thoracique,
un peu au-dessous du milieu, égale environ aux $^2/_3$ de l'élévation maximale chez les adultes, un peu moindre chez les
jeunes. Une section transverse, verticale à la plus grande
hauteur, de forme ovoïconique, soit graduellement comprimée dans la partie supérieure, ou subtriangulaire.

Anus situé presque au centre de la longueur totale, ou
légèrement en arrière, soit passablement en avant de la
nageoire anale et au-dessous du dernier ou de l'avant-dernier
rayon épineux de la dorsale.

Poitrine dépourvue d'écailles sur une étendue plus ou
moins grande suivant les individus et les conditions. Les
sujets du Rhin, à Bâle, assez généralement nus sur tout
l'espace compris entre la gorge, l'angle de l'opercule et l'insertion des ventrales.

Tête massive, formant, sur la courbe de la nuque, un angle rentrant, plus ou moins accentué suivant les individus, mais
toujours très peu profond; plane sur le front, un peu renflée vers le museau et très légèrement convexe en dessous.
La longueur céphalique latérale, au bout de l'opercule, à la
longueur totale du poisson, comme 1 : 3 $^2/_3$—4 $^1/_4$, soit, selon
l'âge plus ou moins avancé, à peu près égale à la hauteur
maximale du tronc ou sensiblement plus forte. L'étendue de
la tête, en dessus, jusqu'aux écailles vers l'occiput, à la longueur latérale au bout de l'opercule, comme 1 : 1 $^2/_9$—1 $^5/_9$. La

hauteur vers l'occiput généralement un peu moindre que la longueur au même point, parfois même, chez des jeunes, égale seulement à la longueur depuis l'occiput jusqu'aux narines antérieures. La largeur, sur le bord du préopercule, à peu près égale à celle du tronc et correspondant à la hauteur vers le bord antérieur de l'œil, ou sur le premier tiers de celui-ci.

De profondes fossettes ou cavités creusées, sous la peau, sous le maxillaire inférieur, sur le pourtour du préopercule, sur les sous-orbitaires autour de l'œil, sur le museau, au-dessus des narines, enfin, entre les yeux, en avant, et sur le front, en arrière. Les fossettes voisines, sur une même face, communiquant plus ou moins largement entre elles et servant, ainsi, de continuation à la ligne mucoso-nerveuse au-dessus et au-dessous de l'œil (Voy. pl. II, fig. 2). De petites arêtes osseuses disposées en éventail sur les frontaux postérieurs, sur les pariétaux et sur l'occipital. Toutes les faces céphaliques dépourvues d'écailles.

Museau gros, large et arrondi. Bouche légèrement oblique ou tombante, passablement protractile et fendue, au plus, jusqu'au-dessous des orifices nasaux postérieurs ; les deux mâchoires à peu près de même longueur ; le menton peu apparent. — Lèvres minces. — Langue lisse et médiocrement développée.

Deux orifices nasaux, assez distants, de chaque côté : un antérieur arrondi, petit, bordé d'une valvule et situé à peu près à égale distance du bout du museau et du bord de l'orbite ; un postérieur plus grand, subtriangulaire, non bordé et ouvert beaucoup plus près de l'œil.

Œil grand, subarrondi ou légèrement ovale et, bien que latéral, entamant un peu le profil frontal ; d'un diamètre, à la longueur de la tête par le côté, comme 1 : 3 ½—4.

L'espace préorbitaire égal environ à ⅓ de la longueur céphalique, soit, de ¼ plus grand que l'œil, chez les vieux sujets, mais à peu près de même dimension que celui-ci chez les jeunes.

L'espace postorbitaire égal à peu près à une fois et demie le diamètre de l'œil.

L'espace interorbitaire égal, en moyenne, aux $^4/_5$ de l'œil chez les adultes, et aux $^5/_8$ seulement chez les jeunes; soit, entrant environ 5 fois à 5 fois et $^3/_4$ dans la longueur céphalique.

Opercule à peu près triangulaire, grâce au peu de longueur du côté supéro-postérieur. Le bord supérieur passablement convexe et mesurant environ les $^2/_3$ ou les $^7/_{10}$ du côté postéro-inférieur; ce dernier, par contre, sensiblement concave et prolongé en arrière, à l'extrémité supérieure, en une épine forte et très aiguë à laquelle amènent, vers les $^3/_4$ ou les $^4/_5$ de la hauteur de cette pièce, un sillon et une arête bien accentués. L'angle inférieur aussi passablement plus acuminé que chez la Perche. La bordure membraneuse assez étroite.

Sous-opercule large, arrondi en avant, un peu creusé en arrière et très légèrement dentelé sur le bord dans la partie antérieure.

Interopercule formant un triangle largement apparent et arrondi dans le bas, entre les pièces précédentes et au-dessous de l'angle du préopercule; la partie postérieure du bord inférieur volontiers finement dentelée, chez les adultes surtout.

Préopercule arrondi en arrière et en dessous, et armé, sur le pourtour, d'épines divergentes volontiers au nombre de dix à douze seulement : les épines supérieures plus petites et plus serrées ; les inférieures beaucoup plus grandes, beaucoup plus distantes les unes des autres, dirigées obliquement en avant et séparées par de profondes cavités (Voy. Pl. II, fig. 2).

Maxillaire inférieur creusé également de profondes cavités.

Scapulaires armés de dentelures irrégulières.

Premier sous-orbitaire assez grand, subtriangulaire, occupant tout l'espace compris entre le maxillaire et le quart ou le tiers antérieur de l'orbite, arrondi sur les bords antérieur et inférieur, concave sur les bords supérieur et postérieur, au niveau des narines et de l'œil, et festonné en éventail, ou creusé au-dessous du milieu, de profondes cavités volontiers au nombre de quatre. Les autres sous-orbitaires relativement plus larges que chez la Perche, et marqués comme le précédent de fossettes bien accentuées.

Maxillaire supérieur moins long que chez la Perche et de largeur plus constante, soit, moins élargi dans le bas et, relativement, moins étroit dans le haut.

Dents en velours sur l'intermaxillaire, le maxillaire et les pharyngiens [1]. Quelques-unes aussi, plus petites et irrégulièrement distribuées sur les tubercules des arcs branchiaux.

Les processus antérieurs du premier arc branchial, subconiques, beaucoup moins nombreux et toujours plus faibles que chez l'espèce précédente.

Dorsales réunies et formant, en apparence, une seule nageoire échancrée vers le tiers postérieur et s'étendant, depuis en dessus de l'insertion des pectorales, jusqu'un peu au delà de la base de l'anale, sur une étendue variant entre la moitié de la longueur totale du poisson et la moitié de la longueur sans la caudale.

Première partie correspondant à la dorsale antérieure de la Perche, arrondie en demi-croissant, avec une hauteur maximale, au quatrième ou au cinquième rayon, susceptible de varier, avec l'âge et les individus, des $^2/_3$ aux $^3/_4$ de la hauteur du corps.

Douze à quatorze rayons épineux, rigides, aigus, un peu arqués en arrière et dépassant notablement la membrane natatoire : le premier rayon légèrement plus fort que la moitié du second et égal environ à $^1/_3$ du 4me ou 5me le plus grand : le dernier considéré comme appartenant à la partie antérieure, un peu plus court que le suivant ou premier et seul épineux de la partie postérieure (Voy. Pl. II, fig. 6. le 1er épineux).

Seconde partie, d'un quart à un tiers moins haute que la première, naissant à peu près au-dessus de l'anus et occupant un espace égal environ à la moitié de la longueur de la précédente, un peu plus ou un peu moins suivant les individus. Quant à la forme : oblique et à peu près rectiligne sur la tranche.

Douze à quinze rayons : un épineux antérieur réuni par la

---

[1] Jeitelles (Fische der March, p. 10, en note) dit avoir trouvé quelquefois, chez les Gremilles de la March, de petites dents sur les palatins.

membrane au précédent et presque égal à la moitié du plus
grand derrière lui, suivi de onze à quatorze rayons articulés
en grande majorité rameux; le second, le troisième où le
quatrième, suivant les cas le plus long; le dernier variant
entre le tiers et la moitié du plus grand divisé.

Anale naissant au-dessous du premier, du second ou du troisième rayon rameux de la dorsale, occupant un espace un
peu plus court que celle-ci, coupée carrément en arrière et
s'étendant, rabattue, à peu près aussi loin qu'elle ou, plus
souvent, légèrement moins loin. La hauteur maximale de
cette nageoire, au sommet de la première épine ou plus souvent aux premiers rayons divisés, toujours passablement
plus forte que l'élévation de la partie rameuse de la dorsale
et égale, d'ordinaire, au septième ou au huitième épineux de
la partie antérieure de celle-ci.

Deux forts rayons épineux un peu arqués, suivis de
cinq à six rayons divisés [1]. Quelquefois les deux épines de
même longueur, plus souvent la première légèrement plus
longue que la seconde. Souvent le premier ou le second rayon
divisé le plus long et un peu plus grand que l'épine antérieure; quelquefois, au contraire, ces premiers rameux égaux
à ladite épine ou même un peu plus courts. Le dernier
divisé égal environ à la moitié du plus grand.

Ventrales implantées un peu en arrière de la base des pectorales, soit un peu plus loin du museau que de l'anus et, rabattues, demeurant séparées de ce dernier par un espace
variant, suivant les individus petits ou gros, de $^1/_5$ à $^2/_5$ de
leur longueur. Ladite longueur de ces nageoires passablement
plus forte que celle du plus grand rayon dorsal et généralement un peu plus grande que la caudale, mais toujours
beaucoup moindre que la longueur céphalique latérale, soit
égale, le plus souvent, à la tête, du museau au bord postérieur
du préopercule. Quant à la forme : ovales ou subarrondies.

Un rayon épineux, suivi de cinq divisés : l'épine égale environ aux $^3/_5$ du second rameux, le plus long de tous; le dernier
divisé égal aux $^2/_3$ ou plus rarement aux $^5/_4$ du plus grand.

---

[1] Le plus souvent six chez les sujets du Rhin, près de Bâle.

Pectorales légèrement plus courtes que les ventrales et atteignant, rabattues, aux $^3/_4$ ou même aux $^5/_5$ de la longueur de celles-ci ; soit, suivant l'âge et les individus, égales à la hauteur de la dorsale ou un peu plus fortes, et mesurant des $^5/_5$ aux $^4/_5$ de l'élévation du corps ; avec cela, subarrondies à l'extrémité et composées de rayons tous articulés et en majorité rameux.

Treize à quatorze rayons articulés ; le cinquième ou le sixième le plus grand; le premier, comme le second volontiers non divisé, égal, le plus souvent, à la moitié du plus long ; le dernier variant, suivant les individus, entre le tiers et les deux cinquièmes du plus fort.

Caudale de moyenne dimension, médiocrement échancrée et d'une longueur à peu près égale à celle des pectorales, soit, comparée à la longeur totale du poisson, comme 1 : 5 $^1/_2$ — 6 $^1/_4$. Les lobes égaux et arrondis au sommet, par le fait de la brièveté relative du grand rayon simple de chaque côté. Les rayons médians égalant, environ, les deux tiers des plus grands.

Dix-sept rayons majeurs articulés, dont quinze divisés; après cela, quatre à cinq ou six petits décroissants, en haut et en bas.

Écailles plutôt petites, bien que relativement un peu plus fortes que chez l'espèce précédente, très adhérentes, subtrapézoïdales et âpres au toucher. Une squame latérale médiane recouvrant environ le quart de la surface de l'œil, chez un adulte, et au plus le huitième chez un jeune. Chaque écaille marquée de fines stries concentriques, ainsi que creusée, sur la partie couverte, de sillons rayonnants correspondant à des festons découpés dans le bord fixe, et hérissée de denticules coniques sur le bord libre ; les festons moins profonds que chez la Perche. Les squames ventrales plus petites, plus arrondies et un peu moins festonnées que les latérales moyennes; celles du dos beaucoup plus petites encore, rondes, relativement peu hérissées au bord libre, faiblement sillonnées et à peine festonnées au bord fixe.

Six à sept écailles au-dessus de la ligne latérale, vers la plus grande hauteur du corps, et dix à treize, au-dessous de cette ligne, jusqu'à la base des ventrales (Voy. Pl. III, fig. 3).

Ligne latérale naissant entre le scapulaire et le subscapulaire, et suivant, vers les trois quarts ou les quatre cinquièmes de la hauteur du tronc, une ligne convexe à l'origine, puis presque droite, se rapprochant d'abord un peu du dos, mais suivant ensuite une direction à peu près parallèle à celui-ci et gagnant la caudale, volontiers un peu au-dessus du milieu. Cette ligne composée de 37 à 41 écailles un peu plus arrondies que leurs voisines et pourvues d'un tubule bien développé, très saillant et largement ouvert [1] ; le plus souvent, vers l'extrémité découverte du tubule, un petit bras divergeant de celui-ci dirigé vers le bas, contre une déchirure assez constante du bord libre (Voy. Pl. III, fig. 4).

Coloration des faces dorsales d'un brun olivâtre plus ou moins verdâtre ou jaunâtre, parfois même complètement fauve, avec des points noirâtres ou des taches brunes sur le dos et la partie supérieure des flancs ; ces macules, tantôt disposées en séries longitudinales, tantôt simulant au contraire une sorte de marbrure. Le dessus de la tête souvent plus verdâtre que le dos. Les côtés du corps d'un jaunâtre cuivré à reflets métalliques. Les faces inférieures blanchâtres sur le ventre, plus ou moins dorées près des flancs, un peu bleuâtres sur les parties postérieures et plutôt légèrement rosées vers la poitrine et la gorge.

Toutes les faces latérales de la tête et du thorax brillamment irisées, soit nuancées de reflets bleus, argentés, verts et dorés, dans la livrée de noces. L'iris blanchâtre ou doré dans le bas, et noirâtre vers le haut.

Nageoires généralement d'un jaunâtre clair : les pectorales pâles et volontiers finement pointillées ; l'anale et les ventrales souvent légèrement teintées de rougeâtre, la première avec quelques taches brunes ou noirâtres, les secondes souvent sans macules ; la caudale marquée de petites taches foncées rangées en plusieurs bandes transverses. La pre-

---

[1] Le minimum 37 m'a paru relativement rare chez nos Gremilles du Rhin.

mière partie de la dorsale présentant de petites macules
noirâtres, tantôt éparses, tantôt plus ou moins superposées
en séries entre les rayons; la seconde partie de cette nageoire ornée de taches un peu moins sombres, plus serrées
et plus régulièrement distribuées sur trois ou quatre lignes
horizontales.

Dimensions assez variables, suivant les localités et les conditions. La plupart des individus adultes que j'ai obtenus du
Rhin, à Bâle, ne dépassent guère une longueur totale de
15 centimètres; quelques-uns seulement atteignent à 6 pouces, soit aux 162^{mm} attribués par Jeittelles au plus grand
sujet de la March qu'il ait eu l'occasion de mesurer. Blanchard donne à la Gremille, en France, une longueur de 15 à
18 centimètres. Heckel et Kner attribuent à cette espèce,
dans les rivières d'Allemagne, une taille maximum de 7 à 8
pouces environ, et signalent, comme exceptionnel, un individu provenant de l'Elbe qui mesurait près de 9 pouces et
pesait à peu près un quart de livre.

Les mâles m'ont paru généralement moins grands que les
femelles.

Jeunes plus élancés que les adultes, avec une tête relativement plus forte, un œil plus grand et une livrée souvent
moins brillante.

Vertèbres, généralement, au nombre de 35 à 36 (37[1]).

Vessie aérienne close, simple, fixée aux côtes et aux vertèbres et occupant touté l'étendue de la cavité viscérale. —
Un rang de pseudo-branchies moins développées, soit beaucoup plus courtes que chez la Perche. — Tube digestif court,
soit ne présentant que deux petites courbures et mesurant
environ les deux tiers de la longueur totale du poisson.
L'estomac en forme de sac et pourvu de trois petits appendices pyloriques. — Ovaire double. Testicule double.

Cette espèce varie un peu, comme nous venons de le voir, non
seulement dans la taille et les diverses proportions, mais encore
dans la coloration, selon les conditions, l'âge et les époques.

---

[1] Valenciennes en donne trente-sept.

Toutefois, je ne saurais signaler ici quelque divergence un peu frappante ou un peu constante, en dehors de la disposition plus ou moins régulière des taches sur le dos et les nageoires.

La Gremille ordinaire est assez répandue dans l'Europe moyenne et septentrionale; elle habite plusieurs fleuves et rivières de France, d'Angleterre, d'Allemagne, de Russie, de Suède, de Norwége et même de Sibérie. On ne la trouve, en Suisse, que dans le Rhin, au-dessous de la chute, et elle ne remonte guère dans nos divers tributaires de ce fleuve, bien qu'elle semble se plaire, d'ordinaire, dans le voisinage de l'embouchure des ruisseaux et des petites rivières. C'est par erreur, comme l'ont déjà fait remarquer Jurine et Hartmann, que les *Étrennes helvétiques*, pour 1799, ont cité la *Perca cernua* comme se trouvant dans le lac Léman [1]. Blanchard remarque que ce poisson, qui fait défaut à tout le midi de notre continent, semble maintenant s'étendre, petit à petit, du côté du sud; il cite, à l'appui de son opinion, l'apparition de la Gremille dans des courants, le Bas-Rhône entre autres, où on la rencontrait rarement il y a peu d'années encore. Il me paraît fort possible que l'établissement du canal dit Rhône au Rhin ait ouvert des voies nouvelles aux espèces du nord, en opérant plus ou moins, par la Saône, le Doubs et l'Ill, la jonction de ces deux grands bassins opposés.

La Gremille paraît préférer les fonds sablonneux; carnivore comme l'espèce précédente, elle se nourrit principalement de vers, d'insectes, de mollusques, d'œufs de poissons et de menu fretin.

L'époque du frai varie, suivant les années et les localités, des premiers jours d'avril à la fin de mai; l'ouverture de plusieurs femelles prises dans le Rhin me donne à penser que la ponte s'opère plutôt dans le courant du second mois, près de Bâle. Les

---

[1] La Gremille a été indirectement attribuée au lac Léman par Diesing, dans sa *Rev. der Myxhelminthen, Abth. Trematoden* (*Sitzb. der k. Acad. der Wissenschaften*, XXI, 1858, p. 63), quand, en rapportant la trouvaille de la *Tetracotyle echinata* dans la Gremille, par Claparède, il croit devoir ajouter *Genève* comme localité de trouvaille, tandis que c'était à Berlin que Claparède fit cette observation.

Gremilles se réunissent volontiers en grandes troupes au moment des amours, et exécutent ainsi de nombreuses pérégrinations. Il semble que, suivant les localités et les conditions, le frai soit fixé indifféremment, aux herbes non loin du rivage, sur le sable du fond, ou sur les pierres près du bord. Au dire de l'auteur du volume sur les poissons des eaux douces de la France, les œufs seraient pondus en chapelets, comme ceux de la Perche, et selon De la Blanchère, dans son *Dictionnaire général des pêches,* le développement de ces germes nécessiterait de quinze à vingt-huit jours d'incubation. La croissance des alevins me paraît en tout cas assez lente.

A l'approche des froids, notre poisson se retire dans les profondeurs pour y passer l'hiver. Brehm [1] pense, à ce propos, que l'*Acerina cernua, Schroll* ou *Pfaffenlaus,* comme il l'appelle, recherche des eaux tranquilles pour se reposer durant la mauvaise saison, et qu'elle se met alors en quête d'un lac ou d'un étang. Je ne pense pas qu'il en soit partout ainsi, et je crois pouvoir affirmer que beaucoup d'individus demeurent dans le fond des grands courants, dans le Rhin en particulier.

Quoique relativement petite, la Gremille est assez estimée pour sa chair. Les pêcheurs la prennent, soit avec les filets, soit à la ligne amorcée d'un ver, cela surtout durant la belle saison. On trouve facilement de ces poissons vivants, sur le marché de Bâle [2].

Vivant à peu près dans les mêmes conditions que la Perche, et possédant une alimentation presque semblable, la Gremille est affectée de beaucoup des mêmes parasites [3].

---

[1] Illustrirtes Thierleben, V, 1869, p. 480.

[2] Le marché de Bâle a cet avantage, sur la plupart des marchés de la Suisse, qu'on y vend, autant que possible, les poissons vivants, dans des baquets, ce qui permet de s'y procurer des échantillons parfaitement frais.

[3] On a observé, chez la Gremille, les :

Ascaris velocissima (Dies.); dans le corps vitré de l'œil. — *Cucullanus elegans* (Zeder); dans les intestins. — *Agamonema bicolor* (Dies.) = *Filaria bicolor* (Creplin); enkysté dans le péritoine. — *Echinorhynchus globulosus* (Rud.); dans les intestins. *Echin. angustatus* (Rud.); intestins. *Echin. proteus* (Westrumb.); intestins. — *Diplostomum volvens* (Nordm.); dans l'œil. — *Tylodelphis clavata* (Dies.) = *Diplostomum*

Genre **BROCHET-PERCHE**

LUCIOPERCA, Cuv.

*Deux dorsales distinctes. Deux épines à l'anale. Des
dents plus grandes mélangées aux dents en velours, sur les
mâchoires et le palais ; des canines. Corps relativement
élancé. Tête plutôt longue. Préopercule seul dentelé. Écailles
petites et cténoïdes. Sept rayons branchiostèges.*

Ce genre compte, en Europe, deux espèces également
étrangères à la Suisse ; aussi n'en aurais-je point parlé, si
l'une d'elles n'avait été citée à tort dans notre pays. La
Lucioperca Sandra (Cuv. et Val.), qui nous a été attribuée
par erreur, est assez répandue dans les lacs et les grands
courants de l'Europe moyenne, septentrionale et orientale.
La *L. volgensis*, des mêmes auteurs, est propre aux eaux
du Volga et du sud de la Russie.

LE SANDRE

Der Zander

LUCIOPERCA SANDRA, Cuv.

*D'un gris verdâtre, en dessus et sur les côtés, avec des taches
brunes, parfois réunies en bandes transverses. Faces abdomina-*

clavatum (Nordm.) ; dans l'œil. — *Tetracotyle echinata* (Dies.) ; enkysté
dans le péritoine. — *Distomum embryo* (Olfers) ; enkysté dans le foie
et dans les intestins. *Dist. nodulosum* (Zeder) ; dans les intestins. —
Dactylogyrus amphibothrium (Wag.) ; sur les branchies. — *Tænia ocellata* (Rud.) ; dans les intestins. — *Triœnophorus nodulosus* (Rud.) ;
enkysté dans le foie et le mésenter, et dans les intestins.

les blanchâtres. Nageoires dorsales grises et semées de macules noirâtres. Caudale tachetée. Nageoires inférieures jaunâtres. Tronc assez élancé. Tête conique et plutôt longue. Bouche grande (Taille moyenne de vieux sujets : 1 mètre à 1ᵐ,10).

I. D. 14, II. D. 1/20—22, A. 2/11, V. 1/5, P. 15, C. 17.

$$\text{Squ. } 75 - \frac{12-14}{16-20} \; 90 \; [1]$$

PERCA LUCIOPERCA, *Linné*, Syst. Nat., ed. XII, I, p. 481, ed. XIII, I, p. 1308.
— *Bloch*, Fische Deutschl., II, p. 62, Taf. 51. — LUCIOPERCA SANDRA, *Cuv.
et Val.*, II, p. 110, pl. 15. — *Schinz*, Europ. Fauna, II, p. 88. — *Heckel* et
Kner, Süsswasserfische, p. 8, fig. 2. — *Günther*, Catal. of Fishes, I, p. 75. —
Siebold, Süsswasserfische, p. 51.

Cette espèce a été citée à tort dans le Bodensee, par Heckel et Kner, à la page 11 de leurs *Susswasserfische der Oestreichischen Monarchie*. Bien que de Siebold ait déjà relevé cette erreur et fait observer, avec raison, que le Sandre fait défaut aux bassins de la Weser et du Rhin, je n'ai pas cru devoir passer sous silence une citation de cette importance. Pas plus que Hartmann, Steinmüler, Nenning, Schinz, Rapp et Wartmann [2], qui ont traité des poissons de la Suisse et particulièrement de ceux de l'est de notre pays, je n'ai trouvé jamais le moindre indice de cette espèce dans le lac de Constance ; et cependant, un carnivore de cette taille et de cette importance ne passe pas facilement inaperçu [3].

[1] Formule d'après de Siebold, Susswasserfische, p. 51.

[2] *Unsere Fischerei*, von Dr B. Wartmann; Bericht der St. Gallischen naturw. Gesellschaft, 1867-68.

[3] Le Sandre ou *Brochet-Perche* rappelle, comme son nom l'indique, d'un côté, le Brochet par ses formes élancées, par sa tête allongée et par ses grandes dents; de l'autre, la Perche par ses écailles rugueuses, par la forme et la disposition de ses nageoires dorsales et par les taches, volontiers disposées en bandes transverses, de ses flancs. Puissamment armé, atteignant rapidement à une taille très respectable, et toujours poussé par un appétit insatiable, ce grand Anarthroptérygien de l'Europe moyenne, septentrionale et orientale, exerce continuellement autour de lui de terribles

Genre APRON

ASPRO Cuv.

Deux dorsales distinctes. Une seule épine à l'anale. Des dents en velours sur les mâchoires, les palatins et les pharyngiens; pas de canines. Corps fusiforme et très atténué en arrière. Poitrine plus ou moins dénudée. Tête déprimée, écailleuse en dessus et sur les côtés en arrière, avec un museau un peu proéminent. Opercule terminé en pointe épineuse. Préopercule finement dentelé. Écailles moyennes et très âpres au toucher. Généralement six ou sept rayons branchiostèges [1].

Ce genre compte trois espèces européennes, toutes, en réalité, étrangères à la Suisse; toutefois, deux d'entre elles, longtemps confondues [2], ayant été citées à tort dans notre pays, sous le nom collectif de *Perca asper*, je crois devoir en dire quelques mots en passant. Les *Aspro Streber* (Siebold) et *Aspro Zingel* (Cuvier) sont propres au bassin du Danube; l'*Aspro Apron* (Siebold) habite le Rhône et plusieurs de ses tributaires en France.

ravages. On comprend facilement quelle énorme destruction de poissons doit faire un carnivore qui atteint, en peu de temps, comme le Brochet, à une longueur de 3 à 4 pieds, avec un poids de 25 à 30 livres. Le Sandre a une chair saine et agréable; on en fait une assez grande consommation en Allemagne. On ne le trouve point en France.

[1] Heckel et Kner et d'autres attribuent sept rayons branchiostèges à l'*Asp. Streber*; Jeitteles n'en compte que six chez cette espèce.

[2] Les principales différences caractéristiques qui ressortent, pour ces deux espèces (*A. Streber* et *A. Apron*), des descriptions comparées de Heckel et Kner, de de Siebold, de Jeitteles et de Blanchard me paraissent reposer surtout sur les formes de la queue, le nombre des rayons des nageoires anale et caudale, et le chiffre des écailles en dessous de la ligne latérale.

L'APRON STREBER

Der Streber

Aspro Streber, Siebold.

Olivâtre, d'un jaune brun ou un peu rougeâtre, en dessus; blanchâtre, en dessous. Quatre à cinq larges bandes noirâtres, transverses et obliques, sur les côtés; la première généralement sur la nuque. Nageoires d'un gris jaunâtre. Corps élancé. Queue longue et très effilée. Ventrales très développées (Taille moyenne de vieux sujets, 160ᵐᵐ).

I. D. 8—9. II. D. 1—(3)/(11) 12 — 13, A. 1/(11)—12, V. 1/5, P. (12)—14.
C. 17

$$\text{Squ. } (65)—70 \; \frac{5—(7)}{(6—8)—10} \; 80 \, [1]$$

Perca asper, Linné *(part.)*, Syst. Nat., ed. XII, I, p. 482, ed. XIII, I, p. 1309. — *Bloch (part.)*, Fische Deutschl., III, p. 175, Taf. 107, fig. 1. — *Hartmann (part.)*, Helvet. Ichtyol., p. 68. — Aspro vulgaris, *Cuv. et Val. (part.)*, II, p. 188, pl. 26. — *Schinz (part.)*, Europ. Fauna, II, p. 89. — *Heckel et Kner*, Süsswasserfische, p. 14, fig. 4. — *Jeitteles*, Fische der March, p. 7. — Asp. Streber, *Siebold*, Süsswasserfische, p. 54.

Le Streber étant entièrement étranger à notre pays, je n'aurais certes pas pensé à en parler ici, si Hartmann, dans son *Helvetische Ichthiologie*, ne l'avait signalé, sous le nom de *Perca asper*, dans le Rhin jusqu'à Bâle. Cet auteur ne citant pas la Gremille dans le Rhin suisse, où elle est pourtant commune, et attribuant à son Streber le nom de *Katz* qui est employé, à Bâle, pour désigner l'*Acerina cernua*, il est bien probable qu'il a été induit en erreur, qu'il n'a vu aucun échantillon de ce

---

[1] Dans ces formules de rayons et d'écailles, les chiffres entre parenthèses sons fournis par Jeitteles (Fische der March), les autres sont donnés par de Siebold (Süsswasserfische).

poisson provenant de notre pays et que sa description repose
seulement sur l'étude de sujets étrangers.

Le fait que Hartmann signalait l'espèce à la fois dans le Rhône,
dans le Rhin et en Bavière [1], prouve que cet auteur confondait
le Streber propre au bassin du Danube avec l'Apron spécial aux
eaux du Rhône et aux principaux tributaires de ce fleuve au-
dessous de la perte; aussi ai-je cru devoir donner une brève
diagnose de ces deux Aprons, par le fait de cette confusion,
signalés du même coup et également à tort dans notre pays.
En distinguant spécifiquement les deux formes du Danube et du
Rhône, de Siebold fait remarquer comment jusqu'ici aucun
Apron n'a été reconnu avec certitude dans le bassin du Rhin,
et limite, par là, nettement l'aire géographique de ces deux
espèces [2].

L'APRON COMMUN

DER APRON

ASPRO APRON, Siebold.

*Fauve ou d'un jaune brun, plus ou moins assombri par un
pointillé noir, en dessus; blanchâtre, en dessous. Souvent trois
larges bandes noirâtres, transverses et obliques, dont la première entre les deux dorsales; plus rarement, une ou deux
autres, en avant de celle-ci. Nageoires grisâtres ou jaunâtres.
Corps assez élancé. Queue relativement courte. Ventrales grandes (Taille moyenne de vieux sujets, 155*mm*).*

I. D. 9, II. D. 1—(2)/(11)—12, A. 1/9, V. 1/5, P. 14, C. 21.

$$\text{Squ. } 70 \frac{7}{14} (80) \text{ [3]}$$

---

[1] Schinz (Europ. Fauna, 11, p. 89) a commis la même erreur.

[2] De la Blanchère (Nouv. Dict. des pêches, p. 49) attribue au Rhin
trois variétés de l'Apron; toutefois, cet auteur répétant, à d'autres points
de vue, plusieurs des erreurs de Hartmann, il est permis de se demander
d'où lui viennent ces citations et ces renseignements.

[3] Les chiffres entre parenthèses sont tirés de Blanchard, les autres sont

Perca asper, *Linné (part.)*, l. c. — *Bloch (part.)*, l. c. — *Hartmann (part.)*, l. c. — Aspro vulgaris, *Cuv. et Val. (part.)*, l. c. — *Cuvier*, Reg. Anim., III, pl. 6, fig. 2. — *Guérin*, Iconog. du Reg. Anim., pl. 1, fig. 5. — *Blanchard*, Poissons de France, p. 143, fig. 13. — Aspro apron, *Siebold*, Süsswasserfische, p. 55.

Cette seconde espèce d'Apron, assez voisine de la première pour avoir été confondue avec elle jusqu'en 1863, bien que n'ayant pas, de même que la précédente, été trouvée jusqu'ici dans notre pays, a cependant plus de chance de se montrer un jour, sinon dans le Rhin, du moins sur nos frontières. En effet, si, grâce à la perte du Rhône, l'Apron ne peut pas remonter dans le cours supérieur de ce fleuve, et si le bassin du Rhône suisse, de fait complètement isolé, doit être privé de cette espèce, comme de tant d'autres pour lesquelles cet accident du courant est une barrière infranchissable, il n'en demeure pas moins qu'une petite partie de notre pays se trouve, par l'intermédiaire du Doubs et de la Saône, réunie en réalité au bassin du Rhône inférieur [1].

Blanchard signale l'Apron dans le Doubs, jusqu'aux environs de Besançon, en France, et il est difficile de dire si cette espèce ne remonte pas plus haut encore, ou si sa rareté relative ainsi que sa petite taille ne l'ont peut-être pas fait passer inaperçue dans d'autres localités plus voisines de nos frontières. En outre, il n'est pas impossible que l'Apron du Rhône arrive un jour dans le Rhin, par le canal du Rhône au Rhin, et vienne en remontant ce fleuve, se faire prendre près de Bâle. J'ai montré

donnés par de Siebold. Le premier de ces auteurs attribue à cette espèce un total de 25 écailles en ligne transverse ; peut-être a-t-il compté jusqu'au milieu du ventre.

[1] Le Doubs, tributaire du Rhône inférieur, nourrit quelques poissons qui manquent à la Suisse et, en particulier, plusieurs espèces qui font défaut au Rhône, au-dessus de la perte. Le peu d'importance de l'étendue du sol suisse baigné par le Doubs m'a engagé, ainsi que je l'ai dit plus haut, à ne pas entrer ici dans l'étude, si faiblement motivée, d'un nouveau bassin qui m'aurait entraîné bien loin en dehors du cadre naturel de cette faune. Néanmoins, je ne négligerai pas de citer, à l'occasion, les espèces du Doubs qui, vivant dans le Rhône, au-dessus de Lyon, feraient peut-être, sans la perte, partie de la faune du Léman.

comment Hartmann, confondant les Aprons du Danube et du
Rhône, avait ainsi gratuitement attribué le Streber au Rhin et
à la Suisse. Je reviens maintenant sur cette citation qui donnait,
du même coup, l'Apron du Rhône au Rhin, à Bâle, pour montrer comment cette donnée, bien que nullement motivée alors,
ainsi que l'avait déjà fait observer Schinz [1], pourrait bien
arriver, une fois, à n'avoir été que fort anticipée. Pourquoi, en
effet, le canal qui opère le trait d'union entre les deux grands
bassins du Rhin et du Rhône ne permettrait-il pas aussi bien à
l'Apron de s'étendre vers le nord qu'à la Gremille de gagner
le midi.

Cette espèce, comme la précédente, n'est nulle part très abondante. De même que le Streber, l'Apron est un poisson de petite
taille, qui recherche les eaux courantes d'une certaine importance et qui vit de préférence dans les profondeurs, se nourris-
sant principalement de vers, d'insectes et de menu fretin.

Famille II. GASTÉROSTÉIDÉS

GASTEROSTEIDÆ

Les Gastérostéidés ont un corps de forme naviculaire,
plus ou moins allongé, passablement comprimé et très atténué dans la partie postérieure ou caudale. La tête est,
chez eux, assez étroite, mais plutôt grande et subconique
vue de profil. Le sous-orbitaire s'étend sur la joue et s'ar-
ticule avec le préopercule. Les os pubiens, également très
développés, rejoignent en avant l'arcade humérale prolongée, et recouvrent plus ou moins en arrière la région abdominale. La peau est, il est vrai, nue ou dépourvue de

---

[1] Schinz (*Fauna Helvetica*, p. 151), à l'article de la Gremille, dit, à
propos de l'*Aspro vulgaris*, pas dans le bassin du Rhin, pas dans le Rhône
au-dessus de la perte : *Also nicht in der Schweiz.*

véritables écailles; toutefois, des plaques osseuses ou semi-
écailleuses de formes diverses, de dimensions différentes
et distribuées, en nombre variable, sur les côtés du corps
et sur le dos, ou sur ce dernier seulement, protègent encore
ces petits poissons, en complétant plus ou moins leur armure. Des dents en velours, ou plutôt en cardes, garnissent
les mâchoires et les pharyngiens. Les pièces operculaires
sont entières, soit non dentelées. Les ouïes, médiocrement
ouvertes, sont soutenues par trois rayons branchiostèges.
L'œil est grand et latéral. La bouche est moyenne, terminale, fendue obliquement sur les côtés du museau et dépourvue de barbillons. Les nageoires ventrales, représentées
par une grande épine et, le plus souvent, un seul petit
rayon, sont toujours reculées ou abdominales. Il n'y a, en
réalité, qu'une dorsale postérieure; toutefois, plusieurs
fortes épines distribuées isolément, en avant de celle-ci,
semblent devoir représenter une ou plusieurs dorsales antérieures. Enfin, la vessie natatoire est simple, et les appendices pyloriques sont peu développés.

Les Épinoches, Épinochettes et Gastrécs qui représentent cette famille, ont été rapprochés par Cuvier de ses
Acanthoptérygiens à joué cuirassée, à cause du grand développement de leur sous-orbitaire. Frappés par diverses
ressemblances extérieures des Épinoches avec le Thon et
les Maquereaux, beaucoup d'ichthyologistes ont fait rentrer
ces petits poissons dans la famille des Scombéroïdés. Enfin, plus récemment, quelques auteurs, comme Günther et
Blanchard, ont cru devoir séparer et isoler ce type, en tant
que porteur de plusieurs caractères propres d'assez grande
importance.

La petite famille des Gastérostéidés compte des représentants dans les eaux, tant douces que salées, des deux

régions arctiques. Des deux genres qui composent ce groupe, *Gasterosteus* et *Gastræa*, le second nous fait complètement défaut ; l'espèce unique, *Gastræa spinachia* (Lin.), que renferme ce genre est, en effet, propre seulement aux côtes septentrionales.

Genre ÉPINOCHE

GASTEROSTEUS, Linné

Des épines plus ou moins nombreuses distribuées le long du dos, sur des plaques osseuses. Une seule véritable nageoire dorsale composée, comme les pectorales, exclusivement de rayons mous. Le troisième sous-orbitaire articulé avec le préopercule. Les coracoïdiens prolongés en haut au-dessus des pectorales et en bas à la rencontre du bassin. Le bassin embrassant en avant une partie des flancs et s'étendant plus ou moins en arrière sur le ventre. Une grande épine abdominale, suivie généralement d'un petit rayon mou, articulée, en guise de nageoire ventrale, sur la base du bouclier pelvien. Une épine plus petite en avant de l'anale. Peau entièrement nue, ou en partie protégée par des lames osseuses verticales et plus ou moins nombreuses, distribuées sur les côtés du corps. Dents en cardes et en velours sur les mâchoires et les pharyngiens ; pas de canines. Corps naviculaire, sensiblement comprimé et très atténué en arrière. Tête plutôt forte et subconique [1]. *Pièces operculaires non dentelées. Trois rayons branchiostèges. Des pseudo-branchies.*

[1] Je n'ai constaté, chez les Épinoches que j'ai examinées, qu'un seul véritable orifice nasal de chaque côté de la tête, au lieu des deux ouvertures bien séparées des espèces précédentes. —
Les rayons des pectorales ne sont généralement pas ramifiés.

Les Épinoches sont assez répandues en Europe, en
Asie, jusque dans le Kamtchatka, et dans plusieurs contrées septentrionales de l'Amérique et de l'Afrique. Elles
habitent également les côtes des mers ou de l'océan et les
eaux douces de divers pays. Dans ces dernières conditions,
elles semblent préférer les eaux calmes, les petites rivières
et les ruisseaux tranquilles, aux grands courants. On les
voit, de préférence, entre les herbes près du rivage. Plus
ou moins cuirassées, armées de puissants aiguillons et volontiers irascibles, elles savent fort bien se faire respecter,
malgré leur petite taille, et se défendent souvent avec succès
contre les attaques des grands carnivores qui leur font la
guerre [1]. Leur nourriture, exclusivement animale, consiste
principalement en vers, insectes et frai de poissons. Les
espèces de ce genre vivent généralement en société [2]; aussi
les voit-on souvent, en été, voyager dans les ruisseaux en
très nombreuses compagnies [3]. La brillante parure et les
gracieuses allures des Épinoches, jointes à l'admirable
adresse de ces poissons, dans l'art de la nidification, font
de ces petits êtres les plus charmants hôtes des aquariums.

Il est généralement connu de nos jours que les Épinoches
construisent, comme les oiseaux, de véritables nids, pour
y déposer leurs œufs. Cependant, ce fait intéressant semble

---

[1] Les Épinoches passent pour d'excellentes amorces, quand on a soin
de leur arracher les épines.

[2] Suivant quelques observateurs, les Épinoches et les Épinochettes se
trouveraient rarement ensemble; selon d'autres, au contraire, on les ré-
colterait assez souvent dans les mêmes localités (Voyez, en particulier,
sur ce sujet, de Siebold, Süsswasserfische, p. 73, et Thompson, Sticklebaks
of Ireland; Ann. of Nat. Hist., 1841, VII, p. 103).

[3] L'abondance de ces petits poissons est quelquefois telle, dans certaines localités, que l'on a pu se servir des Épinoches pour engraisser des
volailles, pour nourrir les pourceaux et même pour fertiliser les terres.

avoir été ignoré jusqu'à Hall et Bradley, en 1721 [1], et ce n'est même que peu avant le milieu de notre siècle que les ichthyologistes ont commencé à s'occuper sérieusement de ce sujet, à tant d'égards digne pourtant d'une scrupuleuse attention. Quelques naturalistes avaient répété les observations sommaires de Hall, et peu à peu de nouvelles données venaient, il est vrai, en divers pays, augmenter le chapitre des connaissances acquises sur la nidification de diverses espèces d'eau douce et d'eau salée; mais, ces quelques notes, consignées à droite et à gauche dans des journaux périodiques [2], étaient loin d'avoir révélé encore tout ce que des études plus suivies nous ont enfin appris sur l'admirable instinct de ces petits poissons. Dans ces trente-cinq dernières années ont paru, en effet, coup sur coup, les observations intéressantes de Lecoq [3], de Coste [4], de Hancock [5], de Kinahan [6], de Warington [7], etc., ainsi que les travaux, plus généraux et plus récents, de Siebold [8], de Blanchard [9] et de bien d'autres, qui nous initient complètement dans les détails les plus intimes de la vie de famille des Épinoches.

[1] A Philosophical Account of the Works of Nature, p. 61, London, 1721. Bradley publia les observations inédites de John Hall.

[2] Voyez, en particulier : Dict. rais. univ. d'Hist. nat. par Valmont de Bomare, III, p. 383, 1775. — Isis von Oken, 1834, p. 227. — Edinburgh new philosophical Journal, 1829, p. 398. — Annals of Nat. History, V, 1840, p. 148.

[3] Ann. des Sc. phys. et nat. d'agric. et d'industrie de Lyon, VII, p. 202, 1844.

[4] Comptes rendus de l'Acad. des Sciences, 1846, et Mém. présentés par divers savants à l'Acad. des Sciences, X, 575, 1848.

[5] Observ. on the nidification of *Gast. aculeatus* and *Gast. spinachia;* Ann. and Mag. of Nat. Hist., X, 241, 1852.

[6] The zoolog'st, July, 1852.

[7] Ann. of Nat. Hist., X, 1852 et XVI, 1855.

[8] Süsswasserfische von Mittel-Europa, p. 66, 1863.

[9] Poissons des eaux douces de France, p. 177, 1866.

On sait maintenant que le nid de nos Gastérostéidés est
bâti, sous forme de boule, avec des herbes et des radicules
entrelacées, et que le berceau des véritables Épinoches
repose, le plus souvent, dans la vase du fond, tandis que celui des Épinochettes est généralement suspendu plus ou
moins haut aux plantes aquatiques. On a reconnu également que le mâle travaille d'ordinaire seul à la construction
du nid, et qu'il amène, l'une après l'autre, dans cette chambre improvisée plusieurs femelles pour les y faire déposer
leurs œufs. Enfin, l'on a observé que ces épouses successives ne déposent chacune qu'une partie de leurs œufs
dans un même nid, et que, partant de suite après la
ponte, elles laissent à cet ardent époux commun, non
seulement le soin de féconder leur dépôt, mais encore
la tâche plus difficile de veiller à la sûreté de leur progéniture [1]. Nous aurons l'occasion d'entrer dans plus de
détails sur ce sujet, à propos de l'espèce qui se trouve
dans nos eaux.

Le genre *Gasterosteus* compte, dans les divers auteurs,
un nombre d'espèces très différent, selon l'importance que
chacun de ceux-ci a attaché à tel ou tel caractère. Cuvier
et Valenciennes [2] comptaient, par exemple, jusqu'à seize
Épinoches en Europe et en Amérique; Günther [3] n'en a
plus reconnu que douze spécifiquement différentes dans les
mêmes continents [4]. De Siebold [5] n'en trouve que deux

---

[1] Quelques observations de M. Carbonnier sembleraient indiquer que le
nid et la ponte ne se font pas toujours exactement de même dans des conditions différentes, ainsi que nous le rapporterons plus loin.

[2] Hist. Nat. des Poissons, IV, 1829.

[3] Catal. of Fiches, I, 1859.

[4] Dans ces douze, Günther compte le *Gasterosteus spinachia* que quelques auteurs séparent dans un genre à part.

[5] Süsswasserfische von Mittel-Europa, 1863.

espèces dans l'Europe moyenne; Blanchard[1] en compte
de nouveau jusqu'à treize, en France seulement. Enfin,
M. Sauvage, dans un travail tout récent[2], admet maintenant quarante-quatre espèces distinctes dans l'ancien et le
nouveau monde : trente-deux Épinoches et douze Épinochettes. Aucun doute ne semble pouvoir être élevé maintenant, quant à la distinction spécifique des Épinoches, *Gast.
aculeatus* et des Épinochettes *Gast. pungitius;* mais, c'est
à partir de ces deux types que rayonnent en tous sens de
nombreuses variétés d'importances fort discutables.

Le nombre et l'extension des plaques dorsales et latérales, ainsi que la position ou les proportions des épines
et la forme du bassin, ont servi d'ordinaire de caractères
distinctifs pour la plupart des prétendues espèces. Il est
vrai que les développements quelquefois très différents de
ces parties peuvent paraître, au premier abord, d'une
grande valeur caractéristique; toutefois, la grande variabilité qu'une étude plus approfondie fait partout reconnaître dans chacun de ces traits soit disant spécifiques,
montre bientôt le peu d'importance qu'il faut attacher à
des formes dues, le plus souvent, aux conditions d'existence et reliées plus ou moins par de nombreux degrés
transitoires.

On a reconnu que les Épinoches les plus complètement
cuirassées (*Gast. trachurus*) abondent surtout dans le nord
et, plus particulièrement, dans les eaux saumâtres ou au
moins dans le voisinage des côtes océaniques; on a observé également que les Épinoches les moins cuirassées
(*Gast. gymnurus, G. brachycentrus,* etc.) sont, par contre,

[1] Poissons des eaux douces de France, 1866.
[2] Révision des espèces du groupe des Épinoches; Nouv. Archiv. du
Museum, 1874, t. X, fasc. I, p. 5-32, pl. 1, et fasc. II, p. 33-36.

plus communes dans les eaux douces du continent et surtout dans le midi [1]. Plus ces petits poissons s'enfoncent dans les courants du continent et demeurent exclusivement dans les eaux douces, plus ils perdent d'ordinaire des plaques de leur armure. Si l'on ajoute à cette remarque générale le fait que les parties, épines, plaques ou lames, appelées à servir de caractères spécifiques sont constamment variables chez les Épinoches d'une même localité, que les dernières diffèrent même jusque sur les deux côtés d'un seul individu, on sera facilement amené à l'idée que les Épinoches demi-armées ne représentent que des états intermédiaires ou transitoires entre les extrêmes dont je viens de parler, et que les formes diverses des Épinoches peu cuirassées ne sont probablement que des variétés d'un type unique, les unes locales, les autres individuelles [2].

En face d'un si grand nombre de formes, espèces ou variétés [3], il semble naturel de séparer franchement les Épi-

---

[1] Deux Épinoches à queue lisse, les *Gast. islandicus* (Sauvage) d'Islande et *Gast. biaculeatus* (Mitch.) de Terre-Neuve, semblent faire exception à cette règle générale ; serait-ce une preuve en faveur de la distinction spécifique de ces deux formes, ou bien l'exception tient-elle seulement à quelque cause secondaire qui nous échappe.

[2] Plusieurs auteurs ont discuté déjà et réduit au rôle de variétés bon nombre des formes supposées spécifiques des Épinoches ; toutefois, un travail général et détaillé sur cet ensemble de prétendues espèces serait encore fort à désirer. Une étude suivie de la variabilité, dans les diverses conditions, pourra seule, en effet, imposer comme vérité prouvée, la réduction à une espèce des nombreuses Épinoches européennes, réduction à laquelle semblent amener le raisonnement et l'observation.

[3] Günther (Catal. of Fishes) considère comme variétés d'une même espèce les *Gast. aculeatus* (= *Noveborasensis*), *G. semiloricatus*, *G. semiarmatus* et *G. gymnurus*. Il maintient, par contre, comme spécifiquement distinctes, les Épinoches européennes dites : *Gast. argyropomus*, *G. brachycentrus*, *G. tetracanthus*, *G. spinulosus* et l'Épinochette *G. pungitius*. A ces premières, il ajoute, comme espèces américaines, se rapprochant plus ou moins de nos Épinoches ou de nos Épinochettes, les *Gast. biaculeatus*, *G. quadracus*, *G. Williamsonii*; *G. Mainensis* et *G. concinnus*. Le

noches des Épinochettes, en établissant, pour elles, deux sous-genres différents, sous les noms d'Épinoches proprement dites (*Gasterosteus*) et d'Épinochettes (*Pungitius*) [1].

Le premier seul de ces sous-genres est jusqu'ici représenté dans notre pays.

Sous-genre. ÉPINOCHES PROPREMENT DITES

GASTEROSTEUS

Les Épinoches de ce sous-genre sont de forme lancéolées et généralement armées de trois (plus rarement de deux ou de quatre) épines dorsales assez grandes, comme les ventrales, plus ou moins dentelées sur le bord. Elles portent, entre l'occiput et la nageoire dorsale, cinq à six plaques osseuses dont les deux médianes, les plus développées, sont plus ou moins rabattues sur les côtés. Elles sont, pour la plupart, protégées latéralement par des lames osseuses verticales, distribuées tantôt sur le thorax seulement, tantôt sur une étendue plus ou moins grande des côtés du corps, ou jusqu'à la caudale. Enfin, la nageoire dorsale naît d'ordinaire, chez elles, passablement en avant de l'origine de l'anale [2].

Spinachia n'est aussi, pour lui, qu'un *Gasterosteus*. Nous aurons l'occasion de voir plus loin les nouvelles additions faites à cette liste par l'étude de M. H.-E. Sauvage.

[1] Sauvage (Révision des Épinoches, l. c., p. 7) reconnaît trois sous-genres différents : les Épinoches (*Gasterosteus*), les Épinochettes (*Gasterostea*) et les Gastrées (*Gastræa*). J'ai dit plus haut que je séparais les Gastrées dans un genre à part. J'ajouterai ici que je préfère attribuer au sous-genre des Épinochettes le nom de l'espèce type, soit *Pungitius*, plutôt que d'employer le nom de *Gasterostea* proposé par Sauvage ; cela, à cause de la trop grande analogie de ce dernier avec le nom *Gasterosteus* de l'autre groupe, analogie qui défendrait forcément toute espèce d'abréviation.

[2] Deux petites Épinoches américaines, le *Gast. Williamsonii* et le *Gast.*

Je vais essayer de grouper, dans une synonymie générale, les diverses Épinoches signalées jusqu'ici dans les eaux de notre continent [1]. Puis, fidèle à mon principe de ne décrire nos espèces que sur des échantillons suisses, je présenterai l'Épinoche telle qu'elle se trouve dans notre pays. Des notes explicatives, à propos de chaque titre de la synonymie et quelques mots au paragraphe que je consacre d'ordinaire à l'étude de la variabilité, seront destinés à relier notre forme locale (*Gast. gymnurus* ou *leiurus*, Cuvier) aux autres formes d'autres parties du continent européen [2].

apeltes, ainsi que quelques formes très voisines, sont entièrement nues sur les côtés. Il y aurait peut-être lieu, comme le font remarquer Dekay et Sauvage, de former un sous-genre ou une section pour les Épinoches qui, comme l'*Apeltes*, présentent des flancs nus, quatre épines dorsales alternantes et un bouclier pelvien tronqué en avant.

[1] Je groupe autour de trois grandes lettres A, B et C, dans la synonymie, les diverses prétendues espèces, suivant qu'elles paraissent se rapprocher plus ou moins de l'une des formes extrêmes ou du degré intermédiaire, soit selon qu'elles sont plus ou moins cuirassées. En outre, j'attribue les petites lettres, a, b et c, aux trois formes de la subdivision C qui semblent, au premier abord, les plus distinctes. Enfin, je mets entre parenthèses, à la suite des citations d'auteurs et d'ouvrages, les noms des ichthyologistes qui ont, dans ces dernières années, accepté l'identité spécifique de telle ou telle forme avec le *Gast. aculeatus* type.

[2] Günther (Cat. of Brit. Mus.) signale, comme véritables Épinoches américaines, les *Gast. noveboracensis* = *aculeatus* (Cuv. et Val.), *Gast. biaculeatus* (Schaw.), *Gast. quadracus* (Mitch.) et *Gast. Williamsonii* (Girard) qui se rapprochent plus ou moins de telle ou telle forme de nos Épinoches européennes. A celles-ci, Sauvage (Rév. des Épinoches) ajoute : dans le Nouveau Monde, les *Gast. suppositus* (Sauvage), *G. loricatus* (Reinh.), *G. niger* (Cuv. et Val.), *G. texanus* (Sauvage), *G. plebeius* (Girard), *G. inopinatus* (Girard), *G. microcephalus* (Girard), *G. apeltes* (Cuv. et Val.), *G. millepunctatus* (Ayres.), *G. micropus* (Cope) et *G. dimidiatus* (Reinh.); sur les côtes septentrionales d'Asie, le *Gast. obolarius* (Cuv. et Val.), enfin, au nord de l'Afrique, le *Gast. algeriensis* (Sauvage).

ÉPINOCHES D'EUROPE

A[1]. GASTEROSTEUS ACULEATUS, *Linné,* Syst. Nat., ed. XII. I, p. 489 et ed. XIII,
(*Cuv. Gmel.*), p. 1323 (*part.*).— *Bloch,* Fische Deutschl., II. p. 79,
Taf. 53, fig. 3. — *Cuvier,* Règne Anim., II, p. 320 (*part.*). —
Hartmann, Helv. Ichthyol., p. 70 (*false pro G. gymnurus*). —
Holandre, Faune de la Moselle, p. 237. — *Kroyer,* Danmarks
Fishe, 1838-40, p. 169. — *Bonaparte,* Cat. Met., p. 71, n° 662
(*part.*). — *Heckel et Kner,* Süsswasserfische, p. 38, fig. 16. — *De
Betta,* Ittiol. Veron., p. 50. — *Siebold,* Süsswasserfische, p. 66. —
Blanchard, Poissons de France, p. 214, fig. 26. — *Günther,* Catal.
of Fishes, I, var. D, p. 2 et 4. — *Jäckel,* Fische Bayerns, p. 12. —
Canestrini, Prospetto critico, p. 111 (*part.*) — *Sauvage,* Révision
des Épinoches, 1874, Nouv. Archiv. du Mus., X, I, p. 9.

»   TRACHURUS, *Cuv. et Val,* Hist. Nat., IV, p. 481, Pl. 98, fig. 4. —
Holandre, Faune de la Moselle, B, p. 237. — *Schinz,* Europ.
Fauna, II, p. 122. — *Günther,* Catal. var. D, 1, p. 4. — (= G.
aculeatus, sec. Auct.)

B[2]. GASTEROSTEUS SEMIARMATUS, *Cuv. et Val.,* IV, p. 493. — *Yarrell,* Brit.
Fishes, I, p. 94. — *Schinz,* Europ. Fauna, II, p. 123. — *Blanchard,* Poissons de France, p. 224, fig. 31. — *Sauvage,* Rev. des
Épinoches, Nouv. Arch. du Mus., X, 1874, I, p. 15. (= G. *acalea-
tus, var. sec. Thompson,* Ann. of Nat. Hist., VII, 1841, p. 99. —
Günther, Catal. var. B, I. p. 3. — *De Selys,* Pêche fluviale, 1867,
p. 8.)

[1] A. ÉPINOCHES ENTIÈREMENT CUIRASSÉES = *G. trachurus, vel. aculeatus.*
Des plaques osseuses latérales, sans interruption, depuis l'huméral jusqu'à
la caudale; les dernières formant de chaque côté une carène bien prononcée.
Trois épines dorsales plutôt longues; la première au-dessus de la base des
pectorales; la seconde la plus grande. Bouclier pelvien de forme conique
et relativement grand. — Eaux voisines des côtes océaniques de l'Europe
moyenne et septentrionale : France sept., Belgique, Allemagne sept., Angleterre, Suède, Norwége et nord de l'Amérique sous le nom de *Gast. noveboracensis* (Cuv. et Val., et Dekay, New-York Fauna). C'est de cette première forme entièrement cuirassée qu'il faut rapprocher les deux espèces
limitrophes suivantes : le *Gast. ponticus* (Nordm.) des bords de la mer
Noire, et le *Gast. niger* (Cuv. et Val.) à la fois d'Islande et de Terre-Neuve.

[2] B. ÉPINOCHES DEMI-ARMÉES = *G. semiarmatus.* Des plaques osseuses
jusqu'au-dessous de la première partie de la nageoire dorsale, puis une
partie des flancs nue, enfin, de petites plaques avant la caudale. Trois
épines dorsales assez fortes; la seconde généralement la plus grande. Bouclier pelvien à peu près comme chez l'Épinoche entièrement cuirassée —
France, Belgique, Angleterre.

GASTEROSTEUS SEMILORICATUS[1], *Cuv. et Val.*, IV, p. 494. — *Yarrell*, Brit.
Fishes, I, p. 90. — *Schinz*, Europ. Fauna, II, p. 123. — *Blanchard*,
Poissons de France, p. 222, fig. 30. — *Sauvage*, Rev. des Épinoches,
p. 15. — (= *G. aculeatus*, var., sec. *Thompson*, Ann. of N. H.,
VII, p. 96. — *Günther*, Catal. var. C. — *De Selys*, Pêche fluv. p. 8).

» NEUSTRIANUS[2], *Blanchard*, Poissons de France, p. 220, fig. 28. —
Sauvage, Rev. des Épinoches, p. 14. — (= *G. aculeatus*, var.,
sec. *Bonizzi*, Sulle varietà della specie Gast. aculeatus.)

C[3]. GASTEROSTEUS GYMNURUS, *Cuvier*, Règne Anim. Illust., Poissons, 76.

(a) » LEIURUS, *Cuv. et Val.*, IV, p. 481, pl. 98, fig. 1. — *Yarrell*, Brit.
Fishes, I, p. 95. — *Schinz*, Europ. Fauna, p. 123 — *De Selys*,
Faune belge, 1, p. 223. — *Günther*, Fische des Neckar, p 29. —
Blanchard, Poissons de France, p. 225, fig. 32. — *Sauvage*, Rev.
des Épinoches, p. 16. — (= *G. aculeatus*, var., sec. *Holandre*,
var. A. — *Thompson*, l. c., p. 99. — *Heckel et Kner*, l. c., *De Siebold*, l. c., *Günther*, l. c., Catal. Var. A. — *Canestrini*, etc.

» ARGIROPOMUS[4], *Cuv. et Val.*, IV, p. 498. — *Schinz*, Europ. Fauna, II,
p. 123. — *Günther*. Catal. of fishes, I, p. 4. — *Sauvage*, Rev. des
Épinoches, p. 23, Pl. 1. fig. 6. — (= *G. aculeatus*, var., sec.
Thompson (?) et *Canestrini*, l. c.)

» BAILLONI[5], *Blanchard*, Poissons de France, p. 231. — *Sauvage*, Rev.
des Épinoches, p. 17. — (= *G. aculeatus* var., sec. *Bonizzi*.)

» ARGENTATISSIMUS[6], *Blanchard*, Poissons de France, p. 232, fig. 35. —

[1] *G. semiloricatus.* Comme la forme précédente, à demi cuirassé. Épines
plus longues. Bouclier pelvien plus étroit. — France, Irlande, Allemagne
du Nord.

[2] *G. neustrianus.* Demi-cuirassé, avec des épines plus petites, mais très
larges à la base, et un bouclier très effilé. — France.

[3] C. ÉPINOCHES A QUEUE LISSE = *G. gymnurus vel. leiurus* (a). Des plaques latérales ne s'étendant guère au delà du bout des nageoires pectorales; le reste des flancs et de la queue lisse et nu. Trois épines dorsales
moyennes; la seconde d'ordinaire la plus grande; la première au-dessus de
la base des pectorales ou très légèrement en arrière. Bouclier pelvien de
forme subconique et de largeur variable. — Angleterre, Irlande, Belgique,
France, Allemagne centrale et méridionale, Suisse, Italie (Le prétendu
Gast. algeriensis (Sauvage) de l'Algérie, paraît se rapprocher beaucoup
de notre *G. leiurus*).

[4] *G. argyropomus.* De forme élancée. Flancs en grande partie nus. Queue
lisse. Plaques dorsales grandes. Épines plutôt courtes. Opercule très
brillant. — Italie.

[5] *G. Bailloni.* Comme le *G. leiurus*, mais un peu plus fort peut-être,
avec des épines dorsales plus finement dentelées et des épines ventrales,
par contre, plus longues et mieux dentées. — France.

[6] *G. argentatissimus.* De forme élancée. Dénudé depuis la branche montante du bassin. Queue lisse. Épines dorsales et ventrales plutôt petites.
Faces inférieures et latérales argentées. — France.

Sauvage, Rev. des Épinoches, p. 19. — (= *G. aculeatus, var.*, sec. *Bonizzi.*)

GASTEROSTEUS ELEGANS[1], *Blanchard*, Poissons de France, p. 234.— *Sauvage*, Rev. des Épinoches, p. 20. — (= *G. aculeatus, var.*, sec. *Bonizzi.*)

b) »   BRACHYCENTRUS[2], *Cuv. et Val.*, IV, p. 499. — *Yarrell*, Brit. Fish., I, p. 96. — *Schinz*, Europ. Fauna, II, p. 123. — *Thompson*, Ann. and Mag. of Nat. Hist., VII, 1841, p. 100. — *Bonaparte*, Cat. Met., p. 71. — *Heckel et Kner*, Süsswasserfische, p. 41, fig. 17.— *Günther*, Cat., I, p. 5. — *De Betta*, Ittiol. Veron., p. 54. — *Steindachner*, Catal. des poissons du Portugal, II, 1865, p. 3. — *Sauvage*, Rev. des Épinoches, p. 23, pl. I, fig 9.— (= *G. aculeatus, var.*, sec. *Canestrini*, Prospetto, 114.)

c) »   TETRACANTHUS[3], *Cuv. et Val.*, IV, p. 499. — *Schinz*, Europ. Fauna, II, p. 124. — *Günther*, Catal., I, p. 5. — *Sauvage*, Rev. des Épinoches, p. 24, pl. I, fig. 7. — (= *G. aculeatus, var.*, sec. *Canestrini*, Prospetto, p. 116).

  »   SPINULOSUS[4], *Yarrell*, Brit. Fishes, I, p. 97. — *Günther*, Catal., I, p. 5.— *Sauvage*, Rev. des Épinoches, p. 25. — (= *G. tetracanthus, pro Schinz*, Europ. Fauna, = *G. aculeatus, var.*, sec. *Thompson*, l. c., p. 102. — *De Selys*, Pêche fluv., p. 8.)

Plusieurs auteurs s'accordent à reconnaitre dans les *Gast. aculeatus, Gast. semiarmatus* et *Gast. leiurus*, trois formes d'une même espèce. Les prétendues espèces groupées sous le titre C, autour des trois lettres *a*, *b* et *c*, ne me paraissent pas différer beaucoup plus entre elles[5].

[1] *G. elegans.* Assez semblable à la forme précédente, avec des épines dorsales et ventrales plus grêles et plus allongées. — France.

[2] *G. brachycentrus.* De forme assez trapue. Tête forte. Plaques pectorales peu nombreuses. Queue lisse. Épines dorsales petites et accompagnées jusqu'au haut par la membrane ; la première souvent la plus grande. Bouclier pelvien obtus. Épines ventrales relativement très courtes. — Italie et Portugal ; Irlande (?)

[3] *G. tetracanthus.* Queue lisse. Flancs en grande partie nus. Quatre épines dorsales courtes. Bouclier pelvien large. — Italie.

[4] *G. spinulosus.* Flancs en grande partie nus. Queue lisse. Quatre petites épines dorsales. — Angleterre et Irlande.

[5] En ne tenant compte que des principaux caractères et en faisant abstraction de quelques traits censés distinctifs que nous aurons à discuter, on obtiendrait, pour ces diverses prétendues espèces, à peu près la diagnose spécifique et générale suivante :

D'un gris verdâtre ou bleuâtre plus ou moins rembruni, en dessus, avec des taches brunes plus ou moins apparentes. Faces latérales et infé-

3. C. (a). L'ÉPINOCHE A QUEUE LISSE

Der Stichling. — Spinarello

Gasterosteus (aculeatus) gymnurus, Cuv.

D'un gris olivâtre, verdâtre ou bleuâtre, en dessus, avec de petites taches ou marbrures brunes, parfois réunies en bandes transverses. Faces latérales et inférieures, suivant les conditions et les circonstances, d'un blanc argenté, bleuâtres, verdâtres, jaunâtres ou rouges. Nageoires d'un jaunâtre ou verdâtre très pâle. Corps fusiforme, médiocrement allongé et sensiblement comprimé. Tête plutôt grande, subtriangulaire, vue par le côté, et notablement pincée latéralement, dans la partie antérieure surtout. Six, plus rarement cinq, plaques dorsales dont les deux médianes rabattues plus ou moins bas sur les flancs. Généralement trois épines dorsales de proportions un peu variables; d'ordinaire la seconde la plus haute. De quatre à neuf, le plus souvent cinq à sept, lames osseuses latérales laissant à nu une partie des flancs et la queue en son entier. Un bouclier pelvien triangulaire, suivant les individus, large ou effilé. De chaque côté une épine ventrale de longueur variable, ainsi que plus ou moins granuleuse et denticulée, avec un petit rayon mou postérieur. Une petite épine recourbée devant l'anale; cette nageoire naissant à peu près au-dessous du premier tiers de la dorsale. Ladite nageoire dorsale ayant son origine au-dessus de l'extrémité du bouclier pelvien ou un peu

rieures, suivant les conditions, d'un blanc argenté et brillant, ou jaunâtres, ou rouges. Nageoires transparentes ou peu colorées. Corps naviculaire et médiocrement allongé. Tête forte. Nageoire anale prenant naissance passablement en arrière de l'origine de la dorsale. Des lames osseuses formant, entre l'épaule et la caudale, une cuirasse latérale plus ou moins étendue. Cinq à six plaques sur le dos, entre l'occiput et la nageoire dorsale. Bassin prolongé sur le ventre en un bouclier triangulaire. Épines ventrales et dorsales de proportions variables et plus moins rugueuses ou denticulées sur le bord. Les épines dorsales d'ordinaire au nombre de trois, plus rarement de deux ou de quatre. Taille moyenne de vieux sujets : 60-75 millimètres.

D. III (II-IV)/(S) 10—13 (15); A. I/8—10; V. I/1; P. 9—11; C. (11) 12.
Vert. (30) 31—33.

en arrière et s'étendant, du côté de la caudale, aussi loin que l'anale ou très légèrement plus loin (Taille moyenne : 50 à 65^{mm}).

D. III/10—12, A. 1/8, V. 1/1, P. 10-11, C. 12.   Vert. 31—33.

GASTEROSTEUS GYMNURUS, *Cuv.*, G. LEIURUS *Cuv. et Val.*, G. ARGYROPOMUS, *Cuv. et Val.*, G. BAILLONI, *Blanchard*, G. ARGENTATISSIMUS, *Blanchard*, G. ELEGANS, *Blanchard*, — *probab. quoque:* G. BRACHYCENTRUS, *Cuv. et Val.*, G. TETRACANTHUS, *Cuv. et Val.*, G. SPINULOSUS, *Yarrell.*
Voyez plus haut synonymie générale et notes, p. 69 et 70.

NOMS VULG. En dehors du mot *Stichling*, je ne connais pas à cette espèce de nom vulgaire propre à la Suisse, dans les environs de Bâle.

Corps fusiforme, médiocrement allongé, assez élevé, sensiblement comprimé et passablement atténué dans la partie postérieure; les femelles adultes souvent un peu plus fortes ou un peu plus voûtées que les mâles. Le profil supérieur assez régulièrement convexe du museau à la queue, bien que, suivant les individus, plus ou moins arrondi en arrière de la nuque. Le profil inférieur, tantôt semblable au supérieur ou même un peu moins convexe; tantôt, au contraire, au moment des amours surtout, brusquement renflé depuis la gorge jusqu'à l'anus. Le dos un peu carré; le ventre arrondi.

La hauteur maximale, au niveau à peu près de la seconde épine dorsale, à la longueur totale, comme 1 : 4 1/4—4 3/4, selon les individus, femelles adultes et à large bassin, ou mâles et jeunes à bassin étroit, jusqu'à 5 1/2-6 chez de très jeunes sujets; cette même élévation, à la longueur sans la caudale, comme 1 : 3 1/2—4 1/5. La hauteur minimale, vers l'origine de la caudale, à l'élévation la plus grande, comme 1 : 5—6. L'épaisseur la plus forte, un peu en avant de la branche montante du bassin, à la hauteur maximale, comme 1 : 1 2/3—1 3/4, abstraction faite de la dilatation des parois abdominales pendant l'époque du rut. Une section verticale d'un ovale assez allongé et volontiers un peu plus étroite dans le haut que dans le bas.

Anus légèrement saillant et situé aux deux tiers environ de la longueur totale, chez les femelles pleines, mais un peu plus en avant chez les mâles et les femelles délivrées.

Tête grande, subtriangulaire vue par le côté, notablement comprimée, la partie antérieure surtout, et passablement accuminée. Le profil supérieur en grande partie assez régulièrement convexe, un peu retroussé en avant ; le profil inférieur, plutôt droit en arrière et assez brusquement relevé en avant, depuis l'angle de la mâchoire. La longueur céphalique latérale à peu près égale à la hauteur maximale du corps, chez les vieilles femelles, soit à peu près dans les mêmes rapports vis-à-vis de la longueur totale, mais, d'ordinaire, notablement plus forte chez les mâles et les jeunes à bassin étroit, soit en regard de l'élévation du corps, soit vis-à-vis de la long. totale ; par rapport à cette dernière, selon l'âge et le sexe, comme 1 : 3 $^3/_5$ — 4 $^1/_3$. La longueur sup. mesurant, suivant les individus, $^7/_{10}$ à $^9/_{10}$ de la long. lat. La hauteur vers l'occiput égale, selon les sujets, aux $^2/_3$ ou aux $^3/_4$ de la long. lat. L'épaisseur à peu près égale à la moitié de la longueur, ou un peu moindre, chez les mâles principalement.

Os frontaux, pariétaux et occipitaux finement granuleux et marqués de stries rayonnantes. Un espace mou, étroit et allongé, s'étendant, en prolongation de la ligne latérale, sur les côtés de la tête, au-dessus de l'opercule et jusqu'aux sous-orbitaires.

Museau un peu relevé, plus ou moins pincé, souvent un peu plus allongé chez les mâles que chez les femelles.

Bouche un peu protractile, franchement oblique et fendue à peu près jusqu'au-dessous de la narine. La mâchoire inférieure dépassant légèrement la supérieure. Les lèvres assez épaisses ou saillantes. La langue lisse. Un orifice nasal de chaque côté, de moyenne dimension, subarrondi, bordé d'une valvule et situé à peu près au tiers de la distance entre l'œil et le museau, ou un peu plus près de ce dernier.

Œil grand, un peu saillant, arrondi et franchement latéral, bien que placé assez haut pour entamer légèrement le profil frontal ; d'un diamètre, à la longueur céphalique latérale, comme 1 : 3 $^1/_6$—3 $^2/_3$, chez des sujets d'âge moyen ou adultes. Souvent 2 $^2/_3$ seulement chez de très jeunes individus.

L'espace préorbitaire un peu plus grand que l'œil ou seulement à peu près égal à celui-ci, suivant les sexes et les

individus ; soit, entrant 3-3 ¹/₂ fois dans la longueur de la
tête. (Il m'a paru qu'une différence très sensible dans la
taille ne s'accuse pas, chez cette espèce, par des dimensions
de l'œil aussi différentes, par rapport à la tête et à l'espace
préorbitaire, que chez la plupart de nos poissons, de nos
Cyprinides en particulier.)

L'espace interorbitaire, suivant les individus, égal aux ³/₅
ou aux ⁴/₅ de l'œil, soit, à la longueur céphalique latérale,
comme 1 : 4 ²/₅—5.

Opercule assez grand, régulièrement arrondi en arrière et en
dessous et marqué de stries rayonnantes très déliées, ainsi
que finement pointillée sur toute la surface.

Sous-opercule décrivant un arc étroit sous le pourtour de
l'opercule. Interopercule formant un petit coin allongé entre
l'opercule et le préopercule. Préopercule composé de deux
branches étroites, à peu près rectilignes et formant à leur
réunion un angle presque droit. Membrane branchiostège
bordant largement l'appareil operculaire.

Arcade sous-orbitaire formée de trois os : le second ou médian
à peu près carré et très petit ; le premier au moins double ou triple de celui-ci, de forme allongée et pointu en
avant ; le troisième de beaucoup le plus grand, recouvrant
une bonne partie de la joue, finement strié et articulé par le
bas avec le préopercule.

Maxillaire supérieur de forme allongée, relativement étroit,
ceintré, la concavité en avant et un peu renflé à l'extrémité.

Dents en cardes sur l'intermaxillaire et le maxillaire inférieur ;
d'ordinaire aussi d'autres dents, un peu plus petites ou plutôt en velours, distribuées en deux groupes, de chaque
côté, sur les pharyngiens. Les tubercules antérieurs du premier arc branchial portant également des dents coniques,
assez longues et légèrement courbées.

Scapulaire formant, de chaque côté de l'occiput sur la nuque,
une saillie conique et verticale, prolongée en arrière, au-
dessus de la base de la nageoire pectorale, en une corne
pointue à peu près horizontale.

De chaque côté de la poitrine, en dessous, une autre plaque osseuse plus grande, subtriangulaire et allongée, s'éten-

dant depuis la gorge au-dessous dé l'angle inférieur de l'opercule jusqu'au bassin ; pièce, comme toutes les précédentes, finement striée et pointillée.

Bassin développé, sur le ventre, en un large bouclier conique ou subtriangulaire en arrière, et relevé, sur les côtés, jusqu'aux $^3/_5$ environ de la hauteur du corps, en une branche montante, d'épaisseur un peu variable, striée, pointillée et indifféremment, dans les deux sexes, conique et acuminée ou élargie et fourchue, voire même trilobée à l'extrémité.

Bouclier pelvien à surface plus ou moins granuleuse et marqué sur le centre d'une aréte suturale longitudinale, d'où partent des stries obliques plus ou moins divergeantes. Avec cela, très variable dans les formes et les proportions, non seulement avec l'âge, mais encore selon le sexe et même parfois selon les individus, sans raison apparente ; ainsi, dans la majorité des cas, plus étroit, de forme plutôt lancéolée, soit un peu étranglé vers la base, et plus rugueux chez les mâles, mais, par contre, le plus souvent plus large, plus dilaté à la base, ou plus franchement conique, et plus lisse chez les femelles adultes (Voy. Pl. II, fig. 7 et 8). (A côté de ces variantes de formes, je trouve, au point de vue de la coloration du bassin, chez mes Épinoches des canaux du Rhin, un trait caractéristique sexuel qui m'a paru assez constant : je veux parler d'une teinte rougeâtre de la base du bouclier qui se trouve chez tous les mâles capturés durant la belle saison. Cette couleur, résultat probablement de la livrée de noces, m'a paru demeurer assez longtemps et persister après un long séjour dans l'alcool [1]).

Cette pièce servant de point d'appui, de chaque côté, à une épine ventrale articulée sur sa base et s'étendant, chez l'adulte, à peu près jusqu'au-dessous de la troisième épine dorsale, légèrement plus loin ou, au contraire, un peu moins loin, suivant l'âge plus ou moins avancé.

---

[1] Certaines femelles d'âge moyen présentent parfois un bouclier étroit comme celui des mâles ; toutefois, cette pièce est, malgré ce rapport, plus allongée, moins pincée dans le bas et dépourvue de la coloration rougeâtre que nous avons signalée vers la base du bouclier des mâles. Chez de très jeunes individus, le bouclier n'est souvent pas plus large que les épines latérales ; il est parfois même bien plus mince encore et beaucoup plus court.

Lames latérales osseuses, verticales, juxtaposées ou partiellement
imbriquées, de forme et dimensions différentes, et distribuées
sur le tronc seulement, au nombre de 4 à 9 suivant les individus; tantôt en quantités égales à droite et à gauche, tantôt en nombre inégaux sur les deux côtés du corps, et cela
aussi bien chez les sujets de petite taille que chez les grands
individus. Dans le cas maximum de neuf lames : une première très petite, souvent rudimentaire ou presque imperceptible, au-dessous de la seconde petite plaque dorsale; puis
trois autres croissant graduellement en extension, d'avant
en arrière, et situées au-dessous de la troisième ou première
grande plaque dorsale armée; après elles, encore trois autres des plus grandes, au-dessous de la seconde plaqué dorsale armée, les deux dernières placées généralement après la
branche montante du bassin, de manière à correspondre à
peu près avec l'extrémité des pectorales: enfin, deux autres
encore, tantôt grandes et régulières comme les précédentes,
tantôt, au contraire, petites, décroissantes et plus ou moins
séparées, la huitième située au-dessous de la cinquième
petite plaque dorsale non armée, la neuvième entre celle-ci
et la sixième dorsale ou quelquefois au-dessous de cette
dernière. Dans la majorité des cas, cinq à sept lames seulement, soit par l'absence assez fréquente de la première petite
rudimentaire, soit par inconstance des deux et même parfois
des trois dernières. Sur quarante individus des environs de
Bâle, j'ai compté, en faisant abstraction de la première petite
rudimentaire, tantôt absente, tantôt présente : deux fois
quatre lames à gauche et cinq à droite, soit $^4/_5$, quatre fois
$^5/_5$, quatre fois $^5/_6$, dix-huit fois $^6/_6$ (soit $^7/_7$ si la première
petite existe), quatre fois $^6/_7$, deux fois $^6/_8$ et six fois $^7/_8$ (soit
encore $^8/_9$, par addition de la petite antérieure inconstante).
L'irrégularité sur les deux faces et les maxima se trouvaient
aussi bien chez les adultes ou grands sujets que chez des
jeunes ou des individus de taille relativement très petite.
Notons seulement que les lames, parfois rudimentaires,
ont toujours moins d'extension et de rigidité dans le bas âge.
Plaques dorsales développées aux dépens des os interépineux,
pointillées et striées comme les autres pièces de l'armure et,

le plus souvent, au nombre de six, quelquefois de cinq seulement, par soudure de la seconde petite antérieure avec la
première grande. La première, après la corne de l'occiput,
très petite, étroite et allongée; la seconde, petite aussi, mais
de forme plutôt triangulaire; la troisième et la quatrième
relativement très grandes, la dernière surtout, polygonales,
anguleuses et rabattues plus ou moins bas sur les côtés du
dos; la cinquième et la sixième de nouveau petites et de
forme plutôt ovale (Dans le cas de cinq plaques, ou de soudure complète des seconde et troisième, cette dernière paraît
munie d'un prolongement antérieur). Les deux grandes médianes et la sixième armées sur le centre d'une épine mobile.
Épines dorsales généralement au nombre de trois, mais très
variables en dimensions; la seconde ou médiane, le plus souvent la plus grande, variant en hauteur, suivant les individus, de la moitié environ, au cinquième seulement de
l'élévation du corps (Bien que se montrant, parfois, indifféremment dans les deux sexes, ces deux rapports extrêmes
m'ont paru cependant plus fréquents, le premier, chez les
mâles et les jeunes à bassin étroit, le second chez les femelles
à dos voûté et à large bassin). La première épine, d'ordinaire un peu plus basse que la seconde, parfois de même
hauteur, plus rarement légèrement plus longue, située au-
dessus de la base des pectorales ou très légèrement en
arrière; la seconde, dans la majorité des cas la plus haute,
implantée en face de l'épine ventrale; la troisième, toujours la plus petite, insérée devant l'origine de la nageoire
dorsale et mesurant, selon les individus, de un quart à la
moitié de la plus grande.

Ces épines osseuses fortement assises sur les plaques dorsales et articulées avec elles, de manière à pouvoir être dres-
sées ou couchées à volonté, larges à la base, coniques, un peu
recourbées en arrière, plus ou moins épaisses suivant les individus, très aiguës au sommet, striées, rugueuses, plus ou
moins dentelées sur les bords et marquées, à la face postérieure, d'une rainure longitudinale. Une fine membrane,
fixée dans la rainure médiane, joignant le dos, sous forme
de petite voile triangulaire, et remontant plus ou moins haut

le long de l'épine ; cette membrane, semblant de nageoire,
ne dépassant quelquefois pas la moitié de la plus grande
épine, ou atteignant, au contraire, d'autre fois à peu près le
sommet de celle-ci.

Nageoire dorsale naissant de suite après la troisième épine,
soit presque au-dessus de la pointe du bouclier pelvien, ou
un peu en arrière, et s'étendant, du côté de la caudale, à
peu près à la même distance que l'anale, soit sur un espace
égal environ à la longueur de la tête, chez les femelles, mais
relativement un peu plus réduit, chez les mâles et les jeunes
à bassin étroit, grâce surtout aux différences de proportions
de la tête. Cette nageoire, d'une élévation maximale, suivant les cas au premier ou au second rayon, égale environ
aux $^2/_3$, ou à la $^1/_2$ de la hauteur du corps, selon les individus,
femelles adultes ou mâles et jeunes, soit, généralement un
peu plus élevée que la seconde épine. La tranche s'abaissant
graduellement, en ligne presque droite ou légèrement convexe, jusqu'à la queue.

Dix à douze rayons mous, souvent tous divisés ou fourchus
à l'extrémité ; parfois les premiers seuls fourchus ou les derniers seuls simples.

Anale, comme la dorsale, précédée d'une petite épine isolée
de dimension un peu moindre que la correspondante dorsale.
L'épine anale, toutefois, plus couchée sur la nageoire et
moins dentelée ; en ce sens, plus véritablement premier rayon
de ladite nageoire. L'anale naissant au-dessous du premier
tiers environ de la dorsale et s'étendant, en arrière, à peu
près à la même distance que celle-ci ; de hauteur et de forme
à peu près semblable à la dorsale, bien que peut-être un peu
plus convexe sur la tranche.

D'ordinaire huit rayons tous mous. Ces rayons souvent
tous fourchus ; parfois quelques-uns simples.

Ventrales composées d'une forte épine articulée, de chaque côté,
sur la base du bouclier pelvien et d'un très petit rayon mou
embrassé dans la fine membrane soutendue par l'épine. La
dite épine faiblement recourbée en arrière, appuyée, au côté
externe, par un fort talon plus ou moins prolongé, striée et
rugueuse, plus ou moins dentelée, sur les bords principale-

ment, et, bien que de longueur très variable, assez générale-
lement, chez les divers individus, un peu plus grande que la
dorsale majeure. La membrane natatoire s'élevant, plus ou
moins haut, dans une rainure postérieure de l'épine; parfois
presque jusqu'au sommet de celle-ci, chez certains mâles.
Dans le bas âge, l'épine d'ordinaire sensiblement plus longue
que le bouclier. Chez la plupart des mâles adultes, l'épine
un peu plus courte seulement que le bouclier et mesurant
environ la moitié de la hauteur du corps en dessus d'elle.
Chez beaucoup de femelles, enfin, cette épine volontiers plus
faible (quoique encore très variable, il est vrai, selon l'âge
plus ou moins avancé, parfois même aussi forte que chez
certains mâles), soit par rapport au bouclier, soit vis-à-vis
de la hauteur du corps; variant, par exemple, de la moitié au
tiers et même au quart de ladite élévation (Voy. Pl. II, fig. 7,
la femelle, et fig. 8, le mâle, adultes).

Pectorales naissant au-dessous de la première épine dorsale, ou
légèrement plus en avant, sur une base large et charnue,
très facilement réversibles, s'étendant rabattues un peu
plus loin que la branche montante du bassin, affectant à peu
près la forme d'un éventail et faiblement convexes sur la
tranche, par le fait de la petite différence de proportion des
rayons externes et médians. Généralement dix ou onze
rayons mous non rameux.

Caudale plutôt petite, étroite à la base et à peu près rectiligne,
soit sans échancrure, lorsqu'elle n'est pas endommagée [1].
D'une longueur, à la longueur totale du poisson, comme 1 : 7
à 8 ¹/₂, selon l'âge et les individus. Douze rayons mous principaux, parfois en majorité simples, le plus souvent, au contraire, tous plus ou moins divisés, à l'exception toutefois des
externes un peu plus courts et appuyés par de très petits
rayons basilaires en nombre assez variable.

Peau nue sur toutes les parties dégagées de la cuirasse: une

____

[1] La caudale très délicate de cette espèce est, en effet, souvent plus ou
moins endommagée, principalement chez les mâles à l'époque des amours;
peut-être par le fait de l'habitude qu'ont ces petits querelleurs de se mordre volontiers entre eux sur la queue.

partie des flancs, la base des nageoires pectorales, la queue, le bas ventre, le triangle pectoral, etc.

Ligne latérale suivant, à peu près au tiers supérieur de l'élévation maximale du corps, une direction presque droite, depuis l'angle supérieur du coracoïdien, jusqu'au milieu de la base de la caudale. Cette ligne indiquée sur les lames latérales, entre la moitié et les deux tiers de leur hauteur, par une carène un peu prolongée en arrière, et marquée par un léger sillon sur les parties nues du corps.

Coloration de faces supérieures d'un gris olivâtre, plus ou moins rembruni, ou verte, ou bleue, d'ordinaire avec de petites taches ou comme des marbrures brunes, ou encore avec des bandes irrégulières brunâtres, plus ou moins accentuées, sur le haut des flancs et sur le pédicule caudal. Les côtés de la tête, ainsi que le bas des flancs et le ventre, d'un blanc argenté, parfois très brillant, d'autrefois légèrement jaunâtres avec des reflets verdâtres ou bleuâtres, ou encore finement pointillés de brun. Les nageoires d'un jaunâtre ou d'un verdâtre pâle et transparentes ; souvent de très petits points bruns sur le côté des rayons. Iris d'un blanc argenté, parfois jaunâtre et lavé plus ou moins, dans le haut surtout, de noirâtre, de vert ou de bleu.

Au moment des amours : le bord des joues, la gorge, la poitrine et même une partie plus ou moins grande du ventre et des côtés d'un rouge de sang d'intensité variable ; cela chez les mâles surtout et plus particulièrement chez les vieux sujets. J'ai vu des mâles orangés sous la gorge et la poitrine : d'autres seraient, selon de Selys, mélangés sur les mêmes parties de bleu et de jaunâtre. Au reste, la couleur varie, chez les Épinoches comme chez beaucoup de poissons nus, très rapidement sous l'influence des impresions internes ou externes. Les femelles, ainsi que les jeunes, moins variables et volontiers plus pâles en dessous.

Dimensions très variables, non seulement avec l'âge, mais encore selon le sexe et les conditions d'existence. Chez la race continentale, dite *Gymnura*, généralement un peu plus petite que la race littorale, soit *Trachura*, le maximum de la longueur totale ne s'élève guère au-dessus de 75 millimètres. Mes

femelles adultes des environs de Bâle, un peu plus fortes que
les mâles, ne dépassaient guère, pour la plupart, 60 ou
65 millimètres, tandis que j'ai reçu, de M. Covelle, à Genève,
deux femelles d'origine française qui, bien que de même
forme, avec peu de plaques ⁴/₅ et ⁵/₅, et âgées de deux ans
seulement, avaient déjà pondu et étaient arrivées, dans un
aquarium, avec une riche et abondante nourriture, à une
taille de 70 à 72 millimètres.

Mâles généralement plus petits, à âge égal, et plus brillamment
colorés, dans la livrée de noces, que les femelles ; en outre,
moins voûtés sur le dos, avec une tête relativement plus
forte. Le bouclier pelvien, chez eux, d'ordinaire plus allongé
ou plus étroit et plus pincé à la base, ainsi que plus rugueux
à la surface et souvent teinté de rougeâtre. Les épines ventrales et souvent aussi les dorsales, plus longues, par rapport à l'élévation du corps et à la longueur du bouclier.

Jeunes généralement plus effilés que les adultes, avec le dos
moins voûté, la tête comparativement plus grande et l'œil
plus gros. Le bouclier pelvien, dans les deux sexes, relativement très étroit et plus court par rapport aux épines. Les
lames latérales plus courtes ou moins développées que chez
les vieux et s'ossifiant d'abord, la plupart du temps, le long
de l'arête représentant la ligne latérale. La coloration des
faces supérieures plus terne, soit plus généralement olivâtre ;
les faces inférieures assez constamment blanches et argentées.

Vertèbres au nombre de (30) 31-33.

Vessie aérienne libre, irrégulière, mais simple et reliée à la
face dorsale de l'estomac. Tube digestif notablement plus
court que l'animal, presque droit et présentant, près du
pylore, deux petits renflements latéraux ; l'estomac grand,
de forme ovale et bien délimité. Ovaire gros et double ou
profondément bilobé. Testicule énormément développé au
moment des amours et, bien que double comme l'ovaire,
alors franchement réuni par le bas, ou d'apparence bilobée
comme ce dernier.

Quelques lamelles pseudo-branchiales quasi-digitiformes,
disposées sur un rang vers le haut de la cavité branchiale.

Cette espèce, si multiple dans les formes, varie, comme nous l'avons dit, non seulement d'une manière plus ou moins constante, avec l'habitat et les conditions, mais encore, dans un même milieu, selon l'âge, le sexe, les individus et l'état de ces derniers. L'inconstance chez une seule race, souvent même sur les deux côtés du corps d'un même sujet, de plusieurs des caractères invoqués pour séparer spécifiquement les formes les plus opposées en apparence, semble réduire passablement la valeur de la plupart des traits considérés comme distinctifs et, en étendant les limites de la variabilité dans une même localité, devoir faire attribuer naturellement aux influences prolongées de milieux différents une importance modificatrice bien plus grande encore. Bien que l'on ait rencontré quelquefois les *Gast. trachurus* et *Gast. gymnurus* fortuitement réunis dans le même cours d'eau, plus ou moins près de la mer, et quoique je sois loin de croire qu'un même individu puisse être successivement un *Trachurus* parfait et un vrai *Gymnurus*, ou vice versa, par le seul effet de l'âge ou des conditions, je ne m'en joins pas moins à Thompson, Heckel et Kner, Günther, de Siebold, Canestrini et d'autres, pour ne voir dans ces deux formes extrêmes que des races dérivées d'une même espèce, entre lesquelles le *G. semiarmatus* vient se placer, comme degré transitoire. Les différences de milieu ou de distribution géographique me paraissent suffisantes pour expliquer les dissemblances extérieures, il est vrai, très importantes au premier aspect, qui doivent, selon beaucoup d'ichthyologistes, distinguer spécifiquement les Épinoches de divers pays.

L'extension des lames latérales paraît, en particulier, entre les extrêmes *Gymnurus* et *Trachurus*, assez variable dans chaque forme intermédiaire, pour avoir permis à plusieurs ichthyologistes de rapprocher les *G. semiarmatus* et *G. semiloricatus* de Cuvier et Valenciennes, d'un côté de l'Épinoche entièrement cuirassée ou *G. trachurus*, de l'autre de l'Épinoche à queue lisse ou *G. leiurus* (soit *Gymnurus*) de ces auteurs. Je crois devoir faire rentrer dans le même cadre, et au même titre de variété, le *G. neustrianus* de Blanchard, qui ne me paraît reposer que sur des différences de fort peu d'importance [1].

[1] Voyez notes de ma synonymie, page 69.

Ceci dit, on se trouve en face d'une série de prétendues espèces
d'eau douce qui, toutes à queue lisse, comme notre Épinoche de
Bâle, ne se différentient plus que par des caractères d'une autre
nature et plus ou moins discutables. Il ne sera pas inutile, je
pense, de profiter ici de l'examen que je viens de faire de la
forme habitant les canaux du Rhin, en Suisse, pour peser, jusqu'à un certain point et en quelques mots, la plupart de ces
nouveaux traits censés distinctifs ou spécifiques. En effet, en
comparant la description que je viens de donner, soit à la diagnose
commune, soit aux diagnoses plus brèves de chaque prétendue
forme que j'ai données, en notes, à la suite de la synonymie générale, on verra assez vite, non seulement à quel petit nombre se
réduisent les principaux traits distinctifs que l'on peut attribuer,
en tant que propres, aux diverses espèces réunies sous le titre
commun d'Épinoches à queue lisse ; mais encore comment la
plupart des dites formes rangées sous la même lettre C parta-
gent avec notre *G. gymnurus* C (*a*) tantôt l'un, tantôt l'autre
de ses caractères, en même temps qu'elles présentent, comme
lui, des variations analogues sur tel ou tel point de leur structure censée particulière.

Les proportions plus fortes de la tête, le moindre développement des épines en général, de la seconde dorsale en particulier, la plus grande extension des membranes natatoires souten-
dues par les dites épines, le nombre réduit des lames latérales
et les dimensions plus faibles des plaques dorsales, enfin, la
courbe un peu différente du dos qui devraient servir, selon divers
auteurs, à caractériser le *G. brachycentrus* de Cuvier et Valenciennes, ont été sérieusement étudiées par le professeur Canestrini, en Italie [1] ; le résultat des nombreuses comparaisons de
cet auteur est que le dit *G. brachycentrus* du Midi n'est, de
fait, qu'une variété de notre *G. gymnurus*. L'inconstance que
j'ai moi-même remarquée chez l'Épinoche de Bâle, sur tous les
points précités, ainsi que la variabilité que j'ai constatée, dans
plusieurs des caractères censés distinctifs, chez quelques Épinoches à queue lisse provenant de Vichy, au centre de la France,
Épinoches dont quelques-unes répondaient cependant presqu'en-

____
[1] Prospet. crit., p. 114.

tièrement à la description du *G. brachycentrus* par Heckel et Kner, m'ont engagé à partager ici l'opinion de l'éminent ichthyologiste italien. Le *G. brachycentrus*, C (*b*), ne me paraît donc qu'une variété, suivant les localités plus ou moins accentuée, du *G. gymnurus*, C (*a*). L'Épinoche d'Irlande, à laquelle Thompson [1] attribue le nom de *G. brachycentrus*, semble différer un peu de la forme méridionale connue sous ce nom, mais doit probablement, comme elle, rentrer aussi dans la synonymie de notre *G. gymnurus* ou *leiurus*.

La présence de quatre épines dorsales a paru à Thompson [2], en Irlande, comme à Canestrini [3], en Italie, un cas plutôt exceptionnel, et du reste un caractère assez peu appuyé; pour que les rares individus qui en sont porteurs, C (*c*), *G. tetracanthus* (Cuv. et Val.) et *G. spinulosus* (Yarrell) puissent être considérés comme de simples variétés du *G. gymnurus* de Cuvier. Il est vrai que Günther [4], qui maintient ces espèces distinctes, attribue à la première quinze et à la seconde seulement huit rayons mous à la dorsale; mais ces extrêmes au-dessus et en dessous des chiffres moyens 10-12 de notre Épinoche à queue lisse, pourraient bien n'être aussi qu'accidentels, car ni Canestrini, ni Thompson n'ont constaté à ce point de vue de différences importantes chez les individus de ces deux formes qu'ils ont étudiés dans le pays même où la prétendue espèce avait été primitivement signalée. Sauvage donne quatorze rayons mous à la dorsale de son *G. tetracanthus.*

Les formes élancées, la coloration argentée et brillante, et les proportions censées caractéristiques des plaques dorsales et des épines des *G. argyropomus* (Cuv. et Val.) et *G. argentatissimus* (Blanchard), se retrouvent, dans des conditions différentes, chez beaucoup de véritables *G. gymnurus vel leiurus.* Encore ici, je suis d'accord avec le professeur Canestrini [5], du

---

[1] On the species of Stickleback (*Gasterosteus*, Linné) found in Ireland. By Wm. Thompson, Ann. and Mag. of Nat. History, vol. VII, 1841, p. 100.

[2] Thompson, l. c., p. 102.

[3] Canestrini, l. c., p. 116.

[4] Catal. of Fishes, I, p. 5.

[5] Prospet. crit., p. 116.

moins pour la première de ces prétendues espèces, la seconde
étant de plus récente création, et je considère ces deux formes comme de simples variétés. Enfin, la grande variabilité
que j'ai constatée, selon le sexe et l'âge, parfois même sans raison apparente, chez les Épinoches C (*a*) des canaux du Rhin à
Bâle, nous montre combien peu d'importance l'on doit attacher
souvent, soit aux proportions comparées de la tête et du tronc,
ou aux formes plus ou moins voûtées ou élancées du corps, soit
à l'extension des plaques dorsales et des lames latérales, ou à la
coloration, soit, enfin, aux dimensions et à l'apparence plus ou
moins denticulée des épines, ainsi qu'aux développements divers
du bassin qui, suivant Blanchard[1], devraient servir à caractériser la plupart de ses Épinoches françaises, les *G. Bailloni*
(Blanchard) et *G. elegans* (Blanchard), par exemple, pour ne
citer que les dernières, les seules dont nous n'ayons point encore
parlé. Le docteur P. Bonizzi[2], qui a réfuté déjà les huit espèces
nouvelles de Blanchard, en s'attachant surtout aux formes des
épines, ne semble pas s'être aperçu que c'est à une différence
d'âge et surtout de sexe qu'il faut attribuer, la plupart du temps,
les variantes considérées comme caractéristiques par l'auteur
du volume sur les Poissons de la France.

M. Sauvage, dans sa Révision des Épinoches, me paraît s'être
reposé beaucoup sur les déterminations des auteurs antérieurs
et, dans le but de donner un catalogue complet, avoir peut-être
un peu trop négligé la discussion de bien des formes.

Si l'on admet l'unité de l'espèce et que l'on se demande quel
a pu être le point de départ de tant de formes variées, il semble
naturel de chercher plutôt le type dans l'une des formes extrêmes que dans les races d'apparence intermédiaire, et d'emblée
l'Épinoche entièrement cuirassée paraît devoir prendre place au
premier rang. Sans recourir aux données orographiques et hydro-
graphiques des temps anciens, en se basant simplement sur la
distribution géographique actuelle des formes plus ou moins cui-

---

[1] Poissons des eaux douces de la France.

[2] *Sulle varieta della specie Gasterosteus aculeatus.* Nota del Dott. Paolo
Bonizzi; con tavola. (Archiv. per la Zool. e la Fisiologia, serie 11, vol. I,
1869.)

rassées, il semble, comme je viens de le dire, que ce soit l'Épinoche complètement armée et plutôt littorale qui ait dû d'abord prédominer. En effet, bien que cette opinion paraisse à première vue contraire à l'idée du perfectionnement graduel, on ne peut pas ne pas attacher une certaine importance aux récits de quelques auteurs qui nous montrent : que les individus les mieux cuirassés et les plus forts, soit *G. trachurus*, se trouvent généralement dans les eaux saumâtres ou près des côtes maritimes ; que les eaux des pays relativement septentrionaux paraissent tout particulièrement propices au développement et à la multiplication de l'Épinoche[1] ; enfin, que les formes les moins protégées, le *G. brachycentrus* entre autres, prospèrent surtout, de nos jours, dans les petits courants où elles rencontrent beaucoup moins d'ennemis[2].

L'Épinoche est très répandue en Europe, depuis l'Italie au sud, jusqu'au nord de la Suède et de la Norwége ; elle se trouve même jusque sur les côtes septentrionales de l'Amérique[3]. La forme à queue lisse, la plus répandue dans le continent, est la seule que l'on trouve dans notre pays[4]. On ne la rencontre, du reste, à l'état libre, en Suisse, que dans les environs de Bâle, dans les canaux du Rhin, dans quelques petites rivières du voisinage, la Wiese et la Birs en particulier[5], et,

---

[1] Voy. par exemple : Schonevelde, Ichthyologia et nomenclaturæ animalium marinorum, fluviatilium, etc., 1624, p. 11. — Ekström, Die Fische in den Scheeren von Mörkö, 1835, p. 159. — Yarrell, Hist. of Brit. Fishes, I, 1836, p. 92.

[2] Thompson, On the species of Stickleback, l. c., p. 100.

[3] Voyez, pour le détail de la distribution géographique, plus haut, aux notes de la synonymie générale, p. 68-70.

[4] Schinz (Fauna Helvetica, p. 152) signale, dans le Rhin et la Birse près de Bâle, le *G. pungitius* auquel il attribue le nom d'Épinoche, tandis que *Pungitius* signifie, de fait, Épinochette ; il ajoute : les trois espèces *G. trachurus, gymnurus* et *pungitius* habitant le bassin du Rhin, il est probable qu'elles se trouvent aussi dans les rivières et ruisseaux tributaires de ce fleuve. Toutefois, cet auteur me paraît avoir été induit en erreur par la description peu claire de Hartmann et n'avoir eu lui-même entre les mains aucune Épinoche de provenance suisse.

[5] Hartman (Helvet. Ichthyol., p. 70-73), qui le premier a signalé l'Épi-

selon le Dr F. Leuthner[1], dans les ruisseaux des *Langen Erlen*.
Bien que l'Épinoche m'ait été signalée près de Lucerne, les
recherches que j'ai faites à ce propos me permettent de supposer qu'il y a eu erreur, que ce poisson ne remonte guère dans
nos principaux affluents du Rhin et que l'espèce est à peu
près limitée, chez nous, aux places que je viens de lui assigner.
Le professeur Pavesi[2] a montré également que les citations, par
Boniforti[3] et Lavizzari[4], du *G. aculeatus* dans les eaux du canton du Tessin devaient être erronées. Le frère Ogérien[5] attribue l'Épinoche aux versants français du Jura arrosés par l'Ain
et le Doubs tributaires du Rhône; toutefois, cette espèce manque complètement, comme plusieurs autres des mêmes contrées,
aux divers affluents de ce fleuve au-dessus de la perte.

Le docteur Mayor a importé, en 1872, dans sa campagne
d'Hermance, non loin de Genève, une variété de l'Épinoche à
queue lisse (*G. leiurus*) se rapprochant un peu de ladite *Gast.
brachycentrus*, provenant d'un petit ruisseau dit Seillon, non
loin de Vichy, au centre de la France. Ces Épinoches introduites
dans un petit étang, sur les côtés d'un cours d'eau gagnant le
lac Léman, non seulement ont niché et se sont reproduites chaque année, mais encore se sont répandues déjà jusque dans un
bassin plus grand situé au-dessous et à une certaine distance du
premier. Il est donc permis de supposer que cette espèce s'accli-
matera parfaitement sur ce nouveau point, peut-être même
pourra-t-elle, avec le temps, gagner par le lac de nouveaux
ruisseaux dans notre bassin.

L'Épinoche à queue lisse habite volontiers les petites rivières,
les ruisseaux, les fossés, les lacs et les étangs, et semble préférer

noche dans la Birse, donne une description si confuse du *Gast. aculeatus*,
qu'il attribue à la Suisse, qu'il est très difficile de savoir à quelle espèce
ou à quelle forme rapporter les sujets dont il parle et qu'il me semble
fort n'avoir vu de ses yeux que peu, si ce n'est aucun exemplaire, de ce
petit poisson des environs de Bâle.

[1] F. Leuthner, Mittelrheinische Fischfauna, 1877. p. 43.
[2] Pesci et Pesca, p. 74.
[3] Il lago Maggiore e dintorni, p. 34.
[4] Escursioni nel cantone Ticino, p. 350.
[5] Hist. Nat. du Jura, III, p. 352.

les petits courants ou les bassins relativement réduits, à fond herbeux ou vaseux, aux fleuves et aux grands lacs à fonds pierreux ou graveleux.

Le caractère remuant et colérique, ainsi que la voracité étonnante de ce petit poisson en font, malgré la petitesse de sa taille, un très dangereux voisin. Trahissant son agitation par un mouvement presque continuel des pectorales et de la caudale, l'Épinoche paraît toujours préoccupée de chercher querelle à quelqu'un ou de défendre son honneur contre les agressions de plus puissants animaux. Souvent on la voit s'élancer brusquement en avant, puis tout à coup s'arrêter franc, en battant en arrière. A la moindre alerte, elle redresse ses formidables épines et, prompte comme l'éclair, se jette à la rencontre de l'être assez insolent pour provoquer sa colère.

Les mâles, plus turbulents que les femelles, se livrent volontiers entre eux des combats à outrance, cherchant à se mordre la queue ou à s'ouvrir les flancs avec leurs épines. Bien que l'Épinoche serve de pâture à quelques carnivores et que l'on se serve avec succès de ce poisson comme amorce, quand on a le soin de lui arracher les piquants, il est à remarquer, cependant, que ce petit taquin réussit souvent à se faire respecter par des êtres beaucoup plus grands que lui, qui craignent d'avaler un personnage si bien armé.

Il est rare que des Épinoches vivent isolées; elles abondent assez vite dans les localités qui conviennent à leur nature, et c'est généralement par bandes nombreuses qu'on les voit voyager, durant la belle saison, entre les plantes près du bord. Leurs mouvements sont brusques, saccadés et rapides; souvent elles piquent à la surface, parfois même elles sautent jusque sur les herbes de la rive. L'alimentation, purement animale, de cette espèce consiste principalement en vers, petits mollusques, insectes, œufs de poissons et menu fretin. L'Épinoche est douée d'une telle gloutonnerie qu'elle s'attaque parfois à des proies aussi grosses qu'elle, et que les phalanges affamées de ce petit être suffisent souvent à dépeupler les ruisseaux ou les étangs qu'elles honorent de leur présence. Baeker raconte qu'un seul individu avala, en cinq heures, jusqu'à soixante-quatre petits Cyprins.

Peu de poissons offrent, à l'époque de l'amour et au point de vue de la reproduction, autant de particularités intéressantes que l'Épinoche qui, ainsi que nous l'avons dit, construit, comme les oiseaux, un véritable nid pour ses œufs et ses petits. Remarquons, en passant, que les observations qui vont suivre, bien que faites la plupart du temps sur la race qui est représentée dans notre pays, s'appliquent cependant aussi aux autres formes ou races de l'Épinoche plus ou moins cuirassée. A part quelques légères différences dans la position ou la forme du nid, provenant la plupart du temps des diversités de conditions, on peut dire que le mode de nidification est à peu près partout le même, et cette identité n'est pas sans avoir aussi une certaine importance dans la question de l'unité de l'espèce.

Le Dʳ Mayor, de Genève, qui a importé chez lui le *Gast. leiurus,* m'a raconté avoir vu, dans le bassin de son jardin, des nids de cette Épinoche plus ou moins dissimulés, tantôt sphériques, tantôt au contraire allongés. Il y en avait également, parmi ceux de forme arrondie, fabriqués avec la mousse tapissant les parois du bassin, qui présentaient, les uns une, les autres plusieurs ouvertures. La plupart étaient cachés dans la vase du fond; un cependant se trouvait perché au haut d'une pierre.

Chose plus remarquable : M. Carbonnier, de Paris, m'a rapporté avoir vu, dans ses aquariums, des femelles d'Épinoches pondre une grappe d'œufs à côté du nid non terminé, puis mourir après, dans l'espace d'un mois. Le mâle aurait porté les œufs dans le nid à l'état de plancher, puis terminé ensuite sa bâtisse.

Évidemment, l'Épinoche ne rencontre pas toujours, en captivité surtout, le fond vaseux et les matériaux divers qu'elle recherche de préférence, à l'état libre, pour construire son nid, et elle est souvent forcée de modifier un peu ses plans habituels, pour se soumettre aux circonstances. Peut-être l'observation de M. Carbonnier, si différente du dire d'un grand nombre d'observateurs, doit-elle être attribuée à un retard dans la fabrication du nid et, par ce fait, à un trouble dans la ponte, amenés par des conditions anormales ou le défaut de matériaux assez abondants pour la construction rapide du ber-

ceau. La femelle, ne pouvant plus attendre, aurait pondu à côté
du nid seulement commencé, et il n'y aurait rien d'impossible
à ce que, dans ce cas, la femelle soit morte, comme cela se voit
quelquefois chez nos Cyprins, des suites d'une inflammation de
l'ovaire trop longtemps surchargé.

M. Émile Bruck[1] raconte à son tour de récentes observations
faites sur une paire de *Gast. pungitius*, qui concordent, jusqu'à
un certain point, avec le dire de M. Carbonnier. La femelle aurait déposé ses œufs au dehors du nid; le mâle aurait porté un
à un dans sa bouche les dits œufs jusque dans le nid. Enfin, la
mère aurait été, après quelques jours, mise à mort par son fou-
gueux époux. Dans les deux cas, ces petits poissons étaient, il
est vrai, enfermés dans des aquariums et probablement dans des
conditions plus ou moins anormales. Le nid n'avait pas pu être
construit exactement comme dans un milieu plus naturel; et
l'on peut, semble-t-il, expliquer le sacrifice de la mère par un
excès de prévoyance de la part du père qui, par amour pour ses
petits, devait redouter le voisinage de tout être vivant, à plus
forte raison d'un glouton du genre de sa paresseuse épouse.

Faisant ici abstraction des cas qui me paraissent anormaux
ou accidentels, je raconterai la nidification de l'Épinoche comme
je l'ai vue et telle que l'ont observée bon nombre de naturalistes
en différents pays.

C'est, suivant les localités, les conditions de milieu et la température, ainsi que selon l'âge des individus, plus ou moins tôt
ou tard, entre la fin d'avril et la mi-août que les diverses Épinoches travaillent à leur reproduction[2]; c'est, en particulier, le
plus souvent dans le courant de mai ou de juin pour les contrées,
comme la nôtre, moyennes dans le continent.

Le moment venu, le mâle commence à s'occuper de la construction de l'édifice qui doit abriter sa progéniture. Il choisit,
à cet effet, de préférence des ruisseaux ou des étangs, en un
mot, une place où l'eau présente un fond limoneux ou sablon-

____

[1] Die Zucht junger Stichlinge in Süsswasser-Aquarium, von Emil Bruck;
der Zoologische Garten, 1875, n° 7, p. 251.

[2] Je parle ici des Épinoches libres, car en captivité la ponte commence
parfois déjà avant la fin de mars, dans une eau à 10 degrés environ.

neux. L'emplacement déterminé à son goût, il fouille d'abord
avec le museau dans la vase ou le sable, puis, après s'y être introduit, il s'agite de telle manière qu'il réussit à creuser autour
de lui une sorte de cavité de quatre à huit centimètres environ,
suivant sa taille. Bientôt après, il part en quête de petites racines, de mousse ou de brins d'herbe [1] qu'il choisit assez pesants
pour ne pas être emportés par le courant, et qu'il apporte dans
sa gueule pour en garnir le fond de sa bâtisse, en les fixant dans
le sable. Quelques heures suffisent pour faire ainsi le plancher
du nid, mais il faudra souvent plusieurs jours pour terminer
cette importante construction; habituellement 3 à 4 jours dans
des conditions ordinaires. Le mâle apporte donc sans relâche de
nouveaux matériaux, herbes ou radicules, qu'il plante de manière à élever les parois de son édifice et qu'il enchevêtre avec
le museau, en même temps qu'il les enduit, pour les faire adhérer
et demeurer unis, avec un mucus gluant sortant, sous forme de
ruban blanchâtre, de son ouverture anale. Après cela, de nouveaux éléments de même nature sont amenés pour couvrir le
berceau de la famille future.

Industrieux et infatigable, ce petit poisson livré à ses seules
forces essaye à maintes reprises la solidité de sa bâtisse, tantôt
en se frottant contre les parois de celle-ci, tantôt en produisant
contre elle des courants avec ses nageoires. Les pièces qui ne
paraissent pas solides sont enlevées et remplacées. Peu à peu, à
force d'entre-croiser les extrémités des radicules qu'il enduit de
mucus et recouvre de sable ou de vase, notre petit architecte
avance son admirable ouvrage. Il a ménagé une entrée spacieuse,
bien arrondie et bien lisse; souvent aussi il prépare, pour la sortie, un second orifice directement opposé au premier. D'autrefois
il se borne seulement à indiquer cette seconde voie, laissant à la
femelle d'en ouvrir pour ainsi dire la porte, en perçant la trâme
pour fuir après la ponte [2]. Souvent les derniers brins placés en
rond autour de l'ouverture servent, en retombant, à refermer la
porte du nid, alors que le mâle cesse, pour quelques instants, de

---

[1] En captivité, volontiers aussi des crins ou des poils.

[2] On trouve, comme je l'ai dit plus haut, assez souvent, ou des nids
sans sortie, ou des nids, par contre, percés de plusieurs ouvertures.

produire contre celle-ci un courant d'eau avec ses nageoires pectorales. Enfin, le nid est terminé; c'est une petite masse subarrondie ou ovale, de sept à dix centimètres environ, bien que de
grosseur un peu variable suivant la nature des matériaux à portée et l'âge de l'individu, masse qui présente à l'intérieur la
forme d'un tube et, est généralement assez couverte à l'extérieur
de sable ou de limon pour ne paraître au fond de l'eau que
comme une petite éminence difficile à découvrir, d'où sortent
au plus quelques bouts d'herbes ou de radicules [1].

Ce travail terminé, fier de son ouvrage et paré alors des plus
brillantes couleurs, le mâle s'élance à la recherche d'une femelle.
Il choisit, parmi les nombreuses Épinoches du voisinage, celle
dont la grossesse lui paraît la plus avancée, pour lui présenter
ses hommages et lui déclarer son amour; il tourne autour de
celle-ci, passant et repassant, jusqu'à ce qu'elle se décide à le
suivre. De retour vers son domicile, il s'empresse de faire à sa
compagne les honneurs de chez lui, entrant lui-même dans le
nid et ressortant pour engager sa belle à entrer à son tour.
Si la femelle hésite, il la presse d'abord avec douceur, puis il
s'excite, se fâche bientôt, en vient même parfois jusqu'aux coups
et finit souvent par abandonner la cruelle pour aller quérir une
autre moitié moins intraitable. Le nid n'est, du reste, pas destiné à une seule femelle. L'Épinoche est polygame et amène
successivement dans sa demeure plusieurs épouses pour y déposer leurs œufs, jusqu'à ce que la chambre soit remplie. Enfin,
une femelle est entrée, les mouvements de sa queue, que seule
on voit encore, trahissent les efforts qu'elle fait pendant quelques instants, jusqu'au moment où, délivrée du plus pressant,
quelques œufs des plus mûrs, parfois seulement deux ou trois,
elle perce droit devant elle, par l'autre bout du nid et s'enfuit
pour faire place à d'autres. Le mâle qui n'a cessé, durant ces
quelques minutes, de s'agiter en dehors et de se démener autour
du nid, peut maintenant entrer à son tour pour se frotter avec
bonheur contre ces premiers œufs confiés à son amour et féconder
ceux-ci de sa laitance. Plusieurs femelles sont ainsi successive-

---

[1] Suivant la nature du fond, le nid sera naturellement plus ou moins
enfoui ou dissimulé.

ment amenées dans le même nid, qui, toutes coquettes et avares
de leurs avantages, ne concèdent toujours au même mâle qu'une
partie de leur précieux fardeau. A la suite de semblables ma-
nœuvres plusieurs fois répétées, le tube interne du nid se trouve
enfin rempli d'œufs, et le mâle ferme définitivement la sortie en
ramenant des brins et de la terre par-dessus. Le professeur de Siebold rapporte que des nids censés pleins renfermaient 60 à 80 œufs
seulement[1]. Les mâles étant généralement moins nombreux que
les femelles, il semble difficile d'expliquer qu'un nid ne contienne
pas normalement au moins autant d'œufs qu'en peut produire
une seule femelle, 100 au moins. Toutefois, il est bien possible
que la contenance des nids varie, soit selon la taille des mâles
ou l'âge des femelles, soit selon les époques et les conditions.
Le docteur Mayor aurait rarement vu, chez lui, plus de vingt à
trente petits groupés autour du nid, après leur première sortie.
M. Covelle assure en avoir vu, par contre, de 60 à 100.

Quelques auteurs, Hartmann entre autres[2], en considération de
la prompte multiplication de cette espèce, du nombre réduit des
œufs et de la durée souvent très longue de la saison des amours,
ont supposé deux pontes annuelles chez ce petit poisson. Or,
cette hypothèse a été prouvée en partie vraie par des observations faites sur des Épinoches privées, en particulier par celle
de M. E. Covelle, à Genève. Le même mâle peut construire jusqu'à 3 nids dans l'espace de 2 à 3 mois, et y élever chaque fois
une nouvelle famille ; cependant, il faut reconnaître aussi que,
suivant leur âge, les mâles s'occupent plus ou moins vite de la
construction du berceau de leurs amours et que, dans les mêmes
conditions, les femelles, jeunes ou vieilles, ne pondent pas toujours au même moment. Il arrive aussi d'ordinaire qu'une même
mère pond à intervalles inégaux, et dans des nids différents,
diverses proportions de ses œufs qui, examinés tous à un moment
donné présentent des états de développement très différents.

Enfin, le nid est définitivement rempli. C'est alors que commence, pour l'ardent époux, une tâche nouvelle et difficile, le
soin et la défense de sa progéniture. Le mâle dont le nid est

---

[1] Isis, 1834, p. 227.
[2] Helv. Ichthyol., p. 71.

plein exerce, en effet, une surveillance incessante sur tous les environs, ne laissant approcher de son trésor ni insectes ni poissons, se jetant même avec fureur à la rencontre de tout intrus et chassant jusqu'aux femelles de son espèce, convaincu qu'il est que celles-ci ne se gêneraient pas, pour gruger à belles dents les œufs ou les petits de leurs propres sœurs. Il répare au besoin le nid et se tient continuellement près de l'entrée de celui-ci, pour y renouveler l'eau, en produisant des courants au moyen de ses nageoires pectorales tout particulièrement mobiles et réversibles. 10 à 15, parfois 25 jours après la ponte, suivant la température de l'eau, les petits poissons éclosent, et le père infatigable n'en est que plus surchargé de soins vigilants, pour empêcher ses petits rejetons d'aller trop tôt s'exposer à la gueule de l'ennemi. Warington raconte que le mâle court après les petits fuyards, les gobe, et retourne avec eux à la demeure, pour les vomir ou les cracher plutôt dans leur berceau. La même observation a été faite par d'autres, et j'ai vu souvent le fait se produire sous mes yeux dans les aquariums de M. Covelle. Ce n'est, enfin, que lorsque les jeunes Épinoches sont assez avancées dans l'art de nager et de manger que leur père leur permet de prendre définitivement la volée. Parfois, cinq ou six jours après l'éclosion, le mâle défait le nid ; il étend les matériaux, et les petits se tiennent groupés sur ceux-ci ; ils mesurent alors 3 à 4 millimètres, et sont armés d'une membrane natatoire qui les enveloppe tout autour, sur la ligne médiane, depuis la nuque jusqu'à la poitrine au-dessous.

Dix à douze jours après l'éclosion, cette nageoire temporaire s'atrophie par place et l'on commence à distinguer la forme des nageoires définitives, sur des individus de 5 à 6 millimètres de long.

Les œufs de l'Épinoche sont gros, mais peu nombreux. Günther en a compté jusqu'à 90, dans un seul des lobes de l'ovaire d'une femelle ; Blanchard en a trouvé en tout 100 à 120 mûrs à la fois, chez des individus adultes. J'en ai compté moi-même, une fois, 75 à peu près mûrs, de 1 $\frac{1}{4}$ millimètre de diamètre, avec au moins autant d'autres beaucoup plus petits, mais de grosseur variée, chez une femelle jeune encore de 46 millimètres de longueur totale ; une autre fois, j'en ai trouvé 179 mûrs, de 1 $\frac{1}{2}$

millimètre environ, avec un nombre relativement très réduit de plus petits, chez une femelle plus âgée, de 54 millimètres de longueur, prise au même endroit que la première et au même moment.

Pour être peu nombreux, ces germes, grâce à leur taille, n'en arrivent pas moins à distendre énormément les parois abdominales de l'être qui les porte. Mais, ce ne sont pas les femelles seulement qui présentent à cette époque un développement particulier des parois abdominales; les mâles, polygames, comme nous l'avons dit, et d'ordinaire bien moins nombreux que les épouses qu'ils ont à servir, portent alors, comme je l'ai constaté, des testicules énormément développés qui remplissent une grande partie de leur cavité viscérale.

Bien que la ponte de l'Épinoche soit relativement peu abondante, il est à remarquer cependant que ce petit poisson se multiplie assez rapidement, dans certaines conditions, pour se rendre quelquefois maître presque exclusif des ruisseaux qu'il habite. Voici, je crois, les principales raisons de cette contradiction plus apparente que réelle :

On sait que les œufs et les petits de cette espèce, protégés d'abord par les soins attentifs du père et abandonnés à eux-mêmes alors seulement qu'ils sont suffisamment armés pour pouvoir fuir ou se défendre, échappent, ainsi, bien plus que d'autres, à la voracité des poissons carnivores qui détruisent si souvent une bonne partie du menu fretin d'autres espèces. Il est connu également que notre petit tyran dépeuple volontiers, à son profit, les eaux qu'il a choisies; qu'il prend soin de détruire dans le bas âge un grand nombre d'êtres qui auraient pu devenir, soit des ennemis, soit des commensaux gênants, et qu'en se faisant ainsi de la place, l'Épinoche adulte échappe, aussi bien que ses enfants, à mille dangers qui déciment continuellement d'autres poissons. Enfin, raisons excellentes aussi, la faculté de reproduire déjà depuis l'âge d'un an et la répétition des pontes doivent compenser encore jusqu'à un certain point l'infériorité du nombre des œufs chez une seule femelle.

M. E. Covelle a remarqué, dans son aquarium, qu'un jeune mâle, dans sa seconde année, avait mené à bien trois familles, dans trois nids différents, entre le 1er avril, où il commença la

construction du premier édifice, et le 30 juin, jour où les petits
sortirent du troisième berceau. Cet observateur a constaté que
la durée du développement des œufs pouvait varier de 12 à 15
jours selon la température plus ou moins basse ou élevée de l'eau
de son réservoir.

Les Épinoches grandissent donc assez vite et arrivent promptement à pouvoir se reproduire; beaucoup pondent déjà, nous
l'avons dit, un an après leur naissance. Par contre, plusieurs
auteurs leur refusent une longue vie; quelque-uns même ne leur
attribuent que trois ou au plus quatre années d'existence.

Ce petit poisson passant facilement au travers des mailles de
la plupart des filets et n'étant pas d'ordinaire considéré comme
un objet de consommation alimentaire, on ne le pêche guère que
par curiosité ou pour en faire des amorces, après lui avoir arraché
les piquants. La pêche se fait à la ligne ou à la trouble ou, plus
simplement encore, avec une épuisette, voir même avec une coiffe
à papillons. Cependant, quelques auteurs nous rapportent que,
dans certaines localités où l'espèce pullulait, on a utilisé autrefois l'abondance des Épinoches que l'on prenait le soin de désar-
mer, soit pour engraisser les volailles, soit pour nourrir des
pourceaux, soit encore pour fertiliser les terres.

Le Saumon, la Truite, le Brochet, la Perche et quelques autres
poissons happent souvent l'Épinoche et lui font volontiers la
guerre; toutefois, il arrive quelquefois que ces grands carnivores
ont le palais percé par les épines d'une proie qu'ils ont impru-
demment prise par le mauvais bout, et qu'ils ont bien du mal à
se débarasser de ce petit être qui se défend jusqu'à la mort et
dont la devise serait, à si juste titre, qui s'y frotte s'y pique.
Plus d'un Brochet s'est trouvé ainsi puni de sa gloutonnerie et
condamné à rester longtemps la gueule forcément ouverte. A
côté de ces grands ennemis, l'Épinoche a encore à craindre
d'autres animaux qui, pour être plus petits, n'en sont pas moins
incommodes et plus ou moins dangereux. Je veux parler des
parasites, de bon nombre d'Helminthes [1] et d'un petit crustacé

---

[1] *Ascaris Gasterostei* (Rud.); dans les intestins. — *Cucullanus elegans*
(Zeder); dans les intestins. — *Filaria bicolor* (Creplin) = *Agamonema
bicolor* (Dies.); enkysté dans le péritoine. — *Filaria papilligera* (Creplin);

Syphonostome [1], ainsi que de la Sangue qui s'attache volontiers à son corps, lorsqu'elle se frotte sur la vase, et dont elle est quelquefois difficilement maîtresse.

SOUS-GENRE. ÉPINOCHETTES

Pungitius [2], nobis.

Les Épinochettes ont un corps fusiforme, plus effilé dans la partie postérieure que celui des représentants du sous-genre précédent. Elles portent, sur le dos, de huit à onze petites épines lisses et insérées sur autant de plaques osseuses non rabattues sur les côtés et de beaucoup moindre dimension que celles des véritables Épinoches. Les côtés du corps sont, ou entièrement nus, ou armés de très petites plaques disposées le long de la ligne latérale, sur une étendue plus ou moins grande à partir de la caudale [3]. La na-

dans le péritoine.— *Echinorhynchus tuberosus* (Zeder); dans les intestins. *Echin. angustatus* (Rud.); dans les intestins. *Echin. clavæceps* (Dujardin); (sec. Günther). — *Monostomum caryophyllinum* (Zeder); dans les intestins. — *Distomum appendiculatum* (Rud.); dans l'estomac et les intestins. — *Gyrodactylus elegans* (Nordm.); sur les branchies.— *Tænia filicollis* (Rud.); dans les intestins. — *Ligula digramma* (Creplin) = *Lig. abdominalis;* intestins. (Sec. Hartmann). — *Schistocephalus dimorphus* (Creplin); dans la cavité abdominale. — *Triænophorus nodulosus* (Rud.); enkysté dans le foie et le mesenter ainsi que dans les intestins.

[1] *Argulus foliaceus* (Jurine); à l'extérieur.

[2] J'ai déjà dit plus haut que le nom de *Gasterostea*, proposé par M. Sauvage pour désigner ce sous-genre, paraît trop voisin du mot *Gasterosteus* et, par là, d'un usage difficile, vu l'impossibilité des abréviations. J'ai préféré prendre, pour ce groupe, le nom de l'espèce type, soit *Pungitius*. Dans le cas ou ce sous-genre devrait prendre le rang de genre, j'appellerais alors *vulgaris*, l'Épinochette très répandue dont j'ai emprunté le nom.

[3] M. Guichenot a décrit, dans les Nouv. Archiv. du Museum (t. V, p. 204, pl. XII, fig. 4), une nouvelle Épinochette de Chine (*Gast. sinensis*) chez laquelle les petites plaques accompagnent la ligne latérale dans toute sa longueur.

geoire dorsale est généralement assez reculée pour avoir son origine à peu près au-dessus de la naissance de l'anale[1].

Je séparerai, dans la synonymie de l'espèce qui suit, par les lettres A et B, les variétés qui ont de petites plaques sur le pédicule caudal de celles qui sont entièrement nues.

L'ÉPINOCHETTE PIQUANTE

DER KLEINE STICHLING

GASTEROSTEUS PUNGITIUS, Linné.

D'un vert tirant plus ou moins sur le bleu ou sur le brun et plus ou moins mâchuré, en dessus; les côtés du corps, dans la partie supérieure, d'un verdâtre plus pâle et plus ou moins tachetés ou traversés souvent par des bandes verticales noirâtres; le bas des flancs d'un blanc argenté ou doré et semé volontiers de petits points foncés; les faces inférieures, selon les saisons, d'un beau blanc argenté, jaunâtres, orangées ou rouges. Nageoires transparentes. Corps passablement effilé en arrière. Côtés du tronc entièrement nus. Ligne latérale indiquée, sur toute sa longueur, par un simple sillon, ou couverte, sur le pédicule caudal seulement, de très petites plaques saillantes. Huit à onze petites épines dorsales, lisses, à peu près égales entre elles et articulées sur autant de petites plaques osseuses. Un bouclier pelvien triangulaire plus ou moins large, portant, à droite et à gauche, une épine ventrale plus ou moins granuleuse sur le bord. Une petite épine recourbée devant l'anale. Anale

---

[1] M. Sauvage, dans sa Révision des Épinoches, établit trois sections dans ce groupe, selon que les Épinochettes ont la queue entièrement lisse (*Laevi*), quelques petites plaques sur le pédicule caudal (*Pungitii*), ou la ligne latérale entièrement carénée (groupe du *Sinensis*). Cet auteur reconnaît 12 espèces dans ce sous-genre : 5 européennes, les *Gast. pungitia, G. burgundiana, G. laevis, G. lotharinga* et *G. breviceps*; 6 américaines, les *G. occidentalis, G. Dekayi, G. Blanchardi, G. Mainensis, G. concinna* et *G. globiceps*, enfin, une asiatique, la *G. sinensis.*

naissant presque au-dessous de l'origine de la dorsale, ou très légèrement en arrière, et s'étendant à peu près aussi loin que celle-ci du côté de la caudale (Taille moyenne : 45-60^{mm}).

D. VIII-XI/10—11, A. 1/9—11, V. 1/1, P. 8—11, C. 12 (13) maj.

A. GASTEROSTEUS PUNGITIUS, *Linné*, Syst. Nat., p. 491, ed. XIII, I, III, p. 1326., — *Bloch*, Fische Deutschlands, II, p. 82, Taf. 53, fig. 4. — *Cuv. et Val.*, IV, p. 506. — *Thompson*, Species of Sickleback, p. 103. — *De Selys*, Faune belge, p. 224. — *Günther*, Catal. of Fishes, I, p. 6. — *De Siebold*, Süsswasserfische, p. 72. — *Blanchard*, Poissons de France, p. 238, fig. 38 et 39. — *Sauvage*, Rev. des Épinoches, p. 29. — GAST. BURGUNDIANUS, *Blanchard*, Poissons de France, p. 240, fig. 40. — *Sauvage*, Rev. des Épinoches, p. 30.

B. GASTEROSTEUS LAEVIS, *Cuvier*, Règne anim., 2me édit., II, 1829. — *Blanchard*, Poissons de France, p. 242, fig. 41. — *Sauvage*, Rev. des Épinoches, p. 34. — GAST. LOTHARINGUS, *Blanchard*, Poissons de France, p. 244, fig. 42. — *Sauvage*, Rev. des Épinoches, p. 34. — GAST. BREVICEPS, *Blanchard*, Poissons de France, p. 245, fig 43. — *Sauvage*, Rev. des Épinoches, p. 34.

L'Épinochette piquante, propre surtout à la France, à la Grande-Bretagne et au nord de l'Allemagne, n'a pas, que je sache, été trouvée jusqu'ici dans les limites de notre pays. Toutefois, j'ai cru devoir dire en passant quelques mots de cette espèce, pour la signaler à l'attention de nos observateurs, et dans le but de relever l'erreur de Schinz. En effet, cet auteur (*Fauna Helvetica*, p. 152) attribue, à tort, l'Épinochette à la Suisse, quand, malgré le dire de Hartmann qui avait déjà relevé une semblable erreur dans la *Faunula* de Coxe, il donne, sans raisons, le nom de *Pungitius* au *Gasterosteus* qui se trouve près de Bâle. Il est probable que, si Schinz avait eu en mains des Épinoches de cette provenance suisse, après avoir dit : *Häufig im Rhein und in der Birs bei Basel*, il n'eût pas ajouté : *aber ob dieses der Pungitius sei, ist nicht ganz mit Sicherheit erwiesen.*

J'ai déjà dit plus haut, à propos de l'espèce précédente, que l'Épinochette niche aussi bien que ses congénères les Épinoches, mais qu'elle suspend d'ordinaire son nid à une certaine hauteur dans les herbes aquatiques. Le mâle paraît avoir deux livrées de noces et changer souvent de parure au moment de l'éclosion dans le nid.

La variabilité que j'ai constatée, chez un certain nombre d'individus de l'Épinochette à queue carénée[1] (*G. pungitius*), m'a montré que plusieurs des caractères invoqués par M. Blanchard pour l'établissement de ses diverses espèces, n'ont certainement pas une fixité et une importance suffisante pour soutenir une distinction spécifique. Bien que groupant autour de deux lettres différentes les diverses Épinochettes-européennes, suivant qu'elles portent ou non de petites plaques sur la ligne latérale du pédicule caudal, je n'hésite pas à réunir toutes ces formes sous un même nom, à titre de variétés. Les proportions comparées de la tête et du corps, le nombre des épines et des rayons des nageoires, les formes des branches montante et abdominale du bassin, enfin, les dimensions et la structure denticulée ou non des épines ventrales m'ont paru varier énormément avec l'âge et les individus. Quant au fait de la présence ou de l'absence d'une carène écailleuse, soit de petites plaques sur le côté de la partie précaudale ou étranglée du corps, il me semble, comme à plusieurs auteurs, qu'il est d'assez moindre importance, surtout depuis que j'ai été à même de constater la grande variabilité de la cuirasse chez les véritables Épinoches.

Famille III. TRIGLIDÉS

TRIGLIDÆ [2]

Les Poissons de ce grand groupe ont le corps oblong,

---

[1] M. G. Lunel m'a fourni plusieurs Épinochettes des environs de Lyon. Je profite de cette occasion pour remercier l'auteur du bel ouvrage sur les Poissons du Léman de la complaisance qu'il m'a montrée en diverses circonstances.

[2] Günther; Catal. of Fishes, vol. II, 1860, p. 87.

subcylindrique ou cylindroconique, soit plus ou moins
comprimé et plus ou moins étiré en arrière. Bien que réunis par quelques caractères importants, ils diffèrent cependant passablement entre eux à plusieurs égards; ainsi :
les uns sont presqu'entièrement nus, tandis que les autres
sont couverts de plaques ou d'écailles. Il en est qui sont
dépourvus de dents, d'autres ont au contraire la bouche armée de nombreuses dents en velours. Ils portent rarement
des canines. Le principal trait commun des Triglidés est
celui qui a fait nommer par Cuvier ces poissons *Acanthoptérygiens à joue cuirassée*, c'est-à-dire le fait d'avoir tous
également l'os orbitaire développé de manière à recouvrir
plus ou moins la joue et rejoignant le préopercule [1]. Quelques pièces céphaliques sont armées d'épines. Les rayons
branchiostèges varient en nombre de cinq à sept. On
trouve d'ordinaire, chez eux, des pseudobranchies plus ou
moins développées [2]. La bouche est large. Les yeux souvent assez grands, plus ou moins latéraux et mobiles, de
manière à pouvoir être tournés en haut, leur donnent par-

[1] Nous avons vu, à propos de la famille précédente, comment d'autres
Poissons, qui ont aussi la joue plus ou moins cuirassée, ont dû être séparés
dans d'autres familles, à cause de leurs structures différentes sur d'autres
points d'importance au moins égale.

[2] Le caractère de famille tiré par Günther de la présence ou de l'absence des pseudo branchies, me paraît d'une importance assez contestable,
tant que l'on ne peut, faute d'observations assez nombreuses, ni affirmer
que ces organes existent chez tous les représentants d'un groupe, ni faire
usage de ce trait caractéristique pour beaucoup de familles, sous ce rapport encore trop mal connues. Meckel (Traité d'anatomie comparée, X,
p. 217) a étudié ces organes chez un assez grand nombre de Poissons;
d'autres ont fait, depuis cet auteur, des recherches analogues, sans attacher, pour le moment, dans la classification, autant d'importance que
Müller, Günther et autres aux branchies accessoires chargées, suivant
les cas, de rôles un peu différents. J'ai cru devoir signaler cependant
l'absence ou la présence et la disposition de ces organes chez nos diverses
espèces, dans les différents genres.

fois un aspect assez étrange. Les nageoires sont au nombre de sept à huit, selon que les dorsales sont réunies ou distinctes; la partie antérieure de ces dernières, ou la première dorsale, est composée de rayons non articulés plus ou moins rigides. Les pectorales affectent des formes et extensions très variées. Les ventrales sont jugulaires ou thoraciques. L'anale est grande et présente un développement généralement assez semblable à celui de la seconde dorsale. Enfin la vessie natatoire fait très souvent défaut.

Cette famille, riche en genres et en espèces, compte à la fois de nombreux représentants dans toutes les mers et quelques membres dans les eaux douces des deux régions arctiques. Tous les Triglidés sont carnivores ; la plupart vivent de préférence au fond des eaux. Beaucoup sont d'assez mauvais nageurs; quelques-uns, par contre, sont susceptibles de s'élever dans l'air, à l'aide de pectorales très développées.

L'ensemble des Poissons, de formes souvent hétéroclites, qui constituent cette famille, a été divisé en quatre sous-familles, d'après la nature des téguments, les proportions de l'anale et les rapports de hauteur des deux nageoires dorsales [1]. La tribu des *Cottina* qui, parmi de nombreuses espèces marines, comprend les quelques Chabots d'eau douce de notre continent, doit seule nous occuper.

Tribu des COTTIDES

COTTINA

Les Cottides ont, suivant les genres, la peau nue, couverte d'écailles ordinaires ou encore incomplètement cui-

---

[1] Günther, Catal. II, p. 87 et 88.

rassée, soit munie d'une seule série d'écailles en plaques.
Ils ont tous la partie antérieure des dorsales réunies, ou la
première dorsale, moins élevée que la partie postérieure
molle des dites nageoires, soit que la seconde dorsale;
cette partie antérieure des nageoires supérieures est en
même temps, chez eux, constamment plus basse que
l'anale. Le tube digestif est généralement assez court; les
appendices pyloriques sont d'ordinaire en nombre peu
élevé.

La grande majorité des Cottides habite les eaux salées.
Des quatre genres, principalement marins, qui représentent cette tribu en Europe, un seulement, le genre
Cottus, propre à la fois aux eaux douces et aux eaux salées
de notre continent, figure dans notre pays [1].

Genre CHABOT.

COTTUS, Linné.

*Deux dorsales de hauteur moyenne et distinctes, mais très
voisines, parfois même faiblement réunies par la base; la
première composée exclusivement de rayons non articulés
plus ou moins flexibles, et un peu plus basse que la seconde.
Pectorales larges et subarrondies. Ventrales implantées au-
dessous de l'insertion de celles-ci, étroites et composées de
rayons articulés en petit nombre, plus un rayon antérieur
osseux ou épineux plus ou moins développé. Anale assez
semblable de forme à la seconde dorsale et, comme elle,*

---

[1] Sur les dix-huit genres admis par Günther dans cette tribu, les quatre
suivants peuvent être seuls considérés comme véritablement européens ;
Cottus, Europe entière; *Scelus*, côtes du Spitzberg ; *Lepidotrigla*, mer Méditerranée; *Trigla*, mer et océan.

*composée de rayons articulés. Dents en velours sur les mâ-
choires et les pharyngiens seulement, ou sur ceux-ci et le
vomer, mais pas sur les palatins. Peau nue; ligne latérale
complète, quasi-médiane et presque droite. Corps cylindro-
conique et un peu comprimé en arrière. Tête large, sensiblement déprimée et plus ou moins arrondie en avant. Préopercule armé d'épines simples ou complexes. Généralement six
rayons branchiostèges [1]. Pas de vessie natatoire. Des pseudobranchies.*

Les représentants de ce groupe se tiennent d'ordinaire
au fond des eaux, se nourrissent exclusivement de substances animales, surtout de proies vivantes, et ont généralement des allures brusques et saccadées.

Ce genre, riche en espèces, compte de nombreux représentants soit dans les mers, soit dans les lacs et les rivières
de notre continent, du nord de l'Asie et de l'Amérique
septentrionale. Il paraît n'y avoir dans les eaux douces de
l'Europe que le *Cottus Gobio* (Linné) très répandu sous
des formes diverses [2], et le *Cottus pœcilopus*, de Heckel,
propres aux Karpathes, à la Hongrie et à la Galicie [3].

Il est à remarquer que la peau nue des Chabots double les
nageoires et sécrète, sur tout le corps, un mucus abondant qui
donne à ces animaux un toucher visqueux et glissant. La ligne
latérale est souvent embrassée plus ou moins par de fines squamules noyées dans le derme et recourbées en gouttière. La
structure et la consistance des rayons de la première dorsale de

---

[1] Heckel et Kner (Süsswasserfische, p. 32) ont trouvé quelquefois cinq
rayons branchiostèges seulement, chez le *Cottus poecilopus.*

[2] Plusieurs de ces formes ont reçu des noms spécifiques; les *C. affinis,
C. microstomus* et *C. ferrugineus* de Heckel, par exemple, semblent n'être
que des races locales de notre Chabot de rivière.

[3] Selon Günther (Catal. of Fishes) aussi dans les Pyrénées.

notre *Cottus* rangeraient plutôt ce poisson parmi les soi-disant pseudo-acanthoptérygiens, près des Gobies et des Blennies par exemple, que dans les véritables Acanthoptérygiens, ainsi que l'a déjà fait remarquer Kner [1], si l'on ne trouvait, dans le rayon composé antérieur de ses ventrales, un rayon plus véritablement osseux ou épineux qui le rapproche, par contre, de nos Percoïdes [2].

Les rayons des pectorales sont, ou peu divisés, ou plus ou moins profondément bifurqués, avec des articulations serrées.

4. LE CHABOT DE RIVIÈRE

Der Kaulkopf [3]. — Cazzuola [4].

Cottus Gobio, Linné.

Gris, brun, jaunâtre, verdâtre ou roussâtre, en dessus et sur les côtés, avec des taches brunâtres ou noirâtres, irrégulières ou réunies en bandes transverses; blanchâtre en dessous. Nageoires ornées plus ou moins de macules brunes, volontiers distribuées en lignes parallèles. Tronc cylindroconique. Anus situé notablement plus près du bout du museau que de l'extrémité de la caudale. De fines squamules en gouttière le long de la ligne latérale. Tête massive, plus ou moins déprimée et plus ou moins largement arrondie en avant. Dents en velours sur l'intermaxillaire, le maxillaire inférieur, les pharyngiens et le vomer. Une épine préoperculaire simple, moyenne, dirigée en arrière et recourbée en haut; une seconde épine plus petite découpée dans

---

[1] Ueber den Flossenbau der Fische, V, 1861, p. 58. Cet auteur paraît n'avoir pas remarqué, chez le *Cottus Gobio*, le rayon osseux des ventrales enveloppé dans la peau avec le premier articulé.

[2] Le Chabot faisant ainsi, comme certains Percoïdes, les *Aspro* entre autres, une sorte de transition entre les Pseudo-Acanthoptérygiens et les vrais Acanthoptérygiens, on ne peut guère attacher une bien grande importance à cette subdivision des Anarthroptérygiens adoptée par plusieurs ichthyologistes.

[3] Aussi, en allemand, *Gemeiner Groppfisch*.

[4] En italien, aussi *Ghiozzo*, comme le Gobie.

le bord de l'interopercule au-dessous de la première. Pectorales larges, subarrondies, à rayons tous simples ou en partie divisés, et atteignant à peu près à l'ouverture anale ou la dépassant légèrement. Ventrales étroites arrivant, rabattues, plus ou moins près de l'anus (Taille moyenne des vieux : 100-135ᵐᵐ).

I D. (5) 6—9, II D. 15—19 (20), A. (9) 11—14 (15), V. 1/(2) 3—4,
P. 13—16, C. 8—9 div.

Sq. lig. lat. 26—33 (35). Vert. 32—33.

COTTUS GOBIO, *Linné*, Syst. Nat., 1, p. 452; ed. XIII, *Gmel.* I, III, p. 1211.
— *Bloch*, Fische Deutschl., II, p. 12. — *Razoum.* Hist. Nat., Jorat, I, p. 126. — *Lacep*, Hist. Nat., III, p. 252. — *Jurinne*, Poissons du Léman, Soc. Phys., III, p. 152, pl. 2. — *Steinmüller*, N. Alpina, II, p. 334. — *Hartmann*, Helvet. Ichth., p. 57. — *Eckström*, Fische in den Scheeren von Mörkö ; Uebersetz. p. 166. — *Cuv. et Val.*, Hist. Nat., IV, p. 145. — *Nenning*, Fische des Bodensees, p. 11. — *Yarrell*, Brit. Fishes, p. 71. — *Schinz*, Fauna Helvet., p. 152, et Europ. Fauna, II, p. 115. — *Holandre*, Faune de la Moselle, p. 237. — *De Selys*, Faune belge, p. 186. — *Bonaparte*, Cat. Met., p. 62, n° 545. — *Günther*, Fische des Neckars, p. 17. — *Rapp*, Fische des Bodensees, p. 5. — *Boniforti*, Guida, p. 34. — *Heckel et Kner*, Süsswasserfische, p. 27, fig. 9 et 10. — *Fritsch*, Fische Böhmens, p. 4. Ceske Ryby, p. 48. — *Günther*, Catal. of Brit. Mus., II, p. 156. — *Lavizzari*, Escursioni, p. 350. — *de Siebold*, Süsswasserfische, p. 62. — *De Betta*, Ittiol. veronese, p. 47. — *Jeitteles*, Fische der March, p. 13. — *Monti*, Notizie dei Pesci di Como, etc., p. 16. — *Jäckel*, Fische Bayerns, p. 11. — *Canestrini*, Prospet. crit. p. 109. — *Blanchard*, Poissons de France, p. 161, fig. 23. — *Lunel*, Poissons du Léman, p. 11, pl. II. — *Pavesi*, Pesci e pesca del cantone Ticino, p. 20.

  » LAEVIS, *Marsigli*, Danub. pan., IV, 1726, tab. 24, fig. 2.

  » MINUTUS, *Pallas*, Zoographia Ros. As., 1831, III, p. 145, pl. 20, fig. 5 et 6. — *Cuv. et Val.*, IV, p. 152.

  » AFFINIS[1], *Heckel*, Ann. Wien. Mus., II, 1840, p. 150, taf. 8. — *Bonaparte*, Cat. Met., add. p. 94, n° 832 (545 bis).

---

[1] Le *Cottus* auquel Heckel a donné le nom de *C. affinis* n'est pas autre chose que le *Cottus Gobio* des auteurs du nord, d'Artedi, de Linné et d'Ekström. Bien que n'ayant rencontré aucun cas de bifurcation dans les rayons des ventrales, chez nos Chabots du centre et du sud de l'Europe, et n'ayant pu peser de visu la valeur de ce caractère distinctif, je suis cependant d'accord avec Günther, Canestrini et quelques autres ichthyologistes, dans le rapprochement que je fais ici de cette forme septentrionale avec notre Chabot de rivière.

Cottus microstomus, *Heckel,* Ann. Wien. Mus., II, 1840, p. 147, Taf. 8, fig. 3
et 4. — *Heckel et Kner*, Süsswasserfische, p. 32, fig. 12-13. — *Bonaparte*, Catal. Met., p. 62, n° 547.

» ferrugineus, *Heckel, in litt. ad Bonaparte*, Cat. Met., p. 62, n° 548.
— *Heckel et Kner*, Süsswasserfische, p. 34, fig. 14. — *De Betta*,
Ittiol. veronese, 1862, p. 49.

Mulus Gobio, *Prévost*, Génération chez le Séchot. Mém. Soc. Phys. et S. N.
de Genève, IV, 1828, p. 171-182, pl. fig. 1-11 et 16.

Noms vulgaires, en Suisse : S. F.: *Séchot* (Genève), *Chassot* (Vaud), *Sassot*
(Neuchâtel), *Têtu* (Savoie) ; S. A.: *Gropp, Græppli, Groppe* ou
Gruppe; T.: *Scazzôn, Côzzôn, Téstón, Beutt, Bóttrisitt ;* Grisons :
Scazzua (Poschiavo), *Ramboz* (Basse-Engadine), *Rambottel* (Vallée
de l'Albula).

Corps cylindroconique et plutôt court, large et subarrondi en
avant, graduellement atténué et un peu comprimé en arrière.

La hauteur maximale, généralement située sur la nuque
devant la première dorsale ou au-dessous de celle-ci, à la longeur totale du poisson, comme 1 : 5 $\frac{1}{5}$—7 $\frac{1}{4}$ ou, à la longueur sans la caudale, comme 1 : 4 $\frac{1}{4}$ 5—6 selon, l'âge
plus ou moins avancé. La hauteur minimale, vers la naissance
de la caudale, à l'élévation maximale, comme 1 : 2 $\frac{1}{6}$—2 $\frac{3}{4}$,
suivant les individus jeunes ou vieux, soit variant entre $\frac{1}{13}$
et $\frac{1}{19}$ de la longueur totale, selon l'âge plus ou moins avancé.
L'épaisseur la plus forte du tronc, vers les pectorales, à peu
près égale à la hauteur au même endroit; de là la forme à
peu près ronde d'une section verticale en ce point.

L'ouverture anale légèrement saillante et située toujours
notablement en avant du milieu de la longueur totale du
poisson, quoique, suivant les individus, l'âge et les conditions,
au milieu de la longueur sans la caudale ou plus ou moins
en avant ou en arrière.

Tête massive, large et déprimée, avec un museau généralement
court et arrondi, bien que souvent moins obtus chez les
femelles que chez les mâles, et plutôt subconique chez les
jeunes.

La longueur latérale de la tête, sur l'angle de l'opercule, à
la longueur totale, comme 1 : 3 $\frac{3}{4}$—4 $\frac{1}{2}$; la longueur supérieure, soit du museau à l'occiput, comparée à la longueur

céphalique latérale, comme $1 : 1\,{}^1/_6 - 1\,{}^3/_{10}$, suivant les individus, l'âge et les conditions d'existence; ou selon les formes plus ou moins ramassées ou subconiques de la tête[1]. La plus grande largeur, sur l'épine préoperculaire, plus forte que l'épaisseur du tronc, à peu près égale à la longueur céphalique latérale et presque double de la hauteur sur les pariétaux, chez l'adulte; cette même largeur, par contre, souvent égale seulement aux deux tiers de la longueur de la tête, chez des jeunes.

Bouche terminale, un peu protractile, oblique et grande, bien que plus ou moins étendue sur les côtés, suivant les individus et la forme plus ou moins large ou subconique du museau; fendue, par exemple, jusqu'au-dessous des yeux et mesurant notablement plus que l'espace séparant les bords externes des orbites, chez les uns, ou n'arrivant pas jusqu'au-dessous de l'œil et égalant au plus en largeur l'intervalle compris entre les dits bords orbitaires externes, chez les autres[2]. — Lèvres épaisses. — Langue lisse et charnue. — Des pores sous-maxillaires bien apparents; d'autres, en diverses places, sur la tête et en particulier en continuation de la ligne latérale.

Deux orifices nasaux de chaque côté, bordés, saillants et très distants l'un de l'autre : le premier situé en avant de l'œil à peu près à égale distance de celui-ci et du maxillaire, le second plus haut et plus en arrière, au-dessus de l'orbite. Œil de grandeur moyenne, placé non loin du sommet de la tête et assez mobile pour pouvoir, suivant les circonstances, ou saillir un peu latéralement, ou au contraire se retirer dans une position oblique sur la tête, en regardant vers le haut. Le diamètre horizontal de l'œil, à la longueur latérale de la tête, comme $1 : 4$, chez les jeunes, à $4\,{}^1/_2$ ou 5, chez les adultes, jusqu'à $5\,{}^1/_2$ chez de grands sujets[3].

---

[1] Je trouve, par exemple, le minimum de différence à Genève, chez de gros Chabots, et le maximum à Lugano sur de petits individus.

[2] Le premier cas m'a paru assez constant chez les gros sujets du Rhône à Genève; le second est par contre plus fréquent chez les jeunes et surtout chez les Chabots de petite taille des lacs du Tessin.

[3] Canestrini donne, pour ce rapport de l'œil à la tête, 1 à $4\,{}^1/_2\text{-}6\,{}^9/_{10}$; je

L'espace préorbitaire égal à peu près à 1 diamètre de l'œil, chez les jeunes, à 1 $\frac{1}{3}$ ou 1 $\frac{1}{2}$ chez les vieux et, par le fait, à la longueur latérale de la tête, comme 1 : 3 $\frac{1}{4}$—4, selon l'âge plus ou moins avancé. L'espace postorbitaire égal à deux diamètres oculaires, soit à la moitié de la tête, chez les jeunes; un peu plus grand chez les adultes. L'espace interorbitaire (y compris les parties molles de l'arcade sus-orbitaire) à peu près égal à 1 ou 1 $\frac{1}{4}$ diamètre de l'œil, chez l'adulte, parfois même jusqu'à 1 $\frac{1}{2}$, chez de vieilles femelles[1]; mais toujours notablement plus étroit chez les jeunes.

Arcade sous-orbitaire formée de quatre pièces : un premier os ou sous-orbitaire antérieur, trapézoïdal un peu plus long que haut et d'une surface un peu plus faible que celle de l'œil, chez l'adulte ; un second un peu plus petit que le précédent et de forme plutôt triangulaire; un troisième, le plus grand, développé en longue palette sur la joue et s'appuyant sur le pré-opercule, vers l'angle épineux de celui-ci ; enfin, une quatrième pièce postérieure très petite, mobile et de forme oblongue.

Préopercule armé, à l'angle postéroinférieur, d'une épine ou corne subconique dirigée en arrière, recourbée vers le haut et plus ou moins allongée [2].

Au-dessous de cette première épine, l'interopercule découpé sur le bord, de manière à former une seconde dent plus petite, soit une sorte de crochet dirigé obliquement en bas et en avant.

L'opercule plutôt petit, subtriangulaire et terminé en pointe mousse en arrière. Le sous-opercule mince et peu apparent.

Toutes ces pièces céphaliques du reste dissimulées sous un revêtement continu de la peau du corps.

Membrane branchiostège soutenue par six rayons et rattachée,

n'ai jamais rien observé d'approchant de ce dernier chiffre en Suisse, ni au nord ni au sud des Alpes.

[1] Lunel (Poiss. du Léman, p. 12) donne à l'espèce interorbitaire jusqu'à une largeur de deux diamètres oculaires, chez de très vieilles femelles.

[2] Ce sont des individus de petite taille et à museau subconique, provenant des environs de Lucerne, qui m'ont paru porter la plus forte épine.

par le haut et le bas, de manière à laisser aux ouïes une ouverture relativement assez réduite [1].

Maxillaire supérieur étroit, allongé, très faiblement courbé,
légèrement développé en palette à l'extrémité inférieure et
armé d'un fort genou d'articulation au sommet.

Dents en velours sur l'intermaxillaire, sur le maxillaire inférieur,
sur les pharyngiens et, en bande transverse étroite, jusque
sur l'avant du vomer.

De très petites dents distribuées aussi sur les tubercules peu
élevés et assez distants des arcs branchiaux, ainsi qu'entre
ces petites saillies.

Première dorsale naissant presque au-dessus de l'origine des
ventrales, ou légèrement en arrière, et s'étendant à peu près
jusqu'au-dessus de l'anus, avec une tranche plus ou moins
convexe, selon la longueur du dernier rayon, et une élévation
maximale variant entre le tiers et la moitié de la plus grande
hauteur du corps.

Six à neuf rayons non articulés, simples, un peu infléchis
en arrière et assez mous, soit plutôt pseudoépineux [2] (Voy.
Pl. II, fig. 11). Le plus souvent, le quatrième le plus long,
plus rarement, le troisième ou le cinquième; le premier, suivant les individus, égal aux deux tiers ou aux trois quarts du
second, selon les cas aux trois cinquièmes ou aux deux tiers
forts du plus grand; le dernier tantôt égal seulement à la
moitié du premier, tantôt presque de même longueur [3].

Seconde dorsale souvent rattachée à la précédente par une petite
anse membraneuse, et d'une longueur double environ de cette
première, soit s'étendant, en arrière, jusqu'à une faible distance de l'origine de la caudale, ou laissant, entre la base de
son dernier rayon et le premier basilaire de celle-ci, un intervalle susceptible de varier entre la moitié et les trois

---

[1] Heckel et Kner (Süsswasserfische, p. 32) disent avoir trouvé quelquefois cinq rayons seulement chez le *Cottus pœcilopus*, du reste très voisin
du nôtre.

[2] Canestrini, Prospet, p. 108, donne cinq à huit rayons.

[3] Les cas de quasi égalité entre les premier et dernier rayons de la
dorsale m'ont paru surtout fréquents chez les petits Chabots des lacs du
Tessin.

quarts de la longueur de ladite caudale. Cette seconde dorsale toujours notablement plus élevée que la première, soit d'une hauteur maximale égale au moins à la moitié, parfois même aux deux tiers de l'élévation la plus grande du corps, avec une tranche légèrement oblique et presque droite, ou faiblement convexe [1].

Quinze à dix-neuf rayons, le plus souvent, chez nous, seize ou dix-sept [2]. Ces rayons, tous articulés et la plupart du temps tous simples; les derniers cependant quelquefois plus ou moins bifurqués dans le haut. Le plus grand rayon, selon les individus, entre le cinquième et le dixième. Le premier, articulé le plus souvent dans le haut seulement, variant entre la $\frac{1}{2}$ et les $\frac{3}{4}$ de la hauteur du plus grand; le dernier d'ordinaire notablement plus court que le précédent et variant en longueur entre la moitié du premier et la parfaite égalité. Autant de différences de rapports contribuant à modifier, pour cette seconde nageoire comme pour la précédente, la courbe de la tranche.

Anale prenant naissance, selon les individus et les conditions, au-dessous du second ou du quatrième rayon de la seconde dorsale, et s'étendant, en arrière, un peu moins loin que cette dernière, soit atteignant avec l'extrémité de son dernier rayon rabattu, très légèrement plus loin seulement que la base du dernier de ladite dorsale, et occupant, par le fait, un espace égal, suivant les cas, aux $\frac{3}{4}$ ou seulement aux $\frac{5}{8}$ de la longueur de la nageoire opposée. Quant à la hauteur, de $\frac{1}{5}$ à $\frac{1}{3}$ plus haute, vers le milieu, que la seconde dorsale, avec une forme à peu près semblable, bien que souvent légèrement plus convexe [3].

Le plus souvent, onze à quatorze rayons tous articulés, simples, assez distants et séparés à l'extrémité par des dé-

---

[1] Les dorsales m'ont, il est vrai, paru relativement plus élevées chez les sujets du Tessin, généralement de taille petite ou moyenne; mais, il me semble que les jeunes de notre Chabot du nord des Alpes sont aussi, sous ce rapport, plus privilégiés que les adultes.

[2] Je n'ai jamais rencontré, en Suisse, le maximum vingt donné par Jeitteles (Fische der March) et par Canestrini (Prospet. dei Pesci d'Italia).

[3] C'est surtout parmi les petits Chabots du Tessin que j'ai trouvé la plus grande proportion de nageoires anales à la fois courtes et hautes.

pressions de la membrane notablement plus accentuées qu'à
la dorsale opposée [1]. Le dernier, selon les individus, un peu
plus court ou plus long que le premier, mais d'ordinaire sensiblement plus fort que le dernier dorsal.

Ventrales implantées entre les bases des pectorales et, rabattues,
occupant, selon l'âge plus ou moins avancé, les conditions et
les individus, des $2/3$ seulement aux $5/6$ ou même aux $6/7$ de
l'espace compris entre leur origine et l'anus [2]. Ces nageoires,
assez étroites, composées de trois à cinq rayons : un premier
épineux ou osseux plus ou moins apparent et de grandeur variable, et trois à quatre, exceptionnellement deux, d'ordinaire
quatre, rayons mous articulés, généralement non rameux chez
les Chabots de notre pays [3] (Voy. Pl. II, fig. 9). Le rayon osseux
enveloppé, avec le premier articulé, dans une même gaîne
membraneuse épaisse, et appliqué en avant entre les deux
tiges articulées et accolées composant ledit premier mou. Ce
rayon rigide, par le fait malaisé à distinguer à première
vue, plus ou moins adhérent au premier articulé et variant
en longueur entre $1/3$ et $2/3$ de celui-ci, selon les individus,
l'âge et les conditions d'existence [4]. Günther [5] semble penser
qu'il ne faut compter que pour un seul rayon ce composé d'un
rayon osseux et de deux tiges articulées accolées ; toutefois,

[1] Jeitteles, l. c. attribue neuf à quinze rayons à la nageoire anale.

[2] Très souvent les ventrales sont relativement plus longues chez les
jeunes que chez les adultes ; toutefois, il arrive de trouver, dans certaines
conditions, des jeunes qui ne diffèrent pas, sous ce rapport, de leurs parents.

[3] Ces rayons mous sont quelquefois un peu fourchus chez certains Chabots du nord ; ce serait, par exemple, le cas pour le *Cottus Gobio* d'Artedi,
de Linné et d'Ekström, soit pour le *Cottus affinis* de Heckel.

[4] Il m'a paru, en particulier, que le rayon osseux est souvent plus adhérent et un peu plus court chez les Chabots du Rhône, et, par contre,
plus apparent et un peu plus long chez mes sujets du lac Majeur. Cette
différence, du reste un peu variable selon l'âge dans les deux conditions,
peut expliquer comment la plupart des auteurs français, Cuv. et Val.,
Blanchard, etc., n'attribuent que quatre rayons aux ventrales, en regardant comme une seule épine le rayon composé antérieur, tandis que les
auteurs allemands et italiens, Heckel, Siebold, Canestrini, etc., comptent
au contraire cinq rayons, 1/4.

[5] Fische des Neckars, p. 19.

je dois faire remarquer que, bien que noyée dans une même enveloppe avec un rayon mou, cette épine présente à la base une structure analogue à celle des épines ventrales de notre *Perca* (Voy. Pl. II, fig. 10).

Le premier rayon mou le plus souvent de même longueur à peu près que le dernier ou quatrième[1]; le second le plus grand de tous ou de même grandeur que le suivant. Le premier et le second généralement composés de deux tiges accolées facilement séparables; le troisième le plus souvent simple, quelquefois double aussi, mais alors de deux pièces plus intimement unies; le quatrième volontiers simple et à peu près égal au premier articulé, comme je l'ai dit, bien que de longueur un peu variable[2].

Pectorales larges, subarrondies, prenant naissance en avant entre la corne du préopercule et l'angle de l'opercule, et rabattues, atteignant en arrière à peu près jusqu'à l'anus ou un peu plus loin, selon les individus.

Treize à seize rayons articulés, tantôt tous simples, tantôt en partie rameux ou bifides; les cinq ou six derniers inférieurs au moins assez généralement simples. Le premier rayon ou l'inférieur à peu près égal à la moitié du dernier ou supérieur, et mesurant au plus $\frac{1}{3}$ du plus grand. Les rayons inférieurs croissant graduellement jusqu'au huitième ou au dixième.

Les individus à rayons tous simples m'ont paru de beaucoup les plus communs chez nous, tandis que ceux à rayons en partie divisés se montrent, au contraire, dans une bien plus grande proportion dans d'autres pays. Toutefois, c'est à tort que quelques auteurs ont voulu trouver un caractère spécifique dans le fait de l'absence ou de la présence de rayons rameux; cette différence de développement paraît varier un peu avec l'âge, se montrer plus souvent chez les

---

[1] Jurine, en 1825, avait dit déjà que le premier rayon des ventrales est composé de trois filets osseux, mais il ne comptait cependant que quatre rayons à ces nageoires.

[2] Ce dernier rayon ventral serait, selon Heckel, chez son *Cottus poecilopus*, égal seulement à $\frac{1}{4}$ du plus long.

vieux que chez les jeunes, et s'accroître plus ou moins dans
des conditions différentes.

Caudale légèrement convexe sur la tranche et plus ou moins
grande par rapport à la longueur totale du poisson, soit, vis-
à-vis de celle-ci, comme 1 : 5—6 $\frac{1}{2}$ selon la taille des individus jeunes ou vieux [1]. Huit à neuf rayons majeurs divisés,
le plus souvent bifurqués, appuyés d'ordinaire par trois à cinq
rayons décroissants, simples mais articulés, en dessus, et par
deux à quatre décroissants de même nature, en dessous (Les
rayons décroissants simples étant apparents en plus ou moins
grand nombre et, par là, plus ou moins allongés, les divers
auteurs ont compté, en faisant abstraction des plus petits,
onze, douze, treize ou même quatorze rayons à cette nageoire).

Peau dépourvue d'écailles, soit nue, revêtant les nageoires,
recouvrant et dissimulant plus ou moins toutes les pièces
céphaliques et constamment lubréfiée par un mucus abondant. Des pores nombreux, de chaque côté du corps, en dessus et en dessous de la ligne latérale.

Ligne latérale quittant la tête un peu au-dessus de l'angle de
l'opercule et gagnant le centre de la caudale, sous la forme
d'un léger sillon passant un peu au-dessus du milieu du
corps. Cette ligne suivant d'ordinaire une direction générale
presque droite, bien que décrivant souvent, au-dessus de
l'extrémité de l'anale, une légère courbe convexe, parfois
même un coude assez accentué [2].

De petites coques, squamules semi-membraneuses, en nombre variable de 26 à 33 [3], distribuées le long de la ligne laté-

---

[1] Bien que de la taille du *Cottus ferrugineus* de Heckel et Kner, et parfaitement propres à la reproduction, comme me l'a montré le développement
des testicules et des ovaires, mes petits Chabots du Tessin sont cependant
loin d'avoir acquis tout leur développement, ainsi que le prouvent les dimensions extrêmes qu'attribue Canestrini à cette espèce dans le nord de
l'Italie ; leur caudale présente les mêmes rapports que celle des jeunes
d'autres provenances.

[2] Ce coude m'a paru souvent un peu plus accentué sur le côté droit de
l'animal que sur le côté gauche.

[3] Le maximum 33 plus fréquent chez mes petits Chabots du lac Majeur,
ou chez les jeunes du lac de Lucerne, que chez mes gros sujets du Rhône.

rale, parfois presque bout à bout, plus souvent à une distance
l'une de l'autre à peu près égale à leur longueur, et correspondant plus ou moins aux cloisons des faisceaux musculaires
sous-cutanés [1]. Ces squamules noyées dans le derme, tenant
lieu des tubules des écailles absentes, de forme subelliptique, d'une longueur variable de un à deux millimètres au
plus, volontiers percées à l'une des extrémités et se repliant
extérieurement de manière à embrasser le canal latéral (Voy.
Pl. III, fig. 5).

Coloration des faces supérieures et latérales brune, d'un gris
verdâtre, roussâtre ou blanchâtre, jaunâtre et plus ou moins
pâle ou foncée suivant les individus et les conditions, avec de
grandes taches, des marbrures, ou des bandes transverses
brunes ou noirâtres plus ou moins apparentes. Les flancs
volontiers plus clairs que le dos et la tête. Faces inférieures
d'un blanc jaunâtre ou rosées et généralement sans macules.
La gorge souvent noirâtre, chez les mâles en noces surtout.

Certains individus comme marbrés de taches confluentes
brunes et grises entremêlées ; d'autres couverts de macules
irrégulières avec un semis de points noirâtres ; d'autres, enfin,
franchement traversés, sur le dos et les flancs, par de larges
bandes brunes ou noires, en nombre variable, souvent cinq
entre l'occiput et l'origine de la caudale. De vieux sujets
parfois d'une teinte uniforme grisâtre, brune ou noirâtre, en
dessus. Les mâles souvent plus sombres que les femelles.

Les nageoires dorsales, la caudale et les pectorales grisâtres, d'un gris enfumé, ou jaunâtres, avec des macules brunes
ou noirâtres distribuées volontiers en bandes concentriques,
superposées et plus ou moins accentuées. La première dorsale parfois immaculée et presque transparente, d'autrefois
sombre de couleur avec une fine bordure blanche sur la tranche. L'anale tantôt presque sans taches, tantôt irrégulièrement maculée. Les ventrales d'ordinaire très pâles et sans
taches ou très légèrement maculées.

L'Iris grisâtre ou noirâtre et doré ou rouge autour de la
pupille.

---

[1] On distingue assez facilement ces squamules sur une peau desséchée.

Dimensions variant passablement avec les individus et suivant les conditions. Mes Chabots adultes de la Suisse, au
nord des Alpes, varient entre 100 et 135 millimètres de longueur totale, avec un poids de 20 à 30 grammes; par contre,
la plupart de ceux que j'ai du Tessin, au sud, demeurent entre 60 et 80 millimètres. Cette dernière dimension est celle
que Heckel et Kner attribuent à leur *Cottus ferrugineus* du
nord de l'Italie et de la Dalmatie; toutefois, il paraît évident
que le Chabot peut atteindre à une taille bien plus forte,
dans le midi, puisque Canestrini dit avoir trouvé, en Italie,
une femelle qui mesurait jusqu'à 140 millimètres de longeur
totale.

Mâles présentant une tête plus largement arrondie en avant, avec
une taille volontiers un peu moindre que celle des femelles [1].

Jeunes munis de nageoires impaires un peu plus hautes par
rapport au corps, avec une caudale relativement plus longue. Les ventrales aussi volontiers plus allongées, bien
qu'avec quelques exceptions. La tête moins large ou plutôt
subconique en avant, avec une bouche plus étroite, un front
moins développé et un œil plus grand. Enfin, une livrée
d'ordinaire plus terne ou plus rousse que celle des adultes,
avec la première dorsale, l'anale et les ventrales souvent
quasi-immaculées.

Vertèbres au nombre de 32 à 33. Pas de vessie natatoire.

Tube digestif à deux courbures et un peu plus court que
l'animal. L'estomac en large sac; trois à cinq appendices
pyloriques assez larges [2]. — Ovaire profondément bilobé,
avec une enveloppe noire. Testicule double.

Une rangée de filaments pseudo-branchiaux au sommet de
la cavité branchiale.

Cette espèce varie beaucoup, comme nous venons de le voir,

---

[1] Quelques auteurs, Lunel entre autres, ont indiqué une plus grande
largeur de l'espace interorbitaire chez les femelles que chez les mâles; je
n'ai pas trouvé cette différence constante chez des adultes de taille
moyenne.

[2] Canestrini donne le chiffre constant de cinq pour les Chabots d'Italie;
j'en ai trouvé très souvent quatre chez ceux du Tessin.

soit dans la livrée, soit dans les diverses proportions, avec l'âge, le sexe et les conditions d'existence.

La coloration peut subir des modifications très apparentes, sous l'action de divers agents intérieurs ou extérieurs. En effet, la peau nue du *Cottus*, qui affecte de préférence telle ou telle teinte dans telle ou telle condition, est en même temps très sensible à toutes les influences tant physiques, que morales pour ainsi dire. Les passions, la colère, l'amour, la crainte et les appétits agissent, suivant les circonstances, aussi bien que la nature ou la température de l'eau et le degré d'alimentation, pour modifier plus ou moins rapidement le coloris, soit en éclaircissant ou en assombrissant la teinte fondamentale, soit en faisant apparaître ou disparaître ou des bandes ou des taches.

Après cette variabilité continuelle d'apparences, occasionnée par les circonstances et permise par la mobilité des cellules pygmentaires, je signalerai encore quelques variétés plus stables, les unes soumises aux conditions de milieu, les autres plutôt individuelles ou accidentelles : l'on rencontre, par exemple, des Chabots roux tachés de brun, des Chabots gris ou verdâtres, maculés ou non, des Chabots presqu'entièrement noirs en dessus et sur les côtés, des individus barrés de noir sur fond blanchâtre ; enfin, des Chabots entièrement blancs sur toutes les faces, véritables albinos à yeux rouges, comme ceux qu'a trouvés Lunel dans le Foron, non loin de Genève[1].

La distribution, le nombre, l'absence même ou la présence des taches sur les diverses nageoires ne m'ont pas paru avoir beaucoup plus d'importance que le reste de la coloration.

A côté de grandes disproportions dans les rapports de dimensions du tronc, de la tête et du pédicule caudal, nous avons vu aussi des formes de la tête souvent très différentes : des têtes, par exemple, largement arrondies ou, au contraire, plutôt étroites et subconiques et, avec cela, des différences correspondantes dans le développement de la bouche, dans la grandeur de l'œil et dans les proportions du front et du museau. Nous avons constaté également de grandes dissemblances dans l'extention des nageoires, dans la forme simple ou bifurquée des rayons de

---

[1] Poissons du Léman, p. 13.

celles-ci, et dans le nombre des squamules de la ligne latérale.
L'étude comparée que j'ai faite des deux sexes et des âges différents, dans des conditions diverses, m'a montré comment la
plupart des caractères invoqués par Heckel et Kner, pour distinguer leurs *Cottus microstomus* et *Cottus ferrugineus*, perdent
de leur valeur en face de la grande variabilité de notre *Cottus
Gobio*. Je me demande même quel degré d'importance spécifique
il faut attacher à l'extension des ventrales jusqu'à l'anus dans
le *Cottus poecilopus* (Heckel [1]) de Hongrie et de Galicie, ou à la
forme bifurquée du rayon de ces mêmes nageoires chez le *Cottus
affinis* (Heckel) de Scandinavie, dès l'instant que l'on a reconnu
que la longueur des ventrales varie beaucoup, et que les rayons
d'autres nageoires, des pectorales entre autres, peuvent être
indifféremment simples ou bifurqués, en plus ou moins grand
nombre, selon l'âge ou les individus, jusque dans une même
race et dans une même localité [2].

Un auteur très compétent dans cette question, le docteur
Günther, a d'abord réuni les espèces précitées au *Cottus Gobio*,
dans ses Fische des Neckars, puis a séparé spécifiquement le
Cottus poecilopus et réduit au rôle de variété septentrionale du
Chabot ordinaire le *Cottus affinis*, dans son Catalogue of Fishes.
N'ayant pas eu moi-même en main des types des *C. poecilopus* et
C. affinis, je ne puis discuter ici, de visu, l'opinion de ce dernier
auteur ; toutefois, je ne saurais passer sous silence les deux circonstances suivantes : d'abord, que la longueur des ventrales
varie énormément chez le *Cottus Gobio*, non seulement en Suisse,
mais encore dans les divers pays, ainsi que le prouvent certaines
phrases de différents auteurs [3] ; ensuite, que la forme bifurquée

---

[1] Ann. Wien. Mus. II, 1840, p. 145. Taf. 8, fig. 1-2.

[2] Je ne suis pas le seul qui ait fait remarquer cette variabilité de structure des rayons des pectorales ; de Siebold, Blanchard, Lunel et bien
d'autres ont déjà cité le fait, chez le *Cottus Gobio*, Steindachner (Fischfauna des Isonzo ; Ichthyol. Mittheil. II, n° VII, p. 143), signale aussi,
chez un *Cottus ferrugineus* qui, suivant Heckel, devrait avoir tous les rayons
pectoraux constamment simples, le quatrième à gauche, ainsi que le quatrième et le cinquième à droite comme divisés.

[3] Voyez, entre autres : Jeitteles (Fische der March, p. 14) : « *Sie er-
reichen mit ihrer Spitze beinahe die After-Oeffnung ;* et Canestrini (Prospet.

des rayons ne mérite peut-être pas plus d'importance dans les
ventrales que lorsqu'il s'agit des pectorales. Il est vrai que la
subdivision des rayons ventraux n'a guère été observée jusqu'ici
que dans le nord de notre continent, mais, cette bifurcation plus
ou moins accentuée doit-elle peser davantage dans la balance
spécifique que le nombre de ces rayons articulés, variable, en
effet, de trois, exceptionnellement même de deux à quatre, jusque
sur les deux côtés d'un même animal; et ne se pourrait-il pas
que, dans certaines conditions, les deux tiges plus ou moins
facilement séparables, que j'ai montré constituer les deux ou les
trois premiers rayons articulés de ces nageoires, se détachent et
se déplacent un peu au sommet, en se mettant l'une derrière
l'autre, comme cela se voit, par exemple souvent, soit aux ventrales, soit au dorsales de la Lote.

Je rappelle, en passant, qu'il ne faut également pas attacher
trop d'importance à la constatation ou à la non-constatation d'un
rayon épineux aux ventrales par les divers auteurs, les uns
ayant reconnu, les autres ayant méconnu ou négligé ce premier
osseux, pourtant constant quoique de longueur variable.

Il suffit de jeter un coup d'œil sur les tableaux comparés des
diverses formes, donnés successivement par le docteur Günther,
dans ses Fische des Neckars [1] et dans son Catalogue of Fishes [2],
pour voir combien cet auteur a attribué trop de poids à la forme,
au nombre et à la coloration des rayons.

Revenant, maintenant, aux *Cottus microstomus* (Heckel) et
C. ferrugineus (Heckel et Kner), comparés à notre *C. Gobio*,
nous verrons bientôt que l'on ne doit pas attacher une importance spécifique plus grande aux dimensions comparées du tronc
et du pédicule caudal, aux différences de forme et de proportions
de la tête, de la bouche et de l'épine préoperculaire, et à l'extension des nageoires anale et caudale qu'aux caractères distinc-

---

crit. p. 109) « *La punta delle ventrali dista dall' ano per quanto importa
la metà della lunghezza di queste pinne.* » Je suis convaincu qu'après avoir
observé dans les mêmes localités un plus grand nombre d'échantillons, ces
deux auteurs n'auraient pas pu donner aux ventrales de leur Chabot
(*Cottus Gobio* pour les deux) une limite d'extension aussi précise.

[1] Fische des Neckars, p. 25.
[2] Catal. of Fishes, II, p. 156.

tifs que l'on a voulu tirer des pectorales et des ventrales. Loin de pouvoir considérer comme espèces différentes ces deux derniers Chabots des auteurs du volume sur les *Süsswasserfische der Oestreichischen Monarchie*, je ne crois pas même que l'on puisse, en comparant ces formes aux précédentes, établir, comme Jeitteles[1], deux races constantes, l'une dite *C. macrostomus*, l'autre *C. microstomus*. J'ai dit que les formes de la tête et le développement de la bouche varient beaucoup avec le sexe et surtout selon l'âge plus ou moins avancé. J'ajouterai que les caractères de l'enfance disparaissent, ou persistent au contraire, plus ou moins, non seulement dans des conditions variées, mais encore jusque chez les divers sujets d'une même race locale; qu'il ne faut par conséquent pas s'étonner de rencontrer, dans des bassins différents, des Chabots de facies au premier abord très dissemblables. Les rapports de proportions du corps et des nageoires, qui diffèrent, soit selon la taille, soit d'individus à individus, tendent aussi à varier, comme la coloration, avec les circonstances d'habitat et de nutrition. Toutes ces tendances modificatrices, plus ou moins accentuées dans des conditions différentes, constituent à peine des races constantes, pour qui a étudié la variabilité de l'espèce, et il est bien difficile de trouver un seul caractère fixe pour distinguer spécifiquement toutes ces prétendues espèces de notre Chabot de rivière, pris à divers âges dans des milieux différents. Qu'il me suffise de renvoyer aux détails de ma description, pour montrer sur tous les points l'extrême variabilité du *Cottus Gobio*.

Si je n'avais cherché qu'à enrichir la Faune Suisse et à ajouter des noms nouveaux à notre catalogue ichthyologique, par la constatation, dans nos eaux, de sujets porteurs de divers traits proposés comme distinctifs, j'aurais peut-être admis, comme spécifiquement différents, le *C. microstomus* de Hongrie et du sud de la Russie et le *C. ferrugineus* du nord de l'Italie et de la Dalmatie. J'aurais rapporté à ces deux nouveaux Chabots des individus, à première vue assez différents du gros *C. Gobio* de la majorité de nos courants au nord des Alpes, de celui du Rhône entre autres; individus provenant, les uns du lac de Lucerne et

---

[1] Archivio per la Zoologia, ecc., vol. I, fasc. I, 1861.

de quelques-uns de ses petits tributaires, les autres des lacs de Lugano et Majeur, ainsi que de quelques petites rivières, dans le Tessin. Chez les premiers, j'ai trouvé, en effet : avec une taille au-dessous de la moyenne, une bouche étroite, une épine préopercu-laire très développée et un pédicule caudal fort peu élevé; chez les seconds : avec une taille petite et une livrée roussâtre, j'ai re-connu une tête à la fois grande et subconique, un pédicule caudal assez élevé, une anale haute et des ventrales allongées [1]. Mais, les nombreux degrés transitoires que j'ai constatés, en Suisse, dans le bassin du Rhône, dans divers cours dépendant du bassin du Rhin, à des niveaux très différents, et dans les eaux du Tessin au sud des Alpes, ne me permettent pas de tracer une limite entre ces formes variées d'un même type. A peine pourrait-on établir des tendances ou des prédominances bien constan-tes, en rapport avec une distribution géographique différente.

Les caractères invoqués jusqu'ici pour la distinction de plusieurs espèces de Chabots d'eau douce en Europe, non seulement sont assez sujets à varier dans la race même à laquelle ils sont attri-bués, mais encore se retrouvent tous plus ou moins, à des degrés différents, dans une proportion variable des représentants des autres formes. J'ai en vain cherché à mettre en parallèle, dans un tableau, les principaux traits distinctifs et la distribu-tion géographique des divers Chabots de notre continent. Je trouve presque toutes les formes dans la zone moyenne de l'Eu-rope, et je ne puis juger de la constance ou de l'importance de la divisibilité des rayons ventraux dans le nord. Enfin, je ne sais plus quel caractère attribuer aux Chabots du sud, quand je trouve, dans la description du *Cottus Gobio* en Italie, par Canestrini [2] : « *Tutti i raggi delle pettorali sono articolati ed i superiori, ad eccezione del primo, sono inoltre divisi;* » tandis que cette des-cription s'applique parfaitement, sur la plupart des autres

---

[1] J'ai signalé plus haut, dans la description et en notes, quelques autres petites différences dans la largeur du corps, dans la position de l'anus, dans les deux longueurs de la tête et dans la forme des dorsales, ainsi que dans les proportions de l'anale et de la caudale, auxquelles je ne crois pas devoir attacher plus d'importance qu'à ces premiers traits caractéris-tiques.

[2] Prospet. crit., p. 109.

points, à mes petits Chabots roussâtres du Tessin, au sud des Alpes, lesquels rappellent, à s'y méprendre, le prétendu *Cottus ferrugineus* que Heckel croit propre à l'Italie et auquel il attribue des pectorales petites et simples [1] « *Die im Verhältnisse weniger entwickelten Brustflossen... besitzen nur ungetheilte Strahlen.* »

J'en reviens, en terminant, à ce que j'ai dit dès le commencement : quand on a fait abstraction des dissemblances individuelles ou accidentelles, plus ou moins exagérées ou reproduites par les circonstances, on voit bientôt que ce sont, en fait, l'âge et les conditions, ainsi que les nécessités du milieu, hâtant ou ralentissant plus ou moins le développement de la taille ou des organes de locomotion, qui sont pour la plus large part dans les différences que présentent les diverses formes. Selon Heckel et Kner, les *Cottus Gobio* et *C. poecilopus* arriveraient, par exemple, tous deux à 4 à 5 pouces, soit jusqu'à 135^{mm} de longueur totale; le *C. microstomus* atteindrait au plus à 4 pouces, soit 108^{mm}; enfin, le *C. ferrugineus* ne dépasserait guère 3 pouces, soit 82^{mm}. Ces chiffres comparés suffisent déjà à expliquer bien des différences prétendues spécifiques dans les descriptions; et on comprend mieux l'opposition des deux citations que je viens de donner textuellement, quand on connaît les deux limites de tailles attribuées au Chabot, dans le nord de l'Italie, par les auteurs des deux phrases en question : 82^{mm} au plus, par le second, jusqu'à 140^{mm} par le premier.

Il m'a semblé, enfin, que la proportion des individus à nageoires pectorales et ventrales allongées est d'ordinaire plus forte chez les Chabots des courants rapides et accidentés de nos Alpes, que dans ceux des eaux plus calmes de la plaine. J'ai, par exemple, trouvé, dans ces premières conditions, bon nombre d'individus de taille petite ou moyenne chez lesquels les pectorales dépassaient l'anus de deux millimètres au moins, et chez lesquels les ventrales rabattues ne laissaient plus, entre leur extrémité et l'ouverture anale, qu'un intervalle égal seulement à $^1/_7$ au plus de leur longueur.

Si, après cela, j'hésite encore à ranger le *C. poecilopus*, de Heckel, dans ma synonymie du *C. Gobio*, c'est uniquement faute

---

[1] Süsswasserfische, p. 84.

de m'expliquer la disproportion qui paraît exister chez lui entre
les pectorales et les ventrales, et à cause des petites dimensions
attribuées au dernier rayon de celles-ci ($^1/_4$ seulement du plus
grand), deux caractères dont la constance demande encore à être
étudiée et suivie; Heckel et Kner, du reste, ne relèvent déjà
plus ce dernier caractère dans leur vol. sur les Süsswasserfische.

Le Chabot est répandu, sous diverses formes, dans presque
toutes les eaux douces de l'Europe. On le trouve à peu près partout dans les lacs et les rivières de nos divers bassins en Suisse,
toujours de préférence sur les fonds pierreux ou graveleux, et
cela jusqu'à de grandes hauteurs dans les Alpes. Ne recherchant
pas les grands fonds, vivant même, au besoin, dans les moindres
petites flaques d'un ruisseau presque à sec, ce petit poisson
remonte, en effet, facilement, sautant pour ainsi dire de pierre
en pierre, jusque dans bon nombre de nos petits lacs alpestres.
On le rencontre très souvent, avec la Truite, dans les eaux pures
et froides, jusqu'à un niveau de 2200 mètres environ au-dessus
de la mer. Qu'il me suffise de citer quelques-uns seulement des
nombreux points élevés où l'existence de ce poisson a été constatée dans notre pays. On trouve le Chabot dans le lac d'Arnon,
sur la frontière de Vaud et Berne, à 1546 mètres. Dans la vallée
de la Reuss, dans le canton d'Uri, à environ 1500 mètres. Dans
les Grisons, aux sources du Rhin antérieur, à environ 1650 mètres;
près d'Alveneu, dans la vallée de l'Albula, à 1300 mètres environ;
dans la Poschiavine, sur le versant méridional des Alpes, à peu
près à la même hauteur, et dans le lac de Poschiavo; dans
le Partnuner See, au Prätigau, à 1876 mètres; dans le Loenzer
See, à 1600 mètres; et dans l'Inn en Engadine, près de Tarasp,
à environ 1300 mètres[1]. Hartmann[2] a déjà cité cette espèce

[1] Bien que de Tschudi (Trad. franç. du Thierleben, 1870, p. 332) attribue le Chabot et le Véron à la Haute-Engadine, je dois dire que, ni moi,
ni le doct. Brügger, qui a collecté les poissons de cette localité, n'avons
rencontré ces deux espèces dans cette partie supérieure de la vallée de
l'Inn. Cette exception, si elle existe réellement, paraît, en effet, assez
curieuse.

[2] Helvet. Ichthyol. p. 59.

dans les Fähler See et Trübli See, des cantons d'Appenzell et
d'Unterwalden, à 1435 et 1765 mètres. Tschudi [1] l'attribue aussi
au lac du Sentis, au-dessus de 1200 mètres. Le même petit poisson m'a été signalé dans le lac de Lucendro, au Saint-Gothard,
à 2080 mètres, et se rencontre aussi, dit-on, aux sources même
du Tessin, au fond du val Bedretto, à 1900 mètres. Enfin, selon
Pavesi [2], le Chabot se trouverait encore, dans le même canton du
Tessin, au val Piora, dans les lacs Ritom, à 1829 mètres, et
Cadagno à 1921 mètres ; dans la Verzasca au-dessus de Gordola,
dans le Vedeggio au-dessus d'Isone, dans le lac de Tremorgio,
à 1828 mètres, et jusque dans le lac de la Sella, à 2231 mètres
au-dessus de la mer.

L'époque des amours du Chabot varie passablement avec
les conditions et la température des eaux. L'on voit souvent des
femelles commencer à frayer dans le courant de mars ou au
commencement d'avril, dans le Rhône et le bassin du Léman ;
la ponte s'opère même quelquefois déjà dans la seconde moitié
de février, dans les eaux basses du Tessin. Toutefois, cet acte
de la reproduction est volontiers retardé jusqu'en mai, bien
qu'en plaine, dans les eaux froides de quelques-uns des tributaires de nos lacs centraux, Thoune et Brienz par exemple ;
il est reculé même souvent jusqu'à la fin de ce mois ou aux premiers jours de juin, à des nivaux plus élevés, dans les courants
rapides et glacés, ainsi que dans quelques petits lacs supérieurs
de nos Alpes.

Le Chabot prépare d'ordinaire, sinon un véritable nid, du
moins un berceau protecteur pour sa famille future. C'est, en
effet, généralement dans une petite cavité creusée sous quelque
pierre [3], au fond d'une eau de préférence courante et peu profonde, que la femelle, sous la conduite du mâle, vient s'établir pour
se débarrasser du pesant fardeau qui lui dilate énormément les
flancs. Il est bien probable que c'est en fouillant, la tête la première, et s'agitant que le Chabot réussit à creuser le sable ou le
gravier au-dessous de la pierre qui doit servir d'abri à sa cellule ;

[1] Thierleben, 1870, p. 331.
[2] Pesci e Pesca del Cantone Ticino, p. 20.
[3] Plus rarement sous une racine.

cependant, il semble que bien souvent ce petit poisson doit trouver, dans le fond graveleux de nos rivières, des cachettes naturelles qu'il n'a plus qu'à accommoder à sa guise. Rarement les œufs sont déposés sur le plancher de la cellule ; ils sont collés et suspendus d'ordinaire, en petite grappe, à la face inférieure de la pierre qui forme le plafond de la chambre nuptiale. Comment la femelle du Chabot peut-elle fixer ainsi ce paquet au-dessus d'elle, privée qu'elle est du disque ventral qui permet aux Gobies de pondre dans les mêmes conditions, en se maintenant accrochés sans dessus dessous ; peut-elle, en effet, se tordre suffisamment, ou bien se tient-elle plutôt cramponée avec ses nageoires paires et presque renversée sous le bord de son toit ? C'est ce que des observations directes ne m'ont point encore permis d'apprendre.

Les œufs du Chabot sont assez gros, deux millimètres de diamètre à peu près, et, par là, en nombre peu élevé, 280 à 750 environ, selon l'âge des femelles et leur état [1]. J'en ai compté jusqu'à 761, à des développements divers, chez une femelle de 105 millimètres de longueur totale.

La ponte terminée, la femelle partie et les œufs fécondés, le mâle s'érige en défenseur de sa progéniture et fait, pendant près de quatre à cinq semaines, une garde vigilante à la porte de sa demeure. Les œufs d'abord, puis les petits Chabots sont ainsi protégés, durant les premiers temps de leur existence, contre la curiosité et la gloutonnerie des voisins de diverses sortes, par la surveillance incessante d'un père qui se jette, pour eux, avec rage, à la rencontre de tout intrus [2]. Assez bien armé et doué d'un grand courage, le père, bien que petit, réussit cependant le plus souvent, soit à tenir à l'écart les indifférents et les curieux, soit à repousser les agressions d'autres poissons beaucoup plus gros que lui. Les jeunes Chabots, qui ont enfin quitté l'abri qui les a vu naître, se sont répandus autour de leur berceau, et on les

---

[1] Voyez, sur ce sujet : De la génération chez le Séchot (*Mulus Gobio*) par le doct. Prevost ; Mém. Soc. Phys. et H. N. de Genève, IV, 1828, p. 171-182, Pl. fig. 1-13 et 16.

[2] Heckel et Kner (Süsswasserfische, p. 30) racontent que l'on voit quelquefois, dans ces circonstances, un mâle Chabot tenant, dans sa gueule fortement distendue, un individu de son espèce qu'il a pris en défendant la place, mais qu'il ne peut ni lâcher ni avaler.

voit, pendant quelque temps encore, réunis en famille. Mais
bientôt chacun, en s'écartant de plus en plus, a élu domicile sous
une pierre différente et, poussé par ses instincts, se condamne
volontairement à l'isolement. A l'âge de deux ans [1], nos jeunes
poissons sont devenus capables de reproduction, et recherchent
alors, à leur tour, une compagne pour propager leur espèce.

Le Chabot adulte aime, comme je l'ai dit, la solitude et,
quand il a trouvé quelque abri qui lui convient, il ne s'en écarte
pas beaucoup, tant que la place lui paraît suffire à ses goûts et
à ses appétits gloutons. C'est principalement de nuit qu'il déploie
le plus d'activité et qu'il fait les plus grandes excursions ; presque toujours, cependant, pour revenir à sa pierre de prédilection
après ses tournées de chasse. Ses allures sont très variées dans
les diverses circonstances, tantôt il reste immobile sur le fond,
toutes les nageoires, sauf les ventrales, largement déployées ;
tantôt il s'élance comme un trait, pour happer quelque proie ou
échapper à quelque danger. Bien que doué d'une promptitude
extrême dans la nage et tous les mouvements, il ne soutient guère
une longue course et se laisse bientôt retomber sur le fond, ou se
blottit sous quelque abri momentané. Souvent, les yeux grands
dilatés, la joue gonflée et les ouïes largement ouvertes, il épie,
immobile dans sa cachette, le bon moment pour se jeter sur
la proie qu'il convoite et qui, si elle est un peu grosse, sera
de suite entraînée dans son repaire. Quelquefois, il fouille
méthodiquement et par petits bonds toutes les places des
environs. D'autres fois encore, il grimpe au sommet de quelque grosse pierre ou de quelque racine, s'accrochant avec ses
pectorales et ses ventrales aux moindres aspérités, pour se
tapir comme un chat aux aguets, jusqu'à ce qu'un banc de
jeunes poissons inexpérimentés qu'il a vus vienne passer à sa
portée. Il attend patiemment et sans faire le moindre mouvement qu'un imprudent vienne de lui-même se livrer à sa gueule ;
d'un bond il sera alors sur le malheureux gobé avant même
qu'il ait reconnu le danger. Si la proie est grosse, un petit
goujon ou un véron, par exemple, l'animal avalé, la tête la première, disparaîtra petit à petit dans le gouffre qui l'attire, sans

---

[1] Selon Hartmann, Helvet. Ichthyol., p. 59.

que le Chabot ait l'air d'opérer la moindre mastication avec les
maxillaires, probablement sous l'action et la traction des dents
pharyngiennes. D'autres fois, enfin, mieux nourri ou plus pares-
seux, notre *Cottus* usera de petits subterfuges pour amener jusqu'à lui les miettes qu'il désire; sans prendre la peine de bouger,
il projetera ou soufflera, par exemple, un courant d'eau contre
tel ou tel petit corps suspendu au-dessus de lui et qu'il veut détacher pour le faire rouler jusqu'à lui. Cette petite manœuvre,
que j'ai eu l'occasion de voir exécuter plusieurs fois, rappelle,
jusqu'à un certain point, l'adresse du *Toxotes jaculator* de Java
qui projette, souvent à une distance de trois à cinq pieds, une
goutte d'eau sur les insectes posés au-dessus de la surface, dans
le but identique de les faire tomber et de s'en emparer[1].

La mobilité ainsi que la position souvent oblique et en dessus des
yeux de ce poisson doivent avoir pour but de lui permettre de voir
plus facilement, tandis qu'il se tient au fond, tout ce qui se passe
au-dessus de lui, les dangers à fuir comme les proies à observer.

L'alimentation de ce glouton à grosse tête est exclusivement
animale et consiste principalement en vers, larves ou insectes
mous, œufs de poissons ou batraciens et menu fretin. Quoique
doué d'appétits voraces ce petit carnivore paraît, en effet, ne pas
goûter beacoup les proies à enveloppes dures; du moins, je l'ai
vu souvent happer par inadvertance et cracher de suite diverses
sortes d'articulés.

Le Chabot est assez recherché, non seulement comme amorce
par les pêcheurs, mais encore comme met agréable par les amateurs de fritures. Ce petit poisson constitue un excellent appât
pour la Lote, l'Anguille, le Brochet, la Truite, la Perche et le
Chevenne. On le pêche soit avec la ligne amorcée d'un ver, soit
avec des filets traînants remorqués contre le courant, soit encore
simplement avec une fourchette dont on le transperce pendant
qu'il est immobile à demi caché sous une pierre, soit enfin, avec
la *Trouble*, espèce de filet, monté en forme de sac sur un
manche, que l'on pousse devant soi, en remontant la rivière,
et dans lequel le courant entraîne les Chabots chassés de leurs
retraites avec le pied ou au moyen d'un bâton.

---

[1] Lunel (Poiss. du Léman, 17) avait déjà fait, une fois, et rapporté cette
observation que j'ai, depuis lors, plusieurs fois répétée.

Le *Cottus* a, comme l'on dit, la vie assez dure : souvent il vit longtemps encore après avoir été percé de part en part par les dents de la fourchette, et d'ordinaire il remue encore une ou deux heures après avoir été sorti de l'eau, pourvu qu'il n'ait pas été tenu trop au sec. Comme tous les poissons, il a aussi ses parasites : quelques Helminthes[1] à l'intérieur et, suivant Hartmann, un petit crustacé suceur à l'extérieur[2].

Famille IV. GOBIIDÉS

GOBIIDÆ[3]

Les Gobiidés ont un corps plus ou moins allongé, relativement peu élevé ou quasi-subcylindrique et, suivant les genres, nu ou écailleux. Les dents sont, chez ces poissons, en majorité petites; quelques-unes cependant, à l'avant des mâchoires, sont souvent un peu plus fortes que les autres. Quelques espèces seulement portent des canines. Le sous-orbitaire n'est point articulé avec le préopercule. Les deux dorsales sont tantôt séparées, tantôt plus ou moins réunies; la première, ou la partie antérieure de ces nageoires composées, occupe toujours moins d'espace que la suivante, et est formée uniquement de rayons simples, non articulés mais flexibles, soit pseudo-épineux. L'anale ressemble assez, en forme et structure, à la seconde dorsale, ou à la partie articulée des dorsales réunies. Les ven-

---

[1] *Echinorhynchus angustatus* (Rud.), dans les intestins. *Echin. Proteus* (Westr.), dans les intestins. — *Scolex (Gymnoscolex) polymorphus* (Rud.), dans l'estomac et les intestins. — *Triaenophorus nodulosus* (Rud.), dans le foie.

[2] Selon Hartmann (Helvet. Ichthyol., p. 61) la *Lernaea Gobina*.

[3] Günther, Catal. of Fishes, III, 1861, p. 1.

trales, jugulaires ou implantées un peu en avant des pectorales, sont plus ou moins distantes l'une de l'autre ou, au
contraire, plus ou moins réunies et portent à l'avant un
premier rayon simple et souple ou pseudo-épineux. L'ouverture branchiale est plus ou moins étroite. Les pseudobranchies existent généralement[1]. Une papille urogénitale,
plus ou moins apparente, se fait d'ordinaire remarquer, en
arrière de l'ouverture anale. La vessie natatoire fait défaut
chez beaucoup d'espèces; elle existe, par contre, chez
quelques autres, et est alors généralement simple et plutôt
petite. Pas d'appendices pyloriques.

Les nombreux représentants de cette famille sont, pour
la plupart, de taille relativement petite, tous également
carnivores et propres surtout aux régions tempérées et
tropicales. Ils vivent de préférence au fond des eaux, non
loin des rives, soit dans les mers et l'océan, soit dans les
lacs et les rivières. Plusieurs espèces offrent le fait intéressant d'être représentées, à la fois, par des individus
confinés dans l'eau douce et par des sujets vivant exclusivement dans l'eau salée.

Les Poissons de cette riche famille ont été répartis dans
quatre groupes basés principalement sur le fait de la séparation ou de la réunion des deux nageoires ventrales ou des
deux dorsales[2]. La première de ces sous-familles, celle des
Gobiina, devra seule nous occuper; les autres ne comptent
guère de représentants dans les eaux douces de notre continent.

---

[1] Même remarque à propos de ce caractère de famille qu'à propos des
Triglidés. Voyez plus haut, p. 101, note.

[2] Günther; Catal. of Fishes, III, p. 2.

Tribu des GOBIINES

GOBIINA

Les espèces réunies sous ce titre sont caractérisées par deux nageoires dorsales séparées et par des ventrales réunies en disque ou très rapprochées l'une de l'autre.

Dans divers genres et chez plusieurs espèces on peut remarquer souvent des différences sexuelles fort apparentes.

Sur une quinzaine de genres rangés dans cette tribu, quatre seulement peuvent être considérés comme européens [1]. Le genre *Gobius*, représenté en Suisse au sud des Alpes seulement, est du reste le seul qui figure dans les eaux douces de notre continent.

Genre GOBIE.

GOBIUS, Linné.

Deux dorsales distinctes : la première occupant un espace notablement moindre que la longueur de la seconde et formée exclusivement de rayons pseudo-épineux. Anale assez semblable de forme à la seconde dorsale et composée, comme celle-ci, d'un rayon pseudo-épineux suivi de rayons articulés divisés ou non. Ventrales comptant chacune un rayon pseudo-épineux et généralement cinq rayons articulés, mais soudées sur toute leur longueur, de manière à composer un disque unique non attaché au ventre. Dents dis-

---

[1] Genres, en Europe : *Gobius*, principalement dans les régions méridionales; *Latrunculus*, côtes d'Écosse; *Gobiosoma*, Norwége, et *Bentho-philus*, mer Caspienne.

*tribuées en plusieurs séries sur l'intermaxillaire et le maxil-
laire inférieur, celles de devant volontiers les plus grandes,
souvent aussi des dents sur les pharyngiens; parfois des
canines. Corps subcylindrique, un peu comprimé en arrière
et plus ou moins recouvert d'écailles, de structures et dimensions différentes. Papille urogénitale bien distincte. Tête
forte, plus ou moins arrondie en avant et élargie sur les
joues. Des barbillons ou pas de barbillons. Ouverture branchiale verticale et moyenne. Cinq rayons branchiostèges. La
vessie natatoire, quand elle existe, simple et plutôt petite.
Généralement des pseudo-branchies* [1].*

Ce genre, très riche en espèces variées, est abondamment représenté sur toutes les côtes des régions tempérées
et tropicales [2]. Les Gobies sont, en grande majorité,
marins; plusieurs cependant remontent dans les eaux
douces, quelques-uns même y sont entièrement confinés.
Ce sont, ai-je dit, des Poissons de taille généralement
petite, exclusivement carnivores et qui vivent, près des
rives, au fond des eaux. Quoique quelques Gobies aient été
observés sur les côtes océaniques de notre continent, ce
sont cependant les bords de la mer Caspienne et surtout
les rives de la Méditerranée qui comptent, en Europe, le
plus grand nombre d'espèces. A la suite du *Gobius fluviatilis* (Bonelli), qui seul figure en Suisse, je pourrais citer,
comme se rencontrant dans les eaux douces de notre continent, le *Gobius Panizzae* (Verga), ainsi que les *Gobius
punctatissimus* et *G. arvenensis* (Canestrini), qui habitent

[1] Les rayons divisés des pectorales et des ventrales sont assez profondément quadrifurqués et très rameux au somm et, avec des articulations
fort apparentes.

[2] On compte à peu près 155 espèces de Gobies, parmi lesquelles 80 environ, pour la plupart marines, dans les eaux ou sur les côtes de l'Europe.

avec lui les lacs et les rivières d'Italie [1]. Signalons aussi le *Gobius lota* (Valenc.), signalé par Cuvier près de Bologne [2], le *G. minutus* (Penn.), qui remonte, dit-on, la Tamise, le *G. lacteus* (Nordm.) soit *fluviatilis* (Pallas), propre aux rivières de la Russie méridionale, et quelques autres purement orientales ou limitrophes.

Le docteur Günther fait avec raison remarquer combien il est difficile de baser un fractionnement de l'immense genre *Gobius* sur la présence ou l'absence des barbillons, ou sur la structure et les proportions des écailles, en raison des nombreuses transitions graduelles qui unissent les formes en apparence les plus opposées [3].

Je rappelle ici ce que j'ai dit, à propos du genre *Cottus*, sur la subdivision des Acanthoptérygiens en vrais et faux Acanthoptérygiens. En effet, les rayons de la première dorsale de notre *Gobius* sont tout aussi soudés et fermés à la base que ceux du Chabot, et l'on se demande si le seul fait d'une rigidité plus grande et d'une fermeture un peu plus complète d'un premier rayon ventral, méconnu du reste par plusieurs ichthyologistes, doit suffire à faire ranger le *Cottus* dans un sous-ordre différent que le *Gobius*. Bien que le premier rayon de la seconde dorsale et de l'anale ne soit pas toujours, chez le Gobie, dépourvu de toute trace d'articulation, il n'en est pas moins vrai qu'il est cependant d'ordinaire plus simple que le correspondant chez le *Cottus* et, par le fait, moins éloigné de la structure épineuse. La division en Aletho et Pseudo-Acanthoptérygiens, naturelle à première vue, se justifie difficilement dans les détails.

---

[1] Ces deux dernières espèces sont très voisines de la première.

[2] Canestrini (Prospet., p. 121) ne croit pas que cette espèce remonte dans les eaux douces.

[3] Par contre, cet auteur est dans l'erreur, quand il donne le chiffre six comme maximum des rayons de la première dorsale; pour ne citer qu'un exemple, les trois seules espèces décrites par le prof. Canestrini, dans son Prospt. crit., varient sous ce rapport de cinq à huit.

5. LE GOBIE FLUVIATILE

Ghiozzo

GOBIUS FLUVIATILIS, Bonelli.

(Pl. 1, fig. 2, 3 et 4.)

*Jaunâtre ou verdâtre marbré de brun, en dessus; des taches
ou des bandes transverses foncées, plus ou moins apparentes,
sur les côtés. Les faces ventrales volontiers pâles et immaculées;
la gorge et la poitrine souvent cependant enfumées ou noirâtres.
Un rang de taches noirâtres sur le bas de la première dorsale;
caudale et seconde dorsale marquées de points bruns distribués
en bandes. Tronc subcylindrique, un peu comprimé en arrière.
Écailles plutôt grandes, subovales et sillonnées en éventail
depuis le bord libre, celui-ci muni de nombreux denticules;
pas de tubules sur les latérales. Peau nue sur la première partie
du dos, le ventre et la poitrine. Tête nue, forte, élargie sur les
joues et arrondie en avant. Bouche oblique et fendue jusqu'au-
dessous du bord antérieur de l'œil; pas de barbillons. Les dents
du rang externe des mâchoires plus grandes que les autres; des
dents sur les pharyngiens; pas de canines. La seconde dorsale
un peu plus haute que la première, mais plus basse que le tronc
et naissant au-dessus de l'anus, pour se terminer en face de
l'extrémité de l'anale. Rayons des pectorales non soyeux. Disque ventral, complet et libre, ne parvenant pas rabattu jusqu'à
l'ouverture anale (Taille moyenne d'adultes 50 à 60^{mm} (75).*

I. D. 6 (5—7), II. D. 1/10 (9—11), A. 1/7—9, V. 1/5 + 5/1, P. 12 — 14,
C. 13—14 div.

Sq. lat. 35—40. Vert. 29—30.

GOBIUS FLUVIATILIS *(Bonelli) Cuv. et Val.* XII, p. 52. — *De Filippi,* Cenni,
p. 392. — *Bonap.* Cat. Met., p. 64, n° 582. — *Heckel et Kner,*
Süsswasserfische, p. 47, fig. 19. — *De-Betta,* Materiali, p. 132
et Ittiol. Veron., p. 56.— *Martens,* Wiegm. Archiv. 1857, p. 176,

Taf. 9. — *Lavizzari*, Escursioni, p. 350. — *Boniforti*, Guida,
p. 34. — *Canestrini*, Prospet. Crit., p. 120. — *Pavesi*, Pesci e
Pesca, p. 21.

GOBIUS BONELLI, *Nardo*, Prosp. sist., p. 79, 92.

» MARTENSII, *Günther*, Catal. of Fishes, III, p. 15.

NOMS VULGAIRES : Tessin, *Fringuilis*, *Pott*, *Bottôla*, *Beutt* et, parfois, *Bôl-
trisitt*, comme le Chabot.

Corps subcylindrique en avant, médiocrement allongé, légèrement voûté sur la nuque et le dos, et un peu comprimé dans
la partie postérieure. Le profil supérieur un peu convexe ; le
ventre souvent un peu saillant chez l'adulte. Une section
verticale moyenne subarrondie, mais un peu plus haute que
large.

La hauteur maximale, située devant la première dorsale,
à la longueur totale, comme 1 : 5 — 5 $^4/_5$ — 7, suivant les individus jeunes, femelles ou mâles adultes, et, à la longueur sans
la caudale, comme 1 : 4 $^1/_2$ — 5 $^4/_5$, chez des sujets de taille
moyenne. La hauteur minimale, vers la caudale, à l'élévation la plus grande, comme 1 : 1 $^1/_2$ — 1 $^4/_5$ selon l'âge, ou à
2 $^1/_4$ chez des femelles pleines. L'épaisseur la plus forte du
tronc, en avant, généralement un peu moindre que la largeur
de la tête sur les joues et, suivant l'époque ou les individus,
de $^1/_7$ à $^1/_4$ plus faible que la hauteur maximale [1].

L'ouverture anale située un peu en avant du milieu de la
longueur totale, soit, très souvent, à peu près au centre de
l'espace compris entre le museau et la moitié des rayons de
la caudale. Une papille urogénitale bien distincte, immédiatement derrière l'anus et volontiers un peu plus large chez
les femelles que chez les mâles.

Le dos jusqu'au bout de la première dorsale, la poitrine
jusque derrière la base des pectorales sur les côtés, et tout
le ventre jusqu'à l'anus le plus souvent dépourvus d'écaille,
à tout âge.

Tête grande, nue, épaisse, renflée sur les joues et un peu bombée

---

[1] Je n'ai pas rencontré, parmi mes nombreux échantillons de cette espèce, d'individus de très grande taille.

en arrière, avec un museau plutôt court, large et arrondi en avant.

La longueur céphalique latérale, à la longueur totale du poisson, comme 1 : 3 $^3/_4$ à 4 $^1/_2$, selon l'âge des individus [1]; la longueur de la tête à l'occiput, à la longueur jusqu'à l'angle de l'opercule, d'ordinaire comme 1 : $^3/_7$ — 1 $^5/_7$. La largeur sur les joues, le plus souvent à la longueur maximale de la tête, comme 1 : 1 $^1/_3$ — 1 $^3/_4$. La hauteur à l'occiput, généralement un peu moindre que la largeur.

Bouche franchement oblique ou tombante, passablement protractile et assez large, bien que fendue au plus jusqu'au-dessous du bord antérieur de l'orbite. La mâchoire inférieure dépassant toujours plus ou moins la supérieure, de manière à donner à la face quelque chose de retroussé. Lèvres assez épaisses. Langue lisse et bien développée (Voy. Pl. II, fig. 12).

Des rangées de petits pores plus ou moins apparents sur les côtés du museau, en avant en dessus et entre les yeux sur le front.

Deux orifices nasaux de chaque côté : un premier antérieur, arrondi, bordé d'une valvule circulaire proéminente et situé un peu plus près de l'œil que du maxillaire; un second postérieur, très près de l'œil, moins apparent, sans valvule saillante, plus ovale ou plutôt en forme de fente.

Œil plutôt grand, élevé, soit entamant notablement le profil frontal, et disposé obliquement, bien que, grâce à sa mobilité, souvent très proéminent.

Le diamètre de l'orbite, à la longueur céphalique latérale, comme 1 : 3 $^1/_2$ — 5, suivant les individus jeunes ou adultes (même jusqu'à 6 $^3/_{10}$ selon Canestrini) [2].

L'espace préorbitaire un peu plus petit ou un peu plus fort que le diamètre oculaire, suivant les sujets jeunes ou adultes (Heckel et Kner disent égal presque à deux dia-

---

[1] Canestrini l. c. donne pour ce rapport 1 à 3 $^4/_{10}$-4 $^7/_{10}$.

[2] Prospet. crit., p. 120, probablement chez des sujets plus grands ou plus vieux que les miens.

mètres) [1] et, selon l'âge, à la longueur céphalique, comme
1 : 3 $\frac{1}{2}$ à 4 $\frac{1}{4}$, chez des sujets de 33 à 55 millimètres.

L'espace interorbitaire très étroit, soit mesurant seulement de $\frac{1}{4}$ à $\frac{2}{3}$ du diamètre oculaire, selon les sujets petits ou grands [2].

L'espace postorbitaire mesurant environ deux diamètres de l'œil ou légèrement plus, et égal à peu près à la moitié de la tête chez l'adulte, mais notablement plus grand chez les jeunes.

Opercule et sous-opercule formant ensemble une courbe largement arrondie en arrière et en dessous; le premier plutôt petit, triangulaire et anguleux, le second assez large et en demi-croissant. Préopercule grand et arrondi, en arrière comme en dessous. Interopercule paraissant en bande assez étroite, au-dessous du précédent.

La joue très charnue recouvrant en grande partie les sous-orbitaires. La peau du corps dissimulant, du reste, et réunissant toutes ces pièces céphaliques latérales.

La membrane branchiostège bien développée et soutenue de chaque côté par cinq rayons, dont les derniers très longs et élargis soit comprimés. L'ouverture des ouïes à peu près verticale et de moyenne dimension.

Maxillaire supérieur de forme allongée, un peu arqué, avec la convexité en arrière, muni d'un fort genou d'articulation au sommet et un peu renflé dans la moitié inférieure.

Dents en cardes distribuées, en plusieurs rangées parallèles, sur

---

[1] Bien que reposant probablement sur l'examen de très vieux sujets, cette donnée des auteurs der *Süsswasserfische* (p. 48) me paraît un peu exagérée, en regard des proportions attribuées à l'œil. En effet, si l'on fait l'addition des divers rapports fournis par ces auteurs pour les différentes parties de la tête, on obtient un résultat qui dénote des erreurs probables dans les mesures. En ajoutant 2 diamètres pour l'espace préorbitaire et 3 diamètres pour l'espace postorbitaire à 1 diamètre oculaire, cela ferait, pour l'œil comparé à la tête, 1 à 6 et non pas 1 à 5, comme il est dit dans l'ouvrage en question.

[2] Même remarque sur la donnée de Heckel et Kner; l'espace de 1 diamètre oculaire entre les yeux me paraît fort exagéré, vis-à-vis du rapport de l'œil à la tête, 1 à 5.

l'intermaxillaire et le maxillaire; celles du rang extérieur,
aux deux mâchoires, notablement plus grandes que les autres. D'autres dents assez grandes formant, de chaque côté,
un large groupe sur les os pharyngiens supérieurs et composant un triangle sur les os inférieurs. Pas de canines.

Deux dorsales séparées, mais en apparence plus ou moins distantes ou rapprochées, par le fait de l'extension variable de
la membrane sous-tendue par le dernier rayon de la première; souvent, en particulier, un peu plus rapprochées chez
les jeunes que chez les vieux, ou un peu plus écartées chez
les femelles que chez les mâles.

La première légèrement plus basse et notablement moins
étendue que la seconde, soit naissant à peu près au-dessus
du quart ou du tiers antérieur des pectorales, pour demeurer,
avec l'extrémité de sa base, passablement en avant de
l'aplomb de l'anus et atteindre au plus au même point que
les nageoires suscitées rabattues. La hauteur, au plus grand
rayon, d'ordinaire le second ou le troisième, suivant l'âge et
l'état des individus, un peu plus faible ou plus forte que la
moitié de l'élévation maximale du corps. La base ou la longueur, selon les individus, égale à peu près à la hauteur du
rayon majeur ou sensiblement plus grande. Quant à la forme,
subarrondie en demi-croissant sur la tranche, quoique découpée en festons entre les rayons.

Généralement six rayons pseudo-épineux, flexibles et franchement dégagés de la membrane au sommet, ainsi que souvent un peu repliés en arrière à l'extrémité (exceptionnellement cinq ou sept). Le premier un peu plus court que le second; le dernier de longueur très variable, soit égal, suivant les individus, au tiers ou au deux tiers du plus grand
(Voy. Pl. I et Pl. II, fig. 13, 14 et 15).

Seconde dorsale naissant au-dessus de l'anus et s'étendant, par
la base, précisément aussi loin que la base de l'anale; soit,
occupant un espace variant entre 1 $^2/_5$ et 2 fois la longueur de la base de la première dorsale, et étant à la longueur totale du poisson comme 1 : 5 — 5 $^3/_4$ [1]. Quant à la

---

[1] Selon Canestrini l. c. jusqu'à 6 $^4/_{10}$; probablement chez de très vieux
sujets.

hauteur : un peu plus forte que la précédente, ou à peu près
égale au $^2/_3$ de l'élévation maximale du corps. De forme
assez anguleuse et à peine décroissante ; la tranche faiblement convexe.

Un rayon pseudo-épineux suivi généralement de dix rayons
articulés (plus rarement neuf ou onze)[1], parfois tous non
rameux, même chez les adultes, plus souvent partiellement
divisés, même chez des jeunes[2]. Le premier et le dernier à
peu près égaux et légèrement plus courts que les médians.

Anale naissant près de la papille urogénitale et s'étendant, par
la base, aussi loin que la dorsale opposée, avec une élévation maximale, en arrière, d'ordinaire un peu plus forte
que la moitié de la hauteur la plus grande du corps. La
tranche presque droite ou horizontale, grâce à la quasi-égalité de la plupart des rayons ou à un léger allongement graduel de ceux-ci d'avant en arrière ; le dernier, toutefois,
volontiers un peu plus court que l'avant-dernier.

Huit à dix rayons : un premier pseudo-épineux et sept à
neuf articulés, indifféremment non divisés ou partiellement
ramifiés[3]. Le premier, suivant les cas, égal aux trois quarts
à peu près ou à la moitié seulement du plus grand[4] ; le dernier souvent bifurqué jusqu'à la base.

Ventrales réunies en une, sur toute leur longueur, de manière
à former, avec leurs bords soudés en avant et en arrière,
une sorte de cornet ou de disque ovale et creux, libre en
arrière, soit non rattaché aux parois abdominales.

---

[1] Il y a souvent bien peu de différence de structure, au point de vue
des articulations, entre le premier censé pseudo-épineux et le second dit
articulé.

[2] Il m'a semblé, en particulier, que, chez mes Gobies du lac de Lugano,
en majorité jeunes, les rayons de la seconde dorsale étaient plus constamment divisés que chez ceux plus grands et plus vieux du lac Majeur.

[3] L'âge ne paraît pas être toujours la cause déterminante de la division
des rayons : car mes petits sujets du lac de Lugano ont presque co..stam-
ment tous ces rayons divisés, tandis que beaucoup d'individus plus grands
du lac Majeur les ont au contraire tous non divisés, à l'exception du dernier.

[4] Même observation qu'à propos du dit pseudo-épineux de la seconde
dorsale.

Le pied du disque situé légèrement en avant de la base
des pectorales; l'extrémité du cornet rabattu atteignant,
selon l'âge et les individus, au-dessous du milieu ou au-
dessous de l'extrémité de la base de la première dorsale,
volontiers un peu plus loin chez les jeunes que chez les
vieux.

En tout, généralement douze rayons dans ces nageoires
composées : de chaque côté, un premier simple, très court,
souple et non articulé, soutenant en avant le bord inférieur
continu du cornet membraneux; puis, à droite et à gauche,
cinq rayons divisés croissant rapidement en grandeur vers
leur point de réunion sur le centre (Voy. Pl. I).

Pectorales grandes, subovales, arrondies à l'extrémité, prenant
naissance un peu en arrière de la fente branchiale et s'étendant, rabattues, jusqu'au-dessous seulement du bout de là
première dorsale ou jusqu'à l'anus, selon les individus, parfois même un peu plus loin, chez les jeunes surtout. Douze à
quatorze, le plus souvent treize rayons tous articulés; d'ordinaire le premier en bas et souvent le dernier ou même les
deux ou trois derniers en haut non divisés, les autres généralement divisés. Les externes de chaque côté ne mesurant
guère que la moitié des médians.

Caudale largement arrondie et, à la longueur totale du Poisson,
comme 1 : 5 — 5 $^4/_5$ selon les individus jeunes ou adultes,
parfois même 4 $^3/_4$ chez de très petits sujets. Treize, plus
rarement quatorze rayons principaux articulés et généralement divisés, appuyés en haut et en bas, par trois à quatre,
parfois cinq rayons simples plus petits et rapidement décroissants. Les rayons médians les plus longs [1].

Écailles moyennes ou plutôt grandes et assez solides. Les
antérieures subellyptiques ou plus hautes que longues, les
postérieures plutôt subarrondies. Les secondes, de même
surface ou à peu près que les premières, chez l'adulte, plus
souvent un peu plus grandes chez les jeunes. Ces squames,
comme celles de la ligne latérale, finement striées concen-

____

[1] La caudale, les pectorales et les ventrales sont très délicates et, par
le fait, souvent plus ou moins rognées ou tronquées vers l'extrémité.

triquement autour d'un nœud situé vers le milieu du bord externe, puis marquées, souvent à l'exception des bords latéraux, de nombreux sillons rayonnants, partant du dit nœud pour gagner le bord fixe arrondi et légèrement festonné; enfin, armées de denticules aigus et assez serrés sur le bord libre, suivant les places du corps, arrondi ou subconique. (Leur forme légèrement convexe, la position du nœud et l'arrangement des denticules, ainsi que la régularité des stries, des rayons et des festons donnent à ces écailles une assez grande ressemblance avec certaines coquilles pectinées.) (Voy. Pl. III, fig. 6.)

La peau étant, comme nous l'avons dit, nue sur la première partie du dos, sur les côtés de la poitrine en avant et sur le ventre [1], on ne peut donner le nombre des écailles ni sur l'élévation maximale, ni le long des flancs sur une ligne horizontale complète; toutefois, l'on compte : 7-9 squames superposées vers le premier tiers de la seconde dorsale, 4-5 vers l'origine de la caudale et 35-40, semblables à leurs voisines, sur la ligne latérale non tubulée.

Coloration excessivement variable, non seulement avec les individus, les saisons et les conditions, mais encore instantanément, sous l'influence des impressions internes et externes, tant dans la teinte fondamentale du corps et l'apparence des taches que dans l'éclat du coloris des yeux et des nageoires.

Pendant la belle saison, et plus particulièrement à l'époque des amours, les parties supérieures d'un gris jaunâtre ou verdâtre et plus ou moins marbrées d'un brun ordinairement un peu violacé; la face généralement plus sombre que l'occiput et le dos. Les côtés du corps, jaunâtres aussi ou verdâtres, ornés à leur tour de grandes taches de la même couleur foncée, mais le plus souvent groupées en larges bandes transverses plus ou moins apparentes. Ces bandes, au nombre de huit à onze, tantôt franchement accentuées et séparées par des lignes claires plus étroites et volontiers à reflets légèrement dorés, tantôt plus ou moins effacées ou réduites à quelques macules éparses.

---

[1] Dans nôtre Pl. I, le dessinateur a représenté un peu trop d'écailles sur la partie antérieure du corps.

Les faces inférieures, selon les circonstances, d'un jaunâtre ou d'un verdâtre relativement très pâle, sans taches et volontiers à reflets argentés ou, au contraire, plus ou moins enfumées, lavées de noir ou même noires, sur les joues, la gorge et la poitrine.

Les nageoires pectorales et ventrales, suivant les circonstances, d'un blanc jaunâtre ou d'un verdâtre pâle, ou presque transparentes et lavées de jaunâtre à la base, ou encore plus ou moins nuancées de noir, souvent sans macules, quelquefois finement pointillées de brun. L'anale tantôt incolore et parfaitement transparente, tantôt d'un joli bleu clair et généralement sans taches ou, comme les précédentes, un peu lavée de noirâtre. La caudale d'un jaunâtre pâle ou incolore, ou encore plus ou moins nuancée de noirâtre, avec cinq ou six bandes transverses, arrondies comme la tranche de cette nageoire et formées de macules brunes quasi-réunies. La seconde dorsale grisâtre, jaunâtre ou incolore et transparente, avec deux bandes horizontales de taches brunes ou d'un noirâtre violacé dans sa moitié inférieure, plus une ligne de petits points de la même couleur près de la tranche supérieure. La première dorsale, de toutes les nageoires la plus variable, passant instantanément d'un jaunâtre pâle maculé de noirâtre aux plus brillants reflets métalliques, toujours avec une bande extrême ou périphérique parfaitement blanche ou transparente.

Dans le premier état, la dite dorsale antérieure porte, sur un fond clair et vers le tiers inférieur, cinq à six grandes taches d'un brun violacé ou noirâtres, distribuées entre les rayons, et un semis de petits points foncés rangés en bande transverse, à la hauteur environ du tiers supérieur. Dans le second cas, la ligne des cinq grandes taches inférieures s'est rapprochée de la base de la nageoire et sa place est occupée par une large bande d'un beau jaune orangé; en même temps, le semis de points supérieurs a entièrement disparu et s'est transformé en une teinte plus étendue du plus brillant coloris vert et bleu à reflets métalliques (Voy. Pl. I, fig. 2, 3 et 4).

L'iris assez étroit, d'un jaune clair et doré.

La pupille, relativement grande et passant, d'une seconde

à l'autre, du noir profond au vert émeraude le plus brillant ou au rouge orangé du rubis le plus éclatant.

Dimensions toujours très réduites, bien qu'un peu variables dans des conditions différentes. Heckel et Kner donnent, par exemple et comme quelques autres, une taille maximum de trois pouces à cette espèce, et De Betta[1] lui attribue une longueur de six à huit centimètres; tandis que je n'ai pas examiné, de provenance tessinoise, des lacs de Lugano et Majeur, d'individus mesurant plus de 55 millimètres de longueur totale, soit deux pouces à peu près. J'ai même recolté, dans le lac de Lugano, plusieurs femelles fécondes et pleines, avec une taille de 35 millimètres seulement.

Mâles d'ordinaire plus effilés que les femelles, avec une papille urogénitale plus étroite et des nageoires dorsales souvent relativement un peu plus grandes et plus rapprochées. La livrée de noces volontiers, chez eux, plus brillante et plus mobile; la gorge et la poitrine entre autres, à ce qu'il m'a paru, plus souvent noirâtres.

On a indiqué, dans les deux sexes et plus particulièrement durant le temps des amours, de petites granulations noirâtres sur le corps et les nageoires de ce Poisson. Valenciennes, en signalant le fait, avait cru à une maladie de notre Gobie; mais Heckel et Kner qui constatèrent, à l'époque du rut, de semblables productions épidermiques sur deux sujets mâles et sur une femelle provenant, les uns du lac de Garda, l'autre de Treviso, et Canestrini qui trouva aussi de nombreux petits tubercules sur une femelle prête à pondre provenant du Mincio, sont d'accord pour ne voir dans ces granulations du *Gobius* qu'une production temporaire du même genre que les tubercules propres à la livrée de noces de beaucoup de Cyprinides. L'analogie semble devoir donner raison à ces derniers auteurs; toutefois, je ferai remarquer que ces productions épidermiques du Gobie ne paraissent pas accompagner nécessairement chez lui le développement des organes de la reproduction au moment du rut, car j'ai collectionné bon nombre de mâles et de femelles en noces qui tous en étaient

---

[1] Ittiol. Véron., p. 56.

dépourvus. N'ayant pas eu l'occasion d'examiner moi-même ces granulations du Gobie, je ne saurais donner une opinion fondée; cependant, je me demande encore si Valenciennes n'avait pas raison, et s'il ne s'agirait peut-être pas ici d'agrégats de cellules pygmentaires occasionnés par la présence d'un petit parasite, comme cela se voit chez beaucoup de Poissons et comme je l'ai, en particulier, décrit à propos du Véron (*Phoxinus lævis*)[1].

Jeunes un peu plus trapus que les adultes, avec un œil plus fort, des nageoires relativement plus grandes, des dorsales volontiers plus rapprochées, des écailles relativement plus grandes sur la partie postérieure du corps et une livrée généralement moins enfumée.

Vertébrés au nombre de vingt-neuf à trente.

Vessie à air médiocrement développée, soit occupant environ les deux tiers de la longueur de la cavité viscérale, chez le mâle, légèrement rattachée aux vertèbres, simple, de forme cylindroconique, nacrée et reliée à la face dorsale de l'estomac. — Tube digestif un peu plus court que l'animal sans la caudale. — Ovaire et testicule doubles.

Quelques lamelles pseudo-branchiales digitiformes, sur un rang, au sommet de la cavité branchiale.

Cette espèce varie passablement, comme nous venons de le voir, non seulement dans les divers rapports de proportions et le nombre des rayons des nageoires, mais encore dans l'écaillure et la coloration. Je crois devoir répéter ici qu'aucun des nombreux individus que j'ai examinés, de provenance des lacs de Lugano et Majeur, ne dépassait 55 millimètres de longueur totale.

Quelques Gobies, d'âge et de sexe différents, que je pris au commencement de juillet 1869, sur les rives du lac de Lugano, attirèrent d'abord mon attention sur la grande mobilité des couleurs de ce poisson. En effet, ayant conservé quelques heures ces petits êtres vivants, je fus de suite frappé par les changements

---

[1] Sur le dévelop. diff. des nag. Pect., dans les deux sexes et sur un cas particulier de Mélanisme chez le Véron et quelques Cyprinides (Archiv. de la Biblioth. Univ. Janv. 1875, p. 29).

complets d'aspect qu'ils subissaient d'un instant à l'autre. J'ai dit, à l'article de la coloration, que le corps, plus ou moins marbré, barré ou enfumé, pouvait paraître tour à tour d'un jaunâtre pâle ou presque noir, que les nageoires changeaient rapidement de couleur, que la première dorsale, en particulier, était successivement très pâle avec quelques taches, ou ornée des plus beaux reflets métalliques, que l'œil enfin paraissait, suivant les circonstances, d'un noir profond, ou vert comme l'émeraude, ou rouge comme un rubis. Aucun de nos poissons d'eau douce, en Europe, pas même l'Épinoche, ne me paraît présenter, sous l'action des chromatophores, une mobilité et une variabilité aussi étonnante de la couleur.

Les *Gobius Panizzæ* (Verga)[1] et *G. punctatissimus* (Canestrini)[2] me paraissent, sur bien des points, très voisins du poisson que nous rapportons ici au *G. fluviatilis* (Bonelli). Quelques-uns des caractères invoqués comme distinctifs par Canestrini, pour ces deux espèces, me semblent, du moins, de fort peu d'importance.

Avec une taille plus petite que celle du *G. fluviatilis*, le *G. Panizzæ* aurait les écailles de la partie antérieure du tronc plus petites que celles de la partie postérieure; nous avons vu que cette distinction est aussi, très souvent, le propre des jeunes du dit *G. fluviatilis*. La coloration noire du menton et les macules répandues sur les flancs de cette espèce de Comacchio, du lac de Garde et des rivières de la Vénétie, se retrouvent aussi chez notre Gobie du Tessin.

La forme ellyptique des écailles de l'espèce nommée *G. punctatissimus* par Canestrini se montre également, assez constamment, sur la moitié antérieure du corps de notre *G. fluviatilis* et surtout chez les jeunes. De même, les bandes brunes transversales du tronc, qui devraient caractériser cette forme observée à Mantoue, à Modène et dans la Vénétie, se montrent aussi assez constamment chez les Gobies, relativement petits, des lacs de Lugano et Majeur. Nous avons vu que les rayons articulés de la seconde dorsale et de l'anale peuvent être

[1] Atti della terza Riunione degli Scienziati Ital. 1841, p. 397.
[2] Prospet. crit., p. 122.

indifféremment non divisés ou divisés, et que le premier des pectorales est la plupart du temps non rameux. Les dimensions, bien que très réduites, des écailles, laissent cependant au *G. punctatissimus* un total de squames, sur une ligne médiane et longitudinale, tout à fait semblable à celui de la majorité des individus du *G. fluviatilis*.

Il est vrai que le nombre ordinaire des rayons de quelques nageoires semble militer, pour ces deux Gobies italiens, en faveur d'une distinction spécifique : chez le *G. Panizzæ*, I. D. 5, II. D. 1/8; chez le *G. punctatissimus*, I. D. 6-8, II. D. 1/7-8; P. 1/16. Toutefois, je crois devoir rappeler encore, après les quelques analogies que je viens de signaler, premièrement : que j'ai trouvé une fois 5 et une fois 7 rayons pseudo-épineux à la première dorsale du *Gobius fluviatilis* du Tessin, quoique le chiffre 6 soit bien en réalité le nombre quasi-constant de cette forme; secondement, que j'ai compté, à la suite de la fausse épine de l'anale, chez ce Gobie, de 9 à 11 rayons articulés, divisés ou non, selon les individus.

Plus récemment, Canestrini a encore décrit, sous le nom de *Gobius arvenensis* [1], un petit Gobie assez fréquent dans les eaux de l'Arno. Celui-ci se distinguerait principalement du *Gobius fluviatilis* par des formes plus allongées du corps, par un museau plus pointu et surtout par un nombro plus élevé d'écailles latérales, environ 47, et par une extension basilaire plus grande de la seconde dorsale entrant à peu près 4 ¹/₂ fois dans la longueur totale et comptant 12 à 13 rayons divisés. N'ayant vu aucun sujet de cette nouvelle forme, je ne puis qu'admettre l'opinion du célèbre ichthyologiste italien; cependant, je ne saurais oublier ici le fait que j'ai souvent trouvé, chez nos Gobies du Tessin, des formes de la tête et du corps plus ou moins effilées, et que plusieurs fois j'ai rencontré une seconde dorsale portant 11 rayons divisés et dont la base n'entrait que 5 fois dans la longueur totale. Les autres caractères distinctifs signalés par l'auteur, la forme plus ronde des écailles et la coloration entre autres, me paraissent de très petite importance.

En somme, je ne puis faire autrement que de conserver encore

---

[1] Fauna d'Italia, parte terza, Pesci per G. Canestrini, p. 27.

quelques doutes sur la validité de ces trois espèces, surtout sur
les deux dernières; notre Gobie du Tessin pouvant, à presque
aussi juste titre, être appelé, suivant les individus, *G. punctatissimus* ou *G. arvenensis* que *G. fluviatilis.*

Le Gobie fluviatile est assez répandu dans toutes les eaux
douces du nord de l'Italie. Je ne sache pas qu'il ait jamais été
observé ni au nord des Alpes, ni dans le midi de la France;
Heckel et Kner[1], en 1858, ont cité le *G. fluviatilis* dans le lac
Majeur, et Günther[2], en 1861, a signalé, au British Museum,
des individus de cette espèce (pour lui *G. Martensii*) provenant
du Tessin (probablement la rivière de ce nom, en dehors de nos
frontières); mais personne, jusqu'en 1869, n'avait constaté la
présence et l'abondance de ce petit Poisson jusque dans le lac
de Lugano[3]. C'est, en effet, le 3 juillet de la dite année qu'en
étudiant, au point de vue ichthyologique, avec le doct. P. Pavesi,
alors professeur à Lugano, les rives de ce lac, je rencontrai,
pour la première fois, près de Bissone, le long de rives grave-
leuses, quantité de ces petits Poissons que les pêcheurs nous
dirent connaître sous le nom de *Fringuils*. Le prof. Pavesi,
qui a déjà signalé cette trouvaille dans un travail sur les Poissons
du Tessin[4], ajoute, comme nouvelles provenances tessinoises,
aux lacs Majeur et de Lugano, la Falloppia et la Breggia.

Notre Gobie, représentant d'une nombreuse famille en grande
partie marine, se tient au fond de l'eau, de préférence sur les
fonds graveleux, soit près des rives dans les lacs, soit dans les
canaux et les rivières. Il se cache volontiers sous les pierres et
s'y établit souvent, comme le Chabot, un refuge ou un poste
d'observation; toutefois, il est plus sociable et m'a paru plus
remuant que notre *Cottus.* J'ai vu par exemple, en été, près du
bord et dans un très petit fond, une foule de ces petits Poissons

---

[1] Süsswasserfische, p. 49.

[2] Catal. of Fishes, III, p. 16.

[3] Boniforti (Guida), Lavizzari (Escusioni) et Monti (Notizie), qui ont traité
plus ou moins des Poissons du canton du Tessin, n'ont tous signalé cette
espèce qu'à propos du lac Majeur (Verbano), en dehors de nos frontières.

[4] Pesci e Pesca, p. 21.

qui venaient, en nombreuse compagnie, chercher vers la rive la lumière et la chaleur; les uns reposaient immobiles sur une pierre ou entre deux pierres, appuyés sur leur disque ventral, les pectorales largement déployées et écartées du corps à angle droit; les autres semblaient jouer, au contraire, changeant souvent de place et se poursuivant par petits sauts. L'allure du *Gobius*, bien qu'assez prompte au besoin, n'est cependant jamais très soutenue; c'est plutôt, sur le fond, une démarche bondissante et saccadée. L'alimentation de cette espèce m'a paru exclusivement animale; je n'ai trouvé dans le canal digestif de quelques-uns que des débris de vers, de crustacés et d'insectes mous.

L'époque des amours paraît varier, suivant les conditions et l'âge des individus, des derniers jours d'avril à la seconde moitié de juillet. La ponte se ferait, selon Pavesi, le plus souvent dans le courant du mois de mai; toutefois, j'ai trouvé encore des ovaires pleins d'œufs mûrs chez quelques petites femelles capturées après la mi-juillet. Je ne serais pas éloigné de croire que les vieilles femelles pondent plus tôt que les jeunes [1].

Le mâle et la femelle surtout ont, à l'époque du frai, les parois abdominales fortement distendues par le développement des organes de reproduction. Tous deux ont alors une brillante parure de noces; le premier se fait tout particulièrement remarquer par l'éclat et la constante variabilité de ses atours.

Certaines espèces marines bâtissent une sorte de nid dans les algues et parmi les plantes aquatiques. Notre Gobie d'eau douce se contente d'ordinaire d'une simple cavité sous une pierre, pour berceau de sa future famille. La femelle fixe ses œufs à la face inférieure de la pierre qui forme le plafond de sa cellule, de manière que ces germes, agglomérés en un paquet, pendent librement et se balancent au gré des eaux. Il est fort probable que le disque ventral de ce Poisson doit lui servir comme de

---

[1] Nous aurons l'occasion de voir, plus d'une fois, dans l'étude subséquente de nos Poissons, que suivant les genres et les espèces, ce sont les jeunes ou les vieilles femelles qui pondent les premières. Je suis, dans ce cas particulier, en opposition avec la supposition de De Filippi, basée sur les observations générales de Baer (Untersuch. über die Entwickelungsgesch. der Fische, 1835).

ventouse pour se maintenir renversé pendant qu'il dépose et colle ses œufs contre la face inférieure de la pierre. Le Gobie paraît, sous ce rapport, bien plus favorisé que le Chabot qui pond à peu près dans les mêmes conditions.

Les œufs sont très gros par rapport à l'animal et, par consé-quent, toujours en nombre peu élevé; il me semble même qu'ils soient d'ordinaire encore moins nombreux chez les jeunes que chez les vieilles femelles. La constatation de germes à des degrés de développement différents, chez une même femelle, a pu faire sup-poser une ponte double ou exécutée en diverses reprises; toute-fois, la raison ne me semble pas toujours suffisante pour établir le fait. De Filippi estime à quelques centaines d'œufs le produit annuel d'une femelle adulte, et fait remarquer que les œufs affec-tent, après la ponte et durant leur développement externe, la forme curieuse d'un fuseau [1]. J'ai compté, entre les deux ovaires très développés d'une femelle jeune encore, soit mesurant seule-ment 42 millimètres de longueur totale, et capturée en juillet sur les rives du lac Majeur, un total de 98 gros œufs jaunâtres, subarrondis, de 1 $\frac{1}{2}$ millimètre de diamètre, plus 70 petits germes blanchâtres de $\frac{1}{3}$ à $\frac{1}{2}$ millimètre de diamètre mêlés parmi les premiers. La grande extension des ovaires, les fortes dimensions des œufs mûrs et la position des petits germes entremêlés avec les précédents, aussi bien près de l'ouverture que vers le sommet du sac ovarien, ne permettent guère de supposer, ni que les germes blanchâtres eussent pu atteindre à un complet développement avant la ponte, ni que ces œufs, si peu développés, fussent ré-servés à une seconde émission [2]. Les petits, qui ont terminé leur développement avant la fin de l'été, se répandent bientôt, entre les pierres, autour du lieu qui les a vu naître.

---

[1] Voy. Memoria sullo sviluppo del Ghiozzo d'acqua dolce (*Gobius flu-viatilis*), del dottor Filippo De Filippi, 1841. Cette forme allongée serait le résultat du passage, lors de la ponte, d'œufs très gros au travers d'un conduit relativement trop étroit.

[2] De Filippi (Mm. sulla sviluppo, etc., p. 9) dit bien que les œufs sont émis souvent à des degrés de développement un peu différents; toutefois, je doute que ces germes puissent être pondus viables ou susceptibles de fécondation, avec une différence de taille semblable à celle que je viens d'indiquer, et alors que les autres vont être pondus.

Malgré la petitesse de sa taille, le Gobie fluviatile paraît assez
estimé dans certaines localités ; on en ferait, dit-on, d'excellentes
fritures. Cependant les pêcheurs de Bissone, au bord du lac de
Lugano, m'ont paru mépriser tout à fait ce Poisson microscopique. Le Ghiozzo ou Bottola passant librement à travers les
mailles de la plupart des filets, ce n'est guère qu'avec le petit
filet à manche connu sous le nom de *Guada,* ou à la main que
l'on peut s'en emparer. Comme le Chabot, qui présente avec lui
tant de rapports dans le genre de vie, le Gobie sert naturellement
d'amorce et de proie pour beaucoup de Poissons carnassiers.

Bien que De Filippi dise avoir reconnu, dans les viscères de
cette espèce, un grand nombre d'Échinorhynques [1], je ne sache
pas que l'on ait, jusqu'ici, déterminé exactement d'autre Helminthe parasite de notre Gobie que le *Diplozoon paradoxum*
(Nordm.) qui s'établit d'ordinaire sur les branchies de ce petit
Poisson.

Famille des BLENNIIDÉS

BLENNIIDÆ [2]

Les Poissons réunis sous le nom collectif de Blenniidés
ont un corps plutôt allongé, plus ou moins cylindrique et,
suivant les cas, nu ou couvert seulement de petites écailles.
Le sous-orbitaire n'est pas, chez eux, uni au préopercule.
Ils portent, selon les genres, une, deux ou trois nageoires
dorsales occupant la plus grande partie du dos, avec une
partie antérieure ou pseudoépineuse d'ordinaire très étendue. L'anale est longue. Les ventrales, jugulaires ou au
moins antérieures et composées seulement d'un petit nom-

---

[1] De Filippi, l. c., p. 6.
[2] Günther, Catal. of Brit. Mus., III, 1861, p. 206.

bre de rayons, sont généralement peu développées, et font
même quelquefois complètement défaut. La dentition est
assez variée. La plupart portent des pseudo-branchies.
La vessie natatoire fait généralement défaut ; les appendices pyloriques manquent tout à fait.

Les Blenniidés sont des Poissons carnivores, en majorité de taille plutôt petite et qui vivent généralement au
fond des eaux. Les nombreux membres de cette grande
famille sont répandus plus ou moins dans toutes les régions
du globe. Beaucoup de genres sont exclusivement marins,
quelques-uns habitent les eaux douces ; plusieurs se trouvent sur les rives de notre continent, un seul est représenté dans les eaux douces de l'Europe[1].

Genre BLENNIE.

BLENNIUS, Linné.

*Une dorsale composée très étendue, la partie pseudo-épi-
neuse à peu près de même longueur que l'articulée. Ventrales
jugulaires, rapprochées par la base et formées de deux à
trois rayons[2]. Corps médiocrement allongé et nu. Une seule
série de dents fixes, ou incisives, sur les mâchoires ; d'ordi-*

---

[1] Sur les trente et un genres admis par l'auteur du Catal. of Fishes,
dans cette famille, dix seulement, la plupart méditerranéens ou scandi-
naves, peuvent être considérés comme européens ; ce sont : les *Anarrhicas*
du nord, les *Blennius* du midi, les *Cristiceps*, *Clinus*, *Auchonopterus* et
Tripterygium abondants surtout dans la mer Méditerranée, les *Stichæus*
des côtes de Scandinavie, les *Centronotus*, assez fréquents sur les côtes de
France, et les *Zoarces* du nord. Il est à remarquer que ce dernier genre
est vivipare.

[2] Günther a tort, je crois, d'attribuer aux ventrales, dans ce genre,
une épine antérieure et deux rayons ; les trois rayons du *Blennius Cu-
gnota*, par exemple, m'ont paru tous plus ou moins articulés.

*naire des canines, aux deux mâchoires, ou sur l'inférieure
seulement. La plupart du temps des tentacules plus ou moins
développés, au-dessus des yeux. Tête ramassée et brusquement déclive en avant. Fente buccale étroite. Ouverture
branchiale grande. Six rayons branchiostèges.*

Ce genre, riche en représentants dans les mers d'Europe [1], principalement dans la Méditerranée, est de fait
entièrement étranger à la Suisse. Toutefois, l'espèce unique qui remonte dans les eaux douces de notre continent
ayant été citée à tort dans notre pays, et se trouvant non
loin de nos frontières, j'ai cru devoir en dire ici quelques
mots en passant [2].

LA BLENNIE CAGNETTE

Cagnetto

Blennius Cagnota, Cuv. et Val.

*D'un fauve tirant plus ou moins sur le roux ou sur le ver-
dâtre, en dessus et sur les cotés. Un pointillé noir et des taches
brunes ou noirâtres sur la tête, sur le dos, sur les flancs où elles
forment souvent des bandes transverses, et sur les nageoires,
principalement sur la seconde partie de la dorsale et la caudale.
La tranche inférieure de l'anale volontiers bordée de blanc.
Corps arrondi sur les flancs et d'une hauteur à peu près égale
à la longueur de la tête ou un peu moindre. De petits tentacules frangés au-dessus de l'œil et une légère crête occipitale,
chez le mâle principalement. Une seule dorsale composée, géné-*

---

[1] Sur une quarantaine d'espèces signalées dans ce genre, les côtes
d'Europe peuvent en compter environ dix-sept ou dix-huit.

[2] Les *Blennius sujefianus*, *B. vulgaris*, *B. varus*, *B. lupulus*, *B. frater*,
B. anticolus, *B. Pollinii* et *B. alpestris*, successivement signalées dans diverses contrées méridionales de notre continent, paraissent n'être que des
variétés du *Blennius Cagnota* de Cuv. et Val.

*ralement plus haute en arrière qu'en avant, naissant au-dessus
de la fente branchiale et arrivant presque jusqu'à la caudale
ou joignant plus ou moins celle-ci. Anale naissant en avant du
milieu de la longueur totale. Les rayons articulés de la dorsale et
de l'anale non divisés. Seize à vingt-deux incisives, d'ordinaire
avec une canine de chaque côté, à la mâchoire supérieure; dix
à dix-huit incisives, également avec des canines sur la mandibule inférieure[1] (Taille moyenne de vieux sujets : 80 à 105^{mm}).*

D. 12—13/16—18[2], A. (17)[3] 19—20 (21)[4], V. 2—3, P. 12—14,

C. 9—11 maj.

BLENNIUS SUJEFIANUS, *Risso*, Ichthyol. de Nice, 1810, p. 131. — *Blan-
chard*, Poissons de France, p. 255, fig. 45-48. — BL. VULGARIS, *Pollini*,
Viaggio al Lago di Garda, 1816, VIII, p. 20, fig. 1. — *Martens*, Wieg
Archiv. XXIII, p. 172, Tab. 9, fig. 3. — *Canestrini*, Prospet. crit., p. 125.
— BL. CAGNOTA. *Cuv. et Val.* Hist. Nat. XI, p. 249, — *Heckel et Kner*,
Süsswasserfische, p. 44, fig. 18. — *De-Betta*, Ittiol. Veron. p. 55. — BL.
ANTICOLUS, *Bonap.* Fauna Ital. III. — BL. ALPESTRIS, *Blanchard*, Poissons
de France, p. 261, fig. 49. — SCALARIAS VARUS, *Risso*, Hist. Nat. Europ.
Mérid. III, 1827, p. 237. — ICHTHYOCORIS VARUS, LUPULUS, ANTICOLUS et POL-
LINII, *Bonap.* Fauna Ital. et Cat. Met., p. 67 et 68.

Cette espèce, qui remonte dans la plupart des eaux douces
de l'Europe méridionale, a été signalée à tort dans le lac
Majeur, d'abord par Cuvier et Valenciennes[5], puis par Schinz [6]
d'après ceux-ci, puis enfin par Monti[7], plus récemment. Ces
auteurs paraissent avoir été induits en erreur : les premiers par

[1] M. Lunel (Note sur la Blennie alpestre de M. Blanchard, Revue et
Mag. de Zoologie, 1870, janv. p. 3, pl. 1, dit avoir compté jusqu'à quatre
canines d'un côté à la mâchoire inférieure.

[2] Blanchard (Poiss. de France) attribue un total de 26 à 29 rayons à la
dorsale composée de sa Blennie alpestre de Savoie.

[3] Blanchard (l. c.) attribue 17 à 18 rayons à l'anale de sa Blennie alpestre.

[4] Le maximum 21 est attribué par Canestrini (Prospet crit.) au *Bl.
vulgaris* d'Italie; cet auteur fait remarquer en même temps [que les deux
premiers rayons de l'anale sont généralement pseudo-épineux.

[5] Hist. Nat. XI, 1836, p. 249.

[6] Europ. Fauna, II, 1840, p. 228.

[7] Notizie dei Pesci delle Prov. di Como e Sondrio e del Cantone Ticino,
1864, p. 21.

une fausse indication de provenance, le dernier par la citation
des précédents appuyée, semblait-il, par l'analogie du mot
Cagnota avec les noms vulgaires *Cagnon* et *Cagnora* attribués
au *Barbus caninus* et au *Cobitis tœnia*. Le Dr Pavesi, qui a
étudié avec soin les poissons du Tessin et qui explique l'erreur
de Valenciennes et de Monti, n'a trouvé aucun indice de la présence de la Blennie (*Cagnetto*) dans le dit lac Majeur [1].

Bien que ce petit Poisson, qui mène une existence assez semblable à celle du Chabot, ne se montre pas, en réalité, sur le
territoire suisse, il se trouve cependant dans d'autres bassins
non loin de nous, d'un côté au lac de Garda, en Italie, de l'autre
au lac du Bourget, en Savoie. Le prof. Blanchard, qui a observé, le premier, l'espèce dans cette dernière localité, a cru
pouvoir se baser sur quelques différences dans les formes, le
nombre des rayons et la dentition pour distinguer spécifiquement, sous le nom de *Bl. alpestris*, la Blennie de Savoie de celle
du midi [2]. Toutefois, M. Lunel, qui a recueilli depuis lors un
grand nombre d'échantillons de cette forme locale dans divers
affluents du dit lac du Bourget, a montré comment les caractères invoqués pour cette distinction sont constamment variables, et comme quoi la Blennie alpestre ne doit être considérée
que comme simple variété de la Cagnette [3].

[1] Pesci e Pesca, 1871-72, p. 73.
[2] Poissons de France, 1866, p. 261, fig. 49.
[3] Sur la Blennie alpestre de M. Blanchard. Rev. et Mag. de Zool.
1870, janv., p. 3, pl. I.

TABLEAU DES ANARTHROPTÉRIGIENS SUISSES

Avec cinq espèces (entre parenthèses) citées à tort dans le pays.

ORDRE	FAMILLES	TRIBUS	GENRES	SOUS-GENRES
ANARTHROPTERYGII Partie antérieure de la nageoire dorsale composée, en première dorsale, formée entièrement de rayons non articulés, rigides ou flexibles. Maxillaire sup. séparé de l'intermaxillaire. Pharyngiens inf. non réunis. Ventrales le plus souvent antérieures. Ecailles généralement âpres ou cténoïdes.	**PERCIDE** Diverses pièces operculaires dentelées ou épineuses. Joue non cuirassée. Ventrales thoraciques. Ecailles cténoïdes. Premiers rayons de l'anale et des ventrales épineux.	**PERCINA** Corps oblong, plus ou moins allongé ou élevé et atténué en arrière. Bouche quasi-horizontale. Ecailles plutôt petites. Le plus souvent deux dorsales.	PERCA. Deux dorsales distinctes. Tête en partie et corps entièrement écailleux. Toutes les dents en cardes ou en velours. Une épine à l'opercule. Préopercule dentelé. ACERINA. Deux dorsales réunies. Tête et poitrine nues. Dents en cardes. Opercule et préopercule armés de fortes épines. Sous-orbitaire creusé de profondes cavités sous la peau. LUCIOPERCA. Deux dorsales distinctes. Tête plus ou moins écailleuse, corps entièrement couvert. Des dents plus longues parmi les dents en velours sur les maxillaires et les palatins. Préopercule seul dentelé. ASPRO. Deux dorsales séparées. Tête assez déprimée et en partie écailleuse; poitrine nue. Corps fusiforme. Museau un peu proéminent. Dents en velours. Une épine à l'opercule; préopercule finement dentelé.	
	GASTEROSTEIDE Joue cuirassée, par la jonction du sous-orbitaire avec le préopercule. Os pubiens très développés, en avant et en arrière. Pas de véritables écailles. Peau nue ou plus souvent armée de plaques osseuses. Des épines dorsales, ventrales et devant l'anale. Corps naviculaire, plus ou moins effilé et très atténué en arrière.		GASTEROSTEUS. Une seule véritable nageoire dorsale post. Corps nu, ou plus ou moins couvert de lames osseuses. Dents en cardes. Pièces operculaires non dentelées. Epines dorsales en nombre variable. Une épine ventrale de chaque côté, et une devant l'anale.	GASTEROSTEUS. Généralement à (2-4) épines dorsales. Lames osseuses latérales distribuées, en plus ou moins grand nombre, depuis le thorax seulement, ou depuis le thorax et la caudale. PYGOSTEUS. Généralement huit à onze épines dorsales. De petites plaques osseuses distribuées, en plus ou moins grand nombre, sur les côtés, depuis la caudale seulement.
	TRIGLIDE Joue cuirassée. Des épines sur quelques pièces céphaliques. Ventrales jugulaires ou thoraciques. Peau nue, écailleuse ou couverte de plaques. Pas de dents, ou des dents en velours; rarement des canines.	**COTTINA** Corps cylindro-conique. Partie ant. des dorsales réunies, ou dorsale antér. plus basse que la post. et que l'anale.	COTTUS. Deux dorsales distinctes et de hauteur moyenne. Peau nue. Ventrales étroites, entre les pectorales et portant un rayon osseux enveloppé avec le premier articulé. Anale assez semblable à la seconde dorsale, et, comme celle-ci, toute de rayons articulés. Dents en velours; point sur les palatins. Tête large, avec de petites épines sur le préopercule.	
	GOBIIDE Joue non cuirassée. Ventrales jugulaires. Dents en majorité petites, avec quelques-unes plus grandes; parfois des canines. Dorsales séparées ou réunies. Corps subcylindrique nu ou écailleux.	**GOBIINA** Deux dorsales distinctes. Ventrales très rapprochées ou réunies en un disque plus ou moins complet.	GOBIUS. Seconde dorsale plus longue que la première et, comme l'anale, avec un premier rayon pseudoépineux. Ventrales réunies en disque parfait non rattaché au ventre en arrière. Pas de canines. Corps plus ou moins écailleux. Yeux assez rapprochés ou sublatéraux.	
	BLENNIDE Joue non cuirassée. Deux ou trois dorsales très étendues et plus ou moins réunies. Ventrales très étroites, jugulaires ou pectorales. Corps nu ou écailleux. Dentilines variées.		BLENNIUS. Une seule dorsale composée de deux parties; l'antérieure non articulée à peu près de même longueur que la postérieure. Ventrales rapprochées, formées de deux à trois rayons. Une série d'incisives sur les mâchoires, généralement des canines. Corps nu.	

ESPÈCES		Pages
Verdâtre en dessus, avec des bandes transverses noirâtres, et blanchâtre en dessous. Une grande tache noire à la partie postérieure de la première dorsale. Dos plutôt étroit et comprimé. Tête subconique. A. 2/7-9.	*P. fluviatilis*	11
Fauve en dessus et jaunâtre irrisé sur les côtés, avec de petites taches brunes sur le corps et les nageoires. Dos voûté, assez large mais tectiforme. Tête massive, avec un museau épais relativement court. A. 2/5-6	*A. cernua*	41
Gris verdâtre en dessus, avec des taches ou des bandes brunes transverses, et blanchâtre en dessous. Corps relativement élancé. Tête conique plutôt longue. A. 2/11.	(L. Sandra)	52
Olivâtre, un peu rougeâtre en dessus, avec quatre à cinq larges bandes noirâtres obliques. Corps très effilé. Pédicule caudal long et mince. Ventrales très développées. A. 1/12.	(A. Streber)	55
Fauve en dessus, avec des bandes noirâtres plus ou moins apparentes. Corps médiocrement effilé. Pédicule caudal moyennement allongé. Ventrales médiocrement grandes. A. 1/9.	(A. Apron)	56
Gris-verdâtre ou bleuâtre en dessus, avec taches ou marbrures brunes. Corps un peu comprimé et médiocrement allongé. Tête forte. Anale naissant en arrière de l'origine de la dorsale. (*Gymnurus*: pédicule caudal dépourvu de lames osseuses. D. III/10-12).	(G. Acul.) *gymnurus*	71
Vert-bleuâtre plus ou moins reubrunt en dessus, avec des taches ou des bandes transverses. Corps assez effilé. Tête moyenne. Anale naissant à peu près en dessous de l'origine de la dorsale (*Pung. trachi*: pas de plaques sur le pédicule caudal. D. VIII-XI/10-11).	(G. pung. lœvis)	98
Gris, verdâtre, roussâtre ou brun, en dessus, avec des taches, des marbrures ou des bandes brunes ou noirâtres. De fines squamules dans le derme le long de la ligne latérale. Une épine préoperculaire simple; une dent découpée dans l'interopercule. Pectorales larges, subarrondies et atteignant environ à l'anus. II D. 15-20.	*C. Gobio*	105
Jaunâtre ou olivâtre marbré de brun en dessus, avec des taches ou des bandes transverses latérales. Généralement des rangées de macules sur les dorsales. Première partie du tronc plus ou moins dénudée. Pas de barbillons. Écailles sillonnées en éventail depuis l'extrémité libre, avec des denticules sur les bords découverts. II D. 1/9-11.	*G. fluviatilis*	133
Fauve ou verdâtre, avec des taches brunes en dessus; des points noirâtres à la base de la dorsale. Des canines aux mâchoires. Des tentacules frangés sur les yeux et une légère crête occipitale. Dorsale composée occupant presque toute la ligne dorsale et généralement plus basse en avant qu'en arrière. A. 17-21.	(B. Cagnota)	151

Ordre II. PHYSOSTOMES

PHYSOSTOMI [1]

Les Physostomes ont les rayons des diverses nageoires généralement articulés et en majorité divisés vers l'extrémité [2]. Les branchies sont, chez eux, en forme de peigne. Les os maxillaires supérieurs sont distincts de l'intermaxillaire. Les pharyngiens inférieurs sont séparés. La vessie natatoire, quand elle existe, est en communication avec l'extérieur par l'œsophage. Les nageoires ventrales, quand elles ne font pas défaut, sont toujours reculées ou abdominales. Enfin, les écailles sont, la plupart du temps, cycloïdes, soit lisses ou dépourvues de denticules sur le bord.

Les Poissons de ce second ordre sont presque aussi nombreux que les Acanthoptérygiens; ils affectent également des formes variées et sont très répandus dans les diverses parties du monde. Toutefois, ils vivent, contrairement à ceux-ci, en grande majorité dans les eaux douces. Il y en a de carnivores et d'insectivores, d'autres sont omnivores ou presque exclusivement herbivores.

---

[1] *Malacopterygii abdominales et apodes* de Cuvier; les *subbrachiales* de cet auteur rentreront plus loin dans nos *Anacantiens*.

[2] Le premier grand rayon de la dorsale, de l'anale et des pectorales est cependant quelquefois assez rigide et plus ou moins ossifié. Je ne parle pas ici des petits rayons décroissants ou basilaires qui appuyent quelques nageoires, les impaires principalement.

Des familles de ce groupe qui habitent les eaux douces de l'Europe, deux seulement, celles des *Umbridés* et des *Cyprinodontidés*, nous font entièrement défaut; les autres comprennent plus des trois quarts des Poissons de notre pays. Nous avons des représentants de l'ordre dans les Cyprinidés, Acanthopsidés, Clupéidés, Salmonidés, Esocidés, Siluridés et Muraenidés.

L'ordre des Physostomes a été très diversement subdivisé par différents auteurs, suivant que ceux-ci ont attaché plus ou moins d'importance à tel ou tel caractère. Un des modes d'arrangement, proposé déjà par Cuvier dans ses Malacoptérygiens et remis en vigueur par J. Müller [1], consistait à séparer ces Poissons en *abdominales* et *apodes*, selon qu'ils portent des ventrales sur l'abdomen ou sont, au contraire, privés de ces membres postérieurs. Dans des classifications plus récentes, quelques ichthyologistes, Günther [2] et Carus [3], entre autres, n'ont pas cru devoir attacher autant d'importance au fait de l'absence des nageoires ventrales et ont préféré ne conserver qu'une série non interrompue de familles plus ou moins naturelles [4].

[1] Ueber den Bau und die Grenzen der Ganoiden, und über das natürliche System der Fische, 1846.

[2] Catal. of the Fishes in the British Museum, 1859-1870, vol. V-VIII.

[3] Handbuch der Zoologie, vol. I, 2te Hälfte, 1868-75.

[4] Bien que je suive ici, faute de mieux, cette dernière méthode, je crois cependant que Cuvier avait raison de chercher à subdiviser ce vaste ensemble de formes hétérogènes. Peut-être même, si j'avais eu un champ d'étude moins restreint, aurais-je proposé de partager encore les *Malacopterygii abdominales* de Cuvier : en *Brocchodontes* (de βρογχος gorge et οδους dent) et *Stomodontes* (de στομα bouche et οδους dent), selon qu'ils ont les dents sur les pharyngiens seulement ou sur divers os de la bouche. La forme et la disposition des dents, dans un rapport constant avec l'alimentation et le genre de vie, doivent, en effet, traduire, jusqu'à un certain point, aussi bien les affinités naturelles que les mœurs des poissons.

Famille I. CYPRINIDÉS

CYPRINIDÆ [1]

Les Cyprinidés, avec des formes variées, portent généralement des écailles cycloïdes, soit à surface unie et sans denticules; le plus grand nombre ont le corps recouvert de squames plus ou moins imbriquées, tous ont la tête entièrement nue. L'intermaxillaire compose à lui seul, chez eux, le bord de la mâchoire supérieure. La bouche est dépourvue de dents; par contre, les os pharyngiens inférieurs très développés, en forme de faux, et disposés à peu près parallèlement aux arcs branchiaux, sont armés de fortes dents, d'aspects divers, rarement en nombre très élevé[2], disposées, suivant les cas, sur un ou plusieurs rangs et travaillant contre une sorte de meule disposée à la base du crâne. Les nageoires sont au nombre de sept et non enveloppées par la peau du corps. Il n'y a toujours qu'une seule dorsale et pas d'adipeuse; les ventrales sont, comme nous l'avons dit, constamment abdominales. Les ouïes sont largement fendues jusqu'à la gorge; la membrane branchiostège est généralement soutenue par trois rayons aplatis. La vessie natatoire est bien développée, presque libre, étranglée en deux parties et généralement reliée à l'œsophage par un conduit plus ou moins prolongé, partant de sa partie postérieure. L'estomac se continue, sans cul-de-sac, avec l'in-

---

[1] Famille de *Cyprinidae* de Günther (Catal. of Fishes, VII), à l'exception des *Homalopterina* et *Cobitidina* de cet auteur.

[2] Les genres *Catostomus*, *Moxostoma*, *Sclerognathus* et *Carpiodes*, qui font exception à cette règle quasi-générale, comptent jusqu'à 40-60 dents.

testin; celui-ci est généralement assez long. Il n'y a pas
d'appendices pyloriques. Les testicules et les ovaires sont
généralement doubles [1].

Cette riche famille compte un très grand nombre de
représentants dans les eaux douces de l'ancien monde et
du nord de l'Amérique [2]; elle entre pour une majeure partie dans le total des Poissons d'eau douce de notre continent et renferme environ la moitié des espèces propres à la
Suisse; soit vingt et une espèces bien distinctes, avec
diverses races locales et quelques formes bâtardes, distribuées dans quatorze genres différents.

Les Cyprinidés, très répandus dans nos rivières, nos
fleuves et nos lacs, ont des mœurs et des allures très différentes. Il en est qui exécutent régulièrement des migrations plus ou moins lointaines, d'autres sont relativement
sédentaires. Beaucoup sont omnivores, quelques-uns sont
plus exclusivement herbivores ou insectivores. Les mâles
sont souvent un peu plus petits que les femelles, à âge égal.

Les dents pharyngiennes, qui varient dans la forme et la disposition, comme la meule contre laquelle elles agissent, selon la
nature des aliments qu'elles doivent lacérer ou triturer, et qui
sont, par le fait, en relation constante avec le genre de vie de
l'animal, peuvent être, comme nous le verrons, d'un très grand
secours dans la détermination des genres et des espèces. (Voy.

[1] Ces derniers sont munis d'une enveloppe en continuité avec les ovi-
ductes, bientôt réunis en un canal commun, et paraissent, par le fait,
suivant l'époque et le degré de maturité des œufs, ou franchement séparés
ou plus ou moins réunis par le bas et comme profondément bilobés seulement.

[2] En 1868, le Dr Günther (Catal. of Fishes) reconnaissait environ 620
espèces de Cyprinides, réparties dans 95 genres; abstraction faite de
ses Homalopterina et des Cobitidna.

Pl. IV et plus part. fig. 1, *n*, *o* et *p*.) Toutefois, il est bon de tenir toujours compte des différences d'aspect que peut présenter une dent, selon qu'elle est fraîche ou usée. En effet, plus ou moins vite déformés par le frottement, ces organes ont besoin de fréquents renouvellements. De Siebold[1] semble penser que le changement ou la mue dentaire ne s'opère que durant le temps des amours; mais, j'ai trouvé souvent des dents en voie de remplacement en dehors de cette époque[2]. En général, la base de la dent usée devient le siège d'une inflammation locale qui hâte la chute de l'organe et concourt à la formation du pied osseux de la dent nouvelle; pendant ce temps, la couronne future croît et se développe dans la gencive charnue, sur la face externe de l'os pharyngien pour les plus grandes dents, sur le côté intérieur pour les petites, quand il y a deux ou trois rangs, et petit à petit elle est poussée vers le piédestal sur lequel elle doit monter et se souder[3]. (Voyez, pour plus amples détails, à la dentition du *Leuciscus rutilus*). (Voyez aussi pl. IV, fig. 5 et 6.)

L'étude comparée des meules de nos divers Cyprinides m'a permis de reconnaître, jusqu'à un certain point, le mode d'agir des dents sur cette plaque d'aspects différents et de consistances très variées. J'ai reconnu, à la structure de la meule, ainsi qu'à la forme et à la disposition des impressions dentaires : des dents franchement molaires ou broyantes (*molares*),

---

[1] Süsswasserfische, p. 82.

[2] Jurine (Note sur les dents et la mastication des Poissons appelés Cyprins. Mém. Soc. Phys. et S. N., Genève, I, 1re part. 1821, p. 19-24, pl. I, fig. 4-6.) dit qu'il a toujours trouvé des dents en formation chez les Poissons qu'il a examinés. Selon lui, la dent nouvelle se développe dans une petite vésicule remplie d'une matière gélatineuse et la couronne est formée d'une substance émailleuse au dehors et osseuse en dedans. Cet auteur a eu le tort de méconnaître une usure assez rapide des dents pharyngiennes, car cette déformation par le frottement est évidente pour qui a examiné les dents d'une espèce à différents âges et à diverses époques.

[3] Jurine (l. c. p. 23) émet l'hypothèse que les Cyprins sont peut-être propres à ruminer. Le grand développement de l'appareil masticateur de l'arrière-bouche, chez ces Poissons, pourrait appuyer, jusqu'à un certain point, cette supposition; toutefois, la forme de l'estomac ne paraît guère devoir permettre un séjour prolongé des aliments dans cette partie antérieure du tube digestif.

broyant contre une meule très dure et à peine marquée d'impressions dentaires, comme chez nos représentants des genres *Cyprinus* et *Tinca;* des dents partageantes (*dividentes*) divisant ou éraillant les aliments sur une meule relativement molle et plus ou moins fissurée, ou sillonnée, comme chez nos *Barbus* et *Gobio;* des dents tranchantes (*secantes*) coupant ou hâchant sur une meule aplatie, plus ou moins dure, comme chez nos *Rhodeus* et *Chondrostoma;* des dents écrasantes (*contusores*) foulant contre une meule plus ou moins allongée, mais peu saillante, avec des impressions peu profondes, comme chez nos *Abramis* et *Blicca;* des dents rongeantes (*rodentes*) frottant contre une meule plus ou moins allongée, dure, saillante et mamelonée, comme dans le genre *Leuciscus;* des dents sciantes (*serrantes*) travaillant contre une meule volontiers subovale, dure, assez épaisse et marquée de sillons alternants ou entre-croisés, comme chez nos *Abburnus* et *Scardinius;* enfin, des dents déchirantes (*lacerantes*) agissant contre une meule dure et épaisse, plus ou moins creusée au milieu et volontiers cordiforme avec un large talon, comme dans nos genres *Squalius*, *Phoxinus* et *Spirlinus*. Il m'a semblé que les mouvements, ou les modes d'action des dents, bien que parfois presque semblables pour des aliments de natures différentes, devaient cependant être pris en aussi sérieuse considération que les formes même de ces organes, formes souvent bien différentes aussi en vue d'un même résultat. C'est pourquoi j'ai cru devoir donner des noms à certains ensembles de dentitions paraissant avoir un but commun; tout en conservant, à côté de ceux-ci, les qualificatifs rappellant, comme ceux proposés par Heckel[1], la structure même de la dent.

Remarquons, en passant, que Heckel, et la plupart des ichthyologistes après celui-ci, ont figuré les pharyngiens des

[1] Ueber einige neue oder nicht gehörig unterschiedene *Cyprinen*, nebst einer systematischen Darstellung der europäischen Gattungen dieser Gruppe; Ann. Wien. Mus. der Naturg. I, 1835. — Abbildungen und Beschreibungen der Fische Syriens nebst einer neuen Classification und Charakteristik sämmtlicher Gattungen der Cyprinen; Russegger's Reisen, I, Th. 2, 1843.

Cyprinides dans le sens inverse de celui de mes figures. Ces
auteurs ont, pour leurs images des dentitions, renversé le poisson sur le dos; il m'a paru plus rationnel de représenter l'appareil masticateur dans sa position véritable, le poisson étant vu
de face, dans sa position naturelle, soit sur le ventre.

La plupart de nos Cyprinides portent, comme d'autres Physostomes, à l'avant des nageoires ventrales, contre le côté
externe du premier grand rayon, un petit rayon osseux plus ou
moins développé. Ce dit rayon antérieur externe, qui n'a rien
de commun avec l'épine ventrale des Acanthoptérygiens, m'a
paru constamment dépourvu d'articulations, formé d'une seule
tige pleine, plus ou moins courbé ou tordu, et toujours dépourvu
à la base de fourche articulaire, comme s'il n'avait d'autre but
que d'appuyer et de fortifier par le côté la nageoire abdominale
(Voy. pl. II, fig. 20, 37 et 39). Les autres rayons plus ou moins
rigides et osseux qui appuyent généralement, en avant, les
nageoires dorsale et anale, ainsi que les plus petits rayons
décroissants qui appuyent aussi les latéraux de la caudale, ne
sont pas davantage des épines ou des pseudo-épines, comme
l'ont supposé quelques ichthyologistes; en effet, les plus grands
présentent d'ordinaire des articulations plus ou moins apparentes, au moins vers le sommet, et les deux tiges accolées
qui composent les plus petits sont mal soudées et largement
distantes dans le bas, comme dans l'état rudimentaire de beaucoup de rayons articulés[1] (Voy. pl. II, fig. 22 à 27 comparées
aux fig. 4, 6, 11, 13 et 14).

Sur vingt-un genres européens, notre pays en peut compter,
comme je l'ai dit, quatorze solidement établis[2]. Je détruis, dans

---

[1] Il ne sera peut-être pas inutile, en abordant cette première famille
des *Physostomi*, de rappeler que, dans les formules subséquentes des
nageoires, les chiffres à gauche de la barre oblique représentent, non
plus des épines ou des pseudo-épines, mais seulement des rayons simples,
soit non divisés. Le mot *simple* n'a pas d'autre signification que non
rameux, car il est appliqué ici, à défaut d'autre, à des rayons la plupart
du temps articulés et composés de deux tiges accolées, mais non divisés.

[2] Il nous manque : les *Carassius* (Nilss.), Europe moy. et sept., *Aulo-
pyge* (Heckel), Dalmatie, *Pelecus* (Agass.), Europe moy. et orient., *Aspius*

ce compte, les genres *Carpio* et *Leucos* de Heckel, *Telestes* de Bonaparte, *Abramidopsis* et *Bliccopsis* de Siebold. Le premier et les deux derniers ne sont basés que sur des formes bâtardes qui ne méritent, par conséquent, pas une distinction générique; le second et le troisième reposent sur des caractères de trop petite importance, pour que je ne les réunisse pas, les *Leucos* aux *Leuciscus* et les *Telestes* aux *Squalius*. Par contre, je sépare, sous le nom de *Spirlinus*, dans un genre nouveau, le *Cyprinus bipunctatus* qui s'éloigne, sur différents points, d'un côté des *Abramis* parmi lesquels Günther l'a rangé, de l'autre des *Abburnus* auxquels Heckel l'a réuni. La plupart des nouvelles coupes génériques proposées par Fitzinger[1] ne me paraissent pas plus heureuses que celles que je viens de supprimer. Cet auteur se base, en effet, souvent sur des caractères de si petite valeur qu'ils suffisent à peine à faire distinguer nettement deux espèces, et qu'ils renvoyent même parfois dans deux genres différents deux formes assez voisines pour être très discutables au point de vue de la distinction spécifique[2].

Le Dr Günther établit, dans sa première division des *Cyprinidæ*[3], soit dans la famille telle que je la comprends ici, douze tribus basées principalement sur la disposition des dents, sur la présence ou l'absence de barbillons, sur la forme arrondie ou pincée du ventre, sur l'extension et la courbe de la ligne latérale, et sur les longueurs comparées ainsi que sur les rapports de position des nageoires dorsale, anale et ventrales. Bien que ces groupements fassent ressortir çà et là quelques affinités naturelles, je ne crois pas que les caractères qui y sont préposés

---

(Agass.), Europe moy. et sept., *Leucaspius* (Heck. Kn.), Autriche, *Idus* (Heckel), Europe moy. et sept., et *Phoxinellus* (Heckel), Dalmatie; je serai toutefois obligé de dire, en passant, quelques mots des genres *Carassius* et *Idus*.

[1] Die Gattungen der europäischen Cyprinen nach ihren äusseren Merkmalen, von Dr Leop. Jos. Fitzinger (Sitzb. der K. Acad. der Wissensch. I. Abth. Juli, 1873.

[2] Entre autres : (l. c., p. 8, 18, 19, 20 et 21) genre RUBELLUS (*Leuc. Pigus*) et genre ORFUS (*Leuc. Virgo*), ou genre CEPHALUS (*Sq. dobula*) et genre CEPHALOPSIS (*Sq. cavedanus*).

[3] Catal. of Fishes, VII, p. 3.

aient toujours une importance suffisante pour permettre la formation de tribus différentes. Sans prendre d'exemples en dehors des genres qui vivent autour de nous, nous verrons, entre autres, bien vite : que les barbillons existent ou manquent chez des espèces, comme la Carpe et le Carassin, cependant très voisines; que les dents sont sur un ou sur deux rangs chez des Poissons, comme la Brême et la Blicke, très semblables entre eux; que la ligne latérale varie souvent en extension jusque chez une même espèce, le Véron par exemple; enfin, que la position relative des nageoires varie passablement jusque dans un seul genre. Souvent ces traits distinctifs poussent à des rapprochements que contredisent d'autres considérations; plus souvent encore des transitions insensibles amènent de l'un à l'autre. Ces divers caractères peuvent être appliqués aux genres, mais non à des tribus. Heckel[1] a proposé de subdiviser le vaste ensemble des *Cyprinidæ* en trois groupes principaux : en *Pachychili*, pourvus de lèvres charnues plus ou moins épaisses, et comprenant tous nos Cyprinides à l'exception des Chondrostomes; puis en *Temnochili*, armés de lèvres minces et protégées par un étui cartilagineux, comme ces derniers nos Chondrostomes; enfin, en *Catostomi*, porteurs de dents pharyngiennes très nombreuses. Bien que Blecker ait fait souvent un utile usage des caractères tirés des lèvres, dans son *Consp. syst. Cyprinorum*[2], je ne crois pas cependant que ce trait particulier ait assez d'importance pour pouvoir, en vue de l'établissement de sous-familles, primer toujours sur plusieurs autres, souvent avec lui en flagrante contradiction[3].

Nos Cyprinides suisses, la plupart du temps séparés par de nombreuses espèces étrangères qui les relient plus ou moins, peuvent paraître, il est vrai, devoir former, au premier abord, divers groupes rationnels; mais, cette apparence ne tenant

---

[1] Süsswasserfische, p. 51 à 53.

[2] Natuurk. Tijdsch. voor Nederlandsch Indië, Deel XX, 1859-1860, p. 421.

[3] Qu'il me suffise, parmi de nombreux exemples, de citer seulement le *Rhodeus* qui rappelle en même temps les Carpes ou les Carassins, par les formes extérieures du corps et de la bouche, dans les *Pachychili*, et les Chondrostomes, dans les *Temnochili*, par la structure en lame tranchante des dents et la forme aplatie de la meule.

guère qu'à la pauvreté relative de notre faune, je crois devoir
ranger simplement à la suite les uns des autres, dans un ordre
aussi naturel que possible, nos quelques genres indigènes.

Les Cyprinidés, très répandus dans des conditions diverses,
varient beaucoup, jusque dans une même espèce, avec les milieux
et les circonstances. Les formes générales et les rapports de
proportions varient constamment avec l'âge, l'époque et la
richesse de l'alimentation. L'apparence et les dimensions de la
tête, ainsi que la position plus ou moins inférieure, horizontale,
oblique ou supérieure de la bouche se modifient également, les
premières avec l'âge et la limite de taille permise par le milieu, la
seconde avec le moyen que le poisson est forcé d'employer le plus
souvent pour prendre, suivant les circonstances, sa nourriture
au-dessus de lui à la surface, ou entre deux eaux, ou au-dessous
de lui sur le fond[1]. La grandeur de l'œil, l'allongement relatif du
museau et la largeur du front changent à leur tour avec l'âge,
et demeurent dans des rapports différents, selon les conditions
favorisant ou ralentissant le développement. Les nageoires, qui
varient un peu avec l'âge, prennent aussi plus ou moins d'extension, selon les conditions d'habitat et l'état ou la nature des eaux.
Enfin, la livrée varie également beaucoup avec l'alimentation, la
température, la lumière, l'époque, le sexe et l'âge. Si l'on joint à
ces premières causes de divergences secondées par la sélection
naturelle, plusieurs autres exemples de variabilité individuelle
ou accidentelle, qu'il est souvent difficile de s'expliquer, on se
convaincra bientôt que la détermination exacte de l'espèce, ou
la décision péremptoire entre cette dernière et la variété, est
souvent fort embarrassante, et qu'il faut être toujours fort cir-
conspect dans cette matière.

Ayant eu, dans ce travail, l'occasion d'étudier plusieurs espèces soumises à des conditions assez différentes, réprésentées, par
exemple, à la fois dans la plaine ou les vallées et très haut sur les
montagnes, ou au nord et au sud des Alpes, je me suis souvent
trouvé en face de variantes plus ou moins profondes, auxquelles
je ne savais trop d'abord quelle importance attacher. Toutes les

---

[1] Voy. *Variabilité de l'espèce à propos de quelques poissons*, par V. Fatio;
Archiv. Sc. phys. et nat. Genève, fév. 1877.

fois que j'ai constaté, entre deux formes, des transitions suffisantes, j'ai réuni ces variétés sous un nom commun, avec un
numéro d'ordre spécial unique. Quand, par contre, il m'a semblé
manquer un degré à l'échelle, bien que je fusse très porté à
croire à l'identité de la souche, j'ai décrit séparément, mais sous
le même numéro répété, les deux formes, comme races locales
ou *subspecies* ; cela afin de faire ressortir les résultats actuels des
différences d'habitat, sans attribuer aux deux formes une importance spécifique, et en attendant que d'autres observateurs relèvent peut-être les traits d'unions qui m'ont manqué.

Bon nombre de Cyprinides étant doués de l'instinct de sociabilité, et diverses espèces se trouvant fréquemment réunies, par
une conformité de goûts, dans les mêmes conditions, on ne doit
pas s'étonner de trouver dans cette famille, plus peut-être que
dans d'autres, des mélanges et des produits hybrides d'espèces
entre-croisées ou de genres différents. Que deux espèces viennent
à frayer sur le même point d'un rivage, dans le voisinage immé-
diat l'une de l'autre, comme cela se voit facilement, et il n'y
aura rien de surprenant à ce que la laitance du mâle de l'une
féconde en même temps les œufs de l'autre. On connaît, en
effet, déjà plusieurs formes bâtardes ainsi créées. Certaines
localités paraissent plus propices à ces mélanges que d'autres ;
notre pays m'a semblé, jusqu'ici, plutôt pauvre sous ce rapport.

Les hybrides *congénères*, soit entre espèces d'un même genre,
sont plus difficiles à reconnaître que les produits de deux genres
différents ou *digénères*, par le fait de l'analogie des principaux
caractères, de la moindre importance des traits distinctifs com-
binés et, par là, de l'apparence moins frappante des traces du
mélange. Je suis convaincu que l'on range, sans le savoir,
plusieurs de ces premiers parmi les variétés de certaines espèces.

Afin d'éviter le double écueil de créer des groupes génériques
pour des formes mixtes dont il n'est pas même prouvé qu'elles
puissent toujours multiplier, et pour ne pas embrouiller, par
l'addition de caractères indécis, des caractéristiques génériques
bien établies, je rapprocherai simplement les quelques hybrides
dont j'ai à parler de l'espèce-mère à laquelle ils ressemblent le
plus, en les rangeant sous le titre de forme bâtarde ou Hybride
entre telle ou telle espèce. Toutefois, pour ne pas donner à ces

formes bâtardes et par là indécises un des noms qui leur ont été jusqu'ici successivement attribués, noms qui tous ont le tort d'afficher ou l'importance d'un genre ou le degré de constance d'une espèce, je composerai, pour désigner ces hybrides, des mots qui rappellent : d'un côté le ou les genres auxquels ils se rattachent, de l'autre les espèces-mères qui leur ont donné naissance. Ces noms composés seront appelés à remplacer les caractéristiques génériques, et ce sera à la description des sujets hybrides de montrer les relations, de prouver le mélange et de faire ressortir les caractères intermédiaires.

Le premier qualificatif sera formé : ou par le nom du genre auquel appartiennent les espèces souches accompagné du mot *nothus* (bâtard), lorsqu'il s'agira d'un hybride congénère, ou d'un composé des noms des deux genres réunis, celui dont le métis se rapproche le plus étant le second, alors qu'il s'agira d'un hybride digénère. Le second qualificatif sera formé, à son tour, des noms spécifiques des deux espèces-mères, que l'origine soit simple ou double au point de vue générique. Les parties composantes des deux qualificatifs seront réunies par un tiret, pour accuser à première vue l'origine mixte du poisson en question. A côté de l'avantage que je trouve dans ce mode de dénomination des formes bâtardes en général, eu égard à la position de celles-ci dans la classification, je vois encore la facilité d'indiquer, par le nom même, au moyen de l'interversion possible des termes de chaque qualificatif, lequel des genres ou laquelle des espèces-mères a prédominé dans le mélange.

De même que j'ai distingué jusqu'ici les espèces succinctement décrites, comme étrangères, par l'absence de numéro d'ordre, je distinguerai aussi les hybrides qui n'ont point encore été trouvés en Suisse, par le défaut de numéro en tête ; tandis que les hybrides dont la présence a été constatée porteront à la fois les deux numéros des espèces-mères.

Après cela, j'ai cherché à trouver quelques nouveaux caractères qui pussent m'aider pour l'établissement des genres, des espèces et des variétés, dans les formes de quelques pièces solides faciles à examiner, dans la meule pharyngienne, dans le maxillaire supérieur et dans les sous-orbitaires. Ces trois points de comparaison, non seulement m'ont facilité souvent

le rapprochement de diverses formes d'une même espèce soumises à la variabilité dans d'autres caractères, mais encore
m'ont montré, tantôt de nouvelles relations entre espèces du
même genre, ou des affinités entre groupes différents, tantôt
des preuves évidentes de l'identité des espèces souches de
certains hybrides. N'ayant pas eu l'occasion d'examiner à ce
point de vue beaucoup d'espèces qui nous font défaut dans
plusieurs genres, je ne ferai pas usage jusqu'ici de ces traits
caractéristiques dans mes diagnoses génériques; toutefois, je ne
manquerai pas de les rappeler à la fin de la description de mes
genres, pour attirer l'attention des ichthyologistes et pousser
ceux-ci à peser à l'avenir l'importance de chacun au point de
vue générique (Voy. pl. II les différents maxillaires, et pl. IV
lès meules comparées, avec les dents).

Enfin, constatant que plusieurs espèces ont été établies sur
des différences d'âge et de sexe, j'ai cherché, chez nos poissons,
quelques traits extérieurs qui permissent de distinguer, soit les
jeunes des adultes, soit les mâles des femelles. J'ai déjà signalé,
en deux mots, quelques divergeances de proportions qui dépendent de l'âge; je ne citerai plus, en passant, à propos de la
différentiation des sexes, que l'un des traits principaux que
nous serons appelés à relever dans nos descriptions. En dehors
de certaines différences tout à fait temporaires, dans la livrée
de noces (coloration et tubercules épidermiques), on ne connaissait guère jusqu'ici de particularité du mâle, chez nos Cyprinides [1], que le gonflement erotique du grand rayon simple des
nageoires ventrales chez la *Tinca vulgaris* qui, sur ce point
encore, fait exception dans la famille. Or, j'ai constaté, comme
nous le verrons, chez beaucoup de nos espèces, un développement analogue, quoique plus ou moins accentué, du ou des premiers rayons des nageoires pectorales chez les mâles; développement ignoré qui, pour être plus accusé à l'époque du rut,
n'en est pas moins presque toujours plus ou moins apparent [2].

---

[1] Canestrini (Archiv. für Naturg. 1871, I, p. 222) a signalé une
enflure du second rayon des pectorales, chez le *Cobitis taenia*.

[2] Voyez : *Sur le dévelop. diff. des nag. pectorales dans les deux sexes*,
par V. Fatio, *Archiv. Sc. phys. et nat.*, Genève, janv. 1875.

Genre 1. CARPE.

CYPRINUS, Linné.

Dents pharyngiennes trapues, à couronne subarrondie, plus ou moins aplatie et sillonnée, et disposées, au nombre de cinq, en trois rangs sur chaque os : trois grosses en rang postérieur, plus deux petites, l'une devant l'autre, en avant de celles-ci. Bouche antérieure, plutôt étroite, garnie de lèvres assez épaisses et pourvue de deux barbillons de chaque côté. Museau large et arrondi. Corps oblong, médiocrement comprimé; dos un peu voûté et tectiforme; ventre subarrondi, soit non pincé en arête. Écailles grandes, assez épaisses et volontiers un peu granuleuses sur le bord libre; ligne latérale complète, presque droite et passant près du milieu du tronc. Nageoire dorsale à base très étendue, avec un premier grand rayon osseux dentelé, et commençant au-dessus des ventrales; anale à base courte, également avec un premier grand rayon dentelé et naissant un peu en avant de l'extrémité de la dorsale. Caudale petite ou moyenne et à lobes quasi-égaux.

Dentes molares, 1.1:3 — 3.1.1, complanati [1].

Ce genre, propre aux régions tempérées d'Europe et d'Asie, ne compte jusqu'ici qu'un très petit nombre d'espè-

[1] Dans ces formules génériques de dentition, les chiffres à gauche et à droite de la barre horizontale représentent le nombre des dents sur les os pharyngiens gauche et droit; les points séparent, de chaque côté, les différents rangs sur lesquels se trouvent ces dents, de l'avant à l'arrière ou des bords au centre.

Pour indiquer plus facilement la position relative des deux os, avec un total de dents parfois un peu différent, par la formule elle-même, je dois considérer ici le poisson par derrière; tandis que, dans les figures, il est toujours représenté par devant ou en face.

ces; toutefois, le *Cyprinus Carpio*, qui seul se trouve en Europe, ayant été depuis longtemps domestiqué en divers pays et par là soumis à des influences très différentes, a subi un si grand nombre de modifications que ses nombreuses variétés ont donné lieu à la formation d'une grande quantité de fausses espèces.

Les Carpes vivent, il est vrai, dans toutes sortes d'eaux douces et dans des conditions très variées; toutefois, elles semblent préférer toujours les eaux à faible courant ou stagnantes et propres à la végétation. Bien que s'attaquant au besoin à des substances animales, ce poisson a cependant un régime en grande partie végétal. Les Carpes sont, en particulier, volontiers granivores, comme l'indiquent, du reste chez elles, la forme des dents, la structure de la meule et la longueur du tube digestif.

La Carpe, mêlée avec le Carassin d'un genre voisin, a donné lieu, dans quelques pays, à la formation d'un hybride dont les caractères, tant de dentition que de formes et de proportions diverses, tiennent le milieu entre ceux des deux espèces-mères. C'est à tort, comme je l'ai dit, que l'on a attribué le nom générique de *Carpio* à cette forme bâtarde dont les traits distinctifs oscillent continuellement entre les deux extrêmes et ne peuvent être, par conséquent, fixement déterminés.

Notre Carpe ne porte pas de pseudobranchies [1].

Voyez, dans la description de notre unique espèce du genre, les caractères tirés de l'appareil masticateur, du maxillaire supérieur et l'arcade sous-orbitaire [2].

---

[1] L'absence ou la présence des pseudo-branchies peut avoir une certaine importance dans la distinction des genres de Cyprinides; je ne relèverai toutefois pas ce caractère dans la diagnose des genres chez lesquels je n'ai pu examiner qu'une proportion relativement petite des espèces.

[2] Je répète que je signale à dessein ces divers caractères spécifiques à

1. LA CARPE COMMUNE.

DER GEMEINE KARPFEN. — CARPA.

CYPRINUS CARPIO, Linné.

Olivâtre, brune ou noirâtre, en dessus; des reflets dorés, verdâtres ou rougeâtres sur les côtés. Jaunâtre en dessous; tranche inférieure du pédicule caudal jaune ou orangée. Anale brun-rougeâtre ou orangée; ventrales orangées ou violacées. Corps oblong, médiocrement voûté et tectiforme sur le dos. Écailles lat. ant. fortes, subcarrées et plus grandes que l'œil, chez l'adulte. Museau obtus; le barbillon inférieur, le plus long, égal environ à un ou un et demi diamètre de l'œil. Opercule strié en éventail. Dorsale beaucoup plus longue que haute. Anale subcarrée et plus haute que longue; sa base moindre que le tiers de celle de la dorsale. Ces deux nageoires avec un grand rayon fortement dentelé. Caudale moyenne, à lobes quasi-égaux (Taille moyenne d'adultes et de vieux sujets : 50 centimètres à 1 mètre).

Cinq sous-orbitaires : le premier de forme allongée et au moins aussi long que l'œil; le dernier subovale, au moins moitié du premier. Maxillaire sup. fort, avec un coude postérieur retroussé et une large palette inférieure. Pharyngiens portant une corne sup. courte, élargie au bout, et une arête aiguë sur la branche inférieure. Meule triangulaire, épaisse et très dure. Dents trapues à couronne subovale, aplatie et sillonnée.

D. 3—4/17—22, A. 3/5(6), V. 2/7—9, P. 1/(14)15—17, C. 19 maj.

$$\text{Sq. } 34 \ \frac{5-6 \ (7)}{(4) \ 6-5 \ (7)} \ 39. \text{ Vert. } 36-37.$$

CYPRINUS CARPIO [1], *Linné*, Syst. Nat., ed. XII, p. 525; ed. XIII, *Cur. Gmelin*, I, III, p. 1411. — *Bloch*, Fische Deutschlands, I, p. 92, Tab. 16.

la suite de chaque description de genre, pour attirer sur eux l'attention des ichthyologistes, et pousser dans l'avenir à une étude comparée de l'importance de chacun, au point de vue générique.

[1] *Cyprinus cirrosus* de Schæffer, Epist. de Stud. Ichthyol., 1760.

CYPRINUS CARPIO, *Lacep.*, V, p. 504. — *Pallas*, Zoogr. Ross.-As., III, p. 289.
    — *Razoumowski*, Hist. Nat. du Jorat, 1789, I, p. 130. — *Cuvier*,
    Règne Anim., II, p. 191. — *Jurine*, Hist. Poiss. du Léman :
    Soc. Phys., III, 204, pl. 9. — *Hartmann*, Helvet. Ichthyol.,
    p. 174. — *Steinmüller*, N. Alpina, II, p. 342. — *Flemming*,
    Brit. An., p. 185. — *Nilsson*, Skand. Fauna, IV, p. 284. —
    Bonaparte, Faun. Ital., 1832-41, III; Fasc. XVIII, pl. 108,
    fig. 2. Cat. Met., p. 26, n° 140. — *Nenning*, Fische des Boden-
    sées, p. 23. — *Holandre*, Faune de la Moselle, p. 240. —
    Schinz, Faun. Helvet., p. 153, et Europ. Fauna, II, p. 297. —
    Cuv. et Val., Hist. Nat., XVI, p. 23. — *De Selys*, Faune Belge,
    1842, p. 196. — *De Filippi*, Cenni, p. 395. — *Yarrell*, Brit.
    Fish., 2ᵉ edit., I, p. 349. — *Günther*, Fische des Neckars, p. 35.
    — *Heckel et Kner*, Süsswasserfische, p. 54, fig. 21. — *Fritsch*,
    Fische Böhmens, p. 4. Ceske Ryby, p. 7. — *De Betta*, Ittiol.
    Veron, p. 58. — *Dybowsky*, Cyprin. Livlands, 1862, p. 36. —
    Jeitteles, Fische der March, p. 21. — *De Siebold*, Süsswasser-
    fische, p. 84.— *Monti*, Not. dei Pesci, p. 30. — *Jäckel*, Fische
    Bayerns, p. 17. — *Canestrini*, Prospetto crit., p. 20. — *Blan-
    chard*, Poissons de France, p. 322, fig. 65. — *Günther*, Catal.
    of Brit. Mus., 1868, p. 25. — *De la Fontaine*, Faune du Luxem-
    bourg, p. 28. — *Lunel*, Poissons du Léman, p. 29, pl IV. —
    Pavesi, Pesci e pesca del cant. Ticino, p. 24.
»   REX CYPRINORUM, *Bloch*, Fische Deutschl., III, 178. *et auctorum*.
»   NUDUS, *Bloch*, Fische Deutschl., III, p. 178.
»   CORIACEUS, *Lacepède*, V, p. 528.
»   SPECULARIS, *Lacep*., V, p. 528.
»   MACROLEPIDOTUS, *Hartmann*, Helvet. Ichthyol., p. 183.
»   REGINA, *Bonap.*, Faun. Ital. et Cat. Met., p. 26, n° 141. — *De
    Selys*, Faune Belge, p. 195. — *Cuv. et Val.*, XVI, p. 63. —
    Heckel et Kner, Süsswasserfische, p. 62, fig. 26.
»   ANGULATUS, C. THERMALIS, *Heckel*, Dispositio syst. fam. Cyprin.,
    p. 23.
»   HUNGARICUS, *Heckel*, Ann. Wien. Mus., I, p. 222, Tab. 19, fig. 1.
    — *Cuv. et Val.*, XVI, p. 65.— *Bonap.*, Cat. Met., 26, n° 142.—
    Heckel et Kner, Süsswsserfische, p. 60, fig. 23 et 24. —
    Jeitteles, Fische der March, p. 21.
»   ELATUS, *Bonap.*, Faun. Ital. *De Selys (part.)*, Faune Belge, p. 197.
    — *Cuv. et Val.*, XVI, p. 62. — *Bonaparte*, Cat. Met., p. 26,
    n° 146.
»   NORDMANNII. *Cuv. et Val.*, XVI, p. 66, pl. 456. — *Bonaparte*, Cat.
    Met., p. 26, n° 145.
»   BITHYNICUS, *Richards*. Proc. Zool. Soc., 1836, p. 372 *(sec. Günther)*.
»   ACUMINATUS, *Heckel et Kner*, Süsswasserfische, p. 58, fig. 22.
CARPIO VULGARIS, *Rapp*, Fische des Bodensees, p. 54[1].

---

[1] Günther, Catal. of Fishes, VII, p. 27, donne d'autres synonymes de
variétés exotiques.

Noms vulgaires, suisses : (S. F.), *Carpe* et var. *Reine des Carpes, Carpe à miroir* et *Carpe à cuir.* — (S. A.) *Karpf, Karpfe, Karpfen;* (jeunes, à Constance, sec. Hartm. *Sezling* et *Sproll.*), var. *Spiegelkarpfen* et *Lederkarpfen.* — (T.), *Càrpan* et *Càrpin.*

Corps moyennement allongé, assez épais ou médiocrement comprimé, passablement atténué devant la caudale, plus ou moins convexe ou voûté en dessus et relativement droit ou moins convexe en dessous. Le dos plus ou moins tectiforme; le ventre plutôt large et aplati, soit non pincé. Le profil inférieur un peu relevé obliquement le long de l'anale.

La hauteur maximale, d'ordinaire vers l'origine de la dorsale, à la longueur totale, comme 1 : 3 $\frac{1}{2}$—4, selon l'âge et les individus, chez la majorité des Carpes de moyennes dimensions dans notre pays; chez quelques sujets plus élevés ou plus élancés 3 $\frac{1}{4}$ ou 4 $\frac{1}{4}$. Cette même élévation, à la longueur sans la caudale, comme 1 : 3—3 $\frac{1}{2}$ dans la forme moyenne[1]. La hauteur minimale, devant la caudale, à l'élévation la plus grande, comme 1 : 2 $\frac{1}{3}$—2 $\frac{3}{4}$. L'épaisseur la plus forte, suivant les individus jeunes ou vieux et mâles ou femelles, derrière l'angle de l'opercule ou plus en arrière vers les trois quarts des pectorales, égale environ à la $\frac{1}{2}$ de la hauteur maximale chez des sujets de taille moyenne, ou près des $\frac{2}{3}$ chez des vieux. — Une section verticale médiane, par le fait, ovoïde plus ou moins large et un peu conique dans le haut.

L'ouverture anale située à peu près aux $\frac{3}{5}$ de la longueur totale, ou un peu plus en avant, chez les mâles principalement.

Tête de moyenne dimension et subconique vue par le côté, avec un museau plus ou moins large et obtus. Le profil supérieur presque droit ou légèrement convexe, et passablement incliné, soit continuant à peu près la pente de la nuque, ou faisant avec celle-ci, selon la forme plus ou moins voûtée des individus, un angle aussi plus ou moins accentué; le profil

---

[1] Heckel et Kner (Süsswasserfische, p. 58 et 61) donnent, pour ce dernier rapport, 1 : 2 $\frac{1}{2}$ à 2 $\frac{2}{3}$, chez le *Cyp. acuminatus*, et 1 : 3 $\frac{1}{2}$-4, chez le *Cyp. hungaricus;* deux formes, l'une plus élevée, l'autre plus allongée, auxquelles ils ont attribué, à tort, je crois, une valeur spécifique.

inférieur faiblement convexe ou presque horizontal, avec un menton d'ordinaire peu ou médiocrement proéminent.

La longueur céphalique latérale, à la longueur totale de l'animal, comme 1 : 4 $\frac{1}{2}$—5 chez des adultes (parfois 4 $\frac{1}{6}$ chez des jeunes) et mesurant les $\frac{4}{5}$ ou les $\frac{5}{7}$ de la hauteur du corps, chez des adultes (jusqu'à $\frac{9}{10}$ environ chez des jeunes). La longueur de la tête, en dessus, de $\frac{1}{9}$ à $\frac{1}{4}$ plus faible que la longueur latérale, suivant l'âge plus ou moins avancé. La hauteur à l'occiput variant, selon les sujets, des $\frac{4}{5}$ aux $\frac{6}{7}$ de la longueur latérale à l'angle de l'opercule. L'épaisseur, sur l'opercule, au moins égale à celle du tronc chez les jeunes, un peu moindre chez les vieux ; d'ordinaire à peu près égale aux $\frac{3}{5}$ ou aux $\frac{4}{7}$ de la longueur latérale, chez les individus de taille moyenne, et correspondant, selon la forme plus ou moins convexe ou raplatie du front, à l'élévation au niveau du centre de l'œil ou un peu en arrière de l'orbite.

Deux barbillons charnus de chaque côté du museau : un premier pendant à l'angle de la bouche et mesurant d'ordinaire de 1 à 1 $\frac{1}{2}$ diamètre de l'œil, volontiers plus long chez les vieux ou relativement plus court chez les jeunes ; un second égal au tiers ou à la moitié du précédent et fixé au-dessus, vers le milieu du maxillaire supérieur. Ces appendices du reste de dimensions passablement variables. Exceptionnellement, un barbillon inférieur seulement.

Bouche terminale, ou antérieure, légèrement oblique, très protractile et relativement peu fendue, soit arrivant au plus au-dessous des narines. Les deux mâchoires à peu près de même longueur et garnies de lèvres épaisses. La langue peu développée, mais remplacée par un grand rideau muqueux, finement granuleux et riche en filets nerveux, étendu contre le palais et très épais vers l'arrière-bouche.

Narines composées, de chaque côté, de deux orifices assez grands, très rapprochés l'un de l'autre et situés environ au tiers de la distance qui sépare le bord de l'œil du bout du museau [1]. L'orifice antérieur arrondi et bordé d'une large

---

[1] Je prends cette distance en mesurant, au centre des narines, sur la cloison séparatrice.

valvule capable de recouvrir, en se rabattant, l'orifice postérieur ; ce dernier plus grand que le précédent, non bordé et
de forme plus ovale.

Des pores assez apparents faisant, comme chez la plupart
de nos poissons, suite à la ligne latérale mucosonerveuse,
de chaque côté de la tête : une première ligne de pores,
presque droite, suivant le bord supérieur de l'opercule,
passant au-dessus de l'œil et joignant les narines ; une
seconde ligne entourant l'œil en dessous, tout le long sur
les sous-orbitaires et jusque sur le museau (Voy. pl. IV,
fig. 1, *q*, *r*, *t* et *s*). D'autres pores distribués en demi-cercle
sur le préopercule ; d'autres enfin sous le maxillaire inférieur.
Œil arrondi, placé assez haut et plutôt petit ; soit d'un diamètre,
à la longueur latérale de la tête, comme 1 : 5—7 $^3/_4$, suivant
les individus jeunes ou vieux ; parfois même 1 : 4 chez de
très petits sujets.

L'espace préorbitaire variant, avec l'âge de plus en plus
avancé, de 1 $^1/_2$—3 diamètres de l'œil et égal, suivant les
cas, à $^1/_3$ ou $^2/_5$ de la longueur de la tête par le côté. L'espace
postorbitaire égal, le plus souvent, à la moitié de la même
longueur latérale. L'espace interorbitaire à peu près égal à
l'espace préorbitaire, soit mesurant environ deux diamètres
oculaires chez les jeunes ; mais notablement plus grand
chez les vieux, soit un peu plus fort même que trois diamètres oculaires et égal alors à peu près aux $^2/_5$ de la longueur latérale de la tête.

Arcade sous-orbitaire formée de cinq os juxtaposés en demi-
cercle et parcourus par un canalicule saillant, formant au-
dessus de lui de petits embranchements rayonnants : le premier de ces os, le plus grand, s'étendant depuis l'œil jusqu'au maxillaire supérieur, à peu près deux fois aussi long
que haut, subarrondi en avant, plutôt carré en arrière et au
moins aussi long que le diamètre de l'œil chez l'adulte ; le
second, le plus petit, de forme suballongée et trapézoïdale ;
le troisième égal environ au double du précédent et en forme
de demi-croissant ; le quatrième, situé derrière l'œil, trapézoïdal, assez large et d'une surface un peu plus grande que
celle du précédent ; le cinquième, enfin, de forme subarrondie

ou subovale, un peu plus petit que le quatrième et égal au moins à la moitié ou aux deux tiers du premier.

La voûte susorbitaire plutôt petite et médiocrement proéminente (Voy. pl. IV, fig. 1, c, d, e, f, s et u).

Maxillaire supérieur médiocrement large et convexe en avant dans la moitié supérieure ; décrivant, vers le milieu en arrière, un coude relativement faible, subarrondi et un peu recourbé vers le haut. Enfin, développé dans sa branche inférieure en une très large palette fortement tordue en dedans et en avant (Voy. pl. II, fig. 18).

Opercule grand, trapézoïdal, de un tiers à deux cinquièmes plus haut que large et fortement strié en éventail, à partir de l'angle antéro-supérieur. Les côtés supérieur et inférieur quasi rectilignes : le premier faiblement incliné ; le second, de un cinquième à un quart plus long, passablement oblique et formant, avec le bord postérieur légèrement convexe, un angle notablement plus ouvert que l'angle droit, mais plus ou moins largement arrondi.

Sous-opercule assez large et en demi-croissant.

Interopercule formant un coin assez fort entre les pièces précédentes et le préopercule, et passablement apparent au-dessous de ce dernier.

Préopercule largement arrondi (Voy. pl. IV, fig. 1).

La membrane branchiostège soutenue d'ordinaire par trois rayons aplatis et développée en large bande le long du sous-opercule et de l'opercule, jusqu'au sommet de l'arcade scapulaire. (J'ai trouvé une fois quatre rayons branchiostèges des deux côtés, chez une Carpe du lac Léman.)

Os pharyngiens plutôt forts ; l'aile médiocrement longue, assez large au milieu, un peu anguleuse en face de la dent tuberculeuse, graduellement arrondie du côté de la corne supérieure et prolongée en tranche légèrement concave, vers le bas, contre le côté externe de la branche inférieure. La corne sup. arrondie, plutôt courte, assez haute et un peu développée en palette vers le bout. La branche inférieure de moyenne longueur, large à la base, pointue à l'extrémité et présentant une arête assez aiguë au côté postérieur (Voy. pl. IV, fig. 2 et fig. 1, n).

Dents pharyngiennes au nombre de cinq sur chaque os : trois
grosses sur un rang intérieur ou postérieur, plus deux petites, l'une devant l'autre, soit sur deux rangs extérieurs, en
face de la grande médiane. Dans le rang postérieur, la dent
supérieure à pied contourné et étranglé, avec une couronne
ovale, aplatie et plus ou moins sillonnée ; la médiane plus
trapue et plus grosse, avec une couronne, large, aplatie,
sillonnée transversalement et d'une surface à peu près
double de celle de la précédente ; la dernière, en bas, un
peu écartée et assez grosse bien que relativement courte,
avec une couronne arrondie et subconique, soit tuberculeuse.
La petite dent, en second rang, présentant une couronne
arrondie, plate, plus ou moins sillonnée et d'une surface au plus égale au quart de la médiane postérieure ; la
petite dent antérieure ou latérale à couronne également
aplatie et, à son tour, au plus égale en surface au tiers de la
précédente en second rang (Voy. pl. IV, fig. 2).

Meule grande, dure, épaisse, facilement isolable, de forme triangulaire avec des angles quasi-égaux ; l'angle postérieur légèrement retroussé en crochet ; le côté antérieur, soit la base du
triangle, un peu convexe au milieu. La face inférieure, ou de
frottement, un peu relevée au milieu en colline longitudinale
et légèrement creusée ou sillonnée par des impressions dentaires sur les côtés (Voy. pl. IV, fig. 3, la meule de face, 4,
la meule de profil et 1, o, la meule en place).

Dorsale longue, relativement peu élevée, prenant naissance au-
dessus de la base des ventrales, à une distance du museau
le plus souvent, à la longueur totale du poisson, comme
1 : 2 $\frac{1}{2}$—2 $\frac{3}{4}$, suivant la forme et l'âge des individus, et
s'étendant en arrière à peu près jusqu'en face du bout de
la base de l'anale ou légèrement moins loin, soit sur un
espace, à la longueur totale, d'ordinaire comme 1 : 3—3 $\frac{1}{4}$.
La hauteur maximale, au grand dentelé ou au premier divisé,
égale, selon l'âge et la forme plus ou moins élevée des individus, à $\frac{2}{5}$ ou $\frac{1}{2}$ de l'élévation du corps, soit mesurant
entre le tiers et les deux cinquièmes de l'étendue basilaire.
La tranche d'ordinaire d'abord un peu descendante, jusqu'au
quatrième ou au cinquième divisé, puis presque parallèle

au dos jusqu'aux derniers rayons passablement couchés en
arrière.

Vingt à vingt-six rayons : trois ou plus rarement quatre
simples et dix-sept à vingt-deux divisés. Le premier simple
toujours très petit, mais plus ou moins réduit suivant qu'il y
a trois ou quatre simples, et rarement égal à la moitié du
suivant ; celui-ci égal au quart ou un peu plus, mais rarement au tiers du troisième. Ce dernier, égal au premier
divisé ou volontiers un peu plus court, osseux et très rigide
dans presque toute la longueur, bien qu'en bonne partie articulé et plus souple vers le sommet[1] ; enfin armé, à la face
postérieure, de chaque côté d'une rainure médiane embrassant la membrane natatoire, de denticules ou crochets assez
forts, tournés en bas, le plus souvent au nombre de 11 à 14,
commençant rarement avant le quart inférieur du rayon et,
de ce point, croissant graduellement en dimension jusque
vers les deux tiers environ de l'élévation. Le dernier divisé
mesurant entre les deux tiers et la moitié du plus grand.

Anale subcarrée, courte quant à sa base, d'une hauteur à peu
près égale à celle de la dorsale ou même légèrement plus
forte, et prenant naissance, selon les sujets, au-dessous du
cinquième, du sixième ou du septième divisé de la dorsale, à
partir du dernier. L'étendue basilaire variant entre la $\frac{1}{2}$ et
les $\frac{2}{3}$ à peu près de la hauteur du plus grand rayon. La
tranche oblique et droite en majeure partie, mais le plus
souvent tronquée en avant, de manière à décrire, au niveau
du premier divisé, un angle d'autant plus saillant que la
différence de longueur de ce rayon et du grand osseux est
plus accentuée.

Généralement huit rayons : trois simples et cinq divisés ;
parfois en apparence six divisés, par séparation plus complète
des deux parties du dernier. Les deux premiers rayons simples
décroissant à peu près comme à la dorsale ; le troisième osseux
et rigide, mais en bonne partie articulé et armé, comme le
grand dorsal, à droite et à gauche en arrière, de forts
crochets recourbés vers le corps, au nombre le plus fréquent

[1] Cette partie extrême souple est assez souvent arrachée.

de quinze à dix-huit. Le dernier divisé largement bifurqué jusqu'à la base, de manière à paraître assez souvent en former deux, et mesurant, suivant les individus, de la moitié aux trois quarts du plus grand.

Ventrales implantées directement au-dessous de l'origine de la dorsale et demeurant, rabattues en arrière, à une distance de l'anus variant, suivant les individus, du tiers à la moitié de leur longueur. Cette longueur du plus grand rayon, bien qu'assez variable, d'ordinaire cependant sensiblement plus forte que la hauteur de l'anale et, selon les sujets, égale à peu près à la $\frac{1}{2}$ ou aux $\frac{3}{5}$ de la hauteur du corps. La tranche légèrement convexe et médiocrement décroissante en arrière.

Un grand rayon simple et articulé, appuyé en avant par un petit rayon latéral externe, osseux, sans articulations, recourbé dans la moitié inférieure, d'une seule pièce, sans fourche articulaire, bien qu'un peu renflé à la base, et mesurant environ le cinquième du grand simple. Après ceux-ci, huit, plus rarement sept ou neuf rayons divisés, parmi lesquels le premier volontiers un peu plus haut que le grand simple et le plus grand de tous ou de même longueur que le suivant; le dernier, selon les individus, égal aux deux tiers ou aux trois cinquièmes, ou seulement à la moitié du plus grand.

Pectorales un peu plus grandes que les précédentes, bien que, selon les individus, d'une longueur passablement variable; naissant au-dessous de l'angle de l'opercule et demeurant, rabattues, à une distance de l'origine des ventrales susceptibles de varier constamment de $\frac{1}{8}$ à $\frac{1}{3}$ de leur longueur, selon les sujets jeunes, mâles ou femelles pleines [1]. La tranche de ces nageoires beaucoup plus arrondie que celle des précédentes, par le fait du nombre plus élevé des rayons, de la position différente du plus grand et de la plus grande décroissance des postérieurs.

Un premier grand rayon simple et articulé, généralement un peu plus court que le suivant et égal à peu près au

---

[1] Il est évident que l'état de grossesse des femelles, en développant les parois latérales du tronc, augmente en même temps la distance qui sépare les deux nageoires en question.

cinquième rameux ; plus quinze à dix-sept divisés, exceptionnellement quatorze, le troisième d'ordinaire le plus long, le dernier, volontiers non rameux comme le précédent, mesurant, suivant les cas, de $\frac{1}{6}$ à $\frac{1}{8}$ du plus grand.

Caudale assez large, mais moyennement allongée et assez profondément échancrée, avec des lobes quasi-égaux plus ou moins arrondis à l'extrémité ; la longueur du plus grand rayon, à la longueur totale de l'animal, comme 1 : 4 $\frac{4}{5}$—6, suivant les individus jeunes ou vieux et, selon les cas, égal à peu près à la longueur latérale ou à la longueur supérieure de la tête.

Dix-neuf grands rayons articulés, dont dix-sept divisés, appuyés en haut et en bas par quatre à cinq rayons beaucoup plus petits, rapidement décroissants et généralement articulés, au moins au sommet[1]. Le grand latéral simple de chaque côté sensiblement plus court que les premiers divisés ; les médians mesurant d'ordinaire des $\frac{2}{5}$ à la $\frac{1}{2}$ des plus grands.

Écailles grandes, assez épaisses et plus ou moins quadrilatérales ou pentagonales, du moins chez les Carpes de forme ordinaire. Celles de la partie latérale antérieure du corps (au-dessus du bout ou de la moitié des pectorales), les plus grandes, plutôt carrées ou légèrement plus hautes que longues, se recouvrant aux deux tiers environ et d'une surface notablement plus forte que celle de l'œil, soit d'un diamètre de $\frac{1}{5}$ à $\frac{1}{3}$ plus grand que celui de l'orbite chez un sujet de taille moyenne de la forme ordinaire. Ces squames relativement plus petites chez des sujets plus jeunes ou, au contraire, plus grandes chez des individus plus vieux ; parfois même de dimensions tout à fait disproportionnées chez certaines variétés. Celles de la partie latérale postérieure (au-dessous du bout de la dorsale) plus arrondies ou subovales, soit un peu plus longues que hautes et, quoique beaucoup plus petites, presque aussi grandes en apparence grâce à un moindre recouvrement. Les dorsales antérieures et les pectorales

---

[1] Je répète encore que j'attache peu d'importance au nombre des petits rayons décroissants de la caudale.

moyennes plus petites et surtout de forme subcarrée bien
plus allongée que les latérales médianes; les secondes plus
faibles que les premières. La surface entière de ces diverses
squames marquée de stries concentriques très fines, disposées autour d'un nœud, chez toutes quasi central. Le bord
fixe multibolé ou plus ou moins découpé, avec des sillons
et souvent des rayons partant de la partie moyenne pour
gagner, en nombre variable, le nœud central. La partie
découverte de l'écaille marquée, à son tour, de rayons en
éventail assez nombreux (volontiers 15 à 22, parfois plus,
pour les latérales moyennes) formant sur le bord libre, généralement arrondi, de petits festons relativement peu accentués; entre ces rayons de la face découverte, les stries concentriques plus grossières, plus distantes, comme soulevées
ou chagrinées, et recouvertes plus ou moins par une granula-
tion pygmentaire noirâtre de l'épiderme (Voy. pl. III, fig. 7).

Dans la forme ordinaire, cinq à six écailles au-dessus
de la ligne latérale, vers la plus grande hauteur du corps [1],
et cinq à six, ou plus rarement sept, en dessous, jusqu'à
la base des ventrales [2].

Chez certaines variétés, les écailles moins nombreuses,
irrégulières, souvent distantes les unes des autres et beaucoup plus grandes.

Ligne latérale partant de l'angle supérieur de l'opercule pour
gagner le centre de la caudale, en suivant une ligne très
légèrement concave ou presque droite, à peu près au milieu
de la hauteur du tronc; un peu plus haut ou un peu plus
bas, suivant l'âge, le sexe et l'état des individus.

Les squames, au nombre de 34 à 39, composant cette
ligne, chez la Carpe normalement écailleuse, de forme à peu
près semblable à celle de leurs voisines, et parcourues par
un tubule à voûte fermée, plutôt étroit, droit ou légèrement
courbé, naissant un peu en arrière du nœud du côté du bord
fixe, occupant, suivant la position antérieure ou postérieure
de l'écaille sur le corps, du tiers à la moitié de la longueur

---

[1] Selon Canestrini (Prospet. crit., p. 20) jusqu'à sept.
[2] Selon Canestrini (l. c.) parfois quatre seulement.

de l'écaille et s'ouvrant toujours assez loin du bord libre
(Voy. pl. III, fig. 8).

Coloration des faces supérieures, selon les conditions de milieu,
olivâtre, d'un vert noirâtre, d'un vert bleuâtre, d'un brun
verdâtre ou d'un brun rougeâtre; toutes teintes plus ou
moins étendues et fondues sur les flancs. Les faces latérales
moins sombres et ornées, à des degrés divers, de reflets
cuivrés, plus bronzés ou plus verts sur les côtés de la tête,
plus dorés ou plus rouges sur les flancs. Le bord de chaque
écaille marqué en outre d'un pointillé noirâtre formant
sur le corps comme autant de mailles foncées. Les faces inférieures, soit la gorge, la poitrine et le ventre, blanchâtres
ou jaunâtres; la tranche inférieure du pédicule caudal, franchement jaune ou orangée à partir de l'anale.

Nageoire dorsale d'un gris verdâtre, noirâtre ou olivâtre
et parfois mouchetée de blanchâtre; anale d'un brun rougeâtre ou grisâtre avec les rayons orangés; ventrales rougeâtres comme l'anale, ou d'un gris noirâtre plus ou moins
violacé; pectorales enfumées et, suivant les cas, faiblement
orangées ou légèrement violacées; caudale olivâtre ou noirâtre et plus ou moins mélangée de tons rougeâtres ou violacés.

Iris doré et plus ou moins mâchuré. Lèvres d'ordinaire
jaunâtres. Le barbillon inférieur jaunâtre ou un peu rougeâtre; le supérieur volontiers plus sombre ou plus olivâtre.

Dimensions très différentes, au même âge, suivant les conditions plus ou moins favorables; la croissance, bien que généralement rapide, pouvant être beaucoup hâtée ou retardée
par les circonstances. Les mêmes individus, selon qu'ils
auront été abandonnés ou poussés, atteindront, par exemple,
à six ans, au poids variable de 2, de 4, voire même de 5 kilogrammes ou de dix livres. Il est vrai qu'après ce temps, la
croissance est d'ordinaire plus lente et que, passé une certaine taille, le corps augmente avec les années, relativement
bien plus en hauteur et en épaisseur qu'en longueur. En
d'autres termes, l'augmentation du poids n'est pas, à divers
âges, dans un rapport constant avec l'allongement du corps.
Une des Carpes du lac Léman que j'ai dernièrement examinées, pesant 7 livres et ¹/₄, soit 3 kilog. et 625 grammes,
mesurait une longueur totale de 60 centimètres. Le Musée

de Genève conserve une Carpe du pays qui mesure 79 centimètres et pesa 5 kilogrammes et 750 grammes. M. Lunel[1]
signale un autre échantillon qui fut pris, il y a quelques
années, près de la Porte-du-Scex, à l'extrémité orientale du
lac Léman, et qui pesait 9 kilogr., soit 18 livres. Perrot et
Droz[2] donnent des maxima de 7 kilogr. pour les lacs de
Neuchâtel et Bienne, et de 12 kilogr., soit 24 livres pour
celui de Morat. Selon Hartmann[3], la Carpe atteindrait rarement au poids de 10 et 15 livres, soit 5 à 7 $\frac{1}{2}$ kilogr., dans
le lac de Constance. Steinmüller[4] cite le chiffre de 18 à 20
livres, soit 9 à 10 kilogr., comme très élevé, pour le lac de
Wallenstadt. Pavesi[5] signale la capture d'un individu de
8 kilogr. dans le lac de Lugano, au sud des Alpes, et L
avizzari donne, comme poids maximum, 12 kilogr. 570 grammes,
à propos du même lac. Un pêcheur digne de foi, Ed. Führer,
de Scherzligen, m'a assuré que l'on prend assez souvent des
Carpes de 20 livres, soit 10 kilogr., dans le petit lac de
Hamsoldingen près de Thune; tandis que ce poisson est loin
d'atteindre à ces dimensions dans le lac de Thoune lui-même.
Les lacs de Zurich et de Lucerne ne m'ont pas paru, d'après
le dire de plusieurs pêcheurs, dépasser facilement, au point
de vue de leurs Carpes, les maxima ci-dessus indiqués. Un
poids de 20 à 25 livres et une taille de 80 à 90 centimètres me semblent, en somme, déjà fort élevés pour nos
diverses eaux suisses, en majorité froides et souvent assez
pauvres. Suivant Heckel et Kner, ce poisson bien nourri
atteindrait généralement, en Allemagne, au poids de 35 à
40 livres, avec une taille de 3 à 4 pieds. Enfin, d'après
Raphaël Molin[6], la Carpe arriverait d'ordinaire au poids de
5 à 6 kilogr., en France, de 20 kilogr. en Prusse, voire même
de 35 kilogr. dans l'Oder près de Francfort[7], et atteindrait

[1] Poissons du Léman, p. 73.
[2] Notes manuscrites. Informations sur les lacs de Neuchâtel, Bienne et
Morat; 1811.
[3] Helvet. Ichthyol., p. 176.
[4] Neue Alpina, II; Ueber die Fische im Walensee, p. 342.
[5] Pesci e Pesca, p. 25.
[6] Die rationelle Zucht der Süsswasserfische, 1864, p. 82.
[7] La capture sur laquelle repose cette citation a été signalée déjà par

même, en Suisse, au poids énorme de 45 kilogr., soit 90 livres, dans le lac de Zug tout particulièrement.

Bien que la Carpe soit, il est vrai, douée d'une grande longévité et puisse par conséquent atteindre, avec l'âge, à un poids élevé, la dernière donnée de Molin me paraît cependant sinon entièrement dénuée de fondement, du moins fort hasardée. En effet, la citation par cet auteur de Carpes de 45 kilogr. (90 livres) dans le lac de Zug (en Suisse), me paraît reposer bien plus sur des fables, comme on en a tant débité en divers lieux[1], que sur des faits consciencieusement constatés. D'après des renseignements très précis que je dois à l'obligeance du Dr Ferd. Kaiser qui, depuis bien des années, s'occupe de la pêche dans le lac de Zug, il semblerait que des individus de 10 kilogr. soient déjà considérés, dans la localité, comme de très grandes raretés. M. Kaiser n'a entendu parler d'aucune capture qui, même en faisant une large part à l'exagération, ait pu donner lieu à la citation de Molin.

Mâles généralement plus petits, à âge égal, que les femelles, et ornés, à l'époque du rut, de petites granulations blanchâtres sur la tête, comme sur les joues et l'opercule, parfois même, selon de Siebold, jusque sur la face interne des nageoires pectorales. Du reste, relativement peu de différences sexuelles extérieures, à côté de ce développement cutané temporaire que nous retrouverons à des degrés divers chez beaucoup de nos Cyprinides. Parfois une certaine disproportion dans l'extension des nageoires paires, mais rarement un gonflement bien accentué des rayons antérieurs des nageoires pectorales, comme chez la majorité de nos espèces dans cette famille.

Jeunes présentant une tête relativement plus forte que les adul-

---

Bloch qui raconte qu'à Bischoffshausen, près de Francfort sur l'Oder, on prit, en 1711, une Carpe du poids de 70 livres, laquelle aurait mesuré deux aunes et demie de long et une de large. Les dimensions, la largeur surtout, me paraissent devoir être un peu exagérées.

[1] Ainsi : Cysat (Der Vier-Waldstättersee, etc., 1661) raconte, d'après Morigia, que l'on voit dans le lac Majeur des Carpes, grosses comme des cochons, qui rompent les filets par leur poids énorme.

tes, un œil passablement plus grand, un front plus étroit et une caudale plus longue et plus acuminée, avec une livrée d'ordinaire moins brillante.

Vertèbres au nombre de 36 à 37.

Vessie à air grande et étranglée vers le milieu ; la partie antérieure, large, subcylindrique et légèrement bilobée en avant ; la partie postérieure subconique et plus ou moins pointue en arrière.

Estomac allongé ; tube digestif grand et plusieurs fois replié, soit égal à environ deux fois la longueur du poisson ; péritoine incolore.

Ovaire double ou très profondément bilobé ; testicules doubles. Pas de branchies accessoires.

La Carpe varie énormément et de toutes manières, grâce aux différences de milieu dans lesquels elle se trouve, soit à l'état libre, soit en captivité ou à l'état de culture. Il suffit, en effet, de jeter un coup d'œil sur la synonymie si compliquée de cette espèce, pour se faire une idée de la multiplicité des formes que peut affecter la Carpe, dans diverses conditions et sous l'influence de la domestication. Nous avons vu, dans la description, combien la forme typique varie, à divers âges et en divers lieux, dans la coloration, l'écaillure et les diverses proportions des membres ou du corps. Quelques-unes de ces variantes, s'accentuant plus ou moins dans certaines conditions et devenant plus ou moins héréditaires, ont fait croire souvent à des espèces différentes et ont reçu des noms particuliers ; les unes affectent surtout les téguments, les autres agissent principalement sur les formes de l'animal et les divers rapports de proportions. Disons, en passant, qu'en outre de modifications plus ou moins importantes dans l'écaillure et les formes du poisson, les différences dans la nature des eaux et de l'alimentation entraînent aussi souvent après elles des modifications correspondantes dans la coloration ; l'on trouve, par exemple, jusque dans la forme ordinaire ou typique, des *Carpes* presque *noires*, des Carpes d'un gris *bleuâtre*, des Carpes *vertes* ou olivâtres, des Carpes d'un brun rougeâtre ou quasi *rouges*, des Carpes *dorées*, des Carpes plutôt *argentées*, enfin, des Carpes quasi albines ou presque *blanches*. Les quantités très différentes de lumière qui pénètrent les eaux selon que celles-ci sont troubles, transparentes, stagnantes, ou courantes, contribuent, tout aussi bien que la température du milieu, ou la richesse et la nature des aliments, à assombrir, à éclaircir ou à embellir la livrée. Quelques jeunes Carpes de 25 à 35 centimètres, à livrée olivâtre et dorée, que j'enfermai pendant quelque temps, sans nourriture, dans un vase opaque et couvert, perdirent bientôt tous leurs beaux reflets dorés, pour devenir d'un blanc argenté sur les flancs; puis, peu à peu toute trace de pigmentation noirâtre disparut aussi du bord de leurs écailles.

Deux mots maintenant de quelques-unes des variétés de la Carpe qui, pour accuser certains caractères considérés souvent à tort comme spécifiques, ont reçu de divers auteurs des noms particuliers.

La Carpe à miroir (Spiegelkarpfen) qui a reçu successivement les noms de *Cyp. rex Cyprinorum* (Bloch), *Cyp. specularis* (Lacep.) et *Cyp. macrolepidotus* (Hartmann), n'est pas autre chose que le *Cyprinus Carpio* de Linné pourvu accidentellement d'écailles beaucoup plus grandes, moins nombreuses, plus irrégulièrement distribuées que de coutume et laissant, le plus souvent, la peau à découvert en diverses places. Il est bien probable que cette anomalie des téguments est due à une chute des écailles, par suite d'arrachement accidentel ou plutôt de maladie de la peau, et à un développement extraordinaire des squames de remplacement. Sont-ce quelquefois les écailles anciennes qui s'étendent pour prendre la place des absentes, ou bien ne sont-ce pas plutôt des squames nouvelles qui, dans des circonstances anormales, ou sous une influence morbide, prennent une extension beaucoup plus grande que d'ordinaire. Le fait est que ces écailles, souvent ornées de reflets irisés et atteignant facilement aux dimensions de l'opercule, voire même à quatre fois les proportions normales, présentent encore plusieurs des traits caractéristiques de l'écaillure de la Carpe typique. J'ai vu plusieurs échantillons de cette forme provenant, soit du lac Léman près de Villeneuve, soit du lac de Constance. Toutefois, il m'a paru que cette variété est beaucoup plus fréquente dans des conditions de culture; j'en ai reconnu, par exemple, une très forte proportion dans des étangs près de Belfort, en France.

La Carpe à cuir (Lederkarpfen), nommée *Cyp. nudus* (Bloch), *Cyp. coriaceus* (Lacep.) et *Cyp. alepidotus* (Gmell.) n'est également qu'une Carpe ordinaire chez laquelle, par suite d'une maladie épidermique, les écailles se sont atrophiées et ont laissé plus ou moins complètement à nu la peau de plus en plus épaisse et coriace, comme du cuir poli. Cette variété que l'on peut fabriquer et reproduire artificiellement n'est, à vrai dire, qu'un degré différent de l'anomalie qui a causé la précédente. Bien que l'on trouve çà et là un individu ainsi dénudé parmi les Carpes de notre pays, cette forme, à l'état parfait, m'a paru cependant moins fréquente que la précédente.

La Carpe de Hongrie, *Cyp. hungaricus* (Heckel), *Cyp. primus* (Mars.) [1], *Cyp. Carpio var. lacustris* (Fitz.) [2], que Heckel croyait propre aux lacs de Hongrie, a été successivement observée, en dehors de ce pays, dans le Dnieper, le Dniester, le Danube et la Marsch. J'ai trouvé aussi, à plusieurs reprises, dans notre pays, voire même à Genève, des Carpes allongées qui rappelaient parfaitement cette soi-disant espèce de Hongrie. Les formes allongées et subcylindriques du corps, qui doivent tout particulièrement caractériser cette Carpe, ne me paraissent que le résultat de l'exagération, dans certaines conditions, d'une tendance qui fait varier dans le même sens, non seulement bien des Carpes, mais encore, comme nous le verrons, beaucoup d'autres poissons. Les rapports de proportions que j'ai relevés, quant au tronc et à la tête, sur des Carpes ordinaires de provenances suisses et d'âges différents, suffisent à montrer combien ce caractère est de petite importance spécifique. Enfin, le *Cyp. hungaricus* cadrant parfaitement, à beaucoup d'autres points de vue d'une valeur plus incontestable, avec le *Cyp. Carpio*, je ne puis considérer ces deux formes que comme deux races libres ou variétés d'une même espèce. Cette race allongée se présente du reste aussi sous la forme de Carpe à cuir [3].

---

[1] Marsigli, Danub. pannon. mysic. 1744, Tab. 19.
[2] Fitzinger, Prodrom. Faun. Austr. 1832.
[3] Voy. Jeitteles, Fische der Marsch, I, p. 23.

La Carpe bossue, *Cyp. elatus* (Bonap.), ne diffère, à son tour, de la Carpe ordinaire que par des formes au contraire plus élevées et comprimées que la moyenne. Nous avons vu également, dans la description, comment l'on trouve, dans notre pays, des individus beaucoup plus voûtés que d'autres et, par le fait, assez semblables à cette soi-disant espèce d'Italie. La description que donne de Selys de son Cyprin élevé, et plus particulièrement les dimensions plus petites des barbillons chez le *Cyp. elatus* de Belgique que chez le *Cyp. elatus* d'Italie, m'ont engagé à voir, dans une partie au moins, des individus ainsi dénommés par l'auteur de la Faune belge, des formes bâtardes voisines de la Carpe de Kollar dont je dirai deux mots plus loin.

La Carpe reine, *Cyp. regina* (Bonap.), un peu plus allongée ou moins voûtée que la moyenne, mais en même temps passablement comprimée, tient parfaitement le milieu entre les deux variétés précédentes. Cette forme italienne relie, pour ainsi dire, les *Cyp. hungaricus* et *C. elatus*.

La Carpe anguleuse, *Cyp. acuminatus*, *C. angulatus* et *C. thermalis* (Heckel) paraît, à première vue, bien caractérisée et passablement différente du *Cyp. Carpio* de notre pays. La hauteur du corps est, chez elle, relativement à la longueur sans la caudale, notablement plus forte, soit comme $1 : 2\,^1/_2$ à $2\,^2/_3$; le dos, bien que fortement ascendant, est plus rectiligne en avant; la tête est, à la fois, plus allongée, plus pointue, moins haute et subconcave en dessus; l'anale, rabattue, se rapproche davantage de la caudale; la longueur des ventrales égale la hauteur de l'anale; les pectorales atteignent à la base des ventrales; enfin, la caudale est plus longue et plus pointue. Mais, si l'on y fait bien attention, plusieurs de ces différences prétendues spécifiques, le rapport de la hauteur à la longueur du corps, la grandeur de la tête, l'extension de l'anale du côté de la caudale, ou des pectorales vers les ventrales, et les dimensions plus fortes de la caudale, sont toutes le résultat de la forme plus ramassée ou plus courte du tronc; l'on est en droit de se demander pourquoi l'on attribuerait plus d'importance au raccourcissement du corps chez le *Cyp. acuminatus*, qu'à l'allongement chez le *Cyp. hungaricus*. La grande variabilité que nous montre, sous ce rapport, la Dorade ou le poisson rouge de la Chine (*Car. auratus*), que beaucoup de gens conservent dans des bocaux, peut, à elle seule, nous faire comprendre comment ces rapports de dimensions varient constamment sous les influences de conditions et de nutrition. Le trait distinctif qui me paraîtrait avoir le plus de valeur, s'il était constant, réside dans l'égalité de longueur des ventrales et des plus grands rayons de l'anale; toutefois, encore sur ce point, nos Carpes suisses varient passablement. J'ai rencontré des individus chez lesquels le dos était plus rectiligne que chez d'autres; nous avons vu, par les différents rapports de la largeur de la tête à la hauteur vers l'œil, que le front est plus ou moins convexe ou concave; enfin, j'ai montré aussi comment, suivant l'âge, les lobes de la caudale sont en même temps plus ou moins allongés et acuminés. Tous les autres caractères relevés par Heckel et Kner se retrouvent identiques chez plusieurs autres Carpes de formes assez différentes[1]. Il me semble que cette soi-disant espèce du Danube et des Neusiedler et Plattensee, doit être, comme les précédentes, rangée dans la synonymie de notre *Cyp. Carpio*, à titre de variété ou de race locale.

Notre Carpe offre, en outre, divers cas de monstruosités : le plus fréquent de ceux-ci consiste en un fort écrasement du museau donnant aux individus ainsi déformés un aspect bizarre qui les a fait nommer *Carpes dauphins* ou *Mopskarpfen*[2].

Si je ne tenais à rester dans les limites restreintes de mon plan d'étude, je pourrais encore citer ici toute une série de formes orientales qui ont reçu des noms divers[3]. Qu'il me suffise

---

[1] La figure que donnent ces auteurs de leur *Cyp. acuminatus* semblerait indiquer une forme de la dorsale bien différente de celle de notre *Cyp. Carpio*, soit plutôt arrondie, comme chez le Carassin; toutefois, il faut croire que c'est le fait d'une erreur du dessinateur; car, après avoir donné à cette nageoire des dimensions qui cadrent du reste avec la moyenne de celles relevées par nous sur la Carpe ordinaire, ces auteurs ajoutent : *Im Uebrigen ist sie wie bei C. Carpio beschaffen.*

[2] Voyez : Ueber das Vorkommen monströser Kopfbildungen bei den Karpfen; von Fr. Steindachner, Verhandl. der zool.-bot. Gesell. Wien, 1863, p. 485, Taf. XII.

[3] *Cyprinus rubro-fuscus, C. nigro-auratus, C. viridi-violaceus, C. atrovirens, C. flammans, C. acuminatus, C. sculponcatus* et *C. hybiscoides*, Richardson, Ichthyol. of China, p. 287-290. *Cyp. flavipinnis* et *C. vittatus*,

de signaler, parmi celles-ci, une curieuse variété chez laquelle les nageoires très allongées ont pris des proportions tout à fait anormales et que Richardson a nommé *Cyprinus hybiscoides*.

Enfin, l'on connaît encore deux formes : l'une stérile, l'autre bâtarde de notre Carpe, en divers pays.

La première, la Carpe stérile, connue en France sous le nom de *Carpeau*, se reconnaît à ses formes ramassées, à son dos charnu, à ses lèvres épaisses et surtout à la forme plus comprimée de son ventre près de l'anus. Le prof. de Siebold, qui a attiré l'attention des naturalistes sur cette forme, dès longtemps connue des pêcheurs, fait remarquer qu'elle ne possède ni ovaires ni testicules, ou que tout au moins ces organes de la reproduction sont, chez elle, à un état tout à fait rudimentaire [1]. Les individus ainsi frappés de stérilité s'engraissent facilement et passent pour très délicats.

La seconde, la Carpe bâtarde, est nommée en France *Carreau* ou *Carpe blanche*, et en Allemagne *Karpf-Gareisl* ou *Karpf-Karausche*. Après avoir longtemps passé pour espèce particulière, sous le nom de *Cyprinus Kollarii* (Heckel), elle a été enfin reconnue pour un produit hybride de notre *Cyprinus Carpio* et du *Carassius vulgaris,* dont elle partage les caractères, comme nous le verrons plus loin.

La Carpe, originaire de Chine dit-on, a été importée successivement dans un grand nombre de contrées. On la trouve maintenant, sous diverses formes, non seulement dans les régions tempérées de l'Europe et de l'Asie, mais encore jusqu'en Amérique et dans quelques îles, celle de Java entre autres. Bien que prospérant surtout, en Europe, dans les contrées moyennes et méridionales, cette espèce est, de nos jours, répandue dans un grand nombre de pays et dans des conditions très variées. Bloch semble croire que la première patrie

---

Cuv. et Val. XVI, p. 71 et 72. *C. hæmatopterus, C. melanotus* et *C. conirostris,* Schlegel, Faun. Japon. Poiss. p. 189-191. *Cyp. chinensis* et *C. obesus,* Basilewsky, Nouv. Mém. Soc. Nat. Mosc. X, p. 227 et 228. *Carpio flavipinna,* Beeker, Atl. Ichthyol. Cyprin. p. 47, etc.

[1] *Süsswasserfische,* p. 89.

de la Carpe, dans notre continent, doit avoir été dans les régions méridionales; il fait remarquer que les anciens, Aristote et Pline par exemple, connaissaient déjà ce poisson, et que l'espèce prospère d'autant moins qu'elle se trouve dans des contrées plus septentrionales. Le même auteur fait remonter aux années 1514 et 1560 l'importation de la Carpe en Angleterre et en Danemark.

Le *Cyprinus Carpio* habite la plupart des eaux basses de la Suisse; à l'exception de celui de l'Inn, trop élevé, en Engadine, tous nos bassins, tant au nord qu'au sud des Alpes, possèdent des représentants plus ou moins nombreux de cette espèce. La Carpe vit également dans les fleuves et rivières à courant tranquille, dans les lacs, dans les étangs, dans les marais, et affecte, suivant les cas, des apparences de formes et de couleur passablement différentes; bien que se trouvant souvent dans des eaux limpides et pures, elle semble préférer cependant les eaux plus riches, à fond vaseux et propres à la végétation. Beaucoup de gens élèvent ce poisson dans de petites pièces d'eau nommées *carpières;* toutefois, on ne fait pas, en Suisse, une éducation et un commerce réguliers de cette espèce comme en France et en Allemagne. La ville de St-Gall conserve, il est vrai, depuis longtemps, des Carpes dans des bassins particuliers, mais elle ne fait pas de ce produit une exploitation constante, dans le genre de celle qui se pratique en d'autres pays.

Amoureuse de ses aises et du calme, et plutôt frilleuse de sa nature, la Carpe craint d'ordinaire de s'engager dans les petites rivières à courant trop accidenté ou trop froides de nos montagnes; aussi ne la rencontre-t-on guère chez nous au-dessus de 750 mètres. L'abondance comparée de l'espèce varie beaucoup avec la température des eaux et la nature du fond. Quoique d'un caractère éminemment sédentaire, la Carpe émigre et se déplace cependant souvent, à la suite de changements survenus dans les conditions de son habitat, sur tel ou tel point. Ainsi, cette espèce, commune dans le lac des Quatre-Cantons, à 437 mètres au-dessus de la mer, est déjà relativement rare dans le lac de Sarnen, pourtant si voisin et d'une élévation à peine supérieure; elle ne se trouve plus, au dire des pêcheurs, dans le lac de Lungern, non loin de là, à 659 mètres. Pour les mêmes raisons, la

Carpe est rare à 565 mètres, dans le lac de Brienz où l'Aar arrive directement des glaciers ; tandis qu'elle est relativement commune dans le lac de Thoune qui, bien que touchant presqu'à ce premier et d'un niveau à peu près semblable, reçoit cependant les eaux de l'Aar déjà moins crues, plus riches et moins froides, et alors qu'elle abonde et prospère, à deux pas de là, dans le petit lac d'Hamsoldigen qui, quoique plus élevé, à 643 mètres, est formé d'eaux pluviales plus facilement réchauffées et plus plantureuses. La Carpe émigre ou change de localité, ai-je dit, sous l'influence des modifications apportées dans les places qui lui convenaient, soit pour la ponte, soit au point de vue de son alimentation. Ainsi, par exemple, cette espèce semble diminuer notablement dans le lac de Thoune, depuis que les barrages établis dans l'Aar, à Interlaken, ont dérangé beaucoup de ses frayères, en changeant un peu le niveau des eaux [1]. C'est probablement aussi à la suite de quelques modifications touchant à leurs goûts ou à leurs appétits que, dans le lac de Zug, les vieilles Carpes qui, il y a quelques années encore, se plaisaient tout particulièrement le long de la rive voisine de la ville de Zug ont, suivant le Dr Kaiser, abandonné cette ancienne résidence pour transporter leur pénates de l'autre côté du lac, dans les environs de Buonas.

L'alimentation de ce Cyprin est presque exclusivement végétale. La Carpe se nourrit principalement de plantes aquatiques, de graines, de conferves et de vase riche en principes organiques divers ; toutefois, elle s'attaque aussi assez volontiers, suivant les circonstances, aux vers et aux insectes. On assure qu'elle mange beaucoup plus et plus souvent depuis février jusqu'à la fraye qu'en tout autre saison. Elle s'attache, comme je l'ai dit, à certaines localités et ne s'en écarte guère, aussi longtemps que les conditions lui conviennent. Elle se promène volontiers en troupes plus ou moins nombreuses, suivant lentement le fond, ou se balançant majestueusement entre deux eaux, tant que rien ne l'effraye ; mais, à la moindre alerte, changeant

---

[1] Ces mêmes barrages, en augmentant le courant entre les deux lacs de Thoune et de Brienz, ont diminué, chez quelques espèces voyageuses, la proportion des individus qui remontaient dans ce dernier, ou passaient annuellement de l'un à l'autre.

subitement d'allure et prompte comme l'éclair, elle s'enfonce hardiment dans la boue ou dans l'épaisseur des herbes environnantes. Durant la mauvaise saison, notre poisson, plus ou moins engourdi, demeure d'ordinaire caché dans la vase du fond et attend là, le plus souvent immobile, qu'un nouveau printemps vienne le rappeler à une vie plus active. Nous avons vu que, grâce à un état de domestication assez général, la Carpe varie beaucoup, qu'elle produit souvent des bâtards, en se mélangeant avec des espèces voisines, et qu'elle est sujette, dans les deux sexes, à une stérilité assez fréquente.

L'époque des amours varie, d'ordinaire, suivant les localités et les conditions, du commencement de mai à la fin de juin; toutefois, il n'est pas rare d'observer des pontes de la Carpe jusque dans le courant de juillet et d'août. De la Blanchère raconte que M. Bienner a trouvé, au quinze décembre, dans le lac de Constance, des Carpes dont les œufs et la laitance étaient complètement mûrs [1]; y aurait-il, dans certains cas, une seconde ponte chez cette espèce, ou bien sont-ce toujours des pontes retardées par une cause ou par une autre [2]. Cette espèce recherche, en général, pour frayer, des eaux tranquilles et plantureuses. Les femelles déposent leurs œufs sur les plantes aquatiques et de préférence non loin de la surface. Les amours de la Carpe sont très bruyants. Lunel raconte, à ce propos, les scènes intéressantes auxquelles il assista, dans une *carpière* des environs de Genève [3]. Les mâles, surexcités à un haut degré, se livrent, au moment de la fraye, aux plus violentes évolutions; tantôt ce sont des courses furibondes dans des positions variés; tantôt ce sont des bonds prodigieux à la surface [4]. Les

[1] Nouv. Dict. des pêches, p. 153.

[2] Des observations à peu près analogues m'ont été rapportées, en divers lieux, à propos de quelques autres espèces de Cyprinides; il est difficile, toutefois, de peser l'importance de ces cas en apparence exceptionnels et de savoir à quelle cause attribuer ces différences.

[3] Hist. nat. des Poissons du bassin du Léman, p. 34.

[4] C'est évidemment des bonds que la Carpe fait en cette circonstance qu'est venue l'expression de *sauts de Carpe* attribuée aux bonds exécutés horizontalement par certains sauteurs et baladins. Quelquefois la Carpe bondit, comme d'autres Poissons, au-dessus de la surface en se lançant

femelles, plus lourdes que leurs fringants amants, recherchent pendant ce temps et avec plus de calme la place propice où elles veulent déposer leur précieux fardeau ; cet emplacement une fois trouvé, se.tenant immobiles sur les plantes submergées, elles laissent doucement couler leurs œufs. Il n'est pas rare que deux ou trois mâles s'occupent en même temps d'une seule femelle ; et, à peine pondus, les œufs sont bientôt fécondés par le premier des prétendants qui, d'un bond, peut s'élancer sur la place convoitée. Après bien des contorsions variées traduisant probablement un grand état de jouissance, le mâle quitte aussi la place, et l'on reconnaît alors, à l'apparence un peu troublée et laiteuse de l'eau en cet endroit, que la fécondation vient d'être opérée au milieu de toutes ces simagrées.

Les œufs de la Carpe sont petits, d'une teinte verdâtre et toujours en nombre très élevé, bien que plus ou moins nombreux suivant l'âge plus ou moins avancé des pondeuses. Block a compté 237,000 œufs chez une femelle de 500 grammes, et 621,600 chez une autre de 4 kilog. Schneider donne jusqu'à 700,000 œufs à une femelle de 5 kilog. Sept à huit jours d'incubation solaire suffisent d'ordinaire à faire éclore ces miriades d'œufs. Le développement et l'accroissement sont assez rapides. A trois ans, une jeune Carpe est capable de reproduction et atteint une taille et un poids assez respectables, bien que très différents, suivant le milieu plus ou moins favorable dans lequel elle a été appelée à grandir. Livrée à elle-même, dans des conditions moyennes, elle pèsera alors aux environs d'une livre, un peu plus ou un peu moins de 500 grammes, avec une taille de 25 à 35 centimètres ; bien nourrie et poussée elle pourra, suivant quelques auteurs, à la même époque peser jusqu'à quatre ou cinq livres. On conçoit facilement qu'avec une multiplication aussi rapide, on soit obligé d'enlever, chaque année, des bassins d'élevage un très grand nombre d'alevins, pour éviter un dangereux encombrement. Chacun sait que ce poisson résiste à plusieurs heures de séjour hors de l'eau, et que l'on peut ainsi

obliquement et de toutes ses forces en avant ; cependant, le plus souvent, pour les grands sauts en hauteur, elle se plie en deux à la surface et saute en se détendant brusquement comme un ressort en frappant de la queue.

le faire voyager simplement enveloppé dans des herbes, de la mousse ou un linge humide ; la large bordure membraneuse de ses ouïes empêche un trop prompt desséchement des branchies.

L'on attribue généralement à la Carpe une grande longévité ; beaucoup de gens se figurent même qu'elle peut vivre plusieurs centaines d'années. Toutefois, il est bien difficile de déterminer exactement l'âge d'un animal qui, par milles raisons, échappe souvent à l'observation. On raconte qu'il y a, à Charlottenbourg, des Carpes si vieilles qu'elles ont de la mousse sur la tête. On donne d'ordinaire plus de deux cents ans d'existence aux Carpes de Pont-Chartrain ; celles de Chantilly dateraient, dit-on, du grand Condé, et celles de Fontainebleau remonteraient même à François Ier. Mais, on sait aussi que des mousses parasites se développent facilement, soit sur la tête des Carpes qui habitent les étangs, soit sur la plupart des poissons malades ou qui vivent en captivité. Blanchard fait également remarquer, avec justesse, qu'à chaque révolution, en France, les résidences royales ont été saccagées, et que le peuple souverain a fort probablement mangé les belles Carpes des monarques. Heckel et Kner attribuent 12 à 15 années de vie à la Carpe libre ; tout en admettant, il est vrai, que ce poisson peut atteindre, sous la protection de la domesticité, à un âge beaucoup plus avancé. En tout cas, on ne possède aucune preuve palpable qu'une Carpe ait pu arriver à l'âge de cent ans.

La Carpe paraît douée d'une ouïe excellente. On cite de nombreux exemples de Carpes répondant à l'appel du propriétaire de leurs bassins. J'ai moi-même observé que des poissons de cette espèce que je tenais dans ma chambre, pour les étudier, tressautaient bruyamment chaque fois que je rentrais brusquement ou qu'un bruit insolite venait à rompre le silence de mon cabinet. Ces poissons, renfermés dans un vase opaque et couvert, ne pouvaient cependant pas voir mes mouvements [1].

---

[1] La vessie à air, en correspondance, par les osselets, avec l'organe de l'audition, doit se ressentir du moindre ébranlement du milieu ambiant et, par le fait, augmenter d'autant plus la sensibilité de l'oreille qu'elle est plus développée. La même délicatesse de l'ouïe pourrait être observée, je crois, chez la plupart de nos Cyprinidés, s'ils étaient, par la domestication, aussi constamment soumis à l'observation que la Carpe.

Soit en mangeant, soit en lâchant des bulles d'air, la Carpe produit souvent, par le battement des lèvres, un bruit sec qui s'entend d'assez loin.

La chair de cette espèce n'a rien de désagréable, on ne saurait guère lui reprocher que ses nombreuses arêtes ; toutefois, avantageusement remplacée, dans notre pays, par celle d'autres poissons, des Truites et des Corégones par exemple, elle est moins prisée en Suisse que dans beaucoup de contrées, en France et en Allemagne. Plusieurs de nos marchés voient arriver, il est vrai, d'assez grandes quantités de Carpes de toutes tailles ; mais ce sont toujours les petites bourses qui en font la plus grande consommation. Les Carpes qui ont vécu dans des eaux pures sont toujours bien préférables à celles qui ont grandi dans les marais ou dans des étangs vaseux ; il est bon d'ordinaire de faire dégorger ces dernières dans de l'eau fraîche pendant sept ou huit jours. En un mot, la Carpe est peut-être le meilleur de nos Cyprinidés et peut fournir, quand elle est bien préparée, un met à la fois sain, assez agréable et peu coûteux.

La pêche de la Carpe se fait, suivant les circonstances, au filet, à la truble, à la ligne, au harpon ou au trident, ou même avec des nasses. Le hameçon peut être indifféremment amorcé avec une graine, une fève ou un pois cuit, avec une boulette de pain ou avec du fromage ; les vers et les insectes paraissent beaucoup moins tentants que ces premiers appâts [1]. Dans quelques localités, on tue à coups de fusil les plus grands individus, quand ils s'approchent de la surface. La Carpe, aussi rusée qu'adroite, échappe souvent au filet, tantôt en s'enfonçant dans la vase pour laisser passer celui-ci par-dessus elle, tantôt en sautant en l'air par-dessus le bord ; c'est dans le but de parer à ce second inconvénient que les pêcheurs déployent souvent des filets successifs, afin de reprendre dans le second le poisson échappé au premier. On emploie volontiers, dans les eaux de Neuchâtel, une sorte d'épervier, dans le langage du pays le *Capé,* qui est plombé et se déploie en rond au moment où il est

---

[1] On compose aussi certains mélanges pour frotter et rendre plus attrayantes les amorces (Voy. de la Blanchère ; Nouv. Dict. des Pêches, p. 155).

lancé. On fait également usage, près des rives ou dans les marais, d'une sorte de truble dont le manche est vertical au cercle du filet, que l'on nomme *Couvre-Carpe* et que l'on descend sur le poisson occupé à frayer, ou rendu immobile par la vue de pots à feu.

Durant sa première année de vie, notre poisson sert de pâture à tous les carnassiers aquatiques, qui semblent ainsi chargés de prévenir une trop grande multiplication d'une espèce aussi prolifique. Plus tard, lorsqu'il a acquis de la taille et de la force, il n'a plus guère à craindre, parmi ces premiers ennemis, que la Loutre et le Brochet. Mais la Carpe est sujette à diverses maladies ; citons, entre autres, l'effet des eaux trop chaudes ou trop impures qui dévelopent, sur son corps, tantôt de petites vessies qui saillissent entre les écailles, tantôt une abondante végétation de petits cryptogames qui font tomber ses écailles et rongent ses nageoires. Enfin, comme la plupart des poissons, la Carpe est affectée de nombreux parasites : Helminthes [1], Sangsues [2] et Crustacés [3], tant internes qu'externes.

---

[1] On a reconnu, jusqu'ici, chez la Carpe, les espèces parasites suivantes : *Dorylaimus stagnatilis* (Dujard.) ; dans les intestins. — *Trichina cyprinorum* (Dies.) ; enkysté dans le péritoine. — *Echinorhynchus clavœceps* (Zeder) ; dans les intestins. *Echin. globulosus* (Rud.) ; dans les intestins. — *Diplostomum cuticola* (Nordm.) ; à la surface du corps, dans la cavité bucale, les muscles et l'œil, dans un kyste. — *Distomum globiporum* (Rud.) ; dans les intestins. — *Tetracotyle tipica* (Dies.) ; entre les tuniques de l'intestin, dans des kystes enfermés dans des capsules. — *Gyrodactylus elegans* (Nordm.) ; sur les branchies. *Gyrod. Dujardinianus* (Dies.) ; sur les branchies. *Gyrod. anchoratus* (Duj.) ; sur les branchies. — *Dactylogyrus auriculatus* (Nordm.) ; sur les branchies. *Dactyl. mollis* (Wald.) ; sur les branchies. — *Caryophyllaeus mutabilis* (Rud.) ; dans les intestins.

[2] *Cystobranchus Troscheli* (Dies.) ; sur les nageoires.

[3] *Argulus foliaceus* (Jurine) ; sur l'extérieur. — *Ergasilius Sieboldii* (Nordm.) ; sur les branchies. — *Lerneocera cyprinacea* (Blainv.) ; à l'extérieur.

HYBRIDE

Carasso-Cyprinus vulgo-Carpio, nobis.

Le Carreau [1]. — Die Karf-Karausche [2].

D'un vert olivâtre plus ou moins foncé, en dessus; plus pâle et plus jaunâtre, parfois grisâtre, sur les côtés; jaunâtre en dessous. Nageoires en général sombres ou noirâtres, les inférieures parfois nuancées de bleuâtre, de violet ou d'orangé. Corps comprimé, assez élevé et notablement voûté sur la nuque et le dos. Tête subconique, à front bombé ou élevé, brisant plus ou moins sur la ligne dorsale. Museau large, arrondi et à lèvres minces. D'ordinaire deux barbillons très petits, parfois pas de barbillons. Opercule rugeux ou marqué de stries rayonnantes. Écailles grandes. Dorsale, anale et ventrales à peu près comme chez la Carpe; les deux premières avec un grand rayon antérieur, selon les individus, fortement ou finement dentelé. Caudale médiocrement échancrée. (Taille moyenne d'adultes : 200 à 400^{mm}.)

Dents pharyngiennes d'ordinaire au nombre de cinq de chaque côté : le plus souvent quatre grosses dents sur un rang postérieur, parmi lesquelles les trois supérieures avec une couronne en forme de calice oblong, plus une petite dent seule en second rang en avant ; parfois, d'un côté, quatre grosses dents seulement, comme chez le Carassin; d'autrefois six dents, d'un côté ou des deux côtés, soit quatre grosses et deux petites; d'autrefois, enfin, trois grosses dents seulement, sur un rang de chaque côté.

Dentes molares 1. 4—4. 1, vel 1. 4—4. calyciformes
vel 1. 1. 4—4, vel 1. 1. 4—4. 1. 1, vel 3—3.

D. 4/17—20, A. 3/5—6, V. 2/8, P. 1/15—17, C. 19—20

$$\text{Sq. } 34 \ \frac{7—6}{6—7} \ 38.$$

[1] Aussi : la *Carpe de Kollar*, la *Carpe blanche* ou la *Carousche blanche*.
[2] Aussi : *Karpf-Gareisl.*

Cyprinus Kollarii, *Heckel*, Ueber einige neue Cyprinen; Ann. Wien. Mus. I, 1835, p. 223, tab. XIX, fig. 2. — *Nordmann,* Faune Pont. Demid. Voy. Russ. mérid. III, 1840, p. 478, pl. XXI, fig. I. — *Cuv. et Val.* XVI, p. 76, pl. 458. — *Schinz,* Europ. Fauna, II, p. 299. — *Blanchard,* Poissons de France, p. 331, fig. 66. — Cyprinus striatus, *Holandre,* Faune de la Moselle, p. 242. — *De Selys,* Faune belge, p. 198, pl. 9. — *Schœffer,* Moselfauna, p. 298. — Cyprinus elatus? *De Selys,* Faune belge, p. 197. — Carpio Kollarii, *Heckel,* Verzeichn. der Fische des Donaugebiets, p. 29. — *Heckel et Kner,* Süsswasserfische, p. 64, fig. 27 et 28. — *Kessler,* Bull. Soc. Nat. Moscou, 1859, p. 524. — *Dybowsky,* Cyprinoiden Livlands, 1862, p. 55 et 61. — *Siebold,* Süsswasserfische, p. 91, fig. 2. — Carpio Sieboldii, *Jäckel,* Fische Bayerns; Abhdlg. des zool.-min. Ver. in Regensb., Heft 9, 1864.

Je n'ai pas constaté, jusqu'ici, la présence de cet hybride en Suisse, aussi n'en aurais-je pas parlé, si des liens intimes ne le rattachaient à notre Carpe et si le prof. de Siebold ne l'avait, par erreur je crois, cité comme devant habiter les étangs de notre pays [1].

De nombreuses observations et comparaisons ont prouvé, dans ces dernières années, que l'opinion des pêcheurs, si souvent trompeuse, était cependant juste, quand elle faisait de ce poisson, connu en France sous le nom de *Carreau* et en Allemagne sous celui de *Karpf-Garcisl,* un simple produit bâtard de la Carpe et du Carassin. Pour peu que l'on prenne, en effet, en considération les formes et les proportions, constamment intermédiaires, des barbillons, de la tête, du corps et des nageoires, ainsi que la forme et le nombre ou la disposition toujours variables des dents de ce Cyprin, il devient difficile de ne pas y voir un mélange confus des principaux caractères du *Cyprinus Carpio* et du *Carassius vulgaris.* Toutefois, les auteurs qui ont le plus travaillé à démontrer l'origine mixte de ce poisson, *Dybowsky* [2] et *de Siebold* [3] par exemple, ont eu le tort de maintenir au rang de genre particulier une forme qui peut à peine porter le titre d'espèce. Comme je l'ai dit plus haut, le genre *Carpio* de Heckel ne peut pas se soutenir. Bien que le *Carreau* rappelle, le plus souvent, la Carpe, à l'extérieur, il

---

[1] Süsswasserfische; Tabellarische Uebersicht, p. 396.
[2] Cyprinoiden Livlands, p. 55.
[3] Süsswasserfische, p. 91.

suffit cependant de remarquer le développement différent des barbillons et la variabilité de la formule dentaire chez divers individus, pour constater que cet hybride tient cependant aussi quelquefois plus du Carassin que de la Carpe dans quelques-uns de ses caractères importants. Certains Carreaux pourraient donc, à juste titre, être plutôt appelés : *Cyprino-Carassius Carpio vulgaris.*

Le *Cyprinus striatus* de Holandre et de de Selys, qui paraît n'être aussi, comme le *Cyprinus Kollarii*, qu'un produit mixte des deux mêmes espèces-mères, se distinguerait cependant souvent de celui-ci, à première vue, par une livrée plus claire et par une forme du front un peu plus bombée. Mais, comment ne rencontrerait-on pas nécessairement une grande variabilité chez un poisson qui résulte du croisement de deux espèces aussi variables dans les formes que la Carpe et le Carassin; il serait étonnant que les diverses races élevées ou allongées de ces deux Cyprinidés, combinées de différentes manières, donnassent toujours un résultat identique. C'est encore au même bâtard que je crois devoir rapporter tout, ou partie, des individus décrits par de Selys, sous le nom de *Cyprinus elatus;* divers rapports de formes et les dimensions très réduites des barbillons me portent à appuyer fortement l'opinion de l'auteur même de la Faune belge, quand il dit (p. 198), en parlant de son *Cyp. elatus : Cette espèce a de grands rapports avec le C. Kollarii* (Heckel), etc.

Le Carassin faisant défaut aux eaux de la Suisse, il semble peu probable que cet hybride se développe dans notre pays; à moins qu'il n'ait été importé dans quelques localités où je l'ignore.

Le *Carreau* se montre généralement dans les étangs et les marais où la Carpe et le Carassin vivent ensemble; on a signalé sa présence en France, en Belgique, en Hollande, en Allemagne, en Autriche, en Pologne et jusqu'en Criméc.

Jäckel a cru devoir donner plus spécialement le nom de *Carpio Sieboldii* au produit hybride de la Carpe sous la forme dite *à miroir (Cyp. Carpio, var. specularis)*, avec le Carassin. Ce bâtard, signalé par le prof. de Siebold (Süsswasserfische, p. 96), ne présenterait, le plus souvent, que trois grosses dents, sur un seul rang, de chaque côté.

Genre CARASSIN

CARASSIUS, Nilsson.

Dents pharyngiennes au nombre de quatre sur un seul rang de chaque côté ; les trois supérieures à couronne comprimée et élargie en spatule, avec un sillon transverse. Bouche antérieure. Pas de barbillons. Corps ramassé et comprimé, souvent presque circulaire ; parfois moins élevé. — Écailles grandes ; ligne latérale presque droite, d'ordinaire complète et au milieu du corps. Nageoire dorsale à base longue et commençant au-dessus des ventrales. Anale à base courte et naissant en avant de l'extrémité de la dorsale ; toutes deux à tranche convexe avec un grand rayon antérieur osseux et dentelé. Caudale faiblement échancrée, à lobes égaux.

Dentes submolares, 4—4. scalpriformes.

Bien que ce genre soit, en réalité, étranger à la Suisse, j'ai cru cependant devoir en dire ici quelques mots, soit à cause de la présence du Carassin dans quelques courants qui nous touchent de près, soit eu égard à l'importation dans notre pays de la Dorade de Chine qui, dans quelques endroits, a été mise en liberté dans certains lacs et courants.

Les représentants de ce groupe, très souvent domestiqués, sont assez répandus dans les régions tempérées de l'Europe et de l'Asie, où ils mènent un genre de vie assez semblable à celui de la Carpe. Les nombreuses variétés du Carassin, créées en divers pays sous l'influence de la domestication, ont reçu de plusieurs auteurs des noms spécifiques différents ; toutefois, il parait bien n'y avoir, avec la Dorade importée[1] et comme l'a parfaitement démontré le prof. de Siebold[2], qu'une seule espèce autochtone, le *Carassius vulgaris* sous diverses formes, dans le centre de l'Europe.

LE CARASSIN VULGAIRE

Die Karausche.

Carassius vulgaris, Nilsson.

D'un vert olivâtre ou rembruni, en dessus; plus clair et cuivré, sur les flancs; blanchâtre ou jaunâtre, en dessous. Nageoires inférieures rougeâtres. Corps comprimé et court; tantôt très élevé et voûté ou subcirculaire, tantôt plus-allongé et plus bas ou plutôt oblong. Écailles grandes et subarrondies. Ligne latérale presque droite, passant au milieu du corps et parfois incomplète. Tête variant en dimension avec les hauteurs relatives du tronc, mais généralement haute et plutôt courte. Museau obtus. Œil de moyenne grandeur. Bouche petite. Opercule plus ou moins finement strié. La tranche des nageoires dorsale et anale d'ordinaire convexe; le grand rayon osseux antérieur, dans les deux, finement dentelé. Caudale faiblement échancrée. (Taille moyenne d'adultes : 150 à 200ᵐᵐ.)

Dents pharyngiennes au nombre de quatre, sur un seul rang; les trois supérieures pincées en spatule, l'inférieure subconique.

D. 3—4/14—18 (21), A. 3/5—6 (7), V. 2/7—8, P. 1/12—13, C. 19 (17—20).

$$\text{Sq. } 31 \; \frac{7-8}{5-6} \; 35. \text{ Vert. } 32.$$

---

[1] Günther (Catal. of Fishes, vol. VII) attribue trois espèces à ce genre : le *Car. vulgaris*, le *Car. bucephalus* et le *Car. auratus*; toutefois, le *C. bucephalus* de Heckel (Ann. Wien. Mus. II, 157), qui habite la Macédoine, paraît se rapprocher beaucoup du *C. vulgaris*.

[2] Süsswasserfische, p. 98-106.

(a) Cyprinus Carassius, *Linné*, Syst. Nat. I, p. 526, et ed. *Gmel.* I,
III, p. 1416. — *Bloch*, Fische Deutschl. I, p. 69, taf. II. — *Cuv. et Val.*
XVI, p. 82, pl. 459. — *Holandre*, Faune de la Moselle, p. 241. — *De Selys*,
Faune belge, p. 200. — *Günther*, Fische des Neckars, p. 38. — Caras-
sius vulgaris, *Nilsson*, Prodrom. 1832, p. 52, n° 16. — *Nordmann*,
Demid. Voy. Russ. mer. III, p. 479. — *Heckel et Kner*, Süsswasserfische,
p. 67, fig. 29. — *Fritsch*, Fische Böhmens, p. 4; Ceske Ryby, p. 8. —
Dybowsky, Cyprin. Livlands, p. 41. — *Siebold*, Süsswasserfische (var. *a*),
p. 98, fig. 4. — *Canestrini*, Prospet. crit., p. 22. — *Günther*, Catal. of
Fishes, VII, p. 29 (*part.*). — Carassius Linnæi, *Bonap.* Cat. Met., p. 27,
n° 149. — Cyprinopsis Carassius, *Blanchard*, Poissons de France, p. 336,
fig. 67.

(b) Cyprinus Gibelio, *Bloch*, Fische Deutschl. I, p. 71, taf. 12. — *Gmel.*,
ed. Syst. Nat., I, III, p. 1417. — *Cuv. et Val.*, XVI, p. 90. — *De Selys*,
Faune belge, p. 199. — Carassius Gibelio, *Nilson*, Prodrom., 1832. —
Bonap., Cat. Met., p. 27, n° 150. — *Leiblein*, Fische des Main-Geb., 1853,
p. 120. — *Heckel et Kner*, Süsswasserfische, p. 70, fig. 30. — *Fritsch*,
Fische Böhmens, p. 4; Ceske Ryby, p. 9. — *Jeitteles*, Fische der March,
p. 24. — Car. vulgaris (var. *b*), *Siebold*, Süsswasserfische, p. 99, fig. 6. —
Cyprinopsis Gibelio, *Blanchard*, Poissons de France, p. 340, fig. 69. —
Cyprinus moles, *Agassiz*, Mém. Soc. S. N. Neuchâtel, 1835, p. 37. — *Cuv.
et Val.*, XVI, p. 89. — *De Selys*, Faune belge, p. 200. — Carassius moles,
Heckel et Kner, Süsswasserfische, p. 71, fig. 32. — Car. humilis, *Heckel*,
Wien. Ann., II, p. 156, taf. 9, fig. 4. — *Bonap.*, Cat. Met. p. 27, n° 151. —
Car. oblongus, *Heckel et Kner*, Süsswasserfische, p. 73, fig. 33. — *Dy-
bowsky*, Cyprin. Livlands, p. 50. — *Jeitteles*, Fische der March, I, p. 25.

Le Carassin n'a, à ma connaissance, été trouvé jusqu'ici sous
aucune forme dans les limites de notre pays; toutefois, quelques
citations semblent nous attribuer gratuitement ce poisson.
De Siebold (*Süsswasserfische; tabellarische Uebersicht, p. 396*)
indique le *Carassius vulgaris* comme habitant les lacs suisses
et le bâtard que cette espèce produit avec la Carpe comme
vivant dans nos étangs. Le Carassin se trouvant dans le Rhin,
en dehors de nos frontières, il n'y aurait rien d'étonnant à ce
qu'il pût remonter, par ce fleuve et nos rivières, dans quelques-uns de nos lacs et de nos marais; cependant, je le
repète, j'attendrai encore des observations nouvelles et des
données plus circonstanciées, pour admettre comme suisse un
poisson que je n'ai pas encore réussi à me procurer dans le
pays. Ogérien (*Hist. nat. du Jura, III, p. 355*) signale la
forme dite Gibèle (*Car. Gibelio*) dans les eaux dormantes du
Doubs, non loin de nos frontières. Enfin, Günther (*Catal. of*

Brit. Mus., VII, p. 30) fait mention d'un Carassin adulte envoyé, de Suisse, au British Museum par le professeur Agassiz; l'adresse de l'expéditeur n'était probablement pas celle de l'habitat du poisson expédié.

C'est en face de ces citations que j'ai cru devoir dire quelques mots du Carassin (Karausche), pour signaler cette espèce à l'attention de nos observateurs; car cette défection dans notre faune paraît d'autant plus étonnante que ce poisson est très répandu en Europe, depuis l'Italie jusqu'en Suède et en Norwége, et qu'il mène partout, soit libre, soit captif, un genre de vie assez semblable à celui de la Carpe si commune dans beaucoup de nos eaux.

Le Carassin, importé peut-être d'Asie, comme la Carpe, a subi, sous l'influence de la domestication, un grand nombre de modifications diverses qui, en changeant son facies, ont fait croire à l'existence de plusieurs espèces. Les deux variétés opposées, *a* et *b* de notre synonymie, que le prof. de Siebold distingue dans leurs formes extrêmes sous les noms de *Seekarausche* et *Teichkarausche*[1], suivant qu'elles habitent les eaux pures des lacs et des courants, ou les eaux dormantes des étangs et des marais, se différencient de prime abord: par des formes du corps courtes et très élevées chez la première (*Car. vulgaris*), plus basses et plus allongées ou oblongues, avec une tête plus forte, chez la seconde (*Car. oblongus*). Les formes dites *C. humilis*, *C. Gibelio* et *C. moles* paraissent comme autant de transitions entre ces deux extrêmes. Les différents caractères tirés des proportions, de la tête et du corps, des divers profils, de la bouche, de l'écaillure et des nageoires sont passablement inconstants et perdent une grande partie de leur importance, quand il s'agit d'une espèce soumise par la domestication à des conditions d'existence forcément très variées. Je pourrais répéter ici ce que j'ai déjà dit, à propos de la Carpe; il n'est pas plus étonnant de voir le dos voûté du *Carassius vulgaris* s'abaisser jusqu'à donner à cette espèce une forme *oblongue*, que de voir le dos relativement peu élevé de la Dorade (*Car. auratus*) se voûter jusqu'à donner à ce poisson une forme parfaitement *ronde*.

[1] Süsswasserfische, p. 98.

J'ai signalé plus haut, sous le nom de *Carreau* un métis du *Carassin* avec la Carpe.

LA DORADE

DER GOLDKARPFEN

CARASSIUS AURATUS. Linné.

Suivant les conditions, d'un rouge vermillon, en dessus, doré sur les côtés et argenté en dessous, ou olivâtre sur le dos, plus clair sur les flancs et pâle en dessous; parfois aussi rouge avec des taches noires ou blanches. Corps d'ordinaire oblong et relativement assez épais; quelquefois ramassé et presque rond. Écailles grandes et subarrondies; ligne latérale assez élevée. Tête massive et fortement busquée en avant. Museau largement arrondi. Œil plutôt grand, opercule strié. Dorsale normale à base allongée, anale à base courte; toutes deux avec le grand rayon osseux antérieur fortement dentelé. Pectorales assez grandes. Caudale passablement échancrée. (Taille maximum d'adultes, jusqu'à 300 ou 350ᵐᵐ.)

Dents pharyngiennes au nombre de quatre, sur un rang de chaque côté, et assez semblables à celles du Carassin.

D. 3—4/15—19, A. 2—3/5, V. 1—2/8—9, P. 1/14—15. C. 19—(20).

$$\text{Sq. } 25 \ \frac{4-5}{7} \ 28. \ \text{Vert. } 30-31.$$

CYPRINUS AURATUS, *Linné*, Syst. Nat., I, 537, ed. *Gmel.*, I, III, p. 1418. — *Bloch*, Fische Deutschl., III, p. 132, taf. 93 et 94. — CYP. LINEATUS, C. LANGSDORFII, *Cuv. et Val.*, XVI, p. 96 et 99. — CYP. GIBELIOIDES, *Cantor*, Ann. et Mag. N. H., 1842, IX, p. 485. — CYP. CARASSOIDES, C. ABBREVIATUS, *Richards*, Ichthyol. chin., p. 291 et 292. — CARASSIUS LANGSDORFII, C. BURGERI, C. CUVIERI, C. GRANDOCULIS, *Schlegel*, Faun. Japon. Poiss., p. 192-195, fig. 1-4. — CAR. PEKINENSIS, C. CÆRULEUS, C. DISCOLOR, *Basilewski*, Nouv. Mém. Soc. Nat. Mosc., X, 1855, p. 229, tab. 3, fig. 3 et tab. 9, fig. 2. — C. AURATUS, *Blecker*, Atl. Ichthyol. Cypr., p. 74. — *Günther*, Catal. of Fishes, VII, p. 32. — C. VULGARIS, VAR. CAPENSIS, *Peters*, Monatsber. Akad. Wiss. Berlin, 1864, p. 393. — CYPRINOPSIS AURATUS, *Blan-*

chard, Poissons de France, p. 343, fig. 71. — *Lunel*, Poissons du Léman,
p. 38, etc. [1]

Bien qu'importée de la Chine, la Dorade mérite cependant
d'être signalée dans cette faune, sinon comme espèce autochtone, du moins comme poisson destiné à s'acclimater et se répandre dans nos eaux. Selon toute probabilité, le Cyprin doré
nous est venu de France, où il est maintenant très répandu et où
les premiers échantillons furent envoyés, dit-on, à Mme de Pom-
padour, par les directeurs de la Compagnie des Indes[2]. Beaucoup
de personnes conservent, chez nous, dans des bocaux, comme
ornement, ce qu'elles appellent des *Poissons rouges;* d'autres
ont introduit cette espèce, comme objet de luxe ou d'agrément,
dans leurs bassins ou leurs étangs. Enfin, on prend, de temps à
autre, des Dorades libres dans nos eaux, dans le lac Léman et
le Rhône, par exemple; soit que ces poissons y aient été apportés, soit qu'ils aient réussi à s'échapper de leur bassin, à la
faveur d'un ruisseau ou de toute autre manière. J'ai vu deux
échantillons du Cyprin doré capturés dans des eaux libres, près de
Genève; l'un, pris dans le lac, était rouge, l'autre, pris dans le
Rhône, était d'un vert bronzé. Lunel[3] cite plusieurs cas de semblables rencontres dans le bassin du Léman. Ogérien[4] signale
cette espèce dans la Seille et la Vallière. Blanchard[5] la dit établie
dans plusieurs rivières de France, et en particulier dans la Seine.
Enfin, Géhin[6] affirme que la Dorade, qui se multiplie dans les
étangs de la Moselle, produit, avec la Carpe, une quantité de
métis.

Le Carassin doré varie énormément sous l'influence de la

---

[1] D'autres formes domestiques et déviées ont reçu encore d'autres
noms ; ainsi : *Cyp. thoracatus*, Cuv. et Val., *C. telescopus*, Lacep., *C. qua-
drilobus*, Lacep., *C. nukta*, Sykes, etc., etc.

[2] Selon quelques auteurs, l'introduction des premières *Dorades* en
Europe remonterait au commencement du XVIIme siècle; toutefois, il
semblerait que ce poisson ne commença à se répandre un peu que vers le
milieu du XVIIIme, et cela d'abord en Angleterre.

[3] Poissons du Léman, p. 40.

[4] Hist. nat. du Jura, III, p. 355.

[5] Poissons de France, p. 343.

[6] Révision des Poissons de la Moselle, 1868, p. 70.

domestication et de la captivité, tant dans les formes que dans
la coloration. Les Chinois, très adroits dans l'art de produire et
perpétuer les déformations monstrueuses des animaux et des
plantes, ont réussi à fabriquer avec la Dorade plusieurs curieuses
variétés. L'une d'elles, la plus frappante peut-être, est celle qui
a reçu le nom de *Poisson télescope*. Elle est de forme arrondie,
avec une caudale double très grande et pendant en large
panache; l'œil, chez elle très développé, est porté, de chaque
côté de la tête, sur un pédicule plus ou moins saillant. J'ai vu plusieurs beaux échantillons de cette forme, chez M. Carbonnier à
Paris. J'ai vu également, chez cet habile observateur, d'autres
difformités de la même espèce : des Dorades, par exemple, tellement courtes et rondes que, par suite d'un défaut d'équilibre
entre la tête et la vessie natatoire, ces poissons étaient forcément
maintenus la tête en bas. D'autres avaient le ventre tellement
gonflé et le dos relativement si court, qu'elles avaient de la
peine à se tenir debout; la vessie à air aidant, elles étaient facilement retournées et reposaient même très souvent sur le dos.
D'autres étaient tantôt entièrement blanches, tantôt nues comme
la Carpe à cuir. J'ai vu aussi des Dorades captives qui n'avaient
point de dorsale, ou qui portaient seulement un très petit lam-
beau de cette nageoire. Quelques-unes avaient les pectorales ou
les ventrales démesurément développées; d'autres, enfin, présentaient assez souvent une anale double comme la caudale du
télescope. On comprend aisément que les formes de la bouche
doivent varier passablement aussi, avec les positions différentes
dans lesquelles l'animal est appelé à prendre sa nourriture.
Du reste, il paraît que ces formes déviées tendent, chez nous,
à revenir assez vite au type, après quelques générations à l'état
libre. J'ai dit, plus haut, que, suivant les conditions dans lesquelles elles vivent, les Dorades peuvent être rouges, olivâtres,
blanches, jaunes ou rouges et noires ou blanches et rouges. La
plupart des sujets conservés en bocaux sont rouges, avec ou sans
taches; un récipient plus grand ou un large bassin les fait parfois
passer au brun rougeâtre. Par contre, la plupart des individus
qui ont échappé à la captivité et sont rentrés dans des conditions
naturelles deviennent plus ou moins vite olivâtres ou bronzés,
comme la Carpe ou le Carassin. Les taches paraissent et dispa-

raissent assez promptement; le même individu, pris verdâtre dans la grande eau, reprend assez vite la livrée rouge réintégré dans un bocal.

Les jeunes, pendant leur première année au moins, sont généralement bruns, noirâtres ou verdâtres.

La chair de la Dorade étant assez délicate et la reproduction de l'espèce étant facilement très abondante, la multiplication de ce poisson dans nos eaux ne pourrait être, semble-t-il, qu'utile et productive.

Genre 2. TANCHE

TINCA, Cuvier.

Dents pharyngiennes un peu étranglées à la base, renflées vers la couronne, en forme de massue tronquée obliquement, un peu crochues au sommet et disposées sur un seul rang; d'ordinaire au nombre de quatre d'un côté et cinq de l'autre, parfois cinq à droite et à gauche. Bouche antérieure, plutôt petite, pourvue de lèvres épaisses et ornée vers la commissure d'un petit barbillon de chaque côté. Museau large et arrondi. Œil plutôt petit. Corps plutôt ramassé, assez épais et subarrondi transversalement, sur le dos comme sur le ventre. Écailles très petites et de forme allongée, mais se recouvrant beaucoup; ligne latérale complète, au milieu du corps et en majeure partie droite. Toutes les nageoires à tranche convexe. Dorsale à base courte et commençant un peu en arrière de l'origine des ventrales. Anale à base courte et naissant un peu en arrière de la base de la dorsale; toutes deux sans gros rayon osseux. Caudale peu ou pas échancrée, à lobes égaux.

Dentes submolares 4—5 (vel 5—5) clavati.

Ce genre européen ne compte jusqu'ici qu'une seule

espèce, très répandue dans le continent, la *Tinca vulgaris*, qui habite de préférence les eaux à fond vaseux, dormantes ou à courant paisible, et dont l'alimentation, bien que mélangée de principes animaux variés, est cependant en grande partie végétale.

La Tanche porte des pseudobranchies tout à fait rudimentaires. Son corps est constamment couvert d'une mucosité visqueuse. Le genre *Tinca* semble faire une exception, dans nos Cyprinidés, eu égard à certain caractère sexuel. C'est le grand rayon des *ventrales* qui est gonflé chez le mâle de la Tanche; tandis que ce développement érotique, ou au moins un analogue, se montre plutôt aux nageoires pectorales, chez nos autres représentants de la famille. Voyez, à la fin de la diagnose de l'unique espèce, les caractères tirés des diverses pièces de l'appareil masticateur, du maxillaire supérieur et de l'arcade sous-orbitaire.

Bien que ce poisson présente quelques analogies avec les Loches, en particulier dans le prolongement supérieur du maxillaire, dans la petitesse des écailles, dans la présence des barbillons et dans les allures; je crois cependant devoir, comme plusieurs auteurs, laisser ce type particulier entre la Carpe et les Barbeaux, avec lesquels il possède également plusieurs caractères en commun [1]. J'attribue ainsi plus de poids aux formes de la vessie, des sous-orbitaires et des pharyngiens qu'à ces quelques premiers traits distinctifs.

[1] En mettant les Loches à la tête de ses Cyprinides, devant le Goujon et les Barbeaux et assez près de la Tanche, le prof. Blanchard paraît, à première vue, suivre un ordre plus naturel que d'autres ichthyologistes, Heckel et Kner et de Siebold entre autres, qui mettent la Carpe en tête, placent la Tanche entre celle-ci et les Barbeaux et renvoient les Loches bien loin en arrière du côté de l'Anguille. Toutefois, ce premier arrangement, qui repose surtout sur des analogies de formes extérieures, a aussi le défaut de ne pas priser à leur valeur des différences anatomiques assez profondes. Les caractères qui ont déterminé le Dr Günther à placer la Tanche près des Leucosomes, dans ses *Leuciscina*, en l'éloignant des Barbeaux soit des *Cyprinina*, me paraissent également d'une importance très discutable.

2. LA TANCHE

Die Schleihe. — Tinca

Tinca vulgaris, Cuvier.

Olivâtre, verte ou brun-jaunâtre, en dessus; verte ou dorée, sur les côtés; blanchâtre, jaunâtre ou lilacée, en dessous. Nageoires enfumées, noirâtres ou violacées, parfois légèrement rougeâtres. Corps assez épais, en avant, plus réduit du côté de la queue, et légèrement renflé vers l'origine de la caudale. Écailles relativement très petites, de forme allongée et se recouvrant beaucoup. Museau obtus, avec un barbillon latéral angulaire au plus égal au diamètre de l'œil. Opercule lisse. Dorsale et anale assez semblables, convexes sur la tranche, plus hautes que longues et sans rayon osseux dentelé. Caudale peu ou pas échancrée. (Taille moyenne de vieux sujets : 40 à 60 centimètres.)

Sept à huit sous-orbitaires : le premier subtriangulaire et au moins aussi long que l'œil; les derniers très petits. Maxillaire supérieur prolongé et un peu tordu en spirale au sommet, avec un coude postérieur en hachette subcarrée. Pharyngiens présentant une corne supérieure très développée. Meule subovale, épaisse et très dure. Dents médiocrement allongées et renflées au sommet en massue comprimée, oblique, creusée au milieu et légèrement crochue.

D. 3—4/8—9, A. 3—4/6—8, V. 2/8—9, P. 1/15—18, C. 19 maj.

$$\text{Sq. } 90 \ \frac{22-33}{18-25} \ 120. \text{ Vert. } 37-41.$$

Cyprinus Tinca, *Linné*, Syst. Nat., I, p. 526, ed. XIII; *Gmel.*, I, III, p. 1413. — *Bloch*, Fische Deutschl., p. 83, taf. 14 et p. 90, taf. 15. — *Lacep*, V, p. 186. — *Pallas*, Zoogr. Ross.-As., III, p. 310. — *Razoumowski*, Hist. Nat. du Jorat, p. 131. — *Jurine*, Hist. des Poiss. du Léman. Mém. Soc. Phys., p. 205, pl. 10. — *Hartmann*, Helvet. Ichthyol., p. 190. — *Steinmüller*, N. Alpina, II, p. 343. — *Ekström et Fries*, Skand. Fisk., p. 205, pl. 52. — *Nenning*, Fische des Bodensees, p. 26. — *Holandre*, Faune de la Moselle, p. 244.

Cyp. Tinca auratus, *Bloch*, Hist. Nat., I, p. 47, taf. XV.

TINCA VULGARIS, *Cuvier,* Reg. Anim., II, p. 193. — *Fleming,* Brit. An.,
p. 186. — *Nilsson,* Skand. Fauna, IV, p. 296. — *Cuv. et Val.,* XVI,
p. 322, pl. 484. — *De Filippi,* Cenni, p. 396. — *Bonaparte,* Cat.
Met., p. 28. — *Yarrell,* Brit. Fish., I, p. 328. — *Heckel et Kner,*
Süsswasserfische, p. 75, fig. 34. — *Fritsch,* Fische Böhmens, p. 5;
Ceske Ryby, p. 10. — *De Betta,* Ittiol. Veron., p. 70. — *Dybowsky,*
Cyprin. Livlands, p. 66. — *De Siebold,* Süsswasserfische, p. 106.
— *Jeitteles,* Fische der March, p. 26. — *Monti,* Not. dei Pesci,
p. 36. — *Jäckel,* Fische Bayerns, p. 26. — *Canestrini,* Prospet.
crit., p. 25. — *Günther,* Catal. of Brit. Mus., Fishes, VII, p. 264.
— *Blanchard,* Poissons de France, p. 317, fig. 64. — *De la Fon-
taine,* Faune du Luxembourg, p. 26. — *Lunel,* Poissons du Léman,
p. 42, pl. V. — *Pavesi,* Pesci et Pesca, p. 26.

    T. VULG. VAR. MACULATA, *Costa,* Fauna Nap. Pesc., tab. 12.

» CHRYSITIS, *Agassiz,* Mém. Soc. Hist. Nat. Neuchâtel, I, p. 37. —
Bonaparte, Faun. Ital., III, fasc. XVIII. — *Schinz,* Faun. Helvet.,
p. 157, et Europ. Fauna, p. 306. — *De Selys-Longchamps,* Faune
belge, p. 202. — *Rapp,* Fische des Bodensees, p. 5.

    T. CHRYS. VAR. AURATA, *Agass.,* Mém. Soc. Hist. Nat. Neuch.,
I, p. 37.

» ITALICA, *Bonap.,* Faun. Ital., III, fasc. XVIII. — *Schinz,* Europ.
Fauna, p. 307.

» AURATA, *Schinz,* Europ. Fauna, p. 307.

LEUCISCUS TINCA, *Günther,* Fische des Neckars, p. 50.

NOMS VULGAIRES SUISSES : (S. F.) ; La *Tanche* — (S. A.) ; *Schlei, Schleihe,
Schleyen* ou *Schleiche.* — (T.) ; *Ténca* ou *Tinca.*

Corps plutôt ramassé, médiocrement élevé, assez épais en avant
et un peu renflé vers l'origine de la caudale. Le dos et le
ventre subarrondis transversalement. Le profil supérieur
sensiblement et à peu près graduellement convexe, jusqu'à
la dorsale, puis s'abaissant, de ce point à la caudale, en
courbe plutôt concave. Le profil inférieur légèrement convexe jusqu'à l'anus, relevé obliquement le long de l'anale,
et légèrement concave jusqu'à la caudale.

    La hauteur maximale, vers la dorsale ou un peu en avant,
à la longueur totale, comme $1 : 3\,^{3}/_{5} - 4\,^{4}/_{5}$ et, à la longueur
sans la caudale, comme $1 : 3 - 4$, selon l'état des individus
ou l'âge plus ou moins avancé. La hauteur minimale, sur le
pédicule caudal un peu en avant de l'origine de la caudale,
comme $1 : 2 - 2\,^{1}/_{2}$. L'épaisseur la plus forte, vers l'opercule ou un peu plus en arrière, à l'élévation maximale,

comme 1 : 1 $^2/_3$ — 2. Une section verticale moyenne d'un ovale plus ou moins large.

Ouverture anale située aux deux tiers environ de la lougueur du poisson, sans la caudale.

Tête de moyenne dimension, de forme subovale et notablement plus longue que haute, avec un museau large et obtus. Le profil supérieur presque droit ou légèrement convexe et suivant à peu près la courbe du dos ; le profil inférieur presque semblable.

La longueur céphalique latérale, à la longueur totale du poisson, comme 1 : 4 $^1/_4$ — 5, selon l'âge ou le sexe des sujets, et à peu près égale à la hauteur du tronc, ou environ de $^1/_3$ moindre, non seulement selon l'âge et le sexe, mais encore selon l'état et les conditions de vie des individus. La longueur de la tête, en dessus, à la longueur par le côté, selon les sujets, comme 1 : 1 $^1/_7$ — 1 $^1/_4$. La hauteur, à l'occiput, égale aux $^3/_4$ de la longueur latérale, ou un peu moins. L'épaisseur, sur l'opercule, égale à un peu plus ou un peu moins des $^3/_5$ de la même longueur, et correspondant, suivant les individus, à l'élévation vers le bord antérieur, le milieu ou le bord postérieur de l'orbite.

Un barbillon charnu, de chaque côté du museau, un peu au-dessus et en arrière de l'angle de la bouche, au plus égal au diamètre de l'œil, souvent égal seulement à la moitié ou au tiers de celui-ci et relativement plus court chez les jeunes que chez les vieux.

Bouche antérieure, oblique ou tombante, passablement protractile et fendue au plus jusqu'au-dessous des narines. Les deux mâchoires à peu près de même longueur et garnies de lèvres épaisses. La langue bien développée.

Narines doubles, de moyenne dimension, ouvertes dans un enfoncement situé à peu près au tiers de la distance séparant l'œil du museau et conformées, à peu près comme chez la Carpe et la plupart de nos Cyprinides, d'un orifice antérieur bordé d'une valvule susceptible de recouvrir un orifice postérieur un peu plus grand.

Des pores régulièrement distribués, faisant suite à la ligne latérale du corps, de manière à embrasser l'œil entre deux séries de petites ouvertures très apparentes : une première série de pores naissant au-dessus de l'opercule et courant, de chaque côté sur la tête, jusqu'aux narines ; une seconde série cerclant l'œil en dessous, tout le long des sous-orbitaires, jusque sur le museau. D'autres pores accompagnant le bord de la joue sur le préopercule et jusque sous le maxillaire inférieur.

Œil relativement petit, parfaitement rond, assez élevé bien que franchement latéral et très mobile; d'un diamètre, à la longueur céphalique latérale, comme 1 : 5 — 7 $^1/_4$, suivant les sujets jeunes ou vieux, parfois même 4 $^1/_3$ chez de très petits individus [1].

L'espace préorbitaire mesurant, suivant l'âge plus ou moins avancé, de 2 $^1/_2$ à 2, ou même seulement 1 $^1/_2$ diamètre de l'œil, et, selon les cas, entrant de 2 $^1/_2$ à 3 fois dans la longueur latérale de la tête.

L'espace postorbitaire d'ordinaire légèrement moindre que la moitié de la tête par le côté.

L'espace interorbitaire à peu près égal à la moitié de la longueur de la tête, en dessus; mais généralement un peu plus fort que l'espace préorbitaire, chez l'adulte, et à peu près égal à celui-ci, chez les jeunes, soit, par conséquent, mesurant, suivant les sujets petits ou grands, de 1 $^1/_2$ — 2 $^1/_2$ ou même 3 diamètres de l'œil.

Arcade sous-orbitaire composée de sept ou plus souvent de huit os juxtaposés, en courbe flexueuse, entre le maxillaire supérieur et le crâne, et parcourus par un tubule mucifère : le premier os, situé entre le museau et l'œil, d'assez grande dimension, de forme subtriangulaire allongée et de moitié environ plus long que haut ; le second très petit et trapézoïdal ou subcarré ; le troisième presque aussi long que le premier, mais très étroit et en demi-croissant, les quatre ou cinq suivants très petits et très étroits.

La voûte susorbitaire bien développée, fixe et assez saillante.

***

[1] Canestrini (Prospet. crit., p. 26) donne même 3 $^4/_{10}$ pour de très petits sujets d'Italie.

Maxillaire supérieur plutôt étroit et un peu convexe en avant
dans la moitié supérieure, prolongé et un peu tordu en spirale au sommet d'articulation [1] et offrant, vers le milieu en
arrière, un coude moyen en forme de hache à peu près carrée;
enfin, présentant une branche inférieure assez longue, presque droite et faiblement développée ainsi que relativement
peu tordue à l'extrémité (Voy. Pl. II, fig. 19).

Opercule grand, environ de un tiers plus haut que large, et à
surface généralement lisse. Le côté supérieur quasi horizontal, un peu creusé et égal, suivant les individus, à la moitié
ou aux deux tiers du côté inférieur; le côté postérieur, ou un
peu convexe, ou comme bilobé et légèrement concave au
milieu ; le côté inférieur long, très oblique, presque droit ou
faiblement convexe, parfois finement festonné, et formant,
avec le bord postérieur, un angle arrondi beaucoup plus ouvert
que l'angle droit.

Sous-opercule assez large, en demi-croissant et passablement plus long que chez la Carpe.

Interopercule formant, entre les pièces précédentes et le
préopercule, un coin relativement très grand et demeurant
à découvert tout le long au-dessous de ce dernier.

Préopercule largement arrondi en croissant.

Membrane branchiostège formant à l'appareil operculaire
une bordure très large et épaisse.

Os pharyngiens assez grands, avec une aile plutôt courte, assez
large au milieu, arrondie vers le haut et subarrondie ou faiblement anguleuse au niveau de la quatrième ou de là cinquième dent inférieure [2] ; la corne supérieure longue, fortement recourbée en avant, suivant la direction du bord de
l'aile, comprimée et assez élevée. La branche inférieure plutôt grande et passablement épaisse (Voy. Pl. IV, fig. 5 et 6).

Dents pharyngiennes au nombre de quatre ou cinq et en un

---

[1] Cette forme, comme je l'ai déjà fait remarquer, est très caractéristique et tout à fait exceptionnelle dans nos Cyprinidés. Je ne trouve un
prolongement supérieur analogue que chez la Loche, parmi nos poissons.

[2] Ce léger angle m'a paru d'ordinaire un peu plus accentué chez les
vieux que chez les jeunes.

seul rang, sur chaque os : le plus souvent quatre à gauche
et cinq à droite, quelquefois cinq à gauche et quatre à droite,
plus rarement cinq des deux côtés. Ces dents, médiocrement
allongées, un peu étranglées à la base et élargies transversalement en massue oblique vers le sommet. La couronne
fraîche un peu pincée de chaque côté d'un sillon médian et
un peu relevée en crochet à l'extrémité; la couronne usée
plus plate, moins sillonnée et peu ou pas crochue. La quatrième dent à partir du haut généralement la plus large et
subovale, les autres en dessus de plus en plus étroites; la
cinquième ou inférieure un peu couchée contre la précédente,
plus arrondie, ainsi que plus petite que celle-ci, et parfois
bilobée ou trilobée. Assez souvent une couche de cément noir
autour de la couronne (Voy. Pl. IV, fig. 5 et, à la fig. 6, un
des os, par le côté postérieur, avec deux dents de remplacement en voie de développement).

Meule de moyenne dimension, dure, épaisse, de forme subovale
et facilement isolable. Le bord antérieur large et arrondi,
l'extrémité postérieure plus étroite et un peu retroussée en
crochet; la surface de frottement relevée au milieu en colline
longitudinale (Voy. Pl. IV, fig. 7 et 8).

Dorsale naissant d'ordinaire un peu plus près de l'origine de la
caudale que du bout du museau, soit un peu en arrière de
l'origine des ventrales, beaucoup plus haute que longue et ne
s'étendant pas tout à fait jusqu'au-dessus de l'anus, soit
occupant un espace à peu près égal à la $\frac{1}{2}$ de la hauteur
du corps, un peu moins ou un peu plus, suivant les individus
femelles ou mâles et vieux ou jeunes. La hauteur maximale,
au second rayon divisé, variant, suivant le sexe et l'âge plus
ou moins avancé, des $\frac{2}{3}$ aux $\frac{7}{8}$ de l'élévation du tronc, et,
par le fait, de $\frac{1}{3}$ à $\frac{2}{5}$ plus forte que la longueur ou la base.
Cette nageoire susceptible de se dresser verticalement, et
médiocrement rabattue en arrière, avec une tranche convexe
largement arrondie.

Onze à treize rayons : trois ou, plus souvent, quatre rayons
non divisés, plus huit à neuf rayons plus ou moins rameux.
Le premier non divisé très petit, le second à peu près égal
au tiers du troisième, celui-ci mesurant environ la moitié du

quatrième, ce dernier relativement mince, articulé, mais souple et non dentelé, et un peu plus court que le premier rameux. Le second divisé d'ordinaire le plus long ou égal au troisième ; le dernier profondément bifurqué et mesurant, suivant les sujets, un peu plus ou un peu moins des $^3/_5$ du plus grand.

Anale prenant naissance à une distance de l'anus presque égale à la moitié de sa base ; son origine se trouvant, par le fait, en arrière de l'aplomb de la dorsale d'une quantité à peu près égale au tiers ou à la moitié de la base de cette dernière. Cette nageoire, rabattue, parvenant plus ou moins près de l'origine de la caudale, suivant l'âge et le sexe des individus, dépassant même souvent un peu les premiers rayons basilaires de celle-ci, chez beaucoup de mâles. Quant à la forme, assez semblable à la dorsale, quoique un peu plus petite : la tranche arrondie, bien qu'un peu décroissante en arrière, la hauteur maximale, toujours au second divisé, suivant les sujets, un peu plus forte ou un peu plus faible que les $^4/_5$ de l'élévation de la dorsale ; la longueur ou la base un peu plus grande que la moitié de la hauteur.

Neuf à douze rayons : trois ou plus souvent quatre rayons non divisés, plus six à huit rameux. Les quatre simples à peu près dans les mêmes rapports qu'à la dorsale, le quatrième articulé, mais souple et non dentelé, un peu plus court que le premier divisé ; le second rameux le plus long, le dernier profondément bifurqué et égal à peu près à la $^1/_2$ du plus grand.

Ventrales implantées d'ordinaire très légèrement en avant de l'aplomb de la dorsale, à tranche largement arrondie, médiocrement décroissantes et, rabattues, s'étendant plus ou moins loin au delà de l'anus, suivant le sexe et l'âge des individus ; quelquefois dépassant à peine le dit orifice, chez certaines grosses femelles, souvent parvenant au contraire jusqu'au tiers environ de la base de l'anale, chez beaucoup de mâles. Ces nageoires, non seulement plus longues, mais encore plus larges à la base, avec un pied d'insertion plus épais et saillant, chez les mâles que chez les femelles ; par le fait de l'épaisseur beaucoup plus forte du second rayon simple nécessitant, chez les premiers, un développement plus grand de l'os pelvien et des muscles qui s'y attachent.

Dix à onze rayons : deux simples et huit à neuf divisés. Un premier simple, petit, latéral externe, osseux, sans articulations ni genou d'insertion et mesurant environ le quart du second (Voy. Pl. II. fig. 20) ; le second, ou grand simple, un peu plus court que le premier divisé, toujours étroit chez les femelles, mais, par contre, très large ou graduellement renflé vers le milieu, avec des articulations saillantes, chez les mâles. Cette différence sexuelle, d'ordinaire plus accentuée au moment du rut, mais cependant constante et cela déjà depuis un âge peu avancé. Le second divisé le plus grand ; le dernier égal environ à la $\frac{1}{2}$ ou aux $\frac{3}{5}$ du plus long.

Pectorales complètement reversibles, à peu près de même longueur que les ventrales, bien que parfois relativement un peu plus longues que celles-ci, chez les femelles adultes, ou au contraire un peu plus courtes chez les mâles. Naissant au-dessous de l'angle de l'opercule et parvenant, rabattues, plus ou moins près de la base des ventrales, selon le sexe, disproportion apparente provenant ici en partie des développements sexuels différents de ces secondes nageoires paires : demeurant, par exemple, souvent distantes des ventrales de $\frac{1}{6}$ à $\frac{1}{3}$ de leur longueur, chez les femelles, ou dépassant au contraire quelquefois l'origine de ces nageoires, chez les mâles. Quant à la forme : très larges et presque rondes ou subovales, grâces à la position reculée du plus grand rayon.

Seize à dix-neuf rayons : un premier simple toujours étroit, plus court que le suivant et égal d'ordinaire au neuvième ou au dixième ; plus quinze à dix-huit divisés, le cinquième ou le sixième le plus long, le dernier volontiers non bifurqué et égal environ à $\frac{1}{5}$ ou $\frac{1}{6}$ du plus grand.

Caudale très large, mais médiocrement allongée et droite ou à peine échancrée sur la tranche, avec les extrémités largement arrondies. Les rayons les plus longs, soit la plupart du temps le quatrième divisé de chaque côté, égaux à peu près aux plus grands de la dorsale et, à la longueur totale du poisson, comme 1 : 5 $\frac{1}{4}$ — 5 $\frac{3}{4}$, selon l'âge peu ou plus

avancé, plus rarement 5 ou 6 chez des individus ou très jeunes
ou très vieux.

Dix-neuf rayons majeurs, dont dix-sept divisés, appuyés,
en haut et en bas, par une série de petits rayons décroissants,
en nombre plus ou moins élevé ; souvent sept à huit en haut
et cinq à six en bas. Les rayons médians de $^1/_8$ à $^1/_6$ seulement plus courts que les plus grands.

Écailles très petites, de forme généralement allongée, fortement
implantées et se recouvrant mutuellement sur une grande
partie de leur longueur. Les squames latérales moyennes, au-
dessus de la ligne latérale, subelliptiques, d'une hauteur
égale environ aux trois cinquièmes de leur longueur, d'une
surface égale à peu près à un sixième ou un huitième de celle
de l'œil, chez des sujets de taille moyenne, se recouvrant aux
deux tiers environ, arrondies au bord fixe comme au bord
libre et à peu près droites aux côtés supérieur et inférieur
(Voy. Pl. III, fig. 9). Les squames latérales antérieures, au-
dessous de la ligne latérale, les plus grandes, soit presque
doubles des précédentes et de forme plus ramassée ou plus
carrée. Les latérales postérieures plus petites que les latérales moyennes et de forme plus ovale, soit un peu plus courtes.
Les dorsales plus petites encore, mais de même forme ovale ;
les pectorales plus petites aussi que les moyennes, mais par
contre de forme un peu plus allongée.

Toutes ces écailles caractérisées par la position du nœud
très reculé vers le bord fixe. Autour de ce nœud des stries
concentriques assez espacées et, à partir du dit, des rayons
en éventail, courts et très divergents du côté du bord fixe,
beaucoup plus longs et plus parallèles du côté du bord libre.

Selon les sujets plus ou moins élevés, de vingt-deux à
trente-trois écailles au-dessus de la ligne latérale, vers la
hauteur maximale, et de dix-huit à vingt-cinq en dessous,
jusqu'à la base des ventrales [1].

Peau très épaisse.

Ligne latérale descendant du haut de l'opercule, pour suivre,

----

[1] Les minima, en dessus et en dessous de la ligne latérale, m'ont paru
rares dans nos eaux suisses ; les chiffres 27-30 sur 20-25, m'ont paru les
plus communs.

au milieu du corps ou légèrement plus haut, une ligne presque droite, jusqu'au centre de la caudale. Les écailles de cette ligne, au nombre variable de quatre-vingt-dix à cent vingt (souvent 96-105) et affectant des formes assez semblables à celles de leurs voisines. Une gouttière graduellement évasée amène du nœud reculé vers le bord fixe à un tubule cylindroconique et assez court s'ouvrant sur le bord libre volontiers un peu échancré en cet endroit (Voy. Pl. III, fig. 10).

Tout le corps couvert d'un enduit muqueux ou visqueux [1]. Coloration des faces supérieures généralement d'un vert olivâtre uniforme, plus ou moins enfumé, ou parfois presque noir; assez souvent aussi grise, franchement verte ou même d'un jaune doré, avec ou sans taches noirâtres plus ou moins apparentes. Les flancs volontiers moins foncés et plus verts ou plus jaunes, avec des reflets métalliques verdâtres ou dorés. Les côtés de la tête souvent parés de teintes émeraude et de reflets bleuâtres. Les faces inférieures, suivant l'âge, la saison et les conditions, d'un blanc jaunâtre, rosâtres, lilacées ou orangées.

Les nageoires la plupart du temps enfumées, noirâtres ou violettes; les pectorales et les ventrales souvent aussi légèrement teintées de rougeâtre en arrière.

Iris rose, rouge ou brun, d'ordinaire avec un cercle intérieur doré.

Dimensions très variables, selon les conditions plus ou moins favorables.

D'après Blanchard, la Tanche, en France, atteint d'ordinaire à un poids de 125 grammes, soit $\frac{1}{4}$ de livre, dans sa première année, à 1 ou 1 $\frac{1}{2}$ kilog. au bout de trois ans, et à 3 ou 4 kilog., soit 6 à 8 livres, à l'âge de six à sept ans. Selon quelques auteurs allemands, Günther, Heckel et Kner, par exemple, ce poisson arriverait rarement au poids de 8 livres; la majorité des sujets capturés demeurerait même au-dessous de trois livres. Hartmann dit qu'une Tanche de

---

[1] Le prof. de Siebold (Süsswasserfische, p. 107) considère cet enduit comme le véritable épiderme de la Tanche.

trois livres est une rareté dans le lac de Constance, mais que, selon Morigni, la même espèce parvient dans le lac Majeur, au sud des Alpes, au poids énorme de 12 livres. Pavesi, dans son étude des Poissons du Tessin, répète le même poids maximum de 6 kilog.

La moyenne des adultes me paraît demeurer, pour la plupart de nos lacs, au nord des Alpes, entre 2 et 4 livres; toutefois, l'on rencontre, il est vrai, de temps à autre, des individus de 5 à 6 livres. J'ai examiné une belle femelle provenant du lac Ter, non loin du lac de Joux, dans le Jura, laquelle mesurait près de 40 centimètres de longueur totale et pesait environ 2 livres et $^3/_4$, soit 1 kilog. et 375 grammes; un autre individu, de la même localité, égalait près de 50 centimètres et pesait déjà 2 kilog. et 150 grammes[1]. M. Valloton, pêcheur dans la dite vallée jurassienne, m'a assuré que, dans le lac Ter, très voisin de celui de Joux, mais à fond plus vaseux, la Tanche parvient d'ordinaire à un poids beaucoup plus élevé que dans le lac de Joux; il aurait pris lui-même, dans le dit lac Ter, une Tanche de 10 livres $^1/_4$ et aurait vu, quelques années auparavant, un individu du poids de 15 livres, soit 7 $^1/_2$ kilogrammes. Suivant le même observateur, cette espèce aurait presque entièrement disparu du lac de Joux où elle ne trouverait pas des circonstances suffisamment favorables.

Vertèbres au nombre de 37 à 41.

Vessie à air plutôt courte et étranglée en avant du milieu : la partie antérieure large et légèrement bilobée en avant; la partie postérieure subconique, souvent un peu ceintrée en arrière, plus ou moins acuminée, parfois un peu tordue à l'extrémité.

Tube digestif un peu plus long que le poisson, souvent d'un tiers environ. Ovaire et testicule doubles.

Des pseudobranchies rudimentaires au sommet de la cavité branchiale.

Mâles d'ordinaire pourvus de nageoires un peu plus grandes que

---

[1] Pavesi (Pesci e pesca, p. 26) donne 54 centimètres de longueur totale à une Tanche de Lugano qui pesait 2 kilog. et 250 grammes, soit 4 $^1/_2$ livres.

celles des femelles, mais surtout reconnaissables, dès un âge
peu avancé, à une saillie notablement plus forte de la base
charnue des ventrales, à un développement plus grand du
pied osseux ou pelvien de ce membre et à un épaississement
très caractéristique du second simple ou premier grand rayon
des dites nageoires. Ce gonflement, volontiers exagéré dans
la saison des amours, faisant paraître d'ordinaire les articulations du rayon, comme autant de petites carènes ou esca-
liers et amenant souvent à sa suite une courbure et une
torsion plus ou moins accentuées de la partie ainsi tuméfiée.

Le prof. Canestrini [1] a décrit, chez la Tanche, un développement des os antérieurs et postérieurs du bassin plus grand
dans le mâle que dans la femelle, développement sexuel qui
avait été déjà signalé par plusieurs auteurs [2]. Les os antérieurs qui donnent attache aux rayons ventraux, présentent une crête médiane bien plus accentuée, les postérieurs
montrent, à leur tour, en haut et en avant, une apophyse
beaucoup plus développée. Le muscle moteur de la ventrale
latéral inférieur prend, avec cela, un développement tout à
fait extraordinaire. Lunel [3], à son tour, fait remarquer que
si l'on presse le gros rayon ventral avec le doigt, en même
temps que l'on tire la nageoire en avant, toute la ventrale se
courbe en haut et en dedans. Cette torsion en dedans m'a
paru se produire déjà par simple pression sur le pied muscu-
laire de la nageoire. Canestrini a supposé que ce développement de la ventrale devait avoir pour but de permettre au
mâle d'éjaculer sa laitance avec plus de force, au moyen d'une
compression des flancs par les nageoires. La courbure que
prend facilement la ventrale et le fait que la Tanche, vivant
de préférence sur la vase, rencontre moins que d'autres poissons des corps durs pour se frotter le ventre, au moment de
la fraye, semblent venir à l'appui de l'hypothèse du professeur italien.

[1] Atti della Societa Veneto-Trentina di Scienze naturali; Agosto, 1872,
p. 127.

[2] Citons, en particulier, Sander, Fries et Ekström, Günther, Heckel,
de Siebold et surtout Willughby qui en avait déjà parlé dans son *Historia
piscium*, en 1686.

[3] Poissons du Léman, add. p. 191.

De Siebold[1] dit n'avoir point pu constater, sous ce rapport, de différence sexuelle chez des jeunes Tanches de 2 $\frac{1}{4}$ à 2 $\frac{1}{2}$ pouces de longueur, soit de 60 à 68 millimètres ; Lunel, par contre, assure avoir déjà remarqué un gonflement assez accentué du rayon ventral, chez des mâles de 80 à 90 millimètres.

Les mâles sont volontiers plus petits que les femelles, à âge égal.

Jeunes caractérisés par des nageoires relativement plus grandes sur un corps volontiers plus élancé, par une tête plus forte en comparaison du tronc, par un œil plus grand, par un museau plus court et par un front plus étroit, avec une livrée d'ordinaire plus grisâtre, bien qu'ornée souvent de jolis reflets verts ou bleus sur les ouïes.

La Tanche varie passablement, comme nous venons de le voir, tant dans les formes et dans le nombre des rayons ou des écailles que dans les diverses teintes de la livrée, selon l'âge, le sexe et les conditions d'existence. J'ai montré comment l'on trouve, dans cette espèce, des individus trapus ou élevés et des sujets relativement bas et effilés ; j'ai dit également que l'on rencontre, dans des conditions différentes, des Tanches d'un beau vert uniforme, ou olivâtres, ou grises, ou noirâtres, ou jaunes, ou blanchâtres avec ou sans taches, ou encore noires sur le dos et orangées sous le ventre. Les individus qui vivent dans des eaux troubles et vaseuses sont généralement plus sombres en couleur que ceux qui habitent des eaux plus pures, celles de nos lacs par exemple. Suivant les circonstances plus ou moins favorables, chaque sujet prend aussi plus ou moins d'épaisseur et d'élévation. M. E. Covelle, de Genève, m'a montré trois petites Tanches qui, mises vertes, le 15 septembre, dans un aquarium dont le fond et deux côtés étaient en roche d'un blanc jaunâtre, avec de l'eau pure et transparente, étaient devenues, le 18 au matin, d'un blanc jaunâtre légèrement rosé. J'ai vu des Tanches chez lesquelles les pores céphaliques étaient tellement saillants et

---

[1] Süsswasserfische, p. 108.

apparents, qu'elles semblaient comme armées de lunettes. On rencontre aussi fréquemment des déformations accidentelles des rayons dans les nageoires, des torsions et des nodosités qui résultent probablement de l'habitude qu'a ce poisson de creuser avec ses membres, pour s'enfoncer plus ou moins profondément dans la vase.

Bonaparte a décrit, sous le nom de *Tinca italica,* une variété méridionale de notre Tanche qui affecterait des formes généralement moins élevées ou plus effilées que la moyenne. Les deux phrases suivantes, par lesquelles cet auteur cherchait à différencier sa *T. italica* de la Tanche ordinaire qu'il nommait *T. chrysitis,* suffisent déjà à montrer comment, même par leurs principaux caractères distinctifs, ces deux formes ne peuvent point être spécifiquement séparées. Bonaparte dit, pour la première : « *Tinca capite parum breviori altitudine corporis, quartam longitudinis partem vix æquante;* » pour la seconde : « *Tinca capite multo breviori altitudine corporis, quartam longitudinis partem valde superante;* » les rapports que je donne, à cet égard, pour des Tanches suisses, sur tous autres points semblables, me paraissent fournir des écarts au moins aussi exagérés. D'autres caractères tirés par le même auteur des proportions des nageoires, feraient supposer que Bonaparte n'a étudié qu'un des sexes dans chacune des formes ; ces quelques mots textuels le montrent assez, quand l'on connaît les différences sexuelles dans cette espèce. Pour l'une, il dit : *radiis pinnarum ventralium graciliusculis;* pour l'autre : *radiis pinnarum ventralium validiusculis.*

Une autre variété a reçu de Bloch le nom de *Tinca aurata,* ou plutôt *Cyprinus Tinca auratus,* principalement à cause de la beauté de sa livrée d'un jaune doré très brillant, plus ou moins mélangée de tons orangés et volontiers ornée de taches noires. Les lèvres sont, chez cette dernière, d'un rose rouge et les nageoires de couleur beaucoup plus pâle. Cette forme, le pendant de la Dorade dans le genre Carassin, m'a paru assez rare dans notre pays, du moins à l'état parfait; cependant, j'ai rencontré çà et là, chez nous, des Tanches plus ou moins jaunes ou orangées et dorées, avec des macules noires qui s'en rapprochaient beaucoup. Lunel cite, en particulier, la capture, en 1867,

d'un individu complet en couleur de cette variété, dans le lac
Léman non loin de Genève [1].

La Tanche est très répandue en Europe et jusqu'en Asie
Mineure, dans les lacs, les étangs, les marais et les rivières ou
les fleuves tranquilles, toujours de préférence dans les eaux à
fond vaseux ou plantureux. Elle habite, en plus ou moins grand
nombre, la plupart des lacs inférieurs de la Suisse, tant au nord
qu'au sud des Alpes, et se répand de là, par les courants paisi-
bles et les ruisseaux, jusque dans les marais et les étangs. Beaucoup de personnes ont introduit ce poisson dans leurs bassins et
leurs *carpières*. On rencontre la Tanche jusqu'à 1600 mètres
environ, soit 5000 pieds à peu près, au-dessus de la mer. Cette
espèce se trouve, en effet, dans quelques petits lacs assez élevés
de notre pays; mais elle ne prospère guère que dans ceux qui
ont un fond vaseux ou tourbeux, et paraît avoir été importée
dans plusieurs des plus élevés. D'un naturel plutôt sédentaire,
elle n'eût jamais remonté d'elle-même les petites rivières cail-
louteuses et à courant souvent très accidenté qui y conduisent.
Du reste, Hartmann, en 1827, signale, d'après Steinmüller [2],
un essai d'importation de cette espèce dans les lacs de nos Alpes.
Je n'ai, dans ces dernières années, pu constater la présence de
la Tanche, en dehors de nos grands bassins et de nos vallées
basses, soit au-dessus de 500 mètres, que dans les lacs de Thun à
560^m, de Brienz [3] à 565^m, de Goldswyl, non loin de là à 614^m; de
Bret, sur Vevey à 670^m, d'Egeri dans le canton de Zug, à 727^m,
dans les lacs de Joux et des Brenets, à 1009^m dans le Jura vaudois, et dans le lac Ter, voisin des précédents, à 1023^m. Enfin, le
docteur Killias me communique que la Tanche se trouve aussi
dans le lac du Saint-Bernardin, à 1650^m environ au-dessus de la
mer, dans les Grisons. Des pêcheurs m'ont assuré que l'espèce
est maintenant presque entièrement détruite dans les lacs de
Joux et des Brenets, où elle aurait été importée autrefois du lac
Ter; tandis qu'elle prospère admirablement dans ce dernier un

---

[1] Poissons du Léman, p. 45.

[2] Alpenwirthsch. I., p. 201.

[3] L'espèce est relativement très rare dans ce lac trop froid et trop graveleux.

peu plus élevé, grâces probablement à la nature plus vaseuse du fond. Du reste, l'écoulement souterrain de ces trois lacs ne permet guère de supposer que la Tanche soit arrivée d'elle-même dans ces parages relativement élevés. Ce poisson a dû avoir été importé là autrefois, comme dans le lac du Bernardin. Les pêcheurs de la vallée de Joux croient que la Tanche fut apportée dans le lac Ter du temps de l'ancien couvent.

L'époque du rut varie notablement avec les localités et les conditions. Dans la majorité des cas, les amours se passent dans la seconde moitié de mai ou en juin; toutefois, le temps du frai peut être reculé jusqu'en juillet, parfois même jusqu'au mois d'août. Quelques personnes ont voulu voir dans ce fait la preuve d'une seconde ponte annuelle chez cette espèce, mais rien ne prouve que ce ne soit pas le résultat d'un simple retardement amené, comme chez d'autres poissons, par diverses circonstances. Il paraîtrait, en particulier, que les individus de marais et d'étangs frayent notablement plus tôt que ceux qui habitent les eaux plus froides de nos lacs et, au dire de quelques pêcheurs, les jeunes femelles pondraient toujours bien après les vieilles. Les mâles de la Tanche paraissent à cette époque un peu moins turbulents que ceux de la Carpe. Les œufs, verdâtres et très petits, sont déposés d'ordinaire sur les plantes aquatiques, non loin de la rive. Bloch a évalué à 297,000 les œufs d'une femelle de trois livres et trois quarts; Lunel[1] en a compté jusqu'à 310,000, chez une femelle du poids de 525 grammes. Avec une température favorable, une semaine suffit généralement pour amener l'éclosion de ces germes. J'ai dit plus haut que les alevins arrivent à peu près au poids de 125 grammes, dans leur première année, pour atteindre, à six ans, dans de bonnes conditions, au poids de 3 kilog. environ. La plupart des auteurs s'accordent généralement pour ne pas accorder à cette espèce plus de sept à huit années d'existence; mais cette limite de vie paraît contredite par les dimensions bien supérieures auxquelles la Tanche peut arriver quelquefois. La Tanche a, comme l'on dit, la vie très dure; grâces au développement de la membrane qui borde ses ouïes, elle peut protéger longtemps ses branchies

----

[1] Poissons du Léman, p. 46.

contre la dessiccation par le contact de l'air. Tous les pêcheurs savent bien que ce poisson bouge souvent encore plusieurs heures après avoir été sorti de l'eau et qu'on peut le faire voyager facilement, simplement enveloppé dans un linge humide. Cette résistance à la suffocation est telle que j'ai vu des individus de taille moyenne qui remuaient encore et faisaient des soubre-sauts, après être demeurés pendant plus d'une heure au sec sur ma table, et avoir ensuite été plongés, dix minutes durant, dans un bocal d'alcool peu étendu. Du reste, on sait que la Tanche peut conserver longtemps la vie enfouie dans la vase épaisse des mares desséchées. Lunel raconte, à ce propos, une observation intéressante qu'il fit, durant l'été de 1866, dans une petite mare à Pinchat, non loin de Genève. Cette mare isolée était, suivant le temps, complètement desséchée par le soleil ou plus ou moins emplie d'eau, par la pluie seulement; et cependant elle contenait toujours de petites Tanches de 50 à 150^{mm} en par-faite santé. Tantôt M. Lunel prenait ces petits poissons dans l'eau avec une trouble, tantôt il allait les chercher, sous une couche de boue desséchée, profondément enfouis dans la vase dont l'humidité paraissait suffire à leur existence et où ils atten-daient patiemment qu'une nouvelle averse vînt leur permettre de remonter dans leur élément.

La Tanche gobe très volontiers de petits animaux, des vers, des insectes et des petits mollusques; toutefois, sa principale nourriture consiste surtout en éléments végétaux, ou en vase même, car elle trouve dans cette dernière des débris mélangés des deux règnes. On la voit souvent prendre de grandes bou-chées de limon et cracher bientôt les corps étrangers ou miné-raux qui ne lui conviennent pas.

Les allures et les postures de la Tanche varient beaucoup avec les circonstances. Cette espèce n'est guère voyageuse et forme rarement des troupes ou bancs, comme tant d'autres qui se livrent à des promenades d'exploration ou à des migrations annuelles; elle est plutôt paresseuse de sa nature et mène d'or-dinaire une vie assez tranquille. Elle peut rester, par exemple, très longtemps immobile sur le fond, les nageoires fortement écartées et reposant sur ses membres paires comme sur quatre pieds; la grande mobilité de son œil, qu'elle peut faire saillir

plus ou moins et qui tournant facilement dans son orbite lui
permet de regarder aussi facilement sur le sol au-dessous d'elle
ou en arrière qu'en avant ou au-dessus, lui donne, par moments,
une bizarre physionomie. Souvent, cependant, quand le temps doit
changer ou à l'époque des amours, on la voit promener grave-
ment entre deux eaux ou venir sauter à la surface; c'est particulièrement dans cette circonstance qu'on l'entend produire un
petit bruit sec, par battement des lèvres. Malgré son apathie
habituelle, la Tanche sait cependant faire à l'occasion un usage
plus violent de ses puissantes nageoires, soit pour fuir avec la
rapidité de la flèche, au travers des roseaux, soit pour s'enfoncer
plus ou moins profondément dans la vase, lorsqu'elle veut éviter
un danger pressant, reposer en toute sécurité ou encore éviter
quelque influence délétère.

A l'approche de la mauvaise saison, les Tanches s'enfouissent
profondément dans la vase du fond, pour se mettre à l'abri soit
du froid, soit de leurs ennemis. C'est ainsi embourbées qu'elles
passent d'ordinaire les hivers, dans une complète immobilité et
dans un état de léthargie qui ne peut être comparée qu'à un
véritable sommeil hivernal. Disparaissant grasses, en automne,
elles reparaissent généralement assez maigres et le ventre plat,
au premier printemps. Une curieuse observation du prof. de Siebold[1] donnerait même l'idée d'états léthargiques plus fréquents
chez cette espèce, et dans certaines conditions, d'un sommeil
quasi diurne. Cet auteur raconte, en effet, que des Tanches qui,
de plein jour, s'étaient enfouies dans le fond d'un étang, furent
retirées immobiles de la vase et déposées ainsi sur le bord; ces
poissons demeurèrent même assez longtemps sur le flanc, sans
donner signe de vie, et ne se réveillèrent qu'après avoir été
frappés plusieurs fois avec un bâton, pour regagner alors en
sautant leur élément et se replonger dans l'étang.

Ce poisson compte certainement bon nombre d'ennemis, principalement durant son jeune âge; toutefois, le mucus gluant qui
le recouvre paraît répugner à plusieurs carnassiers, aussi semble-
t-il ne pas fournir une aussi bonne amorce que beaucoup d'autres.

La chair de la Tanche, bien que plutôt fade, n'a rien de désa-

[1] Süsswasserfische, p. 108.

gréable et peut au besoin, comme celle de la Carpe, fournir un
met assez présentable, si elle est bien apprêtée; je ne lui reproche, pour ma part, que la grande quantité d'arêtes qu'elle renferme, ainsi que tous les autres Cyprinides. La Tanche est
généralement peu prisée dans notre pays; cependant on
l'estime davantage dans quelques cantons allemands et dans
le Tessin que dans la Suisse française. Il est bon, d'ordinaire,
de faire dégorger, pendant quelques jours, dans une eau fraîche et pure, les individus capturés dans des étangs bourbeux.
On prend beaucoup de Tanches au moment de la fraye; mais
ce poisson est meilleur, dit-on, au mois de septembre, quand
il est plus dodu et plus gras. Comme tous les êtres un peu
bizarres, la Tanche a passé autrefois pour fournir d'excellents
remèdes dans diverses maladies[1]; on croit, par contre, dans
quelques pays que l'emploi de la viande de ce poisson déter-
mine facilement la fièvre intermittente.

On pêche quelquefois la Tanche avec les filets; toutefois, elle
échappe trop facilement en s'enfonçant dans la vase ou en sautant par-dessus, et on la prend plus volontiers avec des nasses,
avec la truble, ou simplement à la ligne amorcée d'un ver.

Lunel a observé que les Tanches captives, privées du fond
vaseux qui leur est si nécessaire, sont souvent prises de convul-
sions et qu'elles tombent sur le flanc le corps fortement plié en
arc; ces sortes de crampes seraient toujours un signe précur-
seur de la mort. Ce poisson porte, comme tant d'autres, une
foule de parasites, un petit Crustacé[2] et bon nombre d'Helminthes[3].

---

[1] On purgeait autrefois les chevaux avec les intestins de la Tanche. Le
fiel de ce poisson était censé un bon remède contre les vers. Appliqué sur
la nuque, l'animal devait enlever les maux de tête, les inflammations des
yeux, etc. Mis sous la plante des pieds, en petits morceaux, il devait guérir
de la peste et abattre la fièvre. Divers poissons trouvaient un soulagement
à leurs maladies en venant se frotter contre la Tanche et en s'impré-
gnant de son mucus, ce qui avait valu à notre *Tinca* le titre de médecin
des poissons : *Fischarzt.*

[2] *Argulus foliaceus* (Jurine); à l'extérieur.

[3] On a reconnu jusqu'ici, chez la Tanche, les parasites suivants :
Cucullanus Tincæ (Rud.); dans les intestins. — *Trichina Cyprinorum* (Dies.);
dans le mésentère, dans des kystes. — *Agamonema Tincæ* (Dies.); dans

Genre 3. BARBEAU

BARBUS, Cuvier.

Dents pharyngiennes au nombre de dix et sur trois rangs de chaque côté, la base assez élevée, la couronne subconique, un peu recourbée au sommet et plus ou moins creusée en cuiller à la face supérieure. Bouche inférieure et en demi-lune. La lèvre supérieure charnue et plus ou moins épaisse, garnie de deux barbillons de chaque côté. Œil relativement petit. Museau plus ou moins prolongé en avant de la bouche. Corps de forme plutôt allongée et subarrondi, soit non pincé en arête sur les lignes dorsale et ventrale. Écailles petites ou moyennes, assez minces, en majorité plus longues que hautes et marquées de rayons déliés très nombreux en avant et en arrière. Ligne latérale complète, à peu près au milieu du corps et presque droite. Dorsale à base courte, portant un grand rayon osseux avec ou sans denticules et commençant à peu près au-dessus des ventrales. Anale à base courte et naissant bien en arrière de l'extrémité de la dorsale. Caudale plus ou moins profondément échancrée, à lobes égaux ou subégaux.

Dentes dividentes [1] *2, 3, 5 — 5, 3, 2 cochleariformes.*

le mésentère. — *Echinorhynchus clavæceps* (Zeder); dans les intestins. *Echin. globulosus* (Rud.); dans les intestins. *Echin. angustatus* (Rud.); dans les intestins. *Echin. Proteus* (Westr.); dans les intestins, à l'intérieur et à la surface (*Intest. et ad. intest.*, Diesing, II, 52, 86.) — *Distomum globiporum* (Rud.); dans les intestins. *Dist. perlatum* (Nordm.); dans les intestins. — *Ligula tuba?* (Sieb.); dans les intestins. *Lig. digramma* (Creplin); dans les intestins et la cavité abdominale. — *Triænophorus nodulosus* (Rud.); dans des kystes du foie. — *Monobothrium tuba* (Dies.); dans les intestins. — *Gryporhynchus pusillus* (Nordm.); dans le mucus intestinal et dans la vésicule biliaire. — *Caryophyllæus mutabilis* (Rud.); dans les intestins.

[1] Du verbe *dividere*, séparer en pièces.

Le docteur Günther[1] a réuni au genre *Barbeau* bon nombre d'espèces, en majorité exotiques, à deux barbillons seulement ou dépourvues de ces appendices, et établi alors dans son genre *Barbus*, par le fait très étendu, trois groupes principaux basés sur cette différence de caractères. Je préfère, toutefois, conserver ici ce genre dans les limites plus restreintes que lui a assignées l'auteur du Règne animal.

Les Barbeaux semblent préférer les eaux courantes et pures, à fond graveleux ou sablonneux, et voyagent souvent en très nombreuse compagnie. Ces poissons sont omnivores ; toutefois leur régime paraît consister surtout en principes animaux, vers, insectes, crustacés, mollusques, etc.

Sur sept espèces européennes, la Suisse n'en compte que trois : une au nord des Alpes, le *Barbus fluviatilis* et deux au sud, les *Barbus plebejus* et *B. caninus*[2].

Les divers Barbeaux que j'ai examinés n'ont pas, à proprement parler, une véritable meule facilement isolable et dure comme celle de beaucoup des représentants de la famille. La plaque qui fait face aux dents est chez eux relativement molle, souple, multilobée et fortement adhérente à l'arrière du palais. Les dents paraissent n'agir sur elle que pour lacérer ou diviser les aliments. Le maxillaire supérieur de ces poissons est large et épais dans le haut et développé en arrière, plus bas que le milieu, en un coude convexe en dessus soit tourné vers le bas, contrairement à ce qui se voit chez la plupart de nos Cyprinides suisses ; la branche inférieure de cet os est tordue, ainsi que plus ou moins élargie en palette vers l'extrémité. L'arcade sous-orbitaire est généralement formée de cinq pièces dont la

---

[1] Catal. of Fishes, VII, p. 82.

[2] Il nous manque le *Barbus Petenyi* (Heckel) de Transylvanie et de Hongrie, les *B. Bocagii* et *B. Comiza* (Steindachner) d'Espagne et le *B. chalybeatus* (Nordm.) de l'extrême Orient.

première, prolongée en lame aplatie et incurvée, s'étend depuis l'œil jusque sur les côtés du museau[1].

Les os pharyngiens ont une aile généralement faible et subarrondie. Les écailles sont plus ou moins pincées ou subconiques au côté libre. La nageoire anale compte, le plus souvent, trois rayons simples et cinq divisés. Nos représentants du genre possèdent aussi des pseudobranchies passablement développées.

3. LE BARBEAU COMMUN

DIE FLUSSBARBE.

BARBUS FLUVIATILIS, Agassiz.

Olivâtre ou fauve verdâtre et sablé de points noirâtres avec des reflets, bleuâtres ou dorés en dessus; plus clair sur les flancs; blanchâtre en dessous. Dorsale et caudale mouchetées; anale et ventrale lavées d'orangé ou de rougeâtre. Corps allongé et subcylindrique. Écailles moyennes, plus longues que hautes, sensiblement pincées au bord libre et au plus égales à l'œil. Tête longue, légèrement déprimée sur le museau; celui-ci passablement prolongé. Deux barbillons de chaque côté; l'angulaire un peu plus long que l'antérieur. Nageoire dorsale assez élevée, acuminée et concave sur la tranche, avec un grand rayon simple fortement dentelé. Anale haute d'ordinaire au plus comme la dorsale, subarrondie ou subacuminée vers le sommet et subconvexe en arrière. Caudale plutôt grande, profondément échancrée et à lobes subégaux, le supérieur généralement acuminé. (Taille moyenne des vieux sujets = 70 à 85 centimètres.)

Cinq sous-orbitaires: le premier en lame étroite et au moins deux fois aussi long que l'œil chez l'adulte, le dernier étroit et très petit. Maxillaire supérieur prolongé, dans le haut, fort au-dessus de l'articulation, et développé au-dessous du milieu en un coude concave par-dessous. Aile des pharyngiens faible-

---

[1] Je répète que si je ne fais pas entrer ces nouveaux caractères dans les diagnoses génériques, c'est uniquement faute d'avoir pu en établir l'importance dans toutes les espèces du genre.

ment développée. Meule molle, triangulaire et multilobée. Les principales dents dans chaque rang passablement recourbées au sommet et creusées au côté supérieur.

D. 4–5/8–9, A. 3/5, V. 2/7–8, P. 1/15–17, C. 19, maj.

$$\text{Sq. } 55 \; \frac{11-15}{7-10} \; 64-(70). \text{ Vert. } 46\text{-}47.$$

CYPRINUS BARBUS, *Linné*, Syst. Nat., I, p. 525; ed. XIII, *Gmel.* I, III,
     p. 1409. — *Bloch*, Fische Deutschl., I, p. 109, taf. 18. — *Razou-*
     mowsky, Hist. Nat. du Jorat, II, p. 105. — *Lacep.*, V, p. 524. —
     Pallas, Zoogr. Ross. Asiat., III, p. 291. — *Steinmüller*,
     N. Alpina, II, p. 342.—*Holandre*, Faune de la Moselle, p. 243.
     Jenyns, Man., p. 404.
     »   BARBA, *Hartmann*, Helvet. Ichthyol., p. 184. — *Nenning*, Fische
     des Bodensees, p. 25.
BARBUS FLUVIATILIS, *Agassiz*, Mém. Soc. S. N. Neuchâtel, I, p. 37. — *Cuv.*
     et Val., XVI, p. 125. — *Schinz*, Fauna Helvet., p. 153. —
     Yarrell, I, p. 321.— *De Selys*, Faune belge, p. 194. — *Bona-*
     parte, Cat. Met., p. 27. — *Günther*, Fische des Neckars, p. 40.
     — *Rapp*, Fische des Bodensees, p. 5. — *Heckel et Kner*,
     Süsswasserfische, p. 79, fig. 36 et 37. — *Fritsch*, Fische
     Böhmens, p. 5. — *Dybowsky*, Cyp. Livlands, p. 77. — *De Sie-*
     bold, Süsswasserfische, p. 109. — *Jeitteles*, Fische der March.,
     p. 27. — *Jäckel*, Fische Bayerns, p. 27. — *Canestrini*, Prosp.
     Crit., p. 35. — *Blanchard*, Poissons de France, p. 302, fig. 60
     et 61. — *De la Fontaine*, Faune du Luxembourg, p. 23.
     »   MAYORI, *Cuv. et Val.*, XVI, p. 138, pl. 461. — *Dybowsky*, Cyp.
     Livlands, p. 78. — *De Siebold*, Süsswasserfische, p. 112.
     »   VULGARIS, *Fleming*, Brit. An., p. 185. — *Schinz*, Europ. Fauna,
     p. 303. — *Günther*, Catal. of Fishes, VII, p. 88.
     »   CYCLOLEPIS, *Heckel*, Ann. Wien. Mus., II, p. 155.
     »   COMMUNIS, *Nordmann*, Demid. Voy. Russ. Mérid., III, p. 172.

NOMS VULGAIRES SUISSES : (S. F.) *Barbeau*.—(S. A.) j., *Barblin*, ad., *Barben,*
     Barbel, Barbe, Flussbarbe, Seebarbe et Steinbarbe.

Corps plutôt allongé, relativement peu élevé, assez épais dans
     la moitié antérieure et graduellement comprimé du côté de
     la queue; le dos et le ventre subarrondis transversalement.
     Le profil supérieur très légèrement voûté depuis la nuque,
     relevé vers la base de la dorsale et à peu près droit en arrière

de celle-ci; le profil inférieur d'une courbe douce et à peu près régulière, sauf à la base de l'anale où elle est plus ou moins brusquement relevée.

La hauteur maximale, devant la dorsale, à la longeur totale, comme 1 : 5 — 5 $^3/_4$, parfois même 6, selon le sexe, l'état et la taille des individus; à la longueur sans la caudale, comme 1 : 4 $^1/_4$ — 4 $^3/_4$. L'élévation minimale, avant la caudale, à la hauteur la plus grande, comme 1 : 2 — 2 $^1/_4$. L'épaisseur la plus forte, suivant les sujets plus ou moins près de la dorsale ou des pectorales, à la hauteur maximale, comme 1 : 1 $^1/_3$ à 1 $^2/_3$, selon l'âge plus ou moins avancé. Ces divers rapports donnant une section verticale d'un ovale assez court et large.

L'espace compris entre l'anus et la base de la caudale à la longueur du poisson, sans cette nageoire, comme 1 : 3 $^2/_3$ — 4. Tête de forme subconique, et notablement plus longue que haute, avec un museau un peu prolongé en avant, en forme de groin et arrondi à l'extrémité. Le profil supérieur assez régulièrement incliné, bien que d'ordinaire un peu déprimé sur le museau, sensiblement relevé au-dessus des narines et très légèrement convexe sur le front. Le profil inférieur moins incliné ou plus horizontal. La longueur, au bord de l'opercule, à la longueur totale du poisson, comme 1 : 4 $^1/_2$ — 5 $^1/_2$, selon les individus petits ou grands[1]; à la même longueur sans la caudale, comme 1 : 3 $^7/_8$ — 4 $^1/_2$. La plus grande dimension de la tête, par là, à peu près égale à la hauteur du corps, ou légèrement plus forte chez de vieux sujets; mais, par contre, d'un quart environ plus grande que celle-ci chez de jeunes individus. La longueur de la tête, en dessus, le plus souvent de $^1/_8$ à $^1/_6$ plus courte que la longueur latérale. La hauteur, à l'occiput, égale à peu près aux $^2/_3$ ou aux $^3/_5$ de la longueur par le côté. L'épaisseur, sur l'opercule, égale environ à l'espace compris entre l'œil et le bout du museau, et correspondant à peu près à la hauteur de la tête derrière l'orbite.

---

[1] Steindachner (Ueber *Barbus Mayori* Val., und *Lota vulgaris*, Cuv.) donne pour le rapport de la tête à la longueur totale $^1/_4$ — $^1/_5$.

Deux barbillons charnus et de longueurs un peu différentes, de chaque côté de la bouche. Le premier ou antérieur, suspendu près de l'extrémité du museau, mesurant d'ordinaire de $1\frac{1}{2}$ à $1\frac{3}{4}$ au plus 2 diamètres de l'œil et arrivant, rabattu en arrière, au plus jusqu'au bord postérieur des narines; le second pendant à l'angle du maxillaire supérieur, mesurant volontiers un peu plus que deux diamètres oculaires et atteignant, rabattu, suivant les individus, au milieu de l'œil ou jusqu'au bord postérieur de l'orbite.

Bouche petite, en demi-lune et inférieure, mais passablement dilatable; l'angle de celle-ci parvenant à peine au-dessous des narines. Lèvres très épaisses et formant un fort bourrelet; la supérieure, très protractile, dépassant l'inférieure d'une quantité ordinairement un peu plus grande que le diamètre de l'œil. Menton peu apparent. Langue courte. Palais épais, plissé, finement granuleux et assez dur dans la partie postérieure.

Narines doubles, de moyennes dimensions et ouvertes beaucoup plus près de l'œil que du bout du museau, soit en arrière du tiers ou à peu près au quart de la distance séparant ces deux points.

Pores céphaliques bien moins apparents que chez l'espèce du genre précédent, soit en dessus, soit sur les côtés de la tête; ces orifices assez visibles toutefois le long du préopercule en dessous, sur le troisième sous-orbitaire et sur le museau entre le groin et les narines.

Œil relativement petit, subovale et franchement latéral, bien que situé assez haut près du front. Le diamètre oculaire à la longueur céphalique latérale, comme 1 : 5 — 9, selon les sujets petits ou grands.

L'espace préorbitaire variant en longueur, suivant les individus jeunes ou vieux, de 2 à $3\frac{1}{2}$ diamètres de l'œil, et, selon les cas, égal seulement au $\frac{2}{5}$ de la longueur céphalique ou presque égal à la $\frac{1}{4}$ de celle-ci.

L'espace postorbitaire à peu près égal à l'espace préorbitaire, soit un peu plus petit ou plus grand, suivant l'âge plus ou moins avancé.

L'espace interorbitaire mesurant $1\frac{1}{2}$ à $2\frac{1}{2}$ diamètres de l'œil, selon les sujets jeunes ou vieux, et égal à peu près à ¹/₃ de la longueur de la tête en dessus.

Arcade sous-orbitaire composée de cinq os juxtaposés : le premier, de beaucoup le plus développé, de forme allongée et prolongé en lame aplatie et un peu incurvée, depuis l'œil jusque sur les côtés du groin, qu'il est destiné à soutenir ; cette pièce plus de deux fois aussi longue que l'œil chez l'adulte, relativement plus courte chez le jeune. Le second très petit et à peu près deux fois aussi long que haut ; le troisième encadrant l'œil par-dessous, environ trois fois plus grand que le précédent et en forme de demi-croissant ; le quatrième, subovale et égal à peu près à la moitié du troisième ; le cinquième, enfin, de nouveau très petit, étroit et allongé, et de dimension à peu près semblable à celle du second ou un peu plus long.

La voûte susorbitaire un peu proéminente au-dessus de l'œil en avant.

Maxillaire supérieur relativement grand et fort, prolongé dans le haut bien au-dessus de l'articulation supérieure, développé en arrière et au-dessous du centre en un coude moyen subarrondi et concave en dessous, un peu rétréci et tordu ainsi que courbé en avant au-dessous du dit coude, enfin, élargi de nouveau en palette vers l'extrémité (Voy. pl. II, fig. 21).

Opercule plutôt grand, trapézoïdal, notablement plus haut que large, et à surface généralement lisse. Le côté supérieur horizontal, presque droit ou faiblement concave et à peu près égal au côté postérieur ; celui-ci, un peu creusé au milieu, mesurant environ les deux tiers du bord inférieur. Ce dernier relativement long, presque rectiligne ou très légèrement concave, fortement oblique, de manière à présenter en bas et en avant un angle très aigu, et formant avec le côté postérieur un angle légèrement plus ouvert que l'angle droit.

Sous-opercule grand, légèrement convexe au bord inférieur et présentant sa plus grande largeur à peu près au milieu.

Interopercule formant un faible coin entre les pièces précédentes et le préopercule, et en majorité dissimulé sous le bord de ce dernier.

Préopercule grand, très légèrement convexe ou presque droit sur les bords postérieur et inférieur, et formant, à la rencontre de ces deux côtés, un angle un peu plus ouvert que l'angle droit et très largement arrondi. — La joue très charnue.

Bordure branchiostège assez large et épaisse.

Os pharyngiens assez grands, avec une aile relativement peu développée formant, sur le corps de l'os, un angle sub-arrondi faiblement accentué, en face de la seconde grande dent supérieure. La corne supérieure médiocrement recourbée, plutôt allongée, assez large et souvent un peu renflée près de l'extrémité. La branche inférieure assez épaisse à la base, un peu cintrée et volontiers pointue vers le bout.

Dents pharyngiennes généralement au nombre de dix sur chaque os : cinq principales sur une ligne postérieure, trois plus petites sur un rang en avant de celle-ci, et deux plus petites encore sur un troisième rang antérieur. Toutes ces dents présentant une base assez élevée, ainsi qu'une couronne subconique assez élargie, plus ou moins recourbée en crochet au sommet et un peu creusée en cuiller au côté supérieur. Les dents du haut à chaque rang un peu tordues, inclinées vers le bas et plus crochues que les autres. La seconde ou la troisième du rang postérieur la plus grande. La dent inférieure volontiers la plus petite, peu recourbée et penchée contre la suivante; celle-ci, soit la seconde en bas, d'ordinaire la plus épaisse.

J'ai trouvé une fois, chez un jeune Barbeau commun de 26 centimètres, onze dents de chaque côté. Une petite dent supplémentaire, solide, recourbée et creusée au sommet, formait un quatrième rang en avant des deux petites de la troisième lignée, avec une hauteur presque égale à celle de celles-ci; la formule était par conséquent 1, 2, 3, 5 — 5, 3, 2, 1.

Meule difficilement isolable et pas pierreuse comme dans les genres précédents, mais simplement semi-cartilagineuse et d'une consistance à peu près analogue à celle du recouvrement de l'os qui supporte la meule dure d'autres Cyprinidés. Cette pièce composée de trois lobes disposés en triangle : un lobe médian postérieur attaché par le bout à la base du crâne dont il embrasse la saillie à droite et à gauche, et deux lobes antérieurs latéraux appliqués sur la muqueuse palatine à laquelle ils adhèrent fortement ; ces derniers eux-mêmes trilobés, soit découpés le plus souvent en trois palettes subarrondies sur le côté externe [1] (Voy. pl. IV, fig. 10). Cette plaque de frottement, qui mérite à peine le nom de meule, rapproche assez, par sa consistance molle et souple, le Barbeau du Goujon, en l'éloignant des autres Cyprinidés à barbillons qui précèdent. Elle paraît indiquer qu'il n'y a guère de mastication pharyngienne chez ce poisson, et que les aliments sont plutôt cardés ou divisés que triturés. La structure de cette pièce m'a paru, d'ordinaire, en rapport constant avec le genre d'alimentation [2].

Dorsale naissant un peu en avant du milieu du corps sans la caudale, soit très légèrement en avant de l'origine des ventrales, beaucoup plus haute que longue, à base un peu rehaussée, pointue au sommet, anguleuse en arrière, fortement décroissante et franchement concave sur la tranche. La hauteur maximale, au sommet du rayon dentelé ou du premier divisé, d'ordinaire un peu plus courte que la caudale et que l'élévation du corps, soit, selon le sexe, l'état des individus et l'âge plus ou moins avancé, mesurant de $^5/_8$ à $^7/_8$, parfois à $^8/_8$ même de cette dernière. La longueur basilaire de cette nageoire à peu près égale à la moitié de la tête ou un peu plus courte ; avec cela, un peu plus forte que la moitié de l'élévation du tronc, chez les adultes, relativement plus grande encore chez les jeunes, et souvent, par rapport au tronc, comme 1 : 1 $^9/_{10}$ — 1 $^2/_3$. La même longueur égale à peu près aux $^5/_7$ de la hauteur du plus grand rayon.

[1] Parfois l'un ou l'autre de ces lobes antérieurs divisé en deux parties seulement.

[2] Günther qui, dans ses *Fische des Neckars*, décrit brièvement la meule de quelques Cyprinidés, me paraît ne pas avoir attaché assez d'importance à la structure de cette pièce qu'il nomme *Platte* et, en particulier, n'avoir pas été frappé de la différence de nature existant entre la meule dure de la plupart de nos Cyprins et la plaque molle des Barbeaux et des Goujons.

Douze à quatorze rayons : quatre à cinq non divisés et huit à neuf rameux. Les deux, ou selon les cas, les trois simples antérieurs, sans articulations apparentes ; le premier de ceux-ci parfois complètement dissimulé sous les téguments, le suivant un peu plus grand, l'avant-dernier, troisième ou quatrième suivant les sujets, osseux en partie, mou et flexible dans la moitié extrême, un peu articulé vers le sommet et mesurant de la moitié aux deux tiers du dernier ou grand dentelé. Ce plus grand rayon non divisé, assez fort et épais, bien que composé de deux parties accolées assez facilement séparables, légèrement arqué en arrière, osseux en bonne partie, mais flexible et franchement articulé dans le tiers ou le quart extrême ; avec cela, assez fortement dentelé, soit armé, de chaque côté en arrière, de dents assez longues, plutôt étroites, nombreuses, serrées, inclinées vers le bas et distribuées sur toute la longueur ou sur les trois quarts seulement de la longueur, à partir du sommet (Voy. pl. II, fig. 22, 24, 25, 26 et 27). Après celui-ci huit ou neuf rayons divisés : le premier, de même hauteur que le grand dentelé ou un peu plus long (Voy. pl. II, fig. 23) ; le dernier égal environ aux $2/5$ du plus haut et profondément bifurqué jusqu'à la base.

Anale prenant naissance très près de l'ouverture urogénitale, soit à peu près au-dessous de l'extrémité de la dorsale couchée ou plutôt un peu en arrière, et arrivant, rabattue, suivant le sexe et les individus, plus ou moins près de l'origine de la caudale : parvenant, par exemple, assez souvent jusque sur la base des premiers rayons de celle-ci, chez certaines femelles, ou demeurant au contraire à une distance de la caudale égale presque au cinquième de sa longueur, chez certains mâles, sans qu'il y ait, dans ces différences, une règle bien constante. Avec cela, beaucoup plus haute que longue, plus ou moins subacuminée ou subarrondie au sommet, selon les sujets, et fortement décroissante en arrière. La hauteur de cette nageoire au plus égale à celle de la dorsale, généralement même un peu plus faible, et cela d'une quantité variable suivant le sexe et les individus. La base ou la longueur à peu près égale à $1/3$ ou $2/5$ de l'élévation maximale du corps, mais dans un rapport assez variable vis-à-vis de la hauteur du plus

grand rayon, selon les individus et le sexe, soit mesurant,
suivant les cas, les $^2/_5$ ou près des $^2/_3$ de cette hauteur.

Le plus souvent huit rayons : trois simples et cinq à six
divisés, selon que l'on compte pour un ou pour deux le dernier profondément bifurqué jusqu'à la base. Le premier
simple très petit, le second égal à peu près à la moitié ou
aux deux tiers du troisième ; ce dernier légèrement arqué,
non dentelé, rigide sur les $^2/_3$ ou les $^3/_4$ de sa longueur et
flexible vers l'extrémité de mieux en mieux articulée. Le
premier divisé légèrement plus long que le précédent et le
plus grand de tous ; le dernier égal environ aux $^2/_5$ du plus
long.

Ventrales implantées très légèrement en arrière de l'origine de
la dorsale ou presque au-dessous de celui-ci, avec une forme
subtriangulaire, le bord postérieur convexe et le sommet
subarrondi. La hauteur du plus grand rayon mesurant, suivant l'âge plus ou moins avancé, des $^2/_3$ aux $^6/_7$ de l'élévation
du corps et, selon les sujets et le sexe, égale à la hauteur de
l'anale, très légèrement plus forte ou passablement moindre,
souvent, par exemple, de $^1/_6$ ou même de $^1/_5$ plus courte que
celle-ci[1]. Ces nageoires rabattues demeurant, par le fait,
suivant les individus et leur état, à une distance de l'anus
variable de $^1/_9$ à $^2/_5$ de leur longueur.

D'ordinaire dix rayons, plus rarement neuf : deux simples et huit, parfois sept seulement, divisés. Le premier
simple très court, arqué, osseux et sans articulation ; le
second, rigide dans le bas, flexible dans le haut et légèrement plus court que le premier divisé. Suivant la forme plus
ou moins arrondie de la nageoire, le second ou le premier
divisé le plus grand de tous ; le dernier un peu plus court
ou légèrement plus long que la moitié du plus fort.

[1] Cette variabilité paraît avoir été méconnue par plusieurs auteurs :
Heckel et Kner (Süsswasserfische) et Günther (Fische des Neckars) attribuent, par exemple, aux ventrales de cette espèce une longueur : les premiers, égale à la hauteur de l'anale, le second, plus forte que l'élévation
de la même nageoire. Cette différence, souvent sexuelle, tient principalement aux disproportions de l'anale, car les ventrales varient ici assez peu
dans les deux sexes.

Pectorales passablement plus grandes que les ventrales, de forme subtriangulaire, subacuminées au sommet, à tranche presque droite en arrière, arrondies en dessous et d'une longueur à peu près égale à la hauteur de la dorsale, suivant les individus légèrement plus courte ou un peu plus forte. Ces nageoires, d'ordinaire un peu plus longues chez les mâles que chez les femelles, parvenant, rabattues, plus ou moins près de l'origine des ventrales, suivant les sujets, le sexe, l'âge et l'état des individus. L'intervalle compris entre l'extrémité des pectorales et la base des ventrales variant, par exemple, de moins de $\frac{1}{3}$ à plus des $\frac{3}{4}$ de la longueur des premières; différence provenant soit des dimensions de la nageoire, soit des proportions du tronc.

Seize à dix-huit rayons : un premier grand rayon simple, flexible dans le haut, et seize à dix-sept, plus rarement quinze rayons divisés; le premier divisé à peu près égal au grand simple, soit, selon les sujets, un peu plus court ou légèrement plus long; le dernier, suivant les cas, égal au cinquième ou seulement au onzième du plus grand. (Les deux derniers rayons censés rameux sont souvent, comme chez beaucoup de nos Cyprinides, non divisés au sommet; toutefois, ils ne doivent pas pour cela être comptés comme rayons simples, car la disposition de leurs articulations et la structure de leur base montrent bien que ce sont de véritables rayons divisés qui ne paraissent simples que par le fait de leur petit développement.)

Caudale profondément échancrée et plutôt forte, soit d'une longueur maximale à la longueur totale du poisson comme $1 : 5 - 5\frac{1}{2}$, et à peu près égale au grand axe de la tête, un peu plus courte ou plus longue selon l'âge et les individus. L'échancrure volontiers un peu moins profonde chez les jeunes que chez les vieux. Le lobe supérieur volontiers acuminé, tantôt égal en longueur au lobe inférieur, chez les jeunes surtout, tantôt notablement plus long, chez les vieux principalement[1]. Le lobe inférieur, selon les individus, subacuminé ou franchement arrondi.

---

[1] Valenciennes (Hist. nat., XVI) décrit, au contraire, le lobe caudal

Dix-neuf principaux rayons : un grand simple de chaque côté et dix-sept divisés; les médians à peine plus longs que le tiers des plus grands. Avec cela, comme toujours, plusieurs petits rayons décroissants plus ou moins apparents de chaque côté; souvent quatre à cinq en haut, sur cinq ou six en bas, parfois jusqu'à dix sur huit.

Écailles assez minces, passablement adhérentes, se recouvrant, pour la plupart, un peu plus qu'à moitié, en général plus longues que hautes et de dimensions moyennes sur la majeure partie du tronc, mais beaucoup plus petites sur la poitrine et sur le ventre jusqu'aux ventrales. Une squame latérale médiane d'une surface presque égale à celle de l'œil, chez de vieux sujets, égale au tiers seulement chez les jeunes; cette même écaille environ de un tiers plus longue que haute, coupée carrément dans la partie cachée et arrondie avec une sorte de petit prolongement subconique dans la portion découverte. Le bord fixe présentant au milieu un double feston proéminent; le côté libre non festonné et généralement couvert de fines granulations pigmentaires. Les squames latérales antérieures un peu plus petites et plus courtes; les postérieures à peu près de même surface que les médianes, mais par contre, plus allongées et se recouvrant un peu moins [1]. Toute la surface de l'écaille marquée de stries concentriques très déliées autour d'un nœud plus ou moins central. Le dit nœud toujours un peu plus voisin du bord fixe que du bord libre. A partir de ce point, plusieurs rayons très déliés dirigés vers le bord caché, à droite et à gauche du feston médian; d'autres rayons droits plus longs et très nombreux gagnant le bord libre depuis le même centre; d'autres encore, très fins comme les précédents, accompagnant en haut et en bas la courbe

supérieur comme un peu plus court que l'inférieur. Ce cas m'a paru plutôt rare dans nos eaux; toutefois, je doute qu'il y ait sous ce rapport une différence constante entre les Barbeaux de France et ceux de Suisse.

[1] Par suite de cette forme plus allongée et de leur recouvrement relativement moindre, les écailles postérieures paraissent sensiblement plus grandes que les médianes; toutefois, cette différence est d'ordinaire plus apparente que réelle, quant à la surface de l'écaille.

de l'écaille. Squames dorsales antérieures notablement plus petites que les latérales et de forme subovale. Squames pectorales beaucoup plus petites encore, soit mesurant au plus le quart ou le tiers des latérales, et ovales ou subarrondies, avec un nœud souvent médian (Voy. pl. III, fig. 11 et 14). Les écailles bordant l'anale de forme allongée, avec un nœud très reculé et un léger développement latéral au côté du bord libre.

Suivant les individus, onze à quinze écailles au-dessus de la ligne latérale[1], vers la hauteur maximale, et sept à dix en dessous, jusqu'aux ventrales.

Ligne latérale descendant du sommet de l'opercule pour suivre, au milieu du corps ou un peu au-dessus, une ligne à peu près droite jusqu'au centre de la caudale.

Les écailles de cette ligne, au nombre de 55 à 64 (70)[2], affectant un peu la forme d'un carré long, avec un prolongement subconique plutôt moins accentué qu'aux squames situées immédiatement au-dessus. La structure de ces écailles assez semblable à celle décrite pour les voisines; à l'exception, cependant, de la présence, sur le centre, d'un tubule mucifère horizontal assez allongé, étroit, présentant son ouverture la plus évasée en arrière du nœud, du côté du bord basilaire assez profondément festonné en gouttière dans le milieu, et demeurant toujours assez distant du bord libre, soit s'arrêtant d'ordinaire au bas du prolongement subconique. La surface des squames moins variable sur cette ligne que dans le reste de l'écaillure; les squames postérieures, toutefois, plus allongées que les médianes, avec un tubule un peu moins prolongé en arrière du nœud (Voy. pl. III, fig. 12 et 13).

Coloration des faces supérieures d'un vert olivâtre ou d'un jaune verdâtre tirant sur le fauve et plus ou moins nuancée

---

[1] J'ai trouvé le maximum 15 chez un grand individu provenant du lac de Zug.

[2] Valenciennes attribue 70 écailles à la ligne latérale du Barbeau de Zug qu'il a distingué sous le nom de *B. Magori*. Cette différence m'a paru n'avoir pas grande importance; j'ai trouvé, en effet, sur plusieurs individus du lac de Zug, 59, 60 et 64 squames latérales.

de gris ou de noirâtre avec des reflets, suivant les cas, dorés ou bleuâtres. Volontiers un semis de petits points noirâtres sur le dos, avec des macules plus claires et un peu plus grandes sur le haut des flancs. Les flancs plus clairs, plus jaunes ou plus dorés. Les écailles des faces latérales, comme celles du dos, finement sablées de brun ou de noir sur le bord libre. La tête verdâtre ou olivâtre en dessus, verte avec des reflets dorés sur les côtés et, parfois, plus ou moins nuancée de rougeâtre [1]. Les barbillons verdâtres à la base, rougeâtres et plus ou moins dorés plus près de l'extrémité. Iris d'un jaune orangé, doré ou argenté jaunâtre, et plus ou moins lavé de brun.

Faces inférieures d'un blanc jaunâtre.

Nageoire dorsale d'un gris verdâtre ou franchement verdâtre, parfois un peu bleuâtre, et semée de petites macules brunes ou noirâtres. Caudale verdâtre ou d'un jaune verdâtre près de la base, volontiers plutôt brunâtre ou même un peu rougeâtre près des extrémités, et généralement mouchetée de noirâtre. Anale d'un jaune orangé, au moins au bout, et plus ou moins mouchetée de brun. Ventrales grisâtres et plus ou moins orangées dans la moitié extrême, mais volontiers sans taches. Pectorales plus grises et moins orangées, par contre souvent plus ou moins tachetées.

Dimensions très variables, dans des conditions et des eaux différentes. Cysat raconte qu'en 1645 un pêcheur de Lucerne prit dans la Reuss un Barbeau de 15 livres. Blanchard signale une capture faite à Paris, dans la Seine, d'un Barbeau de 7 kilog. et 5, soit encore de plus de 14 livres. Le même poisson atteint, dit-on, au poids de 16 livres dans le Danube et de 18 livres en Angleterre. Heckel et Kner donnent, pour cette espèce en Autriche, un poids moyen de 8 à 10 livres, et rapportent, comme exception curieuse, la prise, en 1853, dans la Salzach près de Laufen, d'un individu de 25 ½ livres. Perrot et Droz, en 1811, dans leurs notes manuscrites, donnent 10 à 12 livres comme poids maximum du Barbeau, dans la Thièle, entre les lacs de Neuchâtel et de

---

[1] Cette coloration rougeâtre n'apparaît très souvent qu'après la mort.

Bienne. Steinmüller, en 1827, attribue à cette espèce le même poids maximum de 12 livres, dans le lac de Wallenstadt.

Ces deux derniers chiffres, observés en Suisse, doivent être, je crois, considérés comme plutôt exceptionnels; la grande majorité de nos Barbeaux paraît demeurer passablement en dessous. Au dire de nos pêcheurs, ce poisson atteindrait, dans la plupart de nos eaux basses, à une moyenne de 8 livres, soit 4 kilog. J'ai vu, en effet, des individus de ce poids capturés soit dans l'Aar près de Berne, soit à Lucerne au débouché de la Reuss. Des sujets de 9 à 10 livres ne mesurent guère plus en longueur que ces derniers : aux environs de 2 ¹⁄₂ pieds, soit à peu près 80 à 85 centimètres. L'augmentation de poids influe, en effet, toujours plus sur la largeur et la hauteur que sur la longueur de l'individu. Des sujets du poids de 2 livres mesurent déjà souvent 50 à 55 centimètres; tandis que d'autres de 4 livres n'atteignent encore qu'à 66 ou 68 centimètres.

Mâles, au moment du rut, ornés sur la tête et sur la première partie du dos, de petits tubercules granuleux disposés souvent en lignes parallèles. En fait d'autres différences sexuelles plus persistantes, on pourrait signaler, comme fréquentes chez les mâles, des proportions généralement un peu plus fortes des nageoires pectorales, et souvent une moindre hauteur de l'anale que chez les femelles. (Le gonflement du premier rayon des pectorales m'a paru beaucoup moins accentué et moins constant que dans plusieurs autres genres.)

Jeunes relativement moins épais que les adultes, avec une tête plus forte, un œil proportionnellement plus grand, un front plus étroit, un museau plus ramassé, une caudale moins profondément échancrée et une livrée souvent plus chargée de petits points bruns ou noirs.

Vertèbres au nombre de 46-47.

Vessie à air de moyenne dimension et étranglée vers le tiers antérieur. La portion antérieure passablement renflée; la postérieure allongée, subconique et souvent assez étroite, principalement chez les femelles pleines.

Tube digestif replié quatre à cinq fois et mesurant près

de deux fois la longueur du poisson ou un peu moins. Péritoine presque incolore. Ovaires et testicules doubles.

Une rangée de pseudobranchies pectinées et passablement développées, disposées en croissant vers le haut de la cavité branchiale, devant l'angle antéro-supérieur de l'opercule.

Bien que variant moins, peut-être, que quelques autres, cette espèce se présente cependant sous divers aspects, suivant l'âge, le sexe, la saison, l'état de l'individu et les conditions d'existence. Nous avons vu, dans le courant de la description, plusieurs différences, soit dans les proportions de la tête ou du tronc et dans la coloration, soit dans les dimensions des nageoires et le nombre des rayons ou des écailles. Aucune de ces dissemblances ne m'a paru assez soutenue pour motiver la formation de races ou de variétés locales, encore moins pour établir des distinctions spécifiques; toutefois, je crois devoir rappeler, en passant, la variabilité de deux caractères invoqués comme distinctifs par deux ichthyologistes de grand mérite. Premièrement: Cuvier et Valenciennes (Hist. nat., XVI) donnent, comme trait caractéristique de leur *Barbus fluviatilis*, le fait que celui-ci aurait le lobe supérieur de la caudale plus court que l'inférieur; or, nous avons vu que ce cas est plutôt exceptionnel et que, très souvent, c'est plutôt le contraire qui a lieu. Secondement: Günther (Catal. of fishes, VII) emploie, comme caractère distinctif entre divers Barbeaux, les longueur et hauteur comparées de l'anale; il décrit, en particulier, cette nageoire, chez son *Barbus vulgaris*, comme au moins deux fois aussi haute que longue à la base, tandis que nous avons constaté chez cette espèce, une variabilité très grande dans ces rapports, non seulement selon les sexes, mais encore d'individu à individu. La longueur de l'anale est, suivant les cas, égale à la demi-hauteur, ou plus faible que cette fraction, ou, au contraire, passablement plus forte. La même inconstance m'a paru se montrer, du reste, dans d'autres espèces du genre *Barbus*.

Après cela, je pourrais signaler encore: 1° que le museau est plus ou moins prolongé en forme de groin, qu'il présente même parfois, devant les narines, une sorte de bosse saillant un peu comme une corne, ainsi que je l'ai vu sur un sujet de taille moyenne provenant de Lucerne; 2° que les dimensions de l'œil, relativement petites chez l'adulte, varient beaucoup avec l'âge, ainsi que chez la plupart des poissons, et que le rapport du diamètre de celui-ci à la longueur de la tête ne peut être pris comme caractère spécifique qu'autant que l'on tient compte de la taille et de l'âge du sujet.

Enfin, il me reste à parler d'une prétendue espèce suisse de Valenciennes et d'une intéressante variété orangée récemment capturée dans notre pays.

Sur l'examen d'un seul individu provenant du lac de Zug, qui avait été envoyé au Muséum par le Dr Mayor de Genève, Valenciennes créa, en effet, (Cuv. et Val. Hist. Nat. XVI, p. 138, pl. 461) une espèce nouvelle qu'il baptisa du nom du donateur *Barbus Mayori*. Bien que le Dr Steindachner[1] ait déjà montré, par la comparaison de quelques Barbeaux suisses avec des Barbeaux du Danube, que les caractères invoqués par Valenciennes ne peuvent point être regardés comme spécifiques, je crois devoir revenir encore brièvement sur le dit *B. Mayori*, qu'en considération de l'autorité de Valenciennes, plusieurs zoologistes s'obstinent à regarder encore comme différent du *Barbus fluviatilis* d'Agassiz.

Valenciennes donne, comme principaux caractères du *Barbus Mayori: L'anale est plus large et moins haute, la base fait les deux tiers de la hauteur; l'angle est arrondi; la caudale a le lobe supérieur moins aigu; la tête aussi est plus petite et l'œil moins grand; les écailles plus arrondies, sans être plus grandes, car il y en a soixante-dix rangées entre l'ouïe et la caudale.*

Il devrait me suffire de renvoyer aux détails de ma description et aux quelques remarques faites déjà ci-dessus pour montrer le peu d'importance de ces traits censés distinctifs; toutefois, je crois devoir dire encore quelques mots sur deux traits particuliers de la brève description de l'auteur de l'Histoire naturelle des Poissons.

---

[1] Ueber *Barbus Mayori* Val. und *Lota vulgaris* Cuv. Verh. zool. bot. Gess. Wien, 1866, p. 385.

Nous avons compté des nombres d'écailles sur la ligne latérale assez différents pour que l'on ne puisse guère fonder une distinction spécifique sur le seul fait de la présence de quelques squames en plus, sur un seul individu peut-être anormal sur ce point. Heckel et Kner[1], de même que de Siebold[2], donnent, comme limites pour les écailles de la ligne latérale 58-60. J'en ai trouvé, pour ma part, de 55 à 64. Valenciennes lui-même en accorde 66 à son *B. fluviatilis*. Enfin, Blanchard[3] attribue au Barbeau commun de la France les chiffres extrêmes 60-70. La forme plus arrondie ou plus acuminée de l'écaille varie aussi passablement d'individu à individu.

Il est un autre détail de la description du *B. Mayori* qui, en y réfléchissant, paraîtrait mériter plus d'attention, si l'on ne faisait entrer dans la discussion quelques nouvelles considérations; je veux parler des proportions relativement moindres de la tête et de l'œil. En effet, le sujet étudié par Valenciennes ne mesurait que onze pouces, et l'on sait que les jeunes ont généralement la tête plus forte et l'œil plus grand que les adultes. Il serait donc important de savoir si le savant ichthyologiste français a établi ce caractère sur la comparaison de cet échantillon unique avec d'autres individus de même âge. Il ne faut pas oublier, en effet, que divers poissons, le Barbeau entre autres, n'atteignent pas toujours et partout au même poids; que dans nos lacs suisses, en particulier, ils n'arrivent souvent pas à mesurer les dimensions qu'ils acquièrent dans des milieux plus riches ou plus propices; que, croissant par conséquent plus lentement, ils sont souvent notablement plus âgés, dans nos eaux, que des individus de même taille dans d'autres pays. Il est rare, en particulier, qu'un Barbeau atteigne au maximum de 7 livres dans le lac de Zug, tandis que la même espèce pèsera jusqu'à 8 ou 9 livres dans le lac de Lucerne; voire même jusqu'à 10 à 15 livres en France ou en Allemagne.

[1] Süsswasserfische, p. 79.

[2] Süsswasserfische, p. 109.

[3] Poissons de France, p. 304. Je me demande si M. Blanchard a compté lui-même 70 écailles sur la ligne latérale, ou s'il a peut-être donné simplement comme chiffre extrême le total attribué par Valenciennes à son prétendu *Barbus Mayori*.

Quant à ce qui est de la coloration, le même auteur ajoute : *la couleur paraît plus grise que celle de notre Barbeau, parce que les écailles sont très finement sablées de petits points noirs. La dorsale, l'anale sont mouchetées de points noirs, et il y en a quelques-uns sur la caudale.* Je me bornerai à rappeler que nous avons constaté la moucheture des nageoires en question chez un grand nombre de Barbeaux et que nous avons fait remarquer déjà le sablé noir des écailles, principalement dans le jeune âge.

Enfin, j'ai consulté à Zug les pêcheurs, qui ne se font pas faute d'ordinaire de fabriquer à leur manière des espèces et de donner des noms aux moindres petites variantes. Tous ne reconnaissent qu'un seul Barbeau dans les eaux de leur canton, et ce Barbeau n'est pour eux que le *Barbe* ordinaire des autres lacs de la Suisse. Aucun d'eux n'a observé de différences appréciables chez ces poissons; c'est tout au plus s'ils distinguent, sous les noms de *Flussbarbe* et *Seebarbe,* les individus capturés dans la rivière ou dans le lac.

En somme, les Barbeaux de nos divers lacs suisses, au nord des Alpes, sont incontestablement de même espèce que le *Barbus fluviatilis* de France et d'Allemagne, et ce poisson est, dans le lac de Zug, tout à fait semblable à ses congénères dans les autres bassins du pays. C'est tout à fait à tort que Bonaparte a cru pouvoir rapprocher le prétendu *Barbus Mayori* de Valenciennes de son *Barbus plebejus* d'Italie. Il en diffère sur plusieurs points.

De Selys[1] signale dans l'Ourthe, en Belgique, une variété qu'il nomme *Barbeau jaune* et chez laquelle tout le dessus et les côtés du corps seraient d'un marron clair, avec un ventre blanc et des nageoires rouges. Je n'ai pas rencontré jusqu'ici cette forme dans nos eaux; toutefois, j'ai eu, comme je l'ai dit, l'occasion de voir dernièrement une autre variété jaune dont il me reste à dire quelques mots.

Le 30 décembre 1879, M. Hein, pêcheur à Berne, me présenta vivant un curieux Barbeau qu'il avait pris, en août 1878, à l'embouchure de la Sarine, dans l'Aar. Ce poisson, très amai-

---

[1] Faune belge, p. 195.

gri par une abstinence prolongée [1], mesurait 323 millimètres de
longueur totale et était entièrement d'un jaune orangé en dessus et sur les côtés, avec quelques très légères traces de pointillé
sur le dos. Il était d'un blanc jaunâtre en dessous et ses nageoires, sans taches, étaient, les inférieures surtout, un peu lavées
d'orangé rougeâtre. L'iris était d'un orangé doré, un peu
mâchuré de noirâtre. A part la coloration et des proportions
relativement assez réduites du barbillon antérieur (moins de
la ½ du postérieur), aucun caractère ne différentiait du reste
ce Barbeau *(var. aurata)* de notre *Barbus fluviatilis* ordinaire.

Le Barbeau commun ou fluviatile est très répandu dans l'Europe moyenne et septentrionale, en Allemagne, en France, en
Belgique, en Hollande et en Angleterre. Il semble en grande
partie remplacé dans le midi, en Italie, par une autre forme très
voisine, le Barbeau plébéien de Valenciennes; toutefois, Canestrini dit l'avoir reconnu encore jusque dans quelques confluents
de l'Isonzo, au nord-est de la péninsule [2].

Cette espèce, bien qu'assez abondante en Suisse, est cependant exclusivement confinée dans les eaux basses du bassin du
Rhin. Elle est remplacée dans le Tessin, au sud des Alpes, par
la forme méridionale décrite ci-après; elle fait défaut à l'Inn,
dans l'Engadine, comme à un niveau trop élevé. Enfin, elle ne
se trouve nulle part dans notre bassin du Rhône au-dessus de
la perte, bien qu'elle remonte les tributaires de ce fleuve notablement plus haut, jusque dans le Doubs, par exemple [3]. J'ai con-

---

[1] Cette jolie variété, qui rappelle des cas analogues observés chez
d'autres poissons, a vécu encore quelque temps dans l'aquarium de
M. Covelle, à Genève, et n'est morte, paraît-il, qu'à la suite d'une indi-
gestion bien excusable après plus de seize mois de jeûne forcé et complet.

[2] Prospet. crit., p. 35.

[3] Le *Conservateur suisse*, en 1813, t. V, attribuait au lac Léman 29 espèces de poissons, en particulier la *Brème* et le *Barbeau*. Jurine, dans son
Hist. des Poissons du lac Léman, en 1825, p. 140, a déjà relevé cette
erreur, en signalant qu'il n'avait trouvé nulle part ces deux espèces. Je ne
puis, pour ma part, qu'appuyer le dire du célèbre ichthyologiste genevois.

staté la présence du *Barbus fluviatilis* aux embouchures des principaux tributaires des lacs de Constance, Zurich, Wallenstadt, Zug, Sempach, Lucerne, Sarnen, Thun, Bienne, Neuchâtel et Morat. Ce poisson paraît plutôt rare dans le lac de Brienz; par contre, il remonte dans le Rhin au delà de Coire, jusqu'à Ilanz et Thusis et jusque dans la rivière de la Plessure.

Notre Barbeau est assez frileux et ne s'élève guère dans les courants trop froids de nos montagnes; il est rare de le rencontrer plus haut que 900 mètres au-dessus de la mer. Il habite également les lacs et les rivières à fond graveleux ou caillouteux; toutefois, amateur de l'eau courante, il se tient de préférence dans les premiers, non loin des embouchures.

L'époque de frai varie, suivant les circonstances, du milieu de mai au milieu de juin, est retardée même parfois jusqu'aux premiers jours de julliet. On voit alors les Barbeaux se promener en longues files dont les femelles occupent généralement les premiers rangs; les vieux mâles viennent ensuite, les jeunes sont les derniers. La femelle fixe ses œufs contre les pierres du fond, d'ordinaire dans les courants un peu forts et profonds, quelquefois dans les lacs, mais alors de préférence non loin de l'embouchure de quelque rivière. Les mâles, souvent plusieurs pour une seule femelle, viennent bientôt arroser de leur laitance le dépôt confié à leurs soins. Les œufs jaunâtres, relativement petits, comme de la graine de millet, et peu nombreux, suivant quelques auteurs 7000 à 8500[1], se transforment, selon les conditions, dans l'espace de neuf à quinze jours.

La perte du Rhône est pour le Barbeau, comme pour bien d'autres espèces, un obstacle insurmontable. Y a-t-il eu peut-être, d'un autre côté et autrefois, vers Entreroche, une communication plus facile qu'aujourd'hui entre les bassins du Rhin et du Rhône par les marais et les petits courants, le Nozon et la Venoge qui déversent l'un d'un côté, l'autre de l'autre? Rien jusqu'ici ne permet de l'établir. D'ailleurs, MM. Du Plessis et Combe ne citent pas même le Barbeau dans leur *Faune du District d'Orbe*, et pourquoi tant d'espèces qui auraient pu alors nous arriver seraient-elles maintenant complètement détruites. Je croirais bien plutôt que l'ancienne citation du Barbeau dans le Léman doit reposer sur quelque confusion avec les noms vulgaires de *Barbot* et de *Barboteau*, appliqués alors à la Loche et au Chevesne.

[1] Selon Bloch, 8025 chez une femelle de 3 ½ livres.

Les jeunes, au dire de la plupart des ichthyologistes, ne seraient pas capables de reproduction avant leur quatrième ou leur cinquième année d'existence. Toutefois, je suis de l'opinion du Dr Günther[1], quand il dit que les mâles paraissent à cet égard plus précoces que les femelles. Cet auteur rapporte, en effet, qu'il a vu de jeunes mâles de 7 à 8 pouces émettre déjà d'eux-mêmes de la semence et poursuivre les femelles; tandis que j'ai ouvert au printemps plusieurs femelles, de 20 à 25 centimètres, chez lesquelles les ovaires étaient encore fort peu développés. Durant leurs deux premières années, les jeunes Barbeaux se réunissent très volontiers aux bandes de Goujons (*Gobio fluviatilis*) et mènent alors la même existence que ces petits poissons, dont on les distingue cependant à première vue à leur couleur différente et à leurs quatre barbillons. Heckel et Kner attribuent à cette espèce quinze à vingt années de vie. Quelques auteurs assurent que le Barbeau émet souvent un son bien distinct. Il n'y aurait rien d'étonnant à ce que, avec ses grosses lèvres, ce poisson pût, en effet, produire un bruit dans le genre de celui que nous avons signalé chez la Carpe.

Bien que se tenant volontiers près du fond, les Barbeaux viennent cependant assez souvent explorer les bancs de sables à une très petite profondeur, ou fouiller le sol le long des rives au raz de la surface. Ainsi, lorsque, par une crue subite des eaux, les rivières sont gonflées et troublées, on voit souvent bon nombre de ces poissons grouiller presqu'à fleur d'eau, tâtant avec leurs barbillons et fouillant avec leur groin les berges remuées, pour y trouver leur subsistance. Ces poissons, d'humeur assez vive et vagabonde durant l'été, deviennent, comme tant d'autres, plus lents dans leurs allures et d'un naturel plus sociable avec l'abaissement de la température qui les engourdit peu à peu. Ils se réunissent alors en troupes, souvent très nombreuses, dans les profondeurs des lacs ou des larges courants, pour y passer l'hiver dans une sorte de torpeur, serrés les uns contre les autres, tantôt dans quelque trou ou sous quelque abri, tantôt plus ou moins profondément enfouis dans la vase du fond.

---

[1] Fische der Neckars, p. 43.

Le Barbeau a une alimentation assez mélangée, mais surtout animale; il avalera bien au besoin des végétaux aquatiques, mais il préférera toujours les vers, les mollusques, divers insectes, les crustacés et les œufs ou même le menu fretin d'autres poissons. Il absorbe avec délices des excréments et des débris de charognes. Beaucoup de pêcheurs assurent, qu'il se nourrit de terre; toutefois, j'ai remarqué que, s'il prend en effet souvent de grandes bouchées de vase, en fouillant sur le fond ou le long des rives, c'est principalement pour tamiser ou retenir avec ses dents les diverses particules nutritives qui s'y trouvent et cracher bientôt après la plus grande partie de la terre qu'il avait prise.

La chair du Barbeau est blanche, assez ferme et n'a rien de désagréable : toutefois, elle est assez peu prisée, à cause du grand nombre de ses arêtes et n'est guère recherchée que par les petites bourses, ou dans les localités où, à défaut de lacs, il manque bien d'autres espèces plus savoureuses. Les œufs de ce poisson passent assez généralement pour vénéneux, et l'on dit qu'ils produisent quelquefois chez ceux qui en ont mangé des vomissements ou des diarrhées. Gessner connaissait déjà les effets de ces œufs et les croyait mortels. Le fait est que l'on cite quelques cas de troubles digestifs plus ou moins graves, mais que l'effet ne paraît pas partout et toujours le même. Cysat a peut-être raison quand il assure que, si l'on garde quelque temps le Barbeau dans de l'eau de source bien fraîche, ses œufs perdent leurs propriétés toxiques; il pense que l'eau plus ou moins pure dans laquelle ce poisson a vécu agit beaucoup sur l'influence des œufs comme aliment.

On pêche cette espèce, soit à la ligne amorcée avec un ver, un asticot ou une boulette de fromage, soit avec les nasses et diverses sortes de filets. On prend aussi quelquefois les plus gros individus avec le trident.

L'exemple du Barbeau doré, qui vécut plus de seize mois sans aucune nourriture, semble indiquer chez ce poisson une grande faculté d'abstinence. Mais, s'il peut résister à un jeûne assez prolongé, le Barbeau souffre, par contre, assez facilement du froid et compte en outre bon nombre d'ennemis tant internes qu'externes. Non seulement il sert de pâture à plusieurs espèces carnassières, durant son bas âge surtout; mais encore il est d'ordinaire tracassé par des parasites de diverses sortes: Crustacés[1], Sangsues[2] et Helminthes[3].

4. LE BARBEAU PLÉBÉIEN

Barbo[4]

BARBUS PLEBEJUS, Val.

Brun bronzé en dessus, semé de points noirâtres sur le dos et sur les côtés de la tête et du corps; le bas des flancs plus jaunâtre; le ventre blanc. Dorsale et caudale tachetées de noirâtre. Nageoires inférieures jaunâtres ou roses; l'anale souvent pointillée. Tronc plus ramassé que chez l'espèce précédente, plus élevé et plus voûté en avant. Écailles plus petites, soit au moins de moitié plus petites que l'œil. Tête assez haute et convexe en dessus. Museau moins prolongé que chez le Barbeau commun, quoique avec des barbillons à peu près semblables. Nageoire dorsale médiocrement élevée, moins acuminée et à peu près droite sur la tranche, avec un grand rayon simple finement dentelé. Anale à peu près de même hauteur que la dorsale, par contre plus acuminée au sommet et presque droite sur la

[1] *Lerneocera cyprinacea* (Blainv.); sur les écailles et les nageoires.

[2] *Cystobranchus Troscheli* (Dies.); sur les nageoires. — *Ichthyobdella stellata* (Kollar); à la surface du corps, souvent sur la tête.

[3] *Ascaris dentata* (Zeder); dans l'estomac et les intestins. — *Echinorhynchus clavæceps* (Zeder); dans les intestins. *Echin. globulosus* (Rud.); dans les intestins. *Echin. angustatus* (Rud.); dans les intestins. *Echin. Proteus* (Westr.); dans les intestins. — *Distomum globiporum* (Rud.); dans les intestins. *Dist. punctum* (Zeder); dans le gros intestin. *Dist. nodulosum* (Zeder); dans les intestins. — *Monostomum cochleariforme* (Rud.); dans les intestins. — *Diplostomum brevicaudatum* (Nordm.); dans les yeux. — *Dibothrium rectangulum* (Bloch); dans les intestins. — *Caryophylleus mutabilis* (Rud.); dans les intestins.

[4] Si l'on devait donner un nom allemand à ce Barbeau méridional, je préférerais celui de *Italienische Barbe*, qui indique le principal habitat de l'espèce, à celui de *gemeine Barbe* que lui attribue Schinz dans son Europ. Fauna. En effet, ce dernier nom devrait s'appliquer à bien plus juste titre à l'espèce précédente beaucoup plus répandue.

tranche. Caudale de moyenne dimension, profondément échan-crée et à lobes quasi-égaux, d'ordinaire également acuminés. (Taille des adultes, entre 25—40 (60) centimètres.)

Premier sous-orbitaire à peu près égal à deux fois l'œil chez l'adulte; le dernier relativement un peu plus large. Maxillaire supérieur moins prolongé au-dessus de l'articulation supé-rieure. Meule et dents à peu près comme chez l'espèce précé-dente.

D. 3—4/8—9, A. 3/5, V. 2/8, P. 1/16—17, C. 19 maj..

$$\text{Sq. } 66 \ \frac{14—18}{9—12(14)} \ 75. \quad \text{Vert. } 42—45.$$

BARBUS PLEBEJUS, *Val. in Cuv.*, Reg. Anim. Illust., pl. 27. — *Bonaparte,* Fauna italica, III, XXV, 129, I, fig. 1; Cat Met., p. 27. — *Cuv. et Val.*, Hist. Nat., XVI, p. 139, pl. 462. — *Schinz,* Europ. Fauna, II, p. 305. — *Heckel et Kner*, Süsswasserfische, p. 82, fig. 38. — *Steindachner,* Fischfauna des Isonzo, Verh. des k. k. zool. bot. Ges. Wien, 1861, p. 143.—*Dybowsky,* Cyprinoïden Livlands, p. 78 — *Canestrini,* Prosp. Crit., p. 28. — *Günther,* Catal. of Fishes, VII, p. 88. — *Pavesi,* Pesci et Pesca, p. 27.

» FLUVIATILIS, *De Filippi,* Cenni, p. 394. — *De Betta,* Materiali, p. 134. — *Monti,* Notizie, p. 27.

» TIBERINUS, *Bonaparte,* Fauna ital., III, XXV, 129, I, fig. 3; Cat. Met., p. 27.

» EQUES, *Bonaparte,* Fauna ital., III, XXV, 129, I, fig. 2; Cat. Met., p. 27. — *Cuv. et Val.*, XVI, p. 140, pl. 463. — *Schinz,* Europ. Fauna, II, p. 304. — *Heckel et Kner*, Süsswasserfische, p. 84, fig. 39. — *Dybowski,* Cyprinoïden Livlands, p. 78.

NOMS VULGAIRES : T. *Barb, Barch, Barm* et *Bard.*

Corps un peu plus ramassé, soit relativement moins allongé et plus élevé, bien que un peu plus comprimé que dans l'espèce précédente. Le dos et le ventre subarrondis transversale-ment. Le profil supérieur un peu plus voûté, dans la moitié antérieure surtout, décrivant une courbe convexe assez ré-gulière. Le profil inférieur décrivant, à son tour, de la gorge à l'anale, une courbe douce et régulière légèrement plus accentuée que chez le Barbeau commun ou fluviatile.

Chez plusieurs individus de taille moyenne, soit de 20 à 30 centimètres[1] : la hauteur maximale, devant la dorsale, à la longueur totale, comme 1 : 5 — 5 $\frac{1}{3}$, à la longueur sans la caudale, comme 1 : 4 $\frac{1}{8}$ — 4 $\frac{1}{2}$ (Canestrini[2], qui a eu la facilité d'observer en Italie des individus de tailles plus différentes, donne, pour le rapport de la hauteur à la longueur totale, comme 1 : 4 $\frac{4}{10}$ — 5 $\frac{9}{10}$). La hauteur minimale, devant la caudale, à l'élévation la plus grande, comme 1 : 2 $\frac{1}{5}$ — 2 $\frac{1}{3}$, soit égale à peu près à la partie de cette dernière située au-dessous de la ligne latérale. L'épaisseur la plus forte, souvent au tiers ou à la moitié des pectorales, parfois un peu plus près de la dorsale, à la hauteur maximale, comme 1 : 1 $\frac{2}{3}$ — 1 $\frac{5}{6}$. Ces divers rapports donnant à une section verticale médiane la forme d'un ovale assez large, il est vrai, mais légèrement plus allongé que chez le Barbeau commun.

La position de l'ouverture anale à peu près comme chez l'espèce précédente ; la distance comprise entre l'anus et la base de la caudale étant, entre autres, à la longueur du corps, sans cette dernière, comme 1 : 3 $\frac{2}{3}$ — 3 $\frac{3}{4}$.

Tête notablement plus élevée et plus convexe sur la face que chez le Barbeau commun, et, par là, plus courte en apparence, bien que, de fait, de même longueur à peu près relativement au corps, soit, à la longueur totale, comme 1 : 4 $\frac{5}{4}$ —5, et, à la longueur sans la caudale, comme 1 : 3 $\frac{9}{10}$ — 4 $\frac{1}{10}$. (Ici encore Canestrini, en Italie, donne, pour le rapport de la tête à la longueur totale, des limites un peu plus étendues, soit 1 : 4 $\frac{4}{10}$ — 5 $\frac{1}{10}$). Le grand axe céphalique par conséquent un peu plus fort que la hauteur maximale du tronc, chez les jeunes, et à peu près égal à cette dernière, chez les

---

[1] Bien que j'aie vu des sujets de cette espèce mesurant les uns quinze, les autres jusqu'à 40 centimètres de longueur totale, je me suis trouvé, au moment de décrire cette espèce sur des échantillons suisses, n'avoir en mains, de provenance tessinoise, que des individus de 20 à 30 centimètres, comme je viens de le dire. Je donnerai donc, quand cela me semblera nécessaire et entre parenthèses, les rapports de proportions constatés en Italie sur des individus de tailles supérieures ou inférieures, par quelques auteurs mieux placés que moi pour collecter cette forme méridionale.

[2] Prospet. crit., p. 29.

adultes; avec cela, dépassant en longueur la caudale d'une quantité également variable, suivant l'âge des individus. La longueur de la tête en dessus, à la longueur par le côté, comme 1 : 1 $\frac{1}{6}$ — 1 $\frac{1}{3}$ (plus rarement 1 $\frac{1}{5}$). La hauteur à l'occiput égale à peu près aux $\frac{3}{5}$ de la longueur latérale. L'épaisseur sur l'opercule un peu plus grande que l'espace compris entre l'œil et le bout du museau et égale à la hauteur au centre de l'œil chez les jeunes, un peu en arrière chez les adultes.

Museau un peu plus renflé, mais moins prolongé en groin en avant de la bouche que chez l'espèce précédente. La bouche, toujours inférieure et en demi-lune, peut-être un peu plus large. Lèvres, menton, narines, langue, palais, pores et membrane branchiostège à peu près comme chez le Barbeau commun.

Deux barbillons d'inégale longueur, de chaque côté : le premier ou antérieur peut être un peu plus reculé ou latéral que chez le Barbeau commun et atteignant, rabattu, jusqu'aux narines ou un peu au delà; le second, d'un cinquième à un tiers plus long, arrivant, suivant les individus, à peine au bord postérieur de l'orbite ou légèrement plus loin.

Oeil, chez des sujets de taille moyenne, entrant de 6 à 6 $\frac{1}{2}$ fois dans la longueur céphalique latérale; cet organe notablement plus grand chez les jeunes et plus petit chez les vieux. (D'après Canestrini: l'œil à la tête, comme 1:4 — 8 $\frac{1}{2}$, selon les sujets petits ou grands). Pavesi[1] donne le rapport 1 : 7 $\frac{2}{3}$ pour un individu tessinois de 35 centimètres. L'espace préorbitaire mesurant, chez des individus de taille moyenne, de 2 $\frac{3}{4}$ à 3 $\frac{1}{2}$ diamètres de l'œil (selon Canestrini: de 1 $\frac{2}{3}$ à 4 diamètres oculaires environ, d'après des sujets, entre 58 et 346 millimètres de longueur totale) et, selon les individus jeunes ou adultes, notablement plus court que la moitié de la longueur céphalique ou égal à cette fraction, ou encore légèrement plus grand. L'espace postorbitaire, selon les sujets petits ou grands, légèrement plus long que le préorbitaire ou, au contraire, passablement plus court.

---

[1] *Pesci e Pesca*, p. 28.

L'espace interorbitaire mesurant, chez des sujets moyens,
de 2—2¹/₂ diamètres de l'œil (d'après les mesures de Canestrini de 1¹/₄—2³/₄ à peu près, selon les sujets très jeunes
ou adultes), et égal à ¹/₃ de la longueur céphalique ou
légèrement plus, selon la taille plus petite ou plus grande
des individus.

Arcade sous-orbitaire composée de 5 os juxtaposés[1], disposés
comme chez le Barbeau commun et de formes à peu près
semblables. La première de ces pièces, toutefois, un peu plus
courte et plus large, soit d'ordinaire au plus deux fois aussi
longue que l'œil chez l'adulte ; la seconde, par contre, quelquefois un peu plus grande et de forme triangulaire plus
allongée, soit s'avançant un peu davantage au-dessous de
la précédente ; la cinquième enfin sensiblement plus large.

La voûte susorbitaire un peu proéminente au-dessus de
l'œil en avant.

Maxillaire supérieur de même forme que celui du *Barbus
fluviatilis*, mais généralement un peu plus court ou plus ramassé dans la partie supérieure, soit moins prolongé au-
dessus de l'articulation.

Opercule à peu près semblable à la pièce correspondante chez
le Barbeau commun, bien que souvent un peu plus large et
généralement moins creusé ou presque droit sur le bord postérieur.

Les autres pièces operculaires d'ordinaire comme chez
l'espèce précédente.

Os pharyngiens très semblables à ceux de l'espèce précédente ;
l'aile, toujours petite et arrondie, un peu plus développée
seulement ou peut-être légèrement plus anguleuse au niveau
de la seconde grande dent supérieure.

Dents pharyngiennes, au nombre de dix de chaque côté, disposées sur trois rangs (2, 3 et 5), et assez hautes, avec une couronne subconique un peu recourbée et creusée, comme chez
le *Barbus fluviatilis*. (Voy. Pl. IV, fig. 9).

Meule très semblable à celle du Barbeau commun.

Dorsale naissant à distances égales du bout du museau et de la

---

[1] Parfois le quatrième divisé en deux.

caudale, à peu près en face des ventrales ou très légèrement
en avant, et occupant par la base un espace, suivant les individus, sensiblement plus petit ou plus grand que la moitié
de la tête, soit vis-à-vis de celle-ci, comme $1 : 1\,^5/_6 - 2\,^1/_6$.
(selon Canestrini de $1\,^3/_{10} - 2\,^3/_{10}$). Cette même longueur
basilaire légèrement plus forte que la moitié de l'élévation
du tronc ou seulement égale à cette fraction, selon les sujets
petits ou grands, et mesurant, suivant les individus, des $^2/_3$
aux $^4/_5$ de la hauteur du plus grand rayon. Cette dite hauteur de la dorsale toujours beaucoup moindre que la longueur de la caudale, légèrement plus courte que la nageoire
pectorale, d'ordinaire à peu près égale à la hauteur de l'anale
ou très faiblement plus grande et relativement moindre que
chez le *Barbus fluviatilis*, par rapport à l'élévation du
corps, soit mesurant, suivant le sexe et l'âge plus ou moins
avancé, des $^3/_5$ aux $^6/_7$ de cette dernière[1]. Cette nageoire
moins pointue au sommet, moins rapidement décroissante
en arrière et presque droite, soit moins creusée sur la tranche que chez le Barbeau commun.

Onze à treize rayons: trois à quatre non divisés et huit à
neuf divisés. Le quatrième, soit le plus grand simple, rigide
dans la moitié inférieure, plus franchement articulé et plus
souple dans la partie supérieure et égal au premier divisé
ou très faiblement plus long; avec cela, garni de chaque
côté, sur les $^2/_5$ ou les $^2/_3$ du bord postérieur, de petits denticules, moins allongés, moins recourbés vers le bas et moins
pointus, souvent même bifides, que chez l'espèce précédente.
Le dernier divisé, souvent formé de deux branches rameuses
très distinctes, égal aux $^4/_9$ ou à peu près à la $^1/_2$ du plus
grand.

Anale naissant à peu près au-dessous de l'extrémité de la dorsale couchée, ou légèrement en arrière, arrivant rabattue
plus ou moins près de la caudale, suivant l'âge et le sexe,
plus acuminée au sommet que chez le *Barbus fluviatilis*,
bien qu'un peu moins décroissante en arrière, par le fait de

---

[1] Selon Canestrini, ces deux hauteurs seraient égales chez un jeune de
58^{mm} de longueur totale.

la ligne moins convexe ou presque droite de sa tranche,
soit de sa forme moins arrondie. Cette nageoire, suivant les
sexes et les individus, un peu moins haute que la dorsale, de
même élévation ou très légèrement plus haute. La base soit
la longueur, suivant les individus femelles ou mâles, un peu
plus courte ou notablement plus grande que les $^2/_5$ de la hauteur, rarement égale à la moitié du plus grand rayon.

Généralement huit rayons: trois non divisés et cinq divisés (six, si l'on compte pour deux le dernier largement
partagé jusqu'au bas). Le grand simple d'ordinaire légèrement plus court que le premier divisé.

Ventrales implantées très légèrement en arrière de l'origine de
la dorsale, ou directement au-dessous, avec une forme un
peu plus anguleuse et un peu moins décroissante en arrière
que chez le Barbeau commun. Ces nageoires rabattues demeurant à une distance de l'anus susceptible de varier le
plus souvent, selon le sexe et les individus, de $^1/_5$ à $^1/_2$ de
leur longueur. La dite longueur du plus grand rayon ventral
à peu près égale à la hauteur de l'anale, ou plus souvent notablement plus courte, par suite des différences tant
sexuelles qu'individuelles dans les proportions de ces deux
nageoires.

Dix rayons: deux simples soit non divisés et huit divisés.
Le premier rameux très légèrement plus long que le grand
simple; le dernier divisé d'ordinaire notablement plus long
que la moitié du plus grand.

Pectorales toujours sensiblement plus longues que la hauteur de
la dorsale et volontiers légèrement plus fortes chez les mâles
que chez les femelles. De forme subtriangulaire, subarrondies
au sommet, un peu convexes sur la tranche et demeurant,
rabattues, à une distance des ventrales variant de $^1/_4$ à la $^1/_2$
de leur longueur.

Dix-sept à dix-huit rayons: un simple, légèrement plus
court que le premier rameux, et seize à dix-sept divisés
parmi lesquels le second le plus grand.

Caudale un peu plus petite que chez le Barbeau commun, par
rapport à l'élévation du corps et à la longueur de la tête,
soit généralement un peu plus courte que cette dernière,

profondément échancrée et à lobes à peu près égaux, ainsi
qu'également acuminés. La plus grande longueur de cette
nageoire à la longueur totale du poisson, comme 1 : 5¹/₄ —
5¹/₃, chez des individus de 20 à 30 centimètres.

Encore ici, dix-neufs rayons majeurs, dont dix-sept divisés; les médians mesurant environ ²/₅ ou ⁴/₉ des plus longs.
Écailles en général plus petites que celles du *Barbus fluviatilis,*
mais de structure assez semblable et, comme chez ce dernier,
de formes et proportions différentes sur les diverses parties
du corps. Le prolongement subconique du bord libre, toutefois, d'ordinaire un peu plus découpé ou plus pincé latéralement. Une écaille médiane, chez des individus de taille
moyenne, égale à peu près à ¹/₃ ou ¹/₂ de la surface de l'œil;
les antérieures un peu plus petites, les postérieures par
contre un peu plus grandes et plus allongées. Les squames
dorsales antérieures petites et souvent plus arrondies que
chez le Barbeau commun; les écailles pectorales plus petites
encore, mais relativement un peu plus grandes que chez ce
dernier.

Quatorze à dix-huit écailles au-dessus de la ligne latérale,
vers la plus grande hauteur, et neuf à douze (except. quatorze) en-dessous [1].

Ligne latérale d'abord légèrement descendante, puis presque
droite et passant d'ordinaire un peu au-dessous du milieu de
la hauteur maximale du corps.

Les écailles de cette ligne, au nombre de 66-75 [2]; les médianes assez semblables à leurs voisines, les antérieures un
peu plus courtes que les médianes, les postérieures un peu
plus allongées. Le tubule subcylindrique volontiers un peu
plus court, soit moins prolongé en arrière du nœud vers le
bord fixe, que chez le Barbeau commun.

Coloration des faces dorsales et latérales supérieures d'un brun

---

[1] Les deux minima, 14 en dessus et 9 en dessous, sont fournis par Canestrini (Prospet. 28); j'ai trouvé une squame de plus en dessus que cet auteur. Günther (Catal. VII, 88) donne jusqu'à quatorze en dessous.

[2] Le maximum 75 est donné par Canestrini; je n'ai pas trouvé moi-
même plus de 72.

de bronze plus ou moins sombre où tirant plus ou moins sur l'olivâtre, et parfois un peu nuancée de noirâtre, jusque sur le devant et les côtés de la tête. Des points noirâtres assez serrés, sur toutes les faces supérieures et latérales. Le bas des flancs blanchâtre ou jaunâtre. Le ventre d'un blanc argenté. Les barbillons roses ou rougeâtres; l'antérieur souvent noirâtre à la base.

Nageoires dorsale et caudale brunâtres ou verdâtres et pointillées de noirâtre; la seconde volontiers un peu nuancée de roussâtre vers le bout. Anales, ventrales et pectorales généralement rosâtres ou jaunâtres; la première souvent un peu maculée, les deux dernières volontiers sans taches, parfois seulement légèrement mâchurées vers le bout.

Dimensions assez variables suivant les divers auteurs: Valenciennes, qui a décrit l'espèce, donne une longueur de neuf pouces, soit 24 centimètres, en ajoutant que ce poisson peut atteindre à une taille plus forte. Bien que je me souvienne parfaitement avoir vu des sujets mesurant jusqu'à 40 centimètres à peu près, je n'ai cependant pas pu me procurer, dans le Tessin, au moment de décrire cette espèce, des individus plus grands que 30 centimètres, soit un peu plus de onze pouces. J'ai ouï dire aux pêcheurs de ce canton que l'espèce arrive avec l'âge à une taille beaucoup supérieure. Heckel et Kner disent que leurs plus gros exemplaires mesuraient un peu plus qu'un pied. Le plus grand des dix-sept individus mesurés par Canestrini égale 346 millimètres[1]. Monti dit que l'espèce atteint au poids de quatre livres; De Betta lui accorde jusqu'à cinq ou six livres. Enfin, Pavesi attribue à ce Barbeau des dimensions plus fortes encore; il a vu à Lugano un individu de trois kilog. (six livres) et assure que cette espèce peut peser quelquefois jusqu'à six kilogrammes. Il n'y aurait donc pas, dans nos eaux, quant aux dimensions, une bien grande différence entre le *Barbus fluviatilis,* au nord des Alpes, et le *B. plebejus,* au sud.

Mâles se différentiant des femelles, comme chez l'espèce précé-

---

[1] Cet auteur m'a affirmé encore tout récemment que des sujets plus grands sont relativement très rares dans la plupart des rivières de l'Italie.

dente, par des pectorales volontiers un peu plus fortes et une anale souvent, par contre, un peu moins haute. Je n'ai pas eu l'occasion de constater, s'ils sont ornés, comme leurs congénères, de petits tubercules à l'époque du rut.

Jeunes de forme un peu moins élevée que les adultes, avec une tête relativement plus forte et un œil plus grand, le front plus étroit et le museau, soit l'espace préorbital, plus ramassé, tant par rapport à l'orbite que vis-à-vis du reste de la tête. Vertèbres au nombre de 42 à 45.

La vessie à air et le tube digestif à peu près comme chez le Barbeau commun.

Également, une rangée de pseudobranchies pectinées passablement développées.

J'ai longtemps penché vers l'opinion de De Filippi, de De Betta et de Monti qui n'ont pas distingué spécifiquement ce Barbeau du précédent, et ce n'est qu'après de nombreuses hésitations que je me suis rangé à l'avis de Valenciennes, de Bonaparte, de Canestrini et de Günther, pour séparer franchement ces deux espèces. Des différences constantes dans les formes et les proportions du corps, de la tête, des nageoires et des écailles, m'ont enfin décidé à voir dans notre Barbeau du Tessin et de l'Italie plus qu'une simple race méridionale de l'espèce qui habite nos eaux au nord des Alpes. Je conserve donc le Barbeau plébéien à titre d'espèce méridionale, tout en faisant remarquer cependant que les dimensions de ce poisson semblent croître plus on marche du centre de l'Italie vers les Alpes, et surtout que les denticules du premier grand rayon dorsal paraissent généralement plus petits chez les représentants de l'espèce dans le premier de ces pays que dans le Tessin.[1]

Le *Barbus tyberinus* de Bonaparte ressemble tellement au *B. plebejus* de Valenciennes que l'on ne peut guère mettre en doute l'identité de ces deux Barbeaux. La décision me paraît

---

[1] Le prof. Canestrini m'a montré à Padoue un *B. plebejus*, adulte de taille moyenne, chez lequel les denticules du grand rayon dorsal étaient à peine perceptibles.

moins facile quant au *Barbus eques;* doit-on, avec Canestrini[1] et Günther[2], faire rentrer ce nouveau nom dans la synonymie du *Barbus plebejus?* ou bien, doit-on conserver la distinction spécifique établie par Bonaparte[3] et Valenciennes et soutenue plus récemment par Heckel et Kner? L'examen des figures et la comparaison des descriptions des trois derniers ichthyologistes ont fait naître tout d'abord quelques doutes dans mon esprit. On voit, en effet, que ces auteurs ont étudié chacun des individus d'âges passablement différents et que les descriptions ont été le plus souvent prises sur un nombre d'échantillons très réduit. Les caractères successivement mis en relief sont rarement les mêmes: tantôt c'est la forme du corps et le nombre des écailles, tantôt ce sont les dimensions comparées de la tête, de l'œil et des écailles, une autre fois c'est l'extension des barbillons et les proportions de la nageoire dorsale. Pour Valenciennes[4] le grand rayon simple de la dorsale porte seulement des traces de dentelures; pour Heckel et Kner[5] le même rayon est finement denté sur toute sa longueur. C'est à se demander si le *Barbus eques* de l'un est bien de même espèce que celui de l'autre.

La plupart des caractères invoqués comme distinctifs tombent devant l'examen de la variabilité du *B. plebejus.* Nous avons vu, en effet, que la forme plus ou moins élancée du corps, ainsi que le degré d'accentuation des denticules du premier rayon dorsal et les proportions relatives de la tête, de l'œil et des écailles diffèrent constamment et beaucoup avec l'âge, la taille et l'habitat des individus. Le nombre même des écailles varie à tel point, chez le Barbeau plébéien, que l'on ne peut guère attribuer une importance spécifique à de petites différences dans les chiffres, surtout quand l'on considère que les divers auteurs sont en désaccord sur ce point particulier. (*Barbus plebejus,* lig. lat., 66-75 — *B. eques,* sec. Val. 60-65, — *B. eques,* sec. Heckel et Kner, 66-68). L'égalité des deux paires de barbillons, chez le *B. eques,* et les dimensions, chez celui-ci, un peu plus grandes

---

[1] Prospet. p. 30.
[2] Catal. of Fishes, VII, p. 88.
[3] Fauna italica.
[4] Hist. Nat. XVI, p. 140.
[5] Süsswasserfische, p. 84.

du barbillon antérieur, devant arriver jusqu'au-dessous de l'œil suivant Heckel et Kner, me paraissent encore le caractère le plus tranché ; toutefois, n'ayant pas eu entre les mains un nombre suffisant d'individus très jeunes du *B. plebejus,* et sachant que, dans le bas âge, l'œil est relativement bien plus près du bout du museau que chez l'adulte, je n'oserai admettre une distinction spécifique sur cette seule différence. Les plus grands individus du *Barbus eques* examinés par Heckel et Kner dépassaient à peine 5 pouces en longueur totale; d'après Valenciennes l'espèce atteindrait à la taille de 8 pouces.

Enfin, le trait différentiel le plus saillant résiderait, selon Heckel et Kner, dans les proportions comparées de la dorsale et de la tête. Je fais abstraction de la dentelure plus ou moins accentuée du grand rayon simple de cette nageoire, soit parce que l'on trouve à cet égard des différences individuelles assez accentuées, soit surtout parce que les descriptions ne sont pas d'accord sur ce point. Suivant les auteurs des *Süsswasserfische*[1], et selon Dybowsky[2] après ceux-ci, la longueur ou la base de la nageoire dorsale serait, chez le *Barbus eques,* notablement plus grande que la moitié de la tête, tandis que cette même longueur basilaire serait, chez le *B. plebejus,* égale seulement à la dite moitié du grand axe céphalique. Canestrini a déjà montré comment la base de la dorsale est à la longueur latérale de la tête, chez le *Barbus plebejus,* comme $1 : 1^8/_{10} - 2^5/_{10}$. Je ne puis moi-même, sur ce point encore, que joindre mon opinion à celle de l'illustre ichthyologiste italien, pour refuser toute importance spécifique à ce dernier caractère, car, comme on peut le voir dans ma description, j'ai constaté aussi une assez grande variabilité sous ce rapport, chez mes échantillons du Barbeau plébéien (comme $1 : 1^5/_6 - 2^1/_6$), bien qu'ils fussent de tailles assez peu différentes (20—●30 centimètres).

Le Barbeau plébéien habite l'Italie et la Dalmatie, mais semble jusqu'ici faire défaut au midi de la France. Cette espèce remplace, comme je l'ai dit, la précédente au sud des Alpes. On la trouve dans le canton du Tessin, non seulement dans les

---

[1] Heckel et Kner, Süsswasserfische, p. 85.
[2] Cyprinoiden Livlands, p. 78.

lacs de Lugano et Majeur ; mais encore et surtout dans les rivières dites Tessin, Laveggio, Tresa et quelques autres. Les mœurs et l'alimentation de ce Barbeau paraissent les mêmes que celles du Barbeau commun. On pêche le Barbo (*Barb.*) de la même manière que notre espèce septentrionale. La chair de ce poisson est du reste assez peu appréciée ; les œufs passent également pour vénéneux[1].

5. LE BARBEAU CANIN

Barbo canino[2]

Barbus caninus, Cuv. et Val.

Brunâtre ou ardoisé, en dessus, et sablé de points noirâtres avec des taches plus grandes, brunes ou noirâtres sur le dos, les côtés du corps et la tête. Ventre blanc argenté. Nageoires verticales lavées de rougeâtre avec des macules brunes ou noirâtres. Nageoires paires souvent orangées. Corps subcylindrique assez épais en avant. Écailles latérales moyennes au moins égales aux trois quarts de l'œil chez l'adulte, ainsi que plus larges et moins coniques vers la ligne latérale à l'avant du tronc que chez les espèces précédentes. Tête un peu convexe en dessus, avec un museau relativement peu prolongé. Le barbillon antérieur beaucoup plus court que l'angulaire. Dorsale subanguleuse au sommet, droite sur la tranche et relativement peu décroissante en arrière, avec un grand rayon simple non dentelé. Anale élevée, soit généralement plus haute que la dorsale, chez les femelles adultes surtout, assez acuminée au sommet et à peu près rectiligne sur la tranche. Caudale plutôt courte, relativement peu échancrée et à lobes quasi-égaux médiocrement acuminés. (Taille des adultes et vieux sujets : 130—210^{mm}).

Premier sous-orbitaire égal à environ 1 ¹/₂ fois l'œil chez l'adulte ; le second relativement grand. Maxillaire supérieur peu

[1] Il serait intéressant d'étudier sérieusement les effets des œufs supposés vénéneux des Barbeaux, pour déterminer ce qu'il y a de vrai dans cette croyance généralement accréditée.

[2] En allemand : Die südliche Barbe.

ou pas prolongé dans le haut, au-dessus de l'articulation. Os pharyngiens un peu plus ramassés, et meule un peu moins découpée que chez les espèces précédentes. Dents pharyngiennes bien crochues.

D. 3—4/7—8, A. 3/5(6), V. 2/7—8, P. 1/16—17, C. 19 (20) maj.

$$\text{Sq. } 48\ \frac{9—11}{7—10}\ 53.\quad \text{Vert. } 34—35.$$

BARBUS MERIDIONALIS, *Risso*, Hist. Nat. Europ. mérid., 1827, III, p. 437. — *Schinz*, Europ. Fauna, II, p. 303. — *Blanchard*, Poissons de France, p. 313, fig. 62.

    » CANINUS, *Cuvier*, Reg. Anim. Ill., 217. — *Bonaparte*, Fauna. ital., III, XXV, 129, II, fig. 2. Cat. Met., p. 27. — *Cuv. et Val.*, XVI, p. 142, pl. 464. — *Schinz*, Europ. Fauna, II, p. 304. — *Heckel et Kner*, Süsswasserfische, p. 85, fig. 40. — *Steindachner*, Fischfauna des Isonzo, Verh. der k. k. zool. bot. Ges., Wien, 1861, p. 143. — *Dybowski*, Cyprinoïden Livlands. p. 78. — *Canestrini*, Prospet. crit., p. 33. — *Pavesi*, Pesci et Pesca, p. 28.

    » GUIRAONIS, *Steindachner*, Sitzgsber. Ak. Wiss. Wien, 1866, p. 11, taf. 5 (sec. *Günther*).

NOMS VULGAIRES : Tessin, *Stornazza* et *Pèss-cagnon*.

Corps subcylindrique, soit de forme relativement plus épaisse et moins élevée que chez l'espèce précédente. Le profil supérieur légèrement arrondi du museau à la dorsale, ou seulement un peu voûté sur la nuque et de là presque droit jusqu'à la caudale[1]. Le profil inférieur décrivant une courbe convexe plutôt peu accentuée du museau à l'anale; depuis cette nageoire, le pédicule caudal passablement réduit et creusé en dessous. Le dos large, principalement en avant, au-dessus des pectorales.

La hauteur maximale, un peu en avant de la dorsale, à la

---

[1] Heckel et Kner (Süsswasserfische p. 86) accusent une dépression sur le dos de cette espèce, vers la dorsale. Ce caractère m'a paru assez inconstant; j'ai vu, en particulier, des individus chez lesquels la base de cette nageoire était au contraire rehaussée, comme chez les espèces précédentes.

longueur totale, comme 1: $5\,^1/_2 - 6\,^2/_5$, suivant les individus grands ou petits, soit compris entre 140 et 60 millimètres, (selon Canestrini, qui a eu en main des sujets un peu plus grands, comme 1: $4\,^7/_{10} - 6\,^2/_{10}$[1]. La même élévation à la longueur sans la caudale, comme 1: $4\,^3/_4 - 5$[2]. La hauteur minimale, à l'élévation la plus grande, comme 1: $1\,^4/_5 - 2$. L'épaisseur la plus forte, selon l'âge et les individus, sur l'opercule ou plus en arrière, vers le tiers ou la moitié des pectorales, à la hauteur maximale, comme 1: $1\,^1/_3 - 1\,^2/_3$ suivant l'âge plus ou moins avancé. Ces divers rapports donnant à la section verticale la forme d'un ovale très court ou subarrondi.

L'anus séparé de la base de la caudale par un espace d'ordinaire légèrement plus court que la tête, soit à la longueur du poisson sans la caudale, comme 1: $4 - 4\,^1/_3$.

Tête subconique, assez épaisse, un peu convexe en dessus, mais moins bombée que chez l'espèce précédente, et presque droite en dessous. La longueur céphalique latérale, à la longueur totale, comme 1: $4\,^5/_6 - 5\,^1/_6$[3], selon l'âge plus ou moins avancé, et à la longueur sans la caudale, comme 1: $4\,^1/_5 - 3\,^7/_8$ également selon la taille plus ou moins grande (ce rapport paraît renversé vis-à-vis du précédent par le fait des disproportions de la tête et de la caudale à différents âges). Ce grand axe céphalique, par le fait, toujours sensiblement plus fort que la hauteur maximale du tronc, soit, selon l'âge plus ou moins avancé, de $^1/_{10}$ à $^1/_4$, à l'exception peut-être des femelles pleines. La longueur de la tête en dessus, à la longueur par le côté, souvent comme 1: $1\,^1/_5 - 1\,^1/_7$ (plus rarement $1\,^1/_9$, exceptionnellement $1\,^1/_{11}$). L'épaisseur sur l'opercule variant, avec l'âge, entre la moitié et près des deux tiers de la longueur latérale, et correspondant à la hau-

---

[1] Le rapport 1 : $4\,^7/_{10}$ me paraît avoir été pris sur une femelle pleine.

[2] Ce rapport n'est pas toujours comparable au précédent, vis-à-vis de la longueur de la caudale; car, chez beaucoup de poissons, les dimensions de cette nageoire sont très différentes, selon qu'elles sont prises comme dans ce cas à l'extrémité de la ligne latérale, ou à la base du grand rayon.

[3] Canestrini donne, pour ce rapport, 1 : $4\,^7/_{10} - 5\,^3/_{10}$.

teur derrière l'orbite. La hauteur à l'occiput, enfin, un peu
plus forte que la largeur et mesurant selon l'âge les deux
tiers de la longueur latérale ou un peu plus.

Le museau convexe, obtus et un peu proéminent, bien que
moins prolongé que chez les espèces précédentes. La bouche,
par le fait, un peu moins reculée en dessous. La fente bucale,
du reste, toujours inférieure, transverse et en demi-lune,
quoique relativement moins rabattue dans les coins. Les narines assez grandes, doubles et, grâce au moindre allongement de la face, un peu moins reculées que chez nos autres
Barbeaux, soit à peu près au tiers de la distance séparant
l'œil de l'extrémité du museau, ou même un peu plus près
de ce dernier. Lèvres épaisses. Couverture branchiostège
bien développée.

Deux barbillons de longueurs assez différentes, de chaque
côté de la mâchoire supérieure : le premier ou antérieur, un
peu plus reculé et beaucoup plus court que chez le Barbeau
commun, égal à peu près au diamètre de l'œil chez l'adulte,
relativement plus court, chez les jeunes, et n'atteignant pas,
rabattu, jusqu'aux narines; le second ou angulaire, attei-
gnant au bord antérieur de l'œil et mesurant 1 $\frac{1}{2}$ à 1 $\frac{2}{3}$ diamètres de l'orbite.

Oeil subarrondi et relativement un peu plus grand que chez le
Barbeau commun, soit d'un diamètre, à la longueur céphalique latérale, comme 1 : 3 $\frac{2}{3}$ — 6 suivant les individus jeunes
ou adultes (comme 1 : 5 $\frac{7}{10}$ — 8 selon Canestrini)[1]. L'espace
préorbitaire mesurant, selon les sujets jeunes ou vieux, de
1 $\frac{3}{5}$ à 2 $\frac{3}{4}$ diamètres de l'œil (d'après la comparaison des
dimensions données par Canestrini, jusqu'à 3 $\frac{3}{5}$) et égal,
suivant l'âge, à $\frac{1}{3}$ au moins ou à $\frac{2}{5}$ au plus de la longueur
de la tête. L'espace postorbitaire beaucoup plus fort que le
préorbitaire chez les jeunes, presqu'égal à celui-ci chez
les vieux et, suivant les cas, égal à peu près à la moitié de la
tête ou sensiblement plus court. L'espace interorbitaire égal

---

[1] Cette différence de rapport doit provenir surtout de ce que j'ai eu en
main plus de sujets jeunes ; tandis que Canestrini a dû avoir surtout des
individus tous adultes ou vieux.

à 1 ⅔ diamètres de l'œil chez l'adulte, au plus à 1 ⅙ chez
les jeunes, jusqu'à 2 diamètres chez les vieux, d'après les
mesures fournies par Canestrini, et entrant, selon l'âge, de
3 ⅓ à 4 fois dans la longueur latérale de la tête, de 3 à 3 ⅓
fois dans la longueur de la tête en dessus.

Arcade sous-orbitaire composée de 5 os juxtaposés : un premier,
comme chez nos autres espèces du genre, allongé depuis
l'œil jusqu'au museau, en forme de lame aplatie un peu
ceintrée, et d'une longueur à peu près égale à 1 ½ fois le
diamètre oculaire, chez l'adulté ; un second à peu près pentagonal et relativement beaucoup plus grand que chez nos
autres Barbeaux, soit mesurant presque la moitié du précédent ; un troisième en demi-croissant, à peine de un tiers ou
un quart plus fort que le second ; un quatrième derrière l'œil,
carré long et relativement petit, soit égal environ à la moitié
du troisième ; enfin, un cinquième à peu près de même forme
que le précédent, mais plus petit encore.

La voûte susorbitaire un peu proéminente au-dessus de
l'œil en avant.

Maxillaire supérieur présentant, comme chez nos autres Barbeaux, plus bas que le milieu de l'os, un coude postérieur
concave en-dessous ; ce coude, toutefois, situé relativement
un peu plus haut que chez les espèces précédentes. La branche inférieure plus allongée, plus étroite et un peu moins
tordue. Peu ou pas de prolongement au-dessus de l'articulation. (Cet os, par le fait, se rapprochant un peu de la forme
du maxillaire chez le Goujon, *Gobio fluviatilis*.)

Opercule de forme trapézoïdale et volontiers un peu plus allongé,
ainsi que relativement moins élevé que chez nos autres Barbeaux.

Les deux côtés du préopercule formant un angle arrondi,
souvent un peu moins ouvert que chez les espèces précédentes.

Sous-opercule et interopercule à peu près comme chez nos
autres Barbeaux.

Os pharyngiens assez semblables à ceux des espèces précédentes. L'aile peut-être un peu plus courte, soit se terminant volontiers entre la première et la deuxième dent[1] ; la

---

[1] Selon Pavesi (*Pesci e Pesca*), le bord antérieur de l'aile de ces os se

branche inférieure un peu plus courte peut-être aussi ou plus ramassée que chez le *B. plebejus*.

Dents pharyngiennes souvent au nombre de dix de chaque côté et disposées sur trois rangs: deux, trois et cinq, comme chez nos espèces précédentes, avec des formes à peu près semblables à celles de ces dernières. La plupart assez profondément creusées au côté supérieur et fortement recourbées en crochet au sommet. L'avant-dernière du rang postérieur comme toujours la plus épaisse; la dernière de la même lignée non recourbée, penchée et très petite, faisant même très souvent complètement défaut d'un côté ou de l'autre[1]. Les petites dents antérieures assez grêles et élevées, mais assez crochues aussi.

Cette dentition me paraît encore plus sujette à varier que celle des espèces précédentes de plus grandes dimensions. A côté de la dentition censée normale (2, 3, 5—5, 3, 2), j'ai trouvé, tant chez des jeunes que chez des adultes, ou 2, 3, 5—4, 3, 2, ou 2, 3, 4—5, 3, 2, ou 2, 3, 4—4, 3, 2; j'ai même compté une fois, chez un adulte de 137 millimètres, 3, 5—4, 3. Dans ce dernier cas, le second rang était, sur le pharyngien droit, tellement au bord de l'os qu'il n'y eût certainement pas eu la place pour la troisième rangée des deux petites dents caractéristiques des Barbeaux. Cette dention anormale rappelle assez celle du genre suivant, soit du *Gobio fluviatilis*.

Meule, comme chez nos autres Barbeaux, difficilement isolable, relativement molle et formée de trois lobes plus ou moins partagés. Le lobe postérieur ou médian m'a paru présenter un développement un peu plus fort, relativement aux lobes latéraux ; ces derniers m'ont semblé aussi moins profondément et moins régulièrement divisés que chez nos espèces précédentes. J'ai souvent trouvé les lobes latéraux découpés en deux sur le bord, par une seule dépression, comme je l'ai observé une fois, d'un côté seulement chez le *Barbus fluviatilis*.

---

terminerait plus brusquement que chez le *B. plebejus*; cette différence ne m'a pas paru constante.

[1] Sans qu'il y ait indication que cette dent ait jamais existé.

Dorsale naissant à distances égales du museau et de l'origine de
la caudale, en face des ventrales ou légèrement en avant, et
occupant par la base un espace à peu près égal à la moitié
de la tête, soit, selon les individus, un peu plus faible ou
légèrement plus grand. (Canestrini donne pour ce rapport,
comme $1 : 1\,{}^{7}/_{10} - 2\,{}^{1}/_{10}$; je trouve, pour le second terme, jusqu'à $2\,{}^{1}/_{2}$). Cette longueur basilaire généralement plus forte
que la moitié de l'élévation du corps, et mesurant, suivant
les individus, des ${}^{2}/_{3}$ aux ${}^{5}/_{7}$ de la hauteur du plus grand rayon
de la nageoire [1]. La hauteur, au dit plus grand rayon, d'ordinaire moindre que chez le Barbeau commun, bien que relativement plus forte chez les jeunes que chez les adultes, soit
comme $1 : 1\,{}^{1}/_{8}$ à $1\,{}^{1}/_{3}$. Cette même hauteur de la dorsale à
peu près égale à la longueur de la caudale chez les adultes,
relativement bien moindre chez les jeunes, d'ordinaire un
peu plus courte que les pectorales et généralement sensiblement plus faible que la hauteur de l'anale, chez les femelles
surtout. Quant à la forme : passablement anguleuse au sommet, à peu près droite sur la tranche et bien moins décroissante en arrière que chez le Barbeau commun.

Dix à douze rayons: trois à quatre simples et sept à huit
divisés. Quand il y a quatre simples : le premier, dissimulé
sous l'écaillure, au plus égal à la moitié ou aux deux tiers du
suivant, lui-même déjà très court; celui-ci, souvent le premier, au plus égal, en effet, à un cinquième ou au quart du
troisième, soit du second suivant les cas. Ce dit troisième (ou
second) égal à peu près aux deux cinquièmes ou au plus à
la moitié du suivant, soit du dernier simple. Ce dernier, toujours plus grêle que chez les espèces précédentes, articulé, en
majeure partie flexible et dépourvu de denticules. Le premier divisé à peu près égal au grand simple ou un peu plus
haut; le dernier divisé égal au moins à la moitié du plus
long, souvent même presque au ${}^{2}/_{3}$ de celui-ci.
Anale ayant son origine légèrement en arrière de l'extrémité
de la dorsale couchée et, rabattue elle-même, dépassant un
peu les petits rayons basilaires de la caudale ou n'atteignant

---

[1] D'après les mesures de Canestrini, jusqu'aux ${}^{7}/_{8}$ à peu près.

pas jusqu'à ceux-ci, suivant le sexe et les individus. Avec cela, beaucoup plus haute que longue, et de forme passablement anguleuse ; le sommet assez acuminé, la tranche presque droite, parfois même légèrement convexe. La hauteur, au plus grand rayon, passablement variable dans chaque sexe, mais généralement bien plus forte chez les femelles que chez les mâles ; volontiers, par exemple, de $\frac{1}{4}$ à $\frac{1}{3}$ moindre que l'élévation du tronc chez la majorité de ces derniers et beaucoup de jeunes, par contre, à peu près égale à la dite hauteur du corps, parfois même un peu plus forte, chez la plupart des premières. L'anale, par le fait, d'ordinaire plus haute que la dorsale, plus grande que la caudale, un peu plus forte même que les pectorales, chez la plupart des femelles adultes (chez les jeunes la caudale est relativement plus longue) ; mais, assez généralement un peu moins haute, ou au plus égale à la caudale et aux pectorales chez la majorité des mâles. La longueur basilaire, à la hauteur du plus grand rayon , comme $1 : 2\,\frac{1}{5} - 2\,\frac{1}{2}$, chez des femelles adultes, comme $1 : 1\,\frac{7}{8} - 2$, chez des mâles.

Généralement huit, plus rarement neuf rayons : trois simples et cinq, exceptionnellement six, divisés. Le troisième simple très légèrement plus court que le premier divisé ; celui-ci le plus long de tous ou égal au suivant. Le dernier, suivant l'allongement plus ou moins fort de la nageoire, égal à $\frac{1}{3}$ ou $\frac{1}{2}$ à peu près du plus grand.

Ventrales implantées presque en face de la dorsale, subanguleuses au sommet, largement arrondies sur la tranche et d'une longueur, à la hauteur du corps, comme $1 : 1\,\frac{3}{5} - 1\,\frac{1}{4}$, selon l'âge, le sexe et l'état des individus ; par le fait, toujours notablement plus courtes que les pectorales et n'atteignant pas rabattues jusqu'à l'anus, mais arrivant volontiers plus près de cet orifice chez les jeunes et les mâles que chez les vieilles femelles.

Neuf à dix rayons: deux simples et sept à huit divisés. Le premier simple souvent presque imperceptible, le second à peu près égal au premier divisé, le plus long, ou un peu plus court ; le dernier variant entre la moitié et les trois cinquièmes du plus grand:

Pectorales un peu plus courtes que l'élévation du corps, un peu
plus grandes que la hauteur de la dorsale, assez larges, subacuminées au sommet, largement arrondies en arrière et,
rabattues, laissant entre leur extrémité et l'origine des ventrales un espace susceptible de varier le plus souvent entre
un tiers et trois cinquièmes de leur longueur, suivant le sexe,
l'âge et les individus.

Dix-sept à dix-huit rayons : un simple et seize à dix-sept
divisés. Le rayon simple égal au 3me ou au 4me divisé.

Caudale notablement plus courte que la tête, plus petite même
que la hauteur du corps, chez les adultes ; par contre, à peu
près égale à la première et plus forte que la seconde, chez les
jeunes. Avec cela, relativement peu échancrée et à lobes
médiocrement acuminés quasi-égaux. Les plus grands rayons,
à la longueur totale du poisson, comme 1 : $6^1/_3$—$4^3/_4$, selon
l'âge plus ou moins avancé ; les rayons médians mesurant,
suivant les individus, de près de la $^1/_2$ aux $^2/_3$ des plus longs.

Généralement dix-neuf grands rayons (exceptionnellement
vingt) ; comme toujours, un grand simple, appuyé par de
petits rayons décroissants, de chaque côté, et dix-sept divisés,
(exceptionnellement dix-huit divisés).

Écailles assez adhérentes et passablement plus grandes que chez
nos espèces précédentes, surtout dans la moitié postérieure
du corps et principalement sur les côtés du ventre, en arrière
des nageoires ventrales. Une squame médiane sensiblement
plus longue que haute, festonnée ou lobée au bord fixe, arrondie ou subconique au bord libre, marquée de fines stries concentriques autour d'un nœud un peu reculé vers le bord fixe,
avec de nombreux rayons divergeants antérieurs et postérieurs, comme chez nos autres Barbeaux, et d'une surface à
peu près égale aux trois quarts de la superficie de l'œil, chez
l'adulte, au tiers seulement, chez les jeunes. Les écailles antérieures plus petites et ovales ou subarrondies (Voy. Pl. III,
fig. 15, une écaille lat. tout à fait à l'avant du corps) ; les postérieures, par contre, un peu plus grandes et plus allongées.
Les dorsales antérieures, les pectorales et les abdominales,
jusqu'aux nageoires ventrales, comme chez les espèces précédentes, plus petites que les latérales, presque ovales et peu

ou pas festonnées; les premières mesurant souvent la moitié de celles qui revêtent la partie postérieure et latérale du corps, les secondes bien plus petites encore. Celles qui bordent la nageoire anale, un peu plus allongées, avec un développement latéral un peu plus accentué que chez nos autres Barbeaux (Voy. Pl. III, fig. 18).

Le plus souvent dix à onze écailles au-dessus de la ligne latérale et sept à neuf au-dessous. (Canestrini donne un minimum de neuf en dessus et un maximum de dix en dessous). Ligne latérale légèrement concave en avant, puis à peu près droite et au milieu du corps, jusqu'au centre de la caudale.

Les écailles de cette ligne, au nombre de 48 à 53, généralement un peu moins allongées et moins coniques au bord libre que chez le Barbeau commun, et à peu près semblables à leurs voisines dans les parties moyennes et postérieures du corps, mais notablement plus grandes que celles-ci dans la partie antérieure du tronc. Une écaille moyenne à peu près comme la voisine supérieure, avec un tubule subcylindrique plutôt court, soit naissant d'ordinaire au nœud seulement et s'ouvrant largement assez loin du bord libre. Une écaille postérieure plus allongée et plus étroite (Voy. Pl. III, fig. 17). Une écaille antérieure plus courte, mais par contre beaucoup plus large et arrondie au côté découvert, avec un tubule un peu prolongé en arrière du nœud[1]. (Voy. Pl. III, fig. 16, une écaille prise aux $^2/_3$ des pectorales; une squame lat. plus voisine de l'opercule serait plus large au bord libre et présenterait un tubule plus prolongé vers le bord fixe.)

Coloration des faces supérieures et des côtés, au-dessus de la ligne latérale, suivant la saison et les individus, d'un gris brun plus ou moins roussâtre ou noirâtre, ou d'un gris ardoisé avec une multitude de points noirâtres et de taches plus grandes brunes ou noirâtres, sur le dos, sur la tête et assez bas sur les joues

---

[1] En face d'une telle multiplicité de formes dans les écailles, tant sur la ligne latérale qu'en dehors de celle-ci, on partage difficilement l'opinion de Blanchard, quand il dit (Poissons de France, p. 314) qu'il serait *aisé* de reconnaître les deux espèces de Barbeaux de France par l'inspection d'une seule écaille.

et les flancs. Souvent des reflets bleuâtres sur les côtés du corps et de la tête et un peu sur le dos. Le ventre généralement d'un blanc argenté.

La dorsale, la caudale et l'anale jaunâtres ou d'un gris jaunâtre, avec des bandes ou des taches rougeâtres et des macules brunes, parfois rangées en séries transverses, chez les deux premières surtout. Les ventrales et les pectorales d'un orangé plus ou moins intense; les premières souvent sans macules, les secondes souvent légèrement machurées ou faiblement tachetées.

Les barbillons volontiers rouges ou rougeâtres. L'iris d'un jaune doré.

Dimensions bien inférieures à celles des espèces précédentes. Le plus grand individu que j'ai examiné de provenance suisse mesurait 140 millimètres. Le sujet étudié par Heckel et Kner égalait 5 pouces, soit 134 millimètres. Pavesi dit que le plus grand sujet qu'il a rencontré dans le Tessin mesurait 152 millimètres. Enfin, Canestrini donne les dimensions de plusieurs individus femelles entre 110 et 210 millimètres, soit égalant jusqu'à 7 pouces et 10 lignes.

Mâles portant une nageoire anale d'ordinaire notablement moins haute que celle des femelles et présentant souvent des pectorales par contre un peu plus développées.

Jeunes, avec un corps plus étroit et moins élevé, une nageoire dorsale relativement plus haute, une caudale plus grande, une tête relativement plus longue, un œil plus gros, un museau par contre plus court, un front plus étroit, et une livrée souvent plus grise.

Vertèbres au nombre de 34-35.

Vessie à air plutôt petite, réduite surtout chez les femelles pleines, et étranglée en avant du milieu; la partie antérieure subovale, assez large et renflée, la partie postérieure plus étroite, subconique, effilée, acuminée à l'extrémité et volontiers un peu tordue.

Tube digestif plus court et moins replié que chez nos autres Barbeaux, soit mesurant la longueur du poisson ou un peu moins. Le péritoine noir, chez l'adulte surtout. Ovaires et testicules doubles.

Une rangée de pseudobranchies pectinées, bien développées et disposées en éventail devant l'angle antéro-supérieur de l'opercule.

Ce petit Barbeau méridional, bien qu'assez variable, comme je l'ai montré, suivant l'âge et le sexe, se distingue cependant constamment des espèces précédentes par l'absence des denticules au grand rayon simple de la dorsale, par un corps plus cylindrique, par un museau moins prolongé, par une forme moins échancrée de la caudale, par des écailles en majorité plus grandes et par l'inégalité plus forte des barbillons. Mais, ces caractères différentiels assez constants et frappants, en face des *Barbus fluviatilis* et *B. plebejus*, paraissent bien moins importants quand l'on compare notre *B. caninus* avec le *B. Petenyi* (Heckel)[1] de Transylvanie et de Hongrie. En effet, ces deux Barbeaux de taille relativement petite[2] se rapprochent assez, soit par la plupart des traits qui servent à distinguer le Barbeau canin des précédents, soit eu égard à quelques nouvelles considérations.

Ne connaissant le *Barbus Petenyi* que par des descriptions plus ou moins circonstanciées, je n'ai pas la prétention de m'élever contre l'opinion de Heckel et Kner[3], de Siebold[4] et de Günther[5], qui tous reconnaissent cette espèce comme franchement distincte ; toutefois, il me semble utile de relever ici plusieurs ressemblances et quelques légères différences, qui pourraient amener par la suite des comparaisons plus complètes entre ces deux espèces. D'un côté, les formes cylindriques du corps et subconiques de la tête, la livrée, la structure non dentelée du grand rayon dorsal, la forme relativement peu échancrée de la caudale et l'inégalité des barbillons chez le *B. Petenyi* rappellent beaucoup le *B. caninus* ; de l'autre, les proportions un peu plus petites de l'œil, les formes plus allongées et plus acuminées des

---

[1] Heckel, in Haidinger, Berichte über die Mittheilungen von Freund. der Naturwiss. Wien, III, 1848, p. 194.

[2] Le *B. Petenyi* ne dépasserait guère 7 à 10 pouces de longueur totale.

[3] Süsswasserfische, p. 87.

[4] Süsswasserfische, p. 111.

[5] Catal. of Fishes, VII, p. 95.

lobes de la caudale et le nombre un peu plus élevé des écailles sur la ligne latérale semblent devoir séparer à leur tour plus ou moins ces deux dernières espèces. Ce n'est que par l'étude comparée d'un grand nombre d'échantillons des deux formes que l'on arrivera, je crois, à peser l'importance de chacun de ces différents caractères. Mais, je ne veux pas négliger d'appuyer ici sur un point déjà signalé par Pavesi[1], et qui, regardé à tort comme trait constamment différentiel, mérite d'être pris en sérieuse considération. Je veux parler des propositions relatives de la nageoire anale. Selon Heckel qui a établi le *Barbus Petenyi*, et suivant la plupart des auteurs d'après celui-ci, l'espèce en question se reconnaîtrait facilement à la hauteur de sa nageoire anale parvenant rabattue jusqu'au delà des petits rayons basilaires de la caudale. Or, nous avons vu, non seulement que les proportions de l'anale varient chez tous les Barbeaux, mais encore que cette différence, la plupart du temps sexuelle, est encore plus sensible chez le *B. caninus* que chez nos autres espèces. Nous avons dit que l'anale rabattue dépasse souvent les rayons basilaires de la caudale, chez les femelles adultes du Barbeau canin, tandis qu'elle n'atteint souvent pas jusqu'à la caudale chez la majorité des mâles et des jeunes. Hecker et Kner n'ont eu en main que deux individus du *Barbus caninus* et ne paraissent pas avoir fait attention aux sexes; en outre, les dimensions relevées par Canestrini sont toutes prises sur des femelles; de telle manière que les comparaisons, sous ce rapport, ont été jusqu'ici sinon impossibles du moins négligées. Bonaparte[2] avait remarqué, il est vrai, que l'anale est, chez le *B. caninus*, plus ou moins élevée que les pectorales; mais cet auteur ne paraît pas avoir attaché plus d'importance que ses successeurs à cette différence sexuelle.

Ayant eu donc l'occasion de vérifier l'observation du Dr Pavesi, je ne puis terminer cette brève discussion sans signaler, à mon tour, *comme un rapprochement par les femelles* entre ces deux petits Barbeaux.

[1] Pesci e Pesca, p. 30.
[2] Iconografia della Fauna Italica.

Le Barbeau canin habite diverses contrées du nord de l'Italie, le duché de Modène, la Toscane, la Lombardie, le Piémont, l'Istrie et quelques parties du midi de la France, la Provence et le Languedoc, même, paraît-il, les eaux d'Espagne voisines des Pyrénées. Cette espèce n'avait point encore été signalée en Suisse, quand le prof. Pavesi m'envoya, en 1869, sous le nom vulgaire de *Stornazza*, un échantillon jeune encore de ce Barbeau provenant du lac Majeur, près Locarno. Depuis lors le même naturaliste a reçu d'autres individus de l'espèce capturés dans les rivières tessinoises, en particulier dans la Tresa où ils étaient connus sous le nom de *Pèss-cagnôn*. Le *Barbus caninus* est donc, pour notre pays, confiné dans le Tessin, au sud des Alpes. Il paraît même qu'il serait assez rare dans ce canton. Les quelques individus tessinois que je dois à l'amabilité du prof. Pavesi m'ont paru différer peu des représentants de l'espèce en Italie et en France.

Ce petit Barbeau vit, comme ses congénères, de préférence dans les eaux courantes pures et à fond graveleux, dans les rivières et les ruisseaux, ou dans les lacs non loin des embouchures. Pavesi croit que ce poisson doit frayer au premier printemps. Les œufs, de un à un et quart millimètres de diamètre et relativement pas très nombreux, sont d'une couleur orangée et passent, ainsi que ceux des autres Barbeaux, pour donner de violents vomissements. C'est principalement en hiver et surtout avec la *prédéra* [1], sorte d'abri factice, que l'on prend ce petit poisson dans les rivières. Les pêcheurs tessinois, qui prennent et apportent souvent ensemble le Barb *(Barbus plebejus)*, le Strigion *(Telestes Savignyi)* et le Pèss-cagnôn *(Barbus caninus)*, semblent croire, suivant Pavesi, que ce dernier serait un produit bâtard des deux premiers. Il est inutile de dire que rien ne justifie cette idée, et qu'à l'exception de la coloration du péritoine également noire chez le Barbeau canin et chez le

---

[1] L'engin nommé *Prédéra* ou *Predèr*, consiste en une petite caisse de bois ouverte d'un bout, que l'on place au fond de l'eau dans les rivières, avec le trou en aval et que l'on recouvre de gravier. Le poisson vient s'y abriter et on le prend alors en l'effrayant devant l'ouverture, en même temps que l'on relève rapidement la caisse.

Telestes, ces deux poissons n'ont pour ainsi dire rien de commun.

Genre 4. GOUJON

GOBIO, Cuvier.

*Dents pharyngiennes le plus souvent au nombre de sept à
huit et sur deux rangs, de chaque côté; la base assez élevée,
la couronne renflée, un peu crochue au sommet et, selon l'état,
plus ou moins pincée ou écrasée au côté supérieur. Bouche inférieure, horizontale, en fer à cheval; lèvre sup. médiocrement
épaisse et ornée à la commissure d'un barbillon plus ou moins
long. Œil moyen et très élevé. Museau large et plus ou moins
prolongé. Corps fusiforme; dos et ventre larges. Écailles très
minces et de moyennes dimensions, avec de nombreux sillons
distribués en éventail sur la face découverte et correspondant
à de petits festons sur le bord libre. Un espace nu entre la
gorge et les nageoires pectorales. Ligne latérale complète; presque droite et quasi médiane. Dorsale à base courte et commençant au-dessus des ventrales. Anale à base courte, naissant
très en arrière de la dorsale et assez loin de l'anus; toutes
deux sans gros rayon dentelé. Caudale plutôt grande, médiocrement échancrée et à lobes subégaux.*

*Dentes dividentes 3, 5—5, 2, raptatorii.
vel (2, 5—4, 2 vel 4, 6—5, 3), etc.*

Les Goujons se tiennent généralement près du fond de
l'eau et de préférence sur les terrains graveleux ou sablonneux. L'alimentation de ces poissons est presque exclusivement animale, ainsi que semblent le prouver la consistance

de la meule et les proportions relativement courtes du tube digestif.

Ce genre ne renferme jusqu'ici que deux espèces propres aux eaux douces de l'Europe : le *Gobio fluviatilis* (Cuv. et Val.), très répandu dans le continent, et le *G. uranoscopus* (Agassiz), plus petit et propre à certaines contrées relativement orientales, aux rivières Isar, Salzach, Save et Idria, en Bavière et en Autriche.

Nos Goujons n'ont pas, comme d'autres Cyprinides, une meule dure soit quasi pierreuse ; la plaque semi-cartilagineuse, subtriangulaire et pincée en arête médiane qui fait face chez eux aux dents paraît destinée surtout, comme chez les Barbeaux, à permettre à celles-ci de déchirer les aliments plutôt qu'à les broyer. Le maxillaire supérieur et l'arcade sous-orbitaire rappellent également assez l'aspect et la disposition de ces os dans le genre précédent : le premier par la courbe dirigée en bas de son coude postérieur, la seconde par la forme allongée et en lame incurvée de la pièce antérieure. Les os pharyngiens ont une aile subarrondie, médiocrement développée et une corne supérieure longue et fortement recourbée. Les écailles des régions moyennes et antérieures sont en majorité plus hautes que longues, avec un nœud passablement reculé vers le bord fixe. Notre Goujon porte des pseudobranchies passablement développées.

6. LE GOUJON

Der Grundel [1]. — Gobione.

Gobio fluviatilis, Cuv. et Val.

Gris verdâtre, fauve ou brunâtre, avec des taches brunes en dessus ; argenté ou doré sur les côtés ; de grandes taches d'un bleu d'acier ou noirâtres le long des flancs. Blanc en dessous.

---

[1] Aussi *Gressling* en allemand.

Dorsale et caudale marquées de macules brunes volontiers en bandes transverses. Corps fusiforme, légèrement tétragone. Écailles festonnées et sillonnées en éventail depuis le nœud reculé vers le bord fixe ; les latérales moyennes, plus hautes que longues, au moins d'un tiers plus petites que l'œil. Un triangle nu entre la gorge et les pectorales. Barbillon mesurant un à deux diamètres oculaires. Œil élevé, mais franchement latéral. Dorsale assez élevée et naissant un peu en avant du milieu du corps. Anale séparée de l'anus par quatre à six écailles. Ventrales légèrement en arrière de l'origine de la dorsale. Caudale à lobes subégaux légèrement arrondis. (Taille d'adultes 130-170ᵐᵐ.)

Cinq à six sous-orbitaires : le premier un peu plus long que l'œil ; le second souvent presque aussi long que le troisième. Maxillaire sup. développé vers le milieu en un coude concave en dessous et présentant près du haut une arête oblique. Corne sup. des pharyngiens longue et fortement recourbée. Meule triangulaire et carénée au centre. Dents principales assez épaisses et plus ou moins crochues.

D. 3/7(8), A. 3/6(5—7), V. 2/7(6—8), P. 1/14—15(13—16), C. 19 maj.

$$\text{Sq. } 39 \; \frac{5-6}{4-5} \; 44. \quad \text{Vert. } 37-41.$$

CYPRINUS GOBIO, *Linné,* Syst. Nat., I, p. 526 ; ed. XIII, I, III, p. 1412. — *Bloch,* Fische Deutschl., I, p. 57. — *Razoumowsky,* Hist. Nat. du Jorat, I, p. 131. — *Jurine,* Poissons du Léman, p. 217, pl. 14. — *Hartmann,* Helvet. Ichthyol., p. 188. — *Lacép.,* Poissons, V, p. 533. — *Pallas,* Zoogr. Ross. As., III, p. 295. — *Agassiz,* Isis, 1828, p. 1049, Taf. XII, fig. 2, *a-d.* — *Holandre,* Faune de la Moselle, p. 244.

    »   BENACENSIS, *Pollini,* Viaggio, 1816, p. 21, tav. fig. 2.

GOBIO FLUVIATILIS, *Cuv. et Val.,* XVI, p. 300, pl. 481. — *Agassiz,* Mém. Soc. S. N. Neuchât., I, p. 36. — *Bonaparte,* Fauna ital. et Cat. Met., p. 27. — *Nilsson,* Skand. Fauna, IV, p. 300. — *Schinz,* Fauna Helvet., p. 134. Europ. Fauna, II, p. 305. — *Selys,* Faune belge, p. 194. — *Yarrell,* Brit. Fish., I, p. 325. — *Rapp.,* Fische des Bodensee's, p. 10. — *Dybowski,* Cyp. Livlands, p. 72. — *Siebold,* Süsswasserfische, p. 112. — *Jäckel,* Fische Bayerns, p. 28. — *Canestrini,* Prospet. crit., p. 36. — *Blanchard,* Pois-

sons de France, p. 293, fig. 57, 58 et 59. — *Günther*, Catal. of
Fishes, VII, p. 172. — *Lunel*, Poissons du Léman, p. 48,
pl. VI, fig. 1. — *De la Fontaine*, Faune du Luxembourg,
Poiss., p. 21.

GOBIO OBTUSIROSTRIS, *Cuv. et Val.*, XVI, p. 311.
   »   LUTESCENS, *De Filippi*, Cenni, p. 393.
   »   VENATUS, *Bonaparte*, Fauna ital., Cat. Met., p. 27.
   »   BENACENSIS, *Nini*, Cenni, p. 42.
   »   VULGARIS, *Heckel et Kner*, Süsswasserfische, p. 90, fig. 42, 43
        et 44. — *Fritsch*, Fische Böhmens, p. 5. — *Jeitteles*, Fische
        der March, p. 28.
   »   POLLINII, *De Betta*, Ittiol. Véron., p. 77.
LEUCISCUS GOBIO, *Günther*, Fische des Neckars, p. 44.

NOMS VULGAIRES SUISSES : S. F. *Goujon*. — S. A. *Gräsling*, *Gresling* ou
     Kressling, *Grundel*, *Grundeli* ou *Gründel*, *Gründling*, *Gudge*,
     Gütschen et *Emel*[1].

Corps fusiforme, plus ou moins cylindrique ou subtétragonal,
assez épais en avant et relativement allongé. Le profil supérieur doucement et à peu près régulièrement convexe depuis
les narines jusqu'à la dorsale, presque droit en arrière de
cette nageoire ; le profil inférieur presque rectiligne ou décrivant un courbe très faible jusqu'à l'anale, légèrement
relevé ou un peu arqué à partir de ce point. Le ventre assez
large et aplati, soit subcarré ; le dos arrondi, large vers la
nuque et souvent en cet endroit, chez les vieux, un peu
renflé sur les côtés et légèrement creusé longitudinalement
sur le centre, avec une écaillure assez irrégulière.

La hauteur maximale, à l'avant de la dorsale, à la longueur totale, comme 1 : 5—6 $^3/_4$ et, à la longueur sans le caudale, comme 1 : 4 $^1/_3$—5 $^2/_3$, selon l'âge plus ou moins avancé
des individus. L'élévation minimale, un peu en avant de la
caudale, un peu plus forte que le tiers de la hauteur maximale, chez les adultes, égale à peu près à la moitié de celle-
ci, chez les jeunes. L'épaisseur ou largeur la plus forte, sur
l'opercule dans le bas âge et plus ou moins reculée le long

---

[1] Ce dernier nom serait, selon Hartmann et Schinz, propre à l'Ober-
land bernois.

des pectorales chez l'adulte, selon les sujets et les saisons,
égale environ aux $^2/_3$ ou aux $^3/_4$, voir même parfois près aux $^4/_5$
de l'élévation la plus grande [1]. Ces divers rapports donnant
à la section verticale la forme d'un ovale assez court et
volontiers, par le fait de l'aplatissement du dos et surtout du
ventre, légèrement quadrilatéral.

L'anus ouvert à peu près au milieu de la longueur totale,
ou légèrement en arrière chez les vieux.

Tête forte, soit assez longue et épaisse, de formes un peu anguleuses, à peu près plate sur le front, un peu renflée sur les
narines, légèrement creusée en avant de ces orifices et de
nouveau un peu relevée vers l'extrémité du museau. Le
profil inférieur presque droit et horizontal. Une dépression
longitudinale bien accentuée de chaque côté sur le museau.

La longueur, au bord de l'opercule, à la longueur totale du
poisson, comme $1 : 4\,^1/_3 - 5\,^1/_4$, voir même $5\,^2/_3$, non seulement
selon les sujets jeunes ou vieux, mais encore, chez des individus de même taille, selon la forme plus ou moins prolongée
du museau. Ce même axe céphalique, à la longueur sans la
caudale, comme $1 : 3\,^3/_5 - 4\,^2/_3$. La longueur latérale de la tête
par conséquent beaucoup plus forte que la hauteur du tronc
chez les jeunes, un peu plus grande seulement chez beaucoup d'adultes et à peu près de même dimension chez quelques sujets à museau court. La longueur de la tête en dessus,
à la longueur latérale, le plus souvent, comme $1 : 1\,^1/_6 - 1\,^3/_8$ [2].
La hauteur à l'occiput égale environ aux $^5/_9$ de la longueur
latérale, souvent à la moitié seulement chez les jeunes.
L'épaisseur sur l'opercule, sensiblement plus faible que la
hauteur ou à peu près égale à celle-ci, selon l'âge plus ou
moins avancé, égale le plus souvent à l'espace compris entre
le bout de l'opercule et le milieu de l'œil, et, suivant la
forme plus ou moins ramassée du museau, dépassant plus ou

---

[1] Plus les individus, dans les deux sexes, sont éloignés de l'époque du
rut, plus l'épaisseur maximale remonte le long des pectorales. Durant
l'hiver, la largeur se rapproche souvent davantage de la hauteur que pendant l'été, le ventre étant généralement plus plat.

[2] Des mesures fournies par Canestrini, sur des Goujons d'Italie, on peut
tirer aussi les rapports, comme $1 : 1\,^1/_{12} - 1\,^1/_{11}$.

moins la moitié de la longueur céphalique, ou seulement parfois presque égale à la demi de ce grand axe. Cette même largeur correspondant, selon les cas, à la hauteur devant l'œil, au centre de l'orbite ou derrière celui-ci. -

Museau plus ou moins allongé, mais généralement épais, un peu déprimé devant les narines, creusé longitudinalement de chaque côté, entre celles-ci et le premier sous-orbitaire, et dépassant légèrement la fente buccale.

Bouche ouverte un peu en dessous, en forme de large fer à cheval, avec des lèvres médiocrement épaisses et fendues un peu moins loin que l'aplomb de l'orifice nasal antérieur; la supérieure bien protractile. Langue peu proéminente mais assez épaisse. Menton raplati.

Un barbillon suspendu, de chaque côté, vers l'angle de la bouche, au bout du maxillaire supérieur, égal, suivant les individus, à un ou un et demi ou même à deux diamètres de l'orbite oculaire et parvenant rabattu, selon les sujets, à peine jusqu'au bord de l'œil ou jusqu'au centre de celui-ci, parfois même un peu au delà.

Narines doubles assez grandes et ouvertes assez près de l'œil, soit situées le plus souvent au quart de la distance qui sépare celui-ci du bout du museau (parfois au tiers chez des sujets à museau court). L'orifice antérieur arrondi et bordé d'une large valvule susceptible de recouvrir le postérieur toujours beaucoup plus grand.

Canalicules très apparents tout le long de l'arcade sousorbitaire; quelques pores sur la tête, sur le préopercule et sous le maxillaire inférieur.

Œil de moyenne dimension, subelliptique, très mobile et latéral, bien qu'assez saillant et situé au ras du profil frontal; le diamètre horizontal, à la longueur céphalique latérale, comme 1 : 3 $\frac{1}{2}$ chez des jeunes à 4 $\frac{1}{2}$ ou 4 $\frac{3}{4}$ chez des vieux. L'espace préorbitaire, à peu près égal à l'espace postorbitaire, soit légèrement plus faible ou plus fort selon la forme plus ou moins ramassée du museau, entrant environ deux fois et deux tiers dans la longueur de la tête et mesurant, suivant l'âge plus ou moins avancé, 1 $\frac{4}{5}$ ou 1 $\frac{1}{2}$ diamètre de l'œil. L'espace interorbitaire à peu près égal au diamètre oculaire ou sensiblement plus fort, suivant les individus et la forme plus ou moins allongée de la face, et égal environ au quart de la longueur céphalique, un peu plus ou un peu moins selon l'âge et les sujets.

Arcade sous-orbitaire composée de cinq os juxtaposés, parfois de six par subdivision du second. Le premier, comme chez les Barbeaux, allongé en lame légèrement incurvée et creusée depuis l'œil jusque sur le côté du museau, mais un peu plus long que l'œil seulement ; le second un peu moins long, plus mince, plus étroit et s'engageant sous le premier presque jusqu'à la moitié de sa longueur. Le troisième à peu près de même longueur que le précédent ou un peu plus long, mais plus large au-dessous de l'œil. Le quatrième, derrière l'orbite, plus court, subtriangulaire ou subcarré, selon l'âge plus ou moins avancé, et légèrement plus haut que large, chez l'adulte. Le cinquième, enfin, beaucoup plus petit encore et plus haut que large.

La voûte susorbitaire petite et légèrement proéminente, en avant de l'œil seulement.

Une saillie osseuse du frontal antérieur bien apparente devant l'œil, donnant au crâne dans cette partie une assez grande largeur.

Maxillaire supérieur large dans le haut, avec une arête oblique faisant un peu saillie sur le côté antérieur de l'os, mais non prolongé au-dessus de l'articulation. Un coude bien développé et concave en dessous, vers le milieu à peu près du côté postérieur. La branche inférieure presque droite où peu tordue, relativement assez étroite et un peu renflée vers l'extrémité. (Voy. Pl. II, fig. 28.)

Ce maxillaire, qui rappelle passablement ceux de nos Barbeaux par la forme recourbée vers le bas de son coude postérieur, se différentie cependant à première vue de ces derniers par sa forme non prolongée dans le haut et plus grêle ainsi que moins tordue dans le bas.

Opercule trapézoïdal, assez large et relativement peu élevé, soit presque aussi large que haut. Le côté supérieur légèrement oblique, droit ou un peu concave, et le plus court. Le côté postérieur un peu plus long, à peu près rectiligne et for-

mant avec l'inférieur un angle quasi droit plus ou moins
arrondi. Le bord inférieur, égal à peu près au côté antérieur
fortement oblique, droit ou légèrement concave et volontiers
un peu dentelé chez l'adulte.

Sous-opercule grand, large et arrondi sur le bord.

Interopercule formant un coin assez apparent entre les
pièces précédentes et le préopercule, et se montrant comme
une fine bande au-dessous de ce dernier.

Préopercule assez grand, à peu près vertical au bord postérieur et formant un angle largement arrondi.

La joue épaisse et charnue.

La bordure branchiostège passablement développée.

Os pharyngiens présentant une aile médiocrement développée,
subanguleuse dans le bas, en face de la troisième grande
dent, et se continuant en courbe largement arrondie avec la
corne supérieure; celle-ci haute, longue et fortement recourbée en avant. La branche inférieure relativement courte et
épaisse. (Voy. Pl. IV, fig. 11.)

Dents pharyngiennes sur deux rangs et au nombre de six à huit,
ou plus rarement de dix de chaque côté : quatre ou cinq, exceptionnellement six majeures, sur un rang postérieur, et deux
ou trois, exceptionnellement quatre, beaucoup plus petites
sur un rang antérieur, en face des supérieures du rang précédent. Le cas le plus fréquent paraît être cinq grandes dents
à droite et à gauche et trois petites d'un côté, avec deux de
l'autre[1]; cependant l'on trouve souvent des nombres différents à droite et à gauche, chez le même individu. Les dents
postérieures, les plus grandes, présentant une base assez
épaisse bien que relativement élevée; la couronne renflée, un
peu recourbée en crochet au sommet et, suivant l'état de
fraîcheur ou d'usure, plus ou moins comprimée, déprimée,
ou même creusée au côté supérieur; le crochet par là souvent complètement usé. La première ou la seconde en haut,
selon les cas, la plus forte. La dernière en bas la plus petite,

---

[1] Jurine (*Dents et mastication des Cyprins*, Mém. Soc. Phys. 1821, I,
p. 24) ne donne que cinq dents sur un rang. Cet auteur paraît n'avoir pas
remarqué le second rang de petites dents antérieures.

subconique et un peu penchée contre la précédente. Les dents en rang extérieur beaucoup plus petites, assez irrégulières et, comme les précédentes, plus ou moins crochues ou déprimées. (Voy. Pl. IV, fig. 11 une dentition irrégulière et passablement usée.)

Meule semi-dure, peu épaisse mais assez facilement isolable, de forme triangulaire vue par-dessous, creusée sur le centre à la face supérieure et saillant en carène, surtout en arrière, sur la ligne médiane de la face inférieure soit de frottement. Cette dernière marquée d'impressions dentaires rayonnantes, mais non multilobée, comme chez les Barbeaux. (Voy. Pl. IV, fig. 12, 13 et 14.)

Dorsale naissant sensiblement en avant du milieu du corps sans la caudale, soit un peu en avant de l'origine des ventrales, passablement plus haute que longue, subacuminée au sommet, presque droite ou un peu concave sur la tranche et médiocrement décroissante en arrière. La hauteur à peu près égale à l'élévation du corps ou un peu moindre chez l'adulte, par contre sensiblement plus forte chez beaucoup de jeunes; par le fait, à peu près égale à la tête jusqu'au bord du préopercule ou un peu en arrière. La longueur basilaire variant entre les $^6/_{10}$ et les $^2/_3$ de la hauteur au plus grand rayon.

Généralement dix rayons : trois simples et sept divisés[1]. Le premier simple très petit, parfois dissimulé sous les téguments; le second mesurant entre le tiers et la moitié du troisième; ce dernier relativement grêle, non dentelé et à peu près égal au premier rameux. Le dernier divisé profondément bifurqué jusqu'à la base et égal à la moitié ou, plus souvent, à un peu plus de la moitié du plus grand.

Anale naissant fort en arrière de la dorsale et à une assez grande distance de l'anus, soit séparée de celui-ci par quatre à six le plus souvent cinq écailles; demeurant en outre rabattue toujours très loin de l'origine de la caudale. La hauteur de cette nageoire toujours moindre que celle de la

---

[1] Canestrini, sur 50 individus, en a trouvé un qui comptait 8 rayons divisés à la dorsale.

dorsale, mais cela d'une quantité variable suivant les sexes et les individus : souvent de $^1/_3$ à $^1/_5$ moindre, plus rarement de un dixième seulement. La longueur variant entre la $^1/_2$ et les $^3/_5$ de la hauteur, parfois égale aux $^2/_3$ de celle-ci. Quant à la forme : subcarrée, anguleuse en avant et en arrière, à peu près droite sur la tranche et relativement peu décroissante.

Généralement neuf rayons, trois simples et six divisés [1]. Le premier simple très court, parfois dissimulé; le second égal à la moitié du troisième ou un peu moins; ce dernier à peu près égal au premier rameux ou plus souvent un peu plus court. Le dernier divisé d'ordinaire sensiblement plus long que la moitié du plus grand.

Ventrales implantées un peu en arrière de l'origine de la dorsale, soit à peu près au milieu de la longueur du corps sans la caudale, ou légèrement en arrière, et parvenant rabattues jusqu'à l'anus au moins ou assez au delà, suivant l'âge, le sexe et les individus; dépassant, par exemple, souvent cet orifice de un huitième à un cinquième de leur longueur, chez des femelles de taille moyenne, jusqu'à un tiers même chez quelques mâles. La dite longueur de ces nageoires variant, par le fait, entre un peu plus de la $^1/_2$ et les $^2/_3$, parfois près des trois quarts de la longueur céphalique latérale et, suivant les individus, égale à la hauteur de l'anale ou un peu plus forte, ou légèrement plus faible. Quant à la forme : arrondies sur la tranche et au sommet.

Huit à dix rayons : deux simples et six à huit divisés; chez nous le plus souvent sept de ces derniers. Le premier simple très petit; le second un peu plus court que le premier rameux. Le second divisé d'ordinaire le plus grand; le dernier égal à peu près aux deux tiers du plus long.

Pectorales toujours notablement plus longues que les ventrales, égales à la hauteur de la dorsale ou un peu moindres et parvenant rabattues, suivant le sexe et les individus, plus ou moins près de l'origine des ventrales; demeurant le plus souvent séparées de celles-ci par un espace variant entre

---

[1] Sur 50 individus, Canestrini a trouvé une fois 5 et une fois 7 rayons divisés.

$^1/_7$ et $^3/_5$ de leur longueur. Avec cela, de formes un peu différentes dans les deux sexes, surtout au moment du rut, par
suite d'un gonflement, chez le mâle, des grands rayons antérieurs, soit des trois à sept premiers, suivant les individus.
Là pectorale donc subarrondie chez les femelles et, le plus
souvent, subtriangulaire chez les mâles adultes.

Quinze à seize, plus rarement quatorze ou dix-sept
rayons : un simple égal au quatrième ou au cinquième divisé
et quatorze à quinze, plus rarement treize ou seize divisés.
Selon les cas, le second ou le troisième rameux le plus long;
le dernier égal à peu près à la moitié du plus grand ou
sensiblement plus court.

Caudale plutôt grande, médiocrement échancrée et à lobes subacuminés, légèrement arrondis sur la tranche. Le lobe supérieur volontiers un peu plus long que l'inférieur, chez
l'adulte surtout. La longueur la plus grande de cette nageoire, à la longueur totale du poisson, comme $1 : 4\ ^4/_5 - 5\ ^2/_5$
selon les sujets jeunes ou vieux et, par le fait, dans la majorité des cas, un peu plus faible que le grand axe céphalique
ou au plus égale à celui-ci.

Dix-neuf (exceptionnellement vingt) principaux rayons :
17 (except. 18) divisés et un grand simple de chaque côté;
les médians mesurant entre la moitié et les deux tiers des
plus grands. Après cela, des petits rayons basilaires en
nombre variable et plus ou moins apparents; souvent sept
à huit de chaque côté. (Je répète que le nombre de ces
rayons décroissants et en partie rudimentaires n'a pas pour
moi une grande importance spécifique.)

Écailles minces, bien que passablement adhérentes, et paraissant
assez grandes, par le fait qu'elles ne se recouvrent pour la
plupart qu'aux deux cinquièmes ou au tiers seulement. Une
squame latérale moyenne d'une surface, suivant la taille et
les individus, égale à la demi ou aux deux tiers de celle de
l'œil, chez des adultes, au plus au quart chez des jeunes.
Cette écaille, sensiblement plus haute que longue, présentant
une courbe assez régulièrement convexe au bord libre,
comme sur les côtés en haut et en bas, plus droite au bord
fixe, bien qu'un peu convexe ou bilobée au milieu, marquée

de fines stries concentriques autour d'un nœud toujours beaucoup plus voisin du bord caché que du bord apparent et ornée, à partir de ce point, de nombreux rayons régulièrement distribués en éventail sur la face découverte, rayons correspondant sur le bord libre à autant de petits festons. Ces rayons, bien apparents, souvent au nombre de douze à vingt, ou, par subdivision vers le bord, de vingt-huit à trente-deux et coupés transversalement par des raies plus ou moins nombreuses et irrégulières (Voy. Pl. III, fig. 19). Une écaille antérieure, sur les côtés du tronc, légèrement plus petite, encore plus haute que longue, mais généralement plus ovale ou moins anguleuse aux extrémités du bord fixe. Une squame postérieure un peu plus petite aussi que les médianes, mais à peu près égale dans les deux axes, ou même un peu plus longue que haute, avec un bord libre plus conique et un bord fixe plus découpé (Voy. Pl. III, fig. 20). Les ventrales latérales et les marginales de l'anale assez semblables aux latérales moyennes, bien qu'un peu plus petites et un peu plus irrégulières. Les abdominales inférieures, plus petites encore et en majorité plus coniques, toujours, comme les précédentes, avec un nœud reculé vers le bord fixe, des rayons en éventail sur la partie découverte et des festons sur le bord libre. Les dorsales antérieures, enfin, souvent un peu en désordre chez les vieux sujets et assez irrégulières sur la nuque, subellyptiques ou beaucoup plus larges que longues, et un peu plus petites que les latérales moyennes, avec un nœud beaucoup plus vague et plus voisin du centre.

Généralement cinq à six écailles au-dessus de la ligne latérale, vers la hauteur maximale, et quatre ou cinq au-dessous, jusqu'aux ventrales.

Un large espace subtriangulaire, dépourvu d'écailles entre la gorge et la base des nageoires pectorales.

Ligne latérale décrivant, vers le milieu du corps et à peu près jusqu'au-dessous de l'extrémité de la dorsale, une courbe très légèrement concave, puis gagnant en ligne droite le centre de la caudale.

Trente-neuf à quarante-quatre écailles tubulées sur cette ligne : les médianes striées, sillonnées et festonnées au bord libre, comme leurs voisines, mais un peu moins hautes, plus carrées et un peu plus découpées au bord fixe, avec un tubule cylindrique assez épais, largement ouvert aux deux bouts, naissant assez près du bord fixe et parvenant jusqu'à la moitié ou aux trois cinquièmes des rayons de la face découverte (Voy. Pl. III, fig. 21). Les antérieures un peu plus petites et plus arrondies, avec un tubule plus court et plus large. Les postérieures plus petites aussi, mais plutôt plus allongées et plus bilobées au milieu du bord fixe, avec un tubule légèrement plus étroit et plus long.

Au-dessus de cette ligne, un trait ou sillon horizontal et droit, assez apparent chez les sujets frais, partant de l'angle de l'opercule à peu près et se rapprochant de la ligne latérale près de l'endroit où celle-ci termine sa courbe [1].

Coloration des faces supérieures d'un gris, suivant les individus, les saisons et les localités, plus ou moins verdâtre, fauve, brunâtre ou noirâtre, avec des taches verdâtres ou brunes tantôt arrondies, tantôt en bandes transverses assez régulièrement distribuées le long de la ligne dorsale; d'autres macules beaucoup plus petites et plus ou moins apparentes, ou des points noirâtres, non seulement sur le dos et la tête, mais encore sur une partie des joues et de l'opercule, et souvent jusqu'autour de la base des pectorales. Les côtés du corps et de la tête argentés ou légèrement dorés et nuancés de verdâtre, avec de brillants reflets irisés. Une bande dorée, plus ou moins large et apparente, vers le haut des flancs, d'abord en dessous de la ligne latérale, puis en dessus, marquée de distance en distance de grandes taches d'un bleu d'acier, ou d'un noir bleuâtre, ou violettes et volontiers au nombre de sept à douze entre l'opercule et la base de la caudale. Souvent quelques taches semblables en dessous de ces premières,

---

[1] Ce trait, plus apparent ici que chez nos autres Cyprinides, à cause de la transparence des téguments, forme, sous les écailles les plus voisines de la ligne latérale, un léger sillon correspondant, tout le long de la ligne de réunion des faisceaux musculaires supérieurs et inférieurs, au filet nerveux (*ramus lateralis*) du nerf vague qui sort de la base du crâne à côté des rameaux destinés aux branchies et qui s'étend, en ligne droite, jusque sur les côtés de la queue.

sur la moitié antérieure du tronc principalement [1]. Souvent aussi une tache noirâtre allongée de chaque côté sur le museau, et une autre subarrondie, plutôt bleuâtre, sur l'opercule. Faces inférieures d'un blanc argenté. Iris doré ou argenté, avec un petit cercle doré, et plus ou moins mâchuré vers le haut.

Nageoires dorsale et caudale jaunâtres, verdâtres ou un peu rougeâtres, la seconde surtout, et marquées de petites taches brunes ou noirâtres plus ou moins régulièrement distribuées en bandes transversales, sur la caudale principalement. Anale et ventrales d'un jaunâtre transparent et d'ordinaire sans taches, souvent roses ou rougeâtres à la base à l'époque des amours. Pectorales d'un jaunâtre pâle et généralement immaculées, bien que parfois légèrement mâchurées à la base et le long des rayons antérieurs.

Dimensions assez variables à un même âge dans des conditions différentes. Les Goujons du lac Léman paraissent parmi les plus grands. Le sujet le plus long dont Canestrini donne les mesures, dans ses Poissons d'Italie, égalait 108^{mm},5 de longueur totale. De Betta donne à son *Gobio Pollinii* un maximum de taille de 130^{mm}. D'après Blanchard, un Goujon de 140^{mm} serait, en France, un grand échantillon. De Selys, en Belgique, et Heckel et Kner, en Allemagne, attribuent à cette espèce un maximum de 6 pouces, soit de 162^{mm} au plus. De Siebold dit que ce poisson peut atteindre jusqu'à 6 ou 6 $^1/_2$ pouces de longueur totale. Enfin, De la Fontaine [2] raconte que l'on trouve dans l'*Eisch*, dans le Luxembourg, des Goujons de 22 centimètres de long et du poids de 50 grammes; tandis que, d'ordinaire, ce poisson ne dépasse guère 160 millimètres, avec un poids de 33 grammes. Les plus grands Goujons que j'ai mesurés provenaient du lac Léman et égalaient près de six pouces et quatre lignes, soit environ 170 millimètres, avec un poids moyen de trente-cinq grammes environ.

Mâles ornés, à l'époque des amours, de petites tubercules sur la

---

[1] Ces dernières taches disparaissent assez rapidement après la mort.
[2] Faune du Luxembourg, Poissons, 1872, p. 22.

tête et parfois de fines granulations sur la première partie
du dos et la partie antérieure des pectorales. Souvent aussi,
chez les vieux sujets, un certain élargissement de la nuque
amenant du trouble ou de l'irrégularité dans l'écaillure de
cette partie. Volontiers encore, à cette époque, une tache
d'un noir bleu sur l'opercule, beaucoup plus apparente que
chez les femelles. Enfin, comme je l'ai dit déjà, une forme
plus triangulaire des nageoires pectorales, avec un gonflement plus ou moins accentué et en partie érotique, des trois
à sept premiers grands rayons; parfois ces rayons déformés
par places par un renflement local de telle ou telle articulation formant çà et là comme de véritables nœuds articu-
laires.

Jeunes plus effilés, avec une tête relativement plus forte, un œil
plus grand et une caudale plus longue.

Vertèbres au nombre de 37 à 41.

Vessie à air assez grande et étranglée en avant du milieu :
la portion antérieure assez large, un peu pincée vers le tiers
antérieur et sensiblement renflée ainsi que bilobée en avant;
la partie postérieure plus allongée et subarrondie à l'extrémité.

Tube digestif court, soit formant deux petits replis et
mesurant au plus la longueur de l'animal sans la caudale.
Testicules doubles. Ovaires largement réunis par le bas dans
l'état de plénitude.

Une rangée de filaments pseudobranchiaux passablement
développés et disposés en éventail au sommet de la cavité
branchiale, derrière le haut du préopercule.

Cette espèce varie assez dans les formes et la coloration pour
avoir donné lieu à la création de plusieurs fausses espèces. Si
Günther[1], de Siebold[2] et d'autres n'avaient pas déjà montré que
le *Gobio obtusirostris* de Cuv. et Val.[3] n'est qu'une simple forme

---

[1] Fische des Neckars, p. 45.

[2] Süsswasserfische, p. 114.

[3] Hist. Nat. XVI, p. 311, appuyant l'opinion première d'Agassiz.

du *G. fluviatilis* de ces mêmes auteurs, il suffirait, je pense, de jeter un coup d'œil sur la variabilité des rapports de proportions que j'ai constatée chez des sujets souvent de même provenance, pour prouver combien cette distinction spécifique, basée principalement sur les dimensions comparées du corps, de la tête et du museau, a ici peu d'importance. On a cru longtemps que le Goujon à museau allongé (*G. fluviatilis*) habitait surtout les eaux en correspondance avec les mers du Nord, tandis que le Goujon à museau court (*G. obtusirostris*) serait plutôt propre aux eaux plus méridionales ou orientales de notre continent; mais on a reconnu depuis lors les deux formes dans les deux conditions. J'ai trouvé, en particulier, dans le lac Léman dépendant par le Rhône de la Méditerranée et isolé par la perte de ce fleuve, des Goujons à tête plus ou moins allongée et à museau plus ou moins ramassé, même parmi des adultes de tailles semblables et pris au même endroit. Selon Valenciennes, la tête égalerait près de $^1/_4$ de la longueur totale chez le *G. fluviatilis,* tandis qu'elle mesurerait $^1/_5$ seulement de celle-ci chez le *G. obtusirostris*. Günther fait observer que la tête des Goujons du Neckar entre de 4 à près de 5 fois dans la longueur totale. Je trouve pour le rapport de la tête à la dite longueur, chez nos Goujons suisses, comme $1 : 4\,^1/_3 - 5\,^2/_3$.

Le Goujon méridional décrit par De Filippi[1], sous le nom de *Gobio lutescens,* n'est pas davantage spécifiquement différent de notre *G. fluviatilis*. Les principaux caractères invoqués par cet auteur se retrouvent tous chez beaucoup de nos Goujons relativement septentrionaux. La petite proportion de la bouche ne joignant pas la verticale menée depuis les narines, la position latérale des yeux, la forme un peu quadrilatérale du corps, la forme acuminée des lobes de la caudale et le fait de proportions un peu plus fortes au lobe supérieur qu'à l'inférieur, la courbe même de la tête ou de la face, sont autant de traits caractéristiques que l'on retrouve toujours à des degrés plus ou moins accentués chez tous les représentants de notre *G. fluviatilis*.

Si, en revenant chronologiquement en arrière, nous lisons maintenant la description du *Cyprinus Benacensis* par Pollini[2],

---

[1] Cenni, p. 398.
[2] Viaggio, p. 21.

nous verrons que ce sont les mêmes caractères déjà invoqués
par cet auteur pour distinguer sa prétendue espèce du lac Benacus du *Cyp. Gobio* de Linné qui ont été de nouveau mis en
avant par De Filippi pour son *G. lutescens*. Inutile donc de revenir sur le *Cyp. Benacensis* du lac de Garda (Benacus) pour
prouver comment, s'il est semblable au *G. lutescens*, il est de
fait aussi de même espèce que le *G. fluviatilis* de Valenciennes.

Peut-être pourrait-on attacher quelque importance au fait que,
chez le prétendu *Cyp. Benacensis*, les pectorales rabattues at-
teindraient par la pointe presque à l'attache des ventrales, tandis
que ces nageoires restent le plus souvent assez en arrière de ce
point chez la majorité des adultes de notre *G. fluviatilis;* mais
Pollini attribue à son Goujon des proportions assez réduites
(80^{mm}) pour permettre de supposer que la description de cet
auteur a été prise sur des sujets jeunes encore, et il ne faut pas
oublier la remarque que j'ai faite plus haut, dans ma description,
au sujet des dites nageoires pectorales qui se rapprochent généralement plus des ventrales chez les jeunes que chez les vieux.

Le *Gobio venatus* de Bonaparte[1] n'est encore que le *Cyp.
Benacensis* de Pollini et le *G. Lutescens* de Filippi. Les divers
caractères censés distinctifs de cette prétendue espèce, proportions relatives de la tête et du corps, dimensions comparées de
l'œil et de l'espace interorbital, allongement médiocre des barbillons, position de la dorsale, etc., s'appliquent, en effet, tous
parfaitement à un grand nombre des représentants d'âge
moyen ou adultes de notre *G. fluviatilis*.

Enfin, le *Gobio Pollonii* de De Betta[2] n'est à son tour
qu'un composé des trois précédents, comme l'auteur lui-même
le reconnaît, et par le fait une simple forme méridionale de notre
Gobio fluviatilis. Je suis, au point de vue de la question d'identité de toutes ces prétendues espèces méridionales, tout à fait
d'accord avec l'illustre auteur du *Prosp. crit. dei Pesci d'acqua
dolce d'Italia*[3].

Des Goujons que je conservais dans un vase opaque et à l'abri

[1] Fauna Italica.
[2] Ittiol. Veron, p. 77.
[3] Canestrini, Prosp. p. 36-39.

de la lumière, ont perdu, dans l'espace de trois semaines (en février), non seulement leurs taches, mais encore toute espèce de coloration, à l'exception de la macule de l'opercule : ils sont devenus d'un blanc jaunâtre uniforme en dessus, et blancs sur les côtés et en dessous.

Le Goujon habite l'Europe presqu'entière. A l'exception des pays extrêmes au Nord et au Sud, on le trouve partout, en plus ou moins grande abondance, entre le Danemark et la Russie, au delà même de Pétersbourg, d'un côté, et l'Autriche et le centre de l'Italie de l'autre.

En Suisse, il vit, en plus ou moins grande quantité, dans presque tous les courants et les lacs dépendant des bassins du Rhône et du Rhin, jusqu'à un niveau de 800 mètres environ. On voit rapidement diminuer, puis disparaître bientôt les Goujons, quand, en quittant les régions basses, on remonte un peu le courant de nos eaux pour la plupart glaciaires, soit assez crues et trop froides encore. Ce poisson, qui abonde dans le lac de Thoune, est, par exemple, relativement rare déjà dans le lac de Brienz, sur le cours de la même rivière l'Aar, peu au delà et à un niveau quasi semblable, mais plus près de la source. Ceci dit, il n'y a rien d'étonnant à ce que le Goujon fasse défaut au cours supérieur de l'Inn dans l'Engadine ; mais ce qui paraît moins explicable c'est l'absence ou la grande rareté de cette espèce dans les eaux du canton du Tessin. En effet, l'on se demande pourquoi ce poisson qui habite la Lombardie et en particulier la rivière du Tessin ne remonterait pas jusque dans nos lacs et nos courants au sud des Alpes. Lavizzari a, il est vrai, inscrit le *Gobio lutescens* dans la liste qu'il donne des poissons du lac Majeur[1] ; mais Pavesi, qui a étudié consciencieusement les espèces du canton en question, n'a pas réussi à se procurer, sur notre territoire, un seul échantillon de celle-ci[2].

Bien que le Goujon semble se plaire surtout dans les eaux courantes à fond graveleux ou sablonneux, on le trouve cepen-

[1] Escursioni ; Pesci del Verbano, 1863, p. 350.
[2] Voy. Pavesi, Pesci e Pesca, 1871-1872, p. 74.

dant en grande quantité dans plusieurs de nos lacs, et souvent jusque dans quelques marais, dans des eaux stagnantes à fond plutôt vaseux. Ce poisson vit généralement en sociétés et exécute volontiers, en bandes plus ou moins nombreuses, des voyages des lacs dans les rivières et vice versa. Il se tient sur le fond ou près du fond; on le voit tantôt reposant immobile sur les pierres, tantôt promenant en tâtonnant de droite et de gauche à la recherche de sa nourriture. Ses allures peuvent être au besoin très rapides. Il a dans nos lacs ses places de prédilection, et c'est d'ordinaire près de l'embouchure de quelque rivière qu'on le trouve en plus grande abondance. D'un naturel assez curieux et remuant, il remonte parfois, comme le Véron, par de petits ruisseaux, jusque dans des mares très écartées.

L'alimentation de ce poisson est presque exclusivement animale, ainsi que le font d'emblée supposer le faible développement du tube digestif et la consistance molle de la meule pharyngienne. Le Goujon se nourrit, en effet, principalement de vers, de petits mollusques, de larves d'insectes et de frai de poisson ; il absorbe même volontiers des débris de charognes ou de corps en décomposition. Les éléments végétaux ne paraissent entrer que pour une très faible partie dans son régime. Il fouille souvent les fonds meubles à la manière des Barbeaux. La position inférieure de sa bouche lui permet de remuer facilement et de nettoyer continuellement, en soufflant des courants d'eau, les places qu'il a tâtées avec ses barbillons, afin de mettre à nu les petites proies diverses dissimulées sous le sable ; la mobilité de son globe oculaire lui permet aussi, comme à la Tanche, de regarder facilement et sans bouger, tantôt au-dessus de lui, tantôt au-dessous ou devant son museau.

Au printemps, suivant les localités et les conditions, dès le commencement d'avril, en mai, ou seulement en juin, les Goujons quittent leurs quartiers d'hiver pour venir frayer, à de moindres profondeurs, quelques-uns sur le gravier des rives de nos lacs aux abords de quelque embouchure, la plupart dans les ruisseaux ou les rivières qui s'y jettent. C'est alors que l'on voit ces poissons, réunis en troupes plus ou moins nombreuses, remonter nos courants en quête de quelque place propice à leurs amours. Un certain nombre de Goujons, et il m'a semblé que ce sont gé-

néralement les plus gros, ne s'écartant guère des lacs où ils ont
élu domicile; beaucoup font d'assez longs voyages et vont re-
joindre, à cette époque, dans les eaux courantes les représentants de leur espèce qui demeurent au contraire toute l'année
dans nos fleuves, nos rivières et nos ruisseaux. Quelques-uns de
ces Goujons migrateurs retourneront aux lacs assez vite après
la ponte, d'autres n'y reviendront que vers la fin de la belle
saison.

Quelques ichthyologistes ont avancé que le Goujon quitte, à
l'approche des froids, les eaux courantes, pour venir passer la
mauvaise saison dans les profondeurs des lacs[1]. Cette opinion
n'est juste qu'en partie et dans certaines conditions seulement.
De la Blanchère fait, à juste titre, remarquer[2] que les Goujons de la plus grande partie de la France seraient bien embar-
rassés s'ils devaient nécessairement trouver un lac pour passer
l'hiver. Le fond des grands courants héberge, durant les froids,
au moins autant de Goujons que celui de nos lacs. Une récente
observation de M. Covelle, de Genève, prouve même que les
moindres petites rivières peuvent fournir aux Goujons des quartiers d'hiver suffisants, pourvu que le courant ne soit pas trop
fort.

Le quinze décembre de l'an passé (1875), M. Covelle trouva,
en effet, dans la petite rivière, l'Aire, près de Genève, et à quelques cents mètres de l'embouchure de celle-ci dans l'Arve, 30 à
40 Goujons de dix à douze centimètres groupés au fond de l'eau,
sous un amas de feuilles et de débris végétaux. Le dit tas de
feuilles pouvait avoir un mètre et demi de diamètre sur trente à
quarante centimètres de hauteur, et n'était pas dans un bien
grand fond, puisque l'eau mesurait en cet endroit 70 centimètres
de profondeur seulement. Ces poissons, immobiles sous cet abri,
n'étaient cependant pas tellement engourdis qu'ils ne cherchas-
sent de suite à fuir le danger, en se cachant de nouveau sous
les feuilles remuées. Le même observateur constata la présence,

---

[1] Plusieurs auteurs me paraissent s'être bornés à reproduire les données un peu trop exclusives de Hartmann, quand il dit : *Des Winters hält
er sich meistens in den Landseen auf*, et plus bas, *Der Gründling laicht nur
in den Flüssen*, etc. (Helvet. Ichthyol. 1827, p. 189.)

[2] Nouv. Dict. général des Pêches, p. 358.

parmi ces Goujons, de quelques Vérons et, chose curieuse, de trois mâles ornés, à cette époque, des brillantes couleurs de la livrée de noces. M'étant rendu moi-même à la place indiquée, le 2 février, je trouvais encore sous les mêmes feuilles bon nombre de Goujons de tout âge, mêlés à un nombre à peu près égal de Vérons tous plutôt petits. Les femelles de Goujons capturées alors portaient des ovairés déjà passablement développés; les mâles avaient également déjà des testicules bien apparents et les premiers grands rayons des nageoires pectorales un peu plus épais que ceux des femelles.

L'époque de frai dure assez longtemps chez le Goujon, se prolonge même quelquefois jusque vers le milieu de juillet[1]; j'ai trouvé du moins, durant la première moitié de ce mois, dans le lac Léman, des femelles encore pleines d'œufs imparfaitement mûrs.

L'opération de la ponte se fait de jour et, pour chaque femelle, en plusieurs reprises, souvent même quatre à six semaines durant. Lunel[2] fait remarquer que l'on trouve assez souvent, au même moment en été, des alevins déjà assez gros et des femelles pleines encore. Ces observations ont fait croire aux pêcheurs que le Goujon ferait plusieurs pontes annuelles, tandis qu'elles reposent, avec bien plus de probabilité, sur l'inégalité de maturité ou de développement des œufs. La femelle dépose ses œufs sur les pierres successivement par petits paquets et dans des places différentes. Blanchard[3] croit avoir remarqué qu'un seul mâle serait souvent appelé à féconder le frai de plusieurs femelles. J'ai, en effet, généralement trouvé plus de femelles que de mâles parmi les individus capturés ensemble à l'époque des amours. Les œufs, assez petits, de teinte bleuâtre et en nombre passablement élevé donnent naissance[4] à des alevins très pètits, qui croissent assez vite et qui, dès leur troisième année, paraissent susceptibles de reproduction.

---

[1] Selon Valenciennes la ponte pourrait être reculée jusqu'à la mi-août; quelques auteurs ont même voulu prolonger cette époque jusqu'au mois de novembre.

[2] Poissons du Léman, p. 51.

[3] Poissons de France, p. 300.

[4] Après quatre semaines à un mois, croit-on généralement.

La chair de ce poisson est saine et agréable, aussi les gourmets en sont-ils très friands. Une friture de Goujons passe, chez nous et en France surtout, pour un plat très délicat; toutefois, on semble priser moins ce petit poisson dans la Suisse allemande et en Allemagne. Malgré sa réputation, le Goujon arrive cependant en bien moindre quantité sur nos marchés que beaucoup d'autres petites espèces. Les poissons carnassiers prisent à ce qu'il paraît autant que nous la viande du Goujon, et c'est ceux-ci que messieurs les pêcheurs s'occupent de servir les premiers[1]. Doué d'une très forte dose de vitalité[2], ce petit être constitue, en effet, une des meilleures amorces pour les fils ou les tendues.

On prend le Goujon à la ligne amorcée d'un ver ou d'une boulette de viande, au cerceau, à la trouble et avec un filet nommé chez nous *Goujonnière*, sorte de petite étole basse et à mailles serrées. Il m'a paru que l'on ne fait pas, dans la Suisse allemande une pêche spéciale de ce petit poisson, assez généralement confondu avec les Loches sous le nom commun de *Gründel*.

Comme nos autres cyprinides, le Goujon est affecté de différents parasites Helminthes, tant externes qu'internes[3].

Genre 5. BOUVIÈRE.

RHODEUS, Agassiz.

Dents pharyngiennes au nombre de cinq et sur un rang

[1] Dans quelques pays, en France par exemple, bien des pêcheurs sont imbus de l'idée que le Goujon engendre l'Anguille.

[2] Le Goujon, fixé au fil comme amorce, peut résister quelquefois plusieurs jours durant. Il vit souvent encore après être demeuré deux ou trois heures dehors de l'eau.

[3] *Ascaris cuneiformis* (Zeder); dans les intestins. — *Agamonema ovatum* (Zeder); dans le foie. — *Echinorhynchus clavæceps* (Zeder); dans les intestins. *Echin. angustatus* (Rud.); dans les intestins. *Echin. Proteus* (Westr.); dans les intestins. — *Diplostomum cuticola* (Nordm.); sur la surface du corps, dans un kyste. — *Dactylogyrus major* (Wagen.); sur les

*de chaque côté ; la couronne assez allongée, pointue et com-
primée en couteau, avec un sillon longitudinal sur la tranche.
Bouche subinférieure petite, arquée et un peu oblique. Lèvres
peu épaisses. Pas de barbillons. Œil plutôt grand et franchement latéral. Tête ramassée ; museau obtus. Corps assez
élevé et comprimé ; dos un peu pincé ou tectiforme. Écailles
minces, de moyennes dimensions, en majorité plus hautes que
longues et marquées de nombreux rayons sur la partie découverte. Ligne latérale limitée à la partie antérieure du
tronc. Dorsale et anale de longueur moyenne, à peu près
égales, à tranche presque droite et sans rayon dentelé ; la première naissant un peu en arrière des ventrales, la seconde
commençant au-dessous du tiers ou du milieu de la première
et sensiblement en arrière de l'anus. Caudale de moyenne
longueur, à lobes égaux subarrondis, et médiocrement échancrée.*

Dentes secantes 5—5, scalpelliformes.

Le genre *Rhodeus* compte trois espèces, toutes également de très petite taille : une en Europe et deux en Chine.
L'espèce d'Europe, la mieux connue, vit de préférence
dans les eaux tranquilles à fond vaseux et présente un cas
curieux de parasitisme, en ce sens qu'elle confie l'incubation de ses œufs aux Moules (Nayades) qui vivent avec
elle dans les mêmes conditions. Son alimentation paraît
mélangée d'éléments végétaux et animaux.

La Bouvière a l'intestin très long et enroulé en spirale. Les

branchies. — *Caryophyllæus mutabilis* (Rud.); dans les intestins. — *Ligula
digramma* (Creplin); dans la cavité abdominale. *Lig. monogramma* (Creplin); dans la cavité abdominale.

femelles présentent, à l'époque du rut, un grand prolongement externe de l'oviducte. Elle porte des pseudobranchies passablement développées.

Voyez, à la description de notre représentant du genre, les caractères tirés de l'appareil pharyngien, du maxillaire et de l'arcade sous-orbitaire.

7. LA BOUVIÈRE

Der Bitterling.

Rhodeus amarus, Agassiz.

Brun olivâtre ou violacé, en dessus; flancs verdâtres ou violets; faces inférieures argentées, ou roses et orangées. Une bande latérale postérieure bleue ou verte. Dorsale et anale souvent bordées de noir; anale volontiers orangée à la base. Corps élevé et comprimé. Écailles latérales moyennes de surface environ moitié de l'œil chez l'adulte, en majorité plus hautes que longues, avec des stries concentriques assez grossières. Ligne latérale ne dépassant guère la septième écaille. Dorsale naissant vers le milieu du corps sans la caudale, subcarrée et presque égale en hauteur et longueur. Anale comme dorsale et naissant ordinairement sous le sixième rayon divisé de celle-ci. Ventrales implantées légèrement en avant de la dorsale. Caudale médiocrement échancrée. (Taille d'adultes : 50 à 90ᵐᵐ.)

D'ordinaire cinq sous-orbitaires : le premier subcarré et un peu plus grand que la pupille; le troisième presque aussi long que l'œil, mais large au plus comme la moitié de celui-ci ; le dernier très petit. Maxillaire sup. avec un coude postérieur en hache concave dessus et dessous. Aile des pharyngiens large, avec un angle vif devant la dernière dent. Meule grande, ovale, dure et aplatie. Dents pointues et allongées en couteau, avec un sillon longitudinal sur la tranche.

D. 3/9—10, A. 2—3/8—10, V. 1—3/7—6, P. 1/10—12, C. 19 maj.

Squam. longit. 34—38; Sq. transv. 10—12; Lig. lat. 0—7. Vert. 34—36.

CYPRINUS AMARUS, *Bloch*, Fische Deutschlands, I, p. 52, Taf. 8, fig. 3. — *Holandre*, Faune de la Moselle, p. 243. — *Schinz*, Europ. Fauna, II, p. 302.

» SERICEUS, *Pallas*, Zoogr., p. 302.

RHODEUS AMARUS, *Agassiz*, Mém. Soc. S. N. Neuchâtel, I, p. 37. — *Cuv. et Val.*, XVII, p. 81. — *De Selys*, Faune belge, p. 201. — *Bonaparte*, Cat. Met., p. 27. — *Heckel et Kner*, Süsswasserfische, p. 100, fig. 52 et 53. — *Krauss*, Ueber den Bitterling; Jahrg. der Würtemb. naturw. Jahreshefte, 1858, p. 115. — *Fritsch*, Fische Böhmens, p. 5; Ceske Ryby, p. 12. — *Dybowski*, Cyprinoïden Livlands, p. 83. — *De Siebold*, Süsswasserfische, p. 116. Pl. I. — *Jeitteles*, Fische der March, II, p. 3. — *Jäckel*, Fische Bayerns, p. 30. — *Blanchard*, Poissons de France, p. 346, fig. 72. — *De la Fontaine*, Faune du Luxembourg, Poissons, p. 35.

NOMS VULGAIRES : Ce petit poisson avait été pris jusqu'ici, par nos pêcheurs des bords du Rhin, pour un jeune du Gardon *Rœtteli*, ou une jeune Brème *Brochseli* ou *Brœseli*. En Alsace, non loin de nous, il est volontiers connu sous le nom de *Schneiderkœrpfli*, qu'on lui donne dans quelques parties de l'Allemagne. Selon le Dr Leuthner, on l'appelerait aussi, non loin de Bâle, *Blaukœrpfli*.

Corps élevé, médiocrement allongé et sensiblement comprimé. Le profil supérieur assez fortement voûté jusqu'à l'origine de la dorsale, et, de ce point, descendant assez rapidement vers la caudale, en décrivant, suivant les individus, une ligne presque droite ou un peu concave. Le profil inférieur à peu près régulièrement convexe du museau à l'anale, oblique et plus relevé le long de cette nageoire, enfin presque droit ou légèrement concave jusqu'à la caudale. La courbe ventrale volontiers un peu plus accentuée chez les mâles que chez les femelles (sauf à l'époque de la ponte), et souvent presque semblable au profil dorsal, chez les premiers. Le dos tectiforme ; le ventre subarrondi transversalement.

La hauteur maximale devant la dorsale, ou un peu en avant de celle-ci, à la longueur totale, comme 1 : 3 $\frac{1}{4}$ à 3 $\frac{3}{4}$, et même à 4, selon les individus mâles, femelles ou jeunes ; à la longueur sans la caudale, comme 1 : 2 $\frac{2}{3}$ à 3 $\frac{1}{4}$. L'élévation minimale, vers la caudale, égale à peu près à $\frac{1}{3}$ de la hauteur la plus grande, chez les mâles, relativement un peu plus forte chez les femelles. L'épaisseur maximale, située plus ou moins en arrière sous les pectorales, selon l'âge plus ou moins avancé, égale environ à la $^1/_2$ de la hauteur du tronc chez les femelles, relativement bien moins forte chez les mâles et les jeunes. Une section verticale, par le fait, d'un ovale plutôt étroit et légèrement pincée aux deux bouts.

L'anus ouvert à peu près à égale distance de l'origine des ventrales et de l'anale, soit un peu en arrière du milieu de la longueur du poisson sans la caudale. Le canal urogénital prolongé extérieurement chez les femelles en noces.

Tête subconique et ramassée, soit haute, relativement courte, assez large et arrondie en avant. Le profil supérieur passablement busqué en avant, un peu voûté en dessus des narines et droit, bien que toujours ascendant en arrière de celles-ci. Le profil inférieur régulièrement et médiocrement convexe, avec un menton peu accentué.

La longueur, au bout de l'opercule, à la longueur totale, comme 1 : 4 $^6/_8$—5 $^1/_3$, même à 5 $^1/_2$, selon les individus jeunes ou vieux, ou mâles et femelles, et, à la longueur sans la caudale, comme 1 : 3 $^6/_8$—4 $^1/_3$, même à 4 $^1/_2$. La longueur céphalique jusqu'à l'occiput, à la longueur latérale, le plus souvent comme 1 : 1 $^1/_7$—1 $^1/_4$. L'élévation à l'occiput à peu près égale à la longueur jusqu'à ce point, ou un peu plus faible chez les jeunes. L'épaisseur de la tête d'ordinaire légèrement moindre que celle du tronc, bien que un peu plus différente chez les femelles que chez les mâles ou presque égale chez les jeunes, mesurant environ les $^2/_3$ de la hauteur à l'occiput, ou un peu plus, et correspondant à peu près à l'élévation vers le tiers ou la moitié de l'orbite.

Museau large, obtus, et orné de corpuscules osseux chez les mâles en rut. — Bouche un peu oblique et petite, soit fendue à peine jusqu'au-dessous des narines; la mâchoire supérieure, bien protractile, dépassant un peu l'inférieure. Lèvres peu charnues. Langue relativement peu développée.

Narines grandes, doubles, subarrondies et entourées de toutes parts par un rehaussement des pièces osseuses environnantes. La cloison séparatrice située environ au tiers de

la distance comprise entre l'œil et le museau, ou un peu plus
voisine du premier. L'orifice antérieur bordé d'une petite
valvule membraneuse.

Des pores et de petits canalicules, suite de la ligne latérale, passant sur la tête au-dessus de l'œil et, de chaque
côté, au-dessous de celui-ci, jusqu'aux narines et sur le
museau.

Œil grand, rond, assez élevé et d'un diamètre, à la longueur
céphalique latérale, comme 1 : 2 $^4/_5$—3, même à 3 $^3/_{10}$ selon
les sujets jeunes ou vieux.

L'espace préorbitaire souvent de $^1/_5$ à 1 $^1/_4$ moindre que l'œil ;
au plus égal à celui-ci chez de vieux sujets.

L'espace postorbitaire, par contre, selon l'âge plus ou moins
avancé, de $^1/_{10}$ environ à $^1/_5$ plus grand que l'œil.

L'espace interorbitaire à peu près égal au postorbitaire chez des
individus de taille moyenne, ou un peu plus fort chez des vieux,
soit constamment plus grand que le diamètre oculaire et mesurant d'ordinaire à peu près la moitié de la longueur céphalique supérieure, chez des vieux, un peu moins chez des jeunes.

Arcade sous-orbitaire composée de cinq os, minces et lâchement
reliés les uns aux autres : un premier subcarré, d'une surface à peu près égale à celle de la pupille, avec le petit cercle
doré qui l'enveloppe, et creusé au côté supérieur, de manière
à embrasser un peu les orifices nasaux ; le second à peu près
de même longueur, mais beaucoup plus étroit ; le troisième
au moins deux fois aussi long, soit presque égal au diamètre
de l'œil et en forme de croissant, avec une largeur au plus
égale à la moitié de l'orbite ; le quatrième sensiblement plus
court que le second, mais un peu plus large et un peu carré-
long ou subovale. Le cinquième enfin très petit et souvent
fort indistinct.

La voûte susorbitaire étroite.

Maxillaire supérieur légèrement convexe en avant et développé
en arrière, vers le milieu, en un grand coude en forme de
hache allongée, large à la base et un peu concave en dessus
et en dessous. La branche inférieure assez longue, bien que
plutôt épaisse, fortement tordue et dilatée à l'extrémité
en une palette relativement grande (Voy. pl. II, fig. 29).

Opercule plutôt petit, soit d'une surface faiblement plus grande que celle de l'œil, et d'une longueur égale à peu près aux $^3/_5$ ou aux $^2/_3$ de sa hauteur. Le côté postérieur un peu concave ; le côté inférieur convexe, sensiblement plus grand que le précédent, mesurant au moins une fois et demie le supérieur et formant avec le postérieur un angle très ouvert, largement arrondi.

Sous-opercule en large demi-croissant.

Interopercule formant un triangle bien apparent entre les pièces précédentes et la suivante.

Préopercule étroit, légèrement convexe aux bords postérieur et inférieur, et formant un angle largement arrondi.

La bordure branchiostège bien développée.

Os pharyngiens plutôt forts, avec une aile largement développée et très anguleuse dans le bas, en face de la dernière dent à peu près. La corne supérieure brusquement coudée et légèrement recourbée, ainsi qu'un peu élargie vers l'extrémité. La branche inférieure assez épaisse et médiocrement allongée, ainsi que un peu élargie et à peu près carrément tronquée vers le bout (Voy. pl. IV, fig. 15).

Dents pharyngiennes sur un seul rang, au nombre ordinaire de cinq de chaque côté, assez fortes et solides à la base, avec une couronne pincée en forme de serpe allongée, un peu recourbée, mais non crochue vers l'extrémité et quasi droite ainsi que tranchante, avec un sillon longitudinal médian sur la face de frottement. Les dents supérieures plus allongées que les inférieures ; la seconde en haut souvent la plus grande (Voy. pl. IV, fig. 15).

Meule très grande, assez dure, facilement isolable, ovale et relativement plate. L'extrémité postérieure un peu conique, avec un crochet bilobé à peine sensible, le bord antérieur plus largement arrondi, affectant souvent une courbe parfaitement régulière, d'autres fois présentant une petite pointe au milieu. La face inférieure de cette pièce légèrement creusée vers le centre et un peu relevée sur les côtés ; le pourtour formant au côté antérieur un petit rebord relevé en une faible corne contre la face opposée ou supérieure. Cette meule, destinée à servir de planche à hacher, n'offrant que

peu ou pas d'impressions dentaires, il paraît probable que
les dents n'appuyent sur elle que pour découper les aliments.
Cette pièce de la Bouvière mesure près de 2 millimètres chez
des individus dont la plus grande longueur de la tête n'est
que de 11 millimètres ; elle se trouve, par le fait, avoir des
dimensions relatives au moins doubles de celle de l'Ablette
(Voy. pl. IV, fig. 16, 17 et 18).

Dorsale naissant au milieu de la longueur du poisson sans la
caudale, soit légèrement en arrière de l'origine des ventrales,
avec une forme subcarrée, soit anguleuse au sommet, droite
sur la tranche et faiblement décroissante en arrière. La hauteur du plus grand rayon variant entre la $\frac{1}{2}$ et les $\frac{2}{3}$ de
l'élévation du tronc, souvent relativement un peu plus haute
chez les femelles (non pleines) que chez les mâles, par le fait
de la moindre courbure du ventre. La longueur basilaire
souvent un peu plus forte que la hauteur, parfois légèrement
plus faible.

Douze à treize rayons : trois simples et neuf à dix divisés[1].
Le premier simple très court ; le second, assez rigide, égal
environ à $\frac{5}{8}$ du troisième ; celui-ci articulé mais non dentelé et à peu près égal au premier divisé, ou très légèrement
plus haut et alors le plus grand de tous. Le dernier rameux
à peu près égal au second simple ou un peu plus long, soit
mesurant environ les $\frac{2}{3}$ du plus grand.

Anale assez distante de l'orifice anal, mais naissant bien
en avant du bout de la dorsale, soit, le plus souvent, au-
dessous du sixième, plus rarement au-dessous du cinquième
rayon divisé de celle-ci. Quant à la forme, très semblable à
la dorsale. La hauteur parfois presque égale à celle de cette
dernière, d'ordinaire un peu moindre. Cette différence, à ce
qu'il m'a paru souvent, un peu moins sensible chez les mâles
que chez les femelles. La longueur à peu près égale à la hauteur, soit, suivant les individus, légèrement plus courte ou
plus grande.

Onze à treize rayons : le plus souvent trois simples et huit
à dix divisés[2]. Le premier simple très petit ou tout à fait

[1] En Suisse, le plus souvent neuf divisés.
[2] En Suisse, le plus souvent neuf divisés.

rudimentaire, parfois même complètement dissimulé. Le second simple assez rigide et égal à peu près aux ³/₅ du troisième ; celui-ci au plus égal au premier divisé le plus grand de tous. Le dernier divisé variant entre les ³/₅ et les ²/₃ du plus long.

Ventrales implantées un peu en avant de l'origine de la dorsale et parvenant rabattues presque jusqu'à la naissance de l'anale ou un peu plus loin, même jusqu'à la base du premier rayon divisé de celle-ci ; cette dissemblance provenant plutôt de la courbure variée du ventre que d'une différence dans la longueur de la nageoire elle-même. La longueur du plus grand rayon parfois à peu près égale à la hauteur de l'anale, le plus souvent un peu moindre, de ¹/₈ ou ¹/₉ environ. Ces nageoires, de forme subovale, arrondies au sommet, comme sur la tranche, et médiocrement décroissantes en arrière ; le dernier rayon mesurant environ la moitié du plus grand.

Généralement huit, plus rarement neuf rayons assez irréguliers : le plus souvent, deux simples, dont un petit et un grand un peu plus court que le suivant, et six divisés ; parfois un grand simple seulement et sept divisés, ou encore deux grands simples et sept divisés ; d'autres fois encore, trois simples, un petit et deux grands, et six divisés. Le petit simple, osseux et sublatéral, toujours assez difficilement visible ; les deux premiers rameux à peu près égaux et les plus grands. La formule des ventrales par le fait, suivant les cas : ²/₆, ¹/₇, ²/₇ ou ³/₆.

Pectorales rabattues laissant entre leur extrémité et l'origine des ventrales un espace susceptible de varier, avec les individus, de ¹/₄ à la ¹/₂ de leur longueur. La dite longueur au plus grand rayon légèrement plus forte que celle des ventrales et à peu près égale à la hauteur de l'anale. De forme subovale, soit arrondies au sommet, convexes sur la tranche et passablement réduites en arrière.

Le plus souvent onze à treize rayons : un simple un peu plus court que le premier rameux, et dix ou onze, plus rarement douze divisés[1]. Le second ou le troisième rameux le

---

[1] Le total de onze divisés m'a paru le plus fréquent chez nous. Au

plus grand ; le dernier mesurant entre $^1/_5$ et $^1/_4$ du plus
long. Je n'ai pas encore rencontré, dans nos eaux, les minima 7 et 8 divisés signalés par Jeitteles[1].

Caudale moyenne, à lobes égaux subarrondis à l'extrémité et
médiocrement échancrée. La plus grande longueur de cette
nageoire, à la longueur totale du poisson, comme 1 : 4 $^5/_8$
à 5 $^1/_3$ chez des adultes de taille moyenne, selon qu'ils
sont femelles ou mâles, parfois à 4 $^1/_2$ chez certains jeunes ;
par le fait à peu près égale à la longueur latérale de la
tête.

Dix-neuf principaux rayons, 17 divisés et 2 non divisés,
appuyés de chaque côté par de très petits rayons décroissants, le plus souvent au nombre variable de quatre à huit.
Les rayons médians mesurant environ $^4/_7$ à $^2/_3$ des plus
grands.

Écailles assez grandes, passablement adhérentes, bien que plutôt
molles et assez minces, se recouvrant à peu près à moitié et
en majorité ornées sur le bord libre de petits points pigmentaires. Une écaille latérale médiane de forme elliptique, au
moins de moitié plus haute que longue, parfois presque
deux fois aussi haute que longue, et d'une surface égale
environ à la moitié de l'orbite oculaire, soit mesurant, chez
l'adulte, un grand axe presque égal au diamètre de celui-ci.
La même squame, chez les jeunes, mesurant seulement le
quart ou le tiers de la surface de l'œil. Les dites écailles
latérales moyennes généralement les plus grandes, marquées
de stries concentriques relativement assez grossières sur
toute la surface, avec des rayons assez déliés et plus ou moins
nombreux (suivant les individus, de 10 à 35, et souvent
moins chez les jeunes que chez les vieux[2]) disposés, sur la
partie découverte, autour d'un nœud, parfois assez vague,
d'ordinaire situé un peu plus près du bord fixe que du bord

reste, il est très facile de se tromper sur le nombre des plus petits, si l'on
ne compte pas ces rayons très attentivement avec la loupe.

[1] Fische der March, II, p. 4.

[2] Cette variabilité dans le nombre des rayons, selon la taille des
individus, déjà signalée par Dybowsky (Cyp. Livlands, p. 86), ne m'a
pas paru aussi constante que d'autres différences dépendant de l'âge.

libre. Le côté fixe subconvexe ou légèrement conique vers le milieu, le côté libre un peu plus arrondi ; les extrémités supérieure et inférieure arrondies (Voy. pl. III, fig. 22). Les squames latérales antérieures un peu plus petites et relativement moins élevées que les médianes ; les postérieures plus petites encore, mais de forme par contre plus allongée, soit subcarrés ou subovales dans le sens horizontal, avec un nœud reculé (Voy. pl. III, fig. 23). Les latérales sur la région ventrale, comme les antérieures, plus petites et un peu moins élevées que les médianes. Les dorsales antérieures beaucoup plus petites que les moyennes latérales, de forme assez irrégulière, bien que pour la plupart plus larges que longues, et souvent bilobées ou échancrées sur le bord libre. Les pectorales à peu près de même dimension que ces dernières ou un peu plus petites, avec une forme arrondie ou subovale dans le sens horizontal, un nœud reculé et un bord libre volontiers un peu conique.

Généralement dix ou onze, plus rarement douze écailles en ligne oblique entre la dorsale et les ventrales [1], et trente-quatre à trente-huit entre l'angle de l'opercule et le centre de la caudale.

Ligne latérale n'occupant que la partie antérieure du tronc, soit rarement plus de sept écailles à partir de l'angle supérieur de l'opercule, le plus souvent six, cinq ou quatre écailles seulement, chez certains individus même une ou deux d'un côté et point de l'autre. Les squames de cette courte ligne à peu près de même dimension que leurs voisines inférieures, soit notablement plus petites que les latérales moyennes, relativement moins élevées et un peu plus anguleuses, avec un tubule subcylindrique plutôt court, assez large, bien ouvert aux deux bouts et demeurant d'ordinaire un peu plus distant du bord fixe que du bord libre parfois légèrement échancré en cet endroit (Voy. pl. III, fig. 24).

Coloration très différente suivant les saisons et les sexes. En

[1] Le total 10 m'a paru le plus fréquent dans nos eaux.

dehors de l'époque des amours, chez le mâle, comme chez
la femelle à peu près : d'une teinte olivâtre, en dessus, se
fondant plus ou moins sur les flancs dans un blanc d'argent
un peu irisé ; une bande longitudinale verdâtre plus ou
moins apparente sur la moitié postérieure ou caudale du
corps ; un pointillé noirâtre sur les côtés de la tête et un peu
sur le bord des écailles ; les faces inférieures d'un blanc argenté. Les nageoires pectorales et ventrales d'un jaunâtre
pâle, l'anale plus jaune, la dorsale plûtôt plus rougeâtre et
volontiers enfumée avec une bande transversale plus claire ;
la caudale, enfin, un peu verdâtre ou d'un jaunâtre plus ou
moins enfumé ou mâchuré.

La *livrée de noces*, soit du printemps, chez le *mâle*, très
différente de la précédente, très riche et, par le fait de son
aspect châtoyant, très difficile à bien décrire : Les faces
supérieures d'un brun bronzé plus ou moins violacé, se fondant rapidement sur les côtés dans une couleur plus claire
lila ou violette et mélangée de reflets argentés ou irisés.
Les flancs, un peu plus bas, nuancés également de lila ou de
violet, dans la partie antérieure, et tout brillants de reflets
mélangés bleus et rosés. Une large bande longitudinale d'un
beau vert émeraude fait suite à cette dernière coloration,
sur la moitié postérieure du corps, depuis au-dessous du milieu de la dorsale à peu près jusqu'au centre de la caudale.
Les côtés de la poitrine et du ventre en avant d'un rose violacé ou d'un rouge carminé plus ou moins intense passant
peu à peu sous la partie postérieure du corps à un rouge
par contre plutôt orangé. De petits corpuscules osseux
temporaires sur le museau. Quelques points noirâtres sur
les côtés de la tête. Iris orné d'une belle tache rouge dans
le haut.

La nageoire dorsale d'un rouge carminé en avant et lavée
de jaune en arrière, avec une bordure noirâtre vers la tranche et assez souvent encore une bande claire au-dessous de
celle-ci. L'anale d'un rouge orangé et nuancée de jaune,
volontiers aussi avec une bordure noirâtre. Ventrales et
pectorales verdâtres ou d'un jaunâtre pâle, et parfois un
peu lavées d'orangé. Caudale d'un jaune verdâtre, plus ou

moins enfumée vers la base et souvent lavée de rougeâtre
dans la moitié extrême.

La *femelle*, au printemps, relativement bien moins différente quant à la robe de ce qu'elle était en automne : la
bande latérale postérieure plus brillante, toutefois, et maintenant d'un joli bleu ; les nageoires dorsale et caudale
ornées assez souvent, chez les vieux sujets surtout, d'une
légère teinte rougeâtre, l'anale un peu plus jaune, l'iris
marqué vers le haut d'une tache quelquefois verte, le plus
souvent rougeâtre. Enfin, le tube urogénital extérieur, avant
d'avoir pris ses grandes dimensions, d'un beau rouge
orangé, vers la base principalement, et jouant à première
vue exactement le même effet que la nageoire anale du
mâle.

Dimensions variant passablement avec les conditions, mais ne
dépassant guère 90 à 95 millimètres de longueur totale, demeurant même le plus souvent bien au-dessous de cette
taille extrême, soit dans une moyenne de 55 à 65^{mm}, avec un
poids approximatif de deux à quatre grammes environ. Suivant Jäckel le *Rhodeus* mesurerait généralement, dans l'Altmühl en Bavière, 2 pouces, soit 53^{mm} seulement, bien que
l'on ait trouvé quelquefois des individus allant jusqu'à
2 ½ pouces ou 67^{mm}. Heckel et Kner donnent à l'espèce en
Autriche un maximum de taille de 2 pouces 4 lignes, soit
63^{mm}. Le plus grand individu de Livonie dont Dybowski
donne les dimensions était une femelle et mesurait 69^{mm}. De
Selys donne 2 pouces 8 lignes, soit 71^{mm}, comme taille de
l'espèce en Belgique. Blanchard dit que des sujets de 80^{mm},
sont de très beaux échantillons et que la plupart des Bouvières, en France, ne mesurent pas plus de 50 à 60^{mm}. Le
plus grand sujet de la March examiné par Jeitteles égalait
87^{mm}. Enfin, de Siebold dit avoir trouvé à Würzbourg plusieurs individus de 3 et même de 3 ½ pouces, soit de 81
à 95^{mm}, et attribue aux mâles le maximum de taille.

Sur plus de 100 échantillons que j'ai examinés provenant
des Altwässer du Rhin, en Suisse, cinq à six individus seulement atteignaient à une taille de 62^{mm}. Parmi quelques individus provenant des environs de Winterthur, deux ou trois

mesuraient jusqu'à 62 ou 63 millimètres ; les plus grands
étaient des femelles. Beaucoup de sujets des deux sexes,
bien que ne mesurant encore que 38 à 45ᵐᵐ, attestaient
cependant déjà une parfaite maturité pour la reproduction,
les mâles par leur livrée et l'état de leurs testicules, les
femelles par le développement de leur ovaire et l'allongement externe de leur tube oviducte.

Mâles et femelles se différentiant, à l'époque des amours, non
seulement par la livrée que nous avons vue si tranchée dans
chaque sexe, mais encore par le développement temporaire
et purement érotique de quelques parties accessoires : les
premiers, par la présence de petits corpuscules osseux
groupés en deux paquets, à droite et à gauche de la face,
six à douze corpuscules en un groupe antérieur sur le museau, et trois à six en un paquet postérieur entre les narines
et l'œil ; les secondes par l'allongement extérieur et plus ou
moins grand du tube urogénital dont nous avons parlé ci-
dessus.

Le temps de frai passé les mâles se distinguent encore le
plus souvent des femelles par une courbe un peu plus prononcée du profil ventral. Il m'a paru également que les
mâles ont volontiers la tête relativement un peu plus forte
que les femelles. Je n'ai pas constaté dans ce genre un
gonflement bien sensible des rayons des nageoires pectorales chez les mâles.

Jeunes présentant une nageoire caudale et une tête un peu plus
longues, ainsi qu'un œil un peu plus grand que chez les
adultes. Les deux profils, dans le bas âge, moins régulièrement arrondis : l'inférieur d'ordinaire moins convexe, le
supérieur souvent plus anguleux vers la dorsale.

Vertèbres au nombre de 34 à 36.

Vessie à air grande et étranglée en avant du tiers antérieur. La partie antérieure quasi pyriforme et un peu bilobée
en avant; la partie postérieure un peu ceintrée ou recourbée
vers le bas et arrondie à l'extrémité. La différence sexuelle
signalée ici par Heckel et Kner[1], m'a paru loin d'être
constante ; le diamètre de la partie postérieure de la vessie

[1] Süsswasserfische, p. 102.

me semble dépendre surtout, chez les femelles, de l'époque et du développement différent de l'ovaire refoulant plus ou moins la vessie et l'air vers la partie antérieure de celle-ci.

Tube digestif enroulé en spirale et d'une longueur exceptionnelle, soit mesurant deux fois et deux tiers à trois fois et demie la longueur du poisson sans la caudale (selon Jeitteles jusqu'à cinq fois la longueur totale de l'animal). L'intestin, roulé cinq à six fois sur lui-même, décrivant d'ordinaire quatre à cinq tours de spire extérieurs, à partir de l'estomac, et un ou deux tours intérieurs conduisant à l'anus. Le péritoine fortement pigmenté de noir.

Testicules doubles et relativement petits. Ovaire généralement simple, mais bilobé en avant[1]. L'ouverture urogénitale, d'ordinaire assez apparente dans les deux sexes, prolongée en un long tube oviducte extérieur, chez les femelles à l'époque des amours. Ce conduit externe, d'un rouge orangé sur une plus ou moins grande étendue à partir de la base, et volontiers d'un noir violacé vers le bout, du moins tant que ses dimensions sont encore assez réduites, flotte dessous la nageoire anale et arrive même à dépasser quelquefois la caudale au moment de la ponte ; il mesure alors parfois, dans son plus grand allongement, jusqu'à 40 à 50 millimètres de longueur[2].

Heckel et Kner[3] ont déjà fait remarquer comment l'ouverture conduisant de la bouche aux branchies est passablement réduite par l'interposition d'une cloison membraneuse joignant les extrémités des arcs branchiaux.

Une rangée de pseudobranchies digitiformes et bien développées derrière le haut du préopercule.

Cette espèce varie passablement, comme nous venons de le voir, non seulement avec l'âge et selon le sexe ou les époques,

---

[1] Jeitteles (Fische der March, II, p. 5) croit avoir observé quelquefois un second petit ovaire rudimentaire au côté gauche.

[2] De Siebold (Süsswasserfische, p. 120) fait remarquer que le canal urinaire vient se déverser dans le tube extérieur et que celui-ci représente un véritable canal urogénital doué de mobilité et de sensibilité.

[3] Süsswasserfische, p. 101.

mais encore d'individu à individu, tant dans les proportions
différentes du corps, de la tête et des membres, que dans le
nombre des rayons des nageoires et des écailles. Ajoutons que
la taille, qui influe notablement sur le développement de diverses parties, paraît varier également assez avec les localités
et les conditions d'existence.

Le *Rhodeus*, notre plus petit poisson avec le Gobie et l'Épinoche, présente plusieurs caractères anatomiques qui lui font une
place, pour ainsi dire à part, au milieu de nos autres Cyprinides et semblent devoir indiquer dans ses mœurs des particularités correspondantes. Qu'il me suffise de rappeler, à ce
propos : premièrement la grande extension et le curieux enrou-
lement de l'intestin, ayant une certaine analogie avec la disposition du tube digestif chez les larves des Grenouilles et
donnant l'idée d'une digestion probablement très lente ; secondement l'allongement externe du conduit urogénital expli-
quant un mode de ponte tout à fait particulier ; enfin, la présence de la cloison membraneuse qui réduit beaucoup la communication entre la bouche et les branchies et qui, avec
l'allongement des feuillets branchiaux doit, comme l'ont déjà
fait remarquer Heckel et Kner [1], avoir probablement quelque
rapport avec la grande ténacité vitale de ce petit poisson.

La Bouvière habite plusieurs pays dans l'Europe moyenne :
la France, une petite partie de la Suisse, la Belgique, la Hollande, la Prusse, la Bavière, diverses contrées dans l'Empire
d'Autriche, la Livonie et, si le poisson décrit par Pallas [2] sous le
nom de *Cyp. sericeus* est bien, comme il paraît, le même que
notre *Rhodeus amarus*, elle se trouverait jusque dans les eaux
stagnantes de la Daourie, dans les régions élevées de l'Asie
centrale. On la rencontre dans plusieurs rivières et sur les bords
de quelques lacs ; toutefois, elle recherche de préférence les
ruisseaux, les fossés ou, mieux encore, les mares ou les eaux
mortes et facilement réchauffées, laissées après la crue dans le
voisinage des lacs, des fleuves ou des rivières.

[1] Süsswasserfische, p. 101, note.
[2] Zoogr., p. 320. Trad. franç., VIII, p. 110, nº 114.

L'existence de ce petit poisson en Suisse n'a été jusqu'ici constatée que dans les parties septentrionales et orientales du pays, dans les bras morts (*Altwässer*) du Rhin près de Bâle, dans quelques ruisseaux des environs de Winterthur et près de Rheineck dans le canton de St-Gall; au-dessous et au-dessus, par conséquent, de la chute du Rhin. Encore ces quelques découvertes ne sont-elles pas bien anciennes. Bien qu'indication m'ait été donnée de la présence d'un petit poisson semblable à la Bouvière, dans les environs de Lucerne, je n'ai pas encore eu jusqu'ici le bonheur de constater l'habitat de cette espèce au centre de notre pays [1].

C'est à une obligeante communication du prof. Rütimeyer, en date du 14 février 1874, que j'ai dû d'abord de pouvoir faire rentrer dans la faune suisse et de décrire ici ce curieux petit Cyprinide. Je dois également au Dr F. Leuthner [2], qui le premier a découvert l'espèce près de Bâle, de sincères remerciements pour les intéressantes données et les nombreux échantillons de ce poisson en livrée de noces qu'il a bien voulu me fournir, quelque temps après. Les premiers exemplaires du *Rhodeus amarus* furent recueillis dans des eaux stagnantes, sur la rive gauche du Rhin, à Neudorf, à une lieue de Bâle. Presque à la même époque, au printemps de 1874, la même espèce était aussi reconnue, non loin de là, sur la rive droite du fleuve, par les pêcheurs de Markt et d'Efringen. Un excellent pêcheur et observateur de Bâle assurait, en même temps, que le même petit poisson habitait également les mares qui bordent la Wiese, plus près de Bâle, sur sol suisse; ajoutant que les déjections d'une fabrique chimique avaient presque entièrement chassé l'espèce de la localité. La Bouvière avait été jusqu'alors prise par tous les

---

[1] Un directeur de ménagerie, alsacien, assura au prof. Rütimeyer, chez lequel il voyait des Bouvières, qu'il avait rencontré le même petit poisson, d'un côté à Mulhouse, et de l'autre à Lucerne dans l'Unterwässer, étang d'eau stagnante dépendant du lac des Quatre-Cantons. Il n'y aurait rien d'étonnant du reste à ce que la Bouvière se trouvât ailleurs en Suisse, dans certaines localités où abondent les Anodontes, près de Lucerne et de Morat par exemple.

[2] Le Dr Leuthner a publié sa découverte dans sa *Mittelrheinische Fisch-fauna*, en 1877, p. 25.

pêcheurs des environs pour un jeune du Röthel *(Leuc. rutilus)* ou de la Brachsme *(Ab. Brama)*.

Seize mois plus tard, le 3 juin 1875, je recevais encore du prof. Rütimeyer de superbes échantillons du *Rhodeus amarus* qui avaient été découverts et capturés par MM. Wegeli et Leuthner à Reineck, dans le canton de St-Gall, encore dans des eaux mortes du Rhin et dans des conditions semblables aux premières, mais cette fois au-dessus de la chute du fleuve, au delà du lac de Constance.

Avant cette époque, en 1869, M. Mœsch avait il est vrai publié, dans son *Thierreich der Schweiz*[1], que le *Rhodeus amarus* devait se trouver communément dans les eaux stagnantes ou à faible courant du pays. Toutefois, comme cet auteur ne signalait aucune localité spécialement habitée par l'espèce, c'est à la publication du Dr Schoch, en 1879[2], qu'il faut attribuer la première citation exacte de ce poisson dans les petits courants de la Suisse orientale, en dehors du voisinage du Rhin. Ce serait, m'écrit le Dr Sulzer, en date du 3 juin 1880, M. le Dr Weinmann qui aurait reconnu l'espèce, non loin de Winterthur, dans un petit ruisseau dit Rietbach et affluent de l'Eulach. L'espèce aurait diminué, durant ces dernières années, dans la localité, sous l'influence, soit de la correction des eaux, soit du nettoyage des fossés qui a supprimé une grande proportion des Moules ou Anodontes nécessaires, comme nous le montrerons plus loin, à la reproduction de ce poisson. Les échantillons que j'ai reçu de Winterthur, par l'intermédiaire du Dr Sulzer, étaient en livrée de noces et de dimensions légèrement plus fortes que la majorité de ceux des Altwässer du Rhin.

Il pourrait paraître inexplicable que la Bouvière ait été si longtemps méconnue dans notre pays; toutefois, on comprend aisément comment un poisson aussi petit a pu ne pas attirer l'attention des pêcheurs et ne pas recevoir de ces derniers un nom particulier.

---

[1] Separatdruck aus der allgem. Beschreibung und Statistik der Schweiz, 1869, p. 173.

[2] Die Technik in der künstl. Fischzucht; Tabelle zur leichten Bestim. der Fische der Schweiz: Fischfauna des Cantons Zürich; von Dr Gustav Schoch, Zürich, 1879, p. 17.

Le dire de Heckel et Kner que le *Rhodeus amarus* se trouve, en Autriche, aussi bien en plaine que dans la région montagneuse moyenne semble d'accord avec l'habitat relativement élevé du *Cyp. sericeus* de Pallas dans le centre de l'Asie. Toutefois, la Bouvière paraissant avoir une préférence bien marquée pour les eaux stagnantes et réchauffées, il me paraît peu probable que l'on puisse rencontrer cette espèce dans les courants souvent très accidentés et dans les eaux en majorité froides de nos vallées élevées et de nos montagnes [1].

Suivant les auteurs des Süsswasserfische der Oestreichischer Monarchie, ainsi que selon Block, Blanchard et quelques autres, la Bouvière ne se trouverait que dans les eaux pures et courantes à fond purement graveleux; toutefois, les observations faites dans notre pays sont d'accord avec l'opinion de Siebold, de Jäckel, de Noll, de De la Fontaine et d'autres, pour reconnaître au contraire, chez ce poisson, une préférence pour les eaux stagnantes à fond bourbeux. Cette espèce habite, à Rheineck comme à Neudorf, de petits bassins laissés par les crues du Rhin, d'une profondeur par le fait susceptible de varier avec la saison de deux ou trois à six ou vingt pieds de profondeur, remplis dans le fond d'une vase épaisse et garnis d'une abondante végétation. Près de Bâle, comme à Rheineck et à Winterthur, on a remarqué que la Bouvière vit généralement dans les mêmes emplacements et dans les mêmes conditions que les Nayades (Anodontes et Unios); rarement on a trouvé ce petit poisson dans quelque mare, sans y reconnaître en même temps bon nombre de ces Mollusques.

L'estomac de plusieurs individus m'a paru ne contenir que des débris de plantes aquatiques, aussi ne suis-je pas entièrement de l'opinion de De la Fontaine quand il dit, dans sa Faune du Luxembourg, p. 36, à propos de la Bouvière « *sa nourriture paraît être tout animale, car outre du sang elle ne paraît manger que de tous petits animaux.* » Il est bien possible

---

[1] Dans son Histoire naturelle du Jura et des départements voisins, Ogérien dit (vol. III, p. 356) : « *Dans tous les cours d'eau vive de la plaine et plus rarement dans ceux de la montagne.* Je n'ai pu vérifier si cette espèce se trouve sur nos frontières, dans les petits tributaires du Doubs.

que ce petit Cyprinide soit, dans certaines circonstances, presque
exclusivement carnivore ou insectivore, comme tant d'autres
membres de sa famille ; toutefois, je puis certifier qu'il absorbe
pas mal de débris végétaux, et, prenant en sérieuse considération l'observation du prof. de Siebold, quand il dit, Süsswasserfische, p. 119 : *Den ganzen Darm fand ich stets von grünli-
chen Algen-Trummern und Diatomeen angefüllt*, je penche
plutôt vers l'idée que la Bouvière est omnivore, et suivant
les conditions plus ou moins insectivore ou herbivore[1]. Il semble
ressortir des observations récentes du Dr Noll (Zool. Garten
1877) que l'alimentation de la Bouvière (en privé du moins) soit
plus animale pendant l'époque du rut qu'en dehors de ce temps.
Ces petits poissons qui mangeaient très volontiers des brises de
pain sec, avant le temps des amours, recherchèrent surtout alors
de petits êtres qui se trouvaient avec eux dans l'aquarium,
des *Tubifex rivulorum* et des *Daphnia pulex*.

La Bouvière vit volontiers en sociétés. Rien de plus gracieux
et de plus curieux à la fois que de voir, au printemps, ces petits
poissons parcourir en troupes nombreuses les fossés ou les petits
bassins qui leur servent de demeure. Les mâles, dans leur brillante livrée de noces, paraissent alors, suivant le jour et les divers
changements de front, comme couverts de pierres précieuses ;
les femelles moins ornées, mais armées de leur long tube urogénital, semblent traîner après elles un long ver attaché à la face
ventrale de leur corps.

Les œufs sont jaunes et peu nombreux, grâce à leurs très
grandes dimensions. Les plus grosses femelles capturées près de
Bâle, au commencement de février, présentaient déjà un tube

---

[1] Je rappelerai, à ce propos, que si les dents de la Bouvière sont cou-
pantes, comme celles des Chondrostomes dont le régime est plutôt animal,
la meule, dans ces deux genres, est cependant d'une consistance très différente. La meule du *Rhodeus* est, en effet, dure et très résistante, comme
celle de la plupart des Cyprinides herbivores ou granivores, tandis que
celle du *Chondrostome* est relativement molle, comme chez la majorité des
Cyprinides de préférence carnivores. Dans quelques espèces, les Ablettes
par exemple, la mastication de petits insectes à carapace semble nécessiter,
du reste, comme pour les graines dures, une plus grande résistance de la
meule pharyngienne.

urogénital externe de six à huit millimètres et portaient des œufs de forme subarrondie mesurant alors en moyenne 1 ½ millimètre de diamètre. Ces germes, dans un état de maturité plus avancé, prendraient, suivant de Siebold, une forme ovale et mesureraient alors jusqu'à 1 ½ ligne de longueur (3^{mm}) sur 1 ligne de largeur. Lorsqu'ils ont atteint leur complet développement, les œufs s'engagent à la file, les uns après les autres, dans le tube oviducte externe, à ce moment roidi et allongé, pour être déposés un à un, en perdant de suite la forme cylindrique que la pression du tube leur a pour un moment donnée.

Ici se place une observation relativement récente et fort intéressante du docteur Noll, sur le mode de ponte et le premier développement de notre petit Cypriuide. Déjà en 1787, Cavolini[1] avait constaté la présence d'œufs de poissons dans les Moules (Nayades) et plusieurs auteurs avaient depuis cette époque répété la même observation; mais personne, jusqu'en 1869, n'avait découvert à quelle espèce appartenaient ces germes ainsi confiés aux Mollusques. En 1858, le Dr Krauss de Stuttgart avait remarqué l'appendice ventral des femelles de cette espèce, et, bientôt après, le prof. de Siebold avait constaté la présence d'œufs engagés dans le tube urogénital de Bouvières recueillies sur le marché de Strasbourg; toutefois, le savant ichthyologiste allemand ne connaissait pas encore, en 1863, le mode de ponte du *Rhodeus*, et, en 1866 même, Blanchard ne se doutait point encore que ces œufs, tant de fois signalés dans les -branchies des Moules, appartenaient à la Bouvière.

En suivant le développement de ces œufs parasites, le Dr Noll a enfin constaté que c'est au *Bitterling (Rhodeus)* qu'il faut attribuer cette intéressante particularité de mœurs, et, dans diverses notices successives, cet auteur nous fournit de nombreux et intéressants détails à l'appui de sa découverte[2]. On s'explique maintenant parfaitement le grand allongement anormal du tube urogénital chez la femelle, ainsi que la mobilité et la sensibilité

---

[1] Erzeugung der Fische und Krebse. Deutsch von Zimmermann, 1792.

[2] Voyez : 1° *Bitterling und Malermuschel*. Mit Abbild., I, von Dr F. C. Noll. (Zoolog. Garten, 1869, n° 9, p. 257); et 2° *Bitterling und Malermuschel* (même publication, 1870, p. 237).

de cet organe temporaire, et l'on comprend tout aussi aisément le but de la continuelle cohabitation des Moules et de la Bouvière dans les mêmes conditions. Suivant le Dr Noll, les œufs, de couleur jaune, avec un grand axe de 3^{mm} environ, sont déposés un à un par la femelle dans l'ouverture du bec de la Nayade, et entraînés par les courants aspirés du mollusque jusqu'entre les feuilles des branchies, où ils se fixent et se développent en nombres différents suivant les individus, rarement plus de 40 dans un seul mollusque. Les *Unios* ont paru plus volontiers affectés de parasitisme que les véritables *Anodontes*.

C'était en général vers le milieu d'avril que notre observateur commençait à trouver des œufs dans les Moules des environs de Francfort; des œufs trouvés le 14 avril se transformaient déjà, le 8 mai, en petits poissons. Ces germes, probablement parce qu'ils sont successivement pondus, à différents intervalles, dans une même mollusque, se montrent chez celui-ci dans des états de développement assez variés. Le 15 mai, beaucoup de petits alevins parfaits, avec une taille de 11 millimètres, étaient prêts à quitter leur berceau. Il paraît qu'à force de s'agiter, ces jeunes êtres se dégagent des feuillets branchiaux et que, refoulés et entraînés par les courants entrants, ils viennent ressortir du bivalve par les siphons de rejet. Le 20 mai, ces petits nouveaunés se promenaient en rangs serrés dans les eaux des mares. Le docteur Noll paraît s'expliquer que le tube urogénital, qui conduit les œufs un à un jusque dans le bec de l'Anodonte, ne soit pas coupé par le pincement de ce dernier, par le fait que cette extrémité de la coquille du bivalve, généralement assez molle, ferme d'ordinaire incomplètement l'ouverture et que le tube oviducte, très élastique, est doué d'une grande facilité de rétraction. Le moment même de la ponte et de la fécondation des œufs, qui n'avait pu être surpris jusqu'ici dans l'étude de ce poisson à l'état libre, méritait encore d'être suivi en aquarium.

Enfin, en 1877, le même observateur, le Dr Noll, dans une troisième intéressante notice sur le Bitterling [1], est venu encore donner de précieux éclaircissements sur ces derniers points

---

[1] Gewohnheiten und Eierlegen des Bitterlings, von Dr F.-C. Noll (Zool. Garten, 1877, n° 6, p. 351 à 362).

obscurs. Il a vu, dans son aquarium, la femelle introduire à plusieurs reprises l'extrémité de son tube oviducté dans le bec d'un *Unio pictorum* et le mâle venir de suite après éjaculer sa laitance directement au-dessus de cette ouverture; le même courant d'eau aspiré par le mollusque entraînait successivement l'œuf et la liqueur fécondante.

M. E. Covelle de Genève, qui a suivi la ponte de la Bouvière dans un aquarium où il avait introduit de la vase et des Unios, me dit avoir remarqué que ce petit poisson, en passant et repassant souvent contre le bec ouvert du mollusque, avant de pondre, avait l'air de vouloir pour ainsi dire apprivoiser celui-ci et l'amener par de fausses alertes répétées à ne plus se fermer aussi vite au premier contact; ceci fait, la femelle enfoncerait tout à coup son tube urogénital presque en entier dans l'ouverture de l'unio, un œuf passerait très rapidement dans les branchies du mollusque et, sitôt après, le tube serait brusquement retiré. M. Covelle aurait remarqué aussi, lors des pontes qui se firent chez lui au milieu de mai, que la femelle, au moment de l'émission de l'œuf, prenait, pour un instant, une livrée plus brillante et, à l'exception des nageoires, plus voisine de celle du mâle.

L'époque ordinaire des amours paraît être le plus généralement dans les mois d'avril et mai; toutefois, le temps du frai peut être plus ou moins avancé ou retardé par les circonstances ou les conditions d'habitat. Valenciennes donne pour durée des amours de la Bouvière dans la Seine, de mai à août. Le développement des œufs de plusieurs femelles prises en février, près de Bâle, permet de supposer que celles-ci auraient pondu, dans les Altwässer du Rhin, au plus tard vers la fin d'avril. Leuthner et Schoch citent également avril et mai comme époque des amours, près de Bâle et de Winterthur. Jäckel, en Bavière, dit avoir trouvé, le 11 juillet, dans le ruisseau de son jardin, une femelle armée de son long tube urogénital et renfermant encore quelques œufs. Enfin, Noll signale[1] qu'en septembre 1869, il a trouvé encore quatre jeunes poissons dans les branchies d'une *Anodonta anatina*; il aurait même fait encore une semblable ob-

---

[1] *Der Bitterling*, Zool. Garten, 1870, p. 131.

servation le premier octobre de la même année. Un mâle de Bouvière qu'il conservait, avec des Cyprins dorés, ayant repris en
septembre sa belle coloration de noces, cet auteur en conclut qu'il
pourrait bien y avoir chez cette espèce une seconde ponte
annuelle en automne.

Bien qu'appuyée par ces dernières observations et l'apparition si tardive d'une seconde livrée de noces (en captivité),
l'hypothèse d'une double ponte annuelle demande encore plus
ample vérification [1]. En effet, le Dr Noll signale, dans sa troisième notice [2], le fait, déjà mentionné par nous à propos d'autres
Cyprins, que les jeunes individus s'accouplent plus tardivement
que les vieux ; et, nous nous demandons s'il faut considérer
comme constituant des pontes distinctes les actes successifs par
lesquels une Bouvière femelle se débarrasse peu à peu de ses
œufs, au fur et à mesure que ceux-ci ont atteint un état suffisant
de maturité. Nous croyons que les intervalles séparant ces frac-
tions de ponte peuvent être abrégés ou au contraire plus ou
moins prolongés, surtout en captivité, par les conditions de
milieu, la température de l'eau, l'abondance ou la nature de
l'alimentation et la fréquence ou la rareté des *moules* dans une
localité. Nous savons également que le brillant coloris de la
livrée de noces réapparaît plus ou moins intense sous l'influence
de la passion, chez le mâle de tout poisson, toutes les fois qu'il
est appelé à féconder le dépôt d'une femelle prête à pondre. Il
doit en être pour la Bouvière un peu comme pour l'Épinoche
femelle, qui pond successivement et à intervalles inégaux dans
différents nids une partie seulement des œufs développés dans
ses ovaires. Nous n'eussions pas parlé de seconde ponte à pro-

[1] Le fait que ce cas a été constaté en captivité enlève à cette observation une partie de son importance, car nous avons vu parfois le coloris varier beaucoup chez des poissons, par le fait de modifications dans les conditions de milieu qui se seraient difficilement produites au même degré dans
l'état de liberté. J'ai vu, en particulier, la livrée de noces apparaître très
rapidement, au cœur même de l'hiver, par suite d'une élévation graduelle et artificielle de la température de l'eau du récipient (Voy. V.
Fatio : *De la variabilité de l'espèce à propos de quelques poissons*). Archiv.
de la Bibl. univ., fév. 1877, p. 208.

[2] Zool. Garten, n° 6, 1877.

pos de l'Épinoche, si le mâle de cette espèce ne construisait pas successivement, dans la même année, deux ou trois nids ou berceaux pour autant de nouvelles familles ; nous reconnaissons, même ici, que ce fait ne constitue pas forcément ce que l'on doit appeler des pontes parfaitement distinctes.

Dans la même intéressante notice, l'observateur nous décrit avec détails tous les jeux de l'amour chez les Bouvières ; les cabrioles du mâle devant la femelle, la jalousie de l'époux qui a fait son choix, et les frôlements caressants de ces petits poissons contre le mollusque qu'ils ont élu pour élever leur progéniture.

Nous ne pouvons terminer ces quelques mots sur ce curieux cas de parasitisme, sans rappeler qu'il y a pour ainsi dire réciprocité entre le mollusque et le poisson. On sait, en effet, que les œufs de certains Anodontes sont souvent accrochés par les nageoires des poissons qui vivent dans les mêmes localités, et profitent de cette circonstance pour se développer sur l'être vivant qui les porte, sous l'influence bienfaisante des courants de l'eau déplacée par les mouvements du vertébré.

Il est probable que la Bouvière se retire durant l'hiver, comme tant d'autres Cyprinides, dans les herbes ou la vase, au fond des mares ou des ruisseaux.

On ne pêche guère la Bouvière que par curiosité ; cependant on peut la prendre à la ligne ou à la trouble, et l'on en trouve souvent dans les nasses avec d'autres poissons. La taille si minime, ainsi que le peu de délicatesse de la chair et le grand nombre d'arêtes de ce petit animal le font en général peu rechercher par les gourmets et les pêcheurs. Le nom de *Bitterling* (Bouvière amère) assez répandu, pour cette espèce, est attribué, par la majorite des auteurs, à une prétendue amertume très violente de la viande de ce petit Cyprinide [1]. Toutefois, De la Blanchère [2] assure que le Bouvière constitue la meilleure amorse que l'on puisse trouver, en hiver, pour la Perche et le Brochet ; De la Fontaine [3] affirme même que la chair de cette

---

[1] Son usage comme aliment amènerait même, suivant quelques-uns, des troubles digestifs assez graves.

[2] Nouv. Dict. des pêches, p. 106.

[3] Faune du Luxembourg, Poissons, p. 36.

espèce n'est pas plus mauvaise que celle des Ablettes ou de nos autres poissons blancs. Ce dernier auteur a vu pêcher la Bouvière avec un panier d'osier appâté de sang caillé ; c'est même de cet usage qu'il a déduit, à tort je crois, que la nourriture de ce petit Cyprin devait être entièrement animale. Le *Rhodeus* a la vie très tenace, et peut être par le fait facilement transporté vivant dans de la mousse ou un linge, avec une faible dose d'humidité.

Diesing [1] signale, dans les intestins de la Bouvière, l'Helminthe *Caryophyllæus mutabilis* (Rud.).

Genre 6. BRÊME.

ABRAMIS, Cuvier.

Dents pharyngiennes sur un seul rang et au nombre de cinq de chaque côté ; la couronne pincée en serpe courte, un peu crochue au sommet et marquée d'un sillon longitudinal. Bouche plutôt petite et plus ou moins oblique, avec des lèvres assez épaisses dépourvues de barbillons. Œil moyen, franchement latéral. Tête subconique et assez haute. Museau souvent assez court. Tronc élevé et comprimé. Dos étroit, ventre pincé en carène ; tous deux dépourvus d'écailles tectrices sur la ligne médiane, l'un en avant de la dorsale, l'autre en arrière des ventrales. Écailles moyennes, mais en majorité plutôt courtes, avec des stries généralement très déliées. Ligne latérale complète et concave. Dorsale à base courte, pointue, et commençant plus ou moins en arrière des ventrales. Anale à base longue, relativement peu élevée, concave et naissant plus ou moins en arrière des premiers ou du dernier rayon

___
[1] Syst. Helminthum, II, p. 405.

de la dorsale. Caudale profondément échancrée ; le lobe inférieur le plus long.

Dentes contusores 5—5, falciformes.

Les Brêmes vivent généralement en sociétés plus ou moins nombreuses et, sauf à l'époque des amours, se tiennent de préférence à une certaine profondeur dans les eaux. Leur alimentation paraît mélangée d'aliments végétaux et animaux.

La Brême commune (*Abramis Brama*) produit, avec le Gardon (*Leuciscus rutilus*), un hybride connu depuis assez longtemps sous les noms de *Leuciscus Buggenhagii* ou de *Abramis Leuckartii*. Le prof. de Siebold a élevé au rôle de genre cette forme bâtarde, sous le nom d'*Abramidopsis Leuckartii*. Préférant, comme je l'ai dit, ne pas conserver un rang générique à un poisson qui, comme celui-ci, partage plus ou moins, suivant les individus, les caractères de l'un ou de l'autre des genres dont il est issu, je me bornerai à décrire succinctement, à la suite des espèces du genre et sous le nom composé de *Leucisco-Abramis rutilo-Brama*, ce poisson qui n'a point encore été observé dans nos eaux, bien que les deux espèces mères s'y trouvent fréquemment en contact.

En isolant ainsi le *Leucisco-Abramis rutilo-Brama* sous un nom destiné à rappeler son origine mixte et les titres des espèces mères, je ne dois pas négliger de rappeler, à cause de la place où je les mets, qu'il se différentie à première vue des Brêmes vraies : par une anale plus courte et surtout par l'absence de ligne dénudée sur le dos et sur le ventre.

Le Dr Günther, qui compte en tout seize espèces d'*Abra-*

mis [1], fait rentrer dans ce genre les *Blicca* que je conserve génériquement distinctes, à cause de leur dentition sur deux rangs, bien qu'elles soient, il est vrai, très voisines des Brêmes; il y range aussi le Spirlin (*Alb. bipunctatus*) que je sépare dans un genre nouveau [2].

Bien qu'assez pauvre en espèces, le genre Brême est cependant représenté dans la plus grande partie de notre continent, au nord des Alpes, et jusque sur les confins d'Asie, ainsi que dans le nord de l'Amérique.

Des cinq Brêmes vraies qui se trouvent en Europe, les *Abramis Brama*, *Ab. Ballerus*, *Ab. Sapa*, *Ab. Vimba* et *Ab. melanops*, la première seule figure dans notre pays.

La Brême porte des pseudobranchies peu apparentes.

Notre représentant du genre possède en outre une meule pharyngienne relativement petite, étroite et allongée, ou subelliptique, médiocrement dure, peu saillante et marquée d'impressions dentaires peu profondes, comme si elle devait permettre seulement aux dents de pincer contre elle et d'écraser les aliments. Le maxillaire supérieur est, chez lui, développé en arrière en un coude large, retroussé et bien creusé en dessus. Les os pharyngiens, plutôt grêles et de forme allongée, portent, chez lui comme chez plusieurs autres espèces, une aile courte et peu

---

[1] Catal. of Fishes, VII, p. 299.

[2] Il me semble également que l'*Abramis melanops* de Heckel (*Ab. elongatus*, Ag. pour Günther) s'écarte un peu du faciès typique des Brêmes par les formes plus allongées de son corps et les proportions plus réduites de ses nageoires, de la caudale surtout. Toutefois, la persistance chez ce poisson de quelques-uns des caractères essentiels du genre *Abramis*, la dentition et les lignes dénudées, dorsales et ventrales, entre autres, m'empêchent de voir, comme Fitzinger, dans l'*Ab. melanops* le représentant d'un genre particulier; tout au plus pourrait-on attribuer l'importance d'un sous-genre au genre que cet auteur a créé, sous le nom de *Vimba* (Die Gattungen der europ. Cypriniden, 1873, p. 15), pour les deux espèces *Ab. Vimba* et *Ab. melanops* également pourvues d'une carène écailleuse sur le dos en arrière de la dorsale.

développée, bien que généralement anguleuse vers le bas. L'arcade sous-orbitaire est formée de huit os disposés en S : quatre grands autour de l'œil et quatre petits en chaîne postérieure. La ligne latérale joint la caudale un peu au-dessous du milieu.

8. LA BRÈME COMMUNE

DER BRACHSEN [1]

ABRAMIS BRAMA, Linné.

Gris noirâtre ou olivâtre, en dessus ; jaunâtre sur les côtes, blanchâtre en dessous. Nageoires volontiers sombres, souvent d'un noir bleuâtre ou violacé, au moins dans la moitié extrême. Corps subovale, élevé et comprimé. Museau court, obtus et dépassant peu la bouche à peine subinférieure. Œil moyen. Écailles des flancs les plus grandes, légèrement plus hautes que longues, recouvrant presque l'œil chez l'adulte, avec un nœud central. Ligne latérale joignant la caudale un peu au-dessous du centre. Dorsale naissant, au milieu, entre l'origine des ventrales et l'anale ; haute à peu près d'une longueur de tête. Anale à base un peu plus longue que la hauteur de la dorsale et naissant d'ordinaire dessous les derniers rayons de celle-ci. Lobe caudal inférieur pointu, notablement plus long que le supérieur. (Taille moyenne des vieux : 45 à 75 centimètres.) Ordinairement huit sous-orbitaires : le premier subarrondi et égal à l'œil chez l'adulte ; les derniers très petits. Maxillaire supérieur avec un large coude postérieur retroussé et concave en dessus. Branche inférieure des pharyngiens longue et pincée en arête au côté intérieur. Meule petite, subelliptique, allongée, avec des impressions dentaires peu profondes. Dents pincées en serpe courte, avec un sillon médian.

D. 3/9(10), A. 3/23—26(28), V. 2/8(9), P. 1/15—17, C. 19 maj.

$$\text{Sq. 50} \ \frac{11-13(14)}{6-7(8)} \ 55(58). \quad \text{Vert. 43-45.}$$

---

[1] Aussi *Bley*, en Allemagne. Bien que ce poisson ne se trouve pas en Italie, on lui attribue dit-on, dans la langue du pays, le nom de *Scarda* ou *Scardola*.

CYPRINUS BRAMA, *Linné*, Syst. Nat., I. p. 531; ed. XIII, I, III, p. 1436. —
    Bloch, Fische Deutschl., I, p. 75. — *Meidinger*, Icônes pisc.
    Aust., 1785-94, IV, t. 43. — *Pallas*, Zoogr., III, p. 325. —
    Hartmann, Helvet. Ichthyol., p. 228. — *Steinmüller*, Fische
    des Wallensee's, N. Alpina, II, p. 346. — *Nenning*, Fische des
    Bodensee's, p. 32. — *Ekstrœm*, Fische von Morko, 1835, p. 30.
    — *Grònov.*, Syst., ed. *Gray*, p. 180.
  » FARENUS, *Linné*, Syst. Nat., I, p. 532. — *Nilsson*, Prod. Ichthyol.
    Scand., 1832, p. 30. — *Ekstrœm*, Fische von Morko, p. 40,
    tab. 3. — *Siebold*, in Wiegm. Archiv., 1836, p. 327. — *Krœyer*,
    in Wiegm. Archiv., 1837, p. 393.
LEUCISCUS (CYP.) BRAMA et CYP. FARENUS, *Cuv. et Val.*, XVII, p. 9.
ABRAMIS BRAMA, *Fleming*, Brit. An, p. 187. — *Agassiz*, Mém. Soc. Sc.
    Neuch., I, p. 39. — *Yarrell*, Brit. Fish., I, p. 335. — *Nilsson*,
    Skand. Fauna, IV, p. 324. — *Schinz*, Fauna Helvet., p. 156. —
    Selys-Longchamps, Faune belge, p. 219. — *Bonaparte*, Cat.
    Met., p. 32. — *Schinz*, Europ. Fauna, II, p. 308. — *Günther*,
    Fische des Neckars, p. 96. — *Rapp*, Fisch des Bodensee's, p. 6.
    — *Heckel et Kner*, Süsswasserfische, p. 104, fig. 54 et 55. —
    Fritsch, Fische Böhmens, 1859, p. 5. — *Dybowski*, Cyp.
    Livlands, p. 190. — *De Siebold*, Süsswasserfische, p. 121. —
    Jeitteles, Fische der March, p. 31. — *Jœckel*, Fische Bayerns,
    p. 33. — *Blanchard*, Poissons de France, p. 351. — *Günther*,
    Catal. of Fishes, VII, p. 300. — *De la Fontaine*, Faune du
    Luxembourg, p. 37.
  » ABRAMA, *Holandre*, Faune de la Moselle, p. 245.
  » VETULA, *Heckel*, Ann. des Wien. Mus., I, p. 230, Taf. 20, fig. 6. —
    Cuv. et Val., XVII, p. 60. — *Schinz*, Europ. Fauna, II, p. 312.
    — *Heckel et Kner*, Süsswasserfische, p. 106, fig. 56.
  » FARENUS, *Schinz*, Europ. Fauna, II, p. 313.
  » MICROLEPIDOTUS, *Agassiz*, Mém. Soc. S. N. Neuch., I, p. 39. —
    Cuv. et Val., XVII, p. 43.
  » ARGYREUS, *Agass.*, Mém. Soc. Neuch., I, p. 39. — *Cuv. et Val.*,
    XVII, p. 45.
  » GEHINII, *Blanchard*, Poissons de France, p. 355, fig. 74. — *De la
    Fontaine*, Faune du Luxembourg, p. 38.

NOMS VULGAIRES SUISSES : (S. F.) *Brême*, *Cormontant* (Neuchâtel); *Platton*
    ou *Platten*, plus particulièrement *Platton blanc* et *Bracsele*
    ou *Brachseln* (Morat). — (S. A.) *Brachsme* ou *Brachsmen*,
    Steinbrachsmen, *Kothbrachsmen*, *Brachsen*, *Blei*; *Breitelen*
    (à Thun); *Brœsen* ou *Brœsenen* (à Bâle). Jeunes, souvent con-
    fondus avec la Blicke : parfois *Blick*, plus souvent *Schnitteler*,
    Schritkel; sur quelques points, *Basterli* au lac de Constance.

Corps très élevé, comprimé, médiocrement allongé et notablement atténué vers le pédicule caudal. Le profil supérieur

fortement voûté depuis l'occiput sur la nuque et la première
partie du dos, mais moins convexe au-dessus des ventrales
et jusqu'à la dorsale ; par contre, légèrement incurvé ou
creusé, à partir de l'origine de cette nageoire et jusqu'à la
caudale. Le profil inférieur largement arrondi jusqu'à la
naissance de l'anale, puis rectiligne et oblique tout le long
de la base de celle-ci. Le dos généralement tectiforme,
bien que souvent assez épais en avant vers la nuque. D'ordinaire une bande nue, très déliée mais plus ou moins prolongée et apparente, s'étendant sur la ligne dorsale médiane
entre la tête et la dorsale. Une autre ligne nue, saillant en
forme d'arête tranchante, sur le ventre fortement pincé
entre les ventrales et l'anale.

La hauteur maximale, devant la dorsale ou au niveau des
ventrales, à la longueur totale, comme 1 : 2 $^4/_5$—3 $^3/_4$, selon
l'âge plus ou moins avancé, et, à la longueur sans la caudale,
comme 1 : 2 $^1/_3$—2 $^6/_7$. L'élévation minimale, sur le pédicule
caudal, entrant d'ordinaire de 3 $^1/_4$ à 3 $^3/_4$ fois dans la
plus grande hauteur. L'épaisseur la plus forte, selon l'âge
sur l'opercule ou plus ou moins en arrière de la tête, mesurant suivant les cas un peu moins ou un peu plus de $^1/_3$ de
l'élévation vers la dorsale. Une section verticale, par le fait,
d'un ovale très allongé et sensiblement pincée vers les deux
extrémités.

L'anus séparé de la base de la caudale par un espace le
plus souvent comme 1 : 2 $^1/_2$—3, vis-à-vis de la longueur
du poisson sans la caudale.

Tête subconique et ramassée, soit plutôt courte et relativement
assez élevée. Le profil supérieur en général d'une inclinaison
un peu moindre que celle de la nuque, parfois presque droit,
plus souvent un peu convexe ou bombé au-dessus des narines
devant les yeux, et assez brusquement tronqué en avant vers
le museau. Le profil inférieur convexe, avec l'articulation de
la mâchoire inférieure passablement saillante.

La longueur latérale au bout de l'opercule, à la longueur
totale du poisson, comme 1 : 5 $^1/_6$—6, selon les individus
petits ou grands, et, à la longueur sans la caudale, comme
1 : 4—4 $^2/_3$. La longueur céphalique supérieure, vers les der-

nières écailles, à droite et à gauche de la corne occipitale
prolongée bien au delà en arrière, variant le plus souvent
entre $^5/_6$ et $^{11}/_{12}$ de la longueur au bord de l'opercule. La
hauteur, vers les premières écailles, d'ordinaire à peu près
égale à $^7/_9$ ou à $^6/_7$ de la longueur latérale. L'épaisseur sur
l'opercule, selon l'âge, un peu plus ou un peu moins forte que
la $^1/_2$ de la même longueur latérale, et correspondant à la
hauteur devant l'orbite.

Museau court, obtus et volontiers subcarré; la mâchoire
supérieure dépassant légèrement l'inférieure. — La bouche,
par le fait, subinférieure, un peu oblique et très protractile,
mais fendue seulement jusqu'au-dessous des narines. Lèvres
charnues et assez épaisses. Langue médiocrement développée ; palais passablement charnu en arrière.

Narines doubles, de moyennes dimensions et situées à peu
près au tiers de la distance séparant l'œil du museau; l'orifice antérieur arrondi et bordé d'une valvule susceptible de
se rabattre sur l'orifice postérieur plus grand et plus ovale.

Des pores et des canalicules assez apparents faisant suite
à la ligne latérale, les premiers de chaque côté sur la tête
jusqu'aux narines, les seconds autour de l'œil sur les sous-
orbitaires. D'autres pores sur le préopercule et sous le
maxillaire inférieur.

Œil de moyenne dimension, arrondi et toujours bien distant du
profil frontal. Le diamètre orbitaire, à la longueur céphalique
latérale, comme 1 : 3 $^1/_3$—5 $^1/_3$, même à 6, selon les individus
jeunes ou vieux.

L'espace préorbitaire légèrement plus petit que l'œil chez
les jeunes, un peu plus fort que celui-ci, voire même de $^1/_2$
plus grand, chez les adultes de taille moyenne, et alors, à
la longueur latérale de la tête, comme 1 : 3 $^1/_3$; enfin parfois
à peu près double de l'orbite chez de très vieux sujets.

L'espace postorbitaire égal à 1 $^2/_3$ ou 2 fois le préorbitaire, soit mesurant environ la moitié de la longueur céphalique latérale, chez les adultes de taille moyenne.

L'espace interorbitaire, grand et élargi en avant par le développement du susorbitaire, mesurant de 1 $^1/_4$ à 2 $^1/_3$ diamètres de l'œil, selon les sujets jeunes ou vieux, et égal à un

peu plus du tiers de la longueur céphalique latérale, soit un
peu moins de la moitié de la longueur de la tête en dessus,
chez des adultes de taille moyenne, soit de 425 millimètres.
Arcade sous-orbitaire composée de huit os détachés et disposés
en forme d'*S* : quatre grands devant, dessous et derrière
l'œil, et quatre petits en chaîne postérieure arrondie : le
premier grand, subarrondi ou exagone, occupant tout l'espace compris entre l'orbite, les narines et la mâchoire, recouvrant même en partie le maxillaire supérieur, et d'une surface
à peu près égale à celle de l'œil chez l'adulte, relativement
bien plus petite chez les jeunes ; le second, de dimensions
beaucoup moindres, carré-long et parvenant à peu près
jusqu'au-dessous du centre de l'orbite ; le troisième en forme
de croissant assez large, plus de deux fois plus grand que le
second, un peu plus long que le premier, avec une hauteur
par contre à peine moitié de l'élévation de celui-ci ; le quatrième, derrière l'œil, d'une surface un peu moindre que
celle du précédent, avec une forme analogue quoique plus
quadrilatérale. Les deux suivants superposés relativement
très petits et subcarrés ou trapézoïdaux ; les deux derniers,
enfin, plus petits encore et à peu près réduits à la forme de
tubules osseux enveloppant le canalicule qui continue la
ligne latérale.

La voûte susorbitaire un peu renflée et proéminante en
avant, au-dessus de l'œil.

Maxillaire supérieur légèrement convexe au bord antérieur,
assez large ainsi qu'un peu creusé en arrière, dans le haut, et
développé vers le milieu du côté postérieur en un large coude
retroussé, soit franchement concave en dessus ; la branche
inférieure fortement rétrécie, plutôt courte, un peu portée
en avant et tordue, ainsi qu'élargie en petite palette subcarrée vers l'extrémité (Voy. pl. II, fig. 30).

Opercule subtrapézoïdal, de moyenne dimension et beaucoup
plus haut que long. Le bord supérieur fortement creusé au
milieu et relevé en forme de corne de chaque côté, la corne
antérieure prolongée en palette au-dessous des derniers
osselets de l'arcade sous-orbitaire ; le bord inférieur de un
quart à un tiers plus long que le précédent, presque rectiligne

et fortement oblique. Le côté postérieur presque droit ou légèrement sinueux, suivant une direction relativement peu différente de celle du bord antérieur, à peu près de même longueur que le côté inférieur et formant avec ce dernier un angle toujours beaucoup plus ouvert que l'angle droit.

Sous-opercule en large demi-croissant.

Interopercule large, formant une corne bien développée entre les pièces précédentes et le préopercule, et bien à découvert tout le long au-dessous de celui-ci.

Préopercule légèrement convexe sur les bords postérieur et inférieur, et décrivant un angle quasi-droit, mais largement arrondi.

Bordure branchiostège passablement développée.

Os pharyngiens relativement faibles et grêles; l'aile courte et fort peu saillante se perdant dans la courbe régulière de la corne supérieure et formant un angle assez aigu en face de l'avant-dernière dent. La corne supérieure plutôt longue, assez large, mais peu épaisse, très fortement recourbée et un peu échancrée en dessus vers l'extrémité. La branche inférieure relativement longue et effilée, soit généralement un peu plus longue depuis la dernière dent que la corne supérieure à partir de la première; avec cela, légèrement tordue et pincée en arête étroite au côté intérieur (Voy. pl. IV, fig. 19).

Dents pharyngiennes sur un seul rang et au nombre ordinaire de cinq de chaque côté[1]. Ces dents médiocrement élevées et à peu près graduellement comprimées de la base au sommet, avec une couronne, en courte serpe, marquée d'un sillon longitudinal sur la tranche, et pincée ainsi qu'un peu relevée en crochet vers la pointe. Le dit crochet, plus ou moins apparent suivant l'état de fraîcheur ou d'usure de la dent, généralement amené de chaque côté vers le bout de la couronne par un petit sillon vertical. Ces organes, dans leur première fraîcheur, étant, chez les jeunes surtout, généralement plus crochus qu'après un peu d'usage, il s'ensuit que les dents

---

[1] Jeitteles (Fische der March, p. 32) dit avoir trouvé une fois six dents d'un côté.

de la Brême, du reste très voisines pour la forme de celles du genre Blicke qui suit, peuvent être successivement : à peu près en forme d'ongles crochus (*unguiformes*), comme chez la Bordelière, ou en forme de courte serpe (*falciformes*), comme je l'ai dit en tête de ce genre. La première dent, soit la supérieure, sensiblement étranglée au-dessus de la base ; la seconde et la troisième les plus hautes ; la dernière la plus basse, avec la tranche la moins développée. Parfois un dépôt cémentaire noirâtre sur la couronne des principales (Voyez pl. IV, fig. 19).

Meule semi-dure, facilement isolable, relativement petite, de forme subellyptique, allongée et recourbée en arrière, vers le bas, en un crochet assez large et bilobé. La face inférieure, soit de frottement, cornée, jaunâtre et un peu convexe, mais peu saillante et marquée de dépressions dentaires peu profondes, avec une bordure un peu sinueuse de la couche cartilagineuse blanchâtre qui recouvre en arrière, comme chez la plupart de nos Cyprinides, la face supérieure ici presque plane (Voy. pl. IV, fig. 20 et 21).

Dorsale naissant à peu près au-dessus du milieu de l'espace compris entre la base des ventrales et l'origine de l'anale, soit d'ordinaire sensiblement plus près de la caudale que du museau, et cela volontiers d'une quantité égale à celui-ci jusqu'au bord ou postérieur ou antérieur de l'œil[1]. La hauteur de cette nageoire mesurant, le plus souvent, des $^2/_5$ à la $^1/_2$ de l'élévation maximale du tronc, chez les adultes, ou des $^3/_5$ aux $^3/_4$ de cette dernière, chez les jeunes, et, par le fait, à peu près égale à la longueur de la tête ou légèrement plus courte. La longueur basilaire relativement assez réduite, soit variant, le plus souvent, entre $^1/_2$ et $^5/_8$ de l'élévation du plus grand rayon, selon les individus petits ou grands. Quant à la forme : pointue au sommet, fortement décroissante en arrière et légèrement concave sur la tranche.

Généralement douze rayons : trois simples et neuf divi-

---

[1] J'ai trouvé cependant aussi, bien que très rarement il est vrai, la dorsale située un peu plus en avant, soit à peu près au milieu de la longueur du poisson sans la caudale.

sés[1]. Le premier simple très court, le second égal environ
à la moitié du suivant ou un peu plus, le troisième le plus
long de tous et relativement mince. Le premier divisé légèrement plus court que le précédent ; le dernier bifurqué jusqu'au bas et, suivant les sujets, égal à $1/3$ ou seulement à $1/4$
du plus grand.

Anale naissant très près de l'anus, soit, le plus souvent, sous
l'aplomb de l'avant-dernier rayon de la dorsale, quelquefois
au-dessous du dernier rayon de celle-ci ou, par contre, plus
en avant au-dessous du milieu de la base de cette nageoire.
La dite anale rabattue, séparée encore de la caudale par un
espace égal, selon les individus, à la hauteur de son dernier
rayon ou de ses rayons médians. La longueur basilaire de
cette nageoire, par le fait, à la longueur du poisson sans la
caudale, comme 1 : 3 $1/2$ à 3 $5/6$ et égale à la tête ou passablement plus grande, soit constamment un peu plus longue
que l'élévation de la dorsale. La hauteur aux rayons antérieurs toujours bien moindre que celle de la dorsale, soit,
selon les sujets, égale aux $3/5$ ou aux $5/4$ de l'étendue basilaire. Quant à la forme : acuminée au sommet, puis assez
rapidement décroissante et suivant après cela une courbe
douce et légèrement concave jusqu'au dernier rayon.

Généralement vingt-six à vingt-neuf, plus rarement trente
ou trente et un rayons : trois simples et vingt-trois à vingt-
six divisés, exceptionnellement jusqu'à vingt-huit de ces derniers. Le premier simple égal au sixième ou au plus au quart
du second, celui-ci égal aux deux cinquièmes ou au plus à la
moitié du troisième ; ce dernier simple, enfin, plutôt grêlé et
d'ordinaire légèrement plus long que le premier divisé. Le
dernier divisé égal environ à $1/4$ du grand simple ou un
peu davantage.

Ventrales implantées sensiblement en avant de l'aplomb de la
dorsale, soit à peu près à égale distance de l'insertion des
pectorales et de l'origine de l'anale, et d'une longueur, suivant l'âge plus ou moins avancé et les individus femelles ou
mâles, ou notablement moindre que la moitié de l'élévation

---

[1] Jeitteles (l. c.) donne jusqu'à dix de ces derniers.

du tronc, ou à peu près égale à cette demi-hauteur, soit, selon
les cas, un peu plus courte ou plus longue que l'élévation de
l'anale. Ces nageoires rabattues demeurant, par le fait, à
une petite distance de l'anale, ou atteignant au contraire jusque sur l'origine de celle-ci, suivant l'âge et le sexe. Quant
à la forme : subacuminées au sommet, médiocrement
décroissantes et un peu convexes sur la tranche.

Généralement dix rayons : deux simples et huit divisés[1].
Le premier simple, sublatéral et osseux, égal environ au
quart du second ; celui-ci articulé et assez robuste, le plus
grand de tous ou à peu près égal au premier rameux ; le dernier divisé égal à un peu plus ou un peu moins de la moitié
du plus grand.

Pectorales légèrement plus courtes que le grand axe de la tête
et que la hauteur de la dorsale, par conséquent toujours
beaucoup plus longues que les ventrales et parvenant, rabattues, plus ou moins loin en arrière, selon l'âge, le sexe,
l'époque et les individus. L'extrémité des pectorales demeurant séparée de l'origine des ventrales par un espace pouvant
mesurer jusqu'au tiers de leur longueur, ou dépassant au
contraire la base de ces dernières de un septième à un
sixième de cette même longueur; le premier cas plus fréquent chez les vieilles femelles à l'état de plénitude, le
second chez certains mâles, et surtout chez les jeunes, sans
qu'il y ait cependant de règle bien constante, ce rapport
étant appelé à varier beaucoup sous l'influence de l'état de
l'individu, sans différence réelle dans l'extension de la
nageoire. Quant à la forme : subtriangulaires, subarrondies
au sommet, fortement décroissantes, légèrement convexes
sur la tranche et souvent un peu plus larges chez les mâles
que chez les femelles.

Seize à dix-huit rayons : un simple légèrement plus court
que le premier divisé, volontiers un peu plus robuste chez les
mâles que chez les femelles, et quinze à dix-sept divisés, parmi
lesquels le premier ou les deux premiers les plus longs et le
dernier non bifurqué égal seulement à $^1/_8$ ou $^1/_9$ du plus grand.

---

[1] Selon Jeitteles, jusqu'à neuf de ces derniers.

Caudale plutôt grande et profondément échancrée, avec des
lobes acuminés, l'inférieur de $^1/_8$ à $^1/_4$ plus long que le supérieur. Le plus grand lobe, à la longueur totale du poisson,
comme 1 : 3 $^3/_5$ — 4 $^1/_2$, selon l'âge et les individus[1], soit
toujours beaucoup plus fort que la tête, à peu près égal à
la base de l'anale ou sensiblement plus long et, suivant
les sujets jeunes, ou adultes, à peu près semblable à la hauteur du tronc ou de $^1/_8$ à $^1/_3$ plus faible.

Dix-neuf rayons principaux, un simple de chaque côté et
dix-sept divisés appuyés, en haut et en bas, par quatre à cinq
ou six rayons basilaires et décroissants[2]. Les rayons médians
mesurant environ $^1/_3$ des plus longs.

Écailles plutôt grandes, se recouvrant pour la plupart aux $^3/_5$ ou
aux $^2/_3$ environ, pas très épaisses et en majorité subovales.
Les squames les plus grandes, sur les côtés un peu en arrière
du milieu du corps, à peu près égales au premier sous-orbitaire et presque de même surface que l'œil chez les vieux,
relativement de un quart à un tiers, jusqu'à demi même,
plus petites chez les jeunes; avec cela un peu plus hautes
que longues, arrondies au bord libre, découpées en larges
festons (volontiers trois à six) au bord fixe, couvertes de
stries concentriques très déliées, autour d'un nœud situé au
centre de l'écaille, et marquées sur la partie découverte de
sillons rayonnants en nombre assez variable (parfois cinq à
six seulement, d'autrefois jusqu'à dix-huit ou même vingt-
quatre), les uns courts et peu apparents, les autres complets
et plus évidents, ces derniers cependant moins apparents à
première vue que dans quelques genres voisins, les *Leuciscus*
par exemple; d'ordinaire aussi un à cinq rayons postérieurs
entre les festons. Les squames antérieures beaucoup plus
petites, subovales ou à peu près rondes et volontiers moins

---

[1] Je ne m'explique pas mon désaccord sur ce point avec le quotient
fourni par Dybowski (Cyp. Livland's, p. 191); cet auteur donne, en effet,
pour rapport de la caudale au corps, le même rapport que je trouve pour
cette nageoire vis-à-vis de la longueur totale. Les dimensions que Dybowsky
donne à cette nageoire me paraissent trop petites pour pouvoir être attribuées au plus grand rayon.

[2] Parfois un peu davantage.

festonnées. Les écailles postérieures un peu plus petites que les moyennes, mais par contre un peu plus longues que hautes et souvent un peu pincées du côté du bord fixe, toujours avec un nœud quasi médian. Les dorsales antérieures très petites, soit égales à la moitié ou au tiers seulement des latérales au-dessous d'elles, subovales et un peu irrégulières avec un nœud passablement reculé. Les pectorales au moins doubles des dorsales et beaucoup plus longues que larges, avec un petit prolongement conique au bord fixe, un nœud très reculé de ce côté et des rayons peu nombreux (Voy. pl. III, fig. 25 et 26, deux écailles des côtés prises au-dessus de la ligne latérale, la première à peu près au-dessus des deux tiers de l'anale, la seconde au-dessus de la moitié des pectorales).

Une fine ligne dénudée sur la nuque et le dos en avant de la nageoire dorsale ainsi que sur le ventre entre les ventrales et l'anale ; défaut par conséquent des écailles tectrices sur la ligne médiane.

Généralement onze à treize (plus rarement quatorze) écailles au-dessus de la ligne latérale, vers la plus grande hauteur, et six à sept (plus rarement huit) en dessous, jusqu'aux ventrales.

Ligne latérale décrivant, à partir du sommet de l'opercule, une courbe concave régulière passant au-dessous du centre, soit aux $^2/_5$ environ de la hauteur du tronc, et joignant la caudale un peu au-dessous du milieu.

Les écailles de cette ligne, au nombre de 50 à 55 (jusqu'à 58 selon de Selys[1]), à peu près de mêmes dimensions que leurs voisines au milieu du corps, mais relativement un peu plus grandes que celles-ci dans les parties antérieures et postérieures, bien que toujours ovales et plus petites que les moyennes, en avant, et par contre moins réduites et plus longues, en arrière. Le bord fixe marqué de larges festons plus ou moins profonds et souvent un peu anguleux ; le nœud souvent légèrement plus voisin du bord libre sur les squames médianes, par contre un peu plus reculé sur les antérieures

[1] Faune belge, p. 219.

et les postérieures. La face découverte marquée toujours de rayons plus ou moins nombreux correspondant, sur le bord libre, à autant de petites découpures à peine visibles. Le tubule mucifère subcylindrique, naissant un peu en arrière du nœud, demeurant assez distant du bord libre, plus large et oblique dans les squames antérieures, plus effilé et plus long sur les postérieures, enfin volontiers un peu arqué sur les médianes (Voy. pl. III, fig. 27, une écaille moyenne).

Coloration des faces supérieures, suivant les individus, les conditions et la saison, d'un gris verdâtre, bleuâtre ou noirâtre, ou encore d'un brun olivâtre. Les côtés du corps d'un jaunâtre plus sale ou plus grisâtre dans le haut et plus blanc dans le bas, avec des reflets cuivrés ou argentés et souvent un léger pointillé noir. L'opercule argenté-verdâtre ou un peu doré. Le ventre blanc ou d'un blanc jaunâtre; la gorge souvent un peu lavée de rose; toutes les faces inférieures du reste volontiers plus ou moins rougeâtres après la mort. Iris d'un blanc verdâtre ou d'un jaune doré et mâchuré dans le haut.

Nageoires plus ou moins noirâtres, et généralement plus sombres chez les vieux que chez les jeunes. Chez les adultes, selon les individus et la saison : dorsale d'un gris bleuâtre sablé de noir, ou noire et teintée de rougeâtre; caudale d'un gris noirâtre et lavée de rougeâtre, ou d'un gris plus sombre avec des taches noires; anale d'un gris noirâtre plus foncé dans la partie antérieure, ou d'un noir bleuâtre ou violacé; ventrales d'un gris noirâtre ou d'un noirâtre violacé ou bleuâtre et nuancées de rougeâtre vers la base; enfin, pectorales d'un gris noirâtre et mâchurées près du bout, ou d'un noir violacé nuancé de rougeâtre avec des taches noires.

Dimensions assez variables dans des conditions différentes, mais généralement fortes et au-dessus de la moyenne de celles de nos Cyprinides. La majorité des adultes semble, maintenant, dépasser rarement, dans nos plus grands lacs, un poids de sept livres environ, soit de trois et demi kilogrammes à peu près; toutefois, l'on prit naguère, selon Hartmann, dans le lac de Constance, des Brèmes de dix livres, et, suivant Perrot et Droz, on prenait de temps à autre, au

commencement de ce siècle, des individus de douze livres
dans le lac de Neuchâtel. Selon Heckel et Kner, et d'après
Dybowski, des Brèmes de dix livres ne seraient pas rares
dans quelques eaux d'Allemagne et de Livonie.; suivant
Richter et Voigt, on aurait même capturé autrefois des sujets
de vingt livres dans le premier de ces pays. Si l'on considère
que l'espèce dépasse rarement 70 à 80 centimètres de longueur totale et si l'on suit l'accroissement comparé de la
longueur et du poids, chez des sujets de taille moyenne, on
verra, comme je l'ai déjà plusieurs fois fait remarquer, que
l'allongement d'abord très sensible avec l'augmentation de
poids, devient ensuite de plus en plus lent, et que l'accroissement du poids dépend alors beaucoup plus des plus grandes
élévation et épaisseur du corps.

Voici quelques exemples que j'ai choisis durant l'état de
croissance : un sujet de 34 centimètres de longueur totale
pesa 275 grammes, soit un peu plus de $\frac{1}{2}$ livre ; un autre de
38 centimètres pesait près de 1 livre ; un autre de 43 centimètres avait un poids de 1 $\frac{2}{3}$ de livre ; un autre, enfin, de
45 centimètres, pesait aux environs de deux livres. D'après
Blanchard, les plus belles Brèmes, en France, ne dépasse-
raient guère un poids de trois à quatre kilog. soit 6 à 8 livres,
avec une taille de 60 centimètres. Selon Günther, la Brème,
en Allemagne, pourrait peser jusqu'à quinze livres, avec une
taille entre deux et trois pieds au maximum.

Mâles ornés, à l'époque du rut, de petits tubercules verruqueux,
blanchâtres ou jaunâtres, sur le crâne, sur la face, sur les
pièces operculaires et sur beaucoup d'écailles, en particulier
sur celles de la nuque. D'autres tubercules de même nature,
mais plus petits, sur les rayons des nageoires paires et parfois jusque sur ceux de l'anale et de la caudale[1]. Les individus ainsi décorés sont distingués, dans la Suisse allemande,
sous le nom de *Steinbrachsmen*. J'ai dit plus haut que le
premier rayon des pectorales est souvent un peu plus fort

[1] Selon de Siebold (Süsswasserfische, p. 124) ces tubercules verruqueux
et temporaires seraient dus simplement à un soulèvement, ainsi qu'à un
épaississement et un durcissement des cellules épithéliales.

chez les mâles que chez les femelles; j'ajouterai cependant
que cette différence sexuelle m'a paru moins frappante chez
la Brème que chez plusieurs de nos autres Cyprinides.
Jeunes moins élevés quant au tronc ou plus élancés que les
adultes, avec une tête en comparaison plus forte, un œil plus
grand, des nageoires relativement plus longues et des lobes
caudaux souvent moins inégaux. Les côtés du corps volontiers plus blanchâtres; l'iris d'ordinaire d'un jaune plus clair
ou même argenté. Les nageoires finement sablées de noir,
parfois rougeâtres à la base, d'autres fois seulement légèrement jaunâtres et à peine mâchurées.
Vertèbres au nombre de 43 à 45.

Vessie à air plutôt grande et étranglée en avant du milieu :
la partie antérieure passablement développée et un peu en
forme de cœur, la pointe tournée en avant; la partie postérieure fortement ceintrée, la convexité contre le dos, et conique soit plus ou moins acuminée en arrière. — Tube digestif
formant trois replis et mesurant, suivant les sujets, de une
fois à une fois et un tiers la longueur du poisson. — Testicules et ovaires doubles.

De petites pseudobranchies filiformes et en majeure partie
adhérentes, disposées en éventail sous le préopercule, derrière l'angle du voile du palais.

Cette espèce varie passablement, non seulement avec l'âge,
comme nous l'avons vu, mais encore selon les localités et les
conditions d'existence. C'est, en particulier, sur des dissemblances de cette nature que plusieurs ichthyologistes se sont basés
pour établir, en divers pays, des différences spécifiques entre
Brèmes cependant incontestablement de même souche. Le prof.
de Siebold[1] a montré déjà comment les *Abramis microlepidotus*
et *Ab. argyreus*, proposés par Agassiz[2] et décrits par Valenciennes, diffèrent en réalité peu de la Brème ordinaire (*Ab.
Brama*, Lin.). En effet, les dissemblances d'écaillure et de for-

[1] Süsswasserfische, p. 123.
[2] Mém. Soc., Neuch. I, p. 39.

mes invoquées par ces premiers auteurs pour distinguer ces Brèmes danubiennes se réduisent à fort peu de chose, et l'on trouve facilement chez nous bien des individus qui répondent aux dites descriptions censées caractéristiques. Le seul point différentiel que je puisse constater dans les données comparatives de l'auteur des Süsswasserfische, qui a eu en main un exemplaire de chacune de ces prétendues espèces, réside dans la présence d'une écaille de plus que je n'en ai compté chez mes exemplaires suisses de la Brème, soit 56 au lieu de 55, sur la ligne latérale, chez l'*Ab. argyreus*; on sait ce que vaut une pareille différence. La Brème suédoise, le *Cyprinus farenus* de Linné, qui se distingue par des formes généralement plus élancées, paraît à son tour n'avoir été basée que sur l'étude d'individus jeunes encore ou affectant la forme moins élevée que nous avons dit être le propre du jeune âge. C'est encore, me semble-t-il, aux effets souvent trompeurs de l'âge plus ou moins avancé qu'il faut attribuer la création des deux espèces dites *Abramis vetula* (Heckel[1]) du Neusiedlersee en Autriche et *Abramis Gehini* (Blanchard[2]), de la Moselle en France.

La première de ces formes (*Ab. vetula*) est, en réalité, assez frappante à première vue, et j'aurais peut-être attaché aussi une importance spécifique aux proportions plus élancées du corps et aux dimensions plus grandes des nageoires de quelques-uns de mes individus de petite taille provenant du lac de Morat, si je n'avais trouvé, à ces deux points de vue, dans mes Brèmes du Rhin, des sujets tout à fait transitoires; si je n'avais, en particulier, reconnu dans les caractères proposés par Heckel précisément les traits distinctifs du jeune âge. Chez mes individus du *Platton blanc* de Morat, de 18 à 20 centimètres, la hauteur du corps est, à la longueur totale, comme 1 : 3 ³/₄, au lieu de 3—3 ¹/₃ ; la tête est, à la même longueur, comme 1 : 5 ¹/₆, au lieu de 5 ²/₃—6. L'œil est aussi notablement plus fort. La nageoire caudale est un peu plus grande que la hauteur du corps, au lieu de demeurer vis-à-vis de celle-ci dans le rapport 1 : 1 ¹/₈ — 1 ¹/₃. Les ventrales et les pectorales sont également plus allongées; les

---

[1] Heckel et Kner, Süsswasserfische, p. 108, fig. 56.
[2] Poissons de France, p. 355, fig. 74.

premières arrivant jusque sur la base de l'anale, et les secondes
dépassant sensiblement l'insertion des ventrales. Enfin, toutes
les nageoires sont généralement plus acuminées et beaucoup
plus pâles en couleur. Malgré ces nombreuses différences extérieures, je n'ai rien trouvé, ni dans les dents et les os de la face,
ni dans les écailles et les rayons des nageoires qui put justifier
une distinction spécifique.

La seconde prétendue espèce nouvelle *(Ab. Gehini)* qui, au
dire de Blanchard, est plus petite aussi que l'*Ab. Brama*, avec
le dos moins élevé et les nageoires pectorales, ventrales et cau-
dales plus longues, doit être, à son tour, d'abord rapprochée de
l'*Ab. vetula* de Heckel, puis rapportée, à titre de forme du
jeune âge, à l'*Ab. Brama* de Linné.

La Brème commune est très répandue dans notre continent,
au nord des Alpes et des Pyrénées, et jusqu'assez avant dans
les régions orientales et septentrionales. On la trouve abondamment en Suisse, dans la plupart des lacs inférieurs et des
rivières qui dépendent du bassin du Rhin ; mais esclusivement
dans celui-ci. Elle fait défaut à l'Inn tributaire du Danube,
dans l'Engadine, comme à une région trop élevée, aux lacs et
courants du Tessin, comme sis au sud des Alpes, et au Rhône
suisse, arrêtée qu'elle est par la perte de ce fleuve à Bellegarde
et bien que remontant les tributaires du Rhône français jusque
dans le Doubs, sur nos frontières septentrionales. J'ai constaté
la présence de la Brème en Suisse, non seulement dans le Rhin
et ses principaux affluents, mais encore jusque dans les lacs de
Neuchâtel, Bienne, Morat, Thun, Lucerne, Sarnen, Zug, Zurich, Wallenstadt et Constance. Jurine[1] rapporte et refute
l'idée émise jadis de la présence de la Brème et du Barbeau
dans le lac Léman[2]. Pas plus que Lunel[3], je n'ai réussi à trouver
ni aucun poisson ni aucune donnée qui puisse justifier cette ancienne citation pour moi tout à fait erronée.

[1] Poissons du Léman, Mém. Soc. Phys., III, 1825, p. 140.
[2] Observations et réflexions sur quelques matières médicales, Dr Levade,
Vevey, 1777, p. 148-149.
[3] Poissons du Léman, 1874, p. 1-2.

La Brème m'a paru demeurer toujours, en Suisse, dans les régions inférieures, ne s'élever jamais dans nos rivières souvent trop froides, trop pierreuses et trop accidentées, au-dessus de 700 mètres, et faire défaut déjà à plusieurs petits lacs, même au-dessous de ce niveau. Elle manque, en particulier, aux lacs d'Égeri et de Lungern; elle arrive rarement, dit-on, à celui de Sempach et, suivant les pêcheurs, on ne la rencontrerait guère dans celui de Brienz, bien qu'à deux pas de celui de Thoune où elle vit et prospère. L'espèce paraît également atteindre, suivant les conditions, des proportions moyennes assez différentes. Les pêcheurs du lac des Quatre-Cantons disent prendre rarement des Brèmes d'un poids supérieur à cinq livres, et Nenning attribue la même limite à l'espèce dans le lac de Constance. Selon Steinmüller, le poisson en question pèserait le plus souvent une à deux livres, rarement de trois à sept, dans le lac de Wallenstadt. La Brème ne dépasserait guère un poids maximum de quatre livres dans le lac de Zug ; au dire de plusieurs pêcheurs elle atteindrait au plus à une ou deux livres dans le lac de Thoune. Enfin, d'un autre côté, dans les eaux jurassiennes, un poids de sept livres ne serait pas très rare à Neuchâtel, on prendrait même, dans le Doubs, des individus plus grands encore.

Notre Brème recherche de préférence les eaux calmes ou à courant tranquille et à fond vaseux ou garni de végétation ; c'est là surtout qu'elle trouve sa nourriture mélangée d'éléments végétaux et animaux. Bien qu'elle fasse grande consommation de plantes aquatiques et absorbe volontiers le limon chargé de débris variés, elle happe aussi des vers, de petits mollusques et des larves de divers insectes.

Ce poisson vit d'ordinaire en sociétés et souvent en troupes fort nombreuses qui paraissent dans leurs évolutions suivre la direction d'un guide ou d'un chef unique (en France le *Roi des Brèmes*). La Brème semble se plaire dans les profondeurs et n'arrive guère vers la surface ou dans les petits fonds qu'à l'époque des amours, ou au temps des hautes eaux, durant les grosses chaleurs. On voit alors des bandes de cette espèce errer près des rives des lacs et des rivières, ou se répandre jusque dans les roseaux de nos marais. Elle est d'un naturel assez sau-

vage et rusé, et nage, selon les circonstances, ou lentement, ou
avec une assez grande rapidité. Elle pique volontiers dans le
vase pour troubler le liquide et échapper ainsi à ses persécuteurs; ou bien, se couchant au fond sur le flanc, elle laisse passer
sur elle le filet qui veut la prendre.

L'époque de la reproduction, le plus souvent en mai, semble
varier, selon les circonstances et les localités, de la fin de mars
à la fin de juin [1]; les vieilles femelles seraient sous ce rapport
un peu plus précoces que les jeunes [2]. Les jeux de l'amour de
ce Cyprin sont excessivement tapageurs, et l'on entend souvent de très loin le vacarme que font à la surface les bandes
de Brèmes dans leur délir amoureux. Ce sont des courses effré-
nées, des bonds répétés, des contorsions variées, de puissants
coups de queue lancés en tous sens et des baisements à fleur
d'eau. Plusieurs mâles poursuivent généralement une seule
femelle, jusqu'à ce que celle-ci fatiguée se décide enfin à venir
déposer ses œufs par paquets sur les végétaux voisins de la
rive, où trois ou quatre époux empressés auront bientôt fait
de féconder à l'envi ces germes de leur laitance. Tout cela
se passe de préférence la nuit et les pêcheurs, avertis par le
bruit, savent bien profiter de ce délire aveugle, pour prendre
souvent d'un seul coup de filet, des quantités énormes de ce
poisson.

Les œufs sont petits, blanchâtres ou légèrement rosâtres et
très nombreux; Bloch en a compté jusqu'à 137000 chez une
femelle de six livres. Après huit à dix jours, selon quelques auteurs, le fretin commencerait déjà à remuer; mais ce ne serait
guère que dans leur quatrième année que ces jeunes Brèmes

[1] Selon Perrot et Droz (notes manuscrites), les Brêmes viendraient aussi
quelquefois sur la *Beine* (près des rives) dès la fin de février ou au commencement de mars. Ces observations ne parlent pas, il est vrai, de ponte
à cette époque; mais Steinmüller (N. Alpina, II, 346) citant comme temps
de frai dans le lac de Wallenstadt les mois de mars et avril, on se demande si cette excursion printannière n'est seulement qu'un voyage de
reconnaissance.

[2] Selon de la Blanchère (Nouv. Dict., p. 768), il y aurait trois époques
de frai, à une semaine d'intervalle : d'abord les grosses femelles, puis les
moyennes, enfin les petites.

deviendraient capables de reproduction, avec une taille de trente à trente-cinq centimètres[1].

La chaire de la Brème est blanche, mais passe généralement pour un met peu délicat. C'est plutôt par son abondance que par sa valeur que ce poisson peut être, par moments, pour les pêcheurs d'une très grande ressource. Bien que garnie d'arêtes, la viande des sujets qui ont vécu dans les eaux pures n'a de fait rien de très désagréable au goût, mais il n'en est pas de même des individus qui ont séjourné dans les marais ; la saveur désagréable de leur chaire justifie pleinement le nom de *Koth-brachsmen* qui leur est donné en divers lieux. On pêche ce poisson soit à la ligne amorcée d'un ver, soit avec des nasses, soit encore avec les filets, mais plutôt en l'enfermant le long des rives durant le temps de frai qu'en cherchant à le prendre dans les grands fonds.

Nous avons dit plus haut que la Brème mêlée avec le Gardon a donné naissance à un bâtard généralement connu sous le nom de *Brème de Buggenhagen* et qui n'a pas encore été signalé dans nos eaux. Les deux espèces mères se trouvant cependant fréquemment en présence, dans plusieurs de nos lacs et courants, nous croyons devoir, en vue d'observations futures, donner ici une sommaire description de cet hybride, avant de parler des quelques espèces du genre citées à tort dans notre pays.

La Brème est affectée de bon nombre de parasites Crustacés[2] et Helminthes[3], tant internes qu'externes.

---

[1] Heckel et Kner, d'après les pêcheurs du Danube, attribuent une existence de huit à neuf années seulement à ce poisson.

[2] *Tracheliastes maculatus* (Kollar), sur les écailles. — *Ergasilus Sieboldii* (Nordm.) sur les branchies.

[3] *Echinorhynchus clavæceps* (Zeder); dans l'intestin. *Echin. globulosus* (Rud.); dans l'intestin. *Echin. Proteus* (Westr.) ; dans l'intestin. — *Diplozoon paradoxum* (Nordm.); sur les branchies. — *Gyrodactylus elegans* (Nordm.); sur les branchies. — *Dactylogyrus auriculatus* (Nordm.); sur les branchies. *Dactyl. Dujardinianus* (Dies); sur les branchies. — *Distomum globiporum* (Rud.); dans les intestins. — *Monostomum præmorsum* (Nordm.); sur les branchies. *Monost. constrictum* (Dies.); dans l'œil. *Monost. cochleariforme* (Rud.); dans les intestins.— *Diplostomum cuticola* (Nordm.); sur la surface du corps, dans la cavité buccale, les muscles et l'œil (dans un kyste). — *Caryophyllaeus mutabilis* (Rud.); dans les intestins. — *Ligula*

HYBRIDE

Leucisco-Abramis rutilo-Brama, nobis.

La Brème de Buggenhagen. — Der Leiter.

D'un vert plus ou moins rembruni, en dessus ; blanc argenté, sur les côtés et en dessous. Dorsale et caudale mâchurées. Anale jaune ou jaunâtre et enfumée vers le bord. Pectorales et ventrales grisâtres ou jaunes. Corps médiocrement élevé et passablement comprimé. Museau obtus, non renflé. Mâchoires égales. Œil plutôt grand. Une écaille latérale moyenne subcarrée et un peu plus grande que le premier sous-orbitaire, avec des rayons assez apparents. Ligne latérale concave, joignant la caudale au-dessous du milieu. Pas de véritable ligne dénudée sur le dos et le ventre. Dorsale naissant un peu en arrière des ventrales, acuminée et à peu près égale à la tête. Anale naissant peu en arrière de la dorsale, anguleuse et un peu moins étendue que l'élévation de la dorsale, quoique sensiblement plus longue que haute. Caudale à lobes presque égaux. (Taille moyenne des adultes : 200 à 320ᵐᵐ.)

Premier sous-orbitaire plus petit que l'œil. Maxillaire supérieur présentant un coude retroussé et concave en dessus, mais allongé et un peu creusé en dessous. Aile des pharyngiens moyennement développée ; branche inférieure médiocrement allongée. Dents pincées et recourbées en serpe courte, avec un sillon médian. Meule allongée, avec des impressions dentaires assez profondes.

Dentes contusores 5 vel 6—5 falciformes.

D. 3/10, A. 3/15—18, V. 2/8, P. 1/15—17, C. 19 maj.

$$\text{Squam. } 44 \; \frac{10-11}{4-5} \; 54.$$

Cyprinus Buggenhagii *Bloch*, Fische Deutschlands, III, p. 137, pl. 95. —

digramma (Crepl.); dans la cavité abdominale. *Lig. monogramma* (Crepl.); cavité abdominale.

Lunel, Poissons du Léman, add., p. 194. — ABRAMIS LEUCKARTII, *Heckel*, Ueber einige neue.... Cyprinen, etc. Ann. Wien. Mus. der Naturg. I, 1835, p. 229, Taf. 20, fig. 5. — *Nordmann*, Observ. sur la Faune Pontique, p. 508. — *Cuv. et Val.*, XVII, p. 59. — *Heckel et Kner*, Süsswasserfische, p. 117, fig. 61. — *Dybowsky*, Cyp. Livlands, p. 180. — AB. HECKELII, *Selys*, Faune Belge, p. 217, pl. 8. — AB. BUGGENHAGII, *Blanchard*, |Poissons de France, p. 257, fig. 75. — *De la Fontaine (part.)*, Faune du Luxembourg, p. 38. — LEUCISCUS BUGGENHAGII, *Cuv. et Val.*, XVII, p. 53. — ABRAMIDOPSIS LEUCKARTII, *Siebold*, Süsswasserfische, p. 134, fig. 15. — *Jäckel*, Fische Bayerns, p. 38. — HYBRIDE BETWEEN ABRAMIS BRAMA AND LEUCISCUS RUTILUS, *Günther*, Catal. of Fishes, VII, p. 214.

Quoique l'*Abramis Brama* et le *Leuciscus rutilus* se trouvent ensemble, sur plusieurs points dans notre pays, je n'ai pas encore rencontré en Suisse la Brème de Buggenhagen, que M. de Siebold a montré n'être qu'un bâtard de ces deux espèces, que cet auteur a, comme tel, nommé *Abramidopsis Leuckartii* et que j'appelle ici *Leucisco-Abramis rutilo-Brama*, pour désigner son origine mixte. Je n'aurais donc pas parlé de cet hybride si, dans la supposition qu'il pût se trouver une fois dans nos eaux, je n'eus cru opportun d'en donner ici au moins une diagnose, afin de le signaler à l'attention de nos pêcheurs.

Lunel a décrit dernièrement ce poisson sur des individus recueillis, non loin de nos frontières, dans le petit lac de Sylans, en France[1]; d'autres auteurs l'ont étudié auparavant en France, en Angleterre, en Hollande, en Belgique, en Prusse, en Autriche et en Poméranie.

Remarquons : l'aspect des os pharyngiens présentant à la fois une aile plus développée que chez la Brème et une branche inférieure plus grêle et allongée que chez le Gardon ; la disposition sur un rang, au nombre de 5 à droite et de 5 ou 6 à gauche, dedents pincées et recourbées, mais non dentelées sur le bord ; la forme des écailles un peu carrées, avec quelques rayons bien apparents, comme chez notre *Leuciscus;* ainsi que la jonction de la ligne latérale avec la caudale un peu au-dessous du centre de celle-ci, comme chez notre *Abramis;* les proportions moyennes du corps et des membres ; les nombres intermédiaires des rayons

---

[1] C'est à cet auteur complaisant que je dois d'avoir pu parler *de visu* de ce métis jusqu'ici étranger à notre faune.

des nageoires ; enfin, la forme pincée du dos et du ventre, et, malgré l'absence de véritable ligne dénudée sur ceux-ci, le défaut fréquent cependant sur la nuque des premières squames tectrices sur la ligne médiane. Voilà, me semble-t-il, autant de traits caractéristiques qui, par leur position intermédiaire et leur variabilité, paraissent ne devoir laisser aucun doute, soit sur l'origine mixte de ce poisson, soit sur la détermination des espèces qui lui ont donné naissance. L'inconstance même de quelques-uns des caractères composés de cet hybride, se rapprochant plus ou moins de l'une ou de l'autre des espèces-mères, explique facilement comment divers auteurs ont pu ranger cette forme bâtarde sous des noms, ou dans des genres différents ; elle nous donne, en même temps, le niveau de l'importance, tant spécifique que générique, que l'on peut attribuer à un produit dont il n'est pas même prouvé qu'il puisse perpétuer lui-même sa race.

Günther a rapproché cet hybride du genre *Leuciscus* ; je préfère toutefois, comme Heckel et de Siebold, le ranger à la suite des Brèmes, à cause de la forme assez acuminée de ses nageoires, de la disposition de quelques parties de son écaillure et de la forme relativement peu ramassée de ses os pharyngiens.

LA BRÈME ZERTE

DIE BLAUNASE

ABRAMIS VIMBA, Linné.

D'un gris bleu ou olivâtre, plus ou moins assombri par un semis de points noirâtres, en dessus ; les côtés d'un blanc argenté et, comme la face et le dos, plus ou moins bleuâtres ou pointillés de noir ; les parties inférieures, suivant les saisons, blanches ou orangées. Nageoires dorsale et caudale bleuâtres et mâchurées, ou noirâtres ; ventrales, pectorales et souvent anale d'un jaune orangé à la base et plus ou moins mâchurées vers le sommet. Corps comprimé, mais médiocrement élevé et relativement allongé. Museau subconique, très proéminent et dépassant beaucoup la bouche franchement inférieure. Œil moyen.

*Écailles moyennes; les médianes du dos formant, en arrière
de la dorsale, une carène un peu saillante. Nageoire dorsale
acuminée, en général un peu moins haute que la longueur de
la tête et naissant peu en arrière des ventrales. Anale à base à
peu près égale à la hauteur de la dorsale, et naissant sensiblement en arrière de celle-ci. Caudale moyenne à lobes presque égaux. Branche inférieure des pharyngiens relativement
épaisse ou ramassée. (Taille moyenne des vieux : 25 à 38 centimètres.)*

D. 3/8, A. 3/17—20(22), V. 2/8—10, P. 1/15—16, C. 19 maj.

$$\text{Squ. } 54 \ \frac{9-11}{5-6} \ 61.$$

CYPRINUS ZERTA, *Leske*, Ichthyol. Lips. (1774), p. 44. — CYP. VIMBA, *Linné*,
Syst. Nat., I, p. 531 ; ed. XIII, t. I, III, p. 1435. — *Bloch*, Fische Deutsch.,
I, p. 38, Taf. 4. — *Pallas*, Zoogr. Ross.-As., p. 322. — *Ekström*, Fische von
Mörkö, p. 49. — CYP. CARINATUS, *Pallas*, Zoogr. Ross.-As., p. 323. — LEU-
CISCUS VIMBA, *Koch*, Fauna Ratisb., 1840, p. 40. — ABRAMIS VIMBA, *Cuv. et
Val.*, XVII, p. 65. — *Nilsson*, Skand. Fauna, IV, 322. — *Schinz*, Europ.
Fauna, II, p. 309. — *Heckel et Kner*, Süsswasserfische, p. 110, fig. 57. —
Fritsch, Fische Böhmens, p. 5. — *Dybowski*, Cyp. Livlands, p. 183. —
Siebold, Süsswasserfische, p. 125, fig. 12. — *Jeitteles*, Fische der March,
p. 24. — *Jäckel*, Fische Bayerns, p. 34. — *Günther*, Catal. of Fishes, VII,
p. 303. — AB. WIMBA, *Kroyer*, Danm. Fisk, III, p. 400. — *Nordmann*, Demid,
Voy. Russ. Mérid., III, p. 508.

C'est à tort, je crois, que Hartmann[1] enregistre cette espèce
dans son Ichthyologie suisse, comme remontant le Rhin jusqu'à
Bâle. Je pense, avec de Siebold, que c'est sur quelque fausse
indication qu'il a cru devoir donner la description de l'*Abramis
Vimba,* et que le nom spécial qu'il lui fait attribuer à Bâle
(*Aelzeln* und *Elzer*) doit être plutôt rapporté à l'*Alosa vulgaris*
qui, en effet, remonte le Rhin jusqu'au delà de Bâle au moment
de la fraie. Je n'ai, pour ma part, vu aucun individu de cette
espèce dans notre pays, et il n'en est fait aucune mention dans la
plupart des Faunes plus septentrionales qui touchent au Rhin.

Cette Brème, qui se reconnaît à la forme prolongée de son

---

[1] Helvet. Ichthyol., p. 216.

museau, est de fait plutôt septentrionale et orientale ; elle habite
le Danube, l'Elbe, plusieurs eaux du nord de l'Allemagne, la
Suède et la Russie.

LA BRÈME ZOPE

Die zope[1].

Abramis Ballerus, Linné.

*D'un bleu sombre, olivâtre ou verdâtre, en dessus ; argenté
jaunâtre sur les côtés ; un peu rougeâtre en dessous. Nageoires blanchâtres et plus ou moins enfumées ou bleuâtres vers
la tranche ; pectorales et ventrales jaunâtres. Corps très comprimé, médiocrement élevé et plutôt allongé. Museau court
et un peu retroussé ; bouche très oblique et quasi supérieure.
Œil plutôt grand. Écailles relativement petites. Nageoire dorsale naissant plus près de l'anale que des ventrales, au moins
deux fois aussi haute que longue et plus grande que la tête.
Anale naissant au-dessous de la partie postérieure de la dorsale,
beaucoup plus longue que la hauteur de celle-ci et presque
double de la tête. Lobe caudal inférieur notablement plus long
que le supérieur. Branche inférieure des os pharyngiens très
longue et très grêle. (Taille moyenne des adultes : 26 à 34 centimètres.)*

D. 3/8—9, A. 3/36—43, V. 2/8, P. 1/15—16, C. 19 maj.

$$\text{Squ. } 66 \; \frac{14-15}{8-9} \; 73.$$

Cyprinus Ballerus, *Linné*, Syst. Nat., I, p. 532 ; ed. XIII, t. I, III, p. 1438.
— *Bloch*, Fische Deutschl., I, p. 62, Taf. 9. — *Pallas*, Zoogr. Ross.-As., III,
p. 327. — *Fries et Ekström*, Skand. Fisk, p. 112, pl. 26.— Abramis Ballerus,
Cuv. et Val., XVII, p. 45. — *Nilsson*, Skand. Fauna, p. 331. — *Schinz*,
Europ. Fauna, II, p. 309. — *Heckel et Kner*, Süsswasserfische, p. 113, fig. 59.
— *Dybowsky*, Cyp. Livlands, p. 196. — *Siebold*, Süsswasserfische, p. 130,
fig. 13. — *Günther*, Catal. of Fishes, VII, p. 302.

[1] Aussi *Pleinzen*.

Comme le fait très bien remarquer Hartmann, dans son Ichthyologie helvétique, c'est à tort que cette espèce a été citée dans la Faunula de Coxe; il y a eu évidemment une confusion, et cette citation doit être rapportée à la *Blicca björkna*, qui a été par contre oubliée. Cette espèce à longue anale n'a pas même, que je sache, été reconnue avec certitude dans des contrées voisines de notre pays et, comme celui-ci, trop au sud et à l'ouest dans le continent. Elle habite quelques parties de l'Allemagne, la Hollande et la Suède. Il est vrai qu'Ogérien[1] indique cette Brème dans les eaux du Jura, dans la Valouse, le Doubs et la Loire; mais cette citation, que ne justifie point une description suffisante, peut paraître encore douteuse, quand l'on considère que Blanchard n'a point trouvé l'*Ab. ballerus* en France et qu'aucun des auteurs qui ont traité des faunes du Rhin, au-dessous de la Hollande, n'a jusqu'ici signalé ce poisson pourtant bien reconnaissable.

Genre 7. — BLICKE

BLICCA, Heckel.

Dents pharyngiennes sur deux rangs : le plus souvent deux ou trois petites, plus rarement une en avant, et généralement cinq grandes en arrière, sur chaque os[2]*; la couronne pincée et recourbée en ongle crochu, avec un sillon médian plus ou moins accentué. Bouche petite et presque terminale; lèvres médiocrement épaisses, sans barbillons. Œil plutôt grand, franchement latéral. Tête ramassée, assez haute; museau court et obtus. Tronc très comprimé et élevé. Dos étroit, ventre pincé en carène; tous deux dépourvus d'écailles, tectrices sur la ligne médiane l'un en avant de la dorsale, l'autre en arrière des ventrales. Écailles plutôt grandes, en majorité subovales ou subcarrées et largement*

[1] Hist. nat. du Jura, III, p. 358.
[2] Exceptionnellement six grandes d'un côté.

festonnées au bord fixe. Ligne latérale complète et concave. Dorsale à base courte, pointue et commençant sensiblement en arrière des ventrales. Anale à base longue, relativement peu élevée, concave et naissant à peu près au-dessous de l'extrémité de la dorsale. Ces deux nageoires sans rayon dentelé. Caudale profondément échancrée ; le lobe inférieur le plus long.

*Dentes contusores 2, 5—5, 2 unguiformes ;
vel 1, 5—5, 1 ; fortuito 2, 5—5, 3 ; vel 3, 5—5, 3 ;
vel 2,6—5, 2.*

La comparaison de cette diagnose des Blickes avec celle des Brèmes montre, avec évidence, les nombreuses analogies de structure qui relient ces deux groupes et comment, bien que je les maintienne dans deux genres distincts, ces poissons sont cependant excessivement voisins. Je n'aurais même pas hésité à ranger, à titre de sous-genre seulement, les Blickes à la suite des Brèmes, si je n'avais cru, comme Heckel, de Siebold et quelques autres, devoir afficher par une coupe générique l'importance, dans la classification de nos Cyprinides, de l'arrangement des dents sur un ou sur deux rangs.

Les Blickes vivent généralement en sociétés et prennent d'ordinaire une nourriture plus ou moins mélangée d'éléments végétaux et animaux.

Des sept espèces rangées par le Dr Günther dans la section des Blickes, une seulement, la *Blicca Björkna*, a été reconnue jusqu'ici dans les eaux douces de l'Europe. Les *Abramis bipunctatus* et *Abr. fasciatus* doivent être séparés génériquement de ce groupe ; les autres sont ou d'Asie ou surtout de l'Amérique.

Notre Blicke produit, avec le Gardon et le Rotengle, des formes bâtardes que je distinguerai sous les noms de *Leucisco-Blicca*, *rutilo-Björkna* (Abr. Abramo-rutilus de Holandre), et de *Scardo-Blicca erythro-Björkna* (Bliccopsis erythrophthalmoïdes de Jäckel).

Le prof. de Siebold a en outre signalé, sous le nom de *Bliccopsis alburniformis*, un poisson qu'il croit un produit de notre *Blicca* et de l'*Alburnus lucidus*. Des données bien précises me semblent manquer jusqu'ici sur ce prétendu métis. Avec des formes intermédiaires, tant du corps que des nageoires, les métis de la Blicke se trahissent généralement par l'absence des lignes dénudées, dorsale et ventrale, qui caractérisent ce genre et le précédent. L'examen des maxillaires, des pharyngiens, des dents et de la meûle, ainsi que l'étude détaillée des nageoires et de l'écaillure servent ensuite à déterminer à quel autre genre et à quelle espèce appartient le second poisson qui a produit, avec la Blicke, le bâtard en question.

Il est fort probable que la Blicke ou Bordelière doit produire aussi un métis avec la Brème; toutefois, celui-ci doit être beaucoup plus difficilement reconnaissable, à cause de la grande ressemblance extérieure de ces deux poissons.

Bien que les espèces-mères de ces divers hybrides se trouvent souvent en contact dans beaucoup de nos eaux, je n'ai reconnu jusqu'ici que le second de ces métis, le Scardo-Blicke, dans notre pays, et cela parmi nos Blickes du Rhin à Bâle.

Les caractères attribués par Valenciennes (XVII, p. 58) à son *Abramis erythropterus*, d'après un dessin d'Agassiz, semblent rappeler plutôt un bâtard de Brème ou de Blicke, avec quelque autre Cyprinide, qu'une espèce de l'un de ces deux genres : nageoires rouges, D. 10, A. 15. Sq. $\frac{6}{6}$. 40.

Ainsi que je l'ai fait pour le genre *Abramidopsis* de de Siebold, je récuse encore le genre *Bliccopsis* de cet auteur, établi, comme le précédent, uniquement sur des formes bâtardes.

Enfin, je donnerai plus bas les principaux caractères distinctifs d'un curieux échantillon de Blicke que j'ai distingué entre les quelques sujets que je m'étais procurés, comme points de comparaison, du Rhône en France.

La forme médiocrement élevée du corps, la dentition réduite, l'aspect des écailles et la terminaison de la ligne latérale au centre de la caudale, chez ce poisson, ont fait naître en moi l'idée d'un hybride ; toutefois, la disposition de l'écaillure, le nombre des rayons des nageoires et l'inspection du maxillaire m'ont montré, en même temps, une telle similitude avec la Bordelière qu'il m'a été impossible de découvrir avec quel Cyprinide je pourrais supposer un mélange. Je préfère donc signaler simplement cette forme intéressante aux ichthyologistes français, en en donnant ici, en note, une description sommaire. sous le nom de *Blicca intermedia* [1].

---

[1] Nov. spec.?

BLICKE INTERMÉDIAIRE
BLICCA INTERMEDIA nobis.

D'un vert olivâtre sombre en dessus; flancs d'un argenté jaunâtre à reflets bleuâtres et finement pointillés de noirâtre; ventre blanc. Nageoires impaires noirâtres; nageoires paires jaunâtres et un peu machurées. Corps comprimé, mais médiocrement élevé : hauteur maximale, à longueur totale, = 1 : 4. Tête plutôt ramassée, à longeur totale, = 1 : 5 $\frac{2}{3}$. Dos et ventre étroits, mais un peu moins pincés que chez la Bordelière : le premier avec la ligne moyenne en avant de la dorsale en majorité nue, mais coupée cependant, par places, par des écailles tectrices médianes fortement échancrées ; le second présentant une fine carène dénudée. Museau court et arrondi. Bouche quasi terminale et suboblique; *Opercule*

Les Blickes portent des pseudobranchies peu apparentes.

Notre représentant du genre *Blicca* possède une meule pharyngienne assez grande et épaisse, passablement dure, plutôt

peu creusé au bord supérieur. Œil plutôt grand, à la tête, = 1 : 3 ¼. *Écailles* des flancs un peu plus hautes que longues, soit subovales et relativement petites, *d'une surface à peu près égale à celle du premier sous-orbitaire;* fortement festonnées au bord fixe, avec des stries concentriques déliées, un nœud au centre et quelques *rayons divergeants très apparents. Ligne latérale concave joignant le centre de la caudale.* Dorsale pointue, commençant au milieu entre l'origine des ventrales et l'anale, et d'une hauteur un peu plus forte que la tête. Anale concave, s'étendant sur un espace égal à l'élévation de la dorsale et naissant presque au-dessous du dernier rayon de celle-ci. Ventrales rabattues parvenant à l'anus. Pectorales n'atteignant pas tout à fait jusqu'aux ventrales. Caudale fortement échancrée et à lobes subégaux.

Six sous-orbitaires : le premier subarrondi à peine égal à la moitié de l'œil. Maxillaire supérieur un peu creusé au milieu en avant, avec une branche inférieure allongée et un coude postérieur plutôt étroit, faiblement concave en dessus. *Os pharyngiens moins renflés au milieu que chez la Bordelière, avec une branche inférieure sensiblement plus allongée. Meule elliptique, allongée et assez épaisse, avec des impressions entrecroisées médiocrement apparentes.* Dents fortement pincées et un peu crochues au sommet, avec un sillon médiaⁿ ; *la première lisse, soit non festonnée sur le bord. Une seule petite dent en rang antérieur,* à peu près en face de la troisième grande. Taille de l'individu : 18 centimètres.

D. 3/8, A. 3/22, V. 2/8, P. 1/15, C. 19 maj.

$$\text{Sq. } 52 \; \frac{11}{6} \; 53$$

Dentes contusores 1, 5 — 5, 1, *unguiformes.*

Je repète que j'ai trouvé cet individu parmi des Bordelières provenant du Rhône à Lyon. C'est un mâle à testicules doubles déjà bien développés. Le nombre réduit et l'aspect des dents, ainsi que la forme plus allongée des pharingiens et la présence de lignes dénudées sur le dos et le ventre m'ont fait penser d'abord à un bâtard de la Brème avec la Blicke ; mais les proportions relativement peu élevées du tronc, la terminaison de la ligne latérale au centre de la caudale et surtout l'accusation très évidente des rayons des écailles m'ont bientôt fait écarter cette première hypothèse.

La forte accentuation des rayons des écailles et la terminaison médiane de la ligne latérale, ainsi que la forme relativement peu élevée du tronc, pouvaient faire penser à une union de la Bordelière avec le Gardon (*Leuc. rutilus*); mais le nombre des écailles et des rayons des nageoires,

allongée. et à peu près losangique, soit un peu élargie et anguleuse vers le centre, et quasi plate ainsi que marquée de légères
impressions dentaires entrecroisées sur la face de frottement;
comme si elle devait permettre à la fois aux dents un écrasement et un frottement des aliments contre elle. Cette meule
tient ainsi, par sa forme, à peu près le milieu entre celles de
nos *Abramis Brama* et *Alburnus lucidus,* et corrobore par là
les affinités naturelles qui semblent, à d'autres égards. rapprocher déjà ces deux genres. mais elle diffère en même temps

ainsi que la présence des lignes dénudées sur le dos et le ventre, ne s'ac-
cordaient pas davantage avec les chiffres moyens reconnus jusqu'ici chez
l'*Abramis Abramo-rutilus* de Holandre.

Enfin, ne voyant pas à quel Cyprinide pouvoir attribuer l'introduction
des nouveaux caractères indiqués ci-dessus, et forcé de reconnaître une
Blicke à la dentition sur deux rangs et à la forme des dents, j'ai cru
devoir distinguer ce poisson sous un nom nouveau, tout en reconnaissant,
faute d'avoir pu examiner plus d'un sujet, que la terminaison médiane de
la ligne latérale peut être exceptionnelle, et que la dentition 1.5 est peut-
être accidentelle.

Les principaux caractères distinctifs de cette Blicke française réside-
raient donc surtout : dans les proportions plus basses et un peu moins
pincées du tronc, car elle est moins haute que de jeunes Bordelières de
même taille, dans la forme moins creusée de l'opercule au bord supérieur,
dans la forme un peu plus grêle et plus allongée des pharingiens porteurs d'une première dent non festonnée, dans le nombre assez élevé des
squames en ligne latérale, dans les proportions bien moindres des écailles
par rapport au premier sous-orbitaire, dans la forte accentuation des
rayons divergents sur celles-ci.

Les proportions du corps et le nombre des écailles rappellent, il est vrai,
assez l'*Abramis Heckelii* de de Selys, mais la forme des nageoires et le
chiffre des rayons de celles-ci semblent écarter encore l'individu en question de cette Brème belge qui, comme nous l'avons dit plus haut, paraît
n'être qu'un hybride. Les formes générales, ainsi que le nombre des
écailles et des rayons des nageoires attribués par Blanchard à son
Abramis Gehini rappellent aussi le poisson que je nomme ici *Blicca intermedia*; toutefois, la distribution des dents sur deux rangs, chez ce dernier, empêchent encore ce nouveau rapprochement, l'*Ab. Gehini* étant,
selon Blanchard, une Brème à un seul rang de dents.

En face du doute dans lequel je suis encore, au sujet de l'origine
simple ou mixte et de la valeur spécifique de ce poisson, je ne puis que
souhaiter de nouvelles observations sur cette forme jusqu'ici étrangère aux
eaux suisses.

complètement, comme nous le verrons plus loin, de la meule
du Spirlin *(Alb. bipunctatus)* qui a été, à tort je crois, rangé
jusqu'ici tantôt dans les Brèmes ou les Blickes, tantôt parmi
les Ables.

Notre Bordelière, type du genre, se distingue encore à première vue de notre représentant du genre précédent, par la
forme de son maxillaire supérieur qui porte une branche inférieure beaucoup plus longue et un coude postérieur moins
large, à peine retroussé et moins concave en dessus. Les os
pharyngiens sont aussi chez elle plus ramassés que chez la majorité des Brèmes et un peu renflés au niveau des dernières
dents, avec une branche inférieure assez courte et une aile un
peu plus développée. Son arcade sous-orbitaire ne compte plus
que un ou deux petits osselets après les quatres premières
grandes pièces. La ligne latérale joint d'ordinaire, chez elle,
comme dans le genre précédent, la caudale un peu au-dessous
du milieu [1].

Quelques-uns des caractères assez constants que je viens de
relever ici, comme devant aider à distinguer nos deux représentants des genres Blicke et Brème, changeraient peut-être leur
importance jusqu'ici purement spécifique contre une valeur
générique, après un examen comparé, à ces divers points de vue,
des quelques espèces étrangères qu'il ne m'a pas été donné
d'étudier suffisamment.

9. LA BORDELIÈRE

Der Güster.

Blicca Björkna, Linné.

D'un gris verdâtre ou olivâtre, plus ou moins teinté de bleu ou
de noirâtre, en dessus; flancs argenté-bleuâtres; blanchâtre en
dessous. Nageoires impaires enfumées ou noirâtres vers le

---

[1] Ce n'est pas le cas chez la Blicke du Rhône que j'ai signalée sous le
nom de *Blicca intermedia*; c'est même cette disposition exceptionnelle de
l'extrémité de la ligne latérale qui maintient encore dans mon esprit
l'idée de quelque forme hybride.

sommet ; nageoires paires jaunâtres ou rougeâtres. Corps suborale, très comprimé et élevé. Museau court, assez épais et arrondi ; bouche un peu oblique et presque terminale. Œil grand. Écailles latérales médianes subovales ou subcarrées, avec nœud quasi médian et rayons assez apparents ; d'un tiers au moins plus grandes que le premier sous-orbitaire, soit d'une surface environ deux tiers de l'œil, chez l'adulte. Ligne latérale joignant la caudale un peu au-dessous du milieu. Dorsale pointue, naissant au milieu entre l'origine des ventrales et l'anale, haute au moins d'une longueur de tête. Anale naissant presque sous l'extrémité de la dorsale, avec une base à peu près égale à l'élévation de celle-ci, et d'une hauteur au moins un tiers moindre que sa base. Caudale moyenne, à lobes inégaux et acuminés. (Taille moyenne d'adultes : 20 à 28 centimètres.)

Cinq ou six sous-orbitaires : le premier pentagonal, recouvrant environ deux tiers de l'œil, chez l'adulte ; le dernier très-petit. Maxillaire supérieur à branche inférieure longue, avec coude postérieur plutôt étroit et faiblement concave en dessus. Pharyngiens ramassés et renflés vers le milieu. Meule losangique, plutôt allongée et assez grande, avec quelques impressions entrecroisées. Dents plutôt trapues ; la première et parfois la seconde grandes, volontiers légèrement festonnées.

D. 3,8, A. 3/19—23(24), V. 2/8, P. 1,14—16, C. 19 maj.

$$\text{Sq.}(10)43 \quad \frac{9-11}{5-6(7)} \quad 19(52)^{1}, \quad \text{Vert. 39-40.}$$

CYPRINUS BJÖRKNA, *Linné*, Syst. Nat.. p. 542 : ed. XIII, t. III. p. 1438.
    "   PLESTYA, *Leske*, Ichthyol. Lips.. p. 69.
    "   BLICCA, *Bloch*, Fische Deutschl., I. p. 65, Taf. 10. — *Hartmann*, Helvet. Ichthyol., p. 233. — *Jenyns*. Man., p. 107. — *Ekström*. Fische von Morkö, p. 44.
    "   LATUS, *Linné*, Syst. : ed. XIII. t. III. p. 1438. — *Jenyns*, Catal. Brit. Vert.. p. 26. — *Gronov*, Syst.. ed. *Gray*, p. 179.
    "   LASKYR, *Pallas*, Zoogr. Ross. Asiat.. III. p. 326.
ABRAMIS BLICCA, *Cuvier*, Reg. Anim., II. p. 194. — *Agassiz*, Mém. Soc. S. N. Neuch., I. p. 39. — *Nordmann*, Demid. Voy. Russ. Mérid..

---

[1] Je n'ai jamais trouvé le minimum 40 ni le maximum 52 dans notre pays.

III, p. 504. — *Schinz,* Fauna Helvet., p. 157, et Europ. Fauna,
II, p. 309. *Holandre,* Faune de la Moselle, p. 245. — *Selys,*
Faune belge, p. 218. — *Bonaparte,* Cat. Met., p. 32. — *Kroyer,*
Dan. Fiske, III, p. 389. — *Günther,* Fische des Neckars, p. 93.
Catal. of Fishes, VII, p. 306. — *De la Fontaine,* Faune du
Luxembourg, p. 39.

ABRAMIS BJÖRKNA, *Nilsson,* Skand. Fauna, IV, p. 328. — *Blanchard,* Poissons de France, p. 359.

» MICROPTERYX, *Agass.,* Mém. Soc. S. N. Neuch., I, p. 39. — *Cuv. et
Val.,* XVII, p. 44.

» ERYTHROPTERUS, *Agass.,* Mém. Soc. S. N. Neuch., I, p. 39 (*nec,
Cuv. et Val.,* XVII, p. 58).

» LASKYR, *Nordmann,* in Demid. Voy. Russ. Mérid., III, p. 504,
tab. 22, fig. 1.

LEUCISCUS BLICCA, *Cuv. et Val.,* XVII, p. 31. — *Yarrell,* Brit. Fish., I,
p. 287.

BLICCA ARGYROLEUCA, *Heckel et Kner,* Süsswasserfische, p. 120, fig. 62 et 63.
— *Fritsch.* Fische Böhmens, p. 5. — *Dybowski,* Cyp. Livlands,
p. 202.

» LASKYR, *Heckel et Kner,* Süsswasserfische, p. 123, fig. 64.

» BJÖRKNA, *Siebold,* Süsswasserfische, p. 138. — *Jäckel,* Fische
Bayerns, p. 38.

NOMS VULGAIRES SUISSES : (S. F.) *Platelle, Platton* ou *Platton noir* (Neuchâtel, Morat). — (S. A.) *Bliengge, Bliegge* (Lucerne); *Güster* ou
Blick et *Blicken* (Zurich, Wallenstadt); *Fliengg, Fliengli* (Zug);
Plunken ou *Pluenken* (Bâle); *Scheitelen* ou *Schoadel* (dans le
lac de Constance).

Corps très élevé, comprimé, relativement peu allongé ou ovale
et passablement atténué devant la caudale. Le profil supérieur bien voûté derrière l'occiput, fortement convexe
jusqu'à l'origine de la dorsale et, delà, presque rectiligne
jusque sur l'étranglement caudal. Le profil inférieur décrivant une courbe fortement convexe, à peu près semblable à
celle du dos, depuis la gorge jusqu'à l'origine de l'anale,
mais redressé et rectiligne le long de la base de celle-ci. Le
dos tectiforme en avant de la dorsale et plus ou moins pincé
suivant la forme plus ou moins élevée des individus; le ventre
pincé et étroit en arrière des ventrales; dos et ventre présentant, comme chez la Brème, une ligne médiane dépourvue
d'écailles et plus ou moins étendue, l'un en avant de la dorsale, l'autre entre les ventrales et l'anale.

La hauteur maximale, devant la dorsale, à la longueur
totale. comme 1 : 3 — 3 ⅞, selon l'âge plus ou moins avancé.
et, à la longueur sans la caudale, comme 1 : 2 ⅓ — 2 ⅘.
La hauteur minimale, sur le pédicule caudal. généralement
un peu moindre que le tiers de l'élévation la plus grande. —
L'épaisseur la plus forte. sur l'opercule ou légèrement en
arrière. à peu près égale au tiers de la hauteur maximale.
Une section verticale. par le fait, d'un ovale allongé. étroit
et notablement pincé vers les extrémités.

L'anus situé à peu près au milieu de la longueur totale,
soit, suivant les individus, légèrement plus près du museau
ou de l'extrémité de la caudale.

Tête petite et ramassée, bien qu'un peu plus longue que haute.
Le profil supérieur d'une inclinaison bien moindre que celle
de la nuque, presque droit au-dessus des yeux et sensiblement renflé ou arrondi vers le museau ; le profil inférieur à
peu près semblable, avec l'articulation du maxillaire légèrement saillante.

La longueur céphalique latérale, à la longueur totale du
poisson, comme 1 : 5 ¼ — 6. selon la taille des individus [1] ;
à la longueur sans la caudale. comme 1 : 4 — 4 ⅗. La longueur céphalique supérieure. le plus souvent de ⅙ à ⅛ plus
courte que la précédente. La hauteur, vers la première
écaille. d'ordinaire à peu près égale à la longueur en dessus.
L'épaisseur. sur l'opercule. volontiers légèrement plus forte
que la moitié de la longueur céphalique latérale et correspondant à l'élévation vers le quart ou le bord antérieur de
l'orbite.

Museau court, obtus, arrondi et un peu proéminent, la
mâchoire supérieure passablement protractile dépasssant
très légèrement l'inférieure à l'état de repos. La bouche
petite, un peu oblique, à peine subinférieure ou presque terminale, bordée de lèvres médiocrement épaisses et fendue
au plus jusqu'au-dessous des narines. Ces dernières doubles
et ouvertes très près de l'œil: mais, grâce à leurs dimen-

---

[1] J'ai trouvé quelquefois des individus jeunes encore qui avaient déjà la
tête relativement presque aussi petite que des adultes.

sions assez grandes, se trouvant cependant par leur cloison médiane, comme chez la Brème, à peu près au tiers de la distance comprise entre l'œil et le museau, ou même un peu plus près de ce dernier. Des pores et des canalicules à peu près comme chez l'espèce précédente.

Œil grand, subarrondi, franchement latéral, soit passablement distant du profil frontal et d'un diamètre, à la longueur céphalique latérale, comme 1 : 2 $^{11}/_{12}$ — 3 $^{1}/_{2}$ suivant les individus jeunes ou adultes.

L'espace préorbitaire plus petit que l'œil, soit égal d'ordinaire aux $^{2}/_{3}$ ou aux $^{4}/_{5}$ du diamètre de celui-ci, chez les adultes, relativement un peu plus fort chez les vieux sujets, par contre plus faible ou égal seulement aux $^{3}/_{5}$ l'orbite, chez les jeunes.

L'espace postorbitaire mesurant à peu près le double du préorbitaire, soit environ la moitié de la longueur céphalique latérale, chez l'adulte, ou un peu moins chez les jeunes, grâce aux dimensions relativement plus fortes de l'œil.

L'espace interorbitaire à peu près égal au diamètre oculaire chez les jeunes, ou même légèrement plus étroit, par contre de un quart ou un tiers plus fort chez l'adulte.

Arcade sous-orbitaire composée de cinq ou six os détachés : quatre grands devant, dessous et derrière l'œil, plus un ou deux beaucoup plus petits venant joindre l'extrémité fixe d'un tubule osseux correspondant, sur le côté des pariétaux, aux dernières pièces mobiles de cette arcade chez la Brème. Le premier sous-orbitaire représentant une plaque légèrement plus longue que haute, ou à axes égaux, de forme pentagonale, conique vers le haut, et notablement plus petite que chez l'espèce précédente, soit d'une surface, suivant l'âge plus ou moins avancé, égale aux deux tiers ou à un tiers seulement de celle de l'œil. Le second à peu près de même longueur que le premier, mais beaucoup plus étroit et parvenant jusqu'au-dessous du tiers antérieur de l'œil. Le troisième, en forme de croissant, à peu près deux fois aussi long que le précédent, mais pas beaucoup plus large. Le quatrième, occupant le côté postérieur de l'orbite, un peu plus court que le troisième, mais relativement un peu plus large. Enfin, une cinquième pièce libre formée d'un petit tube arqué de manière à réunir les canalicules du quatrième os avec l'extrémité fixe du conduit mucoso-nerveux sur les côtés du crâne; ce tube, dernier sous-orbitaire beaucoup plus petit que les autres, reposant sur un léger épanouissement osseux de forme subtriangulaire allongée. Souvent aussi entre le quatrième et ce dernier, alors le sixième et plus court, un autre os très petit tubulé et subcarré.

La voûte susorbitaire passablement développée et proéminente au centre, au-dessus de l'œil.

Maxillaire supérieur légèrement concave, un peu au-dessus du milieu, sur le bord antérieur: avec cela, développé en arrière en un coude assez allongé, relativement étroit, faiblement retroussé, soit peu creusé en dessus, et presque droit en dessous. La branche inférieure longue, plutôt grêle, droite, soit non portée en avant, un peu tordue et développée en une très petite palette vers l'extrémité (Voy. pl. II. fig. 31).

Opercule subtrapézoïdal, beaucoup plus haut que long, la hauteur parfois même presque double de la longueur: le bord supérieur un peu plus rétréci que chez la Brème, bien que creusé au centre et un peu bicorné comme chez cette dernière; le bord inférieur, presque droit ou légèrement convexe, formant, avec le postérieur à peu près rectiligne, un angle arrondi notablement plus ouvert que l'angle droit.

Sous-opercule en demi-croissant relativement un peu moins large que chez la Brème.

Interopercule formant un angle assez développé entre les pièces précédentes et le préopercule, et demeurant un peu apparent au-dessous de ce dernier.

Préopercule à bords un peu convexes et formant un angle arrondi un peu plus fort que l'angle droit.

Bordure branchiostège passablement développée.

Os pharyngiens plus ramassés que chez la Brème. L'aile médiocrement développée, mais plus large que chez la Brème, subarrondie dans le haut et anguleuse dans le bas, en face de la quatrième dent. La corne supérieure de longueur moyenne, assez large et moins recourbée que chez notre espèce du genre précédent. Le corps de l'os plus ou moins renflé latéralement au-dessous de l'aile. La branche inférieure relativement courte et plus ou moins épaisse (Voy. pl. IV, fig. 22).

Dents pharyngiennes au nombre de six à huit et sur deux rangs de chaque côté. Le plus souvent sept : cinq principales en rang postérieur ou intérieur, et deux beaucoup plus petites en ligne parallèle antérieure, en face des précédentes médianes. Parfois trois petites dents en rang antérieur sur les deux os à la fois, ou sur un seulement[1] ; quelquefois aussi une petite seulement d'un côté; d'autre fois encore, quoique rarement, six grosses avec deux petites sur l'un des os[2]. Ainsi, formule variant : de 2,5 — 5,2 à 3,5 — 5,2 ou 3,5 — 5,3 à 1,5 — 5,2 à 2,6.— 5,2. Les grandes dents en rang postérieur plutôt trapues; la couronne sensiblement comprimée et recourbée au sommet en ongle crochu, avec un sillon médian souvent moins profond ou moins accusé que chez la Brème, parfois même peu apparent sur les dents récemment en place. La première en haut volontiers la plus pincée et la plus crochue, et souvent, dans l'état de fraîcheur, un peu festonnée sur la tranche; la suivante parfois aussi très légèrement festonnée sur le bord. La seconde ou la troisième la plus grande. La dernière d'ordinaire la plus basse, mais relativement épaisse et plutôt subconique, bien que parfois carrément tronquée. Les petites dents en rang antérieur au moins de moitié moins haute que les grandes voisines, subconiques et généralement un peu recourbées au sommet (Voy. pl. IV, fig. 22).

Meule dure, facilement isolable et assez allongée, comme chez la Brème, mais un peu plus large et légèrement anguleuse sur les côtés vers le milieu, soit à peu près en forme de losange. La face supérieure ou d'attache passablement convexe; la face inférieure ou de frottement plutôt plate et marquée de légères impressions dentaires entrecroisées (Voy. pl. IV, fig. 23 et 24).

---

[1] Trois petites dents sur les deux os est un cas relativement rare dans nos eaux.

[2] Ce cas très rare est signalé par Jäckel dans ses *Fische* Bayerns, p. 39.

Dorsale naissant sensiblement en arrière du milieu de la longueur du poisson sans la caudale, souvent de un quart ou un tiers de la tête, soit à peu près au centre de l'espace compris entre l'origine des ventrales et l'anale, ou un peu plus près des premières. La hauteur de cette nageoire mesurant des $\frac{5}{8}$ aux $\frac{3}{4}$ de l'élévation du tronc, selon les individus vieux ou jeunes, et par le fait égale à la tête, ou plus souvent un peu plus grande. La longueur ou la base égale environ à la moitié du plus grand rayon, ou un peu moins. Quant à la forme : acuminée au sommet, fortement décroissante et presque droite ou très légèrement concave sur la tranche.

Généralement onze rayons : trois simples et huit divisés, le premier simple très petit; le second égal environ aux $\frac{2}{3}$ ou à $\frac{1}{2}$ du troisième. Celui-ci égal au premier rameux ou un peu plus long. Le dernier divisé égal environ à $\frac{1}{3}$ du plus grand ou légèrement plus.

Anale naissant à peu près au-dessous du dernier rayon de la dorsale, ou légèrement en arrière, et demeurant rabattue à une distance de l'origine de la caudale égale. selon les cas, à la hauteur de ses rayons médians ou des postérieurs. L'étendue basilaire de cette nageoire à peu près égale à la hauteur de la dorsale ou légèrement moindre et, à la longueur du poisson sans la caudale, comme 1 : 3 $\frac{3}{4}$ — 4 $\frac{1}{3}$. La hauteur, aux rayons antérieurs, toujours beaucoup moindre que la longueur basilaire, soit égale le plus souvent aux $\frac{2}{3}$ ou aux $\frac{2}{3}$ de celle-ci. Quant à la forme : anguleuse aux extrémités et médiocrement ainsi qu'assez graduellement concave sur la tranche.

Vingt-deux à vingt-six (parfois même jusqu'à vingt-sept [1]) rayons : trois simples et dix-neuf à vingt-trois divisés. Le premier simple très court; le second égal à peu près au tiers ou aux deux cinquièmes du troisième ; celui-ci égal au premier divisé ou légèrement plus court. Les rayons médians relativement un peu plus longs que chez la Brème; le dernier égal environ au tiers du plus grand ou un peu moindre.

Ventrales implantées à peu près au centre de l'espace compris

---

[1] Selon Günther, Cat. of Fishes, VII, p. 300.

entre le museau et le bout de l'anale et parvenant rabattues,
selon l'âge et les individus mâles ou femelles, jusqu'à l'origine de cette dernière ou sensiblement moins loin, demeurant même souvent distantes de l'anale d'une quantité égale
à la moitié de leur longueur. La dite longueur de ces nageoires égale à la hauteur de l'anale ou un peu plus faible.
Quant à la forme : anguleuses au sommet, subarrondies sur
la tranche et plutôt peu réduites en arrière.

Dix rayons : deux simples et huit divisés. Le premier simple égal au cinquième ou au sixième du second ; celui-ci
égal au premier rameux, lui-même à peu près de même
longueur que le suivant, ou un peu plus court. Le dernier mesurant entre les deux tiers et les trois quarts du
plus grand.

Pectorales parvenant rabattues, selon l'âge et les individus mâles
ou femelles, jusque sur l'origine des ventrales, ou demeurant
au contraire séparées de celles-ci par un espace parfois égal
à un tiers de leur longueur. La dite longueur de ces nageoires
généralement un peu plus forte que celle des précédentes.
Quant à la forme : anguleuses au sommet, sensiblement
convexes sur la tranche et passablement réduites en arrière ;
le dernier rayon égalant au plus le sixième ou le cinquième
du plus grand.

Quinze à dix-sept rayons : un simple le plus souvent légèrement plus court que le premier rameux, alors le plus grand
de tous, et quatorze à seize divisés.

Caudale de moyenne dimension et profondément échancrée, avec
des lobes acuminés moins inégaux que chez la Brème ; le lobe
inférieur la plupart du temps de $\frac{1}{8}$ ou $\frac{1}{10}$ seulement plus
long que le supérieur. Le plus grand lobe, à la longueur
totale du poisson, comme $1 : 3\frac{4}{5}$ chez les jeunes à $4\frac{3}{4}$ chez
les vieux, et, par le fait, toujours beaucoup plus long que
la tête, souvent de un sixième ou un cinquième, parfois
même de un tiers de celle-ci environ. (Heckel et Kner donnent à la caudale une longueur égale à la base de l'anale :
je trouve au plus grand rayon de cette nageoire des dimensions sensiblement plus fortes.)

Dix-neuf grands rayons : un grand simple de chaque côté

et dix-sept divisés; les médians mesurant entre le tiers et les deux cinquièmes des plus longs. Des petits rayons basilaires décroissants en nombre variable en haut et en bas, souvent de trois à six plus ou moins apparents.

Écailles plutôt grandes, se recouvrant aux deux tiers environ, pas très épaisses et en majorité subovales ou subcarrées. Les plus grandes, sur les flancs un peu en arrière du milieu du corps, d'une surface de un tiers au moins plus grande que celle du premier sous-orbitaire et à peu près égale à la moitié ou aux deux tiers de l'œil, selon les sujets jeunes encore ou adultes de taille moyenne; avec cela très légèrement plus hautes que longues, arrondies au côté libre, anguleuses ainsi qu'assez profondément mais irrégulièrement festonnées au côté fixe, et marquées de stries concentriques excessivement déliées autour d'un nœud situé à peu près au milieu de l'écaille ou un peu plus près du bord libre. Des rayons divergeants volontiers moins nombreux mais un peu plus apparents que chez la Brème, sur la face découverte; quelques rayons assez constants et accentués joignant aussi, sur l'autre côté, le centre des festons du bord fixe. Les squames latérales antérieures, latérales postérieures, dorsales et pectorales à peu près de même forme et dans les mêmes rapports de proportions que chez la Brème.

Une fine bande dépourvue d'écailles tectrices sur la ligne médiane entre l'occiput et la nageoire dorsale; une autre arête dénudée sur le ventre entre la ventrale et l'anus. La ligne nue du dos étant plus ou moins complète ou prolongée, on trouve assez souvent par places des squames dorsales ou bilobées, ou profondément échancrées.

Généralement neuf à onze écailles au-dessus de la ligne latérale vers la plus grande hauteur, et cinq à six en-dessous jusqu'aux ventrales (jusqu'à sept selon Günther dans ses Fische des Neckars).

Ligne latérale décrivant, à partir du sommet de l'opercule, une courbe concave passant au-dessous du centre, soit vers les $^2/_5$ de la hauteur du tronc environ et joignant la caudale un peu au-dessous du milieu.

Les écailles de cette ligne, au nombre de quarante-trois à

quarante-neuf [1] (parfois quarante seulement, selon Blanchard [2], ou jusqu'à cinquante-deux, selon de Selys [3]), volontiers un peu plus anguleuses que leurs voisines. Comme chez la Brème, les postérieures un peu plus petites et plus allongées que les médianes, les antérieures plus petites encore, mais de forme plus élevée et, bien qu'assez réduites, généralement un peu plus grandes que leurs voisines supérieures. Le bord libre quelquefois très délicatement et irrégulièrement festonné vers l'extrémité des rayons. Le tubule mucifère subcylindrique, plutôt étroit, naissant très légèrement en arrière du nœud et occupant à peu près la moitié de l'espace compris entre celui-ci et le bord libre pour les écailles médianes, plus court et plus large sur les écailles antérieures, par contre plus effilé, plus allongé et souvent oblique, volontiers ascendant sur les postérieures.

Coloration assez différente selon les individus et les saisons : les faces supérieures d'un vert olivâtre clair ou foncé, ou d'un gris verdâtre comme frotté de bleu, ou d'un brun bleuâtre, ou encore très sombres, soit presque noirâtres par le fait de l'addition temporaire d'une couche de pygment noir plus ou moins étendue sur les côtés du corps, pygment qui souvent se groupe par places en taches d'un noir bleuâtre. Les flancs bleuâtres ou argentés dans le haut, blancs ou légèrement jaunâtres ou argentés dans le bas. Le ventre blanc argenté ou blanchâtre, parfois légèrement rougeâtre, surtout après la mort. La tête volontiers un peu plus claire que le dos, en dessus, argentée et ornée de teintes irisées ou nacrées sur les côtés, souvent avec de petites taches noires éparses.

Souvent aussi quelques taches noires subarrondies et éparses sur le dos et les côtés du corps.

Nageoires impaires grisâtres ou plus ou moins enfumées : la dorsale souvent assez sombre vers la tranche; la caudale volontiers lavée de noirâtre ou de noir bleuâtre, surtout dans la moitié extrême. L'anale marquée, en avant et au sommet,

[1] Le plus souvent en Suisse 45-48.

[2] Poissons de France, p. 360.

[3] Faune belge, p. 218.

d'une tache noirâtre plus ou moins prolongée en arrière sur la tranche; les premiers rayons quelquefois, comme les suivants, légèrement nuancés de jaunâtre ou de rougeâtre.

Nageoires paires volontiers un peu jaunâtres ou rougeâtres dans la moitié basilaire, et plutôt grises dans la partie extrême; parfois, à l'époque des amours surtout, presqu'entièrement rougeâtres, chez les adultes. L'anale, dans ce cas, souvent aussi rougeâtre à la base. — Iris d'un blanc argenté ou légèrement jaunâtre, avec une tache verdâtre ou noirâtre dans le haut.

Dimensions atteignant au plus à un pied, soit à 30 ou 32 centimètres de longueur totale, avec un poids de une livre à une livre et quart soit 500 à 625 grammes au plus. Perrot et Droz (notes manuscrites) rapportent le dire de quelques pêcheurs suivant lesquels le *Platton noir* arriverait au poids de deux livres dans le lac de Morat; toutefois, ce chiffre énorme me paraît sinon fort exagéré du moins très exceptionnel. Heckel et Kner assurent que la Blicke atteint rarement au poids de une livre en Autriche. Blanchard affirme que l'on trouve difficilement en France des Bordelières dépassant 30 centimètres de longueur totale. Selon Hartmann, une demi-livre serait le poids moyen de l'espèce en Suisse; les pêcheurs de plusieurs de nos lacs m'ont même assuré que la majorité des Blickes qu'ils prennent ne dépassent guère un quart de livre. Enfin, la plupart des adultes que j'ai mesurés variant entre 26 et 28 centimètres, avec un poids moyen de 250 à 260 grammes, je ne puis qu'appuyer le dire de de l'auteur de l'*Helvetische Ichthyologie*. Il m'a paru que les mâles sont généralement un peu plus petits que les femelles à âge égal.

Mâles ne présentant pas au moment du rut des tubercules aussi apparents que ceux de l'espèce précédente, mais ornés cependant à cette époque, sur le bord des écailles dorsales antérieures, de très petites granulations, suivant de Siebold répandues souvent jusque sur les opercules et la face interne des premiers rayons des nageoires pectorales. Les nageoires paires rabattues parvenant souvent un peu plus loin en arrière chez les mâles et les jeunes que chez les femelles adultes. Ici, comme dans le genre précédent, le gonflement du premier rayon pectoral bien moins accentué que chez d'autres Cyprinides.

Jeunes de formes moins élevées quant au tronc, et par le fait un peu moins comprimés, avec une tête le plus souvent relativement un peu plus forte [1], un œil plus grand et des nageoires relativement plus développées. Livrée généralement plus claire; souvent une petite bande dorée longitudinale au haut des flancs.

Vertèbres au nombre de 39 à 40.

Vessie à air étranglée vers le tiers antérieur, assez large mais peut-être un peu moins cordiforme que chez la Brème en avant, plus étroite, ceintrée, subacuminée et parfois un peu tordue en arrière. — Tube digestif à peu près de la longueur du poisson. — Ovaires et testicules doubles. — Des pseudobranchies filiformes adhérentes, comme chez la Brème, mais peut-être un peu plus longues.

Cette espèce varie assez à divers égards pour avoir donné lieu à la création de plusieurs fausses espèces. Nous avons vu, dans le courant de la description, combien les rapports de proportions de la tête, du tronc et des membres, le nombre des rayons et des écaillés, et la coloration peuvent varier, tantôt avec l'âge et le sexe, tantôt avec les conditions d'existence et les circonstances ou les saisons. La teinte noire ou noirâtre qui couvre assez souvent les faces dorsales et une plus ou moins grande partie des flancs des Blickes, coloration qui, dans certaines localités, a valu à ce poisson un nom particulier (à Morat le *Platton noir*, ne me paraît pas, comme au professeur de Siebold, exclusivement le propre de la livrée de noces. Il m'a semblé qu'elle dépend souvent autant de l'habitat du poisson dans les herbes ou sur les fonds couverts que du développement érotique qui se fait dans l'individu à l'approche du rut. Elle se montre,

---

[1] On voit parfois des jeunes qui font exception sur ce point.

en effet, assez souvent en dehors de cette époque, dans certaines eaux riches en végétation.

J'ai trouvé quelquefois, principalement chez des sujets de taille petite ou moyenne et à tête relativement courte pour leur âge, des os pharyngiens moins renflés sur le centre et un peu plus allongés dans la branche inférieure. Jäckel paraît avoir remarqué déjà la même chose dans ses poissons de Bavière, (l. c. p. 39). Ayant constaté, avec cette première déviation, une irrégularité correspondante dans la dentition (chez deux sujets 1,5—5,2 sans traces de rupture), j'ai cru d'abord à des hybrides de la Brême et de la Bordelière, à un *Abramo-Blicca Bramo-Björkna*. Cette union, fort possible mais difficile à constater, me paraissait expliquer parfaitement ces formes un peu deviées du type de la Blicke; toutefois, la concordance complète de tous les autres caractères avec ce dernier genre m'a bientôt fait repousser cette première hypothèse. Tout porte à croire que les *Blicca* doivent se mélanger avec les *Abramis* au moins aussi souvent qu'avec les *Leuciscus* et *Scardinius*, mais la grande ressemblance de ces deux premiers genres doit rendre difficilement reconnaissables les métis qui en proviennent. C'est ici que l'examen du maxillaire et des sous-orbitaires peut être d'un grand secours, pour peser certaines différences sur d'autres points, de la dentition par exemple.

La forme parfois un peu plus grêle des os pharyngiens et la distribution des dents exceptionnellement au nombre de 1—5 d'un côté, que je viens de signaler chez certains individus de la *Blicca Björkna*, semblent rapprocher beaucoup de cette dernière le poisson du Rhône que j'ai décrit, en note ci-dessus, sous le nom de *Blicca intermedia*. La Bordelière compte en effet quelquefois, suivant de Selys, jusqu'à 52 écailles en ligne latérale, et l'on sait aussi que les jeunes sont toujours de forme moins élevée que les vieux; mais l'individu en question porte déjà, malgré sa petite taille, des testicules bien développés, et il est difficile d'expliquer, soit la quasi-égalité de proportions entre le premier sous-orbitaire et les écailles par le fait assez petites, soit la forte accentuation des quelques rayons divergents sur ces dernières.

L'*Abramis micropteryx* distingué par Agassiz et décrit par

Valenciennes paraît n'être qu'une simple variété de notre *Blicca Björkna*. De Siebold a déjà fait remarquer[1] que les pharyngiens et les dents de cette prétendue espèce ne diffèrent en rien de ceux de la Blicke ordinaire. J'ajouterai que les rapports de proportions et les nombres de rayons des nageoires se rapprochent assez des limites que nous avons établies sur divers représentants de l'espèce en Suisse pour que je partage pleinement l'opinion du célèbre ichthyologiste allemand. Après examen des échantillons d'Agassiz, conservés au musée de Neuchâtel, le professeur de Siebold a cru devoir rapprocher aussi de notre Bordelière l'*Ab. erythropterus* de cet auteur; toutefois, la description que donne Valenciennes du dit *Ab. erythropterus* d'après les dessins d'Agassiz: nageoires rouges, D. 10, A. 15, écailles 6 sur 6 et 40 en ligne latérale, semblent devoir plutôt faire de ce poisson un bâtard de quelque autre Cyprin, en le rapprochant ou de l'*Ab. Leuckartii* de Heckel, ou de l'*Ab. Abramo-rutilus* de Holandre. — L'*Abramis laskyr* de Pallas et de Nordmann, abondant dans les tributaires de la mer Noire, bien que conservé comme espèce sous le nom de *Blicca laskyr* par Heckel et Kner, me paraît à son tour n'être qu'une forme locale de notre *Blicca Björkna*. Malgré l'élévation censée plus grande de son tronc, cette Blicke paraît rentrer cependant dans les limites de la variabilité de notre espèce; la forme plus voûtée du dos, qui fait varier avec elle la position de l'axe longitudinal par rapport à la tête, ainsi que les proportions relatives de l'épaisseur et de la hauteur minimales du corps, se montrent, en effet, aussi quelquefois chez notre *Blicca-Björkna*. Nous avons constaté également chez la Bordélière, dans les dimensions de l'œil et dans les rapports de proportions des nageoires, suivant l'axe, le sexe et les individus, des différences au moins aussi importantes que celles qui devraient distinguer spécifiquement cette Blicke orientale.

Enfin, je ferai remarquer que l'on trouve assez souvent, dans quelques-uns de nos lacs, celui de Neuchâtel par exemple, parmi les sujets de taille moyenne, des individus bien moins élevés que le type et relativement assez larges sur le dos en

---

[1] Süsswasserfische, p. 141.

avant, avec le minimum des écailles dans le sens vertical, soit généralement $\frac{9}{5}$. De semblables variétés basses se voyent, du reste, chez presque tous nos Cyprinides.

La Bordelière est répandue dans la majeure partie de l'Europe, au nord des Alpes. On la trouve, en Suisse, dans la plupart des eaux basses du bassin du Rhin ; mais elle fait, comme la Brême, défaut au Tessin au sud des Alpes, ainsi qu'à l'Inn dans l'Engadine, comme à un niveau trop élevé. Comme la Brême aussi, elle manque au bassin du Léman. Il est fort probable que, sans la perte du Rhône à Bellegarde, nous trouverions la Blicke, avec bien d'autres poissons arrêtés comme elle par cet obstacle, dans les eaux de ce fleuve en Suisse, car Ogérien signale cette espèce jusque dans le Doubs près de nos frontières [1]. J'ai constaté la présence de la Bordelière dans les lacs de Neuchâtel, Bienne, Morat, Lucerne, Zug, Zurich, Wallenstadt et Constance.

Les divers auteurs qui ont traité jusqu'ici de l'ichthyologie helvétique, Mangolt, Hartmann, Nenning, Schinz, Rapp, etc., ont tous refusé la Blicke au lac de Constance. Heckel et Kner [2] ont été les premiers à enregistrer le Bodensee parmi les eaux habitées par cette espèce. De Siebold [3], après ceux-ci, a cherché à expliquer l'omission des auteurs anciens par le fait que les pêcheurs prennent généralement la Blicke pour le jeune de la Brême. Est-ce à une semblable confusion qu'il faut aussi rapporter le dire de plusieurs pêcheurs qui m'ont assuré qu'on ne trouve pas ce poisson dans les lacs de Thoune et de Brienz [4].

Malgré l'autorité de la citation de de Siebold en 1863, la présence de la Blicke dans le lac de Constance a continué à être méconnue dans le pays, et les données ichthyologiques les plus récentes semblaient, jusqu'en 1879, contredire encore l'assertion des auteurs allemands.

---

[1] Hist. nat. du Jura, III, p. 358.

[2] Süsswasserfische, p. 122.

[3] Süsswasserfische, p. 140. De Siebold croit que la figure donnée par Mangolt pour une jeune Brême doit être rapportée à la Blicke.

[4] Peut-être, pour ces deux lacs, le dernier surtout, est-ce plutôt à la température des eaux qu'il faudrait attribuer cette absence.

Le Dr Wartmann [1], en 1868, signalait la *Blick* ou *Blicken* jusque dans les environs de St-Gall, dans les eaux qui, par la Thur, joignent le Rhin au-dessous de la chute; tandis que le Dr Brügger [2], en 1874, inscrivait la Brême et pas la Blicke dans les poissons qui, du lac de Constance, remontent par le Rhin jusque dans les environs de Coîre. Enfin, en 1879, M. Kollbrunner [3], traitant des poissons du lac de Constance, dans son Ichthyologie de Thurgovie, parlait encore de la Brème, en passant la Blicke sous silence.

Les pêcheurs des environs de Constance, n'avaient pas réussi à m'envoyer autre chose que de jeunes Brêmes, bien qu'ils distinguassent, disaient-ils, deux poissons, sous les noms de *Brachsmen* et de *Scheitelen*, lorsque, en août 1879, je fus enfin assez heureux pour vérifier par moi-même la justesse de l'assertion de Heckel et Kner et de Siebold.

En revenant de la réunion annuelle de la Société helvétique de sciences naturelles à St-Gall, en compagnie du Dr Leuthner, je m'arrêtai sur divers points du littoral suisse du lac de Constance, pour collectionner quelques poissons, tout spécialement dans le désir de vérifier avec quelques pêcheurs l'absence ou la présence de cette Blicke tant contestée.

Après quelques insuccès, j'eus le bonheur de trouver, à l'extrémité de la jetée du bateau à vapeur, à Ermattingen, quelques jeunes garçons qui pêchaient à la ligne et qui en peu d'instants me sortirent de l'eau, en cet endroit très garnie de végétation, plusieurs petits poissons qu'ils appelaient, en effet, *Scheitelen* et qui n'étaient autres que de jeunes individus de la véritable Blicke (*Blicca Björkna*).

La Bordelière habite également les lacs, les marais et les rivières dont le courant n'est pas trop accidenté. Rarement on la rencontre chez nous, au delà de 650^m au-dessus de la mer. Elle vit volontiers en sociétés plus ou moins nombreuses et par-

---

[1] Unsere Fischerei; Bericht der St. Gallischen naturw. Gesell., 1867-68, p. 157.

[2] Naturgeschichtliche Beiträge zur Kenntniss der Umgebung von Chur; Wirbelthiere, von Brügger, p. 150.

[3] Die Thurgauische Fischfauna, von E. Kollbrunner, Frauenfeld, 1879.

fois en compagnie du Gardon et du Rotengle avec lesquels elle produit de temps à autre des métis. Bien que se montrant souvent dans les localités herbeuses, surtout à l'époque des amours, elle se tient aussi très volontiers sur les fonds plus découverts, graveleux, sablonneux ou marneux.

D'un naturel moins sauvage que la Brème, elle s'approche et se tient plus volontiers près des rives que celle-ci; c'est même, paraît-il, à cette particularité qu'elle devrait son nom français de *Bordelière*. La Blicke prend une nourriture mélangée de principes végétaux et animaux. Elle absorbe pas mal d'herbes et de débris de plantes aquatiques, mais elle gobe aussi volontiers des vers, de petits mollusques et des insectes; on l'accuse même de profiter de ses promenades le long des rives pour goûter avec plaisir au frai des autres poissons.

L'époque des amours varie, suivant les années et les localités, entre mai et juin. Les vieilles femelles semblent pondre d'ordinaire une semaine environ plus tôt que les jeunes. L'acte de la ponte durerait pour chacunes trois à quatre jours. On remarque, durant ce temps, une grande agitation dans la gent Bordelière. Comme celles de la Brème, les amours de la Blicke sont passablement tapageuses. Les œufs, petits et en nombre assez considérable (Block dit avoir compté jusqu'à 108,000 petits œufs verdâtres dans une seule femelle [1]), sont généralement déposés sur les herbes, non loin du rivage.

On prend la Bordelière à la ligne amorcée d'un ver, avec les nasses et dans divers filets; toutefois, ce poisson ne fait guère l'objet d'une pêche spéciale, car sa chair est assez flasque et par trop garnie d'arêtes. Les plus grands individus sont souvent vendus comme Brème avec les jeunes de celle-ci; les plus petits servent aux pêcheurs pour amorcer leurs fils.

Nous avons dit plus haut qu'elle produit, avec le Rotengle et le Gardon des bâtards connus généralement sous le nom de Blicke-Raufe et de Brème-Rosse; je n'ai reconnu jusqu'ici que le premier dans nos eaux.

---

[1] Cet auteur croit qu'un abaissement subit de la température précipite la ponte; je croirais plutôt qu'il l'arrête au contraire, comme c'est le cas pour beaucoup de poissons, et que les femelles ainsi surprises restent plus ou moins longtemps sans pouvoir se débarrasser entièrement de leurs œufs.

Comme tous les membres de sa famille, la Blicke est aussi hantée par divers parasites de l'ordre des Helminthes [1].

HYBRIDE 9/12.

SCARDO-BLICCA ERYTHRO-BJORKNA, nobis.

LA SCARDOBLICKE OU BLICKE-RAUFE.

Verdâtre en dessus, d'un blanc jaunâtre à reflets verdâtres sur les côtés, blanc argenté en dessous; les nageoires impaires enfumées en avant, les paires d'un jaune orangé. Corps assez élevé et passablement comprimé; dos et ventre un peu pincés. Museau court et médiocrement épais; mâchoires égales. Œil grand. Écailles latérales médianes subarrondies ou subcarrées, au moins doubles du premier sous-orbitaire et à peu près égales aux trois quarts de l'œil chez l'adulte, avec quelques rayons assez apparents. Ligne latérale joignant la caudale vers le milieu. Arêtes dorsale et ventrale d'ordinaire écailleuses. Nageoire dorsale assez acuminée et d'une hauteur égale environ à la longueur de la tête. Anale un peu concave, presque aussi haute que longue, à base cependant plus courte que la hauteur de la dorsale. Lobes caudaux presque égaux. (Taille moyenne de l'adulte : 140-190ᵐᵐ).

Cinq sous-orbitaires : le premier subovale, pouvant recouvrir environ le tiers de l'œil; le dernier très petit. Maxillaire supérieur à coude post. un peu retroussé et à branche inf. médiocrement allongée. Pharyngiens moins trapus que chez la Blicke et faiblement renflés au milieu. Meule plutôt courte, en écusson large au centre, avec de profondes impressions entre-croisées. Dents sur deux rangs et médiocrement allongées; les principales peu ou pas sillonnées, mais franchement pectinées.

Dentes subcontusores 3,6—5,3, pectinati;
vel 2,5—5,2; vel 2,5—5,3.

---

[1] *Echinorhynchus Proteus* (Westr.); dans les intestins. — *Diplozoon paradoxum* (Nordm.); sur les branchies. — *Distomum globiporum* (Rud.); dans les intestins. — *Diplostomum cuticola* (Nordm.); à la surface du

D. 3(2)/8(7), A. 3/17(12—15), V. 2(1)/8, P. 1/14—16(13), C. 19(20).

$$\text{Sq. (40). } 44 \frac{8—(9)}{4—(5)} \text{ } 45.$$

ABRAMIS ABRAMO-RUTILUS *(part)*, *Holandre*, Faune de la Moselle, p. 246. — *Blanchard*, Poissons de France, p. 361, etc.
AB. BUGGENHAGII *(part.)*, *Selys*, Faune belge, p. 216. — *De la Fontaine*, Faune du Luxembourg, p. 38.
BLICCOPSIS ABRAMO-RUTILUS *(part)*, *Siebold*, Süsswasserfische, p. 142.
BRAMA ISOGNATUS (?), *Bleck*, Vers. Med. Acad. Naturk., XV, p. 235.
BLICCOPSIS ERYTHROPHTHALMOIDES, *Jäckel*, Fische Bayerns, p. 49.
HYBRID BETWEEN LEUC ERYTHROP. UND AB. BLICCA, *Günther*, Catal. of Fishes, VII, p. 233.

Avant de commencer la description de cet hybride[2], je dois faire remarquer que les détails qui vont suivre reposent sur l'examen d'un seul individu d'origine suisse, mesurant 148^{mm} de longueur totale et provenant du Rhin à Bâle. Les métis étant naturellement sujets à varier entre les limites des deux espèces mères, il n'y a rien d'étonnant à ce que je ne sois pas ici toujours parfaitement d'accord, sur tous les points, avec les données de Jäckel, qui a rencontré assez souvent cette forme bâtarde en Bavière et qui lui a attribué le nom de *Bliccopsis erythrophthalmoïdes*. Je relèverai, du reste, chemin faisant, les différences qui me paraîtront avoir quelque importance.

Corps de hauteur et épaisseur moyennes, entre celles de la Bordelière et du Rotengle. Le profil supérieur graduellement voûté jusqu'à l'origine de la dorsale et oblique ainsi qu'à peu près rectiligne de ce point à la caudale, de manière à former au sommet un angle assez accentué. Le profil inférieur suivant une courbe douce et régulière du museau à l'anus, brusquement relevé et droit le long de l'anale, enfin presque rectiligne jusqu'à la caudale.

corps, dans la cavité buccale, dans les muscles et dans l'œil (dans un kyste). — *Ligula digramma* (Crepl.); dans la cavité abdominale. — *Caryophyllæus mutabilis* (Rud.); dans les intestins.

[1] Günther (Catal. of Fishes, VII, p. 233) donne jusqu'à 7 en dessous; probablement jusqu'au milieu du ventre.

[2] Je ne connais à ce poisson aucun *nom vulgaire*, ni en français, ni en allemand.

La hauteur maximale, vers la dorsale, à la longueur totale, comme 1 : 3 $^3/_5$, à la longueur sans la caudale, comme 1 : 2 $^6/_7$. La hauteur minimale, devant la caudale, à l'élévation la plus grande, comme 1 : 3 $^1/_4$. L'épaisseur la plus forte, sur l'opercule, à la hauteur vers la dorsale, comme 1 : 2 $^3/_4$.

La ligne médiane du dos, de la nuque à la dorsale, moins étroite que chez la Blicke, mais plus pincée que chez les *Leuc. rutilus* et *Scard. erythrophthalmus*, et recouverte d'écailles tectrices médianes plus petites que les correspondantes chez ces deux poissons. La carène ventrale également moins tranchante que chez la Blicke, bien qu'assez pincée, et entièrement recouverte par les écailles. Une section verticale à la plus grande hauteur, par là, d'un ovale un peu moins allongé, moins étroit et moins pincé aux extrémités que chez la Bordelière.

L'anus situé un peu en arrière du milieu de la longueur totale ; soit séparé de la base de la caudale par un espace égal au tiers du poisson sans cette dernière.

Tête relativement petite et ramassée. Le profil supérieur suivant à peu près la courbe de la nuque jusqu'au-dessus de l'œil et, depuis là, très légèrement relevé, comme chez le Rotengle.

La longueur latérale de la tête, à la longueur totale du poisson, comme 1 : 5 $^1/_3$, et, à la longueur sans la caudale, comme 1 : 4 $^1/_7$. La longueur céphalique en dessus, à la longueur latérale, comme 1 : 1 $^1/_4$, non que la tête soit beaucoup plus longue latéralement que chez la Bordelière, mais parce que la limite de l'écaillure vers l'occiput est un peu moins reculée que chez les Blickes franches. La hauteur, vers l'occiput, très légèrement plus grande que la longueur supérieure. L'épaisseur sur l'opercule légèrement plus forte que la moitié de la longueur latérale et correspondant à la hauteur vers le bord antérieur de l'œil.

Museau subconique et médiocrement épais, soit notablement moins renflé et obtus que chez le bâtard produit par l'union de la Blicke avec le Gardon. Bouche passablement oblique, avec des mâchoires d'égales longueurs et fendue jusqu'au-dessous de l'orifice postérieur des narines. Des pores assez évidents sur la tête de chaque côté, autour de l'œil, le long du préopercule et sous le maxillaire inférieur.

Œil grand, subarrondi et plus fort que chez le Gardon et le Rotengle, soit, à la longueur de la tête, comme 1 : 3. L'espace préorbitaire mesurant environ les $^2/_3$ du grand diamètre de l'œil et, par le fait, égal à la $^1/_2$ du postorbitaire. L'interorbitaire un peu plus fort que l'œil et entrant légèrement plus de deux fois dans la longueur céphalique supérieure.

Arcade sous-orbitaire composée de cinq os juxtaposés et parcourue par des canalicules très apparents : le premier os subovale, avec une petite pointe vers le haut et d'un grand diamètre à peu près égal à la moitié de celui de l'œil, soit d'une surface égale environ au tiers de celle de ce dernier ; le second à peu près de même longueur, mais beaucoup plus étroit ; le troisième, notablement plus long et élargi en croissant en arrière ; le quatrième, derrière l'œil, à peu près de même longueur que le second, mais sensiblement plus large, soit environ deux fois aussi long (ou haut) que large. Enfin, un cinquième beaucoup plus petit, subtriangulaire et joignant imparfaitement l'extrémité du tubule fixe sur le crâne.

La voûte susorbitaire médiocrement développée au-dessus de l'œil.

Maxillaire supérieur tenant, pour la forme, exactement le milieu entre ceux de la Blicke et du Rotengle : le bord antérieur un peu moins creusé que chez la première, avec un talon postérieur un peu moins prolongé et plus retroussé, et, comme chez le second, une branche inférieure un peu plus courte (Voy. pl. II, fig. 32 et les fig. comparées 31 et 35).

Opercule comme chez la Blicke, plus élevé et notablement moins large que chez le Rotengle, mais, comme chez ce dernier, plus rétréci dans le haut et peu ou pas creusé au côté supérieur. Les côtés postérieur et inférieur, presque rectilignes, formant un angle à peine plus ouvert que l'angle droit.

Sous-opercule en demi-croissant, à peu près comme chez la Bordelière, soit moins large et moins arrondi que chez le Rotengle. — Les autres pièces presque comme chez la Blicke.

Pharyngiens moins ramassés que chez la Blicke et, comme chez

le Rotengle, un peu plus brusquement coudés au sommet de
l'aile vers la corne supérieure, ainsi que moins épais dans la
branche inférieure. Le corps de l'os très légèrement renflé
au-dessous de l'aile (Voy. pl. IV, fig. 25).

Dents pharyngiennes sur deux rangs et au nombre de sept
à huit sur chaque os, parfois neuf d'un côté. Chez l'individu
suisse que j'ai en main, six grandes dents, en rang postérieur
sur l'os gauche et cinq sur celui de droite, plus trois petites
en rang antérieur, de chaque côté, soit : 3,6—5,3. (Des
cinq sujets brièvement décrits par Jäckel [1], trois portaient
2,5—5,2 dents et deux 2,5—5,3; aucun ne présentait la formule de l'échantillon du Rhin que je décris ici.) La Blicke et
le Rotengle comptant rarement plus de cinq grandes dents
en rang postérieur, on serait tenté peut-être d'expliquer ici
la présence d'une sixième grande dent à gauche par une
alliance avec le Gardon ; toutefois, la présence des trois
petites dents en rang antérieur, la structure pectinée des
couronnes dentaires et la forme exactement intermédiaire de
la meule, des pharyngiens et du maxillaire ne laissent aucun
doute sur les espèces mères de ce bâtard. Du reste nous
savons que la Blicke peut porter aussi exceptionnellement
six grandes dents d'un côté.

Les dents postérieures un peu plus longues et étroites que
chez la Blicke, mais moins effilées cependant que chez le
Rotengle. La couronne des quatre ou cinq principales de
chaque côté, pincée, allongée obliquement, recourbée en
crochet à l'extrémité et franchement pectinée sur le bord,
bien que moins profondément dentelée que chez le *Scardinius*. La seconde et la troisième à peu près égales et les plus
grandes; la dernière, cinquième ou sixième suivant le côté,
bilobée à l'extrémité ou simplement subconique.

Les petites dents, au nombre de trois de chaque côté, disposées en rang extérieur, sur un espace compris entre les
seconde et quatrième grandes dents postérieures; aussi hautes
au moins que la moitié de celles-ci, un peu plus épaisses que
chez le Rotengle, égales entre elles et subconiques ou très
légèrement recourbées au sommet (Voy. pl. IV, fig. 25).

' Fische Bayerns, p. 49.

Meule assez dure, facilement isolable et de forme tout à fait
intermédiaire entre celles des deux espèces mères, soit moins
allongée que chez la Blicke et moins arrondie que chez le
Rotengle. Un peu pincée et échancrée à l'extrémité postérieure, ainsi que sensiblement bombée avec des impressions
dentaires entre-croisées bien apparentes, comme chez le
Scardinius, mais un peu pointue en avant, avec les épaulements du petit axe assez accusés et presque médians, comme
chez la *Blicca* (Voy. pl. IV, fig. 26 et 27).

Dorsale naissant à peu près au milieu de l'espace compris entre
le bout du museau et le fond de l'échancrure de la caudale,
ou un peu plus près de la base des ventrales que de l'origine de
l'anale. La hauteur de cette nageoire à peu près égale aux $^2/_3$
de l'élévation maximale du tronc ou égale à la longueur de la
tête; l'étendue basilaire légèrement plus forte que la $^1/_2$ de
la hauteur. Quant à la forme : à peu près moyenne entre
celles de la Blicke et du Rotengle, soit moins élevée et un
peu moins acuminée en avant que chez la première, et un
peu plus décroissante en arrière que chez le second ; rapports
exprimés par les proportions comparées, dans les trois poissons, du dernier rayon ici notablement plus fort que le tiers
du plus grand [1], mais loin d'égaler la moitié de celui-ci [2].

Onze rayons : trois simples et huit divisés. Le premier
simple presque imperceptible ; le second presque égal à la
moitié du troisième, celui-ci le plus long de tous (Jäckel ne
donne que neuf rayons aux différents individus qu'il a examiné de son *Bliccopsis erythrophthalmoides* [3]).

Anale ayant son origine à peu près au-dessous de l'extrémité
de la dorsale, et rabattue demeurant distante de la caudale
d'une quantité sensiblement plus forte que sa haueur au
milieu. La hauteur de cette nageoire relativement bien
plus forte que chez la Bordelière, soit plus voisine de l'élévation correspondante chez le Rotengle ; le plus grand rayon

---

[1] Soit relativement plus long que chez la Blicke.

[2] Ce qui est, par contre, le cas le plus fréquent chez le Rotengle.

[3] Il est très regrettable que cet auteur ne nous dise pas si c'est sur les
rayons non divisés ou sur les rameaux que porte cette diminution.

un peu plus court seulement que la longueur basilaire.
Cette longueur environ de $^1/_5$ plus courte que l'élévation
de la dorsale, égale environ à $^2/_5$ de la hauteur du tronc
et, à la longueur du poisson sans la caudale, comme 1 : 4 $^6/_7$.
Les extrémités antérieures et postérieures assez anguleuses; la tranche un peu plus creusée que chez le Rotengle, les
rayons médians étant un plus courts.

Vingt rayons : trois simples et dix-sept rameux. Le premier simple très petit ; le second notablement plus court que
la moitié du troisième; celui-ci légèrement plus bas que le
premier divisé, le plus grand de tous. Le dernier rameux
partagé jusqu'au bas et à peu près égal au $^2/_5$ du plus long
(Jäckel compte, sur cinq individus, 14, 15, 15, 16 et 18
rayons à l'anale [1]).

Ventrales implantées passablement en avant de l'aplomb de la
dorsale, soit à égales distances des pectorales et de l'anale, et
atteignant rabattues presque jusqu'à l'anus [2]. Le plus grand
rayon égal à peu près à la hauteur de l'anale; le dernier un
peu plus fort que la moitié de celui-ci. Quant à la forme :
subtriangulaires et subarrondies sur la tranche.

Dix rayons : deux non divisés et huit rameux : le premier
simple, sans articulations apparentes, sublatéral et égal
environ à $^1/_3$ du suivant; celui-ci légèrement plus court que
le premier divisé (Les individus de Jäckel varient entre huit
et neuf rayons).

Pectorales un peu plus grandes que les précédentes, soit d'une
longueur légèrement plus forte que la moitié de la hauteur
maximale du tronc ou égale à la tête jusqu'aux narines, et,
rabattues, demeurant distantes des ventrales d'une quantité
égale à $^1/_5$ de leur plus grand rayon. Quant à la forme : subacuminées au sommet, subarrondies sur la tranche et nota-

---

[1] Günther (Cat. of Fishes, VII, p. 233) donne aussi, pour ce bâtard,
14-18 rayons à l'anale ; avec un de plus, nous serions encore dans la
moyenne de mélange.

[2] Chez un des sujets de Jäckel ces nageoires arrivaient à l'anus. Nous
avons vu, du reste, que cela varie chez toutes les espèces avec l'âge et le
sexe.

blement décroissantes en arrière, par le fait de la brièveté relative du dernier rayon mesurant $^1/_6$ ou $^1/_7$ seulement du plus grand, soit du premier divisé. .

Seize rayons à l'une des nageoires et dix-sept à l'autre. Le premier seul non divisé presque égal au premier rameux (Jäckel donne quatorze à quinze rayons aux pectorales de ses cinq individus).

Caudale de moyenne dimension, profondément échancrée et à lobes subacuminés à peu près égaux. Le plus grand lobe, à la longueur totale du poisson, comme 1 : 4 $^1/_2$.

Vingt rayons principaux [1], dont un grand simple de chaque côté ; les médians, vis-à-vis des externes les plus longs, comme 1 : 2 $^1/_3$.

Écailles assez grandes ; les plus fortes, sur les flancs, d'une surface au moins double de celle du premier sous-orbitaire et à peu près égale aux trois quarts de l'œil, chez un sujet de 148 millimètres ; par le fait, un peu plus grandes que chez un *Scardinius* de même taille [2]. Les squames médianes subarrondies ou subcarrées, comme chez la Bordelière, légèrement plus hautes que longues et marquées, comme chez le Rotengle, de quelques rayons (souvent trois à cinq) assez accentués sur la face découverte. Le bord libre arrondi et très légèrement ondulé ; le bord fixe moins carrément coupé que chez le Rotengle, mais plus régulièrement festonné que chez la Blicke. Le nœud quasi médian entouré de stries concentriques assez déliées ; deux ou trois rayons sur la face couverte. Les squames antérieures un peu plus petites, plus rondes et moins festonnées ; les postérieures de forme un peu plus allongée et marquées sur la face découverte de rayons plus nombreux. Les dorsales et les pectorales beaucoup plus petites que les médianes ; les premières, arrondies et, ainsi que leurs voisines au haut des flancs, marquées d'un plus grand nombre de rayons ; les secondes plus allongées, plus carrées et présentant au bord fixe deux ou trois festons de formes très irrégulières.

---

[1] Ce chiffre de 20 rayons est fort probablement anormal, car le nombre 19 paraît constant dans tous les genres voisins.

[2] Le Rotengle a l'œil plus petit et le premier sous-orbitaire plus grand.

Pas de bande dénudée sur les lignes dorsale et ventrale.

Huit écailles au-dessus de la ligne latérale, vers la plus grande hauteur, et quatre en dessous, jusqu'aux ventrales ; une de moins en dessus et en dessous que le minimum de la Blicke et, par le fait, le même nombre que le maximum du Rotengle (Jäckel a trouvé, sur ces cinq individus, huit écailles sur cinq [1]).

Ligne latérale décrivant, à partir de l'angle de l'opercule, une courbe concave passant vers le tiers inférieur de la hauteur maximale et gagnant la caudale à peu près au milieu.

Quarante-quatre écailles d'un côté et quarante-cinq de l'autre ; soit un chiffre moyen entre les deux espèces mères. Les squames de cette ligne profondément échancrées au bord fixe et un peu plus rayonnnées, ainsi qu'un peu mieux festonnées au bord libre que leurs voisines supérieures. Les antérieures plus petites que les moyennes et plus arrondies ; les postérieures plus petites aussi, mais plus allongées. Le tubule mucifère subcylindrique, médiocrement large et assez court, soit partant du centre de l'écaille et s'ouvrant bien avant le bord libre (Jäckel donne 40 à 44 écailles sur cette ligne).

Coloration (autant que je puis en juger sur un individu depuis quelque temps à l'alcool) olivâtre ou d'un bronzé verdâtre en dessus, blanchâtre mélangé de jaunâtre, avec des reflets verdâtres et bleuâtres sur les flancs, et d'un blanc argenté sur les faces ventrales. Les nageoires dorsale et caudale légèrement brunâtres ou olivâtres et un peu enfumées ou noirâtres ; la première dans la partie antérieure, la seconde sur la moitié extrême. L'anale plus pâle, mais également noirâtre en avant. Les pectorales et les ventrales d'un jaune orangé peu foncé. — Iris d'un jaune clair.

Dimensions : l'individu que j'ai décrit ici mesurait 148 millimètres de longueur totale (Les cinq sujets examinés par Jäckel variaient entre 168 et 195 millimètres, soit 6 pouces 3 lignes et 7 pouces 3 lignes).

---

[1] Günther (Catal. of Fishes, VII, p. 233) donne 8—9 sur 7 ; peut-être ces dernières sont-elles comptées jusque sous le ventre.

Vessie aérienne étranglée au tiers antérieur : la première
partie légèrement cordiforme en avant; la partie postérieure
assez large, voûtée, recourbée vers le bas et conique à
l'extrémité. — Le tube digestif à peu près de la longueur du
poisson. — Ovaires doubles, assez développés. (Je n'ai pas
voulu sacrifier ce seul individu pour compter les vertèbres.)

Ce poisson rappelle évidemment la Bordelière et le Rotengle, et se distingue, en même temps, assez facilement du pro
duit de cette première espèce avec le Gardon. On n'a recouru
jusqu'ici, dans l'étude comparée des espèces voisines et des
produits bâtards, qu'aux formes extérieures, à l'écaillure, aux
nageoires et à la dentition pharyngienne, et, bien souvent, ces
caractères n'ont pu suffire à établir des distinctions bien tranchées ou des traces de mélanges assez évidentes. L'examen que
j'ai fait, chez tous nos Cyprinides, de la meule pharyngienne et
du maxillaire supérieur vient combler maintenant une importante lacune et résoudre ici bien des difficultés. Jäckel, qui a
bien étudié et décrit plusieurs bâtards de cette famille, avoue
lui-même (*Fische Bayerns*, p. 53) qu'il est souvent difficile de
trouver des caractères probants en dehors des formes des pharyngiens et des dents. J'ai montré, dans la description ci-dessus,
comment la meule et le maxillaire du poisson en question tiennent exactement le milieu entre les pièces correspondantes chez
la Bordelière et le Rotengle (Voy. pl. IV, fig. 26 et fig. 23 et 38
comparées; puis pl. II, fig. 32 et fig. 31 et 35 comparées). Il
m'est tout aussi facile de prouver que ces formes mixtes ne peuvent pas résulter d'un mélange avec le Gardon, en renvoyant
simplement aux figures que j'ai données des deux pièces en
question chez ce dernier (Pl. IV, fig. 41 et pl. II, fig. 36). Je ne
crois pas devoir revenir, après cela, sur les pharyngiens et
surtout sur la structure des dents qui, bien qu'en nombre
anormal d'un côté, présentent cependant dans leur disposition
et leur forme pectinée une sorte de transition entre les deux
genres justement accusés de mélange.

Plusieurs auteurs, de Siebold même[1], ont confondu à tort sous la même dénomination de *Bliccopsis abramo-rutilus* les hybrides de la Blicke avec le Rotengle et avec le Gardon. Bien que le dernier de ces genres ne porte les dents pharyngiennes que sur un rang, contrairement aux deux autres, il était difficile de peser l'importance du nombre des petites dents en second rang chez les bâtards à grandes dents pectinées d'une manière indécise, tant que l'on n'avait pas d'autres critères à consulter.

Pour quelle raison le poisson que j'ai nommé *Scardoblicke* en français, *Scardo-Blicca, Erythro-Björkna* en latin, diffère-t-il, sur bien des points, des individus décrits par Jäckel, sous le nom de *Bliccopsis erythrophthalmoïdes* ? Cette question ne pourrait être résolue que par un nouvel examen des sujets de Jäckel au point de vue des nouveaux caractères que je viens d'indiquer. Il doit y avoir des différences dans le balancement des caractères mixtes, selon que le mâle a été fourni par l'une ou par l'autre des espèces mères.

Bien que je donne ici des diagnoses des formes bâtardes, il est évident que celles-ci ne peuvent pas être mises sur le même pied que celles des véritables espèces.

La Scardoblicke mène probablement un genre de vie assez semblable à celui de la Bordelière et du Rotengle que l'on rencontre souvent ensemble. L'examen des organes de la reproduction parfois assez développés, et l'apparition chez ces poissons au moment du rut de quelques caractères propres à la livrée de noces doivent faire supposer que les Cyprinides, comme celui-ci, d'origine mixte peuvent quelquefois se reproduire. Toutefois, la rareté relative de ces hybrides semble montrer que cette multiplication, si elle existe, n'est en tout cas pas très fréquente. Des expériences du Dr Fitzinger dans l'établissement de Morzg, près Salzbourg, il semblerait ressortir que les œufs artificiellement fécondés de divers métis de Salmonidés ne sont jamais arrivés à bien[2]. Au reste, les conditions locales paraissent influer beau-

---

[1] Süsswasserfische, p. 142.
[2] *Sind Fischbastarde fruchtbar?* Dr L. J. Fitzinger, Zool. Garten,

coup sur la production des bâtards : Jäckel signale un assez
grand nombre de métis en Allemagne et particulièrement dans
certains courants de la Bavière où il les a recherchés avec soin.
Les auteurs italiens n'en citent, pour ainsi dire, pas dans leur
pays. J'en ai moi-même jusqu'ici rencontré assez peu dans les
eaux suisses, à l'exception de celles du Rhin; tandis que j'en
ai trouvé par contre une proportion assez notable dans les eaux
du Rhône, au-dessous de la perte de ce fleuve.

L'individu que je viens de décrire s'est trouvé au nombre des
Blickes que j'ai collectées, au printemps, dans le Rhin à Bâle;
il portait deux ovaires passablement développés.

HYBRIDE

Leucisco-Blicca Rutilo-Bjorkna, nobis.

La Gardoblicke [1] — der Leiter.

*Verdâtre ou olivâtre en dessus; d'un blanc argenté à reflets
sur les côtés; argenté en dessous. Nageoires dorsale et caudale
sombres, pectorales, ventrales et anale orangées ou rougeâtres
et souvent plus ou moins enfumées. Corps assez voûté en avant,
mais médiocrement élevé et comprimé; ventre pincé, dos plus
élargi. Museau plutôt court, gros ou renflé et ne dépassant
guère la fente buccale. Œil grand. Écailles plutôt grandes.
Ligne dorsale et arête ventrale d'ordinaire écailleuses. Nageoire
dorsale subacuminée, à peu près égale à la tête. Anale généralement un peu plus courte que la hauteur de la dorsale, un peu
plus longue que haute, d'ordinaire subarrondie en avant et faiblement concave. Caudale à lobes subégaux. (Taille moyenne
d'adultes : 180 à 260 millimètres.)*

*Pharyngiens moins ramassés que chez la Blicke et faiblement
renflés au milieu. Dents sur un ou deux rangs et médiocrement*

1875, n° 4, p. 156. Quelques observations qui demandent à être encore
vérifiées semblent indiquer que la chose n'est cependant pas encore parfaitement certaine.

[1] Ce bâtard reçoit en France le nom de *Brème rosse*.

*allongées; les principales un peu crochues, avec un sillon mé-
dian et peu ou pas pectinées.*

*Dentes subcontusores 5—5, vel 6—5, vel 1,5—5,2,
usque 2,6—5,2, unguiformes.*

D. 3(2)/8(7), A. 3/11—15(16), V. 2/(1)8, P. 1/13—15, C. 19.

$$\text{Sq. } 41 \; \frac{8-9}{4-5} \; 46.$$

ABRAMIS ABRAMO-RUTILUS, *Holandre*, Faune de la Moselle, p. 246. —
Blanchard, Poissons de France, p. 361. — *De la Fontaine*, Faune du
Luxembourg, p. 39. — ABRAMIS BUGGENHAGII, *Selys*, Faune belge, p. 216.
— BLICCOPSIS ABRAMO-RUTILUS *(part.)*, *Siebold*, Süsswasserfische, p. 142,
fig. 18 et 19. — *Jäckel*, Fische Bayerns, p. 53. — HYBRID BETWEEN
ABRAMIS BLICCA AND LEUCISCUS RUTILUS, *Günther*, Catal. of Fishes, VII,
p. 215.

Bien que les deux espèces mères de ce poisson (*Blicca
Björkna* et *Leuciscus rutilus*) abondent et se trouvent souvent
en contact dans plusieurs parties de notre pays, je n'ai cependant pas rencontré jusqu'ici cet hybride dans les eaux de la
Suisse [1]. Toutefois, comme il est probable qu'un semblable croisement doit s'opérer aussi bien dans nos eaux que dans celles
de France, de Belgique, de Hollande et d'Allemagne où il a été
constaté, j'ai cru devoir donner ici une brève diagnose de cette
forme bâtarde, pour la signaler au moins à l'attention de nos
pêcheurs.

L'irrégularité de la dentition, les proportions moyennes du
corps et des nageoires, et le nombre intermédiaire des écailles
et des rayons ne semblent laisser aucun doute sur l'origine
mixte de ce poisson décrit, pour la première fois, par Holandre
en 1836, dans sa Faune de la Moselle, sous le nom de Brème
rosse (*Cyp. abramo-rutilus*). La *Gardoblicke* rappelle, en

---

[1] F. Leuthner, dans sa Mittelrheinische Fischfauna, 1877, dit, p. 29,
à propos du *Bliccopsis abramo-rutilus*: « Ce poisson est très rarement
apporté des vieux canaux du Rhin sur le marché (Bâle) avec des jeunes
Brèmes. » Il ne paraît pas, du reste, avoir vu aucun individu de cette provenance.

même temps, la Bordelière et le Gardon; tandis qu'elle se distingue de l'hybride précédent par la couronne de ses dents peu ou pas pectinées, et par la forme plus obtuse de son museau. Les nombreuses formules de dentition qu'attribue de Siebold [1] à son *Bliccopsis abramo-rutilus*, montrent que cet auteur a souvent confondu les deux formes bâtardes produites par la Blicke avec le Gardon ou avec le Rotengle. Jäckel [2] qui a déjà fait la même remarque, donne, pour neuf individus, les formules suivantes : 6—5; 6—5,1; 1,6—5; 2,6—5,2; 5—5; deux fois 1,5—5,1 2,5—5,1 et 1,5—5,2. Il serait intéressant de connaître la forme du maxillaire supérieur et de la meule de ce bâtard, principalement chez les individus dont la dentition, sur un seul rang, se rapproche beaucoup de celle du Gardon.

Sans parler du développement des organes générateurs, l'auteur des *Süsswasserfische von Mitteleuropa*, dit cependant que la fraye de ce poisson doit avoir lieu vers la fin d'avril, car il remarque, à cette époque, chez les mâles, les petits tubercules épidermiques qui caractérisent la livrée de noces de beaucoup de Cyprinides.

Genre 8. SPIRLIN

SPIRLINUS, nobis.

Dents pharyngiennes au nombre de six à sept et sur deux rangs ; deux petites de chaque côté en avant ; cinq grandes postérieures à gauche et le plus souvent quatre à droite, plutôt trapues, assez crochues et d'ordinaire lisses sur les bords. Bouche moyenne, un peu oblique, quasi terminale et à mâchoires subégales, avec des lèvres minces dépourvues de barbillons. Le bord de la mâchoire supérieure peu ou pas échancré en face de la symphise peu saillante du maxillaire

---

[1] Süsswasserfische, p. 142-152.
[2] Fische Bayerns, p. 53-59.

inférieur. Œil franchement latéral et relativement grand. Tête subconique et assez haute ; museau plutôt court. Tronc assez élevé et comprimé, mais médiocrement allongé. Dos tectiforme. Ventre pincé en arête nue en arrière des ventrales. Ecailles de moyenne dimension, les plus grandes volontiers un peu plus hautes que longues, très minces, peu solides et subconiques, arrondies ou légèrement bilobées au bord libre. Ligne latérale complète. Dorsale à base courte et naissant plus près des ventrales que de l'anale. Anale à base longue et naissant à peu près au-dessous de l'extrémité de la dorsale. Caudale assez grande et profondément échancrée.

Dentes lacerantes 2,5 — 4,2 unguiformes
(fortuito 2,5 — 5,2 ; vel 2,4 — 4,2.)

Ce n'est pas seulement par des formes plus élevées et plus ramassées du corps ou par une livrée particulière que le Spirlin se distingue de nos représentants du genre *Alburnus* parmi lesquels il a été rangé par presque tous les ichthyologistes à la suite de Heckel et Kner[1]. Ce poisson, qui ne porte le plus souvent que quatre grandes dents à droite, et chez lequel ces dents sont rarement pectinées comme chez les Ablettes, présente encore plusieurs autres différences importantes et méconnues jusqu'ici dans quelques-uns des caractères que j'ai relevés chez nos divers Cyprinides, bien que ne les rangeant pas, il est vrai, jusqu'ici dans les diagnoses génériques.

Il me semble y avoir autant de raisons pour placer, à l'imitation de Günther[2], le Spirlin parmi les *Abramis* près

---

[1] Süsswasserfische der œstreichischen Monarchie, 1858.
[2] Catal. of fishes, vol. VII, p. 307.

de la Blicke que pour ranger cette espèce parmi les *Alburnus*, comme l'on fait Heckel et Kner et tant d'autres après
eux. Cette forme paraît, jusqu'à un certain point, transitoire, et sa place serait, comme sous-genre, à tout aussi
juste titre après l'un ou après l'autre de ces deux genres.

Dans l'impossibilité de déterminer à qui donner la préférence et reconnaissant chez ce poisson quelques caractères propres, j'ai préféré l'isoler sous un nom particulier,
Spirlinus[1], tout en le laissant à sa place naturelle entre
les deux groupes dont il montre pour ainsi dire les affinités.

C'est à ce genre qu'il faut rapporter les *Alburnus maculatus* (Kessler[2]) et *Aspius fasciatus* (Nordmann[3]), des rivières voisines de la mer Noire, tous deux probablement à
titre de variétés de notre *Spirlinus bipunctatus*.

La meule est, chez le *Spirlinus*, trilobée et plutôt cordiforme, comme celle de nos *Squalius*, soit tout à fait différente
de celle de nos représentants du genre *Alburnus*, comme
si les dents devaient surtout déchirer contre elle les divers
aliments. Le maxillaire supérieur est développé en arrière,
un peu comme chez notre *Abramis Brama*, en un large
coude retroussé et convexe en dessóus, au lieu d'avoir un
coude un peu étranglé et concave des deux côtés comme chez
nos Ablettes. Les os pharyngiens sont moins grêles que chez
ces dernières. L'arcade sous-orbitaire est formée, le plus souvent, de quatre os au lieu de cinq ou six; il est vrai que la
dernière pièce est parfois accidentée sur le bord, comme si elle
pouvait se partager quelquefois en deux ou trois. Le premier
os, subcarré ou pentagonal, est d'une surface à peu près égale

---

[1] En latinisant le nom de Spirlin si généralement connu.
[2] Bull. Soc. Nat , Moscou, 1859, XXXII, p. 535.
[3] Faune pontique, p. 497, pl. XXIII, fig. 2.

à ¼ ou ⅓ de celle de l'œil chez l'adulte; le troisième est toujours notablement plus large que chez nos Ablettes. Les écailles ont généralement leur nœud plus voisin du bord fixe que du bord libre.

Le Spirlin possède de petites pseudobranchies pectinées.

Enfin, soit, comme je l'ai dit, par son mode de coloration bien caractéristique, soit surtout par ses allures, ce poisson se distingue encore à première vue de nos Ablettes. Chacun sait qu'il se tient, en effet, beaucoup moins au ras de la surface des eaux.

10. LE SPIRLIN [1]

Die Alandblicke

Spirlinus bipunctatus, Bloch.

Verdâtre ou olivâtre en dessus; d'un blanc argenté sur les côtés et en dessous; d'ordinaire des points noirâtres de chaque côté de la ligne latérale. Nageoires pâles ou un peu mâchurées; les inférieures parfois orangées à la base. Corps médiocrement allongé, comprimé et assez élevé. Bouche oblique; menton peu proéminent et mâchoires égales, la bouche fermée. Œil assez grand. Écailles lat. médianes plutôt grandes, minces, volontiers un peu plus hautes que longues, avec nœud reculé vers le bord fixe et recouvrant au plus la moitié de l'œil chez l'adulte. Dorsale naissant sensiblement en arrière de la base des ventrales et plus haute que la longueur des pectorales. Anale naissant presque au-dessous du dernier rayon de la dorsale, assez haute, méd. décroissante et un peu moins longue que la hauteur de la dorsale. Lobes caudaux subégaux. (Taille d'adultes: 115 à 150 millimètres.)

Quatre ou cinq sous-orbitaires: le premier pentagonal au plus égal au tiers de l'œil; le dernier souvent plus long que le premier. Maxillaire sup. avec grand coude post. un peu retroussé et convexe en dessous. Pharyngiens médiocrement épais, sans renflement lat. sur la branche inf. Meule cordi-

[1] *Éperlan de Seine,* dans les environs de Paris.

forme et tribolée. Dents recourbées en ongle crochu avec bords lisses, soit rarement pectinées.

D. 3/7—8, A. 3/(12)14—17, V. 2/7—8. P. 1/13—14. C. 19 maj.

$$\text{Squ. } 44 \ \frac{8—10}{3—5} \ 51. \ \text{Vert. } 38—40.$$

Cyprinus bipunctatus, *Bloch,* Fische Deutsch., I, p. 50, Taf. 8, fig. 1. — *Linné,* S. Nat., ed. XIII, I, p. 1433. — *Schrank.* Fauna Boïca, I, p. 336. — *Jurine,* Mém. Soc. Phys. et Hist. Nat., III. part. 1, p. 226, pl. 14. — *Hartmann,* Helvet. Ichthyol., p. 219. — *Steinmüller,* Neue Alpina, II, p. 343. — *Nenning,* Fische des Bodensees, p. 30. — *Holandre,* Faune de la Moselle, p. 251.
Aspius bipunctatus, *Agassiz,* Mém. Soc. S. N. Neuch., I, p. 38. — *Schinz.* Fauna helvet., p. 155; Europ. Fauna, II, p. 329. — *Selys-Lonchamps,* Faune belge, p. 215. — *Nordmann,* Demid. Voy. Russ. Mérid., III, p. 496.
» FASCIATUS (?), *Nordmann,* Faune pontique, p. 497, tab. 23.
Gardonus pigulus, *Bonaparte,* Cat. Mét., p. 30, n° 197.
Leuciscus bipunctatus, *Cuv. et Val.,* XVII, p. 259.
» BALDNERI, *Cuv. et Val.,* XVII, p. 262, pl. 497.
Abramis bipunctatus, *Günther,* Fische des Neckars, p. 83; Catal. of. Brit. Mus., VII, p. 307.
Alburnus bipunctatus, *Bonaparte,* Cat. Met., p. 33. — *Heckel et Kner.* Süsswasserfische, p. 135, fig. 70. — *Fritsch,* Fische Böhmens. p. 5.— *Dybowski,* Cyp. Livlands, p. 161. — *Siebold.* Süsswasserfische, p. 163. — *Jeitteles,* Fische der March, p. 7. — *Jäckel,* Fische Bayerns, p. 61. — *Blanchard,* Poissons de France. p. 371, fig. 82. — *De la Fontaine,* Faune du Luxembourg, p. 42. — *Lunel,* Poissons du Léman, p. 61, pl. VI, fig. 3.
» MACULATUS (?), *Kessler,* Bull. de Moscou, 1859, XXXII, p. 535.

Noms vulgaires suisses : S. F. *Platet* (Genève); *Baroche* (Vaud); *Barré* et *Platton* (Neuchâtel et Fribourg). S. A. *Bambeli Bämmeli, Schneider, Bringli, Alantblecke,* parfois aussi *Laugele,* comme l'Ablette (Thurgovie, Zurich, Wallenstadt); *Bachbumel* et *Bachbumbeli* (Zug, Linth); *Bambele, Aertzeli*[1], *Ischerli platte*[2] (Lucerne, Thoune); *Blingge, Weissfisch* (Rhin, Bâle).

[1] Le Spirlin est souvent confondu, sous ce nom, avec le Blageon (*Telestes*).

[2] Nom donné aux Ablettes, et en particulier au Spirlin, par opposition à *Ischerli runde* souvent appliqué au Véron et au Blageon.

Corps assez élevé, comprimé et relativement peu allongé. Le
profil supérieur graduellement voûté depuis l'occiput jusqu'à
la dorsale où, plus souvent, jusqu'un peu en avant de celle-
ci; de ce point abaissé en ligne oblique à peu près droite
jusqu'à la caudale. Le profil inférieur plus ou moins arrondi,
de la gorge aux ventrales, selon les individus femelles adultes, mâles ou jeunes; à partir de là presque droit jusqu'à
l'anus; enfin, oblique et un peu concave entre ce dernier et
la caudale. Le dos tectiforme, mais assez large en avant et
sans ligne dénudée; le ventre pincé en arête étroite et nue
au sommet, entre les ventrales et l'anus.

La hauteur maximale, volontiers au-dessus des ventrales, à la hauteur totale, comme $1 : 3\,^3/_4 - 4\,^2/_3 - 5$, selon
les individus femelles, mâles ou jeunes [1], et, à la longueur
sans la caudale, comme $1 : 3 - 3\,^5/_6 - (4)$ [2]. L'élévation minimale, devant la caudale, à la hauteur la plus grande,
comme $1 : 2\,^1/_2 - 3$. L'épaisseur la plus forte, plus ou moins
reculée en arrière de la tête entre les pectorales, selon l'âge
plus ou moins avancé, généralement un peu plus forte que
$^1/_2$ de la hauteur maximale. Une section verticale, par là,
de forme ovale, sensiblement plus allongée que chez notre
Ablette.

L'anus ouvert très près de l'anale, presque au milieu de
la longueur totale ou très légèrement en avant.

Tête de moyenne dimension, de forme subconique par le côté et
arrondie en avant. Les profils supérieur et inférieur assez
semblables, le premier formant sur la courbe de la nuque
un angle rentrant peu accentué.

La longueur céphalique latérale, à la longueur totale du
poisson, comme $1 : 5 - 5\,^2/_3$, et, à la longueur sans la caudale, comme $1 : 4 - 4\,^1/_2$. Ce grand axe de la tête à peu près
égal à la hauteur du tronc chez les jeunes, mais souvent
$^1/_5 - ^1/_4$ moindre que celle-ci chez l'adulte. La longueur

---

[1] Günther (Fische des Neckars, p. 83) donne, comme exception, $1 : 5\,^1/_2$
chez un jeune.

[2] Dybowski, (Cyp. Livlands, p. 162) donne pour ce dernier rapport
$= 1 : 4 - 4\,^1/_{10}$.

céphalique supérieure à la longueur latérale, comme 1 : 1 $^1/_5$ — 1 $^1/_3$, selon les individus jeunes ou vieux. L'élévation vers l'occiput presque égale aux $^2/_3$ de la hauteur du tronc, bien que, suivant les sujets, de $^1/_7$ à $^1/_4$ moindre que le grand axe céphalique ; ce dernier rapport plus fréquent chez les mâles. L'épaisseur sur l'opercule mesurant environ la $^1/_2$ de la longueur, jusqu'au bord postérieur de cette pièce et, selon les individus, égale à la hauteur devant l'orbite ou sur le premier tiers de celui-ci.

Museau plutôt court, assez large et subarrondi, bien que plus ou moins obtus. La bouche quasi-terminale un peu oblique et fendue jusqu'au-dessous des orifices nasaux. La mâchoire inférieure à peu près de même longueur que la supérieure, mais la dépassant légèrement lorsque la bouche est ouverte. Le menton, ou plutôt l'articulation du maxillaire inférieur, relativement peu proéminente. La symphyse du dit maxillaire inférieur à peine saillante, soit ne formant jamais un crochet aussi accentué que chez les représentants du genre Ablette qui suit; le bord de la mâchoire supérieure, par le fait, peu ou pas échancré en son milieu. Lèvres assez minces et un peu protractiles. Langue plutôt large.

Narines doubles relativement grandes et situées environ au tiers de la distance qui sépare l'œil du bout du museau. Comme d'ordinaire, l'orifice antérieur, arrondi et bordé d'une valvule susceptible de recouvrir l'orifice postérieur plus grand et de forme plus ovale.

Des pores et des canalicules médiocrement apparents, les uns sur la tête, au-dessus de l'œil et jusque sur le museau ; les autres le long des sous-orbitaires et jusqu'au-dessous des narines. Quelques autres pores sous le maxillaire inférieur. Œil plutôt grand, bien que toujours assez distant du profil frontal, soit d'un diamètre, à la longueur de la tête, comme 1 : 2 $^3/_4$ — 3 $^2/_3$, selon les individus jeunes ou vieux.

L'espace préorbitaire généralement plus petit que l'œil, et cela d'autant plus que le poisson est plus jeune; en moyenne, à la longueur céphalique, comme 1 : 4, chez des adultes.

L'espace postorbitaire, par contre, d'un tiers environ

plus fort que l'œil, soit, à la longueur de la tête, comme 1 :
2—2 ¹/₄, chez des adultes.

L'espace interorbitaire volontiers légèrement plus large
que l'œil, chez l'adulte, parfois de ¹/₇ chez de vieux sujets ;
par contre, notablement plus étroit dans le jeune âge. Ce
dernier espace, par le fait, à la longueur latérale de la tête
comme 1 : 3 — 3 ²/₅, chez les adultes.

Arcade sous-orbitaire composée le plus souvent de quatre os ou
pièces mobiles. Le premier, subcarré ou pentagonal, d'une
surface à peu près égale au quart de celle de l'œil chez
l'adulte. Le second, un peu moins long mais beaucoup plus
étroit, parvenant au plus jusqu'au-dessous du milieu de
l'œil. Le troisième beaucoup plus long, passablement plus
large que le précédent, en forme de croissant, remontant un
peu plus haut que la moitié de l'œil par derrière, et toujours
sensiblement plus développé que chez nos Ablettes. Le quatrième notablement plus long que le premier, bien que plus
étroit et de forme subtriangulaire. Cette dernière pièce souvent accidentée ou un peu trilobée sur le bord, comme si elle
devait quelquefois se partager en trois.

La voûte susorbitaire médiocrement développée et légèrement proéminente en avant.

Maxillaire supérieur un peu pincé vers le tiers supérieur, sensiblement concave dans le milieu au bord antérieur et développé en arrière sur le centre en un grand coudé triangulaire
un peu retroussé, convexe en dessous et légèrement creusé
en dessus. La branche inférieure assez allongée et tordue à
l'extrémité en une palette de moyenne dimension (Voy. pl. II,
fig. 33).

Opercule de grandeur moyenne, subtrapézoïdal et d'un tiers
environ plus haut que large. Le côté supérieur, droit ou légèrement creusé sur le centre, égal à peu près à la moitié de
l'inférieur ; celui-ci, un peu convexe, formant avec le bord
postérieur un angle légèrement plus ouvert que l'angle droit.
Le côté postérieur volontiers un peu concave.

Sous-opercule en demi-croissant et assez large en avant.

Interopercule faisant un coin assez apparent entre les
pièces précédentes et le préopercule, et demeurant visible
comme une bande étroite au-dessous de ce dernier.

Préopercule formant par ses deux côtés un angle subarrondi quasi-droit.

La bordure branchiostège bien développée.

Pharyngiens assez forts, soit moins grêles que chez la grande
majorité de nos Ablettes. L'aile plutôt peu saillante, presque droite sur la tranche, anguleuse au sommet et formant,
en face de la troisième dent, un coude généralement assez
aigu. La corne supérieure assez haute, comprimée, fortement recourbée en avant et un peu retroussée à l'extrémité. La branche inférieure médiocrement allongée,
légèrement tordue et plutôt mince, soit sans renflement
latéral (Voy. pl. IV, fig. 28).

Dents pharyngiennes au nombre de six à sept de chaque côté et
distribuées sur deux lignes parallèles : généralement un rang
antérieur de deux petites dents de chaque côté et, le plus
souvent, quatre grandes en arrière de celles-ci sur l'os droit
et cinq sur le gauche ; exceptionnellement quatre grandes
des deux côtés ou cinq à droite comme à gauche [1].

Les grandes dents médiocrement allongées, subconiques et
plutôt fortes, avec une couronne un peu pincée en serpe et
recourbée en ongle crochu au sommet. La troisième, à partir
d'en haut, volontiers la plus élevée; la dernière, en bas,
généralement la plus courte. La tranche supérieure des deux
ou trois principales souvent sensiblement creusée, mais d'ordinaire avec des bords unis. (La forme légèrement dentelée
ou pectinée de ces dents chez le Spirlin, selon quelques
auteurs, m'a paru très rare dans notre pays.) Les petites
dents antérieures au plus égales aux deux tiers de leurs voisines, subconiques comme elles, mais moins comprimées et
moins recourbées (Voy. pl. IV, fig. 28). (Ces petites dents me
paraissent moins promptement remplacées chez les vieux

---

[1] Plusieurs des auteurs qui ont, à l'imitation de Heckel et Kner, rangé
le Spirlin avec les Ablettes, n'ont pas fait attention à cette différence
presque constante dans le nombre des dents du pharyngien droit. Le
prof. de Siebold (Süsswasserfische, Zusätze, p. 418) a déjà relevé le fait ;
mais, cette remarque n'étant pas appuyée pour lui par l'observation des
autres divergences caractéristiques que j'ai signalées au genre, cet auteur
n'a pas cru devoir lui donner une importance générique.

sujets que chez de plus jeunes individus ; elles faisaient, en particulier, complètement défaut chez quelques Spirlins de très grande taille, 145 à 150^{mm}, provenant de la Limmat, et chez lesquels la couronne des grandes dents était à la base colorée en brun ou en noir par un dépôt cémentaire.)

Meule de moyenne dimension, dure, facilement isolable, cordiforme et trilobée ; par là complètement différente de celle de nos Ablettes. Une partie antérieure, de beaucoup la plus forte, triangulaire et creusée sur le centre entre deux renflements latéraux convergeant en cône en avant, avec quelques impressions dentaires dirigées obliquement vers la pointe ; en arrière de celle-ci, une portion postérieure, égale environ au quart de la précédente et engagée, comme un large coin, entre les deux lobes écartés du triangle antérieur (Voy. pl. IV, fig. 29 et 30).

Dorsale prenant naissance un peu plus près de l'origine de la caudale que du bout du museau, soit sensiblement en arrière de la base des ventrales. La hauteur au plus grand rayon égale, suivant les individus mâles, femelles ou jeunes, à $\frac{2}{3}$ $\frac{4}{5}$ ou même $\frac{6}{7}$ de l'élévation la plus grande du corps. Cette hauteur de la dorsale le plus souvent un peu plus courte que la longueur de la tête ; mais cependant quelquefois, selon les individus, égale à celle-ci ou même, bien que rarement, un peu plus forte. L'étendue basilaire égale, à son tour, à la forte moitié ou aux $\frac{3}{5}$ de la hauteur du plus grand rayon. Quant à la forme : médiocrement acuminée, passablement décroissante en arrière et légèrement convexe ou presque droite sur la tranche.

Neuf à onze rayons (souvent dix) : trois simples (exceptionnellement deux) et sept à huit rameux. Le premier simple, quand il y en a trois, très court et à peine visible au-dessus de l'écaillure ; le second d'ordinaire un peu plus court que la moitié du suivant, parfois cependant un peu plus fort, soit égal à peu près aux trois cinquièmes de celui-ci. Le troisième simple dans la majorité des cas le plus grand de tous, plus rarement égal seulement au premier rameux ; celui-ci d'ordinaire un peu plus court que le grand simple, exceptionnellement légèrement plus long [1]. Le dernier divisé volontiers un peu plus court que la moitié du grand rameux.

Anale naissant généralement au-dessous du dernier rayon de la dorsale (plus rarement au-dessous de l'avant-dernier) et, rabattue en arrière, laissant entre son extrémité et l'origine de la caudale un espace au moins égal à son dernier rayon. La base de cette nageoire toujours beaucoup plus forte que celle de la dorsale, soit volontiers à peu près égale à la hauteur de cette dernière ou un peu moindre (parfois de $\frac{1}{3}$ à $\frac{1}{4}$ moindre). La hauteur d'ordinaire notablement plus courte que l'étendue basilaire, parfois même de $\frac{1}{5}$ ou $\frac{1}{4}$; exceptionnellement de même dimension. Quant à la forme : assez allongée, acuminée aux deux bouts, médiocrement réduite en arrière et presque droite ou un peu concave sur la tranche.

Dix-sept à vingt rayons : trois simples et quatorze à dix-sept divisés [2] (Jeitteles [3] donne un minimum de douze rameux que je n'ai pas encore trouvé chez nous; de même, notre maximum de dix-sept me paraît relativement assez rare). Le premier simple variant entre le tiers et la moitié du second; celui-ci égal au tiers ou aux deux cinquièmes du troisième. Ce dernier à peu près égal au premier rameux, volontiers le plus grand de tous. Le dernier divisé, enfin, mesurant environ la moitié du plus grand, un peu plus ou un peu moins suivant les individus et le nombre des rayons.

Ventrales implantées sensiblement en avant de l'aplomb de la dorsale, de telle sorte que leur dernier rayon est encore un peu en avant du premier dorsal, soit, selon les individus, à peu près à égale distance de la base des pectorales et de l'anale, ou légèrement plus en arrière. Avec cela, atteignant rabattues jusqu'à la base de l'anale, ou demeurant au contraire plus ou moins distantes de l'anus, selon les sujets et leur état, bien que sans influence constante du sexe et de

[1] Chez des grands sujets de la Limmat.
[2] Le minimum surtout fréquent chez les grands sujets de la Limmat.
[3] Fische der March, II, p. 7.

l'âge. La longueur, au plus grand rayon, à peu près égale à la hauteur de l'anale. Quant à la forme : subanguleuses au sommet, sensiblement convexes ou arrondies sur la tranche et relativement peu réduites en arrière.

Neuf ou plus rarement dix rayons : deux simples et sept à huit divisés. Le premier simple non articulé, peu apparent, appliqué en avant contre la face extérieure du suivant et égal environ à $\frac{1}{6}$ ou $\frac{1}{8}$ de celui-ci ; le second d'ordinaire très légèrement plus court que le premier divisé. Les premier et second rameux souvent égaux. Le dernier rayon à peu près égal aux deux tiers du plus grand et souvent non partagé.

Pectorales rabattues s'étendant, selon les individus mâles ou femelles, plus ou moins loin du côté des ventrales ; parvenant quelquefois jusque sur la base de celles-ci, chez les premiers, ou en demeurant au contraire passablement distantes, chez les secondes, parfois de un quart de leur longueur environ (cela avec des exceptions amenées par l'âge, les conditions et l'état des individus). Ces nageoires, par le fait, sensiblement plus longues que les ventrales, de $\frac{1}{7}$ à $\frac{1}{5}$ à peu près, et d'ordinaire légèrement plus courtes que la hauteur de la dorsale. Quant à la forme : comme les ventrales, arrondies sur la tranche, mais plus acuminées et surtout plus réduites en arrière, par le fait de la brièveté relative des derniers rayons.

Quatorze à quinze rayons : un simple un peu plus court que le premier rameux et volontiers un peu plus épais et plus pigmenté chez les mâles que chez les femelles, au moment du rut surtout[1] ; puis treize à quatorze divisés, dont le second généralement le plus long[2]. Le dernier égal à peu près à un quart du plus grand.

Caudale assez grande et profondément échancrée. Les deux lobes subaigus et d'ordinaire légèrement convexes sur le bord ; l'inférieur parfois égal au supérieur, d'autrefois un peu plus

---

[1] Ce rayon simple, en se courbant un peu sous l'influence du gonflement, paraît souvent un peu plus court chez les mâles en noces que chez les femelles.

[2] Le minimum souvent chez de grands sujets de la Limmat.

long, chez les vieux mâles surtout. La longueur, vers les plus grands rayons, à la longueur totale du poisson, comme 1 : 4 $\frac{1}{2}$ — 5 ; par le fait, à peu près égale à la hauteur du corps ou un peu moindre, selon les individus mâles ou femelles, et d'ordinaire sensiblement plus grande que la longueur latérale de la tête, souvent de $\frac{1}{10}$ à $\frac{1}{5}$.

Dix-neuf principaux rayons, dix-sept divisés et deux non divisés, appuyés par six à sept, parfois neuf petits rayons décroissants de chaque côté. Les rayons médians mesurant environ les $\frac{2}{5}$ des plus longs.

Écailles assez grandes, peu solides, très minces et passablement transparentes. Les latérales moyennes, comparées à l'œil, recouvrant, selon les individus jeunes ou vieux, seulement la pupille et l'étroit cercle jaunâtre qui l'entoure, ou un fort tiers au moins de la surface de l'orbite. Ces squames médianes se recouvrant à moitié environ et d'ordinaire un peu plus hautes que longues, sauf chez certains vieux sujets chez lesquels elles s'allongent un peu en forme de cône arrondi du côté du bord découvert [1]. Le pourtour libre d'une semblable écaille le plus souvent largement arrondi ; parfois cependant légèrement échancré vers le milieu ou, au contraire, prolongé un peu en coin arrondi et légèrement pincé sur les côtés. Le bord fixe plus droit, un peu anguleux en haut et en bas à l'extrémité d'une légère carène oblique et convexe ou bilobé sur le centre. Le nœud plus voisin de ce dernier que du bord libre et entouré de fines stries concentriques. De légers sillons, en nombre très variable (souvent 6-15), rayonnant depuis le nœud à peu près jusque sur le bord libre où ils correspondent à autant de petits festons plus ou moins apparents. Les écailles abdominales, un peu au-dessous de la ligne latérale, souvent un peu plus grandes que les latérales moyennes. Les squames latérales antérieures et postérieures, par contre, sensiblement plus petites que les médianes ; les premières de forme plus ovale ou plus élevée, les secondes, au contraire, plus allongées et plus coniques. Les dorsales antérieures plus petites encore, plutôt subar-

[1] En particulier chez les grands sujets de la Limmat.

.rondies, bien qu'assez irrégulières, avec un nœud toujours, très reculé. Les pectorales égales presque au double des dorsales.

Généralement huit à dix écailles au-dessus de la ligne latérale, vers la plus grande hauteur, et trois à cinq en dessous, jusqu'aux ventrales[1].

Ligne latérale complète et suivant une courbe concave volontiers un peu accidentée, du sommet de l'opercule au centre de la caudale. La dite ligne passant souvent un peu plus bas chez les mâles que chez les femelles; soit parfois entre le tiers et le quart inférieur de la hauteur la plus grande, chez les premiers, et volontiers au tiers de la dite élévation ou même au-dessus chez les secondes.

Quarante-quatre à cinquante-une écailles tubulées assez généralement, les antérieures et médianes surtout, plus ou moins profondément échancrées au milieu du bord libre (Voy. pl. III, fig. 28). Le tubule des squames moyennes subcylindrique, à peu près droit, assez large et demeurant le plus souvent presque également distant des deux bords de l'écaille; parfois, cependant, surtout chez de vieux sujets, prolongé presque jusqu'au bord libre et un peu coudé vers l'extrémité. L'ouverture cachée de ce conduit mucifère assez largement béante; celle de la partie découverte tantôt bien ouverte aussi, tantôt plus ou moins close ou réduite à un très petit trou. Les écailles antérieures de cette ligne, comme leurs voisines, plus petites et plus hautes, avec un tubule relativement court et large; celles de la partie postérieure de forme plus arrondie ou plus allongée, volontiers moins échancrées et portant un tube plus étroit et plus long.

Toute l'écaillure, du reste, assez irrégulière chez ce poisson, surtout chez les vieux sujets.

(Les grands individus de la Limmat m'ont offert, en particulier, quant aux tubules de la ligne latérale, une assez grande variabilité de structure : tantôt ces tubules traversaient toute l'écaille, tantôt ils étaient ou évasés ou recourbés à l'extrémité découverte, tantôt encore ils se trouvaient

----

[1] Je trouve le minimum 8 sur 3 chez de grands sujets de la Limmat.

au nombre de deux sur une même écaille, soudés du côté du
nœud et divergeant vers le bord libre.)

Coloration des faces supérieures d'un vert olivâtre plus
ou moins rembruni suivant les saisons et les conditions;
souvent, dans le bas âge surtout, un trait noirâtre le long de
la ligne dorsale. Cette première teinte verdâtre limitée, au
haut des flancs, par une ligne droite plus claire, volontiers dorée et plus ou moins apparente. Entre cette dernière et la ligne latérale, une bande beaucoup plus large
et également plus ou moins marquée, selon l'époque et les
individus, d'un noirâtre violacé ou bleuâtre, et étendue,
sur les côtés du poisson, depuis l'œil ou l'opercule jusqu'à
la caudale. Cette dernière bande, formée par un pointillé
serré, accentuée surtout au temps des amours où elle prend
parfois de brillants reflets rosés; par contre, souvent complètement absente chez beaucoup d'individus en dehors de
ce moment. Les flancs, dans leurs parties moyennes et inférieures, ainsi que les faces ventrales, d'un blanc argenté,
avec de petites taches noirâtres tout le long, au-dessus et
au-dessous de la ligne tubulée latérale. En outre de ces
taches caractéristiques de l'espèce régulièrement distribuées de chaque côté du canal mucifère sur chaque
écaille de la ligne latérale, d'autres taches de même couleur
noire, volontiers un peu plus grandes et triangulaires répandues en majorité au-dessus de la dite ligne, quelques-unes
au-dessous, tantôt à des places et intervalles irréguliers,
tantôt en lignes horizontales, plus ou moins constantes et
parallèles. Ces dernières macules visibles surtout chez les
adultes, chez les mâles et au moment des amours. (Les bandes et taches latérales apparaissent souvent après la mort
sur des individus qui n'en montraient pas de leur vivant.)
Les côtés de la tête argentés et dorés, souvent un trait noirâtre disposé obliquement de la base des pectorales à l'angle
supérieur de l'opercule.

Iris blanc argenté ou légèrement doré et plus ou moins
mâchuré de noir violacé, dans le haut surtout.

Les nageoires transparentes ou d'un bleuâtre pâle dans
le premier âge, plus tard légèrement jaunâtres. La dorsale

et la caudale, ainsi qu'un peu les pectorales et l'anale dans
leur partie antérieure, plus ou moins mâchurées ou pointillées de noirâtre, chez l'adulte. Les nageoires inférieures
colorées à la base d'un orangé rougeâtre plus ou moins
étendu et brillant, suivant l'âge et la saison ; souvent même
un trait de même couleur orangée au bas de la dorsale,
chez les adultes en noces.

Dimensions relativement petites dans la famille, mais susceptibles de varier assez cependant avec les localités. Les plus
grands individus que j'aie vu dans notre pays provenaient de
la Limmat, près de Bade, et mesuraient : l'un, un mâle, 145^{mm},
l'autre, une femelle, 148^{mm} de longueur totale, soit à peu
près 5 pouces et demi. La majorité des adultes que j'ai
récoltés ailleurs en Suisse, dans le Rhin, l'Aar, la Reuss et
le Rhône ou leurs tributaires, ne mesuraient pas au delà de
115 à 135^{mm}, avec un poids moyen de quinze grammes
environ. Selon Heckel et Kner cette espèce ne dépasserait guère 4 pouces (= 107^{mm}) en Autriche. De Selys attribue
la même longueur à un grand échantillon de Belgique. Blanchard pense que la plus belle taille du Spirlin en France ne
s'élève pas au-dessus de 100 à 120^{mm}. Enfin Günther donne,
à son tour, 5 à 6 pouces comme maximum de longueur à ce
poisson dans le Neckar.

Mâles, et souvent les vieilles femelles, ornés à l'époque des
amours de petits tubercules coniques sur la tête, sur les
faces dorsales et sur les rayons de quelques nageoires, des
pectorales et de la caudale surtout. Chez les premiers, des
pectorales souvent un peu plus longues que chez les
secondes, avec un premier rayon un peu plus épais et plus
pigmenté, au moment du rut surtout. Les mâles en noces
également décorés de teintes plus vives et de bandes latérales plus accentuées.

Jeunes plus élancés que les adultes, avec un œil relativement
plus grand et une livrée moins brillante : les macules des
flancs, en particulier, souvent restreintes à la partie antérieure du corps et les nageoires presque incolores. Le dos,
plus pâle et un peu transparent, laissant voir d'abord un
semis de petits points noirâtres, bientôt remplacé par une
ligne médiane noire plus ou moins accusée.

Vertèbres au nombre de 38 à 40. (D'accord ici avec Günther [1], je suis en complète contradiction avec Hartmann, Valenciennes, Lunel et quelques autres qui paraissent s'en être remis, sur ce point, au dire de Bloch et donnent, avec cet auteur, un maximum de 33 vertèbres à cette espèce.)

Vessie aérienne de moyenne dimension, étranglée vers le tiers antérieur, ou un peu en arrière, un peu élargie et bilobée en avant et volontiers un peu arquée, comme chez les Brèmes, dans la partie postérieure. (Heckel et Kner [2] signalent une différence dans les rapports de proportions de deux parties de la vessie entre les deux sexes, chez cette espèce. La partie postérieure m'a paru quelquefois moins arquée ou plus acuminée chez les femelles que chez les mâles; mais les dimensions comparées des deux portions m'ont semblé varier constamment chez les femelles du Spirlin et dépendre ici, comme chez d'autres Cyprinides, de l'état du développement des ovaires qui, quand ils sont très gros, pressent sur la partie postérieure et distendent par là d'autant plus la partie antérieure.)

Tube digestif relativement court, soit formant deux petits replis et mesurant au plus la longueur du poisson, souvent même passablement plus court.

Ovaires doubles [3], mais, dans leur grand développement, fortement serrés ou imprimés l'un contre l'autre et largement unis par le bas. Testicules doubles.

Un rang de petites pseudobranchies pectinées derrière le préopercule.

Cette espèce varie passablement, tant au point de vue des différentes dimensions, qu'en égard à la coloration. Nous avons constaté, à des âges divers et dans des circonstances différentes, des inégalités souvent frappantes, soit dans les rapports de pro-

---

[1] Fische des Neckars, p. 85.

[2] Süsswasserfische, p. 136.

[3] Contrairement au dire de Bloch et de plusieurs auteurs qui se sont fié à ce dernier, les œufs de cette espèce sont relativement gros et médiocrement nombreux.

portions du corps et des membres, soit dans le nombre et la forme des écailles, ou dans le nombre des rayons ; nous avons dit également que la livrée change beaucoup avec les époques. L'on voit, entre autres, assez souvent, même au printemps, des mâles adultes entièrement argentés et sans taches ni bandes sur les flancs ; tandis que d'autres présentent, à la même époque et à un haut degré, les ornementations caractéristiques de l'espèce. Il m'a semblé, à ce sujet, que les individus qui vivent dans des eaux profondes ou peu transparentes sont, en général, moins ornementés ou moins brillamment colorés que ceux qui habitent des eaux moins profondes ou plus pures. La plupart du temps, les Spirlins que je trouvais immaculés dans les premières conditions prenaient assez vite les bandes et les taches dans une eau plus translucide. Souvent aussi l'on voit apparaître, comme je l'ai dit, après la mort, les lignes et macules qui faisaient auparavant défaut.

Quelques naturalistes, à l'imitation de Linné et de Bloch, ont attribué à ce poisson un trait rouge sur les flancs, tout le long de la ligne latérale. Toutefois, n'ayant jamais remarqué cette particularité chez les représentants de cette espèce dans notre pays, je me demande si ces auteurs n'ont pas, à ce propos, confondu le Spirlin avec le Blageon (*Squalius (Telestes) Agassizii*), chez lequel, dans la livrée de noces, la ligne latérale est en effet volontiers brillamment colorée en rouge, avec de petites macules noirâtres rappelant un peu celles de notre *Spirlinus bipunctatus*.

Une multiplication anormale des taches triangulaires noirâtres disposées en lignes parallèles sur les flancs de certains Spirlins en noces a, à son tour, trompé aussi quelques ichthyologistes. C'est, en particulier, à des sujets de cette espèce ainsi ornementés qu'il faut rapporter le *Leuciscus Baldneri* de Valencennes[1]. De même, l'*Alburnus maculatus* de Kessler[2] et l'*Aspius fasciatus* de Nordmann[3] paraissent ne reposer que sur la rencontre, dans quelques parties orientales de notre continent, de certaines variétés ainsi maculées de notre *Spirlinus bipunctatus*. Nous avons vu, dans le courant de la description, comment les

[1] Cuv. et Val., Hist. Nat., XVII, p. 262.
[2] Bull. de Moscou, 1859, p. 535.
[3] Faune pontique, p. 497, tab. 23.

nombres des dents et des rayons des nageoires, qui devraient en particulier caractériser ces prétendues espèces, peuvent varier chez beaucoup des Spirlins, du reste en tout semblables. Il est vrai que Nordmann dit avoir compté tantôt 3,5-5,3, tantôt 4,5 - 5,4 dents chez son *Aspius fasciatus,* nombres que je n'ai jamais trouvé chez nous ; mais, il est permis de se demander s'il n'y a pas ici quelque variabilité accidentelle ou quelque erreur, quand Kessler lui-même [1] semble identifier son *Alb. maculatus* avec l'*Alb. fasciatus* de Nordmann, et quand Steindachner [2] nous montre ensuite l'identité spécifique de *Alburnus bipunctatus* avec l'espèce de Kessler, par l'examen qu'il fit de huit exemplaires de la dite prétendue espèce déposés au Musée de Vienne par Jeitteles [3], qui décrivit successivement ce poisson sous les noms d'*Alburnoides maculatus* et d'*Alburnus fasciatus* (Nordmann).

Certains grands et vieux sujets de la Limmat, en Suisse, dont j'ai eu l'occasion de signaler déjà chemin faisant quelques particularités, sembleraient aussi, à première vue, devoir mériter une dénomination spéciale *(Spirlins barrés)* si, par plusieurs caractères indubitables, ils ne se rattachaient évidemment à notre Spirlin ordinaire. J'ai fait, en effet, remarquer chez ces sujets de grande taille et marquées de plusieurs barres noires latérales très apparentes, une absence assez fréquente des petites dents en second rang, des dimensions souvent relativement plus fortes du premier rayon divisé à la dorsale, d'ordinaire le minimum de rayons rameux à l'anale ainsi qu'aux pectorales et une forme plus allongée et plus conique des écailles. Je crois, toutefois, devoir attribuer à l'âge ces quelques divergences.

Enfin, j'ai décrit déjà l'apparition [4], dans certaines conditions, sur diverses parties du corps et des membres du Spirlin, de petites taches noires et saillantes dues à la présence d'un para-

[1] Auszüge aus dem Berichte über eine an die nordwestl. Küsten des Scharzen Meeres, etc., unternommene Reise. Bull. soc. imp. de Moscou, 1859, p. 535.

[2] Bemerkungen über verschiedene Fische des Donaugebietes. Verhandl. der zool. bot. Gesell. in Wien, 1863, p. 489.

[3] Zoologische Mittheilungen, und Prod. Faunæ Verteb. Ungariæ superioris. Verhandl. der zool. bot. Gesell. in Wien, XI und XII.

[4] Le mélanisme noueux. Archives des sciences phys. et naturelles ; janvier 1875.

site externe voisin du *Diplostomum cuticola* de Nordmann. J'ai trouvé, en effet, dans la petite rivière l'Aire près de Genève, presque tous les Spirlins et les Vérons *(Phoxinus lævis)* plus ou moins couverts de macules semblables à celles qui ont fait décrire, comme variété de ce dernier, sous le nom de *Phoxinus lævis atris notis sparsus,* le Véron de certains cours d'eau du Luxembourg par le Dr Warnimont [1]. Ces petits nœuds noirs irrégulièrement distribués sur le tronc, la tête, les nageoires et jusque dans la bouche donnaient au premier aspect un faciès assez particulier aux Spirlins de cette rivière.

Le Spirlin est assez répandu dans l'Europe centrale et habite la grande majorité de nos eaux suisses ; toutefois, il fait défaut au Tessin, comme à l'Italie, et ne s'élève guère dans les rivières et les lacs de nos montagnes. Presque tous nos lacs inférieurs et la plupart de nos courants grands et petits, ainsi que beaucoup de ruisseaux et même de marais, au nord des Alpes, à l'ouest surtout, possèdent ce poisson en plus ou moins grande abondance. Je ne l'ai toutefois pas encore rencontré plus haut que 700 mètres au-dessus de la mer. Quoique se trouvant çà et là, confondu avec le Véron, sous le nom de *Bachbumel* dans le lac de Zoug et ses affluents, le Spirlin ne se trouve cependant pas sur la liste consciencieuse des poissons du lac d'Egeri, à 727 mètres, qui m'a été fournie par le Dr Kaiser de Zoug. Bien que remontant en grand nombre l'Aar jusque dans le lac de Thun, il ne se montrerait aussi, selon les pêcheurs, que très rarement dans celui de Brienz peut-être déjà trop froid pour lui. Nenning décrit parfaitement cette espèce, sous le nom de *Cyprinus bipunctatus,* dans ses Poissons du Bodensee ; toutefois, pas plus que Hartmann, avant cet auteur, ni que Rapp, Heckel et de Siebold après lui, je n'ai réussi jusqu'ici à me la procurer du lac de Constance. Le Spirlin ne se trouve pas non plus sur un catalogue des Poissons du Rhin à Coire qui a été publié en 1874 [2]. Ce n'est pas dire cependant que cette espèce doive être refusée aux

---

[1] Ann. de la Soc. des S. N. du Luxembourg, 1867, p. 242.

[2] Naturgeschichtliche Beiträge zur Kentniss der Umgebungen von Chur, 1874. Fische von Dr Brugger, p. 149 et 150.

parties est de notre pays, car du Rhin, au-dessous de la chute,
il remonte assez loin dans la Thur et ses affluents[1], et du lac de
Wallenstadt il arrive, par la Linth, au canton de Glaris.

Schinz, dans sa *Fauna helvetica*, en 1837, ne signalait son
Aspius bipunctatus que dans la Sihl, la Limmat et le lac de
Neuchâtel; j'ai reconnu la présence de ce poisson dans les lacs
Léman, de Neuchâtel, Bienne, Morat, Thun, Lucerne, Sarnen,
Sempach, Zug, Zurich et Wallenstadt, ainsi que dans plusieurs
affluents petits et grands du Rhône, de l'Arve, du Rhin, de
l'Aar, de la Sarine, de la Reuss, de l'Emme, de la Limmat,
de la Sihl, de la Linth et de la Thur.

Le Spirlin habite, comme on le voit, les lacs et les rivières :
toutefois, bien plus que nos Ablettes, il semble aimer les eaux
courantes et rechercher de préférence les petites rivières. Pour
la plupart de nos lacs, ce n'est même guère qu'aux embouchures
des affluents qu'on le trouve un peu abondamment. On le rencontre souvent en très grande quantité dans de petits ruisseaux
et des étangs où l'Ablette ne se hasarde que rarement. Bien
qu'on le trouve quelquefois dans les eaux à fond herbeux, il
semble préférer les courants à fond pierreux ou graveleux.

Ce petit poisson vit volontiers en sociétés plus ou moins nombreuses de ses semblables ou, selon les localités, en compagnie
avec le Véron ou le Blageon. Il nage le plus souvent entre deux
eaux, et ne voyage pas d'ordinaire autant au ras de la surface
que nos Ablettes. On le voit rarement rider avec son dos la surface de nos eaux, comme le font si volontiers ces dernières. Il se
tient souvent à d'assez grandes profondeurs, non seulement
durant la mauvaise saison qui chasse tous les poissons vers le
fond, mais encore au printemps et en été, soit pour frayer, soit
pour chercher sa subsistance. La nourriture du Spirlin est beaucoup plus animale que végétale; ce petit Cyprin absorbe un
grand nombre d'insectes, de vers et de petit mollusques.

La saison des amours varie généralement entre les derniers
jours d'avril et les premiers de juillet, selon les années et les
localités; l'époque de frai la plus fréquente est cependant

---

[1] Voyez en particulier : Unsere Fischerei, von Dr Wartmann. Bericht
über die Thätigkeit der St-Gallischen naturw. Gesell., 1867-68, p. 158.

d'ordinaire vers le milieu de mai. Les femelles gagnent alors le fond des eaux courantes, tant dans les fleuves que dans les plus petites rivières, pour y déposer leurs œufs; cela en plusieurs fois et plus volontiers sur les pierres.

La plupart des auteurs, à l'imitation de Bloch, s'accordent pour attribuer à cette espèce des œufs excessivement petits et en nombre très élevé. Toutefois, il me semble que ce premier observateur doit avoir commis une erreur et que celle-ci a été complaisamment répétée par les ichthyologistes subséquents. En effet : j'ai trouvé, bien au contraire, dans les ovaires bien développés de plusieurs femelles, des œufs relativement très gros et proportionnellement beaucoup plus forts que ceux d'autres poissons plus grands qui ne passent pas pour avoir des œufs très petits. Par exemple, j'ai compté, dans deux femelles adultes pêchées dans le Rhin au milieu de mai, 1860 et 1915 œufs mesurant 2 millimètres de diamètre et mêlés à un nombre passablement supérieur de germes beaucoup moins développés, mais déjà en majorité de demi-millimètre environ. Il est probable que les dits gros œufs de deux millimètres qui occupaient bien plus de la moitié de la capacité des ovaires bien que distribués en arrière comme en avant, étaient destinés à sortir dans un premier acte de la ponte et à faire place à d'autres jusque là plus petits. La ponte doit donc se faire comme je l'ai dit, en diverses reprises, le total des œufs est loin d'être exceptionnellement élevé; enfin, les germes prêts à pondre sont relativement très gros pour le poisson.

Huit à dix jours après la fécondation des œufs [1], on peut voir déjà bon nombre de petits alevins frétillant entre les pierres sur le lieu de la ponte. Ces nouveaux nés servent de pâture facile à un grand nombre de poissons; voire même au Véron qui, malgré sa petite taille est volontiers carnassier et toujours doué d'un appétit féroce. Au reste, ce ne sont pas les jeunes seulement qui servent de proie aux carnivores aquatiques, l'espèce à tout âge doit payer aussi une riche tribu à la force brutale.

La chair du Spirlin, sans avoir de mauvais goût, n'a cependant rien de délicat ; aussi, bien qu'il morde facilement à l'hameçon

---

[1] Selon Lunel : Poissons du Léman.

amorcé d'une proie vivante et que l'on puisse le prendre quelquefois en assez grande quantité d'un seul coup de filet, ce joli
petit poisson arrive rarement sur nos marchés. On n'en fait
nulle part une pêche spéciale. Les personnes qui le prennent le
mangent elles-mêmes en friture, ou le plus souvent s'en servent
comme amorce. On emploie les écailles argentées du Spirlin,
comme celles des Ablettes, pour la fabrication des fausses perles ; mais elles sont beaucoup moins pures de couleur.

Le Spirlin est affecté quelquefois d'une curieuse maladie qui
se traduit par la formation de bulles ou vésicules gazeuses plus
ou moins grandes, tantôt à l'extérieur sur les pièces operculaires
et les nageoires, tantôt à l'intérieur, dans l'arrière bouche ou
derrière l'œil ; dans ces derniers cas, l'animal a la gueule forcément ouverte ou les yeux fortement projetés au dehors de leur
orbite[1]. J'ai parlé plus haut d'une autre maladie que j'ai nommée *Mélanisme noueux* et qui consiste dans la présence sur le
corps et les membres, ainsi que dans la bouche, de taches noires
et saillantes dues à la présence d'un parasite voisin du *Diplostomum cuticola* enkysté au centre d'un amas anormal de cellules pigmentaires. Enfin, notre poisson nourrit aussi, comme tant
d'autres, quelques espèces de vers parasites[2].

Genre 9. ABLETTE

ALBURNUS, Rondelet.

*Dents pharyngiennes sur deux rangs et généralement au
nombre de sept, de chaque côté ; deux petites et cinq grandes
assez longues, plus ou moins recourbées au sommet et fran-*

---

[1] Des Dorades et des Axolotls conservés dans les mêmes conditions
que les Spirlins en question, furent affectés de la même maladie. J'ai reconnu les mêmes bulles morbides chez des Vérons et des Ablettes en
liberté. Deux jeunes malades que j'avais séparé dans un bocal furent guéris
par de fréquents changements d'eau.

[2] On a trouvé jusqu'ici chez le Spirlin les : *Tænia torulosa* (Batsch.)
dans les intestins ; — *Caryophyllacus mutabilis* (Rud.) dans les intestins, et
— *Holostomum cuticola* (Nordm.) à l'extérieur.

chement pectinées sur la tranche. *Bouche sans barbillons,
oblique et à menton saillant ; la mâchoire inférieure dépassant un peu la supérieure et pourvue à la symphyse d'un
petit crochet correspondant à une excavation de cette dernière. Œil grand. Tête subconique, plus ou moins tronquée
en avant. Corps fusiforme, plus ou moins élancé et un peu
comprimé. Dos subarrondi transversalement ou légèrement
tectiforme et sans ligne dénudée. Ventre pincé en arête nue
en arrière des ventrales. Écailles moyennes, peu solides,
minces, généralement un peu plus hautes que longues et faiblement entaillées au bord fixe. Ligne latérale complète.
Dorsale à base courte, naissant bien en arrière des ventrales.
Anale à base longue, naissant au-dessous des derniers
rayons de la dorsale ou, selon les cas, un peu en avant
ou en arrière de ceux-ci. Caudale profondément échancrée,*

Dentes serrantes 2, 5—5, 2, pectinati.

Les Ablettes vivent d'ordinaire en sociétés et sillonnent volontiers la surface des eaux en bandes nombreuses
durant la belle saison. Bien que s'attaquant, comme la
plupart des Cyprinides, à diverses substances végétales et
animales, ces poissons, de taille plutôt petite, paraissent
cependant de préférence insectivores.

Ce genre, riche en espèces, est très répandu dans les
eaux douces de l'Europe et de l'Asie occidentale. Sur une
quinzaine d'espèces reconnues par Günther en 1868[1], trois
seulement : les *Alburnus lucidus*, *Alb. alborella* et *Alb.
mento* peuvent être considérées comme vraiment européen-

[1] Catal. of Fishes.

nes. La dernière, de Bavière, d'Autriche et de Crimée, fait complètement défaut aux eaux de notre pays.

Bien que la distinction spécifique établie entre nos *Alburnus lucidus* et *Alb. alborella* soit maintenant généralement acceptée, je ne puis m'empêcher de conserver quelques doutes à cet égard et, quoique décrivant séparément ces deux Ablettes, je crois devoir indiquer, par une similitude de chiffres d'ordre, l'hypothèse que la seconde pourrait bien n'être qu'une forme méridionale de la première. Si je n'ai, il est vrai, pas encore trouvé, dans les nombreuses variétés de notre Ablette, au nord des Alpes, des formes parallèles de celle qui la représente au sud, j'ai cependant rencontré parmi les variétés de cette dernière des individus qui rappelaient beaucoup notre *Alb. Lucidus.*

Le représentant le plus répandu de ce genre, l'*Alb. lucidus*, a donné naissance, avec le *Squalius cephalus*, à une forme bâtarde, connue sous le nom d'*Alb. dolabratus.* Jäckel attribue également à une union de cette Ablette avec le *Scardinius erythrophtalmus*, la création du poisson qu'il a nommé *Alburnus Rosenhaueri.* J'ai dit plus haut, à propos de la Blicke, que de Siebold a appelé *Bliccopsis alburniformis* un poisson dans lequel il a crû reconnaître un produit bâtard de nos *Blicca björkna* et *Alburnus lucidus.*

A côté des caractères extérieurs relevés dans la diagnose générique, les Ablettes que j'ai eu l'occasion d'étudier présentent encore en commun les caractères anatomiques suivants, qui demandent à être étudiés par la suite sur d'autres espèces.

Nos représentants du genre ont des pseudobranchies pectinées et passablement développées. Le maxillaire supérieur porte chez eux un coude en hachette un peu creusé en dessus et en dessous. Les pharyngiens ont l'aile courte, avec une branche inférieure généralement allongée et plus ou moins renflée sur le côté. La meule est dure, subovale et marquée de sillons entre-croisés. L'arcade sous-orbitaire est d'ordinaire composée de six pièces : une antérieure subcarrée et grande, quoique beaucoup plus petite que l'œil, et cinq autres en chaîne très étroite.

11. L'ABLETTE COMMUNE

Die Laube [1]

ALBURNUS LUCIDUS, Heckel.

D'une couleur verte, olivâtre ou bleue d'acier franchement limitée au haut des flancs en dessus ; blanc argenté sur les côtés et en dessous. Nageoires peu colorées ou légèrement mâchurées. Corps élancé et plus ou moins comprimé. Museau plus ou moins tronqué obliquement. Bouche oblique. Mâchoire inférieure dépassant plus ou moins la supérieure. Œil grand. Écailles latérales moyennes minces, notablement plus hautes que longues, à stries très déliées, à rayons peu apparents, et recouvrant au plus $^2/_5$ de l'œil chez l'adulte. Dorsale naissant plutôt plus près de l'anale que des ventrales et d'ordinaire notablement moins haute que la longueur de l'anale. Anale naissant dessous les derniers rayons de la dorsale, moins haute que celle-ci et assez décroissante, avec une base au moins égale à la longueur des pectorales. Lobes caudaux subégaux. (Longueur totale moyenne d'adultes 140 à 190 ^mm.)

Généralement six sous-orbitaires : premier subcarré recouvrant à peu près un tiers de l'œil chez l'ad. ; dernier très petit. Maxillaire supérieur avec un coude, postérieur en hachette ; un peu concave en dessus et en dessous ; branche inférieure épaisse Pharyngiens généralement grêles, à aile courte, avec léger renflement latéral au-dessous de celle-ci. Meule dure, petite et subovale, avec impressions dentaires entrecroisées. Dents pharyn-

---

[1] Aussi souvent : *Silberling* ou *Uckelei*, en Allemagne.

*giennes à couronne allongée, un peu recourbées au sommet et
plus ou moins pectinées.*

D. 2-3/7-9, A. 3/15-18, V. 2/7-8, P. 1/14-18, C. 19 maj.

$$\text{Squ. } 45. \ \frac{7-9}{3-4} \ 54(58). \ \text{Vert. } 41-44.$$

CYPRINUS ALBURNUS, *Linné*, Syst. Nat., 1, p. 531 ; ed. XIII, 1, p. 1434. —
     Bloch, Fische Deutschl., 1, p. 54, tab. 8, fig. 4. — *Schranck*,
     Fauna Boïca, 1, 337.— *Cuvier*, Reg. anim., 11, 195. — *Jurine*,
     Mém. Soc. Phys. et H. N., p. 219, pl. 14. — *Hartmann*, Helvet.
     Ichthyol., p. 206. — *Nenning*, Fische des Bodensees, p. 29. —
     Yenins, Manual, p. 414.— *Pallas*, Zoogr. Ross.-As., III, p. 321.
     — *Holandre*, Faune de la Moselle, p. 249. — *Gronov.*, Syst. ; ed.
     Gray, p. 184.
   »   LEUCISCUS, *Steinmüller*, Neue Alpina, 11, p. 314.
LEUCISCUS ALBURNUS, *Flemming*, Brit. An., p. 138. — *Cuv. et Val.*, XVII,
     p. 272. — *Yarrell*, Brit. Fishes, 1, p. 368, 2e édit., p. 419. —
     Rapp, Fische des Bodensees, p. 9.
   »   OCHRODON, *Cuv. et Val.*, XVII, p. 249.
   »   ALBURNOIDES, *Cuv. et Val.*, XVII, p. 250.
ASPIUS ALBURNUS, *Agassiz*, Mém. Soc. S. N. Neuchâtel, p. 38. — *Bonaparte*.
     Fauna italica, III, 3, pl. 116, fig. 5. — *Schinz*, Fauna Helvet.,
     p. 155 ; Europ. Fauna, 11, p. 328, *part.*
   »   ALBURNOIDES, *De Selys*, Faune belge, p. 214.
   »   OCHRODON, *Fitzinger*, Prod. Faun. Austr.
ABRAMIS ALBURNUS, *Nilsson*, Skand. Fauna, IV, p. 337. — *Günther*, Fische
     des Neckars, p. 86.
ALBURNUS LUCIDUS, *Heckel et Kner*, Süsswasserfische, p. 134, fig. 67 et 68.
     — *Fritsch*, Fische Böhmens, p. 5. — *Dybowsky*, Cyp. Livlands,
     p. 165. — *Siebold*, Süsswasserfische, p. 154. — *Jeitteles*, Fische
     der March, 11, p. 6. — *Jackel*, Fische Bayerns, p. 60. — *Blan-
     chard*, Poissons de France, p. 364, fig. 77, 78 et 79. — *Gün-
     ther*, Catal. of Fishes, VII, p. 312. — *Lunel*, Poissons du
     Léman, p. 53, pl. VI, fig. 2. — *De la Fontaine*, Faune du
     Luxembourg, Poiss., p. 40.
   »   OBTUSUS, ALB. ACUTUS, *Heckel*, Fische Syriens, 46.
   »   LACUSTRIS, *Heckel et Kner*, Süsswasserfische, p. 134.
   »   MIRANDELLA, *Blanchard*, Poissons de France, p. 369, fig. 80.
   »   BREVICEPS, *Heckel et Kner*, Süsswasserfische, p. 134, fig. 69.
   »   FABRÆI, *Blanchard*, Poissons de France, p. 370, fig. 81.

ASPIUS (*alburnus*) ALBORELLA, *De Filippi* (subspecies meridionalis?) Voy.
     plus loin, n° 11 *bis*, p. 440.

Noms vulgaires en Suisse : S. F. *Sardine, Rondion* (Genève) ; *Blanchet, Blanchaille, Naze, Bezeula* et *Mirandelle* (côtes vaudoise et savoyarde du Léman) ; *Able, Laube* (Neuchâtel) ; *Abbelé, Laugelé* (Morat). — S. A. *Ischer, Winger* (Bienne et Zug) ; *Lauelen* (Bâle) ; *Lau* ou *Luonzeli* ad., *Wingere* j. (Lucerne) ; *Ischer, Ischerli* et *Blaüling* (Thun) ; *Laupeli, Laugeli, Lougelen, Laubelen*, parfois *Agrus* (Zurich et Wallenstadt) ; *Laugel, Laugele, Laugeli, Lagenen, Seelen, Græssling, Zierfisch* et *Agone* ou *Agoner* [1] (Thurgovie et lac de Constance).

Corps fusiforme, assez allongé et étroit, bien que plus ou moins élevé et graduellement comprimé d'avant en arrière. Le profil supérieur d'ordinaire légèrement convexe de l'occiput à la dorsale, ou parfois un peu vouté sur la nuque seulement, et presque rectiligne de la dite nageoire à la caudale ; chez certains sujets plus élevés, plus convexe sur toute sa longueur. Le profil inférieur suivant une courbe douce et régulière de l'angle du maxillaire à l'anale, puis oblique et presque rectiligne ou un peu concave en arrière de ce point. Le dos subarrondi transversalement ou légèrement tectiforme bien que relativement assez large en avant ; le ventre pincé en arête étroite et nue, soit dépourvue d'écailles au sommet, entre les ventrales et l'anale.

La hauteur maximale, suivant les sujets, entre la dorsale et les ventrales ou vers ces dernières ou au contraire plus en avant, à la longueur totale du poisson, comme $1 : 4 \, ^5/_3 — 6^2$, selon les individus femelles ou mâles et suivant l'âge plus ou moins avancé, parfois $6 \, ^3/_4$ chez de jeunes individus [3]. Cette même hauteur, à la longueur du poisson sans la caudale, comme $1 : 3 \, ^9/_{10}$ à $4 \, ^7/_8$. L'élévation mini-

---

[1] Ce nom de *Agone* ou *Agoner* que j'ai entendu appliquer aux Ablettes à Rorschach, rappelle d'une manière curieuse les noms *Agôn* ou *Agoni* appliqués, dans le Tessin au sud des Alpes, à la *Clupea alosa*.

[2] Heckel et Kner donnent $4 \, ^1/_2$ comme un des principaux caractères de leur *Alb. breviceps*.

[3] Les limites de ce rapport données par Heckel et Kner doivent avoir été relevées presque exclusivement sur des femelles, car autrement elles accuseraient une assez grande différence entre les Ablettes d'Autriche et celles de la Suisse.

male, selon les sujets mâles ou femelles, à la hauteur la plus
grande, comme 1 : 2 $\frac{1}{4}$ — 2 $\frac{4}{5}$. L'épaisseur la plus forte,
située plus ou moins en avant au-dessus des pectorales, un
peu plus faible que la $\frac{1}{2}$ de la hauteur maximale ou égale
à cette moitié et, suivant les cas, égale à l'épaisseur sur
l'opercule, un peu plus forte ou plus faible. Une section verticale du tronc, par le fait, de forme elliptique moyennement allongée.

L'anus ouvert le plus souvent très légèrement en arrière
du milieu de la longueur totale du poisson ; un peu plus
reculé chez certains sujets plus voûtés.

Tête plutôt petite, bien que de proportions variant avec le
sexe et l'âge, et présentant, vue par le côté, la forme d'un
cône tronqué obliquement près du sommet. Le profil supérieur à peu près droit et faiblement incliné ; le profil inférieur convexe et plus ou moins brusquement relevé en avant,
de telle manière que l'ouverture de la bouche se trouve le
plus souvent au-dessus du centre de l'œil, bien que quelquefois aussi un peu au-dessous de celui-ci [1].

La longueur céphalique latérale, volontiers légèrement
moindre que la hauteur du tronc, chez les adultes, par contre souvent un peu plus forte chez les jeunes et, comparée à
la longueur totale du poisson, comme 1 : 5 $\frac{1}{2}$, chez beaucoup de femelles adultes et de jeunes, à 6 $\frac{1}{6}$, chez beaucoup
d'adultes, de mâles surtout [2] ; la même longueur, au poisson sans la caudale, comme 1 : 4 $\frac{1}{4}$ à 5. La longueur de la
tête en dessus, à la longueur par le côté, le plus souvent
comme 1 : 1 $\frac{3}{8}$ ou 1 $\frac{1}{3}$. L'élévation à l'occiput, suivant les
individus, légèrement moindre ou un peu plus forte que les $\frac{2}{3}$

---

[1] La forme moins tronquée et plus acuminée de la tête résultant de
cette disposition moins relevée de la fente buccale m'a paru se montrer
surtout chez des sujets plus voûtés que j'avais d'abord distingués sous le
nom d'*Alburnus arquatus*. Les deux déviations extrêmes dans les formes
de la tête pourraient être dénommées par opposition, *Alb. var. oxycc-
phala* et *Alb, var. colobocephala.*

[2] Heckel et Kner donnent comme caractère principal de leur *Alb. breviceps* = 1 : 6 $\frac{1}{8}$.

de la hauteur du corps, souvent même égale aux $^5/_6$ de celle-ci chez les jeunes ; selon l'âge de $^1/_4$ à $^1/_3$ moindre que la longueur céphalique latérale. L'épaisseur sur l'opercule très légèrement plus faible que la moitié de la longueur céphalique latérale et correspondant, suivant les sujets, à la hauteur vers le bord antérieur de l'orbite ou, plus en arrière, vers le tiers de l'œil.

Museau anguleux et plus ou moins retroussé, avec un menton plus ou moins proéminent — Bouche oblique, plus ou moins tombante, assez protractile et fendue à peu près jusqu'au-dessous des narines. La mâchoire inférieure dépassant plus ou moins la supérieure et pourvue à la symphyse, dans les deux sexes, d'un petit crochet terminal correspondant à une légère excavation de la mâchoire supérieure. — Narines plutôt petites et doubles : l'orifice antérieur le plus petit, arrondi et bordé d'une valvule susceptible de recouvrir le postérieur plus grand et plus ovale ; la cloison séparatrice située à peu près au tiers de la distance comprise entre le bord de l'orbite et le bout du museau. — Lèvres assez minces. — Langue plutôt étroite. — Quelques pores et canalicules assez apparents, de l'occiput aux narines, au-dessus de l'œil, sur les sous-orbitaires au-dessous de celui-ci et le long du préopercule et du maxillaire inférieur.

Œil grand bien qu'assez distant du profil frontal et d'un diamètre, à la longueur céphalique latérale, comme 1 : 3 — 3 $^1/_2$ selon les sujets jeunes ou vieux (parfois même 2 $^3/_4$ chez de petits individus).

L'espace préorbitaire de $^1/_7$ à $^1/_6$ plus faible que le diamètre oculaire chez les adultes, chez les jeunes de $^2/_7$ à $^1/_3$ plus petit.

L'espace postorbitaire toujours beaucoup plus grand que l'œil, un peu moindre que le double du préorbitaire et généralement un peu plus faible aussi que la moitié de la longueur céphalique latérale.

L'espace interorbitaire à peu près égal au diamètre de l'orbite ou légèrement plus fort chez les adultes, mais sensiblement plus faible chez les jeunes, le front tendant d'ordi-

naire à s'élargir avec l'âge chez nos Cyprinides, en même
temps que le museau s'allonge par rapport à l'œil.

Arcade sous-orbitaire composée généralement de six petits os
juxtaposés : le premier large, court et subcarré ou subarrondi, occupant tout l'espace compris entre l'œil et la machoire, et susceptible de recouvrir, chez l'adulte, du quart au
tiers de la surface de l'orbite, chez les jeunes la pupille seulement ; le second un peu plus court et très étroit, soit carré
long ; le troisième en croissant étroit, à peu près une fois
et demie aussi long que le précédent ; le quatrième, derrière
l'œil, presque aussi long, mais plus étroit encore ; enfin les
cinquième et sixième très petits.

La voûte susorbitaire étroite et peu saillante.

Maxillaire supérieur arqué, mais presque rectiligne ou très
légèrement convexe en avant et développé, en arrière vers
son milieu, en un grand coude en forme de hachette, soit à
la fois bien creusé en dessus et un peu concave en dessous.
La branche inférieure plutôt large et relativement assez
longue, quoique plus ou moins prolongée suivant la forme
plus ou moins oblique de la bouche, et un peu renflée ainsi
que légèrement tordue à l'extrémité. (Voy. pl. II, fig. 34.)

Opercule subtrapézoïdal et, suivant les individus mâles ou
femelles, comme selon la forme effilée ou élevée des sujets,
de ¹/₄ seulement ou de ¹/₃ ou presque de ¹/₂ plus haut que
large. Le côté supérieur, presque droit ou faiblement
creusé, égal environ à la moitié de l'inférieur à son tour
droit ou un peu convexe. Ce dernier formant avec le bord
postérieur, d'ordinaire un peu concave, un angle, selon les
individus, un peu plus ouvert ou au contraire plus aigu que
l'angle droit.

Sous-opercule large et en demi-croissant.

Interopercule formant un très petit triangle entre la pièce
précédente et le préopercule.

Préopercule légèrement oblique au côté postérieur et formant, par le fait, un angle plutôt obtus et largement arrondi.

La bordure branchiostège passablement développée.

Pharyngiens le plus souvent très grêles. L'aile courte, médiocrement développée, plus ou moins brusquement coudée

vers le haut et bien anguleuse dans le bas à peu près en face
de la troisième grande dent. La corne supérieure médiocrement allongée, faiblement arquée et fortement recourbée en
avant. La branche inférieure relativement longue et effilée
avec un renflement latéral plus ou moins accusé au-dessous
de l'aile.

(Chez certains sujets élevés du Rhin, les os un peu plus
forts, la branche inférieure en particulier un peu plus
épaisse.) (Voy. pl. IV, fig. 31 et 34.)

Dents pharyngiennes généralement au nombre de sept et sur
deux rangs parallèles de chaque côté : cinq grandes sur un
rang postérieur et deux petites sur une ligne parallèle antérieure (exceptionnellement 4 grandes d'un côté ou 1 petite
seulement). Les plus grandes plutôt grêles, à couronne allongée, un peu recourbées à l'extrémité et finement dentelées
ou pectinées sur les côtés de la tranche. La troisième d'ordinaire la plus longue. La dernière en bas, la plus petite et
souvent plus distante des autres sur l'os droit que sur le
gauche [1].

Les petites dents implantées au pied des seconde et troisième précédentes, assez étroites et légèrement recourbées
au sommet ; l'inférieure, tantôt la plus longue et tantôt la
plus courte des deux, égale suivant les cas à la $^1/_2$ ou aux $^3/_5$
de la plus grande postérieure. (Chez certains sujets à dos
élevé et bouche peu oblique, provenant du Rhin à Bâle, les
dents principales un peu plus trapues, toutes à égale distance, plus fortement pectinées et surtout bien plus crochues
au sommet. Cette différence jointe à quelques autres traits
différentiels m'a fait croire d'abord à un produit hybride,
puis m'a poussé à décrire séparément cette forme au premier abord assez caractéristique ; toutefois, des recherches
et des comparaisons plus approfondies m'ont enfin démontré
qu'il n'y avait là qu'une variété locale.) (Voy. pl. IV, fig. 31
et 34.)

Meule relativement petite, dure, épaisse, facilement isolable et

---

[1] Souvent l'espace inégal sur l'os gauche ; quelquefois aussi l'intervalle
égal sur les deux os, cela principalement chez certains sujets à dos élevé.

d'ordinaire de forme subelliptique ou ovale, subarrondie en
avant, recourbée un peu en crochet vers l'extrémité postérieure et marquée de nombreuses impressions dentaires
obliques entre-croisées.

(La forme un peu plus ramassée et moins largement
arrondie en avant de la meule des sujets élevés du Rhin
dont j'ai parlé ci-dessus, m'a fait penser d'abord à un
mélange avec le *Spirlinus bipunctatus ;* mais la faiblesse
relative du crochet ou lobe postérieur, jointe à la parfaite
identité du maxillaire supérieur de cette forme avec cet os
chez nos Ablettes ordinaires m'a encore fait repousser cette
hypothèse). (Voy. pl. IV, fig. 32, 33, 35 et 36.)

Dorsale dépassant de quelques rayons, en avant, le milieu de la
longueur totale du poisson, soit naissant, selon les individus,
plus ou moins en arrière du centre de celui-ci sans la caudale (souvent d'une quantité à peu près égale à la $\frac{1}{2}$ ou
aux $\frac{2}{3}$ de la tête) et généralement un peu plus près de
l'anale que des ventrales. La hauteur, au plus grand rayon,
variant, suivant la forme des sujets et l'âge plus ou moins
avancé, de $\frac{3}{5}$ à $\frac{8}{9}$ de l'élévation du corps; le plus souvent
égale à peu près aux $\frac{2}{3}$ de celle-ci, chez les adultes ordinaires. Ce rayon dorsal maximal dépassant en longueur l'espace
compris entre l'angle postérieur de l'opercule et le bord antérieur de l'œil, cela souvent d'une quantité un peu plus forte
chez les sujets effilés et les mâles que chez les femelles, mais
sans règle constante à cet égard. La longueur basilaire un
peu plus grande que la moitié de la hauteur de cette nageoire,
rarement égale aux deux tiers de celle-ci; en moyenne, à peu
près égale à l'espace postorbitaire, soit volontiers un peu plus
forte chez les mâles et un peu plus faible chez les femelles,
mais encore sans règle constante[1]. Quant à la forme : anguleuse, médiocrement décroissante et à peu près rectiligne
ou très légèrement convexe sur la tranche.

Neuf à douze rayons : deux à trois non divisés et sept à
neuf rameux (sans compter pour deux, comme quelques au-

---

[1] Chez certaines femelles de forme élevée provenant du Rhin, cette base
était en particulier plus grande que l'espace postorbitaire.

teurs, le dernier partagé jusqu'au bas). Le premier simple d'ordinaire tout à fait rudimentaire, ou caché sous les téguments, parfois même absent. Le suivant mesurant, entre le tiers et la moitié du troisième; celui-ci, ou grand simple, très légèrement plus long ou de même grandeur que le premier divisé lui-même le plus fort des rameux. Le dernier divisé variant, suivant les individus, entre un peu plus du tiers et la moitié du plus grand.

Anale naissant le plus souvent au-dessous du dernier rayon de la dorsale, quelquefois un peu plus en avant, parfois même au-dessous du milieu de cette nageoire et, rabattue, laissant entre elle et les premiers rayons de la caudale un espace susceptible de varier, avec les individus, de la hauteur de son sixième à celle de son second rameux. La longueur basilaire d'ordinaire sensiblement plus grande que la hauteur de la dorsale et souvent plus forte relativement à la tête chez les mâles que chez les femelles ; ainsi : volontiers plus grande que l'espace compris entre le bord de l'opercule et les narines, parfois même égale à la tête, chez les mâles, mais atteignant plus rarement au bord des narines, restant même parfois au niveau du bord antérieur de l'orbite, chez beaucoup de femelles. (Cette différence sexuelle, souvent très frappante, souffre cependant quelques exceptions, comme les précédentes ; en particulier, dans certaines femelles à forme élevée et museau pointu, provenant du Rhin, chez lesquelles la longueur de l'anale égalait presque celle de la tête.) La hauteur au plus grand rayon variant, suivant les individus, entre les $^3/_5$ et les $^4/_5$ de l'étendue basilaire et égale à peu près aux $^3/_4$ de l'élévation de la dorsale. Quant à la forme : anguleuse au sommet, passablement décroissante et un peu concave sur la tranche.

Le plus souvent, dix-huit à vingt et un rayons : trois simples et quinze à dix-huit divisés. (Le maximum de 20 rayons rameux attribué par plusieurs auteurs, Heckel et Kner, de Siebold, Jeitteles et autres aux Ablettes d'Allemagne, me paraît rare chez nous ; par contre, le minimum 15, au-dessous des minima de ces ichthyologistes, m'a semblé assez fréquent dans nos eaux.)

Le premier simple égal environ au tiers du second ; celui-ci
un peu plus fort que le tiers du troisième ; ce dernier à peu
près égal au premier divisé ou un peu plus court. Les deux
premiers rameux les plus grands à peu près égaux ; le dernier de tous un peu plus fort que le tiers du plus grand,
rarement égal à la moitié.

Ventrales implantées toujours bien en avant de l'aplomb de la
dorsale et de la moitié du poisson sans la caudale, de manière
à atteindre rabattues, à peu près jusqu'au-dessous du centre de la dorsale et à parvenir ainsi plus ou moins près
de l'anus, soit demeurant séparée de ce dernier par un
espace égal, suivant les individus, à $^2/_5$ ou à $^1/_5$ seulement de
leur longueur, ou arrivant quelquefois jusque sur cette ouverture, chez des jeunes surtout. La longueur, au plus grand
rayon, un peu plus forte que la hauteur de l'anale, mais toujours un peu moindre que l'élévation de la dorsale. Quant à
la forme : subacuminées au sommet, arrondies sur la tranche et relativement peu réduites en arrière.

Neuf à dix rayons : deux simples soit non divisés et sept à
huit divisés [1]. Le premier simple sublatéral, non articulé et
égal environ à $^1/_5$ du suivant ; celui-ci non rameux (bien
qu'articulé et composé, comme toujours, de deux tiges aco-
lées) à peu près égal au premier divisé, le plus grand. Le
dernier, souvent non rameux ou divisé seulement au sommet, mesurant d'ordinaire entre la $^1/_2$ et les $^2/_3$ du plus
grand.

Pectorales rabattues laissant, entre leur extrémité et l'origine
des ventrales, un espace en moyenne égal à $^1/_4$ de leur longueur, parfois à $^1/_5$ chez certains mâles ou à $^1/_7$ chez certaines
femelles. Avec cela, de $^1/_5$ à $^1/_4$ environ plus grandes que les
ventrales (parfois de $^1/_7$ seulement), soit presque égales à la
longueur basilaire de l'anale et par le fait d'ordinaire un

---

[1] Jeitteles (Fische der March, 6) compte 1 à 2 rayons simples, parce
qu'il ajoute au premier grand simple le dernier des divisés, en effet, souvent simple sur toute sa longueur, mais qu'il ne faut cependant pas mettre
au même niveau que le premier. Il paraît n'avoir pas observé la constance
du premier petit rayon simple sublatéral.

peu plus longues que la hauteur de la dorsale, plus rarement
égales seulement à celle-ci[1]. Quant à la forme : assez pointues au sommet et arrondies sur la tranche.

Quinze à dix-neuf rayons : un premier simple et quatorze
à dix-huit, le plus souvent quinze divisés. Le premier simple volontiers un peu plus fort ou plus épais chez les mâles
que chez les femelles, à l'époque des amours surtout ; dans
ce cas, un peu arqué et, par le fait, relativement plus court
chez les premiers que chez les secondes. Le premier divisé,
suivant les cas, un peu plus grand que le précédent ou
de même longueur. Le dernier d'ordinaire non ramifié
variant, selon le nombre des rayons, entre $^1/_3$ et $^1/_6$ du plus
grand.

Caudale de moyenne grandeur et assez profondément échancrée, avec deux lobes assez acuminés, à peu près rectilignes
sur la tranche et rarement parfaitement égaux (l'inférieur
souvent de deux à trois millimètres plus long que le supérieur chez les adultes [2]). La longueur de cette nageoire au
sommet du plus grand lobe, à la longueur totale du poisson,
comme 1 : 4 $^1/_2$ ou 4 $^2/_3$ chez les mâles, à 4 $^2/_2$ ou 5 chez les
femelles et les jeunes (avec des exceptions) ; par le fait mesurant toujours plus que la longueur de la tête, et souvent plus
chez les mâles et les sujets effilés que chez les femelles et les
sujets élevés.

Dix-neuf principaux rayons, dix-sept divisés et deux non
divisés, flanqués en haut et en bas de cinq à sept petits
décroissants. Les rayons médians à peu près égaux aux $^2/_5$
des plus grands.

Écailles peu solides, de dimension moyenne, très minces et
pour la plupart, sur les flancs, passablement plus hautes
que longues, ainsi que se recouvrant à moitié environ. Une
écaille latérale des plus grandes, d'une surface à peu près
égale à $^1/_3$ de la surface de l'œil ou légèrement plus chez
les adultes, à peu près égale seulement à la pupille chez les

---

[1] En particulier chez certaines femelles de la forme élevée du Rhin.
[2] La figure de Heckel et Kner le représente au contraire un peu plus
court.

jeunes. Les squames des flancs subovales dans le sens vertical, faiblement convexes ou comme légèrement bilobées au
bord fixe, largement arrondies au bord libre et le plus souvent
de $^1/_3$ à $^1/_4$ plus hautes que longues (plus rarement de $^1/_5$ à $^1/_6$
seulement chez certains sujets élevés, à museau pointu). La
surface de chaque écaille latérale marquée de stries concentriques très déliées, distribuées autour d'un nœud généralement un peu plus voisin du bord fixe que du bord libre. Partant de ce centre, de légers sillons rayonnants formant, sur
le bord découvert, des festons larges mais peu profonds.
comme les sillons en nombre assez variable. La majorité des
sillons et des festons sur la partie moyenne du bord libre.
toutefois, assez souvent, quelques-uns aussi plus vagues et
plus irréguliers. en face des premiers, sur le bord fixe, parfois même un peu sur tout le pourtour de l'écaille. Le nombre des sillons variant, par le fait, très souvent sur diverses
écailles latérales d'un même individu, de 5 à 15. Les squames latérales antérieures et postérieures un peu plus petites
que les médianes. les premières de plus en plus subarrondies, les secondes plus allongées et plus coniques au bord
libre. Celles du dos en avant plus petites encore et plus courtes. Les pectorales petites aussi et de formes assez irrégulie-
res. (Voy. pl. III. fig. 29 et 30.)

Chez certains individus à forme élevée et à tête pointue.
dont j'ai déjà plusieurs fois parlé, les écailles m'ont paru
en majorité plus arrondies et un peu plus épaisses. avec
des stries moins déliées et des rayons passablement plus
apparents.

Généralement sept à huit, plus rarement neuf écailles
au-dessus de la ligne latérale, vers la plus grande hauteur, et trois à quatre en dessous, jusqu'aux nageoires ventrales.

Ligne latérale décrivant, jusqu'au centre de la caudale, une
courbe assez régulière et souvent un peu plus concave chez
les femelles que chez les mâles, soit passant, suivant les individus, légèrement au-dessus ou au-dessous du tiers inférieur
de la hauteur maximale.

Quarante-cinq à cinquante-quatre (exceptionnellement

58 [1]) écailles sur la ligne latérale. Les médianes assez semblables à leurs voisines supérieures ou très légèrement bilobées sur le bord libre, avec un tubule subcylindrique plutôt
étroit, mesurant environ la moitié de la longueur de l'écaille,
à peu près également distant des deux bords et souvent
légèrement arqué ou coudé à l'extrémité, de manière que
l'orifice postérieur d'une écaille tombe, suivant les cas, un
peu au-dessous ou au-dessus de l'ouverture antérieure de la
suivante (le plus souvent au-dessous). Les squames antérieures, plus petites et subovales, portant un tubule plus
large et volontiers plus franchement coudé (vers le haut le
plus souvent). Les postérieures plus petites aussi, mais moins
élevées et plus coniques, avec un tubule plus effilé et souvent
plus droit. (Voy. pl. III, fig. 31 et 33.)
Coloration des faces dorsales d'un vert olivâtre brillant et à
reflets métalliques tirant plus ou moins, selon les conditions
et les individus, sur le jaune doré, sur le fauve, sur le brun,
sur le vert émeraude ou sur le bleu d'acier, toutes teintes
plus ou moins assombries par un semis de très petits points
noirâtres. Les côtes du corps et de la tête, ainsi que les
faces inférieures, d'un beau blanc argenté, un peu irisé et
franchement limité, au haut des flancs, par une petite
bande dorée plus ou moins apparente. Parfois quelques très
petits points noirâtres distribués çà et là sur les flancs et
les côtés de la tête. (La coloration verte des faces dorsales passe souvent au bleu après la mort; elle tourne,
suivant les cas, au brun roussâtre ou au bleu dans
l'alcool.)

Les nageoires dorsale et caudale d'un gris verdâtre, transparent et très pâle et plus ou moins enfumées ou légèrement pointillées de noirâtre. Les ventrales et l'anale d'ordinaire d'un blanc bleuâtre très pâle et transparentes. Les
pectorales comme ces dernières, ou légèrement jaunâtres

---

[1] Blanchard (Poissons de France, p. 369) compte jusqu'à 57 et 58
écailles sur la ligne latérale de l'Ablette du lac Léman qu'il distingue à
tort spécifiquement sous le nom de *Mirandella*. Ces chiffres maxima me
paraissent exceptionnels, même dans le Léman.

avec leur premier rayon souvent pigmenté de noirâtre, dans
la livrée de noces et chez les mâles principalement.

Plus rarement : l'anale et les ventrales ou les pectorales
teintées de jaune orangé à la base [1].

Iris d'un blanc argenté plus ou moins mâchuré de noirâtre
dans le haut.

Dimensions susceptibles de varier passablement avec les conditions plus ou moins favorables. Bien que la majorité des
adultes mesurent, dans notre pays, entre 135 et 160 millimètres (5 à 6 pouces), avec un poids de 17 à 21 grammes
environ, il n'est pas rare cependant de rencontrer çà et là,
dans nos divers lacs, des Ablettes de 170 à 190 millimètres
de longueur totale, avec un poids de 28 à 35 grammes, soit
mesurant à peu près les 7 pouces attribués par Günther
comme rare maximum à cette espèce dans les eaux du
Neckar. Lunel a trouvé même, dans le Rhône à Genève, un
Abl. lucidus qui mesurait jusqu'à 210 millimètres (7 pouces
et 10 lignes), soit à peu près le double des dimensions les
plus répandues. Heckel et Kner donnent pour l'Allemagne,
comme Nenning pour le lac de Constance, une moyenne de
4 à 5 pouces, avec un maximum de 7. Blanchard attribue à
son Ablette commune, en France, une taille ordinaire de
120 à 140 millimètres, avec un maximum de 150, soit de 4 $\frac{1}{2}$
à 5 $\frac{1}{2}$ pouces à peu près.

Mâles adultes généralement plus petits que les femelles et, à
l'époque du rut, ornés souvent sur la tête, les joues, le dos
et les côtés du corps de petits tubercules coniques qui les
rendent plus ou moins rugueux au toucher. Les mêmes se
distinguent aussi d'ordinaire des femelles, au temps des
amours surtout, par une plus grande épaisseur et par une
pigmentation noirâtre plus accentuée du premier rayon des

---

[1] Lunel (loc. cit., p. 56) dit avoir trouvé dans les eaux du Léman
une Ablette chez laquelle la base des pectorales était d'un beau jaune
orangé.

Jeitteles (loc. cit., p. 7) raconte avoir examiné une Ablette chez laquelle
les tubules de la ligne latérale étaient colorés de petits points d'un rouge
de sang.

nageoires pectorales. En effet, ce rayon montre alors, chez
eux, depuis le milieu ou le tiers environ de sa hauteur, un
assez brusque épaississement et une légère courbure en
arrière, en même temps que les articulations deviennent de
plus en plus saillantes.

A côté de ces caractères sexuels dépendant en partie des
saisons, je pourrais relever encore ici quelques autres différences que j'ai déjà signalées chemin faisant, mais qui, bien
que souvent très frappantes à première vue, ne sont cependant pas assez constantes pour pouvoir servir toujours et
partout à distinguer les sexes. Ainsi : nous avons vu que les
mâles, avec des formes générales plus élancées ou moins
voûtées que les femelles, ont souvent la tête un peu plus
courte et que, par le fait, la base des nageoires dorsale et
anale, ainsi que la longueur des pectorales et de la caudale
sont volontiers un peu plus fortes, chez eux, relativement à
la longueur céphalique.

Jeunes plus élancés que les adultes, avec la tête et les nageoires
souvent relativement un peu plus longues. Le profil céphalique supérieur un peu plus convexe en avant; l'œil plus
grand et, par le fait, le museau plus court et l'espace interorbitaire plus étroit. Les faces supérieures souvent, dans le
bas âge, d'un gris verdâtre et parsemées de petites taches
dorées avec un point d'un vert émeraude au centre.

Vertèbres au nombre de 41 à 44. — Vessie aérienne assez grande
et étranglée entre la moitié et le tiers antérieur. La partie
postérieure faiblement cintrée et médiocrement accuminée ;
la partie antérieure un peu renflée ou légèrement bilobée
en avant, et protégée par une enveloppe membraneuse assez
épaisse. — Tube digestif formant deux replis et mesurant à
peu près la longeur totale du poisson, ou un peu moins. —
Ovaires et testicules doubles.

Une rangée de pseudobranchies pectinées passablement
développées, derrière le préopercule.

L'Ablette commune varie assez dans différentes conditions,
quant aux formes et aux diverses proportions, pour avoir donné

lieu à la création de plusieurs fausses espèces. Il semble cependant que toutes ces variantes puissent se grouper autour de deux tendances principales, poussant l'une à l'élévation, l'autre à l'allongement du corps et constituant, dans leurs extrêmes, deux variétés que l'on pourrait distinguer, pour plus de clarté, et comme je l'ait fait chez d'autres poissons, sous les noms de *Var. elata* et *Var. elongata;* tendances entre lesquelles se trouverait le type moyen de l'espèce. La plupart des autres traits signalés comme distinctifs, dans le détail pour ainsi dire anatomique de certains individus, ou bien sont des corollaires de ces premières déviations dues souvent au mode de vivre, ou bien n'ont pas acquis assez de constance pour mériter jusqu'ici l'importance de caractères spécifiques; plusieurs se retrouvent à des degrés d'accentuation différents dans les deux formes.

Je rappellerai seulement rapidement quelques points que j'ai déjà relevés dans le courant de ma description: Si Heckel et Kner n'ont pas pris leurs rapports de proportions des hauteurs et longueurs de l'*Alb. lucidus* presque uniquement sur des femelles, cette Ablette doit accuser plus constamment en Allemagne qu'en Suisse une forme relativement élevée. En outre, les Ablettes à corps très élevé ont souvent la bouche moins oblique et le maxillaire inférieur moins proéminent que les sujets à corps élancé; la tête est, par le fait, chez elles, plus pointue et moins tronquée que chez les secondes. L'on pourrait, je l'ai dit, distinguer encore deux formes opposées sur ce point, sous les noms de *var. oxycephala* et *var. colobocephala*, si ces variantes, souvent résultantes des premières tendances générales, ne souffraient quelques exceptions et ne laissaient pas entre elles une foule de degrés transitoires reconnus. Enfin, je ne trouve dans aucun auteur allemand, pour la nageoire anale de l'*Alb. lucidus,* le minimum de 15 rayons divisés que j'ai rencontré assez fréquemment chez les Ablettes de nos eaux (en particulier dans la Suisse occidentale). Ce chiffre, moindre que la moyenne de l'espèce, me paraît établir comme un certain rapprochement entre notre *Alb. lucidus* au nord des Alpes et l'*Alb. Alborella* du Tessin et de l'Italie au sud, car l'infériorité relative de cette nageoire sur ce point constitue un des principaux caractères distinctifs de la dite Ablette méridionale.

J'ai donc remarqué, comme la plupart des ichthyologistes qui m'ont précédé, des Ablettes plus effilées et des Ablettes par contre plus élevées. Cette différence, déjà signalée par Agassiz en 1828[1], a été successivement relevée et différemment interprétée par un grand nombre d'observateurs. Holandre, en 1836[2], ajoute à sa description du *Cyp. alburnus* que les pêcheurs distinguent une variété de l'Ablette qui est beaucoup plus large et qu'ils appellent *Ablette-Brème*. De Selys, en 1842[3], décrit sous le nom d'*Aspius alburnoides* une forme par contre plus effilée du même petit Cyprin. Depuis lors plusieurs auteurs, Heckel et Blanchard entre autres, ont accordé à ces formes différents degrés d'importance. Dans son ouvrage sur les *Süsswasserfische*[4], le premier ramène au rôle de variétés de son *Alburnus lucidus,* ses *Alb. lacustris* plus élevé et *Alb. alburnoides* plus allongé qu'il avait d'abord séparés. Huit années plus tard, le second (Blanchard) relève encore, par des noms nouveaux cette même divergence[5]; ses *Alburnus Fabraei* et *Alb. mirandella* devraient être suivant lui spécifiquement distiguées de son *Alburnus lucidus.* La grande variabilité des formes que j'ai eu l'occasion d'observer chez les Ablettes de nos différents lacs et courants m'empêche d'établir aucune ligne de démarcation constante entre les deux extrêmes élevés et allongés. Tous les caractères de détails qui devraient, suivant les uns ou les autres, appuyer des distinctions spécifiques se présentent à des degrés divers, soit dans les formes moyennes ou de transition, soit parfois jusque dans les maxima de déviation.

J'ai déjà signalé, chemin faisant, la grande variabilité, sur plusieurs autres points, de notre *Alburnus lucidus.* J'ai montré comment les rapports de proportions des membres, de l'œil et de la tête, les formes plus ou moins retroussées du museau et plus ou moins proéminentes du maxillaire inférieur, ainsi que le nombre des écailles et des rayons des nageoires peuvent varier,

---

[1] Beschreibung einer neuen Species aus dem Genus *Cyprinus* Lin. (Isis, 1828, p. 1048).
[2] Faune de la Moselle, p. 250.
[3] Faune belge, p. 214.
[4] Heckel et Kner, p. 133.
[5] Blanchard, Poissons de France, p. 364 à 371, fig. 72 à 81.

non seulement selon l'âge et le sexe, mais encore selon les
conditions d'existence, et le mode de vivre prédominant, dans
chacune des formes. Une charpente un peu plus solide des os
pharyngiens, pas plus qu'une forme plus dentelée ou plus crochue des dents, ne peuvent même servir ici à justifier des
distinctions spécifiques ; on trouve trop de degrés transitoires
entre les divers extrêmes. Les *Alb. obtusus* et *Alb. acutus* de
Heckel[1], pas plus que l'*Aspius ochrodon* de Fitzinger[2], ne
peuvent par conséquent subsister en tant qu'espèces différentes de notre Ablette ordinaire ; ils doivent rentrer à des
titres divers dans le cadre des différentes tendances dont j'ai
parlé plus haut.

La prétendue Mirandelle (*Alb. mirandella*) de Blanchard
doit compter, suivant cet auteur 57 à 58 écailles sur la ligne
latérale, tandis que l'Ablette commune n'en compterait que
28 à 29[3]. Ce principal caractère distinctif invoqué par l'auteur
des Poissons d'eau douce de la France repose, à la fois, sur une
exagération ou une insuffisance d'observations, pour la première
de ces Ablettes, et sur une erreur (probablement d'impression)
pour la seconde. En effet : La soi-disant Mirandelle, la forme
la plus commune de l'*Alburnus lucidus* dans le lac Léman,
varie le plus souvent, quant au chiffre des écailles de la dite
ligne latérale, entre 49 et 54 (le total de 58 m'a paru, je l'ai dit,
devoir être plutôt exceptionnel) ; en outre, les Ablettes plus élevées de diverses provenances, de la Seine à Paris en particulier,
et de quelques localités suisses, ne m'ont jamais montré moins
de 45 écailles tubulées, elles en portaient souvent même jusqu'à
53 (les chiffres 28 à 29 donnés dans le texte par Blanchard doivent donc être erronés ; la planche qui les accompagne représente 42 squames sur la ligne latérale, il me semble probable
que l'auteur à voulu dire 48 à 49).

L'*Alburnus Fabraei* de Blanchard[4], se rapprochant assez du
Spirlin, par ses formes encore plus élevées, ne présente égale-

---

[1] Fische Syriens, 56.
[2] Prod. Faune Aust., et Cuv. et Val., XVII, p. 249.
[3] Poissons de France, 369 et 366.
[4] Blanchard, loc. cit. p. 370.

ment aucun trait spécifique de quelque valeur. Nous avons vu que les mâchoires sont souvent plus ou moins inégales, que les proportions de l'opercule varient énormément, que les rayons des écailles peuvent être plus ou moins apparents et que les dents sont plus ou moins allongées, sans que pour cela d'autres caractères plus importants soient sensiblement altérés. Je montrerai plus loin qu'une étude attentive m'a forcé aussi de faire rentrer dans le cadre de mon *Alb. lucidus* une Ablette que j'avais d'abord regardée comme distincte sous le nom d'*Alb. arquatus* et qui rappelle sur plusieurs points l'*Alb. Fabraei* de Blanchard.

L'*Alburnus breviceps* de Heckel et Kner[1], qui est voûté sur la nuque, et dont je n'ai encore rien dit, doit à son tour rentrer, je crois, à titre de variété, dans la synonymie de notre *Alb. lucidus*. J'ai, en effet, déjà souvent rencontré, chez plusieurs espèces de Cyprinides, de *Leuciscus* et de *Squalius* par exemple, une tendance à la forme bossue ou *var. gibbosa* ; je l'ai même remarquée à des degrés divers chez plusieurs de nos Ablettes. Cette déviation ne m'a jamais paru accompagnée d'autres caractères distinctifs suffisants. Dans le cas particulier de cette Ablette du Danube, les signes ajoutés comme caractéristiques par les auteurs des *Süsswasserfische* me paraissent s'écarter trop peu des limites de la variabilité que j'ai établies sur nos diverses Ablettes suisses, évidemment toutes de même espèce, pour mériter ici l'importance spécifique : La plus grande hauteur du corps doit entrer chez l'*Alb. breviceps*, décrit sur un seul échantillon, 4 ½ fois dans la longueur totale ; j'ai trouvé, en Suisse, souvent 4 ³/₅. La longueur de la tête doit être comprise pour l'*Alb. breviceps*, 6 ¹/₃ de fois dans la même longueur totale ; j'ai compté souvent, chez nous, 6 ¹/₆. Enfin, la largeur de l'espace interorbitaire augmentant toujours avec l'âge, nous avons vu cet intervalle dépasser quelquefois un peu le diamètre de l'œil chez des adultes. Le sujet de Heckel en question peut avoir atteint un âge assez avancé, sans avoir beaucoup grandi (à peu près 5 pouces) ; cela en accusant toujours plus la tendance à la forme bossue assez répandue et déjà plus ou moins accusée chez bon nombre d'Ablettes.

---

[1] Süsswasserfische, p. 134, fig. 69.

Je ne veux pas aller plus loin sans rappeler encore, en quelques mots, les principales déviations qui, sur plusieurs points, donnent un facies trompeur à certaine Ablette très élevée du Rhin (à Bâle), dont j'ai à plusieurs reprises parlé dans le courant de la description. Cette Ablette, que j'avais d'abord distinguée, sous le nom d'*Alburnus arquatus*, d'autres individus de même provenance et moins élevés, bien que toujours plus hauts que la forme allongée *var. elongata et colobocephala*, doit à son tour rentrer parmi les variétés de notre *Alb. lucidus*. Elle rappelle, avec plus ou moins d'exagération, plusieurs des caractères invoqués successivement comme distinctifs par divers auteurs et remémore, en particulier, plusieurs des traits censés spécifiques de l'Ablette du Rhône (à Avignon) que Blanchard a, comme je l'ai dit, appelée *Alburnus Fabraei*.

Varietas elata et oxycephala.

L'Ablette que j'avais d'abord nommée *Alb. arquatus*, et que je décris ici comme variété, est assez fortement et à peu près régulièrement voûtée depuis le museau à la caudale : la tête est, par le fait, chez elle, plus inclinée en avant. La bouche est faiblement oblique, tellement que le sommet de la fente bucale se trouve un peu au-dessous du centre de l'œil ; en outre, le maxillaire inférieur, bien qu'armé d'un fort crochet, est peu proéminent et ne dépasse guère la machoire supérieure, de telle manière que la tête et le museau sont véritablement pointus et et non tronqués obliquement. L'opercule, par le fait des proportions à la fois plus élevées et plus courtes de la tête, est aussi notablement plus haut en comparaison de sa largeur. Les os pharyngiens sont plus épais et les dents portées par ceux-ci sont plus trapues, plus franchement crochues et plus pectinées (voy. pl. IV, fig. 34) ; la meule est avec cela un peu plus arrondie, bien qu'avec les mêmes impressions (voy. pl. IV, fig. 35 et 36). La base des nageoires dorsale et anale est, même chez les femelles, passablement plus grande, par rapport à la tête, que chez la majorité des Ablettes ordinaires. Les pectorales sont un peu plus courtes par rapport à l'élévation de la dorsale. Les écailles sont moins hautes, soit plus arrondies, un peu plus épaisses et ornées de stries concentriques et de rayons plus accentués (voy. pl. III, fig. 33). Enfin, la livrée m'a paru généralement d'un olivâtre plus blond, tandis que les nageoires inférieures sont assez souvent lavées de jaunâtre.

Je répète que je n'ai pas reconnu assez d'importance à ces nombreuses différences pour leur attribuer une valeur spécifique, et que la similitude avec l'*Alburnus lucidus*, soit dans les moyennes de chiffres des écailles et des rayons des nageoires. soit dans les formes des sous-orbitaires et du maxillaire supérieur m'a empêché de voir une espèce particulière dans cette Ablette élevée et à tête pointue de provenance du Rhin.

Les formes plus ramassées des pharyngiens et des dents semblaient plaider en faveur de l'idée d'un mélange, ou avec la *Blicca björkna* ou avec le *Spirlinus bipunctatus;* toutefois, j'ai dû renoncer encore à cette supposition. Bien que la citation d'un *Bliccopsis alburniformis* par de Siebold sembla appuyer l'opinion d'un hybride possible avec la première de ces espèces, la forme des nageoires, de la dorsale surtout, et le nombre des écailles en dessous de la ligne latérale ne permettait pas ici de rapprochements suffisants. De même l'aspect très différent de la meule pharyngienne et du maxillaire supérieur chez notre Ablette arquée et chez le *Spirlinus bipunctatus* semble enlever, au premier coup d'œil, toute idée de combinaison de ces deux espèces.

En résumé : L'Ablette commune tend, dans diverses conditions, à varier en divers sens, soit par persistance des traits distinctifs du jeune âge, soit par exagération des caractères sexuels du mâle ou de la femelle, soit enfin, par le fait des exigences des conditions et du mode de vivre.

Il m'a paru qu'en Suisse les Ablettes qui habitent les eaux courantes et relativement un peu troubles affectent d'ordinaire une forme un peu plus élevée que celles qui se tiennent plus constamment dans les lacs et dans des eaux plus transparentes; toutefois, ce n'est probablement pas seulement au fait des eaux courantes ou tranquilles que cette différence d'élévation du corps doit être toujours attribuée, car Heckel a autrefois distingué sous le nom d'*Alburnus lacustris* une Ablette qui, bien que propre aux eaux tranquilles des Neusiedler et Plattensee, présentait cependant dès le bas âge une forme relativement élevéc. Il me semble probable que d'autres conditions de milieu, telles que la nature du fond des eaux ou la richesse en éléments nutritifs et la transparence relative de celles-ci, ainsi que différentes conditions météorologiques doivent également avoir une influence sur les formes de la bouche et du corps, en modifiant plus ou moins les allures de ces petits poissons. Quelques observations que j'ai eu l'occasion de faire sur le *Leuciscus rutilus* libre, ainsi que sur des Dorades *(Carassius auratus)* captives, m'ont en effet montré que la bouche devient de plus en plus oblique, quand l'animal est appelé à prendre surtout sa nourriture à la surface des eaux, tandis que la dite fente buccale demeure au contraire plus horizontale ou tend à devenir même subinférieure lorsque le poisson doit chercher surtout sa subsistance entre deux eaux ou sur le fond. On comprend aisément que, par suite des positions plus ou moins relevées de la tête, la ligne du dos devienne en même temps ou plus droite ou plus convexe, chez une même espèce [1].

L'Ablette commune est très répandue dans les eaux douces de l'Europe, au nord des Alpes. On la rencontre tant en France, et jusque dans le midi, qu'en Suède et en Norvège au nord; toutefois, elle est remplacée, en Italie, par une Ablette très voisine, l'*Alburnus alborella* qui pourrait bien n'être qu'une forme méridionale de la même espèce. Ce poisson habite, en grand nombre, tous nos grands lacs inférieurs, quelques-uns même d'un niveau un peu plus élevé, et la plupart de nos grands courants. On le trouve, par exemple, dans les lacs du Léman, de Neuchâtel, de Morat, de Bienne, de Thun, de Brienz, de Lucerne, de Sarnen, de Sempach, de Zoug, de Zurich, de Wallenstadt, de Constance et jusque dans ceux de Lungern et d'Egeri, à 659 et 727 mètres au-dessus de la mer, aussi bien que dans le Rhône, le Rhin, l'Aar et quelques-uns de leurs principaux tributaires. Cependant, notre Ablette ordinaire ne s'élève guère dans plusieurs de nos rivières un peu trop accidentées. Elle se montre encore assez abondante dans le Rhin à Coire, et dans l'Aar à

---

[1] Il m'a semblé même que les nageoires dorsale et anale étaient parfois, avec cela, plus ou moins reculées.

Berne; toutefois elle ne s'écarte guère des embouchures des lacs dans plusieurs de nos courants de moindre importance. Quelques pêcheurs m'ont, en particulier, assuré qu'elle n'est pas très abondante dans la Sarine à Fribourg. Selon Heer[1], cette espèce aurait été importée en 1750, par le pasteur Schmidt, en même temps que la Perche, dans le lac de Spanneg, à 1458 mètres au-dessus de la mer, et dans le Thalsee son voisin, au canton de Glaris. J'ai déjà parlé de cette citation à propos de la Perche; j'ai dit, plus haut, que, selon les recherches faites, à mon instigation, par le pasteur Zwicky d'Obwalden, dans le lac de Spanneg, il ne restait plus, en 1874, dans ce petit bassin élevé que le seul Véron *(Phoxinus lævis)* qui n'y avait point été cité. La Perche et l'Ablette auraient disparu; la seconde de ces espèces y a-t-elle réellement jamais existé, ou bien cette ancienne donnée repose-t-elle sur une erreur?

L'Ablette ordinaire, bien connue de tout le monde, vit généralement en nombreuses sociétés. Sauf dans les eaux relativement troubles ou dans certaines conditions particulières de milieu, et à l'exception de la saison des frimas qui chasse tous les poissons vers la température moyenne des profondeurs, on voit souvent les bancs serrés de nos Ablettes sillonner presque à la surface, les eaux pures et transparentes de nos lacs, ou lutter, presque sans avancer et pressées les unes contre les autres, contre le courant assez rapide de nos grandes rivières. A la manière des hirondelles, qui chassent souvent au ras du sol les petits insectes qui leur servent de nourriture, les Ablettes, lestes et adroites, cherchent souvent aussi, et sans relâche, à la surface des eaux, les petits animaux qui y tombent continuellement. On les voit même sauter parfois au-dessus de l'élément liquide pour happer au passage une proie encore en l'air. Elles sont, par le fait, omnivores et, selon les circonstances, plus ou moins insectivores. J'ai trouvé, en effet, dans l'estomac de beaucoup une forte proportion de débris d'Éphémères, de Dyptères, de petits Coléoptères et même d'Arachnides que le vent avait probablement abattus sur les eaux.

L'époque du frai varie, suivant les années et les localités, du

[1] Gemälde der Schweiz, 1846, p. 181.

commencement de mai au milieu de juillet. L'on voit souvent alors, par les beaux jours, des milliers d'Ablettes frétillant en rangs serrés, soit se tordant et sautant en tous sens, presque sur la rive de nos lacs. Ces petits poissons font ainsi un bruit singulier assez semblable à celui que produit une forte averse sur l'eau, ou au crépitement que fait entendre le beurre d'une friture dans la poêle ; c'est ce que nos pêcheurs traduisent volontiers par le mot *fricasser :* les Ablettes, en amour, *fricassent* le long des côtes. Souvent même, aveuglés par la frénésie amoureuse, quelques individus sautent sur terre ferme et périssent de la sorte, s'ils ne réussissent à regagner rapidement l'eau par de nouveaux bonds désordonnés. C'est dans ce temps surtout que les pêcheurs, tant poissons ou oiseaux carnassiers qu'hommes du métier, peuvent faire facilement de très riches captures.

Les œufs, de moyenne dimension et très nombreux, sont d'ordinaire déposés de nuit dans un petit fond et non loin des rives, tantôt sur des plantes aquatiques, tantôt directement sur le gravier. D'après Heckel et Kner la ponte se ferait en trois poses assez distantes, les plus vieilles femelles pondraient les premières, les plus jeunes les dernières[1]. J'ai vu souvent, au commencement d'août, le long de nos quais à Genève, des bancs nombreux de jeunes Ablettes de l'année mesurant déjà deux à trois centimètres. Comme ceux de la plupart des membres de la famille, les alevins de l'Ablette fournissent une large part à l'alimentation des espèces carnivores.

La chair de l'Ablette n'a point mauvais goût, toutefois la taille réduite de ce poisson et le nombre relativement grand de ses arêtes, font en général mépriser chez nous ce petit cyprinide.

[1] Lunel (Poissons du Léman, p, 58) attribue à la période d'incubation une durée relativement longue, de 20 à 25 jours, et dit la croissance des jeunes assez rapide. Cet auteur est, sur ces deux points, en complète contradiction avec Hartmann qui (dans son Ichthyol. helvet. p. 207) avance au contraire que l'incubation ne durerait que 24 heures et que la croissance serait assez lente. Bien que n'ayant pas, il est vrai, d'observations directes à opposer à ces deux données, il me semble cependant, par analogie, que la durée d'incubation doit être, dans les deux cas, exagérée en sens divers.

Au lieu de saler et de dessécher au soleil ce petit poisson, comme on le fait dans d'autres pays, comme le font en particulier les riverains du lac de Lugano avec l'espèce voisine dite *Alborella*, nos pêcheurs de profession ne se servent guère de notre Ablette que comme amorce. Les amateurs de la pêche à la ligne font, il est vrai, volontiers une friture d'Ablettes ; mais on ne fait pas, je le répète, chez nous, de cette espèce l'objet d'un commerce spécial et l'on voit peu d'Ablettes sur nos marchés.

Peut-être est-il heureux que l'on n'attache pas, chez nous, trop de prix à ce petit poisson, dont la multiplication assure l'alimentation de beaucoup d'autres espèces plus recherchées ; toutefois, il me semble que l'on néglige, faute de connaissances, dans notre pays une source de revenus fort appréciée dans d'autres contrées. Je veux parler, après la salaison, de l'usage que l'on fait, en France surtout, de la matière argentée des écailles de l'Ablette pour la fabrication de l'*Essence d'orient* et des fausses perles.

Beaucoup d'ichthyologistes ont parlé déjà de cette industrie et des revenus relativement assez beaux qu'elle peut donner, aussi n'aurais-je pas abordé ce sujet si je n'avais vu là une branche de commerce que l'on pourrait utiliser avec avantage dans notre pays. Il suffit de triturer, dans l'eau, les écailles des côtés du corps des Ablettes, pour en détacher la matière argentée laquelle se précipite au fond du vase; puis, au moyen de l'ammoniaque, qui ne l'altère point, cette substance colorante est facilement dégagée de tous les autres débris organiques et se présente alors sous forme de paillettes oblongues plus ou moins anguleuses. On n'a plus qu'à mélanger un peu de colle à l'essence d'orient ainsi obtenue pour former une pâte argentée et brillante qui, mise à l'intérieur de petits globes de verre, donne tout à fait a ces derniers l'apparence de véritables perles. Il faut, selon Blanchard [1], environ 4,000 Ablettes pour fournir 500 grammes d'écailles argentées et donner à peu près, 125 grammes d'essence d'Orient [2]. Le prix moyen des écailles,

---

[1] Poissons de France, p. 368.

[2] De Siebold (Süsswasserfische, p. 157, note 1) dit qu'il faut, dans le Rhin moyen, un quintal d'Ablettes pour donner 4 livres d'écailles, et que, pour obtenir une livre de matière argentée, il faut de 18 à 20.000 poissons.

en France, serait de 20 à 24 francs le kilogramme, et ce pays exporterait annuellement pour plus d'un million de francs de cette substance. Bien que ces quelques chiffres puissent donner une haute idée de l'abondance de la reproduction de l'Ablette, il serait peut-être à craindre, comme je l'ai déjà dit, que ce commerce, s'il n'était soumis à quelques mesures de précaution, ne vienne un jour à réduire trop le nombre des Ablettes qui servent de nourriture à tant de poissons et, par là, à porter préjudice à d'autres espèces utiles aussi et précieuses à d'autres égards. Les Ablettes de nos lacs, qui présentent, grâce peut-être à la transparence des eaux, un éclat tout particulier, rivaliseraient cependant avantageusement avec celles d'autres provenances.

On assure que les Chinois font, depuis plusieurs siècles, usage de la matière colorante de divers poissons blancs ; toutefois, ce n'est guère qu'en 1656, suivant Réaumur, que l'on commença à employer en France cette substance argentée. Peu à peu cet art a pris plus d'extension et l'on est arrivé, de nos jours, à une telle perfection dans la fabrication des fausses perles que celles-ci sont parfois très difficiles à distinguer des véritables. Bon nombre d'ouvriers, et d'ouvrières surtout, sont occupés maintenant, non seulement en France, mais encore en Allemagne, par cette curieuse branche de l'industrie. Réaumur[1], le premier, en 1716, étudia sérieusement la nature de l'essence d'Orient et décrivit quelques-unes des propriétés de cette matière. Depuis lors, Beckmann[2], Krünitz[3], Ehrenberg[4], Brücke[5], Barreswill[6] et d'autres ont successivement traité de ce sujet. Enfin, plus récemment, de Siebold donne le résultat complet d'une analyse chimique faite par Karl Voit[7].

On prend l'Ablette soit à la ligne amorcée d'un ver, d'un

[1] Observations sur la matière colorante des fausses perles, etc. Hist. de l'Académie royale des sciences, Ann. 1716 ; Paris 1741, p. 229.

[2] Beiträge zur Geschichte der Entdeckungen, II, 1788, p. 325.

[3] Oekonom. technolog. Encyklopädie, Th. 108, 1808, p. 560.

[4] Ueber normale Krystallbildung in lebenden Thierkörper ; Poggendorfs, Ann. Phys. et Chimie, Bd. 28, 1833, p. 468.

[5] Ueber das Tapetum der Thiere ; Müller's Archiv, 1845, p. 403.

[6] Comptes rendus ; 1861, T. 53, p. 246.

[7] Süsswasserfische, 1863, p. 158-160.

insecte, d'une larve ou d'une boulette de pain, soit, en beaucoup plus grandes quantités, à l'aide de diverses sortes de filets.

Non seulement l'Ablette nourrit, comme d'autres Cyprinides, dans ses intestins et sa cavité abdominale, plusieurs espèces de parasites Helminthes [1]; mais encore, elle doit à la présence assez fréquente de Filaires dans son cerveau une maladie analogue au Tournis d'autres animaux, laquelle donne à ses allures quelque chose de désordonné et qui a fait appeler *Ablettes folles* par les pêcheurs les sujets atteints de ce parasitisme céphalique. Les Ablettes ainsi attaquées au cerveau décrivent à la surface de l'eau, en nageant avec une extrême vitesse, des voltes et des cercles plus ou moins grands, sautant dans l'air de temps à autre, et se donnant parfois elles-mêmes la mort en venant se jeter sur le rivage.

11 *bis*. L'ALBORELLE [2]

ALBORELLA

ALBURNUS ALBORELLA, De Filippi.

Verdâtre ou olivâtre, en dessus; les côtés et le ventre d'un blanc argenté; souvent avec une bande latérale grise ou noirâtre plus ou moins apparente. Profil supérieur du corps presque droit. Tête relativement forte. Mâchoire inférieure très proéminente et bouche très oblique. Œil assez grand. Écailles latérales moyennes un peu plus hautes que longues. Dorsale égale à peu près en hauteur à la longueur de l'anale. Anale médiocrement allongée, soit à base généralement un peu plus courte que la longueur des pectorales. (Longueur totale moyenne d'adultes = 90 — 140 millimètres, except. 177.)

[1] On a trouvé jusqu'ici dans l'Ablette les : *Echinorhynchus claræceps* (Zeder); dans les intestins. *Echin. tuberosus* (Zeder); dans les intestins. *Echin. proteus* (Westr.); dans les intestins et les ovaires. — *Distomum globiporum* (Rud.); dans les intestins. — *Tænia torulosa* (Batsch); dans les intestins. — *Ligula digramma* (Crepl.); dans la cavité abdominale. *Lig. monogramma* (Crepl.); dans la cavité abdominale. — *Caryophyllaus mutabilis* (Rud.); dans les intestins. — *Triænophorus nodulosus* (Rud.); dans les viscères.

[2] Peut-être forme méridionale de l'Ablette commune.

*Pharyngiens très grêles, avec le coude de l'aile assez angu-
leux. Dents assez crochues à l'extrémité et franchement pectinées.*

D. 3/7–8. A. 3,13–16(17). V. 2,8. P. 1,14–15, C. 19 maj.

$$\text{Squ. } 44 \quad \frac{7-8(9)}{3-4} \quad 50. \quad \text{Vert. } 37-39.$$

CYPRINUS ALBURNUS. *Pollini*, Viaggio al Lago di Garda. 1816, p. 21.
ASPIUS ALBORELLA, *De Filippi*, Cenni, 16. — *Bonaparte*, Cat Mét., p. 33.
LEUCISCUS ALBURNELLUS, *Martens*, Wiegm. Archiv, 1857. pp. 151, 179,
      tab. 9, fig. 6.
ALBURNUS ALBORELLA, *Heckel et Kner*, Süsswasserfische, p. 137, fig. 71. —
      Nardo, Prospet. syst., p. 73. — *De Betta*, Ittiol. Veron, p. 81. —
      Nini, Cenni, p. 58. — *Canestrini*, Prospet. crit., p. 40. —
      Pavesi, Pesci e Pesca, p. 32.
   »   ALBORELLA VAR. LATERISTRIGA, *Canestrini*, Prospet. crit., p. 43.
   »   FRACCHIA. *Heckel et Kner*, Süsswasserfische, p. 138, fig. 72(?).
   »   ALBURNELLUS. *Günther*, Catal. of Fishes, VII, p. 313.

NOMS VULGAIRES SUISSES : Tessin[1] *Vairón*, *Variön*[2] (en italien. *Alborella*
      ou *Avola*.

Corps fusiforme, assez allongé, médiocrement élevé et à peu
près graduellement comprimé d'avant en arrière. La moitié
antérieure du profil supérieur présentant une courbe faiblement convexe et généralement régulière, soit rarement un
peu voûtée vers la nuque comme chez l'Ablette ordinaire.
La seconde moitié peut être encore plus droite que chez cette
dernière. Le profil inférieur suivant une courbe légère, il est
vrai, mais constante et plus régulièrement accentuée, dans
les deux sexes, que chez l'*Alburnus lucidus*. Dos assez large;
Ventre pincé en arête nue.

[1] Le nom d'*Alborella* donné par Schinz à son *Aspius alburnus* du midi
est rarement employé dans le Tessin.

    Le même auteur donne à tort le nom de *Strigio* ou *Strigione* à cette
Ablette; il appartient au Blageon=*Telestes*.

[2] Ce nom, comme le fait remarquer Pavesi, a induit plusieurs naturalistes en erreur, par le fait de son analogie avec le nom français *Véron* ou
Vairon propre du *Phoxinus lævis*.

La hauteur maximale du corps, située généralement au niveau des ventrales ou un peu en avant, comparée à la longueur totale, comme 1 : 5 chez de grosses femelles, 1 : 5 $^1/_3$ chez de vieux mâles et 1 : 5 $^3/_4$ chez des jeunes (Canestrini Prospet, p. 41, donne = 1 : 4 $^6/_{10}$ — 6 $^3/_{1..}$). Cette même élévation, à la longueur sans la caudale, le plus souvent comme 1 : 4 — 4 $^3/_4$. La hauteur minimale, vers la caudale, à la hauteur maximale, comme 1 : 2 $^4/_9$ — 2 $^8/_9$. L'épaisseur la plus forte, située entre le tiers et les trois quarts des pectorales, généralement légèrement plus forte que la largeur céphalique et d'ordinaire un peu plus faible que la moitié de la hauteur maximale, chez les adultes, ou égale environ à celle-ci, chez les jeunes. Une section verticale du tronc, par le fait, à peu près comme chez l'Ablette ordinaire, elliptique et médiocrement allongée.

Tête relativement un peu plus forte que chez l'*Alburnus lucidus,* avec un menton légèrement plus proéminent donnant à la bouche une disposition plus oblique, au profil supérieur moins d'inclinaison et au profil inférieur une courbe plus prononcée. L'extrémité de l'ouverture bucale se trouvant ainsi d'ordinaire sensiblement au-dessus du centre de l'œil.

La longueur latérale, jusqu'à l'angle de l'opercule, généralement un peu moindre que la hauteur du corps, chez les adultes ou, au contraire, légèrement plus forte, chez les jeunes, et, comparée à la longueur totale du poisson, d'ordinaire comme 1 : 5 $^1/_5$ — 5 $^3/_5$ (même 1 : 4 $^8/_{10}$ selon Canestrini, probablement sur de très jeunes individus); à la longueur sans la caudale, comme 1 : 4 — 4 $^3/_5$. La longueur de la tête en dessus, à la longueur par le côté, comme 1 : 1 $^1/_3$ — 1 $^2/_5$. Ces rapports moins différents entre les sexes que chez la majorité des représentants de l'Ablette ordinaire. La hauteur à l'occiput égale aux $^3/_5$ ou aux $^3/_4$ de l'élévation maximale du tronc et presque dans le même rapport vis-à-vis de la longueur de la tête. La largeur sur l'opercule légèrement moindre que la moitié de la longueur céphalique latérale. Cette épaisseur correspondant généralement à la hauteur un peu en avant du bord antérieur de l'orbite ou, au plus, sur ce bord. Ce rapport comparé au

correspondant dans l'Ablette ordinaire, montre, chez l'Alborelle, une forme un peu plus élevée de la tête en avant.

Museau généralement plus épais ou plus obtus que chez
l'*Alburnus lucidus*. La bouche très oblique, paraissant presque s'ouvrir en dessus et fendue en arrière à peine jusqu'au-
dessous des narines. Menton saillant et largement arrondi.
Mâchoire inférieure dépassant notablement la supérieure,
avec un crochet bien accentué. Langue, narines, pores, etc.,
comme chez l'Ablette ordinaire.

Œil de dimensions relativement un peu moindres que chez
l'*Alb. lucidus*, soit, à la longueur latérale de la tête, comme
1 : 3 ou 3 $\frac{1}{10}$ chez les jeunes, à 3 $\frac{2}{3}$ chez les vieux (à 4 chez
le grand sujet dont il sera parlé plus loin). L'espace préorbi-
taire, selon l'âge plus ou moins avancé, de $\frac{1}{7}$ à un peu plus
de $\frac{1}{5}$ plus petit que le diamètre oculaire. L'espace postorbitaire légèrement plus faible que le double du préorbitaire.
L'espace interorbitaire légèrement plus fort que le diamètre
de l'œil chez les adultes; sensiblement plus faible chez les
jeunes.

Arcade sous-orbitaire et maxillaire supérieur à peu près comme
chez l'Ablette ordinaire.

Opercule subtrapézoïdal, à angles plus ou moins émoussés, et le
plus souvent de un quart seulement plus haut que large. Le
côté supérieur mesurant entre la moitié et les deux tiers de
l'inférieur. Sous-opercule en demi-croissant relativement
très large. Interopercule formant un faible triangle entre la
pièce précédente et le préopercule, mais assez apparent tout
le long au-dessous de ce dernier. Préopercule presque vertical au côté postérieur et formant au bas un angle à peu
près droit, soit d'ordinaire légèrement moins obtus que chez
l'Ablette précédente, bien qu'aussi un peu arrondi.

Pharyngiens grêles et assez semblables à ceux de l'*Alburnus
lucidus*, bien que présentant volontiers un coude supérieur
de l'aile plus anguleux et une forme un peu plus recourbée
vers le haut de l'extrémité de celle-ci. La branche inférieure
mince et très allongée.

Dents pharyngiennes sur deux rangs et au nombre de sept de
chaque côté : cinq grandes et deux petites. Les grandes ou

postérieures volontiers plus franchement crochues à l'extrémité, ainsi que plus nettement dentelées que chez la majorité
des Ablettes ordinaires; la troisième généralement la plus
grande, la dernière en bas à droite un peu séparée des
autres.

Meule assez dure et à peu près semblable à celle de l'Ablette
précédente, bien que d'ordinaire un peu plus ramassée ou
plus large vers le milieu, avec un crochet postérieur plus ou
moins développé.

Dorsale naissant, selon les individus femelles ou mâles, de $^1/_4$ à
$^3/_4$ de la longueur de la tête en arrière du milieu du poisson
sans la caudale. D'une hauteur, suivant les sexes, l'âge et les
saisons, susceptible de varier entre $^6/_{10}$ et $^8/_{10}$ environ de
l'élévation maximale du corps. La base ou longueur toujours
beaucoup plus forte que la $^1/_2$ de la hauteur, assez souvent
même égale aux $^2/_3$ de celle-ci; du reste, comme chez
l'Ablette précédente, à peu près égale à l'espace postorbitaire, et souvent très légèrement plus forte chez les mâles
que chez les femelles. Quant à la forme : relativement un
peu moins haute, légèrement plus longue et moins acuminée
que chez l'*Alburnus lucidus,* avec une tranche faiblement
convexe.

Dix à onze rayons : deux ou trois non divisés et sept à huit
rameux. Le premier simple, la plupart du temps tout à fait
rudimentaire et presque imperceptible, de telle sorte qu'il
semble n'y en avoir que deux; de ces derniers, le premier
mesurant entre $^1/_3$ et la $^1/_2$ du second, celui-ci presque égal
au premier divisé. Après cela, généralement, huit rameux,
dont le dernier, à peu près entièrement divisé en deux, égal
presque, comme chez l'Ablette ordinaire, à la moitié du
grand simple.

Anale, naissant à peu près sous le dernier rayon de la dorsale
et, couchée, demeurant distante des grands rayons de
la caudale d'une quantité égale à son plus grand rayon,
chez les femelles, volontiers un peu moindre chez les mâles.
La base de cette nageoire variant entre $^3/_5$ et $^4/_5$ de l'élévation du corps, suivant les sujets femelles ou mâles, soit d'une
longueur relativement moindre que chez l'Ablette ordinaire,

et à peu près égale à la hauteur de la dorsale. L'anale, selon
les individus, de $\frac{1}{6}$ à $\frac{2}{5}$ de sa base plus longue que haute,
mais présentant du reste, dans les deux sexes, à peu près
les mêmes rapports comparés avec la tête que chez l'*Alburnus lucidus*: la longueur ou la base de cette nageoire égale,
par exemple, à l'intervalle compris entre l'angle extrême de
l'opercule et le bord antérieur de l'orbite chez la plupart des
femelles, et mesurant, par contre, l'espace compris entre
le même premier point et les narines, chez la majorité des
mâles adultes. Les jeunes mâles, sous ce rapport, plus voisins des femelles, par le fait de proportions plus grandes de
la tête et des yeux. (On voit, par là, que les comparaisons
invoquées par Heckel et Kner, comme pouvant établir des
caractères distinctifs entre espèces voisines, ne font le plus
souvent ressortir ici que des différences sexuelles). La hauteur, au plus grand rayon, variant, suivant les individus
mâles ou femelles, entre les $\frac{2}{3}$ et les $\frac{3}{4}$ de l'étendue basilaire, soit égale environ aux $\frac{3}{4}$ ou aux $\frac{4}{5}$ de l'élévation de
la dorsale chez les adultes, parfois jusqu'aux $\frac{5}{6}$ chez certains
jeunes. — Quant à la forme : assez semblable à celle de
l'Ablette ordinaire, quoique généralement un peu moins étendue et un peu plus droite sur la tranche.

Seize à dix-neuf rayons : trois simples et treize à seize
rameux (except. 17 rameux), le plus souvent 14 ou 15 des
derniers. Tous ces rayons, simples et divisés, du reste à peu
près dans les mêmes rapports de dimensions que chez l'*Alb.
lucidus*, sauf peut-être les médians relativement un peu plus
allongés.

Ventrales de position, formes et proportions assez semblables à
celles de l'Ablette ordinaire, bien qu'atteignant plus rarement, rabattues, jusqu'à l'anus dans le jeune âge.

Généralement dix rayons : deux non divisés, le premier
toujours peu apparent et mesurant tantôt un peu plus, tantôt un peu moins de $\frac{1}{5}$ du second ; plus huit rameux ou divisés, le premier le plus grand.

Pectorales, suivant les sujets, de $\frac{1}{4}$ à $\frac{1}{3}$ environ plus longues
que les ventrales, soit généralement un peu plus grandes
que la base de l'anale et que la hauteur de la dorsale, chez

les femelles surtout ; avec cela, rabattues, demeurant des
ventrales à une distance susceptible de varier suivant les
individus de $^1/_5$ à $^1/_3$ de leur longueur, bien que, dans la
majorité des cas, relativement un peu plus longues que chez
l'Ablette ordinaire. Quant au reste, assez semblables à celles
de cette dernière.

Quinze à seize rayons : un non-divisé et quatorze à quinze
rameux. Le non-divisé presque égal au premier rameux,
d'ordinaire le plus grand de tous ; le dernier divisé variant
entre $^1/_7$ et $^1/_5$ du plus grand. L'épaississement du premier
rayon, chez les mâles, peut-être un peu moins accusé que
chez l'*Alburnus lucidus*.

Caudale en tout assez semblable à celle de l'Ablette ordinaire,
bien qu'avec des lobes peut-être un peu plus acuminés ; le
plus grand rayon de $^1/_7$ à $^1/_5$ environ plus long que la tête,
selon les sujets femelles ou mâles.

Écailles plutôt grandes et minces, comme chez l'Ablette précédente, bien que volontiers un peu moins transparentes et
d'ordinaire un peu moins élevées relativement à leur longeur.
Une squame latérale moyenne égale environ à $^1/_3$ ou parfois
à $^1/_{10}$ du diamètre de l'œil chez l'adulte. Celles des flancs
plutôt subarrondies, soit de $^1/_5$ seulement, ou moins encore,
plus hautes que longues, légèrement bilobées ou un peu tri-
lobées et faiblement convexes au bord fixe, franchement
arrondies sur le bord libre. Stries, nœud et sillons à peu près
comme chez l'Ablette ordinaire. Les squames dorsales antérieures rondes et très petites, volontiers même un peu plus
réduites encore que chez l'*Alburnus lucidus*.

Généralement sept à huit écailles au-dessus de la ligne
latérale (exceptionnellement neuf), vers la plus grande hauteur du corps, et trois à quatre en dessous.

Ligne latérale décrivant une courbe concave, douce, assez régulière et passant à peu près au tiers inférieur de la hauteur
maximale du corps.

Quarante-quatre à cinquante écailles tubulées sur cette
ligne[1] ; les médianes de proportions assez semblables à celles

[1] J'ai trouvé plusieurs fois le maximum 50 chez les Alborelles du lac

des voisines au-dessus, avec un tubule subcylindrique distant
des deux bords et légèrement arqué, de manière que l'extrémité postérieure du canalicule d'une squame s'ouvre, le plus
souvent, au-dessous du tubule de la suivante. Les écailles
antérieures légèrement plus petites, avec un diverticulum de
l'extrémité postérieure du tubule, non seulement volontiers
plus accentué ou plus brusquement coudé que chez l'*Alburnus lucidus*, mais encore le plus souvent tourné en bas (Voy.
pl. III, fig. 32). Les postérieures plus petites encore, avec
une forme moins élevée que les médianes.

Coloration des faces supérieures verdâtre ou d'un brun-verdâtre
clair, avec une ligne jaunâtre dorée, plus ou moins apparente, limitant cette première couleur au haut des flancs. Les
faces latérales et ventrales d'un blanc argenté; volontiers
avec une large bande latérale grisâtre plus ou moins accentuée au-dessous de la ligne dorée, bande formée de petits
points noirâtres. Souvent, dans la livrée de noces surtout,
de petites taches vertes ou dorées sur les côtés de la tête.
Les nageoires presque incolores, ou très légèrement grisâtres
ou jaunâtres. (Canestrini signale, à l'époque du frai, chez
l'Alborelle en Italie, de petits points orangés à la base des
nageoires). — Iris d'un blanc argenté, parfois légèrement
verdâtre ou un peu doré dans le bas.

Dimensions de l'adulte d'ordinaire bien plus réduites que chez
l'*Alburnus lucidus*, quoique assez variables encore ; soit de
85 à 136 millimètres pour la grande majorité, avec un poids
de 16 grammes environ pour ce dernier chiffre. — Pavesi [1]
signale comme une grande rareté un Alborelle mâle pris
dans le lac de Lugano qui mesurait 160^{mm}. Heckel et Kner
donnent comme dimensions supérieures de l'espèce *nur
wenig über 4 Zoll* (soit aux environs de 110^{mm}). La longueur
totale du plus grand individu décrit par Canestrini s'élevait
à 106^{mm}. J'ai rencontré moi-même, dans les Alborelles du lac
de Lugano, plusieurs individus qui dépassaient ces dernières

de Lugano; par contre, j'y ai rarement rencontré le minimum 44 indiqué
par la majorité des auteurs.

[1] I Pesci e la Pesca, p. 33.

longueurs; celui qui mesurait les 136^mm indiqués ci-dessus
était une femelle. Enfin, nous verrons plus loin qu'exceptionnellement cette Ablette peut dépasser encore le maximum
de Pavesi et atteindre même jusqu'à 177^mm, dimension au-
dessus de la moyenne de l'*Alb. lucidus*.

Mâles présentant souvent une position un peu plus reculée des
nageoires dorsale et anale et, comme chez l'espèce précédente, une longueur basilaire de la seconde un peu plus
grande, relativement à la tête, que chez les femelles. Le
premier rayon pectoral volontiers aussi un peu plus épais.

Jeunes plus effilés que les adultes, avec une tête relativement
plus forte, un œil un peu plus grand et, par le fait, un
museau plus ramassé. Assez souvent, un semis de petits points
noirs sur le dos, la face, les côtés du museau et le haut de l'œil.
Généralement aussi la bande noirâtre sur les flancs plus
accentuée que chez les adultes.

Vertèbres en nombre généralement un peu plus réduit que chez
l'*Alburnus lucidus*, soit 37 à 39. Ovaires, testicules, tube
digestif, etc., à peu près comme chez l'Ablette commune.

Cette Ablette varie assez, à divers égards, pour que les caractères différentiels qui la distinguent d'ordinaire de la précédente
perdent souvent beaucoup de leur valeur; je n'aurais même pas
hésité à ranger l'*Alb. Alborella*, à titre de variété, dans la
synonymie de l'*Alb. lucidus*, si l'infériorité du nombre des vertèbres ne venait corroborer, jusqu'à un certain point, plusieurs
des petites dissemblances que nous avons signalées. L'Alborelle
représente parfaitement au sud des Alpes, l'espèce la plus généralement répandue au nord de cette grande chaîne; j'étais
même décidé à accepter deux espèces parallèles, quand la rencontre récente et fortuite, dans le lac de Lugano, d'une Alborelle exceptionnellement grande et pour ainsi dire transitoire,
me ramena à l'opinion que nous n'avons peut-être affaire ici
qu'avec une forme méridionale de l'Ablette ordinaire lentement
modifiée au sud, comme au nord des Alpes, par des conditions
d'habitat différentes[1].

[1] Voyez sur ce sujet: De la Variabilité de l'espèce à propos de quelques poissons, par V. Fatio. *Archiv. de la Bibliot. univ.* fév. 1877, p. 195.

Heckel et Kner[1] décrivent, sous le nom d'*Alburnus fracchia*, une nouvelle espèce d'Ablette méridionale dont les principaux caractères de proportions et de coloration me paraissent seulement ceux de bien des jeunes de l'*Alb. Alborella*. Canestrini[2], à son tour, décrit, sous le nom d'*Alburnus Alborella var. lateristriga*, une petite Ablette à bande latérale qu'il regarde comme variété de l'Alborella. Je suis d'accord avec Canestrini pour considérer son *Alborella lateristriga* comme de même espèce que l'Alborelle ordinaire; je n'y vois qu'une forme du jeune âge. Mais, je trouve, en même temps, dans les rapports que cet auteur fait ressortir entre sa *Var. lateristriga* et l'*Alb. fracchia*, bien des raisons de croire aussi que cette prétendue espèce de Heckel et Kner n'est également qu'une simple variété de notre *Alburnus Alborella*.

Ce qui a pu tromper quelques ichthyologistes, c'est que l'Alborelle produit déjà des œufs bien développés, alors qu'elle présente encore une taille relativement très petite, et que, avec les attributs de l'adulte, elle porte encore souvent la livrée du jeune âge.

Alborella maxima.

Examinons maintenant rapidement, chez la grande Ablette du lac de Lugano dont je viens de parler plus haut, les quelques traits caractéristiques qui semblent rattacher cette forme particulière et pour ainsi dire transitoire, d'un côté à l'*Alborella*, de l'autre à l'*Alb. lucidus*.

L'Ablette que je distingue ici sous le nom d'*Alborella maxima*, bien qu'avec des dimensions extraordinaires, rappelle parfaitement l'*Alburnus Alborella* par les quelques caractères suivants :

La mâchoire inférieure très proéminente dépasse beaucoup la supérieure; — la bouche très oblique s'ouvre bien au-dessus de la pupille; — l'œil relativement petit ne mesure que $\frac{1}{4}$ de la longueur de la tête; — la nageoire anale, quoique avec un rayon de plus, est cependant encore relativement courte, puisque sa base est un peu plus réduite que la longueur des pectorales et

---

[1] Süsswasserfische, p. 138, fig. 72.
[2] Prospet. critico, p. 43, pl., fig. 6.

que la distance qui sépare son extrémité rabattue du premier
grand rayon caudal égale au moins la longueur de son premier
rayon divisé; — les écailles latérales moyennes sont au plus
de $1/_5$ plus hautes que longues; — enfin, les flancs portent l'indication bien nette d'une bande latérale.

Elle rappelle, par contre, l'*Alburnus lucidus* par les points
suivants :

La taille est celle de la majorité des Ablettes ordinaires adultes = 177^{mm}; — la nuque est légèrement voûtée; la tête est
relativement petite, puisqu'elle est, à la longueur totale du poisson, comme 1 : 5 $1/_2$, — l'anale compte 17 rayons rameux, un
de plus que le maximum de l'Alborelle ; — l'extrémité des pectorales couchées est à $3/_8$ de leur longueur de l'origine des ventrales;—les écailles au-dessus de la ligne latérale sont au nombre de 9, celles sur la ligne latérale au nombre de 50.

Je n'ai du reste trouvé aucun caractère particulier à cette
Ablette qui me semble tenir à peu près le milieu entre les deux
précédentes. Rien, ni dans les proportions et formes diverses,
ni dans la dentition ne m'a paru mériter une distinction spécifique à cette variété si frappante au premier abord. Je rappellerai même que, parmi les points de comparaison qui tour à
tour la rapprochent de l'une ou de l'autre des formes, quelques-
uns, les proportions relativement réduites de l'œil et de la tête,
ainsi que le grand intervalle séparant les pectorales des ventrales, par exemple, doivent être en partie attribués à une exagération amenée par l'âge, fait que nous avons constaté jusqu'ici
chez beaucoup d'espèces en divers genres.

Voici la formule de cette grande Alborelle :

D. 3/8, A. 3/17, V. 2/8, P. 1/15, C. 19.

$$\text{Sq. } 49 \underline{\quad \frac{9}{3} \quad} 50$$

Désirant conserver cet individu unique jusqu'ici et fort intéressant, je n'ai pas voulu le sacrifier pour compter les vertèbres.

La dite *Alborella maxima* a été pêchée vers la fin d'avril 1874,
dans le lac de Lugano avec d'autres Alborelles de forme ordinaire ; c'est un individu femelle, mais qui pourrait bien être

stérile vu l'état très réduit du développement de ses ovaires.
Quand je considère que sur des centaines d'Alborelles les femelles m'ont toujours paru plus grandes que les mâles, je ne puis
me défendre de faire un rapprochement entre la femelle en question qui mesure 177^{mm} et le mâle exceptionnel signalé par Pavesi,
également dans le lac de Lugano, avec une longueur totale de
160 millimètres.

L'*Alborella* est très répandue dans les grands lacs et les
principaux courants du canton du Tessin, au sud des Alpes.
Elle abonde, en particulier, dans les lacs Majeur et de Lugano
et prospère également très bien dans le petit lac de Muzano où
elle aurait été importée, suivant Pavesi, il y a 70 ou 75 ans
environ. Elle remonte un peu dans les rivières dites Tresa, Mara,
Sovaglia, Vedeggio et Maggia ; où la trouve même dans la
rivière dite Tessin, jusqu'au-dessus du pont de Bellinzona.

Elle mène le même genre de vie que notre Ablette ordinaire
et sillonne continuellement, en bandes nombreuses, pendant la
belle saison, la surface des eaux.

L'époque du frai a lieu généralement en mai et juin ; toutefois, j'ai trouvé, encore en juillet, bon nombre de femelles pleines. Parmi les individus capturés à cette dernière époque, les
mâles m'ont paru beaucoup moins nombreux que les femelles.

Tandis que l'Ablette ordinaire n'est surtout prise, chez nous,
au nord des Alpes, que comme amorce pour d'autres poissons
et qu'elle n'est guère estimée à cause de sa taille et de ses arêtes, l'Alborelle, au contraire, est pêchée en très grande quantité, dans nos eaux méridionales. On ne s'en sert pas, que je
sache, dans le Tessin pour la fabrication de l'essence d'Orient ;
mais on la met au sel pendant 18 à 24 heures, puis on la
fait sécher au soleil, pour la vendre, en quantités énormes,
comme aliment pour les petites bourses, principalement dans la
Haute-Lombardie. On voit partout briller au soleil, durant la
belle saison, des miriades de ces petits poissons sur les rives des
lacs près des demeures des pêcheurs.

Ce commerce, inconnu sur nos lacs septentrionaux, rapporte
assez, malgré le prix inférieur de la marchandise (60 cent. le

kilog. frais; 1 fr. 20 à 1 fr. 50 le kilog. salé) [1]; car, selon Pavesi, les pêcheurs peuvent souvent prendre de 500 à 1000 kilog. de ces petits poissons d'un seul coup de filet, durant l'époque du frai.

On pêche l'Alborelle soit avec divers filets dits *Bedina, Tremaggio* et autres, soit avec la ligne amorcée d'un ver.

HYBRIDE

Squalio-Alburnus cephalo-lucidus, nobis,

La Hachette — der Silberling [2].

Vert ou olivâtre en dessus; d'un blanc argenté sur le côté et en dessous; le bord des écailles plus ou moins pigmenté de noir. Les nageoires inférieures d'un jaunâtre pâle ou légèrement rougeâtres; la dorsale et la caudale grisâtres ou verdâtres. Corps élancé, peu élevé, et pincé en arrière des ventrales. Tête de proportions moyennes. Œil relativement petit. Bouche moyenne et oblique. Menton et maxillaire inférieur peu saillants. Écailles relativement grandes et à rayons bien apparents. Caudale profondément échancrée. Anale courte, soit presque égale en hauteur et en longueur, non creusée sur la tranche et faiblement réduite en arrière. (Taille moyenne de l'adulte: 220 à 240ᵐᵐ; parfois jusqu'à 320.)

Pharyngiens assez grêles. Dents sur deux rangs, pectinées et un peu crochues à l'extrémité.

Dentes serrantes 2, 5—5, 2, pectinati.

D. 3/8—9, A. 3/10—13(16), V. 2/8—9, P. 1/15—16, C. 19.

$$\text{Sq. } 44 \ \frac{(7)-8}{(3)-4} \ 45-(54)^{3}$$

[1] Parfois 20 à 25 centimes, frais, durant le moment de la plus grande abondance.

[2] Ce nom, semblable à un des noms vulgaires de l'Ablette, a été donné par Günther (Neckarfische).

[3] Les maxima 16 rayons rameux à l'anale et 54 écailles sur la ligne latérale, sont donnés par de Siebold (Süsswasserfische).

Leuciscus dolabratus, *Holandre,* Faune de la Moselle, 1836, p. 248. — *Cuv. et Val.,* XVII, p. 248. — *Günther,* Fische des Neckars, p. 90. — Leuciscus (Squalius) dolabratus, *Selys,* Faune belge, p. 207, pl. 5, fig. 5. — Abramis dobuloides, *Günther,* Würtemb. naturw. Jahresheften, XIII, 1857, p. 50. Taf. II. — Alburnus tauricus, *Kessler,* Bull. Soc. Imp. Nat. de Moscou, 1859, II, p. 534. — Alb. dolabratus, *Siebold,* Süsswasserfische, p. 164, fig. 23. — *Blanchard,* Poissons de France, p. 375. — Alb. dobuloides, *Jeitteles,* Fische der March, II, p. 8.

Ce poisson, considéré maintenant comme un bâtard de *Squalius* et d'*Alburnus,* a été successivement regardé comme un *Leuciscus,* un *Squalius,* un *Abramis,* un *Alburnus* et rapproché même du *Scardinius,* suivant que les ichthyologistes ont attaché plus ou moins d'importance à tel ou tel de ses caractères. Depuis sa découverte, par Holandre en 1836, la variabilité de ses formes a permis aux divers auteurs de le ranger, comme je viens de le dire, dans des genres différents, tantôt comme espèce distincte, tantôt comme simple variété. Günther, entre autres, qui l'avait décrit dans ses Fische des Neckars, sous le nom d'*Abramis alburni-varietas,* en a fait, quatre ans plus tard, son *Abramis dobuloides,* pour le considérer, en dernier lieu, dans son catalogue of Fishes, VII, p. 223, et avec de Siebold, comme un hybride des *Leuciscus dobula* et *Alburnus lucidus.* L'auteur des *Süsswasserfische von Mitteleuropa* paraît avoir raison, quand il concilie toutes ces opinions en montrant, dans une sérieuse discussion des caractères de ce poisson, un mélange confus des caractères génériques des Squalius et des Alburnus. En effet, si les formes de la tête, la proportion relativement moindre de l'œil, la pigmentation et la texture un peu plus grossière des écailles et l'extension plus petite de l'anale, rappellent le *Squalius cephalus,* d'un autre côté, le crochet du maxillaire inférieur, l'aspect des dents et des os pharyngiens, ainsi que la forme de la caudale, suffiraient à rapprocher beaucoup ce poisson des *Alburnus* et principalement de l'*Alburnus lucidus.* Les proportions peu élevées du corps me semblent écarter la supposition d'un métisage avec une Brème ou un Rotengle.

De Selys Longchamps, dans une lettre qu'il m'écrivait le 19 juin 1874, attribuait le nom de *Squalius Anjubaulti* à un poisson du bassin de la Loire qui, bien que très voisin du *Leuc.*

dolabratus de Holandre, paraît cependant devoir son origine mixte à un mélange un peu différent. Les proportions de la bouche et des nageoires anale et dorsale porteraient à croire à une union de l'*Alburnus lucidus* non plus avec le *Sq. dobula,* mais bien avec le *Sq. leuciscus.*

Je n'ai pas eu, jusqu'ici, l'occasion d'observer en Suisse cet hybride rencontré çà et là dans les eaux de France et d'Allemagne; toutefois, comme il se trouve dans le Rhin et que nous possédons les deux espèces souches, que par conséquent il n'y a rien d'impossible à ce qu'il se trouve chez nous, j'ai cru devoir le décrire ici brièvement, pour attirer sur lui l'attention de nos pêcheurs et de nos observateurs.

HYBRIDE

SCARDO-ALBURNUS ERYTHRO-LUCIDUS, nobis.

D'un vert bleuâtre en dessus, argenté à reflets bleuâtres sur les flancs, blanc en dessous. Nageoires paires jaunâtres; dorsale et caudale grisâtres, anale rougeâtre à l'extrémité. Corps allongé, pincé derrière les ventrales. Bouche très oblique. Menton peu saillant. Œil grand. Anale naissant au-dessous du bout de la dorsale, concave et très réduite en arrière. Écailles à rayons bien apparents. (Longueur totale 190-200 millimètres.)

Pharyngiens grêles. Dents dentelées sur le bord et un peu crochues à l'extrémité.

Dentes serrantes 2, 5 — 4, 2 (?), pectinati.

D. 3/8, A. 3/14, V. 2/8, P. 1/15. C. 19.

$$\text{Sq. } 44 \; \frac{8}{3}$$

ALBURNUS ROSENHAUERI, *Jäckel.* Zool. Garten., 1866. p. 20.

Je donne ci-dessus les principaux caractères attribués par Jäckel à un poisson qu'il a rencontré dans certaines eaux de

Bavière et auquel il a donné le nom d'*Alburnus Rosenhaueri*. Cet auteur croit reconnaître dans les formes de son Alburnus, les preuves d'un mélange des *Alburnus lucidus* et *Scardinius erythrophthalmus*.

Il est vrai que ce prétendu bâtard se distingue facilement du précédent et semble rappeler assez les Ablettes par ses formes générales, tout en présentant certaines analogies avec le Rotengle; toutefois, l'identité du second facteur, dans cette combinaison, ne me paraît pas encore parfaitement établie. La dentition 2,5 — 4,2 de l'individu en question, bien que peut-être anormale comme le suppose Jäckel, doit cependant conserver son poids dans la discussion, jusqu'au moment ou l'examen d'un plus grand nombre d'exemplaires permettra de vérifier l'hypothèse, encore gratuite, que la formule dentaire doit être plus généralement 2,5 — 5,2 ou même 3,5 — 5,2.

Ce poisson, hybride ou simple variété, est jusqu'ici peu répandu, ou du moins beaucoup moins connu que le précédent. Je ne l'ai point encore observé dans les eaux de la Suisse.

Genre 10. ROTENGLE

SCARDINIUS, Bonaparte.

Dents pharyngiennes sur deux rangs et d'ordinaire au nombre de huit sur chaque os; trois petites et cinq grandes allongées, pincées, recourbées au sommet et franchement pectinées. Bouche oblique et sans barbillons; la mâchoire inférieure dépassant légèrement la supérieure. Œil moyen. Tête ramassée et assez haute. Corps assez élevé et comprimé; dos voûté assez étroit, ventre tectiforme sans arête dénudée. Écailles grandes, assez épaisses, subcarrées, se recouvrant beaucoup, et carrément découpées au bord fixe. Ligne latérale complète. Dorsale à base moyenne, assez acuminée et naissant passablement en arrière des ventrales.

*Anale à base moyenne, subcarrée et naissant plus ou moins
en arrière des derniers rayons de la dorsale. Caudale profondément échancrée.*

Dentes serrantes 3, 5—5; 3, pectinati.

Les Rotengles vivent volontiers en sociétés, habitent
les eaux tranquilles ou à faible courant, et se tiennent
d'ordinaire à une certaine profondeur, de préférence sur
les bords garnis de végétation; leur nourriture est, comme
celle de beaucoup de Cyprinides, mélangée, dans différentes proportions suivant les circonstances, d'éléments végétaux et animaux.

Les représentants de ce genre sont très répandus dans
la plupart des eaux du continent européen et jusque dans
l'Asie Mineure; on rencontre des Rotengles depuis la Norwége au nord, jusque dans la plupart des eaux de l'Italie
au sud.

Quelques auteurs reconnaissent en Europe plusieurs espèces de *Scardinius;* nous verrons, à propos du Rotengle
de la Suisse, que toutes ces formes, souvent assez différentes au premier aspect, semblent pouvoir être rapportées, à titre de variétés locales, à l'unique *Scardinius
erythrophthalmus* des auteurs[1].

Nous avons vu plus haut, à propos de la Bordelière et
de notre Ablette ordinaire, que le Rotengle, mêlé à ces
deux espèces, a donné naissance à deux métis connus sous
les noms de *Bliccopsis erythrophthalmoides* et de *Alburnus
Rosenhaueri;* nous verrons plus loin que Jäckel a baptisé
du nom de *Scardiniopsis anceps* un poisson qu'il croit encore un bâtard de notre Rotengle avec le Gardon.

---

[1] A l'exception peut-être du *Scard. Hegeri* (Bonap.) d'Istrie et de Dalmatie qui n'est connu que par des descriptions insuffisantes.

Le Rotengle porte une houppe de pseudobranchies pectinées
bien développées, derrière le préopercule. Voyez, à la description de notre unique espèce, les caractères tirés de l'appareil
pharyngien, du maxillaire et de l'arcade sous-orbitaire.

12. LE ROTENGLE

Das Rohrrottel (Die Rothfeder, Das Rothauge)[1] Scardola

Scardinius erythrophthalmus, Linné.

*D'un vert bleuâtre, olivâtre ou brunâtre, en dessus, fondu
sur les côtés dans un jaunâtre cuivré ou argenté ; blanc jaunâtre, en dessous. Dorsale et caudale sombres, pectorales jaunes,
ventrales et anale ordinairement rouges, sauf vers la base.
Corps plutôt trapu, assez comprimé, élevé et voûté. Tête assez
haute et ramassée. Bouche oblique. Œil moyen. Écailles latérales grandes, subcarrées, carrément découpées au bord fixe,
avec quelques rayons bien apparents, se recouvrant beaucoup
et plus grandes que l'œil, chez l'adulte. Dorsale naissant en
arrière des ventrales, acuminée et ordinairement un peu moindre en hauteur que la longueur de la tête. Anale naissant un
peu en arrière de l'extrémité de la dorsale et ordinairement un
peu plus haute que longue. Lobes caudaux subégaux. (Taille
moyenne d'adultes 250 à 290ᵐᵐ.)*

*Généralement cinq sous-orbitaires: le premier subarrondi,
un peu plus haut que long et toujours sensiblement plus petit
que l'œil. Maxillaire supérieur développé en arrière en large
hache oblique, recourbée et concave en dessus. Pharyngiens avec
une aile anguleuse plutôt étroite et n'accompagnant guère la
branche inférieure relativement allongée. Meule dure, épaisse
et subovale, avec des impressions latérales bien marquées. Dents*

---

[1] Je crois devoir rappeler que ces deux noms sont souvent donnés
également au Rotengle et au Gardon, et que par conséquent, il en résulte toujours une certaine confusion. C'est pour remédier à cet inconvénient que j'ai mis ici en avant deux autres noms assez répandus en pays
allemands, celui de *Rotte* pour le Gardon et celui de *Rohrrottel* pour le
Rotengle.

à couronne allongée, recourbées au sommet et fortement pectinées.

D. 3/8—10, A. 3/10—11(12), V. 2/7—8, P. 1/14—16, C. 19 maj.

$$\text{Sq. } 40 \; \frac{7-8}{3-4} \; 43. \; \text{Vert. } 36-39.$$

CYPRINUS ERYTHOPHTHALMUS, *Linné.* Syst. Nat., éd. XIII, I, III, p. 1429. —
    Bloch, Fische Deutschl. I, p. 28, tab. I. — *Jurine,* Poissons
    du Léman, Mém. Soc. Phys. III, p. 209, n° 14, pl. 12.—*Jenyns,*
    Manual, p. 412. — *Holandre,* Faune de la Moselle, p. 249.
   »   RUTILUS, *Razoumowsky (part.),* Hist. Nat. du Jorat, p. 132. —
    Hartmann, Helvet. Ichthyol., p. 224. — *Steinmüller (part.),*
    Neue Alpina, II, 344. — *Nenning,* Fische des Bodensees,
    p. 31.
   »   CÆRULEUS, *Jenyns,* Manual, p. 413 (sec. Günther[1]).
LEUCISCUS ERYTHROPHTHALMUS, *Agassiz,* Cyp. de Neuch., p. 38 — *Schinz,*
    Fauna Helvetica *(part.),* p. 155, et Europ. Fauna, II, p. 323. —
    Flemming, Brit. An., p. 188. — *Selys-Lonchamps,* Faune
    belge, p. 213. — *Cuv. et Val.,* XVII, p. 107. — *Nilsson,* Skand.
    Fauna, p. 313. — *Günther,* Fische des Neckars, p. 80. —
    Rapp, Fische des Bodensees, p. 8. — *Günther,* Catal. of Fishes,
    VII, p. 231.
   »   CÆRULEUS, *Yarrell,* Trans. Linn. Soc. XVII, p. 8, pl. 2, fig. 2
    (Sec. Günther).
   »   RUBILIO, *Bonap.,* Fauna italica (indiv. détérioré, sec. Günther).
SCARDINIUS ERYTHROPHTHALMUS, *Bonaparte,* Fauna italica et Cat. Met., p. 32,
    n° 236. — *Heckel et Kner,* Süsswasserfische, p. 153, fig. 79
    et 80. — *Fritsch,* Fische Böhmens, p. 6. — *Dybowski,* Cypri-
    noiden Livlands, p. 134. — *Siebold,* Süsswasserfische, p. 180.
    — *Jeitteles,* Fische der March, p. 12. — *Jäckel,* Fische
    Bayerns, p. 63. — *Canestrini,* Prospet. crit., p. 45. — *Blan-
    chard,* Poissons de France, p. 377, fig. 83-85. — *Pavesi,* Pesci
    et Pesca, p. 34. — *De la Fontaine,* Faune du Luxembourg,
    Poissons, p. 44. — *Lunel,* Poissons du Léman, p. 65, pl. VII.
   »   SCARDAFA, *Bonaparte,* Fauna italica et Cat. Met., p. 32, n° 233. —
    Heckel et Kner, Susswasserfische, p. 157, fig. 82.
   »   HESPERIDICUS, *Nardo,* Prospet. Sist., pp. 72, 91. — *Bonap.,* Cat.
    Met., p. 32, n° 234.
   »   DERGLE, *Heckel et Kner,* Süsswasserfische, p. 156, fig. 81.
   »   PLATIZZA, *Heckel et Kner,* Süsswasserfische, p. 159, fig. 84.
   »   MACROPHTHALMUS, *Heckel et Kner,* Süsswasserfische, p. 160, fig. 85.

---

[1] Selon Günther, les *Cyprinus erythrops* (Pallas) et *Cyp. compressus*
(Holberg) devraient aussi être rangés parmi les synonymes de cette espèce.

Noms vulgaires, en suisse : Raufe (Genève), *Plate, Platelle, Plateron* (Côte
de Savoie), *Rotte, Rottelet* (Neuchàtel), *Reutelé. Rôtele* (Morat,
Bienne), *Rotten, Rötel, Rohrröttel* (Lucerne, Thun, Sarnen), aussi
Rothhasel, Schmal, parfois *Rottelen* (Zurich et Bàle), *Schnei-
derfisch, Fœrm, Furn* ad., *Furnickel* et *Gnitt* juv. (Constance)[1],
Plotta (Engadine), *Piotta, Scardola* ad., *Piottin, Piottéll* juv.
(Tessin).

Corps élevé, passablement comprimé et relativement court. Le
profil supérieur assez fortement voûté et arrondi jusqu'à la
dorsale, souvent même un peu bossu derrière la nuque, puis
redescendant en courbe légèrement concave jusqu'à la caudale. Le profil inférieur régulièrement arrondi, bien que un
peu moins convexe que le dos, du menton à l'anale, volontiers un peu plus oblique ou plus droit le long de cette
nageoire, enfin, suivant les individus, concave ou presque
droit jusqu'à la caudale. Ce profil ventral volontiers un peu
plus convexe chez les femelles que chez les mâles. Le dos
sensiblement comprimé ; le ventre tectiforme entre les ventrales et l'anale, mais écailleux et non pincé en arête dénudée comme chez les représentants du genre précédent.

La hauteur maximale, sur l'origine des ventrales, ou légèrement en avant ou en arrière de ce point, suivant les individus et leur état, à la longueur totale du poisson, comme
1 : 3—4 chez les adultes, ou à 4 $\frac{1}{2}$ chez les jeunes ; à la longueur sans la caudale, comme 1 : 2 $\frac{1}{2}$-3 $\frac{1}{3}$ chez les adultes, à 4 chez certains jeunes. La hauteur minimale, sur
le pédicule caudal, à l'élévation maximale, en moyenne,
comme 1 : 3, souvent 2 $\frac{1}{2}$ chez des jeunes, ou par contre
3 $\frac{1}{2}$ chez des vieux. L'épaisseur la plus forte, suivant l'âge
plus ou moins avancé vers le milieu des pectorales ou sur
l'opercule, égale à peu près à la hauteur minimale, chez les
jeunes sujets, d'un quart ou même d'un tiers plus forte chez
les vieux. Une section verticale médiane de forme elliptique
allongée et un peu conique dans le haut.

---

[1] Ces deux derniers noms, cités par Hartmann et Nenning, doivent peut-
être aussi s'appliquer au jeune Gardon, car ces auteurs ont souvent confondu ce dernier avec le véritable Rotengle.

L'anus situé très près de l'anale et, suivant les sujets
mâles ou femelles, aux $^2/_3$ ou aux $^5/_7$ de la longueur du poisson jusqu'à la base de la caudale.

Tête de moyenne longueur, mais assez épaisse et relativement
élevée, bien que de forme assez variable : le plus souvent
subconique et obtuse ou un peu tronquée en avant, avec un
museau subarrondi et un front légèrement raplati formant
sur la courbe de la nuque un angle plus ou moins accentué ;
parfois déprimée ou plate en dessus, avec une bouche très
oblique ou ascendante et, par le fait, plus convexe en dessous ; d'autres fois, au contraire, fortement bombée ou busquée sur le profil frontal, avec une bouche quasi horizontale,
et, par le fait, un profil inférieur presque droit [1].

La longueur céphalique, au bout de l'opercule, à la longueur totale du poisson, comme 1 : 5 — 5 $^1/_2$ chez la majorité des adultes et des individus de taille moyenne, souvent
4 $^3/_5$ chez des jeunes, exceptionnellement près de 6 chez certains sujets de forme allongée [2]. Ce même grand axe de la
tête, au poisson sans la caudale, le plus souvent, comme
1 : 4 — 4 $^2/_5$. La longueur céphalique supérieure, à l'occiput,
égale, suivant les individus mâles ou femelles, aux $^7/_{10}$ ou
aux $^8/_{10}$ de la longueur latérale au bout de l'opercule. L'élévation à l'occiput mesurant d'ordinaire entre les longueurs
supérieure et latérale de la tête, plus voisine toutefois de la
dernière, dans la majorité des cas ; avec cela, à peu près égale
à deux fois la hauteur minimale du pédicule caudal, soit toujours un peu plus forte que la moitié de la hauteur maximale sur le dos. La largeur sur l'opercule un peu plus faible
que l'épaisseur du tronc chez les adultes, ou légèrement
plus forte chez les jeunes, et égale, suivant la forme plus ou
moins convexe du front chez les divers individus, à la hauteur vers le bord antérieur de l'œil, vers le tiers de l'orbite,
ou même vers la moitié de celui-ci.

---

[1] J'ai trouvé cette forme très busquée de la tête en dessus, accentuée surtout chez un individu mâle de 230^{mm}, pris par moi dans un petit bras de
l'Inn dans la Haute-Engadine. Ce Rotengle avait la pupille extraordinai-
rement petite.

[2] Canestrini, Prospet. crit., p. 46, donne jusqu'à 6 $^1/_{10}$.

Museau arrondi, plus ou moins busqué ou relevé, avec une fente buccale généralement oblique et ascendante, bien que plus ou moins inclinée, et fendue presque jusqu'au dessous des narines. La machoire inférieure dépassant légèrement la supérieure ; cette dernière médiocrement protractile. Les lèvres un peu épaisses. La langue bien développée. Les narines plutôt petites et percées assez haut ; l'ouverture antérieure arrondie, bordée d'une valvule susceptible de recouvrir entièrement l'orifice postérieur plus allongé ; la cloison séparatrice au tiers à peu près de la distance entre le bord de l'orbite et le bout du museau. Des pores de chaque côté de la tête, sur le museau, au-dessous de l'œil, le long du préopercule et sur le maxillaire inférieur.

Œil de moyenne dimension, rond, toujours fort distant du profil frontal et d'un diamètre, à la longueur céphalique latérale, comme 1 : 3 $^1/_3$ à 4 $^2/_3$ chez les adultes de taille moyenne, à peu près 3 chez des jeunes, ou par contre 5 chez certains vieux.

L'espace préorbitaire de $^1/_5$ plus petit à $^1/_4$ plus grand que l'orbite, suivant les individus jeunes ou vieux.

L'espace postorbitaire égal, selon les sujets, 1 $^1/_2$ à 2 $^1/_2$ fois le diamètre oculaire.

L'espace interorbitaire, au diamètre de l'œil, comme 1 : 1 $^1/_5$ — 2, suivant les individus jeunes ou vieux.

Arcade sous-orbitaire composée généralement de cinq os juxtaposés : le premier, devant l'œil, de forme subarrondie ou polygonale, plus haut que long, occupant à peu près tout l'espace compris entre l'orbite et le maxillaire, et d'une surface, suivant l'âge plus ou moins avancé des individus, égale aux $^3/_4$ ou à $^1/_3$ de celle de l'œil. Le second, beaucoup plus petit, à peu près de même longueur, mais relativement très étroit. Le troisième, formant un demi-croissant au-dessous de l'œil, un peu plus large que le précédent et presque deux fois aussi long. Le quatrième un peu plus haut, mais un peu moins large que le premier. Le cinquième, enfin, très étroit et réduit aux proportions d'un petit canalicule.

La voûte susorbitaire un peu surplombante.

Maxillaire supérieur à peu près droit en avant et développé vers le milieu, en arrière, en un coude en hache oblique,

large, quoique relativement peu proéminent, recourbé et
concave en dessus, plus étroit et oblique en dessous. La
branche inférieure relativement courte et fortement tordue
en dedans (Voy. pl. II, fig. 35).

Opercule subtrapézoïdal, marqué plus ou moins de stries rayonnantes et d'une longueur à peu près égale aux $^2/_3$ de sa
hauteur ou un peu moins, quelquefois égale seulement à
la $^1/_2$ chez certains sujets à tête élevée. Le bord inférieur à
peu près rectiligne et fortement oblique ; le bord postérieur
très faiblement concave. Ces deux côtés à peu près verti-
caux l'un sur l'autre, bien que formant un angle subarrondi.
L'angle inférieur, par contre, assez aigu. Le côté supérieur
mesurant environ la moitié de l'inférieur ou un peu moins.

Sous-opercule large et en demi-croissant.

Interopercule formant un triangle assez grand entre les
pièces précédentes et le préopercule, puis demeurant largement apparent tout le long au-dessous de ce dernier.

Préopercule présentant deux côtés très légèrement convexes et formant à leur réunion un angle presque droit bien
qu'assez arrondi.

La bordure branchiostège bien développée.

Pharyngiens de moyenne épaisseur, avec une aile plutôt
courte, brusquement coudée dans le haut et formant au bas
un angle assez aigu, en face de la quatrième grande dent.
La corne supérieure assez forte, formant un angle très pro-
noncé sur la direction de l'aile, à peu près droite et un peu
retroussée à l'extrémité. La branche inférieure un peu
courbe et d'ordinaire, depuis la dernière dent, un peu moins
longue que la corne supérieure. (Voy. pl. IV, fig. 37.)

Dents généralement au nombre de huit et en deux rangs parallèles sur chaque os : cinq grandes postérieures et trois petites antérieures ; exceptionnellement deux petites seulement[1]. Les postérieures majeures, allongées, pincées en

---

[1] Günther (Fische des Neckars) donne à tort à cette espèce 4 grandes
dents et 2 petites. Ce chiffre, que le même auteur invoque (Catal. of Fishes)
comme limite de variabilité, me paraît très rare chez nous, à l'exception
des individus chez lesquels la dentition est momentanément incomplète
par le fait de remplacements.

couteau, recourbées à l'extrémité et franchement pectinées,
soit marquées sur les côtés de la couronne de nombreux sillons formant sur la tranche autant de dentelures bien pro-
noncées. Le plus souvent, la seconde ou la troisième la plus
grande, avec sept à neuf dentelures ; la cinquième, en bas,
plus conique et la plus courte. Les trois petites dents en
rang antérieur à peine aussi longues que la moitié des postérieures, de hauteur sensiblement égale, légèrement
recourbées au sommet et plus ou moins pectinées ; la supérieure la plus grêle, en face de la seconde grande. (Voy.
pl. IV, fig. 37.)

Meule pharyngienne facilement isolable, dure, épaisse, à peu
près ovale, avec un crochet postérieur relativement peu
proéminent et marquée sur les côtés de la face de frottement d'impressions dentaires assez profondes. (Voy. pl. IV,
fig. 38 et 39.

Dorsale naissant légèrement en avant du milieu de la longueur
totale du poisson, mais toujours fortement en arrière de la
longueur sans la caudale, et d'une hauteur variant, le plus
souvent, entre $^5/_9$ et $^6/_9$ ($^2/_3$) de l'élévation du tronc [1], soit
tenant à peu près le milieu entre les longueurs latérale et
supérieure de la tête, chez les individus adultes, et se rapprochant toujours plus, chez les jeunes, de la dernière la plus
petite, par le fait de la réduction relative et graduelle de
la tête avec l'augmentation de l'âge [2]. La longueur ou la
base de cette nageoire un peu plus forte que la $^1/_2$ de la
hauteur du plus grand rayon, parfois presque égale aux $^2/_3$.
Quant à la forme : anguleuse, bien que plus ou moins acuminée au sommet, passablement décroissante en arrière et
à peu près droite ou très légèrement concave sur la tranche.

Onze à treize rayons : trois non divisés et huit à dix
rameux [3]. Le premier non divisé, étant souvent à peine per-

[1] Parfois demi, chez de vieilles femelles pleines.

[2] Le plus grand rayon dorsal parfois presque égal à la longueur céphalique latérale, chez de très vieux sujets, ou, au contraire, égal ou même
plus faible que la longueur céphalique en dessus, chez de très jeunes individus.

[3] J'ai trouvé deux fois 10 rayons rameux bien distincts chez des jeunes
provenant du lac Majeur.

ceptible, on pourrait croire quelquefois à tort à la présence de deux rayons simples seulement[1]; le dernier divisé, plus ou moins profondément partagé, pourrait, par contre, être pris quelquefois à tort pour deux rayons distincts. Ainsi donc : un premier non divisé très petit et plus ou moins apparent, un second à peu près égal à la moitié du suivant ou légèrement plus court, selon les sujets, et un troisième encore non divisé à peu près de même longueur que le premier rameux qui suit. Le premier rameux, généralement le plus grand de tous; le dernier, dixième, neuvième ou huitième divisé, mesurant, suivant le nombre, presque la moitié du plus grand ou un peu plus.

Anale naissant, suivant les individus, presque au-dessous du dernier rayon de la dorsale, ou $\frac{1}{5}$ à $\frac{1}{3}$, même à $\frac{1}{2}$ de sa longueur plus en arrière que celui-ci; rabattue, laissant entre son extrémité et l'origine de la caudale un espace à peu près égal à la longueur de son rayon médian ou un peu moindre. La base de l'anale souvent égale à celle de la de la dorsale, chez les grands sujets ; par contre, souvent un peu plus longue chez les jeunes et beaucoup d'individus de taille moyenne. La hauteur de cette nageoire, au plus grand rayon, presque toujours sensiblement plus forte que la longueur basilaire[2], et, selon les sujets et leur âge, égale aux $\frac{3}{4}$ aux $\frac{4}{5}$ ou même aux $\frac{6}{7}$ de la hauteur de la dorsale.

Quant à la forme : subcarrée, assez anguleuse au sommet, médiocrement décroissante et presque droite sur la tranche.

Treize à quinze rayons : trois non divisés et dix ou onze, plus rarement douze divisés[3]. Le premier simple ou non divisé très court, le second égal à la moitié du suivant ou un peu moins, le troisième à peu près égal au premier divisé, généralement le plus grand de tous. Le dernier divisé égal environ à la moitié du plus grand et partagé

---

[1] Heckel et Kner (Süsswasserfische) donnent, par exemple, pour la dorsale, $\frac{2}{8}$ rayons au *Scard. erythrophthalmus* et $\frac{3}{8}$ au *Scard. Scardafa* qui n'est, pour moi, qu'une variété du précédent.

[2] D'ordinaire de 1 à 5 millimètres ; exceptionnellement de même longueur, accidentellement plutôt plus courte.

[3] Le plus souvent onze dans nos eaux.

d'ordinaire jusqu'à la base, de manière à paraître quelquefois en former deux.

Ventrales implantées bien en avant de l'aplomb de la dorsale,
soit presque au milieu de la longueur du poisson sans la
caudale ou très légèrement en avant. Rabattues, demeurant, selon le sexe, l'âge et l'état des individus, à une distance très variable de l'anus : distance, par exemple, égale
quelquefois à $2/3$ de leur longueur chez certaines femelles
pleines, ou seulement à $1/4$ chez des femelles délivrées,
ou à zéro chez certains mâles, après l'époque du frai. Le
plus grand rayon d'ordinaire légèrement plus long que la
hauteur de l'anale. Quant à la forme : subtriangulaires,
assez anguleuses au sommet, bien que larges et un peu
arrondies sur la tranche, et médiocrement réduites en
arrière.

Parfois neuf, le plus souvent dix rayons : deux non divisés
et sept ou plus souvent huit divisés. Le premier non
divisé égal à $1/5$ ou $1/6$ du suivant; celui-ci égal à peu près
au premier divisé (suivant les cas légèrement plus court ou
plus long). Le dernier rameux égal à la moitié du plus long
ou un peu plus.

Pectorales rabattues, demeurant distantes des ventrales d'une
quantité assez variable, mais généralement moindre chez les
mâles que chez les femelles[1]; cet intervalle égal parfois
à $1/7$ ou $1/8$ de leur longueur, chez les premiers, et à $1/3$ chez
les secondes. Ces nageoires du reste toujours sensiblement
plus longues que les ventrales, soit à peu près égales en
longueur à la hauteur de la dorsale, un peu plus ou un peu
moins fortes selon les sujets. Quant à la forme : subtriangulaires, subacuminées au sommet, légèrement arrondies sur
la tranche et fortement réduites en arrière.

Quinze à dix-sept rayons : un premier non divisé à peu
près égal au premier divisé, ou légèrement plus court, et quatorze à seize divisés. Le second divisé le plus grand de tous
ou égal au précédent; le dernier à peu près égal à $1/6$ ou $1/7$
du plus long. Le rayon antérieur non divisé, un peu plus

---

[1] Surtout si celles-ci sont pleines.

épais, un peu plus arqué et par le fait, relativement au premier divisé, un peu plus court chez les mâles, en noces surtout, que chez les femelles.

Caudale de moyenne longueur, assez profondément échancrée et à lobes subarrondis au sommet un peu çonvexes sur la tranche ; le lobe inférieur volontiers légèrement plus long que le supérieur. Le rayon le plus grand, à la longueur totale du poisson, comme 1 : 4 $^1/_3$ — 5 (souvent 4 $^1/_2$) soit d'ordinaire légèrement plus long que la tête par le côté, plus rarement égal à celle-ci, exceptionnellement un peu plus court.

Dix-neuf rayons principaux : 17 divisés et 2 non divisés appuyés sur le côté par quatre à six ou sept petits rayons décroissants ; les rayons médians mesurant en moyenne $^2/_3$ du plus long.

Écailles grandes, épaisses, assez solides et subcarrées, bien que paraissant au premier abord étroites et très élevées, par le fait qu'elles se recouvrent beaucoup les unes les autres. Une écaille médiane détachée à peu près de même dimension en hauteur et en longueur, ou seulement très légèrement plus haute que longue, avec une surface de $^1/_3$ à $^1/_2$ plus grande que celle de l'œil, chez l'adulte ; par contre, sensiblement plus haute que large et mesurant seulement $^2/_3$ à $^3/_4$ de l'œil, chez les jeunes. Semblables squames latérales moyennes présentant des côtés supérieur et inférieur quasi parallèles et presque droits (d'autres légèrement concaves ou convexes suivant leur place), largement arrondies au bord libre et offrant généralement, au bord fixe, trois principaux festons séparés par deux profondes échancrures. Toute la surface de l'écaille marquée de fines stries concentriques distribuées autour d'un nœud quasi central ; quelques rayons très accentués, le plus souvent au nombre de 2 à 6 de chaque côté, se rendant, depuis le nœud, les uns vers le bord libre, les autres vers le bord fixe, au fond des échancrures précitées et au feston médian. Enfin, de petits sillons rayonnants, moins apparents, partant également du centre pour venir former un éventail plus ou moins ouvert sur le bord libre où ils correspondent à autant de très légers festons (souvent dix à

seize) semés de petites granulations pigmentaires noirâtres.
Assez souvent, dans les plus grosses écailles, chez de vieux
sujets surtout, les stries et les rayons en désordre formant
comme un chaos autour du nœud central. (Voy. pl. III.
fig. 34 et 35.)

Les écailles latérales antérieures passablement plus
petites que les médianes, mais de même forme à peu près,
quoique volontiers moins échancrées et moins sillonnées sur
le côté couvert. Les latérales postérieures plus petites aussi
que les médianes, un peu plus longues que hautes, bien que
se recouvrant souvent davantage, plus coniques au bord
libre et généralement marquées de nombreux sillons rayonnants. Les dorsales à peu près de même dimension que les
antérieures, quoique assez irrégulières, souvent ovales ou
subarrondies, volontiers plus sillonnées au bord libre, avec
un nœud plus reculé. Les ventrales presque égales aux plus
grandes latérales, dans les régions moyennes, mais plus
petites encore que les dorsales dans les régions postérieures,
plus allongées, un peu pincées, profondément festonnées au
bord fixe, arrondies et bien sillonnées au bord libre. L'écaille
ventrale axillaire, comme chez nos autres Cyprins, longue.
étroite, un peu arquée et passablement rayonnée, avec un
nœud très reculé vers le bord fixe. (Voy. pl. III, fig. 37.)

Généralement sept à huit squames (le plus souvent sept)
au-dessus de la ligne latérale, vers la hauteur maximale, et
trois ou plus souvent quatre en dessous, jusqu'à l'axillaire.
Ligne latérale décrivant, jusqu'au centre de la caudale, une
courbe continue, moyennement concave, à peu près parallèle au profil ventral et passant environ aux $^2/_3$ de la hauteur
maximale.

Quarante à quarante et trois écailles de l'opercule à la
caudale. Les squames moyennes sur cette ligne très semblables à leurs voisines supérieures, avec un tubule subcylindrique assez étroit, à peu près droit et horizontal, partant du
nœud médian pour dépasser à peine la moitié de l'espace
compris entre celui-ci et le bord libre. (Voy. pl. III, fig. 36).
Les antérieures plus petites, plus arrondies et plus hautes
que longues, avec un tubule descendant obliquement, plus

court et plus large. Les postérieures plus petites aussi, mais
plus allongées, avec un tubule par contre plus horizontal,
plus étroit et plus long, soit parvenant souvent presque jusqu'au bord libre.

Coloration variant passablement avec les saisons et les conditions. Les faces supérieures souvent d'un vert bleuâtre
plus ou moins clair ou sombre, ou olivâtres, ou d'un bronzé
rougeâtre, ou encore d'un brun verdâtre, parfois presque
noirâtres ; toutes couleurs se fondant, sur les flancs, dans
une teinte d'un jaunâtre pâle cuivré ou argenté à reflets
métalliques jaunâtres ou verdâtres. Les écailles latérales
plus ou moins couvertes de granulations pigmentaires noirâtres dans l'angle basilaire de leur partie libre. Les faces
inférieures d'un blanc jaunâtre. Les côtés de la tête d'un
argenté jaunâtre et, suivant les cas, plus ou moins dorés ou
lavés de teintes vertes.

Nageoires dorsale et caudale d'un verdâtre enfumé : la
première volontiers plus pâle et parfois rougeâtre vers le
sommet ; la seconde, plus sombre et généralement d'un
brun rouge ou même rouge dans sa moitié extrême. Les
pectorales d'ordinaire jaunâtres ou légèrement orangées.
Les ventrales et l'anale, le plus souvent, d'un beau rouge
orangé, sauf à la base généralement jaune ou jaunâtre,
soit sur la moitié ou les deux tiers de leur longueur.

Chez certains individus à livrée sombre, toutes les nageoires noirâtres, avec ou sans trace de rouge.

Iris d'un jaune orangé, plus ou moins rougeâtre et plus
ou moins mâchuré, dans le haut surtout.

Dimensions très variables, dans des localités et conditions différentes. Il semblerait, d'après les données de quelques
observateurs, que l'espèce parvient, par exemple, à de plus
fortes dimensions dans les eaux du sud et de l'ouest de la
Suisse que dans celles du nord et de l'est. Le maximum le
plus généralement admis paraît être, pour le Rotengle,
300 à 320 millimètres de longueur totale, avec un poids de
1 à 1 ½ livre (500 à 750 grammes) dans nos cantons allemands ; tandis que l'on prendrait quelquefois des individus
d'environ 2 livres (1 kilog.) dans le lac Léman et les grands

lacs du Tessin. Les dimensions sont toujours notablement plus réduites dans les petits bassins plus élevés de nos Alpes ; ainsi, un individu que j'ai pris en Engadine supérieure, à environ 1790 mètres au-dessus de la mer, et qui mesurait 230^{mm} de longueur totale, passait dans la localité pour un sujet tout à fait exceptionnel. Du reste, comme chez la plupart des poissons, une grande augmentation de poids ne se traduit pas autant par l'allongement de l'individu que par un élargissement et une plus grande élévation du tronc. Ainsi, un Rotengle de 155^{mm} de longueur ne pesait que 45 grammes, tandis qu'un autre de 266^{mm}, pesait 230 grammes ; du reste l'espèce atteint facilement, comme nous l'avons dit, à plus de 500 grammes ; avec une taille de 300^{mm} seulement.

Mâles, en livrée de noces, présentant souvent un premier rayon des nageoires pectorales, non seulement un peu plus épais que celui des femelles, mais encore plus ou moins tordu et parsemé de nœuds ou de granulations. Ils portent d'ordinaire, avec cela, à l'époque du rut, une quantité de petites granulations très serrées sur la tête, sur les parties antérieures du dos et sur la face interne des rayons des nageoires pectorales.

Jeunes de formes plus élancées, avec un œil relativement beaucoup plus grand. Le corps et les nageoires ornés de couleurs généralement moins tranchées ou moins brillantes ; la moitié extrême des ventrales et de l'anale, ainsi que le lobe inférieur de la caudale, suivant les cas rougeâtres ou noirâtres. Souvent un semis de petits points noirâtres sur les flancs.

Vertèbres au nombre de 36 à 39.

Vessie aérienne assez grande et étranglée en arrière de son premier tiers ; la portion antérieure subarrondie et faiblement bilobée en avant, la postérieure un peu arquée et subacuminée à l'extrémité. — Tube digestif formant deux replis et mesurant de une fois et demie à deux fois la longueur du poisson sans la caudale. — Ovaires et testicules doubles ; les seconds profondément entaillés vers leur tiers supérieur. — Une houppe de pseudobranchies pectinées bien développées derrière le préopercule.

Le Rotengle varie assez, tant dans les formes que dans la coloration, selon la nature ou la température des eaux et l'alimentation, pour avoir donné lieu à la formation de plusieurs fausses espèces. Heckel et Kner, qui ont rapporté à leur *Scard. erythrophthalmus* le *Scard. hesperidicus* de Nardo [1], ont cependant eu le tort de conserver comme espèce distincte le *Leuciscus (Scardinius) Scardafa* de Bonaparte [2], et d'élever au rang d'espèces nouvelles, sous les noms de *Scardinius dergle, Scard. plotizza* et *Scard. macrophthalmus,* trois formes particulières de notre Rotengle ordinaire [3].

On a pu voir, dans le courant de ma description et dans la largeur des limites de la variabilité que j'ai constatée sur la plupart des points prétendus distinctifs, combien tous les caractères invoqués par ces auteurs sont sujets à de grandes variations et perdent par là de leur importance.

J'ai trouvé toutes les transitions entre la tête tronquée et à bouche quasi verticale du *Scard. scardafa* et la tête plus acuminée à bouche beaucoup moins oblique du *Scard. dergle ;* j'ai même signalé, dans nos eaux, une forme particulière, à tête fortement busquée et à bouche quasi horizontale, qui, pour n'être selon moi qu'une simple variété, n'en contribue pas moins, à sa manière, à déprécier beaucoup la valeur de la position de l'axe du poisson par rapport à la bouche et à l'œil, position admise comme caractéristique par les auteurs des *Süsswasserfische.*

Nous avons vu, chez divers individus de notre Rotengle, à peu près toutes les proportions variées des nageoires paires, ainsi que les dimensions diverses de la caudale, et les positions différentes de l'anale et de l'anus qui devraient distinguer spécifiquement le *Scard. plotizza* des précédents ; cela, avec toutes les transitions possibles, tantôt dans des sexes différents, tantôt dans des conditions ou à des époques différentes.

J'ai montré comment les proportions de l'œil varient énormément avec l'âge et comment, en particulier, elles sont toujours, chez les jeunes, au moins aussi fortes que celles attri-

[1] Prospet. sist.
[2] Fauna italica.
[3] Heckel et Kner, Süsswasserfische, p. 153 à 161 et fig. 79 à 85.

buées comme distinctives au prétendu *Scard. macrophthalmus*
qui, selon Heckel et Kner, serait de taille relativement inférieure. Ces grandes dimensions de l'œil persistent du reste
plus ou moins dans des conditions différentes.

J'ai signalé comme assez fréquente, tant au nord qu'au sud
des Alpes et même à de grandes élévations, la livrée sombre et
la coloration noirâtre des nageoires qui devaient distinguer le
Scard. hesperidicus de Nardo. Cette variété locale, qui paraît
constante dans les eaux du petit lac de Statz dans la Haute
Engadine, m'a paru tenir surtout à une question d'alimentation. Je n'ai jamais trouvé dans le tube digestif des individus
de cette provenance que des débris végétaux d'un vert sombre,
et j'ai constaté en même temps chez eux une fréquente coloration noirâtre des dents pharyngiennes.

J'ai dit déjà, dans ma description, que l'on trouve parfois des
Rotengles ne portant que deux petites dents au rang antérieur, que ce soit des deux côtés ou de l'un seulement ; ajoutons que Jæckel [1] a vu aussi exceptionnellement quatre petites
dents d'un côté ou seulement quatre grandes. Souvent ces
exceptions ne sont que temporaires et dues à des mues incom-
plètes.

On voit souvent des Rotengles, ou bien de forme effilée, un
peu comme des Vengerons, ou bien au contraire de forme très
élevée et rappelant jusqu'à un certain point le Carassin. On
rencontre aussi çà et là des individus ornés d'une livrée très
claire, avec des nageoires très pâles. Lunel [2] a possédé un
Rotengle d'un jaune clair en dessus et argenté verdâtre sur les
côtés, avec des pectorales d'un beau jaune. Le même auteur a
trouvé aussi des Rotengles à museau de mops, et décrit un sujet
monstrueux dont la colonne vertébrale était tordue à tel point
que le lobe supérieur de la caudale touchait presque à la dorsale. Je rappellerai, à cette occasion, l'individu en partie para-
lysé et tordu latéralement, dont j'ai parlé dans une notice sur
la variabilité des poissons [3].

---

[1] Fische Bayerns, p. 64.

[2] Poissons du Léman.

[3] De la variabilité de l'espèce à propos de quelques poissons, par
V. Fatio (Archiv. de la Bibl. univ., févr. 1877), p. 203 à 205.

Enfin, on a pu voir, dans la synonymie de cette espèce, que le Rotengle a été confondu par la majorité des auteurs suisses avec le Vengeron ou Gardon *(Leuciscus rutilus)* ; tandis que l'inspection des dents, sur un ou sur deux rangs, peut toujours permettre de distinguer facilement ces deux Cyprins.

Le Rotengle est très répandu en Europe et jusque dans l'Asie-Mineure. On le trouve aussi bien en Angleterre, dans le Danemark, et même en Norvège au nord, que dans toute l'Europe centrale et dans la plus grande partie de l'Italie, au sud.

Il est commun en Suisse et se trouve, plus ou moins abondant, dans tous nos bassins inférieurs. Il ne remonte pas volontiers la plupart de nos rivières, souvent trop accidentées, au-dessus d'un niveau de 6 à 800 mètres, et on le rencontre rarement dans nos petits lacs de montagnes au delà de cette élévation, au-dessus de la mer. A l'exception des lacs de la Haute-Engadine, où il a été apporté, à 1800 mètres environ, je n'ai, en effet, pas constaté sa présence plus haut que dans les lacs de Bret, à 670 mètres, et d'Egeri à 727 mètres au-dessus de la mer. Il foisonne dans le lac de Thun, comme dans presque toutes les eaux de ce niveau ; toutefois, il est déjà moins abondant dans le lac de Brienz qui, bien que très voisin de celui-ci, ne lui offre cependant que des eaux plus pauvres et plus froides [1].

J'ai dit que ce poisson se trouve, aux sources de l'Inn en Haute-Engadine, dans les Silser et Statzer See, et j'ai parlé de l'aspect qu'il prend dans les conditions de ces régions élevées où seul il vit avec la Truite. Le Rotengle faisant défaut à l'Inn plus bas dans la vallée, il paraît plus que probable que cette espèce a été autrefois apportée, ou par quelque amateur peu gourmand, ou en vue de subvenir à l'alimentation de la Truite.

[1] Lunel (Poissons du Léman, p. 70) dit avoir remarqué que le Rotengle souffre beaucoup plus du froid que le Chevaine, le Vengeron, le Spirlin et le Vairon. Peut-être la glace, qui recouvre les lacs d'Engadine pendant plusieurs mois, joue-t-elle pour le Rotengle le même rôle de protection que le manteau de neige sur le sol pour le Campagnol des Alpes (*Arv. nivalis*), lequel, sans cette couverture, meurt en plaine à un ou deux degrés au-dessous de zéro.

Le nom de *Plotta* donné à cette espèce en Engadine porte à croire que la provenance doit être attribuée à quelque partie du canton du Tessin, où le même poisson porte le nom vulgaire très voisin de *Piotta* inconnu dans le reste de la Suisse.

En somme, j'ai constaté la présence du Rotengle dans les lacs suivants: Léman, Bret, Neuchâtel, Morat, Bienne, Lucerne, Sarnen, Sempach, Zoug, Egeri, Thun, Brienz, Zurich, Wallenstadt, Constance, Statz, Silz, Lugano et Majeur.

Le Rotengle recherche les eaux garnies de végétation, tranquilles ou à faible courant, les lacs, les rivières calmes, les étangs et les marais. Sa nourriture, assez mélangée, consiste principalement en plantes aquatiques, articulés, vers et petits mollusques. Il vit volontiers en société et se tient, suivant les saisons et la température plus froide ou plus chaude, près du fond ou, au contraire, plus près de la surface des eaux. Ses allures, tantôt lentes, tantôt vives ou alertes, rappellent un peu celles de la Carpe.

L'époque du frai varie passablement dans les diverses localités et conditions; bien qu'elle tombe, pour la plupart de nos lacs, sur le mois de mai, il arrive cependant de rencontrer des femelles déjà délivrées dès la fin d'avril et de trouver, par contre, des femelles encore pleines vers la fin de juin. Lunel (l. c.) signale même que la ponte peut être exceptionnellement reculée, pour certains individus, jusqu'au mois d'août.

Les œufs sont généralement pondus dans un petit fond, et volontiers fixés contre les plantes aquatiques; une femelle n'arrive d'ordinaire à se délivrer complètement qu'après avoir successivement émis ses œufs en diverses places, par des opérations répétées. Ces germes sont rougeâtres, relativement petits et très nombreux. Lunel en a compté 82,000 chez un individu du poids de 800 grammes; Bloch a compté 91,720 œufs chez une femelle de 10 onces. Selon de la Blanchère, la durée de l'incubation varierait, avec la température, de 5 à 10 jours. Les alevins croissent assez rapidement. Heckel et Kner pensent que la vie de ce poisson ne doit pas dépasser quatre à cinq années[1].

---

[1] Donnée qui me paraît tout à fait hypothétique, curieuse même, eu égard à l'âge que peuvent atteindre d'autres Cyprins, la Carpe en particulier.

Nous avons vu comment le Rotengle vivant fréquemment côte à côte avec la Bordelière, le frai de ces deux poissons se trouve souvent déposé dans les mêmes places, et comment, par suite de ce mélange, il se produit parfois des hybrides de ces deux espèces. Voyez plus bas un autre croisement avec le Gardon.

Bien que sa chair n'ait pas de goût désagréable, le Rotengle est cependant peu prisé pour la table, à cause du grand nombre de ses arêtes. Les pêcheurs employent par contre volontiers ce poisson comme amorce. On le prend également au filet, dans les nasses, ou à la ligne avec un ver ou de la mie de pain.

Pas plus que les autres Cyprinides, le Rotengle n'est exempt de parasites ; on a, en particulier, constaté chez lui la présence de bon nombre d'Helminthes [1].

HYBRIDE

LEUCISCO-SCARDINIUS RUTILO-ERYTHROPHTHALMUS, nobis.

Verdâtre ou olivâtre en dessus ; d'un jaunâtre cuivré sur les flancs ; nageoires inférieures jaunes ou rougeâtres. Corps un peu comprimé. Dos plus ou moins voûté. Ventre plus ou moins

[1] *Ascaris Cyprini erythrophthalmi* (Rud.); dans les intestins. — *Agamonema ovatum* (Diesing); dans les muscles céphaliques. — *Dispharagus denudatus* (Duj.); dans les intestins. — *Trichosoma tomentosum* (Duj.); dans les intestins. — *Trichina Cyprinorum* (Dies.); dans le péritoine, dans un kyste. — *Echinorhynchus clavæceps* (Zeder); dans les intestins. *Echin. angustatus* (Rud); dans les intestins. *Echin. Proteus* (Westr.); dans les intestins. — *Diplozoon paradoxum* (Nordm.); sur les branchies. — *Dactylogyrus fallax* (Wag.); sur les branchies. *Dactyl. crucifer* (Wag.); sur les branchies. *Dactyl. difformis* (Wag.); sur les branchies. — *Distomum globiporum* (Rud.); dans les intestins. *Dist. distichum* (Zeder); = *Fasciola disticha* (Sec. Hartmann) intestins. — *Diplostomum volvens* (Nordm.); dans l'œil. *Diplost. cuticola* (Nordm.); sur la surface du corps, dans la cavité buccale, les muscles et l'œil; (dans un kyste). — *Ligula digramma* (Creplin); dans la cavité abdominale. *Lig. monogramma* (Creplin); dans la cavité abdominale. — *Caryophyllæus mutabilis* (Rud.); dans les intestins. — *Triænophorus nodulosus* (Rud.); dans la cavité abdominale et les intestins.

pincé ou tectiforme. Dorsale et anale à base courte, la première naissant au-dessus des ventrales. Écailles grandes, à peu près comme chez le Rotengle. (Longueur totale 160-280ᵐᵐ.)

Pharyngiens plus grêles que ceux du Gardon, avec une aile cependant plus large que celle du Rotengle. Dents sur un ou sur deux rangs, avec une couronne généralement pincée et pectinée.

Dentes serrantes 5—5 ; 6—5, 1 ; 1, 5—5 ; 1, 5—5, 2 pectinati.

D. 3/10, A. 3/11—12, V. 2/9, P. 1/15, C. 19.

$$\text{Sq. } 40 \ \frac{7}{4} \ 42.$$

Scardiniopsis anceps, *Jäckel*, Fische Bayerns, p. 64.

Je donne ci-dessus quelques-uns des principaux caractères attribués par Jäckel à son *Scardiniopsis anceps,* de l'Altmühl en Bavière. L'auteur des Fische Bayerns semblant établir d'une manière indubitable que ce poisson n'est qu'un produit de l'union du Rotengle (*Scard. erythrophthalmus*) et du Gardon (*Leuciscus rutilus*), union dans laquelle le Rotengle aurait probablement fourni le mâle, il m'a paru utile de signaler, ne fût-ce qu'en passant, cette forme bâtarde dont nous possédons les deux parents.

Bien que je n'aie point encore observé cet hybride dans nos eaux, il n'y aurait rien d'étonnant, en effet, à ce qu'on le trouvât dans les localités où les deux espèces mères sont en contact.

De Selys Longchamps, dans une lettre du 19 juin 1874, m'a entretenu d'une forme particulière de ce bâtard, qu'il aurait rencontrée en Belgique et qu'il distingue sous le nom de *Scardiniopsis amphigenus,* par le fait qu'elle serait le produit du Rotengle, non plus avec le *Leuciscus rutilus* ordinaire, mais avec le *Leuc. rutilus, var. Selysii.*

Genre 11. GARDON

LEUCISCUS, Rondelet.

*Dents pharyngiennes sur un seul rang, au nombre de cinq
à six de chaque côté ; la couronne des supérieures, les plus
grandes, comprimée en serpe courte, un peu crochue au sommet et volontiers légèrement pectinée sur le bord. Bouche presque terminale et plutôt petite, avec des lèvres peu charnues
et dépourvues de barbillons. Œil franchement latéral. Tête
subconique et moyenne. Corps oblong, plus ou moins voûté
et comprimé à des degrés divers. Dos et ventre plus ou moins
larges ou tectiformes, mais toujours sans arête nue. Écailles
latérales moyennes généralement grandes et subcarrées,
avec des rayons bien apparents. Ligne latérale complète.
Nageoires dorsale et anale à base plutôt courte ; la première
naissant au-dessus des ventrales, la seconde toujours sensiblement en arrière de la dorsale. Caudale moyenne ou plutôt grande et assez profondément échancrée.*

Dentes rodentes 6 vel 5—5 vel 6, subpectinati.

Les Gardons vivent volontiers en sociétés plus ou moins
nombreuses, habitant également les lacs et les rivières, et
mélangent d'ordinaire leur nourriture d'éléments végétaux et animaux. Chez plusieurs d'entre eux les mâles
sont couverts, à l'époque des amours, de tubercules épineux d'assez grandes dimensions.

L'extension du groupe des Gardons a été très différemment comprise par les divers ichthyologistes. Le genre
Leuciscus qui comprenait encore, pour Cuvier et Valenciennes, un assez grand nombre d'espèces de formes hétéro-

gènes, a été successivement coupé et subdivisé de diverses
manières. Heckel et Kner, et de Siebold à l'imitation de
ceux-ci, ont, entre autres, beaucoup réduit le cadre de ce
groupe, en mettant en relief, dans différents fractionnements de ce vaste ensemble, certaines communautés de caractères qui devaient présider à des coupes génériques jusqu'alors insuffisamment justifiées. Le Dr Günther qui, dans
ses *Cat. of Fishes*, a réuni, sous le nom de *Leuciscus*, les
genres *Leuciscus* Cuv. et Val., *Phoxinus* Agassiz, *Scardinius*, *Squalius*, et *Telestes* Bonaparte, *Leucos* et *Phoxinellus*
Heckel, ainsi que plusieurs autres exotiques, comptait,
en 1868, un total de quatre-vingt quatre espèces.

Suivant ici à peu près le groupement des auteurs des
Süsswasserfische, je me trouve maintenant en face d'un
genre beaucoup plus réduit, bien qu'encore assez riche.
La caractéristique du genre *Leuciscus*, telle que je la comprends, soit embrassant les genres *Leuciscus* et *Leucos*
de Heckel, renferme encore douze des espèces acceptées
par Günther. De ces douze espèces, toutes européennes,
cinq sont occidentales ou propres à la péninsule ibérienne,
les *L. arcasii*, *L. macrolepidotus*, *L. alburnoides*, *L. arri-
gonis* et *L. lemmingii* de Steindachner; deux sont orientales, les *L. Heckelii* (Nordm.) et *L. pictus* (Günther), et
cinq sont plutôt de l'Europe moyenne et septentrionale,
les *L. rutilus* (Linné), *L. pigus* (de Filippi), *L. Meidingeri*
(Heckel = *Friesii* de Günther), *L. aula* (Bonap.) et
L. adspersus (Heckel).

Le caractère générique que Heckel a cru trouver, pour
son genre *Leucos*, dans la présence constante, chez les représentants de celui-ci, de cinq dents seulement sur chacun des pharyngiens, me paraît devoir tomber devant le
fait que nous constaterons plus loin de la variabilité du

nombre des dents sur chacun de ces os, chez de véritables Gardons, chez notre *L. rutilus* en particulier, qui porte indifféremment : 6 dents de chaque côté, ou 5 d'un côté et 6 de l'autre, ou encore 5 seulement des deux côtés.

Malgré quelques légères dissemblances dans les formes du maxillaire et de la meule pharyngienne, je n'hésite pas à rapprocher dans le même genre notre *L. aula* de nos deux autres *Leuciscus*, comme l'ont déjà proposé quelques auteurs, de Siebold, Jeitteles et Günther entre autres.

La Suisse compte trois représentants du genre : un au nord des Alpes, le *Leuciscus rutilus*, et deux au sud, dans le Tessin, les *L. pigus* et *L. aula*.

On connaît quelques produits hybrides des représentants de ce genre avec des espèces de genres voisins, les bâtards, par exemple, de notre *Leuciscus rutilus* avec la Brême (*Abramis Brama*), avec la Blicke (*Blicca Björkna*) et avec le Rotengle (*Scardinius erythrophthalmus*) dont j'ai parlé plus haut.

Les trois espèces de *Leuciscus* qui habitent les eaux suisses portent des pseudobranchies pectinées passablement développées. Elles possèdent également en commun les quelques caractères ostéologiques suivants : la meule pharyngienne est de forme subelliptique et plus ou moins allongée[1], assez dure et passablement proéminente, ainsi que fortement mamelonnée vers la moitié antérieure de la face de frottement, comme si les dents pharyngiennes devaient surtout ronger les aliments contre elle. Le maxillaire supérieur présente un côté antérieur légèrementcreusé vers le centre, un coude postérieur allongé, relativement étroit et peu ou pas retroussé, avec une branche inférieure plutôt courte, ainsi que largement tordue en avant vers l'extré-

---

[1] Celle du *L. Aula* est un peu plus large au centre que celle de nos deux autres espèces.

mité. Les os pharyngiens sont trapus, avec une aile assez grande
et une corne supérieure fortement recourbée en avant. L'arcade sous-orbitaire est formée de 5 à 6 pièces mobiles[1] ; la première en avant est la plus grande, bien que la quatrième soit
ici généralement bien développée et parfois presque de même
dimension.

13. LE GARDON COMMUN

Die Rotte (Das Rothauge, die Rothfeder) [2]

Leuciscus rutilus, Linné.

*D'un vert olivâtre, bleuâtre ou grisâtre, en dessus ; argenté
sur les côtés et en dessous. Nageoires anale et ventrales d'un
orangé-rougeâtre plus ou moins étendu. Corps oblong, médiocrement allongé et élevé, et plus ou moins comprimé. Tête subconique, presque égale en hauteur et longueur. Bouche un peu
oblique, à mâchoires subégales. Œil moyen. Écailles latérales
moyennes profondément découpées au bord fixe, subcarrées,
soit à peu près égales en hauteur et longueur, et recouvrant
plus de la moitié de l'œil, chez l'adulte, parfois même l'œil
entier. Nageoire dorsale anguleuse, fortement déclive et plus
haute que longue, soit d'une hauteur presque égale à la longueur latérale de la tête. Anale naissant entre le dernier rayon
de la dorsale et l'extrémité de celle-ci rabattue, anguleuse et
presque aussi longue que haute. Caudale assez profondément
échancrée, à lobes subégaux plutôt acuminés. (Taille moyenne
d'adultes : 25—32 centimètres.)*

*Le plus souvent six sous-orbitaires, parfois cinq seulement ;
le premier plus long que haut, pouvant recouvrir près des deux-
tiers de l'œil, chez l'adulte ; le quatrième de surface presque égale.
Maxillaire supérieur formant en arrière un coude médian,*

---

[1] Plus rarement de quatre, par soudure.

[2] Ces deux noms ont le tort d'être le plus souvent indistinctement appliqués, comme je l'ai déjà dit, au Rotengle et au Gardon. On dit aussi en
allemand Rothflosser pour Rothfeder.

allongé, non retroussé en dessus et oblique en dessous. Pharyn-
giens trapus ; l'aile assez large, anguleuse et accompagnant
sur le côté la branche inférieure très courte. Meule allongée,
arrondie en avant et un peu pincée en arrière. Dents compri-
mées en scrpe et un peu recourbées à l'extrémité ; les principales
un peu dentelées sur le bord.

D. 3/9—11, A. 3/9—13, V. (1)2/8—9, P. 1/(14)15—18, C. 19 maj.

$$\text{Sq. 46} \ \frac{7—8(9)}{3—4} \ 46. \quad \text{Vert.39—41.}$$

CYPRINUS RUTILUS, *Linné*, Syst. Nat. I, p. 529 ; ed. XIII, I, 3, p. 1426. —
    Bloch, Fische Deutschl. I, p. 32. Taf. 2. — *Lacép.* V, p. 575. —
    Pallas, Zoogr. Ross. As., p. 317. — *Cuvier*, Reg. Anim. II,
    p. 195. — *Jurine*, Poiss. du Léman. Mém. Soc. Phys. S. N. III,
    I, p. 211, pl. 13. — *Steinmüller (part.)*, N. Alpina, II, p. 344.
    — *Yenyns*, Manual, p. 408. — *Yarrell*, Brit. Fish., 2ᵐᵉ éd., I,
    p. 399. — *Ekström*, Fische von Morkö, p. 12. — *Gronov.* Syst.,
    ed. *Gray*, p. 183.
»   GRISLAGINE, *Razoumowsky*, Hist. Nat. du Jorat, I, p. 131.
»   ALBURNUS *(juv.)*, *Steinmüller*, N. Alpina, II, p. 345.
»   ERYTHROPHTHALMUS, *Hartmann*, Helvet. Ichthyol., p. 221. —
    Nenning, Fische des Bodensees, p. 31.
»   JACULUS, *Jurine*, Poiss. du Léman ; Mém. Soc. Phys. S. N., p. 221,
    pl. 14.
LEUCISCUS RUTILUS, *Agassiz*, Mém. Soc. S. N. Neuchâtel, I, p. 38. — *Ho-*
    landre, Faune de la Moselle, p. 248. — *Schinz*, Europ. Fauna,
    II, p. 323. — *De Selys*, Faune belge, p. 211. — *Cuv. et Val.*,
    XVII, p. 130. — *Krøyer*, Danm. Fisk, III, I, p. 435. — *Fries*
    och Ekström, Skand. Fisk, p. 72. — *Heckel*, Fische Syriens,
    p. 49. — *Günther*, Fische des Neckars, p. 74. — *Rapp*, Fische
    des Bodensees, p. 8. — *Heckel et Kner*, Süsswasserfische,
    p. 169, fig. 91. — *Fritsch*, Fische Böhmens, p. 6. — *Dybowsky*,
    Cyp. Livlands, p. 96. — *Siebold*, Süsswasserfische, p. 184. —
    Jeittcles, Fische der March, II, p. 12. — *Jäckel*, Fische Bayerns,
    p. 68. — *Blanchard*, Poissons de France, p. 382. — *Günther*,
    Catal. of Fishes, VII, p. 212. — *De la Fontaine*, Faune du
    Luxembourg, Poiss., p. 45. — *Lunel*, Poissons du Léman,
    p. 71, pl. VIII.
»   PRASINUS, *Agassiz*, Mém. Soc. S. N. Neuchât., I, p. 46, tab. 2. —
    Schinz, Fauna helvetica, p. 154. — *Heckel*, Fische Syriens,
    p. 49.
»   DECIPIENS, *Agassiz*, Mém. Soc. S. N. Neuchât., I, p. 38.

Leucisous Selysii (*Heckel*), *De Selys*, Faune belge, p. 210, pl. 6, fig. 1. —
    Heckel, Fische Syriens, p. 48. — *Cuv. et Val.*, XVII, p. 198.
  »   Jeses, *De Selys*, Faune belge, p. 211, pl. 6, fig. 2.
  »   rutiloides, *De Selys*, Faune belge, p. 212, pl. 7, fig. 1. — *Heckel*,
    Fische Syriens, p. 48. — *Cuv. et Val.*, XVII, p. 153.— *Jeitteles*,
    Verhandl. zool. bot. Ges. Wien, 1862, p. 4.
  »   Pausingeri, *Heckel*, Fische Syriens, p. 49. — *Heckel et Kner*,
    Süsswasserfische, p. 172, fig. 92.
  »   lividus, *Heckel*, Fische Syriens, p. 49.
  »   jurinii, *Dybowski*, Cyp. Livlands, p. 94.
  »   daugawensis (*var. rutili*) *Dybowski*, Cyp. Livlands, p. 101.
  »   pallens, *Blanchard*, Poissons de France, p. 386, fig. 88.
Leucos Selysii, L. rutiloides, L. prasinus, *Bonaparte*, Cat. Met., p. 29,
    nᵒˢ 179, 180 et 190.
Gardonus rutilus, G. decipiens, G. lividus, G. Pausingeri, *Bonaparte*,
    Cat. Met., p. 29 et 30, nᵒˢ 193-197.

Noms vulgaires suisses : S. F. *Vangeron* ou *Vengeron :* (Genève, Vaud et
    Neuchâtel); sur la côte savoyarde du Léman *Blanchet, Français,*
    Fago et *Rósse*, souvent aussi *Raufe*, par confusion avec l'espèce
    précédente (selon Jurine). S. A. Dans la plus grande partie de
    la Suisse allemande, *Rotten, Rottel, Rottelen, Rotli* ou *Rötteli;*
    souvent *Schwale*, dans les lacs de Zurich et de Wallenstadt. (Hart-
    mann semble avoir mélangé les noms de l'espèce précédente
    avec ceux de celle-ci.)

Corps oblong, d'ordinaire médiocrement allongé et moyennement comprimé ; mais cependant, selon les individus et les
conditions d'existence, plus ou moins élevé, élancé ou épais.
Le profil supérieur, suivant les cas, assez fortement et régulièrement convexe du museau à la dorsale, ou relativement
très bas sur toute la longueur, ou encore un peu déprimé
vers l'occiput et brusquement voûté sur la nuque et les
épaules, puis plus droit jusqu'à la dorsale. Le profil inférieur
décrivant, du museau à l'anale, une courbe douce et assez
régulière, bien que souvent un peu raplatie en avant des
ventrales ; après cela, sensiblement relevé le long de l'anale,
puis presque droit jusqu'à la caudale. Le dos, en avant de
la dorsale, plus ou moins comprimé ou tectiforme chez les
sujets élevés, plus arrondi transversalement chez les individus bas, et relativement très large chez les sujets épais et
voûtés à la nuque. Le ventre subarrondi ou un peu tectiforme, mais sans véritable carène.

La hauteur maximale, située devant la dorsale, au-dessus des ventrales, ou entre celles-ci et les pectorales, ou plus en avant encore vers la moitié de ces dernières, selon les formes plus ou moins élevées des individus, à la longueur totale du poisson, comme 1 : 3 $\frac{1}{2}$ — 5 $\frac{1}{3}$ chez des adultes, jusqu'à 5 $\frac{7}{10}$ chez de très jeunes sujets. (Günther [1] donne jusqu'à 3 $\frac{1}{3}$ pour de grands individus; je ne trouve chez nous ce rapport que chez des femelles pleines.) La même élévation maximale du tronc, à la longueur sans la caudale, comme 1 : 3 — 4 $\frac{1}{8}$ chez les adultes, parfois jusqu'à 4 $\frac{2}{3}$ chez de très jeunes individus (Dybowski [2] donne 2 $\frac{9}{10}$ chez une grande femelle). L'élévation minimale, sur la queue, d'ordinaire légèrement plus forte que un tiers de la hauteur la plus grande. L'épaisseur maximale, située plus ou moins en arrière entre la base et l'extrémité des pectorales, selon l'âge plus ou moins avancé, et plus ou moins haut du côté du dos, suivant le degré d'épaisseur ou de pincement de celui-ci, à la hauteur la plus forte du tronc, comme 1 : 1 $\frac{1}{2}$ chez les sujets épais et renflés à la nuque, comme 1 : 2—2 $\frac{1}{3}$ chez les individus effilés, et comme 1 : 2 $\frac{1}{2}$ — 2 $\frac{3}{4}$ chez les sujets élevés. Une section verticale de forme, par là, très variable, soit ovoïde plus ou moins allongée, volontiers un peu comprimée dans le bas et, suivant les sujets, conique ou au contraire largement arrondie dans le haut.

L'anus ouvert d'ordinaire un peu en arrière des deux-tiers, parfois presque aux trois-quarts de la longueur du poisson sans la caudale et souvent un peu plus reculé chez les femelles que chez les mâles.

Tête moyenne ou plutôt courte, relativement assez large, passablement élevée et subconique vue de profil, bien que, suivant les individus, arrondie ou subacuminée en avant. Le profil supérieur tantôt suivant régulièrement la courbe de la nuque, comme chez les sujets de forme effilée et moyenne; tantôt, comme chez les individus élevés, plus ou moins raplati en avant, depuis le bord postérieur de l'orbite, ou au contraire déprimé en arrière de celui-ci du côté de la nuque,

[1] Fische des Neckars, p. 75.
[2] Cyp. Livlands, p. 97.

en même temps qu'un peu renflé en avant, comme chez les sujets épais ou bossus. Le profil inférieur, avec cela, ou graduellement convexe comme le supérieur, ou un peu raplati, ou encore plus ou moins saillant vers l'articulation du maxillaire inférieur.

La longueur céphalique latérale, à la longueur totale du poisson, comme 1 : 5 — 5 $^7/_8$, parfois 6, selon l'âge et la forme des individus ; à la longueur sans la caudale, comme 1 : 4-4 $^3/_4$, parfois près de 5, suivant les sujets jeunes ou vieux[1]. La longueur supérieure, vers l'origine de l'écaillure, variant entre les $^3/_4$ et les $^5/_6$ de l'axe latéral. La hauteur à l'occiput à peu près égale à la longueur au même point, ou légèrement plus courte chez les sujets effilés, voire même jusqu'à $^1/_6$ plus faible chez les jeunes. Cette hauteur céphalique à peine plus forte que la $^1/_2$ de l'élévation du tronc chez certains individus ; par contre, chez d'autres, à peu près égale aux $^3/_4$ de celle-ci. La largeur sur l'opercule généralement un peu plus faible que celle du tronc chez l'adulte, surtout dans la forme que j'ai dite épaisse, ou au contraire un peu plus forte chez le jeune. Cette épaisseur égale en moyenne aux $^2/_3$ de la hauteur céphalique ; mais, selon les formes plus ou moins convexes, déprimées, obtuses ou acuminées de la face, correspondant à l'élévation devant le bord antérieur de l'orbite ou, plus en arrière, vers le milieu de celui-ci[2].

Museau moyen ou plutôt court, plus ou moins convexe et arrondi, ou déprimé et acuminé ; parfois obtus ou un peu carré, d'autres fois comme un peu relevé et renflé. La bouche, quasi terminale, médiocrement protractile, plus ou moins oblique et fendue au plus jusqu'au-dessous de l'orifice nasal postérieur. La mâchoire supérieure volontiers légèrement plus longue que l'inférieure ; celle-ci cependant parfois égale à la supérieure, surtout chez les sujets épais. L'articulation du maxillaire inférieur, à son tour, plus ou moins saillante, selon les formes du museau et l'obliquité

[1] Selon Dybowski (l. c., p. 97) jusqu'à 5 $^2/_{10}$.

[2] Reculant, en particulier, plus chez les individus épais que chez les sujets élancés.

de la bouche. Lèvres médiocrement charnues. Langue bien développée. Narines de moyennes dimensions ; l'orifice antérieur subarrondi et bordé d'une valvule susceptible de recouvrir le postérieur beaucoup plus grand et plus ovale. La cloison séparatrice située au tiers de la distance comprise entre le bord de l'œil et le bout du museau, ou légèrement plus en avant.

Le conduit mucoso-nerveux latéral continué au-dessus de l'opercule, puis divisé en deux branches : la première, marquée par des pores assez apparents, passant de chaque côté sur la tête, au-dessus de l'orbite, et gagnant les narines ; la seconde, composée de canalicules, faisant par le bas le tour de l'œil sur les sous-orbitaires, et arrivant jusque sur le museau [1]. D'autres pores plus petits le long du préopercule et sous le maxillaire inférieur.

Œil en général de moyenne dimension, bien qu'assez variable, soit quant à la grandeur, soit quant à la position plus ou moins distante du profil frontal, selon la forme des individus et l'âge plus ou moins avancé. D'un diamètre, à la longueur de la tête, le plus souvent comme $1 : 3 — 5$, non seulement suivant les individus jeunes ou vieux, mais encore selon l'habitat et les formes des sujets. J'ai trouvé, par exemple, comme $1 : 2 \,^3/_4$ chez des jeunes de taille moyenne capturés il y a quelques années dans le lac du Brünig, et Lunel fournit le rapport $1 : 5 \,^1/_2$ pour de vieux sujets du lac Léman.

L'espace préorbitaire de $^1/_5$ plus petit à $^1/_3$ plus fort que le diamètre de l'œil, selon les individus jeunes ou vieux, et, à la longueur de la tête, comme $1 : 3 \,^1/_2 — 4 \,^2/_7$ suivant l'âge plus ou moins avancé et la forme des individus.

L'espace postorbitaire un peu plus fort ou plus faible que le double de l'œil, selon la forme et l'âge des sujets, parfois même de $^1/_4$ seulement plus grand que l'œil chez de très jeunes Gardons ; par le fait, presque égal à la moitié de la tête et souvent à peu près double de l'espace préorbitaire.

---

[1] Ces canalicules, plus ou moins apparents chez nos divers Cyprinides, sont ici bien développés et généralement fortement injectés et saillants au moment des amours.

L'espace interorbitaire mesurant de 1 — 1 $^3/_4$ parfois
même près de 2 diamètres de l'œil, suivant les individus
jeunes ou vieux ; souvent relativement un peu plus fort
chez les mâles que chez les femelles. Cette largeur du front
entre les yeux, par le fait, à la longueur latérale de la tête,
comme 1 : 2 $^1/_2$ — 3 $^1/_3$, selon l'âge plus ou moins avancé,
souvent 2 $^3/_4$ chez les sujets de taille moyenne.

Arcade sous-orbitaire composée généralement de six os, exceptionnellement de cinq seulement, quatre grands et deux
petits. Le premier oblong, plus long que haut, surtout chez
l'adulte, convexe dans le bas, subarrondi aux extrémités, un
peu creusé dans le haut vers les narines et d'une surface à
peu près égale à la $^1/_2$ ou aux $^2/_3$ de celle de l'œil chez l'adulte,
mais mesurant seulement $^1/_3$ ou $^1/_4$ de celle-ci dans le jeune
âge. Le second à peu près de même longueur, mais plus
étroit et subtriangulaire. Le troisième un peu plus long et
en forme de demi-croissant élargi en arrière à peu près vers
le milieu du bord postérieur de l'œil. Le quatrième plus
large que le précédent et presque aussi grand que le premier, bien que plus pincé dans le haut et plus anguleux.
Après ces quatre os principaux, d'abord une petite pièce subtriangulaire, puis une autre très étroite, allongée et arquée,
joignant le crâne. Cette dernière faisant parfois défaut.

La voûte susorbitaire d'ordinaire assez peu proéminente,
mais cependant plus surplombante chez les vieux sujets que
chez les jeunes, cela surtout dans la variété élevée.

Maxillaire supérieur assez fort dans le haut, presque droit en
avant et développé en arrière, vers son milieu, en un coude
fortement prolongé, relativement peu élevé, et décroissant,
soit à peine concave en dessus et oblique légèrement convexe ou presque rectiligne en dessous. La branche inférieure
médiocrement allongée, assez épaisse et fortement tordue,
ainsi que passablement élargie à l'extrémité (Voy. pl. II,
fig. 36).

Opercule de proportions moyennes, trapézoïdal, marqué de fines
stries rayonnantes, et d'une longueur à peu près égale aux
$^3/_5$ de sa hauteur. Le côté supérieur d'ordinaire faiblement
concave et un peu plus fort que la $^1/_2$ du bord inférieur ; ce

dernier, rectiligne ou très légèrement convexe, formant avec
le côté postérieur un angle volontiers un peu plus ouvert
que l'angle droit. Le bord postérieur, enfin, presque droit et
mesurant le plus souvent les $^2/_3$ de l'inférieur, parfois les $^3/_5$
seulement ou au contraire près des $^3/_4$.

Sous-opercule très large et arrondi en demi-croissant.

Interopercule formant un triangle assez grand entre les
pièces précédentes et le préopercule, et demeurant bien
apparent tout le long au-dessous de ce dernier.

Préopercule à deux côtés un peu convexes, formant un
angle très largement arrondi.

Bordure branchiostège bien développée.

Pharyngiens forts et trapus ; l'aile passablement large et saillante, subarrondie ou presque droite sur la tranche, anguleuse au sommet, formant en face de l'avant-dernière dent
un coude assez brusque, puis accompagnant au-dessous le
corps de l'os sur le côté presque jusqu'au coude inférieur.
La corne supérieure assez longue et épaisse, fortement
inclinée en avant, mais presque droite, et un peu pincée,
ainsi que légèrement retroussée vers l'extrémité. La branche
inférieure relativement très courte, épaisse et développée en
large palette de suture dans le bout (Voy. pl. IV, fig. 40).

Dents pharyngiennes sur un seul rang, au nombre de cinq à six
sur chaque os ; le plus souvent six sur l'os gauche et cinq sur le
droit, parfois cinq des deux côtés, ou six à droite et à gauche.
(Je n'ai jamais trouvé, dans des dentitions complètes ou intactes, seulement quatre des deux côtés, comme semble l'indiquer Lunel[1].) Les dents supérieures médiocrement allongées
et un peu étranglées vers la base, avec une couronne comprimée
en serpe assez courte et un peu recourbée en crochet à l'extrémité ; les inférieures plus courtes, plus larges et plus
arrondies. La seconde, parfois la troisième à partir du haut,
la plus longue. La seconde en bas la plus épaisse ; la dernière ou inférieure subconique et la plus petite. Les deux
ou trois premières en haut volontiers légèrement dentelées
sur le bord, surtout lorsqu'elles viennent d'être renouvelées ;
ces dents, par contre, plus ou moins creusées d'un sillon

---

[1] Poissons du Léman, p. 74.

médian sur la couronne, quand elles sont usées, et alors
moins crochues. Les sillons latéraux amenant aux dentelures des dents fraîches, surtout apparents contre le côté
inférieur de la couronne. Parfois une croûte de cément noir
(Voy. pl. IV, fig. 40).

Les dents supérieures volontiers un peu plus grêles et crochues chez les individus épais, soit à dos large.

Ici, comme chez nos autres Cyprinides, quand une dent
est creusée et ébranlée par l'usage, il se forme vers la base
une inflammation qui ronge et chasse l'organe usé, et celui-ci
tombe en laissant sur l'os un calice à sa place. Une nouvelle
dent, qui se forme, avec l'apparence d'une couronne isolée
dans la gencive, devant un trou correspondant du pharyngien,
vient alors bientôt remplacer la précédente sur le calice
béant et s'y souder fortement. Pour cela, le trou en question
s'allonge d'ordinaire en une crevasse verticale dans laquelle
l'organe nouveau se relève peu à peu par un mouvement de
bascule. Peu après, la fissure se referme en bonne partie.

Meule assez dure, facilement isolable et allongée avec un léger
étranglement près du bout postérieur, soit un peu en forme
de bouteille aplatie. L'extrémité antérieure la plus large et
arrondie ; le bout postérieur un peu pincé, subcarré et faiblement relevé en crochet. La face de frottement passablement convexe et mamelonnée dans la moitié antérieure, avec
quelques impressions dentaires rarement entre-croisées et
peu profondes, à l'exception d'une médiane bien accentuée
(Voy. pl. IV, fig. 41 et 42).

Dorsale naissant très légèrement en arrière de l'origine des
ventrales ou presque au-dessus du centre de la base de
celles-ci [1], soit à peu près au milieu du poisson sans la caudale. La hauteur de cette nageoire variant, avec la forme
plus ou moins élevée des individus, des $^3/_5$ aux $^5/_6$ de la hauteur maximale du tronc, parfois égale à cette dernière, chez
des jeunes surtout, ou même légèrement plus forte chez des
sujets appauvris [2]. Cette même élévation du plus grand rayon

---

[1] C'est ce caractère qui révèle surtout la confusion qu'a faite Hartmann de cette espèce avec le Rotengle.

[2] Par exemple, chez des individus provenant du lac du Brunig.

dorsal le plus souvent un peu moindre que la longueur latérale de la tête (en moyenne de $^1/_8$ à $^1/_5$ plus faible), parfois
cependant de même dimension, comme chez certains sujets
de forme effilée, rarement chez nous un peu plus forte[1]. La
base ou la longueur de la dorsale variant à son tour des $^2/_3$
aux $^4/_5$ de la hauteur de cette nageoire. Quant à la forme :
assez rapidement décroissante en arrière, presque rectiligne ou très légèrement concave sur la tranche et assez anguleuse aux deux extrémités.

Douze à quatorze rayons : trois simples et neuf à onze
divisés, le plus souvent dix de ces derniers. Le premier simple très court, soit mesurant au plus $^1/_3$ du suivant ; le
second variant entre $^1/_3$ et $^3/_5$ du troisième ; celui-ci à peu
près égal au premier rameux ou légèrement plus long. Le
dernier divisé mesurant un peu plus ou un peu moins que
la moitié du plus grand, souvent $^2/_5$ comme le second
simple.

Anale ayant son origine toujours passablement en arrière du
dernier rayon de la dorsale ; mais cela d'une quantité variant
entre $^1/_4$ de sa longueur chez des sujets épais du lac Léman,
et l'étendue de sa base entière chez des individus très élancés du lac de Lucerne. (La moyenne d'écartement oscillant
entre $^1/_3$ et $^3/_5$ de la dite longueur basilaire, dans la forme
typique.) Rien, du reste, de bien constant sous ce rapport
dans aucune des formes. Rabattue, cette nageoire demeurant
distante de la base de la caudale d'une longueur égale, suivant les cas, au quatrième ou au septième de ses rayons
rameux ; exceptionnellement d'une longueur un peu moindre que le dernier divisé. La base de l'anale de $^1/_{10}$ à $^1/_4$
plus courte que celle de la dorsale. La hauteur un peu
plus forte que la longueur basilaire (de $^1/_4$ même chez quelques sujets du lac du Brunig), ou à peu près de même dimension. (Chez un mâle de la forme épaisse provenant du lac
Léman, cette nageoire, exceptionnellement un peu plus

---

[1] D'après les dimensions données par Dybowski (Cyp. Livlands, p. 97),
il semblerait que les proportions comparées de la dorsale à la tête fussent
souvent sensiblement plus fortes en Livonie qu'en Suisse.

longue que la dorsale par le fait de la présence d'un rayon
surnuméraire, se trouvait, comme chez le *Leuc. pigus,* légèrement moins haute que longue.) Quant à la forme : médiocrement décroissante, rectiligne sur la tranche, à peu près
carrée en avant et aiguë en arrière.

Douze à seize rayons : trois simples et neuf à treize divisés. Le premier simple égal le plus souvent à $^1/_4$ ou $^1/_3$ du
suivant ; le second variant entre $^2/_5$ et $^1/_2$ du troisième ;
celui-ci volontiers égal au premier rameux ou, selon les individus, légèrement plus court ou au contraire un peu plus
long. Le dernier divisé, généralement partagé jusqu'au bas,
mesurant entre $^1/_2$ et $^3/_5$ du plus long.

Ventrales implantées au-dessous de l'origine de la dorsale, ou
très légèrement en avant, et demeurant rabattues à une distance de l'anus susceptible de varier énormément, non seulement selon la courbe plus ou moins accentuée du profil
ventral, chez des Gardons élevés ou au contraire effilés, mais
encore selon l'âge, l'état plus ou moins prospère des individus et le degré de développement des organes reproduc-
teurs. Cette distance, le plus souvent égale à $^1/_4$ ou $^1/_3$ de la
longueur du plus grand rayon ventral, variant en effet assez
pour être, tantôt égale à la $^1/_2$ de ce rayon, chez des femelles
en état de grossesse, tantôt, au contraire, à peine égale à $^1/_{10}$
ou même assez souvent nulle, chez des jeunes et certains
sujets effilés. (Les ventrales rabattues arrivaient même jusque sur l'anale chez des Gardons affautis du lac du Brunig.)
La longueur du dit plus grand rayon ventral d'ordinaire
passablement plus forte que la hauteur de l'anale, soit de $^1/_6$
à $^1/_5$ environ. Les ventrales, quant à la forme, larges, subtriangulaires, convexes sur la tranche, subarrondies au sommet et médiocrement réduites au bord postérieur.

Neuf à onze rayons : généralement deux simples (exceptionnellement un seul) et huit à neuf divisés ; huit dans la
grande majorité des cas. Le premier simple arqué latéral,
sans genou articulaire, généralement lisse[1] et mesurant

---

[1] Chez quelques individus, j'ai cru reconnaître une très faible indication
d'articulations au sommet de ce petit rayon osseux.

de $^1/_5$ à $^2/_5$ du second ; celui-ci d'ordinaire un peu plus court
que le premier rameux le plus long de tous ; le dernier divisé
variant entre $^2/_5$ et $^3/_5$ du plus grand. (Voy. pl. II, fig. 38 et
39 les deux rayons simples. Dans la figure 37, représentant
une ventrale de Gardon, pour montrer la différence de ses
rayons avec ceux d'un Acanthoptérygien, la Perche, le grand
simple a été dessiné un peu trop long, ce qui donne à cette
nageoire une forme trop anguleuse au sommet.)

Pectorales rabattues, demeurant à une distance des ventrales
susceptible de varier énormément avec l'âge, le sexe, l'état
et la forme des individus : cette distance variant, par exemple, entre $^2/_{10}$ du plus grand rayon pectoral, chez bien des
mâles, en été, ainsi que chez certains individus appauvris,
et $^8/_{10}$ de la même longueur, chez beaucoup de femelles, au
moment des amours. Ces nageoires parfois de même grandeur que les ventrales, mais le plus souvent un peu plus
longues, parfois même de $^1/_6$ et, par le fait, au plus égales à
la hauteur de la dorsale. Quant à la forme : subtriangulaires, convexes sur la tranche, subarrondies au sommet et
fortement réduites en arrière.

Seize à dix-neuf rayons[1] : un simple légèrement plus court
que le premier rameux et volontiers un peu plus épais chez
les mâles que chez les femelles, à l'époque des amours surtout ; après celui-ci, quinze à dix-huit rameux, dont les deux
premiers à peu près égaux (le second cependant assez souvent le plus grand de tous). Le dernier censé rameux, mais
d'ordinaire non divisé, égal, suivant les cas, à $^1/_6$ ou $^1/_9$ seulement du plus grand.

Caudale de moyenne dimension et assez profondément échancrée, avec des lobes plutôt acuminés, bien que plus ou moins
arrondis au sommet et plus ou moins convexes sur la tranche, selon l'âge et la forme élevée ou élancée des individus.
Le lobe inférieur volontiers légèrement plus long que le supérieur, souvent de 1 à 4 millimètres. Le plus grand lobe à la
longueur totale du poisson, comme $1 : 4 - 4\,^5/_6$ suivant les
individus élancés ou élevés[2]. Cette plus grande dimension

---

[1] Günther (Fische des Neckars) donne un minimum de 15.

[2] D'après les dimensions de Dybowski, qui n'a probablement pas pris

de la caudale, par le fait, sensiblement plus forte que la longueur latérale de la tête, chez l'adulte ; parfois de près de $^1/_3$ plus forte chez certains individus de la forme élancée, par contre, quelquefois, de $^1/_{10}$ seulement, chez certains sujets de la forme élevée.

Dix-neuf principaux rayons appuyés par un nombre variable de petits rayons décroissants plus ou moins apparents, souvent quatre sur cinq ou au contraire sept sur six. Les rayons médians mesurant entre $^1/_3$ et $^2/_5$ du plus grand.

Écailles plutôt grandes, assez épaisses, médiocrement solides, subcarrées, bien qu'arrondies au bord libre, et se recouvrant mutuellement un peu moins que chez le Rotengle, de manière à paraître aussi un peu moins élevées, bien qu'avec des dimensions un peu variables, suivant la forme des individus. Une écaille latérale médiane à peu près de même surface que l'œil, chez beaucoup d'adultes de la forme très élevée, égale aux deux tiers de celui-ci, chez les sujets très épais, et mesurant à peine plus de la moitié de l'orbite, chez des adultes très élancés ; en moyenne, égale à un tiers ou un quart seulement de l'œil, chez les jeunes. La même squame latérale moyenne parfois à peu près égale en hauteur et en longueur, plus souvent légèrement plus haute, rappelant assez la correspondante du Rotengle, chez le Gardon élevé, par contre plus arrondie chez les sujets élancés et relativement plus élevée chez les individus de forme épaisse. Les bords supérieur et inférieur rectilignes ou plus ou moins creusés et à peu près parallèles. Le bord fixe comme découpé en pointe conique, en haut et en bas, avec de larges festons subarrondis ordinairement au nombre de 2 à 6, sur le centre. Le bord libre largement arrondi et marqué, dans la partie moyenne, de légers festons plus ou moins apparents et toujours assez nombreux, souvent 13 à 17. De fines stries concentriques sur toute la surface de l'écaille, autour d'un nœud quasi central. (Assez souvent, comme chez le Rotengle, un nœud vague entouré de gerçures irré-

ses mesures comme moi, de la base des grands rayons externes au sommet du lobe majeur, ce rapport serait en moyenne $= 1 : 5\ ^1/_4$.

gulières.) Les lamelles superposées volontiers un peu écartées et soulevées sur le milieu du côté découvert. Des rayons déliés partant du nœud, au milieu de l'écaille, et gagnant les petits festons du bord libre. D'autres rayons moins nombreux, mais beaucoup plus apparents, se rendant, à partir du même centre, les uns vers le bord fixe, les autres vers le bord libre ; bien que le nombre de ces grands rayons puisse varier d'ordinaire de 3 à 6, sur chacun des bords, c'est cependant le chiffre 4 qui semble se rencontrer chez nous le plus souvent sur la partie découverte de l'écaille. Les rayons volontiers un peu plus saillants et le bord libre moins festonné, chez les individus de forme épaisse ; le bord libre, par contre, souvent plus largement arrondi et plus festonné chez les sujets élevés. De fines granulations pigmentaires vers le centre et souvent sur le bord de la partie libre de chaque écaille. Les squames latérales postérieures un peu plus petites que les médianes et un peu plus allongées ; les latérales antérieures un peu plus petites encore et par contre d'ordinaire plus élevées. Les dorsales antérieures et les pectorales toujours plus petites, surtout en avant des nageoires pectorales, de formes plus irrégulières, avec un nœud beaucoup plus reculé vers le bord fixe.

Généralement sept à huit écailles (huit et demie, si l'on compte la moitié de la tectrice médiane devant la dorsale[1]) au-dessus de la ligne latérale, vers la plus grande hauteur, et trois à quatre en dessous, jusqu'aux ventrales.

Ligne latérale décrivant, du sommet de l'opercule au centre de la caudale, une courbe à peu près parallèle au profil inférieur, soit plus ou moins concave selon la forme des individus et passant à peu près aux $^2/_5$ de la hauteur maximale.

Quarante à quarante-six écailles tubulées ; les médianes assez semblables à leurs voisines supérieures, bien que volontiers un peu plus élevées et à peu près rectangulaires, avec un tubule subcylindrique presque droit, de moyenne largeur et s'étendant depuis un peu en arrière du nœud jusque sur les deux tiers ou les trois quarts de la partie

---

[1] Günther, Fische des Neckars, p. 76, dit : *plus rarement neuf.*

découverte (Voy. pl. III, fig. 38 et 39). Les antérieures plus petites, plus ovales ou plus élevées, avec un tubule plus large, plus oblique ou descendant, à peu près également distant des deux bords et parfois muni à l'extrémité d'un petit appendice remontant ; les postérieures un peu plus petites aussi que les médianes, mais plus allongées, avec un tubule plus effilé plus étroit et s'étendant, depuis le nœud, plus loin sur la face découverte, parfois jusqu'au bord libre.

Coloration variant beaucoup avec les conditions d'existence et, comme chez la plupart des poissons, plus brillante au moment des amours qu'à toute autre époque, chez les mâles surtout. Les faces supérieures, suivant les individus et leur habitat, d'un vert bleu, franchement vertes, d'un vert olivâtre, à peu près fauves ou encore d'un gris verdâtre pâle ; toutes couleurs se fondant, sur le haut des flancs, dans une teinte plus claire bleuâtre ou verdâtre. Les côtés du corps d'un blanc argenté, parfois plus ou moins nuancé de reflets métalliques bleus-verdâtres ou jaunâtres, avec, le plus souvent, un léger pointillé noirâtre sur chaque écaille. Les côtés de la tête argentés ou un peu dorés, avec quelques reflets verdâtres et plus ou moins pointillés. Les faces ventrales d'un blanc argenté.

La nageoire dorsale d'un gris verdâtre plus ou moins sombre, suivant l'intensité du coloris dorsal, souvent finement bordée de noirâtre sur la tranche et parfois légèrement nuancée de rougeâtre. La caudale d'un gris plus ou moins enfumé, ou brunâtre, ou verdâtre et volontiers un peu lavée de rougeâtre. Anale et ventrales d'une teinte orangé-rougeâtre plus ou moins foncée et étendue ; cette couleur couvrant parfois à peu près toute la surface de ces deux nageoires, d'autres fois, au contraire, réduite à une large bande médiane chez la première, et n'occupant que le tiers extrême des secondes. Pectorales grisâtres ou jaunâtres. Chez certains individus à livrée pâle, toutes les nageoires inférieures quelquefois seulement grisâtres ou blanchâtres. — Iris tantôt d'un blanc argenté légèrement jaunâtre et machuré dans le haut, tantôt doré et rougeâtre au sommet, tantôt

enfin entièrement jaune-orangé, ou même d'un beau rouge
sur toute sa surface [1].

Dimensions assez variables, à un même âge, dans des localités et des conditions d'existence plus ou moins favorables;
mais dépassant difficilement, dans la majorité de nos eaux
suisses, 350 à 360 millimètres, avec un poids de 400 à 500
grammes, soit d'une livre environ. Les individus atteignant
à 1 ½ livre (750 grammes) me paraissent, chez nous, de
grandes raretés. Heckel et Kner [2] disent que cette espèce
peut peser jusqu'à deux livres, lorsqu'elle vit dans des
étangs. Martens [3] affirme même que le *Leuc. rutilus* arrive
au poids énorme de 2 à 3 livres dans le Danube. Selon Blanchard [4], le Gardon n'atteint pas d'ordinaire, en France, à
plus de 25 à 30 centimètres de longueur. Des jeunes de 105
à 108 millimètres pèsent chez nous 7 à 8 grammes, des adultes de 230 à 248 millimètres, dans leur troisième ou quatrième
année selon les localités, ne pèsent encore souvent que 120
à 160 grammes. Enfin, la grande majorité des individus capturés dans nos lacs inférieurs ne dépasse guère un pied de
longueur et au plus trois quarts de livre en poids. L'espèce
demeure même dans des limites bien moindres, dans quelques-uns de nos lacs plus élevés, où elle a été artificiellement
implantée. Les pêcheurs du lac de Joux m'ont assuré, entre
autres, que le Vengeron (*L. rutilus*) ne dépasse guère chez
eux un poids maximum de ½ livre, à 1009 mètres au-dessus de la mer. Je n'ai même vu, dans le lac du Brunig à
1160 mètres, quand il existait, aucun individu de ce poisson
mesurant au delà de 160 millimètres; et cependant beaucoup
des sujets que j'ai pris dans la localité étaient adultes, avec
des organes de reproduction bien développés [5].

Mâles : à l'époque du frai, se distinguant généralement des

---

[1] Chez des Gardons du lac du Brunig, ortement atteints de chlorose et
d'une livrée très pâle, l'iris était entièrement d'un beau rouge carmin.

[2] Süsswasserfische, p. 171.

[3] Reise nach Venedig, p. 54.

[4] Poissons de France, p. 385.

[5] Il est vrai que ces poissons du lac du Brunig étaient appauvris par le
défaut de nourriture, dans une eau très pure, pauvre et froide.

femelles par la présence de tubercules coniques sur la
face, sur l'opercule, sur le dos, sur les flancs, parfois jusqu'au niveau des ventrales, et sur les principaux rayons de
quelques nageoires, de la dorsale et de la caudale en particulier. Ces petits cônes d'ordinaire disposés en séries longitudinales, un par un sur les écailles du dos et des flancs
et souvent par deux sur celles de la ligne latérale, plus
rarement par trois. J'ai déjà trouvé des boutons semblables,
quoique bien plus petits, chez des individus d'une longueur totale de 150 millimètres. Les tubercules d'un mâle
de taille moyenne (240 millimètres) sont formés d'une
base arrondie de 2 à 2 $^{1}/_{2}$ᵐᵐ de diamètre, au milieu de
laquelle s'élève un cône incliné en arrière et un peu vers
le haut, soit une épine un peu recourbée, de 1 $^{1}/_{4}$ᵐᵐ à la
base, et haute d'environ $^{7}/_{8}$ de millimètre. Je n'ai pas trouvé
de semblables tubercules chez quelques mâles en noces du
Gardon de forme épaisse. Ces concrétions épidermiques,
propres à la livrée des noces du mâle, tombent assez vite
après l'époque des amours. (Elles tombent également très
facilement chez les sujets conservés à l'alcool.) (Voy. pl. III,
fig. 40.)

J'ai fait remarquer déjà que les mâles se distinguent aussi
des femelles, au printemps surtout, par une plus grande
épaisseur du premier rayon des nageoires pectorales. Ce
gonflement donne souvent une courbure plus accentuée à ce
rayon du mâle et occasionne fréquemment la formation de
petits nœuds dans le tissu de cette partie.

Jeunes : de formes généralement plus élancées que les adultes,
avec un œil beaucoup plus grand, un museau par le fait plus
court et des nageoires relativement plus longues. On remarque fréquemment, dès la seconde année, une tendance vers
telle ou telle forme plus élevée, plus épaisse ou plus allongée. Souvent, comme chez quelques autres Cyprinides, une
bande longitudinale plus claire ou dorée et plus ou moins
apparente au haut des flancs; quelquefois, bien que plus
rarement, cette bande jaunâtre remplacée par une trace
longitudinale grisâtre et indécise. Les nageoires d'ordinaire
moins brillamment colorées. L'iris, suivant les conditions,
argenté, doré, jaune-orangé ou rouge.

Vertèbres au nombre de 39 à 41.

Vessie aérienne grande et étranglée en avant du milieu ; la partie antérieure généralement un peu plus longue que la moitié de l'autre, un peu réduite et légèrement bilobée en avant ; la partie postérieure un peu cintrée et subarrondie à l'extrémité. — Tube digestif formant deux replis et, suivant l'âge comme selon les conditions d'existence, de $\frac{1}{5}$ à $\frac{1}{3}$ plus grand que la longueur du poisson sans la caudale. — Ovaires et testicules doubles, bien que, comme chez d'autres espèces, plus ou moins réunis par le bas au moment de la ponte ; les seconds souvent profondément entaillés sur le côté. — Un rang de pseudobranchies pectinées passablement développées, au fond de la cavité branchiale, derrière le préopercule.

Cette espèce varie énormément, tant dans les formes générales et les diverses proportions que dans la coloration, non seulement selon l'âge, le sexe, l'époque et les conditions d'existence, mais encore quelquefois, sans raison apparente, jusque dans une même localité. Le *Leuciscus rutilus*, avec la *Vandoise*, sont certainement, parmi nos Cyprins, les poissons dont les variétés ont donné lieu au plus grand nombre de fausses espèces et qui ont le plus souvent induit en erreur les naturalistes.

Plusieurs auteurs, parmi lesquels je citerai Agassiz, de Selys, Heckel et tout récemment encore Blanchard, ont successivement créé, avec des formes différentes du Gardon, des espèces soi-disant distinctes ; quelques-unes d'entre celles-ci ont longtemps embarrassé les ichthyologistes. De Siebold[1] a rangé, dans la synonymie de son *Leuciscus rutilus*, les *Leuc. rutilus*, *L. prasinus* et *L. decipiens* d'Agassiz, les *Leuc. rutilus*, *L. Selysii*, *L. Jeses* et *L. rutiloïdes* de Selys, et les *Leuc. rutilus* et *L. Pausingeri* de Heckel. Après cet auteur, Günther[2] réduit encore au rôle de simple variété le *Leuciscus pallens* de Blanchard. Malgré les nombreux rapprochements qu'il a opérés

---

[1] Süsswasserfische, p. 184.
[2] Catal. of Fishes, VII, p. 213.

et motivés, de Siebold reconnaît cependant, dans son *Leuciscus rutilus*, deux formes qui, bien que réunies par de nombreux degrés transitoires, n'en sont pas moins assez constantes dans certaines conditions et assez répandues. Il met en opposition les *Leuc. rutiloides* et *Leuc. Selysii* de Selys, soit les formes qu'il distingue sous les noms de *hochrückige* et *gestreckte*.

Après avoir collecté et comparé des Gardons (ou Vengerons) de nos divers lacs et courants, et de provenances très diverses, je suis arrivé, enfin, au même résultat que le prof. de Siebold, soit à l'unification de toutes les prétendues espèces précitées. Toutefois, aux deux variétés déjà reconnues par l'auteur des *Süsswasserfische*, je dois joindre encore une troisième forme, dans l'espèce unique du *Leuciscus rutilus*. Notre Gardon, en dehors de sa forme typique ou moyenne, peut se présenter sous trois aspects, soit exagérations en divers sens, qui, dans leurs extrêmes, peuvent paraître au premier abord mériter la distinction spécifique, qui lui donnent plus ou moins de ressemblance extérieure avec d'autres espèces voisines et auxquelles se rattachent, ou entre lesquelles viennent se placer, toutes les prétendues espèces créées jusqu'ici par divers auteurs.

En d'autres termes : autour du *Leuciscus rutilus* type des auteurs, de forme moyenne et souvent difficile à reconnaître dans bien des localités[1], je distingue donc trois *tendances* représentées par un grand nombre d'individus plus ou moins déviés, dans un sens ou dans un autre, par les influences et les nécessités de l'habitat. Ces branches divergentes d'une même souche s'exagèrent et prédominent plus ou moins, au point de prendre, dans certaines conditions et dans leurs extrêmes, des facies très différents; toutefois, il n'est pas très difficile de trouver encore, entre elles, les degrés transitoires de la modification qui les a transformées.

J'ai signalé, chemin faisant, dans la description, plusieurs traits distinctifs dans les formes et les proportions du tronc, de la tête, de la bouche, de l'œil, des membres et des écailles qui,

---

[1] Schinz, en 1840, à l'imitation d'Agassiz, refusait encore dans son Europ. Fauna, II, p. 323, le *Cyprinus* (*Leuc.*) *rutilus* à la Suisse, tandis qu'il y abonde partout, sous des formes diverses.

bien que jusqu'ici encore un peu inconstants, paraissent cependant les corollaires de la déviation du type et, en s'accentuant toujours davantage, pourront prendre peut-être plus d'importance. Voyons maintenant en quelques mots les principales différences extérieures qu'accusent les trois races, ou formes extrêmes du *L. rutilus* : élevé *(elatus)*, allongé *(elongatus)* et épais *(crassus)*.

1° Variété élevée *(L. rutilus, var. elata)* : Corps relativement court, très élevé et bien comprimé; dos étroit, ainsi que fortement et régulièrement voûté; museau plutôt acuminé; caudale plutôt courte et à lobes subarrondis; œil de dimension au-dessous de la moyenne, chez l'adulte; écailles relativement grandes; livrée d'un vert bleuâtre sur les faces dorsales et argentée sur les côtés[1]. En somme: d'un facies rappelant assez l'extérieur du *Scardinius erythrophthalmus* avec lequel elle a pu être confondue par les gens qui n'ont pas eu recours à la dentition. C'est à cette forme élevée qu'il faut rapporter le *Leuciscus rutiloides* de Selys[2], et c'est d'elle que parlait Agassiz, quand il disait (à propos de son *Leuc. prasinus*): *Cette espèce… a été généralement confondue avec le L. rutilus…., quoique le vrai Cyprinus rutilus de Linné soit une espèce d'Allemagne et du nord très différente, qui ne peut être comparée qu'à l'Erythrophthalmus*[3].

C'est dans le Rhin, près de Bâle, que j'ai trouvé cette forme dans sa plus grande exagération, avec d'autres individus moins élevés. Une femelle de 166 millimètres de longueur totale était, entre autres, bien plus élevée et comprimée que le sujet figuré par de Selys, bien qu'elle ne fût pas en état de gestation : la hauteur du tronc était, chez elle, par rapport à la longueur du poisson sans la caudale, comme 1 : 3 ; l'épaisseur maximale, vers les deux tiers des pectorales, était, par rapport à l'élévation la plus grande, comme 1 : 2 $\frac{3}{4}$.

---

[1] On pourrait ajouter aussi anale et ventrales plutôt jaunes que rouges, et œil peu coloré, si, sur ces deux points, la modification ne me paraissait pas moins constante.

[2] Faune belge, p. 212.

[3] Mém. soc. d'hist. nat., Neuchâtel, 1834, p. 46.

2° Variété allongée *(L. rutilus, var. elongata)* : Corps allongé, bas et relativement peu comprimé ; dos légèrement pincé ou faiblement tectiforme et relativement très peu voûté, bien que d'une courbe assez régulière ; museau subarrondi ; caudale plutôt longue et à lobes acuminés ; œil grand ou généralement au-dessus de la moyenne ; écailles plutôt petites ; livrée tantôt assez semblable à celle de la forme précédente, tantôt un peu plus olivâtre et plus claire. En somme : d'un facies rappelant assez, au premier abord, le *Squalius leuciscus* qu'ont, en effet, souvent confondu avec elle les personnes qui ont négligé d'examiner les dents et de compter les rayons de la dorsale[1]. C'est à cette forme allongée qu'il faut rapporter le *Leuciscus Selysii* décrit et figuré par de Selys. Le *Leuciscus prasinus* (Agassiz) de Neuchâtel s'en rapproche assez, cependant il tient encore du type, comme beaucoup de nos Vengerons du Léman, des proportions un peu moins élancées[2].

J'ai trouvé les individus adultes les plus allongés dans le lac de Lucerne, où se trouvent du reste aussi des représentants plus ou moins accentués des autres formes. Un sujet mâle de Lucerne, de 215 millimètres de longueur totale, présentait, quant aux dimensions comparées de la hauteur et de la longueur du corps sans la caudale, le rapport, comme $1 : 4\,^1/_8$; l'épaisseur la plus forte, au bout des pectorales, était chez lui, par rapport à la hauteur maximale, comme $1 : 2$.

3° Variété épaisse *(L. rutilus, var. crassa)* : Corps ramassé, médiocrement élevé et très épais ; dos très large et aplati sur la ligne médiane, brusquement voûté à la nuque, puis faiblement convexe jusqu'à la dorsale ; tête relativement déprimée, avec un museau large, obtus et comme un peu renflé en avant et des mâchoires souvent égales ; caudale moyenne à lobes subacuminés ; œil de moyenne grandeur ; écailles souvent un peu irrégulièrement disposées, mais de médiocre dimension et relative-

---

[1] C'est, en particulier, dans une semblable erreur que parait être tombé Jurine, lors de la création de son *Cyprinus jaculus* (Vandoise).

[2] Agassiz donnait à son *L. prasinus* le nom de *Vengeron*, pour le distinguer de l'espèce, pour lui différente, dite *Gardon*.

ment peu festonnées au bord libre (Voy. pl. III, fig. 39) ; faces supérieures d'un olivâtre clair ou fauves ; flancs d'un argenté jaunâtre, œil rougeâtre, anale et ventrales d'un orangé rougeâtre. En somme : d'un facies rappelant un peu, au premier abord, la Chevaine ou, mieux, le *Leuc. aula* de l'Italie, surtout chéz certains individus porteurs, comme ce dernier, de 5 dents de chaque côté.

Les individus les mieux caractérisés de cette forme épaisse ont été capturés dans le lac Léman, non loin de Genève. J'en ai reconnu, en particulier, environ 4 ou 5 pour 100 dans les corbeilles de Vengerons qui arrivaient à différentes époques sur le marché de notre ville. Parmi des Vengerons d'un vert foncé, plus élancés et tout couverts des tubercules de la livrée de noces, j'ai trouvé plusieurs mâles de la *var. crassa* qui ne portaient aucun de ces boutons épidermiques, quoique leurs testicules fussent cependant très développés. J'ai reçu, en automne, du lac de Lucerne, des Gardons de même forme, bien que peut-être un peu moins écrasés sur le dos. Un individu, mâle adulte, de 204 millimètres de longueur totale, présentait, pour la hauteur maximale du tronc (située ici assez en avant) vis-à-vis de la longueur du poisson sans la caudale, le rapport comme $1 : 3\,{}^1/_3$; l'épaisseur la plus forte (assez haut au-dessus du bout des pectorales) était, par rapport à la plus grande élévation du tronc, comme $1 : 1\,{}^1/_2$.

J'avais conçu, à première vue, l'idée que je devais avoir sous les yeux un produit bâtard des *Leuciscus rutilus* et *Squalius cephalus* ; mais l'examen des pharyngiens, des dents, de la meule et du maxillaire supérieur m'a bientôt montré qu'il n'y avait là pas trace de mélange entre ces deux poissons.

Si l'on considère les trois formes que je viens de décrire comme les extrêmes actuels de *trois tendances* dérivant du *Leuciscus rutilus* type, il ne sera pas difficile de ranger, entre celles-ci, toutes les formes transitoires et plus ou moins déviées sur tel ou tel point, qui ont reçu à tort de divers auteurs des noms spécifiques. J'ai déjà parlé des *Leuc. rutiloides* et *Leuc. Selysii* (de Selys) ; il est plus facile encore de faire rentrer dans le cadre si large de l'espèce unique, soit le *Leuciscus prasinus*,

(Agassiz), soit le *Leuc. Jeses* (Selys), tous deux à corps un peu moins élevé et plus large que le type. J'ai pêché moi-même un grand nombre de Vengerons *Leuc. prasinus* (Agas.) dans le lac de Neuchâtel, et ne conserve plus aucun doute dans cette question. Le *Leuc. decipiens* (Agassiz), à la fois médiocrement élevé et comprimé, me paraît se rapprocher beaucoup du *Leuc. rutilus*, type que cet auteur refusait à la Suisse et s'obstinait à croire toujours très élevé et pincé comme le Rotengle. J'ai reçu un bel exemplaire du *Leuc. decipiens* de M. le capitaine Vouga, à Cortaillod, qui avait fourni les échantillons d'Agassiz et, depuis lors, j'ai retrouvé beaucoup d'individus semblables dans plusieurs de nos lacs.

Les principaux caractères invoqués par Heckel, pour distinguer spécifiquement son *Leuc. Pausingeri* du *Leuc. rutilus*, me paraissent d'une petite importance. On peut voir, en effet, dans les détails de ma description, que la variabilité de l'espèce, quant aux formes et proportions des nageoires dorsale et anale, embrasse largement toutes les différences que cet auteur a proposées comme spécifiques : la dorsale est assez souvent chez le Gardon d'un tiers plus haute que longue, et l'anale varie même jusqu'à devenir plus longue que haute.

Enfin, le Gardon pâle (*Leuc. pallens*) de Blanchard, de forme allongée et médiocrement élevée, ne me semble pas mériter plus que les précédents la distinction spécifique ; la livrée, dépendant le plus souvent de l'habitat, a pour moi peu d'importance, et j'ai déjà dit plus haut que l'on rencontre assez souvent, chez le Gardon ordinaire, soit les 6 dents de chaque côté, soit la forme un peu plus conique de l'écaille sur le bord qui devraient tout particulièrement caractériser ce poisson des environs d'Annecy.

Beaucoup de petites divergences de détails, qui semblent acquérir une certaine importance quand elles sont unies à un facies différent, perdent une bonne partie de leur valeur devant la variabilité constatée de l'espèce sur beaucoup de points, avec l'âge et les conditions d'existence ; elles tombent d'elles-mêmes devant l'étude de caractères plus solides, les dents et les pharyngiens par exemple, et surtout devant la forme constante du maxillaire supérieur qui, ici, n'a pas changé sensiblement dans toutes les variétés.

Ce n'est pas seulement par sa tendance plus ou moins prononcée vers telle ou telle forme qu'un individu peut différer du type; mais c'est encore par son origine peut-être due à l'union de deux formes opposées et alors par un mélange, plus embarrassant encore, de caractères pour ainsi dire discordants.

Que deviendront les trois *tendances* que je viens de signaler; retourneront-elles au type, ou bien, en divergeant et s'isolant toujours davantage, seront-elles plus tard considérées peut-être comme des espèces distinctes? Assistons-nous à la création lente de nouvelles espèces pour l'avenir?

Dybowski[1], ne connaissant pas la grande variabilité de notre Vengeron, a cru pouvoir distinguer spécifiquement, sous le nom de *Leuc. Jurinii,* le *Cyprinus rutilus* du lac de Genève, figuré par Jurine dans la pl. 13 de ses Poissons du Léman[2]. Inutile de dire que cette distinction est purement gratuite, et que l'individu en question n'est qu'un adulte de notre *L. rutilus* tenant à peu près le milieu entre nos variétés élevée et allongée.

Le même auteur a décrit, parmi ses Cyprins de Livonie[3], une variété du *Leuc. rutilus* qu'il nomme *Daugauensis ;* celle-ci se distinguerait surtout par des proportions relatives de la tête un peu plus fortes et une forme plus épaisse des os pharyngiens. Ces deux principaux caractères ne me paraissent pas complètement localisés dans les environs de Riga; beaucoup de Gardons suisses présentent les mêmes dimensions relatives de la tête, et les os pharyngiens m'ont paru varier aussi un peu chez nous sous le rapport de l'épaisseur.

Jurine, comme l'a déjà fait remarquer Lunel[4], a décrit fort probablement, sous le nom de Vandoise *(Cyprinus jaculus),* le jeune Vengeron élancé du lac Léman. En effet, pas plus que ce dernier auteur, je n'ai pu trouver jusqu'ici la véritable Vandoise, soit le *Squalius Leuciscus,* dans les eaux du Léman. La planche de Jurine ne montre, il est vrai, que 8 rayons rameux à la dorsale de l'individu qu'il figure comme Vandoise *(Cyp. jacu-*

---

[1] Cyp. Livlands, p. 94.

[2] Hist. des Poiss. du lac Léman. Mém. Soc. phys. et H. N. de Genève, 1825.

[3] L. c., p. 101.

[4] L. c., p. 221, pl. XIV.

lus), soit un total plus voisin du chiffre 7 assez constant chez le véritable *Squalius Leuciscus* (Vandoise), que de la moyenne 10 la plus ordinaire, chez le *Leuc. rutilus*; ce nombre de rayons divisés ferait même penser plutôt à quelque rapprochement avec un jeune Chevaine (*Squalius cephalus*), si la description, du reste assez sommaire, ne se rapportait parfaitement, sur tous les autres points, au jeune Vengeron (*Leuc. rutilus*). Jurine n'a pas tenu compte de la dentition qui l'eût probablement fait changer d'avis. Il semble même que, après avoir observé les bancs nombreux du poisson en question, dans les fossés de la ville, cet auteur ait pris les détails de sa description et de sa figure sur un seul individu, par hasard anormal ou détérioré quant à la dorsale; car, soit le nombre des rayons de l'anale, soit les chiffres des écailles font de cet individu bien plutôt un Vengeron qu'une Vandoise.

Le soi-disant *Cyprinus jaculus* de Jurine a été, jusqu'à Lunel qui a relevé l'erreur [1], successivement rapproché à tort par plusieurs auteurs de différents poissons. Vallot[2], qui ne reconnaissait pas ce Cyprin pour Vandoise, en faisait le *Chondrostoma Rysela*, d'Agassiz. Blanchet[3], plus tard, répéta l'erreur de Jurine, mais rangea l'espèce dans un autre genre et en fit un *Aspius jaculus*. Günther[4] crut aussi à une Vandoise et le rangea avec son *Leuciscus vulgaris*. Pour Heckel et Kner[5], ce fut un véritable *Squalius Leuciscus*. Enfin, Mœsch[6], plus récemment, en fit le *Chondrostoma Genei* de Bonaparte, probablement parce que ce Chondrostome est appelé *Ch. jaculum* par De Filippi : de *jaculum* à *jaculus* il n'y a qu'un pas.

Agassiz[7] me paraît aussi, pour n'avoir pas examiné les dents et la dorsale de tous les sujets qu'il a rapportés à son prétendu *Leuc. majalis,* avoir fait une confusion assez semblable à celle

[1] Poissons du bassin du Léman, 1874, p. 78.

[2] Hist. nat. des poiss. de la Côte-d'Or, 1836, et Ichthyol. française, 1837.

[3] Essai sur l'Hist. nat. des environs de Vevey, 1843, p. 46.

[4] Fische des Neckars, 1853, p. 65.

[5] Süsswasserfische, 1858, p. 191.

[6] Thierreich der Schweiz (Allgem. Beschreib. und Statistik der Schweiz, 1869), p. 173.

[7] Mém. Soc. des sc. nat. de Neuchâtel, 1834, p. 43.

de Jurine. En effet : parmi les quelques individus types d'Agassiz conservés au Musée de Neuchâtel[1], j'ai trouvé, soit des Vandoises (*Squalius Leuciscus*), *Leuc. majalis* de cet auteur, soit de jeunes Vengerons (*Leuc. rutilus*) de même taille. Des individus de même apparence, mais de genres différents, avaient été réunis à tort sous un même nom.

Le *Cyprinus grislagine* de Rayoumowsky[2] n'est autre que notre *Leuc. rutilus*. La description du *Cyprinus alburnus* par Steinmüller[3] comprend aussi des jeunes de la même espèce (*Leuc. rutilus*). Enfin, Hartmann[4] et Nenning[5] ont à leur tour renversé l'ordre des choses, et attribué au véritable *Leuc. rutilus* le nom de *Cyp. erythrophthalmus*, tandis qu'ils donnaient à ce dernier le nom du précédent.

Je dois décrire encore brièvement ici un Gardon dont j'ai déjà parlé dans la description et qui, dans des circonstances anormales, a pris un facies assez curieux. Le *Leuc. rutilus* importé, vers le milieu du siècle passé, avec la Perche, de Lungern dans le petit lac du Brunig, à 1160 mètres au-dessus de la mer, a subi, en effet, sous l'influence de la pauvreté et de la température relativement basse des eaux, des modifications assez apparentes pour l'amener, il y a environ vingt ans, durant le desséchement graduel de ce petit bassin alpestre, à un facies au premier abord assez caractéristique.

Les individus que je capturai là, en 1860, 1861 et 1864, ne dépassaient pas une taille maximale de 16 centimètres, bien qu'adultes. Le dos était chez eux très pincé, ainsi que passablement et régulièrement convexe ; mais le profil inférieur était parfaitement droit. Le corps, par là, médiocrement élevé et assez plat ou comprimé, attestait une existence depuis quelques années assez précaire et une alimentation tout à fait insuffi-

---

[1] Ces individus étaient encore dans le flacon où Agassiz les avait rangés et avec l'étiquette de cet auteur.

[2] Hist. nat. du Jorat, I, 1789, p. 131.

[3] Neue Alpina, II, 1827, p, 345.

[4] Helvet. ichthyol., 1827, p. 221.

[5] Fische des Bodensees, 1834, p. 31.

sante. Les nageoires étaient relativement très grandes, et l'œil
démesurément grand. Peu à peu ces Gardons avaient pris une
livrée d'un verdâtre très pâle sur le dos, avec des flancs d'un
blanc argenté parfaitement pur. Les nageoires étaient devenues
presque incolores; tandis que l'œil était au contraire arrivé à
un superbe coloris rouge carmin qui tranchait très agréablement sur la robe si pâle de l'individu. Pendant trois années,
et au fur et à mesure que le bassin se rétrécissait, je vis la coloration générale pâlir et la rougeur de l'œil augmenter par contre d'intensité. Il y avait évidemment un albinisme lent par
appauvrissement graduel. En 1864, lorsque le lac n'était plus
représenté que par une flaque de peu d'étendue, bien qu'encore
assez profonde, mais d'une pureté telle que l'on pouvait distinguer au travers de quelques pieds d'eau, tout ce qui était sur le
fond, je remarquai que tous les Gardons restants se tenaient,
comme des Ablettes, exclusivement à la surface, où ils semblaient chercher les débris animaux et végétaux que le fond du
bassin, alors confiné sur un espace purement rocheux, semblait
leur refuser. Lents dans leurs mouvements, par suite de faiblesse, ils se laissaient prendre facilement avec une simple
coiffe à papillons. Au moment où je plongeais dans un flacon
d'alcool étendu les quelques individus que j'avais capturés, je
fus fort surpris de voir sortir précipitamment de l'anus de plusieurs d'entre eux une petite sangsue grisâtre qui me parut la
Nephelis vulgaris et qui, favorisée par la lenteur et la faiblesse
de ces poissons, avait réussi à s'introduire dans le rectum de
ces pauvres malades, profitant des circonstances pour devenir
exceptionnellement une sorte de parasite interne.

Des individus de très petite taille (80 à 85 millimètres), avec
un diamètre de l'œil (à la longueur de la tête $= 1 : 2\,{}^3/_4$), avaient
déjà, comme de vieux Gardons dans d'autres conditions, l'espace interorbitaire, soit le front, large et solidement ossifié;
ce qui laissait à penser un accroissement de la taille excessivement lent, par rapport à l'âge des individus. Chez quelques-
uns la dorsale égalait en hauteur l'élévation maximale du tronc.
Chez la plupart, la bouche était plus oblique ou tombante que
d'ordinaire et le menton, par le fait, plus saillant; probablement à cause de la position anormale et constante dans laquelle

ils devaient, comme des Ablettes, chercher leur nourriture à la surface.

Il y avait beau jeu là à faire une nouvelle espèce : un *Leuciscus macrophthalmus*, par exemple, pendant du *Scardinius macrophthalmus* de Heckel et Kner* [1].

Deux mots encore d'une nouvelle face de la variabilité du Gardon. L'on trouve assez souvent, chez nous, des individus de cette espèce marqués de taches plus ou moins étendues d'un beau jaune orangé. Lunel [2] cite quelques cas de ce genre dans les poissons du Léman ; j'en ai observé quelques autres ailleurs en Suisse. Malherbe [3] raconte la capture, dans la Seille, d'un Gardon entièrement jaune. De Siebold [4] signale une variété rouge de *Leuc. rutilus* comme assez fréquente dans le nord de l'Allemagne. Enfin, M. Covelle, à Genève, conserve vivant depuis bientôt sept ans un superbe Gardon de cette variété que l'on pourrait appeler *Var. aurata*. Ce curieux sujet femelle a été pris, en été 1875, dans un filet, près de Rolle, au bord du lac Léman. M. Covelle a eu encore un autre Gardon doré complet pris dans une nasse dans le Rhône, celui-ci, mâle et entièrement jaune aussi, avait été capturé au moment des amours, et portait sur cette livrée particulière, les petits tubercules coniques de la livrée de noces de l'espèce. Il ne vécut malheureusement que quelques jours dans l'aquarium. L'individu, actuellement vivant, mesure 18 centimètres environ, avec des formes relativement peu élevées ; il est d'un orangé doré clair sur le dos, plus pâle sur les flancs et d'un blanc argenté en dessous. L'iris est chez lui doré machuré de noir dans le haut ; toutes les nageoires sont jaunâtres. La dorsale, la caudale et les pectorales étaient d'abord largement bordées de noir au sommet ; mais ces taches avaient disparu un an après et ont été remplacées par des espaces transparents. Maintenant, il tend à prendre une teinte plus pâle encore et

[1] Süsswasserfische, p. 160. Cette prétendue espèce n'est aussi qu'une forme du jeune âge.

[2] Poissons du Léman, p. 75.

[3] Statistique de la Moselle, 1854, p. 436.

[4] Süsswasserfische, p. 189.

plus rosée, par la perte complète de cellules pigmentaires dans beaucoup d'écailles. Le Gardon rouge en question semble manquer presque complètement de cellules pigmentaires sombres ; cela à tel point que l'on peut par transparence distinguer chez lui assez bien les viscères à l'intérieur. Probablement y a-t-il là une sorte de tendance à l'*albinisme*, analogue à celle que j'ai constatée chez quelques autres poissons dans nos eaux. Comme l'a déjà fait observer Lunel, il est fort possible que l'on pût obtenir, par sélection et en favorisant cette tendance, une race de Gardons dorés, pendant de la *Var. aurata* de l'*Idus melanotus*, par exemple, et jusqu'à un certain point analogue au Cyprin doré de la Chine.

Enfin, on sait que le Gardon produit avec l'*Abramis Brama,* la *Blicca björkna* et le *Scardinius erythrophthalmus* des bâtards qui ont reçu les noms de *Abramidopsis Leuckartii* (Heckel), *Bliccopsis Abramo-rutilus* (Holandre), et *Scardiniopsis anceps* (Jäckel).

Le *Leuciscus rutilus* est très répandu, sous diverses formes, dans l'Europe, au nord des Alpes. On le trouve : en France, en Allemagne, en Angleterre, en Russie, dans le Danemark et jusqu'au nord de la Suède ; et cela, tant dans les fleuves et les rivières que dans les lacs et les étangs [1]. A l'exception de l'Inn, trop élevé, dans l'Engadine supérieure, et du Tessin, au sud des Alpes, où il fait défaut comme à toute l'Italie, le Vengeron habite à peu près toutes nos eaux basses, dans les bassins et sous-bassins du Rhône et du Rhin. J'ai constaté en particulier sa présence dans les lacs du Léman, de Neuchâtel, de Bienne, de Morat, de Thun, de Brienz, de Lucerne, de Sarnen, de Zug, de Sempach, de Zurich, de Wallenstadt et de Constance [2]. On le retrouve même, plus haut, dans le Rhin, au delà de Coire, à 600 mètres au moins au-dessus de la mer, dans le lac de Lungern à 659 mètres, dans le lac d'Egeri à 726 mètres et dans le lac de Joux à 1009 mètres ; j'ai dit, enfin, qu'il a vécu près d'un

---

[1] Voire même, paraît-il, dans des eaux salées sur les côtes de quelques mers.

[2] On le dit aussi dans celui de Hallwyl.

siècle dans le Seewli du Brunig à 1160 mètres. Le Gardon a été souvent choisi, dans le siècle passé, pour accompagner la Perche, la Truite ou le Brochet, dans des essais d'importation dans les lacs élevés de nos montagnes [1]; mais souvent le pauvre Cyprin a succombé plus ou moins vite aux influences de la pauvreté et de la température des eaux auxquelles on l'avait confié. Cette espèce semble craindre les eaux trop froides et souvent trop rapides ou trop accidentées de beaucoup de nos petites rivières; aussi ne remonte-t-elle guère d'elle-même, en Suisse, au-dessus de 700 mètres au-dessus de la mer.

Le Gardon recherche les fonds moitié pierreux, moitié herbeux et se nourrit principalement de plantes aquatiques, de vers, de petits mollusques et d'insectes. Quoique plutôt herbivore de nature, il ne craint pas cependant la chair et le sang, comme le prouve son empressement à venir chercher dans le Rhône, au-dessous des boucheries de Genève, les débris d'animaux que l'on jette à l'eau. On voit aussi souvent une quantité de ces poissons, mêlés avec des Chevaines, au débouché des égoûts qui amènent au Rhône les immondices de la ville.

En général, il aime à se tenir, dans les lacs, près des embouchures des rivières qui lui apportent en abondance des débris végétaux et animaux. En été, le Gardon d'âge moyen se promène volontiers, en troupes souvent assez nombreuses, entre deux eaux ou à une profondeur moyenne; les plus grands ou plus vieux individus s'écartent moins du fond, les plus jeunes se rapprochent au contraire davantage de la surface. Ce Cyprin a le goût de la société bien développé; non seulement il aime la compagnie de ses semblables, mais encore il se mêle volontiers aux bandes d'autres espèces, ainsi que le prouvent ses nombreux produits bâtards avec la Brême, la Blicke et le Rotengle. Ses allures sont assez vives et alertes; il est plutôt craintif que rusé de son naturel. Durant la mauvaise saison, il ne quitte guère, comme les divers membres de sa famille, les profondeurs des grands courants ou des lacs, où il attend en nombreuse compagnie, à peu près immobile et dans un état de demi-somnolence, le retour des beaux jours. Au printemps, en

---

[1] C'est, par exemple, le cas pour les lacs de Joux et du Brunig.

mai surtout, bien qu'à une époque sujette à varier, suivant les
années et les locatités, de la dernière semaine d'avril à la mi-
juin, tous les Gardons, jeunes et vieux, se rapprochent des
rivages, pour venir frayer en bandes nombreuses à une petite
profondeur, sur les rives des lacs et des rivières; c'est alors que
l'on prend une quantité de ces poissons dans les nasses. On voit
assez souvent, à ce moment, des bataillons de Vengerons remonter en rangs serrés quelques-uns de nos courants tranquilles.
Ces voyages s'exécutent volontiers non loin de la surface, par
le beau temps. Serrés les uns contre les autres, ces poissons,
en quête d'une place de frai, produisent souvent par frottement
une sorte de bruissement assez accentué. J'ai dit que les mâles
sont alors tout couverts de petits tubercules épineux qui jouent
probablement un rôle dans le frottement des individus de sexes
différents pendant les jeux préludes des amours.

Bloch rapporte une observation de Lund, suivant laquelle
les Rosses (Gardons) remonteraient dans les rivières, arrangés
en trois troupes dont la médiane serait formée par les femelles
et les deux extrêmes renfermeraient exclusivement des mâles.
Après maintes évolutions et simagrées, les femelles, lasses enfin
de se faire poursuivre, vont déposer leurs œufs, non loin du
bord, le plus souvent sur les herbes du fond, parfois simplement
sur des pierres, quelquefois même directement contre les murs
de nos quais. Les mâles, qui n'attendent que ce moment, viennent bientôt alors se frôler contre ce précieux dépôt et le féconder de leur laitance.

Les œufs sont petits et très nombreux ; Perrot[1] en a reconnu
14350 chez une femelle de 188 millimètres de longueur totale,
dont les ovaires pesaient environ $^1/_8$ d'once. Bloch en a compté
jusqu'à 84570 chez une femelle dont les ovaires pesaient environ $^2/_3$ d'once. La durée de l'incubation semble varier, selon les
observateurs et probablement suivant les conditions, de 10 à 14
jours. Après être demeurés quelque temps cachés entre les
herbes ou les pierres qui leur ont servi de berceau, les petits
alevins réunis en bandes serrées et innombrables se rappro-

___

[1] Notes manuscrites (Informations sur les poissons du lac de Neuchâtel
prises par Louis Perrot et Jaques Droz, 1811).

chent de la surface et se livrent à de grandes pérégrinations le
long des côtes. La croissance est assez rapide et la puberté
assez précoce. Il semble que ce Cyprin soit apte à se reproduire
dès sa seconde année; du moins Jurine et Lunel ont constaté
des laites et des ovaires déjà bien développés chez des individus
ne mesurant encore que deux pouces (54ᵐᵐ) de long.

On prend le Vengeron soit à la ligne amorcée avec un ver ou
simplement du pain, soit avec les nasses, en temps de frai surtout, soit encore avec les filets, et cela souvent, dans quelques-uns
de nos lacs, en même temps que la Vandoise qui lui ressemble
assez au premier abord. On voit souvent au printemps des quantités énormes d'individus de cette espèce sur nos divers marchés.
Les pêcheurs s'en servent volontiers comme amorce; beaucoup
de gens la mangent avec plaisir. La chair de ce poisson est
blanche, assez ferme et de fait d'assez bon goût; toutefois, à
cause du grand nombre d'arêtes sur les flancs, il n'y a guère
que les filets, ou le dos, que l'on puisse manger commodément.
Ce sont surtout les gens de petite bourse qui mangent, chez
nous, la viande du Gardon. Cet innocent Cyprin sert de pâture
à un grand nombre d'espèces carnassières plus prisées que lui
et mériterait, en vue de ces dernières, d'être plus protégé.

A côté des ennemis de sa classe, le Gardon compte encore
bien d'autres persécuteurs. J'ai raconté plus haut comment j'ai
vu sortir une petite sangsue grisâtre, la *Nephelis vulgaris*, de
l'anus de certains individus malades. On trouve en outre bon
nombre de parasites dans l'intérieur de ce poisson, qui passe à
Genève pour atteint du Tænia, parce qu'il est quelquefois tout
gonflé de vers intestinaux divers. Je donne ici, en note, la liste
des Helminthes [1], tant internes qu'externes, qui vivent d'après
quelques auteurs aux dépens de ce poisson [2].

---

[1] Lunel attribue au Vengeron la *Tetracotyle typica* signalée par Mouli-
nier dans le *Leuciscus idus* à Genève (Diesing, Rev. der Myzhelminthen
Ablh. Trematoden, Sitzb. der K. Acad. der Wissensch. XXI, 1858, p. 63.
Ne serait-ce pas plutôt à la Chevaine (*Squalius cephalus*) qu'il faudrait
rapporter ce parasite?

[2] On cite, chez le *Leuc. rutilus*, les : *Ascaris dentata* (Zeder); dans les
intestins. — *Filaria sanguinea* (Rud.); dans la cavité abdominale. — *Agamonema L. rutili* (Rud.); dans la cavité abdominale. — *Echinorhynchus*

14. LE GARDON GALANT [1]

Pigo

Leuciscus pigus, de Filippi.

D'un vert plus ou moins rembruni, en dessus ; bronzé ou doré sur les côtés ; d'un blanc un peu opalin en dessous ; nageoires inférieures rosâtres et plus ou moins lavées de noirâtre. Corps plutôt allongé, médiocrement élevé et moyennement comprimé. Tête plus longue que haute. Mâchoire supérieure dépassant un peu l'inférieure. Œil plutôt petit. Écailles latérales moyennes d'ordinaire plus hautes que longues, anguleuses un peu découpées au bord fixe, et d'une superficie notablement plus grande que l'œil, chez l'adulte. Nageoire dorsale anguleuse, médiocrement déclive et un peu plus haute que la longueur de la tête en dessus. Anale naissant au-dessous du bout de la dorsale rabattue et volontiers légèrement plus longue que haute (parfois l'inverse) [2]. Caudale moyenne, à lobes subégaux assez acuminés. (Taille moyenne d'adultes = 340 à 380ᵐᵐ.)

Le plus souvent cinq, parfois six, sous-orbitaires ; le premier plus long que haut, pouvant recouvrir à peu près l'œil, chez

clavæceps (Zeder) ; dans les intestins. *Echin. globulosus* (Rud.) ; dans les intestins. *Echin. tuberosus* ; contre l'intestin. *Echin. Proteus* (Westr.) ; dans les intestins. — *Diplozoon paradoxum* (Nordm.) ; sur les branchies. — *Dactylogyrus Dujardinianus* (Dies.) ; sur les branchies. *Dactyl. fallax* (Wagen.) ; sur les branchies. *Dactyl. trigonostoma* (Wagen.) ; sur les branchies. — *Distomum globiporum* (Rud.) ; dans les intestins. — *Diplostomum volvens* (Nordm.) ; dans l'œil. *Diplost. cuticola* (Nordm.) ; à la surface du corps, dans la cavité buccale, dans les muscles et l'œil (dans un kyste). — *Ligula digramma* (Creplin) ; dans la cavité abdominale. *Lig. monogramma* (Creplin) ; dans la cavité abdominale. — *Caryophyllæus mutabilis* (Rud.) ; dans les intestins.

[1] Monti (Notizie dei Pesci, etc. p. 42) donnant le mot *Pigo* comme synonyme de *amante*, qui signifie également amoureux ou *galant*, j'ai cru devoir employer de préférence ce dernier qualificatif comme nom français de ce Gardon.

[2] Nous verrons plus loin que, dans la forme danubienne dite *L. Virgo* (Nerfling) l'anale est souvent légèrement plus haute que longue ; cas qui se trouve, du reste, parfois aussi chez notre *L. Pigus*.

l'adulte; le quatrième presque de même surface que le premier. Maxillaire supérieur assez épais, avec un coude postérieur allongé, non retroussé et oblique en dessous. Pharyngiens trapus; aile large et anguleuse, branche inférieure très courte et élargie. Meule allongée, non pincée en arrière et arrondie en avant. Dents fortes, plus ou moins pincées et recourbées à l'extrémité; les principales un peu dentelées.

D. 3/9—10(11)[1], A. 3/(10)11—12, V. 2/8—9, P. 1/17—18, C. 19 maj.

$$\text{Sq. (46)47} \ \frac{7-9}{4} \ 51\,^2. \quad \text{Vert. 44—(46).}$$

Pigo.

CYPRINUS PIGUS, *Lacép.* V, pp. 607, 610.
    »   RUTILUS, *Hartmann (part.)*, Helvet. Ichthyol., p. 224.
LEUCISCUS IDUS (*false.*), *Schinz*, Fauna Helvet., p. 154.
LEUCISCUS PIGUS, *De Filippi*, Cenni, p. 11. — *Heckel et Kner*, Süsswasser-
    fische, p. 173, fig. 93. — *De Betta*, Ittiol. Veron., p. 87. —
    Monti (Pigo), Notizie dei pesci, p. 42. — *Canestrini*, Prospet.
    crit., p. 56. — *Günther (part.)*, Catal. of Fishes, VII, p. 218.
    — *Pavesi*, Pesci e Pesca, p. 37.
GARDONUS PIGUS, *Bonap.*, Cat. Met., p. 29, n° 192. — *Nardo*, Prosp. sist.,
    72, 92, 99.
LEUC. (GARDONUS) ROSEUS (?) *Bonap.*, Fauna ital., fasc. XXIV, pl. fig. 1,
    et Cat. Met., p. 29, n° 191. — *Cuv. et Val.*, XVII, p. 156. —
    Schinz, Europ. Fauna, II, p. 317.

Nerfling [3].

ORFUS GERMANORUM, *Marsigli*, Danub. Pan. Mys., p. 13, Tab. 5.
CYPRINUS IDUS, *Meidinger*, Icones piscium Austriæ indigenorum, 1785-94,
    n° 36. — *Schrank*, Zusätze zur Fauna boïca, p. 105, n° 9. —
    Agassiz, Isis, 1828, p. 1047.
    »   JESES, *Schrank*, Fauna Boica, p. 334.
LEUCISCUS VIRGO, *Heckel*, Sitzgsber. Akad. Wiss. Wien., 1852, IX, p. 69,
    Tab. 11 et 12. — *Wagner*, Geleh. Ang. Bayr. Akad. XXXIX,
    1854, p. 69. — *Heckel et Kner*, Süsswasserfische. p. 175,
    fig. 94, 95 et 96.—*de Siebold*, Süsswasserfische, p. 191, fig. 31.

---

[1] Jusqu'à 12, chez le *L. Virgo*.
[2] 44-49, chez le *L. Virgo*.
[3] Je décris d'abord notre *L. Pigus* (*Pigo*) du Tessin, pour le comparer
ensuite avec la forme danubienne *L. Virgo*, dite *Nerfling*.

— *Jeitteles,* Fische der March, II, p. 13. — *Jäckel,* Fische
Bayerns, p. 70. — *Günther (pars L. Pigi),* Catal. of Fishes,
p. 218.

Noms vulgaires : (Tessin) *Pigg* ou *Pïgh.* (En italien *Pigo,* le mâle orné de
ses tubercules; *Encobia,* la femelle, ou même le mâle en
automne.)[1]

Corps plutôt allongé, médiocrement élevé et moyennement comprimé. Le profil supérieur d'ordinaire passablement voûté
jusqu'à la dorsale et presque rectiligne en arrière de ce
point, bien que légèrement concave sur le pédicule caudal;
(quelquefois le dos plus fortement busqué depuis l'occiput
jusqu'au-dessus du premier tiers ou de la moitié des pectorales et de là moins courbé ou plus droit en arrière). Le
profil inférieur relativement peu convexe ou beaucoup moins
arqué que le supérieur, de la gorge à l'anus, relevé le long
de l'anale et faiblement concave à partir de celle-ci. Le dos
un peu tectiforme ; le ventre subarrondi.

La hauteur maximale, un peu en avant de la dorsale, à la
longueur totale, comme $1 : 4\,^1/_{10} — 4\,^1/_8$; cela chez des adultes
de 340 à 378 millimètres de longueur totale, car je n'ai pas
pu me procurer des jeunes du *L. pigus,* pour établir, comme
pour d'autres espèces, les variantes de proportions avec
les âges différents[2] (Canestrini donne le rapport $1 : 4\,^4/_{10}$
pour un sujet de 302 millimètres de longueur totale ; comme
de Filippi, Heckel et Kner donnent jusqu'à $1 : 4\,^1/_2$ probablement pour des sujets plus jeunes. Enfin, Pavesi donne, pour

[1] La forme dite *L. Virgo* qui représente cette espèce dans le Danube,
est appelée, en allemand, *Nerfling, Donau-Nerfling* ou *Frauen-Nerfling.*

[2] Toutes mes données, lorsqu'elles ne sont pas accompagnées de parenthèses, reposent, pour cette espèce, sur l'étude d'individus adultes, mâles
pour la plupart, provenant du lac de Lugano ; car je n'ai pas pu, je le
répète, me procurer des jeunes du *L. pigus* de la localité. Deux jeunes du
Leuciscus dit *Virgo,* incontestablement de même espèce, avaient des formes
plus élancées et les deux profils plus semblables que mes adultes ; mais,
fidèle à mon principe de n'établir ma description que sur des sujets suisses,
je ne crois pas devoir me servir ici de ces derniers comme points de comparaison.

de grands sujets mesurant de 355 à 390^{mm}, 1 : 3 $^6/_{10}$ — 4 $^1/_{10}$. La moyenne de ce rapport oscillerait donc entre 3 $^2/_3$ et 4 $^2/_5$). La même élévation, à la longueur sans la caudale, comme 1 : 3 $^2/_7$ — 3 $^1/_2$, toujours chez mes sujets adultes (Une comparaison avec les chiffres donnés par les auteurs cités ci-dessus donnerait des limites encore plus étendues). La hauteur minimale, à l'élévation maximale, comme 1 : 2 $^3/_8$ — 2 $^3/_4$ — 3 $^1/_2$, chez l'adulte. L'épaisseur la plus forte, située entre les deux tiers et le bout des pectorales, un peu moindre que la $^1/_2$ de la hauteur du corps, ou au plus égale à celle-ci; soit, chez des adultes, par rapport à l'élévation du tronc, d'ordinaire, comme 1 : 2 $^1/_4$ — 2$^2/_5$, exceptionnellement, chez un de mes individus, comme 1 : 2. Une section verticale d'un ovale allongé, un peu pincé dans le haut.

Anus situé très près de la nageoire anale et d'ordinaire entre les $^2/_3$ et les $^3/_4$ de la longueur du poisson sans la caudale.

Tête plutôt courte et assez élevée, soit relativement moins longue que chez le Vangeron ou Gardon commun, subconique vue par le côté et subarrondie ou un peu carrée à l'extrémité. Le profil supérieur d'ordinaire plus ou moins convexe et faisant régulièrement suite à la courbe du dos (quelquefois un peu déprimé sur le front, formant un angle avec la courbe de la nuque et relevé vers le museau). Le profil inférieur moins incliné et moins convexe, ou presque droit.

La longueur latérale de la tête, à la longueur totale du poisson, comme 1 : 5.$^3/_4$ — 6, chez l'adulte (Canestrini, examinant un seul individu, trouve, pour ce rapport 1 : 5 $^7/_{10}$; Heckel et Kner disent *beinahe 6 mal*, pour leur *L. pigus* et 6 $^1/_2$ pour leur *L. virgo*). La même dimension céphalique, à la longueur sans la caudale, comme 1 : 4 $^3/_5$ — 4 $^{13}/_{14}$, presque 5. La longueur supérieure de la tête un peu plus forte que les $^4/_5$ de la longueur latérale ; exceptionnellement, chez un individu à front déprimé, très légèrement plus courte que cette fraction. La hauteur à l'occiput égale ou presque égale à la longueur supérieure et mesurant, chez l'adulte et suivant les individus, des $^5/_9$ aux $^4/_7$ de l'élévation maximale du tronc. L'épaisseur sur l'opercule légèrement plus

forte que la moitié de la longueur latérale et correspondant
à peu près à la hauteur vers le tiers antérieur ou la moitié
de l'œil, aux deux tiers de celui-ci chez l'individu à fron
déprimé.

Museau assez épais, bien que peu proéminent, et subarrondi ou plutôt souvent un peu carré; en particulier, un
peu relevé et franchement carré chez un individu à front
déprimé. La bouche non franchement terminale, soit plutôt
un peu en arrière et en dessous du bout du museau, presque horizontale, passablement protractile et fendue jusqu'au-dessous des narines postérieures; la mâchoire supérieure dépassant légèrement et recouvrant même un peu
l'inférieure. Menton peu saillant, lèvres médiocrement
épaisses. Langue médiocrement ou relativement de petite
dimension.

Narines doubles, de moyennes dimensions et situées environ au tiers de la distance comprise entre l'œil et le bout du
museau (un peu plus en avant chez l'individu à front déprimé
et museau relevé); comme chez le Vangeron, un orifice antérieur arrondi bordé d'une valvule assez développée en
arrière pour pouvoir recouvrir l'orifice postérieur beaucoup
plus grand et plus ovale.

Des canalicules assez apparents, en continuation de la
ligne latérale sur les côtés de la tête, cerclant l'œil de très
près en dessous, pour venir, en formant des festons sur les
sous-orbitaires, jusque vers le bout du museau. Des pores
distribués à droite et à gauche, en série irrégulière sur la
tête au-dessus de l'œil et jusque sur le museau; quelques
autres pores sur le préopercule et sous le maxillaire inférieur.

Œil arrondi et plutôt petit, soit d'un diamètre, à la longueur
céphalique latérale, comme $1:4\,^3/_4 - 5\,^1/_4$, en moyenne 5
pour des adultes (Heckel et Kner donnent $4\,^1/_2 - 5$, le premier rapport probablement pour des sujets plus jeunes).

L'espace préorbitaire passablement plus grand que l'orbite, soit de $^1/_8$ à près de $^1/_2$ plus fort que celui-ci, et, comparé à la longueur latérale de la tête, comme $1:3\,^1/_8 - 3\,^3/_8$
chez l'adulte.

L'espace postorbitaire un peu plus faible que le double du préorbitaire, soit presque égal à la largeur de la tête sur l'opercule, ou très légèrement plus fort que la moitié de la longueur latérale.

L'espace interorbitaire mesurant à peu près deux fois le diamètre orbitaire, soit presque égal à la moitié de la longueur céphalique en dessus, toujours chez l'adulte.

Arcade sous-orbitaire composée ordinairement de 5 ou 6 pièces mobiles, parfois de 4 seulement chez l'adulte, par soudure des deux dernières très petites avec la quatrième : le premier os assez grand, plus long que haut, convexe en dessous et sur les côtés, concave dans le haut vers les narines et susceptible de recouvrir à peu près la surface de l'œil, chez l'adulte. Le second et le troisième plus petits, étroits et allongés. Le quatrième ovale ou subarrondi et à peu près de même dimension que le premier, soit relativement grand et pouvant recouvrir à peu près l'œil.

La voûte surciliaire un peu surplombante, en avant surtout.

Maxillaire supérieur à peu près droit en avant, et formant, au côté postérieur, un coude, comme chez le Vangeron, assez prolongé en arrière, mais relativement étroit et décroissant. Ce coude, faiblement concave en dessus, oblique à l'extrémité et plutôt un peu convexe ou rectiligne, souvent avec une petite échancrure, en dessous. La moitié supérieure de l'os assez large ; la branche inférieure de moyenne longueur et fortement tordue en dedans et en avant (Voy. pl. II, fig. 40).

Opercule de moyenne dimension, trapézoïdal et présentant parfois quelques stries rayonnantes plus ou moins apparentes. Le côté supérieur un peu concave et à peu près égal aux $^3/_5$ de l'inférieur ; le dit inférieur presque droit ou légèrement convexe. Le bord postérieur rectiligne et relativement grand, soit égal à peu près aux $^2/_3$ ou même aux $^3/_4$ du côté inférieur et formant avec celui-ci un angle presque droit ou légèrement plus ouvert, bien que, suivant les individus, plus ou moins émoussé.

Sous-opercule large et en forme de demi-croissant.

Interopercule formant un triangle assez grand entre les pièces précédentes et le préopercule, et toujours largement apparent tout le long au-dessous de ce dernier.

Préopercule convexe en arrière, droit en dessous et formant un angle à peu près droit, mais assez largement arrondi.

Bordure membraneuse bien développée. Fente branchiale plutôt étroite, soit relativement moins large ou un peu moins ouverte que chez le Vangeron.

Pharyngiens plus gros ou plus trapus que ceux du *Leuciscus rutilus* : la corne supérieure, plus haute et relativement un peu moins allongée, large à la base, puis comprimée et élargie ou arrondie vers l'extrémité, de manière à présenter souvent à la face supérieure comme une large fossette ovale assez caractéristique. L'aile plus large, droite sur la tranche, franchement anguleuse aux deux bouts et, en particulier, plus haute dans la partie antérieure que chez le Vangeron. Le corps de l'os très large du côté de l'aile, mais étranglé vers la naissance de la branche inférieure ; celle-ci très courte, épaisse et un peu développée en palette (Voy. pl. IV, fig. 43).

Dents pharyngiennes sur un seul rang, au nombre de six sur l'os gauche et de cinq sur le droit, assez larges, mais graduellement comprimées depuis la base, médiocrement élevées et un peu recourbées au sommet. La couronne allongée obliquement et, suivant l'état d'usure plus ou moins avancé, plus ou moins creusée longitudinalement en forme de calice ; le bord inférieur du dit calice aussi plus ou moins festonné, chez les deux ou trois dents supérieures, suivant l'état de fraîcheur de ces organes. La couronne des dents de remplacement franchement crochue, avec une arête vive nettement pectinée. D'ordinaire, la troisième dent, à partir du haut, la plus longue ou au moins égale à ses deux voisines. La première en haut la plus étroite ou la plus tranchante; les deux inférieures, au contraire, les plus larges ; la dernière, en particulier, simplement tuberculeuse. Souvent une croûte de cément noir sur les côtés de la couronne, des dents supérieures surtout (Voy. pl. IV, fig. 43).

Meule dure et, comme chez le Vangeron, de forme allongée, plus étroite en arrière qu'en avant, bien que relativement moins pincée en arrière et moins longue que chez celui-ci. Le crochet postérieur peu développé, par contre la partie antérieure passablement épaisse ou proéminente. Quelques impressions dentaires bien apparentes, principalement vers le tiers postérieur et sur les côtés en avant (La partie dure mesurant 12^{mm},5 de long sur 7^{mm} de large, chez un individu de 345 millimètres). (Voy. pl. IV, fig. 44 et 45.)

Dorsale naissant au centre de la longueur du poisson sans la caudale, ou légèrement en arrière de ce point, et à peu près en face de l'origine des ventrales. La hauteur de cette nageoire, plus grande que l'étendue basilaire, égale environ aux $^5/_8$ de la hauteur du corps, chez l'adulte, soit toujours un peu plus forte que la longueur supérieure de la tête ; la longueur, ou la base, égale le plus souvent aux $^4/_8$ de la hauteur au plus grand rayon. Quant à la forme : médiocrement déclive en arrière, à peu près rectiligne sur la tranche et franchement anguleuse au sommet.

Généralement treize rayons : trois simples et dix, plus rarement neuf ou onze divisés. Le premier simple très court, soit égal au plus au septième ou au sixième du second ; le second mesurant presque la moitié du troisième ; celui-ci égal au premier divisé ou légèrement plus grand. Le dernier rameux, plus ou moins profondément divisé, comme le second simple, égal presque à la moitié du plus long, ou légèrement moins.

Anale naissant au-dessous de l'extrémité de la dorsale couchée et, rabattue elle-même, demeurant distante de l'origine de la caudale d'une longueur variant, chez l'adulte et suivant les individus, de l'élévation de son quatrième rayon divisé à la hauteur du plus grand. L'étendue basilaire généralement plus courte que celle de la dorsale, mais cela d'une quantité assez variable : quelquefois de plus d'un cinquième de celle-ci, d'autre fois d'un quinzième seulement. L'élévation le plus souvent un peu moindre que la longueur basilaire ; les deux dimensions de cette nageoire, chez quelques adultes, présentant cependant les rapports différents suivants : comme 7 : 8, ou comme 32 : 33 et même, dans le sens inverse, chez mon individu à front déprimé, comme 18 : 17. Quant à la forme : passablement déclive en arrière, anguleuse au sommet et presque droite ou très légèrement concave sur la tranche.

Généralement quatorze ou quinze rayons : le plus souvent trois simples et onze divisés, parfois douze de ces derniers. Je n'ai jamais trouvé à Lugano le minimum dix indiqué par Canestrini. Le premier simple égal à peu près aux $^2/_7$ du second ; le second mesurant un peu moins que la moitié du troisième ; celui-ci égal au premier divisé. Le dernier rameux profondément bifurqué et, comme le second simple, un peu plus court que la moitié du plus grand.

Ventrales naissant à peu près en face de l'origine de la dorsale ou très légèrement en avant et laissant, rabattues, entre elles et l'anus, un intervalle variant d'ordinaire chez l'adulte, de $^1/_4$ à $^1/_3$ de leur longueur. La longueur de ces nageoires légèrement plus forte que l'étendue basilaire de la dorsale. Quant à la forme : médiocrement réduites en arrière, convexes sur la tranche et subarrondies au sommet.

Généralement dix rayons : deux simples et huit divisés ; plus rarement neuf divisés (J'ai trouvé neuf divisés chez mon individu à front déprimé ; les deux derniers étaient bien séparés à la base et distants, le dernier bifurqué seulement dans la partie supérieure). Le premier simple, externe, latéral, arqué, sans articulations apparentes et égal environ à $^1/_4$ du second ; celui-ci un peu plus court que le premier divisé le plus long de tous ; le dernier rameux égal d'ordinaire aux $^3/_5$ ou aux $^5/_9$ du plus grand.

Pectorales passablement plus grandes que les ventrales, soit d'une longueur à peu près égale à la hauteur de la dorsale et, rabattues, demeurant distantes des ventrales d'une quantité susceptible de varier, chez l'adulte, de la $^1/_2$ aux $^2/_3$ ou aux $^5/_7$ de leur longueur. Quant à la forme : bien décroissantes en arrière, subarrondies au sommet et légèrement convexes ou un peu sinueuses sur la tranche. (La tranche était plus sinueuse chez mon individu à front déprimé.)

Généralement dix-huit ou dix-neuf rayons ; un grand sim-

ple, un peu plus court que le premier divisé, et dix-sept à
dix-huit rameux, dont le dernier, suivant les cas, égal environ à $^1/_7$ ou $^1/_9$ du plus grand. Souvent aussi un vingtième
petit rayon postérieur tout à fait rudimentaire et à peine
visible à l'œil nu.

Caudale de moyennes dimensions et profondément échancrée,
avec deux lobes assez acuminés, quasi droits sur la tranche
ou faiblement convexes et généralement un peu inégaux; l'inférieur d'ordinaire de 3 à 8^{mm} plus long que le supérieur, chez
l'adulte Le plus grand lobe de cette nageoire, à la longueur
totale du poisson, comme 1 : 4 $^2/_3$ — 4 $^3/_4$ — 5, chez les
adultes (Les dimensions que donne Canestrini de l'unique individu qu'il a examiné fourniraient le rapport 1 : 5 $^2/_5$ à peu
près ; peut-être cet auteur a-t-il mesuré la caudale au lobe
supérieur). Cette nageoire, par le fait, constamment bien
plus longue que la tête de côté, souvent de $^1/_6$ à $^1/_5$ ou même
de $^2/_9$ de son plus grand rayon (Le rapport 1 : 4 $^2/_3$ ainsi
que la différence $^2/_9$ proviennent tous deux de mon individú
à front déprimé). Dix-neuf rayons principaux appuyés, en
haut ot en bas, par quatre à cinq petits rayons décroissants;
les rayons médians mesurant à peu près les $^2/_5$ des plus
grands latéraux ou un peu moins.

Écailles généralement grandes, solidement implantées et se
recouvrant, suivant les places, à moitié ou aux deux tiers; les
moyennes latérales, les plus grandes, légèrement plus hautes que longues, ou à peu près égales dans les deux sens, et
mesurant, chez l'adulte, une fois et un tiers à une fois et
trois quarts la superficie de l'œil. Le bord libre à peu près
arrondi, bien que généralement un peu proéminent sur
le centre ; les côtés supérieur et inférieur légèrement convexes ou presque droits; le bord fixe comme trilobé, avec un
angle proéminent en haut et en bas et une saillie médiane plus
ou moins festonnée. De fines stries concentriques sur toute
la surface de l'écaille, toujours moins régulières et franchement onduleuses sur la partie découverte. Généralement,
pour les écailles médianes, cinq à neuf grands rayons principaux partant d'un nœud quasi central ou légèrement plus
voisin du bord fixe, et, entre ces rayons principaux, de nom-

breux sillons rayonnants plus courts et correspondant à autant de petits festons découpés sur le bord libre. D'autres rayons plus petits et souvent moins nombreux gagnant, en arrière, les festons de la saillie médiane du bord fixe (Les écailles moyennes de mon sujet à front déprimé, relativement un peu plus grandes et plus droites sur les côtés supérieur et inférieur). Les écailles antérieures latérales un peu plus petites que les moyennes et plus ovales ou plus hautes ; les postérieures latérales, plus petites encore, mais par contre plus allongées et plus anguleuses, ainsi qu'un peu rétrécies du côté du bord fixe. Les dorsales antérieures subarrondies, à peu près égales à la moitié des latérales moyennes et moins rayonnées en arrière, bien que plutôt plus sillonnées en avant, avec un nœud un peu plus reculé. Les pectorales un peu plus petites encore, plus allongées et plus irrégulières, avec un nœud plus reculé. Les ventrales latérales sensiblement plus petites que les latérales médianes, mais de même apparence.

Huit à neuf écailles au-dessus de la ligne latérale, vers la hauteur maximale (sept à huit selon Heckel et Kner, et Canestrini), et quatre en dessous jusqu'à la base des ventrales.

Ligne latérale suivant, de l'angle supérieur de l'opercule au milieu de la caudale, une courbe relativement peu concave, d'une direction moyenne convergeant plutôt avec celle du profil ventral, et passant entre $\frac{1}{3}$ et $\frac{2}{5}$ de la hauteur maximale. Les écailles médianes à peu près semblables à leurs voisines supérieures et inférieures, bien qu'un peu plus anguleuses vers le bord fixe, avec un tubule subcylindrique plutôt court et étroit, soit naissant très légèrement en arrière du nœud central pour s'étendre sur les deux tiers ou la moitié seulement de la partie découverte (Voy. pl. III, fig. 41). Les antérieures à peu près de mêmes dimensions, bien que de forme plutôt plus élevée, avec un tubule très légèrement oblique d'ordinaire coudé vers l'extrémité découverte (le plus souvent en haut, quelquefois en bas), et occupant d'ordinaire la moitié du diamètre de l'écaille, en s'étendant presque également à droite et à gauche du nœud.

Les postérieures notablement plus petites et de forme, par
contre, un peu plus allongée, avec un tubule droit, assez
long et en entier sur le côté découvert de l'écaille, soit partant du nœud seulement.

Quarante-sept à cinquante et une écailles sur cette ligne
(suivant Heckel et Kner, quarante-six à quarante-huit, selon
Canestrini, quarante-six à cinquante).

Coloration plus ou moins brillante suivant les saisons et les
individus. Les faces supérieures tantôt d'un vert plus ou
moins brillant ou obscur, tantôt sombres ou presque noirâtres avec une légère teinte azurée. La couleur verdâtre
se fondant, sur le haut des flancs, en une teinte de plus en
plus claire, volontiers bronzée ou dorée ; plus bas, les côtés
du corps, dans la livrée de noces surtout, souvent d'un
blanc verdâtre avec des reflets opalins ou irisés. Les côtés
de la tête volontiers d'un jaune doré à reflets métalliques.
Les faces inférieures d'un blanc opalin.

Iris d'un jaune clair, d'ordinaire avec une tache d'un
jaune doré en avant et en bas, et souvent un peu mâchuré
dans le haut.

La dorsale volontiers d'un gris verdâtre ; la caudale d'un
verdâtre sale plus ou moins brunâtre, parfois mélangé de
brun-rougeâtre. Les pectorales, les ventrales et l'anale, suivant les conditions, rosâtres ou d'un rose mélangé de verdâtre et plus ou moins mâchurées, ou grisâtres, ou encore
d'un gris noirâtre plus ou moins foncé.

Dimensions : le plus grand individu que j'aie examiné mesurait
380 millimètres de longueur totale, avec un poids d'une
livre environ ; le plus petit ne pesait que 375 grammes, avec
une longueur de 340 millimètres. Le seul échantillon étudié
par Canestrini avait 302ᵐᵐ de longueur totale. Les plus grands
sujets examinés par Heckel et Kner atteignaient au plus
à 15 pouces, soit environ à 390ᵐᵐ. Pavesi dit que le Pigo
peut atteindre, dans le lac de Lugano, au poids de un kilogramme à peu près, soit deux livres environ, avec une taille
de 40 centimètres environ. De Filippi avance, enfin, que
des individus du poids de trois livres ne sont pas une grande
rareté en Italie.

Mâles ornés, à l'époque des amours, de grands et nombreux tubercules blanchâtres ou jaunâtres [1] sur la tête, jusque sur le bout du museau, sur le dos, sur les côtés du corps et même assez bas sur la partie caudale de ce dernier. Ces tubercules, à base arrondie ou subarrondie, avec une épine centrale un peu recourbée, généralement bien plus petits sur la tête que sur le corps. Les plus grands, sur les flancs, mesurant, chez des adultes, environ 4 à 5 millimètres de diamètre, soit à peu près la surface de la pupille, avec une hauteur à l'épine de 4 millimètres environ. Un certain nombre de ces concrétions ornementales et temporaires disposées souvent sur la tête en forme de couronne ouverte en arrière, passant de chaque côté au-dessus de l'œil et prolongée en avant jusque sur le museau. Les tubercules du tronc, distribués plus ou moins régulièrement et d'ordinaire par un seulement sur une écaille, affectant le plus souvent un arrangement par séries longitudinales parallèles à la ligne latérale.

Le rayon simple des pectorales m'a paru un peu plus épais chez trois mâles en livrée de noces que chez une femelle et d'autres mâles pris en arrière-automne; toutefois, cette différence est peut-être ici moins apparente que chez quelques autres Cyprins.

N'ayant eu, parmi plusieurs mâles en divers états, qu'une seule femelle (mon individu à front déprimé), je ne saurais conclure de comparaisons insuffisantes d'autres différences sexuelles chez cette espèce.

J'ai déjà dit que je n'ai pas pu étudier de jeunes individus du *Leuc. pigus*, mais que deux jeunes du *Leuc. virgo*, incontestablement de même espèce, m'avaient présenté des formes plus élancées que les adultes, avec deux profils plus semblables, ainsi que des nageoires et un œil relativement plus grands.

Vertèbres au nombre de 44 à (46) [2].

Vessie aérienne grande et étranglée en avant du milieu :

---

[1] Ces tubercules deviennent bruns dans l'alcool.
[2] Selon Günther, Catal. of Fishes.

la partie antérieure plus forte que la moitié de la postérieure, un peu creusée en dessus, bombée en dessous, élevée
vers le centre et fortement réduite en avant ; la partie postérieure un peu cintrée et subconique, mais peu acuminée
en arrière. — Tube digestif formant quatre courbures, soit un
double S, et mesurant d'ordinaire une fois et un cinquième
à une fois et un tiers la longueur totale du poisson. L'estomac assez allongé et développé. — Ovaires et testicules
doubles. — Un rang de pseudobranchies pectinées passablement développées, au fond de la cavité branchiale, derrière
le préopercule.

Le *Leuciscus pigus* a été longtemps méconnu dans notre pays.
Hartmann (*Helv. Ichthyol.*) le confond avec le *Cyprinus rutilus.* Schinz (*Fauna Helvet.*) le prend à tort pour le *Leuciscus
idus* de Cuvier, et reproche à Hartmann d'avoir signalé le
Cyprinus idus, soit *Idus melanotus* [1], dans les lacs suisses au
nord des Alpes, tandis qu'il ne se trouverait, suivant lui, que
dans le Tessin au sud. Enfin, tout récemment, Mœsch (*Thierreich der Schweiz*), confirmant encore davantage l'erreur de
Schinz, inscrit l'*Idus melanotus* de Heckel dans sa liste des
poissons de la Suisse, en supposant qu'il pourrait se trouver
dans les lacs du Tessin.

Cette espèce varie assez pour que, sur quelques individus,
tous également adultes et de même taille à peu près, nous
ayons pu constater, dans la description, bien des différences
plus ou moins importantes ; je ne rappellerai, toutefois, ici, que
les divergences présentées par l'individu à front déprimé dont
j'ai signalé chemin faisant les principales particularités.

Ce sujet *à front déprimé,* femelle capturée en juillet dans le lac
de Lugano et mesurant 380 millimètres de longueur totale, se
distingue, en effet, de tous les autres : par une forme de la tête

---

[1] Nous verrons, à propos de l'*Idus melanotus*, que Hartmann attribuait
à tort le nom de *Cyprinus Idus* à une forme du *Squalius cephalus* dans le
lac de Neuchâtel.

un peu plus allongée et moins élevée vers le milieu, soit par un front sensiblement creusé et, comme résultat de cette dépression, par un museau plus carré un peu relevé, et par une nuque assez brusquement voûtée depuis l'occiput. Le même individu présente avec cela : neuf rayons rameux aux ventrales, au lieu de huit, chiffre assez constant de l'espèce ; une anale plus élevée, soit légèrement plus haute que longue ; une forme un peu plus sinueuse de la tranche des pectorales ; une caudale plus allongée, et des écailles moyennes un peu plus grandes. N'ayant eu en main que ce seul sujet, en fait de femelles, je ne saurais dire, je le répète, s'il y a dans ces différences quelque trait qui puisse être considéré comme sexuel ; cependant, je serais plutôt porté à ne voir ici qu'un fait accidentel. En tous cas, je n'hésite pas à affirmer qu'il n'y a pas lieu à créer pour ces quelques divergences une espèce différente ou nouvelle ; les rapports nombreux des deux formes, sur la plupart des points importants, ainsi que la constante variabilité des espèces les plus voisines, du Vangeron en particulier, montrent assez à quoi il faut réduire l'importance de certaines dissemblances. L'examen d'un seul individu ne permet pas même de supposer ici une tendance vers une déformation persistante.

De Betta (*Ittiol. Veron.*, p. 87) décrit, comme *Leuciscus pigus* (de Filippi) et sous le nom vulgaire d'*Orada dell'Adese*, un Cyprin de l'Adige qui rappelle, en effet, parfaitement le *pigo* des lacs de Côme, Majeur et Lugano. En identifiant avec raison son *Orada* avec le *pigus*, l'auteur de l'*Ichthyologie Véronaise* compare naturellement ce dernier au poisson signalé par Pollini (*Viaggio al lago di Garda,* 1816), sous le nom vulgaire de *Dorata,* dans le lac de Garde, et rapproche ainsi le nom latin *Cyprinus Orfus* employé par Pollini du nom *Leuciscus pigus* généralement reconnu. Doit-on voir, dans ce nom de *Cyp. Orfus* (Pollini), une intention de rapprochement avec le *Cyprinus Orfus* (Linné), soit avec l'*Idus melanotus* (Heckel) ; ou bien doit-on, ce qui paraît plus probable, y voir une idée d'analogie avec l'*Orfus Germanorum* (Marsigli), soit avec le *Leuc. virgo* (Heckel). Monti (*Notizie dei pesci delle provinzie di Como..... etc.,* 1864), ne voit dans l'*Orada* de l'Adige qu'une forme du Pigo (*L. pigus*), propre aux eaux courantes ou limpides et demeurant d'ordinaire dans d'un peu moindres dimensions.

: Ayant déjà nettement distingué le *Cyprinus Idus* de Linné (= *Idus melanotus* Heckel), de notre *Leuc. pigus* (Filippi), séparons aussi franchement le *Cyprinus Orfus* de Linné (= *Idus melanotus var. aurata)* de l'*Orfus Germanorum* de Marsigli qui n'est autre chose que le poisson nommé *Leuc. virgo* par Heckel, et qui, comme nous l'allons voir, n'est qu'une forme principalement danubienne et un peu déviée de notre Gardon galant *(Leuc. pigus)* des lacs du Tessin et du nord de l'Italie.

Après avoir soigneusement pesé et comparé les descriptions successives des *Leuc. pigus* et *Leuc. virgo* par les auteurs les plus autorisés, et après avoir relevé ainsi les quelques différences supposées constantes, qui devraient distinguer ces deux formes, j'aurais peut-être hésité encore à rapprocher complètement ces deux *prétendues espèces*[1], si l'examen de quelques types de la forme dite *Leuc. virgo,* provenant du Danube, ne m'avait permis de réduire à fort peu de chose tous ces traits censés distinctifs[2].

Je n'attache aucune importance à quelques très légères divergences dans la livrée, une coloration un peu plus rouge des nageoires ventrales, anale et caudale, entre autres, chez le *Leuc. virgo,* toutes dissemblances que l'habitat différent peut suffire à expliquer. On a voulu voir dans les dimensions des boutons de noces du *Leuc. virgo* un caractère spécifique ; mais le *Leuc. pigus*, à l'époque des amours, porte des tubercules (boutons)

---

[1] Günther, dans son *Catal. of Fishes*, VII, a, il est vrai, réuni déjà ces deux poissons sous le même nom; mais, cet auteur n'ayant justifié son opinion par aucune discussion de caractères, je n'ai pas cru devoir accepter ici, sans un consciencieux examen des deux formes, une décision jusqu'ici aussi peu motivée.

[2] Ces types, au nombre de trois, tous également du Danube, ont été donnés au Musée de Neuchâtel, l'un par Heckel, l'auteur même de l'espèce, les deux autres par le prof. de Siebold. Le plus grand mesurait 410^{mm} de longueur totale; le plus petit 205^{mm} seulement. Je profite de l'occasion pour remercier M. le prof. Ph. de Rougemont de la complaisance avec laquelle il a bien voulu mettre à ma disposition ces précieux points de comparaison.

tout aussi grands et nombreux. Ajoutons que la comparaison, aussi bien de certaines descriptions que des individus eux-mêmes, montre encore des analogies complètes et constantes dans la plupart des traits censés caractéristiques tirés, pour ces deux poissons, des formes diverses et des proportions.

Les formes et dimensions du tronc, de la tête et des nageoires en général sont à peu près identiques [1] ; il n'y a pas jusqu'à la bouche et l'œil qui n'affectent les mêmes proportions. Les écailles, les pièces céphaliques importantes, les pharyngiens même et les dents se ressemblent énormément [2]. Enfin, certains rapports de proportions, dont on a voulu faire des caractères distinctifs, perdent aussi beaucoup de leur valeur, en face de la variabilité sur ces divers points, chez les deux prétendues espèces.

En somme, je n'ai plus constaté de petites différences que sur les quelques points suivants, dont nous allons pouvoir peser encore l'importance spécifique : le nombre des écailles et des rayons aux nageoires, les proportions de la tête et les dimensions comparées de l'anale.

Les formules des nageoires et de l'écaillure, déduites des données de Heckel, de Siebold, de Jeitteles, et de mes observations propres, sont pour le *Leuc. virgo* du Danube :

D. 3/9—12, A. 3/11—12, V. 2/8—9, P. 1/16—17, C. 19 maj.

$$\text{Sq. } 44 - \frac{7-8}{4} - 49 ;$$

Or, en comparant ces chiffres à ceux des formules que j'ai

---

[1] Je ferais ici une exception pour les nageoires pectorales, qui m'ont paru un peu plus arrondies sur la tranche chez le plus grand des *L. virgo* que j'ai examinés, que chez la majorité de mes *L. pigus* adultes, si je n'avais remarqué assez de variabilité sous ce rapport chez nos divers *Leuciscus*, le *Pigus* en particulier, et si les deux *L. virgo* plus jeunes n'avaient pas eu des pectorales passablement plus acuminées.

[2] Chez le grand *L. virgo* dont j'ai parlé, j'ai, il est vrai, remarqué un opercule plus largement arrondi dans le bas que chez la majorité de mes *L. pigus* ; mais je ne crois pas devoir également attribuer grande valeur à cette petite différence, peut-être accidentelle, considérant que la pièce en question varie assez, quant à la forme, chez mes *L. pigus* adultes, et que, chez les deux jeunes *L. virgo*, elle était beaucoup plus anguleuse.

établies pour le *Leuc. pigus*, des lacs du nord de l'Italie et des divers tributaires du Pô et de l'Adige, soit sur mon étude des représentants de l'espèce dans le Tessin, soit sur les données, entre parenthèses, de divers auteurs italiens, on remarquera bientôt que les différences se réduisent à fort peu de chose, surtout si l'on considère que les moyennes, ou les chiffres les plus fréquents, sont le plus souvent les mêmes [1]. Il n'est pas possible de baser ou de soutenir une distinction spécifique, entre les deux poissons en question, sur le fait que le *Leuc. pigus* aurait un rayon de moins à la dorsale, ou parfois un rayon de plus aux pectorales.

Le total des écailles, quelquefois très légèrement plus élevé, chez certains individus du *Leuc. pigus*, ne peut également pas servir ici de caractère véritablement distinctif.

Les dimensions de la tête, par rapport à la longueur totale du poisson, ont été préposées aussi à la distinction des deux formes ; mais, là encore, je trouve une telle ressemblance et tant de degrés transitoires entre les diverses données, que je ne saurais attribuer une importance spécifique à de très légères différences qui, le plus souvent, peuvent résulter de l'âge et des dimensions des individus comparés. Heckel et Kner donnent, pour le rapport de la tête à longueur totale : chez le *Leuc. pigus* comme 1 : presque 6 ; chez le *Leuc. virgo* $= 1 : 6\,^1/_2$. Je trouve, chez mes *Leuc. pigus*, $= 1 : 5\,^3/_4 - 6$, et, chez les *Leuc. virgo*, $= 1 : 6 - 6\,^1/_6$.

Enfin, le principal trait distinctif des deux prétendues espèces devrait résider surtout dans les hauteur et longueur comparées de la nageoire anale. C'est, en effet, peut-être sur ce seul point qu'une petite dissemblance paraît assez constamment exister entre les deux formes représentant le même type, l'une au sud, l'autre au nord des Alpes. L'anale serait d'ordinaire un peu plus longue que haute, chez le *Leuc. pigus*, tandis

---

[1] Heckel (Süsswasserfische) a eu tort, dans ses formules, d'inscrire aux ventrales, pour le *L. pigus* 2/8 et pour le *L. virgo* 1/8. Cette différence, au premier abord d'une certaine importance, n'existe pas en fait ; les trois *L. virgo* que j'ai examinés portaient, comme mes *L. pigus*, deux rayons non divisés aux ventrales, le premier également court et latéral dans les deux formes.

qu'elle serait par contre généralement un peu plus haute que longue, chez le *Leuc. virgo*. Quelques rapports comparés de ces deux dimensions suffiront cependant à montrer combien il serait hasardé d'attribuer à d'aussi petites différences une constance et une valeur véritablement spécifiques. Je trouve à l'anale de mes adultes du *Leuc. pigus* provenant de Lugano, pour la hauteur comparée à la longueur, chez cinq individus : comme 7 : 8, comme 9 : 10, comme 13 : 14, comme 32 : 33, même inversément, chez le sujet à front déprimé, comme 18 : 17, la hauteur dépassant ici un peu la longueur. Chez un adulte de même taille du *Leuc. virgo* provenant du Danube, je trouve, pour le même rapport : hauteur à longueur = 11 : 10, chez un jeune de même provenance, même 15 : 14. Les degrés transitoires sont trop voisins, entre les deux extrêmes, pour que j'hésite encore à rapprocher ces deux poissons, qui pour moi ne représentent plus que deux formes, l'une italienne, l'autre danubienne, d'un même type spécifique.

Il serait très étonnant que les représentants d'une même espèce, dans des conditions si différentes, fussent en tout, livrée et proportions, parfaitement identiques. Le *Leuc. pigus* ou le *Leuc. virgo,* ferait ici une flagrante exception à la règle de variabilité que nous avons constatée, sur tant de points, chez tous nos autres Cyprinides.

Inutile, à ce propos, de rappeler encore que Fitzinger s'est étrangement trompé dans l'établissement de ses genres des Cyprinides européens [1], quand il a séparé dans deux genres différents, *Leuciscus* et *Orfus*, notre *Leuc. pigus* et le *Leuc. virgo* que nous voyons ne pas même constituer des espèces franchement différentes.

L'on n'a pas eu jusqu'ici de descriptions assez circonstanciées du *Leuc. roseus* attribué par Bonaparte aux eaux du Piémont, pour que l'on puisse déterminer exactement les affinités de cette prétendue espèce. Les caractères qu'attribuent à ce poisson Bonaparte et Valenciennes semblent en faire tour à tour

[1] Fitzinger : Die Gattungen der Europ. Cyprinen; Sitzb. Acad. Wiss., 1. Abth. Juli-Heft, 1873, Abst. p. 19 et 22, n° 18 et 24.

un Gardon *(Leuc. rutilus, var. prasinus)* ou un Pigo *(Leuc. pigus)*. Les proportions attribuées par Valenciennes aux tubercules du mâle en livrée de noces *(tubercules fins et grenus)*, et les formes arrondies du profil ventral de ce Cyprin rosé, dans la figure de la *Fauna italica* de Bonaparte, ainsi que les données par ce dernier auteur de la courbe de la ligne latérale parallèle à celle du ventre, et l'égalité en hauteur et en longueur de la nageoire anale semblent militer en faveur d'un rapprochement avec le Gardon *(Leuc. rutilus)*. Cependant, il est difficile de ne pas tenir compte de l'habitat du prétendu *Leuc. roseus*, et de ne pas voir dans la présence de ce Cyprin au sud des Alpes, où le Gardon commun n'a point encore été signalé, une raison de croire plutôt à un rapprochement avec le *Pigus* habitant les mêmes localités. En effet, les sujets décrits par Valenciennes provenaient du lac de Côme où les pêcheurs désignaient sous le nom de *Pigo* le mâle couvert de tubercules épineux, et sous celui d'*Encubia* la femelle dépourvue de tubercules, deux noms semblables à ceux que Heckel et Kner attribuent au *Leuc. pigus*, dans le lac de Côme. Ils étaient, affirme Valenciennes, très semblables au *Roseus* de Bonaparte; et, à l'exception des quelques caractères signalés ci-dessus, la plupart des traits de la description de Bonaparte semblent se rapporter parfaitement à notre *Leuc. pigus*. Laissant de côté les points de ressemblance, voyons en quelques mots l'importance des traits distinctifs censés divergents.

Bonaparte représente, il est vrai, son *Leuc. roseus* avec un profil inférieur plus arrondi et une caudale moins profondément échancrée que chez le *Pigus*; mais cet auteur a examiné un fort petit nombre de sujets et l'on sait que le profil ventral peut varier beaucoup avec l'état et l'âge des individus. Après cela, la différence d'échancrure de la caudale ne paraît pas avoir frappé Valenciennes, qui n'en dit pas un mot. Du reste, il ne nous est donné aucun chiffre de rapports, et chacun sait combien les meilleures figures sont souvent sujettes à caution.

La description de Bonaparte nous fait voir encore une bouche terminale et une nageoire anale égale en hauteur et en longueur; mais nous avons vu comment le museau recouvre plus ou moins la fente buccale chez le *Pigus*, et nous demeurons d'accord avec cet auteur, quand il ajoute que la mandibule supérieure dépasse un peu l'inférieure ; de même, nous avons montré déjà comment la variabilité de l'anale rapproche, aussi à ce point de vue le *Leuc. roseus,* tant du *Leuc. virgo* que du *Leuc. pigus,* que nous avons dit de même espèce et présenter parfois la même égalité dans ces rapports que le dit Gardon rosé. Enfin, un caractère à première vue assez important et que répète Canestrini d'après Bonaparte, dans son *Prospet. crit. des poissons d'Italie,* résiderait dans la présence de sept écailles au lieu de quatre, au-dessous de la ligne latérale ; mais il y a évidemment ici une confusion : l'auteur de la *Fauna italica* doit avoir compté les squames jusqu'au milieu du ventre, au lieu de s'arrêter à la base des ventrales. En effet, il paraît difficile qu'avec un nombre d'écailles à peu près semblable en dessus et en dessous de la ligne latérale, celle-ci puisse suivre une courbe parallèle au ventre. Je ne vois que quatre écailles entre les ventrales et la ligne latérale sur la figure du *Leuc. roseus* de Bonaparte, et, si je compte les squames du *Pigus,* je trouve, comme cet auteur pour son *Leuc. roseus,* toujours sept écailles jusqu'au milieu du ventre, y compris la médiane, devant et contre les bases des ventrales. Les formules des dents, des rayons des nageoires et des écailles, sur la ligne latérale et en dessus, rentrent dans la moyenne de celles de notre *Pigus.*

Valenciennes me paraît avoir comparé un individu du prétendu *Leuc. roseus* portant des dents récemment renouvelées à un *Leuc. rutilus* porteur de dents au contraire déjà usées et déprimées, quand il dit que les dents pharyngiennes de son Able rosé sont un peu plus comprimées et plus hautes que chez le Gardon. Nous savons que la forme de la couronne des dents varie beaucoup avec le degré d'usure.

Du reste, la variabilité du *Leuc. roseus* ne doit pas, comme celle de tous nos Cyprins, se borner à ce seul point ; les descriptions de Bonaparte et de Valenciennes nous la montrent encore dans d'autres caractères et tendent ainsi à rapprocher plus ou moins de notre *Pigus,* les individus qu'ils décrivent. Le premier nous montre une ligne latérale concave, parallèle au profil ventral et un museau un peu obtus, avec un front ample un peu convexe ; le second nous donne, au contraire, une ligne latérale plus droite que chez le Gardon commun, avec un museau plus pointu et plus déprimé.

Évidemment le *Leuciscus* dit *roseus* doit être assez rare, car peu d'auteurs en ont parlé avec connaissance de cause, et ceux mêmes qui l'ont vu de leurs yeux n'ont pu examiner qu'un nombre d'individus trop restreint pour permettre d'établir la constance de la plupart des caractères invoqués. Canestrini même, l'auteur d'une étude très consciencieuse des poissons d'eau douce d'Italie, n'a pu voir aucun échantillon de cette prétendue espèce et, tout en lui conservant un rang spécifique, il lui reconnaît bien des affinités avec le *Leuc. pigus*.

La coloration rosée des faces supérieures de ce Cyprin me paraît plutôt une anomalie dans le genre qu'un caractère d'une haute importance; c'est probablement une livrée accidentelle rappelant celle que nous avons vue chez quelques autres cyprinides. La rareté de ce poisson m'appuye fortement dans mon opinion d'une variété du *Leuc. pigus*, aussi crois-je devoir émettre des doutes très sérieux sur la valeur de cette espèce, et voir plutôt dans le prétendu *Leuc. roseus* une forme pâle du *Pigo* jusqu'à un certain point parallèle ou du *Leuc. pallens* de Blanchard, pour moi simple variété du Gardon ou Vangeron, ou de la forme rougeâtre de ce dernier dont j'ai parlé plus haut. En un mot, bien que tout porté à réunir les *Leuc. roseus* et *Leuc. pigus*, n'ayant pas eu cependant plus que Canestrini le bonheur de voir de mes yeux ce Cyprin rosé, je crois devoir conserver encore, dans ma synonymie du *Leuc. pigus*, un point de doute à côté de cette prétendue espèce de Bonaparte.

Bien que Günther paraisse, comme du reste Valenciennes aussi, rapprocher les *Chondrostoma ryzela* de Bonaparte (Fauna italica, fasc. XXVII, pl. fig. 3), et *Leuc. ryzela* de Cuv. et Val. (XVII, p. 199) du *Leuc. roseus* dont nous venons de parler, et, par là, de notre *Leuc. pigus*, il me semble que les descriptions de Bonaparte et de Valenciennes ne sont ni assez circonstanciées, ni suffisamment d'accord sur plusieurs points, pour permettre d'en déduire un rapprochement fondé du dit *Ryzela*, soit avec le *Leuc. roseus*, soit surtout avec notre *Leuc. pigus*. Canestrini, dans ses *Poissons d'Italie*, n'en dit pas un mot. C'est encore une des nombreuses espèces de Bonaparte

dont on n'a plus de nouvelles et qui risquent fort de tomber, à
plus ou moins juste titre, dans un oubli complet. Cette prétendue espèce, évidemment très rare comme la précédente, est-
elle peut-être quelque produit bâtard, ainsi que pourrait le
faire supposer la variabilité de la dentition constatée par Valenciennes, c'est ce qu'il est difficile de dire ; en tous cas, elle n'a
rien de commun avec le *Chondrostoma ryzela* d'Agassiz,
reconnu maintenant pour un bâtard du Nase et du Blageon, et
Valenciennes ne manque pas de dire qu'elle n'a rien dans la
bouche qui rappelle les Chondrostomes.

Des descriptions sur bien des points contradictoires de Bonaparte et de Valenciennes, on pourrait peut-être conclure que le
Ryzela du premier était bien un Chondrostome, peut-être une
variété du *Ch. Soëtta ;* tandis que le *Ryzela* du second serait
un véritable *Leuciscus.*

Le *Pigo* est propre au nord de l'Italie et au Tessin ; il habite
les lacs Majeur, de Côme, de Garde et de Lugano, ainsi que
quelques rivières de Lombardie et de Vénétie. (La forme dite
Leuc. virgo est surtout propre au Danube.) Déjà dans l'anti-
quité Pline avait donné, sous le nom de *Pino*, une certaine
célébrité à ce poisson des lacs *Verbano* (Majeur) et *Lario*
(Côme), à cause de l'apparition des tubercules, soit de la sorte
de *floraison* qu'il avait remarquée chez le mâle au printemps.
Des lacs Lugano et Majeur, le *Pigo* remonte un peu en Tessin,
dans quelques rivières les Tresa et Maggia en particulier. Cette
espèce paraît abondante dans les lacs tessinois, cependant il
est difficile de se la procurer en dehors de l'époque du rut,
du printemps ou de la première partie de la belle saison ; il
semble qu'elle gagne les profondeurs et que l'on ait plus de
peine alors à la prendre. Au temps des amours, ces poissons
font, en troupes nombreuses, des excursions, en divers lieux ;
les mâles ornés de leurs boutons épineux cherchent à se frotter
contre les femelles et exécutent, comme la plupart de nos
Cyprinides, des jeux bruyants, des courses et des sauts à la
surface. Les pêcheurs connaissent bien ces allures et cette époque propice à la pêche, et prennent alors souvent le *Pigo* en

quantités énormes, principalement avec leur grand filet *(Redaquedo)* et de bon matin ; suivant Pavesi, parfois jusqu'à 1,500
à 2,000 kilog. en une fois. Sitôt que les pêcheurs ont vu quelques-uns de ces poissons à la surface, ils enveloppent largement
l'emplacement avec leur grand filet ; mais, si l'eau est trop
profonde, ils font, au dire de Pavesi, autant de bruit que possible, pour chasser ces Cyprins dans quelque lieu plus propice.

L'époque du frai a lieu, en général, dans les mois d'avril et
mai ; toutefois elle dure souvent jusque dans le commencement
de juin, et le prof. Pavesi affirme l'avoir vu commencer, par
contre, quelquefois déjà vers la fin de février. Selon Monti les
troupes de *Pigo* se rassembleraient, au printemps, principalement près des côtes abruptes où l'eau est assez profonde.
Malheureusement, les auteurs italiens ne nous ont pas donné
jusqu'ici de détails bien circonstanciés sur le mode de ponte de
cette espèce et ses agissements en cette occasion. Ce poisson
serait assez vorace et s'attaquerait un peu à toute sorte de
nourriture ; parlant de la variété de l'Adige, Monti dit que l'on
trouve souvent son ventre plein d'excréments humains.

Le *Pigo* n'a pas une chair très estimée, aussi celle-ci ne se
vend-elle pas cher sur le marché. Les pêcheurs, quand ils prennent une grande quantité de ce poisson, le conservent volontiers
pour l'hiver en le mettant au sel pendant un jour et le faisant
ensuite sécher au soleil. Monti dit que la chair, bien qu'assez
garnie d'arètes est cependant blanche et agréable. On pêche ce
poisson non seulement avec le grand filet simple dit *Redaquedo*, mais encore avec un plus petit filet ayant deux ailes et
un sac dit *Bighezzo,* ou avec la ligne, soit *Lenza*.

Je ne sache pas que l'on ait jusqu'ici étudié les parasites de
ce Cyprin.

15. LE GARDON DES PAUVRES

Triotto

Leuciscus aula, Bonaparte.
(Pl. V, fig. 1.)

Olivâtre, en dessus ; blanc argenté un peu jaunâtre, en-dessous et sur les côtés. Généralement une bande grisâtre sur les flancs. Nageoires inférieures jaunâtres ou rougeâtres. Corps plutôt ramassé, moyennement élevé et médiocrement comprimé, avec un dos assez large. Tête plutôt courte et épaisse, avec un museau obtus à mâchoires presque égales. Œil plutôt grand. Écailles latérales médianes grandes, subcarrées, avec un bord fixe découpé, anguleux, et à peu près de la surface de l'œil, chez l'adulte. Nageoire dorsale anguleuse, assez décline et d'une hauteur un peu plus faible ou légèrement plus forte que la longueur latérale de la tête. Anale naissant légèrement en avant de l'extrémité de la dorsale couchée et d'ordinaire un peu plus haute que longue. Caudale moyenne à lobes subégaux, un peu recouverte par les écailles à la base. (Taille moyenne d'adultes : 145 — 165^{mm}.)

Le plus souvent cinq sous-orbitaires : le premier subovale et relativement petit recouvrant environ un tiers de l'œil, chez l'adulte ; le quatrième plus allongé et de surface plutôt moindre que le premier. Maxillaire supérieur présentant un coude postérieur subcarré relativement peu prolongé, un peu creusé en dessus et presque droit en dessous. Pharyngiens médiocrement trapus, avec une aile élargie dans le bas et une branche inférieure relativement peu ramassée. Meule ovale, soit relativement assez large, avec de profondes impressions dentaires. Dents un peu pincées et recourbées en serpe, les principales dentelées sur le bord.

D. 3/8—9, A. 3/8—10, V. 2 (7) 8—9, P. 1/15—17, C. 19 maj.

$$\text{Sq. } 37 \; \text{--} \frac{7-8\,(9)}{3-4\,(5)} - 42\,(46). \qquad \text{Vert. } 36\text{-}37.$$

Squalius aula, Sq. elatus, *Bonaparte*, Fauna italica, fasc. XXX, pl. fig. 4 et 3.
Leuciscus (Sq.) rubella, L. trasimenicus, *Bonap.*, Fauna italica, fasc. XX,
    pl. fig. 1 et 4. — *Cuv. et Val.*, XVII, 158 et 195.
   »   fucini, *Bonap.*, Fauna italica, fasc. XXII, pl. fig. 1. — *Cuv. et*
    Val., XVII, p. 152.
   »   altus, *Cuv. et Val.*, XVII, p. 237.
   »   rubella, L. fucini, L. trasimenicus, *Schinz*, Europ. Fauna, II,
    p. 318 et 319.
   »   pagellus, L. scardinus, L. pauperum, *De Filippi*, Cenni, p. 14.
   »   aula, *Cuv. et Val.*, XVII, p. 151. — *Steindachner*, Poissons du
    Portugal, p. 4, 1864. — *Canestrini*, Prospet. crit., p. 51. —
    Günther, Catal. of Fishes, VII, p. 215. — *Pavesi*, Pesci e Pesca,
    p. 35.
Leucos fucini, L. trasimenicus, L. rubella, L. aula, L. henleï, L. pau-
    perum, L. scardinus, L. pagellus, *Bonaparte*, Cat. Met.,
    p. 29, n°s 181-188.
   »   aula, *Heckel et Kner*, Süsswasserfische, p. 162, fig. 86. — *Stein-*
    dachner, Sitzgsb. Ak. Wiss. Wien, 1866, p. 201.
   »   rubella, *Heckel et Kner*, Süsswasserfische, p. 164, fig. 87. —
    Costa, Ann. Mus. zool. Univ. Napoli, I, p. 15.
   »   cisalpinus, *Heckel*, Russegger's Reisen, I, 1841-49.
   »   pauperum, L. rubella, *De Betta*, Ittiologia Veronese, p. 84 et 85.

Noms vulgaires, dans le Tessin : *Trull*, *Troï* ou *Trôï*.

Corps oblong, bien que relativement ramassé, moyennement
élevé et médiocrement comprimé. Le profil supérieur passablement convexe en avant de la dorsale, et à peu près droit
ou légèrement concave en arrière de celle-ci ; le profil inférieur, selon l'âge, le sexe et l'état des individus, plus ou
moins convexe du museau à l'anale, après cela très faiblement relevé le long de cette dernière et presque droit jusqu'à la caudale. Le dos large, la nuque plus ou moins voûtée en avant, suivant les sujets et l'âge plus ou moins
avancé. Le ventre arrondi transversalement. La hauteur
maximale, devant la dorsale, à la longueur totale, comme
1 : 3 ²/₃ — 4 ³/₄ suivant l'âge plus ou moins avancé et l'état
des individus, même comme 1 : 5 chez de très jeunes sujets [1],

[1] Heckel et Kner (Süsswasserfische, p. 163) donnent le rapport 1 : 3 ¹/₂
qui me semble devoir s'appliquer à des femelles pleines, peu avant la
ponte.

et, à la longueur jusqu'à la caudale, comme 1 : 3 — 4.
La hauteur minimale, vers la caudale, à la hauteur maximale, comme 1 : 2 ½ — 3, suivant les individus jeunes ou
vieux. L'épaisseur la plus grande, un peu avant l'extrémité des pectorales, chez les adultes, mais plus près de la
tête chez les jeunes, et généralement un peu au-dessus du
milieu de la hauteur, égale, en moyenne, à la ½ parfois
aux ³/₅ de l'élévation vers la dorsale. Une section verticale, par là, de forme ovale, assez large et médiocrement
allongée.

L'anus situé très près de l'anale et presque aux ²/₃ de la
longueur du poisson sans la caudale, ou légèrement en
arrière.

Tête plutôt courte, assez épaisse et plus ou moins obtuse, bien
que, selon les sujets, un peu plus ou un peu moins allongée
et plus ou moins arrondie en avant. Le profil supérieur
assez busqué en avant, mais relativement plat en arrière,
et formant, suivant les individus et l'âge plus ou moins
avancé, un angle plus ou moins sensible avec la courbe de
la nuque ; quelquefois, chez les jeunes surtout, suivant
parfaitement la direction de cette dernière. Le profil inférieur, à son tour, plus ou moins convexe et plus ou moins
saillant vers l'articulation du maxillaire. La longueur céphalique latérale, à la longueur totale, comme 1 : 5 — 6 ½
suivant les individus et selon l'âge (parfois, d'après
Canestrini[1], comme 1 : 4 ⁷/₁₀), et, à la longueur sans la
caudale, comme 1 : 4 — 4 ⁴/₅. Cette dimension maximale
de la tête égale donc quelquefois, chez des jeunes principalement, à la hauteur du corps ; mais généralement
beaucoup moindre, soit en moyenne égale aux ²/₃ de celle-
ci seulement. La longueur supérieure, vers l'occiput, un
peu plus courte que la longueur latérale, soit très souvent
de ¹/₁₄ à ¹/₁₀ seulement, plus rarement de ¹/₇, exceptionnellement un peu davantage, chez des sujets à tête relativement très allongée. La hauteur sur l'occiput égale à peu
près à la longueur au même point chez les adultes, ou un

[1] Prospet. crit. p. 52.

peu plus faible chez les jeunes. L'épaisseur sur l'opercule
d'ordinaire légèrement plus forte que les $^2/_3$ de l'élévation à
l'occiput, ou correspondant la plupart du temps à la hauteur vers le centre de l'œil.

Museau court, large et obtus, mais plus ou moins busqué et, par le fait, plus ou moins arrondi ou subacuminé,
suivant l'âge et les individus [1].

Bouche fendue jusqu'au-dessous de l'orifice antérieur des
narines et plus ou moins oblique, suivant la forme plus ou
moins saillante du menton ou de l'articulation du maxillaire
inférieur. Les mâchoires d'ordinaire à peu près égales; parfois cependant la supérieure un peu plus longue que l'inférieure, chez les vieux principalement, ou, au contraire, légèrement plus courte, chez certains jeunes surtout. La langue
passablement développée. — Narines doublés et assez
grandes; la cloison séparatrice à peu près au tiers de l'intervalle compris entre le bord de l'œil et le bout du museau. —
Des pores et canalicules, à peu près comme chez les espèces
précédentes.

Œil arrondi et plutôt grand, bien que de dimensions assez variables, avec l'âge et les individus; d'un diamètre, à la longueur céphalique latérale, comme $1 : 2\,^5/_6$ chez de jeunes
individus, à $3\,^5/_8$ chez des vieux (même 1 à 4 d'après
Canestrini, l. c.).

L'espace préorbitaire un peu plus grand que la moitié de
l'orbite, chez certains petits sujets, et, au plus, égal au diamètre de celui-ci, chez de très grands échantillons [2].

L'espace postorbitaire à peu près égal au double de l'œil
ou légèrement plus court, chez les adultes, mais seulement
de moitié plus grand que l'orbite, chez de petits sujets, soit

---

[1] Le museau a été à tort représenté un peu trop carré dans la fig. 1 de
ma planche V.

[2] Dans les mesures qu'il donne (Prospet. crit. p. 51), Canestrini attribue à plusieurs de ses sujets majeurs un espace préorbitaire plus grand
que l'œil. Cela m'a paru être bien rarement le cas chez les individus provenant du lac de Lugano, bien que j'en aie examiné un très grand nombre
et plusieurs de taille bien supérieure au plus grand échantillon mesuré par l'auteur du Prospectus critique des Poissons d'Italie.

variant, avec l'âge, entre légèrement plus ou légèrement moins que la moitié de la longueur latérale de la tête.

L'espace interorbitaire, au diamètre oculaire, comme 1 : 1 ¼ — 1 ⅔ [1], selon les individus petits ou grands.

Arcade sous-orbitaire composée généralement de cinq pièces juxta posées : le premier os, en avant, de moyenne dimension ou relativement petit, un peu plus long que haut et de forme subovale, avec une petite saillie entre l'œil et les narines ; cette pièce de surface, chez les vieux sujets, un peu plus forte que ⅓ de celle de l'œil, ou au plus égale à ¼ de celui-ci, chez de jeunes individus. Le second os petit ; le troisième long, mais étroit ; le quatrième un peu plus long, mais beaucoup plus étroit que le premier, et recouvrant le quart ou au plus le tiers de l'œil chez l'adulte ; le cinquième petit et subtriangulaire. Parfois un sixième très petit.

La voûte surciliaire passablement surplombante, chez l'adulte.

Maxillaire supérieur presque droit en avant et développé, vers le milieu en arrière, en un grand coude légèrement concave en dessus et à peu près droit en dessous, mais un peu moins prolongé que chez les espèces précédentes. La branche inférieure courte, mais assez large et fortement tordue en dedans et en avant (Voy. pl. II, fig. 41).

Opercule plutôt petit, trapézoïdal et marqué souvent de quelques très fines stries rayonnantes, plus ou moins apparentes suivant l'âge et les individus. Le côté supérieur égal environ à la moitié du côté inférieur ou un peu plus ; ce dernier, très faiblement convexe, formant avec le bord postérieur, par contre légèrement concave, un angle un peu arrondi et un peu plus ouvert que l'angle droit.

Sous-opercule très large et arrondi sur le bord, soit en forme de fort demi-croissant.

Interopercule formant un triangle allongé entre le bas de

---

[1] Exceptionnellement, selon Canestrini, chez des individus petits ou de taille moyenne, comme 1 : 1. Je n'ai jamais trouvé ce rapport extraordinaire chez de jeunes sujets provenant du lac de Lugano.

l'opercule, le sous-opercule et le préopercule, et demeurant assez apparent au-dessous de ce dernier.

Préopercule oblique et presque droit en arrière, mais largement arrondi en dessous, de même qu'au coude postéro-inférieur.

Bordure branchiostège très développée.

Pharyngiens très semblables à ceux du Vangeron, quant à la corne supérieure ; mais présentant d'ordinaire une aile un peu plus développée dans le bas, avec une branche inférieure plus allongée et un peu moins tordue (Voy. pl. IV, fig. 46).

Dents sur un seul rang, au nombre de cinq de chaque côté et rappelant assez, quant à la forme générale, celles des espèces précédentes, des jeunes principalement, soit pincées en serpe, légèrement recourbées à l'extrémité et un peu étranglées à la base. Les trois dents supérieures, cependant, d'ordinaire un peu plus écartées et volontiers un peu plus franchement pectinées sur la tranche ; les deux inférieures relativement épaisses et subconiques. La dernière plutôt plus allongée que chez le Gardon commun ou Vangeron ; mais, comme chez celui-ci, la seconde supérieure généralement la plus grande (Voy. pl. IV, fig. 46).

Meule dure, facilement isolable et de forme ovale, soit relativement plus large et notablement moins allongée que celle du Gardon commun. La face inférieure ou de frottement assez saillante, au centre surtout ; les impressions dentaires bien plus accentuées, chez les adultes, que dans les espèces précédentes. Le grand sillon antérieur impair, en particulier, beaucoup plus profond ici que chez le *Leuc. rutilus* (Voy. pl. IV, fig. 47 et 48).

Dorsale ayant son origine au centre de la longueur du poisson sans la caudale, ou très légèrement en arrière, soit à peu près au-dessus du milieu de la base des ventrales, et d'une hauteur très variable avec les individus. Cette élévation, tantôt égale seulement à la longueur de la tête en dessus, tantôt au contraire passablement plus forte même que la longueur latérale de celle-ci ; par le fait, variant constamment entre les $^3/_5$ et les $^4/_5$ de la hauteur du corps. La base ou la longueur de cette nageoire susceptible également de varier entre les $^3/_5$ et les $^3/_4$ de la hauteur du plus grand rayon et, à son tour, dans des rapports toujours variables avec les diverses dimensions latérales de la tête[1]. Quant à la forme : anguleuse aux extrémités, plus ou moins décroissante en arrière et droite ou très faiblement concave sur la tranche.

Onze ou douze rayons ; trois simples et quelquefois huit, mais le plus souvent neuf divisés. Le premier simple très petit, soit variant d'ordinaire entre $^1/_5$ et $^1/_7$ du second ; celui-ci égal, à peu près, à la moitié du troisième, ou un peu plus court ; le troisième à peu près égal au premier divisé ou très faiblement plus long. Le dernier divisé mesurant, suivant les individus et la forme plus ou moins décroissante de la nageoire, un peu moins ou un peu plus de la moitié du plus long.

Anale naissant d'ordinaire légèrement en avant de l'extrémité de la dorsale couchée, bien que plus ou moins loin en arrière du dernier rayon de celle-ci, soit d'une quantité variant entre $^1/_3$ et $^2/_3$ de sa base, et demeurant, rabattue, à une distance de la caudale variant généralement entre les $^2/_3$ et les $^7/_8$ de son dernier rayon. La hauteur de cette nageoire parfois égale à peu près à la base de la dorsale, mais, le plus souvent, variant entre un peu plus et un peu moins des $^5/_6$ de l'élévation de celle-ci. L'étendue basilaire généralement moindre que la hauteur, mais, encore ici, assez variable, soit parfois égale à celle-ci, chez des jeunes surtout, et d'autres fois, par contre, jusqu'à $^1/_3$ plus courte. Quant à la forme : un peu carrée, rectiligne ou faiblement concave sur la tranche et médiocrement ou relativement peu décroissante en arrière.

Onze à treize rayons, dont trois simples et huit à dix divisés, le plus souvent neuf[2]. Le premier simple égal à $^1/_4$ ou,

---

[1] Les rapports comparés de la base de la dorsale et de la tête, depuis l'angle operculaire jusqu'au bord antérieur ou postérieur de la pupille, invoqués par Heckel et Kner, comme distinctifs des *Leucos aula* et *L. rubella*, sont en particulier constamment variables.

[2] J'ai trouvé dix rayons divisés chez deux jeunes du lac de Lugano.

au plus, à $\frac{1}{3}$ du second, celui-ci égal environ aux $\frac{2}{3}$ du suivant; le troisième simple à peu près de même longueur que le premier divisé ou légèrement plus court. Le dernier, généralement divisé jusqu'au bas, oscillant entre la $\frac{1}{2}$ et les $\frac{2}{3}$ du plus grand.

Ventrales ayant leur origine très légèrement en avant de l'aplomb du premier rayon de la dorsale et demeurant, rabattues, à une distance de l'anus susceptible de varier, selon l'âge, le sexe et l'état des individus, de $\frac{1}{9}$ à $\frac{2}{5}$ et plus de leur longueur. Le plus grand rayon de ces nageoires toujours passablement plus long que la hauteur de l'anale et demeurant généralement entre la longueur de la base de la dorsale, légèrement plus faible, et la longueur des pectorales, légèrement plus forte. Quant à la forme : assez larges, subtriangulaires, un peu arrondies sur la tranche et médiocrement réduites en arrière.

Neuf à onze rayons : deux simples et le plus souvent huit divisés, quelquefois neuf, plus rarement sept seulement[1]. Le premier simple, latéral extérieur, un peu arqué à la base, d'une seule pièce, comme chez nos autres Cyprins, sans articulations apparentes ou très faiblement articulé au sommet, et mesurant entre $\frac{1}{4}$ et $\frac{1}{3}$ du second; celui-ci légèrement plus court que le premier divisé le plus grand de tous. Le dernier divisé variant entre la $\frac{1}{2}$ et les $\frac{2}{3}$ du plus long.

Pectorales demeurant, rabattues, à une distance de l'origine des ventrales, très différente, selon les individus et leur état ou selon la courbe plus ou moins prononcée des parois abdominales, soit variant constamment de $\frac{1}{5}$ à $\frac{2}{3}$ de leur longueur. Ces nageoires généralement de $\frac{1}{12}$ à $\frac{1}{9}$ plus longues que les précédentes, exceptionnellement de $\frac{1}{5}$; parfois, au contraire, à peu près de même longueur que celles-ci. Quant à la forme : subarrondies au sommet, convexes sur la tranche et bien réduites en arrière.

Seize à dix-huit rayons : un premier simple, volontiers un peu plus épais chez les mâles que chez les femelles et sou-

---

[1] J'ai trouvé, chez une vieille femelle du lac de Lugano, sept divisés d'un côté et huit de l'autre.

vent un peu tordu, égal à peu près au troisième ou au quatrième rameux, plus quinze à dix-sept divisés, parmi lesquels le second généralement le plus long et le dernier au plus égal à $^1/_6$ du plus grand.

Caudale moyennement échancrée et passablement recouverte par les écailles à la base. Les lobes subacuminés et légèrement arrondis sur la tranche; l'inférieur parfois de même longueur que le supérieur, plus souvent de deux à trois millimètres plus long. Le rayon le plus grand, à la longueur totale du poisson, comme $1 : 4\ ^1/_3 - 5$, suivant les individus jeunes ou vieux. Cette nageoire, par le fait, plus longue que la tête, mais, suivant les individus et les formes plus ou moins allongées de cette dernière, d'une quantité variant le plus souvent entre $^1/_4$ et $^1/_7$ de son plus grand rayon. Les rayons médians mesurant des $^2/_5$ à la $^1/_2$ des externes. Dix-neuf principaux rayons, dont généralement dix-sept divisés, plus quatre à six, sur cinq à sept petits décroissants, ou plus encore dans le bas âge.

Écailles grandes, assez épaisses, médiocrement solides, subcarrées, quoiqu'arrondies sur le bord libre comme chez le Gardon commun, et se recouvrant beaucoup moins que chez le Rotengle, de manière à paraître plus grandes et relativement moins élevées. Une squame latérale médiane de la grandeur de l'œil chez de vieux sujets, mais égale seulement à $^1/_3$ de celui-ci chez de très jeunes individus. Les écailles moyennes des flancs rappelant assez celles du *Leuc. rutilus* : anguleuses, avec une saillie médiane plus ou moins découpée, au bord fixe, et arrondies, avec de nombreux petits festons, au bord libre; les côtés supérieur et inférieur à peu près parallèles. La hauteur et la longueur souvent égales; toutefois, suivant les individus, l'une ou l'autre quelquefois un peu plus forte. Des stries concentriques sur toute la surface, quelques grands rayons divergents partant d'un nœud quasi central et gagnant, en nombre très variable, les bords postérieur et antérieur, souvent deux à huit, parfois même onze, sur la partie libre; enfin, entre ces derniers, sur le milieu de la face découverte de beaucoup plus petits sillons rayonnants correspondant aux festons du bord libre. Les squames laté-

rales antérieures plus petites, moins anguleuses et un peu
plus élevées ; les postérieures plus petites aussi, mais, sauf
les dernières, plus anguleuses et relativement plus allongées. Les squames dorsales plus petites encore, ovales ou
subarrondies ; les pectorales relativement petites aussi, mais
un peu anguleuses, avec un nœud volontiers plus reculé vers
le bord fixe. Les ventrales latérales parfois légèrement plus
grandes que les moyennes antérieures, par conséquent souvent les plus grandes, chez certains adultes (Voy. pl. III,
fig. 42 et 44).

Le plus souvent sept, plus rarement huit écailles au-dessus de la ligne latérale, vers la plus grande hauteur, et
trois, plus rarement quatre en dessous. (Les chiffres sept et
trois sont les plus fréquents chez les sujets provenant du lac
de Lugano ; je n'ai jamais trouvé les maxima neuf et cinq
donnés par Canestrini, dans son Prospectus des poissons
d'Italie.)

Ligne latérale décrivant, de l'angle supérieur de l'opercule au
centre de la caudale, une courbe concave à peu près parallèle au profil ventral, passant légèrement au-dessus du tiers
de la hauteur maximale du poisson et comptant trente-sept
à quarante-deux écailles. (Je n'ai pas trouvé sur mes sujets
de Lugano le maximum quarante-six indiqué par Canestrini
dans son étude des poissons d'Italie.) Les squames moyennes de cette ligne à peu près de mêmes dimensions que leurs
voisines supérieures, bien que peut-être un peu plus élevées,
et généralement un peu moins découpées au bord fixe. Le
tubule mucifère subcylindrique, médiocrement large, bien
ouvert aux deux bouts et naissant un peu en arrière du
nœud central, pour s'étendre sur les deux tiers ou les trois
quarts de la face découverte. Les écailles latérales antérieures plus petites et beaucoup plus élevées, avec un tubule
oblique, volontiers un peu arqué, souvent recourbé à l'extrémité, parfois même bifurqué. Les écailles postérieures plus
petites aussi, mais plutôt plus allongées, avec un tubule
droit, naissant plus près du centre (Voy. pl. III, fig. 43).

Coloration des faces supérieures d'une teinte olivâtre tirant
plus ou moins sur le verdâtre ou le jaunâtre ; le bas des

flancs et les faces inférieures d'un blanc argenté plus ou
moins lavé de jaunâtre ou légèrement doré. Une large
bande noirâtre plus ou moins apparente, quelquefois à
peine sensible, étendue sur les côtés du corps au-dessus de
la ligne latérale, depuis la base de la caudale où elle s'accentue parfois sous forme de tache, jusqu'à la tête et un peu
sur l'opercule ; souvent aussi une ligne claire ou dorée,
entre le dos et cette première bande foncée.

Les nageoires, dorsale et caudale, grisâtres ou d'un gris
plus ou moins verdâtre ou jaunâtre ; les nageoires inférieures, les pectorales et surtout les ventrales et l'anale, suivant
les individus et les saisons, jaunâtres, jaunes, ou lavées de
rougeâtre.

Iris quelquefois d'un argenté jaunâtre, un peu machuré
dans le haut ; le plus souvent jaune, ou même orangé, et
lavé de rougeâtre, ainsi que tiqueté de noir à la partie supérieure.

Dimensions toujours beaucoup moindres que chez nos autres
espèces du genre. Le plus grand individu dont Canestrini
donne les dimensions égalait 149^{mm} de longueur totale.
Heckel et Kner donnent, comme limite de l'espèce, un peu
plus de six pouces. J'ai moi-même examiné plusieurs vieilles
femelles de Lugano qui mesuraient 165 à 170^{mm} et pesaient
environ 50 à 60 grammes. Pavesi dit, enfin, que ce poisson
peut arriver à peu près au poids de 90 grammes ; ce chiffre
extrême doit peut-être être attribué à des femelles chargées
d'œufs.

Mâles : n'ayant trouvé que quatre mâles sur les cinquante
individus d'âges différents que j'ai étudiés pour cette description, je ne saurais mettre ici en avant des différences
sexuelles un peu constantes. Toutefois, il m'a semblé que,
chez cette espèce comme chez ses congénères, les mâles
ont, à l'époque des amours surtout, le premier rayon des
pectorales un peu plus épais que les femelles. Bonaparte [1]
figure son *Leuc. rubella,* qui n'est autre qu'une forme de
notre *Leuc. aula,* comme orné de petits tubercules coni-

___
[1] Fauna italica, XX, pl. fig. 1.

546

ques sur la tête et le dos. De Betta [1] signale, de même, la
formation de productions épidermiques épineuses chez le
mâle du *Leuc. rubella,* au moment du rut [2].

Jeunes, de forme moins élevée et moins voûtés à la nuque que
les adultes, avec un museau volontiers moins arrondi et un
œil relativement bien plus grand. La bande foncée latérale
généralement assez accentuée; les nageoires souvent moins
colorées.

Vertèbres au nombre de 36 à 37 [3].

La vessie aérienne grande et étranglée en avant du milieu;
la portion postérieure cylindroconique ou faiblement cintrée,
subacuminée à l'extrémité et, selon les sujets, mesurant
deux fois ou seulement une fois et demie la longueur de la
partie antérieure; celle-ci fortement convexe en dessous,
sensiblement concave en dessus et un peu pincée en avant.
— Tube digestif large, formant deux replis assez développés,
et, le plus souvent, de $^1/_4$ à $^1/_5$ plus grand que la longueur
totale du poisson. — Ovaires et testicules doubles. — Des
pseudobranchies grossièrement pectinées, soit presque digitiformes, et passablement développées au fond de la cavité
branchiale.

Cette espèce méridionale, bien que moins variable que le
Gardon commun, a donné lieu, cependant, à la formation de
plusieurs fausses espèces. Ainsi, les *Squalius aula* et *Squalius
elatus* de Bonaparte ne diffèrent guère que par l'élévation du
corps que nous avons montré avoir souvent fort peu d'importance; et Cuv. et Val. ont, à tort, donné le nom de *Leuc. altus*
à la même forme dite élevée de l'auteur de la Faune italienne.
On a reconnu également, depuis assez longtemps, que les *Leuc.*

---

[1] Ittiologia veronese, p. 85.

[2] Ces tubercules se dissolvent plus ou moins et tombent facilement dans
l'alcool, de sorte qu'il n'est pas toujours facile de les retrouver chez des
individus qui ont été conservés dans ce liquide. Toutefois, on peut constater
souvent de petites dépressions sur la peau de la tête, dans les places
abandonnées par ces épines temporaires.

[3] J'ai, en particulier, souvent trouvé 37 chez le *Leuc. aula* de Lugano.

pagellus, Leuc. scardinus et *Leuc. pauperum,* de de Filippi
ne reposaient que sur des divergences de proportions de fort
peu de valeur. Quelques autres formes, comme les *Leuc. fucini*
et *Leuc. trasimenicus* ont, à leur tour, dû leur dénomination
spéciale bien plutôt à leur habitat qu'à leurs caractères différentiels. Enfin, les prétendues espèces qui, jusque dans ces dernières années, ont encore joui généralement de la distinction
spécifique, sont: le *Leucos aula* de Bonaparte et de Heckel et
Kner (soit le *Leuc. pauperum* de de Filippi et de Betta), et le
Leucosrubella de Bonaparte, de Heckel et Kner et de de Betta
(soit le *Leuc. cisalpinus* de Heckel). Canestrini a montré récemment, dans son Prospectus critique des Poissons d'Italie, comment ces deux formes, réunies par de nombreuses transitions,
ne doivent former qu'une seule espèce, et Günther, dans son
Cat. of Fishes, a suivi sans discussion le jugement de cet
auteur. Je joins ici mon opinion à celle de Canestrini pour
expliquer aussi comment, jusque chez des individus pris dans
les mêmes conditions, tous les caractères distinctifs invoqués
par Heckel et Kner, dans leurs Süsswasserfische, sont constamment variables. J'ai trouvé des têtes ramassées, comme
dans le *Leuc. aula,* et des têtes plus allongées, comme chez le
Leuc. rubella ; j'ai trouvé également tous les degrés transitoires entre la dorsale courte et élevée du censé *Leuc. rubella* et
la dorsale plus longue et plus rabaissée du *Leuc. aula,* ainsi
qu'entre les longueurs différentes de l'anale, des ventrales, des
pectorales et de la caudale. Les rapports comparés de la base
de la dorsale et de la tête, depuis l'angle operculaire jusqu'aux
bords antérieur ou postérieur de la pupille, invoqués par Heckel
et Kner comme distinctifs, sont en particulier constamment
variables. J'ai signalé d'assez grandes différences dans les
dimensions comparées des premiers et du dernier rayons de la
dorsale et de l'anale. Enfin, j'ai constaté que l'intensité de la
bande foncée latérale varie beaucoup suivant l'époque et les
individus, et que l'on trouve assez souvent des *Leuc. aula,*
comme le prétendu *Leuc. rubella,* dépourvus de cette particularité de la livrée.

Bien que plein de confiance dans le jugement de l'illustre
auteur du *Prospetto critico,* je ne puis, comme lui, ranger *de*

visu dans ma synonymie le *Leucos basak* de Heckel [1]. Je n'ai en effet jusqu'ici trouvé, sur aucun individu du lac de Lugano, soit la somme élevée des écailles en ligne verticale, soit surtout le front étroit qui doivent caractériser cette forme Dalmatienne. Toutefois, si les individus chez lesquels Canestrini a constaté un front de la largeur de l'œil seulement, et jusqu'à cinq écailles entre la ligne latérale et la base des ventrales, ne portent pas d'autres caractères distinctifs que ceux-ci, il serait bien possible que le *Leuc. basak* ne soit qu'une variété locale de notre *Leuc. aula*.

Cette espèce est assez répandue dans l'Europe méridionale, en Dalmatie, en Italie, en Espagne et dans le Portugal; elle habite, en particulier, communément les lacs de Lombardie et du Tessin. On ne la trouve en Suisse que dans les eaux tessinoises, au sud des Alpes, dans les lacs Majeur, de Lugano et d'Origlio, d'où elle remonterait plus ou moins, mais en petit nombre, suivant Pavesi, dans les rivières dites Laveggio, Tresa, Maggia et Melezza.

Le Gardon des pauvres ou avola paraît mener une existence assez semblable à celle de notre Gardon commun. Il vit généralement en troupes nombreuses et recherche de préférence les fonds herbeux. Sa nourriture consiste principalement en matières végétales; toutefois, il ne méprise pas non plus les vers, les insectes et les détritus animaux. Comme le *Vangeron* à Genève, le *Trull* à Lugano m'a paru se tenir volontiers à l'embouchure des petites rivières dans le lac et aux débouchés des aqueducs. J'ai vu, en particulier, prendre en un instant, avec le filet dit *Tremaggino,* une grande quantité de ces petits poissons, à côté du quai de Lugano, au débouché d'un canal dans le lac. Ce Cyprin fraye en avril et en mai, de préférence sur les herbes du fond et non loin du rivage; les œufs sont petits et nombreux. Ayant trouvé, sur une cinquantaine d'individus, une très petite proportion de mâles, je serais porté à croire que ceux-ci sont peut-être moins abondants que les femelles.

[1] Voyez Süsswasserfische, p. 166, fig. 88-89.

On pêche le *Trüll*, soit avec divers filets et plus spécialement avec celui que je viens de nommer, soit avec la ligne amorcée de pain ou mieux d'un ver. Cette espèce est, du reste, peu estimée et se vend à très bas prix; c'est même probablement à son abondance, ainsi qu'à la qualité inférieure de sa chair et à son peu de valeur dans le commerce, qu'elle doit le nom de *Leuc. pauperum,* qui lui a été attribué par de Filippi et que nous traduisons ici.

Je ne saurais rien dire de précis jusqu'ici sur les parasites de cette espèce.

Genre IDE.

IDUS, Heckel.

Dents pharyngiennes sur deux rangs: trois petites et cinq grandes assez longues et fortes, pincées sur la tranche, non pectinées et crochues au sommet. Bouche quasi-terminale, et dépourvue de barbillons. Œil latéral et moyen. Tête assez large. Corps oblong et plutôt épais ou faiblement comprimé; dos un peu voûté et ventre arrondi sans arêtes nues. Écailles moyennes et subcarrées, avec quelques rayons assez apparents. Ligne latérale complète. Nageoires dorsale et anale à base courte, la première au-dessus des ventrales, la seconde en arrière de la dorsale. Caudale moyenne, bien échancrée et subacuminée.

Dentes lacerantes 3, 5—5, 3, hamati.

Ce genre de Heckel, très voisin du suivant *(Squalius),* ne possède jusqu'ici qu'une seule espèce propre aux eaux douces de l'Europe moyenne et septentrionale, l'*Idus melanotus,* dont je n'aurais point parlé si elle ne se trouvait très près de nos frontières et n'avait été quelquefois citée à tort comme indigène dans notre pays.

Voyez, à la fin de la diagnose de l'espèce, les caractères tirés des diverses pièces de l'appareil masticateur, du maxillaire supérieur et de l'arcade sous-orbitaire.

L'IDE MÉLANOTE

DER NERFLING [1]

IDUS MELANOTUS, Heckel.

D'un bleu noirâtre, ou d'un orangé rougeâtre, en dessus; blanc argenté en dessous; les nageoires inf. plus ou moins rougeâtres. Corps oblong, un peu voûté en avant et assez épais ou faiblement comprimé. Tête assez massive, un peu plus longue que haute, avec une bouche plutôt petite et un peu oblique. Œil moyen. Écailles en lignes faiblement obliques, moyennes, subcarrées, arrondies au bord libre, découpées au bord fixe, avec quelques rayons bien apparents partant d'un nœud quasi-médian et plus petites que l'œil. Nageoires dorsale et anale subcarrées, à tranche droite et plus basses que la longueur latérale de la tête; la première naissant un peu en arrière de l'origine des ventrales, la seconde sensiblement en arrière de la dorsale. Lobes caudaux subacuminés et subégaux. (Taille moyenne de vieux sujets 400 à 480ᵐᵐ.)

D'ordinaire cinq, parfois six sous-orbitaires: le premier généralement plus petit que l'œil; le quatrième volontiers le plus grand. Maxillaire supérieur droit en avant, avec un coude postérieur médian en hachette concave en dessus et une branche inférieure assez longue. Pharyngiens présentant une aile assez étroite, avec une corne supérieure et une branche inférieure plutôt allongées. Meule subovale, un peu cordiforme, épaisse, et dure avec quelques impressions dentaires obliques.

---

[1] Aussi *Gängling.*

Dents majeures pincées en serpe et crochues à l'extrémité, mais non dentelées sur la tranche. Un rang de pseudobranchies pectinées bien développées, au fond de la cavité branchiale.

D. 3/8—(9), A. 3/(9) 10—12, V. 2/8—9, P. 1/15—16, C. 19 maj.

$$\text{Sq. } 54 \ \frac{9—10}{4—5} \ 59. \quad \text{Vert. } 47^1.$$

Forme noirâtre.

Cyprinus idus, *Linné*, Syst. Nat. édit., 12, I, p. 529. — *Hartmann (false)*, Helvet. Ichthyol., p. 210. — Cyp. idbarus, *Linné*, Fauna suecica, p. 357. — Cyp. dobula, *Fischer*, Naturg. von Livland, 1778, p. 259. — Cyp. Jeses, *Bloch*, Fische Deutschl., 1, p. 45, Taf. 6. — *Gloger*, Schlesiens Wirbelthier-Fauna, p. 75. — Leuciscus idus, *Cuv.* et *Val.*, XVII, p. 228. — *Agassiz*, Mém. Soc. Neuch., I, p. 38. — *Selys*, Faune belge, p. 209. — *Günther*, Catal. of Fishes, VII, p. 229. — Leuc. neglectus, *Selys*, Faune belge, p. 209. — Leuc. Jeses, *Cuv.* et *Val.*, XVII, p. 160. — Idus idus, *Leiblein*, Fische des Main-Gebietes, p. 122. — Idus Jeses, I. idbarus, I. neglectus, *Bonap.*, Cat. met., p. 31. — Idus melanotus, *Heckel* et *Kner*, Süsswasserfische, p. 147, fig. 77 et 78. — *Fritsch*, Fische Böhmens, p. 202. — *Dybowski*, Cyp. Livlands, p. 141. — *Jeitteles*, Fische der March, p. 11. — *Siebold*, Süsswasserfische, p. 176. — *Jäckel*, Fische Bayerns, 62.

Forme dorée.

Cyprinus orfus, *Linné*, Syst. nat., p. 530. — *Bloch*, Fische Deutschl., III, p. 138, Taf. 96. — *Schrank*, Fauna Boïca, p. 330. — Leuciscus orfus, *Cuv.* et *Val.*, XVII, p. 224. — *Leiblein*, Fische des Main-Gebietes, p. 121. — Idus miniatus, *Heckel*, Süsswasserfische, p. 151, — Idus orfus, L. miniatus, *Bonap.*, Cat. met., p. 31.

Ce poisson, qui peut se présenter sous deux livrées très différentes et atteint avec l'âge à une taille très respectable, est propre surtout aux eaux de l'Europe moyenne et septentrionale, dans l'Autriche, l'Allemagne, la Belgique, le Danemark, la Suède et la Russie. Bien que certains auteurs, Hartmann, Tschudi et Mœsch l'aient à tort cité dans notre pays, je ne crois

---

[1] Selon Günther, Catal. of Fishes, VII, p. 230.

pas que ce Cyprin ait jamais été rencontré autochthone dans les rivières ou les lacs de la Suisse.

Hartmann (Helvet. Ichthyologie, p. 210) attribue cette espèce au lac de Neuchâtel, sous le nom de *Cyprinus Idus;* mais, la description insuffisante pouvant s'appliquer en partie à l'*Idus melanotus,* en partie au *Squalius cephalus,* il semble qu'il y ait eu confusion, chez cet auteur, entre ces deux espèces, qu'il n'ait eu en main que des Idus du nord et que, se fiant à quelque citation erronée, il ait cru pouvoir attribuer également ce Cyprin au lac de Neuchâtel. Je n'ai trouvé l'*Idus melanotus* dans aucun de nos lacs suisses, et le nom vulgaire de *Schwenn* que l'auteur en question attribue à son *Idus* à Neuchâtel, est simplement la traduction allemande du mot *Chevenne* désignant le *Squalius cephalus,* partout très abondant.

Fred. de Tschudi a signalé, à son tour, dans le Lac noir du canton de Fribourg (Thierleben der Alpenwelt, 2me édit. franç., 1870, p. 70), sous le nom de *Wantuse,* par où il entend *Leuc. Jeses* ou *Idus melanotus,* un poisson particulier qui, sur ce seul point en Suisse, représenterait ce grand Cyprin des eaux septentrionales. Or, j'ai étudié sur place le poisson en question, et celui-ci n'est encore qu'une forme du *Squalius cephalus* provenant probablement du lac de Neuchâtel, car il est aussi connu des pêcheurs de la localité sous le nom de *Senef,* également synonyme de Chevenne, dans ce dernier lac.

Enfin, *Mœsch* (Thierreich der Schweiz, 1869, p. 173 = 13) commet une nouvelle erreur, quand il croit pouvoir attribuer l'*Idus melanotus* aux lacs du Tessin ; ce dernier auteur a été trompé par un nom synonymique du *Leuc. pigus,* à tort appelé *Leuc. Idus* par Schinz, dans sa Fauna Helvetica.

Deux exemplaires de la variété dorée ont été, il est vrai, pris dans le Rhin à Bâle, selon le Dr Leuthner *(in litt.)* ; toutefois, ce poisson manquant complètement au Rhin supérieur, et cette espèce étant élevée, sur sol allemand, dans quelques établissements de pisciculture des environs, il est plus que probable que les deux sujets signalés, ou se sont échappés de réservoirs voisins du fleuve, ou ont été artificiellement portés à l'eau.

J'ai reçu, par l'intermédiaire de M. Glaser à Bâle, plusieurs exemplaires de l'*Idus melanotus, var. aurata,* provenant d'un petit étang à Dettingen, dans le duché de Baden, non loin des rives de l'extrémité N.-O. du lac de Constance, entre les deux bras de l'Untersee. Les individus en question étaient d'un bel orangé, et jeunes encore, puisqu'ils ne mesuraient que 180—190^{mm} de longueur totale. L'espèce prospère à Dettingen entièrement confinée dans un petit bassin isolé où elle paraît avoir été apportée (peut-être de Munich), car celui-ci ne semble en communication avec aucun affluent du Danube. Bien qu'un petit ruisseau puisse faire un trait d'union entre ce point et le lac de Constance, il ne paraît pas cependant que ce poisson soit parvenu souvent par cette voie de l'étang jusque dans ce lac, car aucun pêcheur ne l'y connaît. Le ruisseau en question est, dit-on, assez étroit et assez souvent à sec.

Je n'aurais, je le répète, point parlé de cette espèce dans la Faune suisse, si elle ne se trouvait importée si près de nos frontières, et si quelques auteurs suisses n'avaient fait des citations erronées utiles à relever.

Genre 12. CHEVAINE.

SQUALIUS , Bonaparte.

Dents pharyngiennes sur deux rangs : deux ou trois petites antérieures et cinq ou plus rarement quatre grandes postérieures assez épaisses, un peu pincées sur la couronne, plus ou moins crochues à l'extrémité et un peu ou pas pectinées sur la tranche. Bouche plus ou moins oblique, sans barbillons et à mâchoires subégales. Œil moyen. Tête subconique, plus ou moins large. Corps oblong, médiocrement comprimé et relativement peu élevé ; dos et ventre assez larges ou un peu tectiformes, sans arête nue. Écaillés de dimensions variables, mais marquées de stries et de sillons bien apparents. Ligne latérale complète. Dorsale et anale à

*base courte ou moyenne et à peu près de mêmes formes; la
première naissant au-dessus des ventrales, ou à peu près,
la seconde toujours en arrière de la base de la dorsale. Caudale plus ou moins échancrée, à lobes quasi-égaux.*

*Dentes lacerantes 2, 5—5, 2 vel 2, 5—4, 2, hamati
fortuito 3, 5—5, 3.*

Les Chevaines vivent plus ou moins en société, selon
leur âge et les saisons, aussi bien dans les eaux courantes
des rivières que dans les lacs. Elles sont généralement
omnivores ; les vieux sujets, parmi les espèces de grande
taille, deviennent même souvent presque exclusivement
carnivores.

Les représentants de ce genre sont très répandus en
Europe, aussi bien qu'en Asie et dans le nord de l'Améri-
que. On trouve des Chevaines depuis la Suède jusqu'en
Italie et en Espagne.

Divers auteurs ont successivement créé dans ce genre,
en Europe, une foule d'espèces plus ou moins discutables.
Günther, en 1868, n'en reconnaissait que douze bien
tranchées dans les limites de notre continent[1]. De celles-
ci, trois seulement parmi les plus répandues se trouvent
dans nos eaux suisses au nord des Alpes : les *Squalius
cephalus*, *Sq. leuciscus* et *Sq. Agassizii*. Sans aller aussi
loin que l'auteur du Catal. of Fishes dans la réduction des

---

[1] Cet auteur admettait, dans son genre *Leuciscus*, les : *Sq. cephalus*,
Sq. vulgaris et *Sq. muticellus*, Europe en général ; *Sq. svallize*, *Sq. illyri-
cus*, *Sq. ukliva* et *Sq. Turskyi* de Dalmatie ; *Sq. polylepis* de Croatie ; *Sq.
tenellus* de Bosnie ; *Sq. borysthenicus* de Russie ; *Sq. fellowesii* d'Asie
Mineure et *Sq. pyrenaicus*, d'Espagne et de Portugal.

A ceux-ci il faudrait peut-être joindre le *Sq. microlepis* (Heckel) de
Dalmatie ; par contre, le *Sq. delineatus* du même auteur devrait être sorti
du genre, comme ayant la ligne latérale incomplète.

genres et des espèces, nous réunirons cependant à notre genre *Squalius* le genre *Telestes* de Bonaparte, comme l'ont déjà proposé quelques auteurs[1], réduisant en même temps passablement le nombre des espèces admises dans nos eaux et celles des pays circonvoisins. Nous montrerons les liens qui rattachent aux formes ordinaires plusieurs *Squalius* d'Agassiz, de Heckel, de Blanchard et d'autres, les *Sq. rodens*, *Sq. majalis*, *Sq. rostratus*, *Sq. lepusculus*, *Sq. meridionalis*, *Sq. clathratus*, *Sq. Bearnensis*, *Sq. Burdigalensis*, etc., et nous rabaisserons au rôle de races méridionales, bien que les décrivant séparément, quelques formes de nos Chevaines considérées encore par beaucoup comme espèces distinctes, je veux parler surtout des *Sq. cavedanus* et *Tel Savignyi*, abondants dans le Tessin au sud des Alpes.

Quelques représentants du genre *Squalius* unis à d'autres espèces des genres *Alburnus* et *Chondrostoma* ont donné naissance à divers produits hybrides cités plus haut ou dont nous parlerons plus loin, principalement à la *Hachette* et au *Rysela*.

Revenant au genre *Telestes* de Bonaparte, je dirai qu'aucun des caractères attribués à ce groupe ne lui est particulier ou n'est assez constant pour motiver une séparation d'avec le genre *Squalius;* les diagnoses génériques de Heckel et Kner et de Siebold en sont du reste une preuve bien évidente. La principale différence que l'on puisse trouver entre les diagnoses comparées des genres *Squalius* et *Telestes* dans ces auteurs réside dans le fait de la présence de 5, 2 dents de chaque côté, chez le premier;

---

[1] Blanchard (Poissons de France) a déjà réuni sans discussion le Blageon (*Telestes*) à son genre *Squalius*. Günther (Catal. of fishes) a laissé ce poisson à côté des *Squalius* dans son grand genre *Leuciscus*.

au lieu de 5, 2 d'un côté et 4, 2 de l'autre, chez le second; encore le second de ces ichthyologistes, de Siebold, avoue-t-il lui même qu'il a trouvé plus souvent 5, 2 dents des deux côtés chez le *Tel. Agassizii* que 5;2 et 4, 2. Ayant trouvé moi-même, comme je l'ai dit, 5, 2 à droite et à gauche, au nord des Alpes, et 5, 2 d'un côté contre 4, 2 de l'autre, au sud, je ne puis pas ici, plus que pour le genre *Leucos*, conserver comme générique un caractère aussi variable. Je ne puis pas davantage attacher une importance générique aux proportions des écailles et au nombre de leurs rayons, quand je vois dans le genre *Squalius* de Heckel et Kner des espèces qui, comme les *Sq. ukliva, Sq. Turskyi, Sq. microlepis* et *Sq. tenellus*, présentent des écailles relativement petites avec de nombreux rayons. La bande foncée latérale n'est pas même un trait distinctif du genre *Telestes*, puisqu'elle se retrouve chez le *Sq. Turskyi*, de taille presque semblable, et que nous l'avons constatée dans d'autres genres, chez le *Leuciscus aula* par exemple; ajoutons qu'elle fait même complètement défaut chez certains individus du *T. Agassizii*. Au contraire, les rapports de proportions des nageoires, la position de la dorsale par rapport aux ventrales, la forme un peu comprimée et recourbée des dents sur deux rangs, ainsi que les formes moyennes des os pharyngiens et du maxillaire nous montrent de nombreux rapports naturels entre les *Squalius* et les *Telestes*. Tout au plus pourrait-on séparer dans deux sous-genres les espèces à grosses et à petites écailles. Encore moins doit-on, comme Fitzinger, composer avec ces deux genres, six genres à caractères différentiels sinon illusoires, du moins tout à fait insuffisants [1].

---

[1] Die Gattungen der Europæischen Cyprinen nach ihren äusseren

Nos Chevaines présentent en commun les quelques caractères suivants : des pseudobranchies pectinées assez développées ; des os pharyngiens assez forts, avec la branche inférieure médiocrement allongée et une aile plutôt courte assez anguleuse en face des dents médianes ; une meule dure, épaisse, marquée d'impressions assez profondes et présentant en arrière un lobe ou talon passablement développé ; un maxillaire supérieur à peu près droit au côté antérieur, avec un coude postérieur assez large et un peu concave ou retroussé en dessus ; une arcade sous-orbitaire composée de cinq, plus rarement de quatre pièces juxtaposées : la première généralement de surface plus faible que l'œil, ou au plus égale à celui-ci, chez l'adulte.

16. LA CHEVAINE [1]

Der Aitel

SQUALIUS CEPHALUS, Linné.

D'un gris-olivâtre, brunâtre ou bleuâtre et plus ou moins sombre, en dessus ; blanc jaunâtre, doré ou argenté, sur les côtés ; blanc en dessous. Souvent une tache noirâtre oblique derrière le bord de la ceinture thoracique. Nageoires-pecto-

Merkmälen, von. Dr. L.-J. Fitzinger (Akad. der Wissensch. 1873), p. 21 : Genres *Squalius, Cephalus, Cephalopsis, Telestes, Habrolepis* et *Bathystoma*. Qu'il me suffise, à ce propos, de citer les quelques mots qui seuls doivent servir à distinguer *génériquement* le *Sq. Dobula*, sous le nom de *Cephalus*, du *Sq. cavedanus*, sous le nom de *Cephalopsis*: Chez le premier : *Mund endständig, Schwanzflosse schwach ausgeschnitten, Schlundzähne..... mit schwach gekerbten Kronen;* chez le second : *Mund unterständig, Schwanz tief gabelförmig ausgeschnitten, Schlundzähne..... mit kerblosen Kronen.* Autant de caractères non seulement de petite importance, mais encore très variables et plus supposés que réels, car nous avons montré comment le Cavedane paraît n'être qu'une forme méridionale de la Chevaine et comment, en particulier, ces trois caractères sont peu différents dans les deux formes.

[1] En France, aussi : *Meunier, Vilain, Cabotin,* etc. ; en Allemagne, aussi : *Elte, Schuppfisch, Dickkopf,* etc.

rales, ventrales et anale jaunâtres, orangées ou rouges et plus ou moins mâchurées, parfois presque entièrement noirâtres. Corps oblong, épais et relativement peu élevé. Tête large et de moyenne longueur ; museau épais ; bouche plutôt grande, plus ou moins oblique. Œil moyen ou plutôt petit. Écailles latérales médianes assez grandes, subarrondies et à peu près de la grandeur de l'œil, chez l'adulte. Dorsale carrément découpée et beaucoup plus haute que longue, soit d'une élévation à peu près égale à la longueur de la tête en dessus. Anale naissant un peu moins en arrière que le bout de la dorsale rabattue, un peu moins élevée que celle-ci, plus haute que longue, et légèrement convexe sur la tranche. Caudale plutôt courte et médiocrement échancrée, à lobes subaigus quasi-égaux. (Taille moyenne d'adultes : 45 à 60 centimètres.)

Cinq sous-orbitaires : le premier, un peu plus long que haut, à peu près égal à l'œil en longueur, chez l'adulte ; le quatrième large et d'ordinaire plus fort que le premier. Maxillaire supérieur portant un coude postérieur assez large, anguleux, à tranche oblique et un peu concave en dessus. Pharyngiens à corps subcylindrique assez allongé dans le bas, avec une aile courte et anguleuse. Meule dure, épaisse et trilobée ou cordiforme, soit avec un talon postérieur très puissant. Dents fortes, un peu crochues et légèrement pectinées.

D. 3/8—(9), A. 3/8—9, V. 2/8, P. 1/15—17, C. 19 maj.

$$\text{Sq. } 45(42) \ \frac{7-8}{3-4} \ 49. \quad \text{Vert. } 43-45.$$

Cyprinus cephalus, *Linné*, Syst. nat., éd. XIII, I, p. 1417. — *Razoumowski*, Hist. nat. du Jorat, I, p. 131. — *Hartmann*, Helvet. Ichthyol., p. 194. — *Nenning*, Fische des Bodensees, p. 27. — *Gronov*, Syst. ed. *Gray*, p. 184

»   idus, *Bloch*, Fische Deutschlands, I, p. 253, Taf. 36. — *Hartmann*, Helvet. Ichthyol., 210.

»   dobula, *Cuvier*, Règ. anim., II, p. 195. — *Holandre*, Faune de la Moselle, p. 247.

»   jeses, *Jurine*, Poissons du Léman, p. 207, Pl. 11. — *Steinmüller*, Neue Alpina, II, p. 345.

Leuciscus dobula, *Agassiz*, Mém. Neuchâtel, I, p. 38. — *Schinz*, Fauna
    Helvet., p. 154, et Europ. Fauna, II, p. 322.—*Selys-Longchamps*,
    Faune belge, p. 206. — *Cuv.* et *Val.*, Hist. nat., XVII, p. 172.
    — *Günther*, Fische des Neckars, p. 69. — *Rapp*, Fische des
    Bodensees, p. 7. — *De la Fontaine*, Faune du Luxembourg, p. 48.
» FRIGIDUS, L. ALBIENSIS, *Cuv.* et *Val.*, XVII, p. 234 et p. 194.
» LATIFRONS, *Nilsson*, Skand. Faúna, IV, p. 309.
» CEPHALUS, *Schinz*, Europ. Fauna, II, p. 322. — *Günther*, Catàl. of
    Fishes, VII, p. 220.
Squalius dobula, *Bonap.*, Cat. met., p. 31. — *Heckel* et *Kner*, Süsswasser-
    fische, p. 180, fig. 99 et 100. — *Fritsch*, Fische Böhmens, p. 6.;
    Ceské Ryby, p. 23.
» CEPHALUS, *Dybowski*, Cyp. Livlands, p. 119. — *Siebold*, Süsswasser-
    fische, p. 200, fig. 33. — *Jeitteles*, Fische der March, II, p. 14; —
    Jäckel, Fische Bayerns, p. 71. — *Blanchard*, Poissons de France,
    p. 392; fig. 91 et 92. — *Lunel*, Poissons du Léman, p. 81; pl. 9.
» CLATHRATUS, *Blanchard*, Poissons de France, p. 398, fig. 94.

Squalius cavedanus, *Bonaparte* (Subspecies meridionalis). Voy. plus loin,
    n° 16 *bis*, p. 577.

Noms vulgaires, en Suisse : S. F., *Chevène, Chevenne,* ou *Chavène* (Lé-
    man); *Chavenne, Schwenn, Senew* (Neuchâtel); *Vantouse, Senef*
    (lac Noir, Fribourg). S. A. *Alei, Alat* et *Landalet* (Rhin, Lucerne,
    Thun, Constance); *Aitel, Döbel* (Zurich), aussi *Allent Haland*.

Corps oblong, épais et relativement peu élevé, bien que plus
ou moins comprimé selon l'âge et les individus ; le dos et le
ventre arrondis transversalement. Le profil supérieur suivant généralement une courbe faible et à peu près régulière
du museau à la caudale ; assez souvent, cependant, ou un
peu voûté sur la nuque, ou presque rectiligne en arrière de
la dorsale. Le profil inférieur décrivant une courbe souvent
à peu près semblable à celle du dos, mais quelquefois légèrement plus accentuée, ou, au contraire, un peu raplatie sur
la poitrine. Cette courbe, moins redressée ou moins relevée
le long de l'anale que chez nos espèces du genre précédent.

La hauteur maximale située généralement devant les ventrales, chez les adultes, ou plus près du bout des pectorales,
chez les jeunes, à la longueur totale, comme $1:4\,^3/_5 - 5\,^1/_2$
suivant l'âge plus ou moins avancé et selon la forme plus ou
moins comprimée du corps; cette même dimension, à la longueur sans la caudale, comme $1:3\,^4/_5 - 4\,^1/_9$. La hauteur

minimale, sur le pédicule caudal, à l'élévation la plus grande, comme $1 : 2\,^1/_6 - 2\,^1/_2$. L'épaisseur maximale, au-dessus du bout des pectorales, ou plus près de la tête chez les jeunes, un peu plus ou un peu moins forte que les $^5/_8$ de la hauteur la plus grande. Une section médiane verticale, par là, de forme subovale, assez large et un peu plus arrondie en haut qu'en bas.

L'anus situé légèrement en arrière des $^2/_3$ de la longueur du corps, sans la caudale, et souvent un peu plus reculé chez les femelles que chez les mâles.

Tête large en dessus, mais de longueur moyenne et plus ou moins conique ou subarrondie à l'extrémité. Le profil supérieur continuant à peu près la courbe générale du dos et presque rectiligne ou légèrement convexe; le profil inférieur à peu près semblable au supérieur ou, chez certains individus, plus ou moins brusquement relevé depuis l'angle de la mâchoire. La joue assez charnue. La longueur céphalique latérale, à la longueur totale du poisson, comme $1 : 4\,^4/_5 - 5\,^1/_4$, parfois $5\,^1/_3$, selon les sujets jeunes ou adultes, bien qu'avec des exceptions à tout âge, et, à la longueur jusqu'à la caudale, comme $1 : 3\,^9/_{10} - 4\,^2/_5$. Cette dimension maximale de la tête, par le fait, un peu moins longue que la hauteur du corps, chez des adultes, ou égale à celle-ci, voire même un peu plus forte, chez les jeunes; avec cela, presque toujours un peu plus forte que la longueur de la nageoire caudale. La tête, en dessus jusqu'à l'occiput, égale environ aux $^2/_3$ ou aux $^3/_4$ de la longueur latérale. La hauteur, au même point, légèrement moindre que la longueur supérieure, ou parfois égale à celle-ci chez les jeunes. La largeur maximale, sur l'opercule pour les vieux sujets, plus souvent au haut du préopercule pour les jeunes, variant des $^3/_4$ de la hauteur céphalique, chez les premiers, aux $^6/_7$ de celle-ci, chez les seconds, et égale, selon les individus petits ou grands, à l'élévation vers les $^2/_5$ ou la $^1/_2$ de l'œil, plus rarement aux deux tiers.

Museau subconique et, suivant les sujets, plus ou moins acuminé ou arrondi, souvent même largement obtus.

Bouche médiocrement protractile et relativement grande,

bien que fendue plus ou moins loin en arrière, selon son obliquité; soit, suivant les individus, dépassant seulement un
peu le bord postérieur des narines, ou parvenant presque
jusqu'au-dessous du bord antérieur de l'orbite. La dite
fente buccale parfois assez voisine de l'horizontale, avec
un menton fuyant ou aplati, souvent, au contraire, très
tombante, avec un menton bien proéminent. Mâchoire supérieure très légèrement plus longue que l'inférieure. Lèvres
assez épaisses. Langue bien développée, très charnue et
souvent rayée en travers.

Narines doubles, de moyennes dimensions et disposées à
peu près comme dans les genres voisins. L'orifice antérieur
arrondi et bordé d'une valvule susceptible de recouvrir
entièrement le postérieur, toujours plus grand et de forme
plus ovale ; la cloison séparatrice située à peu près au tiers
de l'intervalle compris entre l'œil et le museau, ou, suivant
les individus et l'âge plus ou moins avancé, un peu plus près
de l'orbite ou du bout du museau.

Des pores et des canalicules, en continuation de la ligne
latérale, de chaque côté de la tête, en dessus de l'œil, depuis
l'angle de l'opercule jusqu'à l'avant des narines, et depuis
l'angle du préopercule, en dessous de l'orbite, sur les
sous-orbitaires jusqu'au museau. D'autres pores encore
sous le maxillaire inférieur et sur le pourtour du préopercule.

Œil arrondi et plutôt petit, soit d'un diamètre, à la longueur
céphalique latérale, comme 1 : 4 — 5 $^4/_5$ ou 6, selon les individus jeunes ou adultes ; parfois à 3 seulement chez de très
petits sujets.

L'espace préorbitaire à peu près égal au diamètre de l'œil,
chez les jeunes, mais, par contre, souvent égal à 1 $^8/_{10}$ ou
même presque au double de celui-ci, chez les vieux ; par le
fait, à peu près égal à $^1/_4$ de la tête, chez les premiers, ou à $^1/_3$
chez les seconds. (J'ai trouvé souvent cet espace mesurant
seulement des $^2/_3$ aux $^3/_4$ de l'orbite, chez de très jeunes
échantillons de 50 à 60 millimètres de longueur totale.)

L'espace postorbitaire égal, suivant les individus jeunes
ou vieux, à 2 ou à 3 fois le diamètre de l'œil, soit mesurant

un peu moins ou un peu plus que la moitié de la longueur latérale de la tête.

L'espace interorbitaire généralement grand, soit égal, suivant l'âge plus ou moins avancé, à 2 1/2 ou seulement à 1 1/4 diamètres de l'œil, et mesurant à peu près la 1/2 de la longueur céphalique supérieure ou, plus souvent, un peu davantage.

Arcade sous-orbitaire composée de cinq os juxtaposés : le premier à peu près pentagonal, légèrement creusé du côté des narines et du second sous-orbitaire, un peu plus long que haut et presque égal au diamètre de l'orbite, chez l'adulte ; mais ne mesurant en longueur que les deux tiers de l'œil au plus, chez les jeunes. Cette pièce marquée, un peu au-dessous du centre, de petits festons dessinés par les canalicules mucoso-nerveux. Le quatrième un peu plus grand que l'œil, chez l'adulte, et par conséquent sensiblement plus fort que le premier, mais quasi pentagonal comme lui, bien que par contre un peu plus haut que long. Le cinquième ou dernier à peu près triangulaire, transversal et de surface au plus moitié du précédent. Le second et le troisième relativement étroits et allongés, un peu comme dans le genre précédent.

La voûte sus-orbitaire passablement développée et surplombante.

Maxillaire supérieur un peu cintré, presque droit en avant et développé, au-dessous du milieu du bord postérieur, en un coude assez étendu, mais relativement bien moins prolongé en arrière que chez les Gardons. Ce large coude creusé, un peu relevé et anguleux dans le haut, puis décroissant et souvent légèrement concave sur la tranche, enfin, presque droit ou encore légèrement concave dans le bas. La branche inférieure plutôt courte et relativement étroite à la base, mais plus élargie, ainsi que tordue en dedans et en avant près de l'extrémité (Voy. pl. II, fig. 42).

Opercule de moyennes dimensions, trapézoïdal ou subcarré et marqué de fines stries rayonnantes plus ou moins apparentes. Le côté supérieur mesurant légèrement plus que la moitié de l'inférieur et environ les 3/4 ou les 2/3, plus rare-

ment les ³/₄ du postérieur ; ce dernier presque rectiligne, à
peu près vertical sur le bord inférieur, très faiblement convexe, et formant avec ce dernier un angle légèrement arrondi.

Sous-opercule large et en forme de demi-croissant.

Interopercule formant un angle assez grand entre les pièces précédentes et le préopercule, et demeurant largement apparent tout le long au-dessous de ce dernier.

Préopercule légèrement convexe sur les bords postérieur et inférieur et largement arrondi vers l'angle formé par ces deux
côtés.

Bordure branchiostège bien développée.

Pharyngiens de forme généralement allongée : la corne supérieure relativement large, très inclinée, plutôt courte et
très faiblement relevée près du bout ; l'aile médiocrement
étendue, quoique bien détachée, légèrement convexe sur la
tranche, franchement anguleuse dans le bas, un peu moins
vers le haut ; la branche inférieure relativement étroite et
assez longue (Voy. pl. IV, fig. 49, les pharyngiens du *Sq.
cavedanus* très semblables).

Dents pharyngiennes sur deux rangs et assez généralement au
nombre de sept à droite et à gauche ; cinq grandes postérieures et deux petites antérieures [1]. Les dents postérieures,
fortes à la base, assez longues, légèrement comprimées sur
la couronne, un peu crochues à l'extrémité et marquées sur
la tranche de dentelures plus ou moins accentuées, mais
généralement peu nombreuses ; les antérieures de moitié
plus petites, également un peu comprimées, ainsi qu'un peu
crochues à l'extrémité, et souvent aussi légèrement pectinées. La supérieure et l'inférieure, au rang postérieur, à
peu près de même longueur ; la première la plus étroite et
la plus crochue, la dernière la plus large à la base et la plus
conique. La troisième d'ordinaire la plus haute (Voy. pl. IV,
fig. 49, les dents du *Sq. cavedanus* très semblables).

---

[1] Valenciennes (Hist. Nat. XVII, p. 17) attribue, à tort, trois petites
dents en rangée antérieure à ce poisson. Cet auteur aura probablement
été induit en erreur par quelque variété du *Sq. leuciscus*, chez lequel le
cas se présente assez souvent.

Meule facilement isolable, assez dure, plutôt grande, à peine
   plus longue que large et rappelant assez celle du Spirlin, soit composée d'un grand talon postérieur disposé en
   coin entre deux lobes antérieurs réunis en forme de cœur.
   La pointe de ce cœur subarrondie et marquée de deux ou
   trois impressions dentaires rayonnantes ; parfois aussi une
   impression longitudinale sur les lobes latéraux (Voy. pl. IV,
   fig. 50 et 51).
Dorsale naissant un peu en arrière du milieu de la longueur du
   poisson sans la caudale, soit un peu en arrière de l'origine
   des ventrales, et toujours beaucoup plus haute que longue.
   L'élévation de cette nageoire égale, suivant les époques et
   l'âge plus ou moins avancé, à $^5/_6$ ou à $^2/_3$ ou à $^3/_4$ de la hauteur du corps, parfois même à $^6/_7$ de celle-ci, chez de très
   petits sujets ; soit, selon les individus, légèrement plus forte
   ou plus faible que la longueur de la tête en dessus. L'étendue basilaire variant entre la $^1/_2$ et les $^2/_3$ de la hauteur du
   plus grand rayon. Quant à la forme : presque rectiligne sur
   la tranche et relativement peu décroissante en arrière.
      Onze ou plus rarement douze rayons : trois simples et
   huit divisés, exceptionnellement neuf de ces derniers. Le
   premier simple variant entre $^1/_5$ et $^1/_7$ du second, celui-ci
   mesurant, selon les individus, à peu près les $^2/_5$ ou presque
   la $^1/_2$ du troisième ; ce troisième, soit plus grand simple, à peu
   près égal au premier divisé ou légèrement plus long. Le dernier divisé profondément bifurqué et généralement un peu
   plus fort que la moitié du plus grand, parfois même presque
   égal aux $^3/_5$ de celui-ci.
Anale naissant passablement en arrière de la base de la dorsale,
   mais, généralement un peu moins reculée que l'extrémité de
   cette nageoire couchée et demeurant, rabattue aussi, à une
   distance de l'origine de la caudale légèrement plus faible ou
   plus forte que l'étendue de sa base. La hauteur variant
   entre les $^4/_5$ et les $^9/_{10}$ de l'élévation de la dorsale ; la longueur variant, à son tour, entre les $^3/_5$ et les $^5/_6$ de la hauteur. (J'ai trouvé une fois les deux dimensions égales, chez
   un jeune.) Quant à la forme : un peu carrée et sensiblement
   convexe sur la tranche.

Le plus souvent, onze à douze rayons ; trois simples et huit à neuf divisés. (Jeitteles, Fische des March et de Siebold, Süsswasserfische, donnent un minimum de sept divisés que je n'ai pas encore trouvé dans notre pays.) Le premier simple mesurant environ les $^2/_5$ ou la $^1/_2$ du second ; celui-ci égal à peu près à la $^1/_2$ du troisième ; ce dernier à peu près égal au premier divisé, ou très légèrement plus court. Les trois ou quatre divisés antérieurs presque de même longueur ; le dernier bifurqué jusqu'au bas et mesurant environ les $^3/_5$ du plus grand, ou légèrement plus.

Ventrales implantées en avant de l'aplomb de la dorsale d'une quantité variant entre l'étendue de leur base et la moitié de celle-ci, et demeurant, rabattues, à une distance de l'anus, selon l'état des individus et l'âge plus ou moins avancé, égale au moins à la $^1/_2$ ou seulement à $^1/_6$ de leur longueur maximale. Le plus grand rayon égal souvent, chez les jeunes, à la hauteur de l'anale, mais, d'ordinaire, un peu plus long ou par contre légèrement plus court, chez les adultes. Quant à la forme : assez larges, arrondies sur la tranche et médiocrement réduites en arrière.

Généralement dix rayons : deux simples et huit divisés[1]. Le premier simple, comme dans les genres voisins, latéral, externe, un peu arqué à la base, d'une seule pièce, le plus souvent paraissant dépourvu d'articulations et mesurant environ $^1/_4$ du plus grand ; le second légèrement plus court que le premier rameux le plus long de tous. Le dernier divisé, souvent profondément partagé, variant entre un peu plus de la moitié et les $^3/_5$ du plus grand.

Pectorales demeurant, rabattues, à une distance de l'origine des ventrales variant, suivant l'âge et les individus, entre $^1/_3$ et $^4/_5$ de leur plus grand rayon. Ces nageoires d'une longueur à peu près égale à la hauteur de la dorsale ou légèrement plus fortes et, par le fait, constamment de $^1/_8$ à $^1/_5$ plus grandes que les précédentes. Quant à la forme : subtriangulaires, subacuminées, légèrement arrondies sur la tranche et fortement réduites en arrière.

---

[1] Je n'ai pas trouvé d'individus n'ayant qu'un seul rayon simple aux ventrales, comme semble l'indiquer Jeitteles, dans sa formule 1-2/8.

Un rayon simple et quinze à dix-sept divisés ; le rayon simple à peu près égal au troisième rameux ; le premier divisé légèrement plus long que le second ; le dernier mesurant environ de $^1/_{10}$ à $^1/_8$ du plus grand.

Caudale relativement courte et médiocrement échancrée, avec des lobes égaux ou subégaux, légèrement convexes sur la tranche et subacuminés. (J'ai trouvé, assez souvent, le lobe inférieur de deux à trois millimètres plus long que le supérieur, chez des individus de taille moyenne ; j'ai même constaté, une fois, une différence de huit millimètres entre ces deux lobes, chez un sujet de 275^{mm} de longueur totale.) Le plus grand rayon, à la longueur totale du poisson, comme 1 : 5 $^1/_8$ — 5 $^4/_5$, suivant les individus jeunes ou adultes, et, par le fait, à peu près égal à la tête, chez les premiers, mais d'ordinaire un peu plus court que celle-ci, chez les seconds.

Dix-neuf rayons principaux appuyés, en haut et en bas, par six, sept ou huit petits rayons décroissants. Les rayons médians mesurant la moitié des plus grands.

Écailles latérales médianes plutôt grandes, relativement minces, médiocrement adhérentes, subarrondies, bien que plus ou moins découpées au bord fixe, et se recouvrant aux trois cinquièmes environ. Les plus grandes, parmi celles-ci, souvent à peu près égales en hauteur et en longueur ou, parfois, légèrement plus fortes dans l'une ou l'autre de ces dimensions, et recouvrant complètement l'orbite ou même un peu plus chez les adultes, mais souvent à peine égales à la moitié de celui-ci, chez de très jeunes individus. Le bord libre légèrement découpé en festons ; le bord fixe généralement trilobé, soit plus ou moins anguleux et saillant, en haut et en bas, et convexe avec ou sans échancrures au milieu. Des rayons légèrement saillants partant d'un nœud situé à peu près au centre de l'écaille et joignant, en nombre variable, le bord libre, entre les festons (souvent cinq à six au-dessus de la ligne latérale ; parfois quinze à dix-huit sur des écailles prises directement au-dessous de cette ligne) ; d'autres rayons, plus déliés et plus ou moins nombreux que les précédents, gagnant à leur tour le bord fixe, sur la convexité médiane. Toute la surface de l'écaille couverte de stries concentriques, fines sur la partie cachée, plus grossières, plus distantes et légèrement ondulées, sur la partie découverte. Les squames latérales moyennes, au-dessus de la ligne latérale et un peu en avant du milieu du corps, les plus grandes de toutes. Les latérales antérieures légèrement plus petites ; les postérieures plus petites encore, plus allongées, plus irrégulières et souvent plus sillonnées, avec un nœud volontiers plus reculé vers le bord fixe. Les dorsales moyennes un peu plus petites et moins découpées au bord fixe que les latérales, subovales et, comme les latérales postérieures, plus sillonnées, avec un nœud plus reculé. Les pectorales notablement plus petites encore et allongées, avec un nœud aussi plus reculé vers le bord fixe.

Sept à huit écailles en dessus de la ligne latérale, vers la plus grande hauteur du corps, et trois à quatre en dessous, jusqu'à la base des nageoires ventrales (Voyez pl. III, fig. 45).

Ligne latérale décrivant, de l'angle supérieur de l'opercule au centre de la caudale, une courbe concave légèrement moins accentuée que celle du profil ventral, et passant d'ordinaire à peu près aux deux cinquièmes de la hauteur maximale du corps.

Généralement de 45 à 49, plus rarement 42 ou 43 écailles sur cette ligne[1]. Les squames moyennes à peu près semblables à leurs voisines, avec un tubule subcylindrique, médiocrement large, bien ouvert aux deux extrémités, naissant un peu en arrière du nœud central, du côté du bord fixe, et s'étendant à peu près jusqu'au milieu de la moitié découverte de l'écaille ; l'extrémité libre de ce conduit souvent un peu déviée, parfois même brusquement coudée. Les squames antérieures plutôt un peu plus grandes, plus élevées et plus irrégulières, avec un tubule oblique et plus court ; les postérieures, par contre, plus petites et plus allongées, avec un tubule plus délié, plus droit et plus étendu (Voy. pl. III, fig. 46).

---

[1] Canestrini attribue au *Sq. cavedanus* un minimum de quarante-trois, et Günther donne le chiffre inférieur de quarante-deux à son *Leuc. dobula.* Je n'ai jusqu'ici trouvé ni l'un ni l'autre de ces chiffres dans nos eaux.

Coloration des faces supérieures olivâtre ou d'un gris brun tirant plus ou moins sur le jaunâtre, le verdâtre, le bleuâtre ou le noirâtre ; toutes teintes se fondant, sur les flancs, d'abord en un gris jaunâtre plus pâle à reflets argentés ou dorés, puis en un blanc argenté plus ou moins pur ou légèrement jaunâtre. Les faces inférieures d'un blanc argenté, parfois légèrement jaunâtres. Les côtés de la tête argentés et dorés, avec des reflets nacrés. La plupart du temps une tache noire ou noirâtre, plus ou moins apparente, allongée obliquement derrière l'opercule et jusqu'au-dessus des pectorales. Le bord libre de toutes les écailles latérales généralement pointillé de noirâtre ou de verdâtre foncé.

Nageoires dorsale et caudale volontiers sombres, comme le dos ; la première cependant, souvent plus claire, soit d'un gris jaunâtre ou rougeâtre, dans le bas, et brunâtre ou noirâtre sur la moitié ou les deux tiers supérieurs ; la seconde fréquemment aussi olivâtre, ou d'un brun tantôt verdâtre, tantôt légèrement rougeâtre, avec les extrémités noirâtres ; parfois une légère bande bleuâtre sur la tranche de cette dernière. Les ventrales et l'anale, suivant l'âge, les époques et les conditions locales, jaunes, roses, d'un rouge orangé, ou d'un rouge légèrement rembruni, ou encore quelquefois légèrement mâchurées. Les pectorales volontiers un peu plus pâles, jaunâtres ou d'un rouge moins éclatant et, assez souvent aussi, plus ou moins mâchurées ou noirâtres vers le bout, chez les jeunes surtout.

Iris d'un blanc argenté parfois légèrement jaunâtre et sali de noirâtre ou de verdâtre foncé, dans le haut ; un cercle jaune autour de la pupille.

Dimensions fortes, dans le genre. Ce poisson atteint, en effet, dans plusieurs de nos lacs inférieurs, à un poids de quatre, six, huit et même neuf livres, soit, suivant les localités, 2 à 4 ¹/₂ kilog., avec une taille maximale de 50 à 65 centimètres environ[1]. Comme d'ordinaire, l'augmentation de poids se traduit plutôt par un élargissement que par un

---

[1] C'est à tort que le Conservateur suisse, de 1814, signale des Chevaines du poids de trente livres dans le lac Léman.

allongement du corps ; ainsi, un individu de taille moyenne,
soit de 323 millimètres, peut ne peser encore que 380 grammes
près de trois quarts de livre. On m'assure que l'*Alet* (Chevaine) atteint, au plus, à un poids de trois livres, dans les
eaux froides du lac de Brienz. Enfin, la *Vantouse* (Chevaine)
ne dépasse guère 2 à 2 $^1/_2$ livres dans le Lac noir, au canton
de Fribourg, à 1059 mètres d'élévation au-dessus de la mer.

Mâles, à l'époque des amours, ornés de nombreux petits tubercules à base arrondie et coniques au centre, sur le dessus et
les côtés de la tête. D'autres tubercules encore plus petits
distribués, en nombre variable et parallèlement au pourtour
de l'écaille, sur les squames du dos et du haut des flancs.
(J'ai trouvé des tubercules céphaliques dans la seconde
moitié d'août, sur deux ou trois jeunes mâles de l'un de nos
petits lacs élevés [1], bien que les testicules de ces petits
sujets fussent alors assez peu développés. Souvent le premier ou les deux ou trois premiers grands rayons des
nageoires pectorales plus ou moins renflés, à l'époque du rut
surtout.)

Jeunes de formes plus élancées que les adultes, avec une livrée
plus claire, une tête un peu plus forte, une queue relativement plus longue et un œil comparativement beaucoup
plus grand. Les nagoires généralement plus pâles ; souvent
cependant une bande transversale grise ou noirâtre vers les
deux tiers des pectorales. Lunel signale, chez des individus
de quatre à six centimètres, une tache ronde ressemblant à
une perle fine, à l'angle antérieur du bord supérieur de
l'opercule. J'ajouterai que des sujets plus petits encore, de
3 à 4 centimètres, à dos gris-olivâtre, ont volontiers les
flancs argentés, avec des reflets d'un rose lilacé.

Vertèbres au nombre de 43 à 45.

Vessie aérienne grande et étranglée un peu en avant du
milieu. La partie antérieure plus forte que la moitié de l'autre, convexe en dessous, un peu concave en dessus, et légèrement bilobée à l'avant ; la partie postérieure cylindroconique, droite ou faiblement cintrée et subacuminée à l'extrémité.

______

[1] Le Lac noir, dans le canton de Fribourg, à 1059 mètres.

Tube digestif formant deux grands replis et mesurant une fois et un vingtième à une fois et un cinquième la longueur totale du poisson ; l'estomac assez large. Ovaires et testicules doubles et volumineux.

Une rangée de pseudobranchies pectinées passablement développées, disposées en croissant derrière le quatrième sous-orbitaire.

La Chevaine varie assez pour avoir donné lieu à la création de plusieurs fausses espèces. Quelques-unes de ces formes septentrionales ou méridionales ont été depuis longtemps reconnues pour de simples variétés locales. D'autres, en apparence plus différentes, ou élevées plus récemment au rang d'espèces et jouissant, par là, encore assez généralement de la distinction spécifique, nécessitent ici quelques explications. Non seulement, je trouve comme Canestrini [1], que les caractères invoqués par Heckel et Kner pour distinguer leurs *Sq. svallize* et *Sq. albus* se retrouvent, à différents âges, chez le *Sq. cavedanus* de ces auteurs ; mais encore, il me paraît que le dit *Sq. cavedanus* de Bonaparte, de Heckel et Kner, de Canestrini et d'autres, n'est, en réalité, qu'une forme méridionale assez particulière de notre *Sq. cephalus* de l'Europe moyenne et septentrionale [2].

La comparaison minutieuse d'un grand nombre de *Sq. cephalus* provenant de plusieurs de nos lacs, au nord des Alpes, et de nombreux *Sq. cavedanus,* d'âges divers, récoltés dans le lac de Lugano, au sud, m'a montré comment la plupart des caractères appelés à différentier ces prétendues espèces se retrouvent souvent également chez certains individus des deux formes. Il est vrai qu'à première vue le Cavedane paraît plus comprimé ou plus élevé, avec une tête plus pointue que la Chevaine, mais

[1] Prospetto critico, p. 61 et 62.

[2] Günther (Catal. of fishes, VII, p. 221) a, il est vrai, déjà rangé le *Sq. cavedanus* avec son *Leuc. cephalus;* mais je ne trouve, chez cet auteur, aucune justification de sa décision, et je vois que, malgré l'autorité de ce savant zoologiste, l'opinion générale ne paraît pas encore complètement ébranlée sur ce point.

l'établissement de quelques tabelles de proportions sur des
sujets de provenances, de sexes et d'âges différents, suffit à
faire ressortir tant de transitions que l'on ne peut plus voir
dans ces deux formes qu'une seule et même espèce plus ou
moins modifiée par les conditions.

En somme, les points principaux qui différentient le *Sq. cavedanus* du *Sq. cephalus* m'ont paru les suivants :

Chez le *Sq. cavedanus* : un corps légèrement plus élevé ou
voûté et relativement un peu plus comprimé ; un museau un peu
plus acuminé et, par le fait, une bouche d'ordinaire un peu
moins oblique et un menton en général plus fuyant ; un coude
au maxillaire supérieur légèrement plus large ; un opercule un
peu plus carré ; des os pharyngiens légèrement plus grêles, avec
une aile un peu plus élevée en avant ; des écailles souvent un
peu plus anguleuses ; enfin, une coloration des nageoires inférieures d'ordinaire plus sombre. Tous ces traits que je relèverai
plus loin, dans une description sommaire de la forme méridionale, dite *Cavedano,* sont assez variables chez notre Chevaine,
pour que l'on ne puisse pas leur attribuer une importance spécifique, encore moins une valeur générique comme l'a fait dernièrement Fitzinger [1]. Les caractères invoqués par Heckel et
Kner sont encore plus inconstants que les petites différences
que je viens de signaler. La bouche est, dans les deux formes,
plus ou moins fendue ; la dorsale prend naissance, chez la Chevaine, aussi bien au-dessus de la dix-neuvième qu'au dessus de
la seizième écaille latérale ; suivant la disposition plus ou moins
oblique de la bouche, l'axe passe, par rapport à l'œil et à
l'opercule, dans des positions très différentes; enfin, l'on voit,
dans le jeune âge, tantôt des Chevaines avec des nageoires
mâchurées, tantôt des Cavedanes avec des nageoires jaunes ou
rougeâtres. Heckel et Kner ont eu tort de donner, dans la formule de leur *Sq. cavedanus,* 2/9 — 10 rayons pour l'anale de
cette forme méridionale ; le Cavedane a trois rayons simples, tout comme la Chevaine. Steindachner *(Fischfauna des
Isonzo)* s'est également trompé, quand il a voulu voir un carac-

---

[1] Die Gattungen der Europæischen Cyprinen nach ihren äusseren
Merkmalen, 1873, p. 8, 20 et 21.

tère propre au *Sq. cavedanus* dans la tache sombre disposée entre l'opercule et les pectorales ; cette tache se retrouve également très fréquemment chez le *Sq. cephalus*.—(Voyez, plus loin, à la description sommaire de la forme méridionale *(Sq. cavedanus)* les espèces nominales ou les variétés locales qui doivent y être rapportées.)

Les *Sq. meridionalis* et *Sq. clathratus* de Blanchard ne sont aussi, pour moi, que des formes du *Sq. cephalus*. Le premier, dit méridional, me paraît se rapprocher beaucoup du *Sq. cavedanus* des Italiens. La courbe un peu plus forte du dos, les dimensions de la tête et les proportions ainsi que la coloration des écailles, sont celles du Cavedane ; il n'y a pas jusqu'à la forme plus carrée de l'opercule qui ne se retrouve souvent chez celui-ci. Quant au second : j'ai constaté assez souvent les légères différences de forme et de pigmentation des écailles qui doivent le faire distinguer, pour attribuer une très petite importance à de pareils caractères spécifiques.

Nous avons vu, dans le courant de la description, l'extension des limites de proportions des diverses parties de la tête, du corps et des nageoires [1], ainsi que la variabilité du nombre des écailles et des rayons, chez la Chevaine ; j'ajouterai seulement, en terminant ce paragraphe, que les Chevaines de nos lacs élevés sont d'ordinaire un peu moins épaisses ou plus comprimées que celles de nos bassins inférieurs, avec une livrée relativement un peu plus sombre, et qu'elles atteignent rarement, dans ces conditions, à la taille ou au poids qu'elles acquièrent dans les eaux plus riches de la plaine.

De Tschudi (Thierleben der Alpenwelt) se trompe grandement, quand il décore du nom de Göse (pour lui *Leuciscus Jeses,* par où il entend *Idus melanotus*) le Cyprin nommé Vantouse ou Wantuse au Lac noir ou d'Omeinaz, dans le canton de Fribourg. Ce poisson, qui est censé, suivant cet auteur, ne se trouver que dans ce seul lac, en Suisse, est cependant tout simplement la Chevaine de tous nos lacs, un peu modifiée, comme je viens de le dire, par son habitat élevé (1059 mètres). La dite

---

[1] J'ai trouvé, une fois, la hauteur et la longueur de l'anale égales, chez un jeune individu provenant du Lac noir.

Vantouse a été probablement importée autrefois dans la localité pour servir de pâture au Brochet qui pullule avec elle dans ces eaux; et le dire d'un vieux pêcheur de l'endroit, qui l'appelait bonnement une *Senev*, me ferait croire qu'elle est venue du lac de Neuchâtel, où le même nom est employé.

La Chevaine est très répandue dans les lacs et les rivières, tant au nord qu'au sud de l'Europe, et jusqu'en Asie mineure. A l'exception de l'Inn supérieur, dans la haute Engadine, où la rencontre dans tous nos bassins et, plus ou moins abondamment, dans tous nos grands lacs inférieurs, ainsi que dans la plupart de nos principaux courants. Elle abonde même dans plusieurs de nos marais, et les individus jeunes ou de taille moyenne s'établissent assez volontiers, durant la belle saison, jusque dans nos ruisseaux. Malgré sa force dans l'art de la natation et sa prédilection pour les courants rapides et à fond caillouteux, elle ne remonte guère nos rivières souvent trop accidentées au delà du bas de la région montagneuse, vers neuf cents mètres environ [1]; toutefois, on la trouve çà et là, au-dessus de ce niveau, dans quelques petits lacs où elle a été probablement importée pour servir de pâture à quelque poisson carnivore plus apprécié [2]. J'ai, en particulier, pris bon nombre d'individus de tailles diverses, au canton de Fribourg, à 1059 mètres au-dessus de la mer, dans le Lac noir, où, comme je l'ai dit, cette espèce vit avec le Brochet; et M. J. Fauconnet de Genève a eu la bonté de me rapporter du lac Champey, sur Orsières, à 1465ᵐ, dans le Valais, plusieurs échantillons de la même espèce, qui s'y trouvait avec la Truite et le Véron [3].

La Chevaine se tient d'ordinaire près des rivages, quelquefois dans des localités herbeuses, plus souvent dans les endroits

[1] On m'a assuré, en particulier, que l'on prend des Chevaines du poids de deux livres environ, dans le Rhin postérieur, un peu au-dessus de Thusis dans les Grisons.

[2] C'est probablement en partie à la Chevaine qu'il faut rapporter le dire de de Tschudi, quand il avance que le *Leuciscus rodens* se trouve, de temps à autre, dans les lacs de la région montagneuse.

[3] Le plus grand individu mesurait 210 millimètres.

pierreux et caillouteux. Elle se cache volontiers sous les berges
au bord d'une rivière, ou sous quelque grosse pierre, non loin
de la rive d'un lac, ou encore au fond des remous, au-dessous des moulins, ce qui même lui a valu le nom de Meunier
qu'on lui applique assez généralement en France. Ses appétits
sont très voraces et, plus que tout autre Cyprin, elle est douée
d'instincts carnivores. Bien que mangeant au besoin, comme
les espèces de sa famille, des plantes aquatiques, des graines et
même des fruits, elle préfère cependant les vers, les insectes et les
crustacés ; les adultes recherchent même des proies plus grosses
et dévorent beaucoup de petits poissons. Elle aime le voisinage
des abattoirs et se repaît volontiers des débris de boucherie ;
elle happe également avec grand plaisir, des grenouilles et
même des souris ou des musaraignes aquatiques. On la voit
souvent sauter aussi à la surface, après les mouches. Ses allures sont très capricieuses et sa nature assez rusée : tantôt,
blottie isolément sous quelque abri, elle attend immobile qu'un
petit poisson, Goujon ou autre, passe à sa portée, et se jette
alors avec impétuosité sur l'innocent animal qui disparaît à
l'instant dans sa large gueule ; tantôt, en compagnie de quelques-uns de ses semblables, elle fait lentement le long des rives
quelque voyage d'exploration. Parfois elle semble se laisser
bercer mollement par le courant ; d'autres fois, sous l'impression d'une crainte ou d'un désir, elle nage au contraire avec
une rapidité vertigineuse.

L'époque des amours paraît varier assez, avec les localités
et les conditions. La ponte se fait, en Suisse, le plus généralement dans le courant des mois de mai et de juin ; toutefois, il
semble que cette opération ait lieu souvent un peu plus tôt ou
plus tard, selon qu'elle se fait dans les rivières ou dans les lacs.
Quelques auteurs placent cette époque vers le milieu d'avril, et
d'autres en juillet ou même en août. Bien que ces limites me
paraissent un peu larges, je ne puis passer sous silence le fait
que quelquefois des Chevaines frayent, en effet, déjà à la fin
d'avril, dans le Rhône, et que j'ai trouvé en août, dans le Lac
noir, de jeunes mâles encore ornés de tubercules épineux [1].

---

[1] Un pêcheur du lac de Lucerne m'a assuré que l'*Alet* fraye de nouveau

Les œufs relativement très petits et assez nombreux (Lunel dit 25 à 35,000, je croirais davantage), sont déposés, le plus souvent, sur le gravier ou sur les pierres, non loin des rives et volontiers dans les eaux vives ou dans les courants un peu forts. Au moment de la ponte, les Chevaines se rassemblent en grande quantité sur les places qu'elles ont choisies et exécutent alors bruyamment les préludes de leurs amours, se frottant à l'envi les unes contre les autres et sautant à qui mieux mieux, par dessus la surface et souvent même jusque sur la rive. De la Blanchère croit que cette frénésie et l'acte de la ponte durent à peu près une semaine ; Günther fixe cette durée à quatorze jours environ. Lunel pense que l'opération doit être beaucoup plus rapide. Huit à dix jours suffisent, suivant quelques auteurs, pour le développement des œufs, et les alevins, après ce temps, se retirent bientôt dans les endroits couverts et cachés du rivage. Les jeunes Chevaines croissent assez vite; toutefois, elles ne paraissent pas aptes à la reproduction avant leur troisième année. En hiver, petits et grands se retirent dans les profondeurs.

On pêche la Chevaine soit à la ligne amorcée avec du pain, du fromage, des fruits (cerises, groseilles ou pruneaux), de la viande, des vers, des insectes ou des petits poissons, soit avec les nasses, le trident ou les filets. La viande de cette espèce est du reste peu prisée, tant par le fait de son peu de fermeté qu'à cause du grand nombre d'arêtes qu'elle renferme[1]. Comme tous ses congénères, la Chevaine est infectée de parasites, en grande majorité de l'ordre des Helminthes[2]. J'ai vu souvent

en août; est-ce une erreur, ou bien les différents individus frayent-ils peut-être, comme chez d'autres poissons, à une époque un peu différente, suivant leur âge? Perrot et Droz, dans leurs informations manuscrites sur le lac de Neuchâtel, rapportent le dire de deux pêcheurs, dont l'un assurerait que le *Senew* fraye en mars dans les ruisseaux et en juillet dans le lac; tandis que l'autre croirait que le même poisson fraye, à partir du mois de mai, durant tout l'été.

[1] La Chevaine ou *Chavaine* est, à Genève, tellement méprisée que l'on entend souvent son nom employé à titre d'insulte.

[2] On a signalé jusqu'ici, à ma connaissance, chez le *Sq. cephalus*, les Helminthes suivants :

Ascaris dentata (Zeder); dans les intestins. — *Agamonema ovatum* (Zeder); dans la cavité abdominale. — *Echinorynchus globulosus* (Rud.);

aussi, dans quelques-uns de nos ruisseaux et de nos petites rivières, de jeunes Chevaines chez lesquelles les nageoires étaient empâtées, vers l'extrémité surtout, d'une sorte de byssus ou de mousse blanche assez compacte et adhérente.

16 *bis*. LE CAVEDANE

Cavedano

Squalius cavedanus
(Subsp. mérid.)

Verdâtre, olivâtre ou parfois bleuâtre et généralement plus sombre que le Squalius cephalus, en dessus ; les flancs volontiers assombris par un fin pointillé noirâtre ; ventre blanc jaunâtre ; une tache noirâtre derrière la ceinture thoracique. Nageoires pectorales, ventrales et anale jaunâtres ou rougeâtres et plus ou moins mâchurées. Corps un peu plus élevé et plus comprimé. Tête plus acuminée et moins large, œil plutôt plus grand. Écailles latérales moyennes, au moins de la grandeur de l'œil, chez l'adulte, souvent plus pigmentées, avec des stries un peu plus régulières. Dorsale un peu plus déclive sur la tranche. Anale parfois légèrement plus longue à la base. Caudale relativement un peu plus forte et plus échancrée (Taille moyenne d'adultes : 30 à 35 centimètres).

Arcade sous-orbitaire, comme chez le Squalius cephalus ; mais, opercule un peu plus carré. Maxillaire supérieur pré-

dans les intestins. *Echin. proteus* (Westr.); dans les intestins. — *Aspidogaster limacoïdes* (Dies.); dans l'intestin. — *Diplostomum cuticola* (Nordm.); à la surface du corps, dans un kyste. — *Ligula digramma* (Creplin); dans les intestins. — *Tetracotyle typica* (Dies.); entre les tuniques des intestins, enkysté dans des capsules. — *Caryophyllæus mutabilis* (Rud.); dans les intestins.

Deux petits crustacés, les *Lamproglena pulchella* et *Tracheliastes polycolpus* ont été cités, le premier chez l'*Aland*, le second chez le *Cyp. Jeses* ; bien que ces noms aient été quelquefois appliqués à tort à notre *Squalius cephalus*, il est plus probable cependant que ces derniers parasites doivent être rapportés à l'*Idus melanotus*.

sentant un coude postérieur un peu plus large, à tranche légère-
ment moins oblique et presque rectiligne. Pharyngiens plutôt
plus grêles, avec une aile plus droite. Dents et meule sembla-
bles.

D. 3/8—9, A. 3/8—10, V. 2/8, P. 1/16—17, C. 19.

$$\text{Sq. } 43(44) \ \frac{7-8}{3-4} \ 47(49). \quad \text{Vert. } 43.$$

LEUCISCUS CAVEDANUS, *Bonaparte,* Fauna Italica, fig. — *De Filippi* Cenni,
        p. 12. — Cuv. et Val., XVII, p. 196. — *Schinz,* Europ. Fauna,
        II, p. 320.
   »   TIBERINUS, L. PARETI, L. SQUALUS, (L. ALBUS?), *Bonap.* Fauna
        Italica.
   »   SQUALIUS, L. ALBUS, *Cuv.* et *Val.,* XVII, p. 191 et 192.
SQUALIUS CAVEDANUS, *Bonaparte,* Cat. Met., p. 31. — *Heckel* et *Kner,* Süss-
        wasserfische, p. 184, fig. 101. — *De Betta,* Ittiol. Veron., p. 89.
        — *Nardo,* Prosp. sist., p. 72 et 91. — *Nini,* Cenni, 54. — *Monti*
        (cavedine), Not. dei Pesci, p. 45. — *Steindachner,* Poissons du
        Portugal, p. 4. — *Canestrini,* Prospet. crit., p. 59. — *Pavesi,*
        Pesci e Pesca, p. 39.
   »   SWALLIZE, SQ. ALBUS, *Heckel* et *Kner,* Süsswasserfische, p. 197 et
        198, fig. 110 et 111.
   »   MERIDIONALIS, *Blanchard,* Poissons de France, p. 396, fig. 93.

NOMS VULGAIRES, EN TESSIN : *Cavédan, Cavedine, Cavèzzèll, Lacciaròtt* ou
        Laccèrott.

Corps plus comprimé et relativement un peu plus élevé, ou plus
   voûté que chez la Chevaine ; profils plus régulièrement convexes et dos un peu moins large. La hauteur maximale, à la
   longueur totale, comme 1 : 4 $\frac{1}{2}$ à 5 $\frac{1}{2}$, selon l'âge plus ou
   moins avancé. L'épaisseur maximale égale à $\frac{5}{9}$ de la hauteur la plus forte, chez des adultes de taille moyenne. Une
   section verticale, par le fait, d'un ovale un peu moins large.
Tête plus acuminée et un peu moins large en dessus ; profil
   supérieur assez droit, mais un peu plus déclive. La longueur
   céphalique, à la longueur totale du poisson, comme 4 $\frac{3}{4}$ —
   5 $\frac{1}{5}$, suivant les individus jeunes ou adultes, mais avec

exceptions à tout âge. La tête, par le fait, encore un peu
moindre que la hauteur du tronc, mais à peine plus longue
que la caudale, chez l'adulte. La hauteur à l'occiput plus
courte que la longueur au même point; cela d'une quantité généralement plus forte que chez la forme septentrionale (Chevaine). L'épaisseur sur l'opercule correspondant,
selon les sujets jeunes ou vieux, à la hauteur à la $\frac{1}{2}$ ou aux
$\frac{3}{4}$ de l'œil[1]. Museau plus pointu; bouche généralement
moins oblique; menton peu accentué.

Œil à peu près de même dimension que dans la Chevaine, chez
l'adulte, bien que peut-être très légèrement plus grand chez
des individus de tailles égales; à la longueur de la tête,
comme 1 : 4 — 5 $\frac{1}{2}$ selon les sujets jeunes ou adultes, (jusqu'à 5 $\frac{8}{10}$ suivant Canestrini), par contre 3 $\frac{1}{2}$ chez des individus de 80 millimètres de longueur totale.

Espace préorbitaire mesurant 1 $\frac{1}{3}$ à 1 $\frac{3}{4}$ diamètre de
l'œil, chez des sujets moyens et adultes, seulement $\frac{5}{6}$ de
l'œil, chez des jeunes de 80 millimètres. — Espace postorbitaire, comme chez le *Sq. cephalus*. — Espace interorbitaire
à peu près de même dimension chez les jeunes des deux formes, mais ici relativement un peu plus étroit chez les vieux;
soit égalant 1 $\frac{1}{4}$ diamètre de l'œil, chez les jeunes, à 2 ou
2 $\frac{1}{4}$ diamètres de l'œil, au plus, chez les vieux; par le fait
presque égal à la $\frac{1}{2}$ de la tête en dessus, ou légèrement plus
fort. (Heckel me semble avoir trop appuyé sur ces petites
différences.)

Arcade sous-orbitaire et voûte sus-orbitaire à peu près comme
chez le *Sq. cephalus*.

Maxillaire supérieur présentant un coude postérieur légèrement
plus étendu vers le bas, avec une tranche moins inclinée et
moins creusée ou presque droite.

Opercule plus carré, par le fait de la longueur relativement plus
forte du côté supérieur; celui-ci sensiblement plus grand
que la $\frac{1}{2}$ de l'inférieur et égal aux $\frac{3}{4}$, aux $\frac{4}{5}$, parfois même

---

[1] Ce dernier rapport accuse ici une tendance contraire de celle que
nous avons signalée chez l'*Alburnus alborella* et de celle que nous obser-
verons chez le *Squalius Savignyi*.

aux ⅚ du côté postérieur (divergence ou prédominance se retrouvant chez le *Sq. meridionalis* de Blanchard).

Pharyngiens un peu plus grêles, avec une aile plus droite sur la tranche et moins décroissante dans le haut, soit un peu plus élevée vers l'angle relativement aigu qu'elle forme avec la corne (Voy. pl. VI, fig. 49).

Dents et meule à peu près comme chez le *Sq. cephalus*.

Dorsale dans la même position que chez la Chevaine et de forme presque semblable, quoique peut-être un peu plus rapidement décroissante. Quant à la hauteur, mesurant de ³/₅ à ²/₃, parfois jusqu'à ⁶/₇ de l'élévation du tronc, selon les individus jeunes ou adultes (selon Canestrini seulement ½ chez de petits sujets); la longueur basilaire dans les mêmes rapports vis-à-vis de la hauteur que chez le *Sq. cephalus*.

Trois rayons simples et huit à neuf divisés.

Anale de forme subcarrée, légèrement convexe sur la tranche et dans les mêmes proportions que chez la Chevaine; la hauteur relativement la même, la longueur seulement quelquefois un peu plus plus forte, quand il y a un rayon divisé de plus. (Canestrini me semble commettre une erreur, quand il dit *rettilineo*, à propos de la tranche de cette nageoire; celle-ci ne diffère guère de celle du *Sq. cephalus*.)

Trois rayons simples et huit à dix divisés (Heckel différentie à tort le *Sq. cavedanus* du *Sq. cephalus* par la présence de deux rayons simples seulement à l'anale; le *Cavedano* en porte trois, tout comme la Chevaine.)

Ventrales, de forme et proportions, comme chez le *Sq. cephalus;* mais souvent implantées légèrement plus en avant, position qui se retrouve du reste aussi chez certains individus de la forme septentrionale. Demeurant, rabattues, à une distance de l'anus généralement entre ⁴/₉ et ¹/₃ de leur longueur.

Deux rayons simples et huit divisés.

Pectorales un peu plus grandes que la hauteur de la dorsale ; cela d'une quantité volontiers légèrement plus forte que chez la Chevaine, sauf chez les jeunes. Ces nageoires antérieures plus fortes aussi que les ventrales, soit de ¹/₆ à ¹/₅ chez les femelles adultes, plus souvent de ¹/₅ à ¹/₄ chez les

mâles adultes. Enfin, rabattues, laissant entre elles et les
ventrales un espace variant de $^2/_5$ à $^3/_5$ de leur longueur ; du
reste, de même forme convexe sur la tranche que chez le
Sq. cephalus.

Un rayon simple et seize à dix-sept divisés.

Caudale relativement un peu plus longue que chez la majorité
des Chevaines, soit, à la longueur totale, comme 1 : 4 $^3/_{10}$ —
5 $^1/_4$ selon les sujets jeunes ou adultes ; par le fait, légèrement plus forte que la tête chez les jeunes et à peu près
égale à celle-ci chez les vieux. Quant à la forme, assez profondément échancrée, avec des lobes subacuminés, légèrement convexes sur la tranche et subégaux : l'inférieur volontiers de deux à quatre millimètres plus long que le supérieur,
chez des individus de taille moyenne. (Fitzinger me paraît
attacher beaucoup trop d'importance à cette inégalité,
quand il donne une valeur générique à un caractère aussi
variable que celui-ci, même dans une seule espèce.)

Contrairement au dire de Heckel, les rayons des nageoires
dorsale, anale et caudale m'ont paru subdivisés de la même
façon chez les *Sq. cephalus* et *Sq. cavedanus;* ils m'ont
paru, en particulier, le plus souvent, quatre fois dichotomes
dans les deux formes.

Écailles, en général, assez semblables à celles de la Chevaine,
bien que présentant peut-être un peu moins de différences
entre elles, sur les régions moyenne antérieure et ventrale
latérale, et affectant souvent une forme un peu plus anguleuse. Une squame moyenne, au moins de la grandeur de
l'œil, présentant à peu près le même nombre de rayons que
chez le *Sq. cephalus,* mais avec des stries concentriques souvent un peu plus régulières sur la partie découverte. (Blanchard a tort de faire de cette très légère différence un caractère spécifique de son *Sq. clathratus,* car, de même que le
pointillé ou les granulations pigmentaires, elle est souvent
seulement le corollaire d'une livrée plus sombre.)

Sept à huit écailles au-dessus de la ligne latérale et trois
à quatre au-dessous.

Ligne latérale à peu près dans la même position que chez la
Chevaine, quoique souvent un peu moins rapidement descen-

dante en avant[1]. Les écailles ici également un peu plus anguleuses.

Généralement 44 à 47 écailles sur cette ligne (selon Canestrini de 43 à 49).

Coloration des faces supérieures relativement plus sombre, soit d'un gris-verdâtre, d'un vert sombre, ou olivâtre et plus ou moins rembrunie (parfois d'un gris d'acier un peu bleuâtre) ; flancs d'un argenté jaunâtre, voire même souvent dorés dans le haut, mais généralement assombris par un pointillé d'un noir verdâtre descendant du dos plus ou moins bas, sur la base et le bord de la partie découverte de chaque écaille. Ventre blanc ou d'un blanc jaunâtre. Une tache noirâtre oblique allongée en arrière de l'opercule, au-dessus de la base des pectorales (cette tache prétendue caractéristique se retrouve souvent chez la Chevaine). Dorsale et caudale d'un gris verdâtre ou brunâtre, comme le dos ; pectorales, ventrales et anale, jaunâtres ou rougeâtres à la base et mâchurées ou noirâtres vers la tranche. Ces trois dernières nageoires parfois d'un jaune orangé sans macules, chez les jeunes ; les ventrales quelquefois même orangées à la base et incolores vers le bout. Assez souvent, toutes les nageoires noirâtres.

Iris argenté jaunâtre, avec un cercle doré, et tiqueté de noirâtre ou de verdâtre dans le haut.

Dimensions : la majorité des individus que j'ai examinés ne dépassait pas 31 centimètres. Le plus grand sujet mesuré par Canestrini égalait 312 millimètres. Pavesi dit que ce poisson atteint au poids de 2 à 3 kilogrammes dans le lac de Lugano.

Jeunes un peu plus comprimés et voûtés que ceux de la forme précédente.

Vertèbres au nombre de 43. Intestins, vessie à air et pseudobranchies, comme chez le *Sq. cephalus*.

Les *Squalius tiberinus* et *Sq. Pareti* de Bonaparte constituent à peine des variétés de son *Sq. cavedanus*. La plupart des caractères invoqués par Heckel et Kner pour distinguer

---

[1] J'ai trouvé un individu de 20 centimètres chez lequel la ligne latérale passait, par exception, à la moitié de la hauteur du corps.

spécifiquement leur *Sq. Svallize* de Dalmatie tombent également devant l'étude de la variabilité du *Sq. cavedanus*. Je conserve plus de doute eu égard à l'identité spécifique de ce dernier avec le *Sq. albus* des mêmes auteurs, bien que les formes plus élancées ne soient pas toujours un caractère bien important. Enfin, le *Sq. meridionalis* de Blanchard semble faire, dans le midi de la France, le pendant du *Sq. cavedanus* en Italie et en Portugal. Bien que peu circonstanciée, la description de cette forme méridionale, par l'auteur des Poissons d'eaux douces de la France, vient cependant à l'appui du parallèle que j'établis entre les *Sq. cephalus* et *Sq. cavedanus*, comme formes d'une même espèce au nord et au sud des Alpes.

Cette forme méridionale de la Chevaine se rencontre en Italie, en Dalmatie, dans le midi de la France, et jusque dans les rivières du Portugal. Le *Cavedano* a, du reste, des mœurs analogues à celles de la Chevaine ; il fraye d'ordinaire en mai et juin. Il est très commun dans les lacs du Tessin, ainsi que dans quelques rivières de ce canton, dans les Laveggio, Faloppia, Roncaja, Breggia, Ticino, etc. Sa chair est peu prisée ; elle ne coûte parfois pas plus de 40 ou 50 centimes le kilog., quand la pêche est abondante.

17. LA VANDOISE [1]

Der Hasel

Squalius Leuciscus. Linné.

Faces supérieures d'un vert olivâtre ou bleuâtre, plus ou moins rembruni, parfois avec des reflets d'acier ; flancs d'un blanc argenté plus ou moins lavé de jaunâtre ou de verdâtre ;

---

[1] En France, aussi : le *Dard ;* en Allemagne aussi : *Döbel, Häsling, Springer,* etc.

blanc argenté, en dessous; pectorales, ventrales et anale jau-
nâtres, orangées ou rougeâtres. Corps oblong, médiocrement
élevé et un peu comprimé. Tête plutôt petite et médiocrement
large, avec museau subconique; bouche relativement petite,
faiblement oblique. Œil de moyenne dimension. Écailles laté-
rales moyennes subcarrées, à peu près de la grandeur de l'œil,
chez l'adulte. Dorsale subacuminée au sommet et médiocrement
déclive, plus haute que longue et d'une élévation à peu près
égale à la longueur de la tête en dessus. Anale naissant à peu
près au-dessous du bout de la dorsale rabattue, moins élevée
que celle-ci, plus haute que longue et légèrement concave sur la
tranche. Caudale assez profondément échancrée, à lobes quasi-
égaux plutôt aigus. (Taille moyenne d'adultes: 23 à 27 centi-
mètres.)

Quatre ou cinq sous-orbitaires: le premier généralement un
peu plus petit que l'œil, chez l'adulte; le quatrième toujours
beaucoup plus petit que l'œil. Maxillaire supérieur portant un
coude postérieur relativement long, étroit, arrondi vers le bout,
un peu creusé en dessus et quasi rectiligne en dessous. Pha-
ryngiens un peu trapus, l'aile plutôt courte et anguleuse,
le corps de l'os renflé sur le côté, au-dessous de celle-ci.
Meule dure et subovale, avec un talon bien détaché, mais mé-
diocrement développé. Dents un peu crochues, mais non pecti-
nées.

D. 3/7—(8), A. 3/7—(8—9), V. 2/8, P. 1/16—17, C. 19. maj.

$$\text{Sq. } 47(48) \ \frac{8—9}{4—5} \ 52(53). \quad \text{Vert. } 41—44(45).$$

CYPRINUS GRISLAGINE, CYP. LEUCISCUS et CYP. DOBULA, *Linné*, Syst. nat.,
    éd. XIII, I, p. 1424.
   »   DOBULA, *Bloch*, Fische Deutschl., I, p. 42, Taf. 5. — *Steinmüller*,
      Fische im Wallensee, N. Alpina, II, p. 344. — *Hartmann*, Hel-
      vet. Ichthyol., p. 202. — *Nenning*, Fische des Bodensees, p. 28.
   »   LEUCISCUS, *Schrank*, Fauna Boïca, p. 337. — *Holandre*, Faune de
      la Moselle, p. 247.
   »   LANCASTRIENSIS, *Shaw*, Gen. Zool., V, p. 234. — *Jenyns*, Man.,
      p. 411.
   »   SIMUS, *Römer-Büchner*, Verzeichniss der Steine und Thiere in dem
      Gebiete von Frankfurt, 1827, p. 68.

Leuciscus argenteus, *Agassiz*, Mém. Soc. S. N. de Neuchâtel, I, p. 38. —
    De Selys, Faune belge, p. 205. — *Schœffer*, Moselfauna, 1844,
    p. 308. — *Schinz*, Europ. Fauna, p. 325.

»   rostratus, *Agassiz*, Mém. Soc. Neuch., I, p. 38. — *Cuv. et Val.*,
    Hist. nat., XVII, p. 301. — *Jeitteles*, Verhandl. zool. bot. Ges.
    Wien, 1862, p. 8.

»   rodens, *Agassiz*, Mém. Soc. Neuch., I, p. 39, pl. I, fig. 1-2. —
    Schinz, Helvet. Fauna, p. 154, et Europ. Fauna, p. 314. —
    Cuv. et Val., XVII, p. 213. — *Jeitteles*, Verhandl. z. b. Ges.
    Wien, p. 7.

»   majalis, *Agassiz*, Mém. Soc. Neuch., p. 43, pl. I, fig. 3-7. —
    Schinz, Helv. Fauna, p. 155, et Europ. Fauna, p. 314. — *Heckel*,
    Sitzgsber. Ak. Wiss. Wien, 1852, IX, p. 99 et 117.

»   vulgaris, *Fleming*, Brit. An. p. 187. — *Yarrell*, Brit. Fish., I,
    p. 353 ; 2me éd., p. 404. — *Heckel*, Ann. Wien. Mus., I, p. 233.
    — *Cuv. et Val.*, XVII, p. 202. — *Günther*, Fische des Neckars,
    p. 65. — *Rapp*, Fische des Bodensees, p. 9. — *De la Fontaine*,
    Faune du Luxembourg, p. 50.

»   lancastriensis, *Yarrell*, Brit. Fish., I, p. 355 ; 2me éd., I, p. 406. —
    Cuv. et Val., XVII, p. 216.

»   burdigalensis, *Cuv. et Val.*, XVII, p. 218. — *Blanchard*, Poissons
    de France, p. 405, fig. 97.

»   grislagine, *Nilsson*, Skand. Faun., p. 303. — *Kroger*, Danmarks
    Fiske, 1838-53, III, p. 472. — *Schinz*, Europ. Fauna, p. 320.

»   dobula, *Yarrell*, Brit. Fish., I, p. 340 ; 2me éd., I, p. 397. —
    Kroyer, Danmarks Fiske, p. 463. — *Schinz*, Europ. Fauna,
    p. 322.

Squalius leuciscus, *Heckel*, Sitzgsber. Ak. Wien, 1852, IX, p. 99 et 116. —
    Heckel et Kner, Süsswasserfische, p. 191, fig 105. — *Dybowsky*,
    Cyp. Livlands, p. 126. — *Siebold*, Süsswasserfische, p. 203. —
    Jäckel, Fische Bayerns, p. 72. — *Malmgren*, Wiegm. Arch., XXX,
    p. 319. — *Blanchard*, Poissons de France, p. 401, fig. 96.

»   lepusculus *Heckel*, Sitzgsber. Ak. Wiss. Wien, p. 99, 109, 116,
    pl. XI, fig. 1-4. — *Heckel et Kner*, Süsswasserfische, p. 186,
    fig. 102. — *Fritsch*, Fische Böhmens, 1859, sép., p. 6 ; Ceské
    Ryby, p. 22. — *Jeitteles*, Fische der March, II, p. 15.

»   chalybæus, *Heckel*, Sitzgsber. Ak. Wiss. Wien, p. 111. — *Heckel*
    et Kner, Süsswasserfische, p. 188, fig. 103.

»   rodens, *Heckel*, l. c., Taf. 17, fig. 1-4. — *Heckel et Kner*, Süss-
    wasserfische, p. 189, fig 104.

»   rostratus, *Heckel*, l. c., Taf. 18, fig. 1-4. — *Heckel et Kner*, Süss-
    wasserfische, p. 192, fig. 106.

»   bearnensis, *Blanchard*, Poissons de France, p. 400, fig. 95.

Noms vulgaires, en Suisse : S. F. (Neuchâtel et Morat), *Ronzon, Poissonnet*
    et Vandoise. S. A. ad. *Hasel, Ganghasel, Hœssel, Hasle, Häs-*
    ling ; j. *Häseli, Landhœseli ; Günger* au lac de Zúg ; suivant Hart-

mann, aussi *Günger* à Zurich, et *Haselsche* ou *Nefflen* au lac de
Constance. Souvent, à Lucerne, *Reusshasel*, par opposition à
Seehasel, nom du Gardon.

Corps assez allongé, médiocrement élevé et passablement plus
comprimé que chez la Chevaine. Le profil supérieur décrivant, du museau à la dorsale, une courbe plus ou moins
accentuée, mais d'ordinaire moyenne et volontiers assez
constante, bien que, quelquefois au contraire, plus ou moins
brusquement voûtée sur la nuque et alors plus droite en
arrière; à partir de la dorsale, ce profil tantôt continuant
régulièrement la courbe antérieure, tantôt à peu près rectiligne jusqu'au pédicule caudal. Le profil inférieur suivant
une courbe généralement un peu plus forte que celle du dos,
et, comme chez la Chevaine, moins relevée le long de
l'anale que chez les représentants du genre précédent ; cette
courbe souvent plus arrondie encore chez les femelles, chez
les pleines surtout, ou au contraire plus déprimée, chez les
sujets à nuque voûtée. Le dos médiocrement large ; le ventre subarrondi transversalement.

La hauteur maximale, plus ou moins avancée ou reculée
entre le bout des pectorales et la base des ventrales, à la
longueur totale, comme $1 : 4 \,^1/_7$ à 5 chez les femelles, suivant
l'âge et l'époque ou l'état de l'individu, à 5 à $5 \,^1/_2$ chez les
mâles, même à $5 \,^2/_3$ et $5 \,^6/_7$ chez des jeunes ; cette même
élévation, à la longueur sans la caudale, comme $1 : 3 \,^1/_2$ à
$4 \,^3/_4$, encore suivant le sexe, la saison, l'âge et les individus.
La hauteur minimale, à l'élévation la plus forte, comme
$1 : 2 \,^1/_3$ à $3 \,^1/_4$, suivant les individus, jeunes, mâles ou femelles. L'épaisseur la plus forte, située, selon l'âge plus ou moins
avancé, un peu plus près des ventrales que du bout des pectorales, ou plus ou moins en avant le long de ces dernières,
parfois même non loin de l'opercule dans le bas âge, et
entre la moitié et les deux tiers de l'élévation, égale, selon
les cas, à un peu plus ou à légèrement moins que la $^1/_2$ de la
hauteur maximale du corps.

Une section verticale, par là, de forme elliptique d'ordi-

naire, chez l'adulte, passablement plus allongée que chez
l'espèce précédente [1].

L'anus situé aux $^2/_3$ de la longueur du corps, sans la caudale.

Tête plutôt petite, médiocrement large en dessus, conique vue
par le côté et, suivant les individus, plus ou moins arrondie
à l'extrémité. Le profil supérieur suivant d'ordinaire à peu
près la courbe du dos, un peu convexe, comme ce dernier,
et volontiers légèrement bombé au-dessus des yeux ; assez
souvent, toutefois, le profil plus droit et le front plus plat,
chez les individus un peu voûtés à la nuque surtout. Le
profil inférieur à peu près semblable au supérieur, ou un
peu moins convexe.

La longueur céphalique latérale, à la longueur totale,
comme 1 : 5 à 5 $^7/_8$, suivant les individus jeunes ou vieux, et,
à la longueur sans la caudale, comme 1 : 4 $^1/_8$ à 4 $^3/_4$. Cette
dimension maximale de la tête, par le fait, à peu près égale
à la hauteur du corps, chez les jeunes, ou même un peu plus
forte ; mais, par contre, généralement plus faible chez les
adultes, chez les femelles surtout, parfois même de $^1/_4$ à $^1/_3$
moindre, chez quelques-unes de ces dernières. La longueur
céphalique supérieure variant entre les $^6/_8$ et les $^7/_8$ de la
longueur latérale. La hauteur vers l'occiput d'ordinaire
légèrement moindre que la longueur supérieure, quelquefois
même de un cinquième, chez certains jeunes de forme élancée ; mais parfois aussi, bien que plus rarement, légèrement
plus forte que la dite longueur, chez de grands sujets surtout. La largeur maximale, sur l'opercule ou au haut du
préopercule, suivant l'âge plus ou moins avancé, égale à un
peu plus des $^2/_3$, parfois presque aux $^3/_4$ de la hauteur
céphalique et correspondant, suivant les individus jeunes ou
vieux, à l'élévation vers le bord antérieur de l'œil ou, plus
en arrière, aux $^4/_5$ de celui-ci.

---

[1] Les sections du corps que Agassiz (Quelques Cyprins du lac de Neuchâtel. Soc. H. N. Neuch. 1834) considère comme caractères différentiels
de ses *Leuc. rodens* et *L. majalis*, varient donc assez avec le sexe, l'âge et
l'état des individus.

Museau subconique, plus ou moins prolongé ou arrondi à
l'extrémité, et, par le fait, dépassant plus ou moins la fente
buccale suivant les individus.

Bouche médiocrement oblique et volontiers un peu plus
protractile que chez l'espèce précédente ; mais, par contre,
toujours moins grande, soit fendue seulement jusqu'au-dessous des narines, suivant les individus au-dessous de l'orifice antérieur ou au-dessous du postérieur. Le menton d'ordinaire déprimé ou peu saillant. Les lèvres et la langue un
peu moins développées que chez la Chevaine.

Mâchoire supérieure recouvrant ou dépassant plus ou
moins la supérieure. (J'ai rencontré cependant, parmi les
jeunes surtout, des individus à museau rond et mâchoires à
peu près égales.)

Narines comme chez l'espèce précédente.

Pores et canalicules également à peu près comme chez la
Chevaine ; les pores sus-céphaliques cependant d'ordinaire
un peu moins nombreux ou moins apparents.

Œil arrondi et relativement plus grand que chez l'espèce précédente, soit d'un diamètre, à la longueur céphalique latérale,
comme 1 : 3 $^1/_8$ — 4 $^2/_3$, suivant les individus jeunes ou vieux.

L'espace préorbitaire à peu près égal à l'orbite, chez les
jeunes, ceux à museau rond surtout, et de $^1/_5$ à $^1/_4$ environ
plus fort que celui-ci, chez les adultes ainsi que chez quelques jeunes à museau prolongé ; par le fait, à peine plus
fort que le quart de la longueur céphalique latérale, chez
les uns, ou parfois un peu plus faible seulement que le
tiers de celle-ci, chez les autres, différence se retrouvant
dans la disproportion relative de l'espace postorbitaire [1].

L'espace postorbitaire variant, selon les individus jeunes, mâles ou femelles vieilles, de 1 $^3/_7$ de l'œil à 2 $^2/_5$, soit

[1] Cette disproportion de l'espace préorbitaire, soit du museau, bien
que paraissant au premier abord caractéristique, est trop variable cependant et trop inconstante, chez des individus du reste assez semblables, pour pouvoir avoir une grande valeur spécifique. J'ai trouvé, en
particulier, sous ce rapport, des disproportions énormes chez des jeunes
de 16 à 18^{mm} qui m'ont été envoyés de Neuchâtel sous le nom de *Rouvons*
jeunes pris ensemble sur le même point et à la même époque.

égal à peu près à la moitié de la longueur latérale de la
tête chez les adultes, ou souvent un peu plus court chez les
jeunes.

L'espace interorbitaire passablement plus étroit que chez
l'espèce précédente, soit, selon l'âge plus ou moins avancé,
mesurant de 1 à 1 $^3/_5$ diamètre oculaire, et égal, suivant l'âge,
à légèrement plus ou un peu moins que $^1/_3$ de la longueur
céphalique latérale.

Arcade sous-orbitaire composée le plus souvent de quatre, plus
rarement de cinq os juxtaposés : le premier, suivant les
individus à tête plus ramassée ou plus allongée, pentagonal
ou subcarré et un peu plus haut que long, ou, au contraire,
subovale et un peu plus long que haut, avec cela peu ou pas
encoché vers les narines ; cette pièce généralement un peu
plus petite que l'œil, chez les jeunes surtout. Le second un
peu plus court et très étroit ; le troisième en demi-croissant
cerclant le quart environ de l'œil, également étroit et deux
fois aussi long que le second. Le quatrième subovale ou subtriangulaire, beaucoup plus large que le précédent, un peu
plus petit que le premier, toujours beaucoup plus petit que
l'œil, demi environ, et par le fait bien moins développé que
chez la Chevaine, à âge égal. Parfois un très petit tubule
osseux formant un cinquième os et servant à relier le quatrième avec le crâne.

Voûte sus-orbitaire un peu saillante en avant, chez les
vieux sujets surtout.

Maxillaire supérieur légèrement cintré, droit en avant, large
dans le haut, étroit dans le bas et développé, vers le milieu
du côté postérieur, en un coude moins étendu que chez la
Chevaine, mais, comme chez le Gardon, beaucoup plus prolongé en arrière ; ce long coude subarrondi vers le bout,
un peu relevé à l'extrémité, concave en dessus et quasi
rectiligne ou légèrement convexe en dessous. La branche
inférieure moyennement allongée, plutôt grêle et passablement tordue en dedans (Voy. pl. II, fig. 43).

Opercule de moyenne dimension, trapézoïdal et marqué quelquefois de stries rayonnantes peu apparentes. Le côté supérieur à peu près égal à la moitié du côté inférieur ou un peu

plus. Le bord postérieur légèrement concave, le bord inférieur rectiligne ou très légèrement convexe ; l'angle formé par ces deux côtés d'ordinaire un peu plus fort que l'angle droit et, suivant les individus, plus ou moins arrondi.

La bordure membraneuse passablement développée.

Sous-opercule assez large et en demi-croissant.

Interopercule formant un triangle bien apparent entre les pièces précédentes et le préopercule, et largement découvert, tout le long, au-dessous de ce dernier.

Préopercule un peu convexe sur les bords postérieur et inférieur, et largement arrondi à l'angle formé par ces deux côtés ; le côté postérieur souvent un peu creusé ou flexueux près du bas.

Pharyngiens plus trapus que chez l'espèce précédente et s'en différentiant, à première vue, par un assez fort élargissement postérieur du corps même de l'os, au-dessous de l'aile. La corne supérieure un peu plus cintrée, plus allongée et relativement moins haute que chez la Chevaine, avec cela non relevée à l'extrémité ou, chez quelques individus seulement un peu redressée vers le bout. L'aile plutôt courte et assez haute, ainsi que crochue ou fortement anguleuse en arrière ; la branche inférieure plutôt courte et assez épaisse (Voy. pl. IV, fig. 52).

Dents pharyngiennes sur deux rangs et généralement au nombre de sept, bien que quelquefois au nombre de huit, à droite et à gauche ; cinq grandes postérieures et deux, plus rarement trois petites antérieures. Les dents postérieures assez épaisses, assez grandes, médiocrement comprimées à la couronne, non pectinées et, suivant leur état de fraîcheur ou d'usure, plus ou moins crochues à l'extrémité, ou légèrement creusées sur la tranche. La troisième d'ordinaire la plus longue ; la première en haut la plus pincée et la plus crochue ; la dernière en bas la plus courte, la plus droite et relativement la plus large. Les petites dents antérieures, le plus souvent au nombre de deux, quelquefois au nombre de trois à droite et à gauche, parfois au nombre de trois d'un côté et de deux de l'autre, égales environ à la moitié des postérieures et, comme celles-ci, un peu crochues à l'extré-

mité ; d'ordinaire (surtout quand il y en a trois) l'inférieure
la plus longue [1] (Voy. pl. IV, fig. 52).

Meule assez dure, facilement isolable; de moyenne dimension,
passablement plus longue que large et rappelant un peu
celle de la Chevaine, bien qu'avec un talon ou coin postérieur beaucoup moins développé. Les lobes antérieurs bien
moins séparés, réunis sous forme de cœur plus aigu, un
peu plus allongés, moins divergents que chez l'espèce précédente et marqués obliquement d'impressions dentaires
généralement plus accentuées (Voyez pl. IV, fig. 53). (Chez
les individus armés de trois petites dents en rang antérieur, la meule prend quelquefois une forme un peu plus
allongée ou plus ovale, et les impressions dentaires plus
nombreuses et plus profondes sont plus enchevêtrées. Elle
rappelle alors un peu, à ce dernier point de vue, la meule
du *Scardinius* qui compte aussi trois dents en rang antérieur ; cependant, elle demeure plus cordiforme, elle est
plus acuminée en avant et présente un plus fort talon en
arrière [2].)

Dorsale prenant d'ordinaire naissance au milieu ou à peu près
de la longueur du poisson sans la caudale, soit à peu près
au-dessus de l'origine des ventrales et toujours beaucoup
plus haute que longue; la hauteur égale, suivant les individus
femelles adultes, mâles ou jeunes, à $^3/_5$, $^4/_5$, $^6/_7$ ou même parfois $^7/_8$ de l'élévation maximale du corps, soit un peu plus
forte ou un peu plus faible que la longueur céphalique supé-

---

[1] C'est, le plus souvent, chez des individus de forme élancée (rappelant tantôt le *Sq. lepusculus*, tantôt le *Sq. rostratus* de Heckel) provenant
du lac de Lucerne, que j'ai trouvé trois petites dents en rang antérieur.

[2] La vue de semblables meules déviées chez des individus à dents sur-
numéraires, provenant du lac de Lucerne, m'a donné un moment l'idée
de produits de la Vandoise avec quelque autre Cyprin à trois petites
dents; toutefois, ne voyant, dans les mêmes eaux, que le Rotengle qui
pût être accusé de ce rapprochement, et ne trouvant chez les dites Vandoises ni traces de dentelures aux dents postérieures, ni aucun autre
mélange de caractère qui pût appuyer cette hypothèse, j'en suis venu à
m'expliquer simplement cette modification de la meule par la forme accidentelle de la dentition, ainsi que je l'avais déjà fait dans quelques autres
cas analogues.

rieure. La base ou longueur variant, selon les sujets, entre
$^5/_8$ et $^2/_3$ de la hauteur (le dernier rapport le plus fréquent).
Quant à la forme : médiocrement décroissante, subacuminée
au sommet et presque droite ou très légèrement concave sur
la tranche.

Généralement dix rayons : trois simples et sept divisés.
(Heckel et Kner donnent à leur *Squalius rodens,* sept à huit
rayons divisés ; ce chiffre maximum me paraît, sinon exceptionnel, du moins très rare dans nos eaux.) Le premier simple mesurant environ $^1/_6$ ou $^1/_8$ seulement du second ; celui-
ci variant entre les $^3/_7$ et $^3/_5$ du troisième ; ce dernier simple
légèrement plus long que le premier divisé. Le dernier
rameux bifurqué jusqu'au bas et, selon l'âge et les individus,
égal à la moitié du plus grand rayon, très légèrement plus
long que cette fraction ou au contraire un peu plus court.

Anale naissant à peu près au-dessous de l'extrémité de la dorsale couchée et laissant, rabattue, entre elle et la caudale
un intervalle généralement un peu plus fort que sa base,
plus rarement légèrement plus faible, soit égal, suivant les
cas, à son second, son troisième ou son quatrième rayon
divisé. La hauteur variant entre les $^4/_5$ et les $^5/_6$ de l'élévation de la dorsale, exceptionnellement égale seulement aux
trois quarts de celle-ci. La longueur variant entre les $^2/_3$ et
les $^3/_4$ de la hauteur. Quant à la forme : anguleuse au sommet et, contrairement à l'espèce précédente, légèrement
concave sur la tranche.

Dix à douze rayons : trois simples et sept, plus rarement huit ou
neuf divisés [1]. Le premier simple variant entre $^1/_5$ et $^1/_3$ du
second [2] ; celui-ci mesurant entre $^3/_8$ et la $^1/_2$ du troisième ;
ce dernier simple légèrement plus court que le premier
divisé ou au plus de même longueur. Le dernier rameux
bifurqué jusqu'au bas et, selon les individus, égal aux $^2/_5$ ou
à la $^1/_2$ du premier divisé le plus grand.

---

[1] Jeitteles dit, à propos de son *Squalius lepusculus* (Fische der March,
II, p. 15) *sehr selten mit 9 oder 10 Weichstrahlen.*

[2] Je ne tiens pas compte, dans la mensuration de ce petit rayon, du
bout de membrane qu'il porte à l'extrémité, lorsqu'on le sépare du suivant ; je ne mesure que la partie rigide.

Ventrales prenant naissance directement au-dessous de l'origine de la dorsale, ou légèrement plus en avant, et demeurant, rabattues, à une distance de l'anus très variable, selon l'âge, le sexe et l'état des individus; cette distance, par exemple, quelquefois nulle ou presque nulle chez de jeunes mâles ou, au contraire, égale à $\frac{1}{3}$ de la longueur de ces nageoires, chez de vieilles femelles pleines. La longueur, soit le plus grand rayon, égale à peu près à la hauteur de l'anale ou un peu plus forte, exceptionnellement légèrement plus faible. Quant à la forme: assez larges, subarrondies au sommet, convexes sur la tranche et relativement peu réduites en arrière.

Généralement, dix rayons: deux simples et huit divisés. Le premier simple externe, arqué à la base, sans articulations apparentes et mesurant entre $\frac{1}{5}$ et $\frac{1}{4}$ du second[1]; celui-ci légèrement plus court que le premier divisé. Le dernier rameux le plus souvent divisé près du sommet seulement et mesurant des $\frac{2}{3}$ aux $\frac{3}{4}$ à peu près du plus grand.

Pectorales demeurant, rabattues, à une distance de l'origine des ventrales variant, selon les individus jeunes, mâles ou femelles pleines, de $\frac{1}{3}$ à $\frac{3}{4}$ de leur longueur. Cés nageoires un peu plus longues ou légèrement plus courtes que la hauteur de la dorsale et toujours passablement plus grandes que les précédentes. Quant à la forme: subtriangulaires, subarrondies à l'extrémité, convexes ou légèrement flexueuses sur la tranche et passablement réduites en arrière.

Un rayon simple, un peu plus court que le premier rameux, volontiers le plus long de tous, et seize à dix-sept divisés; le dernier divisé mesurant d'ordinaire de $\frac{1}{7}$ à $\frac{1}{5}$ du plus grand.

Caudale moyenne ou plutôt courte, profondément échancrée, à lobes presque droits sur la tranche, plus ou moins acuminés, égaux ou subégaux (l'inférieur parfois de 2 à 3^{mm} plus long)

---

[1] Heckel et Kner ont peut-être méconnu ce premier petit rayon simple, quand ils ont attribué 1/8 rayons aux ventrales de leur *Sq. lepusculus*. Jeitteles donne pour formule des ventrales de cette espèce 1-2/8. Ce premier rayon externe m'a paru cependant très constant, chez les diverses formes de la Vandoise que j'ai eu l'occasion d'examiner.

et d'une longueur, à la longueur totale, comme 1 : 4 $^2/_3$ à 5 $^2/_5$ suivant les individus jeunes ou vieux ; soit, par le fait, généralement un peu plus longue que la tête.

Dix-neuf rayons principaux appuyés, en haut et en bas, par 4 ou 5 et 5 à 7 plus petits rayons décroissants. Les rayons médians mesurant des $^2/_5$ à la $^1/_2$ des plus grands.

Écailles latérales médianes à peu près égales dans les deux dimensions ou légèrement plus hautes que longues et assez grandes, soit de même surface que l'œil à peu près ou égales aux $^4/_5$ seulement de celui-ci, chez de vieux sujets ; ne mesurant, par contre, que $^1/_3$, $^1/_4$ ou même $^1/_5$ seulement de l'orbite, chez les jeunes. Ces squames plutôt carrées, bien qu'arrondies sur le bord libre et plus ou moins découpées au bord fixe ; ce dernier côté tantôt franchement trilobé, tantôt simplement anguleux en haut et en bas et plus ou moins festonné au milieu. Les fines stries concentriques volontiers un peu moins régulières et un peu plus séparées sur la partie découverte que sur la portion cachée de l'écaille ; mais, cela souvent d'une manière moins constante ou un peu moins frappante que chez l'espèce précédente. De trois à huit ou dix, souvent 5 ou 6 rayons principaux, partant d'un nœud situé sensiblement plus près du bord fixe que du bord libre et séparant sur ce dernier des festons relativement peu accentués. D'autres sillons, généralement plus nombreux, plus déliés et plus irréguliers gagnant la partie moyenne du bord fixe. Les squames latérales antérieures beaucoup plus petites, relativement un peu plus élevées, moins découpées au bord fixe et moins régulièrement sillonnée sur la partie découverte ; les latérales postérieures plus petites aussi, mais plus allongées et assez régulièrement sillonnées. Les dorsales également de moindres dimensions que les latérales moyennes, de forme plus irrégulière, ovales ou subarrondies, et marquées de plus nombreux sillons ; les pectorales relativement petites aussi, de forme assez irrégulière, bien que plutôt allongées et marquées de nombreux sillons sur la partie découverte, avec un nœud plus reculé vers le bord fixe.

Généralement huit ou neuf écailles au-dessus de la ligne

latérale, vers la plus grande hauteur (de Siebold donne un
minimum de sept), et quatre à cinq au-dessous de cette
ligne, jusqu'aux ventrales.

Ligne latérale décrivant le plus souvent une faible courbe concave du sommet de l'opercule au milieu du corps, et, de là,
presque droite jusqu'au centre de la caudale, en passant
d'ordinaire un peu au-dessus des deux cinquièmes de la
plus grande élévation du corps. Quelquefois aussi cette
courbe plus constante et passant un peu plus haut ou plus
bas que la moyenne ci-dessus, suivant les individus et
leur état. Les écailles moyennes de cette ligne à peu près de
même grandeur que leurs voisines, mais généralement un
peu plus élevées et quelquefois un peu plus sillonnées vers
le bord découvert (chez les jeunes surtout), avec un tubule
subcylindrique, droit, assez large et relativement court, soit
naissant un peu en arrière du nœud, pour s'étendre sur la
moitié ou un tiers seulement de la partie découverte. Les
squames antérieures plus petites, plus élevées et moins
découpées, avec un tubule oblique, large, cylindro-conique
sur la partie cachée en arrière du nœud, et depuis là coudé
fortement rétréci ; parfois la partie coudée et étroite faisant défaut, chez des jeunes principalement. Les squames
postérieures subovales ou plus allongées et plus sillonnées,
avec un tubule plus étroit, ainsi que beaucoup plus prolongé
sur la partie découverte, vers le bord libre.

Généralement quarante-huit à cinquante-deux écailles
tubulées ; plus rarement quarante-sept ou cinquante-trois.
(Jeitteles donne à son *Sq. lepusculus,* qui paraît n'être
qu'une variété de notre Vandoise, un minimum de quarante-
quatre et un maximum de cinquante-huit).

Coloration des faces supérieures, d'un vert, suivant les saisons
et les individus, plus ou moins bleuâtre ou olivâtre, ainsi
que plus ou moins pâle ou rembruni, parfois presque noirâtre avec éclat d'acier. Côtés du corps et de la tête d'un
blanc argenté souvent un peu lavés de jaunâtre, de verdâtre
ou de bleuâtre dans le haut, parfois même dorés vers le dos.
Faces inférieures d'un blanc argenté. Assez souvent un pointillé noirâtre sur les écailles du dos et des flancs, ainsi que

sur les côtés de la tête ; parfois aussi quelques petits points
foncés irrégulièrement distribués en dessus et en dessous de
la ligne latérale. La nageoire dorsale d'ordinaire d'un gris
verdâtre ou olivâtre, comme le dos, bien qu'en teinte souvent plus pâle ; la caudale comme la dorsale ou un peu bleuâtre, toutes deux plus ou moins mâchurées. Les pectorales,
les ventrales et l'anale, selon la saison, l'âge et les conditions, presque incolores, d'un jaune pâle ou d'un orangé
rougeâtre assez brillant, les deux dernières surtout. (Quelques individus pris à Lucerne, à la fin d'octobre 1872,
avaient toutes les nageoires inférieures d'un rouge foncé,
ainsi que la dorsale et la caudale nuancées de brun rouge.)

Iris blanc argenté en bas, doré dans le haut, ou d'un jaunâtre pâle, ou encore jaune et un peu lavé de rougeâtre dans
le haut.

Dimensions assez variables, dans différentes conditions; dépassant toutefois rarement, dans nos eaux, une longueur totale
de 30 centimètres, avec un poids maximum de 300 à 400
grammes au plus. Dans plusieurs de nos lacs la Vandoise
ne semble même pas dépasser un poids de $^1/_4$ à $^1/_2$ livre.
Le plus grand sujet suisse que j'aie eu l'occasion d'étudier
était une femelle pleine provenant du Rhin à Bâle ; il mesurait 275 millimètres et pesait environ 300 grammes. La
grande majorité des adultes que j'ai reçus de nos divers
lacs ne dépassait guère 22 centimètres de longueur totale.
Bloch dit que les Vandoises (Dobules) que l'on pêche dans
le Havel ne dépassent pas une demi-livre, mais que celles de
la Sprée arrivent quelquefois au poids d'une livre et demie.

Mâles volontiers un peu plus petits et plus élancés, à âge égal,
que les femelles, et généralement couverts, à l'époque des
amours, de nombreuses et fines granulations blanchâtres,
volontiers accompagnées d'un pointillé noirâtre plus ou
moins accentué, sur le dessus et les côtés de la tête et du
corps, ainsi que parfois sur les rayons des nageoires paires.
Comme chez d'autres Cyprins, le ou les deux premiers rayons
des pectorales un peu renflés, au moment du rut surtout.

Jeunes plus effilés que les adultes, dans une même forme, avec
un œil relativement bien plus grand, un museau plus court
et des nageoires inférieures d'ordinaire moins colorées.

Vertèbres au nombre de 41 à 44 (Jeitteles donne 40 à 45).

Vessie aérienne assez grande et étranglée en avant du milieu ; la partie antérieure plus forte que la moitié de la suivante et un peu pincée à l'avant ; la portion postérieure très légèrement cintrée et conique en arrière.

Tube digestif formant deux replis et, suivant les individus, égal à la longueur totale du poisson ou de $^1/_{10}$ à $^1/_8$ plus long. L'estomac assez vaste. — Ovaires et testicules doubles.

Une petite rangée de pseudobranchies pectinées et disposées en croissant derrière la quatrième sous-orbitaire.

Cette espèce varie tellement, tant dans les formes générales, plus ou moins élevées ou élancées, que dans les diverses proportions de la tête et du corps, qu'elle a donné lieu à la création d'un très grand nombre de fausses espèces. Quelques auteurs, Linné en tête, ont distingué spécifiquement et à tort semble-t-il trois formes de la Vandoise, sous les noms spécifiques de *Cyprinus Grislagine, Cyp. Leuciscus* et *Cyp. Dobula.* La première de celles-ci, le *Cyp. Grislagine,* censée propre aux eaux septentrionales de notre continent, a été montrée, par de Siebold, semblable à la seconde ou à notre *Squalius leuciscus* des régions moyennes de l'Europe ; quant à la troisième, elle ne paraît reposer que sur une confusion, car le nom de *Dobula* a été successivement attribué au prétendu *Cyp. Grislagine,* au *Cyp.* ou *Sq. leuciscus* (la Vandoise) et au *Squalius cephalus.* Du reste, Linné lui-même [1] dit déjà de son *Cyp. Grislagine* « *an satis distinctus a Dobula?* » Rappelons également que Hartmann [2], décrivant sous le nom de *Cyprinus Dobula* notre *Squalius leuciscus,* paraît douter aussi de l'existence, en tant qu'espèces différentes, des *Cyp. leuciscus* et *Cyp. Grislagine.* J'ai montré déjà, plus haut, comment Razoumowsky [3] a attribué, à tort, au Vengeron *(Leuc. rutilus)* du lac de Genève le même nom de

[1] Syst. Nat. ed XIII, I, p. 1425.
[2] Helvet. Ichthyol., p. 205.
[3] Hist. Nat. du Jorat, I, p. 131.

Cyp. Grislagine. J'ai dit également, à propos du *Leuc. rutilus,* comment le *Cyprinus jaculus* de Jurine paraît n'être qu'une variété du jeune Vengeron ou Gardon. Inutile encore de répéter, à la suite de plusieurs ichthyologistes, que le *Leuc. argenteus* d'Agassiz n'est toujours qu'une forme de notre Vandoise *(Sq. leuciscus).*

De Selys, qui décrit la Vandoise sous le nom de *Leuciscus argenteus* (Agas.), avoue lui-même qu'il n'a pas trouvé de caractères suffisants pour distinguer spécifiquement un *Leuc. argenteus* et un *Leuc. vulgaris.* J'en viens donc à quelques formes plus discutables ou plus récentes et jusqu'ici moins généralement récusées.

Le *Leuciscus rostratus* d'Agassiz et de Valenciennes[1], soit le *Squalius rostratus* de Heckel[2], attribué aux tributaires du Danube, me paraît n'être qu'une simple forme un peu voûtée sur la nuque de notre *Squalius leuciscus.* J'ai reconnu, en effet, souvent chez des Vandoises incontestables de notre pays, du lac de Lucerne en particulier, les trop faibles caractères qui ont été attribués comme distinctifs à ce poisson. Je n'ai pu découvrir, chez ces sujets bossus, aucun autre trait distinctif assez constant pour avoir quelque importance. — La description que donne Agassiz[3] de son *Leuciscus rodens* s'applique parfaitement à beaucoup des individus élancés de notre Vandoise. Cet auteur reconnaît du reste que son *Ronzon* se trouve dans les divers lacs de la Suisse et souscrit par conséquent d'avance à l'assimilation du *Ronzon* de Neuchâtel et du *Hasel* de la Suisse allemande. Cette identité, bien que méconnue par Heckel et Kner qui ont aussi attribué trop de valeur à des caractères de peu d'importance, me paraît suffisamment prouvée par les recherches de Siebold, ainsi que par les nombreuses comparaisons que j'ai été à même de faire sur des poissons de diverses provenances. Cette seconde prétendue espèce d'Agassiz rentrera donc dans la synonymie de notre Vandoise; mais il ne

[1] Hist. Nat., XVII, p. 201.

[2] Ann. Wien. Mus., I, pp. 99 et 113, et Heckel et Kner, Süsswasserfische, p. 192, fig. 106.

[3] Mém. Soc. H. N. Neuch., 1834, p. 39. pl. I, fig. 1-2.

paraît pas au premier abord aussi facile de discuter le *Leuc. majalis* du même auteur[1], que peu d'ichthyologistes ont eu l'occasion d'étudier et que les pêcheurs du lac de Neuchâtel semblent persister à distinguer sous le nom de *Poissonnet*.

Les principales différences spécifiques qui semblent ressortir des descriptions d'Agassiz, entre les *Leuc. rodens* et *Leuc. majalis*, sont, en somme, les suivantes : chez ce dernier, des formes moins élancées, une tête plus arrondie, le pédicule de la queue plus mince, une section du tronc plus aplatie latéralement, pas de saillie de la ceinture thoracique en dessus de l'insertion des pectorales[2] et une nageoire dorsale un peu plus large, enfin une taille plus petite et une époque de ponte plus tardive, le mois de mai[3]. Aucun de ces caractères distinctifs ne m'a paru constant. La forme générale, la largeur du pédicule caudal et la section du tronc, varient constamment avec l'âge, l'état et le sexe des individus ; même le développement de la partie humérale de la ceinture thoracique présente de grandes différences chez des individus du reste en tout semblables. La principale dissemblance que j'ai pu constater entre les diverses Vandoises du lac de Neuchâtel, réside dans les proportions comparées de l'espace préorbitaire ou du museau, comme je l'ai déjà fait remarquer ; toutefois, cette disproportion, plus frappante sur la planche d'Agassiz que dans le mémoire de cet auteur, m'a paru se présenter souvent à des âges divers (dans les jeunes surtout) chez des *Squalius leuciscus* suisses de diverses provenances. La même irrégularité du profil se voit chez bien d'autres poissons, chez notre Goujon en particulier. J'ai trouvé cette même disproportion chez des individus d'âge moyen pris ensemble et à la même époque, qui m'ont été envoyés du lac de Neuchâtel sous le nom commun de *Ronzons*.

---

[1] Agassiz, l. c., p. 43, pl. I, fig. 3-7.

[2] Ce défaut complet de saillie thoracique me paraît assez problématique ; les figures comparées ne le feraient en tous cas pas soupçonner.

[3] J'attache peu d'importance à la remarque faite par Agassiz d'un plus grand nombre de lames d'accroissement dans les écailles, car le nombre de ces feuilles m'a paru varier beaucoup chez la plupart de nos poissons, non seulement d'individu à individu dans une même espèce, mais encore sur un seul sujet.

L'époque du frai, plus tardive, à laquelle Agassiz semble attacher une grande importance pour la distinction de son *Leuc.
majalis*, n'a pour moi également qu'une petite valeur ; en effet,
j'ai trouvé, chez de jeunes femelles de la Vandoise du Rhin,
prises le 12 mai à Bâle, les ovaires pleins encore et au même
point de développement que chez les quelques Poissonnets que
j'avais reçus du lac de Neuchâtel. Il me semble probable
que l'époque de la ponte varie un peu avec l'âge, comme chez
tant d'autres Cyprins ; plusieurs pêcheurs affirment, en effet,
que la Vandoise (*Ronzon*) fraye de la mi-mars à la mi-mai et
que les jeunes pondent plus tard que les vieux. Du reste, je me
demande si, après avoir étudié consciencieusement quelques
individus de la Vandoise, forme prétendue *Majalis* de taille
petite ou moyenne, Agassiz n'a peut-être pas pris quelquefois
pour *Poissonnets* de jeunes Vengerons frayants comme d'ordinaire en mai. Ce qui me pousse à émettre cette hypothèse, c'est
que deux poissons de taille relativement petite ou moyenne qui
m'ont été aimablement communiqués par le Musée de Neuchâtel, comme provenant des collections d'Agassiz et déterminés
par cet auteur, portaient le nom de *Leuciscus majalis*, tandis
qu'ils n'étaient en réalité que de jeunes Vengerons (*Cyp. rutilus*), par les dents et le nombre des rayons de la dorsale[1].
Quelques pêcheurs aussi veulent voir une différence entre *Ronzons* et *Poissonnets ;* mais on sait que ceux-ci, en général bons
observateurs, attribuent cependant volontiers des noms différents aux divers âges et aux formes locales plus ou moins déviées d'une même espèce de poisson.

En somme, le *Leuc. majalis* d'Agassiz représenterait la forme
relativement élevée de notre Vandoise, tandis que le *Leuc.
rodens* du même auteur représenterait plutôt la forme allongée
du même poisson. Ces deux variétés, parallèles de celles que j'ai
observées chez d'autres espèces, se retrouvent du reste à divers
degrés dans la plupart de nos lacs suisses.

---

[1] Cette supposition expliquerait parfaitement comment, sur des *Majalis*
envoyés de Neuchâtel, Heckel et de Siebold ont reconnu, le premier des
représentants du genre *Leuciscus*, le second une espèce du genre *Squalius*.
La figure même que donne Agassiz de son *L. majalis* rappelle plutôt un
jeune Vengeron.

L'opinion, déjà émise par Agassiz et Valenciennes, que le *Leuciscus majalis* pourrait bien n'être que le *Cyp. lancastriensis* de Shaw [1], me paraît, comme à de Siebold, assez probable ; ce dernier ne serait donc encore qu'une forme relativement élevée de la Vandoise.

Si je sors un peu des limites de la Suisse, je me trouve encore en face des *Squalius lepusculus*, *Sq. chalybœus*, *Sq. rodens*, *Sq. leuciscus*, et *Sq. rostratus* de Heckel [2]. Ici, comme précédemment, je ne trouve aucun caractère assez saillant et assez constant pour mériter une distinction spécifique. Ayant déjà parlé des *Sq. leuciscus*, *Sq. rodens* et *Sq. rostratus*, je n'ai plus qu'à dire un mot des deux premiers qui sont excessivement voisins. Quant au *Sq. lepusculus* [3] du Danube et de ses tributaires, il suffira de rappeler que nous avons vu beaucoup de Vandoises avec une tête plus courte que la hauteur du corps et un museau plus ou moins acuminé, pour ne plus attribuer à l'inflexion de la ligne latérale, ainsi qu'à la forme de la portion humérale de la ceinture thoracique et à la situation de l'axe passant par la bouche au-dessous de l'œil qu'une très petite importance ; j'ai déjà parlé, en effet, du museau et de l'humérus, et je répéterai seulement ce que j'ai déjà dit souvent, c'est que la position de l'axe par rapport à l'œil varie énormément dans la plupart des espèces. Des remarques analogues à celles que je viens de relever dans ma description, à propos du *Sq. lepusculus*, peuvent être faites aussi pour le *Sq. chalybœus* [4] du Kamp en Autriche ; les caractères que lui attribue Heckel sont le propre, dans notre pays, de beaucoup de Vandoises qui ne paraissent nullement mériter une distinction spécifique.

Blanchard, tout dernièrement, a décrit encore, comme espèces distinctes, deux variétés de la Vandoise: un *Squalius Bearnensis* [5] et le *Leuciscus Burdigalensis* de Valenciennes [6]. Les

---

[1] Gen. Zool., V, p. 234.
[2] Heckel et Kner, Süsswasserfische, p. 186-193, fig. 102-106.
[3] L. c., p. 186, fig. 102.
[4] L. c., p. 188, fig. 103.
[5] Poissons de France, p. 400, fig. 95.
[6] Cuv. et Val., XVII, p. 218, et Blanchard, p. 405, fig. 97.

nombres d'écailles et de rayons aux nageoires attribués par cet auteur à ces prétendues espèces, sont exactement ceux du *Sq. Leuciscus.* Les différences de formes et de proportions qui doivent servir à distinguer ces deux *Squalius* sont aussi celles que nous avons remarquées chez beaucoup de nos Vandoises. Le rapport 1 : 4 attribué par Blanchard aux proportions de la tête et du corps, du museau à l'origine de la queue, chez son *Sq. Bearnensis,* me paraît, il est vrai, un peu fort ; toutefois, il est bien voisin de celui 1 : 4 $^1/_8$ que j'ai constaté plusieurs fois, et il est facile, je crois, de trouver une aussi petite différence, si l'on n'emploie pas des moyens de mensuration très exacts. Cette minime différence ne peut, en tous cas, pas être considérée comme caractère spécifique.

Je prends connaissance, à l'instant, d'un petit mémoire, daté du 10 mars 1873, dans lequel De la Blanchère décrit et figure, sous le nom de *Squalius oxyrrhis,* une prétendue nouvelle Vandoise de France qui me paraît rappeler assez la description que donne Valenciennes de son *Leuc. Burdigalensis.* Je ne répéterai pas ce que j'ai dit sur la forme plus ou moins saillante ou prolongée du museau ; je citerai seulement, à propos des écailles, les chiffres de 55 sur la ligne latérale et de 7 au-dessous de celle-ci, comme étant supérieurs aux chiffres signalés jusqu'ici chez le *Squalius leuciscus.* Deux écailles de plus dans le total de la ligne latérale n'ont pas une bien grande importance ; et les squames, en nombre extraordinaire au-dessous de la ligne latérale, n'ont-elles pas été comptées peut-être jusqu'au milieu du ventre, comme le ferait supposer le désaccord de la figure sur ce point avec la description ?

Je ne terminerai pas ce bref exposé de la variabilité de notre Vandoise, sans rappeler ce que j'ai dit dans la description à propos des dents de cette espèce. En effet, le rang antérieur de petits dents, bien que comptant d'ordinaire deux dents seulement de chaque côté, porte cependant, assez souvent aussi, ou trois dents à droite et à gauche, ou deux d'un côté et trois de l'autre, sans que cette petite différence de dentition entraîne forcément avec elle quelque autre déviation des caractères principaux de l'espèce. J'ai trouvé trois petites dents chez des individus de formes diverses, en particulier chez des Vandoises

du lac de Lucerne rappelant tantôt le *Sq. lepusculus*, tantôt le
Sq. rostratus de Heckel, et cela sans que je pusse, dans l'étude
d'autres caractères, m'expliquer cette anomalie dentaire par
un mélange avec une autre espèce.

Enfin, deux mots encore, à propos de trois individus capturés
au printemps à Bâle, dans le Rhin, en même temps que d'autres
Vandoises parfaitement caractérisées. Ces sujets, de 145 à 150
millimètres de longueur totale, rappelaient assez à première
vue, par leur livrée et leurs formes, des *Squalius Agassizii* avec
lesquels ils avaient été pris. Ils avaient, comme ceux-ci, un fort
pointillé noirâtre sur les côtés de la tête et du corps, simulant
jusqu'à un certain point une bande longitudinale et la base des
nageoires inférieures d'un rouge orangé ; en outre, ils présentaient des formes bien plus effilées que d'autres Vandoises de
même taille prises dans la même localité. L'examen des écailles
et la forme de l'anale me montrèrent bien vite que j'avais à
faire à des représentants du genre *Squalius* voisins de la Vandoise; mais j'aurais cru volontiers à un produit hybride de Vandoise et de Blageon, voisin du *Ch. Rysela* d'Agassiz, si l'examen de la bouche, des dents et de quelques autres traits caractéristiques ne m'avait bientôt persuadé qu'il n'y avait, en
dehors des formes générales et de la coloration, aucun point de
contact entre ces individus et le *Sq. Agassizii*. Encore une fois
j'ai dû reconnaître la Vandoise dans l'une de ses formes nombreuses. La seule différence que je puisse signaler, à côté du
facies, se trouve dans les formes comparées du premier sous-
orbitaire ; cet os est ovale et passablement plus long que haut
chez les dits trois individus, tandis qu'il est plutôt polygonal et
généralement un peu plus haut que long chez les Vandoises
ordinaires et moins élancées des mêmes eaux. Au reste, la variabilité de cette pièce m'a paru plus grande chez le *Squalius leuciscus* que chez plusieurs autres Cyprins.

Chaque espèce paraît avoir un ou deux points particuliers sur
lesquels elle varie principalement ; pour les unes l'écaillure,
pour d'autres les formes générales ou le nombre des rayons de
telle ou telle nageoire, pour d'autres encore, comme c'est ici le
cas, les os de la face et les dents.

En somme, il semble qu'il faille reconnaître chez la Vandoise, comme chez le Gardon, deux tendances assez différentes dans leurs extrêmes, mais réunies par de nombreuses transitions : *une forme élancée avec un museau plus prolongé* (Var. elon-gata) *et une forme élevée avec un museau plus arrondi* (Var. elata).

Si je voulais suivre ici la tendance actuelle qui fait donner un nom à chaque variété, fût-elle même accidentelle, je pourrais ajouter encore à la série des espèces nominales ci-dessus rapprochées du type du *Sq. leuciscus,* les quelques Vandoises du Rhin dont j'ai parlé en dernier lieu et rappeler leur livrée en les nommant : *Var. lateristriga.*

La Vandoise est très répandue en Europe, au nord des Alpes : en Suisse, en France, en Allemagne, en Belgique, en Hollande, en Angleterre, en Danemark et jusqu'au nord de la péninsule scandinave. En Suisse, elle habite plus ou moins abondamment tous nos principaux lacs inférieurs, à l'exception de ceux du Tessin au sud, et la plupart des affluents du Rhin ; mais elle fait défaut au Rhône au-dessus de la perte et semble manquer toujours au bassin du Léman, malgré des essais d'introduction datant de 1870 [1]. Il est rare de la rencontrer plus haut que 800 mètres au-dessus de la mer. Elle habite, en particulier, les lacs de Neuchâtel, Bienne, Morat, Thoune, Brienz, Lucerne, Sempach, Sarnen, Zoug, Égeri, Zurich, Wallenstadt et Constance.

Cette espèce semble préférer les fonds marneux, sablonneux ou graveleux, dans les lacs et les rivières. Beaucoup d'individus des lacs remontent, au printemps, suivant les conditions en mars, en avril ou en mai, dans les rivières pour y frayer ; quelques-uns se répandent même dans les ruisseaux et les marais ; d'autres restent dans les eaux tranquilles et pondent près des rives ; comme ceux des rivières de préférence sur le gravier,

---

[1] Le prof. A. Chavannes de Lausanne (Bull. Soc. Vaud. S. N., mai 1870, p. 527) dit avoir introduit dans le Léman 10,000 œufs de Vandoise (*Cyp. rodeus*) provenant du lac de Neuchâtel (*Rodeus* par erreur pour *Rodens*) et 50 individus prêts à frayer. Je ne sache pas que l'on ait constaté jusqu'ici la réussite de cette tentative.

plus rarement sur les herbes. Ces poissons se réunissent alors en troupes nombreuses et cheminent en rangs serrés. Les jeunes paraissent frayer un peu après les vieux. Les œufs de la Vandoise sont relativement plus gros et moins nombreux que ceux de la Chevaine; j'en ai compté 17,402, de près de deux millimètres de diamètre, chez une femelle de 27 centimètres. Bloch dit en avoir trouvé jusqu'à 26,460 chez une femelle de quatre onces et demie.

La Vandoise a des allures assez vives ; elle nage rapidement et se tient selon les conditions près du fond ou, entre deux eaux, non loin de la surface. Les jeunes semblent rechercher moins les profondeurs que les vieux ; du reste, ce poisson saute aussi à la surface, comme son congénère la Chevaine et comme bien d'autres Cyprins, ce qui même lui a valu les noms de *Dard* en français et de *Springer* en allemand. Sa nourriture consiste principalement en herbages, vers et articulés de diverses sortes.

On prend ce poisson, suivant les circonstances, avec divers filets, dans les nasses, ou simplement à la ligne amorcée soit avec de l'orge ou du blé bouilli, soit avec un ver ou une mouche. Du reste, la chair de cette espèce est peu estimée, à cause de son peu de fermeté et du grand nombre de ses arêtes. Les pêcheurs l'emploient volontiers comme amorce pour le Brochet.

Comme ses congénères, la Vandoise porte un assez grand nombre de parasites, principalement de l'ordre des Helminthes[1].

---

[1] On a trouvé, à ma connaissance, chez le *Squalius leuciscus*, les : *Agamonema ovatum* (Dies.) ; dans la cavité abdominale. — *Echinorhynchus proteus* (Westr.); dans les intestins. — *Tænia torulosa* (Batsch); dans les intestins. — *Ligula digramma* (Crepl.); dans la cavité abdominale. *Lig. monogramma* (Crepl.); dans la cavité abdominale, et — *Caryophyllœus mutabilis* (Rud.); dans les intestins.

18. LE BLAGEON

Der Strömer [1]

Squalius Agassizii, Heckel.

(Pl. 1, fig. 1.)

D'un vert olivâtre, ou d'un gris plombé, avec des reflets ver-
dâtres ou bleuâtres, en dessus; blanc argenté, en dessous. D'or-
dinaire une large bande noirâtre, plus ou moins accentuée, au-
dessus de la ligne latérale, de l'œil à la caudale. La base des
nageoires, la ligne latérale et le bord de quelques pièces cépha-
liques souvent d'un orangé rougeâtre. Corps fusiforme et mé-
diocrement comprimé. Tête de moyenne dimension et assez large
en arrière; museau subconique, proéminant légèrement sur une
bouche subinférieure faiblement oblique. Œil plutôt grand.
Écailles latérales relativement petites, subarrondies et d'une
surface environ un tiers de celle de l'œil, chez l'adulte. Dor-
sale assez aiguë au sommet; passablement déclive, beaucoup
plus haute que longue et d'une élévation au plus égale à la tête
en dessus. Anale naissant au-dessous de l'extrémité de la dorsale
rabattue, plus haute que longue et quasi droite ou légèrement
convexe sur la tranche. Caudale moyenne, assez profondément
échancrée, à lobes subégaux et subacuminés. (Taille moyenne
d'adultes: 145 à 185 millimètres.)
Cinq sous-orbitaires: le premier d'ordinaire plus long que
haut et d'une surface à peu près égale à moitié de celle de l'œil;
le quatrième presque aussi long, mais beaucoup plus étroit.
Maxillaire supérieur portant un coude postérieur assez large,
légèrement concave en dessus et retroussé vers le bout. Pharyn-
giens assez allongés dans le bas, l'aile courte et anguleuse, le
corps de l'os un peu renflé au-dessous de celle-ci. Meule dure,
subovale, avec un talon passablement détaché et médiocrement
développé. Dents assez longues, crochues à l'extrémité; les

---

[1] Aussi *Laugen* et *Gangfisch*, en allemand.

principales un peu pectinées; d'ordinaire, cinq grandes et deux petites sur chaque os (parfois quatre grandes seulement sur l'os droit).

D. 2—3/7—9, A. 3/8—10, V. 2/8—(9), P. 1/14—15, C. 19 maj.

$$\text{Sq. (48)50} \quad \frac{9-11}{4-6} \quad 56(60). \qquad \text{Vert. 43-44.}$$

CYPRINUS APHYA, *Hartmann*, Helvet. Ichthyol., p. 200.—*Agassiz*, Isis, 1828, p. 1048.

LEUCISCUS APHYA, *Agassiz*, Mém. Soc. Neuch., I, p. 38; et Wiegmann's Archiv, 1838, p. 79. — *Reider et Hahn*, Fauna Boica, 1830-34, no 35. — *Schinz*, Europ. Fauna, II, p. 318 (part.)

» AGASSIZII, *Cuv. et Val.*, XVII, p. 254, pl. 495.

» MUTICELLUS, *Günther*, Fische des Neckars, p. 57 und Taf.

SQUALIUS APHYA, *Heckel*, Disp. syst. Cypr., p. 51.

» AGASSIZII, *Blanchard*, Poissons de France, p. 406, fig. 98 et 99.

TELESTES APHYA, *Bonaparte*, Cat. Met., p. 30, no 203.

» AGASSIZII et T. RYSELA, *Heckel*, Beiträge zu den Gattungen *Salmo*… und *Telestes*, p. 386; et Ueber die zu den Gattungen *Idus*, *Leuc.*, und *Squalius* gehörigen Cyprinen; Vorhandl. des zool. boton. Vereins in Wien, II, 1853, p. 28; et Russegger's Reise, 186.

» AGASSIZII, *Heckel et Kner*, Süsswasserfische, p. 206, fig. 116. — *Siebold*, Süsswasserfische, p. 212. — *Dybowski*, Cyp. Livlands, p. 110. — *Jäckel*, Fische Bayerns, p. 72.

ASPIUS LEUCISCUS, *Grandauer*, Fische in dem Gewässern um Augsburg, 1853, p. 22.

TELESTES SAVIGNYI, *Bonaparte* (Subspecies meridionalis). Voyez plus loin, no 18 *bis*, p. 625.

NOMS VULGAIRES, EN SUISSE : S. F. *Zizer* (à Fribourg); en partie *Blavin* (à Neuchâtel [1]). S. A. *Aertzeli* (à Lucerne), quelquefois aussi *Isoler* ou *Isling* (suivant Hartmann); souvent, par confusion avec le Spirlin, *Ischer* ou *Ischerli* (à Thun); *Ryserle* ou *Rissling* (à Zurich [2]), *Riemling* (à Bâle).

Corps assez allongé, médiocrement comprimé, et moyennement

[1] Il y a une curieuse ressemblance entre le nom *Blavin*, à Neuchâtel, et le nom de *Blageon* attribué au même poisson à Annecy.

[2] Hartmann donne à son *Cyp. aphya* les noms vulgaires de *Mannfresser*

élevé [1]. Le profil supérieur décrivant, jusqu'à la dorsale, une courbe faiblement convexe et d'ordinaire assez constante, ou parfois légèrement creusée vers l'occiput; à partir de la dorsale jusque sur le pédicule de la caudale, à peu près rectiligne. Profil inférieur volontiers assez semblable au supérieur, plus renflé chez les femelles pleines, et faiblement relevé le long de l'anale, comme dans les autres espèces du genre. Le dos assez large, en avant surtout; le ventre sub-arrondi transversalement.

La hauteur maximale, le plus souvent devant l'origine des ventrales, à la longueur totale, comme $1 : 4\,^5/_6 - 6$, suivant les individus femelles, jeunes ou mâles adultes, ainsi que selon les saisons et les conditions; la même hauteur, à la longueur sans la caudale, comme $1 : 3\,^7/_8 - 4\,^2/_5 - 5$, toujours suivant l'état, l'âge et le sexe des individus. La hauteur minimale variant généralement entre les $^2/_5$ et la $^1/_2$ de l'élévation la plus grande, avec l'âge et le sexe des sujets ou leur état. L'épaisseur la plus forte, située, selon les individus plus ou moins âgés, vers le bout des pectorales ou plus près de la tête, et, suivant l'état des sujets, près de la moitié ou seulement aux deux cinquièmes de l'élévation, assez souvent égale à la $^1/_2$ de la hauteur maximale, chez des mâles adultes, plus souvent de $^1/_7$ à $^1/_5$ plus forte, chez les femelles, par contre, quelquefois un peu plus faible que la moitié de la dite élévation, chez les jeunes.

Une section verticale d'un ovale plutôt court et assez régulier.

L'anus situé à peu près aux $^2/_3$ de la longueur du poisson sans la caudale, ou légèrement en arrière; exceptionnellement (chez un sujet du Rhin) aux $^3/_4$ de cette longueur. Tête de moyenne dimension, assez large en dessus, et subconique vue par le côté [2]. Le profil supérieur suivant à peu près la courbe du dos et plus ou moins convexe, suivant l'âge et

et *Schneiderfisch*, pour quelques localités du lac de Constance. Je n'ai jamais entendu ces noms; Rapp n'en dit pas un mot.

[1] Formes plus ramassées chez le *Strigion* du Tessin, *Sq. Savignyi*.

[2] Forme plus arrondie chez le *Strigion* du Tessin, *Sq. Savignyi*.

les individus, souvent, en particulier, presque rectiligne chez les grands sujets. Le profil inférieur d'ordinaire presque semblable au supérieur, ou légèrement plus droit.

La longueur latérale de la tête, à la longueur totale du poisson, comme 1 : 5 $\frac{1}{4}$ — 5 $\frac{4}{5}$, suivant l'âge et le sexe, (Heckel et Kner donnent 1 : 5 — 5 $\frac{1}{2}$). La même dimension céphalique, à la longueur sans la caudale, comme 1 : 4 $\frac{1}{4}$ — 4 $\frac{4}{5}$. Ce grand axe de la tête, par le fait, légèrement plus long ou plus court que la hauteur du corps, suivant les individus jeunes, mâles ou femelles adultes et selon leur état. La longueur céphalique supérieure généralement de $\frac{1}{8}$ à $\frac{1}{6}$ plus courte que la dite latérale. La hauteur à l'occiput toujours un peu moindre que la longueur au même point, soit, en moyenne de $\frac{1}{6}$ environ. La largeur sur l'opercule plus ou moins forte, selon les individus et les conditions, soit de $\frac{1}{8}$ à $\frac{1}{4}$ plus faible que la hauteur à l'occiput et correspondant, le plus souvent, à la hauteur de la tête au niveau des $\frac{2}{3}$ de l'orbite ; parfois, chez les jeunes, un peu moins en arrière ou au $\frac{1}{4}$ antérieur seulement, souvent, au contraire, chez les vieux, bien plus en arrière, voire même après le bord postérieur de l'œil.

Museau subconique et plus ou moins proéminent, ainsi que plus ou moins acuminé ou subarrondi, suivant les individus et selon l'âge plus ou moins avancé. Bouche semi-inférieure légèrement oblique, un peu protractile et fendue jusqu'au-dessous du bord postérieur des narines, souvent au delà, parfois même presque jusqu'en dessous du bord antérieur de l'œil. Menton peu apparent ou déprimé. Lèvres relativement assez épaisses. Langue médiocrement développée et fixe.

Mâchoire supérieure dépassant ou recouvrant plus ou moins l'inférieure, suivant les formes plus ou moins proéminentes du museau.

Narines assez grandes et doubles ; l'orifice antérieur arrondi et bordé d'une large valvule recouvrant en entier l'orifice postérieur plus grand et plus ovale. Le bord postérieur de l'orifice antérieur situé, à peu près, au tiers de la distance comprise entre l'œil et le bout du museau.

Pores et canalicules céphaliques assez nombreux et passablement apparents, soit autour de l'œil, en dessus et en dessous, soit sur le préopercule et le maxillaire inférieur, soit encore sur le premier sous-orbitaire et sur le museau au-dessus et en avant des narines.

Œil arrondi et relativement grand, soit d'un diamètre, à la longueur céphalique latérale, comme $1 : 2\,^9/_{10}$ où 3, chez les jeunes, à $3\,^1/_2$ ou 4 chez les adultes, même $4\,^1/_2$ chez de vieux sujets (5 selon Günther chez le *Leuc. muticellus* du Neckar, généralement de taille un peu plus forte).

L'espace préorbitaire, suivant les individus et la forme du museau, un peu plus faible que le diamètre de l'œil, chez les jeunes surtout, ou, au contraire, un peu plus fort que celui-ci, parfois même de $^1/_7$ chez les sujets adultes à museau proéminent. Cet espace soutenant, par le fait, vis-à-vis de la tête, des rapports assez semblables à ceux de l'œil, chez les adultes; cependant toujours passablement plus faible, chez les jeunes (par exemple, comme $1 : 3\,^1/_8$ pour un individu chez lequel le rapport de l'œil à la tête était $1 : 2\,^9/_{10}$).

L'espace postorbitaire à peu près égal à la moitié de la longueur céphalique latérale; ceci avec beaucoup moins de différences suivant l'âge que pour l'espace précédent.

L'espace interorbitaire toujours passablement plus fort que le diamètre de l'œil, souvent même de $^1/_4$ de celui-ci, chez l'adulte, mais d'ordinaire un peu plus faible que le dit diamètre, chez les jeunes; par le fait, à la longueur céphalique latérale, comme $1 : 2\,^4/_5 - 3\,^1/_5$, selon les individus femelles, mâles adultes ou jeunes.

Arcade sous-orbitaire composée d'ordinaire de cinq os juxtaposés: le premier généralement plus long que haut (parfois seulement égal dans ces deux dimensions), largement échancré au côté supérieur pour border les narines, et d'une surface presque égale à la moitié de celle de l'œil, soit d'une longueur un peu plus grande que le demi-diamètre de celui-ci [1]; le second relativement très petit et carré long; le troi-

---

[1] Cette pièce est généralement moins longue, plus élevée et moins

sième en demi-croissant étroit et très long, soit remontant derrière l'œil presque jusqu'à la moitié de celui-ci ; le quatrième subtriangulaire ou à peu près quadrilatéral, de même longueur environ que le premier, mais bien plus étroit ; le cinquième réduit à la forme d'un petit canalicule très court.

Voûte susorbitaire non surplombante.

Maxillaire supérieur droit en avant et développé en arrière, au-dessous de son milieu, en un large coude à tranche oblique, médiocrement allongé, creusé en dessus, faiblement relevé en pointe obtuse et légèrement concave ou presque rectiligne en dessous. La branche inférieure plutôt courte et largement tordue en palette dans le bas. En somme, de forme moyenne, entre celles de nos deux précédentes espèces du genre *Squalius* (Voy. pl. II, fig. 44).

Opercule trapézoïdal et plus ou moins lisse, soit marqué assez souvent de fines stries rayonnant à partir d'une arête plus ou moins apparente et disposée horizontalement au-dessus du milieu de la hauteur de cette pièce. Le côté supérieur égal à la moitié ou aux $^3/_5$ du bord inférieur ; celui-ci oblique, rectiligne ou très légèrement convexe et formant avec le côté-postérieur un angle à peu près droit ou faiblement aigu, bien que généralement émoussé. Enfin, le côté postérieur droit ou légèrement sinueux et toujours plus court que l'inférieur ; parfois même, chez certains grands sujets, égal seulement aux trois cinquièmes de celui-ci.

Sous-opercule en forme de demi-croissant allongé et assez large en avant.

Interopercule formant un triangle assez élevé entre les pièces précédentes et le préopercule, et d'ordinaire assez apparent au-dessous de ce dernier.

Préopercule légèrement convexe sur les bords postérieur et inférieur et formant un angle quasi-droit, mais largement arrondi.

Membrane branchiostège moyennement développée.

Pharyngiens plutôt forts ; l'aile assez large, légèrement convexe

---

échancrée chez les sujets du Tessin dits *Sq. Savignyi*, différence provenant de la forme plus arrondie de la tête.

sur la tranche, formant son angle inférieur à peu près en face de la dent médiane et assez brusquement coudée dans le haut. La corne supérieure médiocrement allongée, assez infléchie, presque droite et peu ou pas relevée à l'extrémité. Le corps de l'os un peu renflé au-dessous de l'aile, à peu près comme chez le *Squalius leuciscus*; enfin, la branche inférieure de moyennes dimensions[1] (Voy. pl. IV, fig. 54). Dents pharyngiennes sur deux rangs et, le plus souvent, au nombre de sept de chaque côté : cinq grandes postérieures et deux petites antérieures ; plus rarement quatre grandes seulement et deux petites, sur l'os droit.

Les dents postérieures plutôt grandes, assez fortes à la base, un peu comprimées et recourbées en crochet à l'extrémité, comme chez les espèces précédentes ; les plus grandes légèrement dentelées sur la tranche et volontiers marquées, sur le centre de la couronne, d'un sillon longitudinal plus ou moins accentué suivant le degré d'usure[2]. La forme pectinée de la couronne beaucoup plus apparente sur les dents de remplacement encore embrassées dans la gencive. La première dent, soit la supérieure, la plus grêle ; l'inférieure ou cinquième la plus courte et relativement la plus large ; la troisième d'ordinaire un peu plus longue que ses deux voisines. Les deux petites dents antérieures au plus égales à la moitié de la seconde et de la troisième grandes près de la base desquelles elles se trouvent, et d'ordinaire aussi un peu recourbées au sommet (Voy. pl. IV, fig. 54).

Ce poisson, bien que sujet à varier sous le rapport de la dentition, me paraît cependant affecter une certaine constance dans telles ou telles conditions. En effet, sur vingt individus, de diverses localités suisses au nord des Alpes, examinés au point de vue des dents, j'ai trouvé dix-neuf fois

---

[1] Chez le *Squalius* dit *Savignyi* du Tessin, les os pharyngiens m'ont paru un peu plus forts : l'aile un peu plus allongée vers le bas et plus anguleuse dans le haut, le corps de l'os un peu plus gros, la corne un peu plus épaisse et la branche inférieure un peu plus longue.

[2] La forme dentelée des dents médianes m'a paru moins constante chez les sujets du Tessin.

5, 2 dents, à droite et à gauche, comme Günther chez son *Leuc. muticellus* du Neckar, et une seule fois quatre grandes dents à droite, cela chez un jeune de l'Aar, à Berne, dont les petites dents antérieures étaient presque complètement atrophiées. Par contre, sur le même nombre, de vingt individus provenant du Tessin, au sud des Alpes, examinés aussi au point de vue des dents, j'ai constamment trouvé 5, 2 à gauche, et 4, 2 à droite, comme Canestrini dans ses Poissons d'Italie. Cette différence, ou plutôt ces tendances différentes viendraient certainement à l'appui d'une distinction spécifique entre le Blageon du nord et le Strigion du midi, si de Siebold, dans ses Poissons de l'Europe centrale, ne disait avoir trouvé, chez le *Telestes Agassizii*, presque autant d'individus portant 5, 2 à gauche et 4, 2 à droite que de sujets avec 5, 2 des deux côtés [1] ; il aurait même trouvé deux fois 4, 2 à gauche et 5, 2 à droite. Malheureusement, cet auteur ne parlant pas de l'origine de ces divers sujets, il est difficile de faire la part de la provenance dans l'appréciation de l'importance de ses chiffres. Heckel et Kner ont tort, en tous cas, en attribuant la dentition 2, 5 — 4, 2 également à leurs deux espèces, de faire de ces chiffres un caractère distinctif de leur genre *Telestes*.

Meule assez dure, subovale, avec des impressions dentaires rayonnantes assez accentuées, et pourvue d'un talon postérieur médiocrement développé, bien qu'assez détaché, soit rappelant passablement celui de la Vandoise et toujours bien moindre que celui de notre Chevaine (Voy. pl. IV, fig. 55).

Dorsale prenant naissance vers le milieu ou, plus souvent, légèrement en arrière du milieu de la longueur du poisson sans la caudale, soit à peu près en face du centre de la base des ventrales. L'élévation au plus grand rayon variant, suivant les individus femelles, mâles ou jeunes, des $^3/_4$ aux $^4/_5$ et aux $^5/_6$ de la hauteur maximale du corps et, générale-

---

[1] Süsswasserfische, p. 214 : sur 72 sujets, 37 avec 5, 2 des deux côtés, 33 avec 5, 2 à gauche et 4, 2 à droite, 2 avec 4, 2 à gauche et 5, 2 à droite.

ment, un peu plus forte que la hauteur de la tête à l'occiput,
soit au plus égale à la longueur céphalique en dessus. La
base ou longueur de cette nageoire égale environ aux $^2/_3$
de la hauteur au plus grand rayon. (Les rapports de proportions comparés de la base de la dorsale et de la tête,
invoqués par Heckel et Kner, comme caractères distinctifs
des *Tel. Agassizii* et *T. Savignyi*, m'ont paru trop variables
dans les deux formes pour avoir une bien grande importance.) Quant à la forme : subanguleuse au sommet, médiocrement décroissante, et rectiligne sur la tranche.

Généralement dix rayons : deux simples et huit divisés ;
plus rarement trois simples et sept ou neuf divisés ; dans
le cas rare de trois simples, le premier tout à fait rudimentaire ou dissimulé sous l'écaillure. Dans le cas ordinaire de
deux rayons simples, le premier égal environ aux $^2/_5$ ou $^3/_7$
du second, et celui-ci d'ordinaire légèrement plus long que
le premier divisé ou, plus rarement de même longueur. Le
dernier rameux profondément bifurqué et généralement un
plus long que le premier simple, soit presque égal à la moitié
du plus long rayon.

Anale ayant son origine au-dessous de l'extrémité de la dorsale
couchée et demeurant, rabattue, à une distance de la caudale d'ordinaire à peu près égale à sa hauteur, chez les
adultes, souvent un peu plus courte, chez les jeunes. La
hauteur de cette nageoire variant entre les $^3/_4$ et les $^5/_6$ de
l'élévation de la dorsale, plus rarement égale aux $^2/_3$ seulement de celle-ci. La longueur, ou la base, variant à son
tour entre les $^2/_3$ et les $^5/_6$ de la hauteur du plus grand rayon.
Quant à la forme : légèrement arrondie en avant, mais presque droite ou légèrement convexe sur la tranche en arrière.

Généralement onze à treize rayons : trois simples et huit
à dix divisés, le plus souvent neuf de ces derniers [1]. Le premier simple mesurant d'ordinaire, entre $^1/_3$ et $^1/_4$ du second ;
celui-ci égal environ à $^1/_3$ ou $^2/_5$ du troisième ; ce dernier, ou
plus grand simple, un peu plus court que le premier rameux.

---

[1] Heckel et Kner paraissent avoir méconnu le premier rayon simple,
bien qu'il soit cependant assez apparent.

Les deux premiers divisés à peu près égaux ; le dernier rameux bifurqué jusqu'au bas, égal, suivant les individus et le nombre des rayons, aux $^2/_5$ ou à la $^1/_2$ du plus grand.

Ventrales implantées légèrement en avant du milieu de la longueur du poisson sans la caudale, de telle manière que l'origine de la dorsale tombe le plus souvent sur le centre de leur base, et laissant, rabattues, entre elles et l'anus, un intervalle variant d'ordinaire, selon les individus femelles, mâles ou jeunes, de $^1/_3$ à $^1/_6$ de leur longueur. La hauteur de ces nageoires égale, suivant les cas, à la hauteur de l'anale ou à celle de la dorsale. Quant à la forme : légèrement convexes sur la tranche et relativement peu décroissantes en arrière.

Généralement dix, exceptionnellement onze rayons : deux simples et huit divisés. Le premier simple, latéral externe, arqué, sans articulations apparentes et mesurant environ $^1/_7$ ou $^1/_8$ du second ; celui-ci un peu plus court que le premier rameux. Le second divisé d'ordinaire le plus grand ; le dernier égal à peu près aux $^2/_3$ du plus long.

Pectorales, rabattues, distantes des ventrales d'une quantité variant d'ordinaire, avec les individus, entre $^2/_5$ et $^1/_8$ de leur longueur. Ces nageoires constamment plus grandes que les ventrales, volontiers de $^1/_5$ à $^1/_3$ de la longueur de celles-ci (cette disproportion souvent plus accentuée chez les mâles que chez les femelles), et généralement sensiblement plus longues que l'élévation de la dorsale. Quant à la forme : subarrondies à l'extrémité, un peu convexes sur la tranche et passablement réduites en arrière.

Généralement quinze à seize rayons : un simple, un peu plus court que le premier rameux, souvent plus épais ou renflé et plus fortement pigmenté chez les mâles en noces que chez les femelles, et quatorze à quinze divisés, parmi lesquels le premier légèrement plus grand que le second, ou quelquefois les deux antérieurs égaux. Le dernier variant entre $^1/_4$ et $^1/_7$ du plus grand.

Caudale de moyenne dimension et assez profondément échancrée ; les deux lobes égaux ou subégaux et généralement subacuminés, avec une tranche très faiblement convexe.

Quelquefois l'un des lobes légèrement plus long que l'autre ou un peu plus arrondi. Le plus grand rayon, à la longueur totale du poisson, comme 1 : 4 $^6/_7$ chez des jeunes, à 5 $^1/_3$ — 5 $^2/_3$ chez les adultes ; soit à peu près égal à la tête, sauf chez les jeunes où la queue paraît relativement plus longue. Dix-neuf rayons principaux appuyés, en haut et en bas, par six à huit petits rayons décroissants [1] ; le grand latéral simple un peu plus court que le premier des divisés et souvent égal au second de ceux-ci. Les rayons médians mesurant à peu près la moitié du plus grand latéral, très légèrement plus ou moins suivant l'âge et les individus.

Écailles de dimensions plutôt petites et médiocrement solides ; les latérales médianes à peu près égales en hauteur et en longueur, ou très légèrement plus élevées, susceptibles de recouvrir $^1/_4$ ou, au plus, $^1/_3$ de la surface de l'œil, chez l'adulte, $^1/_5$ environ chez les jeunes ; franchement arrondies sur le bord libre et les côtés, et subarrondies ou plus ou moins découpées sur le bord fixe, parfois presque régulièrement rondes sur tout le pourtour, d'autres fois anguleuses en haut et en bas, avec une saillie unilobée ou bilobée vers le milieu, sur le bord fixe. Toute la surface de l'écaille marquée de stries concentriques assez apparentes et volontiers plus accentuées, ainsi que souvent légèrement onduleuses, sur la partie découverte. Des sillons rayonnants en nombre variable, mais généralement assez nombreux (souvent 8 à 14, exceptionnellement 5 ou 15), partant d'un nœud plus voisin du bord fixe que du bord libre (souvent au tiers ou aux $^2/_5$ de la longueur de l'écaille) et venant former sur le bord libre autant de petits festons. D'autres sillons plus courts, plus irréguliers et en nombre également assez variable, bien que volontiers plus élevé, gagnant aussi la partie moyenne du bord fixe (Voy. pl. III, fig. 47).

Les squames latérales antérieures plus petites, plus hautes que longues et marquées généralement de sillons moins

---

[1] Je répète encore ici que le nombre de ces petits rayons paraissant, suivant l'âge et les individus, en quantité variable, ne peut être, dans la plupart des cas, d'aucune importance caractéristique

nombreux. Les postérieures, par contre, plus longues que
hautes et volontiers ornées de sillons plus nombreux. Les
dorsales antérieures petites, subovales et passablement sillonnées. Les pectorales plus petites encore, subarrondies ou
subovales, avec un nœud très reculé et des rayons nombreux.
Les ventrales latérales, les plus grandes de toutes, d'ordinaire un peu coniques sur le bord libre et un peu plus anguleuses au bord fixe.

Généralement neuf à onze écailles au-dessus de la ligne
latérale, vers la plus grande hauteur, et quatre à cinq, plus
rarement six en dessous (Günther, Fische des Neckars, dit:
unter ihr 5-6, selten 7 Schuppenreihen; ce chiffre maximum,
que je n'ai jamais rencontré, est-il peut-être compté jusqu'au
milieu du ventre[1]?).

Ligne latérale complète et décrivant, de l'angle supérieur de
l'opercule au centre de la queue, une ligne légèrement concave, à peu près parallèle au profil inférieur, et passant, suivant les individus et leur état, un peu au-dessus ou au-dessous des $^2/_5$ de la hauteur maximale. Les squames moyennes,
sur cette ligne, à peu près semblables à leurs voisines supérieures et inférieures, en forme, dimensions et ornementations, avec un tubule mucifère droit, médiocrement large,
subcylindrique, occupant environ la moitié de la longueur de
l'écaille, tubule s'ouvrant de chaque côté à peu près à égale
distance des deux bords. Les squames antérieures à peu près
de même dimension et plus hautes que longues, avec un
tubule oblique et légèrement cintré, plus large et un peu
plus court. Les postérieures de dimensions également assez
semblables, mais plus longues que hautes, avec un tubule

---

[1] De Siebold donne, dans ses Süsswasserfische, 8 — 9 en dessus de la
ligne latérale. Ce chiffre minimum que je n'ai pas rencontré chez le
Squalius Agassizii, mais bien souvent chez le *Sq. Savignyi*, rapproché de
la donnée variable des dents par cet auteur, doit-il faire supposer que le
célèbre ichthyologiste allemand a rencontré quelque part dans l'Europe
moyenne la forme du Blageon propre au midi, ou bien n'est-ce, au contraire, qu'un nouveau point de contact entre les deux races? Une note de
de Siebold, l. c., p. 216, semble pourtant montrer que cet auteur avait parfaitement saisi les principaux traits distinctifs des deux *Telestes* (*Squalius*).

cylindrique, droit et assez allongé, demeurant, comme sur les médianes, à peu près à même distance des deux bords.

Le plus souvent 50 à 56 écailles latérales, dans notre pays (48 à 56 selon Heckel et Kner, 54 à 60 selon Günther[1]).

Coloration des faces supérieures, suivant les conditions, d'un brun bronzé plus ou moins verdâtre et s'éclaircissant sur les côtés, ou d'un gris plombé foncé, avec des reflets bleuâtres ou verdâtres sur le dos, et plus pâle sur le haut des flancs. Le bas des flancs et le ventre d'un blanc argenté, souvent parfaitement pur, parfois légèrement teinté de rose orangé pâle. Une large bande noirâtre à reflets violacés, plus ou moins accentuée suivant la saison et les conditions, et plus ou moins franchement délimitée, étendue, le plus souvent, depuis le museau ou depuis l'œil, sur les côtés du corps, au-dessus de la ligne latérale et jusqu'à la base de la caudale. Assez souvent, cette bande ornementale irrégulière ou interrompue, ou très faiblement indiquée, parfois même manquant tout à fait, principalement chez les sujets à manteau pâle, en dehors de l'époque des amours. (Cette trace ornementale composée d'une foule de petits points noirâtres très visibles, comme des granulations pigmentaires, sur la surface découverte des écailles.) La ligne muqueuse latérale, selon les saisons, d'un jaunâtre pâle ou d'un bel orangé rougeâtre, et accompagnée souvent en dessus et en dessous de petites taches noirâtres irrégulièrement distribuées. Souvent aussi les bords de l'appareil operculaire colorés de la même teinte orangée.

Les nageoires paires et l'anale presque incolores ou très légèrement teintées de jaunâtre ou d'orangé pâle, plus ou moins mâchurées dans la partie antérieure, et colorées plus ou moins en orangé à la base. Souvent une bande transverse grise ou noirâtre, plus ou moins indiquée, vers les deux tiers ou la moitié des pectorales. La dorsale et la caudale plutôt grisâtres et plus ou moins mâchurées en avant ; la dernière assez souvent lavée d'orangé pâle.

L'iris argenté dans le bas et plus ou moins mâchuré, sur-

---

[1] Fische des Neckars : *Leuciscus muticellus*.

tout dans le haut, avec un cercle jaune ou orangé autour de la pupille.

Dans la livrée de noces et chez les mâles surtout : le dos plus sombre; la bande latérale plus accentuée et souvent d'un beau violet noirâtre à reflets métalliques; la base de toutes les nageoires, la dorsale et la caudale y comprises, d'un bel orangé, cette teinte parfois même un peu répandue sur les parties avoisinantes du ventre et de la poitrine; enfin, la ligne latérale, l'iris autour de la pupille, le pourtour de l'opercule, la ligne de démarcation entre celui-ci et le pré-opercule, le bord du sous-opercule et le bord de la mâchoire supérieure d'un bel orangé-rougeâtre.

Dimensions passablement variables, en diverses conditions : en moyenne, dans nos eaux, 135 à 160^{mm} de longueur totale, assez souvent même jusqu'à 170 ou 180^{mm}, avec un poids moyen de 35 à 45 grammes, dans quelques-uns de nos courants. Ces dimensions parfois plus fortes encore dans d'autres pays : jusqu'à 20 centimètres en France, selon Blanchard, et jusqu'à 9 pouces (24 centim.) en Allemagne, suivant Günther et de Siebold.

Mâles sensiblement plus élancés que les femelles et ornés généralement, à l'époque du rut, de petits tubercules blanchâtres sur la tête, parfois même sur les parties voisines du dos et un peu sur les pectorales. Ici, comme chez bien d'autres Cyprins, le premier rayon des pectorales volontiers un peu renflé chez les mâles, au moment des amours surtout.

Jeunes, de formes plus effilées que les adultes, souvent avec une caudale relativement un peu plus longue et toujours avec un œil passablement plus grand.

Vertèbres au nombre de 43 à 44[1] (plus rarement 42).

Vessie aérienne étranglée en avant, vers le tiers de sa longueur; la partie antérieure un peu pincée et bilobée en avant; la partie postérieure très légèrement plus large que la précédente, faiblement cintrée en dessous vers le milieu et subconique à l'extrémité. — Tube digestif formant deux

---

[1] Günther, dans ses Fische des Neckars, a trouvé les mêmes nombres chez son *L. muticellus* de dimensions sensiblement plus fortes.

replis et à peu près égal à la longueur totale du poisson ;
l'estomac relativement peu renflé. — Le péritoine fortement
pigmenté et d'un noir plus ou moins profond. — Ovaires et
testicules doubles. — Une rangée de pseudo-branchies pectiniformes assez développées, derrière le quatrième sous-
orbitaire.

Cette espèce, bien qu'assez caractérisée, a cependant été longtemps méconnue ou confondue avec d'autres Cyprins voisins.
Depuis Gesner[1], qui la décrivit assez bien, sous le nom de
Ryserle ou *Ryssling,* sur des individus provenant de la Sihl
près Zurich, elle resta fort longtemps dans l'oubli. Cysat[2] en dit
bien quelques mots, sous le nom d'*Aertzele*[3], et Willughby, après
celui-ci, en 1743, en fit bien aussi mention sous le nom de *Grislagine;* mais ce ne fut guère qu'en 1827 et 1828 qu'elle fut de
nouveau observée et mise franchement en avant par Hartmann,
en Suisse d'abord, puis par Agassiz, à Münich, sous les noms de
Cyprinus aphia et de *Leuciscus aphya*. Toutefois, Agassiz même
n'était pas encore parfaitement au clair avec cette espèce, car
il regardait le *Cyprinus aphia* de Linné, comme identique avec
son *Leuciscus aphya,* et il rapprochait à tort le *Ryserle* de
Gesner de son *Chondrostoma rysela*. La description qu'avait
donnée Linné de son *Cyp. aphya* rappelle tout à fait le *Phoxinus
lœvis;* et, quand Bloch dit aussi, à propos de son *Cyp. aphia,*
que les uns ont le ventre rouge et d'autres blanc, il semble bien
parler aussi du même Vairon et, comme Linné, avoir méconnu
notre espèce. Ce n'est que peu à peu que le nouveau Cyprin prit
sa vraie place dans la classification et se dégagea des alliances
trompeuses que lui avaient fait contracter divers naturalistes.
Les doutes sur cette espèce étaient si invétérés que, malgré la
citation assez circonstanciée de Hartmann, Schinz n'en dit même

---

[1] Hist. Anim., IV, an. 1558, p. 479, ou Fischbuch, p. 162, *a.*

[2] Beschreibung des Lucerner oder Vier-Waldstätten Sees, an. 1661,
p. 20. bis, 101.

[3] Le même nom est encore employé à Lucerne où cette espèce est souvent confondue avec le *Spirlinus bipunctatus.*

pas un mot dans sa *Fauna Helvetica*, et que, trois ans plus tard,
dans son Europæische Fauna, il attribuait seulement à l'Italie,
sur la foi de Bonaparte, son *Leuciscus aphya,* ajoutant : *In der
deutschen Schweiz findet man ihn nirgends ; der dafür ausge-
gebene Fisch ist eine andere Art, Art* qu'il ne décrivait du reste
pas. Après Bonaparte, qui avait à son tour distingué dans sa
Fauna Italica, sous les noms de *Telestes muticellus* et *T. Savignyi,* deux formes méridionales voisines de cette première,
Valenciennes, de Filippi, Günther, Heckel, de Siebold et d'autres retrouvèrent et décrivirent successivement en divers lieux
des formes diverses de ce poisson.

Enfin, après avoir été longtemps méconnu comme espèce,
celui-ci devenait définitivement le type d'un genre nouveau dit
Telestes. Mais la faveur scientifique qui l'avait si longtemps
négligé élevait trop haut ses traits distinctifs, et nous voici
maintenant contraints de revenir en arrière, pour en faire un
simple membre du genre *Squalius,* comme nous l'avons expliqué
plus haut.

Le Blageon d'Agassiz varie assez, il est vrai, avec les conditions, les époques et les individus ; toutefois, sans le secours des
caractères anatomiques, la presque égalité en étendue basilaire
de ses nageoires dorsale et anale médiocrement acuminées, son
corps fusiforme relativement peu comprimé, la disposition de sa
bouche et l'aspect de ses écailles eussent dû suffire à le faire
distinguer à première vue de la plupart des petits Cyprins de
même taille avec lesquels on l'a trop longtemps confondu, du
Spirlinus bipunctatus, du *Phoxinus lævis* et même du *Chondrostoma Genei,* avec lesquels il a extérieurement le plus de
rapports. On ne s'explique pas aisément, je le répète, comment,
même à défaut des caractères différentiels importants tirés de
l'appareil pharyngien et du maxillaire, un poisson porteur d'un
facies aussi particulier a pu rester tant d'années incompris ou
méconnu.

A côté des variations accidentelles que nous avons signalées
dans les formes et dans les proportions, ainsi que dans le nombre
des écailles et des rayons des nageoires, il existe cependant
aussi dans l'espèce des dissemblances un peu plus constantes
qui, plus ou moins accusées dans des milieux différents, sem-

blent indiquer comme deux tendances divergentes ; tendances qui, bien que relativement faibles, n'en justifient pas moins en partie, dans leurs extrêmes, les diverses opinions émises sur la valeur des *Leuciscus muticellus*, *L. Agassizii* et *L. Savignyi*. Je trouve, en effet, parmi nos individus du *Squalius Agassizii*, deux formes qui motiveraient jusqu'à un certain point : d'un côté, un rapprochement des *Telestes Agassizii* et *T. Savignyi* : de l'autre, une plus franche distinction des *Leuciscus muticellus* de Günther (Fische des Neckars) et *Telestes Savignyi*, de Bonaparte. Malgré ces rapprochements, je crois devoir décrire plus bas et séparément le *Telestes* du Tessin au sud des Alpes, sous le nom de *Sq. Savignyi*, pour bien faire ressortir les quelques divergences qui le distinguent de notre *Sq. Agassizii* du nord, dont il n'est probablement qu'une forme ou race méridionale. Si, d'un côté, des proportions plus ramassées du corps, des formes plus arrondies et plus élevées de la tête, des proportions un peu différentes de quelques os de la face et de certaines nageoires, et un nombre généralement un peu inférieur dans les vertèbres, chez le *Sq. Savignyi*, semblent pousser vers une distinction spécifique, de l'autre cependant, la grande variabilité des deux formes sur la plupart des points m'engage à soutenir, par une similitude de numéro d'ordre, un rapprochement déjà établi *à priori*, ou sans discussion, par quelques auteurs, rapprochement qui me semble assez motivé par mes examens comparés.

Mais, si je n'ai pas voulu forcer ici complètement le rapprochement entre les Blageons du nord et du sud, il n'en sera pas de même pour les deux formes que j'ai rencontrées dans notre pays au nord des Alpes et qui se rapprochent plus ou moins, l'une du *Leuciscus muticellus* de Günther, qu'il faut bien se garder d'identifier de prime abord, à cause de son nom, avec le *T. muticellus* de Bonaparte, l'autre du *Telestes Agassizii* de Heckel, et, par là, davantage du *T. Savignyi*, abstraction faite des caractères principaux que je viens d'attribuer à ce dernier. En somme, ces deux tendances de l'espèce, au nord des Alpes, se traduisent à peu près comme suit, dans leurs extrêmes et chez les adultes surtout :

Chez la première (*ad L. muticellus*, Günther), qui me paraît atteindre généralement à une taille plus grande, un corps plus effilé et plus droit en dessus, une tête plus allongée, avec un museau plus proéminent, la tranche des nageoires impaires rectiligne, la coloration des faces supérieures plus grise et la bande latérale peu ou pas indiquée;

Chez la seconde (*ad T. Agassizii,* Heckel), un corps un peu plus épais et plus convexe en dessus, une tête plus arrondie avec un museau moins proéminent, la tranche des nageoires un peu moins droite et la livrée plus sombre, avec une bande latérale plus apparente.

J'ai trouvé la première assez communément dans la Sarine, à Fribourg[1], et la seconde dans le Rhin et les petits tributaires de ce fleuve près de Bâle et de Berne. A côté de ces deux formes et confondus avec elles, on trouve naturellement un très grand nombre d'individus qui n'affichent d'une manière bien tranchée ni l'une ni l'autre des tendances; en même temps que des individus qui présentent un mélange confus des caractères de l'une et de l'autre. De telle sorte que, dans bien des localités, les différences que je viens de signaler sont à peine perceptibles.

Le Blageon semble jusqu'ici confiné dans une sorte de bande oblique et transverse de l'Europe moyenne[2]. On le trouve en France, en Suisse, dans quelques parties de l'Allemagne, le Würtemberg et la Bavière en particulier, et en Autriche, principalement dans les tributaires du Rhône, du Rhin[3] et du Danube. Il manque, dans notre pays, d'un côté au bassin de l'Inn, en Engadine, comme à un niveau trop élevé, de l'autre aux eaux dépendant du Rhône supérieur, arrêté qu'il est par

---

[1] J'ai rencontré le même Blageon grisâtre dans le Rhône près de Lyon, où on le trouve assez souvent confondu avec de jeunes individus d'un Chondrostome dont je parlerai plus loin et qui, au premier abord, le rappellent un peu.

[2] On n'a pas encore pu savoir exactement si, sous le nom de *Cyprinus aphya,* quelques auteurs n'ont pas confondu dans le nord en Danemark, en Suède et en Norwège le *Telestes* avec le *Phoxinus.*

[3] Il n'en est fait mention ni dans la faune de Belgique, par de Selys, ni dans celle du Luxembourg, par De la Fontaine, ni même dans celle de la Moselle, par Holandre.

la perte de ce fleuve à Bellegarde; par contre, il abonde assez
généralement dans tous les principaux tributaires du Rhin, qui
arrosent la plus grande partie de notre sol, en dehors du bassin
du Léman.

Il est assez intéressant de voir ce poisson manquer totalement
au bassin du Léman, tandis qu'il se trouve abondamment, tout à
côté de celui-ci, dans la Sarine près de Fribourg, sous le nom de
Zizer, et, sous le nom de *Blageon,* dans le lac d'Annecy, qui
s'unit au Rhône au-dessous de la perte. Ni Nenning[1], ni Rapp[2],
ni Wartmann[3], ni Heckel et Kner[4], ni de Siebold[5], ne signalent
le Blageon dans le lac de Constance et ses affluents; la chute
du Rhin semble être pour ce poisson, comme la perte du Rhône,
une barrière infranchissable. Toutefois, le docteur Brügger[6]
inscrit tout récemment le *Telestes Agassizii* dans la liste des
poissons qui se montrent près de Coire, par conséquent dans le
Rhin au-dessus de la chute. Y a-t-il là peut-être une confusion
avec l'*Alburnus bipunctatus* que seul Nenning jusqu'ici a
signalé dans le Bodensee? Je n'ai pu vérifier le fait, mais rien
ne peut me faire supposer une erreur. En tout cas, la citation
est importante, car elle ne saurait s'appliquer qu'à l'un ou à
l'autre de ces poissons également généralement refusés au lac
de Constance. Peut-être aussi, bien que cela paraisse moins
probable, ce poisson a-t-il pu, sans passer la chute du Rhin,
arriver jusqu'à Coire, au-dessus du lac de Constance, en passant par les lacs de Zurich et de Wallenstadt et quelque petit
affluent de ce dernier joignant les marécages voisins du Rhin.

Le Blageon habite les lacs et les rivières; toutefois, il semble
aimer plutôt les eaux courantes et préférer d'ordinaire les petits
aux grands courants, soit se tenir plus volontiers dans les tributaires de ces derniers et leurs ramifications que dans les fleuves ou les grandes eaux. Cela ne veut pas dire qu'on ne le

[1] Fische des Bodensees, 1834.

[2] Fische des Bodensees, 1854.

[3] Unsere Fischerei (St. Gallische Naturw.-Gesells. 1868).

[4] Süsswasserfische, 1858.

[5] Süsswasserfische, 1863.

[6] Naturgeschichtliche Beiträge zur Kenntniss der Umgebungen von
Chur. 1874, p. 150.

voie pas dans plusieurs de nos lacs, principalement près des rives ou à l'embouchure des petites rivières, et dans les eaux de quelques-uns de nos grands courants, du Rhin par exemple ; mais cette prédilection explique jusqu'à un certain point quelques particularités de sa distribution géographique. On a trouvé jusqu'ici le Blageon d'Agassiz dans le Rhin, la Reuss, la Limmat, la Sihl, l'Aar, la Zihl, l'Emmen, la Sitter et la Sarine, ainsi que dans les lacs de Lucerne, Thoune, Zurich, Wallenstadt, Bienne et Neuchâtel. J'ai déjà parlé de l'application du nom de *Blavin* à la fois au Spirlin et au Blageon dans les environs de ce dernier lac. J'ajouterai seulement ici que les pêcheurs, sur quelques parties des rives du lac de Neuchâtel, donnent également le nom de *Zize* au Vairon *(Phoxinus lœvis)* et à un autre poisson, suivant eux, un peu plus gros et un peu différent, probablement encore à notre Blageon, connu non loin de là sous le nom de *Zizer*, à Fribourg. Cette espèce recherche de préférence les eaux à fond découvert, caillouteux ou sablonneux, mais ne s'élève cependant pas haut dans les rivières de nos montagnes ; elle ne ressemble pas en cela au Vairon qui présente avec elle tant d'analogies et vit jusque dans les petits lacs élevés de la région alpine. On la rencontre rarement au-dessus du bas de la région montagneuse, soit au delà de 850 mètres au-dessus de la mer. Elle vit volontiers en bandes plus ou moins nombreuses, et ne se tient guère à la surface, comme les Ablettes ; elle chemine plutôt entre deux eaux ou près du fond, comme le Vairon et le Spirlin avec lesquels elle a été si souvent confondue. Ses allures sont alertes et vives ; sa nourriture, comme semble l'indiquer déjà la brièveté relative de son tube digestif, est bien plus animale que végétale. J'ai trouvé, en effet, dans l'intérieur de quelques individus, principalement des débris d'insectes et de vers, même chez l'un une vertèbre de petit poisson, le tout mélangé avec de petites pierres de diverses couleurs.

Le temps des amours semble varier, suivant les conditions, du commencement d'avril à la fin de mai ; cependant, il peut arriver parfois déjà dans le courant de mars, ou être au contraire retardé jusque dans les premiers jours de juin [1]. (Hart-

---

[1] Günther (Fische des Neckars) dit que le moment même de la fraye est

manu me semble signaler plutôt une exception quand il donne, comme époque ordinaire de frai pour son *Cyprinus aphya,* fin de février ou commencement de mars.) A cette saison, les bandes du Blageon se mêlent volontiers à celle du Nase, pour frayer dans les mêmes conditions ; aussi résulte-t-il assez souvent de ce rapprochement des produits métis des deux espèces qui sont connus généralement sous le nom de *Chondrostoma rysela.* Les femelles semblent déposer de préférence leurs œufs sur le gravier. Ces œufs sont assez gros et relativement peu nombreux : Günther en a trouvé 6,000 chez une femelle du Neckar ; j'en ai compté 4,736 de près de 2 millimètres de diamètre, chez une femelle du Rhin mesurant 145 millimètres de longueur totale.

Le Blageon est peu connu, comme aliment ; on n'en fait pas une pêche spéciale, bien qu'on le prenne souvent dans le tramail et à la ligne avec un ver. La plupart des pêcheurs ne l'employent guère, que comme amorce, ainsi que le Vairon et le Spirlin, avec lesquels ils le confondent souvent.

On n'a pas jusqu'ici beaucoup étudié les parasites de ce poisson, probablement par le fait qu'il est moins répandu et moins généralement connu que beaucoup d'autres ; Günther[1] signale cependant l'*Echinorhynchus Proteus* comme fréquent, en octobre, chez cette espèce.

18 *bis.* LE STRIGION

STRIGIÒN [2].

SQUALIUS SAVIGNYI, Bonaparte.

(Subsp. mérid.)

Livrée assez semblable à celle du Blageon, bien que d'ordinaire plus sombre ; la bande latérale généralement plus con-

très court et dure au plus trois à quatre jours. Je n'ai pas été à même de contrôler cette observation.

[1] Fische des Neckars.

[2] Je n'emploie pas le véritable nom italien *Vairone* que parce qu'il a trop souvent donné lieu à des confusions avec le Véron (*Phoxinus lævis*).

stante et plus accentuée.. Corps un peu plus trapu. Tête plus ramassée; museau obtus très peu ou pas proéminent. Écailles latérales relativement un peu plus grandes et plus carrées, d'une surface souvent près de demi de celle de l'œil, chez l'adulte. Dorsale généralement un peu convexe sur la tranche. Anale relativement un peu plus élevée. Caudale à lobes plutôt subarrondis. (Taille moyenne d'adultes : 110—145 millimètres.)

Sous-orbitaires à peu près comme chez le Blageon; le premier cependant de forme moins allongée. Maxillaire supérieur légèrement plus allongé dans le bas. Pharyngiens plutôt plus épais. Dents souvent moins pectinées; d'ordinaire cinq grandes et deux petites sur l'os gauche, et quatre grandes et deux petites sur le droit (rarement cinq grandes des deux côtés).

D. 3/8(9), A. 3/8—9, V. 2/7, P. 1/14—15, C. 19 maj.

$$\text{Sq. } 44 \ \frac{8-10(11)}{4-5} \ 51(60). \qquad \text{Vert. } 39-42.$$

TELESTES MUTICELLUS et T. SAVIGNYI, *Bonap.*, Fauna Ital., fasc., XX, Pl. fig. 3, et fasc. XXVII, Pl. fig. 1 ; Cat. met., p. 30, n° 202 et 201.
» SAVIGNYI, *Heckel et Kner*, Süsswasserfische, p. 208, fig. 117 et 118. — *Nardo*, Prospet. sist, p 73. — *De Betta*, Ittiologia Veronese, p. 91.
» MUTICELLUS, *Canestrini*, Prospet. crit., p. 67. — *Pavesi*, Pesci e Pesca, p. 40.
LEUCISCUS MUTICELLUS, *De Filippi*, Cenni, p. 399.
» SAVIGNYI, *Cuv. et Val.*, XVII, p. 238, Pl. 494.
» APHYA (part.), *Schinz*, Europ. Fauna, II, p. 318.

NOMS VULGAIRES, DANS LE TESSIN : *Strigiôn, Strugiôn, Campôn*, quelquefois aussi *Vaïrôn*.

Corps médiocrement allongé, assez épais et plus élevé, soit plus ramassé que chez le Blageon. Les profils supérieur et inférieur également un peu plus arrondis. La hauteur maximale, devant les ventrales, à la longueur totale, comme 1 : 4 $\frac{1}{15}$ — 5 $\frac{1}{3}$ (même 5 $\frac{3}{10}$ selon Canestrini). L'épaisseur la plus grande, généralement un peu plus forte que la moitié de la hauteur maximale, chez les adultes, ou égale seulement à cette demi-élévation, chez les jeunes. (Il m'a paru, à ce propos, que la forme méridionale doit atteindre d'ordinaire à une taille moindre que la forme septentrionale ; soit, en d'autres termes, que des jeunes des deux races, de taille identique, présentent à des degrés d'accentuation différents les caractères de l'adulte. En effet, l'épaisseur maximale est déjà relativement plus forte et bien plus reculée le long des pectorales chez la majorité des jeunes du *Sq. Savignyi* que chez ceux du *Sq. Agassizii.*)

Tête plus arrondie et relativement un peu plus forte ; profils supérieur et inférieur plus convexes (différence moins frappante chez les jeunes que chez les adultes). La longueur céphalique latérale, à la longueur totale du poisson, comme $1:5 - 5\,^3/_5$ $(4\,^8/_{10} - 5\,^7/_{10}$, selon Canestrini dans ses Poissons d'Italie). Ce grand axe de la tête, par le fait, suivant les individus femelles adultes, mâles ou jeunes, plus petit ou un peu plus grand que la hauteur du corps. (Ce rapport de proportions que Heckel et Kner ont invoqué, comme différentiel pour leurs deux espèces de *Telestes,* est toujours trop variable dans les deux formes pour avoir quelque importance ; il est, en particulier, le même chez les jeunes dans les deux races.) La hauteur à l'occiput très légèrement plus faible que la longueur à ce point, parfois même égale à celle-ci. L'épaisseur sur l'opercule correspondant à la hauteur de la tête vers le tiers antérieur ou le quart seulement de l'œil, très souvent même, chez les adultes, à l'élévation devant le bord antérieur de l'orbite. (Ce rapport, mis en regard de celui observé chez le *Sq. Agassizii,* suffit pour mettre en évidence une forme de la face un peu différente, soit ici plus élevée ou plus convexe, chez les adultes. Les jeunes de la race septentrionale ayant généralement la tête plus ramassée que les adultes, cette différence est naturellement beaucoup moins frappante dans le bas âge.)

Museau relativement obtus, soit plus arrondi ou moins proéminent que chez le Blageon ; la mâchoire supérieure aussi dépassant d'ordinaire un peu moins l'inférieure, parfois même à peine plus longue. La bouche, par contre, bien fendue, souvent même jusqu'au-dessous du bord antérieur de l'œil ou à peu près.

Œil d'un diamètre, à la longueur céphalique latérale, comme
1 : 2 $^7/_8$ chez les jeunes, à 3 $^1/_2$ ou 4 chez les adultes, même
4 $^1/_4$ chez de vieux sujets (jusqu'à 4 $^6/_{10}$ selon Canestrini,
dans ses Poissons d'Italie).

L'espace préorbitaire généralement plus grand que le diamètre de l'œil, parfois même de $^1/_5$ ou presque de $^1/_4$ de
celui-ci, chez les adultes, mais au contraire sensiblement
plus petit que l'orbite chez les jeunes.

L'espace postorbitaire, suivant les individus, légèrement
plus fort ou plus faible que la moitié de la longueur latérale
de la tête.

L'espace interorbitaire notablement plus grand que l'œil,
souvent de $^1/_3$ ou de $^2/_5$ de celui-ci, chez les adultes, et très
peu plus petit ou presque de même dimension que celui-ci,
chez les jeunes. (Sur ce dernier point, on peut faire encore
la même remarque que j'ai déjà faite à propos de l'épaisseur
du corps : les jeunes du *Sq. Savignyi* ont d'ordinaire le front
relativement plus large que des jeunes, de taille identique,
du *Sq. Agassizii*, et semblent par là, ou acquérir plus vite
que ceux-ci les caractères de l'adulte, ou bien plutôt atteindre moins facilement à la même taille.)

Arcade sous-orbitaire composée de cinq os juxtaposés, comme
chez le *Sq. Agassizii;* le premier cependant généralement
moins allongé et moins échancré dans le haut que chez notre
Blageon, soit de forme polygonale ou subarrondie et presque
égal dans ses deux dimensions, ou plutôt plus haut que long;
dissemblance correspondant à la différence d'élévation de la
tête au niveau de la face.

Maxillaire supérieur peu différent, mais présentant cependant
souvent un coude postérieur un peu plus élevé et une branche inférieure légèrement plus allongée (Différences du reste
inconstantes et d'accord encore avec l'élévation de la face).

Pharyngiens plutôt plus forts que chez le Blageon : l'aile souvent un peu plus longue ou plus anguleuse et plus droite
sur la tranche; le corps de l'os volontiers un peu plus renflé,
et la corne antérieure peut-être un peu plus large. (Bien
que ces différences soient un peu sujettes à varier, ou plus
ou moins accentuées, il ne sera peut-être pas sans utilité de

faire remarquer que la modification ou la tendance paraît
ici contraire de celle que nous avons observée chez les *Squalius cavedanus* et *Alburnus alborella* au sud des Alpes.
Nous avons maintenant, dans les mêmes conditions, des os
pharyngiens plus forts qu'au nord ; tandis que, soit le *Cavedano* soit l'*Alborella*, nous ont au contraire présenté, dans
le Tessin, des pharyngiens plus faibles ou plus grêles que
leurs représentants au nord des Alpes, les *Sq. cephalus* et
Alb. lucidus.)

Dents pharyngiennes sur deux rangs, généralement au nombre
de sept d'un côté et six de l'autre, crochues à l'extrémité et
le plus souvent moins dentelées que chez le *Sq. Agassizii*,
soit peu ou pas pectinées sur la tranche ; parfois seulement
les plus grandes légèrement ondulées ou dentelées sur le
côté inférieur de la couronne, ceci visible principalement sur
les dents de remplacement. Cinq grandes dents postérieures
et deux petites antérieures sur l'os gauche, et quatre grandes, plus deux petites sur l'os droit ; cela sans exception sur
vingt individus du Tessin examinés au point de vue des
dents[1]. Ici, la quatrième ou inférieure à droite, large à la
base, comme la cinquième chez le *Sq. Agassizii*, mais d'ordinaire un peu plus haute et plus franchement crochue.

Meule assez semblable à celle du Blageon, bien que souvent un
peu plus arrondie.

Dorsale ayant son origine au milieu de la longueur du poisson
sans la caudale, ou légèrement en avant ou en arrière de ce
point, et d'ordinaire à peu près au-dessus de l'extrémité postérieure de la base des ventrales ; quant à la hauteur, égale
à l'élévation de la tête à l'occiput, ou un peu moindre, et
mesurant, suivant les individus femelles, mâles ou jeunes,
des $^3/_5$ aux $^3/_4$ ou aux $^5/_6$ de l'élévation du corps. Ce dernier
rapport semblable chez les jeunes des deux *Telestes*. La
tranche de cette nageoire un peu plus convexe que chez le
Sq. Agassizii.

Généralement onze rayons : trois simples constants et huit

---

[1] Je ne voudrais pas dire cependant qu'il ne puisse pas y avoir quelquefois des exceptions eu égard au nombre des dents sur l'os droit.

divisés, exceptionnellement un neuvième divisé, comme l'indique Canestrini. Le premier simple assez apparent et
mesurant de $\frac{1}{7}$ à $\frac{1}{4}$ du second ; celui-ci égalant de $\frac{1}{3}$ à $\frac{3}{7}$
du troisième ; ce dernier, enfin, à peu près égal au premier
rameux ou un peu plus court. Le dernier divisé égal environ
à la $\frac{1}{2}$ du plus grand.

Anale implantée dans les mêmes conditions, par rapport à la
dorsale que chez le Blageon précédent, mais laissant, rabattue, entre son extrémité et l'origine de la caudale, un espace
relativement un peu plus court, chez l'adulte, parfois de $\frac{1}{4}$
à $\frac{1}{3}$ moindre, par le fait de la hauteur ici un peu supérieure
de cette nageoire et surtout des formes plus ramassées de
tout le corps. La longueur du plus grand rayon variant
entre les $\frac{4}{5}$ et les $\frac{8}{9}$ de l'élévation de la dorsale. (Je n'ai
pas trouvé une seule fois l'égalité de hauteur de l'anale et
de la dorsale que Heckel et Kner donnent comme devant
servir à différentier leurs deux *Telestes* ; toutefois, bien que
les rapports que je donne pour les deux formes s'unissent
par leurs extrêmes, il n'en est pas moins vrai, comme je
viens de le dire, que l'anale est d'ordinaire ici un peu plus
haute que chez le *Sq. Agassizii*.) La longueur ou la base
variant le plus souvent entre les $\frac{5}{8}$ et les $\frac{3}{4}$ de la hauteur.
La tranche plus régulièrement convexe.

Généralement onze à douze rayons : trois simples et huit à
neuf, le plus souvent huit, divisés. Les deux premiers simples à peu près dans les mêmes rapports que chez notre
Blageon. Le troisième simple un peu plus court que le
premier divisé ; celui-ci souvent légèrement plus court que
le suivant. Le dernier rameux à peu près égal à la moitié du
plus grand.

Ventrales prenant naissance sensiblement en avant du milieu
de la longueur du poisson sans la caudale ; de telle manière
que l'origne de la dorsale tombe, le plus souvent, sur le bout
de la base de ces nageoires ; avec cela, relativement assez
longues, bien que très variables sous ce rapport, soit laissant, rabattues, entre leur extrémité et l'anus, un espace
variant, suivant les individus femelles adultes, jeunes ou
mâles, de $\frac{2}{5}$ de leur longueur à 0, dépassant même quelque-

fois de ¹/₁₅ cet orifice. La longueur des ventrales, par là.
selon les sujets, un peu plus faible que la hauteur de l'anale
ou, au contraire, un peu plus forte que l'élévation de la dorsale. (Heckel et Kner me paraissent dans une étrange
erreur, quand ils disent que le *Telestes Savignyi* a les ventrales plus courtes que le *T. Agassizii.*) Quant à la forme :
convexes sur la tranche.

Généralement neuf rayons : deux simples et sept divisés,
à peu près dans les mêmes rapports que chez le Blageon :
le second divisé le plus long.

Pectorales assez grandes, mais, suivant les individus, laissant,
rabattues, entre leur extrémité et l'origine des ventrales, un
espace très variable : cet intervalle souvent égal à ¹/₅ ou à
¹/₃ ou même à ²/₅ de leur longueur, chez des femelles, généralement plus petit, soit égal seulement à ¹/₇ à ¹/₈ ou à ¹/₁₀
chez les jeunes et les mâles ; souvent encore l'intervalle nul
ou même assez souvent, chez de vieux mâles, l'extrémité des
pectorales dépassant plus ou moins l'origine des ventrales.
parfois de ¹/₅ de leur longueur. (On peut voir dans ces rapports tous les degrés intermédiaires entre les petites et les
grandes nageoires pectorales qui devraient, selon Bonaparte,
distinguer ses *Telestes Savignyi* et *T. muticellus.*) Ces
nageoires, par le fait, selon l'âge et le sexe, de ¹/₁₀ à ¹/₄ presque même ¹/₃ plus grandes que les ventrales. En somme : les
pectorales d'ordinaire plus longues que chez le *Squalius
Agassizii* et situées plus près des ventrales ; principalement
à cause des formes plus ramassées du corps. La tranche un
peu plus arrondie.

Quatorze à seize rayons : un simple, un peu plus court
que le premier rameux, et quatorze à quinze, plus rarement
treize divisés, le second souvent légèrement plus long que le
premier.

Caudale moyenne et passablement échancrée, avec des lobes
subarrondis, égaux ou presque égaux. Cette nageoire, à la
longueur totale, comme 1 : 4 ⁶/₇ chez des jeunes, à 5 ¹/₃ —
5 ³/₄ chez les adultes, soit légèrement plus courte que la
tête, chez les derniers, ou au contraire légèrement plus
longue, chez les premiers.

Dix-neuf, rayons principaux ; les médians mesurant la moitié des plus grands. Le grand simple latéral, égal au second ou au troisième rameux, appuyé, en haut et en bas, par de petits rayons décroissants en nombre variable, souvent quatre à sept.

Écailles latérales médianes volontiers un peu plus grandes et plus carrées que chez le *Squalius Agassizii,* soit souvent moins arrondies sur les bords supérieur et inférieur et d'une surface, chez l'adulte, égale, selon les individus, à $^1/_3 - ^2/_3$ ou à $^1/_2$ de celle de l'œil. Ces écailles d'ordinaire plus grandes chez les jeunes du Strigion que chez des jeunes de même taille du Blageon. (On peut faire à ce sujet la même remarque que j'ai déjà faite à propos de l'épaisseur du corps et de la largeur de l'espace interorbitaire.) Ces squames présentant la même structure que celles de l'espèce précédente, bien que souvent avec des stries concentriques un peu plus saillantes et plus onduleuses entre les rayons, sur la partie découverte. (Je n'ai pas pu apprécier de différence constante dans le nombre des sillons rayonnants ; différence qui, suivant quelques auteurs, devrait servir à faire distinguer les deux prétendues espèces de *Telestes*.) Les écailles latérales antérieures petites et ovales ou subarrondies ; les postérieures seulement un peu plus petites que les médianes, mais plus longues et assez anguleuses. Dorsales petites et subarrondies. Pectorales très petites, arrondies ou subarrondies, avec un nœud très reculé et très sillonnées. Les ventrales latérales passablement plus grandes que les latérales médianes et plus coniques au bord libre.

Généralement 8 à 10, plus rarement onze, écailles au-dessus de la ligne latérale, à la plus grande hauteur, et 4 à 5 en dessous. (Le nombre des écailles en lignes verticale et horizontale, étant parfois presque semblable chez certains individus du Blageon et du Strigion, bien que les squames soient d'ordinaire un peu plus grandes, chez le dernier, il est probable que celles-ci se recouvrent par places un peu davantage.

Ligne latérale disposée à peu près comme chez le *Sq. Agassizii.*

Les squames médianes assez semblables à leurs voisines

supérieures, avec un tubule souvent un peu plus court que chez le Blageon. Les antérieures un peu plus petites et plus hautes que les médianes, avec un tubule oblique et plus large ; les postérieures un peu plus petites aussi, mais plus longues avec un tubule plus allongé (Voy. pl. III, fig. 48).

Le plus souvent 45 à 50 écailles sur cette ligne, plus rarement 44 ou 51. — Canestrini donne un maximum de soixante. dans ses Poissons d'Italie ; ce chiffre, qui est identique au maximum attribué par Günther à son *L. muticellus* du Neckar, me paraît devoir être ici plutôt exceptionnel ; je n'ai rien trouvé d'approchant chez les Strigions du Tessin.

Coloration assez semblable à celle du Blageon, bien que volontiers un peu plus sombre, soit d'un brun verdâtre, en dessus. La bande latérale noirâtre plus ou moins accentuée, selon la saison. Le ventre argenté. Les nageoires paires et l'anale d'un jaune rougeâtre pâle avec une tache d'un rouge orangé à la base, tache accentuée surtout à l'aisselle des pectorales et principalement au moment des amours. (Cette dernière tache à la base des pectorales qui devrait caractériser le *T. muticellus* de Bonaparte, se retrouve non seulement chez le *Sq. Savignyi*, mais encore chez le *Squalius Agassizii*. Iris blanc argenté et lilacé, verdâtre ou noirâtre dans le haut.

Dimensions généralement plus faibles que chez le Blageon. La longueur totale variant ici, pour la majorité des adultes, entre 110 et 145 millimètres, plus rarement 150^{mm} dans le Tessin, (jusqu'à 164^{mm}, chez une femelle des environs de Modène en Italie, selon Canestrini).

Mâles de forme volontiers un peu moins élevée que les femelles. avec des nageoires ventrales et pectorales d'ordinaire un peu plus fortes.

Jeunes plus élancés que les adultes, bien qu'avec des formes un peu plus ramassées que chez le Blageon. L'œil et la nageoire caudale un peu plus grands que chez les vieux, relativement à la tête et à la longueur totale.

Vertèbres d'ordinaire un peu moins nombreuses que chez le *Sq. Agassizii*, soit le plus souvent 39 à 40 (42 suivant Canestrini).

Tube digestif égal à la longueur du poisson avec ou sans la caudale. — Péritoine noir, comme chez le Blageon. — Vessie aérienne, ovaires, testicules et pseudobranchies à peu près comme chez le *Sq. Agassizii*.

Le Strigion au sud varie assez, comme le Blageon au nord ; nous avons vu, en effet, dans le courant de cette description, comment, tout en demeurant assez distinct de ce dernier, il varie cependant passablement, soit dans les formes et les divers rapports de proportions, soit surtout dans la position de la bouche et les dimensions des nageoires paires. Nous avons reconnu comme inconstants plusieurs des rapports invoqués par Heckel et Kner pour différentier leurs *Telestes Agassizii* et *T. Savignyi*, et nous avons tout particulièrement démontré comment les pectorales varient assez dans leurs dimensions, suivant le sexe et l'âge, chez des individus du reste en tout semblables, pour enlever toute valeur aux deux phrases *« pinnis pectoralibus parvulis »* et *« pectoralibus ingentibus »* qui, dans les diagnoses de Bonaparte (Fauna italica), devaient servir à faire distinguer ses *Telestes Savignyi* et *T. muticellus*. Je ne considérerai donc plus le *T. muticellus* de Bonaparte et de de Filippi que comme une forme de leur *T. Savignyi*. Toutefois, je n'entends pas par là identifier, à cause de l'analogie de leurs noms, le *T. muticellus* de Bonaparte et le *L. muticellus* de Günther ; ce dernier, que j'ai rapproché du *Sq. Agassizii* au nord des Alpes, est, en effet, assez différent de son homonyme au sud, bien que probablement variété d'une même espèce.

Le *Squalius Savignyi* se distingue d'abord extérieurement du *Squalius Agassizii* à ses formes plus ramassées et à sa tête plus élevée ou plus arrondie ; puis, nous trouvons encore, chez lui, des vertèbres généralement en nombre un peu inférieur, et sur les pharyngiens droits, le plus souvent quatre grandes dents au lieu de cinq. Mais, doit-on donner une valeur spécifique à des caractères qui, comme ceux-ci, souffrent cependant des exceptions dans l'une ou l'autre des formes, ou doit-on attribuer simplement aux influences des conditions locales, au sud et au nord des Alpes, de semblables modifications de nos jours assez tranchées ? c'est là la question que je n'ai pas voulu résoudre définitivement. J'ai préféré laisser subsister les deux noms, plutôt que d'opérer un rapprochement non encore pleinement justifié, tout en exprimant, par une similitude de numéro d'ordre, la probabilité d'une origine commune. Une des observations qui, après de nombreuses hésitations, m'a le plus engagé à maintenir une distinction, réside dans le fait, plusieurs fois signalé dans la description, de rapports de proportions plus âgés, quant à l'épaisseur du corps, la largeur du front, et les dimensions des écailles par rapport à l'œil, chez les jeunes du *Sq. Savignyi* que chez ceux de même taille du *Sq. Agassizii.* J'ai cru voir dans cette circonstance une petite différence dans le développement des deux formes.

Après cela, les autres traits différentiels relevés çà et là dans la description : la longueur plus forte des nageoires inférieures et les proportions un peu plus grandes des écailles, par exemple, doivent être considérés comme caractères secondaires ; de même que l'on pourrait dire des formes un peu différentes du premier sous-orbitaire, du maxillaire et des os pharyngiens que ce ne sont que des corollaires de premières déformations de la tête plus ou moins accentuées.

En somme : il y a, dans les deux conditions, transalpine et cisalpine, deux tendances assez différentes ; mais, dans chacune d'elles, il faut encore reconnaître des individus moins différents que d'autres, ou comme des sortes de transitions. Steindachner (Zur Fischfauna des Isonzo) dit avoir comparé des *Telestes* de l'Isonzo en Illyrie, au sud des Alpes, avec des *Telestes* de la Lech et de l'Inn, au nord, et n'y avoir point trouvé de différences. Le *Sq. Agassizii* serait-il donc encore là, au sud, ou serait-ce une nouvelle preuve de transitions entre les deux formes ?

Le Strigion semble jusqu'ici confiné dans les eaux douces de l'Italie et du Tessin. Comme le Blageon, il vit dans les lacs et les rivières, mais de préférence dans les eaux courantes à fond pierreux. Ses mœurs paraissent également très semblables à celles de son congénère ; toutefois, l'époque des amours me paraît plus tardive. Pavesi[1] donne comme temps de frai, les mois

---

[1] Pesci e Pesca, p. 42.

de mai et juin. Je crois que cette époque est souvent plus tardive encore ; la plupart des femelles que j'ai collectées à Lugano
dans les premiers jours de juillet, portaient encore leurs œufs,
chez quelques-unes même ceux-ci n'avaient point encore atteint
leur complet développement. J'ai examiné, de provenance du
Tessin, des Strigions du lac de Lugano, du lac Majeur et de
la rivière le Vedeggio ; Pavesi cite encore ce poisson dans un
grand nombre de rivières et de ruisseaux de ce canton où il
paraît assez abondant. Ainsi que le Blageon, le *Strigion* n'est
guère estimé comme aliment.

Genre 13. VAIRON

PHOXINUS, Agassiz.

Dents pharyngiennes sur deux rangs : deux petites anté-
rieures et quatre ou cinq grandes postérieures, plus ou
moins pincées sur la tranche et crochues à l'extrémité.
Bouche oblique, sans barbillons et à mâchoires à peu près
égales. Œil moyen. Tête assez forte et arrondie. Corps
oblong et subcylindrique ; dos et ventre assez largement
arrondis. Écailles très petites, inconstantes, subarrondies et
marquées de stries et de rayons très lâches. Ligne latérale
généralement incomplète. Dorsale et anale à base courte et
semblables ; la première naissant en arrière des ventrales.
Caudale médiocrement échancrée, à lobes subarrondis.

Dentes lacerantes 2, 5 vel 2, 4 — 4, 2 hamati.

Le genre *Phoxinus* ne compte guère que deux espèces :
Le *Ph. lœvis* (Ag.) très répandu en Europe et jusqu'en

Asie, et le *Ph. hispanicus* (Steind.) propre à l'Espagne[1]. Notre Vairon ou Véron (*Ph. lævis*) vit d'ordinaire en sociétés plus ou moins nombreuses et de préférence dans les petits cours d'eau; il est omnivore ou volontiers carnivore et, bien que de taille très réduite, d'un caractère fort entreprenant.

Les espèces de ce petit groupe générique se rapprochent beaucoup, par les formes extérieures et l'appareil pharyngien de plusieurs des membres du genre Chevaine qui précède, du Blageon entre autres; je n'aurais même pas hésité à en faire un simple sous-genre du genre *Squalius*, si je n'avais cru devoir attribuer une assez grande importance, soit à la position plus reculée de la dorsale, soit aux caractères très particuliers des écailles.

Notre représentant du genre me paraît se distinguer encore de la plupart de nos Cyprinides par une exagération de certains caractères plus ou moins accusés chez les différents membres de la famille; je veux parler de la mucosité relativement abondante qui recouvre son corps et du curieux épaississement de ses nageoires pectorales chez le mâle[2]. Il porte de petites pseudobranchies digitiformes. Voir, à la description de l'espèce, pour les caractères tirés de l'appareil pharyngien, du maxillaire supérieur et de l'arcade sous-orbitaire.

---

[1] Le *Ph. hispanicus* de Steindachner ne me paraît pas basé sur des caractères très solides.

[2] La Tanche présente à un plus haut degré encore cet enduit muqueux extérieur et rappelle, jusqu'à un certain point, ce développement sexuel des nageoires paires, bien qu'elle fasse exception dans la famille, en portant ce caractère non plus aux pectorales, mais bien aux membres abdominaux (ventrales).

19. LE VAIRON [1]

PFRILLE [2]. — FREGAROLO [3]

PHOXINUS LÆVIS, Agassiz.

*D'un gris-jaunâtre mâchuré ou olivâtre, en dessus; jaunâtre, grisâtre ou vert, avec ou sans taches ou bandes transverses noirâtres, sur les côtés; une bande longitudinale dorée au haut des flancs. Blanc, jaunâtre, rose ou rouge, en dessous. Ventrales et anales verdâtres ou jaunâtres et plus ou moins lavées de rougeâtre en arrière. Corps oblong, subcylindrique. Tête assez forte et épaisse; museau obtus à bouche oblique. Écailles faisant défaut par places, souvent entre les pectorales et les ventrales, très petites, subarrondies, peu imbriquées, avec des rayons larges et lâches sur tout leur pourtour; les médianes latérales d'une surface au plus vingtième de celle de l'œil, chez l'adulte. Ligne latérale incomplète, présentant des tubules larges plus ou moins ouverts en gouttière. Dorsale et anale convexes sur la tranche et presque identiques; la seconde naissant au-dessous du dernier rayon de la première. Caudale médiocrement échancrée à lobes subégaux et subarrondis. (Taille moyenne d'adultes : 70 à 100*mm*.)*

Quatre à cinq sous-orbitaires : le premier subtriangulaire ou subcarré, d'une surface au plus moitié de celle de l'œil, chez l'adulte; le quatrième plutôt étroit et beaucoup plus petit. Maxillaire supérieur portant un coude large, arrondi en dessous et bien concave ou retroussé en dessus. Pharyngiens falciformes et plutôt grêles, avec une aile courte et arrondie. Meule épaisse, subarrondie et un peu cordiforme, avec un fort talon. Dents non pectinées et crochues à l'extrémité.

---

[1] En français, aussi *Véron.*
[2] Aussi, en allemand, *Elritze.*
[3] En italien, également *Sanguinerola.*

D. 3/7(8), A. 3/6—7, V. 2/(6) 7—8, P. 1/6—17, C. 19 maj.

$$\text{Sq. 0} \ \frac{15—20}{14—17} \ 90. \qquad \text{Vert. 38—40.}$$

CYPRINUS PHOXINUS, *Linné*, Syst. Nat., éd. XIII, I, III, p. 1422. — *Bloch*, Fische Deutschlands, Th. I, p. 60, Taf. VIII, fig. 5. — *Schranck*, Fauna Boïca, p. 336. — *Lacép.*, V, p. 571. — *Cuvier*, Règ. Anim., II, p. 195. — *Jurine*, Poissons du Léman, Mém. Soc. Phys., III, part. I, p. 229, pl. 14. — *Hartmann*, Helvet. Ichthyol., p. 197. — *Nenning*, Fische des Bodensees, p. 28. — *Holandre*, Faune de la Moselle, p. 251. — *Jenyns*, Manual, p. 415. — *Ekström*, Fische von Mörkö, p. 26. — *Gronov*, Syst., éd. *Gray*, p. 185.

»   APHYA, *Linné*, Syst. Nat., ed. XIII, I, III, p. 1423.

»   RIVULARIS, *Pallas*, Zoogr. Ross.-Asiat., III, p. 330. — *Gmelin*, Syst. Nat., I, III, p. 1420.

LEUCISCUS PHOXINUS, *Flemming*, Brit. Anim., p. 188. — *Nilsson*, Skand. Fauna, IV, p. 319. — *Cuv. et Val.*, XVII, p. 363. — *Yarrel*, Brit. Fish, I, p. 372. — *Günther*, Fische des Neckars, p. 53, et Cat. of Fishes, VII, p. 237.

PHOXINUS LÆVIS, *Agassiz*, Mém. Soc. Sc. N. Neuchâtel, I, p. 37. — *Schinz*, Europ. Fauna, II, p. 330. — *Selys-Longchamps*, Faune belge, p. 203. — *De Filippi*, Cenni, p. 10. — *Bonaparte*, Cat. Met., p. 28, n° 171. — *Rapp*, Fische des Bodensees, p. 10. — *Heckel et Kner*, Süsswasserfische, p. 210, fig. 119, 120. — *Fritsch*, Fische Böhmens, p. 6. — *Dybowski*, Cyp. Livlands, p. 105. — *De Betta*, Ittiol. Veron., p. 93. — *Nini*, Cenni, p. 49. — *Siebold*, Süsswasserfische, p. 222. — *Jeitteles*, Fische der March, II, p. 16. — *Malmgren*, Fische Finnlands, sp. 57. — *Jäckel*, Fische Bayerns, p. 73. — *Canestrini*, Prospet. Crit., p. 72. — *Blanchard*, Poissons de France, p. 410, fig. 100. — *Warnimont*, Ann. Soc. S. N. du Luxembourg, 1867, p. 209. — *Pavesi*, Pesci e Pesca, p. 42. — *De la Fontaine*, Faune du Luxembourg, p. 51. — *Lunel*, Poissons du Léman, p. 87, pl. 10.

»   VARIUS, *Schinz*, Fauna Helvetica, p. 156.

»   MARSILII, *Heckel*, Ann. Wien Mus., I, p. 232. — *Schinz*, Europ. Fauna, II, p. 330. — *Bonaparte*, Cat. Met., p. 28, n° 172.

»   CHRYSOPRASIUS, *Nordmann*, Démid. Voy. Russ. Mérid., III, p. 482 (Sec. Günther).

»   APHYA, *Kröyer*, Danm. Fisk, III, p. 524.

»   MONTANUS, *Ogérien*, Hist. Nat. du Jura, III, p. 362.

NOMS VULGAIRES, EN SUISSE : S. F. *Véron, Vairon* (Genève); *Aneron, Gremoillon, Petit Saumon* (Vaud) ; *Lebette, Amaron* (Côte de Savoie),

Grisette (Valais) ; *Voiron, Blavin*[1] (Neuchâtel). — S. A., *Butt, Binsbutt, Bachbutt, Bachbüttrig, Butzli* (Saint-Gall, Constance, Appenzell); *Amelen, Ameli, Welling, Wettling* (Bâle); *Bambeli, Bumeli, Bachbambeli, Glattbambeli* (Berne, Lucerne, Zug, Zurich, Suisse centrale surtout). — T. : *Rôssigneu, Sanguigneu, Pèsspersighitt, Vaïrôn, Stârnicôl, Stôrnazza, Cént-in-bôcca*[2].

Corps oblong et subcylindrique, soit arrondi sur les côtés et relativement peu élevé. Le profil supérieur d'ordinaire un peu voûté derrière l'occiput, sur la nuque, puis suivant, de là à la dorsale, une courbe légèrement convexe tranchant d'ordinaire peu sur celle du profil céphalique ; quelquefois cette faible courbe à peu près constante du museau à la dorsale. Le même profil presque rectiligne en arrière de cette dernière nageoire, jusque sur le pédicule de la caudale. Le profil inférieur suivant, de la gorge à l'anus, une courbe convexe assez régulière, tantôt semblable à la courbe dorsale, tantôt un peu plus faible ou au contraire plus forte, selon les individus et leur état. Ce profil oblique en arrière de l'anus et presque droit ou légèrement concave le long de l'anale, mais non brusquement relevé, comme dans le genre *Leuciscus*; soit, sous ce rapport, plutôt comme dans le genre *Squalius*. Le ventre arrondi ; le dos assez large et marqué souvent sur le centre d'une raie noirâtre, suivant l'état des individus, un peu creusée ou au contraire un peu saillante, le plus souvent paraissant comme un sillon chez les sujets morts ou conservés.

La hauteur maximale, plus ou moins en avant vers le milieu des pectorales, ou en arrière vers la base des ventrales, à la longueur totale, comme 1 : 5—6 $^2/_5$ selon l'âge plus ou moins avancé, ou suivant les conditions de l'habitat inférieur, ou supérieur et l'état des individus; quelquefois même comme 1 : 4 $^4/_5$ chez des femelles pleines (le Dr Warnimont

---

[1] Le nom de *Blavin* est souvent, comme nous l'avons vu, aussi appliqué au Spirlin et au Blageon.

[2] Le nom de *Scanguirello* donné par Schinz, pour le Tessin, me paraît erroné.

donne 4 ¹/₂ pour ces dernières). Cette même hauteur, à la longueur sans la caudale, comme 1 : 4 ¹/₉ — 5 ²/₅ [1]. (De vieilles femelles pleines et très gonflées par les œufs peuvent quelquefois fournir un rapport un peu inférieur à cinq [2]). La hauteur minimale, sur le pédicule caudal, un peu plus faible que la moitié de l'élévation du tronc, soit souvent égale aux ²/₅ seulement de celle-ci. L'épaisseur la plus forte, selon l'âge et l'état des sujets, plus ou moins reculée le long des pectorales et située entre les ²/₅ et la ¹/₂ de la hauteur, variant entre les ³/₅ et les ³/₄ de l'élévation maximale, suivant les conditions d'existence et de développement des individus, en moyenne égale aux deux tiers de la dite hauteur.

Une section verticale subarrondie ou plutôt d'un ovale peu élevé et assez régulier.

L'anus situé très légèrement en avant des ²/₃ de la longueur du poisson sans la caudale, soit un peu en arrière du milieu de la longueur totale.

Tête assez forte, épaisse et arrondie en avant. Les profils supérieur et inférieur sensiblement convexes, franchement arrondis vers le museau et à peu près semblables; le supérieur cependant souvent un peu plus busqué chez les mâles que chez les femelles.

La longueur latérale de la tête, à la longueur totale, comme 1 : 4 ³/₈ — 4 ⁶/₁₀ — 5 ¹/₃, suivant les individus jeunes ou adultes mâles ou femelles; par le fait, généralement un peu plus grande que la hauteur du corps chez les jeunes et la plupart des sujets de taille moyenne, mais à peu près égale à la dite élévation chez beaucoup de vieux. La même longueur céphalique latérale, à la longueur du poisson sans

---

[1] La comparaison, dans ces deux rapports de proportions, des chiffres extrêmes de gauche avec les chiffres extrêmes de droite, suffit à montrer ici, comme chez d'autres espèces, des dimensions relativement plus grandes de la caudale chez les jeunes que chez les adultes.

[2] Lunel me paraît s'être trompé quand (Poissons du Léman, p. 87) il dit que la hauteur maximale du Vairon est comprise *quatre fois* environ dans la longueur totale; ce cas me semble tout à fait exceptionnel. Du reste, les dimensions fournies par cet auteur rectifient cette donnée, car on en tire le rapport vrai = 1 : 5 ²/₃.

la caudale, comme 1 : 3 $^5/_8$ — 4 $^1/_2$. La longueur de la tête
en dessus de $^1/_7$ à $^1/_5$ plus courte que la longueur par le côté.
La hauteur à l'occiput très différente, selon l'âge, le sexe et
les individus, soit de $^1/_7$ à plus de $^1/_4$ moindre que la longueur
au même point, ou variant entre les $^2/_5$, les $^9/_{10}$ et les $^{11}/_{12}$ de
la hauteur du corps, suivant les individus femelles, mâles ou
jeunes et leur état. La largeur, suivant l'âge sur l'opercule
ou sur le préopercule, égale à la moitié environ de la longueur latérale, ou légèrement plus, et correspondant à la
hauteur vers la moitié de l'œil, chez la plupart des adultes,
souvent à l'élévation vers le tiers seulement chez les jeunes
et, par contre, vers les trois cinquièmes chez les vieux sujets.

Museau busqué ou arrondi et obtus. Bouche terminale fortement oblique, passablement protractile et fendue à peu près
jusqu'au-dessous de l'orifice antérieur des narines. Menton
peu apparent. Lèvres passablement charnues.

La mâchoire supérieure à peu près de même longueur que
l'inférieure; cette dernière dépassant même quelquefois un
peu la supérieure, lorsque la bouche est ouverte.

Narines grandes, doubles et situées assez près du bord
supérieur antérieur de l'œil; l'ouverture antérieure ronde et
bordée d'une valvule assez développée en arrière pour recouvrir complètement l'orifice postérieur plus grand et plus
ovale.

Pores et canalicules céphaliques assez nombreux et bien
développés sur la tête, de chaque côté au-dessus de l'œil,
jusqu'aux narines et sur l'occiput, ainsi que sur le museau
et sur les sous-orbitaires, autour de l'œil; quelques autres
pores moins apparents, comme chez nos divers Cyprins, sur
le préopercule et sur le maxillaire inférieur.

Œil rond et plutôt grand, soit d'un diamètre, à la longueur latérale de la tête, comme 1 : 2 $^3/_5$ — 3 $^4/_5$ ou 4, suivant les individus très jeunes, adultes ou vieux, parfois même 4 $^1/_5$ chez
de très grands sujets. (Canestrini donne jusqu'à 4 $^1/_2$ pour le
Phoxinus en Italie.)

L'espace préorbitaire un peu plus faible ou plus fort que
le diamètre orbitaire, suivant les individus jeunes ou vieux,
souvent, par exemple, de plus de $^1/_4$ plus petit que l'œil chez

des jeunes de 30 à 35 millimètres de longueur totale, ou, au contraire, de $^1/_8$ à $^1/_6$ plus fort pour des adultes de 80 à 85^{mm} de longueur totale. (De même qu'il a donné des proportions plus petites de l'œil, Canestrini enregistre encore ici une disproportion un peu plus grande de l'espace préorbitaire, par rapport à l'orbite, chez des adultes de grande taille).

L'espace postorbitaire mesurant de 1 $^1/_5$ — 1 $^2/_3$ diamètres de l'œil, selon les individus jeunes ou vieux, soit généralement un peu plus faible que la moitié de la longueur céphalique latérale, cela d'une quantité volontiers plus forte chez les jeunes que chez les adultes.

L'espace interorbitaire égal à peu près, suivant l'âge et les individus, à l'espace préorbitaire ou à l'œil ; chez les jeunes, volontiers un peu plus grand que l'espace préorbitaire et au plus égal au diamètre oculaire ; chez les vieux, à peu près égal à l'espace préorbitaire ou seulement légèrement plus fort, mais d'ordinaire au moins égal au diamètre de l'œil. Cette largeur du front, par le fait, à la longueur latérale de la tête, comme 1 : 3 $^3/_4$ chez des jeunes, à 3 $^1/_3$ — 3 $^1/_2$ chez des adultes.

Arcade sous-orbitaire composée de quatre ou plus rarement cinq pièces juxtaposées : la première subtriangulaire, subcarrée ou pentagonale, à peu près aussi haute que longue et d'une surface égale, chez l'adulte, au tiers ou au plus à la moitié de celle de l'œil. Les suivantes toutes relativement étroites et allongées ; la quatrième, joignant le crâne ou parfois séparée de celui-ci par un petit canalicule osseux, beaucoup plus petite que la première, au plus moitié de la troisième et beaucoup plus haute que large.

La voûte susorbitaire grande, mais peu surplombante.

Maxillaire supérieur presque droit ou très légèrement concave en avant et développé vers le milieu, en arrière, en un coude assez large, concave et plus ou moins retroussé vers l'extrémité au côté supérieur, oblique et plutôt convexe en dessous, comme sur la tranche. (Il m'a paru que le côté supérieur de ce coude, ou de cette hachette, était volontiers plus creusé au milieu et plus relevé au bout chez les adultes que chez les jeunes) ; la branche inférieure assez étroite, plutôt longue et un peu renflée ainsi qu'arrondie et tordue à l'extrémité (Voy. pl. II, fig. 47).

Opercule plutôt petit, subcarré et d'ordinaire plus long que haut. Le côté supérieur à peu près de même longueur que l'inférieur, notablement creusé et relevé en coin à l'extrémité ; le côté inférieur oblique et presque droit, mais, suivant les individus, très légèrement convexe ou au contraire faiblement creusé sur le centre et formant, avec le côté postérieur un peu plus court que lui et généralement un peu concave, un angle quasi droit mais franchement arrondi. Souvent, dans le bas surtout, comme de légères ondes concentriques.

Sous-opercule en demi-croissant, relativement très large et oblique en avant.

Interopercule formant un petit triangle assez apparent entre les pièces précédentes et le préopercule, mais d'ordinaire peu visible au-dessous de ce dernier, ou presque entièrement recouvert par son bord inférieur.

Préopercule présentant des bords postérieur et inférieur un peu convexes, ainsi qu'un angle postéro-inférieur très largement arrondi.

La bordure branchiostège passablement développée.

Pharyngiens en forme de faux et plutôt grêles : l'aile assez courte, anguleuse en face de la troisième dent, arrondie sur la tranche et continuant régulièrement, dans le haut, la courbe convexe de la corne supérieure, ou formant avec la direction de celle-ci un angle peu accentué. La dite corne relativement assez large ou élevée et légèrement retroussée à l'extrémité. Le corps de l'os légèrement renflé au-dessous de l'aile ; la branche inférieure plutôt grêle et allongée (Voy. pl. IV, fig. 56).

Dents pharyngiennes sur deux rangs : généralement au nombre de sept, soit cinq grandes et deux petites, sur l'os gauche, et de six, soit quatre grandes et deux petites, sur l'os droit ; quelquefois six des deux côtés, plus rarement encore sept à droite et six à gauche. Les dents postérieures principales plutôt fortes et assez élevées, avec une couronne oblique, en forme de serpe et recourbée en crochet à l'extrémité ; la tranche de la dite couronne non pectinée, mais d'ordinaire un peu

comprimée et tranchante, si elle n'est plus ou moins creusée
par l'usure dans le milieu. La première dent postérieure, en
haut, la plus grêle ; la seconde ou la troisième, suivant les
cas, la plus élevée ; la dernière, en bas, subconique sur l'os
gauche, plus tronquée sur le droit et relativement la plus
épaisse. Les deux petites dents très voisines l'une de l'autre, au plus égales à la moitié de la plus grande postérieure, un peu tronquées ou faiblement crochues au sommet
et situées, selon le côté gauche ou droit, en face de la troisième grande ou en face de la seconde et de la troisième
(Voy. pl. IV, fig. 56).

Meule dure épaisse, facilement isolable et rappelant assez celle
du *Squalius cephalus*, quoique moins franchement trilobée ;
soit un peu en forme de cœur, suivant les individus, plus ou
moins ramassé, avec un large talon échancré en arrière. La
partie antérieure, selon les sujets, subovale ou presque
ronde, passablement bombée et marquée plus ou moins
d'impressions dentaires ; les sillons les plus forts transverses
et se croisant obliquement, les plus petits plutôt rayonnants. La surface du talon postérieur égale, suivant les cas,
au tiers ou à peu près à la moitié de celle de la partie antérieure (Voy. pl. IV, fig. 57 et 58).

Dorsale prenant naissance passablement en arrière du milieu
de la longueur du poisson sans la caudale, soit d'une quantité variant suivant les individus de $^1/_3$ à $^2/_3$ plus rarement
à $^3/_4$ de sa base ; par le fait, sensiblement en arrière des ventrales et, par les deux extrémités de sa base, à peu près à
égale distance de l'occiput et de l'origine de la caudale en
son milieu. (Je n'ai, comme le Dr Warnimont[1], pas pu reconnaître dans les différences de position de cette nageoire
le caractère sexuel que Heckel et Kner ont signalé entre
mâles et femelles[2].) La hauteur au plus grand rayon variant
des $^2/_3$ aux $^6/_7$ de l'élévation du corps, chez des femelles, suivant leur état de gestation ou de vacuité et de maigreur, aux

---

[1] *Phoxinus lævis.* Ann. Soc. S. N. du Luxembourg, 1867, p. 245.
[2] Heckel et Kner, p. 213, *bei Weibchen aus dem Stryflusse, sogar um 1
Kopflänge hinter halber Körperlänge.*

$^4/_5$ ou aux $^5/_6$ ou même à l'*égalité* parfaite, chez les mâles et
les jeunes. La hauteur de la dorsale, par le fait, entre l'élévation de la tête à l'occiput et la longueur de celle-ci au
même point. La base ou la longueur de cette nageoire d'ordinaire à peu près égale aux $^3/_5$ de la hauteur au plus grand
rayon, un peu plus forte ou un peu moindre selon les individus. Quant à la forme : médiocrement décroissante, convexe sur la tranche et subarrondie au sommet.

Généralement dix rayons : trois simples et sept divisés.
(Canestrini donne jusqu'à huit de ces derniers.) Le premier
simple très petit, souvent même peu apparent et parfois
complètement noyé dans les téguments ; le second égal à
peu près à $^2/_5$ ou à $^1/_2$ du troisième ; celui-ci un peu plus
court que le premier divisé, le plus grand de tous ; enfin, le
dernier rameux bifurqué jusqu'au bas [1] et égal à peu près à
la moitié du plus long.

Anale ayant son origine au-dessous du dernier rayon ou de
l'extrémité de la base de la dorsale (ce qui indique pour la
dorsale une position bien plus reculée que chez nos espèces
du genre précédent), et demeurant, rabattue, à une distance
de l'origine de la caudale variant, suivant les individus,
d'un peu plus que sa longueur basilaire à sa hauteur ou à
peu près. La dite hauteur de l'anale à peu près égale à
celle de la dorsale, un peu plus forte ou très légèrement plus
faible ; la longueur ou la base, de même à peu près égale à
celle de la dorsale ou un peu plus faible ; enfin, quant à la
forme, presque semblable aussi à la dorsale, bien que peut-
être un peu moins convexe sur la tranche.

Généralement neuf à dix rayons : Trois simples et six à
sept divisés. (J'ai trouvé assez souvent le minimum six que
la plupart des auteurs, sauf Canestrini, n'ont pas signalé
jusqu'ici.) Le premier simple très petit et, comme à la dorsale, plus ou moins apparent, parfois même dissimulé sous
les téguments [2] ; le second à peu près égal à la moitié du

---

[1] Cette profonde bifurcation très apparente pourrait quelquefois tromper et faire croire à la présence d'un huitième petit rameux.

[2] C'est, je pense, ici comme pour la dorsale, ce qui a fait écrire à Jeitteles dans la formule de ces deux nageoires 2—3/7.

du troisième ; celui-ci légèrement plus court que le premier divisé, le plus long ; enfin, le dernier rameux profondément bifurqué et à peu près égal à la moitié du plus grand ou un peu plus court (exceptionnellement légèrement plus long.)
Ventrales naissant à peu près au milieu de la longueur du poisson sans la caudale, ou parfois très légèrement en avant de ce point, de telle manière que l'origine de la dorsale tombe d'ordinaire sensiblement en arrière de la base de ces nageoires ; celles-ci arrivant, rabattues, plus ou moins près de l'anus, suivant les individus mâles ou femelles, soit atteignant avec leur extrémité jusqu'à cet orifice, ou même quelquefois jusqu'à la base de l'anale, chez les premiers, même à un âge encore peu avancé, ou laissant, chez les secondes, entre elles et l'anus, un intervalle variant de $^1/_9$ à $^1/_2$ à peu près de leur longueur. La longueur de ces nageoires égale donc, selon les individus mâles ou femelles, aux $^5/_6$ ou même aux $^9/_{10}$ de la hauteur de l'anale, ou seulement aux $^4/_5$ aux $^3/_4$ ou aux $^2/_3$ de la dite élévation. Quant à la forme, médiocrement décroissantes et arrondies sur la tranche.

Généralement neuf ou dix rayons, exceptionnellement huit : deux simples et sept, plus rarement huit, ou plus rarement encore six divisés. Le premier simple, latéral, sans articulations apparentes et variant entre $^1/_5$ et $^1/_7$ du second, souvent même peu apparent ; le second un peu plus court que le premier divisé [1] ; le premier et le second rameux à peu près égaux, ou le second le plus long et le premier et le troisième égaux ; le dernier divisé égal environ à la moitié du plus grand.
Pectorales rabattues laissant, entre leur extrémité et l'origine des ventrales, un intervalle variant beaucoup avec le sexe et l'état des individus adultes ; cet espace mesurant, par exemple, de $^2/_5$ à $^3/_4$ de la longueur des pectorales, chez les femelles, et seulement $^1/_6$ ou même plus souvent $^1/_8$ à $^1/_{12}$ chez les mâles. Ces nageoires, par conséquent toujours beaucoup plus développées chez les mâles que chez les femelles, atteignant

---

[1] Ce second ou grand simple m'a paru plus facilement décomposable que chez la plupart de nos Cyprins.

même quelquefois, chez les premiers, jusqu'à la base des ventrales. Cette différence sexuelle moins frappante, mais déjà constatable dans le jeune âge. Malgré la disproportion des pectorales dans les deux sexes, le rapport de la longueur de ces nageoires à celle des ventrales relativement peu différent entre mâles et femelles, par le fait de l'extension également plus grande des dites ventrales chez les premiers que chez les secondes. Les pectorales, chez les adultes, plus grandes que les ventrales de $\frac{1}{6}$ à $\frac{2}{5}$ de leur longueur (le plus souvent $\frac{1}{4}$ ou $\frac{1}{5}$), différence souvent moins grande dans le bas âge, parfois entre autres égale seulement à $\frac{1}{18}$ chez de jeunes femelles de 30 à 35 millimètres. Ces mêmes nageoires très légèrement plus longues ou plus courtes que la hauteur de la dorsale, chez les femelles, mais généralement sensiblement plus grandes que cette dernière, chez les mâles, souvent de $\frac{1}{15}$ à $\frac{1}{7}$. Quant à la forme : assez larges, convexes sur la tranche, arrondies au sommet et plus ou moins réduites en arrière, suivant l'époque et le sexe des individus.

Généralement quatorze à seize (plus rarement jusqu'à dixsept) rayons, chez les femelles, chez les jeunes et chez les mâles avant la puberté, soit un simple, un peu plus court que le premier divisé, et treize à quinze rameux, parmi lesquels le second et le troisième égaux, ou tour à tour le plus long.

Souvent, par contre, chez certains mâles adultes, à l'époque du rut principalement, seulement douze, dix, huit, sept ou même six rayons divisés beaucoup plus épais, à la suite du premier simple également renflé, cela tantôt régulièrement des deux côtés, tantôt irrégulièrement. Dans le cas de rayons nombreux, le dernier divisé égal seulement à $\frac{1}{5}$ ou à $\frac{1}{6}$ du plus grand; dans le cas de rayons en nombres réduits, le dernier égal, par contre, suivant la quantité, à $\frac{1}{3}$ à $\frac{1}{2}$ ou même à $\frac{3}{4}$ du plus long. Le premier rayon et les six ou sept principaux divisés, fortement renflés, avec des articulations très apparentes, chassent donc en se gonflant, chez les mâles en rut surtout, les plus petits rayons qui les suivent; tandis que, chez les femelles, on trouve constamment des rayons pectoraux nombreux, grêles, fine

ment articulés et plus profondément divisés, en toute saison. Personne n'a, je crois, attiré jusqu'ici l'attention sur ce
fait intéressant. J'ai déjà signalé une enflure du ou des premiers rayons assez constante, quoique moindre il est vrai,
chez les mâles en rut de beaucoup de nos Cyprins; toutefois, la réduction du nombre des rayons me paraît en quelque sorte plus spéciale au Vairon.

Caudale de moyenne dimension et médiocrement échancrée avec
des lobes égaux ou subégaux, subarrondis et à tranche convexe, l'inférieur parfois légèrement plus long que le supérieur. Le plus grand rayon, à la longueur totale du poisson,
comme 1 : 5 $\frac{1}{3}$ — 6 $\frac{1}{7}$ même 6 $\frac{1}{2}$, selon les individus petits
ou grands et mâles ou femelles. Ces dimensions de la caudale,
par le fait, constamment plus petites que la longueur latérale
de la tête ; bien que, suivant les individus et leur état, plus
faibles, de même grandeur ou légèrement plus fortes que la
hauteur maximale du corps, chez les adultes, et généralement
un peu plus grandes que cette dernière, chez les jeunes.

Dix-neuf principaux rayons, appuyés en haut et en bas par
de petits rayons décroissants dépassant les téguments en
nombre très variable, parfois quatre, cinq ou six seulement,
d'autrefois jusqu'à neuf ou dix. D'ordinaire le second divisé
le plus long ; les médians toujours un peu plus longs que la
moitié du plus grand, soit, le plus souvent, égaux aux $\frac{7}{12}$ de
celui-ci.

Écailles très petites, assez irrégulièrement réparties et, suivant
les individus, ainsi que selon les places, plus ou moins imbriquées ou seulement juxtaposées ; quelquefois peu ou pas
d'écailles visibles sur la ligne médiane du dos et du ventre,
plus souvent au contraire ces deux lignes entièrement couvertes de petites squames du reste peu apparentes. La
poitrine entre l'origine et le bout des pectorales, ou entre
la naissance de celles-ci et l'origine des ventrales, assez
généralement nue ou presque nue ; le triangle compris entre
la gorge et la base des pectorales tantôt dénudé et tantôt
écailleux. Les squames se recouvrant d'ordinaire plus ou
moins sur les faces latérales et supérieures, en arrière de
la dorsale ; mais, selon les sujets, faiblement imbriquées ou

seulement juxtaposées sur les flancs et, le plus souvent, à peine en contact ou même plus ou moins écartées sur les parties écailleuses des faces inférieures. (L'étude microscopique de la peau montre souvent de petites écailles très transparentes éparses dans les téguments sur les places qui paraissent dénudées à l'œil nu).

Les écailles médianes latérales de grandeur assez irrégulière ; ovales ou arrondies et présentant, autour d'un vaste nœud quasi central, de larges stries concentriques très distantes sur la moitié postérieure ou libre, plus serrées sur la moitié antérieure ou fixe, souvent 13-20 au côté fixe, et 8-14 au côté libre. Ces stries concentriques assez régulièrement coupées par de larges sillons rayonnants, ou rigoles un peu sinueuses, d'ordinaire en nombre variable de 20-30, se rendant du centre aux bords de toute la surface de l'écaille, et généralement en nombre plus élevé sur la partie libre que sur la partie cachée (Voy. Pl. III, fig. 49). Les plus grandes squames latérales d'un grand diamètre égal environ à $1/4$ du diamètre de l'œil chez l'adulte, soit susceptibles de recouvrir à peu près $1/20$ de la surface de l'orbite. Les latérales postérieures en majorité plus imbriquées, un peu plus grandes et plus allongées horizontalement. Les supérieures et inférieures plus distantes et plus petites, mais présentant toujours la même structure très caractéristique.

Généralement quinze à vingt écailles au-dessus de la ligne latérale, et quatorze à dix-sept en dessous, jusqu'à la base des ventrales.

Pas d'écaille axillaire allongée à la base des ventrales.

Une mucosité assez abondante recouvrant plus ou moins tout le corps et la tête.

Ligne latérale le plus souvent incomplète ou de longueur variable, soit chez différents individus, soit sur les deux côtés du corps ; souvent interrompue et quelquefois indiquée seulement par des tubules distribués à distances inégales. Cette ligne, plus constante dans sa partie antérieure, d'abord un peu descendante, puis presque droite sur la plus grande partie du corps et passant d'ordinaire près du milieu de la hauteur maximale de celui-ci, ou un peu en dessous, selon l'état des individus. Les squames tubulifères moyennes plus ovales ou un peu plus hautes que leurs voisines, avec un canalicule très large, plus ou moins ouvert en gouttière, comme chez le Chabot et la Lotte, un peu évasé aux deux bouts, occupant environ les deux tiers du diamètre horizontal de l'écaille, et touchant, par son extrémité postérieure, à une légère échancrure du bord libre (Voir Pl. III, fig. 50).

Les latérales antérieures plus grandes et plus allongées dans le sens de la hauteur, avec un tubule oblique; les postérieures souvent dépourvues de tubule et ne présentant plus qu'une légère échancrure au milieu du bord libre.

Généralement 85 à 90 écailles en partie canaliculées sur la ligne latérale, de l'angle supérieur de l'opercule au centre de la caudale. Le conduit mucoso-nerveux, plus ou moins incomplet, comptant un nombre de squames tubulées très variable (rarement plus de 79 à 80); la ligne saillante s'arrêtant alors à une petite distance de la caudale. La ligne tubulée saillante le plus souvent moins prolongée, dans nos eaux, soit s'arrêtant, suivant les individus et le côté de l'animal, au-dessus de l'anus, ou au-dessus des ventrales, ou déjà au-dessus des pectorales. Quelquefois une ligne constante plus ou moins longue d'un côté, et de l'autre des tubules semés irrégulièrement sur la direction de la ligne; parfois même pas trace de tubules sur tout un côté du poisson.

Coloration excessivement variable en tout temps, dans les deux sexes et à tout âge; la livrée, toutefois, d'ordinaire moins brillante en automne et en hiver qu'au printemps et en été, et chez les femelles que chez les mâles.

Les faces supérieures olivâtres ou d'un brun verdâtre plus ou moins sombre, quelquefois presque noirâtres, d'autres fois, au contraire, d'un gris-jaunâtre plus ou moins maculé de noirâtre, généralement avec un trait dorsal médian, suivant les cas pâle ou foncé, de l'occiput à la caudale. D'ordinaire, sur le haut des flancs, une ligne dorée assez large, plus ou moins apparente. Les côtés du corps, durant la mauvaise saison et suivant les individus, jaunâtres à reflets dorés, ou grisâtres, ou verdâtres, cela sans taches; ou avec une macule sombre vers la base de la caudale, ou avec des bandes verticales brunes ou noirâtres, ou encore avec une bande longitudinale foncée. Les faces inférieures, à cette époque, d'ordinaire d'un blanc argenté un peu rosâtre, jaunâtre ou verdâtre. Les nageoires, dans les mêmes circonstances, presque incolores, grisâtres, jaunâtres ou légèrement verdâtres ; la dorsale volontiers mâchurée dans le bas, les pectorales, les ventrales et l'anale souvent avec une légère teinte rose vers la base en arrière.

Le *mâle,* à l'époque des amours, souvent noir sur le museau, sous la gorge, par places sur les côtés de la tête et, assez souvent même, sur une large bande tout le long au haut des flancs. Les côtés du corps d'un gris verdâtre, ou d'un vert foncé bordé de noir, ou d'un beau vert émeraude, toutes teintes munies de superbes reflets, et paraissant par le fait quelquefois jaunes ou même bleues sur leurs limites. Une plus ou moins grande partie du ventre, souvent toutes les faces inférieures, le pourtour de la bouche, ainsi que la base des nageoires pectorales, ventrales et anale d'un beau rouge carminé. Avec cela, une large tache blanche souvent très apparente et comme lumineuse, vers l'angle supérieur de l'opercule, alors en majeure partie, comme les côtés de la tête, argenté, doré, nuancé de bleu et plus ou moins irrisé avec ou sans macules noires ; souvent aussi une autre tache blanche sur la partie antérieure de la base des nageoires ventrales et anale, alors comme les pectorales, plus colorées qu'en hiver.

La *femelle,* adulte en noces, un peu moins brillante que le mâle ; moins verte et plus maculée sur les flancs, ainsi que moins irrisée sur les côtés de la tête et d'un rouge moins brillant ou moins étendu en dessous. Les nageoires moins colorées et la gorge plus rarement lavée de noir ; bien que, sur ces deux points, l'on trouve quelquefois, dans nos montagnes principalement, de vieilles femelles assez semblables aux mâles.

L'iris d'un blanc argenté, doré dans le haut, souvent à reflets verdâtres dans le bas et plus ou moins mâchuré.

Cette brillante coloration, bien que l'apanage des individus adultes en livrée de noces, apparaît cependant plus ou moins, de temps à autre, en dehors de l'époque des amours et à divers âges, sous l'influence de vives émotions ou de changements de milieu, soit durant la belle saison, soit même jusque dans le cœur de l'hiver, tant en état de captivité qu'en pleine liberté.

Dimensions toujours petites, bien qu'assez variables dans différentes conditions. On peut donner, comme moyenne élevée dans notre pays, 65 à 80ᵐᵐ, pour de vieux mâles, et 80 à 100ᵐᵐ, pour de vieilles femelles ; toutefois, l'on trouve des jeunes déjà aptes à la reproduction, avec une taille presque moitié de celle-ci. Günther, dans ses Poissons du Neckar, donne, comme taille maximale, 4 pouces et 4 lignes (117ᵐᵐ); Heckel et Kner, ainsi que de Siebold, donnent jusqu'à 5 pouces, comme rare maximum, chez les femelles, dans l'Europe moyenne. Le plus grand individu dont Canestrini donne les mesures, dans ses Poissons d'Italie, était une femelle égalant 94 millimètres; Blanchard donne 100ᵐᵐ, comme dimension supérieure en France ; enfin, le Dr Warnimont a trouvé une seule fois, sur un grand nombre de Vérons du Luxembourg, une femelle de 110ᵐᵐ, avec un poids de 13 ¼ grammes environ. Le plus grand sujet que j'aie eu l'occasion de mesurer était un individu femelle provenant des environs de Genève et qui égalait 115 millimètres, soit à peu près 4 pouces et 3 ½ lignes.

Mâles adultes constamment reconnaissables aux proportions plus grandes de leurs pectorales et de leurs ventrales, ainsi qu'aux formes plus arrondies de ces nageoires et à l'épaisseur beaucoup plus forte des six ou huit rayons antérieurs, chez les premières, épaisseur donnant, à l'époque des amours surtout, une position plus écartée du corps et une forme plus étalée au membre antérieur ainsi un peu tordu. En outre, les mâles généralement plus petits que les femelles à âge égal, volontiers avec une tête plus busquée, soit un peu plus élevée au niveau de l'œil. Souvent encore, comme je l'ai fait observer dans la description, un nombre de rayons plus réduit aux pectorales, principalement depuis la puberté et surtout dans les eaux de la montagne.

A côté de ces caractères sexuels assez constants, voici quelques autres différences propres à la livrée de noces : une coloration plus irrisée sur les côtés de la tête, plus verte sur les flancs, plus rouge sur les faces et les nageoires inférieures et d'ordinaire plus noire à la gorge ainsi que sur le pourtour du museau ; avec cela d'ordinaire une tache d'un blanc opalin plus apparente vers l'angle supérieur de l'opercule, ainsi que à la partie antérieure de la base des nageoires ventrales et anale.

Enfin, chez le mâle à l'époque des amours, bien que quelquefois aussi chez de vieilles femelles, de petits tubercules épineux sur la tête ; parfois même, comme l'indique de Siebold, mais moins constamment, des concrétions temporaires plus petites et moins apparentes sur le bord de quelques écailles et sur les principaux rayons des nageoires pectorales.

(Heckel et Kner me paraissent dans l'erreur, quand ils donnent, comme différence sexuelle, une position plus reculée de la nageoire dorsale, chez les femelles. De même que le Dr Warnimont (l. c. p. 245), je n'ai pu constater aucune différence constante, sous ce rapport, sur un grand nombre de Vérons de diverses provenances).

Jeunes moins élevés ou plus effilés, quant au corps, avec une tête relativement plus forte, une caudale un peu plus longue et un œil beaucoup plus grand ; ornés, en outre, d'une livrée généralement moins brillante, principalement jusqu'à l'âge de la puberté.

Vertèbres au nombre de 38 à 40.

Vessie aérienne étranglée en avant du milieu : la partie antérieure d'ordinaire passablement plus forte que la moitié de la postérieure, assez large et un peu bilobée en avant ; la partie postérieure cylindro-conique ou légèrement cintrée en dessous et, suivant les individus, subarrondie ou plus ou moins acuminée en arrière. (Heckel et Kner donnent, comme différence sexuelle, une forme plus étroite et plus acuminée à la partie postérieure de la vessie ; toutefois, je répéterai ici ce que j'ai déjà dit plus haut, que la forme de la partie postérieure de la vessie dépend un peu du développement temporaire des organes qui la compriment plus ou moins.)

Tube digestif à peu près de la longueur du poisson, ou volontiers un peu plus court, et formant deux replis. — Ovaires et testicules doubles. — Une petite houppe de pseudobranchies digitiformes derrière le préopercule.

Cette espèce varie beaucoup, sous plusieurs rapports, avec les individus, l'âge, le sexe, les saisons et les conditions d'habitat. Je ne reviendrai pas ici sur les principales différences que j'ai signalées chemin faisant, dans le courant de la description, entre mâles, femelles et jeunes, ainsi qu'entre les livrées des différentes saisons; je préfère signaler quelques points plus particuliers ou plus importants.

En premier lieu, je ferai remarquer que, comme c'est souvent le cas chez les poissons à peau en partie nue ou faiblement couverte, chez notre Chabot par exemple, la coloration du *Phoxinus* est peu stable ou, pour mieux dire, continuellement variable. Plus directement soumise aux influences externes et toujours affectée par les impressions internes, la peau de notre Vairon traduit plus ou moins rapidement et d'une manière plus ou moins apparente, tant les variations de conditions que les sentiments divers. De même que celui de nos Batraciens Anoures et Urodèles [1], le derme du Vairon (ainsi du reste que celui de la plupart de nos poissons) renferme deux couches de cellules superposées qui, par différents rapports de position et de développement, peuvent faire varier énormément la couleur apparente : une couche de cellules noirâtres étoilées et contractiles, et une couche de cellules subarrondies, plus petites, plus volontiers groupées et de teintes variées, bien qu'en majorité jaunes. L'extension ou la rétraction des premières, recouvrant plus ou moins les secondes, ainsi que la multiplication ou la réduction de ces dernières et une injection plus ou moins abondante du sang dans les tissus sont, je crois, les principaux ins-

[1] Voy. Faune des Vertébrés de la Suisse, par V. Fatio, vol. III, p. 281-290 et 466-473.

truments des changements de couleurs, souvent si rapides, chez
ce petit Cyprin. J'ai trouvé, le plus souvent, sur le dos du Vairon, une couche supérieure de grandes cellules étoilées noires
et une couche plus profonde de petites cellules subarrondies
jaunes. La coloration rouge des parties inférieures m'a paru
parfois produite en grande partie, par une injection plus
forte des terminaisons sanguines ou même souvent par une
extravasion temporaire des corpuscules sanguins plus ou moins
vite résorbés. Un vert émeraude, très semblable à celui des
flancs du mâle en noces, apparaît souvent avec une grande
intensité, une demi-heure ou une heure après la mort, chez des
sujets en livrée d'hiver qui semblaient ne posséder plus trace
de cette couleur [1]. Ce vert brillant m'a semblé composé par
l'apparition en plus grand nombre et par la plus grande extension des cellules étoilées noires sur un fond de petites cellules
ovales mélangées, les unes jaunes, les autres lilacées ou violettes et plus ou moins dissimulées par les premières noires.
Bien que l'incidence de la lumière soit certainement pour
beaucoup dans ces effets de coloration, j'en suis encore à
me demander de quelle nature est la transformation qui fait
paraître les petites cellules lilacées. Le degré de lumière ou
d'obscurité, la température du milieu, la dose et la nature de
l'alimentation, les désirs, les passions et les craintes sont
autant d'agents susceptibles de mettre en jeu les instruments
précités. Les observations et les expériences de Stark [2] prouvent l'immense influence de la lumière sur les couleurs des
poissons, et semblent attribuer à ces derniers la faculté d'har-
moniser leur livrée avec la nature du milieu et la teinte du fond
du récipient ; toutefois, la livrée ne se modifie pas seulement
avec la nature des eaux et du fond de tel ou tel ruisseau, ou
avec les époques de la vie, mais elle varie encore, comme je l'ai
dit, avec l'abondance et la qualité de l'alimentation, ou selon

---

[1] Après un temps plus long, cette première couleur verte se change
sur les flancs de l'individu mort en un bleu d'acier qui s'étend sur toutes
les faces latérales et une grande partie des inférieures.

[2] On changes observed in the colour of Fishes; Edimb. new Phil.
Journ., vol. IX, 1830, p. 327-331.

les impressions plus ou moins vives de ces turbulents petits poissons. M. Covelle, de Genève, qui conserve depuis longtemps des Vairons dans un grand aquarium, m'a fait-part de deux observations qui concordent parfaitement avec les miennes; il a souvent remarqué que le coloris des Vairons augmente d'intensité au moment où ceux-ci reçoivent de la nourriture, après une longue abstinence, et la livrée de ses sujets lui a toujours paru beaucoup moins brillante durant la nuit que pendant le jour.

Au reste, plusieurs teintes de la livrée de noces ne sont pas exclusivement le propre de celle-ci; l'on trouve, en particulier, assez souvent des Vairons plus ou moins rouges en dessous en dehors de la saison des amours. On sait également que des sujets en brillante livrée transportés dans un milieu différent ou un vase plus restreint perdent assez vite leurs plus beaux atours, le rouge et le vert, entre autres, pour ne les reprendre que plus ou moins lentement et plus ou moins complètement suivant les nouvelles conditions d'habitat.

Contrairement au dire du Dr Warnimont qui affirme que jamais la gorge ne devient noire chez la femelle du Vairon [1], j'ai trouvé plusieurs fois, dans nos Alpes surtout, de vieilles femelles de cette espèce avec la gorge et une partie du museau presque aussi noires que chez les mâles.

Les Vairons de nos petits lacs supérieurs, dans les Alpes, m'ont paru, avec une taille d'ordinaire un peu moindre, présenter le plus souvent un corps un peu plus effilé et une tête relativement un peu plus grosse que ceux de la plaine, conserver, par conséquent, jusqu'à un certain point les caractères du jeune âge, ainsi que nous avons déjà eu l'occasion de l'observer chez quelques autres poissons.

Je me suis déjà suffisamment étendu sur le sujet des proportions plus grandes des pectorales et des ventrales, ainsi que sur les formes plus arrondies ou moins décroissantes de ces premières surtout, chez les mâles; deux mots encore, à propos du gonflement des principaux rayons des pectorales, chez ceux-ci, et sur la chute des plus petits rayons qui est le plus souvent la

---

[1] Ann. de la Soc. des S. N. du Luxembourg, 1867, p. 212.

conséquence de cette enflure. Les six, sept ou huit rayons principaux de ces nageoires, chez les mâles, présentent, en effet, comme nous l'avons dit, une épaisseur beaucoup plus grande que chez les femelles, de sorte que les articulations de ces dits rayons deviennent, en même temps, beaucoup plus apparentes. Cette enflure plus ou moins durable entraîne non seulement une position plus renversée des pectorales chez les mâles, mais encore un écartement forcé beaucoup plus grand des rayons de ces nageoires C'est même à l'exagération de ce gonflement et à l'écartement qui en résulte que l'on doit de trouver assez souvent des mâles chez lesquels ces nageoires ne comptent que douze, dix, huit, sept ou seulement six rayons. Les petits rayons décroissants n'ont pas été brisés pour cela, car on en trouverait quelquefois des traces, ce que je n'ai pas observé, mais ils ont été expulsés, à ce qu'il me semble, par l'enflure des plus grands. Le développement plus fort du membre antérieur paraît avoir pour but de fournir aux mâles des avantages sur les femelles, dans la lutte contre les courants, et de leur servir, au moment de la fécondation, de point d'appui pour se maintenir en équilibre sur le fond. Peut-être cette large pelle doit elle servir aussi à déblayer et nettoyer les places de ponte, soit les frayères ; ou bien, doit-on encore, par analogie avec le gonflement temporaire de certaines parties du bras et de la main chez beaucoup de nos Batraciens Anoures, voir aussi ici un membre destiné à une sorte d'embrassement, non pas pour un véritable accouplement, mais peut-être durant les jeux préludes de l'amour. Bien que j'aie signalé chemin faisant un gonflement plus ou moins apparent des pectorales chez les mâles de la plupart de nos Cyprinides, je n'ai cependant jusqu'ici constaté chez aucun d'eux de pareilles déformations. La position renversée et la rigidité de ces nageoires plus ou moins mutilées, chez le Vairon mâle adulte, paraissent le propre de cette petite espèce et rappellent, dans leur exagération, le développement curieux des ventrales de la Tanche[1]. (Voy. Pl. II, fig. 45 et 46).

---

[1] Voyez : Sur le développement différent des nageoires pectorales dans les deux sexes, et sur un cas particulier de mélanisme chez le Véron et quelques autres Cyprinides, par V. Fatio (Archives Sc. phys. et nat. Genève, janv. 1875).

Les proportions différentes des pectorales et surtout la diminution, dans certains cas, du nombre des rayons de ces nageoires me paraissent avoir une certaine importance au point de vue
de la sélection sexuelle. En effet, si un parent ainsi mutilé trans-
mettait à ses descendants cette déviation du type de l'espèce,
on arriverait peut-être assez vite, dans certaines conditions, à
la formation d'une race qui ne manquerait pas de recevoir, une
fois ou l'autre, le nom si vague d'espèce. C'est surtout parmi
les Vairons des petits bassins supérieurs de nos Alpes que j'ai
trouvé la plus grande proportion de mâles présentant un nombre
réduit de rayons; dans certains endroits plus, dans d'autres
moins, souvent dans une proportion de trois ou quatre sur dix.
Cette observation, qui, je crois, n'avait pas été faite jusqu'ici,
peut-être à cause de l'habitat élevé de la majorité des sujets
affectés, m'amène à rappeler ici les noms de deux prétendues
espèces de Vairons également propres à des régions relativement élevées bien que très distantes l'une de l'autre : le *Cyprinus rivularis* observé par Pallas dans les ruisseaux du mont
Altaï [1], et le *Phoxinus montanus* trouvé par le frère Ogérien
sur le versant français de la chaîne du Jura [2]. Le premier ne
comptait que huit rayons aux pectorales [3]; le second doit être
caractérisé à son tour par la présence de dix rayons seulement
aux mêmes nageoires. Ce caractère signalé par les deux auteurs
doit avoir été relevé sur un nombre très réduit d'échantillons
et fort probablement sur des *Phoxinus lævis* mâles présentant
la déformation que je viens de signaler.

Heckel a autrefois élevé au rang d'espèce, sous le nom de
Phoxinus Marsilii [4], les Vairons à ligne latérale complète;
toutefois, cet éminent ichthyologiste ayant depuis reconnu son
erreur, il serait superflu de chercher à montrer comment l'extension de cette ligne tubulée est trop variable chez le *Phoxinus
lævis* pour pouvoir servir de caractère spécifique.

Warnimont [5] a proposé de distinguer, comme variété, sous

---

[1] *Zoogr. Rosso-Aziat.*, III, p. 330.
[2] *Hist. Nat. du Jura*, III, p. 362
[3] Gmelin, *Syst. Nat.* éd. XIII, I, III, p. 1420.
[4] Ann. Wien. Mus., I, p 232.
[5] Ann. S. N. du Luxembourg, 1867, p. 245.

le nom de *Phoxinus lævis atris notis sparsus,* des individus plus ou moins couverts de petites taches noires sur toute ou partie de la tête, du corps et des nageoires. Observant la localisation de ce phénomène dans certains cours d'eau du Luxembourg, dans la Wiltz et la Clerff, cet auteur a cru devoir attribuer cette coloration particulière à la présence des nombreuses tanneries établies sur ces deux rivières. Ayant moi-même constaté le même fait près de Genève, sur les Vairons et les Spirlins de la petite rivière l'Aire, où n'est établie aucune tannerie, j'ai pu m'assurer que cette *mélanose,* que j'ai nommée *noeuse,* est uniquement due à la présence dans les téguments d'un petit parasite voisin, mais cependant un peu différent de l'*Holostomum cuticola* de Nordmann. En effet, chacune de ces petites taches noires, qui font souvent une forte saillie, est un agrégat de cellules pigmentaires étoilées noires, attirées par irritation des tissus autour d'un kyste central arrondi, contenant lui-même, dans un liquide particulier, un second kyste ovale beaucoup plus petit dans lequel est le jeune Helminthe encore dépourvu d'organes de reproduction [1].

Enfin le Vairon présente quelquefois des anomalies de structure plus ou moins importantes. Lunel [2] cite un individu à *museau de mopse,* un autre à colonne vertébrale déviée, un troisième avec le ventre gonflé comme un *Tétraodon,* et un quatrième privé d'une nageoire pectorale. J'ai rencontré deux ou trois fois les deux premiers et le dernier de ces cas. A ceux-ci, j'ajouterai un individu chez lequel, par déformation de l'os pelvien, la base des nageoires ventrales se trouvait dans un creux du ventre assez profond, et plusieurs autres chez lesquels la formation de bulles gazeuses sous les téguments déformait momentanément telle ou telle partie. Quelques individus présentaient des vésicules dans la bouche, d'autres avaient, comme le *Poisson télescope,* un œil ou les yeux projetés hors de l'orbite par la formation sous ceux-ci de grosses bulles de même nature.

---

[1] Voy. V. Fatio, loc. cit., Archiv. Sc. phys. et nat., janv. 1875.
[2] Poissons du bassin du Léman, p. 96.

Le Vairon est très répandu en Europe : on le rencontre, presque partout assez abondant, de l'Italie au sud à la Norwège au nord, et depuis l'Angleterre au nord-ouest jusqu'aux confins de l'Asie à l'orient, voire même, selon Pallas, jusque sur les pentes des monts Altaï, dans ce dernier continent. J'ai observé cette espèce presque partout en Suisse, depuis notre niveau inférieur jusqu'au delà de 2,400 mètres au-dessus de la mer. A l'exception de la Haute-Engadine, où il semble faire défaut sans raison apparente, le Vairon habite communément tous nos bassins et les eaux de la plupart de nos vallées, tant au sud qu'au nord des Alpes. Il remonte les moindres ruisseaux jusqu'à de grandes hauteurs et se trouve non seulement dans un grand nombre de nos petits lacs alpestres, mais encore jusque dans beaucoup de petites flaques qui n'ont pas d'écoulement visible. Préférant les courants et les bassins de petite dimension à nos grands cours d'eau et à nos grands lacs, il se montre surtout abondamment dans les fossés, les ruisseaux, les petites rivières, les marais, les étangs et les bassins de petite étendue. Qu'il me suffise de citer, parmi les nombreux petits lacs alpestres où la présence du Vairon a été constatée, quelques exemples choisis entre les plus élevés et sur différents points de notre pays; ainsi le lac de Betten, non loin de l'Eggishorn, à 2050 mètres au-dessus de la mer, le lac du Grand-Saint-Bernard, à 2472 mètres, et le lac Champey, à 1465 mètres, dans le Valais; le Partnuner See, dans le Prätigau, canton des Grisons, à 1876 mètres; le Spanneg à 1458 mètres, dans le canton de Glaris; etc. Le Vairon est si peu difficile, quant à la nature et la température des eaux, qu'on le trouve aussi bien en plaine, dans les flaques peu profondes et fortement réchauffées par le soleil, que dans les Alpes, dans les eaux les plus froides, à deux pas, par exemple, du glacier du Rhône, aux sources même de ce fleuve.

Ce petit poisson nageant volontiers contre d'assez forts courants et sautant aisément, comme la Truite, par dessus les obstacles, on s'explique facilement comment un animal à la fois aussi petit, aussi robuste et aussi aventureux peut, plus aisément que beaucoup d'autres, parvenir jusqu'aux extrémités supérieures des moindres filets d'eau dans nos Alpes. Il est bien possible que cette espèce ait été importée dans quelques-uns de nos petits lacs élevés, pour servir de nourriture à la Truite, à la Lotte ou à la Perche ; mais je suis convaincu que, dans beaucoup de cas, il est parvenu de lui-même dans ces régions supérieures. Le fait de la rencontre fréquente du Vairon dans de très petites mares, peu profondes et sans écoulement visible, a fait supposer à quelques naturalistes la possibilité de l'apport en ces lieux d'œufs de cette espèce par le bec ou les pattes de quelque oiseau aquatique en passage ; cela est peut-être possible. Toutefois, je dois faire remarquer que souvent les dites mares ont pu, au moment de la crue des eaux, se déverser en partie dans quelque ruisseau voisin, et qu'il ne faut pas plus de quelques gouttes d'eau éparses sur un parcours limité pour permettre au Vairon, soit de gagner une mare voisine, soit de s'en retirer quand celle-ci menace de se dessécher. J'ai trouvé souvent, il est vrai, une quantité de ces petits poissons confinés, par le retrait des eaux, dans de petits creux d'où ils ne pouvaient plus sortir ; mais j'ai rencontré aussi, bien souvent, des Vairons sautillant les uns après les autres, au travers de quelque bande de gravier dans nos montagnes, ou dans les herbes séparant en plaine deux petites flaques d'un marais. Il est évident que plusieurs de ces hardis voyageurs périssent sur terre ferme avant d'avoir rejoint l'élément qu'ils vont chercher à l'aventure ; cependant, ces petits poissons ayant, comme l'on dit, la vie dure et résistant assez longtemps au séjour hors de l'eau, il n'en est pas moins avéré qu'une certaine proportion de ces petits migrateurs finit presque toujours par arriver à destination.

Le Vairon semble préférer les eaux courantes ; toutefois, il habite également les ruisseaux à fond sablonneux ou graveleux, et les flaques ou les fossés herbeux de nos marais. Il vit et voyage généralement en troupes plus ou moins nombreuses. Bien que venant assez souvent happer à la surface, le Vairon ne nage d'ordinaire ni à fleur d'eau comme l'Ablette, ni contre le fond comme d'autres petites espèces, le Goujon, la Loche et le Chabot ; il demeure plus volontiers suspendu entre deux eaux, suivant les circonstances plus haut ou plus bas. Tantôt il se maintient longtemps à la même place, en résistant simplement au courant, tantôt il part avec rapidité pour chercher quelque nouvelle place qui lui convienne. Plusieurs auteurs ont avancé que le *Phoxinus lævis* fuit la société des autres espèces et que, par goût ou en considération de sa petite taille, qui l'exposerait à trop d'agressions, il craint le voisinage des autres poissons; cependant, j'ai vu souvent les bandes du Vairon mélangées à celles du Spirlin, et j'ai rencontré, à plusieurs reprises, ce petit poisson, tantôt voyageant, en été, dans les mêmes eaux que la Chevaine et la Truite, tantôt retiré, en hiver, sous les mêmes pierres, que la Loche, le Goujon ou le Chabot. Si on le rencontre souvent seul dans de petits ruisseaux, c'est bien plutôt, je crois, parce que les espèces plus grandes et moins aventureuses n'osent pas s'y engager comme lui.

La nourriture du Vairon est mélangée de substances animales et végétales. Doué d'un appétit féroce, ce petit être s'attaque également aux plantes aquatiques, aux corps morts dont il arrache des lambeaux, aux insectes, aux vers et aux petits mollusques, ainsi qu'aux œufs et au menu fretin des autres espèces de poissons; il arrive même souvent que les vieux Vairons, à défaut d'autre pâture, ne se font pas faute de gober en quantité les petits individus de leur espèce.

Turbulent, entreprenant, fort curieux de sa nature, avec des allures vives et d'une constitution robuste, le Vairon a la passion des voyages; aussi voit-on souvent, tantôt dans nos ruisseaux ou nos fossés, tantôt près des bords de nos rivières, de longues processions de ces petits poissons à la recherche de la nouveauté, d'une eau différente ou d'une nourriture plus abondante. Le même instinct de sociabilité qui pousse les Vairons à vivre en nombreuse compagnie, les engage également à suivre implicitement, dans leurs excursions, le guide qu'ils ont choisi, et à exécuter de confiance tout ce que celui-ci juge bon d'entreprendre. Se présente-t-il un obstacle, une chute ou un barrage, le premier tente l'aventure et chacun s'empresse de l'imiter. Ou bien, est-ce la rencontre de quelque objet insolite qui arrête la marche de cette troupe, le guide ou les quelques Vairons en tête de la colonne étudient le phénomène et, dès qu'ils ont résolu de passer outre, toute la bande se remet en marche. La prudence n'est pas le fort de notre petit poisson; peu craintif ou peu sauvage, il est souvent victime de sa trop grande curiosité. J'ai pris, en effet, souvent en quelques minutes, un grand nombre de Vairons,

dans des fossés, d'un seul coup d'*épuisette* ou même seulement
avec une coiffe à papillons maintenue immobile en travers du
courant. Bientôt attirés par la nouveauté, mes petits curieux
tournaient d'abord en tous sens autour de l'objet inconnu, puis,
voyant une large ouverture et pensant probablement qu'il devait
y avoir au fond de ce trou quelque chose de plus intéressant
encore, ils s'approchaient de plus en plus, jusqu'à ce que, le plus
aventureux étant entré résolument, toute la bande le suivit pour
visiter et étudier les secrets et les richesses de cette voûte traî-
tresse. En relevant assez doucement mon petit filet, pour ne pas
effrayer les petits visiteurs par un mouvement trop brusque, je
suis parvenu souvent à retirer ma coiffe à peu près au quart
pleine.

L'époque des amours varie avec les conditions locales et
la température, du milieu d'avril dans les eaux réchauffées de
nos vallées basses, à la fin de juillet ou même en août dans les
régions supérieures et plus froides de nos Alpes. Quelques observateurs ayant rencontré des femelles pleines à diverses époques
et des œufs dans différents états de développement chez le même
individu, ont supposé que le Vairon pouvait faire deux ou trois
pontes dans une même année ; toutefois, bien qu'il n'y ait rien
là d'impossible, je ne crois pas cependant que ces observations
soient, jusqu'ici, suffisantes pour établir le fait d'une ponte
double ou triple. En effet, de même que le degré de la température, l'abondance de la nutrition et l'âge des individus avancent
ou retardent bien souvent le développement des germes, il est
bien possible aussi que, comme chez bien d'autres poissons, le
dépôt des œufs ne se fasse pas tout à la fois sur la même place,
sans qu'il y ait pour cela deux pontes véritablement différentes.
Après s'être beaucoup promenés réunis en bandes nombreuses,
en quête d'un emplacement convenable, les Vairons choisissent
d'ordinaire pour frayer les places où le courant est plus accentué
et le fond découvert, sablonneux ou graveleux. Ils peuvent être
contraints quelquefois de faire une exception à leurs goûts, dans
les eaux herbeuses des marais, mais, je le répète, ce n'est pas la
règle. Mus par les mêmes désirs et confondus dans les mêmes
rangs de la troupe, les deux sexes se livrent alors aux jeux préludes de leurs amours ; tantôt ils se tiennent immobiles côte à

côte sur le fond, tantôt ils se tournent comme pour montrer leur brillante parure, ou font des bonds désordonnés, pour bientôt venir encore, la tête tournée contre le courant, se frotter le ventre et les flancs sur le sable ou le gravier. Le mouvement des nageoires nécessaire à la lutte contre le courant sur le fond et le frottement actif de tant de petits corps a d'ordinaire pour résultat de nettoyer et de creuser un peu, par places, le lit de la rivière ou du ruisseau qui va servir de berceau aux petits Vairons.

Enfin, la femelle dépose ses œufs sur les pierres ou le sable du fond, et le mâle féconde ce dépôt de sa laitance. Quoi qu'en disent quelques auteurs, Block entre autres, et même tout récemment De la Blanchère, les œufs du Vairon sont assez gros et relativement peu nombreux ; Warnimont en a compté de 700 à 1000 chez des femelles de tailles différentes, et j'en ai mesuré qui avaient jusqu'à 1 ¼ millimètre de diamètre. La rapide multiplication de cette espèce s'explique donc bien plutôt par le fait que celle-ci vient frayer dans des localités où peu d'autres poissons et d'ennemis peuvent la suivre, que par la prétendue abondance de ses œufs. L'incubation, de même que le développement de l'œuf, varie en durée avec la température ; toutefois, il semble que, dans la majorité des cas, douze à quinze jours suffisent pour amener l'éclosion. La croissance des alevins paraît assez lente ; du moins la plupart des auteurs s'accordent pour dire que les jeunes ne sont guère capables de reproduction avant l'âge de trois ans, tandis que des individus de 35 à 40 millimètres de longueur totale sont le plus souvent déjà féconds.

En automne, les Vairons se retirent dans les anfractuosités du fond, où ils s'enterrent plus ou moins, suivant les circonstances, sous les racines des arbres qui bordent la rivière, ou sous les pierres du fond, ou encore sous quelque amas de détritus ; on les trouve alors souvent en compagnie d'autres petites espèces, des Loches et des Goujons en particulier.

La chair du *Phoxinus* passe pour un peu amère ; cependant, ce poisson n'est pas mauvais en friture, surtout si on a la patience de le vider. Malgré sa grande abondance en certaines localités, le Vairon, grâce à sa petitesse, n'est pourtant employé le plus souvent chez nous que comme amorce pour prendre de

plus grandes espèces. Il n'y a pas, dans notre pays, de pêche
spéciale pour le Vairon ; on le prend aisément, quand on en a
besoin, soit, comme je l'ai dit, avec le petit filet à manche que
l'on nomme *épuisette,* soit à la ligne amorcée avec un petit
insecte, un ver ou du pain, soit encore avec un engin particulier
dit *bouteille à Vairon,* plus employé en France qu'en Suisse.
C'est une vraie bouteille, un peu large et en verre blanc, dont
le fond conique est brisé à l'extrémité et dont le col est imparfaitement fermé par un bouchon percé. On descend cette bouteille sur le fond avec une ficelle qui permet également de la
retirer, quand on la voit suffisamment remplie; attirés par l'appât d'un morceau de pain ou de fromage, les Vairons entrent
par le fond percé, comme dans une nasse, et ne savent plus ressortir, ou du moins ne peuvent pas s'échapper assez vite.

En outre de la formation des *bulles gazeuses* que j'ai signalées plus haut, comme se développant quelquefois sur le corps,
dans la bouche, ou dessous l'œil du Vairon et du Spirlin ; en
outre aussi du petit parasite voisin de l'*Holostomum cuticola*
de Nordmann, que j'ai dit s'enkyster dans la peau, sur les
nageoires et dans la muqueuse buccale de ce poisson, amenant
ce que j'ai appelé la *mélanose noeuse* [1], le *Phoxinus lævis* a
encore à souffrir de plusieurs parasites, pour la plupart Helminthes, tant à l'extérieur qu'à l'intérieur de son corps [2].

---

[1] Voy. Fatio, l. c., Archives Sc. phys. et nat., janv. 1875.

[2] On a constaté parfois à l'aisselle du Vairon la présence d'un petit
crustacé, la *Lerneocera cyprinacea* (Blainv.).

Les parasites Helminthes de l'espèce sont surtout : *Agamonema ovatum*
(Zeder) ; dans le foie. — *Echinorhynchus Proteus* (Westr.); dans les
intestins. — *Diplozoon paradoxum* (Nordm.); sur les branchies. — *Gyrodactylus elegans* (Nordm); sur les branchies et les nageoires. — *Gyrod.
auriculatus* (Nordm.); sur les branchies. — *Distomum globiporum* (Rud.);
dans les intestins, — et *Diplostomum cuticola* (Dics.) = *Holostomum cuticola* (Nordmann); sur la surface du corps, dans un kyste.

Genre 14. CHONDROSTOME

CHONDROSTOMA, Agassiz.

Dents pharyngiennes sur un seul rang, au nombre de cinq à sept sur chaque os, plus ou moins effilées en couteau ou en serpe et non dentelées. Bouche s'ouvrant en dessous, plus ou moins large et transversale, sans barbillons, avec des lèvres revêtues d'une armure cartilagineuse assez dure et tranchante. Tête subconique. Nez plus ou moins proéminent. Œil moyen. Corps oblong, médiocrement comprimé et relativement peu élevé. Dos subarrondi ou légèrement tectiforme ; ventre subarrondi. Écailles moyennes ou petites et faiblement découpées. Ligne latérale complète. Dorsale et anale à base moyenne et médiocrement élevées ; la première au-dessus des ventrales ; la seconde passablement en arrière de la dorsale. Caudale moyenne, médiocrement échancrée, à lobes subaigus quasi-égaux.

Dentes secantes 5 vel 6, vel 7 — 7 vel 6, vel 5 scalpelliformes.

Les Chondrostomes vivent volontiers en sociétés et voyagent d'ordinaire dans les fleuves et les rivières, au moment des amours, en bandes serrées et souvent très nombreuses. Bien que se trouvant aussi dans les lacs, principalement dans le voisinage de l'embouchure des rivières, ces poissons semblent cependant préférer les eaux courantes.

Leur nourriture paraît, suivant les conditions, plus ou moins mélangée de matières végétales et de substances animales.

Ce genre semble jusqu'ici propre à l'Europe et aux contrées voisines de l'Asie. Parmi les espèces bien déterminées, on peut citer : les *Chondrostoma Nasus* (Europe, nord des Alpes), *Ch. Sœtta* (midi et sud des Alpes), *Ch. Genei* (Italie), *Ch. rhodanensis* (Rhône), *Ch. Knerii*, (Dalmatie), *Ch. phoxinus* (Dalmatie et Bosnie) et *Ch. polylepis* (Espagne).

Bien que la Suisse ne compte que deux de ces espèces, le *Ch. Nasus* (Linné), au nord des Alpes et le *Ch. Sœtta* (Bonap.), dans le Tessin au sud, je décrirai cependant sommairement plus loin, soit le *Ch. Genei* de Bonaparte, comme se trouvant non loin de nos frontières en Italie et comme cité faussement dans le canton du Tessin, dans le Rhin à Bâle et dans le Rhône à Genève ; soit le *Ch. rhodanensis* de Blanchard, comme se trouvant aussi non loin de nous, dans le Rhône, et pour relever les caractères qui le séparent du *Ch. Genei*, auquel il a été rapporté, à tort je crois, grâce à une assez grande ressemblance extérieure avec celui-ci.

Les Chondrostomes présentent, par le fait de la structure et de la position inférieure de leur bouche, un facies assez frappant, pour avoir été généralement et franchement séparés par les divers ichthyologistes récents de nos autres Cyprinides. Heckel et Kner [1] distinguent ces poissons sous le nom de *Temnochilœ* [2] des autres Cyprins qu'ils groupent sous le nom commun de *Pachychili;* et Günther [3], qui a réuni la plupart de nos Cyprinides dans son grand genre *Leuciscus*, a cependant conservé distinct le genre *Chondrostoma*.

---

[1] Süsswasserfische, 1858.

[2] *Bleeker*, dans son Consp. syst. Cyp., p. 426, fait aussi un groupe (Stirps *b*) des *Chondrostomini*.

[3] Catal. of Fishes, VII.

Je ne pense pas que quelques petites différences anatomiques dans les organes de la nutrition puissent prévaloir sur les nombreuses analogies que présentent ces poissons avec nos autres Cyprins, dans la plupart des autres caractères. Il est difficile d'attribuer à ce petit groupe une importance plus que générique, quand l'on retrouve, à des degrés divers, plusieurs de ses traits distinctifs chez d'autres Cyprinides se rattachant évidemment à des genres sur d'autres points différents. Qu'il me suffise, à ce propos, de rappeler certains traits caractéristiques du Blageon *Squalius (Telestes) Agassizii* qui si souvent se croise avec le *Ch. Nasus* et qui, bien que se rattachant fortement au genre *Squalius* par sa dentition et ses pharyngiens, présente cependant, à l'exception du revêtement cartilagineux des lèvres, une bouche subinférieure de forme quasi-transitoire, et surtout la coloration noire du péritoine dont on a voulu faire un caractère distinctif du genre *Chondrostoma*.

Les quatre espèces du genre Chondrostome que j'ai examinées présentaient toutes également les mêmes caractères anatomiques suivants que, comme pour les genres précédents, je n'ai pas cru devoir faire rentrer dans mes diagnoses génériques, aussi longtemps que je ne les ai pas constatés chez tous les représentants du groupe.

Une rangée de petites pseudobranchies pectiniformes derrière le préopercule. Des os pharyngiens ramassés formant un arc très recourbé, avec une aile cloisonnée, large, prolongée au moins jusqu'aux dents inférieures, et une corne supérieure fortement relevée ou retroussée à l'extrémité. Une meule pharyngienne cartilagineuse subelliptique, large, aplatie et relativement molle. Un maxillaire supérieur très fort dans le haut, et présentant un petit crochet sur le bord antérieur, avec un coude postérieur plutôt oblique, relativement peu prolongé et élevé, plus ou moins creusé en dessus et en dessous. Une arcade sous-orbitaire composée généralement de cinq pièces juxtaposées ; la première d'ordinaire plus longue que haute et recouvrant rarement toute la surface de l'œil. Enfin, un péritoine noir.

Blanchard, dans ses Poissons de France[1], décrit, sous le nom de *Ch. Dremaci,* un Chondrostome du Lot, bassin de la Garonne, qui me paraît ressembler beaucoup à celui de même provenance, du Lot, décrit sept ans plus tard par De la Blanchère, sous le nom de *Ch. Cerei*[2]. Les descriptions de ces deux ichthyologistes sont assez peu circonstanciées pour qu'il soit difficile de juger de l'importance de leurs créations au point de vue spécifique ; toutefois, une comparaison attentive des quelques caractères relevés peut permettre de constater, chez ces deux Chondrostomes de même origine, quelques traits distinctifs servant à la fois à les éloigner un peu de la majorité de nos *Ch. Nasus* et à les rapprocher passablement l'un de l'autre.

Les *Ch. Dremaei* et *Ch. Cerei,* avec des formes relativement élancées et des dimensions intermédiaires entre celles des *Ch. Genei* et *Ch. Nasus,* ont tous deux une bouche plus petite et plus arrondie que celle du Nase. Leurs os pharyngiens, qui présentent une corne supérieure non développée en palette à l'extrémité mais simplement recourbée vers le haut, semblent les éloigner également du *Ch. Nasus,* en les rapprochant plutôt du *Ch. Genei* ou du *Ch. rhodanensis.* Les dents, chez tous deux, au nombre constant de six de chaque côté et plutôt épaissies en serpe qu'effilées en couteau, peuvent à leur tour servir à distinguer ces deux Chondrostomes du Lot, d'un côté du *Ch. Genei* chez lequel ces organes, plus ramassés que chez le Nase, sont généralement au nombre de cinq sur chaque os ; de l'autre du *Ch. rhodanensis,* chez lequel les dents, bien qu'en nombre égal, sont cependant constamment plus effilées.

Les écailles varient, sur la ligne latérale, de 54 ou 55 chez le *Cerei* à 56-58 chez le *Dremaei.*

L'on ne peut attacher aucune importance aux caractères que

---

[1] Poissons des eaux douces de la France, 1866, p. 418 ; fig. 105 à 107.

[2] Les Chondrostomes de France (Bull. Soc. d'Acclimatation, oct. 1873, avec quatre figures.

De la Blanchère a cru trouver, chez son *Ch. Cerei,* soit dans le nombre réduit à trois des rangées d'écailles au-dessus de la ligne latérale, et dans le nombre 20 à 21 des rayons de la caudale, soit dans l'aspect en chaos du nœud des écailles. La figure de De la Blanchère, contredit la donnée de son texte, eu égard au total des squames au-dessus de la ligne latérale; le nombre exceptionnel des rayons principaux à la caudale ne peut provenir que de l'examen d'un individu anormal, ou d'une erreur de compte. Enfin, l'écaille représentée avec un nœud en chaos indiquerait peut-être que l'auteur n'a pas étudié un grand nombre de ces organes chez son espèce, car semblable forme accidentelle se voit souvent, comme anomalie, chez beaucoup de nos Cyprins.

Quoique De la Blanchère ajoute que son *Ch. Cerei* doit frayer vers la fin de janvier, et que les œufs de celui-ci affectent une couleur bleu-verdâtre, il me paraît impossible jusqu'ici d'apprécier, sans des descriptions plus circonstanciées, la valeur de ces deux prétendues espèces nouvelles, tant eu égard aux autres Chondrostomes connus, que dans les rapports ou les différences qu'elles peuvent présenter entre elles.

Tous les ichthyologistes s'accordent aujourd'hui pour reconnaître une simple forme bâtarde dans le *Chondrostoma Rysela* d'Agassiz [1], et, s'en remettant à l'autorité incontestable du professeur de Siebold, ils ne voient toujours dans ce poisson, malgré les formes diverses qu'il affecte en divers lieux, qu'un hybride du *Ch. Nasus* avec le *Squalius (Telestes) Agassizii.*

L'étude circonstanciée que j'ai faite, sur nos divers Cyprinides, de bien des caractères dont on ne s'était guère préoccupé jusqu'ici, m'a permis de reconnaître, entre divers prétendus *Rysela,* des signes évidents de mélanges du *Nasus,* non seulement avec le Blageon *(Sq. Agassizii),* mais encore avec un autre représentant du même genre *Squalius,* avec le *Squalius cephalus.* J'avais cru d'abord à un troisième cas d'hybridisme

---

[1] Le *Rysela* d'Agassiz ne doit pas être confondu avec le *Rysela* de Gesner, qui n'était autre que le *Telestes,* plus tard nommé *Telestes (Squalius) Agassizii.*

avec la Vandoise *(Squalius leuciscus),* sur l'examen d'un individu rappelant assez cette espèce par les formes générales
et quelques autres caractères, mais des traces de dentelures
aux dents chez lui m'ont contraint de décharger, jusqu'à plus
ample informé, cette espèce de toute accusation de mélange
avec notre Chondrostome.

Les différents individus que j'ai examinés provenaient tous
du Rhin à Bâle[1]. Plusieurs m'ont été aimablement communiqués,
comme *Ch. Rysela* (de Siebold), par le Dr Leuthner qui s'est
livré dernièrement à une étude attentive de la faune ichthyologique de la localité[2].

Il ne m'a malheureusement pas été permis de faire sur quelques-uns des sujets qui m'étaient prêtés, pour peu de temps et
très recommandés, des investigations aussi complètes que je
l'aurais désiré. Toutefois, je ne doute pas que les données plus
ou moins circonstanciées que je suis à même de fournir sur ces
divers échantillons, ne réussissent à établir que l'on a jusqu'ici
très souvent attribué à tort à un mélange du Nase avec le Blageon *(Sq. Agassizii),* des poissons qui étaient parfois des hybrides
du même *Ch. Nasus,* avec la Chevaine *(Sq. cephalus).* Je distinguerai donc, entre les prétendus *Rysela,* d'abord des individus chez lesquels la prédominance des caractères rappelle l'intervention de la Chevaine, mâle ou femelle, puis des sujets,
véritables Rysèles, qui me paraissent dus plutôt à l'intervention
du Blageon.

Fidèle à mon système de nomenclature, je décrirai successivement et plus ou moins complètement : 1° Un *Squalio-Chon-
drostoma cephalo-Nasus;* 2° Un *Sq.-Ch. Agasso-Nasus=Rysela*
des auteurs.

---

[1] Le premier que j'ai reçu m'a été fourni par le professeur Rütimeyer,
avec une collection des poissons du Rhin qu'il avait bien voulu rassembler
à mon intention.

[2] Die mittelrheinische Fischfauna, mit besonderer Berücksichtigung
des Rheins bei Basel, von F. Leuthner, 1877.

20. LE NASE

DIE NASE

CHONDROSTOMA NASUS, Linné.

D'un gris noirâtre à reflets verdâtres ou bleuâtres, en dessus; argenté avec de petites macules noirâtres sur les côtés; blanc en dessous; anale, ventrales et pectorales orangées ou rouges. Corps oblong, moyennement élevé et médiocrement comprimé. Tête assez épaisse, obliquement tronquée en avant par-dessous, avec un nez largement arrondi, bien proéminent; occipital déprimé formant un coin arrondi entre les premières écailles. Bouche transversale, quasi-droite, anguleuse et beaucoup plus large que l'œil, chez l'adulte. Œil moyen ou plutôt petit. Écailles latérales moyennes, subcarrées, un peu festonnées, avec des rayons assez serrés partant d'un nœud un peu reculé, et pouvant recouvrir au moins les trois quarts de l'œil, chez l'adulte; squames pectorales petites. Dorsale d'une hauteur à peu près égale à la longueur de la tête en dessus et subacuminée. Anale un peu plus haute que longue et subanguleuse au sommet. Caudale profondément échancrée, à lobes subégaux et subacuminés (Taille moyenne d'adultes 350-450 millimètres).

Généralement cinq sous-orbitaires : le premier d'une surface légèrement plus petite que celle de l'œil, chez l'adulte; le quatrième plus court et très étroit. Maxillaire supérieur avec un coude bas, court, oblique et anguleux. Pharyngiens trapus, portant une aile prolongée plus bas que les dents, avec une petite échancrure au-dessous de sa plus grande largeur; la corne supérieure fortement élargie en palette en dessous et surtout en dessus à l'extrémité. Meule plate, subovale et plus large en arrière qu'en avant. Dents, au nombre de six sur chaque os, exceptionnellement sept d'un côté, longues et effilées en couteau.

D. 3/9 (8-10), A. 3/(9) 10—11, V. 2/(8)9—10, P. 1/(14) 15—18, C. 19 maj.

$$\text{Sq. (56)57} \quad \frac{8-9}{5-6} \quad 63(66). \qquad \text{Vert. 47—48.}$$

CYPRINUS NASUS, *Linné*, Syst. Nat., éd. XIII. I, III, p. 1431. — *Bloch*, Fische Deutschl., I, p. 35, Taf. III.—*Schrank*, Fauna Boica, p. 333,
n° 312. — *Hartmann*, Helvet. Ichthyol., p. 212. — *Steinmüller*,
Fische im Walensee, Neue Alpina, II, p. 345. — *Gloger*, Schlesiens Wirbelthier-Fauna, p. 76. — *Nenning*, Fische des Bodensees, p. 29. — *Holandre*, Faune de la Moselle, p. 248. — *Gronov*,
Syst. ed. *Gray*, p. 185.

CHONDROSTOMA NASUS, *Agassiz*, Mém. Soc. d'Hist. Nat. Neuchâtel, 1834, p. 38.
— *Schinz*, Fauna Helvet., p. 156. — *de Selys*, Faune belge,
p. 204. — *Cuv.* et *Val.*, XVII, p. 384. — *Schinz*, Europ. Fauna,
II, p. 327. — *Bonaparte*, Cat. Met., p. 28. n° 165. — *Günther*,
Fische des Neckars, p. 99.—*Rapp*, Fische des Bodensees, p. 11.
— *Fritsch*, Ceske Ryby, p. 25, fig. 29 et 30. — *Heckel* et *Kner*,
Süsswasserfische, p. 217, fig. 123-125. — *Dybowski*, Cyp. Liv-
lands, p. 208. — *de Siebold*, Süsswasserfische, p. 225, fig. 39. —
Jeitteles, Fische der March, II, p. 17. — *Jäckel*, Fische Bayerns,
p. 73. — *Blanchard*, Poissons de France, p. 413, fig. 102 et 103.
— *De la Fontaine*, Faune du Luxembourg, p. 54.

»   AURATUS, *Schœfer*, Moselfauna, 1844. — *De la Fontaine*, Faune
du Luxembourg, p. 57.

»   CÆRULESCENS. *Blanchard*, Poissons de France, p. 416, fig. 104.

NOMS VULGAIRES SUISSES : S. F. *Nez*, *Nase* ou *Naze*. — S. A. : *Nase*, *Nasen* ou
Nasenfisch. (Hartmann donne, pour le lac de Thoune et pour ce-
lui de Bienne, les noms de *Breitling* ou de *Braggli*, qui me paraissent, sinon erronés, du moins peu répandus)

Corps oblong, médiocrement élevé et plus ou moins comprimé.
Le profil supérieur décrivant une courbe plus ou moins
accentuée, mais le plus souvent faiblement convexe et d'ordinaire assez régulière, du museau au pédicule de la caudale; le profil inférieur presque semblable ou, suivant les
individus et les circonstances, un peu plus arrondi, et généralement presque constant jusqu'à l'extrémité postérieure
de l'anale, soit peu ou pas relevé le long de la base de celle-
ci. Le dos légèrement tectiforme; le ventre arrondi ou subarrondi transversalement.

La hauteur maximale, suivant l'âge plus ou moins
avancé, devant la dorsale ou un peu plus près du bout des
pectorales, à la longueur totale, comme $1 : 4\,^{1}/_{6} — 5\,^{1}/_{2}$ selon
les individus femelles, mâles ou jeunes; à la longueur sans la

caudale, comme 1 : 3 $^2/_3$ — 4 $^4/_7$. L'élévation minimale, sur le
pédicule caudal, toujours un peu plus faible que la moitié
de la hauteur maximale, souvent de $^1/_8$ à $^1/_4$. L'épaisseur la
plus grande, selon les sujets jeunes ou vieux, plus près de la
base ou de l'extrémité des pectorales, et un peu plus faible
ou plus forte que la $^1/_2$ de la hauteur maximale. Une section
verticale moyenne d'un ovale plus allongé ou plus court,
selon l'âge et l'état des individus.

L'anus situé très près de l'anale et légèrement en avant
des $^3/_5$ de la longueur totale.

Tête subconique vue de profil, large en dessus, et, suivant l'âge
plus ou moins avancé, plus ou moins tronquée obliquement
en avant et en dessous à partir de la bouche. Le profil supérieur un peu convexe, comme le dos ; le profil inférieur, tantôt semblable au supérieur, tantôt un peu plus droit ou au
contraire un peu plus arrondi, selon la forme plus ou moins
raplatie du menton.

La longueur céphalique latérale, à la longueur totale du
poisson, comme 1 : 5 $^3/_5$ — 6 $^2/_5$ et, à la longueur sans la
caudale, comme 1 : 4 $^1/_2$ — 5 $^3/_5$; la longueur de la tête, en
dessus, de $^1/_9$ à $^1/_6$ plus courte que la longueur par le côté.
La hauteur à l'occiput à peu près égale aux $^3/_4$ de la longueur latérale. La largeur, sur l'opercule ou le préopercule,
légèrement plus forte que la moitié de la longueur par le
côté, et correspondant d'ordinaire à la hauteur entre le
quart antérieur et la moitié de l'œil.

La corne occipitale déprimée en arrière, comme l'a déjà fait
remarquer Günther [1], et formant entre les premières écailles
de la nuque un léger coin aplati.

Museau large, proéminent, obliquement raplati en dessous
et, suivant l'âge ou les sujets, un peu carré, arrondi ou subconique en avant. — Bouche franchement inférieure, transversale, relativement peu protractile, décrivant une ligne
presque droite chez les vieux sujets ou légèrement arquée
chez les jeunes, et fendue, suivant les individus, jusqu'au-
dessous des narines antérieures ou postérieures, soit occu-

[1] Fische des Neckars, p. 102.

pant à peu près toute la largeur du museau en dessous,
et, par le fait, égale à peu près au diamètre de l'œil, chez les
jeunes, ou mesurant environ 1 $^3/_4$ fois celui-ci, chez les adultes. — Le nez, généralement plus arrondi et moins prolongé
chez les jeunes que chez les adultes, dépassant la bouche,
chez les derniers, d'une quantité égale, selon les cas, au tiers
ou à la moitié de la ligne transverse de la bouche (Voyez
pl. II, fig. 48).

Lèvre inférieure recouverte d'une plaque cartilagineuse,
assez dure et un peu tranchante; le maxillaire inférieur court,
aplati et anguleux. Lèvre supérieure moins épaisse, assez
tranchante aussi et repliée en partie sur elle-même vers le
milieu, de manière à pouvoir, tantôt se porter en avant de
l'inférieure, en se développant comme une cloche au-dessus
de celle-ci, tantôt, au contraire, se retirer sous un profond
repli de la peau du nez. La langue assez large; le palais
passablement épais en arrière.

Narines de moyennes dimensions et doubles, soit formées
d'un orifice antérieur arrondi, bordé d'une valvule, et d'un
orifice postérieur plus grand ovale et non bordé. Malgré le
prolongement du nez, la cloison séparatrice des deux orifices
située, comme chez la plupart de nos Cyprinides, au tiers
environ de la distance comprise entre le bord de l'œil et le
bout du museau.

Des pores relativement peu apparents de chaque côté de
la tête, entre l'occiput et les narines, ainsi que sur le pourtour du préopercule; des canalicules plus développés, continuation de la ligne latérale, entourant l'œil en dessous, sur
les sous-orbitaires et jusqu'aux narines. D'autres pores plus
visibles distribués le long du maxillaire inférieur, volontiers
au nombre de 5 à 6 de chaque côté.

Œil subarrondi et de moyenne dimension, soit d'un diamètre, à
la longueur latérale de la tête, comme 1 : 3 $^1/_3$ — 4 — 5 $^1/_4$
(jusqu'à 5 $^1/_2$ selon Günther [1]), suivant les sujets petits,
moyens ou grands.

L'espace préorbitaire constamment plus fort que le dia-

---

[1] Fische des Neckars, p. 100.

mètre orbitaire, soit égal à 1 $\frac{1}{2}$ ou 1 $\frac{2}{3}$ axes de l'œil, chez
les adultes (jusqu'à près de 2 fois selon Günther[1]), et d'ordinaire à peu près égal seulement à l'œil, chez les jeunes,
volontiers même légèrement plus faible; soit, à la longueur
latérale de la tête, comme 1 : 3 $\frac{1}{5}$ — 3 $\frac{3}{10}$ chez mes adultes,
à 3 $\frac{2}{3}$ chez les jeunes.

L'espace postorbitaire constamment un peu plus fort que
deux fois l'orbite, chez les adultes, et, au contraire, un peu
plus faible chez les jeunes ; soit la plupart du temps légèrement plus faible que la moitié de la longueur céphalique
latérale, ou au plus égal à cette fraction chez les vieux.

L'espace interorbitaire à peu près égal à deux fois le diamètre de l'œil, chez les adultes, et seulement un peu plus
fort que celui-ci, de $\frac{1}{4}$ à $\frac{1}{6}$, chez les jeunes ; soit, à la longueur latérale de la tête, comme 1 : 2 $\frac{1}{2}$—3, selon l'âge plus
ou moins avancé.

Arcade sous-orbitaire composée d'ordinaire de cinq pièces juxtaposées : la première grande, à peu près pentagonale, sensiblement plus longue que haute, peu ou pas échancrée du
côté des narines et d'une surface un peu plus petite que
celle de l'œil, chez l'adulte, mais seulement égale à la moitié
de l'orbite, chez les jeunes. Les trois ou quatre suivantes,
un peu plus courtes et beaucoup plus étroites; la seconde
carré-longue ou subtriangulaire; la troisième plus longue, en
demi-croissant assez large ; la quatrième, derrière l'œil,
presque aussi longue, mais plus étroite, d'une surface tiers
ou demi au plus de la première ; la cinquième, parfois imparfaitement ossifiée chez les jeunes, plus petite et un peu
arquée.

Voûte susorbitaire passablement développée et un peu
surplombante.

Maxillaire supérieur concave en avant vers le bas et très fort
ou renflé dans le haut, avec un coude postérieur situé au-
dessous du milieu, relativement court, subcarré ou angu-

---

[1] Ce second rapport de Günther (l. c.) me paraît, comme le premier,
notablement au-dessus de la moyenne de nos adultes; je suis, sur les
deux points, plutôt d'accord avec Heckel et Kner.

leux, oblique en dessus et légèrement concave en dessous ;
la branche inférieure portée en avant, plutôt courte et
étroite, ainsi que faiblement renflée et médiocrement tordue
vers le bout. Le bord antérieur souvent un peu dentelé dans
le haut, chez l'adulte, et formant, près du milieu, un petit
crochet tourné vers le bas auquel se rattachent les côtés du
nez (Voy. pl. II, fig. 49).

Opercule assez grand, trapézoïdal ou subcarré, environ de $^1/_4$
plus haut que long et souvent marqué de quelques stries
rayonnantes. Le côté supérieur, presque droit, à peu près
égal au côté postérieur quasi-rectiligne, chez l'adulte, ou
souvent légèrement plus long chez les jeunes. Le côté inférieur oblique, plus ou moins rectiligne, un peu plus long que
le côté supérieur, formant avec le bord postérieur un angle
légèrement arrondi, sensiblement plus ouvert que l'angle
droit, et d'ordinaire pourvu de deux ou trois dentelures vers
l'extrémité antérieure[1].

Sous-opercule large et en demi-croissant.

Interopercule formant un coin bien apparent entre les
pièces précédentes et le préopercule, et demeurant à découvert tout le long au-dessous de ce dernier.

Préopercule convexe en arrière et largement arrondi vers
l'angle postéro-inférieur.

Bordure branchiostège médiocrement développée.

Pharyngiens trapus et fortement recourbés : l'aile très développée, dépassant les dents, présentant sa plus grande largeur à peu près en face de l'avant-dernière dent et un peu
échancrée en face de la dernière ; avec cela, subarrondie
dans le bas, relativement étroite et anguleuse dans le haut,
légèrement convexe sur la tranche et pourvue de nombreuses cloisons feuilletées sur la face antérieure ; le corps de
l'os assez fort ; la corne supérieure plutôt courte, épaisse et
développée à l'extrémité en une large palette arrondie sur
le bord, formant coin vers le haut, un peu moins saillante,
en dessous ; la branche inférieure courte aussi, présentant

---

[1] Il faut d'ordinaire détacher l'opercule pour bien voir ces petites
échancrures.

au côté interne une crête convexe bien accentuée, et formant avec la dernière dent un angle passablement aigu (Voy. pl. IV, fig. 59) [1].

Dents pharyngiennes sur un seul rang, le plus souvent au nombre de six de chaque côté (exceptionnellement sept à droite ou à gauche), longues et relativement étroites, avec une base élevée ; la couronne, en forme de couteau effilé et pointu, légèrement relevée à l'extrémité, mais non crochue, jamais pectinée et marquée longitudinalement d'un sillon médian. Les dents de remplacement plus ramassées et légèrement recourbées au sommet, mais toujours non pectinées, se relevant graduellement dans la gencive, pour venir se poser à leur tour au haut du pédicule creux, mais fixe, de la dent tombée. La couronne des dents supérieures notablement plus longue que celle des inférieures ; la ou les dents médianes souvent sensiblement plus fortes ou plus saillantes que les autres en arrière (Voy. pl. IV, fig. 59).

Meule cartilagineuse, grande, plate, assez adhérente, subovale, soit un peu plus large en arrière qu'en avant, dépourvue de crochet postérieur et sans sillons linéaires, mais plus ou moins marquée à droite et à gauche d'impressions comme digitales peu apparentes ; mesurant, par exemple, 14^{mm} de long, sur 10^{mm} de large, chez un individu de 400 millimètres (Voy. pl. IV, fig. 60 et 61).

Dorsale naissant près du milieu de la longueur du poisson sans la caudale, le plus souvent un peu en avant de ce point chez les mâles ou un peu en arrière chez les femelles, et généralement au-dessus de l'origine des ventrales. La hauteur au plus grand rayon variant, suivant l'âge plus ou moins avancé et selon les individus femelles ou mâles, des $^2/_3$ aux $^4/_5$ de l'élévation maximale du corps ; soit un peu plus faible ou plus forte que la longueur de la tête en dessus. La base, soit la longueur, égale environ aux $^2/_3$ de la hauteur du grand

---

[1] La figure que donnent Heckel et Kner des pharyngiens de cette espèce est loin d'être parfaitement exacte ; elle représente l'aile beaucoup trop courte et n'indique pas trace de la crête osseuse très développée qui accompagne la branche inférieure à son côté interne.

rayon, un peu plus ou un peu moins suivant les sujets.
Quant à la forme : médiocrement décroissante, subacuminée
au sommet et légèrement concave sur la tranche. (Les
caractères différentiels que de Siebold[1] a cru trouver dans
les rapports de proportions des deux extrémités des nageoires
dorsale et anale rabattues, chez les *Chond. Nasus* et *Ch. Ry-*
sela, me paraissent par trop variables. En effet : je constate
ici, dans les deux sexes et à tout âge, pour la dorsale rabattue, que l'extrémité supérieure ou antérieure, loin de dépasser toujours le bout des rayons postérieurs, demeure, au
contraire, très souvent au même niveau.)

Généralement douze rayons, trois simples et neuf divisés,
exceptionnellement deux simples seulement (Jeitteles donne
8-10 divisés). Le premier simple, peu important et plus ou
moins apparent, quelquefois entièrement dissimulé sous
l'écaillure, plus souvent égal à $\frac{1}{10}$ ou au plus à $\frac{1}{8}$ du
second ; celui-ci mesurant les $\frac{2}{5}$ du suivant, ou volontiers
un peu plus, parfois même près de la $\frac{1}{2}$; le troisième, assez
grêle et flexible dans le haut, suivant les individus égal
au premier divisé ou légèrement plus court ou plus long. Le
premier rameux, sensiblement plus long que le second ; le
dernier divisé bifurqué jusqu'à la base[2] et mesurant, selon
les sujets, $\frac{3}{10}$ à $\frac{4}{10}$ du plus grand.

Anale naissant très légèrement en arrière de l'aplomb de
l'extrémité de la dorsale couchée, ou à peu près au-dessous,
et demeurant, rabattue, à une distance de l'origine de la
caudale égale, suivant les individus, à la hauteur de ses
4me, 5me, ou 6me rayons divisés. (Je ferai ici la même remarque, à propos de la donnée de de Siebold, sur les rapports
des deux extrémités de la nageoire couchée. Je trouve, en
effet, aussi souvent l'extrémité postérieure dépassant plus ou

---

[1] Süsswasserfische, p. 226. L'irrégularité que je signale provient des
différents rapports de proportions du premier et du dernier divisé, aussi
bien que de l'étendue plus ou moins grande de la base de cette nageoire,
par rapport à la hauteur.

[2] Cette bifurcation très apparente a pu quelquefois faire croire à la
présence d'un neuvième petit rayon.

moins la supérieure que l'égalité de portée entre les deux bouts ; parfois même, chez des jeunes surtout, j'observe la forme contraire, soit une extrémité antérieure dépassant notablement la postérieure.) La hauteur au plus grand rayon d'ordinaire un peu plus forte que la base de la dorsale, souvent de $^1/_9$ — $^1/_4$ au plus. La longueur d'ordinaire sensiblement plus faible que la hauteur, chez les jeunes surtout, soit de $^1/_{12}$ à $^1/_5$ environ, et à peu près égale à la longueur de la dorsale ou un peu plus faible (exceptionnellement légèrement plus grande). Quant à la forme : passablement couchée en arrière, quoique médiocrement décroissante, anguleuse bien que plutôt subarrondie au sommet et à peu près droite ou un peu concave sur la tranche.

Généralement treize à quatorze rayons, trois simples et dix ou onze divisés (Heckel et Kner donnent un minimum de neuf divisés que je n'ai jamais rencontré jusqu'ici dans nos eaux). Le premier simple plus constant et plus apparent qu'à la dorsale, soit mesurant souvent de $^1/_5$ à $^1/_3$ du second ; celui-ci, selon les sujets, égal à $^1/_3$ ou à $^1/_2$ du suivant ; le troisième en général un peu plus court que le premier rameux et, suivant les individus, égal au second ou seulement au troisième divisé. Le dernier divisé profondément bifurqué et mesurant d'ordinaire des $^2/_5$ à près de la $^1/_2$ du plus grand.

Ventrales implantées à peu près au-dessous de l'origine de la dorsale ou, plus souvent, légèrement en arrière, et demeurant, rabattues, à une distance de l'anus variant, suivant les sujets mâles, jeunes ou femelles, de $^1/_7$ à $^1/_4$ de leur longueur. La longueur de ces nageoires égale à la hauteur de l'anale ou un peu plus forte. Quant à la forme : volontiers un peu plus allongées chez les mâles que chez les femelles, relativement assez peu réduites en arrière, convexes sur la tranche et arrondies ou subarrondies au sommet.

Généralement onze à douze rayons ; deux simples et neuf ou plus rarement dix divisés (Jeitteles donne 1—2/8—9). Le premier simple latéral externe d'ordinaire très petit, parfois même à peine visible au-dessus des téguments, et mesurant entre $^1/_{15}$ et $^1/_8$ du suivant. Le second légèrement plus

court que le premier rameux, soit à peu près égal au second
et souvent un peu plus renflé, vers le milieu, chez les mâles
que chez les femelles, principalement à l'époque des amours.
Le dernier divisé variant, selon les cas, d'un peu plus de la
$\frac{1}{2}$ à légèrement plus des $\frac{2}{3}$ du plus grand.

Pectorales naissant au-dessous de la corne humérale très prononcée et demeurant, rabattues, à une distance de l'origine
des ventrales toujours très importante, bien que très variable, soit, suivant les individus et leur état, de $\frac{1}{5}$ plus forte
que leur longueur à $\frac{1}{3}$ moindre ; le minimum d'intervalle
plus souvent chez les mâles que chez les femelles, mais pas
d'une manière constante. (Günther[1] donne comme caractère distinctif du *Ch. Nasus* opposé au *Ch. Soetta* que
l'extrémité des pectorales atteint à la quatorzième ou au
plus à la seizième écaille de la ligne latérale, chez le premier, tandis qu'elle arrive à la dix-huitième, chez le second ;
je trouve que ce rapport varie chez notre Nase de la quatorzième à la dix-huitième). La longueur de ces nageoires toujours un peu plus forte que celle des ventrales, de $\frac{1}{12}$ à $\frac{1}{7}$
environ, et à peu près égale à la hauteur de la tête à l'occiput. Quant à la forme : subarrondies ou subacuminées au
sommet, assez larges, passablement réduites en arrière et
plus ou moins convexes sur la tranche, selon les individus.

Généralement seize à dix-neuf rayons : un simple et
quinze à dix-huit divisés, le dernier ou les deux derniers de
ceux-ci la plupart du temps non ramifiés. (Je n'ai pas jusqu'ici trouvé le minimum de quatorze divisés donné par
Heckel et Kner.) Le premier ou grand simple d'ordinaire
légèrement plus court que le premier rameux, ou à peu près
égal au second, et souvent plus renflé chez les mâles que
chez les femelles. Le dernier, soit le plus petit en général
non divisé, égal, suivant les cas, à $\frac{1}{9}$ ou $\frac{1}{5}$ environ du plus
grand.

Caudale moyenne et profondément échancrée, avec des lobes
égaux ou subégaux très légèrement convexes sur la tranche
et subacuminés au sommet (assez souvent l'inférieur un

---

[1] Catal. of Fishes, VII, p, 272 et 273.

peu plus long que le supérieur, plus rarement le contraire).
La longueur de cette nageoire, à la longueur totale du poisson, comme 1 : 4 $^1/_2$ — 5 $^3/_5$, selon les individus jeunes ou
vieux, et, par le fait, toujours passablement plus forte que
la longueur latérale de la tête, chez les petits sujets surtout,
soit volontiers de $^1/_{14}$ à $^1/_8$ ou même à $^1/_4$ plus grande.

Dix-neuf grands rayons appuyés en haut et en bas par
quatre à sept petits rayons décroissants. Le grand rayon
simple latéral d'ordinaire égal au second divisé. Les rayons
médians généralement un peu plus petits que la moitié des
plus longs, soit à peu près égaux à $^4/_9$ ou $^3/_7$ de ceux-ci.

Écailles de moyennes dimensions, solidement implantées, disposées en séries transverses relativement peu inclinées et se
recouvrant aux deux tiers ou aux trois cinquièmes environ.
Les écailles latérales moyennes subarrondies ou subcarrées,
souvent un peu plus hautes que longues, parfois égales dans
les deux sens ou au contraire très légèrement plus longues,
convexes sur le bord libre, quasi-droites sur les côtés, et
marquées au bord fixe de quelques larges festons peu profonds (souvent trois à cinq, parfois jusqu'à sept). Ces squames, de surface assez constante jusqu'au-dessus de l'anale,
égales environ aux $^3/_4$ ou même aux $^9/_{10}$ de la surface de
l'œil, chez les vieux sujets, à peu près à la $^1/_2$ chez des individus de taille moyenne, et environ à $^1/_4$ ou $^1/_5$ seulement
chez les jeunes [1]. Généralement 6 à 10, plus rarement cinq
ou onze, le plus souvent huit ou neuf sillons assez serrés
partant d'un nœud volontiers situé un peu en arrière du
centre, soit plus près du bord fixe, et correspondant sur la
partie moyenne du bord libre à autant de petits festons. Les
stries concentriques onduleuses plus distantes et plus grossières entre les rayons de la partie découverte que sur le
reste de l'écaille. Quelques rayons plus faibles et plus
inconstants du côté du bord fixe.

Les écailles latérales antérieures sensiblement plus petites

---

[1] Il faut que Heckel et Kner n'aient eu en mains que des sujets d'âge
moyen, pour avoir pu dire (p. 219) à propos des écailles : *Selbst die gröss-
ten über der Seitenlinie übertreffen kaum den halben Augendurchmesser.*

que les médianes, arrondies ou subovales, soit le plus souvent un peu plus hautes que longues, faiblement ou à peine festonnées et rayonnées dans la partie couverte, et, au contraire, marquées d'ordinaire de sillons rayonnants un peu plus nombreux sur la portion découverte, sillons partant toujours d'un nœud plus voisin du bord fixe. Les latérales postérieures, encore au-dessus de la ligne latérale, un peu plus petites que les moyennes, plus longues que hautes, plus larges dans la moitié découverte que dans la moitié cachée, festonnées et rayonnées sur le bord fixe et marquées sur la partie découverte de 10 à 18 sillons rayonnants ; le nœud toujours plus reculé. Les ventrales latérales au-dessous de la ligne latérale un peu plus petites et plus allongées que les latérales moyennes, bien que paraissant en place plutôt plus grandes, parce qu'elles se recouvrent un peu moins, encore avec un nœud reculé et 8 à 20 rayons. Les dorsales moyennes plus petites que les latérales antérieures, plus larges que longues, et irrégulières en arrière, avec un nœud reculé et des sillons rayonnants assez nombreux, souvent 15—18. Les pectorales beucoup plus petites que les dorsales (soit plus petites que la moitié des dorsales opposées), allongées, assez irrégulières, polygonales ou elliptiques, avec un nœud très reculé et des sillons rayonnants longs, généralement en nombre élevé (Voy. pl. III, fig. 52 et 53).

Généralement huit à neuf ou neuf et demie écailles au-dessus de la ligne latérale, vers la plus grande hauteur, et cinq à six, beaucoup plus rarement sept, en dessous, jusqu'à l'origine des ventrales.

Ligne latérale décrivant, de l'angle supérieur de l'opercule au centre de la caudale, une ligne, suivant les individus, plus ou moins concave ; souvent assez creusée en avant puis presque droite depuis l'aplomb de la dorsale, parfois presque entièrement droite. Cette ligne, par le fait, passant, selon les cas, aux deux cinquièmes de la hauteur maximale environ, ou, plus rarement, presque à la moitié de celle-ci.

Les écailles moyennes, sur cette ligne, à peu près semblables à leurs voisines supérieures, bien que d'ordinaire très légèrement plus petites. Le tubule subcylindrique, naissant un peu au delà du nœud, soit passablement en arrière du centre et demeurant toujours bien distant du bord libre, parcourant donc environ les deux cinquièmes de la longueur de l'écaille. Le bord libre le plus souvent un peu échancré vers le centre, soit sur le tubule de l'écaille suivante (Voy. pl. III, fig. 51). Les écailles antérieures légèrement plus petites, mais de forme plus élevée, avec un tubule un peu plus court, plutôt cylindro-conique, un peu oblique et souvent recourbé à l'extrémité. Les postérieures à peu près de même dimension, mais de forme plus allongée, avec un tubule plus étroit, plus droit et plus long.

Généralement cinquante-sept à soixante-trois écailles sur cette ligne (selon Jeitteles de 56 à 66).

Coloration : faces supérieures d'un gris noirâtre plus ou moins sombre, à reflets verdâtres ou bleuâtres ; la même teinte grise atténuée s'étendant plus ou moins sur les côtés du corps ornés de reflets métalliques argentés et tout semés de points ou de petites taches noirâtres ; le bas des flancs et le ventre d'un blanc argenté plus ou moins nuancé de jaunâtre.

La dorsale et la caudale d'un gris noirâtre et plus ou moins lavées de rougeâtre, la seconde sur le lobe inférieur surtout ; ces nageoires souvent aussi de teinte plus sombre, ou noirâtres près de la tranche. Les pectorales, les ventrales et l'anale orangées, rouges, ou d'un rouge violacé ; les premières parfois un peu moins colorées que les suivantes et surtout un peu mâchurées en avant, près du bout.

Iris argenté ou jaunâtre et volontiers jaune ou rouge, ainsi que plus ou moins mâchuré, dans le haut en avant.

J'ai reçu à diverses reprises, de Lucerne, au printemps, des individus adultes et frais qui, tant mâles que femelles, présentaient une livrée de noces rayée d'un très joli aspect et rappelant beaucoup la robe nuptiale du *Thymallus vexillifer*[1]. Ces Nases présentaient, sur le dos et sur le haut des

---

[1] La plupart des Nases que j'ai collectés ailleurs n'ayant pas été pris au printemps ou ayant séjourné dans l'alcool, je ne saurais dire si cette coloration est aussi accentuée dans d'autres localités, ou si les raies n'ont

flancs, des raies longitudinales, assez larges et parallèles, alternativement jaunâtres et d'un joli gris bleu ; les raies jaunâtres plus étroites couraient d'ordinaire sur le centre des écailles et les bleues plus larges sur les côtés.

On trouve quelquefois aussi des individus moins sombres, de teinte plus brune ou plus jaunâtre, avec des reflets dorés.

Dimensions variant avec les conditions plus ou moins favorables, mais dépassant rarement un pied et demi, soit 45 à 48 centimètres au plus, avec un poids maximum de deux à deux et demi ou au plus trois livres, soit 1 à 1 ½ kilogramme. La majorité des adultes que j'ai reçus de diverses localités mesuraient 34 à 39 centimètres, avec un poids de 480 à 530 grammes ; un sujet femelle de Neuchâtel mesurait 46 centimètres. Des individus de 15 pouces présentaient déjà les caractères des vieux, soit la presque égalité de surface de l'écaille moyenne et de l'œil. Du reste, j'ai déjà dit souvent que, passé une certaine taille, l'augmentation de poids se traduit plutôt par une plus forte épaisseur que par une plus grande longueur.

Mâles généralement de forme un peu plus élancée que les femelles, avec le premier rayon des pectorales et souvent aussi le grand simple des ventrales un peu plus épais que chez les femelles, principalement à l'époque du rut. Ces deux paires de nageoires souvent aussi légèrement plus grandes, bien que d'une manière moins frappante et moins constante que dans quelques autres genres.

Les mâles, durant le temps des amours, ornés de tubercules arrondis et subconiques relativement très petits, distribués sur la tête, volontiers en doubles rangées sinueuses à droite et à gauche, sur le museau, sur l'opercule, jusque sur le sous-opercule et souvent sur le bord des écailles dorsales. (Le professeur de Siebold dit avoir observé des tubercules analogues, mais moins apparents, sur la tête des femelles en noces.)

---

peut-être pas été un peu exagérées par la dessiccation après la mort, quoique les divers sujets me soient parvenus très rapidement et en parfait état de fraîcheur.

Jeunes d'ordinaire plus élancés et surtout plus comprimés que
les adultes, avec un museau généralement plus court, ainsi
que plus busqué, une bouche un peu moins droite et anguleuse, un œil plus grand, soit par rapport à la tête, soit surtout en comparaison des écailles, et une nageoire caudale
relativement plus développée ; cela avec une livrée souvent
plus jaunâtre.

Vertèbres au nombre de 47 à 48.

Vessie de dimensions moyennes et étranglée en avant du
milieu : la portion antérieure ovale, un peu pincée en avant
et à peu près égale à la moitié de la postérieure ou légèrement plus longue ; la portion postérieure très légèrement
cintrée et, suivant l'état des individus, plus ou moins
réduite et acuminée ou subarrondie en arrière. —Tube digestif formant plusieurs replis et relativement très allongé, soit
mesurant de deux fois et un tiers à deux fois et deux tiers
la longueur totale du poisson, et annonçant par là un régime
principalement végétal. Les appendices de l'appareil de la
digestion, le foie en particulier, très développés. — Le péritoine parfaitement noir. — Ovaires et testicules doubles. —
Une rangée de petites pseudobranchies pectinées derrière le
préopercule.

Cette espèce varie beaucoup, comme nous l'avons vu, tant au
point de vue du nombre des écailles et des rayons des nageoires,
que dans les formes et les dimensions de la bouche et du museau, ou dans les divers rapports de proportions et la coloration, selon les individus, l'âge, le sexe, les époques et les conditions d'existence; de telle sorte que quelques ichthyologistes ont
cru devoir chercher des caractères spécifiques plus constants
dans certains rapports nouveaux de proportions. Malheureusement ces quelques traits prétendus distinctifs ne peuvent conserver toute l'importance que leur ont fait accorder des observations ou trop localisées ou trop peu nombreuses. J'ai montré
comment les caractères différentiels que le professeur de Siebold[1] a cru trouver dans les rapports de portées des deux som-

---

[1] Süsswasserfische, p. 226.

mets des nageoires dorsale et anale rabattues sont toujours
trop inconstants; combien ils varient, en particulier, chez les
Ch. Nasus et *Ch. Rysela* que cet auteur a comparés à ce point
de vue. La position de l'axe du corps par rapport au museau,
à l'œil et à l'opercule, invoquée par Heckel et Kner[1], varie
aussi passablement dans chaque espèce, comme nous l'avons
déjà souvent fait observer. Enfin, nous avons vu que l'extension des diverses nageoires varie beaucoup avec les sexes et les
individus, et que l'élévation du chiffre des écailles de la ligne
latérale atteintes par l'extrémité des pectorales, signalée par
Günther[2], bien que d'une certaine valeur moyenne, ne peut
cependant pas être prise comme caractère constant, grâce aux
différences qu'entraînent non seulement les longueurs différentes
de ce membre chez divers individus, mais encore les formes
plus ou moins redressées ou incurvées de la ligne latérale, ainsi
que le nombre variable des écailles tubulées, se recouvrant par
le fait plus ou moins.

Il est regrettable que plusieurs espèces prétendues distinctes
et nouvelles n'aient pas été décrites jusqu'ici d'une manière
assez circonstanciée, pour que l'on puisse toujours savoir
quelle importance attacher aux traits distinctifs signalés, et
quelle part faire, sur ce point, à la variabilité de notre Nase.

L'examen comparé de quelques pièces osseuses moins variables, des pharyngiens, du maxillaire supérieur et des sous-orbitaires, entre autres, m'a permis, dans bien des cas, de peser la
valeur de certaines différences dans les formes ou les rapports
d'autres parties plus apparentes.

Schæfer, en 1844, dans sa *Moselfauna,* décrit comme suit,
sous le nom de Chondrostome doré *(Ch. auratus),* un curieux
Nase pris dans la Moselle, près de Trèves : « Tout le corps est
d'un beau brun doré, mais le ventre est plus clair et les écailles
sont bordées de blanc argenté. Nageoires, comme dans l'espèce
type, d'un rouge violet. » Neuf années plus tard, en 1853, le
Dr Günther[3] décrivit ainsi, comme belle *Varietät* du Nase, un

---

[1] Süsswasserfische, p. 218.
[2] Catal. of Fishes, VII, p. 272.
[3] Fische des Neckars, p. 101.

Chondrostome pris près de Tubingue : « Écailles brun de café ;
celles qui couvrent le dos et la queue plus colorées que les
autres. Avec cela, elles brillent d'un bel éclat doré, et chacune
a un bord argenté franchement délimité. Elles sont un peu
plus grosses que d'ordinaire ; il y en a 57 sur la ligne latérale,
et seulement 7 en dessus de cette ligne, comme en dessous.
L'écaille médiane se trouve la vingt-sixième de la ligne latérale. » Enfin, en 1872, De la Fontaine [1] donne, à son tour,
sous le nom de *Goldnase* ou *Goldmakrele,* la description
d'un Chondrostome particulier qu'il trouve dans la Moselle et
son affluent la Sûre, et qu'il regarde comme le Chond. doré
(Ch. auratus) de Schæfer. Suivant cet auteur, « le dos et les
flancs sont d'un beau brun olivâtre à reflets métalliques dorés ;
toutes les écailles sont largement bordées d'un vert doré clair,
tranchant sur la couleur du fond ; ventre d'un brun sale clair.
Nageoires pectorales, ventrales, anale et lobe inférieur de la
caudale rouges ; dorsale et lobe supérieur de la caudale d'un vert
brunâtre doré. Opercules, etc..... Des écailles entièrement blanches, de consistance molle, semblables à de la peau, se rencontrent isolément, et quelquefois réunies, de manière à former des
taches sur les flancs, le ventre et les côtés. » Ce dernier individu, mesurant 320^{mm} de longueur totale, sur 60^{mm} de hauteur
maximale, ne me paraît, du reste, différer sérieusement de
notre *Ch. Nasus* que par l'étendue un peu plus grande de ses
nageoires dorsale et anale, et le nombre un peu plus élevé de
leurs rayons ; en effet, De la Fontaine donne à la dorsale
15 rayons, y compris un petit (probablement 3/12), et à l'anale
15 rayons, sans petit (probablement 2/13). Le total de 57 écailles
sur la ligne latérale est trop voisin du chiffre 66, déjà plusieurs
fois constaté chez le *Nasus,* pour avoir une grande importance,
et le nombre de 9 squames en dessous de la dite ligne, opposé à 8
au-dessus, ne peut guère être pris en considération, bien que
très élevé, puisque l'auteur ne nous dit pas s'il a compté seulement jusqu'à la base des ventrales, tandis que je trouve d'ordinaire, chez le Nase, neuf écailles entre la ligne latérale et le
milieu du ventre.

[1] Faune du Luxembourg, Poissons, 1872, p. 57.

L'auteur de la Faune du Luxembourg n'a examiné à fond qu'un seul individu de cette forme, mais il assure qu'il a vu quelques autres Chondrostomes présentant une livrée analogue et que, bien que fort rare, la *Goldmakrele* est bien connue de tous les pêcheurs de la localité.

De ces trois descriptions, parfaitement concordantes au point de vue de la livrée, il semble ressortir que l'on trouve, çà et là et de temps à autre, un Chondrostome d'un brun doré, mais que cette coloration affecte des individus de formes et proportions assez différentes. Aucun des auteurs ne donnant, ni la dentition, ni la forme des pharyngiens, ni les dimensions de la bouche de l'individu en question, il paraît difficile d'attacher une importance spécifique aux caractères différentiels inconstants de proportions et d'écaillure accusés par l'un ou par l'autre de ces ichthyologistes. Le Dr Günther me semble avoir eu raison, quand, en attachant moins d'importance à la livrée, il a qualifié seulement de *eine sehr schöne Varietät* l'individu qu'il décrivait. Le Chondrostome doré me paraît, en effet, tant par sa grande rareté que par l'inconstance de ses caractères de structure (nombre d'écailles et extension des nageoires) et les anomalies qu'il offre quelquefois (écailles molles), devoir être plutôt considéré comme une variété purement accidentelle, peut-être même morbide.

Blanchard, dans son étude des Poissons de France, décrit, à son tour, trois nouveaux Chondrostomes, sous les noms de *Ch. cœrulescens*, *Ch. Dramæi* et *Ch. rhodanensis*. Nous avons déjà, au genre, parlé du second, et nous traiterons plus loin du troisième; le premier seul doit donc nous occuper ici.

Le *Ch. cœrulescens* provenant du Doubs [1], me paraît une simple variété du *Ch. Nasus*. On trouve, en effet, très souvent des Nases avec un corps un peu plus épais que d'autres et une bouche un peu moins grande; en outre, les chiffres attribués comme caractéristiques, aux dents (6—6), aux rayons des nageoires (D. 3/8—9, A. 3/10) et aux canalicules des écailles (6—7) sont tous compris entre les extrêmes de la variabilité de notre Nase [2].

---

[1] Poissons des eaux douces de France, p. 416, fig. 104.
[2] Les Nases deviennent très souvent bleuâtres ou bleus dans l'alcool.

Enfin, un individu femelle de taille moyenne (258^{mm} de longueur totale), pris dans le Rhin à Bâle, se distinguait à première vue : par un pointillé noirâtre formant, comme chez les *Ch. Genei* et *Rysela,* une bande longitudinale grise sur le haut des flancs, par un corps un peu plus comprimé et plus voûté sur la nuque, par une tête relativement plus effilée, et par une ligne latérale à peu près droite et presque au centre du corps. Cette trouvaille me rappelait le sujet unique et en très mauvais état reçu par de Siebold, du Rhin à Bâle, et attribué par celui-ci à l'espèce du *Ch. Genei ;* elle pouvait également trahir quelque mélange analogue à celui qui produit le *Ch. Rysela* des auteurs. Toutefois, n'ayant constaté chez l'individu en question aucun trait particulier, ni dans les nageoires, ni dans l'écaillure, et lui trouvant une bouche, des dents et des pharyngiens semblables à ceux du *Ch. Nasus,* je crois devoir le rapporter à l'espèce de ce dernier, à titre de simple variété *(Var. tœniata).*

Le Nase est très répandu dans l'Europe moyenne, au nord des Alpes ; on l'a observé communément en France, en Suisse, en Hollande, en Belgique, dans la plus grande partie de l'Allemagne et de l'Autriche, et même jusqu'en Russie. En Suisse, il habite à peu près tous les affluents du Rhin et vit communément dans la plupart de nos lacs et de nos rivières tributaires de ce fleuve, toujours cependant plus abondamment dans les eaux courantes, durant la belle saison surtout. Il ne paraît pas remonter, par l'Inn, du Danube jusqu'en Engadine, et fait également complètement défaut au bassin du Léman ou du Rhône, dans notre pays, arrêté qu'il est, comme tant d'autres poissons, par la perte de ce fleuve ; c'est à tort que Razoumowsky le cite dans les poissons de ce dernier bassin[1]. J'ai constaté la présence du Nase dans les lacs de Neuchâtel, Bienne, Morat, Thoune, Lucerne, Zurich, Wallenstadt et Constance ; on le pêche également, et souvent en assez grande quantité, non seulement dans le Rhin au-dessus,comme en dessous de la chute, mais encore dans l'Aar, le principal tributaire de ce fleuve en Suisse, et dans ses

[1] Hist. nat. du Jorat, I, p. 182.

affluents, la Sarine, l'Emme, la Reuss, la Limmat, la Thur, etc.
Par contre, je n'ai rien pu obtenir de précis sur le Nase dans
les lacs de Zoug, de Brienz et de Sempach ; il semble même
faire complètement défaut aux bassins plus petits et plus élevés
d'Egeri et de Lungern.

Le Nase, comme les autres Chondrostomes, vit d'ordinaire
en nombreuses sociétés ; à l'approche du temps des amours et
plus ou moins tôt selon les conditions, beaucoup quittent les
profondeurs des lacs ou des grands cours d'eau, où ils se sont
tenus durant l'hiver, pour remonter en bandes immenses et en
rangs serrés dans les rivières, où ils frayent de préférence. On
trouve alors quelquefois le Nase mélangé avec d'autres espèces ;
il voyage, en particulier, assez souvent, à l'époque du rut, de
concert avec le Blageon *(Squalius Agassizii)*. La communauté
d'habitudes, de goûts et, en certains lieux, la similitude du temps
de frai des deux espèces amène parfois des croisements et des
cas d'hybridité ; j'ai déjà dit, en effet, que le professeur de Siebold croit reconnaître, dans le *Ch. Rysela* d'Agassiz un bâtard
de ces deux espèces. Nous verrons plus loin que de semblables croisements peuvent se faire aussi avec d'autres représentants du même genre *Squalius*. La saison des amours tombe,
pour nos grands bassins, le plus souvent sur les premiers jours
du mois de mai ; cependant, cette époque peut être, suivant les
conditions et la température, ou reculée jusque vers la fin de ce
mois, ou au contraire plus ou moins avancée dans le courant
d'avril. Il semble que les nombreux individus qui remontent les
rivières au printemps soient, sous ce rapport, d'ordinaire un
peu plus précoces que ceux qui restent dans nos lacs. Les voyages s'exécutent d'ordinaire en avril ; toutefois, il n'est pas rare
de voir des bandes voyager déjà au mois de mars. Les sombres
phalanges du Nase, agitées par la frénésie de l'amour, font entendre alors un bruissement assez fort. Au moment du rut, les individus se frottent les uns contre les autres, dans un état d'extrême
surexcitation ; on en voit qui se tournent brusquement, comme
pour montrer le brillant éclat de leurs flancs, d'autres bondis-
sent ou sautent à la surface. Les femelles paraissent toujours
bien plus nombreuses que les mâles. Selon De la Blanchère [1], les

---

[1] Chond. de France; Bull. Soc. Acclimatation, oct. 1873.

sexes se trouveraient d'ordinaire mélangés dans les mêmes
rangs. Quelques pêcheurs croient qu'il y a des Nases qui
frayent en automne ; je n'ai rien observé jusqu'ici qui vienne à
l'appui de cette idée. Les œufs, à peine plus gros que des graines
de millet, pas très nombreux et d'un ton verdâtre, sont volontiers déposés dans des endroits assez profonds, sur fond graveleux ou sablonneux. Bloch dit avoir compté, chez une femelle,
7900 œufs blanchâtres, gros comme du grain de millet ; Hartmann ajoute que, dans de bonnes conditions, les petits éclosent
au bout de quatorze jours.

Le Nase paraît absorber surtout des matières végétales, des
plantes aquatiques et les végétations mousseuses qui se forment
au fond de l'eau sur les pierres et les divers corps submergés ;
toutefois, il s'attaque aussi assez volontiers au frai des autres
poissons et mord assez souvent à la ligne amorcée d'un ver.

La chair du Nase n'a rien de particulièrement désagréable ;
cependant, grâce au grand nombre d'arêtes qu'elle contient,
elle passe généralement pour fort inférieure. Bien que les
Chondrostomes soient assez prisés dans certains pays, dans
quelques parties de la France en particulier, c'est, je crois, à
leur taille et à leur abondance, plutôt qu'à leur saveur, qu'il
faut attribuer cette distinction. Malgré le prix relativement
très minime auquel il se vend d'ordinaire, le Nase peut être,
en divers endroits, une ressource assez productive pour les
pêcheurs, placés de manière à le prendre en grandes quantités
à la remonte ou durant le moment de la fraye. Les classes peu
fortunées en consomment passablement, dans la Suisse allemande surtout ; par contre, il est rare de le voir paraître sur
une table recherchée. On ne fait guère une pêche spéciale au
Nase dans les lacs ; on le prend d'ordinaire en même temps que
les Chevaines ou les Vandoises. Cependant les pêcheurs de
rivières profitent volontiers de la remonte des bandes de ce poisson, pour le prendre, souvent en très grande quantité, soit dans
des nasses, soit avec des filets traînants ou avec l'*épervier*.

Le *Ch. Nasus* est affecté d'un assez grand nombre de parasites internes et externes [1].

---

[1] Parmi les Helminthes, on a observé chez le Nase : les *Echinorhynchus*

21. LE SÉVA

Savetta

Chondrostoma soetta, Bonaparte.

*D'un gris brun ou noirâtre à reflets verdâtres, en dessus ;
argenté verdâtre, avec de petites macules noirâtres, sur les
flancs ; blanc argenté en dessous ; anale nuancée de verdâtre
et d'orangé ; ventrales et pectorales d'un orangé pâle ou rougeâtres. Corps oblong, relativement assez élevé et comprimé.
Tête assez forte, avec un museau subconique, médiocrement
proéminent ; occipital déprimé formant coin arrondi entre les
écailles. Bouche transversale, légèrement arquée et un peu plus
large que l'œil, chez l'adulte. Œil moyen. Écailles latérales
moyennes, subcarrées, avec des rayons assez écartés et un nœud
faiblement reculé, et pouvant recouvrir l'œil chez l'adulte ;
squames pectorales relativement grandes. Dorsale pointue.
Anale anguleuse, à peu près égale en hauteur et longueur. Caudale assez profondément échancrée, à lobes subégaux assez acuminés. (Taille moyenne d'adultes = 350 à 400^{mm}.)*

*Premier sous-orbitaire sensiblement plus petit que l'œil,
chez l'adulte ; le quatrième relativement assez large. Maxillaire supérieur portant un coude bas, assez prolongé et subarrondi. Pharyngiens à peu près comme chez le Nase. Dents au
nombre de sept sur chaque os, exceptionnellement six d'un côté,
longues, très étroites et effilées en couteau.)*

D. 3/8—9, A. 3/11—13, V. 2/8—9, P. 1/16—17, C. 19 máj.

$$\text{Sq. 55} \ \frac{(8)\ 9\ (10)}{5—6\ (7)}\ 63. \qquad \text{Vert. 44.}$$

clavæceps (Zeder) ; dans les intestins. — *Diplozoon paradoxum* (Nordm.) ;
sur les branchies. — *Distomum globiporum* (Rud.) ; dans les intestins.
Dist. distichum (Zeder) ; dans les intestins. — *Diplostomum cuticola*
(Nordm.) ; à la surface du corps, dans la bouche, les muscles et l'œil, enkysté. — *Caryophyllæus mutabilis* (Rud.) ; dans les intestins.

J'ai vu aussi assez souvent, sur la tête de ce poisson, une Lernéide qui
m'a paru la *Lerneocera cyprinacea* de Blainville.

Cyprinus Nasus, *Naccari*, Ittiol. Adriat, 1822, p. 413.
Chondrostoma soetta, *Bonaparte*, Fauna Ital. et Cat. Met., p. 28, n° 160.
       — *Heckel* et *Kner*, Süsswasserfische, p. 221, fig. 128. — *Nardo*,
       Prosp. sist., p. 72, 91. — *de Betta*, Ittiol. Veron. p. 96. — *Ninni*,
       Cenni, 46. — *Monti* (Strigio), Not. dei Pesci, p. 40. — *Canestrini*,
       Prospet. crit., p. 76. — *Günther*, Catal. of Fishes, VII, p. 273. —
       Pavesi, Pesci e Pesca, p. 44.
   »   rysela (?), *Bonaparte*, Cat. Met., p. 28, n° 168.
   »   Seva, *Cuv.* et *Val.*, XVII, p. 396.
   »   Nasus, *De Filippi*, Cenni, p. 396.

Noms vulgaires, dans le Tessin : *Lètta*, *Alètta* et *Sciuvètta*. (Il semble que
       ce soit à tort que Monti a appliqué le nom de *Strigio* à ce pois-
       son.)

Corps oblong, relativement assez élevé et surtout passablement
comprimé. Le profil supérieur notablement plus convexe ou
voûté que chez le *Ch. Nasus,* du museau à la dorsale, mais
oblique et presque rectiligne depuis cette nageoire jusqu'à
la caudale. Le profil inférieur décrivant jusqu'à l'anale une
courbe assez constante, presque semblable à celle du profil
dorsal (suivant les individus et leur état, un peu plus ou
un peu moins accentuée), puis faiblement relevé le long de
l'anale, et enfin légèrement concave jusqu'à la caudale. Le
dos et le ventre subarrondis transversalement, bien que
plus comprimés que chez le Nase. Une section verticale
moyenne d'un ovale assez allongé et un peu aplati sur les
côtés.

La hauteur maximale, selon l'âge au bout des pectorales
ou plus près de l'origine des ventrales, à la longueur totale,
comme $1 : 4\,^1/_5 - 5\,^1/_4$, suivant les individus grands ou petits,
et, à la longueur sans la caudale, comme $1 : 3\,^1/_3 - 4\,^1/_5$.
L'élévation minimale, vers la caudale, toujours passablement plus faible que la moitié de la hauteur la plus grande,
le plus souvent de $^1/_4$ à $^1/_3$. L'épaisseur la plus forte, selon
l'âge plus ou moins avancée ou reculée le long des pectorales, constamment plus faible que la moitié de la hauteur maximale, soit, à celle-ci, comme $1 : 2\,^1/_6$, chez les jeunes, à $2\,^4/_9$ chez les adultes.

Tête large en dessus, chez les adultes, un peu plus grande et
volontiers plus franchement conique que chez le *Nasus,*
avec deux profils convexes assez semblables; le front cependant souvent un peu bombé au-dessus de l'œil. L'os occipital déprimé en arrière, soit, comme chez la Nase, formant
un léger coin aplati entre les écailles de la nuque.

La longueur céphalique latérale, à la longueur totale du
poisson, comme 1 : 5 $^1/_2$ — 5 $^4/_5$ [1] et, à la longueur sans la
caudale, comme 1 : 4 $^1/_3$ — 4 $^2/_3$. La longueur supérieure,
comme chez le Nase, de $^1/_9$ à $^1/_6$ plus courte que la longueur
par le côté. La hauteur à l'occiput mesurant entre les $^3/_4$ et
les $^4/_5$ de la longueur latérale. La largeur sur l'opercule
égale à la moitié de la même longueur par le côté, ou très
légèrement plus forte, et correspondant d'ordinaire à la
hauteur vers les $^2/_5$ ou la $^1/_2$ de l'œil.

Museau large, proéminent et obliquement raplati en dessous, bien que plus franchement subconique en avant et
un peu moins prolongé que chez le *Ch. Nasus,* le nez, chez
l'adulte, ne dépassant toujours la bouche que d'une quantité au plus égale à la moitié de la largeur transverse de la
fente buccale.

Bouche inférieure, transversale, moins droite que chez le
Nase, soit un peu arquée, fendue jusqu'au-dessous de l'orifice antérieur des narines et n'occupant pas tout à fait la
largeur entière du museau en dessous ; soit d'une extension
égale à peu près à 1 $^1/_8$ — 1 $^1/_6$ diamètres de l'œil, chez
l'adulte.

Lèvres, narines et pores à peu près comme chez le Nase.
Œil subarrondi et relativement un peu plus grand que chez
l'espèce précédente, soit d'un diamètre, à la longueur
céphalique latérale, comme 1 : 3 $^3/_5$ — 4 $^3/_4$ (jusqu'à 5 $^3/_{10}$
selon Canestrini[2]), suivant les individus jeunes ou vieux.

L'espace préorbitaire égal au diamètre de l'œil, chez les

---

[1] Jusqu'à 1 : 6, selon Canestrini, Prospet., p. 76.

[2] Prospet. crit., p. 76. Canestrini a mesuré, en Italie, un individu de
8 centimètres plus long que le plus grand de ceux que j'ai récoltés dans
le canton du Tessin.

jeunes et même souvent chez des individus de taille moyenne ; mais sensiblement plus grand que l'orbite, quoique toujours relativement plus court que chez le Nase, dans les vieux, soit à l'œil comme $1 : 1 - 1\,^1/_6 - 1\,^2/_5$. Cette longueur préoculaire, par le fait, à la longueur céphalique latérale, comme $1 : 3\,^3/_5 - 4\,^4/_{10}$ (Exceptionnellement $3\,^1/_{10}$ chez un individu d'Italie mentionné par Canestrini).

L'espace postorbitaire égal à deux fois le diamètre de l'orbite, même volontiers un peu plus, chez l'adulte, mais d'ordinaire un peu plus faible que cette longueur chez les jeunes ; soit presque égal à la moitié de la longueur céphalique latérale.

L'espace interorbitaire égal à peu près au double de l'œil, chez les vieux sujets, volontiers un peu moindre chez la majorité des adultes, et la plupart du temps égal seulement à une fois et demie l'œil chez les petits individus ; soit, à la longueur céphalique latérale, comme $1 : 2\,^1/_3 - 2\,^7/_{10}$.

Arcade sous-orbitaire : le premier os, grand, à peu près pentagonal, plus long que haut, peu ou pas échancré au niveau des narines et d'une surface égale aux $^2/_3$ ou aux $^3/_4$ de celle de l'œil, chez l'adulte, à $^1/_3$ ou à $^1/_2$ chez les jeunes. Les autres un peu plus grands que chez le Nase ; le quatrième, en particulier, passablement plus large.

La voûte sus-orbitaire bien développée et passablement surplombante.

Maxillaire supérieur moins concave dans le bas en avant que chez le Nase, avec un crochet, vers le milieu du bord antérieur moins développé ; le coude postérieur situé plus bas et notablement plus prolongé, avec une tranche arrondie et les côtés supérieur et inférieur un peu échancrés ; la branche inférieure relativement courte (Voyez pl. II, fig. 50).

Opercule assez grand et trapézoïdal, avec une crête assez apparente au-dessus du milieu, ainsi que des stries rayonnantes sur la moitié inférieure, et environ de $^1/_5$ à $^1/_4$ plus haut que long. Le côté postérieur, rectiligne ou légèrement concave, très peu plus grand que le côté supérieur. Le côté inférieur oblique, quasi droit ou légèrement convexe, le plus souvent de $^1/_6$ à $^1/_5$ plus long que le côté postérieur, formant avec ce dernier un angle légèrement plus ouvert que l'angle droit, et d'ordinaire moins dentelé vers l'extrémité antérieure, souvent une ou deux petites échancrures seulement.

Sous-opercule large et en demi-croissant.

Interopercule formant un coin très apparent entre les pièces précédentes et le préopercule, et demeurant bien à à découvert tout le long au-dessous de ce dernier.

Préopercule à bords postérieur et inférieur presque droits ou légèrement convexes et formant un angle quasi droit largement arrondi.

Pharyngiens présentant une aile notablement moins large dans le bas que chez le Nase, avec une palette terminale de la corne supérieure un peu moins développée, chez les jeunes surtout.

Dents pharyngiennes sur un rang, au nombre de sept de chaque côté, plus rarement de six d'un côté et de sept de l'autre, et alors, sept le plus souvent à gauche; avec cela, très longues ainsi que très effilées, avec une base assez élevée. La couronne en forme de lame un peu plus allongée, plus étroite et plus pointue que chez le Nase, mais toujours non crochue et non pectinée, avec un sillon longitudinal médian. La seconde ou la troisième d'ordinaire la plus longue ; la dernière petite, en bas, presque subconique, avec le nombre sept. Les dents de remplacement toujours non pectinées, plus ramassées et un peu recourbées au sommet. (Je les ai souvent trouvées, dans la gencive, teintées de brunâtre ou de noirâtre, tandis que les dents en usage étaient non colorées.)

Meule comme chez le Nase, bien que quelquefois un peu moins arrondie ou légèrement plus conique en avant.

Dorsale naissant à peu près au milieu de la longueur du poisson sans la caudale, ou légèrement en arrière. La hauteur de cette nageoire égale, suivant les individus et l'âge plus ou moins avancé, aux $^2/_5$, $^2/_3$, $^3/_4$ ou même $^4/_5$ de l'élévation du corps, soit à peu près égale à la longueur de la tête en dessus, ou légèrement plus forte. La longueur égale environ

aux ²/₃ ou aux ³/₅ de la hauteur au plus grand rayon. Quant
à la forme : un peu plus acuminée que chez le Nase, presque
droite ou très légèrement concave sur la tranche et médiocrement réduite en arrière. (Cette nageoire étant couchée,
l'extrémité antérieure arrive au même point que la postérieure ou la dépasse un peu, selon les individus.)

Quelquefois onze, mais plus souvent douze rayons : trois
simples et neuf divisés, plus rarement huit seulement de ces
derniers. Le premier simple égal à peu près à ¹/₇ ou ¹/₄ du
second, et celui-ci d'ordinaire un peu plus fort que la moitié
du suivant ; le troisième généralement un peu plus long que
le premier divisé. Le dernier divisé bifurqué jusqu'au bas
et toujours passablement plus court que la moitié du plus
grand, égal le plus souvent aux ²/₅ de celui-ci environ.
Anale naissant au-dessous de l'extrémité de la dorsale couchée,
ou très légèrement en arrière, et demeurant, rabattue, à une
distance de l'origine de la caudale égale à son quatrième ou
cinquième rayon divisé. (Cette nageoire couchée, l'extrémité
antérieure n'atteint d'ordinaire pas aussi loin que la postérieure [1].) La hauteur toujours sensiblement plus forte que
la base de la dorsale, soit, le plus souvent, de ¹/₉ à ¹/₄. La
longueur à peu près égale à la hauteur, ou, selon les sujets,
légèrement plus faible ou plus forte, et généralement sensiblement plus grande que la longueur de la dorsale, souvent
de ¹/₉ à ¹/₅. Quant à la forme : subacuminée au sommet, un
peu concave sur la tranche et médiocrement réduite en
arrière.

Quatorze à seize rayons ; trois simples et onze à treize
divisés. Le premier simple égal environ à ¹/₅ ou ¹/₄ du
second ; celui-ci le plus souvent légèrement plus long que la
moitié du suivant ; le troisième d'ordinaire légèrement plus
long que le premier rameux. Le dernier divisé bifurqué
jusqu'au bas et mesurant, comme chez le Nase, un peu
moins de la moitié du plus grand.

---

[1] Bien que ce rapport soit, chez le *Séva*, comme celui de la dorsale,
plus constant que chez le *Nasus*, l'on peut constater cependant aussi, chez
lui, quelques légères variations.

Ventrales implantées un peu en avant de l'origine de la dorsale,
ou à peu près au-dessous de celui-ci, et laissant, rabattues,
entre leur extrémité et l'anus, un intervalle variant, selon
les individus, l'état et l'âge, de $^1/_6$ environ à $^1/_3$ de leur
longueur. La dite longueur de ces nageoires généralement
un peu plus forte que la hauteur de l'anale, soit, selon les
individus, de $^1/_{15}$ à $^1/_7$, même jusqu'à $^2/_7$. Quant à la forme :
un peu carrées au sommet et arrondies sur la tranche, mais
relativement peu réduites en arrière.

Le plus souvent dix, quelquefois onze rayons : deux simples et huit, plus rarement neuf divisés. Le premier simple
latéral d'ordinaire un peu plus long que $^1/_4$ du second ;
celui-ci égal au premier rameux ; le dernier divisé variant
entre $^1/_2$ et $^2/_3$ du plus grand.

Pectorales relativement un peu plus grandes que chez le Nase ;
soit d'une longueur généralement un peu plus forte que la
hauteur de la tête à l'occiput, et toujours passablement plus
longues que les ventrales, souvent de $^1/_7$ à $^1/_5$. Ces nageoires
rabattues laissant, par le fait, entre elles et l'origine des
ventrales, une distance toujours bien moindre que chez le
Nase, soit variant, le plus souvent, entre les $^2/_5$ et les $^3/_4$ de
leur longueur. (Günther donne, comme caractère distinctif
du *Ch. Soëtta*, le fait que l'extrémité des pectorales arrive à
la 18me écaille de la ligne latérale ; j'ai trouvé que cela varie
entre la 16me et la 19me.) Quant à la forme : médiocrement
larges, passablement réduites en arrière et, selon les individus, subarrondies ou subacuminées au sommet, ainsi que
plus ou moins convexes ou un peu sinueuses sur la tranche.

Dix-sept à dix-huit rayons : un simple légèrement plus
court que le premier rameux et seize à dix-sept rameux
dont le ou les deux derniers non divisés ; le dernier égal, le
plus souvent, à $^1/_7$ ou $^1/_8$ du plus grand.

Caudale de moyenne grandeur, assez profondément échancrée
et à lobes assez acuminés, égaux ou subégaux, l'inférieur
parfois un peu plus long que le supérieur, dans le jeune âge
principalement. La longueur de cette nageoire, à la longueur totale du poisson, comme 1 : 4 $^3/_4$ à 5 et, par le fait,
toujours sensiblement plus grande que la longueur latérale

de la tête, le plus souvent de $^1/_{10}$ à $^1/_3$. Dix-neuf grands rayons, appuyés en haut et en bas par six à neuf petits rayons décroissants [1]; le grand rayon simple latéral un peu plus court que le premier divisé; les rayons médians, comme chez le Nase, à peu près égaux aux $^4/_9$ ou aux $^3/_7$ des plus longs. Écailles disposées à peu près de la même manière que chez le Nase, mais volontiers un peu plus grandes, avec des sillons ou rayons divergents souvent un peu moins nombreux et surtout généralement plus écartés. Les écailles latérales moyennes à peu près de la grandeur de l'œil, chez les vieux sujets, ou égales au quart seulement de celui-ci chez les petits, un peu plus hautes que longues, avec un nœud un peu moins reculé que chez le Nase, soit quasi médian, et comptant le plus souvent cinq à sept rayons bien écartés, plus rarement quatre ou huit, par le fait un peu moins festonnées sur le bord libre. (J'ai compté quelquefois jusqu'à douze rayons sur la partie découverte, mais ces cas m'ont paru se trouver sur des écailles imparfaites, soit à nœud vague ou en chaos.) Les écailles latérales antérieures et postérieures, ainsi que les ventrales latérales et les dorsales, généralement aussi avec des rayons plus écartés et volontiers moins nombreux. Les squames pectorales, à tout âge, notablement plus fortes que chez le Nase, soit presque aussi grandes que les dorsales opposées, ou à peu près égales aux trois quarts de celles-ci, avec une forme moins ovale et un peu moins allongée que chez l'espèce précédente. Les dites squames, prises sur la ligne médiane au niveau des deux tiers des nageoires pectorales, généralement larges, carrément découpées et anguleuses au bord fixe, puis un peu rétrécies en avant de celui-ci et de nouveau rélargies et coniquement subarrondies du côté du bord libre; encore avec un nœud un peu moins reculé et des rayons un peu moins nombreux que chez le Nase (Voy. pl. III, fig. 54 et 55).

Le plus souvent neuf écailles au-dessus de la ligne latérale, vers la plus grande hauteur du corps, et cinq à six en

---

[1] Je répète encore ici que le nombre de ces petits rayons décroissants ne peut avoir, grâce à sa variabilité, aucune importance caractéristique.

dessous, jusqu'à la base des ventrales. (J'ai trouvé, cependant, une fois dix et une fois huit et demie écailles jusqu'à la ligne dorsale médiane, et Canestrini donne huit à neuf en dessus et cinq à sept au-dessous de la ligne latérale.)

Ligne latérale décrivant, de l'angle supérieur de l'opercule au centre de la caudale, une courbe concave assez régulière et passant d'ordinaire à peu près aux deux cinquièmes de l'élévation maximale du corps. Les squames moyennes de cette ligne assez semblables à leurs voisines, avec un nœud quasi médian et des rayons plus écartés ou un peu moins nombreux que chez le Nase ; le tubule subcylindrique, plutôt étroit, occupant environ les deux cinquièmes de la longueur de l'écaille ; assez souvent une légère échancrure du bord libre en face de l'extrémité du conduit muqueux. Les squames tubulifères antérieures un peu plus petites, mais plus élevées, avec un tubule plus large et volontiers un peu recourbé en haut à l'extrémité découverte ; les squames postérieures également un peu plus petites que les médianes, avec une forme par contre plus allongée et un tubule plus étroit et plus long.

Cinquante-cinq à soixante-trois écailles sur cette ligne tubulée (Canestrini donne comme extrêmes cinquante-sept à soixante).

Coloration[1] : faces supérieures d'un gris brun ou noirâtre et plus ou moins nuancées de verdâtre, ou d'un vert brunâtre volontiers un peu plus sombre sur la tête que sur le dos et s'éclaircissant graduellement sur le haut des flancs. Les côtés du corps d'un blanc argenté plus ou moins lavé de verdâtre et volontiers marqués, jusqu'aux environs de la ligne latérale, de petites macules noirâtres, plus ou moins accentuées, devant le nœud des écailles. Les côtés de la tête un peu irisés. Le ventre et la poitrine d'un blanc argenté. L'Iris d'un blanc jaunâtre ou doré, volontiers mâchuré ou noirâtre dans le haut et souvent un peu lavé de verdâtre dans le bas.

---

[1] Les auteurs italiens donnent peu de détails sur la livrée de cette espèce. Ma description, à cet égard, repose sur l'examen d'individus des eaux tessinoises uniquement.

La nageoire dorsale d'un gris brunâtre ou d'un brun verdâtre ; caudale grisâtre, verdâtre ou noirâtre.; anale volontiers verdâtre dans le jeune âge, plus tard plus ou moins
nuancée d'orangé clair ; pectorales et ventrales d'un orangé
pâle ou rougeâtres, les secondes surtout.
Dimensions assez semblables à celles du Nase, bien que peut-
être d'ordinaire un peu inférieures : la longueur totale maximale environ 35 à 40 centimètres ; le poids à peu près 1 $\frac{1}{2}$
à 2 livres, soit un kilogramme à peu près.
Mâles, en livrée de noces, comme ceux du Nase, ornés de petits
tubercules sur la tête et la partie antérieure du dos.
Jeunes plus élancés que les adultes, avec un œil notablement
plus grand et un museau relativement plus court.
Vertèbres généralement un peu moins nombreuses que chez le
Ch. *Nasus*, soit le plus souvent au nombre de 44, selon
Canestrini.

Vessie aérienne, ovaires et testicules, tube digestif et
pseudobranchies à peu près comme chez l'espèce précédente. — Le péritoine également parfaitement noir.

Le *Chondrostoma soëtta* remplace, au sud des Alpes, dans le
Tessin et l'Italie, le *Ch. Nasus* de nos eaux au nord de cette
chaîne. Ici, comme pour quelques autres poissons que nous
avons vus déjà présenter des formes plus ou moins parallèles
dans ces deux conditions, la question d'espèce se présente de
nouveau. Là encore, on se trouve en présence de caractères
distinctifs plus ou moins nombreux, dont il faut peser mûrement
l'importance au point de vue spécifique.
L'étude comparée que j'ai été appelé à faire des *Ch. Nasus* et
Ch. soëtta, me permet de juger ces deux Chondrostomes avec
un peu plus de connaissance de cause que la plupart des
auteurs qui ont jusqu'ici étudié les uns le Nase au nord, les
autres le Séva au sud des Alpes. J'ai longtemps hésité à accepter la décision de Heckel et Kner [1] et de Günther [2], qui ont

<hr>

[1] Süsswasserfische, p. 217 et 221.
[2] Catal. of Fishes, VII, p. 272 et 273.

maintenu les deux espèces distinctes, sans discussion bien circonstanciée de leur variabilité ; je ne pouvais également pas me ranger de suite, ni à l'opinion de de Filippi [1], qui regarde le *Ch. soëtta* de Bonaparte comme semblable au *Ch. Nasus* de Linné, ni surtout au dire de Canestrini, quand il écrit [2] : *E assai difficile il dire, quali siano i caratteri che distinguono il* Chondrostoma soëtta *dal* Ch. Nasus, Linné.

Je crois que la comparaison des deux formes a été rarement faite d'une manière complète, et c'est pour cela que j'ai tenu à donner une description assez circonstanciée du *Ch. soëtta* du Tessin, pour faire ressortir autant que possible toutes les plus petites dissemblances.

En définitive, je conserve au *Séva* ou *Savetta* des Italiens le rang d'espèce, avec un numéro d'ordre particulier, ne sachant réellement jusqu'ici, ni quelle preuve donner de son identité d'origine avec le *Ch. Nasus*, à défaut de transitions sur quelques points, ni, dans ce cas comme dans bien d'autres, quelle distinction solide établir entre une race aussi constante et une véritable espèce.

Voici d'abord les nombreuses différences plus ou moins caractéristiques ; nous verrons ensuite les quelques traits de ressemblance.

Le *Savetta* ou *Séva* diffère du *Nase :* par des formes générales plus élevées et surtout plus comprimées, ainsi que par un profil dorsal plus voûté ; par des proportions plus fortes de la tête, à la fois un peu plus longue, plus haute en arrière et plus acuminée en avant ; par un œil relativement plus grand ; par une bouche un peu plus petite et un peu arquée ; par un museau sensiblement plus court ; par un quatrième sous-orbitaire volontiers un peu plus large ; par un maxillaire supérieur plus droit devant et portant un coude postérieur arrondi plus développé ; par des dents un peu plus effilées et le plus souvent au nombre de sept de l'un ou des deux côtés ; par une forme généralement un peu plus acuminée des nageoires ; par une quasi égalité des deux dimensions de l'anale ; par des pectorales plus

---

[1] Cenni, p. 396.
[2] Prospet. crit., p. 77.

allongées; par des écailles un peu plus grandes, avec un nœud
un peu moins reculé et des sillons rayonnants de la partie
découverte un peu moins nombreux et plus écartés; par des dimensions plus grandes et des formes plus régulières des écailles
de la région pectorale; enfin, par un total de vertèbres généralement inférieur de trois ou quatre.

A côté de tant de titres à la distinction spécifique, je ne
dois cependant pas omettre de signaler aussi, chez notre *Séva*
du Tessin, quelques traits de ressemblance avec le Nase, qui,
pour être moins nombreux, n'en ont pas moins leur importance,
et qui rapprochent jusqu'à un certain point cette espèce méridionale de notre *Ch. Nasus* du nord, en l'éloignant en même
temps de l'espèce géographiquement parlant la plus voisine, du
Ch. Genei de Lombardie. Malgré mon adhésion au maintien
des deux espèces distinctes, je dois faire observer que la bouche du *Ch. soëtla,* un peu plus petite et un peu moins droite
que celle du *Nasus,* se rapproche cependant bien plus de celle
de ce dernier que de celle d'aucune des autres espèces connues
autour de nous, soit en France et en Allemagne, soit en Italie,
et en particulier, dans ce dernier pays, de la bouche si fortement arquée du *Ch. Genei.* Un second trait de ressemblance
qui par son importance pourrait primer peut-être plusieurs des
caractères distinctifs précités, se trouve encore dans la forme
analogue des os pharyngiens; en effet, au lieu d'une corne supérieure allongée, plutôt grêle et fortement recourbée vers le
haut, dans son tiers extrême, comme chez les *Ch. Genei* (Bonap.)
et *Ch. rhodanensis* (Blanchard), nos plus proches voisins, ces
os présentent, chez le *Ch. soëtta* au sud comme chez le *Ch.
Nasus* au nord des Alpes, une corne courte, épaisse et développée à l'extrémité en large palette verticale, soit en dessus,
soit un peu en dessous.

Quoique assez différent du Nase pour en être distingué, le
Séva se rapproche donc bien plus de ce dernier que des autres
espèces du genre.

Le *Ch. ryzela* de Bonaparte ne paraît être qu'une variété du
Soëtta, et ne doit pas être confondu avec le *Ch. Rysela* d'Agassiz
qui n'est qu'un bâtard du *Ch. Nasus* avec un représentant du
genre *Squalius.*

Le *Séva* vit dans les rivières et la plupart des lacs de l'Italie septentrionale et du Tessin. Il habite en particulier, dans ce canton suisse, les lacs Majeur et de Lugano, ainsi que quelques rivières, le Vedeggio et la Tresa entre autres. Il mène, dans ces eaux au sud, un genre de vie analogue à celui de notre Nase dans les lacs et les courants de la Suisse au nord des Alpes. Il fraye d'ordinaire dans le mois de mai, et dépasse rarement le poids d'un kilogramme. On le pêche, soit à la ligne, soit avec les filets dits *Bighezza* et *Redaquedo*. Sa chair est du reste peu prisée et d'un prix très inférieur.

HYBRIDE 16/20.

SQUALIO-CHONDROSTOMA CEPHALO-NASUS, nobis.

LE CHEVAINE NASE

D'un gris olivâtre, en dessus; plus pâle et argenté jaunâtre, sur les côtés; blanc jaunâtre en dessous; nageoires inférieures jaunâtres, nuancées de rougeâtre et plus ou moins mâchurées vers le bout. Corps oblong, médiocrement ou peu élevé et moyennement comprimé. Tête épaisse, plus ou moins tronquée obliquement en dessous, avec un nez obtus, un peu proéminent. Bouche inférieure, oblique ou descendante, assez grande et largement arrondie en fer à cheval un peu écrasé en avant. Œil moyen. Écailles latérales moyennes, légèrement plus longues que hautes, faiblement découpées, avec un nœud quasi central, et d'une surface au moins deux tiers de celle de l'œil, chez l'adulte. Dorsale subacuminée, légèrement plus longue que la tête en dessus. Pectorales au plus égales à la hauteur de la dorsale. Caudale à lobes quasi égaux, subacuminés et légèrement convexes sur la tranche (Taille moyenne d'adultes: 260—275—(375).

Cinq sous-orbitaires: le premier de surface presque égale à celle de l'œil; le quatrième assez large, pouvant recouvrir les deux tiers et plus de l'orbite. Maxillaire supérieur portant un coude postérieur médiocrement prolongé, anguleux, à tranche oblique et droite. Pharyngiens plutôt longs et faiblement arqués ; l'aile de moyennes dimensions, brusquement coudée et crochue en face de l'avant-dernière dent ; la corne supérieure plutôt courte, légèrement renflée et un peu retroussée vers l'extrémité ; la branche inférieure plutôt longue et plus ou moins cylindrique. Meule en bouteille aplatie, ou trilobée. Dents sur un ou sur deux rangs, en nombre variable, et plus ou moins effilées en couteau ou en serpe, ou subconiques et légèrement crochues.

Dentes subsecantes 1, 6—5, 1, vel 6—5 scalpellohamati vel 1, 6—5, vel 6—5, 1.

D. 3/8—9, A. 3/9, V. 2/8—9, P. 1/16—17, C. 19. maj.

$$\text{Sq. 49} \ \frac{8-9}{3-4} \ 52.$$

Cette description reposant sur l'examen et la comparaison de trois sujets suisses tenant chacun, plus ou moins et sur divers points, des caractères de l'une ou de l'autre des espèces mères, je vais, pour plus de clarté, distinguer par les lettres a, b, c, d'abord un individu que j'ai pu étudier dans tous les détails, puis deux individus sur lesquels il ne m'a pas été permis de faire. sur quelques points, des investigations aussi minutieuses.

Corps oblong, peu élevé, et médiocrement bien que plus ou moins comprimé, soit présentant une section verticale d'un ovale plutôt court, assez régulier ou un peu pincé dans le haut. Le profil supérieur presque droit chez b, ou décrivant une courbe convexe assez régulière et constante, relativement peu ascendante chez a, plus accentuée chez c; le profil inférieur à peu près semblable au supérieur chez a et c, un peu plus convexe que le dos chez b. Le dos large ou subarrondi transversalement, chez a et b, légèrement tectiforme chez c; le ventre subarrondi ou très légèrement pincé.

La hauteur maximale, devant la dorsale, à la longueur totale, comme 1 : 4 $^4/_5$ chez c, à 5 ou 5 $^1/_4$ chez b et a.

L'élévation minimale vers la caudale à peu près égale aux $^3/_7$ de la hauteur maximale, ou légèrement plus forte. L'épaisseur la plus grande, à la base, à l'extrémité ou à la moitié des pectorales, suivant les individus a, b ou c, légèrement plus forte ou plus faible que la $^1/_2$ de la hauteur maximale.

Téte large et subconique vue par le côté, avec deux profils également inclinés et à peu près semblables chez c; mais presque droite en dessus et obliquement tronquée en dessous chez a et b. L'occiput moins prolongé et déprimé en arrière que chez le Nase, soit formant contre les écailles une courbe assez régulière.

La longueur latérale, au bord de l'opercule, un peu plus faible que la hauteur maximale du corps, soit, à la longueur totale du poisson, comme 1 : 5 $^1/_2$ à 5 $^2/_3$. La longueur, à l'occiput, variant des $^3/_4$, chez b et c, aux $^4/_5$ chez a de la longueur latérale. La hauteur au même point presque aussi forte que la longueur en dessus, chez b et c, un peu plus faible chez a. La largeur sur l'opercule, presque égal à la moitié de la longueur latérale chez a, un peu plus forte chez b et c, et correspondant à la hauteur vers les $^4/_5$, la $^1/_2$ ou les $^2/_3$ de l'œil, selon les sujets a, c ou b.

Museau large, subarrondi et relativement peu proéminent. Le nez dépassant la bouche au plus de $^1/_4$ de la largeur de celle-ci, chez a.

Bouche franchement inférieure, assez grande, largement arrondie en fer à cheval un peu écrasé en avant, et fendue jusqu'au-dessous des narines ; avec cela sensiblement oblique chez a et b, moins inclinée chez c. La largeur, chez a, égale à 1 $^1/_7$ diamètre de l'œil (Voy. pl. II, fig. 51). Lèvres, avec un léger revêtement, assez dures et tranchantes ; la supérieure en partie dissimulée sous un repli du nez. Narines assez grandes, au tiers environ de la distance comprise entre l'œil et le bout du museau. Quelques pores peu apparents sur les côtés de la tête et en dessus ; d'autres plus visibles, en nombre un peu variable, sous le maxillaire inférieur, six à gauche et sept à droite chez a.

Œil, à la longueur latérale de la tête, comme 1 : 4 ³/₅ chez *a*, à 5
chez *b* et *c*.

L'espace préorbitaire variant de 1 ²/₁₀ diamètre oculaire
chez *a*, à 1⁴/₁₀ chez *c*, soit légèrement plus fort que le quart
de la longueur latérale de la tête ; l'espace postorbitaire à
peu près égal à la moitié de la même longueur céphalique.
L'espace interorbitaire égal à deux diamètres de l'œil, chez
b et *c*, légèrement plus faible chez *a*.

Arcade sous-orbitaire composée de cinq os juxtaposés : le premier subtriangulaire, pentagonal ou à peu près elliptique,
plus long que haut et d'une surface presque égale à celle de
l'œil ou un peu plus faible. Le second petit, étroit et court.
Le troisième plus grand et en demi-croissant, mais plus ou
moins allongé et élargi ; relativement court chez *b*, au contraire à la fois long et large chez *c*. Le quatrième plus grand
et surtout plus large d'avant en arrière que chez le Nase et
le Blageon, bien que de surface assez variable dans les divers
individus. Cette surface du quatrième sous-orbitaire un peu
plus forte seulement que la moitié, ou au plus égale aux deux
tiers de celle de l'œil, soit sensiblement plus faible que celle
du premier, chez *a* et *b*, par contre presque égale à celle de
l'œil et du premier sous-orbitaire chez *c*. Le cinquième beaucoup plus petit et subtriangulaire.

La voûte sus-orbitaire bien développée et plus ou moins
surplombante.

Maxillaire supérieur, chez *a*, le seul qu'il m'ait été permis
d'étudier sous ce rapport : relativement allongé, étroit et
légèrement concave vers le bas du bord antérieur, au-dessous d'un petit crochet médian peu saillant ; le coude postérieur situé un peu au-dessous du milieu et médiocrement
prolongé, avec une tranche oblique quasi droite, un bord
supérieur légèrement échancré et un bord inférieur plus
court, presque droit ; la branche inférieure moyennement
allongée et relativement peu développée à l'extrémité (Voy.
pl. II, fig 52).

Opercule assez grand, trapézoïdal ou subcarré, ¹/₄ plus haut
que large chez *a*, un peu plus large chez *b*, avec une crête
quasi médiane et oblique plus ou moins apparente, mais

relativement peu de stries rayonnantes. Les côtés supérieur, postérieur et inférieur presque rectilignes ; les deux derniers formant un angle presque droit. Chez *a*, le supérieur mesurant $^5/_6$ du postérieur et celui-ci $^7/_8$ de l'inférieur ; ce dernier légèrement sinueux, mais sans dentelures en avant.

Sous-opercule en demi-croissant et large, surtout chez *b*.

Interopercule formant un coin assez apparent entre les pièces précédentes et le préopercule, et demeurant bien à découvert tout le long au-dessous de ce dernier.

Préopercule convexe en arrière et en dessous, ainsi que largement arrondi vers l'extrémité postéro-inférieure.

Pharyngiens ; chez *a* : le corps de l'os assez épais ; l'aile bien plus courte que chez le Nase, avec une tranche oblique droite ou très faiblement convexe, passablement cloisonnée, assez étroite et anguleuse dans le haut, s'étendant en s'élargissant graduellement dans le bas, jusqu'en face de l'avant-dernière dent, et là brusquement interrompue ou crochue, puis, après une légère échancrure au-dessous de cette enco-che, se continuant comme une faible carène décroissante jusqu'un peu au delà des dents. La branche inférieure assez longue, un peu cintrée, relativement étroite, sans crête inté-rieure, et formant avec la dernière dent un angle presque droit ; la corne supérieure, par contre, plutôt courte, assez épaisse, légèrement renflée et un peu retroussée vers l'extré-mité (Voy. pl. IV, fig. 62).

Chez *b* : l'échancrure au-dessous du coude de l'aile bien plus accentuée.

Chez *c* : la branche inférieure, un peu plus courte, présen-tant une légère crête ou palette au côté interne ; la corne supérieure un peu plus allongée.

Dents pharyngiennes ; chez *a* : sur deux rangs d'importances très différentes : six grandes dents à base assez élevée et cou-ronne allongée, sur une ligne postérieure, et une petite anté-rieure, sur l'os gauche ; cinq grandes postérieures, plus une petite antérieure, sur l'os droit (1,6—5,1). Des six grandes dents de gauche : la première, la seconde, la cinquième et la sixième un peu crochues à l'extrémité et légèrement pec-tinées, sur le bord inférieur principalement, les deux supé-

rieures étroites ou comprimées, les deux inférieures larges
et subconiques; les deux dents médianes, troisième et quatrième, un peu plus longues que les autres, pincées effilées,
et pointues comme chez le Nase, soit non recourbées, non
pectinées et simplement marquées sur la couronne d'un sillon longitudinal médian. — Des cinq grandes dents de l'os
droit : la première, la quatrième et la cinquième un peu crochues et légèrement pectinées, la dernière assez épaisse et
subconique; la seconde et la troisième allongées en couteau
étroit, faiblement relevées au sommet et non pectinées, avec
un sillon longitudinal médian. — La petite dent, en second
rang antérieur, de chaque côté placée presque en face de la
troisième grande et à peu près égale en hauteur à la moitié
de celle-ci; grêle, à couronne subconique assez allongée, un
peu recourbée au sommet sur l'os droit et pointue sur le
gauche (Voy. pl. IV, fig. 62).

Chez *b* : les dents sur un seul rang, six sur l'os gauche
et cinq sur le droit (6—5), recourbées en serpe et légèrement dentelées sur le bord.

Chez *c* : même dentition sur deux rangs que chez *a* (1,
6—5,1); les dents principales, médiocrement pincées et faiblement recourbées, de formes et proportions assez régulières, avec quelques traces seulement de dentelures latérales.
Meule; chez *a* : semi-cartilagineuse, adhérant à la muqueuse
palatine, assez peu saillante, plutôt étroite et un peu développée en crochet arrondi à l'extrémité postérieure, puis
graduellement renflée jusque vers les $^3/_5$ de sa longueur et
subarrondie en avant, avec une légère saillie arrondie à
droite et à gauche, vers sa plus grande largeur, ainsi
que de légères impressions rayonnantes en avant et en arrière, soit un peu en forme de bouteille aplatie (Voy. pl. IV,
fig. 63 et 64).

Chez *b* : courte, assez épaisse, cordiforme et trilobée, soit
rappelant beaucoup celle du *Sq. cephalus,* bien qu'avec un
développement un peu moindre du lobe postérieur que chez
la Chevaine et de moins profonds sillons entre les lobes antérieurs[1].

[1] Je regrette beaucoup que cet exemplaire très caractéristique me soit

Dorsale naissant au-dessus du milieu de la base des ventrales
et d'une hauteur légèrement plus forte que la longueur de
de la tête en dessus, chez *a* et *c*, mais un peu plus grande,
soit tenant le milieu entre les longueurs supérieure et latérale de la tête chez *b*, avec une longueur ou base entre les
³/₅ et les ²/₃ de la hauteur au plus grand rayon, soit égale à
peu près à la largeur de la tête. Quant à la forme : subacuminée au sommet, légèrement concave ou presque droite sur
la tranche et médiocrement réduite en arrière. Chez *a*, la
nageoire rabattue, l'extrémité antérieure dépasse notablement la postérieure.

Trois rayons simples et huit divisés chez *a* et *c*, neuf chez *b*.
Le premier simple très court ; le second égal à ¹/₂ environ
du troisième ; ce dernier le plus grand ou à peu près égal
au premier rameux. Le dernier divisé largement bifurqué
jusqu'au bas.

Anale naissant passablement en arrière de la dorsale, directement au-dessous de l'extrémité de cette nageoire couchée
chez *a*, et demeurant, rabattue elle-même, à une distance de
l'origine de la caudale variable chez les divers sujets, soit
égale à la hauteur de ses sixièmes ou cinquièmes rayons
divisés, chez *a* et *c*, mais égale seulement à l'élévation du
dernier chez *b*. La hauteur de cette nageoire mesurant à
peu près les ⁵/₆ de l'élévation de la dorsale, et par le fait
beaucoup plus grande, de ¹/₃ à ¹/₂, que la base ou longueur
de cette dernière. La longueur de l'anale mesurant dès ²/₃
chez *a* et *b*, aux ²/₄ chez *c* de la hauteur du plus grand rayon
et, par le fait, légèrement plus faible ou plus forte que celle
de la dorsale. Quant à la forme : subacuminée au sommet,
presque droite ou très légèrement concave sur la tranche et
peu ou médiocrement réduite en arrière. La nageoire couchée, l'extrémité antérieure dépasse un peu la postérieure
chez *a* [1].

<hr>

parvenu trop tard pour pouvoir figurer, quant à sa meule, dans mes planches déjà terminées.

Je regrette également de n'avoir pu examiner la meule de l'individu *c*.

[1] Bien que je n'attache aucune importance à ce dernier caractère, j'ai
cependant cru devoir le relever, pour montrer le désaccord sur ce point
de l'individu en question avec les sujets étudiés par le prof. de Siebold.

Trois rayons simples et neuf divisés : chez *a*, le premier simple égal presque à la $\frac{1}{2}$ du second ; celui-ci un peu plus court que la $\frac{1}{2}$ du troisième ; ce dernier légèrement plus court que le premier rameux. Le dernier divisé égal à la $\frac{1}{2}$ du plus grand et largement bifurqué jusqu'au bas [1].

Ventrales naissant légèrement en avant de l'origine de la dorsale, un peu plus chez *b* que chez *a* et *c,* et, rabattues, demeurant distantes de l'anus d'une quantité légèrement plus forte que $\frac{1}{3}$ de leur longueur chez *a* et *b*, un peu plus encore chez *c*. La longueur, au plus grand rayon, à peu près égale à la hauteur de l'anale ou très légèrement plus forte. Quant à la forme : subtriangulaires, un peu arrondies sur la tranche et médiocrement réduites en arrière.

Deux rayons simples et neuf divisés chez *a* et *c*, huit chez *b*. Chez *a,* le premier simple latéral égal à peu près à $\frac{1}{5}$ du second ; celui-ci égal au premier rameux. Le dernier rameux, à peine divisé, égal à la $\frac{1}{2}$ du plus grand.

Pectorales, rabattues, demeurant distantes de l'origine des ventrales d'une quantité variant entre les $\frac{2}{3}$ et les $\frac{3}{4}$ de leur longueur ; cette dernière sensiblement plus forte que la longueur des ventrales, soit légèrement plus faible seulement que la hauteur de la dorsale. Quant à la forme : subovales ou de forme subtriangulaire arrondie, soit convexes sur la tranche, passablement réduites en arrière et subarrondies à l'extrémité.

Un rayon simple et dix-sept rameux chez *a* et *c*, seize chez *b* ; les quatre derniers de fait non divisés chez *a*, le plus petit égal $\frac{1}{6}$ du plus grand.

Caudale assez profondément échancrée, avec des lobes à peu près égaux, subaigus et légèrement convexes sur la tranche. La longueur de cette nageoire égale à la hauteur maximale du corps, chez *a* et *b,* notablement plus courte chez *c* ; avec cela, à longueur totale du poisson, comme 1 : 5 chez *b*, ou 5 $\frac{1}{3}$ chez *a* et *c*, et cependant, chez les trois, légèrement plus forte que la longueur latérale de la

---

[1] Ce dernier, grâce à sa large bifurcation jusqu'aux téguments, chez *b* surtout, pourrait passer à tort pour un dixième rayon divisé.

tête. Dix-neuf grands rayons, appuyés en haut et en bas par
de petits rayons décroissants en nombre variable. Les rayons
médians mesurant environ les $^4/_9$ des plus longs.

Écailles de moyennes dimensions, solidement implantées, distribuées en lignes transverses plutôt faiblement inclinées, et
en majorité plus longues que hautes, avec un nœud quasi
médian, bien que se recouvrant à peu près aux $^3/_5$ sur les
flancs.

Chez *a* : les écailles latérales moyennes environ de $^1/_7$
plus longues que hautes, d'une surface à peu près égale aux
$^4/_5$ de celle de l'œil, largement arrondies sur le bord libre,
légèrement convexes en haut et en bas, et subcarrées ainsi
que légèrement onduleuses ou peu découpées en arrière,
avec un nœud médian et, à partir de celui-ci, huit à dix sillons
ou canalicules rayonnants correspondant à autant de petits
festons sur le bord libre ; quelques rayons plus serrés et un
peu moins nombreux sur la partie cachée ; les stries concentriques onduleuses, un peu plus grossières et plus séparées
entre les rayons de la partie découverte que sur le reste de
l'écaille. Les squames latérales antérieures un peu plus petites
que les moyennes, de contour à peu près semblable, encore un
peu plus longues que hautes, ou égales dans les deux sens,
avec un nœud très légèrement reculé et des rayons en nombre
souvent égal, ainsi que des stries entre ceux-ci toujours très
grossières. Les latérales postérieures plus allongées que les
moyennes, plutôt plus étroites dans la partie découverte que
dans la partie cachée, arrondies et festonnées en avant et
subcarrées avec plusieurs petites échancrures en arrière ; le
nœud toujours quasi médian, les rayons de la partie libre
un peu plus nombreux, comprenant des stries assez grossières, les rayons cachés plus serrés et plus nombreux.
Les dorsales médianes volontiers plus longues que larges,
subarrondies et un peu plus petites que les latérales antérieures, avec un nœud faiblement reculé et des rayons sur la
partie libre assez nombreux, souvent quatorze ou quinze.
Les ventrales latérales, au-dessous de la ligne latérale, à
peu près égales en surface aux médianes des flancs, mais
plus allongées et plus carrées au bord fixe, avec un nœud

quasi médian et le plus souvent dix à douze rayons. Les pectorales elliptiques, un peu irrégulières en arrière et mesurant $^1/_3$ à $^1/_2$ au plus des dorsales opposées ; le nœud à un
quart de la longueur du côté du bord fixe, les rayons d'ordinaire au nombre de dix à treize.

Chez b : les écailles latérales moyennes, vers le bout des
pectorales, en dessus de la ligne latérale, de même forme à
peu près, mais ne comptant pour la plupart que six à sept
rayons sur le côté découvert, à partir d'un nœud également
quasi médian. Avec cela, relativement un peu plus petites,
soit d'une surface à peine plus grande que les $^2/_3$ de celle
de l'œil.

Chez c : encore même forme arrondie au bord libre et
sur les côtés, ainsi que peu découpée en arrière, des écailles
latérales moyennes ; le bord libre cependant légèrement plus
conique ou proéminent, et le bord fixe, parfois légèrement
échancré vers le milieu. Malgré cela, le nœud encore médian,
avec six à huit rayons sur la partie découverte. Ces squames
égales aussi au moins aux $^2/_3$ de la surface de l'œil.

Huit écailles au-dessus de la ligne latérale, chez a et b,
neuf chez c, et quatre au-dessous chez a et c, trois seulement chez b.

Ligne latérale assez rapidement déclive derrière l'opercule,
puis décrivant, jusqu'au centre de la caudale, une courbe
légèrement concave passant un peu au-dessus du tiers ou
environ aux $^2/_5$ de la hauteur maximale du corps.

Chez a : les écailles moyennes sur cette ligne assez semblables à leurs voisines supérieures, tant pour la surface et
les formes que pour les stries, les rayons et les festons du
bord libre, et toujours passablement plus longues que hautes, avec un nœud médian ; le tubule subcylindrique assez
étroit et plutôt court, soit couvrant seulement un tiers de la
longueur de l'écaille (Voy. pl. III, fig. 56). Les latérales
antérieures un peu plus petites, plus anguleuses et relativement plus hautes, avec un nœud quasi central et un tubule
naissant plus près du bord fixe, plus large en arrière et plus
conique. Les latérales postérieures, par contre, plus allongées, mais toujours un peu plus petites que les médianes,

avec un nœud quasi médian et un tubule plus étroit ainsi que plus allongé.

Chez *b* : les écailles moyennes de cette ligne un peu plus courtes que leurs voisines, soit à peu près égales en hauteur et longueur, un peu plus anguleuses et découpées au bord fixe, et montrant sur la partie découverte des rayons volontiers en nombre de un ou deux plus élevé. Avec cela, présentant toujours un nœud médian, ainsi qu'un tubule droit et large occupant seulement le tiers du diamètre de l'écaille, ou également distant des deux bords.

Chez *c* : ces mêmes écailles au contraire relativement plus longues, plus droites sur les côtés et plus anguleuses, ainsi que plus découpées au bord fixe, avec un nœud très légèrement reculé et un tubule plutôt plus allongé.

Cinquante écailles tubulées sur cette ligne chez *a*, 52 chez *b*, et 49 chez *c*.

Coloration ; chez *a* (autant qu'on peut en juger après un assez long séjour dans l'alcool) : d'un gris un peu olivâtre sur toutes les faces supérieures ; la même teinte atténuée sur le haut des flancs. Les côtés du corps et de la tête, ainsi que les faces inférieures d'un blanc jaunâtre à reflets argentins. Iris jaunâtre mâchuré dans le haut. Les faces supérieures d'un gris plus foncé ou olivâtre, chez *b* et *c* qui ont fait un moins long séjour dans l'alcool.

Chez tous trois, aucune trace sur les flancs de la bande longitudinale noirâtre décrite par le professeur de Siebold, comme caractéristique des produits du Nase avec le Telestes[1].

Nageoire dorsale d'un gris brunâtre, plus ou moins lavée de noirâtre, dans le haut surtout ; caudale mâchurée aussi, mais un peu rougeâtre chez *a*. Anale, ventrales et pectorales jaunâtres, plus ou moins lavées de rougeâtre ; les dernières, chez *c*, un peu noirâtres vers le bout.

Dimensions : longueur totale variant de 262^{mm} chez *a*, à 274^{mm} chez *b*. (de Siebold donne aux sujets qu'il a examinés une taille comprise entre 215 et 375 millimètres).

---

[1] Cette bande persiste cependant assez dans l'alcool, chez les espèces qui l'ont, s'accentue même quelquefois davantage.

Tube digestif formant, chez *a*, deux grandes courbures, plus un
petit repli, et mesurant une fois et un cinquième la longueur
totale du poisson.—Péritoine d'un noir brun, par places passablement atténué.—Vessie étranglée en avant du milieu et
plutôt étroite; la partie antérieure un peu plus grande que
la moitié de la postérieure ; celle-ci presque droite, ou très
faiblement cintrée et subacuminée à l'extrémité.—Testicules doubles et médiocrement développés ; le droit plus que
la gauche. — Une rangée de pseudo-branchies pectiniformes
assez développées, derrière le quatrième sous-orbitaire [1].

Les deux autres sujets *b* et *c* m'ont paru aussi devoir être
rapportés plutôt au sexe mâle; *c* portait sur la tête et le dos
les petits tubercules de la livrée de noces.

La forme du nez proéminent, ainsi que la position inférieure
de la bouche et la structure des lèvres à peu près analogue à
celle des *Chondrostoma*, d'un côté, et la forme dès os pharyngiens semblables à celles dès *Squalius*, ainsi que l'aspect des
dents tenant le milieu entre ceux de ces organes dans les deux
genres, de l'autre, paraissent suffire à affirmer d'une manière
péremptoire, chez nos trois poissons, le mélange d'un Chondrostome avec quelque espèce du genre Chevaine. Le *Ch. Nasus*
étant le seul qui se trouve dans le haut Rhin, il ne peut y avoir
aucun doute sur l'espèce du genre *Chondrostoma* qui doit
entrer dans le mélange ; mais c'est, bien plutôt, sur le choix
de la seconde espèce mère dans le genre *Squalius,* qui seul aussi
par ses caractères peut entrer dans la discussion, que les hésitations doivent se présenter.

Si plusieurs des traits distinctifs attribués par de Siebold
à son *Rysela* rappellent bien les caractères correspondants du
Telestes (Sq. Agassizii), et poussent, par le fait, vers l'opinion,
maintenant généralement admise, d'un mélange du Nase avec
celui-ci, ce n'est pas cependant une raison pour méconnaître
l'importance de plusieurs caractères négligés dans la comparai-

---

[1] Je n'ai pu sacrifier aucun de cés échantillons pour en compter les *Vertèbres.*

son, et pour passer sous silence la grande variabilité que le célèbre ichthyologiste allemand a constatée chez des sujets variant de taille de 8 à 14 pouces.

Si, après avoir victorieusement démontré l'origine mixte du *Rysela,* l'auteur des Süsswasserfische ne se fût pas borné à la comparaison des pharyngiens et des dents, peut-être eût-il reconnu, chez ses individus de tailles et de livrées assez différentes, des indices d'un autre mélange, et peut-être saurions-nous aujourd'hui si notre *Cephalo-Nasus* du Rhin se trouve aussi dans le Danube.

Mais là n'est pas la question ; et, une fois l'hybridité constatée, plutôt que de discuter sur des données insuffisantes, je vais essayer d'établir ici les origines différentes de mes bâtards du Nase, en relevant séparément, soit les caractères qui rapprochent les uns du *Squalius cephalus,* soit les traits distinctifs qui rappellent chez les autres plutôt le *Sq. (Telestes) Agassizii.*

Après avoir discuté d'abord ici les trois individus *a, b* et *c* que j'attribue à l'intervention de la Chevaine et nomme *Cephalo-Nasus,* je décrirai à part, sous le nom d'*Agasso-Nasus* et le numéro 18/20, les sujets que je crois devoir rapprocher plutôt du *Rysela* de Siebold, hybride du Nase et du Blageon.

Sq. Ch. Cephalo-Nasus (a).

Les os pharyngiens de mon *Cephalo-Nasus* (a) tiennent plutôt de la Chevaine *(Sq. cephalus)* que du Blageon *(Telestes)* par la forme de l'aile moins large et moins inclinée en avant, ainsi que par la courbure plus accentuée du corps de l'os. Les autres parties, corne supérieure et branche inférieure, peuvent dériver aussi bien de l'un que de l'autre de ces poissons (Voy. pl. IV, fig. 62 et fig. 49, 54 et 59 comparées).

Les dents supérieures et inférieures doivent différer un peu de celles de la majorité des exemplaires étudiés par le professeur de Siebold, car elles sont ici plus ou moins pectinées, tandis que l'auteur des Süsswasserfische von Mitteleuropa, ne signale ce fait, pourtant anormal pour un Chondrostome, ni dans son texte, ni dans ses figures. Les dents médianes rappellent celles du *Nasus;* celles du haut et du bas, un peu crochues et dentelées, me paraissent se rapprocher plutôt de celles de plusieurs *Sq. cephalus* que de celles de nombreux *Sq. Agassizii* provenant, comme mon *Cephalo-Nasus,* du Rhin, près de Bâle (Voy. pl. IV, fig. 62 et fig. 49, 54 et 59 comparées).

La meule pharyngienne, en forme de bouteille aplatie, rappelle plus, par ses renflements latéraux médians, celle du *Sq. cephalus* que celle du *Sq. Agassizii ;* son peu d'épaisseur semble indiquer, en même temps, que l'influence du Nase a dû prédo miner (Voy. pl. IV, fig. 63 et 64, et 50, 51, 55, 60 et 61 comparées).

Le maxillaire supérieur, tout en tenant au Nase par un léger crochet antérieur, se rapproche aussi bien davantage de celui du *Sq. cephalus* que de celui du *Sq. Agassizii,* par les formes anguleuses de son coude postérieur (Voy. pl. II, fig. 52, et fig. 42 et 49 comparées).

Le premier des sous-orbitaires est presque semblable à celui du Nase et, par le fait, comme chez la Chevaine, notablement plus grand, relativement à l'œil, que chez le Blageon ; de même, le quatrième de ces os, ici en forme de croissant, est plus large, soit que chez le Nase, soit que chez le Blageon, et par le fait plus voisin du correspondant chez la Chevaine.

Quoique l'influence du Nase ait fortement prédominé dans la disposition de la bouche et les formes du museau, il n'est pas difficile cependant de reconnaître encore chez notre hybride, du côté de la tête, quelques traits qui le rapprochent bien plus de la Chevaine que du Blageon ; je veux parler de la forme un peu retroussée du museau en dessous, de la direction par là très oblique de la fente buccale et des dimensions notablement supérieures, tant du front ou de l'espace interorbitaire, que de l'espace préorbitaire.

Les nageoires semblent, quant à la forme, tenir du Nase bien plus que d'aucune autre espèce, et pouvoir, sous le rapport du nombre des rayons, être rapprochées aussi bien de celles du Blageon, que de celles de la Chevaine, grâce à la quasi similitude de ces poissons à cet égard. Toutefois, il ne faut pas négliger de remarquer: premièrement, que les pectorales sont, comme chez la Chevaine, beaucoup moins voisines des ventrales que chez la majorité des Blageons du Rhin ; secondement, que le premier rayon simple de la dorsale et de l'anale est aussi, comme chez la Chevaine, plus apparent et relativement plus long que chez le Blageon.

Les écailles latérales moyennes, avec des formes moins élevées ou plus allongées que dans les trois poissons en question, sont cependant, quant à leur grandeur comparée à celle de l'œil, beaucoup plus voisines de celles de la Chevaine que de celles du Blageon. Elles présentent en outre un nœud situé en leur milieu, chez notre hybride comme chez la Chevaine, tandis que ce centre de rayonnement est, chez le Blageon ou Telestes du Rhin, notablement plus voisin du bord fixe que du bord libre (Voy. pl. III, fig. 56, et fig. 48 et 51 comparées).

Le nombre assez réduit des écailles, soit en dessus et en dessous de la ligne latérale (huit sur quatre), soit surtout sur cette dernière (50) me paraît ressortir plutôt d'une moyenne des chiffres du Nase avec ceux de la Chevaine que d'un mélange de ces mêmes chiffres chez le Nase et le Blageon. Pour la ligne latérale, en particulier, 45-49, chez la Chevaine, et 57-63, chez le Nase, me paraissent devoir amener plus facilement au chiffre 50 de notre hybride, que 50-56, chez le Telestes, avec les 57-63 du Nase.

Les dimensions et les formes relativement épaisses de cet hybride eussent suffi peut-être à faire naître chez moi des doutes sur sa prétendue origine, si de nombreux caractères plus importants ne m'avaient bientôt mis sur la trace de ses véritables parents.

Le péritoine étant également noir chez le Nase et le Blageon, tandis qu'il est presque incolore chez la Chevaine, on peut voir encore une nouvelle indication des bases du mélange dans la coloration par places fort atténuée de cette tunique intérieure chez le Bâtard en question.

Enfin, je ne vois chez mon *Cephalo-Nasus* du Rhin, comme d'ordinaire chez le *Sq. cephalus,* aucune trace de la bande noirâtre des flancs qui, chez la majorité des individus étudiés par le professeur de Siebold, paraît trahir une union avec le *Squalius (Telestes) Agassizii.*

Sq. Ch. Cephalo-Nasus (b).

Je ne reviendrai pas sur les nombreux caractères que j'ai déjà relevés, à propos de l'individu précédent, comme indiquant un mélange du Nase avec le *Sq. cephalus,* bien plutôt qu'avec le *Sq. Agassizii;* deux mots seulement encore sur quelques modifications qui semblent trahir ici une plus grande influence de la Chevaine dans plusieurs des traits caractéristiques de ce second hybride que l'on pourrait presque appeler plutôt *Naso-cephalus,* par opposition avec le premier.

Les dents, bien qu'ici sur un seul rang, comme chez le *Chon-drostoma,* affectent cependant des formes bien plus voisines de celles du *Squalius;* puisqu'au lieu d'être en couteau droit et effilé, comme chez le Nase, elles sont, ainsi que nous l'avons dit, recourbées en serpe, plus courtes et légèrement dentelées.

La meule pharyngienne rappelle beaucoup celle du *Sq. cephalus,* si différente pourtant de celle du Nase, par ses formes et sa consistance. L'examen de cette pièce ne peut laisser aucun doute sur l'origine du bâtard ; il est même étonnant de lui trouver une forme aussi franchement trilobée et cordiforme, chez un individu porteur de dents sur un rang seulement.

Le quatrième sous-orbitaire rappelle aussi par sa largeur l'os correspondant de la Chevaine.

Les écailles, par leur nombre, leurs dimensions et leur nœud médian, rappellent aussi bien plus celles de la Chevaine que celles du Blageon. Enfin, avec un défaut complet de bande laté-rale noirâtre qui, comme le précédent, l'éloigne du Blageon, notre hybride *b* porte encore d'autres caractères indéniables de son parent Chevaine ; je veux parler de la ligne surbaissée de son dos, soit de son profil supérieur presque droit, de la largeur de sa tête et de son museau, et surtout de la forme obliquement tronquée en dessous ou comme retroussée de ce dernier.

Sq. Ch. Cephalo-Nasus (c).

Ce troisième hybride *c,* que j'avais cru d'abord devoir rap-

peler plutôt à un mélange du Nase avec la Vandoise *(Sq. Leuciscus)*[1], à cause de ses formes un peu voûtées, plus élevées et
comprimées, s'éloigne à son tour du Blageon, non seulement par
l'absence de bande latérale, mais encore par la plupart des
caractères que j'ai signalés comme rattachant *a* et *b* au *Squalius cephalus*. Quelques petites divergences qui, au premier
abord, venaient corroborer mon idée d'une union avec la Vandoise, ont dû, comme je l'ai dit plus haut, céder le pas au fait
que les dents présentaient quelques traces de dentelures, ce qui
est rarement le cas chez le *Sq. Leuciscus*.

Bien qu'il ne m'ait pas été permis d'examiner le maxillaire
supérieur et la meule de ce troisième hybride *c*, j'ai dû en définitive, me basant sur les quelques traits caractéristiques suivants, le rapprocher des deux précédents, et ne plus voir chez
lui qu'un *Sq. Ch. cephalo-Nasus* affectant, quant au corps, plutôt
les formes du Nase que celles de la Chevaine.

Les os pharyngiens sont assez semblables à ceux de l'hybride
précédent ; bien qu'avec une corne supérieure peut-être un peu
plus allongée, et une branche inférieure, par contre un peu plus
ramassée, portant au côté interne une légère crête ou palette
rappelant jusqu'à un certain point ce trait caractéristique chez
le *Ch. Nasus*. L'échancrure au-dessous du coude de l'aile est
ici relativement faible.

Les dents sont sur deux rangs, comme chez *a* (1,6—5,1),
mais de formes et proportions plus régulières. Les principales,
moins pincées, moins allongées et légèrement recourbées, eussent pu parfaitement résulter d'un mélange avec la Vandoise,
si leur bord n'eût présenté les quelques traces de dentelure
dont j'ai parlé ci-dessus. Elles pourraient, de par ce fait, être
rapportées peut-être aussi bien au Blageon qu'à la Chevaine,
si d'autres caractères ne venaient militer victorieusement en
faveur de cette dernière.

Les proportions relativement grandes de l'espace préorbitaire et surtout de l'interorbitaire rappellent bien plus le *Squalius cephalus* que le *Sq. Agassizii*.

---

[1] Le pêcheur qui apporta ce sujet au Dr Leuthner avait eu aussi la
même idée.

Les formes et dimensions des sous-orbitaires, du premier et du quatrième surtout, presque aussi grand que l'œil, s'éloignent beaucoup de celles de ces os bien plus petits chez le Blageon, pour rappeler tout à fait celles de ces pièces bien plus développées chez la Chevaine.

Enfin, les écailles moyennes portent en majorité un nœud quasi médian, comme chez le *Sq. cephalus,* et affectent, ainsi que chez les deux hybrides précédents, des dimensions, comme chez la Chevaine, beaucoup plus fortes par rapport à l'œil que chez le Blageon. Le nombre réduit de 49 squames sur la ligne latérale rappelle aussi bien plus la Chevaine que la moyenne des Blageons.

Ainsi donc, il paraît évident que des analogies dans le genre de vie et les conditions de la ponte, chez le Nase et quelques représentants de notre genre *Squalius,* les *Sq. cephalus* et *Sq. Agassizii* en particulier, amènent assez souvent des productions mixtes ou bâtardes de ces espèces de genres différents.

Mes Chevaines-Nases provenaient, comme je l'ai dit, du Rhin à Bâle, où ils ne paraissent pas excessivement rares; peut-être s'en trouvait-il de semblables parmi ceux qui ont été assez fréquemment signalés dans les eaux du Danube, sous le nom commun de *Rysela.*

On m'a signalé la capture de poissons censés bâtards du Nase, d'un côté dans le lac de Morat, de l'autre dans la Limmat, près de Zurich ; toutefois, comme je n'ai pas pu voir les deux sujets en question, je ne saurais décider ici, ni de leur identité avec les individus que je viens de décrire, ni de l'espèce qui s'est trouvée unie au Nase.

Il est probable que le Chevaine-Nase doit, grâce à la position inférieure de sa bouche, mener un genre de vie à peu près analogue à celui du Nase qui lui a donné naissance ; toutefois, son tube digestif, bien plus court que celui du Chondrostome, semble indiquer chez lui une alimentation, comme chez la Chevaine, plus mélangée de matières animales.

HYBRIDE 18/20.

Squalio-Chondrostoma Agasso-Nasus, nobis.

Le Rysèle — Nasling.

Ardoisé en dessus; argenté sur les côtés, avec une large bande latérale grise plus ou moins accentuée; blanc en dessous. Nageoires inférieures jaunâtres, un peu lavées de rougeâtre. Corps oblong, relativement peu élevé et médiocrement comprimé. Tête subconique, avec un nez subarrondi un peu proéminent. Bouche inférieure et largement arrondie en fer à cheval. Œil moyen. Écailles latérales moyennes, un peu plus hautes que longues, avec un nœud notablement reculé vers le bord fixe, et d'une surface au plus égale à un tiers de celle de l'œil, chez l'adulte. Dorsale subacuminée, légèrement plus courte que la tête en dessus. Pectorales sensiblement plus longues que la hauteur de la dorsale. Caudale à lobes quasi égaux, subacuminés et presque droits sur la tranche. (Taille moyenne d'adultes: 185—215 (375?).

Cinq sous-orbitaires: le premier de surface au plus égale aux deux tiers de celle de l'œil; le quatrième étroit, recouvrant au plus un tiers de l'orbite. Pharyngiens médiocrement arqués, avec une aile, comme chez l'hybride précédent, brusquement coudée et crochue dans le bas; la corne supérieure plutôt courte, assez épaisse et légèrement retroussée à l'extrémité; la branche inférieure relativement courte. Meule subovale et aplatie, avec une légère échancrure en arrière. Dents sur un ou deux rangs, en nombre variable, et plus ou moins effilées, ou légèrement crochues à l'extrémité.

Dentes subsecantes 6-5, rarius 5-5, vel 1.6-5.1, scalpellohamati vel 1.6-5, vel 6-5.1.

D. 3/8—(9), A. 3/9—(10), V. 2/8, P. 1/(15) 17, C. 19 maj.

$$\text{Sq. } 56^{1} \quad \frac{9-10}{5-6^{2}} \quad 60.$$

CHONDROSTOMA RYSELA, *Agassiz*, Mém. Soc. S. N. Neuch. I, p. 38. — *Reider*
    et *Hahn*, Fauna Boica, n° 44. — *Fürnrohr*, Fische in den Gewäs-
    sern um Regensburg, 1847, p. 9. — *Cuv.* et *Val.*, XVII, p. 395.
    —*Heckel*, Sitzgsber. Akad. Wiss. Wien, IX, 1852, p. 377, Taf. 8.
      GENEI (part.), *Heckel* et *Kner*, Süsswasserfische, p. 220. — *Dy-*
    bowski, Cyp. Livlands, 208.
      RYSELA (*Bastard*), *de Siebold* (part.), Süsswasserfische, p. 232,
    fig. 42-45. — *Jäckel* (part.), Fische Bayerns, p. 74. — *Leuthner*
    (part.), Mittelrheinische Fischfauna, p. 36, fig.
HYBRID *between Leuc. muticellus and Ch. Nasus, Günther* (part.), Catal. of
    Fishes, VII, p. 235.

Le Rysèle, produit d'un mélange du Nase (*Ch. Nasus*) avec le Blageon
(*Sq. (Telestes) Agassisii*), étant aujourd'hui assez connu, et les spécimens
du Rhin qui m'ont été confiés s'étant trouvés assez peu différents les uns
des autres, je me bornerai à décrire ici sommairement un individu de
forme moyenne, pour ne relever ensuite chez d'autres que les divergences
les plus importantes. Je n'ai pu malheureusement étudier le maxillaire
supérieur d'aucun des sujets très recommandés de ce second cas d'hybridisme de notre Chondrostome.

Corps oblong, relativement peu élevé et médiocrement comprimé, avec deux profils légèrement convexes ; le supérieur,
en avant de la dorsale, un peu plus arqué que l'inférieur. La
hauteur maximale, à la longueur totale, comme $1 : 5\,^{1}/_{5}$;
l'épaisseur la plus forte, au-dessus des trois quarts postérieurs
des pectorales, variant entre la $^{1}/_{2}$ et $^{3}/_{5}$ de la hauteur. Dos
assez large, légèrement tectiforme ; ventre subarrondi transversalement.
Tête subconique, large en arrière et présentant deux profils
presque également inclinés. La longueur latérale, à la longueur totale du poisson, comme $1 : 5\,^{1}/_{2}$; la longueur en

---

[1] Le minimum 50 de de Siebold rappelle plutôt l'hybride précédent.

[2] Le minimum 3 de de Siebold semble devoir se rapporter plutôt à
l'hybride précédent, car il pourrait difficilement résulter des minima 4
chez le *Telestes* et 5 chez le *Nasus*.

dessus entre ⁷/₈ et ⁸/₉ de la latérale ; la hauteur à l'occiput de ¹/₇ plus faible que la longueur au même point ; la largeur, ou épaisseur sur l'opercule, égale à la moitié de la longueur latérale, et correspondant à la hauteur aux deux cinquièmes de l'œil.

Museau conique, arrondi en avant et légèrement proéminent. Bouche franchement inférieure et largement arrondie en fer à cheval. Lèvres assez dures et tranchantes ; la supérieure en partie dissimulée sous un petit repli du nez.

Œil, à la longueur latérale de la tête, comme 1 : 4 ¹/₂.

L'espace préorbitaire mesurant 1 ³/₁₀ diamètre oculaire et, par le fait, un peu plus faible seulement que le tiers de la longueur céphalique latérale ; l'espace postorbitaire un peu plus faible que la moitié de la même longueur latérale ; l'espace interorbitaire mesurant à peine plus que 1 ¹/₂ diamètre oculaire.

Sous-orbitaires : le premier plus long que haut, un peu creusé au bord supérieur et d'une surface au plus égale à ²/₃ de celle de l'œil. Les suivants relativement étroits ; le quatrième, en particulier, beaucoup plus étroit que chez l'hybride précédent, rappelant bien plus celui du Blageon que celui de la Chevaine, et pouvant recouvrir au plus ¹/₃ ou ¹/₄ seulement de la surface de l'œil.

Opercule trapézoïdal, soit moins carré que chez le Chevaine-Nase ; préopercule subarrondi.

Pharyngiens, comme chez les hybrides précédents, rappelant bien plus, par leur aile relativement courte, la forme habituelle du genre *Squalius*, que celle du Nase ; avec cela, présentant ici une corne assez épaisse un peu élargie vers le bout (plutôt retroussée chez d'autres), et une légère échancrure entre le coude de l'aile au-dessus et une petite ailette au-dessous. La branche inférieure relativement courte un peu pincée en crête au côté interne.

Dents sur un seul rang, plus rarement sur deux : six sur l'os gauche et cinq sur le droit, soit 6—5, chez plusieurs individus ; 5—5 chez un (selon de Siebold ; 1, 6—5, 1 ou 1, 6—5 ou 6—5, 1). Médiocrement allongées, un peu recourbées à l'extrémité et légèrement dentelées. Du reste, ainsi que les pharyngiens et comme nous le verrons plus loin, un peu variables chez les divers individus, selon qu'ils rappellent plus ou moins le Chondrostome.

Meule très aplatie et subovale, soit large en arrière, avec une légère échancrure simulant un très faible crochet sur le bord postérieur, et un peu plus étroite ainsi que légèrement conique à l'extrémité antérieure. Cette pièce, quoique plus petite, se rapprochant en cela passablement de la meule du Nase, tout en rappelant bien plus les formes générales et les épaulements reculés de celle du Blageon que la forme trilobée de celle de la Chevaine [1].

Dorsale naissant en face de l'origine des ventrales, subacuminée, quasi droite ou légèrement étagée sur la tranche et médiocrement décroissante en arrière. La hauteur au plus grand rayon un peu plus courte que la longueur de la tête en dessus, soit mesurant à peu près les $^5/_4$ de l'élévation maximale du corps. La longueur basilaire égale environ aux $^2/_3$ de la hauteur.

Trois rayons simples et huit (selon de Siebold, huit ou neuf) divisés ; le second simple égal à peu près à demi du plus grand ; le dernier divisé profondément bifurqué.

Anale subanguleuse, naissant à peu près au-dessous du bout de la dorsale couchée et, rabattue elle-même, laissant, entre son extrémité et la base de la caudale, un espace égal à son second ou son troisième grand rayon divisé. La hauteur mesurant au moins les $^7/_8$ de l'élévation de la dorsale ; la base ou longueur à peine plus faible que la hauteur.

Trois rayons simples et neuf (selon de Siebold neuf ou dix) divisés ; le dernier profondément bifurqué.

Ventrales naissant au-dessous de l'origine de la dorsale, subtriangulaires, arrondies sur la tranche, relativement peu décroissantes et laissant, rabattues, entre leur extrémité et l'anus, une distance un peu plus faible que le tiers de leur longueur. La longueur de ces nageoires légèrement plus forte que la hauteur de l'anale.

Deux rayons simples et huit divisés.

---

[1] Je regrette de n'avoir pu faire figurer cette meule si différente de celle des hybrides précédents.

Pectorales subtriangulaires et plutôt acuminées, laissant, rabattues, entre elles et les ventrales, un espace égal à la moitié
de leur longueur. Ces nageoires notablement plus grandes
que les ventrales, sensiblement plus longues même que la
hauteur de la dorsale.

Un rayon simple et dix-sept (selon de Siebold quinze)
divisés.

Caudale assez profondément échancrée, à lobes quasi égaux,
subacuminés et à peu près droits sur la tranche. La longueur au plus grand rayon à peine plus forte que la hauteur
du corps et, à la longueur totale du poisson, comme 1 : 5.

Dix-neuf grands rayons, appuyés en haut et en bas par de
petits rayons décroissants.

Écailles latérales moyennes, plutôt petites, subovales et sensiblement plus hautes que longues, avec un nœud reculé au
tiers de la longueur, du côté du bord fixe peu découpé;
les rayons, au nombre de huit à onze sur la partie moyenne
de la face découverte, correspondant à autant de petits festons assez accentués et embrassant des stries assez irrégu-
lières et espacées. Avec cela, d'une surface égale à $\frac{1}{4}$ ou $\frac{1}{3}$
au plus de celle de l'œil.

Neuf et demie ou dix écailles en dessus de la ligne latérale
(le chiffre minimum huit indiqué par de Siebold semble
devoir être rapporté plutôt à l'hybride précédent), et cinq
(parfois six) en dessous (le minimum trois donné par de
Siebold paraît devoir aussi se rapporter plutôt à l'hybride
précédent).

Ligne latérale décrivant une courbe assez régulièrement, mais
médiocrement concave, du sommet de l'opercule au centre
de la caudale, en passant aux deux cinquièmes environ de
la hauteur maximale. Les écailles moyennes un peu plus
hautes que longues, mais moins que leurs voisines supérieures, et plutôt subarrondies, avec un bord fixe un peu plus
découpé. Le nœud également reculé au tiers de l'écaille vers
le bord fixe; les rayons, au nombre de onze à treize divergeant en éventail sur la face découverte, correspondant à de
petits festons sur le bord libre et embrassant aussi des stries
assez irrégulières. Le tubule naissant légèrement en arrière
du nœud et parcourant environ la moitié de l'écaille.

Soixante écailles tubulées sur cette ligne (cinquante-six
chez un autre). (Le minimum cinquante donné par de Siebold doit peut-être se rapporter à l'hybride précédent).
Coloration ardoisée à reflets bleuâtres sur le dos et la tête,
argentée sur les côtés et blanche sur les faces inférieures.
Une large bande grise, formée d'un fin pointillé noirâtre,
étendue longitudinalement sur les flancs, depuis la tête à la
caudale. Dorsale et caudale grisâtres ou plus ou moins noirâtres ; anale, ventrales et pectorales jaunâtres, un peu
lavées de rougeâtre ; assez souvent une bande noirâtre en
travers des dernières avant leur extrémité. Iris d'un blanc
jaunâtre un peu mâchuré.
Péritoine entièrement noir.
Cet individu portait sur la tête quelques petits tubercules
blanchâtres, indication de la livrée de noces.
Dimensions : le sujet ici décrit mesurait 187 millimètres de longueur totale ; un second individu à peu près de même taille,
avec une livrée et un facies semblables, présentait tous les
mêmes caractères principaux. Les proportions maximales
(jusqu'à 375^{mm}) indiquées par de Siebold, doivent peut-être
se rapporter plutôt à l'hybride précédent.

Avec tous les indices caractéristiques d'un dérivé du *Chondrostoma Nasus*, l'individu décrit ici présente bon nombre de
traits distinctifs le rattachant au Blageon (*Sq. Agassizii*), et
le séparant en même temps franchement des hybrides jusqu'ici
confondus avec lui que j'ai ci-dessus attribués à un mélange du
Nase avec la Chevaine. Bien que souvent trop brèves, les descriptions des auteurs qui en ont jusqu'ici parlé suffisent cependant à montrer, tant dans diverses formes et proportions de la
tête du corps et des membres, que dans la livrée et le nombre
des écailles, que l'on a quelquefois attribué à tort au Blageon
une intervention qu'une étude plus détaillée eût fait reporter
avec plus de raison sur une autre espèce. Nous avons là le véritable *Rysela* des auteurs, un *Sq. Ch. Agasso-Nasus* que je vais
montrer toujours assez facile à distinguer du *Sq. Ch. Cephalo-
Nasus*, par une étude un peu approfondie de ses caractères.

Le Rysèle *(Agasso-Nasus)* se distingue du Chevaine-Nase et se rapproche, en effet, beaucoup du Blageon, par plusieurs caractères qui, pour être peut-être un peu variables, comme ce doit nécessairement être le cas chez un hybride, n'en trahissent pas moins très franchement ses affinités.

Si les pharyngiens et les dents, trop peu différents chez la Chevaine et le Blageon, n'ont pu suffire à faire distinguer jusqu'ici deux origines différentes, par contre, la forme bien caractéristique de la meule, comme je l'ai décrite, peut ici intervenir d'une manière très heureuse, pour rendre, dans le cas, à l'appareil masticateur une certaine importance. (Je n'ai malheureusement, je le répète, pas pu étudier les formes comparées du maxillaire supérieur chez cet individu.)

Après cela, quoique probablement déjà adulte, comme semblent l'indiquer, soit les rapports d'épaisseur et hauteur de la tête, soit les proportions de l'espace préorbitaire par rapport à l'œil, soit même jusqu'à un certain point la présence de tubercules sur le vertex, notre *Agasso-Nasus* présente, dans la largeur notablement moindre de son front, soit de son espace interorbitaire, un trait caractéristique qui le rapproche bien plus du Blageon que de la Chevaine et des hybrides précédents.

Le quatrième sous-orbitaire, au lieu d'être large, comme chez la Chevaine et les hybrides précédents, est ici relativement étroit, comme chez le Blageon.

Une élévation relativement un peu moindre de la nageoire dorsale, fournit aux proportions de l'anale et surtout des pectorales comparées à celle-ci, des rapports qui rapprochent notre *Agasso-Nasus* bien plus du Blageon que de la Chevaine et de mon *Cephalo-Nasus.*

L'étude comparée des écailles pouvait déjà, à elle seule, suffire presque à trancher la question. En effet, les squames moyennes sont ici plus hautes que longues, comme chez le Blageon, au lieu d'être un peu plus longues que hautes comme chez les hybrides précédents. Bien que l'individu paraisse adulte, ainsi que nous l'avons dit, elles sont relativement bien plus petites, puisqu'elles ne peuvent plus recouvrir que $\frac{1}{4}$ ou $\frac{1}{3}$ au plus de la surface de l'œil. Leur nœud, au lieu d'être quasi central, comme chez les hybrides précédents et la Chevaine, est au contraire reculé au tiers de l'écaille vers le bord, fixe, comme chez le Blageon. Leurs rayons sont aussi plus nombreux ; le tubule sur la ligne latérale est également plus allongé.

Les nombres de squames en dessus et en dessous de la ligne latérale et le long de celle-ci sont supérieurs à ceux des hybrides précédents, et bien plus voisins de ceux du Blageon que de ceux de la Chevaine.

Enfin, la taille bien plus réduite, malgré l'état d'adulte, et la livrée assez différente, viennent corroborer aussi à leur manière la valeur plus importante des caractères différentiels relevés ci-dessus.

Sans attacher une bien grande importance à la coloration, je ne puis m'empêcher de rappeler, en terminant cette comparaison, soit la teinte ardoisé-bleuâtre des faces supérieures rappelant une livrée fréquente du Blageon, soit la bande grisâtre traversant les pectorales avant leur extrémité, comme cela se voit d'ordinaire chez le mâle en noces de ce dernier, soit, enfin et surtout, la présence de la large bande grise sur les flancs caractéristique du Blageon *(Sq. Agassizii)*. A ces traits de la livrée, de Siebold ajoute que certains individus, porteurs de la bande grise, présentent une coloration orangée aux angles de la bouche et sur les bords des pièces operculaires, comme chez le *Telestes Agassizii,* tandis que d'autres, sans bande, sont dépourvus de cette bordure orangée propre à ce dernier.

De huit paires de pharyngiens qui m'ont été aimablement confiées par le Dr Leuthner, comme provenant de Rysèles du Rhin, quatre, de dimensions relativement petites, se rapportaient à des individus que je n'ai point vus ; j'en dirai cependant quelques mots, bien qu'il me soit impossible de dire si elles doivent être attribuées à des *Cephalo-Nasus* ou à des *Agasso-Nasus*. De ces quatre, trois portaient six dents sur l'os gauche et cinq sur le droit, une portait cinq dents seulement des deux côtés. Chez les pharyngiens porteurs de 6—5 dents, la corne supérieure, plus ou moins longue et inclinée en avant, était courte, plus ou moins épaisse ou retroussée à l'extrémité ; l'échancrure entre le coude de l'aile et une légère ailette était plus ou moins accentuée ; la branche inférieure, plus ou moins ramassée ou allongée, portait au côté interne une crête plus ou moins accusée. Chez les pharyngiens porteurs de 5—5 dents, la corne était assez forte et retroussée au bout ; l'aile courte n'était suivie, après son coude brusque, ni d'échancrure ni d'ailette ; par contre, la branche inférieure présentait une crête ou palette assez accentuée[1]. Les dents des trois premiers pharyngiens étaient plus ou moins effilées et droites, ou ramassées et recourbées, avec ou sans traces de dentelures ; chez l'un d'eux il y avait des unes et des autres. Chez le dernier, les dents, en nombre un peu inférieur, étaient, comme chez le Blageon, relativement peu effilées, assez crochues et un peu dentelées.

Bien que nous ayons trouvé, deux fois sur trois, les dents sur deux rangs, chez le *Cephalo-Nasus,* tandis que nous les voyons ici toujours sur une seule ligne, il ne faudrait pas en conclure que les deux bâtards puissent toujours se différencier par la présence ou l'absence d'une petite dent en rangée supplémentaire. En effet, la Chevaine et le Blageon portant également deux petites dents en rangée antérieure, il n'y a pas de raison pour que cette disposition se trouve plutôt chez l'un que chez l'autre de nos hybrides. Sans les décrire séparément, de Siebold signale, chez ses Rysèles, six individus sur dix-huit qui portaient des dents sur deux rangs : une fois 1,6—5,1, comme chez deux de nos Chevaines-Nases ; deux fois 1,6—5 ; trois fois 6—5,1.

Quelques auteurs, Heckel et Kner[2] et Dybowski[3], en particulier, ont cru devoir rapporter le *Rysela* (Agass.) au *Ch. Genei* (Bonap.) ; nous verrons plus loin, dans une description sommaire de ce dernier, comment il en diffère sur plusieurs points importants, par son appareil pharyngien entre autres.

Le Dr Leuthner, qui a été bien placé à Bâle pour étudier les bâ-

---

[1] Il est bien possible que ce soit, comme l'a déjà fait remarquer Leuthner (Mittelrheinische Fischfauna, p. 39), à un semblable *Rysela* qu'il faille rapporter le prétendu *Ch. Genei,* petit et en très mauvais état, trouvé par de Siebold dans le Rhin à Bâle, et dont j'ai déjà dit deux mots, à propos d'une variété du *Ch. Nasus.*

[2] Süsswasserfische, p. 220.

[3] Cyp. Livlands, p. 208.

tards du Nase, semble croire à une reproduction possible de ceux-ci, en avril ou mai, dans le Rhin. Il est probable que, comme les hybrides précédents, le Rysèle doit, grâce à la position infé-rieure de sa bouche, mener un genre de vie assez analogue à celui des Chondrostomes, peut-être avec une alimentation un peu plus mélangée d'aliments animaux. Cet hybride ne paraît pas rare dans le Rhin. Je ne saurais décider si les bâtards du Nase qui m'ont été signalés, comme je l'ai dit, dans le lac de Morat et dans la Limmat à Zurich, doivent être rapportés au *Cephalo-Nasus* ou à l'*Agasso-Nasus*. De Siebold a trouvé son *Rysela* sur divers points dans les eaux du bassin du Danube. Jäckel, dans ses Fische Bayerns, le signale en particulier dans l'Inn et dans l'Isar.

LE CHONDROSTOME DE GENÉ

Lasca

CHONDROSTOMA GENEI, Bonaparte.

Gris verdâtre en dessus ; argenté-jaunâtre sur les côtés, avec une large bande grisâtre au haut des flancs ; blanc argenté en dessous. Nageoires inférieures jaunâtres plus ou moins nuan-cées d'orangé. Corps assez effilé, médiocrement comprimé et peu élevé, bien que légèrement voûté sur la nuque. Tête subconique, avec un nez arrondi relativement peu proéminent. Pas de coin occipital entre les écailles. Bouche médiocrement large, soit un peu plus étroite que l'œil, et arrondie en fer à cheval. Œil moyen ou plutôt grand. Écailles latérales moyennes, subcar-rées, à peu près égales en hauteur et longueur, avec un nœud très reculé vers le bord fixe et recouvrant au moins un tiers de l'œil, chez l'adulte. Écailles pectorales relativement grandes. Dorsale pointue, naissant en face de l'origine des ventrales. Anale anguleuse. Caudale médiocrement échancrée, à lobes acu-minés subégaux. (Taille moyenne d'adultes : 160—175^{mm}.)

Premier sous-orbitaire d'une surface un peu plus forte que la moitié de celle de l'œil, chez l'adulte ; le quatrième comme le second. Maxillaire supérieur portant un coude quasi médian, médiocrement prolongé, à tranche obliquement arrondie. Pharyngiens moyennement arqués; l'aile prolongée sans échancrure jusqu'au-dessous des dents, avec sa plus grande largeur en face de la dernière dent; la corne supérieure médiocrement inclinée, longue, légèrement épaissie et fortement recourbée à l'extrémité. Meule aplatie et elliptique. Dents au nombre de cinq sur chaque os, exceptionnellement six d'un côté, médiocrement effilées et un peu recourbées.

D. 3/8 (7—9), A. 3/(8)—10, V. 2/8, P. 1/14—15, C. 19 maj.

$$\mathrm{Sq.}\ (52)54\ \frac{8-9}{5-(6)}\ 57.\qquad \mathrm{Vert}\ 42.$$

Leuciscus Genei, *Bonaparte*, Fauna italica, fol. 126, tav. 114 et 116. — Chondrostoma Genei, *Bonap.*, Cat. Met., p. 28. — *Heckel*, Sitzgsber. Acad. Wiss. Wien, IX, p. 377, fig. 7-11. — *Heckel* et *Kner*, Süsswasserfische, p. 220, fig. 126 et 127. — *De Betta*, Ittiol. Veron., p. 95. — *Nini*, Cenni, p. 47. — *Siebold*, Susswasserfische, p. 230, fig. 40 et 41. — *Canestrini*, Prospet. crit., p. 78. — *Günther*, Catal. of Fishes, VII, p. 273. — Chond. jaculum, *de Filippi*, Cenni, p. 11.

Le Chondrostome de Gené, à l'état adulte, avec une taille relativement petite, affecte des formes plus effilées, soit que le Nase, soit surtout que le Séva, qui vit avec lui dans les eaux de l'Italie. Le profil supérieur, un peu convexe jusqu'à la dorsale, est légèrement voûté au-dessus de l'origine des pectorales; le profil inférieur est moins convexe encore, soit presque droit, depuis les pectorales jusqu'à l'anale, puis brusquement relevé. Le dos et le ventre sont subarrondis transversalement. La plus grande hauteur, devant la dorsale, est, chez lui (adulte), à la longueur totale, comme 1 : 5 $\frac{1}{7}$ — 5 $\frac{3}{5}$ [1]; la longueur latérale de la tête, un peu moindre, est, à la longueur totale du poisson, comme 1 : 5 $\frac{3}{4}$ — 6 [2]. Le diamètre de l'œil, toujours chez

---

[1] Voire même, selon Canestrini, qui a examiné aussi de très jeunes individus, = 1 : 4 $\frac{6}{10}$—6 $\frac{1}{10}$.

[2] Selon Canestrini, y compris de très petits sujets, = 1 : 5 $\frac{2}{10}$—6.

l'adulte, est, à la longueur de la tête, comme 1 : 4 $^1/_7$ [1]. L'espace préorbitaire est, sur des individus de taille moyenne, à peu près égal à l'œil, ou très légèrement plus grand, soit de $^1/_{12}$ à $^1/_{15}$ environ ; l'espace interorbitaire, plus fort que celui-ci, est généralement, chez l'adulte, égal à 1 $^3/_7$—1 $^4/_7$ diamètres de l'œil.

L'occiput ne forme, sur le centre, aucun prolongement dans les écailles de la nuque.

Le nez est, chez le *Ch. Genei*, largement arrondi et relativement peu proéminent ; il dépasse la bouche d'une quantité un peu moindre que la moitié de la largeur de celle-ci. La bouche, franchement inférieure, est médiocrement large et arrondie en fer à cheval. Le nombre des pores sous-mandibulaires m'a paru assez variable[2].

Les os pharyngiens forment un arc médiocrement recourbé ; de telle sorte que, l'os reposant sur l'aile par sa face postérieure et la branche inférieure se trouvant soulevée, l'extrémité de la corne supérieure, en regardant verticalement au-dessus, cache seulement la moitié de la base de la seconde dent, à partir du haut. L'aile est bien développée, prolongée sans échancrure jusqu'au-dessous des dents, quasi droite sur la tranche et présente sa plus grande largeur à peu près en face de la dernière dent. La corne supérieure, médiocrement inclinée en avant, est à la fois longue et large, et un peu épaissie, ainsi que fortement recourbée en haut vers l'extrémité. La branche inférieure, assez longue et recourbée, présente, au côté interne, une crête ou palette assez développée.

Les dents sont au nombre de cinq sur chaque os (parfois, bien que rarement, de six d'un côté[3]) ; les inférieures présentent une base assez forte, avec une couronne en serpe relativement courte et un peu recourbée à l'extrémité ; les supérieures sont plus allongées et étroites, quoique généralement moins effilées

---

[1] Selon Canestrini = 1 : 3 $^1/_{10}$—4 $^1/_{10}$.

[2] J'ai eu même un individu qui n'en avait qu'un de chaque côté.

[3] Je n'ai pas rencontré le cas de six dents d'un côté chez les individus que j'ai examinés. De Siebold l'a trouvé deux fois sur 26 individus... Ces deux sujets exceptionnels avaient-ils peut-être quelques rapports avec le *Rysela ;* les détails nous manquent sur ce point.

en couteau que chez les *Ch. Nasus* et *Soetta*. Les deux   trois dents supérieures, du reste plus ou moins allongées et pincées, suivant les individus.

La meule est subelliptique et plate:

Le maxillaire supérieur, renflé dans le haut, est presque droit au-dessous d'un petit crochet sur le bord antérieur; le côté postérieur présente, un peu au-dessous de son milieu, un coude médiocrement prolongé, relativement peu élevé, à tranche oblique convexe, avec des côtés supérieur et inférieur un peu creusés; la branche inférieure, plutôt longue, est légèrement élargie et tordue à l'extrémité.

Les sous-orbitaires sont au nombre de cinq: le premier subtriangulaire, plus long que haut et, chez l'adulte, d'une surface variant de $\frac{1}{2}$ à $\frac{3}{5}$ de celle de l'œil; le second à peu près carré long, plutôt étroit et sensiblement plus court que le premier; le troisième en demi-croissant, sensiblement plus long que le premier; le quatrième semblable au second; le cinquième relativement petit, presque réduit à la forme d'un canalicule arqué.

Dorsale naissant en face de l'origine des ventrales et légèrement en avant du milieu de la longueur du poisson sans la caudale, anguleuse au sommet, médiocrement décroissante (les deux extrémités à peu près égales lorsqu'elle est rabattue) et droite ou très légèrement concave sur la tranche; d'une hauteur à peu près égale à la longueur de la tête en dessus, avec une base mesurant environ les $\frac{2}{3}$ du plus grand rayon. Trois rayons simples et huit divisés; selon Canestrini sept à neuf.

Anale naissant au-dessous de l'extrémité de la dorsale couchée et laissant, lorsqu'elle est rabattue, entre elle et la caudale, une distance égale le plus souvent à son troisième grand rayon divisé. Avec cela, subcarrée au sommet, droite sur la tranche et passablement décroissante. D'une hauteur mesurant entre les $\frac{3}{4}$ et les $\frac{4}{5}$ de l'élévation de la dorsale, avec une longueur basilaire légèrement moindre que la hauteur, parfois presque égale. Trois rayons simples et dix divisés; huit à dix, selon Canestrini.

Ventrales subtriangulaires et arrondies sur la tranche, laissant entre leur extrémité et l'anus, lorsqu'elles sont rabattues, un intervalle variant selon les individus de $\frac{1}{6}$ à $\frac{1}{3}$ de leur longueur; la longueur au plus grand rayon à peu près égale à la hauteur de l'anale ou un peu plus forte. Deux rayons simples et huit divisés [1].

Pectorales subovales et subarrondies au sommet, laissant, rabattues, entre leur extrémité et les ventrales, un espace variant, selon les sujets, de $\frac{1}{2}$ à $\frac{3}{4}$ de leur longueur; la longueur au plus grand rayon un peu plus forte que celle des ventrales et presque égale à l'élévation de la dorsale. Un rayon simple et quatorze à quinze divisés.

Caudale moyennement échancrée, avec des lobes subégaux, acuminés et très légèrement convexes sur la tranche; d'une longueur un peu plus forte que celle de la tête, soit, à la longueur totale du poisson, comme $1 : 5 - 5 \frac{1}{3}$. Dix-neuf principaux rayons; les médians mesurant les $\frac{2}{5}$ des plus grands ou légèrement plus.

Écailles latérales moyennes (au-dessus de la ligne latérale, un peu en arrière du bout des pectorales): à peu près égales en hauteur et longueur, arrondies au bord libre, presque droites sur les côtés supérieur et inférieur, subanguleuses et peu découpées au bord fixe, et d'une surface, chez l'adulte, égale au moins à $\frac{1}{3}$ de celle de l'œil. Le nœud reculé vers le bord fixe au tiers ou au quart de la longueur de l'écaille [2]; des rayons, au nombre de 6 à 12, se rendant de ce point à la partie moyenne du bord libre très légèrement festonnée. Les écailles pectorales, soit prises au milieu entre les nageoires pectorales, d'une surface environ un tiers des précédentes, plus allongées et plus anguleuses, avec un nœud très reculé vers le bord fixe.

Huit à neuf squames au-dessus de la ligne latérale, et cinq, plus rarement six [3], en dessous, jusqu'aux ventrales.

Ligne latérale décrivant, du sommet de l'opercule au centre de la caudale, une courbe d'abord assez déclive, puis faiblement concave et passant environ aux $\frac{2}{5}$ de l'élévation maximale. Les écailles moyennes à peu près semblables en formes et dimen-

---

[1] Heckel et Kner ont méconnu la présence du petit rayon simple latéral.

[2] Heckel et Kner, qui attribuent à ce nœud de l'écaille un aspect en chaos, me semblent signaler plutôt une exception.

[3] Selon Heckel et Kner, et Canestrini.

sions à leurs voisines supérieures, avec un tubule droit et plutôt étroit, parcourant environ la moitié de l'axe longitudinal et
demeurant à peu près également distant des deux bords. 54 à
57 squames tubulées sur cette ligne (52-56 selon Canestrini).

Coloration[1] : les faces supérieures d'un gris-verdâtre plus ou
moins foncé ; les flancs d'un argenté un peu jaunâtre, plus ou
moins semés d'un pointillé noirâtre ; les faces inférieures d'un
blanc argenté. Une large bande grisâtre, plus ou moins apparente, étendue sur les côtés de la tête, du corps et du pédicule
caudal, entre le dos et la ligne latérale, voire même un peu en
dessous de celle-ci du côté de la queue. Dorsale et caudale
verdâtres. Anale, ventrales et pectorales jaunâtres et plus ou
moins lavées d'orangé. Souvent un liseré de même couleur
orangée autour de la bouche et de l'opercule.

Dimensions : Les six individus que j'ai examinés provenaient
de Pavie, paraissaient adultes et mesuraient entre 160 et 170
millimètres de longueur totale. Le plus grand sujet mesuré par
Canestrini égalait 153 millimètres. De Betta n'a pas étudié de
sujets dépassant 150 millimètres. Les plus grands individus de
Heckel et Kner mesuraient 7 à 8 pouces, soit 189 à 215^{mm}.
Enfin, il paraît probable que de Filippi aura fait une confusion
avec quelque variété du *Soetta*, quand il a donné à son *Ch. jacu-
lum=Genei* jusqu'à 31 ou 32 centimètres de longueur totale,
dimension exagérée qui n'a été retrouvée par aucun observateur
depuis lui.

Mâles ornés, au moment des amours, de petits tubercules sur
les faces supérieures.

Jeunes présentant une tête relativement plus forte et un œil
plus grand.

Vertèbres au nombre de 42, selon Canestrini.

Péritoine noir. Une rangée de petites pseudobranchies pectiniformes derrière le quatrième sous-orbitaire.

J'ai cru devoir donner une description un peu circonstanciée

---

[1] Les individus que j'ai étudiés ayant fait un assez long séjour dans
l'alcool, j'ai dû m'en remettre en partie aux données des auteurs italiens
pour la coloration.

de cette espèce italienne, bién qu'elle n'ait point encore été
reconnue dans les eaux suisses, pour relever certains caractères,
négligés jusqu'ici, qui peuvent servir à la faire distinguer, soit
de nos espèces précédentes, soit du *Chondrostoma rhodanensis*
de Blanchard [1] dont je vais dire aussi plus bas quelques mots,
soit encore du *Ch. Rysela* d'Agassiz, avec lequel Heckel [2] et
Dybowski [3] l'ont confondu, grâce à certaines ressemblances
extérieures.

Les proportions générales, ainsi que quelques particularités
de la coloration, la bande grisâtre des flancs et les bordures
orangées de la bouche et de l'opercule, dans la livrée de noces,
rappellent, en effet, jusqu'à un certain point, certains traits distinctifs que le *Rysela* tient parfois de l'un de ses parents, le
Telestes (*Sq. Agassizii*). Mais, comme nous l'avons vu, une
étude plus détaillée de l'appareil pharyngien et des écailles
suffit à établir des différences spécifiques d'assez grande importance.

Le *Ch. jaculum* de de Filippi n'est autre que le *Ch. Genei* de
Bonaparte, malgré les dimensions exagérées que le premier de
ces auteurs lui a, probablement par erreur, attribuées.

Le Chondrostome de Gené habite les eaux de l'Italie septentrionale et centrale. On n'a jusqu'ici constaté sa présence d'une
manière certaine dans aucun de nos courants suisses au nord
des Alpes; il n'a même pas encore été rencontré, au sud, dans
les lacs et les rivières de notre canton du Tessin. De Siebold et
Günther, d'après celui-ci, attribuent cette espèce au Rhône;
mais ils me paraissent avoir confondu avec elle le poisson extérieurement assez semblable que Blanchard a distingué avec raison, je crois, sous le nom de *Ch. rhodanensis*. J'ai relevé déjà,
à propos d'une variété à bande latérale du Ch. Nasus jeune
que j'ai rencontrée à Bâle, la citation par de Siebold du *Ch. Genei* dans le Rhin, au même point, basée sur l'examen superfi-
ciel d'un seul individu en très mauvais état de conservation.

Enfin, j'ai signalé aussi, plus haut, à propos du *Cyp. jaculus*

[1] Poissons de France, p. 420.
[2] Berichte, 110, taf. 7 et 8, et Süsswasserfische, 220.
[3] Cyp. Livlands, p. 208.

de Jurine (dans l'article *Leuc. rutilus*, p. 503) l'erreur grave
de Mœsch qui, à cause d'une ressemblance de nom spécifique, a
cru pouvoir attribuer le *Ch. Genei*=*Ch. jaculum*.de de Filippi,
à la fois au Rhône, au lac Léman, au Tessin et au Rhin [1].

Cette espèce semble vivre surtout dans les eaux courantes et
mener un genre de vie assez analogue à celui de ses congénères.

LE CHONDROSTOME DU RHONE

SOAFE [2]

CHONDROSTOMA RHODANENSIS, Blanchard.

*D'un gris jaunâtre, olivâtre ou ardoisé, en dessus; jau-
nâtre sur les côtés, avec une bande grisâtre plus ou moins
accentuée au haut des flancs; d'un blanc mat légèrement jaunâtre, en dessous; nageoires inférieures jaunâtres plus ou
moins nuancées d'orangé. Corps assez effilé, à peu près comme
chez le Chondrostome de Gené. Tête conique, assez forte, avec
un nez passablement proéminent. Pas de coin occipital entre
les écailles. Bouche médiocrement large et arrondie en fer à
cheval. Œil moyen. Écailles latérales moyennes, subovales,
légèrement plus hautes que longues, avec un nœud un peu
reculé, et recouvrant seulement un quart environ de l'œil, chez
l'adulte. Écailles pectorales relativement petites. Dorsale pointue, naissant au-dessus du milieu de la base des ventrales.
Anale anguleuse. Caudale médiocrement échancrée, à lobes
acuminés subégaux (Taille moyenne d'adulte: 160 à 175 millimètres).*

Premier sous-orbitaire à peine égal à la moitié de la surface

[1] Thierreich der Schweiz von C. Mœsch (Allg. Besch. und Statistik der
Schweiz, 1869), p. 173.

[2] Selon Blanchard, ce Chondrostome, appelé *Soafe* ou *Seufle* à Lyon,
porterait à Avignon le nom de *Soffio*; j'ai entendu à Dole appeler indistinctement *Soffe* ou *Siffe* de petits Chondrostomes du Doubs et de la
Loue qui, bien que pris ensemble, paraissaient appartenir, les uns au
Ch. Nasus; les autres au *Ch. rhodanensis*.

de l'œil, chez l'adulte ; le quatrième plus long et plus large que le second. Maxillaire supérieur peu différent de celui du Ch. Genei Pharyngiens beaucoup plus arqués ; l'aile, sans échancrure, présentant sa plus grande largeur en face de l'avant-dernière dent ; la corne supérieure très inclinée, relativement courte et simplement retroussée à l'extrémité. Dents, au nombre de six sur chaque cs, assez étroites et effilées.

D. 3/8, A. 3/10, V. 2,8, P. 1/16—17, C. 19 maj.

$$S_q. 57 \ \frac{9-10}{6-7} \ 62.$$

CHONDROSTOMA RHODANENSIS, *Blanchard*, Poissons des eaux douces de la France, p. 420, fig. 108.

Le Chondrostome du Rhône, à l'état adulte, affecte des formes générales assez semblables à celles du Ch. de Gené. Il est plutôt allongé, peu élevé et médiocrement comprimé ; avec un profil supérieur un peu convexe, légèrement voûté sur la nuque, et un profil inférieur un peu raplati sur les faces abdominales. Le dos est faiblement tectiforme, le ventre subarrondi transversalement. La plus grande hauteur devant la dorsale, ou aux $^2/_3$ des pectorales, est chez lui (adulte), à la longueur totale, comme 1 : 5 $^2/_3$ — 5 $^2/_3$ (parfois presque 6). La longueur latérale de la tête est à peu près égale à l'élévation maximale du tronc, ou très légèrement plus petite, soit, à la longueur totale, comme 1 : 5 $^2/_3$ — 5 $^3/_4$. Le diamètre de l'œil est, à la longueur de la tête, comme 1 : 4 $^2/_7$ — 4 $^4/_5$. L'espace préorbitaire est passablement plus grand que l'œil, soit souvent, chez l'adulte, de $^1/_4$ à $^2/_5$ environ de celui-ci. L'espace interorbitaire est de $^1/_2$ environ à $^3/_5$ plus large que le diamètre oculaire.

L'occiput, comme chez l'espèce précédente, ne forme sur le centre aucun prolongement entre les écailles.

Le nez est plus conique que chez le Ch. de Gené et un peu plus proéminent, soit dépasse la bouche d'une longueur généralement un peu plus forte que la moitié de la largeur de celle-ci.

La bouche, franchement inférieure est médiocrement large et arrondie en fer à cheval.

Les pharyngiens forment un arc beaucoup plus recourbé que chez le *Ch. Genei* ; de telle manière que, l'os reposant sur l'aile par sa face postérieure et la tranche inférieure étant ainsi soulevée, l'extrémité de la corne supérieure arrive jusqu'au bord de la couronne de la quatrième dent à partir du haut, quand l'on regarde verticalement en dessus. L'aile, bien développée et prolongée sans échancrure jusqu'au delà des dents, est ici un peu plus convexe sur la tranche, et surtout présente sa plus grande largeur notablement plus haut, soit en face de l'avant-dernière dent. La corne supérieure fortement inclinée en avant, médiocrement allongée, relativement mince et simplement retroussée à l'extrémité. La branche inférieure relativement courte, peu tordue et présentant, au côté interne, une crête très développée.

Les dents, au nombre de six sur chaque os, présentent généralement, les supérieures surtout, une couronne plus longue et plus effilée que chez l'espèce précédente, avec une base relativement moins épaisse.

La meule, purement cartilagineuse, est aplatie, de forme elliptique, légèrement creusée dans le milieu, subconique en avant et faiblement échancrée au côté postérieur.

Le maxillaire supérieur est assez semblable à celui du *Ch. Genei*, bien que plutôt plus petit et un peu moins arqué que chez des individus de même taille de cette espèce, avec un coude postérieur volontiers légèrement plus haut ou moins descendant, soit à tranche peut-être légèrement moins oblique.

Les sous-orbitaires sont au nombre de cinq : le premier quasi pentagonal, un peu plus long que haut et d'une surface environ $^2/_5$ de celle de l'œil; le quatrième passablement plus long et plus large que le second.

Dorsale naissant en face du milieu de la base des ventrales et au milieu de la longueur du poisson sans la caudale ; à l'exception de cette petite différence de position, assez semblable à la nageoire correspondante chez l'espèce précédente, comme formes et proportions, avec le même nombre de rayons 3/8.

Anale rappelant assez celle du Ch. de Gené par sa position eu égard à la dorsale et à la caudale, et de formes et proportions assez semblables, bien que relativement un peu plus étroite quant à la base relativement à sa hauteur, avec le même nombre de rayons 3/10.

Ventrales et pectorales à peu près comme chez l'espèce précédente : les premières rabattues parfois un peu plus voisines de l'anus, avec 2/8 rayons ; les secondes égales à la hauteur de la dorsale ou légèrement plus longues, avec 1/16-17 rayons. (Une différence de sexe entraîne souvent de pareilles différences dans ces rapports.)

Caudale égale à la longueur de la tête ou légèrement plus grande, soit, à la longueur totale du poisson, comme $1 : 5\,^1/_{10}$ — $5\,^1/_2$; comme chez l'espèce précédente, moyennement échancrée, avec des lobes acuminés, subégaux et légèrement convexes sur la tranche.

Écailles latérales moyennes (au-dessus de la ligne latérale, un peu en arrière du bout des pectorales), sensiblement plus petites que chez les Ch. de Gené, chez des sujets de même taille, légèrement plus hautes que longues, arrondies au bord libre et sur les côtés, subanguleuses et faiblement découpées, soit quasi arrondies au bord fixe, et d'une surface à peu près égale à $^1/_4$ de celle de l'œil. Le nœud reculé aux $^2/_5$ de l'écaille environ, du côté du bord fixe ; des rayons, d'ordinaire au nombre de 5 à 9, gagnant, de ce point, la partie moyenne du bord libre. Les écailles pectorales plus longues que hautes, subovales, coniques au bord libre, avec un nœud très reculé et d'une surface égale environ à un quart des précédentes.

Dix, plus rarement neuf, squames au-dessus de la ligne latérale, et six, plus rarement sept, au-dessous, jusqu'aux ventrales.

Ligne latérale à peu près comme chez l'espèce précédente, bien que parfois un peu plus haute. Les squames moyennes un peu plus carrées que leurs voisines supérieures, avec un tubule relativement étroit parcourant environ la moitié de l'axe longitudinal et demeurant à peu près également distant des deux bords. 57 à 62 squames tubulées sur cette ligne.

Coloration rappelant assez celle de l'espèce précédente : les faces supérieures d'un gris jaunâtre, où d'un olivâtre doré, ou d'un ardoisé-verdâtre tournant facilement au bleuâtre dans l'alcool ; les flancs d'un argenté jaunâtre et couverts dans le haut d'un léger pointillé noirâtre, les faces inférieures d'un blanc mat ou légèrement jaunâtres. Une large bande grisâtre, plus ou moins apparente, parfois à peine perceptible, sur les côtés entre le dos et la ligne latérale. Dorsale et caudale grisâtres ou d'un verdâtre pâle, la dernière parfois un peu lavée de brun jaunâtre. Anale, ventrales et pectorales d'un jaunâtre pâle, parfois légèrement mâchurées. Iris argenté doré.

Dimensions : les quatre individus que j'ai étudiés de ce Chondrostome du Rhône, variaient entre 162 et 173 millimètres de longueur totale ; deux d'entre eux, les plus grands, introduits dans l'aquarium de M. Covelle, n'ont pas sensiblement grandi, pendant deux ans qu'ils ont vécu. Bien que la captivité ait pu ralentir leur développement, ceux-ci étaient, à leur mort, âgés alors de cinq ans au moins, à la livrée près, en tout semblables aux deux sujets que j'avais examinés très vite après leur capture dans les environs de Lyon. Selon les pêcheurs du Rhône, ce poisson, qu'ils nomment *Soafe,* atteindrait à des proportions un peu supérieures à celles que j'ai constatées ici. Quoique Blanchard ne parle pas des dimensions de son espèce, reconnaissant avec cet auteur bien des rapports de formes entre celle-ci et le *Ch. Genei,* et constatant chez mes sujets tous les traits distinctifs de poissons adultes, je suppose cependant que le *Ch. rhodanensis* doit, comme ce dernier, rester dans des proportions toujours très inférieures à celles du Nase ; il ne dépasserait guère 25^{mm} de longueur totale, avec un poids de $^1/_4$ à $^1/_3$ de livre, selon quelques pêcheurs.

Mâles ornés, au moment des amours, de petits tubercules sur les faces supérieures.

Péritoine noir. De petites pseudobranchies pectiniformes derrière le quatrième sous-orbitaire.

Le Chondrostome de petite taille et de provenance du Rhône que je crois devoir rapporter au *Ch. rhodanensis* de Blanchard diffère complètement du *Ch. Nasus* par plusieurs caractères tirés des formes générales, du développement de l'occipital, des pharyngiens, des dents, de la bouche, du maxillaire, des sous-orbitaires, des écailles et des nageoires ; et l'on ne peut pas arguer de la taille plus réduite, pour attribuer ces dissemblances à une question d'âge, car, outre que ces premières différences se reconnaissent déjà chez le Nase même très jeune encore, il importe de constater que les rapports de proportions que soutiennent avec l'œil les espaces préorbitaires et interorbitaires, chez des sujets de même taille, indiquent ici un âge beaucoup plus avancé, voire même des individus parfaitement adultes.

Mais si la confusion avec le *Ch. Nasus* n'est pas possible, il peut paraître, au premier abord, plus difficile de distinguer toujours le *Ch. rhodanensis* de Blanchard, du *Ch. Genei* de Bonaparte, avec lequel il a extérieurement bien des points de ressemblance, notamment dans les formes générales et la livrée. De Siebold [1] et Günther [2], en attribuant au Rhône le Ch. de Gené, semblent en particulier avoir méconnu les caractères qui peuvent permettre de séparer spécifiquement le premier du second.

Blanchard n'a relevé de différences entre ces deux espèces que dans le nombre et la forme des dents. Une comparaison plus attentive m'a fait constater, chez des sujets de même taille, d'autres dissemblances assez importantes sur plusieurs points : dans les rapports de l'œil et de la tête, dans les proportions un peu plus fortes du nez et de l'espace préorbitaire ; dans la courbure bien plus accentuée des os pharyngiens, ainsi que dans les formes plus arrondies de l'aile et moins recourbées de la corne supérieure de ceux-ci ; dans la position de la dorsale ; enfin, dans la forme plus élevée et les dimensions plus réduites des écailles.

Malgré les rapports extérieurs qu'il présente, ainsi que l'espèce précédente, avec le Blageon *Sq. Agassizii* et le *Rysela*, bâtard de celui-ci et du Nase, particulièrement dans ses formes élancées et sa bande grise latérale, le Ch. du Rhône offre cependant assez de caractères propres importants pour n'être pas aisément confondu avec ces deux poissons.

Les Chondrostomes que je rapporte au *Ch. rhodanensis* ne différaient guère entre eux que par la coloration des faces dorsales, plus verdâtre ou jaunâtre chez les uns, plus ardoisée chez les autres. Je ne crois du reste pas devoir attacher une grande

[1] Süsswasserfische, p. 232.
[2] Catal. of Fishes, VII, p. 274.

importance à une petite dissemblance dans la livrée qui peut
tenir aux époques de capture et à des conditions de milieu un
peu différentes.

Au temps des amours, ce petit Chondrostome, que les pêcheurs
connaissent sous le nom de *Soafe*, remonte en rangs serrés le
courant du Rhône et vient, paraît-il, en assez grande quantité
jusque près de la perte de ce fleuve, dans les environs de Bellegarde. L'auteur des Poissons des eaux douces de la France parle
du Rhône à Lyon et à Avignon et des rivières Ouvèze et Durance,
tributaires de ce fleuve[1]; mais il est probable que cette espèce
arriverait aussi jusqu'au Léman, si elle n'était, comme tant
d'autres, arrêtée par la perte du Rhône, non loin de nous.

[1] Ayant passé, pendant l'impression de ces pages, à Arc et Senans près
de Dole, en France, et ayant eu l'occasion d'y voir bon nombre des
poissons qui, dans la Loue (tributaire du Rhône par le Doubs et la Saône),
portent le nom de *Siffes* et de *Soffes*, je ne veux pas négliger de constater
ici que ces Chondrostomes, dont plusieurs répondaient exactement à la
description du *Ch. rhodanensis* par Blanchard, vivent volontiers et sont
généralement confondus, soit avec des jeunes de même taille du *Ch. Nasus*,
soit avec des bâtards divers du Nase, qui ne paraissent pas rares dans la
localité. Bien qu'il ne m'ait pas été possible de faire sur les lieux un
examen comparatif bien approfondi de ces poissons, j'ai cependant pu
extraire rapidement quelques paires de pharyngiens, qui me portent à
croire que les deux Chondrostomes *Nasus* et *rhodanensis* doivent produire,
dans certaines circonstances, des formes mixtes variées susceptibles
d'amener une grande confusion dans la distinction spécifique de leurs
espèces mères. En effet, les petits Chondrostomes de 170 à 250^{mm} que
j'ai vus là, quoique tous d'un olivâtre doré en dessus, jaunâtres sur les
flancs et blancs en dessous, quelques-uns avec une légère indication de
bande latérale, portaient cependant des dents en nombres variables et
plus ou moins effilées, avec une corne supérieure des pharyngiens, plus ou
moins inclinée, tantôt bien élargie à l'extrémité, tantôt simplement
retroussée, ou encore de forme intermédiaire. Il me paraît donc probable
qu'il y avait là, parmi ces poissons pris tous ensemble, des représentants
d'espèces voisines confondues avec des produits hybrides et voyageant de
concert, pour aller frayer côte à côte dans les mêmes eaux mortes qui
bordent la rivière en question.

(Avec une forme hybride et deux espèces (entre parenthèses) jusqu'ici citées à tort comme indigènes en Suisse.)

ORDRE	FAMILLE	GENRES	ESPÈCES		Pages
PHYSOSTOMI Les rayons des nageoires articulés et, pour la plupart, divisés au sommet. Maxillaire supérieur séparé de l'intermaxillaire. Pharyngiens inférieurs séparés. Ventrales reculées, quand elles existent. Corps nu, ou recouvert d'écailles généralement lisses ou cycloïdes.	CYPRINIDÆ Intermaxillaire composant seul le bord de la mâchoire supérieure. Ouïes fendues jusqu'à la gorge. Bouche dépourvue de dents. Pharyngiens inférieurs par contre armés de dents de formes diverses. Vessie aérienne reliée à l'œsophage et étranglée en deux parties. Corps plus ou moins écailleux. Tête nue. Une seule dorsale. Ventrales abdominales.	CYPRINUS : Bouche terminale, avec deux barbillons de chaque côté. Dorsale à base longue, naissant au-dessus des ventrales, anale à base courte; les deux avec un gros rayon osseux dentelé. Dents pharyngiennes tuberculeuses, déprimées et sur 3 rangs : 1, 1, 3—3, 1, 1.	Corps o' long ; dos assez voûté. Barbillon angulaire assez long. Écailles grandes, bordées de noirâtre. Dorsale concave ou sinueuse. Anale subcarrée, à base moindre que le tiers de celle de la dorsale. Caudale assez échancrée. A. 3/5—6.	*Cyp. Carpio.*	171
		Hybride : Carasso-Cyprinus.............	Barbillons très petits ou absents. Corps médiocrement élevé. Dents en calice, sur un ou deux rangs : 3—3 à 1,4—4,1.	(C. Cyp. vulgo-Carpio)	198
		CARASSIUS : Bouche terminale, sans barbillons. Dorsale à base longue, naissant au-dessus des ventrales, anale à base courte; les deux avec un grand rayon osseux dentelé. Dents pharyngiennes en spatule et sur un rang : 1—1.	Corps court, très élevé et comprimé. Écailles grandes. Dorsale convexe à rayon osseux long. Anale convexe, à base plus grande que le tiers de la dorsale. Caudale faiblement échancrée. A. 3/5—7.	(Car. vulgaris) ...	202
			Corps oblong plus ou moins ramassé. Écailles grandes. Dorsale oblique à rayon osseux relativement court. Anale subconvexe à base normalement plus grande que le tiers de la dorsale. Caudale bien échancrée. Olivâtre ou rouge doré et très variable. A 2—3/5.	(Car. auratus) ...	205
		TINCA : Bouche terminale, avec un petit barbillon de chaque côté. Dorsale et anale à base courte, sans gros rayon osseux; la première naissant au-dessus des ventrales, Dents en massue et sur un rang : 5—4 vel (4—5 vel 5—5).	Corps oblong, plutôt court, épais en avant et un peu renflé à l'origine de la caudale peu ou pas échancrée. Écailles allongées, mais très petites. Dorsale et anale semblables, plus hautes que longues et convexes. A. 3—4/6—8.	*T. vulgaris.*.	210
		BARBUS : Bouche inférieure, avec deux barbillons de chaque côté. Dorsale et anale à base courte; la première au-dessus des ventrales, la seconde sans gros rayon osseux. Dents en cuiller et sur trois rangs : 2, 3, 5—5, 3, 2.	Corps allongé, assez épais. Museau bien prolongé et un peu déprimé en dessus, avec deux barbillons relativement longs. Dorsale très déclive, légèrement plus grande que l'anale et presque égale à la caudale, avec un grand rayon fortement dentelé. Écailles plutôt grandes. Ligne lat. 55—61.	*B. fluviatilis*	231
			Corps médiocrement allongé, un peu voûté. Museau médiocrement prolongé et subconvexe, avec deux barbillons relativement longs. Dorsale médiocrement déclive, au plus égale à l'anale et notablement plus courte que la caudale, avec un grand rayon relativement finement dentelé. Écailles moins grandes. L. lat. 66—75.	*B. plebejus.*.	253
			Corps oblong assez épais en avant. Museau convexe, relativement peu prolongé. Le barbillon antérieur court. Dorsale peu déclive, avec le grand rayon non dentelé. Anale plus grande que la dorsale et la caudale. Écailles grandes. L. lat. 48—53. (Taille relativement petite.).	*B. caninus.*.	265
		GOBIO : Bouche subinférieure, avec un barbillon de chaque côté. Dorsale et anale à base courte, sans grand rayon osseux; la première au-dessus des ventrales. Dents en crochet au sommet et sur deux rangs : 2 vel 3, 5—5, 2 vel 3 (vel 4, 6—5, 3 vel 2. 5—4. 2).	Corps fusiforme, légèrement tétragone. Œil élevé, mais latéral. Museau obtus. Écailles minces et grandes, avec de nombreux rayons. Quelques grandes taches bleuâtres ou noirâtres le long de la ligne latérale. Anale notablement moins haute que la dorsale A. 3/6—7.	*G. fluviatilis*	280
		RHODEUS : Bouche sub-terminale, sans barbillons. Dorsale et anale à base moyenne et sans grand rayon osseux; la première un peu en arrière des ventrales. Dents en couteau et sur un rang : 5—5.	Corps plutôt court, voûté en avant, rétréci en arrière. Museau arrondi. Dorsale et anale semblables. Écailles grandes. Lig. latérale incomplète. Une bande longitudinale verte ou bleue, sur le côté du pédicule caudal. D. 3/9—10. (Taille très petite).	*Rh. amarus.*	302

PHYSOSTOMES. — TABLEAU SYNOPTIQUE DES CYPRINIDÉS SUISSES. II.

(Avec quatre formes hybrides et trois espèces (entre parenthèses) jusqu'ici inconnues en Suisse ou citées à tort dans le pays.)

Famille des CYPRINIDÆ (voyez tableau I)

GENRES	ESPÈCES	
ABRAMIS ; Bouche subterminale ou inférieure, sans barbillons. Dorsale à base étroite, en arrière des ventrales. Anale à base longue. Dos voûté, avec une ligne nue en avant. Ventre pincé en arête nue en arrière des ventrales. Dents en serpe et sur un rang : 5—5.	Corps oblong, élevé. Bouche subterminale, museau obtus. Écailles lat. assez grandes. Anale longue, naissant un peu en avant du dernier rayon de la dorsale. Caudale profondément échancrée ; le lobe inférieur de beaucoup le plus long. A. 3/23—28.	*Ab. Brama* ....
	Corps oblong, plutôt allongé. Bouche inférieure; nez proéminent. Écailles dorsales postérieures formant une arête sur la ligne médiane. Anale assez longue, naissant sensiblement en arrière de la dorsale. Lobes caudaux quasi-égaux. A. 3/17—22.	(Ab. Vimba) ....
	Corps oblong, très comprimé. Bouche oblique. Écailles latérales moyennes. Anale très longue, naissant un peu en arrière du centre de la dorsale. Lobes caudaux inégaux. A. 3/36—43.	(Ab. Balerus) ......
Hybride : Leucisco-Abramis.....	Bouche terminale. Museau arrondi. Ligne dorsale antérieure plus ou moins régulièrement écailleuse. Arête ventrale couverte d'écailles. Anale à peine en arrière de la dorsale. Lobes caudaux subégaux. Dents en serpe et sur un rang : 5 ou 6 — 5.	(L. Ab. rutilo-Brama) ..
BLICCA : Bouche subterminale, sans barbillons. Dorsale à base étroite, en arrière des ventrales. Anale à base longue. Dos voûté avec une ligne nue en avant. Ventre pincé en arête nue en arrière des ventrales. Dents onguiformes et sur deux rangs : 2, 5—5, 2, *vel* 1, 5—5, 1, *vel* 3, 5—5, 3, *vel* 2, 6 – 5, 2.	Corps court, élevé et comprimé. Écailles assez grandes, avec des rayons médiocrement apparents. Anale naissant sous le dernier rayon de la dorsale. Lobes caudaux un peu inégaux. Ligne latérale joignant la caudale au-dessous du milieu : Sq 43—49.	*Bl. Björkna* ...
	Corps médiocrement élevé. Écailles moyennes ou relativement petites, avec des rayons bien apparents. Anale naissant sous le dernier rayon dorsal. Lobes caudaux subégaux. Ligne latérale joignant la caudale au milieu : Sq. 52—53.	(Bl. intermedia) .....
Hybrides (Scardo-Blicca .... / Leucisco-Blicca	Bouche oblique. Museau médiocrement épais. Corps assez élevé. Arêtes dorsale et ventrale généralement écailleuses. Dents méd. allongées, franchement pectinées et sur deux rangs : 2,5 —5,3 *vel* 5,2, *vel* 3,6—5,3.	*Sc.-Bl. erythro Björkna*.....
	Bouche médiocrement oblique. Museau très épais. Corps médiocrement élevé. Arêtes dorsale et ventrale écailleuses. Dents onguiformes et faiblement pectinées, sur un ou sur deux rangs : 5—5, *vel* 2,6—5,2, *vel* 6—5, *vel* 1,6—, *vel* 1,5—, (*vel* 3,5—).	(L.-Bl. rutilo-Björkna) .
SPIRLINUS : Bouche terminale, suboblique, sans barbillons. Dorsale à base courte, un peu en arrière des ventrales. Anale à base assez longue. Dos voûté, sans ligne nue. Une arête nue en arrière des ventrales. Dents en ongle crochu au sommet et sur deux rangs : 2, 5—4, 2 *vel* (2, 4 *vel* 5, 2).	Corps oblong, assez élevé, voûté et comprimé ; d'ordinaire de petites macules noirâtres de chaque côté de la ligne latérale. Symphyse du maxillaire inférieur peu saillante. Écailles plutôt grandes, faiblement rayonnées. Anale naissant sous lo ou les derniers rayons de la dorsale, à base à peu près égale à la hauteur de celle-ci ou un peu plus forte : A. 3/12—17.	*Sp. bipunctatus.*
ALBURNUS : Bouche subterminale, oblique, s'ouvrant plus ou moins en dessus et sans barbillons. Dorsale à base courte, bien en arrière des ventrales. Anale à base assez longue. Dos quasi droit, sans ligne nue. Une arête nue en arrière des ventrales. Dents allongées, franchement pectinées et sur deux rangs : 2, 5—5, 2.	Corps en fuseau, légèrement voûté à la nuque. Tête moyenne. Mâchoire infér. proéminente ; symphyse saillant en crochet. Écailles moyennes, faiblement rayonnées. Anale naissant sous les derniers rayons de la dorsale, à base plus longue que la hauteur de celle-ci. A.3/15—2).	*Alb. lucidus*....
	Corps en fuseau, avec une bande grise sur les flancs. Ligne dorsale droite. Tête forte. Mâchoire inférieure très proéminente, saillant en crochet à la symphyse. Écailles moyennes faiblement rayonnées. Anale naissant sous le dernier rayon de la dorsale, à base à peu près égale à la hauteur de celle-ci. A. 3/13—16.	*Alb. alborella*....
Hybrides (Squalio-Alburnus .... / Scardo-Alburnus.....	Bouche terminale suboblique. Corps fusiforme élancé. Arête ventrale généralement écailleuse. Écailles, avec des rayons très apparents. Dorsale en arrière des ventrales. Anale à base relativement courte, peu déclive et légèrement en arrière de la dorsale. A. 3.10—16. Dents pectinées et sur deux rangs. 2,5—5,2.	(Sq.-Alb. cephalo-lucidus).
	Bouche très oblique. Corps assez allongé. Arête ventrale généralement écailleuse. Écailles à rayons très apparents. Dorsale en arrière des ventrales. Anale, sous le dernier rayon de la dorsale, à base relativement courte et très déclive. A. 3/14. Dents pectinées et sur deux rangs : 2,5—4,2 *vel* (—5,3).	(Sc.-Alb. erythro-lucidus) .

PHYSOSTOMES.

TABLEAU SYNOPTIQUE DES CYPRINIDÉS SUISSES. III.

(Avec une forme hybride et une espèce (entre parenthèses) jusqu'ici inconnues ou citées à tort en Suisse.)

GENRES	ESPÈCES		Pages
SCARDINIUS : Bouche terminale, oblique, sans barbillons. Dorsale et anale à base courte : la première en arrière des ventrales. Arêtes dorsale et ventrale écailleuses. Dents allongées, très pectinées et sur deux rangs : 3,5—5,3.	Corps plutôt ramassé, assez élevé et comprimé. Museau tronqué. Écailles grandes, se recouvrant beaucoup, anguleuses et échancrées au bord fixe. Anale naissant légèrement en arrière du dernier rayon dorsal, à base à peu près égale à celle de la dorsale. Caudale assez profondément échancrée, à lobes subarrondis. D. 3/8—10 ; A. 3 10—12. Ligne latérale 40—43.	*Scard. erythrophthalmus*........	457
Hybride : Leucisco-Scardinius	Corps médiocrement comprimé. Dorsale au-dessus des ventrales. Écailles grandes. Dents pincées, pectinées, sur un ou deux rangs : 5—5, *vel* 6—5,1, *vel* 1,5—5,2, *vel* 1,5—5.	(L. Sc. rutilo-erythrophthalmus)	474
LEUCISCUS : Bouche terminale ou subinférieure, sans barbillons. Dorsale et anale à base courte ; la première naissant au-dessus des ventrales. Dos et ventre sans ligne une. Dents ramassées, recourbées, un peu ou pas pectinées et sur un rang : 6 ou 5—5 ou 6.	Corps oblong, médiocrement élevé et comprimé. Museau conique. Bouche terminale. Écailles assez grandes et bien découpées au bord fixe. Anale, un peu en arrière de la dorsale, à peu près aussi longue que haute. Caudale assez profondément échancrée, à lobes subacuminés. Dents un peu pectinées. D. 3/9—11 ; A. 3/9—13. Ligne latérale 40—46.	*Leuc. rutilus*....	479
	Corps plutôt long. Museau conique. Bouche subinférieure. Écailles grandes, un peu découpées au bord fixe. Anale bien en arrière de la dorsale, un peu plus longue que haute ou égale dans les deux sens. Caudale assez profondément échancrée, à lobes assez acuminés. Dents faiblement pectinées. D. 3/9—10(11) ; A. 3/(10)11—12. Ligne latérale 46—51.	*Leuc. pigus*.....	511
	Corps oblong, assez épais ; volontiers une bande grise sur les flancs. Museau obtus. Bouche terminale. Écailles grandes, assez anguleuses et découpées au bord fixe. Anale bien en arrière de la dorsale, un peu plus haute que longue. Caudale à lobes subacuminés, un peu écailleuse à la base. Dents un peu pectinées. D. 3/8—9 ; A. 3/8—10. Lig lat. : 37—42(46).	*Leuc. aula*......	535
IDUS : Bouche terminale, sans barbillons. Dorsale et anale à base courte ; la première naissant au-dessus des ventrales. Dos et ventre sans ligne une. Dents un peu crochues au sommet, non pectinées et sur deux rangs : 3,5—5,3.	Corps oblong, un peu voûté et assez épais. Bleu-noirâtre ou orangé-rougeâtre. Tête assez massive. Bouche petite. Écailles moyennes, subcarrées et découpées au bord fixe. Anale quasi-carrée, sensiblement en arrière de la dorsale, avec une tranche droite, comme celle-ci. Caudale assez échancrée, à lobes subacuminés. D. 3/8—9 ; A. 3/10—12. Ligne latérale 54—59.	(Id. *melanotus*).......	550
SQUALIUS : Bouche terminale ou subinférieure, sans barbillons. Dorsale et anale à base courte ; la première naissant au-dessus des ventrales. Dos et ventre sans ligne une. Dents crochues au sommet, pectinées ou non et sur deux rangs : 2,5—5,2 *vel* 2,5—4,2.	Corps oblong, relativement peu élevé et assez épais. Tête large. Museau obtus. Bouche assez grande. Écailles assez grandes et subarrondies. Dorsale peu déclive, naissant un peu en arrière de l'origine des ventrales. Anale subcarrée et convexe sur la tranche, assez en arrière de la dorsale. Caudale plutôt courte et médiocrement échancrée. Dents un peu pectinées. D. 3/8—9. Ligne latérale 42—49.	*Sq. cephalus*......	557
	Corps un peu plus élevé et comprimé. Tête moins large et plus conique. Écailles un peu plus anguleuses. Dorsale plus déclive. Caudale un peu plus longue et plus échancrée. Dents un peu pectinées. D. 3/8—9. Ligne latérale 43—49.	*Sq. cavedanus* .subsp............	576
(Suite du genre au Tableau IV.)	Corps oblong, médiocrement élevé et comprimé. Tête relativement petite. Museau subconique. Bouche plutôt petite. Écailles moyennes et subcarrées. Dorsale assez déclive, naissant sur l'origine des ventrales. Anale concave sur la tranche, naissant au-dessous du bout de la dorsale couchée. Caudale moyenne, bien échancrée, à lobes assez aigus. Dents non pectinées. D. 3/7—(8). Ligne latérale, 47-53.	*Sq. Leuciscus*	582

PHYSOSTOMES.

TABLEAU SYNOPTIQUE DES CYPRINIDÉS SUISSES. IV.

(Avec deux espèces (entre parenthèses) citées jusqu'ici à tort en Suisse.)

GENRES	ESPÈCES		Pages
SQUALIUS (suite). (Voyez Tableau III).	Corps fusiforme, médiocrement comprimé, avec une bande grise ou noirâtre plus ou moins accentuée sur les flancs. Tête moyenne, assez large. Museau légèrement proéminent. Bouche subinférieure. Écailles subarrondies, relativement petites. Dorsale droite sur la tranche. Anale naissant sous l'extrémité de la dorsale rabattue, quasi-droite ou un peu convexe sur la tranche. Caudale moyenne, assez échancrée, à lobes subacuminés. Dents un peu pectinées. D. 2—3/7—9. Lig. lat. 48—60.	*Sq. Agassizii*	60?
	Corps plus trapu ; la bande latérale bien accentuée. Tête plus ramassée. Museau obtus, moins proéminent. Écailles un peu plus carrées. Dorsale légèrement convexe. Anale un peu plus élevée. Caudale à lobes plutôt subarrondis. Dents faiblement pectinées. D. 3/8—9 Lig. lat. 44—51(60).	*Sq. Savignyi* subsp.	62?
PHOXINUS : Bouche terminale, sans barbillons. Dorsale et anale à base courte ; la première naissant en arrière des ventrales. Ligne latérale incomplète. Dents un peu crochues au sommet, non pectinées et sur deux rangs : 2,5—1,2 vel (2,4—4,2).	Corps oblong, subcylindrique. Tête forte. Museau obtus. Bouche oblique. Écailles faisant souvent défaut par places, très petites et subarrondies, avec des stries et des rayons lâches. Dorsale et anale à tranche convexe, et semblables ; la seconde naissant au-dessous du dernier rayon de la première. Caudale médiocrement échancrée, à lobes subarrondis. D. 3/7—8. Lig. lat. 0—90. (Taille petite.)	*Ph. lævis*	63?
CHONDROSTOMA : Bouche inférieure, transverse, sans barbillons ; lèvres dures et tranchantes. Dorsale et anale à base courte ; la première au-dessus des ventrales. Dents en couteau plus ou moins effilé et sur un rang : 5 ou 6 ou 7—7 ou 6 ou 5.	Corps oblong, médiocrement élevé et comprimé. Bouche très large et quasi-droite. Nez bien proéminent. Écailles de moyenne dimension. Dorsale médiocrement acuminée. Anale légèrement plus haute que longue. Corne supérieure des pharyngiens terminée en large palette ; l'aile avec une petite échancrure au-dessous de sa plus grande largeur. Dents effilées 6—6(7). A. 3/9—11.	*Chond. Nasus*	67?
	Corps oblong, assez élevé et comprimé. Bouche assez large et un peu arquée. Nez médiocrement proéminent. Écailles plutôt grandes. Dorsale acuminée. Anale à peu près égale en longueur et hauteur. Corne des pharyngiens en palette ; l'aile légèrement échancrée. Dents effilées 7—7(6). A. 3/11—18.	*Ch. Soetta*	69?
	Corps oblong, assez effilé, avec une large bande grise sur les flancs. Bouche médiocrement large et arrondie. Nez relativement peu proéminent. Écailles relativement petites. Dorsale pointue. Anale légèrement plus haute que longue. Corne des pharyngiens assez inclinée, fortement recourbée à l'extrémité ; l'aile, sans échancrure, large surtout devant la dernière dent. Dents médiocrement effilées, un peu recourbées 5—5(6). A. 3/8—10.	(*Ch. Gonoi*)	73?
	Corps assez effilé, souvent une légère bande grisâtre sur les flancs. Bouche méd. large et arrondie. Nez assez proéminent. Écailles plus petites encore. Anale légèrement plus haute que longue. Corne des pharyngiens très inclinée et retroussée à l'extrémité ; l'aile, sans échancrure, large surtout en face de l'avant-dernière dent. Dents assez effilées 6—6. A. 3/10.	(*Ch. rhodanensis*)	74?
Hybrides : Squalio-Chondrostoma	Bouche inf. assez grande et largement arrondie. Corps oblong, médiocrement ou peu élevé et moyennement comprimé. Écailles de moyennes dimensions : Lig. lat. 49—52. Dents en serpe ou en couteau, plus ou moins recourbées, sur un ou deux rangs : 1,6—5,1 vel 6—5.	*Sq. Ch. cephalo-Nasus*	70?
	Bouche inf. moyenne et arrondie en fer à cheval. Corps oblong et peu élevé. Écailles relativement petites : Lig. lat. 56—60. Dents en serpe ou en couteau, plus ou moins recourbées et sur un ou deux rangs : 6—5 à 1,6—5,1, *rarius* 5—5.	*Sq. Ch. Agasso-Nasus*	72?

i = importé et privé; *i* — = importé, mais aujourd'hui libre et assez répandu.

ESPÈCES	RHIN — Fleuve et environs depuis Bâle jusqu'à la chute.	LACS — principaux et tributaires du Rhin sous la chute : lacs de Neuchâtel, Thun, Lucerne, Zurich, etc. Anr. Rouss, Limmat, Thur, etc.	RHIN — au-dessus de la chute.	Lac de Constance, fleuve et affluents.	RHONE — au-dessus de la perte.	Lac Léman, fleuve et affluents.	TESSIN — rivière et affluents.	Lacs de Lugano et Majeur.	INN — en Engadine au-dessus de 1000 m., rivière et petits lacs.	DOUBS* — tributaire, par la Saône, du Rhône, sous la perte. Frontière N.-O. depuis 400 m.
Perca fluviatilis	▬	▬	▬	▬		▬	▬			▬
Acerina cernua	▬		▬	▬						
Gast. gymnurus	▬									
Cottus Gobio	▬	▬	▬	▬		▬			▬	▬
Gobius fluviatilis										
Cyprinus Carpio	▬	▬	▬	▬		▬	▬		*i*	▬
Tinca vulgaris	▬	▬	▬	▬		▬	▬		*i*	▬
Barbus fluviatilis	▬	▬					▬			▬
» plebejus							▬			
» caninus							▬			
Gobio fluviatilis	▬	▬	▬	▬	▬	▬	▬			▬
Rhodeus amarus	▬	▬	▬	▬			▬			▬
Abramis Brama	▬	▬	▬	▬		▬	▬			▬
Blicca Björkna	▬	▬	▬	▬		▬	▬			▬
Spirlinus bipunctatus	▬	▬	▬			▬	▬			
Alburnus lucidus	▬	▬	▬	▬		▬	▬			▬
» alborella sp.?							▬			▬
Scard. erythrophthalmus	▬	▬	▬	▬	▬	▬	▬		*i*	▬
Leuciscus rutilus	▬	▬	▬	▬		▬	▬			▬
» pigus							▬			
» aula							▬			
Squalius cephalus	▬	▬	▬	▬		▬	▬			▬
» cavedanus subsp.	ç						▬			▬
» Leuciscus	▬	▬	▬	▬		▬	▬			▬
» Agassizii	▬	▬	▬	▬?			▬			▬
» Savignyi subsp.							▬			
Phoxinus lævis	▬	▬	▬	▬		▬	▬		▬	▬
Chondrostoma Nasus	▬	▬	▬	▬		▬				▬
» Soetta							▬			

Bien que quelques poissons ne remontent pas toujours au même niveau dans nos diverses rivières, plus ou moins accidentées, le tableau suivant des élévations auxquelles atteignent nos espèces peut cependant permettre d'établir, avec assez d'exactitude, par comparaison avec celui-ci, la liste des habitants de nos lacs de second ordre, à des hauteurs différentes.

* Je crois devoir rappeler que je n'ai pas fait, dans ma *Faune suisse*, une étude spéciale des poissons du *Doubs*, considérant que cette rivière, purement limitrophe, m'entraînerait dans un bassin (Saône et Rhône inférieur) d'un régime hydraulique tout à fait étranger à notre pays.

Je ne cite donc ici le Doubs, sur nos frontières, que pour montrer, parmi nos espèces, celles dont est privé le bassin du Léman par la *perte du Rhône* à Bellegarde.

ÉLÉVATIONS AUXQUELLES ATTEIGNENT LES POISSONS EN SUISSE (au-dessus de la mer). — PART. I.

(Les petites barres, après une interruption, indiquent des importations. (?) = citation douteuse. ? = données insuffisantes.)

ESPÈCES	200 mètres	400 m.	600 m.	800 m.	1000 m.	1200 m.	1400 m.	1600 m.	1800 m.	2000 m.	2200 m.	2400 m.	260
Perca fluviatilis							(?)						
Acerina cernua													
Gasterosteus gymnurus													
Cottus Gobio													
Gobius fluviatilis													
Cyprinus Carpio													
Tinca vulgaris													
Barbus fluviatilis													
» plebejus		?											
» caninus		?											
Gobio fluviatilis													
Rhodeus amarus													
Abramis Brama													
Blicca Björkna													
Spirlinus bipunctatus													
Alburnus lucidus							(?)						
» alborella sp.?		?											
Scardinius erythrophthalmus					(?)								
Leuciscus rutilus													
» pigus		?											
» aula		?											
Squalius cephalus													
» cavedanus subsp.		?											
» Leuciscus													
» Agassizii													
» Savignyi subsp.		?											
Phoxinus lævis													
Chondrostoma Nasus													
» soetta		?											

Les espèces propres au Tessin semblent s'élever bien moins haut au sud qu'au nord des Alpes dans notre pays : premièrement, parce qu'elles n'y rencontrent pas, sur le parcours des rivières, des lacs échelonnés facilitant leur accès et leur habitat à différents niveaux ; secondement, parce que les courants y sont encore très voisins de leurs sources glaciaires. Ajoutons à ces premières raisons indéniables que, si les limites des niveaux au sud sont ici accompagnées d'un point de doute ?, c'est qu'il m'a toujours été beaucoup plus difficile de suivre les pérégrinations de nos poissons au sud qu'au nord, et que les auteurs se sont jusqu'ici occupés de la question des élévations. Ce tableau pourrait donc être utilement complété par des observations minutieuses dans nos eaux tessinoises.

ÉPOQUES DE FRAI DES POISSONS, EN SUISSE, DANS DIFFÉRENTES CONDITIONS. — PART. I.

petite barre après des points indique des pontes, ou exceptionnellement tardives, comme chez les *Gast. gymnurus* et *Rhodeus amarus*, ou retardées par l'importation à un niveau élevé, comme chez les *Perca fluviatilis*, *Cyp. Carpio*, *Tinca vulgaris*, *Scard. erythrophthalmus* et *Sq. cephalus*.

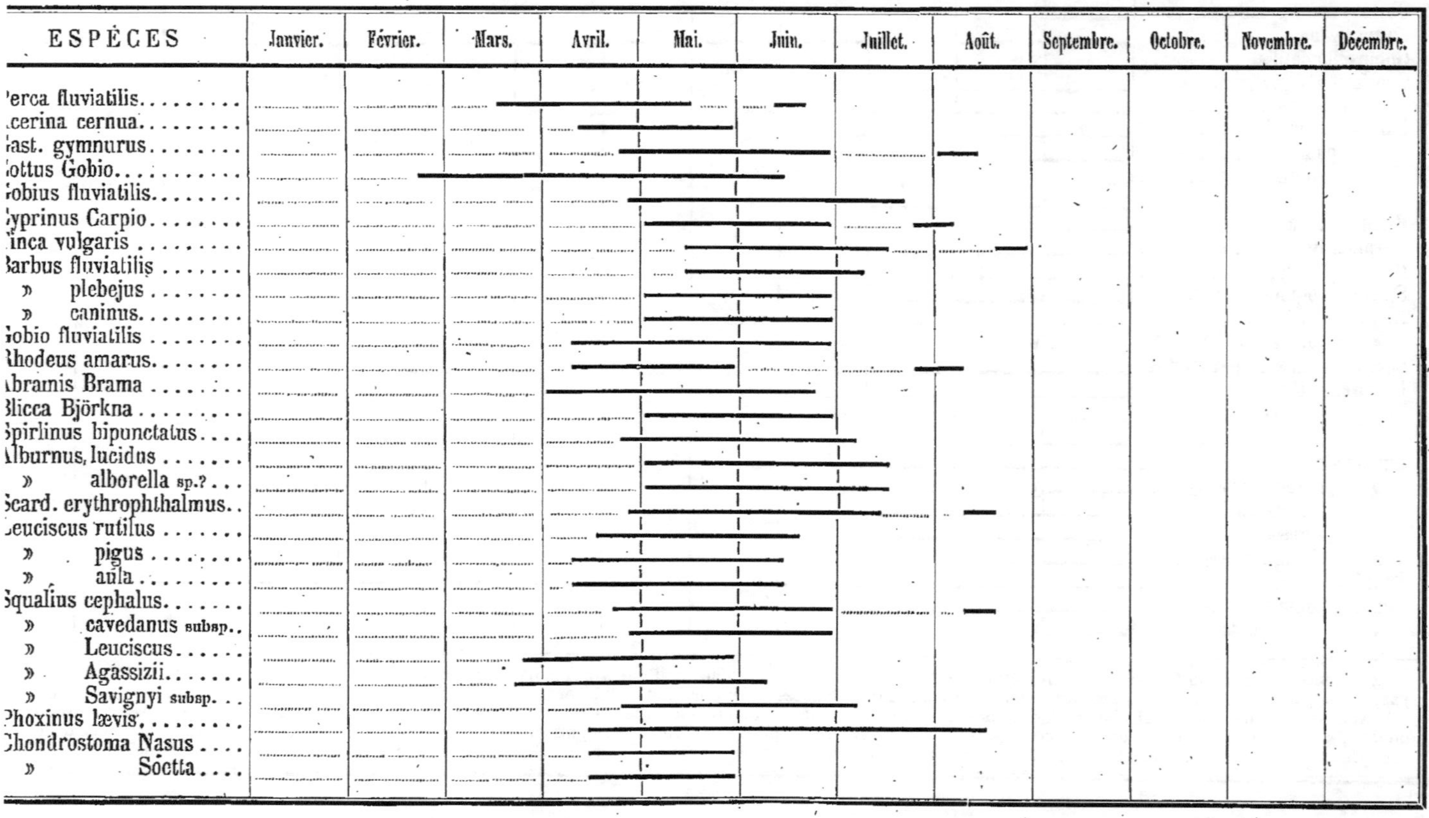

ESPÈCES	Janvier.	Février.	Mars.	Avril.	Mai.	Juin.	Juillet.	Août.	Septembre.	Octobre.	Novembre.	Décembre.
Perca fluviatilis												
Acerina cernua												
Gast. gymnurus												
Cottus Gobio												
Gobius fluviatilis												
Cyprinus Carpio												
Tinca vulgaris												
Barbus fluviatilis												
» plebejus												
» caninus												
Gobio fluviatilis												
Rhodeus amarus												
Abramis Brama												
Blicca Björkna												
Spirlinus bipunctatus												
Alburnus lucidus												
» alborella sp.?												
Scard. erythrophthalmus												
Leuciscus rutilus												
» pigus												
» aula												
Squalius cephalus												
» cavedanus subsp.												
» Leuciscus												
» Agassizii												
» Savignyi subsp.												
Phoxinus lævis												
Chondrostoma Nasus												
» Soetta												

PLANCHE I

EXPLICATION DES FIGURES.

Pl. I, fig. 1. Le Blageon *Squalius Agassizii*, mâle de taille moyenne, grandeur naturelle, en livrée de noces.

fig. 2. Le Gobie fluviatile *Gobius fluviatilis*, de taille moyenne, vu
de face, pour montrer la position des yeux et le disque
ventral.

fig. 3—4. *Gobius fluviatilis*, le même individu mâle en noces, de
grandeur naturelle, à une seconde d'intervalle, pour indiquer les brusques changements de coloris, sous l'influence
des passions.

Pl. I.

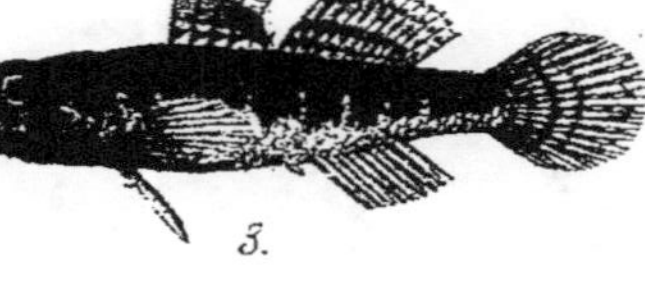

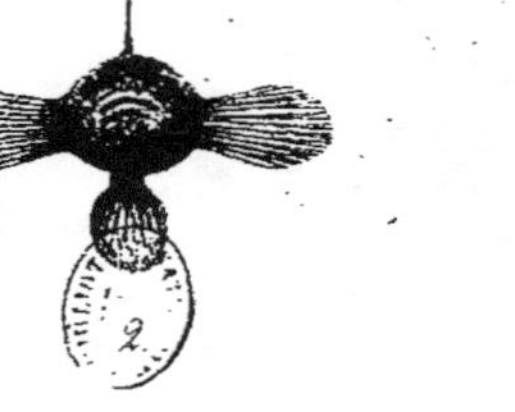

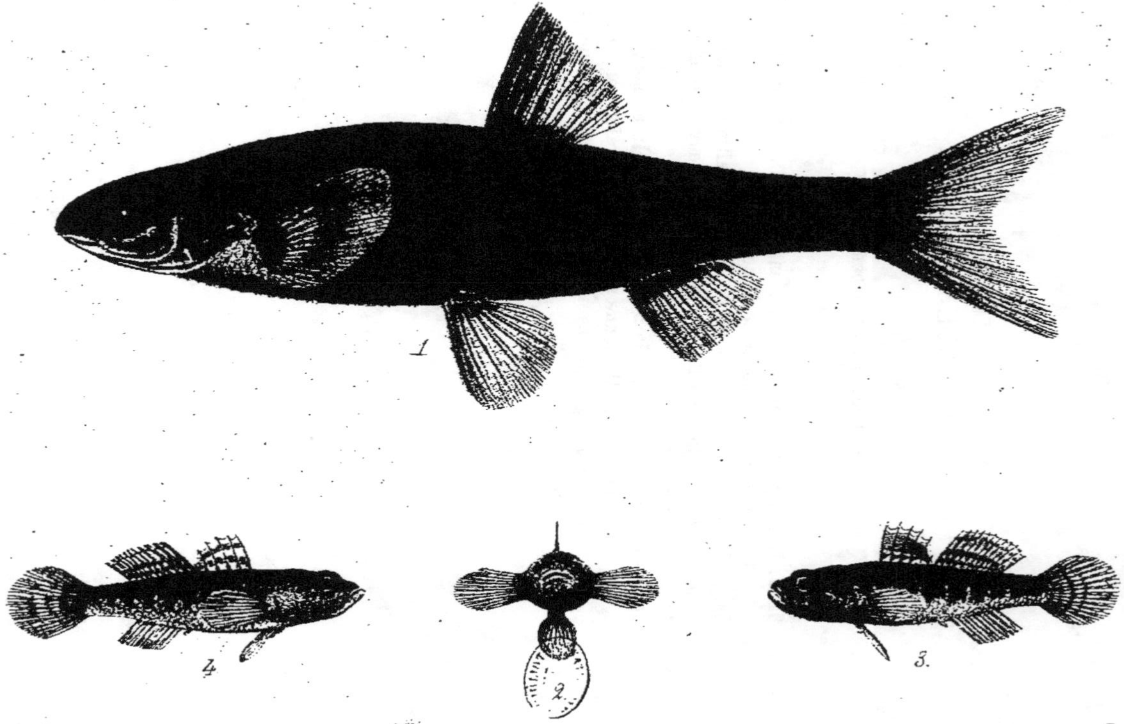

une ad. nat. pinxit.

Braun & Cie lith.

1. Squalius Agassizii *(Heckel)* δ, noces   Gobius fluviatilis *(Bonelli)*   2. 4.

PLANCHE II.

Têtes, Nageoires, Rayons et Maxillaires.

EXPLICATION DES FIGURES.

Pour faciliter la recherche des numéros, ceux-ci sont accompagnés ici de lettres
indiquant leur place approximative :

(c) signifie *centre*, — (h) *haut*, — (b) *bas*, — (g) *gauche* — (d) *droite*.

Pl. II, fig. 1 (c. h.), *Perca fluviatilis* : dentition.
    2 (c. c.), *Acerina cernua* : profil de la tête.
    3 (b. d.), *Perca fluviatilis* : ventrale.
    4 (h. g.),   »   : premier rayon épineux de la pre-
                     mière dorsale.
    5 (c. g.),   »   : rayon épineux ventral.
    6 (h. g.), *Acerina cernua* : premier rayon épineux de la pre-
                     mière dorsale.
    7 (c. b.), *Gasterosteus gymnurus* : bouclier et ventrales, de fe-
                     melle, 2/1 de grand. nat.
    8 (c. b.),   »   : bouclier et ventrales, de mâle,
                     2/1 g./n.
    9 (b. c.), *Cottus Gobio* : nageoire ventrale décomposée.
    10 (c. d.),   »   : rayon épineux des ventrales détaché,
                     2/1, g./n.
    11 (c. h.),   »   : premier pseudoépineux de la première
                     dorsale, 6/1, g./n.
    12 (c. b.), *Gobius fluviatilis* : profil de la tête, 3/2, g./n.
    13 (h. g.),   »   : premier pseudoépineux de la pre-
                     mière dorsale, 8/1, g./n.
    14 (g. h.),   »   : la base du même rayon, face très
                     grossie.
    15 (g. h.),   »   : la base du même rayon, profil très
                     grossi.
    16 (c. d.), *Lota vulgaris* : ventrale (pour le volume suivant).
    17 (b. d.),   »   : premier rayon de la première dorsale
                     (volume suivant).
    18 (c. g.), *Cyprinus Carpio* : maxillaire supérieur, 3/2, g./n.

19 (b. g.), *Tinca vulgaris* : maxillaire supérieur, 3/2, g./n.
20 (b. d.),   »   : rayon ventral, latéral antér., 2/1, g./n.
21 (d. b.), *Barbus fluviatilis* : maxillaire supérieur, 3/2, g./n.
22 (c. h.),   »   : grand rayon dentelé de la dorsale.
23 (c. h.),   »   : premier rameux de la dorsale.
24 (h. d.),   »   : quatrième rayon simple antérieur de la dorsale.
25 (h. d.),   »   : troisième rayon simple antérieur de la dorsale, 2/1, g./n.
26 (h. d.),   »   : second rayon simple antérieur de la dorsale, 3/1, g./n.
27 (h. d.),   »   : premier rayon simple antérieur de la dorsale, 3/1, g./n.
28 (d. c.), *Gobio fluviatilis* : maxillaire sup., 2/1, g./n.
29 (c. g.), *Rhodeus amarus* : maxillaire sup., 4/1, g./n.
30 (b. d.), *Abramis Brama* : maxillaire sup., g./n.
31 (c. b.), *Blicca Björkna* : maxillaire sup., 2/1, g./n.
32 (c. d.), Hybride, *Scardo-Blicca erythro-Björkna* : maxillaire sup., 2/1, g./n.
33 (c. d.), *Spirlinus bipunctatus* : maxillaire sup., 2/1, g./n.
34 (g. b.), *Alburnus lucidus* : maxillaire sup., 2/1, g./n.
35 (h. d.), *Scardinius erythrophthalmus* : maxillaire sup., 3/2, g./n.
36 (d. c.), *Leuciscus rutilus* : maxillaire sup., 3/2, g./n.
37 (g. b.),   »   : nageoire ventrale.
38 (g. b.),   »   : grand rayon simple des ventrales.
39 (b. g.),   »   : rayon ventral, latéral antérieur 2/1, g./n.
40 (d. c.), *Leuciscus pigus* : maxillaire sup., 3/2, g./n.
41 (c. d.),   »   *aula* : maxillaire sup., 2/1, g./n.
42 (b. g.), *Squalius cephalus* : maxillaire sup., 3/2, g./n.
43 (g. c.),   »   *Leuciscus* : maxillaire sup., 3/2, g./n.
44 (c. g.),   »   *Agassizii* : maxillaire sup., 2/1, g./n.
45 (c. g.), *Phoxinus lævis* : pectorale de la femelle.
46 (g. c.),   »   : pectorale tuméfiée du mâle.
47 (c. g.),   »   : maxillaire sup., 3/1, g./n.
48 (d. h.), *Chondrostoma Nasus* : museau, par-dessous.
49 (g. c.),   »   »   : maxillaire sup., 3/2, g./n.
50 (h. g.),   »   *Soetta* : maxillaire sup., 3/2, g./n.
51 (g. h.), Hybride, *Squalio-Chond. cephalo-Nasus* : museau, par-dessous.
52 (h. g.),   »   »   »   : maxillaire sup., 3/2, g./n.

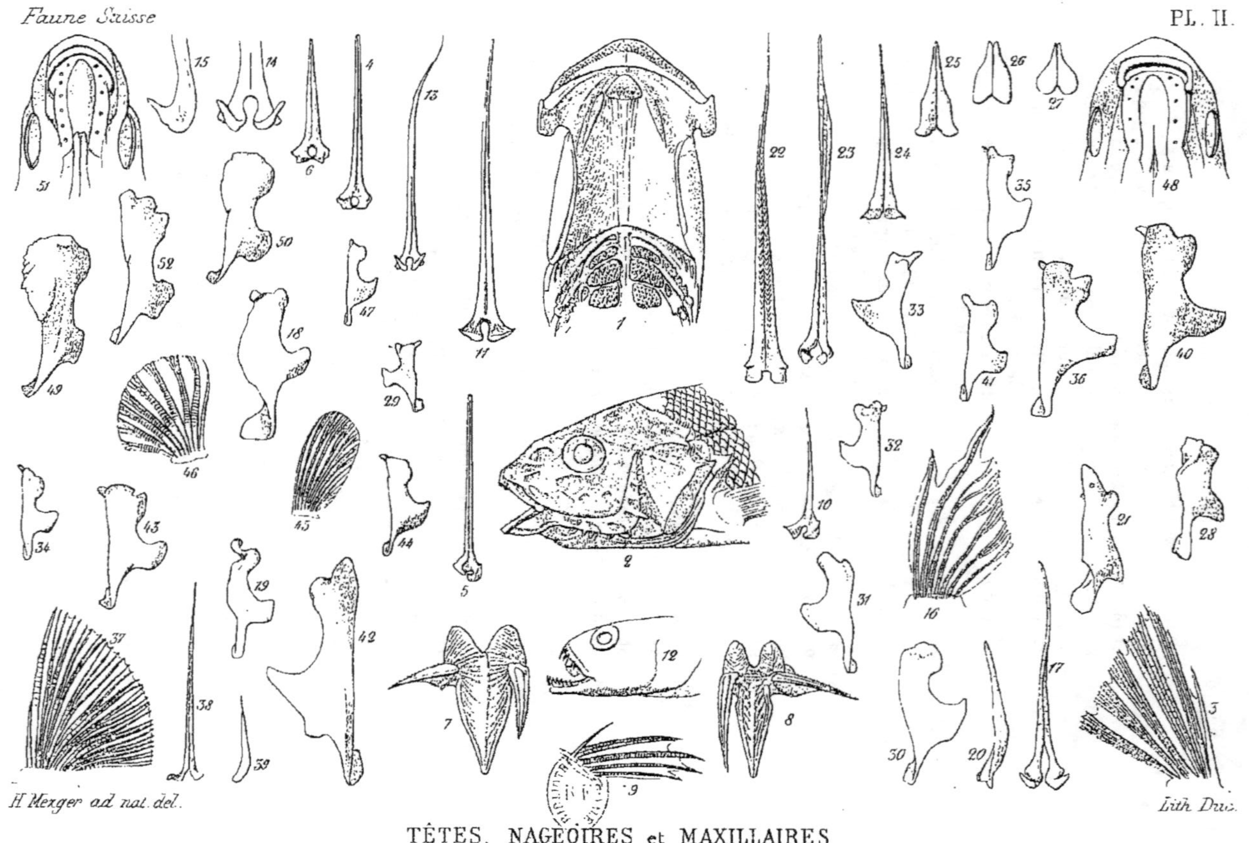

Faune Suisse
PL. II.
H Mexger ad nat. del.
Lith Dru.
TÊTES, NAGEOIRES et MAXILLAIRES

PLANCHE III

Écailles.

EXPLICATION DES FIGURES.

Pour faciliter la recherche des numéros, ceux-ci sont accompagnés ici de lettres
indiquant leur place approximative :

(c) signifie *centre*,.— (h) *haut*, — (b) *bas*, — (g) *gauche* — (d) *droite*.

(Les écailles, dans ces figures, sont, pour la plupart, tournées le bord libre en bas.)
(Écaille *moyenne* signifie écaille prise sur la région moyenne, soit au-dessus de la ligne
latérale et vers le milieu du *tronc* du poisson.)

Pl. III, fig. 1 (c. c.), *Perca fluviatilis* : écaille latérale moyenne, 5/1, g./n.

2 (c. b.), » » moyenne de la ligne latérale, 5/1.

3 (h. c.), *Acerina cernua* : écaille latérale moyenne, 5/1. g./n.

4 (h. c.), » » moyenne de la ligne latérale, 5/1.

5 (c. h.), *Cottus Gobio* : squamule de la ligne latérale, 9/1.

6 (b. c.), *Gobius fluviatilis* : écaille lat. moyenne, 15/1.

7 (c. g.), *Cyprinus Carpio* : écaille lat. moyenne, 2/1.

8 (c. d.), » » moyenne de la ligne latérale, 2/1.

9 (c. d.), *Tinca vulgaris* : écaille lat. moyenne, 3/1.

10 (c. d.), » » moyenne de la ligne lat., 3/1.

11 (h. d.), *Barbus fluviatilis* : écaille lat. plutôt antérieure, 2/1.

12 (h. d.), » » ligne lat. plutôt antér., 2/1.

13 (d. h.), » » ligne lat. postérieure, 2/1.

14 (d. h.), » » pectorale, 3/1.

15 (c. d.), *Barbus caninus* : écaille à côté de la ligne lat. en
avant (renversée), 3/1.

16 (c. d.), » » ligne lat. ant. (sur les deux
tiers des nag. pect.), 3/1.

17 (h. d.), » » ligne lat. postérieure, 3/1.

18 (d. h.), » » au bord de l'anale (renversée), 3/1.

19 (d. b.), *Gobio fluviatilis* : écaille lat. plutôt antérieure, 3/1.

20 (d. c.), » » lat. plutôt postérieure, 3/1.

21 (d. c.), » » ligne lat. moy. plutôt antérieure, 3/1.

22 (c. g.), *Rhodeus amarus* : écaille lat. moyenne, 4/1.
23 (c. c.), » » lat. post., 4/1.
24 (c. g.), » » ligne lat. ant., 4/1.
25 (g. b.), *Abramis Brama* : écaille lat. (au quart post. du tronc), 3/2.
26 (b. g.), » » lat. (au quart ant.), 3/2.
27 (g. b.), » » ligne lat. moy., 3/2.
28 (c. b.), *Spirlinus bipunctatus* : écaille de ligne lat. moy., 3/1.
29 (b. g.), *Alburnus lucidus* : écaille lat. moy. (un peu en avant du centre), 3/1.
30 (c. g.), » » lat. moy. (un peu en arrière du centre), 4/1.
31 (c. g.), » » ligne lat. plutôt ant., 3/1.
32 (c. b.), *Alb. alborella* : écaille de ligne lat. plutôt ant., 3/1.
33 (c. g.), *Alb. lucidus (var. elata)* : écaille de ligne lat. plutôt ant., 3/1
34 (g. h.), *Scardinius erythrophthalmus* : écaille lat. moy. ordinaire, 3/2.
35 (g. h.), » » lat. moy. à chaos, 3/2.
36 (h. g.), » » lig. lat. moy., 3/2.
37 (c. h.), » » axillaire des ventrales, 3/2.
38 (g. c.), *Leuciscus rutilus*, type : écaille de lig. lat. moy., 2/1.
39 (g. c.), » *(var. crassa)* : écaille de ligne lat. moy., 2/1.
40 (g. c.), » tubercule de la livrée de noces du mâle, 4/1.
41 (g. b.), *Leuciscus pigus* : écaille de ligne lat. moy., 3/2.
42 (g. h.), *Leuciscus aula* : écaille lat. moy., 3/2.
43 (g. c.), » de ligne lat. moy., 3/2.
44 (g. c.), » dorsale ant., 3/2.
45 (h. g.), *Squalius cephalus* : écaille lat. moy., 3/2.
46 (h. d.), » de ligne lat. ant., 3/2.
47 (g. c.), *Squalius Agassizii* : écaille lat. moy., 3/1.
48 (g. b.), *Squalius Savignyi* : » de ligne lat. moy., 3/1.
49 (g. h.), *Phoxinus lævis* : écaille lat. moy. (renversée), 18/1.
50 (g. h.), » » de ligne lat. moy., 18/1.
51 (c. b.), *Chondrostoma Nasus* : écaille de ligne lat. moy., 2/1.
52 (d. b.), » » pectorale d'adulte, 3/1.
53 (c. d.), » » » de jeune, 3/1.
54 (d. b.), *Chond. Soëtta* : écaille pectorale d'adulte, 3/1.
55 (d. b.), » » » de jeune, 3/1.
56 (b. d.), Hybride *(Sq.-Ch. ceph.-Nasus* : écaille ligne lat. moy., 2/1.

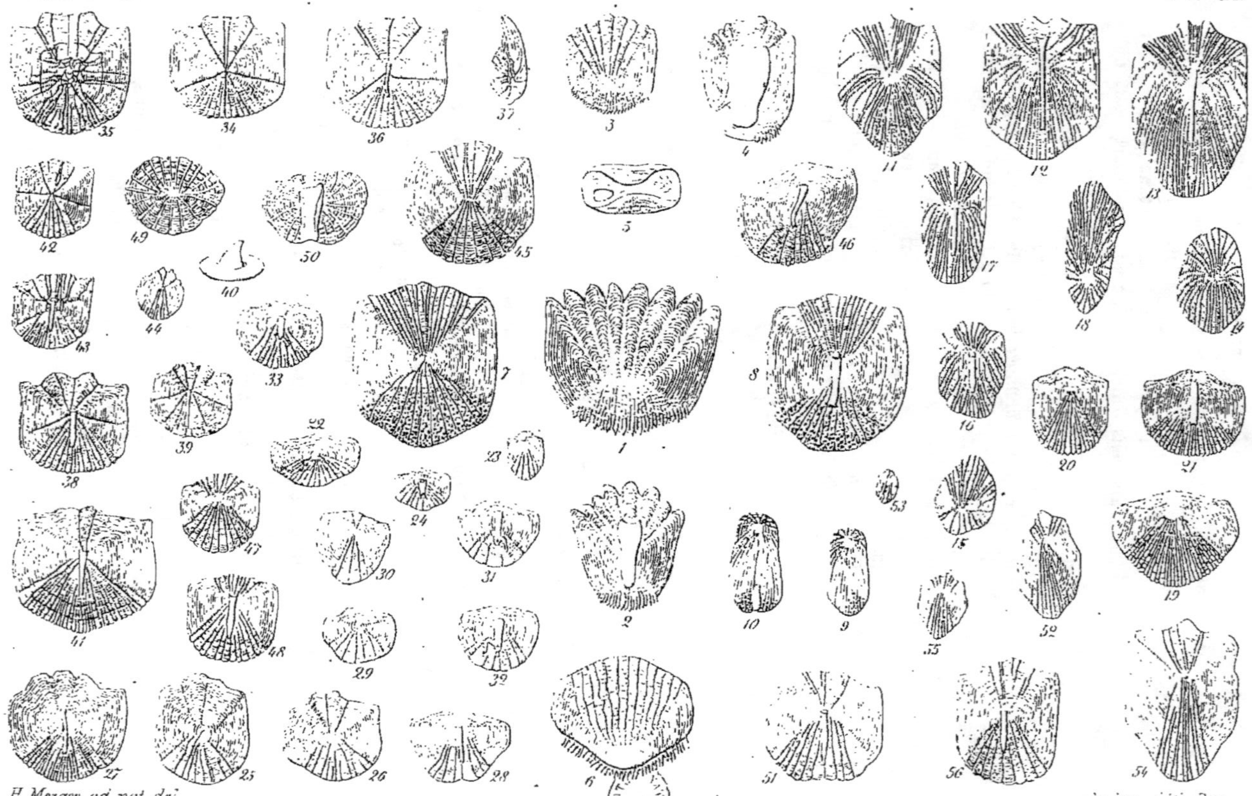

Pl. III.

ÉCAILLES

H. Mezger ad nat. del.

PLANCHE IV

Pharyngiens, dents et meules des Cyprinides.

EXPLICATION DES FIGURES.

Les **os pharyngiens** étant ici représentés *de face*, alors que le poisson est dans sa position naturelle, le *dos en haut*, il est évident que *l'os gauche doit se trouver à droite* dans les figures, et *l'os droit à gauche*. — Les **meules**, dessinées aussi de face, dans leur position naturelle par rapport aux dents, présentent en haut leur talon postérieur; couchées, elles montrent en haut leur face de frottement.

Afin d'éviter une apparence de contradiction entre les figures et les *formules* dentaires, je crois devoir rappeler que j'ai cependant inscrit dans ces dernières, les dents de l'os gauche à gauche, et celles de l'os droit à droite, pour simplifier la lecture de celles-ci.

Pour faciliter la recherche des numéros, ceux-ci sont accompagnés de lettres indiquant leur place approximative.

(c) signifie *centre*, — (h) *haut*, — (b) *bas*, — (g) *gauche*, — (d) *droite*.

Pl. IV, fig. 1 (c. c.), *Cyprinus Carpio* : tête de profil, la bouche projetée; *a* intermaxillaire; *b* maxillaire supérieur; *c*, *d*, *e*, *f* et *s* sous-orbitaires; *g* opercule percé, pour montrer le pharyngien et la meule en place; *h* sous-opercule; *i* interopercule; *k* préopercule; *l* rayon branchiostège; *m* scapulaire; *n* os pharyngien denté; *o* meule pharyngienne; *p* voûte crânienne appuyant la meule; *q* origine de la ligne latérale; *r* et *t* conduit muqueux en continuation de la ligne latérale; *u* voûte susorbitaire; *v* narines.

        2 (c. h.), *Cyprinus Carpio* : pharyngiens et dents, g./n.

        3 (c. c.),   »   : meule pharyngienne, face de frottement, 2/1, de g./n.

        4 (c. c.),   »   : meule couchée, de profil, 2/1.

        5 (c. g.), *Tinca vulgaris* : pharyngiens et dents, g./n.

        6 (c. g.),   »   : pharyngien droit, ayant exceptionnellement porté cinq dents, avec deux dents de remplacement dans la gencive; la plus basse de celles-

ci près de monter sur le calice laissé
béant par la cinquième déjà tombée.

7 (g. c.), *Tinca vulgaris* : meule, face de frottement, 2/1.
8 (g. c.),   »   : meule, de profil, 2/1.
9 (g. h.), *Barbus plebejus* : pharyngiens et dents, g./n.
10 (g. h.), *Barbus fluviatilis* : meule molle, face de frottement,
                        avec lambeau de la muqueuse
                        palatine à laquelle elle adhère
                        tout autour, g./n.
11 (h. c.), *Gobio fluviatilis* : pharyngiens et dents usées, 3/1.
12 (h. d.),   »   : meule mi-molle, face de frott., 4/1.
13 (h. c.),   »   »   de profil, 4/1.
14 (h. d.),   »   »   horizontale (la
                        face en bas), 4/1.
15 (b. g.), *Rhodeus amarus* : pharyngiens et dents, 4/1.
16 (g. b.),   »   : meule, face de frottement, 5/1.
17 (g. b.),   »   »   face sup. ou crânienne, 5/1.
18 (b. c.),   »   »   profil, 5/1.
19 (d. b.), *Abramis Brama* : pharyngiens et dents, g./n.
20 (d. b.),   »   : meule, face de frottement, g./n.
21 (d. b.),   »   »   profil, g./n.
22 (d. h.), *Blicca Björkna* : pharyngiens et dents, 2/1.
23 (d. h.),   »   : meule, face de frottement, 3/1.
24 (d. h.),   »   »   profil, 3/1.
25 (c. d.), Hybride *(Scardo-Blicca erythro-Björkna* : pharyngiens
                        et dents, 2/1.
26 (d. c.),   »   »   : meule, face de frottement, 2/1.
27 (d. c.),   »   »   »   profil, 2/1.
28 (c. d.), *Spirlinus bipunctatus* : pharyngiens et dents, 2/1.
29 (c. d.),   »   : meule, face de frottement, 3/1.
30 (c. d.),   »   »   profil, 3/1.
31 (d. h.), *Alburnus lucidus* : pharyngiens et dents, 2/1.
32 (d. h.),   »   : meule, face de frottement, 3/1.
33 (d. h.),   »   »   profil, 3/1.
34 (g. h.), *Alb. lucidus, var.* : pharyngiens et dents, 2/1.
35 (g. h.),   »   : meule, face de frottement, 3/1.
36 (g. h.),   »   »   profil, 3/1.
37 (g. c.), *Scardinius erythrophthalmus* : pharyngiens et
                        dents, 2/1.
38 (h. c.),   »   : meule, face de frott., 2/1.
39 (h. c.),   »   »   profil, 2/1.
40 (h. c.), *Leuciscus rutilus* : pharyngiens et dents, g./n.
41 (h. c.),   »   : meule, face de frottement, avec sa
                        bordure molle, 2/1.
42 (h. c.),   »   »   profil, 2/1.

(Suivez à la page 761.)

Faune Suisse
PL. IV.
H. Metzger ad nat. del.
Lith. Duc.
DENTS et MEULES des CYPRINIDES

43 (g. b.), *Leuciscus pigus* : pharyngiens et dents, 3/2,
44 (g. c.),   »   .: meule, face de frottement, 3/2.
45 (b. g.),   »   »   profil, 3/2.
46 (b. c.), *Leuciscus aula* : pharyngiens et dents, 3/2.
47 (c. b.),   »   : meule, face de frottement, 2/1.
48 (c. b.),   »   »   profil, 2/1.
49 (g. c.), *Squalius cavedanus* : pharyngiens et dents, 3/2.
50 (c. g.), *Squalius cephalus* : meule, face de frottement, 3/2.
51 (c. g.),   »   »   profil, 3/2.
52 (c. d.), *Squalius Leuciscus* : pharyngiens et dents, 3/2.
53 (h. d.),   »   : meule, face de frottement, 2/1.
54 (h. g.), *Squalius Agassizii* : pharyngiens et dents, 2/1.
55 (h. g.),   »   : meule, face de frottement, 3/1.
56 (c. d.), *Phoxinus lævis* : pharyngiens et dents, 2/1.
57 (c. d.),   »   : meule, face de frottement, 3/1.
58 (d. c.),   »   »   profil, 3/1.
59 (c. b.), *Chondrostoma Nasus* : pharyngiens et dents, 3/2.
60 (c. g.),   »   : meule souple, face de frott.,
                                                    g./n.
61 (c. c.),   »   »   profil, g./n.
62 (d. c.), Hybride *(Squalio-Chond. cephalo-Nasus)* : pharyngiens
                                                   et dents, 3/2.
63 (d. c.),   »   »   : meule, face de frott., 3/2.
64 (c. d.),   »   »   »   profil, 3/2.

PLANCHE V

EXPLICATION DES FIGURES.

Pl. V, fig. 1. Le Gardon des pauvres, *Leuciscus aula*, adulte de taille moyenne, en livrée de noces, grandeur naturelle (le museau, bien qu'assez large et obtus chez cette espèce, paraît cependant un peu trop carrément découpé dans la figure).

fig. 2. La Loche de rivière, *Cobitis tænia*, adulte en livrée de noces, grandeur naturelle.

(Cette figure se rapporte au volume suivant.)

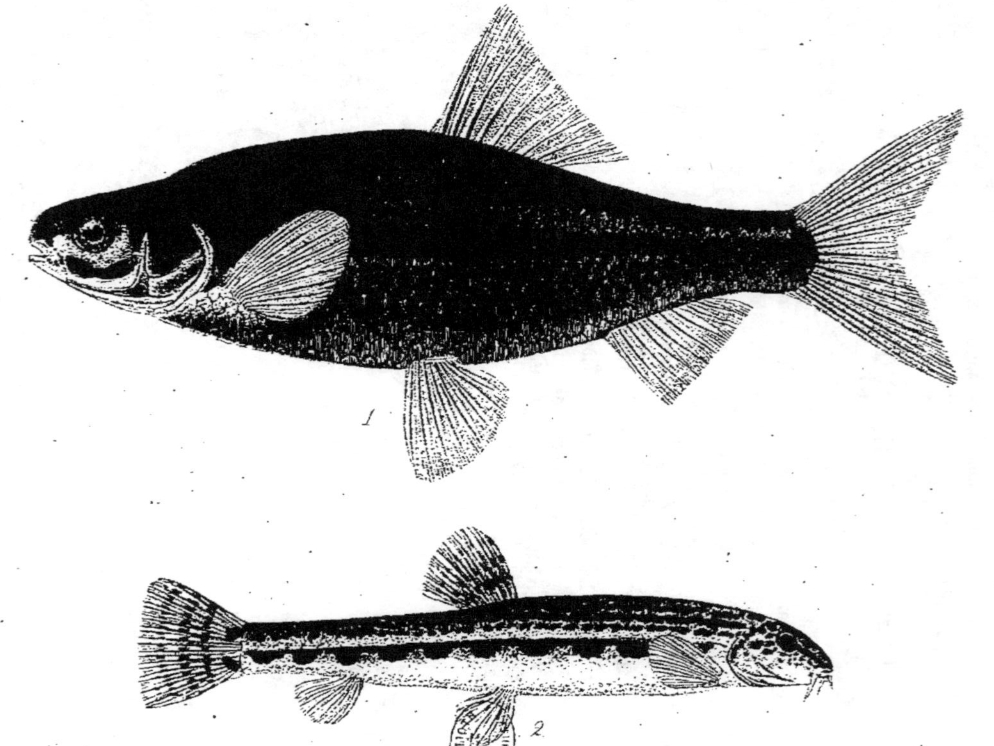

1. Leuciscus aula (Bonaparte). – 2. Cobitis taenia (Linné)

REMARQUE

FORMULES DES ÉCAILLES

Je ne dois pas oublier de faire remarquer, à propos des formules d'écailles données à la suite de mes diagnoses, qu'un total inférieur de squames au-dessus de la ligne latérale correspond le plus souvent à un total supérieur au-dessous de celle-ci et vice versa; et que, si je n'ai pas inversé les chiffres, sous la barre qui représente la ligne tubulée, c'est simplement dans le but de citer plutôt ceux-ci dans leur ordre naturel, comme j'étais contraint de le faire pour la ligne latérale, dont les totaux ne sont pas cependant toujours dépendants des nombres de squames en dessus et en dessous.

ERRATA

POISSONS, Ire Partie.

Page 3, note, ligne 1 : lisez *Anacanthiens*, au lieu de *Anacantiens*.

Page 13, note, fin du 2me alinéa : ajoutez la *remarque ci-dessus*.

Page 198, ligne 3, lisez *Karpf-Karausche*, au lieu de *Karf-Karausche*.

Page 199, ligne 13, ajoutez : *Hybrid between Cyp. Carpio and Cyp. Carassius; Gunther*, Catal. of Fishes, VII, p. 31.

Page 203 ; Le Dr Leuthner m'écrit que *le Carassin a été importé dans un étang près de Bâle.*

Page 208, (*Tinca*) ligne 2, du bas : *au lieu de 4—5, lisez 5—4.*

Page 215, (*Tinca vulgaris*) lignes 1 et 2 : au lieu de *quatre à gauche et cinq à droite,* lisez *cinq sur l'os gauche et quatre sur l'os droit.*

Page 344, ligne 5 : ajoutez, la *Brème* abonde cependant, dit-on, par exception, dans le lac des Brenets, à 740 mètres, près des sources du Doubs.

Page 346, note, lisez *Ergasilius*, au lieu de *Ergasilus*.

Page 348, ligne 10 : lisez *Hybrid*, au lieu de *Hybride*.

Page 377, ligne 10 : lisez *and*, au lieu de *und*.

Page 392, (*Spirlinus bipunctatus*) ligne 8, du bas : au lieu de *un peu moins longue*, lisez *à peu près égale ou un peu plus longue.*

Page 393, ligne 10, du bas : soulignez *Barré.*

Page 399, (*Spirlinus bipunctatus*) ligne 10 : au lieu de *ou un peu moindre (parfois de $^1/_8$ à $^1/_4$ moindre),* lisez *un peu plus faible ou plus forte (parfois de $^1/_6$).*

Page 416 : ajoutez *Oble* aux noms vulgaires de l'Ablette à Neuchâtel.

Page 458, ligne 4, du bas : lisez *Plotizza*, au lieu de *Platizza*.

Page 459, ligne 3, ajoutez : *Breitling (Thun).*

Page 533, ligne 7, lisez *Ch. Rysela*, au lieu de *Ch. Ryzela.*

Page 548, ligne 19 : supprimez *Avola.*

Page 577, ligne 19 : lisez *Svallize*, au lieu de *Swallize.*

Page 584, ligne 5, du bas, ajoutez : *Squalius burdigalensis, Blanchard*, Poissons de France, p. 405, fig. 97.

Page 649, ligne 7, oublié : voyez pl. II, fig. 45 et 46, les *pectorales du Vairon.*

Page 706, ligne 9, lisez *Bighezzo*, au lieu de *Bighezza.*

ORDRE DES MATIÈRES [1]

(Poissons, part. I.)

[1] Les groupes, les espèces et les hybrides inscrits entre parenthèses, en retrait, n'ont pas été reconnus jusqu'ici autochthones en Suisse, et ne sont brièvement décrits ici que pour avoir été cités à tort dans notre pays, ou pour les signaler à l'attention, comme ayant quelques chances de se trouver peut-être un jour dans nos eaux.

INDEX ALPHABÉTIQUE GÉNÉRAL

FAUNE SUISSE

Vol. IV

POISSONS

PREMIÈRE PARTIE

I. ANARTHROPTÉRYGIENS
II. PHYSOSTOMES
CYPRINIDÉS

Les sous-classes, ordres, familles et tribus; ainsi que les généralités, tableaux et explications diverses, sont ici en lettres capitales.

Les genres et sous-genres comprenant des espèces décrites sont en caractères gras.

Les espèces ici plus ou moins décrites et les détails qui s'y rapportent, ainsi que les termes et engins de pêche, sont en caractères ordinaires.

Les groupes, ord., fam., genres, s.-genres, et les espèces simplement citées, sont en caractères ordinaires et marqués d'un astérisque.

Les noms synonymiques sont en italiques.

Les noms des parasites sont en italiques et entre parenthèses.

FAUNE SUISSE

ADDITION AUX MAMMIFÈRES

VOL. I

Dysopes Cestonii, *Savi*.

Depuis la trouvaille, par M. G. Schneider, d'un individu du *Dysopes Cestonii*, à Bâle, en octobre 1869 (voir : Appendice au Vol. I, à la fin du Vol. III de ma *Faune suisse*), un second exemplaire de la même espèce a été encore rencontré sur sol suisse, à 2000 mètres environ dans nos Alpes. Ce dernier était une femelle portant un petit, et fut trouvé, par M. D. Nager, abattu sur la neige, non loin de l'Hospice du Saint-Gothard, en juin 1872 (Voir : Communication à la Société Helvét. des Sc. Nat. *sur le Dysopes Cestonii en Suisse*, par V. Fatio ; Actes de la Soc. Helv. des Sc. Nat., réunie à Fribourg, Compte rendu pour 1872, p. 38).

Vespertilio Bechsteinii, *Leisler*.

Le Dʳ F. Müller m'écrit, en août 1880, qu'il vient de capturer, près de Bâle, un individu de l'espèce du *Vesp. Bechsteinii* qui n'avait point été découverte jusqu'ici dans les limites de la Suisse.

FAUNE SUISSE

SUPPLÉMENT

AUX REPTILES ET AUX BATRACIENS

VOL. III

INTRODUCTION (Vol. III, p. 21, lig. 21 et 22). Ajoutez le *Triton alpestris* au *T. cristatus,* comme ayant donné lieu à des citations erronées du *Triton marmoratus.*

Cistudo Europea, *Schneider.*

(Vol. III, p. 34.)

Des marchands de Cistudes vivantes ont de nouveau vendu bon nombre de ces animaux à Genève et dans les environs, en avril 1873, et, depuis lors, l'on a fait dans le pays de nombreuses nouvelles trouvailles de cette espèce.

Le prof. Rütimeyer, de Bâle, m'écrit, en mars 1872, que le Musée de Saint-Gall possède une Cistude fossile des tourbières suisses.

Lacerta viridis, *Daudin.*

(Vol. III, p. 69.)

Le prof. Rütimeyer m'écrit, en 1872, que le Lézard vert n'est pas rare dans les environs de Bâle. Le fait m'est confirmé également par le Dr Leuthner, qui a étudié récemment les Reptiles de la localité [1].

Elaphis Æsculapii, *Host.*

(Vol. III, p. 136.)

Le prof. C. Vogt me communique qu'on lui a apporté vivant un bel individu de la Couleuvre d'Esculape, capturé, en été 1877, à Gaillard près de Genève. Un second exemplaire de la même espèce aurait été trouvé également, en 1879, dans les Iles de Veirier, non loin de Gaillard.

Enfin, en 1877 aussi, j'ai vu, à Montreux, dans le canton de Vaud, un bel échantillon de la variété foncée de cette espèce, qui avait été capturé dans la localité.

Ces trouvailles sont fort intéressantes, en ce sens que l'*Elaphis Æsculapii* n'avait été rencontré jusqu'ici en Suisse que dans les régions chaudes des cantons du Tessin, du Valais et de Vaud, près des frontières de ce dernier, et de préférence dans les environs de vieux thermes, où il avait été peut-être importé par les Romains, comme symbole du dieu de la médecine.

Tropidonotus natrix, *Linné.*

(Vol. III, p. 147.)

J'ai omis de rappeler, à l'index du vol. III, p. 595, le nom vulgaire de *Couleuvre à collier,* sous lequel cette espèce est le plus généralement connue dans la Suisse romande.

Coronella lævis, *Lacépède.*

(Vol. III, p. 177.)

Des Coronelles trouvées engourdies dans le sol, en hiver 1873, à Saconnex près de Genève, et plongées immédiatement dans

---

[1] Voyez aussi : F. Müller, Mittheil. aus der herpetologischen Sammlung des Basler Museums, 1876, p. 25.

l'alcool, ne se réveillèrent et ne commencèrent à s'agiter dans le bocal qu'après deux heures de submersion complète, tandis qu'elles meurent généralement après quelques minutes de suffocation, alors qu'elles sont plongées éveillées dans le même liquide.

Pelias Berus, *Linné.*

(Vol. III, p. 210.)

Lataste (Bull. Soc. zool. de France, 1879, 5ᵐᵉ et 6ᵐᵉ part., p. 132) décrit, sous le nom de *Vipera Berus Seoanei,* une variété (*subspecies*) espagnole de Péliade qui semble faire, sur quelques points, une sorte de transition entre nos *Pelias Berus* et *Vipera aspis :* par la forme légèrement retroussée de son museau, par le défaut quasi-complet ou l'inconstance des trois écussons frontaux et par la présence de deux rangées de squames entre les suslabiales et l'œil.

Vipera Aspis, *Linné.*

(Vol. III, p. 220.)

Cette espèce a été rencontrée, dans ces dernières années, non seulement sur plusieurs points dans le canton de Bâle, où je l'avais déjà signalée, mais encore jusque dans le centre de notre pays, près d'Interlaken.

Albert Tourneville (Bull. Soc. zool. de France, 1881, 1ʳᵉ et 2ᵐᵉ part., p. 38), dans une étude sur les Vipères du groupe *Ammodytes-Aspis-Berus,* après avoir donné une description détaillée de la *Vipera Seoanei,* signale et décrit, sous le nom de *Vip. Latastei,* une nouvelle forme de la Vipère en Espagne, forme qui, à son tour, ferait une sorte de transition entre les *Vipera Aspis* et *Vipera Ammodytes.*

Reptiles dipnoés.

(Vol. III, p. 230.)

Ajoutez au Tableau la famille des *Rhinophrynidés,* oubliée dans la liste des *Oxydactyla edentata.*

Anoures, généralités.

(Vol. III, p. 234.)

Les Anoures se servent très volontiers de l'une de leurs pattes antérieures, soit pour débarrasser plus rapidement de sa coquille un petit mollusque qu'ils veulent avaler, ou pour mieux tourner dans leur bouche un ver ou une larve qui se tord entre leurs mandibules, soit pour se débarrasser plus rapidement, durant la mue, d'une tunique qui les embarrasse.

Ranæ aquaticæ et R. fuscæ.

(Vol. III, p. 310 et 320.)

Lataste et Boulanger (Bull. Soc. zool. de France, 1879, 1ʳᵉ et 4ᵐᵉ part., p. 89 et 92) donnent la description et la synonymie d'une Grenouille d'Égypte (*Rana mascariensis* D. et B.), jusqu'alors peu connue, qui semble tenir le milieu entre les deux groupes que j'ai établis dans nos Grenouilles d'Europe, et devoir, ou réduire l'importance de ceux-ci, ou devenir peut-être le type d'une troisième section.

Alytes obstetricans, *Laur*.

(Vol. III, p. 358.)

Le Dʳ F. Leuthner m'écrit, en 1876, qu'il a trouvé le Crapaud accoucheur très commun dans les environs de Bâle, jusqu'à 700 mètres d'élévation, et même dans l'enceinte de cette ville. L'accouplement aurait lieu, dans la localité, en mai ou en juin seulement[1]. Le même observateur me signale encore la présence de cette espèce jusque dans les environs d'Olten, sur les bords de la Dünnern. Certains tons flûtés et assez vibrants, que

[1] Voyez Leuthner : Schw. Nat. Gesell. zu Basel, Jahresbericht 1875-1876, p. 67.

j'ai entendus, durant la belle saison, au Plan-les-Ouates près
de Genève, me font supposer que cette espèce pourrait bien se
trouver là aussi, à l'extrême ouest de notre pays.

Lataste, qui a créé, avec une espèce espagnole assez différente de notre *Alytes obstetricans,* un nouveau genre dans la
famille des Alytidæ, sous le nom d'*Ammoryctis (Am. Cister-
nasi),* a distingué aussi deux variétés du Crapaud accoucheur,
sous les noms de *Alytes Boscai* et *Alytes de l'Islei,* la dernière
albinos[1].

Pelobates fuscus, *Wagler.*

(Vol. III, p. 376.)

Cette intéressante espèce, après avoir été longtemps citée à
tort dans notre pays, a été enfin réellement découverte, en
1876, sur notre frontière septentrionale, non loin de Bâle :
d'abord à Neudorf, sur la rive du Rhin, à une demi-lieue de
notre limite, sur sol alsacien, par le Dr F. Müller[2], puis, peu
après, sur sol suisse, à Allschwil, non loin du premier point, par
les Drs Wegeli et Leuthner. Il paraît que le Pélobate brun
mène, sur les bords des *Altwässer* du Rhin, un genre de vie très
semblable à celui du *Pelobates cultripes* dans des contrées plus
méridionales, et qu'il se terre là, entre autres, de la même
manière que j'ai décrite pour cette dernière espèce[3].

Les deux individus qui m'ont été aimablement envoyés de
Neudorf par le Dr Fritz Müller, étaient largement marbrés de
brun sur un fond jaunâtre, en dessus, avec quelques points et
tubercules noirâtres sur le dos et des points rougeâtres sur les
flancs; ils étaient d'un blanc jaunâtre plus ou moins mélangé
de tons verdâtres et rosâtres, en dessous. L'éperon était d'un
brunâtre rosé. Ils mesuraient :

---

[1] F. Lataste : Sur une nouvelle forme de Batracien Anoure d'Europe.
Soc. Lin. de Bordeaux, 1880, t. XXXIV, pl. XI.

[2] F. Müller, Mittheilungen aus der herpetologischen Sammlung des
Basler Museums, p. 34.

[3] Voyez : Fatio, Faune suisse, vol. III, page 236 note.

Long. du corps (museau à anus).	$0^m,062$	—	$0^m,065$
» du memb. ant............	$0^m,038$	—	$0^m,040$
» du memb. post.........	$0^m,082$	—	$0^m,082$
» du pied...............	$0^m,040$	—	$0^m,042$
» du tibia...............	$0^m,022$	—	$0^m,022$
» de la tête, à l'occiput....	$0^m,0195$	—	$0^m,020$
Larg. de la tête, sur mâchoires.	$0^m,022$	—	$0^m,025$
Distance entre les yeux........	$0^m,009$	—	$0^m,011$

Bufo viridis, *Laur.*

(Vol. III, p. 410.)

Les Drs Müller et Leuthner n'ont, ni l'un ni l'autre, réussi à rencontrer le *Bufo viridis* dans les environs de Bâle; il est donc probable que la citation de Schneider reposait sur quelque confusion avec le *Bufo calamita*.

Triton lobatus, *Otth.*

(Vol. III, p. 557.)

Selon le Dr E. Bugnion, cette espèce se trouverait aussi dans les tourbières du Katzensee près de Zurich.

Un catalogue des Reptiles du district de Neuchâtel, publié par M. Tripot et P. Biolley, dans le *Rameau de Sapin*, mai 1882, signale également le *Triton lobatus* à Cressier près Neuchâtel.